Schaefer — Päsler

Einführung in die Theoretische Physik

Band I

EINFÜHRUNG IN DIE THEORETISCHE PHYSIK

Begründet von

Prof. Dr. Dr. h. c. Clemens Schaefer †

Band I

Mechanik eines Massenpunktes
Mechanik der Punktsysteme
Mechanik Starrer Körper
Mechanik Deformierbarer Körper

Mit 280 Abbildungen
7., völlig neu bearbeitete Auflage

von

Prof. Dr. Max Päsler
Ordinarius an der Technischen Universität Berlin
Honorarprofessor der Freien Universität Berlin

WALTER DE GRUYTER & CO.
vormals G. J. Göschen'sche Verlagshandlung J. Guttentag, Verlagsbuchhandlung
Georg Reimer • Karl J. Trübner — Veit & Comp.
BERLIN 1970

Vorwort zur siebenten Auflage

Als mich Cl. Schaefer vor knapp 10 Jahren fragte, ob ich bereit sei, eventuell erforderliche Neuauflagen seiner „Einführung in die Theoretische Physik" zu betreuen, habe ich mich über dieses Angebot sehr gefreut und es gern angenommen. Kurz danach erfuhr ich, daß die 5. Auflage dieses Bandes vergriffen ist und wegen der ständig anhaltenden Nachfrage baldigst seine 6. Auflage erscheinen solle. Wegen der sehr knappen Zeit, die zur Verfügung stand, und insbesondere wegen des vom Verlag vorgesehenen drucktechnischen Verfahrens (photomechanischer Nachdruck) mußten die meisten der für die neue Auflage vorgesehenen Änderungen unterbleiben, so daß sich diese von ihrer Vorgängerin nur geringfügig unterscheidet.

Für die vorliegende Auflage trifft dies jedoch nicht mehr zu: sie ist das Ergebnis einer gänzlichen Neubearbeitung der 6. Auflage. Diese wurde zwar unter dem Gesichtspunkt vorgenommen, die ursprüngliche Konzeption dieses Bandes (wohl der Grund für die große Beliebtheit und den Erfolg des Schaeferschen Werkes) weitestgehend beizubehalten. Indessen erschien es notwendig, einige Änderungen vorzunehmen, um das Buch in eine solche Form zu bringen, daß es mit anderen inzwischen erschienenen Werken zum gleichen Thema konkurrieren kann.

Von den vorgenommenen Änderungen seien genannt: Der vor einem halben Jahrhundert verfaßte Text wurde neu formuliert und der heute üblichen Terminologie angepaßt. Dabei wurde gleichzeitig versucht, die Ausführungen zu straffen. Weiterhin wurden die in den bisherigen Auflagen sich im Text verstreut findenden Kapitel, in denen Hilfsmittel aus der Mathematik (vornehmlich aus der Vektor- und Tensorrechnung) bereitgestellt werden, in gesonderte Kapitel zusammengefaßt. Hierbei wurde von der Annahme ausgegangen, daß heute ein Student, der sich mit Theoretischer Physik zu beschäftigen beginnt, mit den Grundtatsachen der Vektorrechnung vertraut ist. Es erschien daher ausreichend, „zur Bequemlichkeit des Lesers" (Cl. Schaefer), sich auf eine Zusammenstellung der wichtigsten Sätze und Formeln aus der Vektorrechnung zu beschränken, ohne sie zu beweisen. Dagegen durfte aber nicht unbedingt angenommen werden, daß einem Anfänger der Begriff des Tensors und die Regeln über das Rechnen mit dieser Größe bekannt sind. Weil diese nicht nur in der Mechanik, sondern auch in anderen Teilgebieten der Physik benötigt werden, ist in einem weiteren Kapitel eine Einführung in die Tensorrechnung skizziert. Aus dem gleichen Grunde wurde auch ein Abriß der Variationsrechnung gegeben.

Weiterhin sei bemerkt, daß manche Begriffe in diese Schrift neu aufgenommen sind, dagegen auf einige Dinge, denen heute kein besonderes Interesse mehr zukommt, nicht mehr eingegangen wurde. Ferner wird auf einige Themenkreise, die sich inzwischen zu selbständigen Disziplinen entwickelt haben (Grenzschichttheorie, Gasdynamik) nur noch hingewiesen: Ihre Behandlung läßt sich in einer „Einführung in die Theoretische Physik" kaum mehr rechtfertigen, denn einem Interessenten steht hierzu heute eine reichhaltige Spezialliteratur zur Verfügung. Dagegen konnte ich mich nicht entschließen, den Abschnitt „Schwingungen von Stäben und Platten" lediglich mit einem Hinweis abzutun. Ausschlaggebend war hierfür die Tatsache, daß dem Leser anhand von zwar bekannten, aber nicht ganz gängigen Beispielen die Anwendung des HAMILTONschen Prinzips zur Gewinnung von Bewegungsgleichungen dargelegt werden kann. Da allein dieses mit der Neufassung des genannten Abschnittes bezweckt werden sollte, wurde die Integration der gefundenen Bewegungsgleichungen unterlassen.

Bei der Neufassung des Manuskriptes dieses Buches haben mich meine Mitarbeiter wesentlich unterstützt, denen ich für ihr Interesse, das sie für dieses Buch zeigten, zu großem Dank verpflichtet bin. Er ist auszusprechen an: Dr. H. LÜBBIG (jetzt: PTB, Institut Berlin), Dr. K. RIETZEL (jetzt: DBP) und Dipl.-Phys. K. ROBERT (jetzt: DVL Porz). Besonders zu danken habe ich jedoch meinem derzeitigen Mitarbeiter Dipl.-Phys. J. STREUBEL: Er hat eine Reihe von Vorschlägen zur Neufassung einiger Kapitel der zweiten Hälfte dieses Buches gemacht, die ich gern angenommen habe. Desgleichen hat er sich, ebenso wie die unermüdliche Schreiberin des mehrfach geänderten Manuskriptes, Fr. Schöneberg, bei der Korrektur intensiv betätigt. Schließlich darf die angenehme und ersprießliche Zusammenarbeit mit dem Verlag nicht unerwähnt bleiben, dem ich hierfür ebenfalls Dank auszusprechen habe.

Es braucht wohl nicht besonders betont zu werden, daß mit der Neufassung angestrebt wurde, den „SCHAEFER" zu erhalten. Ob und wieweit dies gelungen ist, wird die Zukunft zeigen.

M. Päsler

Berlin 12 (Charlottenburg), 1. November 1969
Technische Universität Berlin

Inhaltsübersicht

Einleitung und Vorbereitendes

Mechanik eines Massenpunktes

I. Kinematik

II. Dynamik

III. Anwendungen und Beispiele

Mechanik der Punktsysteme

I. Dynamik

II. Prinzipe der Mechanik

III. Die Hamiltonsche Mechanik

IV. Anwendungen und Beispiele

Mechanik Starrer Körper

I. Kinematik des Starren Körpers

II. Dynamik des Starren Körpers

III. Anwendungen und Beispiele

Mechanik Deformierbarer Körper

(Elastomechanik, Hydromechanik)

I. Einleitung

II. Der Deformationszustand

III. Der Spannungszustand

IV. Bewegung Deformierbarer Körper

A. Elastomechanik

V. Elastostatik

VI. Elastodynamik

VII. Anwendungen und Beispiele

Spezielle Fälle des Elastischen Gleichgewichts

Bewegungen in einem unendlich ausgedehnten Kontinuum

Schwingungen von Saiten und Membranen

Schwingungen von Stäben und Platten

B. Hydromechanik

VIII. Hydrostatik

IX. Hydrodynamik der Idealen Flüssigkeit

X. Anwendungen und Beispiele

Zur Hydrostatik

Zur Hydrodynamik

XI. Hydrodynamik der Zähen Flüssigkeit

XII. Anwendungen und Beispiele

Einleitung und Vorbereitendes

Einleitung und Vorbereitendes

1. Die Aufgabe der Mechanik

Die Mechanik ist das Teilgebiet der Physik, dem es obliegt, diejenigen Gesetzmäßigkeiten aufzusuchen, nach denen die Bewegungen der in der Natur vorkommenden Körper verlaufen.

Die Mechanik hat die Aufgabe, die Gesamtheit der Bewegungen zu klassifizieren und sie in möglichst einfacher Weise zu beschreiben. Diese Aufgabe erfüllt die Mechanik durch Bildung geeigneter Begriffe, die es gestatten, das Typische der verschiedenen Bewegungsformen herauszuschälen und zu formulieren.

Unsere heutige Mechanik beruht im wesentlichen auf drei Axiomen. Sie wurden erstmalig von Isaac NEWTON[1]) in den 1687 erschienenen *Philosophiae Naturalis Principia Mathematica* klar ausgesprochen. Mit diesem Werk fand eine von GALILEI[2]) begonnene und dann von HUYGENS[3]) fortgesetzte Begründung einer Bewegungslehre einen ersten Abschluß.

Die von NEWTON postulierte und später von EULER[4]), LAGRANGE[5]), HAMILTON[6]) u. a. ausgebaute Mechanik (heute: *Klassische Mechanik*) ist ein widerspruchsfreies System, das sich durch besondere Einfachheit auszeichnet. Man könnte sich vielleicht auch eine andere Formulierung der Mechanik ausdenken — wie es z. B. HERTZ[7]) getan hat —, welche ebenso widerspruchsfrei ist wie die NEWTONsche Mechanik und das gleiche wie diese leistet. Es ist aber fraglich, ob eine andere Mechanik ebenso einfach sein würde wie die von NEWTON. Jedenfalls ist seit Begründung der Klassischen Mechanik nichts bekannt geworden, was deren Stellung ernstlich zu erschüttern vermochte[8]).

Oftmals wird die Mechanik als die „Lehre von den Bewegungen und den Kräften" bezeichnet. Gemeint ist mit dieser Formulierung folgendes: die Mechanik führt das Zustandekommen der Bewegung eines Objektes auf das Einwirken von Kräften auf eben dieses Objekt zurück. Die Kräfte sieht die Mechanik jedoch als *gegeben* an und fragt *nicht* nach ihrer Natur, d. h. wie die Kräfte entstehen und warum sie gerade so wirken, wie man es in der Natur beobachtet und nicht anders, wie es auch denkbar wäre. Die Mechanik versucht lediglich, die Vielzahl von Kräften nach gewissen Merkmalen in verschiedene Gruppen zu unterteilen, d. h. sie zu klassifizieren. Dieses und nur dieses ist gemeint, wenn man gelegentlich die Mechanik auch als die „Lehre von den Kräften" bezeichnet.

---

[1]) Isaac NEWTON: *1643 in Woolstorpe, †1727 in London.

[2]) Galileo GALILEI: *1564 in Pisa, †1642 in Pisa.

[3]) Christian HUYGENS: *1629 in Den Haag, †1695 in Den Haag.

[4]) Leonhard EULER: *1707 in Basel, †1783 in Petersburg.

[5]) Joseph LAGRANGE: *1736 in Rutin, †1813 in Paris.

[6]) William HAMILTON: *1805 in Dublin, †1865 in Dunsnik.

[7]) Heinrich HERTZ: *1857 in Hamburg, †1894 in Bonn.

[8]) Von der Verfeinerung, die die NEWTONsche Mechanik durch die Relativitätstheorie erfuhr, soll hier vorerst abgesehen werden. Darauf wird später (in Bd. II) noch ausführlich eingegangen.

Wir stellen die NEWTONsche Mechanik an den Anfang unserer Einführung in die Theoretische Physik. Hierzu veranlaßt uns insbesondere ein historischer Grund: Die Mechanik ist jener Teil der Physik, der sich am frühesten — z. T. schon im Altertum — zu entwickeln begann. In diesem Zusammenhang sind erstmalig grundlegende Begriffe, wie etwa Kraft, Arbeit, Energie, Impuls, definiert und später verschiedene Formalismen entwickelt worden, die, wie es sich danach erwies, auch in anderen Teilgebieten der Physik von tragender Bedeutung sind. Es erscheint daher zweckmäßig, den Anfänger, an den sich diese Schrift vorzugsweise wendet, mit diesen grundlegenden Begriffen baldmöglichst bekannt zu machen. Dieser pädagogische Grund mag als weitere Rechtfertigung dafür angesehen werden, weswegen die Mechanik (wie es auch heute noch allgemein üblich ist) bei einer Einführung in die Theoretische Physik an erster Stelle behandelt wird.

Man hat früher noch einen weiteren Grund dafür angegeben, die Mechanik an die Spitze der Physik zu stellen. Dieser — inzwischen überholte — Grund wurde durch das Schlagwort „Mechanisches Weltbild" ausgedrückt, womit man der Mechanik eine Vorrangstellung einräumte. Gemeint ist damit folgendes: man war früher der Auffassung, daß ein nichtmechanischer Naturvorgang, etwa eine elektrische oder optische Erscheinung, erst dann als „erklärt" angesehen wurde, wenn die in Frage stehende Erscheinung auf einen Bewegungsvorgang zurückgeführt war. So hat man z. B. die Wärme als eine ungeordnete Bewegung der Moleküle eines Körpers gedeutet („Mechanische Wärmetheorie"), man faßte das Licht als elastische Wellenbewegung des sogenannten Lichtäthers auf u. a. m.

Um die Ausführung dieses Programms eines „Mechanischen Weltbildes" war die Physik lange Zeit bemüht. Allerdings ist es nicht gelungen, dieses Programm zu erfüllen, was, vom Standpunkt unserer heutigen Erkenntnisse aus beurteilt, auch nicht gelingen konnte. Dieses soll jedoch kein entscheidender Grund dagegen sein, die Mechanik dennoch an den Anfang einer Vorlesungsreihe über Theoretische Physik zu stellen.

2. Bemerkungen über Raum und Zeit

Unter der Bewegung eines Körpers, deren Beschreibung der Mechanik obliegt, versteht man die örtliche Veränderung des betrachteten Objektes im Laufe der Zeit. Wir werden uns daher, bevor wir an die Behandlung der Mechanik gehen, zunächst mit den Begriffen *Raum* und *Zeit* zu beschäftigen haben.

Die Eigenschaften des *physikalischen Raumes*, wie man den Träger der Naturerscheinungen nennt, sind nicht a priori feststehend, sondern müssen aus geeigneten Messungen — a posteriori — erschlossen werden. Aus dieser Bemerkung ist ersichtlich, daß gewisse physikalische Voraussetzungen unerläßlich sind, ohne die eine Messung nicht denkbar ist.

Bis zur letzten Jahrhundertwende hat man auf die Frage nach den Eigenschaften des uns zugänglichen Raumes unbedenklich geantwortet, daß diese durch die — von der Erfahrung bestätigten — Axiome und Lehrsätze der EUKLIDischen Geometrie bestimmt seien. Nachdem dann aber Albert EINSTEIN[1]) im Jahre 1906 die Spezielle Relativitätstheorie begründet und diese 1913 zur Allgemeinen Relativitätstheorie ausgebaut hatte, erfuhren unsere früheren Anschauungen über Raum und Zeit in einigen Punkten erhebliche Änderungen. Hierzu sei folgendes bemerkt:

Zunächst erscheint es selbstverständlich, daß der physikalische Raum „eben" ist: denn die Frage, ob der Raum anders als eben ist, d. h. gekrümmt sein könnte, erscheint dem naiven Menschen ohne Sinn. Nicht dagegen dem Mathematiker. Dieser hat nämlich keine Schwierigkeiten, sich neben den eindimensionalen Räumen (den Kurven), den zweidimensionalen Räumen (den Flächen) und dem dreidimensionalen Raume (dem physikalischen Raum) auch Räume von höherer Dimensionszahl zu

---

[1]) Albert EINSTEIN: *1879 in Ulm, † 1955 in Princeton.

denken, so etwa einen vierdimensionalen Raum. Ein solcher liegt freilich außerhalb unseres Vorstellungsvermögens. Indessen ist eine solche Verallgemeinerung durchaus zulässig und enthält keinerlei inneren Widerspruch. In einen solchen vierdimensionalen Raum kann man sich nun beliebig viele dreidimensionale Räume eingelagert denken, ebenso wie den dreidimensionalen Raum beliebig viele Flächen und den zweidimensionalen Raum beliebig viele Kurven erfüllen können. Für ein Wesen, dem eine vierte Dimension anschaulich zugänglich wäre, würde die Frage, ob die dreidimensionalen Räume, die in einem vierdimensionalen Raum eingebettet sind, eben oder gekrümmt sind, genau denselben vernünftigen Sinn haben, wie für uns die Frage, ob eine Fläche eben oder gekrümmt ist.

Auch ein Wesen, dem nur zwei Dimensionen in der Vorstellung zugänglich sind, würde dieselben Schwierigkeiten empfinden, wenn man die Frage aufwerfen würde, ob die Fläche, auf die das Wesen beschränkt ist, eben oder gekrümmt ist. Das naive zweidimensionale Wesen würde die Ebenheit seiner Fläche als selbstverständlich betrachten und die obige Frage als sinnlos ablehnen. Erst der zweidimensionale Mathematiker erkennt den Sinn und die Berechtigung dieser Frage, da er den Begriff des dreidimensionalen Raumes bilden kann.

Wer wie wir im dreidimensionalen Raume lebt, sieht ohne weiteres, ob eine Fläche eben oder gekrümmt ist und ebenso sieht ein vierdimensionales Wesen, ob ein dreidimensionaler Raum eben oder gekrümmt ist. Man kann sich dies anhand der Abb. 2, 1 und 2, 2 klar machen: in ihnen ist $A\ B$ der Schnitt einer ebenen Fläche F

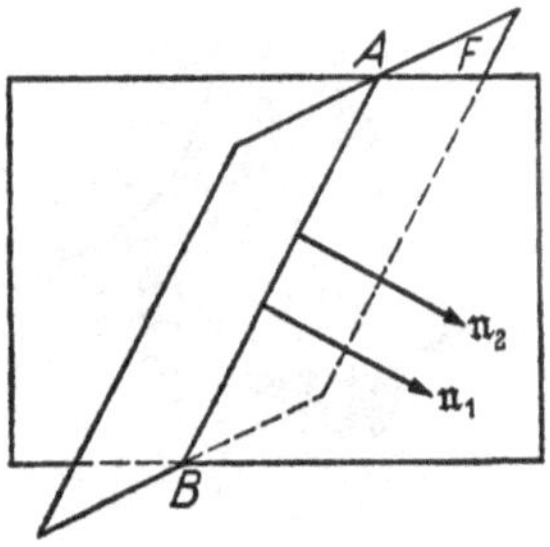

Abb. 2, 1: Zwei beliebige auf einer ebenen Fläche F errichtete Normalenvektoren $\mathfrak{n}_1$ und $\mathfrak{n}_2$ sind stets zueinander parallel (AB Schnittlinie der ebenen Fläche F mit der Papierebene)

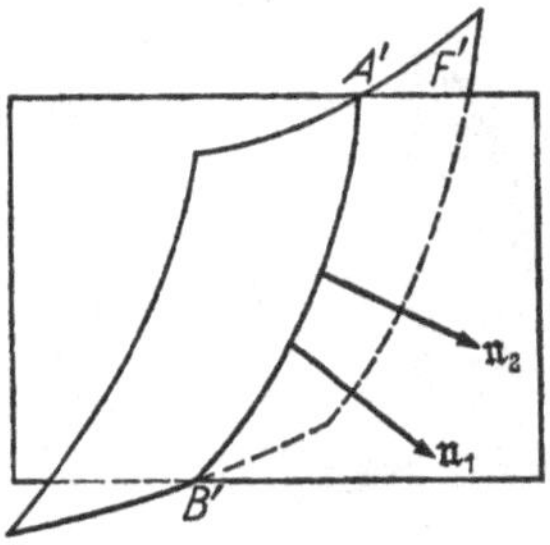

Abb. 2, 2: Zwei auf einer gekrümmten Fläche F' errichtete Normalenvektoren $\mathfrak{n}_1$ und $\mathfrak{n}_2$ weisen (i. allg.) nach verschiedenen Richtungen ($A'B'$ Schnittlinie der gekrümmten Fläche F' mit der Papierebene)

und $A'\ B'$ der Schnitt einer gekrümmten Fläche F' mit der Papierebene. Errichten wir in zwei Punkten die Flächennormalen $\mathfrak{n}_1$ und $\mathfrak{n}_2$, so sind diese im ersten Fall parallel, im zweiten Fall dagegen divergieren sie. Diese Konstruktion, durch die über Ebenheit oder Nichtebenheit einer Fläche entschieden wird, kann allerdings nur ein höherdimensionales Wesen ausführen, weil man dazu aus der Fläche hinaustreten muß. Dem Flächenbewohner ist dieses jedoch nicht möglich. Genau so ist es beim dreidimensionalen Raum: das vierdimensionale Wesen kann in zwei benachbarten Punkten desselben zwei Raumnormalen errichten und Parallelismus bzw. Nichtparallelismus derselben, also Ebenheit bzw. Krümmung des Raumes feststellen, was uns dreidimensionalen Wesen indessen unmöglich ist.

Dennoch besitzen wir eine Möglichkeit festzustellen, ob der physikalische Raum eben oder gekrümmt ist, ebenso wie Flächenwesen dies von ihrer Fläche feststellen können. Wir erläutern den Sachverhalt für den letzten Fall, weil wir dafür eine Vorstellung besitzen.

Wenn die Flächenbewohner, die ihre Fläche zunächst als eben ansehen, im Laufe der Zeit die ebene Geometrie entwickeln, so werden sie u. a. auch den Satz finden, daß die Summe der Winkel eines ebenen Dreiecks unabhängig von seiner Größe gleich 180° ist. Diesen Satz können sie prüfen, indem sie ihre Fläche ausmessen. Finden sie eine Abweichung, so werden sie zu der Vermutung geführt werden, daß der Widerspruch in der Unrichtigkeit der bisher für selbstverständlich gehaltenen Voraussetzung der Ebenheit ihrer Fläche liegen könne. Sie werden dann vielleicht die Voraussetzung machen, ihre Fläche sei (positiv) konstant gekrümmt: sie sei also eine Kugelfläche. Sie entwickeln dann die auf einer solchen Fläche geltende sphärische Geometrie und finden, daß die Summe der Dreieckswinkel von 180° um so mehr nach oben abweicht, je größer der Dreiecksinhalt (bei festem Kugelradius) gewählt wird. Dies kann wiederum durch Messung an verschieden großen Dreiecken geprüft werden. Falls die Krümmung negativ sein sollte (Pseudosphäre), so ist die Winkelsumme der Dreiecke kleiner als 180°, und zwar ist auch hier die Abweichung um so größer, je größer das Dreieck genommen wird.

Indem also die Flächenwesen Dreiecke auf ihrer Fläche ausmessen, können sie Kenntnis darüber erlangen, ob und wie diese Fläche gekrümmt ist.

Vielleicht wird ein Anfänger an dieser Stelle folgendes sagen: „Daß in einem sphärischen Dreieck (Abb. 2, 3) bzw. in einem pseudosphärischen Dreieck (Abb. 2, 4) die Summe der Winkel von 180° nach oben bzw. nach unten abweicht, liegt

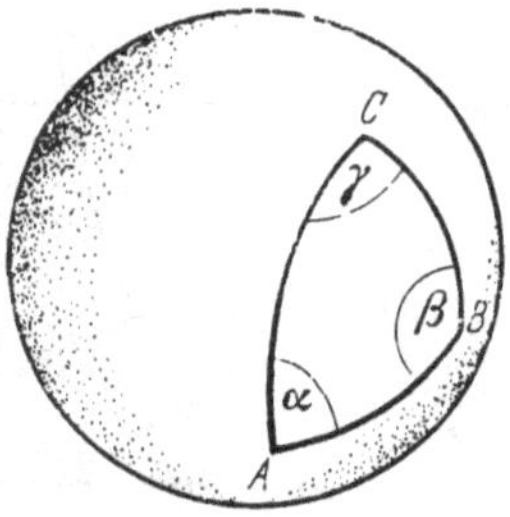

Abb. 2, 3: In dem sphärischen Dreieck ABC ist die Winkelsumme $\alpha + \beta + \gamma > 180^0$

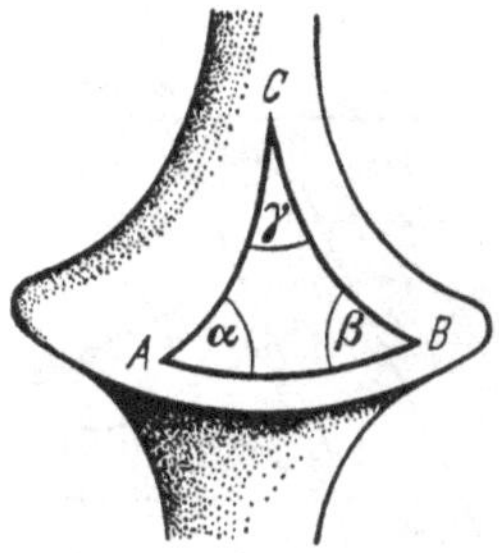

Abb. 2, 4: In dem pseudosphärischen Dreieck ABC ist die Winkelsumme $\alpha + \beta + \gamma < 180^0$

lediglich daran, daß in beiden Fällen die das Dreieck begrenzenden Linien keine Geraden, sondern gekrümmte Kurven sind.“ Dieser Einwand ist zweifellos richtig. Indessen ist zu beachten, daß der jeweilige Flächenbewohner die ein in „seiner“ Fläche liegendes Dreieck begrenzenden Linien als „Geraden“ ansieht und „geradere“ Linien als diese nicht kennt. So sind z. B. die „geradesten“ Linien auf einer Kugel deren Großkreise und analog gibt es auf jeder anderen Fläche „geradeste“ oder — wie man auch sagt — *geodätische* Linien. Diese geodätischen Linien sind es, die ein Flächenbewohner als „seine“ Geraden bezeichnet. Natürlich ist es durch die Abweichung der geodätischen Linien von den Geraden bedingt, daß die Summe der Dreieckswinkel von 180° abweicht; aber man muß bedenken, daß der Flächenbewohner diese geodätischen Linien ebenso für Geraden hält, wie seine Fläche für eben.

Aus dem Vorhergehenden dürfte klar sein, wie wir im dreidimensionalen Raum Lebende es zu machen haben, um über dessen Struktur Aufschluß zu bekommen: Wir müssen möglichst große Dreiecke ausmessen und ihre Winkelsumme ermitteln.

Wohl der erste, der an die Möglichkeit gedacht hat, daß unser Raum gekrümmt sein könne und der auch eine experimentelle Prüfung durchgeführt hat, war Carl

Friedrich GAUSS[1]), von dem übrigens auch das pseudosphärische Dreieck, Abb. 2, 4, herrührt. GAUSS hat bei einer Triangulation u. a. das große Dreieck Inselsberg-Brocken-Hoher Hagen ausgemessen und für die Dreieckswinkelsumme, innerhalb der Fehlergrenze, den Betrag von 180° gefunden.

Aus dieser Feststellung folgt, daß man in erster Näherung berechtigt ist, den physikalischen Raum als „eben" anzusehen und die Sätze der EUKLIDischen Geometrie zu verwenden. Daß wir diese Aussage so vorsichtig formulieren, hat seinen Grund darin, daß alle Messungen mit Fehlern behaftet sind und über die Fehlergrenze hinaus nichts ausgesagt werden kann. Tatsächlich werden wir später Gründe kennenlernen, die uns veranlassen, den Raum dort, wo Materie vorhanden ist, als gekrümmt anzusehen. Dies hängt, wie EINSTEIN gezeigt hat, aufs engste mit dem Problem der Schwerkraft zusammen, wozu in Band II noch einiges gesagt werden wird. —

Neben dem Begriff des Raumes benötigt man zur Beschreibung von Bewegungsvorgängen noch weiterhin den Begriff der Zeit. Ohne auf Einzelheiten, die über Zeit und Zeitmessung gesagt werden könnten, hier eingehen zu wollen, führen wir im Anschluß an NEWTON die Zeit — wie übrigens gleichfalls den Raum — als eine „absolute" Größe ein. Dies tut NEWTON, indem er postuliert:

„Der absolute Raum bleibt vermöge seiner Natur und ohne Beziehung auf einen äußeren Gegenstand stets gleich und unbeweglich."

„Die absolute, wahre und mathematische Zeit verfließt an sich und vermöge ihrer Natur gleichförmig und ohne Beziehung auf irgendeinen Gegenstand."

Wir drücken dies heute dadurch aus, daß wir sagen, die Klassische Mechanik sieht den Raum und die Zeit als zwei voneinander unabhängige Größen — als etwas „absolut Gegebenes" — an. Insbesondere heißt dies, daß die Klassische Mechanik (wie auch die gesamte Klassische Physik[2]) die Gültigkeit einer Universalzeit voraussetzt. Es war EINSTEIN, der 1906 als erster darauf hinwies, daß diese Annahme einer Revision bedarf, denn er zeigte, daß der Zeitablauf für einen Beobachter von dessen Bewegungszustand abhängig ist.

Wir werden diese Tatsache vorerst nicht berücksichtigen und daher im folgenden eine Mechanik (eben die „Klassische Mechanik") entwickeln, die der Grenzfall einer verallgemeinerten Mechanik, der Relativitätsmechanik, ist, was in Bd. II gezeigt werden wird.

3. Modelle der Mechanik

Es wurde schon in Kap. 1 erwähnt, daß der Mechanik u. a. die Aufgabe obliegt, Gesetzmäßigkeiten — man nennt sie *Bewegungsgleichungen* — aufzustellen, die es ermöglichen, den zeitlichen Ablauf der Bewegung eines mechanischen Systems zu ermitteln, wenn es der Einwirkung von gegebenen Kräften unterworfen ist. Dabei ist mit System eine Gesamtheit von Objekten (Körper usw.) gemeint, die als ein Ganzes betrachtet werden.

Da die Bewegung eines Systems erst dann vollständig beschrieben ist, wenn man die Bewegung eines jeden seiner Teile kennt, ist die Aufgabe, den Bewegungszustand eines Systems zu bestimmen, i. allg. sehr schwierig und in Strenge wohl kaum lösbar.

---

[1]) Carl-Friedrich GAUSS: *1777 in Braunschweig, † 1855 in Göttingen.

[2]) Als „Klassische Physik" bezeichnet man die Gesamtheit aller physikalischen Theorien, die *vor* der Begründung der Quantentheorie (1900) entwickelt und bis zu diesem Zeitpunkt im wesentlichen abgeschlossen waren. Während man bis vor kurzem diese Erklärung des Begriffes „Klassische Physik" einheitlich verwendete, wird neuerdings manchmal die erst 1906 entstandene Spezielle Relativitätstheorie als auch zur Klassischen Physik gehörig angesehen.

Um dennoch zu Ergebnissen zu gelangen, ersetzt man — und das nicht nur in der Mechanik, sondern auch in allen anderen Teilgebieten der Physik — die tatsächlichen Verhältnisse (die „Wirklichkeit") durch *Modelle*, indem man gewisse Einzelheiten, die die Beschreibung physikalischer Vorgänge komplizieren, einfacher annimmt, als sie in Wirklichkeit sind.

In der Mechanik geschieht dies in radikalster Weise durch die Einführung des Modells des *Massenpunktes*. Dieser ist insofern das einfachste Abbild, durch das die tatsächlichen (festen) Körper ersetzt werden können, als von allen sie kennzeichnenden Größen und Eigenschaften (geometrische Form, Massenverteilung, Verformbarkeit usw.) abgesehen und nur noch deren Gesamtmasse berücksichtigt wird, die man sich in einem Punkt konzentriert denkt. Die Bewegungen von Massenpunkten sind die denkbar einfachsten, weil bei ihnen die Komplikation infolge der räumlichen Ausdehnung, die jeder Körper hat, fortfällt. Deshalb ist es zweckmäßig, zuerst die *Mechanik eines Massenpunktes* zu entwickeln.

Ebenso wie sich vielfach ein Körper durch das Abbild eines Massenpunktes ersetzen läßt, kann man in einer Reihe von Fällen eine Mehrzahl von Körpern durch das Modell einer Mehrzahl von Massenpunkten ersetzen. Man spricht dann von einem *Punktsystem*. Ein solches erhält man z. B., wenn die Sonne und die sie umlaufenden Planeten durch Massenpunkte abgebildet werden.

Das Modell eines Punktsystems kann man aber auch für einen festen Körper einführen, indem man sich diesen aus „Elementen" aufgebaut denkt, von denen jedes durch einen Massenpunkt ersetzt wird.

Vielfach wird man nun bei der Beschreibung von gewissen Bewegungsvorgängen solcher fester Körper keinen ins Gewicht fallenden Fehler machen, wenn man annimmt, daß sich der Abstand zwischen zwei beliebigen solcher Elemente während der Bewegung nicht ändert (Beispiel: Kreiselbewegung). Mit dieser Annahme ersetzt man ein (von Natur aus stets) deformierbares Objekt durch das Modell eines *Starren Körpers*.

Wir werden daher im Anschluß an die Mechanik eines Massenpunktes die Gesetze der *Mechanik der Punktsysteme* (Systemmechanik) darlegen und danach die *Mechanik der Starren Körper* (Stereomechanik) behandeln.

Wenngleich zwar die letztgenannte Disziplin der jeweiligen geometrischen Gestalt eines sich bewegenden Körpers Rechnung trägt, so läßt sie — wie es das Beiwort „starr" ausdrücklich hervorhebt — die jedem Körper zukommende Eigenschaft, nämlich verformbar — *deformierbar* — zu sein, unbeachtet. Es ist dann selbstverständlich, daß die Anwendung der Gesetzmäßigkeiten der Stereomechanik — und natürlich erst recht derjenigen der Punktmechanik — stets versagen muß, wenn es sich um die Behandlung solcher Probleme handelt, deren Lösung die Berücksichtigung der jedem Körper eigentümlichen Verformbarkeit unbedingt verlangt (Beispiel: Balkenbiegung). In solchen Fällen sind andere, über die der Punkt- und Systemmechanik hinausgehende Gesetzmäßigkeiten anzuwenden, die aufzustellen und zu untersuchen Aufgabe einer *Mechanik der deformierbaren Körper* ist. Auch diese legt ihren Betrachtungen gewisse Modelle zugrunde, über die wir erst im letzten Abschnitt dieses Bandes etwas sagen werden.

Wenn man die von der Physik zu beschreibende „Wirklichkeit" durch Idealisierung vereinfacht, so kann dies in verschiedener Weise getan werden. Deswegen kann man sich für einen zu untersuchenden Vorgang zweifellos mehrere, durchaus verschiedene Modellvorstellungen ausdenken. Es ist nun klar, daß in der Physik von einer Reihe möglicher Modelle allein jenen Bedeutung zukommen kann, die es ermöglichen, zu Aussagen zu gelangen, welche durch die Erfahrung (das Experiment) bestätigt werden. Manchmal leisten dies zwei oder mehr Modelle. Von ihnen gibt man jenem den Vorzug, das nach unserer Auffassung das einfachste ist.

4. Einteilung der Mechanik

Solange man Bewegungen nur an sich untersucht, d. h. die aufeinander folgenden Lagen eines Körpers zu verschiedenen Zeiten verfolgt, ohne zu fragen, wie diese Bewegungen entstehen, hat man es mit einer rein geometrischen Betrachtung zu tun. Diesen Teil der Mechanik nennt man *Kinematik*. Ihre Aufgabe ist die Untersuchung und Klassifizierung aller denkbaren Bewegungen, ohne die Ursache der Bewegung in Betracht zu ziehen. Sofern man Bewegungen allein unter diesem Gesichtspunkt untersucht, nennt man die Kinematik gelegentlich auch Phoronomie. Jener Teil der Mechanik dagegen, der die Bewegungen in Verbindung mit den sie verursachenden Kräften untersucht, heißt *Dynamik*, die die *Statik* — die Lehre vom Gleichgewicht — als Sonderfall enthält. Der Dynamik obliegt es, allgemeine Prinzipe zu entwickeln, die es ermöglichen, Bewegungsgleichungen aufzustellen. Eine Anwendung dieser Gesetzmäßigkeiten zur Beschreibung von Einzelfragen wird manchmal als „Spezielle" Dynamik bezeichnet.

Somit ergibt sich für die Mechanik eines Massenpunktes, für die der Punktsysteme, der starren und deformierbaren Körper eine Unterteilung in je eine Kinematik, eine Dynamik und deren Anwendungen auf Sonderfälle.

Bevor wir das soeben skizzierte Programm im einzelnen ausführen, erwähnen wir die Voraussetzungen, die zum Verständnis der nachfolgenden Darlegungen erforderlich sind: Aus der Physik müssen dem Leser die Grundbegriffe der Mechanik etwa in dem Umfang bekannt sein, wie sie in einer einführenden Vorlesung über Experimentalphysik behandelt werden. Bezüglich der mathematischen Kenntnisse wird vom Leser verlangt, daß er die Grundregeln der Infinitesimalrechnung und der Analytischen Geometrie beherrscht sowie einiges über das Lösen von gewöhnlichen Differentialgleichungen weiß. Ferner wird vorausgesetzt, daß der Leser mit den Hauptbegriffen der Vektorrechnung vertraut ist. Dieser Kalkül ist — weil er vielfach im unmittelbaren Anschluß an physikalische Begriffe entwickelt wurde — zur quantitativen Formulierung vieler grundlegender Naturgesetze besonders gut geeignet. Wir werden deshalb im folgenden, soweit dies möglich ist, von der Vektorsymbolik Gebrauch machen. Es erscheint daher nicht überflüssig, wenn die Hauptbegriffe sowie die wichtigsten Sätze, Rechenregeln und Formeln aus der Vektorrechnung, die in der Theoretischen Physik sehr häufig verwendet werden, in einem gesonderten Abschnitt — Kap. 5 — rekapitulierend zusammengestellt werden.

Über die vorstehend angegebenen mathematischen Vorkenntnisse hinaus wird zum Verständnis mancher Ausführungen in diesem Band noch einiges aus der Tensor- und aus der Variationsrechnung benötigt. Da Kenntnisse aus diesen Zweigen der Mathematik bei einem Anfänger — für den dieses Buch vornehmlich gedacht ist — nicht unbedingt vorausgesetzt werden dürfen, werden (zur Bequemlichkeit des Lesers) die zum Verständnis einiger späterer Darlegungen erforderlichen Hilfsmittel aus den erwähnten mathematischen Disziplinen in Kap. 6 und 7 behandelt. Diese Abschnitte braucht der Anfänger vorerst nicht durchzuarbeiten, sondern kann damit so lange warten, bis er durch entsprechende Bemerkungen darauf hingewiesen wird, daß der Inhalt der genannten Kapitel zum Verständnis der weiteren Ausführungen erforderlich ist.

Wenn der aufmerksame Leser feststellt, daß in den vorbereitenden mathematischen Abschnitten von den formalen Hilfsmitteln etwas mehr behandelt wird, als man später unbedingt benötigt, so war dafür mitbestimmend: „daß man von einer Sache eigentlich zu wenig weiß, wenn man gerade nur das weiß, was man unbedingt braucht"[1])

---

[1]) Zitiert nach LAUE, M. v.: *Die Relativitätstheorie*, Bd. 2 (S. VI). Braunschweig: Fr. Vieweg u. Sohn 1923.

5. Formeln und Sätze aus der Vektorrechnung

a) Allgemeine Begriffe

Erklärung: Eine Größe, die nach Vorgabe einer Maßeinheit durch die Angabe von nur einer Zahl (Maßzahl) vollständig bestimmt ist, nennt man eine *skalare* Größe oder einen *Skalar*[1]) (Beispiele: Temperatur, Dichte von Stoffen). Ist aber zur vollständigen Bestimmung einer Größe außer der Angabe eines Betrages noch die Angabe einer Richtung erforderlich, so nennt man diese Größe einen *Vektor* (Beispiele: Verschiebung, Geschwindigkeit). Da zur Festlegung einer Richtung im Raum zwei Daten notwendig sind, kann man auch sagen, daß ein Vektor eine Größe ist, deren vollständige Bestimmung die Angabe von drei Daten erfordert. Die beiden vorstehenden Sätze werden vielfach als Definition eines Vektors angegeben. Hier sollen sie als eine an die Anschaulichkeit anknüpfende nur vorläufige Erklärung des Vektors dienen, dessen endgültige (abstrakte) Definition später — durch Gl. (5, 23) — gegeben wird.

Bezeichnung: Einen Skalar werden wir nach vielfachem Brauch entweder durch einen lateinischen Buchstaben in *kursiv* (Beispiele: Temperatur T, Masse m) oder, wie es sich bei manchen Begriffen eingebürgert hat, durch einen griechischen Buchstaben bezeichnen (Beispiele: Dichte ϱ, Frequenz ν). Dagegen wird als Symbol für einen Vektor — wie es im deutschen Sprachbereich üblich ist — ein großer oder kleiner Frakturbuchstabe verwendet werden[2]) (Beispiele: Kraft $\mathfrak{K}$, Verschiebung $\mathfrak{s}$).

Veranschaulichung: Da ein Vektor $\mathfrak{A}$ durch Angabe eines Betrages und einer Richtung bestimmt ist, kann $\mathfrak{A}$ durch eine gerichtete Strecke im Raum dargestellt werden, Abb. 5, 1. Die

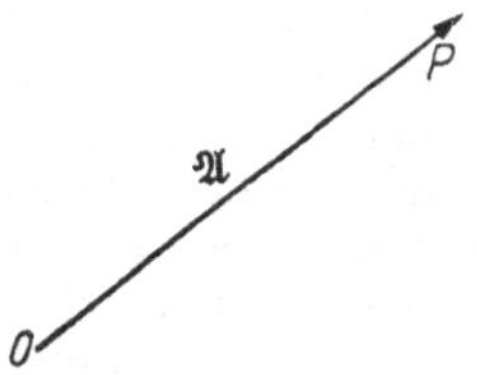

Abb. 5, 1: Zum Vektorbegriff: Die von O ausgehende nach P weisende „gerichtete Strecke“ OP stellt den Vektor $\mathfrak{A}$ dar

Richtung von OP ist dieselbe, die zur Bestimmung von $\mathfrak{A}$ angegeben werden muß, während man die Länge $\overline{OP}$ so wählt, daß sie mit dem Betrag $|\mathfrak{A}| = A$ von $\mathfrak{A}$ übereinstimmt. Dies wird symbolisch durch

$$\overline{OP} = |\mathfrak{A}| = A \tag{5, 1}$$

ausgedrückt.

Einheitsvektoren: Ist der Betrag eines Vektors gleich eins, so nennt man ihn einen *Einheitsvektor* und symbolisiert ihn durch $\mathfrak{A}^0$, $\mathfrak{B}^0$, ... Durch einen Einheitsvektor $\mathfrak{A}^0$, für den p. def.

$$|\mathfrak{A}^0| = 1 \tag{5, 2}$$

gilt, wird lediglich eine Richtung im Raum festgelegt.

Mit Verwendung des Begriffes Einheitsvektor $\mathfrak{A}^0$ kann man einen Vektor $\mathfrak{A}$, dessen Richtung parallel zu $\mathfrak{A}^0$ ist, durch

$$\mathfrak{A} = |\mathfrak{A}|\,\mathfrak{A}^0 = A\,\mathfrak{A}^0 \tag{5, 3}$$

darstellen. Hieraus folgt, daß die Richtung eines beliebigen Vektors $\mathfrak{A}$ durch „seinen“ Einheitsvektor

$$\mathfrak{A}^0 = \frac{\mathfrak{A}}{|\mathfrak{A}|} \tag{5, 4}$$

gegeben ist. Aus (5, 4) ist zu erkennen, daß ein Einheitsvektor dimensionslos ist und daher niemals eine physikalische Größe von vektoriellem Charakter beschreiben kann. Vielmehr wird, wie schon bemerkt, durch $\mathfrak{A}^0$ allein eine Richtung festgelegt.

---

[1]) Die Bezeichnung „Skalar“ geht darauf zurück, daß zur Feststellung der Maßzahl einer skalaren Größe stets eine Skala erforderlich ist.

[2]) Wir bemerken, daß in der nichtdeutschsprachigen Fachliteratur statt des von uns benutzten Symbols $\mathfrak{A}$ für einen Vektor überwiegend die Bezeichnung A oder $\vec{A}$ verwendet wird.

Verwendet man zur Beschreibung eines Vorganges ein cartesisches Koordinatensystem, so kann man die Richtungen, in die die x-, y-, z-Achse des Bezugssystems weisen, durch drei Einheitsvektoren kennzeichnen. Es ist üblich, sie mit $\mathfrak{i}$, $\mathfrak{j}$, $\mathfrak{k}$ zu bezeichnen, s. Abb. 5, 2. Bei Benutzung anderer orthogonaler Koordinatensysteme (z. B. Zylinderkoordinaten, Kugelkoordinaten) verwendet man zur Bezeichnung der Einheitsvektoren den Buchstaben $\mathfrak{e}$, versehen mit einem der jeweiligen Koordinaten entsprechenden Index. So bezeichnet man etwa die drei Einheitsvektoren eines Kugelkoordinatensystems mit $\mathfrak{e}_r$, $\mathfrak{e}_\vartheta$, $\mathfrak{e}_\varphi$.

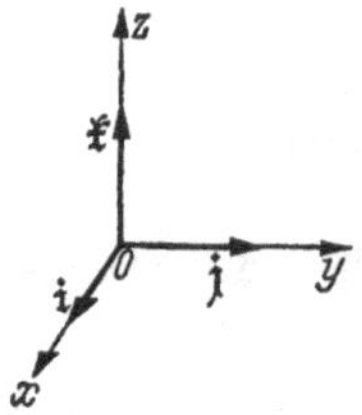

Abb. 5, 2: Die drei Einheitsvektoren $\mathfrak{i}$, $\mathfrak{j}$, $\mathfrak{k}$

Man beachte, daß nach Festlegung eines (als ruhend angenommenen) cartesischen Koordinatensystems sich die Richtungen von $\mathfrak{i}$, $\mathfrak{j}$, $\mathfrak{k}$ in keinem Raumpunkt ändern, während bei Verwendung anderer orthogonaler Koordinaten das aus den Einheitsvektoren gebildete Dreibein in verschiedenen Raumpunkten i. allg. verschieden orientiert ist. Dies ist in Abb. 5, 3 für den leicht zu übersehenden Fall veranschaulicht, daß ebene Polarkoordinaten verwendet werden.

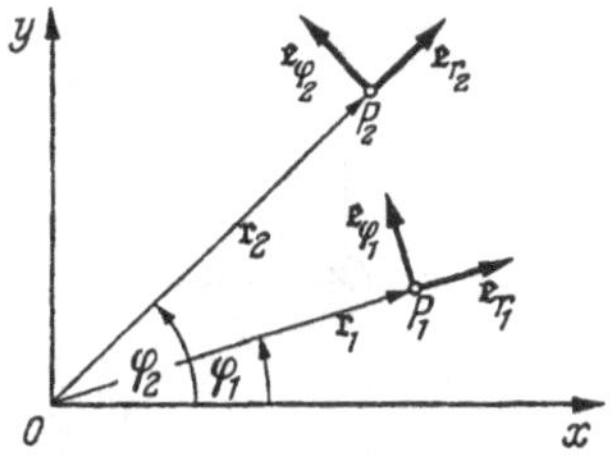

Abb. 5, 3: Die Einheitsvektoren $\mathfrak{e}_r$ und $\mathfrak{e}_\varphi$ in den Punkten P_1 (r_1, φ_1) und P_2 (r_2, φ_2)

Komponenten: Projiziert man eine gerichtete Strecke, die einen Vektor $\mathfrak{A}$ darstellen möge, auf die drei Achsen eines cartesischen Koordinatensystems, so nennt man die drei Projektionen die rechtwinkligen Komponenten A_x, A_y, A_z des Vektors in bezug auf das verwendete Koordinatensystem. Die Komponenten sind positive bzw. negative skalare Größen, je nachdem ob die Projektionen in die positive bzw. negative Richtung der Achsen fallen. Nach den Regeln der Analytischen Geometrie ist

$$A_x = |\mathfrak{A}| \cos(\mathfrak{A}, \mathfrak{i}) \tag{5, 5}$$

$$A_y = |\mathfrak{A}| \cos(\mathfrak{A}, \mathfrak{j}) \tag{5, 6}$$

$$A_z = |\mathfrak{A}| \cos(\mathfrak{A}, \mathfrak{k}), \tag{5, 7}$$

wobei unter $\cos(\mathfrak{A}, \mathfrak{i})$ ein „Richtungscosinus" gemeint ist. Mit diesem Begriff wird der cos jenes Winkels bezeichnet, den der Vektor $\mathfrak{A}$ mit dem Einheitsvektor $\mathfrak{i}$ einschließt. Für die drei Richtungscosinusse gilt die Relation

$$\cos^2(\mathfrak{A}, \mathfrak{i}) + \cos^2(\mathfrak{A}, \mathfrak{j}) + \cos^2(\mathfrak{A}, \mathfrak{k}) = 1. \tag{5, 8}$$

Unter Beachtung von (5, 8) und (5, 5—7) erhält man für den Betrag des Vektors $\mathfrak{A}$:

$$|\mathfrak{A}| = +\sqrt{A_x^2 + A_y^2 + A_z^2}. \tag{5, 9}$$

Fernerhin gilt die Darstellung

$$\mathfrak{A} = A_x \mathfrak{i} + A_y \mathfrak{j} + A_z \mathfrak{k}, \tag{5, 10}$$

wofür im folgenden das Symbol

$$\mathfrak{A} \equiv \{A_x, A_y, A_z\} \tag{5, 11}$$

verwendet werden soll.

Man beachte, daß beim Übergang von einem cartesischen Bezugssystem zu seinem Spiegelbild ($\mathfrak{i} \to -\mathfrak{i}$, $\mathfrak{j} \to -\mathfrak{j}$, $\mathfrak{k} \to -\mathfrak{k}$) die Komponenten A_x, A_y, A_z ihr Vorzeichen wechseln (polarer Vektor).

Manchmal ist es zweckmäßig, die Indizes x, y, z durch das Zahlentripel 1, 2, 3 zu ersetzen:

$$x \to 1, y \to 2, z \to 3. \tag{5, 12}$$

Dann ist statt (5, 11):

$$\mathfrak{A} \equiv \{A_1, A_2, A_3\} \tag{5, 13}$$

zu schreiben. Dies kürzt man mit

$$\mathfrak{A} \equiv \{A_i\}, \qquad i = 1, 2, 3 \tag{5, 14}$$

ab. Von dieser Schreibweise werden wir vielfach Gebrauch machen.

Der Ortsvektor $\mathfrak{r}$: Ist P ein Raumpunkt, der bzgl. eines cartesischen Koordinatensystems die Koordinaten x, y, z hat, so kann die Lage von P unter Verwendung des Vektorbegriffes durch den Ortsvektor

$$\mathfrak{r} = x\mathfrak{i} + y\mathfrak{j} + z\mathfrak{k} \tag{5, 15}$$

oder nach der oben getroffenen Vereinbarung durch

$$\mathfrak{r} \equiv \{x, y, z\} \tag{5, 16}$$

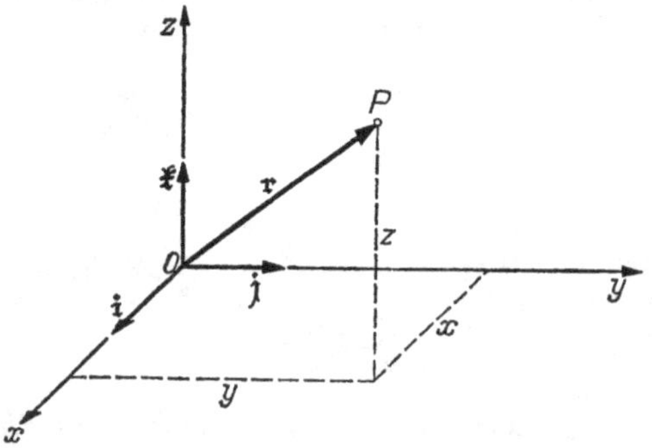

Abb. 5, 4: Der Ortsvektor $\mathfrak{r} = \{x, y, z\} = x\mathfrak{i} + y\mathfrak{j} + z\mathfrak{k}$

angegeben werden (Abb. 5, 4). Sein Betrag

$$|\mathfrak{r}| = r = +\sqrt{x^2 + y^2 + z^2} \tag{5, 17}$$

gibt den Abstand $\overline{OP}$ des Raumpunktes P vom Koordinatenursprung O an, s. Abb. 5, 4.

Eine Anzahl von Gleichungen, in denen der Ortsvektor $\mathfrak{r}$ auftritt, läßt sich oftmals einfach schreiben, wenn man für seine Komponenten

$$x = x_1, \qquad y = x_2, \qquad z = x_3 \tag{5, 18}$$

setzt. Damit ergibt sich für $\mathfrak{r}$ die Darstellung

$$\mathfrak{r} \equiv \{x_1, x_2, x_3\} \tag{5, 19}$$

oder kürzer

$$\mathfrak{r} \equiv \{x_i\}, \qquad i = 1, 2, 3. \tag{5, 20}$$

Koordinatentransformation: Die Tatsache, daß der durch (5, 9) definierte Betrag $A = |\mathfrak{A}|$ eines Vektors $\mathfrak{A}$ geometrisch die Länge einer „gerichteten" Strecke OP ist, durch die $\mathfrak{A}$ veranschaulicht werden kann, läßt erkennen, daß die den Vektor $\mathfrak{A}$ kennzeichnenden Angaben, etwa seine rechtwinkligen Komponenten A_x, A_y, A_z, nicht drei beliebige Größen sein können: vielmehr müssen sie von solcher Art sein, daß man, unabhängig von dem jeweils gewählten Koordinatensystem, für A stets den gleichen Wert erhält. Dies bedeutet: Invarianz von $|\mathfrak{A}|$ gegenüber einer Koordinatentransformation. Diese Forderung wird — wie die analytische Geometrie des dreidimensionalen EUKLIDischen Raumes lehrt, dann und nur dann — erfüllt, wenn A_x, A_y, A_z solche Größen sind, die sich bei einem Übergang von einem cartesischen Koordinatensystem zu einem anderen ebenso transformieren wie Koordinaten*differenzen*. Aufgrund dieser Tatsache ergibt sich als endgültige

Definition des (polaren) Vektors: Ein Vektor $\mathfrak{A}$ ist der Inbegriff von drei Größen A_x, A_y, A_z — den rechtwinkligen Komponenten von $\mathfrak{A}$ — mit der Eigenschaft, daß

$$|\mathfrak{A}| = +\sqrt{A_x^2 + A_y^2 + A_z^2} \tag{5, 21}$$

gegenüber einer orthogonalen Koordinatentransformation invariant ist. Dies ist gleichwertig mit den Aussagen, daß

1. bei einem Übergang von einem cartesischen Bezugssystem S zu einem anderen S' durch *Parallelverschiebung* (Translation) sich die Komponenten A_i, ($i = 1, 2, 3$), *nicht* ändern dürfen, d. h., daß

$$A_i = A_i', \qquad i = 1, 2, 3 \tag{5, 22}$$

gilt, wobei mit A_i', ($i = 1, 2, 3$), die Komponenten von ($\mathfrak{A} \rightarrow$) $\mathfrak{A}'$ in bezug auf S' gemeint sind,

2. bei einem Übergang von einem cartesischen Koordinatensystem S zu einem anderen S' durch *Drehung* (mit oder ohne Parallelverschiebung) die Komponenten A_k, ($k = 1, 2, 3$), mit den Komponenten A_i', ($i = 1, 2, 3$), bzgl. S' linear und homogen verknüpft sind. In diesem Fall gilt

$$A_i' = \sum_{k=1}^{3} \alpha_{ik} A_k, \qquad i = 1, 2, 3 \tag{5, 23}$$

bzw.

$$A_k = \sum_{i=1}^{3} \alpha_{ik} A_i', \qquad k = 1, 2, 3. \tag{5, 24}$$

In den beiden letzten Gleichungen bedeuten die α_{ik}, ($i, k = 1, 2, 3$), die „Richtungskosinusse" der drei Einheitsvektoren $\mathfrak{i}$, $\mathfrak{j}$, $\mathfrak{k}$ des Systems S und der Einheitsvektoren $\mathfrak{i}'$, $\mathfrak{j}'$, $\mathfrak{k}'$ des Systems S' gemäß dem Schema

	$\mathfrak{i}$	$\mathfrak{j}$	$\mathfrak{k}$
$\mathfrak{i}'$	α_{11}	α_{12}	α_{13}
$\mathfrak{j}'$	α_{21}	α_{22}	α_{23}
$\mathfrak{k}'$	α_{31}	α_{32}	α_{33} .

(5, 25)

Dieses soll ausdrücken, daß z. B. mit $\alpha_{12} = \cos(\mathfrak{i}', \mathfrak{j})$, mit $\alpha_{23} = \cos(\mathfrak{j}', \mathfrak{k})$ usw. gemeint ist.

In diesem Zusammenhang sei daran erinnert, daß die neun Größen α_{ik}, ($i, k = 1, 2, 3$), nicht voneinander unabhängig, sondern durch die *Orthogonalitätsrelationen*

$$\sum_{j=1}^{3} \alpha_{ij}\alpha_{kj} = \delta_{ik}, \quad \sum_{i=1}^{3} \alpha_{ij}\alpha_{ki} = \delta_{jk} \tag{5, 26}$$

verknüpft sind. Hierbei ist

$$\delta_{ik} = \begin{cases} 1 & \text{für } i = k \\ 0 & \text{für } i \neq k \end{cases} \tag{5, 27}$$

das KRONECKER-Symbol.

Man sieht leicht ein, daß (5, 22) ein Sonderfall von (5, 23) ist: im Fall, daß S' aus S durch Parallelverschiebung hervorgeht, ist $\mathfrak{i} = \mathfrak{i}'$, ... und daher

$$\alpha_{ik} = \delta_{ik}. \tag{5, 28}$$

Mit diesen Werten der α_{ik} geht (5, 23) in (5, 22) über.

Wir wollen das durch (5, 23) angegebene Transformationsverhalten dreier orts- und vielleicht auch zeitabhängiger Größen A_i, ($i = 1, 2, 3$), als Definition eines (polaren) Vektors ansehen.

Vermutlich wird ein Anfänger jetzt fragen, warum der möglichen anschaulichen Erklärung eines Vektors durch eine „gerichtete Strecke" der abstrakten Definition (5, 23) der Vorzug gegeben wird. Dies findet seine Begründung in der Tatsache, daß (5, 23) als Sonderfall eines allgemeineren Transformationsgesetzes angesehen werden kann, durch das sich — neben Skalaren und Vektoren — noch „höhere" Größen definieren lassen. Von ihnen werden wir in Kap. 6 die Tensoren kennenlernen.

Der Begriff des Feldes: Liegt eine Gesetzmäßigkeit vor, durch die jedem Punkte des Raumes oder den Punkten eines Teiles des Raumes in eindeutiger Weise eine physikalische Größe zugeordnet wird, so nennt man den Raum als Träger dieser physikalischen Größe ein *Feld*. Je nachdem, ob die betrachtete *Feldgröße* skalarer oder vektorieller Natur ist, spricht man von einem *Skalar-* oder von einem *Vektorfeld*. Solche werden durch eine i. allg. vom Ortsvektor $\mathfrak{r}$ und auch von der Zeit t abhängigen skalaren Größe

$$S = S(\mathfrak{r}, t) = S(x, y, z, t) \tag{5, 29}$$

oder durch einen von denselben Variablen abhängigen Vektor

$$\mathfrak{A} = \mathfrak{A}(\mathfrak{r}, t) = \mathfrak{A}(x, y, z, t) \tag{5, 30}$$

beschrieben. Außer diesen beiden Feldarten gibt es auch „höhere" Felder, von denen für die Mechanik insbesondere das Feld eines Tensors 2. Stufe von Interesse ist (Kap. 6).

b) *Formeln aus der Vektoralgebra*

Addition und Subtraktion: Unter der Summe bzw. Differenz zweier Vektoren $\mathfrak{A} = \{A_x, A_y, A_z\}$ und $\mathfrak{B} = \{B_x, B_y, B_z\}$ versteht man den Vektor

$$\begin{aligned} \mathfrak{C} &= \mathfrak{A} \pm \mathfrak{B} \\ &= \{A_x \pm B_x, A_y \pm B_y, A_z \pm B_z\}, \end{aligned} \tag{5, 31}$$

(vgl. Abb. 5, 5).

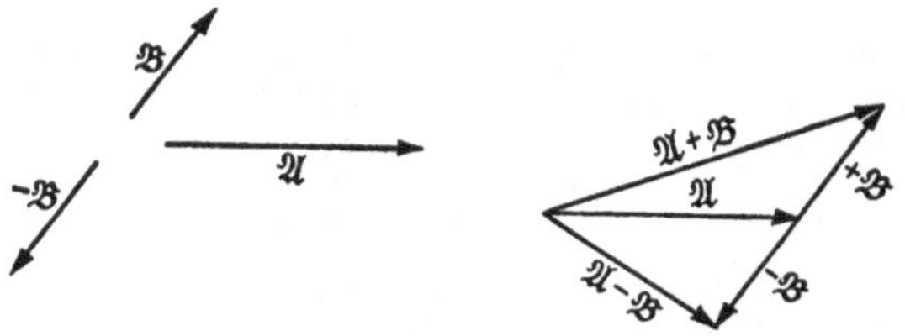

Abb. 5, 5: Summe und Differenz zweier Vektoren $\mathfrak{A}$ und $\mathfrak{B}$

Für die Summe bzw. Differenz zweier Vektoren $\mathfrak{A}$ und $\mathfrak{B}$ gelten folgende Rechenregeln:

$$\mathfrak{A} \pm \mathfrak{B} = \pm \mathfrak{B} + \mathfrak{A} \tag{5, 32}$$

$$(\mathfrak{A} + \mathfrak{B}) + \mathfrak{C} = \mathfrak{A} + (\mathfrak{B} + \mathfrak{C}) \tag{5, 33}$$

$$|\mathfrak{A} + \mathfrak{B}| \leqq |\mathfrak{A}| + |\mathfrak{B}| \tag{5, 34}$$

$$|\mathfrak{A} - \mathfrak{B}| \geqq |\mathfrak{A}| - |\mathfrak{B}|. \tag{5, 35}$$

Multiplikation: Ist $\mathfrak{A}$ ein Vektor und $c \neq 0$ ein Skalar, so ist mit

$$\mathfrak{B} = c\,\mathfrak{A} \tag{5, 36}$$

ein Vektor gemeint, dessen Betrag $|\mathfrak{B}|$ das c-fache von $|\mathfrak{A}|$ ist und dessen Richtung die gleiche bzw. entgegengesetzte von $\mathfrak{A}$ ist, je nachdem, ob $c \gtrless 0$ ist.

Für die Multiplikation von Vektoren $\mathfrak{A}$, $\mathfrak{B}$, mit skalaren Faktoren c_1, c_2 gelten folgende Regeln:

$$c_1\,\mathfrak{A} = \mathfrak{A}\,c_1 \tag{5, 37}$$

$$c_1\,(c_2\,\mathfrak{A}) = (c_1\,c_2)\,\mathfrak{A} \tag{5, 38}$$

$$(c_1 + c_2)\,\mathfrak{A} = c_1\,\mathfrak{A} + c_2\,\mathfrak{A} \tag{5, 39}$$

$$c_1\,(\mathfrak{A} + \mathfrak{B}) = c_1\,\mathfrak{A} + c_2\,\mathfrak{B}. \tag{5, 40}$$

Sind $\mathfrak{A}$, $\mathfrak{B}$, $\mathfrak{C}$ drei nichtkomplanare Vektoren, so läßt sich (im dreidimensionalen EUKLIDischen Raum) jeder andere Vektor $\mathfrak{D}$ stets in der Form

$$\mathfrak{D} = c_1 \mathfrak{A} + c_2 \mathfrak{B} + c_3 \mathfrak{C} \tag{5, 41}$$

darstellen, wenn die drei skalaren Faktoren c_1, c_2, c_3 geeignet gewählt werden. Die Linearkombination (5, 41) ergibt die Komponentendarstellung (5, 10) eines Vektors, wenn $\mathfrak{A}$, $\mathfrak{B}$, $\mathfrak{C}$ mit den drei Einheitsvektoren $\mathfrak{i}$, $\mathfrak{j}$, $\mathfrak{k}$ übereinstimmen.

Sind $\mathfrak{A}$, $\mathfrak{B}$, $\mathfrak{C}$ drei Vektoren und c_1, c_2, c_3 drei skalare Faktoren und gilt

$$c_1 \mathfrak{A} + c_2 \mathfrak{B} + c_3 \mathfrak{C} = 0 \tag{5, 42}$$

dann und nur dann, wenn

$$c_1 = c_2 = c_3 = 0 \tag{5, 43}$$

ist, so nennt man die Vektoren $\mathfrak{A}$, $\mathfrak{B}$, $\mathfrak{C}$ voneinander *linear unabhängig*. Geometrisch bedeutet dies, daß $\mathfrak{A}$, $\mathfrak{B}$, $\mathfrak{C}$ nicht in einer Ebene liegen. Ist dagegen (5, 42) mit nicht verschwindenden c_i, ($i = 1, 2, 3$), zu erfüllen, dann sind $\mathfrak{A}$, $\mathfrak{B}$, $\mathfrak{C}$ voneinander linear *ab*hängig, d. h. sie liegen in einer Ebene.

Das skalare Produkt: Unter dem skalaren (oder inneren) Produkt[1]) zweier Vektoren $\mathfrak{A}$ und $\mathfrak{B}$ versteht man den Skalar

$$\mathfrak{A} \bullet \mathfrak{B} = |\mathfrak{A}|\,|\mathfrak{B}| \cos(\mathfrak{A}, \mathfrak{B}), \tag{5, 44}$$

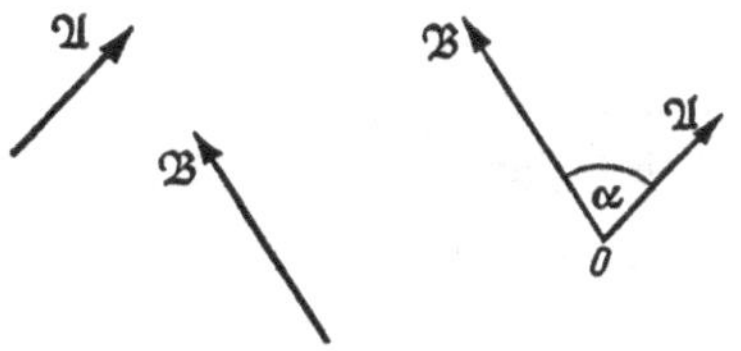

Abb. 5, 6: Zum Begriff des skalaren Produktes der Vektoren $\mathfrak{A}$ und $\mathfrak{B}$

d. i. das Produkt aus den Beträgen der beiden Vektoren multipliziert mit dem cos des Winkels α, den $\mathfrak{A}$ und $\mathfrak{B}$ einschließen, s. Abb. 5, 6. Das skalare Produkt ist p. def. eine von jedem Koordinatensystem unabhängige Größe.

Das hier benutzte Symbol $\mathfrak{A} \bullet \mathfrak{B}$ für das skalare Produkt wird in der Literatur nicht einheitlich verwendet. Vielfach schreibt man dafür auch nach Vorschlägen von GIBBS[2]), GRASSMANN, HAMILTON u. a.

$$(\mathfrak{A}, \mathfrak{B}) \equiv \mathfrak{A}\,\mathfrak{B} \equiv (\mathfrak{A} \bullet \mathfrak{B}) \equiv \langle \mathfrak{A}\,\mathfrak{B} \rangle. \tag{5, 45}$$

Für das skalare Produkt gelten p. def. die Regeln der

Kommutativität:

$$\mathfrak{A} \bullet \mathfrak{B} = \mathfrak{B} \bullet \mathfrak{A}, \tag{5, 46}$$

Distributivität:

$$\mathfrak{A} \bullet (\mathfrak{B} + \mathfrak{C}) = \mathfrak{A} \bullet \mathfrak{B} + \mathfrak{A} \bullet \mathfrak{C}. \tag{5, 47}$$

Assoziativität:

$$c\,(\mathfrak{A} \bullet \mathfrak{B}) = c\,\mathfrak{A} \bullet \mathfrak{B} = \mathfrak{A} \bullet c\,\mathfrak{B}, \tag{5, 48}$$

wenn c ein Skalar ist. Dagegen ist i. allg.

$$\mathfrak{A}\,(\mathfrak{B} \bullet \mathfrak{C}) \neq (\mathfrak{A} \bullet \mathfrak{B})\,\mathfrak{C}. \tag{5, 49}$$

Sind $\mathfrak{A}$ und $\mathfrak{B}$ zwei Vektoren mit nicht verschwindenden Beträgen und gilt

$$\mathfrak{A} \bullet \mathfrak{B} = 0, \tag{5, 50}$$

---

[1]) Die Bezeichnung „skalares Produkt“ stammt von HEAVISIDE, (1850—1925) während die Bezeichnung „inneres Produkt“ von GRASSMANN (1809—1877), eingeführt wurde.

[2]) Josiah Willard GIBBS, 1839—1903.

dann sagt diese Beziehung nach (5, 44) aus, daß

$$\mathfrak{A} \perp \mathfrak{B}. \tag{5, 51}$$

Das skalare Produkt eines Vektors $\mathfrak{A}$ mit sich selbst ist

$$\mathfrak{A} \bullet \mathfrak{A} \equiv \mathfrak{A}^2 = |\,\mathfrak{A}\,|\,|\,\mathfrak{A}\,| = A^2. \tag{5, 52}$$

Hieraus ergibt sich für den Betrag eines Vektors $\mathfrak{A}$:

$$|\,\mathfrak{A}\,| = +\sqrt{\mathfrak{A}^2} \tag{5, 53}$$

Sind $\mathfrak{A}$ und $\mathfrak{B}$ je einer der Einheitsvektoren $\mathfrak{i}$, $\mathfrak{j}$, $\mathfrak{k}$, so folgt aus (5, 52):

$$\mathfrak{i}^2 = \mathfrak{j}^2 = \mathfrak{k}^2 = 1 \tag{5, 54}$$

und aus (5, 44)

$$\mathfrak{i} \bullet \mathfrak{j} = \mathfrak{j} \bullet \mathfrak{k} = \mathfrak{k} \bullet \mathfrak{i} = 0. \tag{5, 55}$$

Die beiden letzten Gleichungen kann man durch das Schema

	$\mathfrak{i}$	$\mathfrak{j}$	$\mathfrak{k}$
$\mathfrak{i}$	1	0	0
$\mathfrak{j}$	0	1	0
$\mathfrak{k}$	0	0	1

(5, 56)

zusammenfassend ausdrücken (Sonderfall von (5, 25)).

Weiterhin sieht man, daß (5, 5—7) mit

$$A_x = \mathfrak{A} \bullet \mathfrak{i}, \qquad A_y = \mathfrak{A} \bullet \mathfrak{j}, \qquad A_z = \mathfrak{A} \bullet \mathfrak{k} \tag{5, 57}$$

gleichwertig sind.

Bezieht man $\mathfrak{A}$ und $\mathfrak{B}$ auf ein cartesisches Koordinatensystem, d. h. $\mathfrak{A} = \{A_x, A_y, A_z\}$, $\mathfrak{B} = \{B_x, B_y, B_z\}$, so ist das durch (5, 44) definierte skalare Produkt

$$\mathfrak{A} \bullet \mathfrak{B} = A_x\ B_x + A_y\ B_y + A_z\ B_z. \tag{5, 58}$$

Dies ergibt für $\mathfrak{A} = \mathfrak{B}$ gemäß (5, 53) für

$$|\,\mathfrak{A}\,| = +\sqrt{A_x^2 + A_y^2 + A_z^2} \tag{5, 59}$$

in Übereinstimmung mit (5, 9).

Das vektorielle Produkt: Als vektorielles, auch äußeres Produkt oder Vektorprodukt[1]) aus den beiden (polaren) Vektoren $\mathfrak{A}$ und $\mathfrak{B}$ bezeichnet man den Vektor

$$\mathfrak{C} = \mathfrak{A} \times \mathfrak{B} = \mathfrak{C}^0\,|\,\mathfrak{A}\,|\,|\,\mathfrak{B}\,|\sin(\mathfrak{A}, \mathfrak{B}), \tag{5, 60}$$

wobei mit $\mathfrak{C}^0$ ein Einheitsvektor gemeint ist, dessen Richtung aus Abb. (5, 7) ersichtlich ist.

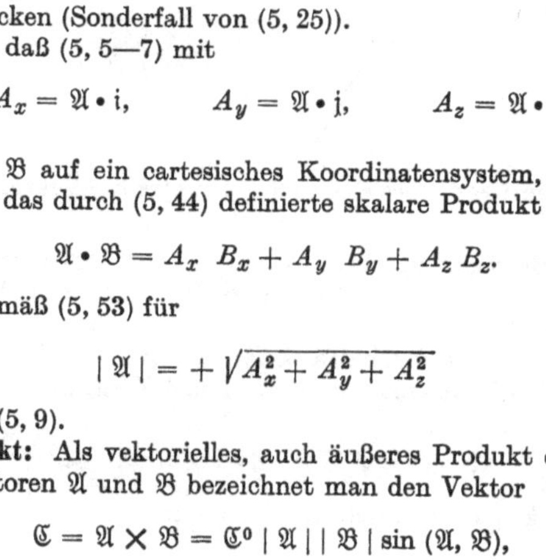

Abb. 5, 7: Zum Begriff des Vektorproduktes $\mathfrak{C} = \mathfrak{A} \times \mathfrak{B}$

[1]) Die Bezeichnung geht auf Hamilton, Grassmann und Gibbs zurück. Von den beiden Erstgenannten stammt das Symbol $\mathfrak{A} \times \mathfrak{B}$, neben dem auch die Zeichen $[\mathfrak{A} \times \mathfrak{B}]$, $[\mathfrak{A}, \mathfrak{B}]$, $\boldsymbol{A} \wedge \boldsymbol{B}$ verwendet werden.

Wir nennen die durch (5, 60) definierte Größe $\mathfrak{C}$, dem allgemeinen Brauch folgend, zwar einen Vektor, obwohl sich $\mathfrak{C}$ von dem oben eingeführten Begriff des (polaren) Vektors in einer Hinsicht unterscheidet: Bei einer Inversion des Koordinatensystems ($\mathfrak{i} \to -\mathfrak{i}$, $\mathfrak{j} \to -\mathfrak{j}$, $\mathfrak{k} \to -\mathfrak{k}$) wechseln die Komponenten eines polaren Vektors ihre Vorzeichen, während die Komponenten von $\mathfrak{C} = \mathfrak{A} \times \mathfrak{B}$ ihre Vorzeichen nicht ändern. Vektoren, die dieses Verhalten aufweisen, heißen axiale Vektoren. Sie genügen zwar dem Transformationsgesetz (5, 23), wobei jedoch ein Vorzeichenwechsel auftritt, wenn das neue Bezugssystem S' mit dem ursprünglichen System S nicht gleichsinnig ist. Man spricht daher gelegentlich von einem Pseudovektor. Tatsächlich sind axiale Vektoren ihrem Charakter nach schiefsymmetrische Tensoren 2. Stufe (vgl. Kap. 6).

Das vektorielle Produkt erfüllt die Regeln der

Distributivität:

$$\mathfrak{A} \times (\mathfrak{B} + \mathfrak{C}) = \mathfrak{A} \times \mathfrak{B} + \mathfrak{A} \times \mathfrak{C}, \tag{5, 61}$$

Assoziativität:

$$c\,(\mathfrak{A} \times \mathfrak{B}) = c\,\mathfrak{A} \times \mathfrak{B} = \mathfrak{A} \times c\,\mathfrak{B}, \tag{5, 62}$$

wenn c einen Skalar bedeutet. *Nicht* genügt dagegen das Vektorprodukt dem Gesetz der Kommutativität, denn es ist

$$\mathfrak{A} \times \mathfrak{B} = -\mathfrak{B} \times \mathfrak{A}. \tag{5, 63}$$

Weitere Rechenregeln:

Aus

$$\mathfrak{A} \times \mathfrak{B} = 0 \tag{5, 64a}$$

folgt, wenn $|\mathfrak{A}| > 0$ und $|\mathfrak{B}| > 0$, daß

$$\mathfrak{A} \parallel \mathfrak{B} \tag{5, 64b}$$

(Bedingung für die Parallelität der Vektoren $\mathfrak{A}$ und $\mathfrak{B}$). Daher ist stets

$$\mathfrak{A} \times \mathfrak{A} = 0. \tag{5, 65}$$

Sonderfall:

$$\mathfrak{i} \times \mathfrak{i} = \mathfrak{j} \times \mathfrak{j} = \mathfrak{k} \times \mathfrak{k} = 0, \tag{5, 66}$$

dagegen

$$\mathfrak{i} \times \mathfrak{j} = \mathfrak{k} = -\mathfrak{j} \times \mathfrak{i} \tag{5, 67}$$

$$\mathfrak{j} \times \mathfrak{k} = \mathfrak{i} = -\mathfrak{k} \times \mathfrak{j} \tag{5, 68}$$

$$\mathfrak{k} \times \mathfrak{i} = \mathfrak{j} = -\mathfrak{i} \times \mathfrak{k}. \tag{5, 69}$$

Bei Verwendung eines cartesischen Koordinatensystems ist

$$\begin{aligned} \mathfrak{C} &= \mathfrak{A} \times \mathfrak{B} \\ &= \mathfrak{i}\,(A_y B_z - A_z B_y) + \mathfrak{j}\,(A_z B_x - A_x B_z) + \mathfrak{k}\,(A_x B_y - A_y B_x). \end{aligned} \tag{5, 70}$$

Formal kann die rechte Seite von (5, 70) durch Entwicklung der Determinante

$$\mathfrak{C} = \mathfrak{A} \times \mathfrak{B} = \begin{vmatrix} \mathfrak{i} & \mathfrak{j} & \mathfrak{k} \\ A_x & A_y & A_z \\ B_x & B_y & B_z \end{vmatrix} \tag{5, 71}$$

nach den Elementen der 1. Zeile gefunden werden.

Mehrfache Produkte: Das vektorielle Produkt aus dem polaren Vektor $\mathfrak{A}$ und dem axialen Vektor $\mathfrak{D} = \mathfrak{B} \times \mathfrak{C}$ ist der polare Vektor

$$\mathfrak{A} \times (\mathfrak{B} \times \mathfrak{C}) = (\mathfrak{A} \cdot \mathfrak{C})\,\mathfrak{B} - (\mathfrak{A} \cdot \mathfrak{B})\,\mathfrak{C} \tag{5, 72}$$

(sog. Entwicklungssatz). Aus ihm folgt:

$$\mathfrak{A} \times (\mathfrak{B} \times \mathfrak{C}) + \mathfrak{B} \times (\mathfrak{C} \times \mathfrak{A}) + \mathfrak{C} \times (\mathfrak{A} \times \mathfrak{B}) = 0. \tag{5, 73}$$

Für das skalare Produkt aus dem polaren Vektor $\mathfrak{A}$ und dem axialen Vektor $\mathfrak{D} = \mathfrak{B} \times \mathfrak{C}$ gilt

$$\begin{aligned} \mathfrak{A} \cdot (\mathfrak{B} \times \mathfrak{C}) &= \mathfrak{B} \cdot (\mathfrak{C} \times \mathfrak{A}) = \mathfrak{C} \cdot (\mathfrak{A} \times \mathfrak{B}) \\ &= -\mathfrak{B} \cdot (\mathfrak{A} \times \mathfrak{C}) = -\mathfrak{C} \cdot (\mathfrak{B} \times \mathfrak{A}). \end{aligned} \tag{5, 74}$$

Da $\mathfrak{A} \cdot (\mathfrak{B} \times \mathfrak{C})$ eine Größe S ist, deren Vorzeichen nach (5, 74) von der Reihenfolge der Faktoren abhängt, ist S ein Pseudoskalar. Geometrisch gedeutet, gibt S das Volumen des Parallelepipedes an, das von den drei Vektoren $\mathfrak{A}$, $\mathfrak{B}$, $\mathfrak{C}$ aufgespannt wird:

$$S = \mathfrak{A} \cdot (\mathfrak{B} \times \mathfrak{C}) = \begin{vmatrix} A_x & A_y & A_z \\ B_x & B_y & B_z \\ C_x & C_y & C_z \end{vmatrix} \tag{5, 75}$$

(„Spatprodukt").

Das skalare Produkt zweier axialer Vektoren

$$(\mathfrak{A} \times \mathfrak{B}) \cdot (\mathfrak{C} \times \mathfrak{D}) = (\mathfrak{A} \cdot \mathfrak{C})(\mathfrak{B} \cdot \mathfrak{D}) - (\mathfrak{B} \cdot \mathfrak{C})(\mathfrak{A} \cdot \mathfrak{D}) \tag{5, 76}$$

ist ein „echter" Skalar. Gl. (5, 76) wird oft als LAGRANGEsche Identität bezeichnet.

Das Vektorprodukt zweier axialer Vektoren

$$(\mathfrak{A} \times \mathfrak{B}) \times (\mathfrak{C} \times \mathfrak{D}) = (\mathfrak{D} \cdot (\mathfrak{A} \times \mathfrak{B}))\,\mathfrak{C} - (\mathfrak{C} \cdot (\mathfrak{A} \times \mathfrak{B}))\,\mathfrak{D} \tag{5, 77}$$

ist ein axialer Vektor.

Das reziproke Vektortripel: Nach (5, 77) und (5, 63) ist

$$(\mathfrak{A} \times \mathfrak{B}) \times (\mathfrak{C} \times \mathfrak{D}) = ((\mathfrak{A} \times \mathfrak{B}) \cdot \mathfrak{D})\,\mathfrak{C} - ((\mathfrak{A} \times \mathfrak{B}) \cdot \mathfrak{C})\,\mathfrak{D} \tag{5, 78}$$

$$= -(\mathfrak{C} \times \mathfrak{D}) \times (\mathfrak{A} \times \mathfrak{B}) = -((\mathfrak{C} \times \mathfrak{D}) \cdot \mathfrak{B})\,\mathfrak{A} + ((\mathfrak{C} \times \mathfrak{D}) \cdot \mathfrak{A})\,\mathfrak{B}. \tag{5, 79}$$

Aus den beiden rechten Seiten dieser Gleichungen erhält man

$$((\mathfrak{A} \times \mathfrak{B}) \cdot \mathfrak{C})\,\mathfrak{D} = ((\mathfrak{C} \times \mathfrak{D}) \cdot \mathfrak{B})\,\mathfrak{A} + ((\mathfrak{D} \times \mathfrak{C}) \cdot \mathfrak{A})\,\mathfrak{B} + ((\mathfrak{A} \times \mathfrak{B}) \cdot \mathfrak{D})\,\mathfrak{C} \tag{5, 80}$$

oder

$$\mathfrak{D} = \frac{\mathfrak{D} \cdot (\mathfrak{B} \times \mathfrak{C})}{\mathfrak{C} \cdot (\mathfrak{A} \times \mathfrak{B})}\,\mathfrak{A} + \frac{\mathfrak{D} \cdot (\mathfrak{C} \times \mathfrak{A})}{\mathfrak{C} \cdot (\mathfrak{A} \times \mathfrak{B})}\,\mathfrak{B} + \frac{\mathfrak{D} \cdot (\mathfrak{A} \times \mathfrak{B})}{\mathfrak{C} \cdot (\mathfrak{A} \times \mathfrak{B})}\,\mathfrak{C}. \tag{5, 81}$$

Dieser Ausdruck gibt an, wie ein Vektor $\mathfrak{D}$ durch drei beliebige nichtkomplanare Vektoren $\mathfrak{A}$, $\mathfrak{B}$, $\mathfrak{C}$ ausgedrückt wird. Setzt man in (5, 81):

$$\frac{\mathfrak{B} \times \mathfrak{C}}{\mathfrak{C} \cdot (\mathfrak{A} \times \mathfrak{B})} = \mathfrak{A}' \tag{5, 82}$$

$$\frac{\mathfrak{C} \times \mathfrak{A}}{\mathfrak{C} \cdot (\mathfrak{A} \times \mathfrak{B})} = \mathfrak{B}' \tag{5, 83}$$

$$\frac{\mathfrak{A} \times \mathfrak{B}}{\mathfrak{C} \cdot (\mathfrak{A} \times \mathfrak{B})} = \mathfrak{C}' \tag{5, 84}$$

so sieht man, daß

$$\mathfrak{A} \cdot \mathfrak{A}' = \mathfrak{B} \cdot \mathfrak{B}' = \mathfrak{C} \cdot \mathfrak{C}' = 1 \tag{5, 85}$$

$$\mathfrak{A} \cdot \mathfrak{B}' = \mathfrak{A} \cdot \mathfrak{C}' = \mathfrak{B} \cdot \mathfrak{A}' = \ldots = 0 \tag{5, 86}$$

ist, d. h. die Vektoren $\mathfrak{A}, \ldots \mathfrak{C}'$ zeigen ein ähnliches Verhalten wie $\mathfrak{i}$, $\mathfrak{j}$, $\mathfrak{k}$. Man nennt $\mathfrak{A}'$, $\mathfrak{B}'$, $\mathfrak{C}'$ das zu $\mathfrak{A}$, $\mathfrak{B}$, $\mathfrak{C}$ gehörige reziproke Vektortripel.

c) *Formeln aus der Vektoranalysis*

Differentiation eines Vektors nach einem Skalar: Ist ein Vektor $\mathfrak{A}$ Funktion von einer skalaren Unabhängigen t:

$$\mathfrak{A} = \mathfrak{A}(t) = \{A_i(t)\}, \qquad i = 1, 2, 3, \tag{5, 87}$$

so versteht man unter der Ableitung von $\mathfrak{A}$ nach t den Vektor

$$\frac{d\mathfrak{A}}{dt} = \lim_{\Delta t \to 0} \frac{\mathfrak{A}(t + \Delta t) - \mathfrak{A}(t)}{\Delta t}. \tag{5, 88}$$

Aufgrund dieser Definition erhält man folgende Regeln für das Differenzieren von Vektoren $\mathfrak{A}, \mathfrak{B} \ldots$ nach einem Skalar t:

$$\frac{d}{dt}(\mathfrak{A} \pm \mathfrak{B} \pm \ldots) = \frac{d\mathfrak{A}}{dt} \pm \frac{d\mathfrak{B}}{dt} \pm \cdots \tag{5, 89}$$

$$\frac{d}{dt}(\mathfrak{A} \cdot \mathfrak{B}) = \frac{d\mathfrak{A}}{dt} \cdot \mathfrak{B} + \mathfrak{A} \cdot \frac{d\mathfrak{B}}{dt} \tag{5, 90}$$

$$\frac{d}{dt}(\mathfrak{A} \times \mathfrak{B}) = \frac{d\mathfrak{A}}{dt} \times \mathfrak{B} + \mathfrak{A} \times \frac{d\mathfrak{B}}{dt}. \tag{5, 91}$$

Ist $F = F(t)$ eine skalare Funktion von t, so gelten folgende Regeln:

$$\frac{d}{dt}(\mathfrak{A} F(t)) = F(t)\frac{d\mathfrak{A}}{dt} + \mathfrak{A}\frac{dF}{dt} \tag{5, 92}$$

$$\frac{d}{dt}\mathfrak{A}(F(t)) = \frac{d\mathfrak{A}}{dF} \cdot \frac{dF}{dt}. \tag{5, 93}$$

Ist $\mathfrak{A}^0$ ein Einheitsvektor:

$$\mathfrak{A}^0 \cdot \mathfrak{A}^0 = (\mathfrak{A}^0)^2 = 1, \tag{5, 94}$$

so folgt

$$2\,\mathfrak{A}^0 \cdot d\mathfrak{A}^0 = 0, \tag{5, 95}$$

d. h. nach dem im Anschluß an (5, 50) Gesagten, daß

$$d\mathfrak{A}^0 \perp \mathfrak{A}^0, \tag{5, 96}$$

in Worten: Der Vektor $d\mathfrak{A}^0$, der die Änderung eines Einheitsvektors $\mathfrak{A}^0$ angibt, steht auf diesem stets senkrecht.

Der Gradient: Ist $u = u(\mathfrak{r})$ eine skalare Ortsfunktion, so definiert man bei Verwendung eines cartesischen Koordinatensystems als den *Gradienten* von u den Vektor

$$\operatorname{grad} u = \mathfrak{i}\frac{\partial u}{\partial x} + \mathfrak{j}\frac{\partial u}{\partial y} + \mathfrak{k}\frac{\partial u}{\partial z}. \tag{5, 97}$$

Geometrisch bedeutet grad u jenen Vektor, der in jedem Punkte $\mathfrak{r}$ des Skalarfeldes $u = u(\mathfrak{r})$ durch seine Richtung und durch seinen Betrag

$$|\operatorname{grad} u| = +\sqrt{\left(\frac{\partial u}{\partial x}\right)^2 + \left(\frac{\partial u}{\partial y}\right)^2 + \left(\frac{\partial u}{\partial z}\right)^2} \tag{5, 98}$$

die Richtung und die Größe der maximalen Änderung von $u = u(\mathfrak{r})$ angibt. Der Gradient eines Skalarfeldes ist ein Vektor, der auf den Niveauflächen

$$u(\mathfrak{r}) = \text{const.} \tag{5, 99}$$

senkrecht steht, (5, 103).

Statt der Bezeichnung grad u wird oftmals (auf Hamilton zurückgehend) ∇u geschrieben[1]). Für das Zeichen hat man den Namen „Nabla“ geprägt. Es hat sich eine „Nabla“-Rechnung entwickelt, die wir im folgenden jedoch nicht verwenden wollen. Dagegen führen wir mit dem Symbol

$$\operatorname{grad} = \mathfrak{i}\frac{\partial}{\partial x} + \mathfrak{j}\frac{\partial}{\partial y} + \mathfrak{k}\frac{\partial}{\partial z} \tag{5, 100}$$

den Begriff eines vektoriellen *Differentialoperators* ein und sehen (5, 97) als das Ergebnis der Wirkung des Operators (5, 100) auf die skalare Funktion $u = u(\mathfrak{r})$ an. Eine solche Deutung des „Vektors“ grad hat sich als sehr zweckmäßig erwiesen. —

Bildet man das skalare Produkt aus (5, 97) und dem Differential des Ortsvektors

$$d\mathfrak{r} = \mathfrak{i}\,dx + \mathfrak{j}\,dy + \mathfrak{k}\,dz, \tag{5, 101}$$

---

[1]) Wir bemerken, daß man neuerdings statt grad u auch $\frac{\partial u}{\partial \mathfrak{r}}$ schreibt.

so erhält man nach (5, 58):

$$d\mathfrak{r} \bullet \operatorname{grad} u = \frac{\partial u}{\partial x} dx + \frac{\partial u}{dy} \partial y + \frac{\partial u}{\partial z} dz. \tag{5, 102}$$

Für das totale Differential du der Ortsfunktion $u = u(\mathfrak{r})$ ergibt sich die Darstellung

$$du = d\mathfrak{r} \bullet \operatorname{grad} u. \tag{5, 103}$$

Die Änderung, die die skalare Größe u erfährt, wenn man von einem Punkt $P(\mathfrak{r})$ im Skalarfeld in der durch einen beliebigen Einheitsvektor $\mathfrak{s}^0$ gegebenen Richtung fortschreitet, heißt die Richtungsableitung:

$$\frac{du}{ds} = (\operatorname{grad} u)_s \tag{5, 104}$$

und ist die s-Komponente von grad u, (meistens u_s geschrieben).

Für das Rechnen mit dem Gradientenbegriff gelten folgende Regeln:

$$\operatorname{grad}(cu) = c \operatorname{grad} u, \qquad c = \text{const.} \tag{5, 105}$$

$$\operatorname{grad}(u_1 + u_2) = \operatorname{grad} u_1 + \operatorname{grad} u_2 \tag{5, 106}$$

$$\operatorname{grad}(u_1 u_2) = u_1 \operatorname{grad} u_2 + u_2 \operatorname{grad} u_2. \tag{5, 107}$$

Ist $F = F(u)$ eine Funktion der skalaren Orstfunktion $u = u(\mathfrak{r})$, so ist

$$\operatorname{grad} F(u) = \frac{dF}{du} \operatorname{grad} u. \tag{5, 108}$$

Für den Gradienten eines skalaren Produktes gilt

$$\begin{aligned} \operatorname{grad} \mathfrak{A} \bullet \mathfrak{B} = {} & \mathfrak{A} \times \operatorname{rot} \mathfrak{B} + \mathfrak{B} \times \operatorname{rot} \mathfrak{A} \\ & + (\mathfrak{A} \bullet \operatorname{grad}) \mathfrak{B} + (\mathfrak{B} \bullet \operatorname{grad}) \mathfrak{A}. \end{aligned} \tag{5, 109}$$

Hierbei bedeutet rot $\mathfrak{A}$ einen Vektor, der durch (5, 154) definiert ist und

$$(\mathfrak{A} \bullet \operatorname{grad}) = A_x \frac{\partial}{\partial x} + A_y \frac{\partial}{\partial y} + A_z \frac{\partial}{\partial z} \tag{5, 110}$$

einen Differentialoperator, der auf die rechts von ihm stehenden Größen wirkt. Den Ausdruck $(\mathfrak{A} \bullet \operatorname{grad}) \mathfrak{B}$ nennt man den *Vektorgradienten* (Kap. 6). Insbesondere gibt

$$(d\mathfrak{r} \bullet \operatorname{grad}) \mathfrak{A} = d\mathfrak{A} \tag{5, 111}$$

die Änderung von $\mathfrak{A}$ in Richtung von $d\mathfrak{r}$ an. —

Sonderfälle:

$$\operatorname{grad} r = \operatorname{grad} |\mathfrak{r}| = \mathfrak{r}^0 \tag{5, 112}$$

$$\operatorname{grad} F(r) = \frac{dF}{dr} \mathfrak{r}^0 \tag{5, 113}$$

$$(\mathfrak{A} \bullet \operatorname{grad}) \mathfrak{r} = \mathfrak{A} \tag{5, 114}$$

$$\operatorname{grad}(\mathfrak{a}_0 \bullet \mathfrak{r}) = \mathfrak{a}_0, \tag{5, 115}$$

wenn $\mathfrak{a}_0$ ein konstanter Vektor ($d\mathfrak{a}_0 = 0$) ist. —

Bei Verwendung von Zylinderkoordinaten ϱ, φ, z ist

$$\operatorname{grad} u = \frac{\partial u}{\partial \varrho} \mathfrak{e}_\varrho + \frac{1}{r} \frac{\partial u}{\partial \varphi} \mathfrak{e}_\varphi + \frac{\partial u}{\partial z} \mathfrak{e}_z. \tag{5, 116}$$

In Kugelkoordinaten r, ϑ, φ ausgedrückt, ist

$$\operatorname{grad} u = \frac{\partial u}{\partial r} \mathfrak{e}_r + \frac{1}{r} \frac{\partial u}{\partial \vartheta} \mathfrak{e}_\vartheta + \frac{1}{r \sin \vartheta} \frac{\partial u}{\partial \varphi} \mathfrak{e}_\varphi. \tag{5, 117}$$

Aus (5, 103) folgt die wichtige Beziehung, daß das Linienintegral

$$\int_{\mathfrak{r}_1}^{\mathfrak{r}_2} d\mathfrak{r} \bullet \operatorname{grad} u = \int_{\mathfrak{r}_1}^{\mathfrak{r}_2} du \tag{5, 118}$$

$$= u(\mathfrak{r}_2) - u(\mathfrak{r}_1) \tag{5, 119}$$

unabhängig vom Weg ist, auf dem man im u-Feld von dem Punkt $P_1(\mathfrak{r}_1)$ zu dem Punkt $P_2(\mathfrak{r}_2)$ gelangt. Insbesondere wird beim Durchlaufen eines beliebigen geschlossenen Weges ($P_1 = P_2$)

$$\oint d\mathfrak{r} \bullet \operatorname{grad} u = 0. \text{ —} \tag{5, 120}$$

Wird durch $\mathfrak{A} = \mathfrak{A}(\mathfrak{r})$ ein Vektorfeld beschrieben und gilt für jeden im Feld liegenden geschlossenen Weg

$$\oint \mathfrak{A} \bullet d\mathfrak{r} = 0, \tag{5, 121}$$

so spricht man von einem *Potentialfeld*. Der Vektor $\mathfrak{A}$ kann dann stets als der Gradient eines Skalars u in der Form

$$\mathfrak{A} = \operatorname{grad} u \tag{5, 122}$$

dargestellt werden.

Formale Verallgemeinerung: Man kann, zunächst rein formal, den Differentialoperator grad statt auf einen Skalar auch auf einen Vektor $\mathfrak{A}$ wirken lassen. Dann erhält man

$$\{\operatorname{grad} \mathfrak{A}\} = \mathfrak{i}\frac{\partial \mathfrak{A}}{\partial x} + \mathfrak{j}\frac{\partial \mathfrak{A}}{\partial y} + \mathfrak{k}\frac{\partial \mathfrak{A}}{\partial z}. \tag{5, 123}$$

Um zum Ausdruck zu bringen, daß noch gänzlich ungeklärt ist, was „grad $\mathfrak{A}$" bedeutet, ist dieses Symbol vorerst in geschweifte Klammern gesetzt worden.

Verwendet man ein cartesisches Koordinatensystem, so kann für (5, 123) — noch immer formal —

$$\begin{aligned}\{\operatorname{grad} \mathfrak{A}\} = \mathfrak{i}\left(\mathfrak{i}\frac{\partial Ax}{\partial x} + \mathfrak{j}\frac{\partial Ay}{\partial x} + \mathfrak{k}\frac{\partial Az}{\partial x}\right) + \mathfrak{j}\left(\mathfrak{i}\frac{\partial Ax}{\partial y} + \mathfrak{j}\frac{\partial Ay}{\partial y} + \mathfrak{k}\frac{\partial Az}{\partial y}\right)\\ + \mathfrak{k}\left(\mathfrak{i}\frac{\partial Ax}{\partial z} + \mathfrak{j}\frac{\partial Ay}{\partial z} + \mathfrak{k}\frac{\partial Az}{\partial z}\right)\end{aligned} \tag{5, 124}$$

geschrieben werden.

Was dieser Ausdruck bedeutet, hängt nun wesentlich davon ab, in welchem Sinne man die auf der rechten Seite von (5, 124) auszuführende Multiplikation der Vektoren vornimmt: man kann z. B. skalar oder vektoriell multiplizieren. Im ersten Fall ist dann mit dem Zeichen

$$\{\operatorname{grad} \mathfrak{A}\} = \operatorname{grad} \bullet \mathfrak{A}, \tag{5, 125}$$

im zweiten Fall

$$\{\operatorname{grad} \mathfrak{A}\} = \operatorname{grad} \times \mathfrak{A} \tag{5, 126}$$

gemeint.

Die Divergenz: Deutet man die linke Seite von (5, 124) im Sinn von (5, 125), so ist (5, 124) ein Skalar, den man die *Divergenz* von $\mathfrak{A}$ nennt. Bei Verwendung cartesischer Koordinaten ist

$$\operatorname{div} \mathfrak{A} = \frac{\partial Ax}{\partial x} + \frac{\partial Ay}{\partial y} + \frac{\partial Az}{\partial z} = \nabla \bullet \mathfrak{A} = \frac{\partial}{\partial \mathfrak{r}} \bullet \mathfrak{A}. \tag{5, 127}$$

Bei Verwendung von Zylinderkoordinaten (ϱ, φ, z) ist

$$\operatorname{div} \mathfrak{A} = \frac{1}{\varrho}\frac{\partial}{\partial \varrho}(\varrho A_\varrho) + \frac{1}{\varrho}\frac{\partial A\varphi}{\partial \varphi} + \frac{\partial A_z}{\partial z} \tag{5, 128}$$

und bei Kugelkoordinaten (r, ϑ, φ):

$$\operatorname{div} \mathfrak{A} = \frac{1}{r^2}\frac{\partial (r^2 A_r)}{\partial r} + \frac{1}{r \sin\vartheta}\frac{\partial}{\partial \vartheta}(A_\vartheta \sin\vartheta) + \frac{1}{r\sin\vartheta}\frac{\partial A_\varphi}{\partial \varphi}. \tag{5, 129}$$

Die Divergenz eines Vektors $\mathfrak{A}$ ist eine skalare Ortsfunktion $f = f(\mathfrak{r})$, die für jeden Punkt $\mathfrak{r}$ im $\mathfrak{A}$-Feld die dort herrschende *Ergiebigkeit* oder „Quellung" angibt. Man nennt daher vielfach div $\mathfrak{A} = f(\mathfrak{r})$ ein *Quellenfeld*. Feldpunkte, in denen div $\mathfrak{A} \neq 0$ ist, nennt man Quellen bzw. Senken. Ist insbesondere in allen Punkten eines Feldes

$$\operatorname{div} \mathfrak{A} = 0 \tag{5, 130}$$

so heißt das Feld quellenfrei.

Für das Rechnen mit der Divergenz gelten folgende Regeln:

$$\operatorname{div} (\mathfrak{A} + \mathfrak{B}) = \operatorname{div} \mathfrak{A} + \operatorname{div} \mathfrak{B} \tag{5, 131}$$

$$\operatorname{div} c\, \mathfrak{A} = c \operatorname{div} \mathfrak{A}, \qquad c = \text{const.} \tag{5, 132}$$

Ist $f = f(\mathfrak{r})$ eine skalare Ortsfunktion, so ist

$$\operatorname{div} f\mathfrak{A} = f \operatorname{div} \mathfrak{A} + \mathfrak{A} \cdot \operatorname{grad} f. \tag{5, 133}$$

Weiterhin:

$$\operatorname{div} (\mathfrak{A} \times \mathfrak{B}) = \mathfrak{B} \cdot \operatorname{rot} \mathfrak{A} - \mathfrak{A} \cdot \operatorname{rot} \mathfrak{B}, \tag{5, 134}$$

wobei rot $\mathfrak{A}$ der durch (5, 154) erklärte Vektor ist.

Sonderfälle:

$$\operatorname{div} \mathfrak{r} = n, \tag{5, 135}$$

$$\operatorname{div} \mathfrak{r} f(r) = n \cdot f(r) + r \frac{df}{dr}, \tag{5, 136}$$

mit n = Anzahl der nicht verschwindenden Komponenten von $\mathfrak{r}$;

$$\operatorname{div} \mathfrak{a}_0 \times \mathfrak{r} = 0, \tag{5, 137}$$

wenn $\mathfrak{a}_0$ einen konstanten Vektor bedeutet: $d\mathfrak{a}_0 = 0$.

Ist der Vektor $\mathfrak{A}$, dessen Divergenz zu bilden ist, der Gradient einer skalaren Ortsfunktion u: $\mathfrak{A} = \operatorname{grad} u$, so ist, bei Verwendung cartesischer Koordinaten

$$\operatorname{div} \operatorname{grad} u = \frac{\partial^2 u}{\partial x^2} + \frac{\partial^2 u}{\partial y^2} + \frac{\partial^2 u}{\partial z^2}. \tag{5, 138}$$

Hierfür schreibt man

$$\operatorname{div} \operatorname{grad} u = \Delta u \tag{5, 139}$$

und nennt

$$\Delta = \frac{\partial^2}{\partial x^2} + \frac{\partial^2}{\partial y^2} + \frac{\partial^2}{\partial z^2} \tag{5, 140}$$

den LAPLACE-*Operator*.

Bei Verwendung von Zylinderkoordinaten (ϱ, φ, z) ist

$$\Delta u = \frac{1}{\varrho} \frac{\partial}{\partial \varrho} \left(\varrho \frac{\partial u}{\partial \varrho} \right) + \frac{1}{\varrho^2} \frac{\partial^2 u}{\partial \varphi^2} + \frac{\partial^2 u}{\partial z^2}. \tag{5, 141}$$

Für den Fall der Axialsymmetrie, $u = u(\varrho) = u\left(\sqrt{x^2 + y^2}\right)$ wird

$$\Delta u = \frac{d^2 u}{d\varrho^2} + \frac{1}{\varrho} \frac{du}{d\varrho}. \tag{5, 142}$$

Für Kugelkoordinaten (r, ϑ, φ) gilt

$$\Delta u = \frac{1}{r} \frac{\partial^2 (ru)}{\partial r^2} + \frac{1}{r^2 \sin \vartheta} \frac{\partial}{\partial \vartheta} \left(\sin \vartheta \frac{\partial u}{\partial \vartheta} \right) + \frac{1}{r^2 \sin^2 \vartheta} \frac{\partial^2 u}{\partial \varphi^2}. \tag{5, 143}$$

Für den Fall der Kugelsymmertrie, $u = u(r)$, wird

$$\Delta u = \frac{d^2 u}{dr^2} + \frac{2}{r} \frac{du}{dr}. \tag{5, 144}$$

Wirkt der LAPLACE-Operator Δ auf einen Vektor $\mathfrak{A}$, so ergibt dies den Vektor

$$\Delta \mathfrak{A} = \mathfrak{i} \Delta A_x + \mathfrak{j} \Delta A_y + \mathfrak{k} \Delta A_z. \tag{5, 145}$$

Sonderfälle:

$$\Delta\,(\mathfrak{A}\bullet\mathfrak{r}) = \mathfrak{r}\bullet\Delta\,\mathfrak{A} + 2\,\mathrm{div}\,\mathfrak{A}, \tag{5, 146}$$

$$\Delta\,\mathfrak{r}\,f(\mathfrak{r}) = \mathfrak{r}\,\Delta\,f + 2\,\mathrm{grad}\,f. \tag{5, 147}$$

Anschauliche Bedeutung von Δu: Ebenso wie man den Vektor grad u und den Skalar div $\mathfrak{A}$ anschaulich deuten kann, ist auch der Ausdruck $\Delta\,u$ anschaulich deutbar[1]).

Hierzu denke man sich in dem durch $u = u(\mathfrak{r})$ beschriebenen Skalarfeld einen würfelförmigen Raum mit der Kantenlänge a ausgeschnitten. Der geometrische Mittelpunkt des Würfels werde als Ursprung 0 eines cartesischen Koordinatensystems gewählt. In ihm sei der Betrag der Feldgröße $u(0) = u_0$. Wir fragen nach dem Mittelwert

$$\bar{u} = \frac{1}{a^3}\iiint\limits_{-a/2}^{+a/2} u(\mathfrak{r})\,dx\,dy\,dz \tag{5, 148}$$

der Feldgröße u in dem abgegrenzten Würfelraum. Um (5, 148) auszurechnen, entwickeln wir $u(\mathfrak{r})$ für alle $|\,\mathfrak{r}\,| \leqq a/2$ um den Ursprung 0 in eine TAYLOR-Reihe. Dies ergibt, wenn man nach den Gliedern zweiter Ordnung abbricht:

$$\begin{aligned} u(\mathfrak{r}) = u_0 &+ \left(\frac{\partial u}{\partial x}\right)_0 x + \left(\frac{\partial u}{\partial y}\right)_0 y + \left(\frac{\partial u}{\partial z}\right)_0 z \\ &+ \frac{1}{2}\left[\left(\frac{\partial^2 u}{\partial x^2}\right)_0 x^2 + \left(\frac{\partial^2 u}{\partial y^2}\right)_0 y^2 + \left(\frac{\partial^2 u}{\partial z^2}\right)_0 z^2\right. \\ &\left. + 2\left(\frac{\partial^2 u}{\partial x \partial y}\right)_0 xy + 2\left(\frac{\partial^2 u}{\partial x \partial z}\right)_0 xz + 2\left(\frac{\partial^2 u}{\partial y \partial z}\right)_0 yz\right], \end{aligned} \tag{5, 149}$$

wobei mit einer Größe, die den Index 0 trägt, deren Betrag im „Entwicklungspunkt 0" gemeint ist. Setzt man den letzten Ausdruck in (5, 148) ein und führt die Integration aus, so erhält man für

$$\bar{u} = u_0 + \frac{a^2}{24}\left[\left(\frac{\partial^2 u}{\partial x^2}\right)_0 + \left(\frac{\partial^2 u}{\partial y^2}\right)_0 + \left(\frac{\partial^2 u}{\partial z^2}\right)_0\right] \tag{5, 150}$$

$$= u_0 + \frac{a^2}{24}(\Delta u)_0 \tag{5, 151}$$

und hieraus

$$(\Delta\,u)_0 \sim \bar{u} - u_0. \tag{5, 152}$$

Da der Bezugspunkt 0 beliebig gewählt werden kann, läßt sich aufgrund von (5, 152) sagen:

Der Ausdruck $\Delta\,u$ ist der Differenz des lokalen Wertes $u(\mathfrak{r})$ in einem Punkt $\mathfrak{r}$ und dem räumlichen Mittelwert $\bar{u}$ einer Umgebung von $\mathfrak{r}$ proportional.

Für den Sonderfall, daß der lokale Wert $u = u(\mathfrak{r})$ des Skalars u in jedem Punkt $\mathfrak{r}$ des Feldes mit dem Mittelwert $\bar{u}$ einer Umgebung von $\mathfrak{r}$ übereinstimmt, genügt nach (5, 152) die Feldgröße u der Differentialgleichung

$$\Delta\,u = 0, \tag{5, 153}$$

die als LAPLACE*sche Differentialgleichung* bezeichnet wird.

Die Rotation: Deutet man die linke Seite von (5, 124) im Sinne von (5, 126), so ist (5, 124) ein Vektor, den man die *Rotation* von $\mathfrak{A}$ nennt. In bezug auf ein cartesisches Koordinatensystem ist

$$\mathrm{rot}\,\mathfrak{A} = \mathfrak{i}\left(\frac{\partial A_z}{\partial y} - \frac{\partial A_y}{\partial z}\right) + \mathfrak{j}\left(\frac{\partial A_x}{\partial z} - \frac{\partial A_z}{\partial x}\right) + \mathfrak{k}\left(\frac{\partial A_y}{\partial x} - \frac{\partial A_x}{\partial y}\right), \tag{5, 154}$$

[1]) Merkwürdigerweise wird auf diese Tatsache in der einschlägigen Literatur nicht eingegangen. Dieses ist, weil der Ausdruck $\Delta\,u$ in vielen grundlegenden Gleichungen der Theoretischen Physik auftritt, ein sehr zu bedauernder Umstand. Er mag es rechtfertigen, daß hier nicht allein auf die anschauliche Deutbarkeit von $\Delta\,u$ hingewiesen wird, sondern auch umrissen werden soll, wie man zu einer anschaulichen Auslegung von $\Delta\,u$ gelangen kann.

wofür man vielfach formal

$$\operatorname{rot}\mathfrak{A} = \begin{vmatrix} \mathfrak{i} & \mathfrak{j} & \mathfrak{k} \\ \frac{\partial}{\partial x} & \frac{\partial}{\partial y} & \frac{\partial}{\partial z} \\ A_x & A_y & A_z \end{vmatrix} \tag{5, 155}$$

schreibt.

Benutzt man Zylinderkoordinaten (ϱ, φ, z), so ist

$$\operatorname{rot}\mathfrak{A} = \left(\frac{1}{\varrho}\frac{\partial A_z}{\partial \varphi} - \frac{\partial A_\varphi}{\partial z}\right)\mathfrak{e}_\varrho + \left(\frac{\partial A_\varrho}{\partial z} - \frac{\partial A_z}{\partial \varrho}\right)\mathfrak{e}_\varphi + \left(\frac{1}{\varrho}\frac{\partial}{\partial \varrho}(\varrho A_\varphi) - \frac{1}{\varrho}\frac{\partial A_\varrho}{\partial \varphi}\right)\mathfrak{e}_z, \tag{5, 156}$$

während man bei Verwendung von Kugelkoordinaten (r, ϑ, φ) für

$$\operatorname{rot}\mathfrak{A} = \frac{1}{r\sin\vartheta}\left[\frac{\partial}{\partial\vartheta}(A_\varphi \sin\vartheta) - \frac{\partial A_\vartheta}{\partial\varphi}\right]\mathfrak{e}_r + \left[\frac{1}{\sin\vartheta}\frac{\partial A_r}{\partial\varphi} - \frac{1}{r}\frac{\partial}{\partial r}(rA_\varphi)\right]\mathfrak{e}_\vartheta + \frac{1}{r}\left[\frac{\partial}{\partial r}(rA_\vartheta) - \frac{\partial A_r}{\partial\vartheta}\right]\mathfrak{e}_\varphi \tag{5, 157}$$

erhält.

Ist in jedem Punkt $\mathfrak{r}$ eines durch $\mathfrak{A} = \mathfrak{A}(\mathfrak{r})$ beschriebenen Vektorfeldes

$$\operatorname{rot}\mathfrak{A} = 0, \tag{5, 158}$$

so spricht man von einem wirbelfreien Feld (manchmal auch Vektor), anderenfalls handelt es sich um ein Wirbelfeld.

Für das Rechnen mit der Rotation gelten folgende Regeln:

$$\operatorname{rot}(\mathfrak{A} + \mathfrak{B}) = \operatorname{rot}\mathfrak{A} + \operatorname{rot}\mathfrak{B} \tag{5, 159}$$

$$\operatorname{rot} c\,\mathfrak{A} = c \operatorname{rot}\mathfrak{A}, \qquad c = \text{const.} \tag{5, 160}$$

Ist $f = f(\mathfrak{r})$ eine skalare Ortsfunktion, so ist

$$\operatorname{rot} f\,\mathfrak{A} = f \operatorname{rot}\mathfrak{A} - \mathfrak{A} \times \operatorname{grad} f. \tag{5, 161}$$

Weitere Regeln:

$$\operatorname{rot}\mathfrak{A} \times \mathfrak{B} = (\mathfrak{B} \cdot \operatorname{grad})\,\mathfrak{A} - (\mathfrak{A} \cdot \operatorname{grad})\,\mathfrak{B} + \mathfrak{A} \operatorname{div}\mathfrak{B} - \mathfrak{B} \operatorname{div}\mathfrak{A} \tag{5, 162}$$

$$\operatorname{div}\operatorname{rot}\mathfrak{A} \equiv 0 \tag{5, 163}$$

$$\operatorname{rot}\operatorname{grad} u \equiv 0 \tag{5, 164}$$

$$\operatorname{rot}\operatorname{rot}\mathfrak{A} = \operatorname{grad}\operatorname{div}\mathfrak{A} - \Delta\,\mathfrak{A}. \tag{5, 165}$$

Diese Beziehung gilt wegen (5, 145) zunächst nur für cartesische Koordinaten. Da aber die in (5, 165) auftretenden Differentialoperatoren grad, div und rot auch für krummlinige orthogonale Koordinaten bekannt sind (vorstehend für Zylinder- und Kugelkoordinaten angegeben), ist (5, 165) Definitionsgleichung von $\Delta\,\mathfrak{A}$ für alle orthogonalen Koordinaten, die (5, 145) als Sonderfall enthält.

Ferner gilt

$$\operatorname{rot}\mathfrak{r} \equiv 0 \tag{5, 166}$$

$$\operatorname{rot}\mathfrak{r} f(r) \equiv 0 \tag{5, 167}$$

$$\operatorname{rot}\mathfrak{A}_0 \times \mathfrak{r} = 2\,\mathfrak{A}_0, \qquad d\mathfrak{A}_0 = 0. \tag{5, 168}$$

Ableitung einer Feldgröße nach der Zeit: Es sei

$$u = u(\mathfrak{r}, t) \tag{5, 169}$$

eine vom Ort $\mathfrak{r}$ und der Zeit t abhängige skalare Feldgröße. Ihre Änderung ist, bei festem t, durch (5, 103) gegeben. Bei variablem t erhält man für das totale Differential

$$du = \frac{\partial u}{\partial t}\,dt + (d\mathfrak{r}\cdot\operatorname{grad})\,u. \tag{5, 170}$$

Im Anschluß an diese Formel wird in der Literatur häufig die sogenannte *totale zeitliche Ableitung* von u angegeben, womit — unter Verwendung der überwiegend gebrauchten Schreibweise — der Ausdruck

$$\frac{du}{dt} = \frac{\partial u}{\partial t} + \left(\frac{d\mathfrak{r}}{dt}\cdot\operatorname{grad}\right)u \tag{5, 171}$$

$$= \frac{\partial u}{\partial t} + (\mathfrak{v}\cdot\operatorname{grad})\,u \tag{5, 172}$$

gemeint ist.

Wir müssen an dieser Stelle eine kritische Bemerkung zu dem üblicherweise durchgeführten Übergang von (5, 170) zu (5, 171/172) machen, weil zu erwarten steht, daß an dieser Stelle der aufmerksame Leser sicher folgenden Einwand erheben wird: Nach (5, 169) sind $\mathfrak{r}$ und t voneinander *unabhängige* Variable. Es ist daher gänzlich unverständlich, was die in den beiden letzten Gleichungen auftretende Größe

$$\frac{d\mathfrak{r}}{dt} = \mathfrak{v} \tag{5, 173}$$

für einen Sinn hat.

Dieser Einwand ist natürlich berechtigt, denn nach der Definition von unabhängigen Variablen müßte (5, 173) verschwinden. Es ist jedoch mit (5, 171/172) etwas gemeint, was aus der vorstehend angegebenen formalen Darstellung der „totalen zeitlichen Ableitung" von u nicht unmittelbar hervorgeht.

Da wir diese später wesentlich benötigen, wird auf diesen Begriff in Kap. 100 ausführlich eingegangen werden. Hier mag lediglich vorgreifend bemerkt werden, daß es — um Mißverständnisse zu vermeiden — zweckmäßig ist, für die totale zeitliche Ableitung du/dt ein anderes Symbol zu verwenden. Wir werden (5, 172) künftig in der Form

$$\frac{Du}{Dt} = \frac{\partial u}{\partial t} + (\mathfrak{v}\cdot\operatorname{grad})\,u \tag{5. 174}$$

schreiben.

Statt von der „totalen zeitlichen Ableitung" von u spricht man auch gelegentlich von ihrer *substantiellen* (oder *materiellen*) Ableitung. Die auf der rechten Seite der letzten Gleichung auftretenden Größen nennt man (in der Reihenfolge von links nach rechts) die *lokale* bzw. die *konvektive* Ableitung von u oder kurz das Konvektionsglied.

Verschwindet die substantielle Ableitung ($D/Dt = 0$) einer Feldgröße u, so erhält man für diesen Sonderfall aus (5, 174) als Beziehung zwischen der lokalen und der konvektiven Ableitung

$$\frac{\partial u}{\partial t} = -(\mathfrak{v}\cdot\operatorname{grad})\,u. \tag{5, 175}$$

Wir bemerken, daß die vorstehenden Erörterungen unverändert gelten, wenn die betrachtete Feldgröße nicht ein Skalar $u(\mathfrak{r}, t)$, sondern ein Vektor $\mathfrak{A}(\mathfrak{r}, t)$ ist. Dann ist (5, 174) durch

$$\frac{D\mathfrak{A}}{Dt} = \frac{\partial\mathfrak{A}}{\partial t} + (\mathfrak{v}\cdot\operatorname{grad})\,\mathfrak{A} \tag{5, 175a}$$

und (5, 175) durch

$$\frac{\partial\mathfrak{A}}{\partial t} = -(\mathfrak{v}\cdot\operatorname{grad})\,\mathfrak{A} \tag{5, 175b}$$

zu ersetzen.

Potentiale: Für einen in einem Feld überall wirbelfreien Vektor $\mathfrak{A}$ ist

$$\operatorname{rot}\mathfrak{A} = 0. \tag{5, 176}$$

Diese Gleichung ist nach (5, 164) sicher erfüllt, wenn

$$\mathfrak{A} = \operatorname{grad} u \tag{5, 177}$$

ist, d. h.: ein wirbelfreier Vektor $\mathfrak{A}$ läßt sich stets als Gradient einer skalaren Ortsfunktion $u = u(\mathfrak{r})$ ausdrücken, die dann *skalares Potential* genannt wird.

Analoges gilt für einen überall quellenfreien Vektor $\mathfrak{B}$, für den

$$\operatorname{div} \mathfrak{B} = 0 \tag{5, 178}$$

ist. Diese Bedingung ist aufgrund von (5, 163) sicher erfüllt, wenn

$$\mathfrak{B} = \operatorname{rot} \mathfrak{C} \tag{5, 179}$$

ist, d. h.: ein quellenfreier Vektor $\mathfrak{B}$ läßt sich stets als Rotation eines Vektors $\mathfrak{C} = \mathfrak{C}(\mathfrak{r})$ ausdrükken, den man dann als *Vektorpotential* bezeichnet.

Ein wichtiger Satz: Ist $\mathfrak{G}$ ein einfach zusammenhängender Bereich, dann ist in $\mathfrak{G}$ ein Vektorfeld $\mathfrak{A} = \mathfrak{A}(\mathfrak{r})$ eindeutig bestimmt, wenn man in jedem Punkt des Bereiches

$$\operatorname{div} \mathfrak{A} = f(\mathfrak{r}) \tag{5, 180}$$

$$\operatorname{rot} \mathfrak{A} = \mathfrak{g}(\mathfrak{r}) \tag{5, 181}$$

und die Normalkomponente

$$A_n(\mathfrak{R}) = h(\mathfrak{r}) \tag{5, 182}$$

auf der Berandung $\mathfrak{R}$ von $\mathfrak{G}$ kennt.

Ist $\mathfrak{G}$ der unendliche Raum, dann ist $\mathfrak{A}$ eindeutig bestimmt, wenn überall

$$\operatorname{div} \mathfrak{A} = f(\mathfrak{r}) \tag{5, 183}$$

$$\operatorname{rot} \mathfrak{A} = \mathfrak{g}(\mathfrak{r}) \tag{5, 184}$$

bekannt sind und $|\mathfrak{A}|$ im Unendlichen mindestens wie r^{-2} verschwindet:

$$|\mathfrak{A}| \cong r^{-2} \qquad \text{für } r \to \infty. \tag{5, 185}$$

Der Zerlegungssatz: Ist $\mathfrak{A} = \mathfrak{A}(\mathfrak{r})$ ein Vektorfeld im unendlichen Raum, das einschließlich seiner ersten Ableitungen im Unendlichen verschwindet, so läßt sich $\mathfrak{A}$ (bis auf einen konstanten Vektor) eindeutig als Summe aus einem wirbelfreien und einem quellenfreien Anteil darstellen:

$$\mathfrak{A} = \mathfrak{A}_1 + \mathfrak{A}_2 \tag{5, 186}$$

mit

$$\operatorname{rot} \mathfrak{A}_1 = 0, \qquad \operatorname{div} \mathfrak{A}_1 \neq 0 \tag{5, 187}$$

und

$$\operatorname{div} \mathfrak{A}_2 = 0, \qquad \operatorname{rot} \mathfrak{A}_2 \neq 0. \tag{5, 188}$$

Aufgrund der Zerlegung (5, 186) wird dann

$$\operatorname{div} \mathfrak{A} = \operatorname{div} \mathfrak{A}_1 \tag{5, 189}$$

$$\operatorname{rot} \mathfrak{A} = \operatorname{rot} \mathfrak{A}_2, \tag{5, 190}$$

d. h.: das Feld $\mathfrak{A}$ ist in zwei Teilfelder zerlegt worden, von denen das eine alle Quellen bzw. Senken und das andere alle Wirbel enthält.

d) Integralsätze

Mit diesem Begriff bezeichnet man eine Anzahl von Gesetzmäßigkeiten, die es ermöglichen, gewisse Typen von Kurven- (= einfachen) Integralen durch Flächen- (= zweifache) Integrale bzw. gewisse Typen von Oberflächenintegralen durch Volumen- (= dreifache) Integrale auszudrücken und umgekehrt.

Die wichtigsten dieser Integralsätze, die wir späterhin vielfach verwenden werden, geben wir nachstehend an. Dabei soll der Deutlichkeit wegen für ein längs einer geschlossenen Kurve $\mathfrak{C}$

zu erstreckendes Linienintegral das Zeichen $\oint$ und für ein über eine Oberfläche $\mathfrak{R}$ (= Berandung eines räumlichen Bereiches) zu erstreckendes Integral („Hüllenintegral") das Zeichen $\oint\!\!\oint$ verwendet werden.

a) **Die Gausssche Integralformel:** Es sei $\mathfrak{G}$ ein räumlich beschränktes, einfach zusammenhängendes Gebiet, das von einer endlichen Anzahl von Flächenstücken mit stetiger Tangentialebene berandet wird. Die Berandung heiße $\mathfrak{R}$. Ferner sei $F = F(\mathfrak{r})$ eine nebst ihren ersten Ableitungen in $\mathfrak{G}$ und auf $\mathfrak{R}$ definierte stetige Ortsfunktion. Dann gilt eine als Gausssche Integralformel bezeichnete Beziehung, die die Form

$$\iiint\limits_{\mathfrak{G}} \frac{\partial F}{\partial s}\, d\tau = \iint\limits_{\mathfrak{R}} F \cos(\mathfrak{n}^0, \mathfrak{s}^0)\, df \qquad (5, 191)$$

hat. In diesem Ausdruck bedeutet $d\tau$ ein Volumenelement von $\mathfrak{G}$, df ein Flächenelement von $\mathfrak{R}$, $\mathfrak{n}^0$ einen auf df senkrecht stehenden Einheitsvektor (Normaleneinheitsvektor), der positiv gezählt wird, wenn $\mathfrak{n}^0$ aus $\mathfrak{G}$ hinausweist, und $\mathfrak{s}^0$ einen Einheitsvektor, in dessen Richtung die Ortsfunktion F abgeleitet ist $\left(\text{Richtungsableitung } \frac{\partial F}{\partial s}\right)$.

Wendet man (5, 191) auf drei beliebige Ortsfunktionen F_1, F_2, F_3 mit den gleichen Eigenschaften, die von $F = F(\mathfrak{r})$ verlangt wurden, an und wählt für den Fall, daß

$$F = F_1 \text{ ist, für } \mathfrak{s}^0 = \mathfrak{i}$$
$$F = F_2 \text{ ist, für } \mathfrak{s}^0 = \mathfrak{j}$$
$$F = F_3 \text{ ist, für } \mathfrak{s}^0 = \mathfrak{k},$$

so erhält man nach Addition die Relation

$$\iiint\limits_{\mathfrak{G}} \left(\frac{\partial F_1}{\partial x} + \frac{\partial F_2}{\partial y} + \frac{\partial F_3}{\partial z}\right) d\tau$$
$$= \oint\!\!\oint\limits_{\mathfrak{R}} \{F_1 \cos(\mathfrak{n}^0, \mathfrak{i}) + F_2 \cos(\mathfrak{n}^0, \mathfrak{j}) + F_3 \cos(\mathfrak{n}^0, \mathfrak{k})\}\, df, \qquad (5, 192)$$

die vielfach ebenfalls als Gausssche Integralformel bezeichnet wird.

b) **Der Gausssche Integralsatz:** Sind insbesondere die in (5, 192) auftretenden Ortsfunktionen F_1, F_2, F_3 die Komponenten eines Vektors $\mathfrak{A}$, d. h.

$$F_1 = F_1(\mathfrak{r}) \to A_x = A_x(\mathfrak{r}) \qquad (5, 193)$$

usw., so geht (5, 192) in

$$\iiint\limits_{\mathfrak{G}} \operatorname{div} \mathfrak{A}\, d\tau = \oint\!\!\oint\limits_{\mathfrak{R}} \mathfrak{A} \cdot d\mathfrak{f} \qquad (5, 194)$$

über, wenn

$$d\mathfrak{f} = \mathfrak{n}^0 \cdot d\mathfrak{f} \qquad (5, 195)$$

ein Flächenelement von $\mathfrak{R}$ in „vektorieller" Schreibweise bedeutet.

Es ist Gl. (5, 194), die man heute wohl ausnahmslos meint, wenn man vom Gaussschen *Integralsatz* spricht. Neuerdings sagt man dafür auch: Satz von Gauss und Ostrogradski, da inzwischen bekannt wurde, daß die von Gauss bewiesene Integralformel schon vor ihm von Ostrogradski gefunden wurde. Man darf wohl annehmen, daß Gauss die Arbeiten von Ostrogradski nicht kannte.

c) **Die Greenschen Formeln**[1]**:** Setzt man in (5, 194):

$$\mathfrak{A} = u \operatorname{grad} v, \qquad (5, 196)$$

wobei $u = u(\mathfrak{r})$ und $v = v(\mathfrak{r})$ skalare Ortsfunktionen mit den oben genannten erforderlichen Stetigkeitseigenschaften sind, so erhält man

$$\iiint\limits_{\mathfrak{G}} (u \Delta v + \operatorname{grad} u \cdot \operatorname{grad} v)\, d\tau = \oint\!\!\oint\limits_{\mathfrak{R}} u \operatorname{grad} v \cdot d\mathfrak{f}. \qquad (5, 197)$$

---

[1]) George Green: *1793 in Nottingham, † 1841 bei Nottingham.

Vertauscht man u mit v und subtrahiert dann, so erhält man

$$\iiint\limits_{\mathfrak{G}} (u \Delta v - v \Delta u)\, d\tau = \oiint\limits_{\mathfrak{R}} (u \operatorname{grad} v - v \operatorname{grad} u) \cdot d\mathfrak{f} \tag{5, 198}$$

$$= \oiint\limits_{\mathfrak{R}} \left(u \frac{\partial v}{\partial n} - v \frac{\partial u}{\partial n}\right) df, \tag{5, 199}$$

eine Beziehung, die als GREENsche Formel bezeichnet wird.

Als Sonderfall erhält man hieraus für $v = \text{const}$:

$$\iiint\limits_{\mathfrak{G}} \Delta u\, d\tau = \oiint\limits_{\mathfrak{R}} d\mathfrak{f} \cdot \operatorname{grad} u \tag{5, 200}$$

$$= \oiint\limits_{\mathfrak{R}} \frac{\partial u}{\partial n}\, df. \tag{5, 201}$$

Setzt man in (5, 197) $u = v$, so liefert dies

$$\iiint\limits_{\mathfrak{G}} \{u \Delta u + (\operatorname{grad} u)^2\}\, d\tau = \oiint\limits_{\mathfrak{R}} u\, d\mathfrak{f} \cdot \operatorname{grad} u \tag{5, 202}$$

$$= \oiint\limits_{\mathfrak{R}} u \frac{\partial u}{\partial n}\, df. \tag{5, 203}$$

d) **Der STOKESsche Satz**[1]**:** Ist $\mathfrak{C}$ eine geschlossene, stückweise glatte Raumkurve und $\mathfrak{F}$ ein einfaches, zusammenhängendes in $\mathfrak{C}$ aufgespanntes Flächenstück, d. h. eine von $\mathfrak{C}$ berandete Fläche mit stückweise stetiger Flächennormale $\mathfrak{n}^0$, die mit dem Umlaufssinn von $\mathfrak{C}$ eine Rechtsschraube bildet und $\mathfrak{A} = \mathfrak{A}(\mathfrak{r})$ ein in $\mathfrak{F}$ und auf $\mathfrak{C}$ definiertes Vektorfeld, so gilt

$$\iint\limits_{\mathfrak{F}} d\mathfrak{f} \cdot \operatorname{rot} \mathfrak{A} = \oint\limits_{\mathfrak{C}} \mathfrak{A} \cdot d\mathfrak{s}, \tag{5, 204}$$

wobei $d\mathfrak{s}$ ein Linienelement der Berandungskurve $\mathfrak{C}$ der Fläche bedeutet.

Für den Sonderfall, daß $\mathfrak{F}$ eine geschlossene Fläche (Oberfläche) ist, folgt aus (5, 204)

$$\oiint\limits_{\mathfrak{F}} d\mathfrak{f} \cdot \operatorname{rot} \mathfrak{A} = 0, \tag{5, 205}$$

was man vielfach kurz durch: „Das Hüllenintegral eines Rotors ist gleich Null" ausdrückt.

Weitere Integralformeln, die sich aus den vorstehenden Sätzen herleiten lassen:

$$\iiint\limits_{\mathfrak{G}} \operatorname{grad} u\, d\tau = \oiint\limits_{\mathfrak{R}} u \cdot d\mathfrak{f} \tag{5, 206}$$

$$\iiint\limits_{\mathfrak{G}} \operatorname{rot} \mathfrak{A}\, d\tau = \oiint\limits_{\mathfrak{R}} \mathfrak{A} \times d\mathfrak{f}. \tag{5, 207}$$

Ist $\mathfrak{C}$ eine geschlossene Kurve, so gilt

$$\oint\limits_{\mathfrak{C}} u\, d\mathfrak{s} = \iint\limits_{\mathfrak{F}} d\mathfrak{f} \times \operatorname{grad} u, \tag{5, 208}$$

wenn $\mathfrak{F}$ eine von $\mathfrak{C}$ berandete Fläche ist.

e) **Zeitliche Änderung von Flächen- und Volumenintegralen.** Ist $\mathfrak{F}$ eine in einem sich zeitlich ändernden Vektorfeld

$$\mathfrak{A} = \mathfrak{A}(\mathfrak{r}, t) \tag{5, 209}$$

liegende, nicht geschlossene Fläche, so ist die auf die Zeiteinheit bezogene Gesamtänderung des

[1]) STOKES, George: *1819 in Skreen, Irland, † 1903 in Cambridge.

Flusses von $\mathfrak{A}$ durch die Fläche

$$\frac{d}{dt}\iint\limits_{\mathfrak{F}} \mathfrak{A}\cdot d\mathfrak{f} = \iint\limits_{\mathfrak{F}} \left\{\frac{\partial \mathfrak{A}}{\partial t} + \mathfrak{v}\,\mathrm{div}\,\mathfrak{A} - \mathrm{rot}\,[\mathfrak{v}\times\mathfrak{A}]\right\}\cdot d\mathfrak{f}, \tag{5, 210}$$

wenn sich $\mathfrak{F}$ mit der Geschwindigkeit $\mathfrak{v}$ bewegt.

Ist $\mathfrak{F}$ eine geschlossene Fläche, so ist die Flußänderung durch den Ausdruck

$$\frac{d}{dt}\oiint\limits_{\mathfrak{F}} \mathfrak{A}\cdot d\mathfrak{f} = \oiint\limits_{\mathfrak{F}} \left(\frac{\partial \mathfrak{A}}{\partial t} + \mathfrak{v}\,\mathrm{div}\,\mathfrak{A}\right)\cdot d\mathfrak{f} \tag{5, 211}$$

gegeben.

Wir geben abschließend die zeitliche Änderung eines Volumenintegrals

$$J(t) = \iiint\limits_{V(t)} u(\mathfrak{r}, t)\, d\tau \tag{5, 212}$$

an, wenn $V = V(t)$ zeitlich veränderlich ist. Dann gilt

$$\frac{d}{dt}\iiint\limits_{V} u\, d\tau = \iiint\limits_{V} \frac{\partial u}{\partial t}\, d\tau + \oiint\limits_{\mathfrak{R}} u\,\mathfrak{v}\cdot d\mathfrak{f}, \tag{5, 213}$$

wobei $\mathfrak{R}$ die Oberfläche des Volumens V bedeutet, die sich mit der Geschwindigkeit $\mathfrak{v}$ bewegt. Die Anwendung des Gaussschen Satzes auf das Oberflächenintegral in (5, 213) liefert

$$\frac{d}{dt}\iiint u\, d\tau = \iiint \left(\frac{\partial u}{\partial t} + \mathrm{div}\, u\,\mathfrak{v}\right) d\tau \tag{5, 214}$$

$$= \iiint \left(\frac{\partial u}{\partial t} + u\,\mathrm{div}\,\mathfrak{v} + \mathfrak{v}\cdot\mathrm{grad}\, u\right) d\tau. \tag{5, 215}$$

6. Einiges über Tensoren

Zur Formulierung physikalischer Gesetzmäßigkeiten genügt in vielen Fällen die Verwendung von Skalaren und Vektoren. Jedoch gibt es auch eine Reihe von Erscheinungen, zu deren quantitativer Beschreibung man mit Skalaren und Vektoren nicht mehr auskommt, sondern „höhere" Größen benötigt, die man *Tensoren* nennt. Da die Kenntnis dieses Begriffes sowie das Rechnen mit Tensoren i. allg. nicht vorausgesetzt werden kann, soll das, was in diesem Band aus der Tensorrechnung benötigt wird, nachstehend dargelegt werden.

Es gibt mehrere — äußerlich verschieden aussehende, inhaltlich natürlich aber gleichwertige — Möglichkeiten, einen Tensor zu definieren. Wir wollen an den Begriff der *linearen Vektorfunktion* anschließen.

Ebenso wie eine skalare Größe y von einem anderen Skalar x abhängig sein kann (was man bekanntlich durch $y = f(x)$ ausdrückt), kann auch ein Vektor $\mathfrak{A}$ von einem anderen Vektor $\mathfrak{B}$ abhängen. Man schreibt dann

$$\mathfrak{A} = \mathfrak{F}(\mathfrak{B}), \tag{6, 1}$$

wobei unter $\mathfrak{F}$ ein (vektorielles) Funktionssymbol zu verstehen ist. Mit der *Vektorfunktion* (6, 1) ist gemeint, daß die Komponenten A_i, $(i = 1, 2, 3)$, des Vektors $\mathfrak{A}$ von den Komponenten B_i, $(i = 1, 2, 3)$, des Vektors $\mathfrak{B}$ in irgendeiner Weise abhängen, d. h., daß

$$A_i = F_i(B_1, B_2, B_3), \qquad i = 1, 2, 3 \tag{6, 2}$$

ist, wobei mit F_i (skalare) Funktionssymbole gemeint sind[1]).

Ein besonders einfacher Fall einer Vektorfunktion liegt offenbar dann vor, wenn die Komponenten A_i, $(i = 1, 2, 3)$ mit den Komponenten B_k, $(k = 1, 2, 3)$ *linear* und *homogen* verknüpft

[1]) Bzgl. der Bezeichnungsweise $i = 1, 2, 3 \to x, y, z$, vgl. (5, 12).

sind. Man spricht dann von einer *linearen Vektorfunktion*, deren analytische Darstellung in den drei Gleichungen

$$A_1 = t_{11} B_1 + t_{12} B_2 + t_{13} B_3 \tag{6, 3a}$$

$$A_2 = t_{21} B_1 + t_{22} B_2 + t_{23} B_3 \tag{6, 3b}$$

$$A_3 = t_{31} B_1 + t_{32} B_2 + t_{33} B_3 \tag{6, 3c}$$

ihren Ausdruck findet, die sich zusammenfassend durch

$$A_i = \sum_k t_{ik} B_k, \qquad i, k = 1, 2, 3 \tag{6, 4}$$

darstellen lassen[1]).

Die Gesamtheit der neun Größen t_{ik}, $(i, k = 1, 2, 3)$, die die lineare und homogene Verknüpfung zwischen den A_i und B_k vermittelt, nennt man *Tensor 2. Stufe*, jede einzelne der neun Größen t_{ik} heißt Komponente des Tensors.

Insbesondere nennt man die Komponenten mit gleichen Indizes, t_{ii}, $(i = 1, 2, 3)$, die Hauptkomponenten des Tensors oder Tensorkomponenten erster Art, dagegen die Komponenten t_{ik}, $(i \neq k)$, Tensorkomponenten zweiter Art.

Vielfach wird der Tensor durch die Matrix

$$T = (t_{ik}) = \begin{pmatrix} t_{xx} & t_{xy} & t_{xz} \\ t_{yx} & t_{yy} & t_{yz} \\ t_{zx} & t_{zy} & t_{zz} \end{pmatrix} = \begin{pmatrix} t_{11} & t_{12} & t_{13} \\ t_{21} & t_{22} & t_{23} \\ t_{31} & t_{32} & t_{33} \end{pmatrix} \tag{6, 5}$$

dargestellt, was sich als zweckmäßig erweist. Wir bemerken weiterhin, daß sich auch die lineare homogene Vektorfunktion (6,3) bzw. (6, 4) durch Verwendung von Matrizen darstellen läßt, wenn man einen Vektor $\mathfrak{A} = \{A_x, A_y, A_z\}$ als eine Spaltenmatrix

$$A = \begin{pmatrix} A_x \\ A_y \\ A_z \end{pmatrix} = \begin{pmatrix} A_1 \\ A_2 \\ A_3 \end{pmatrix} \tag{6, 6}$$

darstellt. Man kann dann (6, 3) in der Form

$$A = T \ast B \tag{6, 7}$$

schreiben, unter $\ast$ ein Zeichen für eine Produktbildung verstanden, die nach den Regeln der Multiplikation von Matrizen vorzunehmen ist. Statt (6, 7) schreibt man vielfach auch

$$\mathfrak{A} = T \ast \mathfrak{B}, \tag{6, 8}$$

eine Schreibweise, die wir späterhin verwenden werden.

Wir geben zwei Eigenschaften von linearen Vektorfunktionen an, die nicht nur diese, sondern jede als *linear* bezeichnete Beziehung besitzt:

1.) Ersetzt man in (6, 4):

$$B_k \to B'_k = \lambda B_k, \tag{6, 9}$$

wobei λ ein beliebiger Skalar ist, dann erhält man

$$A'_i = \sum_k t_{ik} \lambda B_k = \lambda \sum_k t_{ik} B_k \tag{6, 10}$$

$$= \lambda A_i, \tag{6, 11}$$

[1]) Man kann Ausdrücke, in denen ein oder mehrere Summenzeichen auftreten, formal sehr vereinfachen, indem man das Summenzeichen nicht ausschreibt, sondern festlegt, daß über jeden *doppelt auftretenden* Index in einem Ausdruck automatisch zu summieren ist. Obwohl es in der Tensorrechnung üblich ist, diese Einsteinsche *Summenkonvention* anzuwenden, soll von ihr im folgenden kein Gebrauch gemacht werden, um zu vermeiden, daß der Anfänger einen komplizierten Ausdruck, z. B. eine mehrfache Summe, vielleicht nur als einen einzigen Ausdruck ansieht.

oder mit Verwendung der Schreibweise nach (6, 8):

$$T \ast \lambda \mathfrak{B} = \lambda (T \ast \mathfrak{B}). \quad (6, 12)$$

2.) Sind die in (6, 4) auftretenden Größen B_k die Komponenten des Vektors

$$\mathfrak{B} = \mathfrak{B}^{(1)} + \mathfrak{B}^{(2)} \quad (6, 13)$$

$$= \{B_x^{(1)} + B_x^{(2)}, B_y^{(1)} + B_y^{(2)}, B_z^{(1)} + B_z^{(2)}\}, \quad (6, 14)$$

so wird aus (6, 4):

$$\sum_k t_{ik} (B_k^{(1)} + B_k^{(2)}) = \sum_k t_{ik} B_k^{(1)} + \sum_k t_{ik} B_k^{(2)}, \quad (6, 15)$$

oder mit Verwendung von (6, 8):

$$T \ast (\mathfrak{B}^{(1)} + \mathfrak{B}^{(2)}) = T \ast \mathfrak{B}^{(1)} + T \ast \mathfrak{B}^{(2)}. — \quad (6, 16)$$

Durch die Gl. (6, 3) werden mittels der t_{ik} die Komponenten des Vektors $\mathfrak{B}$ in die Komponenten eines anderen Vektors $\mathfrak{A}$ übergeführt. Sie müssen nun bei einer orthogonalen Transformation p. def. das Transformationsgesetz (5, 23/24) erfüllen. Durch diese Forderung werden als t_{ik} nur solche Größen zugelassen, die sich — ebenso wie die Komponenten eines Vektors — bei einer orthogonalen Transformation in b e s t i m m t e r Weise verhalten, die folgendermaßen gefunden werden kann.

In bezug auf ein Koordinatensystem $\mathfrak{S}$ gelte zwischen den Komponenten zweier Vektoren $\mathfrak{A}$ und $\mathfrak{B}$ die lineare und homogene Verknüpfung (6, 4), die durch ein geeignetes System von neun Größen t_{ik}, eben einen Tensor 2. Stufe, vermittelt werde. Dann gilt in einem anderen, gegen $\mathfrak{S}$ gedrehten System $\mathfrak{S}'$ der gleiche Ausdruck, jedoch nunmehr mit den entsprechenden „gestrichenen" Größen:

$$A_i' = \sum_k t_{ik}' B_k'. \quad (6, 17)$$

Ersetzt man hierin die linke Seite durch (5, 23), so geht (6, 17) in

$$\sum_k \alpha_{ik} A_k = \sum_k t_{ik}' B_k' \quad (6, 18)$$

über. Ersetzt man das auf der linken Seite in vorstehender Gleichung stehende A_k gemäß (6, 4), so erhält man nach Änderung des Summationsindex und Vertauschung der beiden Seiten von (6, 18)

$$\sum_k t_{ik}' B_k' = \sum_k \alpha_{ik} \sum_k t_{km} B_m. \quad (6, 19)$$

Drückt man hierin B_m nach (5, 24) aus, so ergibt sich nach erneutem Wechsel des festen und des laufenden (= Summations-) Index

$$\sum_k t_{ik}' B_k' = \sum_k \alpha_{ik} \sum_m t_{km} \sum_n \alpha_{nm} B_n'. \quad (6, 20)$$

Ersetzt man auf der rechten Seite dieser Gleichung die darin auftretenden Indizes

$$k \to p,\ m \to q,\ n \to k, \quad (6, 21)$$

so wird aus (6, 20):

$$\sum_k t_{ik}' B_k' = \sum_k \sum_p \sum_q \alpha_{ip} \alpha_{kq} t_{pq} B_k', \quad (6, 22)$$

woraus in bekannter Weise auf die Gültigkeit von

$$t_{ik}' = \sum_p \sum_q \alpha_{ip} \alpha_{kq} t_{pq} \quad (6, 23)$$

geschlossen werden kann. Durch zweimalige Anwendung der Orthogonalitätsrelationen (5, 26) läßt sich (6, 23a) nach den „ungestrichenen" Komponenten t_{pq} auflösen, für die man

$$t_{pq} = \sum_i \sum_k \alpha_{ip} \alpha_{kq} t_{ik}' \quad (6, 23)$$

erhält. Man kann zu diesem Ausdruck auch dadurch gelangen, daß man beim Übergang von (6, 19) zu (6, 20) die „gestrichene" Komponente B'_k mit Hilfe von (5, 23) durch die ungestrichenen Komponenten von $\mathfrak{B}$ ersetzt.

Die beiden vorstehenden Gleichungen geben das Verhalten der in (6, 4) auftretenden Koeffizienten t_{ik} bei einer orthogonalen Transformation an. Man kann nun — analog zu der Definition eines Vektors durch das Transformationsverhalten (5, 23/24) seiner Komponenten — auch einen Tensor durch das Transformationsgesetz (6, 23) definieren. Ein Tensor zweiter Stufe (im dreidimensionalen EUKLIDischen Raum) ist der Inbegriff von $3^2 = 9$ Größen t_{ik}, $(i, k = 1, 2, 3)$, die sich bei einer orthogonalen Transformation gemäß (6, 23) transformieren. Dies bedeutet nach (5, 23/24), daß sich die Komponenten eines Tensors zweiter Stufe bei einer orthogonalen Transformation wie ein Produkt von zwei Vektorkomponenten verhalten müssen. Daß sie aber auch das Produkt zweier Vektorkomponenten sind, wird nicht verlangt.

Die Definition eines Vektors bzw. eines Tensors durch das durch (5, 23/24) bzw. (6, 23) angegebene Verhalten der Komponenten jener Größen ist zweifellos abstrakt. Indessen bringt dies Vorteile mit sich: die genannten Definitionen sind verallgemeinerungsfähig und können zur Erklärung eines Tensors von beliebiger Stufe erweitert werden. Diese Erweiterung ist auch durchgeführt worden: Unter einem Tensor m-ter Stufe (im dreidimensionalen EUKLIDischen Raum) versteht man den Inbegriff von 3^m Größen $t_{i_1 i_2 \ldots i_m}$, die sich bei einer orthogonalen Transformation wie die Produkte von m Vektorkomponenten verhalten. Dies verlangt nach (5, 23), daß sich die $t_{i_1 i_2 \ldots i_m}$ nach der Vorschrift

$$t'_{i_1 i_2 \ldots i_m} = \sum_{j_1} \sum_{j_2} \cdots \sum_{j_m} \alpha_{i_1 j_1} \alpha_{i_2 j_2} \cdots \alpha_{i_m j_m} t_{j_1 j_2 \ldots j_m} \qquad (6, 24)$$

transformieren. Akzeptiert man diese Definition eines Tensors m-ter Stufe, so ist

ein Vektor .... ein Tensor 1. Stufe,
ein Skalar .... ein Tensor 0. Stufe.

Bei dieser Auffassung braucht man nicht mehr zwischen Skalaren (Invarianten), Vektoren und Tensoren zu unterscheiden, sondern hat es dann allein mit Tensoren verschiedener Stufe zu tun.

Im übrigen zeigt die Definitionsgleichung (6, 24) noch folgendes: Verschwindet ein Tensor („Nulltensor"), d. h. sind sämtliche Komponenten in bezug auf ein Koordinatensystem gleich Null, so verschwindet jener Tensor auch bzgl. jedes anderen Koordinatensystems, daß aus dem ursprünglichen durch eine orthogonale Transformation hervorgeht. Diese Tatsache erklärt das Bestreben der Physik, die quantitative Fassung eines Naturgesetzes in die Form

$$T = (t_{i_1 i_2 \ldots i_m}) = 0 \qquad (6, 25)$$

zu bringen, wobei T ein Tensor ist. Gelingt dies, dann ist wegen des Tensorcharakters von T automatisch gesichert, daß mit (6, 25) eine gegenüber einer orthogonalen Transformation *invariante Formulierung eines Naturgesetzes* gefunden wurde. Dies ist eine Forderung der Relativitätstheorie, s. Bd. II.

Um Mißverständnisse zu vermeiden, soll noch bemerkt werden, daß der Übergang von (6, 23) zu (6, 24) einen ersten Schritt einer Verallgemeinerung von (6, 23) darstellt, deren diese Gleichung fähig ist. Man kann nämlich noch weiterhin Tensoren beliebiger Stufe in einem beliebigen n (> 3) dimensionalen Raum definieren und man kann ferner die bisher stets als erfüllt angesehene Bedingung fallen lassen, daß der jeweils betrachtete Raum eine EUKLIDische Metrik besitze. Indem man den Tensorbegriff in dieser Hinsicht verallgemeinert, läßt sich eine Rechnungsart entwickeln, die als RICCI-Kalkül bezeichnet wird. Dieser liefert etwa für den Sonderfall des vierdimensionalen Raumes, in dem eine nicht-EUKLIDische Geometrie gilt, die geeigneten mathematischen Hilfsmittel zur Darstellung der Allgemeinen Relativitätstheorie. Auf diese Dinge kann allerdings — auch nicht nur andeutungsweise — eingegangen werden, da wir uns hier hauptsächlich auf die Angabe einiger wichtiger Sätze und Regeln für Tensoren zweiter Stufe im dreidimensionalen Raum mit EUKLIDischer Metrik beschränken wollen.

Vorher mögen jedoch noch zwei allgemeine Begriffe erklärt werden:

1.) Genügen die Tensorkomponenten t_{ik}, $(i \neq k)$, der Beziehung

$$t_{ik} = t_{ki}, \qquad i, k = 1, 2, 3, \qquad (6, 26)$$

dann heißt der Tensor $T = (t_{ik})$ *symmetrisch*. Ein symmetrischer Tensor 2. Stufe hat daher nach (6, 26) nur 6 voneinander unabhängige Komponenten. Die Eigenschaft eines Tensors, symmetrisch zu sein, ist invariant gegenüber einer orthogonalen Transformation. Dies sieht man wie folgt ein: Sei $t_{qp} = t_{pq}$, so ist nach (6, 23):

$$t'_{ik} = \sum_p \sum_q \alpha_{ip}\alpha_{kq}t_{pq} \tag{6, 27}$$

$$= \sum_q \sum_p \alpha_{iq}\alpha_{kp}t_{qp} \tag{6, 28}$$

$$= \sum_p \sum_q \alpha_{kp}\alpha_{iq}t_{pq} \tag{6, 29}$$

$$= t'_{ki}. \tag{6, 30}$$

Bemerkung: Ein Tensor m-ter Stufe wird symmetrisch genannt, wenn sich seine Komponenten beim Vertauschen irgend zweier ihrer Indizes nicht ändern. Die Symmetrie in bezug auf diese Indizes ist ebenfalls invariant gegenüber einer orthogonalen Transformation, was sich ebenso wie vorstehend mit Benutzung von (6, 24) nachweisen läßt.

2. Gilt für die Komponenten t_{ik} eines Tensors, daß

$$t_{ik} = -t_{ki}, \qquad i, k = 1, 2, 3, \tag{6, 31}$$

ist, so nennt man den Tensor *schiefsymmetrisch* (*antisymmetrisch* oder *alternierend*). Bei einem solchen verschwinden p. def. die Komponenten erster Art:

$$t_{11} = t_{22} = t_{33} = 0, \tag{6, 32}$$

während die restlichen sechs Komponenten bis auf das Vorzeichen paarweise gleich sind, d. h. im dreidimensionalen Raum wird ein schiefsymmetrischer Tensor zweiter Stufe, ebenso wie ein Vektor, durch nur *drei* voneinander unabhängige Komponenten festgelegt.

Es ist nun gerade diese Tatsache, die es mit sich bringt, daß Größen, die ihrer Natur nach schiefsymmetrische Tensoren sind (wie etwa das Vektorprodukt oder die Rotation eines Vektors), nicht als Tensoren, sondern als „Vektoren" eingeführt werden. Dies ist allerdings nur im dreidimensionalen Raum möglich. In einem n-dimensionalen Raum hat ein Vektor n Komponenten und ein Tensor zweiter Stufe n^2 Komponenten. Von diesen sind im Fall der Schiefsymmetrie nur

$$\frac{n^2 - n}{2} = \frac{n(n-1)}{2} \tag{6, 33}$$

voneinander unabhängig. Diese Zahl stimmt nur dann mit der Dimensionszahl n des Raumes (= Anzahl der Komponenten eines Vektors in diesem Raum) überein, wenn

$$n = 3 \tag{6, 34}$$

ist, sofern von dem uninteressanten Fall $n = 0$ abgesehen wird. Es ist daher nur im dreidimensionalen Raum möglich, einen schiefsymmetrischen Tensor zweiter Stufe als einen „Vektor" (= Tensor erster Stufe) anzusehen. —

Um Tensoren durch Addition, Subtraktion oder Multiplikation miteinander zu verknüpfen, bedarf es einer Vereinbarung, was unter diesen Operationen zu verstehen ist. Diese Rechenregeln der Tensoralgebra werden nachstehend angegeben.

Unter der Summe (Differenz) zweier Tensoren gleicher Stufe versteht man einen Tensor von der gleichen Stufe, dessen Komponenten die Summe (Differenz) der miteinander korrespondierenden Komponenten der zu addierenden (subtrahierenden) Tensoren sind. Bei Beschränkung auf Tensoren zweiter Stufe ist daher, wenn $T_1 = (t^{(1)}_{ik})$ und $T_2 = (t^{(2)}_{ik})$ zu addieren (subtrahieren) sind, das Ergebnis

$$t_{ik} = t^{(1)}_{ik} \pm t^{(2)}_{ik} \tag{6, 35}$$

Daß $T = (t_{ik})$ tatsächlich ein Tensor zweiter Stufe ist, folgt unmittelbar durch Anwendung der Definitionsgleichung (6, 23). Für den Sonderfall, daß es sich um die Summe (Differenz) zweier Tensoren erster Stufe (Vektoren) handelt, ist (6, 35) mit (5, 31) gleichwertig.

Aufgrund der vorstehend erklärten Addition (Subtraktion) zweier Tensoren ergibt sich die wichtige Aussage, daß jeder Tensor $T = (t_{ik})$ stets als die Summe aus einem symmetrischen und einem schiefsymmetrischen Tensor dargestellt werden kann. Dies ist unmittelbar aus der Zerlegung

$$t_{ik} = \frac{1}{2}(t_{ik} + t_{ki}) + \frac{1}{2}(t_{ik} - t_{ki}) \tag{6, 36}$$

zu ersehen.

Unter dem *Produkt* zweier Tensoren m-ter und n-ter Stufe versteht man einen Tensor, dessen Komponenten jenes System von Größen ist, das sich durch Multiplikation jeder Komponente des einen Tensors mit jeder Komponente des anderen Tensors ergibt. Aufgrund der Definition eines Tensors — (6, 24) — folgt aus der soeben getroffenen Festlegung, daß das Produkt aus einem Tensor m-ter Stufe mit einem Tensor n-ter Stufe einen Tensor $(m + n)$-ter Stufe ergibt. Insbesondere muß daher das Produkt zweier Tensoren erster Stufe ($m = n = 1$), das ist das Produkt zweier Vektoren $\mathfrak{A} = \{A_i\}$ und $\mathfrak{B} = \{\mathfrak{B}_i\}$, ($i = 1, 2, 3$), ein Tensor zweiter Stufe mit den Komponenten

$$C_{ik} = A_i B_k, \qquad i, k = 1, 2, 3 \tag{6, 37}$$

sein. Ausführlich geschrieben, lautet (6, 37):

$$(C_{ik}) = \begin{pmatrix} A_1 B_1 & A_1 B_2 & A_1 B_3 \\ A_2 B_1 & A_2 B_2 & A_2 B_3 \\ A_3 B_1 & A_3 B_2 & A_3 B_3 \end{pmatrix} \tag{6, 38}$$

$$= \begin{pmatrix} A_x B_x & A_x B_y & A_x B_z \\ A_y B_x & A_y B_y & A_y B_z \\ A_z B_x & A_z B_y & A_z B_z \end{pmatrix}. \tag{6, 39}$$

Man wird vielleicht im Zusammenhang mit (6, 38/39) fragen, warum sich nach den Regeln der Tensoralgebra für das Produkt zweier Vektoren (= Tensoren erster Stufe) etwas gänzlich anderes ergibt, als wenn man die beiden Vektoren nach den Vorschriften der „gewöhnlichen" Vektorrechnung miteinander multiplikativ verknüpft. Insbesondere scheint (6, 38/39) im Widerspruch zu der durch (5, 44) definierten skalaren Multiplikation zweier Vektoren zu stehen, nach der das Ergebnis dieser Art von Multiplikation ein Skalar (= Tensor O-ter Stufe) ist. Der Widerspruch ist jedoch nur scheinbar: denn die in der „gewöhnlichen" Vektorrechnung definierte skalare Multiplikation zweier Vektoren stimmt nicht mit der vorstehend angegebenen Multiplikationsvorschrift überein. Man gelangt aber auch nach den Regeln der Tensoralgebra zu dem invarianten Ausdruck (5, 44) für das skalare Produkt der Vektoren $\mathfrak{A}$ und $\mathfrak{B}$, wenn man diese nicht nur wie vorstehend angegeben, miteinander multipliziert, sondern dann noch eine als *Verjüngung* des Tensors bezeichnete Operation ausführt. Damit ist gemeint, daß zwei der Indizes der Tensorkomponente $t_{ijk}\dots$ gleichgesetzt werden, z. B. $i = j$ und dann über i zu summieren ist. Hat man es mit einem Tensor zweiter Stufe, $T = (t_{ik})$, zu tun, so bedeutet demnach die Operation Verjüngung, die Bildung von

$$S = \sum_{i=1}^{3} t_{ii} \ (= Sp\ T). \tag{6, 40}$$

Handelt es sich insbesondere um einen Tensor, dessen Komponenten durch (6, 37—39) gegeben sind, so liefert die Verjüngung:

$$S = \sum_{i=1}^{3} A_i B_i \tag{6, 41}$$

$$= A_1 B_1 + A_2 B_2 + A_3 B_3 \tag{6, 42}$$

$$= A_x B_x + A_y B_y + A_z B_z \tag{6, 43}$$

$$= \mathfrak{A} \cdot \mathfrak{B} \tag{6, 44}$$

und das ist genau das durch (5, 58) definierte skalare Produkt S aus $\mathfrak{A}$ und $\mathfrak{B}$.

Durch den Prozeß der Verjüngung wird die Stufenzahl eines Tensors um zwei verringert: aus einem Tensor m-ter Stufe wird infolge Verjüngung ein Tensor $(m$-$2)$-ter Stufe; insbesondere geht, wie das vorstehende Beispiel schon zeigte, ein Tensor zweiter Stufe durch Verjüngung in einen Tensor O-ter Stufe, d. h. in einen Skalar über. Dieses läßt sich wie folgt nachweisen: Es sei $\boldsymbol{T} = (t_{ik})$

($i, k = 1, 2, 3$) der Tensor zweiter Stufe. Dann bedeutet nach der oben getroffenen Vereinbarung die Verjüngung von T die Bildung der Summe

$$S = \sum_{i=1}^{3} t_{ii}. \tag{6, 45}$$

Führt man eine orthogonale Transformation durch, so ergibt sich nach (6, 23) für

$$S' = \sum_i t'_{ii} \tag{6, 46}$$

$$= \sum_i \sum_p \sum_q \alpha_{ip}\alpha_{iq} t_{pq} \tag{6, 47}$$

$$= \sum_p \sum_q \left(\sum_i \alpha_{ip}\alpha_{iq}\right) t_{pq}. \tag{6, 48}$$

Dies ist aufgrund der Orthogonalitätsrelation (5, 26)

$$S' = \sum_p \sum_q \delta_{pq} t_{pq} \tag{6, 49}$$

$$= \sum_q t_{qq} = \sum_i t_{ii} \tag{6, 50}$$

$$= S, \tag{6, 51}$$

d. h. der durch die Operation der Verjüngung aus dem Tensor zweiter Stufe $T = (t_{ik})$ ($i, k = 1, 2, 3$) sich ergebende Ausdruck (6, 45) ändert sich bei einer orthogonalen Transformation nicht: er ist ein Skalar (= Tensor 0. Stufe) w.z.b.w. Man nennt (6, 45), die invariante Summe der drei Hauptkomponenten eines Tensors zweiter Stufe, dessen *Spur* (Symbol: $Sp\ T$, s. (6, 40)). Dieser tensoralgebraische Begriff erweist sich somit als gleichwertig mit dem skalaren Produkt von $\mathfrak{A}$ und $\mathfrak{B}$ im Sinne der „gewöhnlichen" Vektorrechnung.

Es entsteht nun die Frage, wie sich das durch (5, 60) definierte Vektorprodukt der „gewöhnlichen" Vektorrechnung aus der Tensoralgebra ergibt.

Nach (5, 70) sind die Komponenten eines Vektorproduktes

$$C_1 = A_2 B_3 - A_3 B_2 \tag{6, 52a}$$

$$C_2 = A_3 B_1 - A_1 B_3 \qquad (1, 2, 3 \to x, y, z) \tag{6, 52b}$$

$$C_3 = A_1 B_2 - A_2 B_1. \tag{6, 52c}$$

Man erkennt, daß sie das Ergebnis einer eigenartigen Differenzbildung von gewissen Komponenten des Tensors (6, 38/39) sind. Dieser ist nun zweifellos ein Tensor zweiter Stufe, denn seine Komponenten verhalten sich bei einer orthogonalen Transformation wie die Produkte zweier Vektorkomponenten, weil sie solche sind. Aufgrund der Erklärung der Subtraktion zweier Tensoren gleicher Stufe gemäß (6, 35) sind daher die Ausdrücke (6, 52) ebenfalls Komponenten eines Tensors zweiter Stufe, und zwar handelt es sich bei ihnen um die drei unabhängigen Komponenten des schiefsymmetrischen Tensors:

$$(C_{jk}) = (A_j B_k - A_k B_j), \tag{6, 53}$$

der ausführlich geschrieben

$$(C_{jk}) = \begin{pmatrix} 0 & A_1 B_2 - A_2 B_1 & A_1 B_3 - A_3 B_1 \\ A_2 B_1 - A_1 B_2 & 0 & A_2 B_3 - A_3 B_2 \\ A_1 B_3 - A_3 B_1 & A_3 B_2 - A_2 B_3 & 0 \end{pmatrix} \tag{6, 54}$$

lautet. Es ist nun ein, wie schon vorstehend einmal bemerkt, durch die Dimensionszahl $n = 3$ bedingter Zufall, daß sich die drei unabhängigen Komponenten des schiefsymmetrischen Tensors (6, 54) bei einer orthogonalen Transformation — von einem möglichen Vorzeichenwechsel abgesehen — ebenso verhalten wie Vektorkomponenten, s. (5, 23). Dieser Umstand ermöglicht es, im dreidimensionalen Raum — und nur in diesem — einen schiefsymmetrischen Tensor zweiter Stufe als einen Vektor — eben als das „Vektorprodukt" — zu behandeln. Dies mag zwar vereinfachend sein, jedoch hat es insbesondere in der Physik zur Folge, daß dadurch der tatsächliche Charakter mancher Größen nicht richtig wiedergegeben wird.

Dennoch hat sich der Begriff des Vektorproduktes so weitgehend eingebürgert, daß sich auch die Tensoralgebra mit ihm eingehend beschäftigt. Sie sieht es ebenfalls als einen Vektor an, zu dem sie wie folgt gelangt: Zunächst wird aus zwei Vektoren $\mathfrak{A}$ und $\mathfrak{B}$ durch Multiplikation der Tensor zweiter Stufe (6, 38) gebildet. Dieser wird dann mit einem geeignet zu wählenden Tensor dritter Stufe multipliziert und das Ergebnis dann zweimal verjüngt. Dieser Vorgang führt sicher zu einem Vektor (= Tensor erster Stufe): durch die Multiplikation des Tensors zweiter Stufe erhält man zunächst einen Tensor fünfter Stufe; wird dieser ein erstes Mal verjüngt, so geht seine Stufenzahl um zwei zurück, bei einer weiteren Verjüngung wird die Stufenzahl erneut um zwei reduziert, so daß ein Tensor erster Stufe (= Vektor) verbleibt.

Wir führen dies im einzelnen durch und schreiben zunächst statt (6, 37):

$$F_{mn} = A_m B_n, \qquad m, n = 1, 2, 3. \tag{6, 55}$$

Den Tensor dritter Stufe, mit dem man nun (6, 55) zu multiplizieren hat, um zum Vektorprodukt zu gelangen, nennt man ε-Tensor[1]) und bezeichnet seine Komponenten mit ε_{ijk}, $(i, j, k = 1, 2, 3)$. Multiplikation von (6, 55) mit dem ε-Tensor liefert den Tensor fünfter Stufe mit den Komponenten

$$E_{ijkmn} = \varepsilon_{ijk} A_m B_n, \qquad (i, j, k, m, n = 1, 2, 3). \tag{6, 56}$$

Verjüngt man nun „nach den Indizes k und n" (d. h. setzt man $n = k$ und summiert über k), so ergibt sich der Tensor dritter Stufe mit den Komponenten

$$D_{ijm} = \sum_{k=1}^{3} \varepsilon_{ijk} A_m B_k. \tag{6, 57}$$

Verjüngt man nochmals „nach den Indizes j und m", (d. h. setzt man $m = j$ und summiert über j), so erhält man einen Vektor mit den Komponenten

$$C_i = \sum_{j=1}^{3} \sum_{k=1}^{3} \varepsilon_{ijk} A_j B_k, \qquad i, j = 1, 2, 3. \tag{6, 58}$$

Wenn man nun verlangt, daß diese mit den Komponenten des durch (5, 70) angegebenen Vektorproduktes übereinstimmen, so sind durch diese Forderung die ε_{ijk} festgelegt. Ein Vergleich ergibt, daß dann von den $3^3 = 27$ Komponenten des ε-Tensors

$$\varepsilon_{123} = \varepsilon_{231} = \varepsilon_{312} = +1 \tag{6, 59}$$

$$\varepsilon_{132} = \varepsilon_{321} = \varepsilon_{213} = -1 \tag{6, 60}$$

sind und alle anderen, das sind die Komponenten mit mindestens zwei gleichen Indizes, verschwinden. Man kann dieses zusammenfassend ausdrücken, indem man die Komponenten des ε-Tensors in Form der Determinante

$$\varepsilon_{ijk} = \begin{vmatrix} \delta_{1i} & \delta_{1j} & \delta_{1k} \\ \delta_{2i} & \delta_{2j} & \delta_{2k} \\ \delta_{3i} & \delta_{3j} & \delta_{3k} \end{vmatrix} \tag{6, 61}$$

schreibt, wobei

$$\delta_{mn} = \begin{matrix} 1 \\ 0 \end{matrix} \text{ für } \begin{matrix} m = n \ (= 1, 2, 3) \\ m \neq n \end{matrix} \tag{6, 62}$$

das bereits mit (5, 27) eingeführte Kronecker-Symbol ist[2]).

Übrigens sei in diesem Zusammenhang bemerkt, daß die δ_{mn}, $(m, n = 1, 2, 3)$, auch die Komponenten eines Tensors zweiter Stufe sind:

$$(\delta_{mn}) = \begin{pmatrix} 1 & 0 & 0 \\ 0 & 1 & 0 \\ 0 & 0 & 1 \end{pmatrix} \tag{6, 63}$$

der als δ-Tensor oder Einheitstenors (zweiter Stufe) bezeichnet wird. Er ist, wie (6, 63) zeigt, jener spezielle Tensor, der einen Vektor $\mathfrak{A}$ in sich selbst überführt. —

Mit Benutzung des ε-Tensors kann man die in Kap. 5 angegebenen Formeln für die „mehrfachen Vektorprodukte" auf einem anderen Wege herleiten als er von der „gewöhnlichen" Vektor-

---

1) Eingeführt von Levi-Civita, 1873—1941.

2) Wir bemerken, daß der ε-Tensor ein Pseudotensor ist.

rechnung her bekannt ist. Man benötigt dazu außer der Kenntnis der ε_{ijk} im wesentlichen nur noch die Hilfsformel

$$\sum_k \varepsilon_{ijk}\varepsilon_{pqk} = \delta_{ip}\delta_{jq} - \delta_{iq}\delta_{jp}, \tag{6, 64}$$

wobei die δ_{mn}, $(m, n = 1, 2, 3)$, die Komponenten des δ-Tensors (6, 63) sind. Die Gültigkeit von (6, 64) erkennt man, indem man zunächst den Tensor sechster Stufe mit den Komponenten $\varepsilon_{ijk}\varepsilon_{pqr}$ mit Hilfe von (6, 61) bildet und dann „nach den Indizes k und r verjüngt". Dies liefert den Tensor vierter Stufe (6, 64). Verjüngt man diesen weiterhin nach den Indizes j und q, so erhält man unter Beachtung von (6, 62):

$$\sum_j \sum_k \varepsilon_{ijk}\varepsilon_{pjk} = \sum_j (\delta_{ip}\delta_{jj} - \delta_{ij}\delta_{jp}) \tag{6, 65}$$

$$= 3\,\delta_{ip} - \delta_{ip} \tag{6, 66}$$

$$= 2\,\delta_{ip}. \tag{6, 67}$$

Dies ist ein Tensor zweiter Stufe, der bei Verjüngung nach seinen Indizes i und p in den Skalar

$$\sum_i \sum_j \sum_k \varepsilon_{ijk}\varepsilon_{ijk} = 2 \sum_i \delta_{ii} \tag{6, 68}$$

$$= 2\,(1 + 1 + 1) \tag{6, 69}$$

übergeht, d. h. es wird

$$\sum_i \sum_j \sum_k \varepsilon_{ijk}\varepsilon_{ijk} = 6. \tag{6, 70}$$

Mit den vorstehenden Ausführungen über die Addition (Subtraktion) und die Multiplikation von Tensoren sowie über den Begriff der Verjüngung und den des ε-Tensors sind die Grundlagen der Tensoralgebra im wesentlichen dargelegt. Aus ihr benötigen wir für das Spätere nur noch zwei weitere Begriffe und einen mit ihnen eng zusammenhängenden Satz über eine wichtige Eigenschaft symmetrischer Tensoren zweiter Stufe.

Um diesen zu erhalten, schließen wir an (6, 8) an. Diese Gleichung, die eine Abkürzung von (6, 4) ist, ist der formelmäßige Ausdruck dafür, daß die Multiplikation des Tensors $T = (t_{ik})$ mit dem Vektor $\mathfrak{B}$ und anschließende Verjüngung den Vektor $\mathfrak{A}$ ergibt. Man drückt dies auch vielfach so aus, daß man sagt: durch die „Einwirkung" des Tensors T (oder des *Operators* T) auf den Vektor $\mathfrak{B}$ wird dieser in den Vektor $\mathfrak{A}$ übergeführt. Im allgemeinen werden $\mathfrak{A}$ und $\mathfrak{B}$ der Richtung und Größe nach verschieden sein. Man kann nun fragen, ob es auch solche Vektoren gibt, die nach der Einwirkung von T wieder ihre ursprüngliche Richtung haben. Bezeichnet man diese speziellen Vektoren mit $\mathfrak{x}$, so soll

$$T \ast \mathfrak{x} \sim \mathfrak{x} \tag{6, 71}$$

oder, wenn λ einen Proportionalitätsfaktor bedeutet,

$$T \ast \mathfrak{x} = \lambda \mathfrak{x} \tag{6, 72}$$

sein.

Dies ist eine abgekürzte Schreibweise für das gekoppelte Gleichungssystem

$$\sum_{k=1}^{3} t_{ik} x_k = \lambda x_i, \quad i = 1, 2, 3, \tag{6, 73}$$

in dem x_1, x_2, x_3 die Komponenten von $\mathfrak{x}$ sind. Man nennt jene Vektoren $\mathfrak{x}$, deren Komponenten den Gleichungen (6, 73) genügen, die *Eigenvektoren* des Tensors $T = (t_{ik})$.

Da das lineare Gleichungssystem (6, 73) homogen ist, hat es dann und nur dann eine nichttriviale Lösung, wenn die Determinante der Koeffizienten der Unbekannten

$$\begin{vmatrix} t_{11}-\lambda & t_{12} & t_{13} \\ t_{21} & t_{22}-\lambda & t_{23} \\ t_{31} & t_{32} & t_{33}-\lambda \end{vmatrix} = 0 \tag{6, 74}$$

ist. Dies ist, wie man durch Entwicklung der Determinante erkennt, eine kubische Bestimmungsgleichung für λ, die *Säkulargleichung* genannt wird. Ihre Wurzeln

$$\lambda = \lambda^{(1)}, \quad \lambda = \lambda^{(2)}, \quad \lambda = \lambda^{(3)} \tag{6, 75}$$

werden als *Eigenwerte* von (6,73) bezeichnet. Weil die $\lambda^{(i)}$, $(i = 1, 2, 3)$, die Wurzeln einer Gleichung dritten Grades sind, können sie sowohl reelle als auch komplexe Größen sein. Es gilt nun der wichtige Satz, daß die Eigenwerte von (6, 73) stets reell sind, wenn der Tensor $T = (t_{ik})$ symmetrisch (und reell) ist. Diese Behauptung läßt sich wie folgt beweisen: Angenommen, λ wäre komplex. Man multipliziere nun (6, 73) mit der zu x_i konjugiert-komplexen Komponente x_i^* und summiere danach über i. Dies ergibt

$$\sum_i x_i^* \sum_k t_{ik} x_k = \lambda \sum_i x_i x_i^*. \tag{6, 76}$$

Der Faktor von λ ist sicher reell. Aber auch die linke Seite von (6, 76) ist reell, wenn $t_{ik} = t_{ki}$ ist: dies ersieht man, indem man ihren konjugiert-komplexen Wert bestimmt. Er ist

$$(\sum_i x_i^* \sum_k t_{ik} x_k)^* = \sum_i x_i \sum_k t_{ik} x_k^* \tag{6, 77}$$

$$= \sum_k x_k \sum_i t_{ki} x_i^*. \tag{6, 78}$$

Macht man nun Gebrauch von der Symmetrie von $T = (t_{ik})$, so wird

$$(\sum_i x_i^* \sum_k t_{ik} x_k)^* = \sum_k x_k \sum_i t_{ik} x_i^* \tag{6, 79}$$

$$= \sum_i x_i^* \sum_k t_{ik} x_k \tag{6, 80}$$

und das sagt aus, daß das konjugiert Komplexe der linken Seite von (6, 76), wenn $t_{ik} = t_{ki}$ ist, wieder die linke Seite von (6, 76) ist, d. h. sie ist reell. Dann ist notwendigerweise aber auch λ reell:

$$\lambda = \lambda^*. \tag{6, 81}$$

Ein symmetrischer reeller Tensor hat nur reelle Eigenwerte.

Außer dieser Eigenschaft hat ein symmetrischer Tensor noch eine weitere Eigentümlichkeit, die in den Anwendungen eine große Rolle spielt. Sie besteht in der Tatsache, daß sich stets ein spezielles Koordinatensystem $\mathfrak{S}_0$ angeben läßt, in bezug auf welches die Komponenten zweiter Art eines symmetrischen Tensors T verschwinden, so daß er die Form

$$T^{(0)} = \begin{pmatrix} t_{xx}^{(0)} & 0 & 0 \\ 0 & t_{yy}^{(0)} & 0 \\ 0 & 0 & t_{zz}^{(0)} \end{pmatrix} \tag{6, 82}$$

annimmt. Die drei (i. allg. nicht verschwindenden) Komponenten $t_{xx}^{(0)}, t_{yy}^{(0)}, t_{zz}^{(0)}$ nennt man die Hauptwerte des Tensors, und ihn selbst bezeichnet man dann „als auf Hauptachsen transformiert", womit man die Achsen jenes Koordinatensystems $\mathfrak{S}_0$ meint, in dem T die „Diagonalform" (6, 82) annimmt.

Um den Nachweis für die Darstellbarkeit eines symmetrischen Tensors in der Diagonalform (6, 82) zu erbringen und die Richtungen der Hauptachsen sowie die Hauptwerke des Tensors zu bestimmen, benötigt man den wichtigen Satz: *Sind* $\lambda^{(m)}$ und $\lambda^{(n)}$ *zwei verschiedene Eigenwerte von* (6, 73), *so sind die zu ihnen gehörigen Eigenvektoren* $\mathfrak{x}^{(m)}$ *und* $\mathfrak{x}^{(n)}$ *zueinander orthogonal.* Beweis: Für die Eigenwerte $\lambda = \lambda^{(m)}$ bzw. $\lambda = \lambda^{(n)}$ und die Eigenvektoren $\mathfrak{x}^{(m)} = \{x_i^{(m)}\}$ bzw. $\mathfrak{x}^{(n)} = \{x_i^{(n)}\}$ gilt nach (6, 73)

$$\sum_k t_{ik} x_k^{(m)} = \lambda^{(m)} x_i^{(m)} \quad \Big| \quad x_i^{(n)} \tag{6, 83}$$

$$\sum_k t_{ik} x_k^{(n)} = \lambda^{(n)} x_i^{(n)} \quad \Big| \quad -x_i^{(m)}. \tag{6, 84}$$

Multipliziert man diese Gleichungen, wie vorstehend angedeutet, mit $x_i^{(n)}$ bzw. $-x_i^{(m)}$, addiert danach und summiert dann über i, so erhält man

$$\sum_i x_i^{(n)} \sum_k t_{ik} x_k^{(m)} - \sum_i x_i^{(m)} t_{ik} x_k^{(n)} = (\lambda^{(m)} - \lambda^{(n)}) \sum_i x_i^{(m)} x_i^{(n)} \tag{6, 85}$$

$$= (\lambda^{(m)} - \lambda^{(n)})\, \mathfrak{x}^{(m)} \cdot \mathfrak{x}^{(n)}. \tag{6, 86}$$

Das erste Glied der linken Seite von (6, 85) kann unter Ausnutzung von $t_{ik} = t_{ki}$ wie folgt geschrieben werden:

$$\sum_i x_i^{(n)} \sum_k t_{ik} x_k^{(m)} = \sum_k x_k^{(m)} \sum_i t_{ki} x_i^{(m)} \tag{6, 87}$$

$$= \sum_k x_k^{(n)} \sum_i t_{ik} x_i^{(m)} \tag{6, 88}$$

$$= \sum_i x_i^{(m)} \sum_k t_{ik} x_k^{(n)}, \tag{6, 89}$$

d. h. es ist gleich dem zweiten Glied der linken Seite von (6, 85), die demnach verschwindet. Daher ist nach (6, 86):

$$\mathfrak{x}^{(m)} \cdot \mathfrak{x}^{(n)} = 0, \tag{6, 90}$$

also

$$\mathfrak{x}^{(m)} \perp \mathfrak{x}^{(n)}, \tag{6, 91}$$

w. z. b. w.

Setzt man voraus, daß die drei Eigenwerte (6, 75) voneinander verschieden sind:

$$\lambda^{(1)} \neq \lambda^{(2)} \neq \lambda^{(3)}, \tag{6, 92}$$

so stehen die zu ihnen gehörigen drei Eigenvektoren $\mathfrak{x}^{(i)}$, $(i = 1, 2, 3)$, paarweise aufeinander senkrecht. Sie bilden also ein orthogonales Dreibein, das man als ein neues cartesisches Koordinatensystem $\mathfrak{S}_0$ wählen kann. Bezeichnet man seine in die Richtungen der Eigenvektoren $\mathfrak{x}^{(1)}, \mathfrak{x}^{(2)}, \mathfrak{x}^{(3)}$ fallenden Einheitsvektoren mit $\mathfrak{e}^{(1)}, \mathfrak{e}^{(2)}, \mathfrak{e}^{(3)}$, so gilt, wenn man die Bezugnahme auf $\mathfrak{S}_0$ durch den hochgestellten Index $^{(0)}$ kennzeichnet, nach (6, 72)

$$T^{(0)} \ast \mathfrak{e}^{(i)} = \lambda^{(i)} \mathfrak{e}^{(i)}. \tag{6, 93}$$

Nun ist aber bzgl. $\mathfrak{S}_0$ p. def.:

$$\mathfrak{e}^{(1)} = \{e_1^{(1)}, 0, 0\} = \{e_x^{(1)}, 0, 0\} \tag{6, 94}$$

$$\mathfrak{e}^{(2)} = \{0, e_2^{(2)}, 0\} = \{0, e_y^{(2)}, 0\} \tag{6, 95}$$

$$\mathfrak{e}^{(3)} = \{0, 0, e_3^{(3)}\} = \{0, 0, e_z^{(3)}\} \tag{6, 96}$$

mit

$$|\mathfrak{e}^{(i)}| = 1, \qquad i = 1, 2, 3. \tag{6, 97}$$

Damit folgt aus (6, 93) durch Übergang zur Komponentenschreibweise für

$$t_{11}^{(0)} = t_{xx}^{(0)} = \lambda^{(1)} \tag{6, 98}$$

$$t_{22}^{(0)} = t_{yy}^{(0)} = \lambda^{(2)} \tag{6, 99}$$

$$t_{33}^{(0)} = t_{zz}^{(0)} = \lambda^{(3)} \tag{6, 100}$$

und für

$$t_{ik}^{(0)} = 0, \qquad \text{wenn } i \neq k. \tag{6, 101}$$

Die vorstehenden Ergebnisse lassen sich in

$$\mathbf{T}^{(0)} = \begin{pmatrix} t_{xx}^{(0)} & 0 & 0 \\ 0 & t_{yy}^{(0)} & 0 \\ 0 & 0 & t_{zz}^{(0)} \end{pmatrix} = \begin{pmatrix} \lambda^{(1)} & 0 & 0 \\ 0 & \lambda^{(2)} & 0 \\ 0 & 0 & \lambda^{(3)} \end{pmatrix} \tag{6, 102}$$

zusammenfassen, womit die „Transformation auf Hauptachsen“ durchgeführt ist. Diese sind durch die Richtungen der drei Eigenvektoren eines Tensors zweiter Stufe gegeben und dessen Hauptwerte sind, wie aus (6, 102) zu ersehen ist, die Eigenwerte $\lambda^{(1)}, \lambda^{(2)}, \lambda^{(3)}$.

Kennt man die Hauptwerte eines Tensors zweiter Stufe, so nehmen dessen Komponenten, in bezug auf ein beliebiges anderes Koordinatensystem $\mathfrak{S}$, das gegen $\mathfrak{S}_0$ gedreht ist, eine verhältnismäßig einfache Form an. Sieht man nämlich die Hauptwerte als die „gestrichenen" Komponenten an, so reduziert sich die dann anzuwendende Transformationsgleichung (6, 23b) auf nur drei Glieder:

$$t_{pq} = \alpha_{1p}\alpha_{1q}t_{11}^{(0)} + \alpha_{2p}\alpha_{2q}t_{22}^{(0)} + \alpha_{3p}\alpha_{3q}t_{33}^{(0)}. \tag{6, 103}$$

Bezeichnet man die drei Hauptwerte, wie es künftig auch geschehen wird, mit

$$t_{xx}^{(0)} = t_1, \quad t_{yy}^{(0)} = t_2, \quad t_{zz}^{(0)} = t_3, \tag{6, 104}$$

so wird aus (6, 103):

$$t_{pq} = \alpha_{1p}\alpha_{1q}t_1 + \alpha_{2p}\alpha_{2q}t_2 + \alpha_{3p}\alpha_{3q}t_3, \tag{6, 105}$$

wofür auch

$$t_{pq} = \sum_i \alpha_{ip}\alpha_{iq}t_i \tag{6, 106}$$

geschrieben werden kann. Von dieser Beziehung werden wir später oftmals Gebrauch machen.

Die vorstehenden Ausführungen bedürfen noch einer Ergänzung für den Fall, daß die bisher stets als erfüllt angesehene Voraussetzung (6, 92) nicht mehr zutrifft. Sind zwei Eigenwerte gleich, z. B. $\lambda^{(1)} \neq \lambda^{(2)} = \lambda^{(3)}$ so kann man, ebenso wie oben, zwar zeigen, daß dann für die Eigenvektoren

$$\mathfrak{x}_2 \perp \mathfrak{x}_1, \quad \mathfrak{x}_3 \perp \mathfrak{x}_1 \tag{6, 107}$$

gilt. Dagegen läßt sich nicht mehr beweisen, daß auch $\mathfrak{x}_2$ orthogonal zu $\mathfrak{x}_3$ ist: für den Fall der Gleichheit zweier (oder gar aller) Eigenwerte sind die Richtungen der Achsen des Hauptsystems $\mathfrak{S}_0$ nicht mehr eindeutig bestimmt.

Diese Behauptung läßt sich wie folgt einsehen: Multipliziert man einen symmetrischen Tensor zweiter Stufe (t_{ik}) mit dem Ortsvektor $\mathfrak{r} = \{x_i\}$, so erhält man einen Tensor dritter Stufe mit den Komponenten

$$\bar{t}_{ikl} = t_{ik}x_l. \tag{6, 108}$$

Multipliziert man diesen Tensor ebenfalls mit $\mathfrak{r}$, so gelangt man zu einem Tensor vierter Stufe, dessen Komponenten

$$\bar{\bar{t}}_{iklm} = t_{ik}x_l x_m \tag{6, 109}$$

sind. Hieraus erhält man durch zweimalige Verjüngung den Skalar

$$S = \sum_i \sum_k t_{ik}x_i x_k = \text{const.} \tag{6, 110a}$$

Dies ist eine Bilinearform, die übrigens zur Definition der Komponenten eines Tensors zweiter Stufe ebenso geeignet ist, wie die lineare Vektorfunktion (6, 4): denn die Forderung, daß die in (6, 110a) auftretende Doppelsumme einer orthogonalen Transformation gegenüber invariant sein soll, hat notwendig zur Folge, daß die t_{ik} das durch (6, 23) festgelegte Transformationsverhalten haben müssen. Man hat daher früher die Bilinearform (6, 110a) geradezu als Tensor zweiter Stufe selbst bezeichnet (Weyl[1])[2]).

Durch die Wahl einer geeigneten Längeneinheit kann man (6, 110a) stets auf die Form

$$\sum_i \sum_k t_{ik}x_i x_k = 1 \tag{6, 110b}$$

bringen. Dies ist bekanntlich die Mittelpunktgleichung einer Fläche zweiten Grades. Welche Fläche (6, 110b) darstellt, hängt nun, wie die analytische Geometrie lehrt, wesentlich von den Vorzeichen der t_{ik} ab. Sind insbesondere die t_{ii}, $(i = 1, 2, 3)$, nie negativ, so ist (6, 110b) die Gleichung eines Ellipsoides. Dies ermöglicht es, ebenso wie man einen Vektor durch eine gerichtete Strecke veranschaulichen kann, einen symmetrischen Tensor zweiter Stufe (zumindest in Sonderfällen) geometrisch durch ein Ellipsoid zu veranschaulichen.

---

[1]) Weyl, Hermann: *1885 in Elmshorn, † 1955 in Zürich.
[2]) Weyl, H.: Raum, Zeit, Materie. Berlin: J. Springer 1918.

Man bezeichnet daher die durch (6, 110b) beschriebene Fläche als *Tensorellipsoid* schlechthin, d. h. auch dann, wenn (6, 110b) die Gleichung einer anderen Fläche zweiten Grades, z. B. die eines Hyperboloides, ist.

Anhand des Begriffes des Tensorellipsoides läßt sich nun auch in die vorstehend gegebene Darlegung über die „Transformation auf Hauptachsen" ein Zug von Anschaulichkeit bringen. Sind nämlich in bezug auf ein Koordinatensystem sämtliche $t_{ik} = 0$ für $i \neq k$, so geht (6, 110b) mit der durch (6, 104) vereinbarten Bezeichnung in

$$t_1 x_1^2 + t_2 x_2^2 + t_3 x_3^2 = 1 \tag{6, 111}$$

über. Dafür kann nach (6, 102) und Übergang von $x_1 \to x, \quad x_2 \to y, \quad x_3 \to z$ auch

$$\lambda^{(1)} x^2 + \lambda^{(2)} y^2 + \lambda^{(3)} z^2 = 1 \tag{6, 112}$$

geschrieben werden. Setzt man schließlich noch

$$\lambda^{(1)} = \frac{1}{a^2}, \; \lambda^{(2)} = \frac{1}{b^2}, \; \lambda^{(3)} = \frac{1}{c^2}, \tag{6, 113}$$

so wird aus (6, 112):

$$\frac{x^2}{a^2} + \frac{y^2}{b^2} + \frac{z^2}{c^2} = 1. \tag{6, 114}$$

Das ist bekanntlich die Gleichung eines Ellipsoides, dessen drei Halbachsen a, b, c, wie man aus (6, 113) ersieht, durch die Eigenwerte des symmetrischen Tensors t_{ik} bestimmt wird und die in Richtung der x- bzw. y-, z-Achse fallen, die parallel zu den Eigenvektoren $\mathfrak{x}^{(1)}$, $\mathfrak{x}^{(2)}$, $\mathfrak{x}^{(3)}$ sind.

Für den Fall, daß zwei von den drei Eigenwerten gleich sind, werden zwei Achsen gleich, so z. B. wenn $\lambda^{(2)} = \lambda^{(3)}$ ist, wird $b = c$. Dann ist (6, 114) die Gleichung eines Rotationsellipsoides in bezug auf ein cartesisches Koordinatensystem, dessen y-Achse in jede mögliche Richtung senkrecht zur x-Achse fallen kann. Im vorliegenden Fall kann eine beliebige, durch den Koordinatenursprung gehende Gerade, die in einer Ebene senkrecht zur x-Achse liegt, als y-Achse und die in der gleichen Ebene auf ihr senkrecht stehende Gerade als z-Achse gewählt werden.

Sind schließlich alle drei Eigenwerte gleich, so wird $a = b = c$. Dann ist (6, 114) die Gleichung einer Kugelfläche. In diesem Sonderfall sind alle vom Ursprung 0 ausgehenden Richtungen gleichwertig und in eine beliebige von ihnen kann z. B. die x-Achse des Bezugssystems gelegt werden. Weiterhin kann eine beliebige dazu senkrechte Richtung als die der y-Achse gewählt werden. Damit ist dann allerdings die Richtung der z-Achse festgelegt. —

Für einen auf Hauptachsen transformierten Tensor zweiter Stufe geht die Säkulargleichung (6, 74) in

$$\begin{vmatrix} t_1 - \lambda & 0 & 0 \\ 0 & t_2 - \lambda & 0 \\ 0 & 0 & t_3 - \lambda \end{vmatrix} = 0 \tag{6, 115}$$

über. Entwickelt man diese Determinante, so erhält man

$$\lambda^3 - J_1 \lambda^2 + J_2 \lambda - J_3 = 0 \tag{6, 116}$$

mit

$$J_1 = t_1 + t_2 + t_3 \tag{6, 117}$$

$$J_2 = t_1 t_2 + t_2 t_3 + t_3 t_1 \tag{6, 118}$$

$$J_3 = t_1 t_2 t_3. \tag{6, 119}$$

Da nach (6, 98/100) die Hauptwerte t_1, t_2, t_3 des Tensors gleich den von einem Koordinatensystem unabhängigen Eigenwerten $\lambda^{(1)}, \lambda^{(2)}, \lambda^{(3)}$ sind, sind auch J_1, J_2, J_3 als Funktionen dieser Größen ebenfalls koordinatenunabhängig, d. h. invariant. Man bezeichnet deswegen J_1, J_2 und J_3 als *Tensorinvarianten*. Für einen nicht auf Hauptachsen transformierten symmetrischen Tensor zweiter Stufe erhält man dessen Invarianten, indem man entweder die Säkulargleichung (6, 74) mit (6, 115) vergleicht oder die rechten Seiten von (6, 117/119) mittels (6, 106) auf ein beliebiges Bezugssystem transformiert. Es ergibt sich dann für

$$J_1 = t_1 + t_2 + t_3 = t_{xx} + t_{yy} + t_{zz}, \tag{6, 120}$$

$$J_2 = t_1t_2 + t_2t_3 + t_3t_1 = t_{xx}t_{yy} + t_{yy}t_{zz} + t_{zz}t_{xx} - (t_{xy}^2 + t_{yz}^2 + t_{zx}^2), \tag{6, 121}$$

$$J_3 = t_1 t_2 t_3 = \begin{vmatrix} t_1 & 0 & 0 \\ 0 & t_2 & 0 \\ 0 & 0 & t_3 \end{vmatrix}, \tag{6, 122}$$

$$= \begin{vmatrix} t_{xx} & t_{xy} & t_{xz} \\ t_{yx} & t_{yy} & t_{yz} \\ t_{zx} & t_{zy} & t_{zz} \end{vmatrix}. \tag{6, 123}$$

Die lineare Invariante (6, 120) ist die schon früher als koordinatenunabhängig nachgewiesene Spur eines Tensors zweiter Stufe.

Nach dem vorstehend gegebenen Abriß der Tensoralgebra muß noch auf einen wichtigen Satz aus der Tensor*analysis* eingegangen werden: es handelt sich um die Aussage, daß die Differentation eines ortsabhängigen Tensors m-ter Stufe nach den Ortskoordinaten zu einem Tensor $(m + 1)$ster Stufe führt. Wir erörtern diesen Sachverhalt zunächst für den einfachsten Fall, daß der zu differenzierende Tensor von nullter Stufe, d. h. eine skalare Ortsfunktion

$$\varphi = \varphi(\mathfrak{r}) = \varphi(x, y, z) \tag{6, 124}$$

ist, wofür wir nach der im Anschluß an (5, 14) getroffenen Vereinbarung über die Bezeichnung auch

$$\varphi = \varphi(x_j), \ j = 1, 2, 3 \tag{6, 125}$$

schreiben dürfen. Dann ist die Änderung $d\varphi$ von φ bei einer Änderung des Argumentes $x_j \to x_j + dx_j$:

$$d\varphi = \sum_{j=1}^{3} \frac{\partial \varphi}{\partial x_j} dx_j. \tag{6, 126}$$

Zweifellos ist, weil φ eine skalare Funktion ist, ebenfalls $d\varphi$ eine skalare Größe. Andererseits sind die $x_j, (j = 1, 2, 3)$, die Komponenten des Ortsvektors $\mathfrak{r}$ und verhalten sich als solche bei einer orthogonalen Transformation p. def. gemäß (5, 24):

$$x_j = \sum_i \alpha_{ij} x_i'. \tag{6, 127}$$

Hieraus folgt

$$dx_j = \sum_i \alpha_{ij} dx_i' \tag{6, 128}$$

und dies besagt, daß auch die dx_j Vektorkomponenten sind. Nach (6, 126) sollen diese, nach Multiplikation mit den Faktoren $\frac{\partial \varphi}{\partial x_j}$ und anschließender Verjüngung (Summenbildung!) einen Skalar (= Tensor nullter Stufe) ergeben. Dies ist aufgrund dessen, was vorstehend im Zusammenhang mit dem Begriff der Verjüngung dargelegt wurde, nur dann möglich, wenn die Faktoren $\frac{\partial \varphi}{\partial x_j}$ ebenfalls Komponenten eines Vektors sind (nämlich von grad φ, wie man aus der „gewöhnlichen Vektorrechnung weiß).

Es wird nicht überflüssig sein, den Vektorcharakter der $\frac{\partial \varphi}{\partial x_j}$, $(j = 1, 2, 3)$, auch analytisch nachzuweisen. Dies verlangt zu zeigen, daß sich die drei partiellen Ableitungen bei einer orthogonalen Transformation

$$x_j \to x_j = \sum_i \alpha_{ij} x_i' + a_j \tag{6, 129}$$

gemäß (5, 23) verhalten. Geht man mit (6, 129) in (6, 125) ein, so geht diese in

$$\varphi(x_j(x_i')) \equiv \varphi'(x_i') \ i, j = 1, 2, 3 \tag{6, 130}$$

über. Nun ist

$$\frac{\partial\varphi'}{\partial x_i'} = \sum_k \frac{\partial\varphi}{\partial x_k}\frac{\partial x_k}{\partial x_i'} \tag{6, 131}$$

oder nach (6, 129):

$$\frac{\partial\varphi'}{\partial x_i'} = \sum_k \alpha_{ik}\frac{\partial\varphi}{\partial x_k}, \; i = 1, 2, 3. \tag{6, 132}$$

Dies ist genau die Definitionsgleichung (5, 23) für Vektorkomponenten mit

$$A_k = \frac{\partial\varphi}{\partial x_k}, \; k = 1, 2, 3 \tag{6, 133}$$

und

$$A_i' = \frac{\partial\varphi'}{\partial x_i'}, \; i = 1, 2, 3. \tag{6, 134}$$

Damit ist von der mit (5, 100) eingeführten und als Vektor bezeichneten Größe

$$\operatorname{grad}\varphi = \left\{\frac{\partial\varphi}{\partial x_i}\right\}, \; i = 1, 2, 3, \tag{6, 135}$$

tatsächlich auch nachgewiesen, daß sie ein Vektor ist.

Analog zu dem soeben Dargelegten läßt sich die oben ausgesprochene Behauptung beweisen, daß (wie man es oft kurz ausdrückt) „durch Differentiation eines Tensors seine Stufenzahl um eins erhöht wird". Wir beschränken uns hier auf den Nachweis, daß dies für einen Tensor m = zweiter Stufe zutrifft, weil hierbei das Entscheidende bereits zum Ausdruck kommt und die Verallgemeinerung auf beliebiges m nicht die geringsten Schwierigkeiten bereitet.

Es seien also

$$t_{ik} = t_{ik}(x_j), \quad i, j, k = 1, 2, 3, \tag{6, 136}$$

die neun ortsabhängigen Komponenten eines Tensors zweiter Stufe. Geht man von den x_j, ($j = 1, 2, 3$), zu neuen Koordinaten x_i' ($i = 1, 2, 3$) über, so gilt nach (6, 23a)

$$t_{ik}' = \sum_p \sum_q \alpha_{ip}\alpha_{kq}t_{pq}(x_j). \tag{6, 137}$$

Differenziert man diesen Ausdruck etwa nach x_m', so wird[1])

$$\frac{\partial t_{ik}'}{\partial x_m'} = \sum_p \sum_q \alpha_{ip}\alpha_{kq} \sum_r \frac{\partial t_{pq}}{\partial x_r}\frac{\partial x_r}{\partial x_m'}. \tag{6, 138}$$

Der letzte auf der rechten Seite von (6, 138) stehende Faktor ist nun nach (6, 129):

$$\frac{\partial x_r}{\partial x_m'} = \alpha_{mr}, \tag{6, 139}$$

womit (6, 138) in

$$\frac{\partial t_{ik}'}{\partial x_m'} = \sum_p \sum_q \sum_r \alpha_{ip}\alpha_{kq}\alpha_{mr}\frac{\partial t_{pq}}{\partial x_r} \tag{6, 140}$$

übergeht. Diese Gleichung sagt aber nach (6, 24) aus, daß die Ableitungen der Komponenten eines Tensors zweiter Stufe nach einer Ortskoordinate sich bei einer orthogonalen Transformation wie die Komponenten eines Tensors dritter Stufe verhalten: durch die Differentiation ist in der Tat die Stufenzahl um eins erhöht worden. Daß dies gleicherweise auch für einen Tensor beliebiger Stufe gilt, wird genau so wie vorstehend nachgewiesen.

---

[1]) Wir bemerken, daß man für die partielle Ableitung von Größen wie t_{pq} nach einer Ortskoordinaten x_r auch

$$\frac{\partial t_{qp}}{\partial x_r} = \partial_r t_{pq} = t_{pq\,|\,r}$$

schreibt.

Differenziert man einen Vektor $\mathfrak{A} = \{A_i\}$, $(i = 1, 2, 3)$, nach den Ortskoordinaten $\mathfrak{r} = \{x_k\}$, $(k = 1, 2, 3)$, so erhält man einen Tensor zweiter Stufe, dessen Komponenten

$$t_{ik} = \frac{\partial A_i}{\partial x_k}\,,\ i, k = 1, 2, 3 \tag{6, 141}$$

sind. Verjüngt man nach den Indizes i und k, so erhält man den Tensor nullter Stufe (Skalar)

$$\sum_i \frac{\partial A_i}{\partial x_i} = \frac{\partial A_x}{\partial x} + \frac{\partial A_y}{\partial_y} + \frac{\partial Az}{\partial z} \equiv \operatorname{div} \mathfrak{A}, \tag{6, 142}$$

der sich als die Divergenz der „gewöhnlichen" Vektorrechnung erweist.

Multipliziert man (6, 141) mit dem ε-Tensor, so führt dies zu dem Tensor fünfter Stufe

$$\varepsilon_{ijk} t_{lm} = \varepsilon_{ijk} \frac{\partial A_l}{\partial x_m}. \tag{6, 143}$$

Verjüngt man nun zweimal („nach j und l" und „nach k und m"), so ergibt dies einen Tensor erster Stufe (= Vektor), mit den Komponenten

$$B_i = \sum_j \sum_k \varepsilon_{ijk} \frac{\partial A_j}{\partial x_k} \equiv \operatorname{rot}_i \mathfrak{A} \tag{6, 144}$$

Dieser Ausdruck liefert für $i = 1, 2, 3 \to x, y, z$ mit den durch (6, 59/60) gegebenen Beträgen für ε_{ijk} genau die drei Komponenten (5, 154) für rot $\mathfrak{A}$. Es erscheint diese Größe daher als ein Vektor (= Tensor erster Stufe), wie es die „gewöhnliche" Vektorrechnung auch lehrt. Tatsächlich sind jedoch die drei „Vektor"-Komponenten (6, 144) = 5, 154) die drei unabhängigen Komponenten des schiefsymmetrischen Tensors zweiter Stufe

$$C_{jk} = \frac{\partial A_k}{\partial x_j} - \frac{\partial A_j}{\partial x_k}\,,\ j, k = 1, 2, 3 \tag{6, 145}$$

Diese Gleichung ist das Gegenstück zu (6, 53) — ebenso wie übrigens (6, 144) das Gegenstück zu (6, 58) ist — und es gilt das im Anschluß an (6, 53) über das Vektorprodukt Gesagte in sinngemäßer Änderung auch für rot $\mathfrak{A}$. Sieht man diese Größe als einen Vektor an, so hat man insbesondere zu bemerken, daß rot $\mathfrak{A}$ ein axialer Vektor ist (s. Kap. 5).

Die vorstehend gefundenen Gleichungen (6, 142) und (6, 144) in Verbindung mit (6, 135) geben die Möglichkeit, die in Kap. 5 in, wie man sagt, symbolischer Schreibweise angegebenen vektoranalytischen Rechenregeln in einer anderen Form auszudrücken, die man die analytische Darstellung nennt. So nimmt z. B. (5, 163) in der neuen Schreibweise die Form

$$\operatorname{div}\operatorname{rot}\mathfrak{A} = \sum_i \sum_j \sum_k \varepsilon_{ijk} \frac{\partial^2 A_j}{\partial x_i \partial x_k} \equiv 0 \tag{6, 146}$$

an, während (5, 164) in

$$\operatorname{rot}_i \operatorname{grad} F = \sum_j \sum_k \varepsilon_{ijk} \frac{\partial^2 F}{\partial x_j \partial x_k} \equiv 0 \tag{6, 147}$$

übergeht. Wir wollen uns hier mit der Angabe dieser beiden Beispiele begnügen, da wir von der „analytischen" Darstellung des Tensorkalküls späterhin nur wenig Gebrauch machen werden.

7. Einiges aus der Variationsrechnung

1. Begriffliches: Zur Erläuterung des Begriffes *Variationsrechnung* knüpfen wir an die einfachste Extremwertaufgabe an. Bei ihr handelt es sich darum, denjenigen Wert $x = x_0$ einer unabhängigen Variablen x aufzusuchen, für den eine von ihr abhängige Größe $y = y(x)$ einen Extremwert annimmt. Wie die Zahl x_0 zu bestimmen ist, lehrt die Differentialrechnung.

Es gibt nun eine weitere Klasse von Extremwertaufgaben, bei denen es (im einfachsten Fall) darauf ankommt, eine Funktion $y = y(x)$ derart zu bestimmen, daß ein von ihr und/oder von ihrer Ableitung y' abhängiges bestimmtes *Integral* einen Extremwert annimmt.

Auf eine solche Aufgabe führt z. B. die bekannte Frage nach der kürzesten Verbindungslinie $\mathfrak{C}$ zweier gegebener Punkte P_1 und P_2. Um sie zu bestimmen, werde ein cartesisches Koordinatensystem so angenommen, daß P_1 und P_2 in seiner xy-Ebene liegen. Sind dann x_1, y_1 bzw. x_2, y_2 die Koordinaten von P_1 bzw. P_2 und ist $y = y(x)$ die Gleichung einer durch $P_1(x_1, y_1)$ und $P_2(x_2, y_2)$ gehenden Kurve, so ist deren Bogenlänge s zwischen P_1 und P_2 bekanntlich

$$s = \int_{x_1}^{x_2} \sqrt{1 + y'^2}\, dx. \tag{7, 1}$$

Die Frage nach der **kürzesten** Verbindungslinie zwischen den beiden vorgegebenen Punkten $P_1(x_1, y_1)$ und $P_2(x_2, y_2)$ verlangt nun, aus der Gesamtheit aller Funktionen $y = y(x)$, die den Bedingungen

$$y(x_1) = y_1 \text{ und } y(x_2) = y_2 \tag{7, 2}$$

genügen, **jenes** spezielle $y = y(x)$ aufzusuchen, mit dessen Ableitung y' das bestimmte Integral (7, 1) seinen **kleinst**möglichen Wert annimmt. Es gilt also, die Forderung

$$s = \int_{x_1}^{x_2} \sqrt{1 + y'^2}\, dx \overset{!}{=} \text{Min.} \tag{7, 3}$$

zu erfüllen.

Eine derartige Aufgabe ist ein einfaches Beispiel für ein *Variationsproblem*. Mit diesem Begriff bezeichnet man jede Aufgabe, bei der es sich darum handelt, **solche** Funktionen y_i, $i = 1, 2, \ldots, n$, zu ermitteln, daß ein vorgegebenes (ein- oder mehrfaches) bestimmtes Integral, das von den y_i und / oder ihren Ableitungen abhängt, einen Extremwert annimmt.

Um ein Variationsproblem symbolisch auszudrücken, bedient man sich des „Variationszeichens" δ und schreibt statt (7, 3):

$$\delta \int_{x_1}^{x_2} \sqrt{1 + y'^2}\, dx = 0. \tag{7, 4}$$

Das — zunächst rein formal — eingeführte Variationssymbol δ mag der Leser vorerst nur als ein zweckmäßiges Zeichen ansehen, das zur formelmäßigen Darstellung eines Variationsproblems verwendet wird. Daß mit δ jedoch mehr als ein formales Zeichen gemeint ist, wird im Abschnitt 4 dieses Kapitels dargelegt werden.

Wir führen außer dem δ-Symbol noch einen anderen Begriff ein, den wir anhand von (7, 1) erklären. Die in dieser Gleichung auftretende Bogenlänge s hängt von der (Ableitung y' der) Funktion $y = y(x)$ ab: es ist daher s eine „Funktion von einer Funktion" (eine „Funktionenfunktion") oder wie man heutzutage überwiegend sagt, ein *Funktional*. Ein solches stellt man symbolisch — speziell im Fall (7, 1) — durch

$$s = s[y(x)] \tag{7, 5}$$

oder allgemein durch

$$J = J[y(x)] \tag{7, 6}$$

dar. Hierbei ist insbesondere in der Variationsrechnung mit J ein vorgegebenes, von y abhängiges, bestimmtes Integral gemeint, das durch Aufsuchen einer geeigneten Funktion $y = y(x)$ zu einem **Extrem**wert, z. B. zu einem Minimum, gemacht werden soll. Mit Verwendung des Variationssymbols δ läßt sich diese Extremwertaufgabe formal in sehr einfacher Weise durch

$$\delta J = 0 \tag{7, 7}$$

ausdrücken. Näheres zu dieser — zunächst als zweckmäßig anzusehenden — Schreibweise s. Abschnitt 4. —

Der in einem Variationsproblem auftretende Integrand wird *Grundfunktion* genannt. Im Beispiel (7, 4) hängt sie allein von der Ableitung $y' = y'(x)$ der gesuchten Funktion y ab. Bezeichnet man die Grundfunktion mit F, so ist (7, 4) ein Sonderfall des Variationsproblems vom Typ

$$\delta J = \delta \int_{x_1}^{x_2} F(y')\, dx = 0. — \tag{7, 8}$$

Um eine andere Frage anzugeben, die ebenfalls zu einem Variationsproblem führt, welches gleichzeitig zeigt, daß die Grundfunktion F i. allg. nicht nur von y' abhängig ist, besprechen wir als nächstes Beispiel das *Klassische Problem der Brachistochrone*. Darunter versteht man die erstmalig 1696 von Johann BERNOULLI (1667—1748) gestellte Frage nach der „Kurve kürzester Fallzeit" ($\beta\varrho\alpha\chi\iota\sigma\tau o\varsigma$ = am kürzesten, $\chi\varrho\acute{o}\nu o\varsigma$ = Zeit). Die Aufgabe, die BERNOULLI den zeitgenössischen Mathematikern vorlegte, veröffentlichte er in der Leipziger *Acta Eruditorum* als „Einladung zur Lösung eines neuen Problems" und formulierte dieses wie folgt[1]:

„Wenn in einer verticalen Ebene zwei Punkte P_1 und P_2 gegeben sind, soll man dem beweglichen Punkte m eine Bahn P_1PP_2 anweisen, auf welcher er von P_1 ausgehend vermöge seiner eigenen Schwere in kürzester Zeit nach P_2 gelangt."

Das Problem der Brachistochrone ist demnach in der heute üblichen Ausdrucksweise die Aufgabe, jene Kurve $\mathfrak{C}$ zu ermitteln, auf der sich ein Massenpunkt m in einer Vertikalebene E im Schwerefeld der Erde bewegen muß, um von einem vorgegebenen Punkt P_1 in E zu einem anderen ebenfalls in E liegenden Punkt P_2 in kürzester Zeit zu gelangen.

Diese „edle aber schwierige Aufgabe" (BERNOULLI) läßt sich wie folgt lösen: man denke sich in der Vertikalebene, die P_1 und P_2 enthält, ein cartesisches Koordinatensystem so gelegt, wie es Abb. 7, 1 veranschaulicht. Die Brachistochrone hat dann die Gleichung $y = y(x)$. Bezeichnet man den von m nach Beginn seiner Bewegung (in P_1) längs $\mathfrak{C}$ zurückgelegten Weg mit s, so ist nach dem NEWTONschen Bewegungsgesetz

$$m\frac{d^2s}{dt^2} = K_t\,, \tag{7, 9}$$

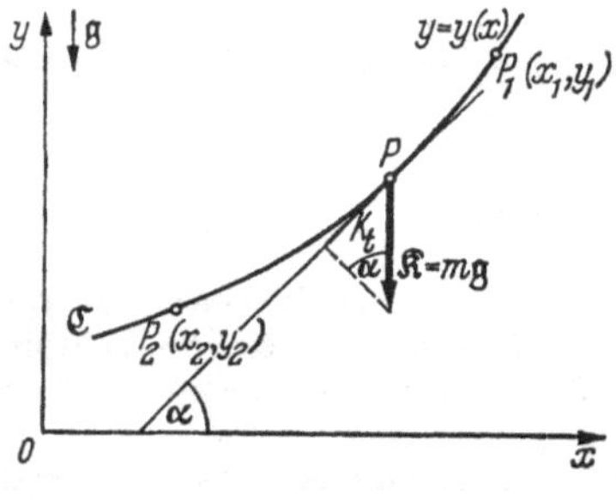

Abb. 7, 1: Zur Bestimmung der Gleichung der Brachistochrone

wenn K_t die Komponente der Schwerkraft $\mathfrak{K} = m\mathfrak{g}$, ($\mathfrak{g}$ = Vektor der Erdbeschleunigung) in Richtung der Tangente an die Bahnkurve $y = y(x)$ im Punkt P ist. Wegen (s. Abb. 7, 1)

$$K_t = mg \cdot \sin\alpha \tag{7, 10}$$

und

$$\sin\alpha = \frac{dy}{ds} \tag{7, 11}$$

wird aus (7, 9):

$$\frac{d^2s}{dt^2} = g\frac{dy}{ds}\,. \tag{7, 12}$$

Die weitere Rechnung ist nun — gemäß der gestellten Aufgabe — so zu führen, daß ein Zusammenhang zwischen dem vom Massenpunkt m zurückgelegten Weg s und der dazu benötigten Zeit t gefunden wird. Zu einer solchen Beziehung — und zwar in der Form $t = t(s)$ — gelangt man, wenn zunächst (7, 12) mit $\dot{s} = ds/dt$ multipliziert und danach das Produkt über t integriert wird. Dies ergibt

$$\frac{1}{2}\left(\frac{ds}{dt}\right)^2 = gy + C, \tag{7, 13}$$

---

[1]) Zitiert nach OSTWALDS KLASSIKER, Nr. 46, mit Änderung der Bezeichnungen.

wobei C eine aus den Anfangsbedingungen zu bestimmende Integrationskonstante ist. Beginnt die Bewegung von m zur Zeit $t = 0$ im Punkt $P_1(x_1, y_1)$ mit einer Geschwindigkeit, deren Komponente in Richtung der Tangente von $y = y(x)$ gleich v_0 ist, so lauten die Anfangsbedingungen:

$$\dot{s}(0) = v_0, \quad y(0) = y_1. \tag{7, 14}$$

Setzt man diese Werte in (7, 13) ein, so erhält man für die Konstante

$$C = \frac{1}{2} v_0^2 - g y_1. \tag{7, 15}$$

Damit ergibt sich für den Betrag der Geschwindigkeit, mit der m die Kurve $\mathfrak{C}$ durchläuft, aufgrund von (7, 13):

$$\frac{ds}{dt} = \sqrt{2g\,(y - \bar{y})}, \tag{7, 16}$$

wobei

$$\bar{y} = y_1 - \frac{v_0^2}{2g} \tag{7, 17}$$

bedeutet. Aus dem „intermediären Integral" (7, 16) der Bewegungsgleichung (7, 12) erhält man für die Zeit t, die m braucht, um den Weg s zurückzulegen, den Ausdruck

$$t(s) = \frac{1}{\sqrt{2g}} \int_0^s \frac{ds}{\sqrt{y - \bar{y}}}. \tag{7, 18}$$

Daher ist die von m benötigte Fallzeit T von $P_1(x_1, y_1)$ nach $P_2(x_2, y_2)$ längs einer Kurve $y = y(x)$, wenn l die Länge des durchlaufenden Weges bedeutet:

$$T(l) = \frac{1}{\sqrt{2g}} \int_0^l \frac{ds}{\sqrt{y - \bar{y}}}, \tag{7, 19}$$

oder, in Abhängigkeit von y gemäß (7, 1):

$$T[y(x)] = \frac{1}{\sqrt{2g}} \int_{x_1}^{x_2} \sqrt{\frac{1 + y'^2}{y - \bar{y}}}\, dx. \tag{7, 20}$$

Die Frage nach der Gleichung der Brachistochrone ist somit auf die Forderung

$$T[y(x)] \overset{!}{=} \text{Min.} \tag{7, 21}$$

zurückgeführt und dies ist dem Variationsproblem

$$\delta \int_{x_1}^{x_2} \sqrt{\frac{1 + y'^2}{y - \bar{y}}}\, dx = 0 \tag{7, 22}$$

äquivalent. Seine Grundfunktion F ist, wie aus (7, 22) ersichtlich, von der Form

$$F = F(y, y'), \tag{7, 23}$$

d. h. es ist in dem soeben betrachteten Fall die Grundfunktion F nicht allein von y', sondern — anders als in (7, 3) — auch noch von der zu ermittelnden Funktion $y = y(x)$ selbst (explizit) abhängig.

Ebenso wie sich die Grundfunktion in (7, 4) als ein Sonderfall von (7, 23) erweist — $\partial F/\partial y \equiv 0$ — ist eine Grundfunktion vom Typ (7, 23) als Sonderfall einer noch allgemeineren Grundfunktion F anzusehen, die außer von y und y' noch von anderen Größen, so etwa von der Unabhängigen x, von y'' oder vielleicht auch noch von höheren Ableitungen von y abhängen kann. Von welcher Form die Grundfunktion eines Variationsproblems ist, hängt entscheidend von der zu beantwortenden Frage ab.

Die zwei vorstehend angegebenen Beispiele für Variationsprobleme sind Fragen, die beide zu der Aufgabe führen, ein von einer unbekannten Funktion $y = y(x)$ abhängiges Integral — d. h. das Funktional $J = J[y(x)]$ — durch geeignete Wahl von $y = y(x)$ zu einem Minimum zu machen. Es wäre nun falsch, wenn man aufgrund des Vorstehenden glauben würde, daß *jedes* Variationsproblem auf die Aufgabe führt, das Funktional $J = J[y(x)]$ zu minimalisieren. Wenngleich auch die Beantwortung vieler in den Anwendungen auftretender Fragen auf gerade jene Aufgabe hinausläuft, so schließt dies keineswegs aus, auch die Frage zu stellen, wann ein Funktional $J = J[y(x)]$ ein Maximum wird oder einen Sattelwert annimmt. Es soll daher, wenn weiterhin von einem Variationsproblem gesprochen wird, stets die Aufgabe gemeint sein, im einfachsten Fall eine Funktion $y = y(x)$ zu finden, mit der das Funktional $J = J[y(x)]$ einen, wie man zusammenfassend sagt, *stationären* Wert, d. h. entweder ein Minimum oder ein Maximum oder einen Sattelwert (Wendepunkt)) annimmt.

Weil das Wort „stationär" auch in der Physik, dort aber im Sinn von Zeitunabhängigkeit, verwendet wird, soll — um Verwechslungen zu vermeiden — in diesem Kapitel und auch in den weiteren Ausführungen an gegebener Stelle statt des in der Variationsrechnung gebräuchlichen Begriffes „stationärer" Wert der Ausdruck „Extremwert" — in dem eben angegebenen Sinn zu verstehen — verwendet werden.

Die Aufgabe, Variationsprobleme zu behandeln, ist Sache der *Variationsrechnung*. Ihr obliegt es insbesondere, Methoden zur Lösung von Variationsproblemen zu entwickeln, Existenzfragen zu untersuchen, erforderliche Eindeutigkeitsbeweise zu erbringen u. a. m. Natürlich kann auf all dieses hier auch nicht nur andeutungsweise eingegangen werden. Vielmehr müssen wir uns darauf beschränken, darzulegen, wie das Extremum eines bestimmten Integrals, z. B. das von (7, 3) oder (7, 20), zu ermitteln ist.

Vorher sollen aber noch einige historische Bemerkungen gemacht werden. Dies erscheint angebracht, weil sich die Variationsrechnung im Laufe der Zeit als ein wesentliches und heute unentbehrliches Hilfsmittel nicht nur zur Behandlung von Fragestellungen aus der Mechanik, sondern auch von Problemen aus vielen anderen Teilgebieten der Theoretischen Physik erwiesen hat. Wir meinen daher, daß ein Physiker außer den Grundtatsachen der Variationsrechnung auch ein wenig von ihrer Geschichte wissen sollte.

2. Historisches: Die Beschäftigung der Menschheit mit Extremalproblemen überhaupt sowie insbesondere mit solchen, die dem Bereich der Variationsrechnung angehören, läßt sich bis ins Altertum zurückverfolgen. Bekannt ist das klassische Problem der DIDO, das auch als isoperimetrisches Problem bezeichnet wird. Darunter verstand man ursprünglich die spezielle Frage nach der Form jener geschlossenen Kurve mit vorgegebenem festem Umfang, die den größten Flächeninhalt einschließt[1]). Daß diese Kurve ein Kreis ist, war bereits den alten Griechen bekannt. Als GALILEI im Jahre 1630 Untersuchungen über die Fallzeiten eines Massenpunktes auf verschiedenen Kurvenstücken durchführte und die ermittelten Fallzeiten miteinander verglich, hatte er im Prinzip bereits das Problem der Brachistochrone aufgegriffen. Auch NEWTON behandelt in seinem grundlegenden Werk *Principia* eine Variationsaufgabe, die heute als das (NEWTONsche) Problem der „Fläche kleinsten Widerstandes" bezeichnet wird. Es handelt sich um die Frage nach den Bedingungen, die erfüllt sein müssen, damit eine Rotationsfläche bei einer Bewegung in einem widerstehenden Medium einen möglichst geringen Widerstand erfährt. Einige Bedingungen zur Erfüllung dieser Forderung werden zwar von NEWTON angegeben, jedoch ohne nähere Begründung. Überdies sind die Ausführungen NEWTONS zu „seinem" Problem nicht nur sehr kurz, sondern teilweise auch unklar gefaßt, was wohl der Grund dafür sein mag, daß das NEWTONsche Problem seinerzeit nur geringe Beachtung fand und heute wenig bekannt ist.

Im Jahre 1696, genau zehn Jahre nach dem Erscheinen der *Principia*, stellte Johann BERNOULLI (1667—1748) sein berühmtes Problem der Brachistochrone zur Diskussion. Er forderte, dem damaligen Brauch entsprechend, „alle Mathematiker der Welt" auf, sich mit der gestellten Aufgabe zu befassen. Diese rief großes Aufsehen hervor. Es beschäftigte sich mit dieser Frage neben Johann BERNOULLI selbst noch sein älterer Bruder Jakob BERNOULLI (1654—1705) sowie weiterhin NEWTON, Gottfried Wilhelm LEIBNIZ (1646—1716) und Guillaume Marquis de l'HOSPITAL (1661—1704). Alle fünf Genannten sollen zwar das Problem erfolgreich behandelt haben, jedoch wurden lediglich die von den beiden Brüdern BERNOULLI angegebenen Lösungen im

[1]) Heute wird allgemein als ein isoperimetrisches Problem jedes Variationsproblem bezeichnet, das unter Beachtung von Nebenbedingungen zu lösen ist, die in Integralform vorgegeben sind.

Jahre 1697 veröffentlicht[1]). Sie wurden auf durchaus verschiedenen Wegen gefunden. Es ist nun gerade die von Jakob BERNOULLI angegebene Methode zur Lösung des Problems der Brachistochrone, die als Ursprung der Variationsrechnung zu bezeichnen ist. Denn an diese Methode, über die Jakob BERNOULLI in einer weiteren Arbeit 1701 nochmals berichtet, schlossen später EULER und LAGRANGE an. Sie schufen mit ihren Arbeiten die feste Grundlage für ein neues Teilgebiet der Mathematik. Dieses entwickelte sich zu der heutigen Variationsrechnung, zu der Adrien LEGENDRE (1752—1833), Carl JACOBI (1804—1851), Karl WEIERSTRASS (1815—1897), David HILBERT (1862—1943) u. a. wesentlich beigetragen haben. Weitere historische Einzelheiten zur Variationsrechnung findet der interessierte Leser u. a. in den am Ende dieses Kapitels angegebenen Literaturverzeichniss genannten Werken [5] und [6].

3. Die Eulersche Gleichung: Um zu erörtern, wie ein Variationsproblem zu lösen ist, schließen wir an die am Anfang dieses Kapitels besprochenen Fragen an. Ihre Beantwortung verlangt die Lösung von Variationsproblemen, deren Grundfunktionen F in einem Fall (Brachistochrone) sowohl von der unbekannten Funktion $y = y(x)$ als auch von deren Ableitung y' abhängig ist, während im anderen Fall (kürzeste Verbindungslinie zwischen zwei Punkten) F sich lediglich als Funktion von y' erweist. Bei beiden Beispielen handelt es sich, wie schon bemerkt, um Sonderfälle einer weitergehenden Variationsaufgabe, deren Grundfunktion F außer von y und y' noch von anderen Variablen explizit abhängt. Wir wollen von dem einfachen Fall ausgehen, daß F außer von $y = y(x)$, $y' = y'(x)$ nur noch von der unabhängigen Variablen x abhängt, d. h., daß

$$F = F(y', y, x) \tag{7, 24}$$

ist. Dann handelt es sich um ein Variationsproblem, das symbolisch durch

$$\delta \int_{x_1}^{x_2} F(y', y, x)\, dx = 0 \tag{7, 25}$$

gegeben ist. Seine Lösung bedeutet das Aufsuchen jener Funktion $y = y(x)$, mit der das in (7, 25) auftretende bestimmte Integral einen Extremwert annimmt.

Das durch (7, 25) formulierte Variationsproblem läßt sich nun auf eine elementare Extremwertaufgabe der Differentialrechnung zurückführen, indem die gesuchte Funktion $y = y(x)$ geometrisch als eine Kurve in der xy-Ebene eines cartesischen Koordinatensystems gedeutet

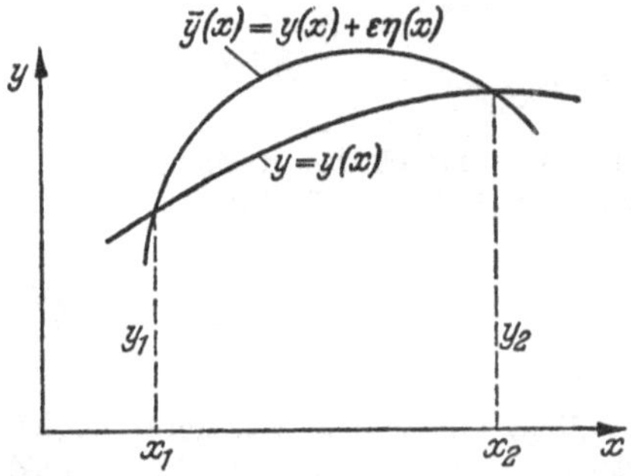

Abb. 7, 2: Die Kurve $y = y(x)$ und eine „variierte" Kurve $\bar{y}(x) = y(x) + \varepsilon\eta(x)$

wird, die durch die Punkte $P_1(x_1, y_1)$ und $P_2(x_2, y_2)$ geht (Abb. 7, 2). Außer $y = y(x)$ betrachten wir nun zu y benachbarte („variierte") Kurven $\bar{y} = \bar{y}(x)$, die ebenfalls durch P_1 und P_2 gehen. Man kann sich derartige „Nachbarkurven" $\bar{y}$ dadurch verschaffen, daß man der Funktion $y = y(x)$ eine beliebige (aber „vernünftige") andere Funktion $\eta = \eta(x)$ überlagert, wobei jedoch — damit der erforderliche Durchgang durch P_1 und P_2 gesichert ist — η die „Randbedingungen"

$$\eta(x_1) = \eta(x_2) = 0 \tag{7, 26}$$

erfüllen muß. Eine solche durch P_1 und P_2 gehende Kurvenschar (Abb. 7, 2) wird durch

$$\bar{y}(x, \varepsilon) = y(x) + \varepsilon \cdot \eta(x) \tag{7, 27}$$

[1]) Vgl. hierzu etwa: OSTWALDS KLASSIKER Nr. 46 u. 47.

beschrieben, wobei ε einen Parameter (mit kleinem Betrag) bedeutet. Die Kurvenschar (7, 27) enthält die gesuchte Kurve $y = y(x)$ — die Extremale des Variationsproblems (7, 25) — als Sonderfall für $\varepsilon = 0$.

Setzt man in dem in (7, 25) auftretenden bestimmten Integral für y die Funktion $\bar{y}$ nach (7, 27) ein, so wird das Integral eine Funktion von ε:

$$J(\varepsilon) = \int_{x_1}^{x_2} F(y' + \varepsilon\eta', y + \varepsilon\eta, x)dx. \tag{7, 28}$$

Von $J(\varepsilon)$ weiß man, daß es einen Extremwert für $\varepsilon = 0$ annimmt (weil dann $\bar{y} = y$, d. h. gerade die gesuchte Funktion ist, die das Integral in (7, 25) zu einem Extremwert macht. Die Bedingung, der y zu genügen hat, ist also nach einer wohlbekannten Regel aus der Differentialrechnung

$$\left(\frac{dJ(\varepsilon)}{d\varepsilon}\right)_{\varepsilon=0} = J'(0) = 0. \tag{7, 29}$$

Führt man die durch (7, 29) geforderte Differentiation in (7, 28) aus, so erhält man

$$\frac{dJ(\varepsilon)}{d\varepsilon} = \int_{x_1}^{x_2} \left\{\frac{\partial F}{\partial(y' + \varepsilon\eta')} \cdot \frac{d(y' + \varepsilon\eta')}{d\varepsilon} + \frac{\partial F}{\partial(y + \varepsilon\eta)} \cdot \frac{d(y + \varepsilon\eta)}{d\varepsilon}\right\} dx \tag{7, 30}$$

$$= \int_{x_1}^{x_2} \left\{\eta' \frac{\partial F}{\partial(y' + \varepsilon\eta')} + \eta \frac{\partial F}{\partial(y + \varepsilon\eta)}\right\} dx. \tag{7, 31}$$

Setzt man in dem letzten Ausdruck nun $\varepsilon = 0$, so erhält man

$$\int_{x_1}^{x_2} \left\{\eta' \frac{\partial F}{\partial y'} + \eta \frac{\partial F}{\partial y}\right\} dx = 0. \tag{7, 32}$$

Der erste Summand im vorstehenden Integranden läßt sich mittels partieller Integration umformen:

$$\int_{x_1}^{x_2} \frac{\partial F}{\partial y'} \eta' dx = \frac{\partial F}{\partial y'} \eta(x) \Big|_{x_1}^{x_2} - \int_{x_1}^{x_2} \eta \frac{d}{dx} \frac{\partial F}{\partial y'} dx. \tag{7, 33}$$

Da in diesem Ausdruck der „ausintegrierte" Term wegen der Bedingung (7, 26) verschwindet, ergibt sich mit (7, 33) aus (7, 32):

$$\int_{x_1}^{x_2} \eta(x) \left(\frac{d}{dx} \frac{\partial F}{\partial y'} - \frac{\partial F}{\partial y}\right) dx = 0. \tag{7, 34}$$

Diese Gleichung kann — bestimmte Stetigkeitseigenschaften von $\eta(x)$ vorausgesetzt — aufgrund eines von DU BOIS-REYMOND (1831—1889) gefundenen Satzes, der in der Literatur meistens als *Fundamentallemma der Variationsrechnung* bezeichnet wird, n u r dann bestehen, wenn

$$\frac{d}{dx} \frac{\partial F}{\partial y'} - \frac{\partial F}{\partial y} = 0 \tag{7, 35}$$

ist (vgl. hierzu z. B. [6]).

Es ist daher die zuletzt angegebene Gleichung eine — wie die ins einzelne gehende mathematische Analyse zeigt, notwendige — Bedingung, der die gesuchte Funktion $y = y(x)$ genügen muß, damit das in (7, 25) auftretende bestimmte Integral einen Extremwert annimmt.

Man nennt (7, 35) die zu dem Variationsproblem (7, 25) gehörige EULER*sche Gleichung*, für die vielfach kurz

$$[F]_y \equiv \frac{d}{dx} \frac{\partial F}{\partial y'} - \frac{\partial F}{\partial y} = 0 \tag{7, 36}$$

geschrieben wird. Für das Symbol $[F]_y$ sind die Bezeichnungen *Funktional-*, *Variations-* oder auch EULERsche *Ableitung* gebräuchlich.

Gl. (7, 36) ist eine gewöhnliche Differentialgleichung zweiter Ordnung für $y = y(x)$. Dies wird sofort ersichtlich, wenn man die in (7, 36) angegebene Differentiation nach x ausführt. Beachtet man, daß

$$F = F(y'(x), y(x), x) \tag{7, 37}$$

ist und $\partial F/\partial y'$ i. allg. ebenfalls von y', y und x abhängt, so lautet (7, 37) ausführlich beschrieben:

$$\frac{\partial^2 F}{\partial y'^2} y''(x) + \frac{\partial^2 F}{\partial y' \partial y} y'(x) + \frac{\partial^2 F}{\partial y' \partial x} - \frac{\partial F}{\partial y} = 0. \tag{7, 38}$$

Dies ist, da F vorgegeben ist und deswegen die in (7, 38) auftretende partiellen Differentialquotienten bekannt sind, — so wie behauptet — eine gewöhnliche Differentialgleichung zweiter Ordnung für die gesuchte Funktion $y = y(x)$, sofern die „LEGENDREsche Bedingung"

$$\frac{\partial^2 F}{\partial y'^2} \neq 0 \tag{7, 39}$$

erfüllt ist. Dies sei im folgenden stets als erfüllt vorausgesetzt. Jede der ∞^2 Lösungen der EULERschen Gleichung (7, 36) bzw. (7, 38) nennt man nach KNESER (1862—1930) eine *Extremale* des Variationsproblems (7, 25). Die Gesamtheit der Extremalen bildet, geometrisch gedeutet, eine zweiparametrige Kurvenschar. Aus ihr erhält man die „Lösungskurve" des Variationsproblems (7, 25), indem man *jene* Extremale $y = y(x)$ aus allen Lösungen von (7, 36) heraussucht, die die Randbedingungen (7, 26) erfüllt, d. h. durch die Punkte $P_1(x_1, y_1)$ und $P_2(x_2, y_2)$ geht.

4. Die Variation: Bei der im vorstehenden Abschnitt angegebenen Herleitung der EULERschen Gleichung (7, 36) wurde wesentlich davon Gebrauch gemacht, daß die zu ermittelnde Extremale $y = y(x)$ des Variationsproblems (7, 25) in der Kurvenschar

$$\bar{y}(x, \varepsilon) = y(x) + \varepsilon \cdot \eta(x) \tag{7, 40}$$

enthalten ist und sich daraus für den Sonderfall $\varepsilon = 0$ ergibt. Den Unterschied δy zwischen der „variierten" Kurve $\bar{y} = \bar{y}(x, \varepsilon)$ und der gesuchten Funktion $y = y(x)$, d. h. die Differenz

$$\bar{y}(x, \varepsilon) - y(x) = \varepsilon \cdot \eta(x) \equiv \delta y, \tag{7, 41}$$

nennt man die *Variation der Funktion* $y = y(x)$. Für genügend kleine Beträge des Parameters ε kann δy beliebig klein gemacht werden. Dies bedeutet geometrisch, daß die variierte Kurve $\bar{y} = \bar{y}(x, \varepsilon)$ der gesuchten Extremalen $y = y(x)$ beliebig nahe kommen kann, vgl. Abb. 7, 2.

Wir bemerken, daß die durch (7, 41) definierte Variation δy der Funktion y ein Sonderfall einer „allgemeineren" Variation ist, die mit Δy bezeichnet wird. Darunter versteht man zwar wiederum die Differenz zwischen den Ordinaten einer variierten Kurve $\bar{y}$ und der gesuchten Extremalen y, diesmal jedoch für verschiedene Werte der Argumente dieser Funktionen. Nennt man die beiden Argumente x bzw. $\tilde{x} = x + \Delta x$ („Variation des Ortes"), so ist die „allgemeinere" Variation durch

$$\Delta y \equiv \bar{y}(\tilde{x}) - y(x) = \bar{y}(x + \Delta x) - y(x) \tag{7, 42}$$

definiert, mit $\Delta x \neq 0$, s. Abb. 7, 3.

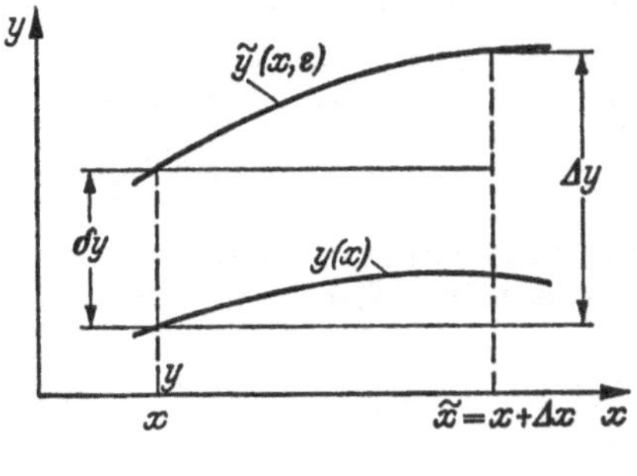

Abb. 7, 3: Veranschaulichung der Variationen δy und Δy

Wichtig ist für eine später durchzuführende Rechnung die Bemerkung, daß man Δy und Δx als differenzierbare Funktionen von x ansieht, so daß deren Ableitungen nach der Unabhängigen x sinnvolle Größen sind.

Setzt man in (7, 42) die „Variation des Ortes“ $\Delta x = 0$, so erhält man als Sonderfall das eingangs erklärte δy. Man bezeichnet daher die δ-Operation auch als eine „Variation am festen Ort“ und symbolisiert dies durch $\delta x = 0$.

Aus den Definitionsgleichungen (7, 41) und (7, 42) für die Variationen δy und Δy folgt, daß es sich bei diesen i. allg. um zwei verschiedene Größen handelt. Einen ersten Unterschied zwischen δy und Δy veranschaulicht Abb. 7, 3, aus der ersichtlich ist, daß — abgesehen von Einzelfällen — δy und Δy verschiedene Beträge haben:

$$|\delta y| \neq |\Delta y|. \tag{7, 43}$$

Ein anderer Unterschied zwischen den beiden Variationen besteht in einer Vertauschungseigenschaft, die nur δy, nicht dagegen Δy zukommt. Um dieses einzusehen, setze man zunächst in (7, 41) anstelle der Funktion y ihre Ableitung y' ein. Dies ergibt für deren Variation

$$\delta y' = \bar{y}'(x, \varepsilon) - y'(x) = \varepsilon \cdot \eta'(x). \tag{7, 44}$$

Andererseits liefert (7, 41), wenn diese Gleichung nach x differenziert wird,

$$\frac{d}{dx}\,\delta y = \bar{y}'(x, \varepsilon) - y'(x) = \varepsilon \cdot \eta'(x). \tag{7, 45}$$

Ein Vergleich von (7, 45) und (7, 44) ergibt, daß

$$\delta y' = \frac{d}{dx}\,\delta y \tag{7, 46}$$

oder

$$\delta\,\frac{dy}{dx} = \frac{d}{dx}\,\delta y \tag{7, 47}$$

ist und d. h.: das Variationssymbol δ ist mit dem Differentiationssymbol (dem Operator) d/dx vertauschbar.

Daß diese Vertauschbarkeit indessen nicht für Δ und d/dx gültig ist, wird ersichtlich, indem man zunächst in (7, 42) die Funktion $\bar{y}$ in eine Taylorsche Reihe entwickelt. Man erhält

$$\Delta y = \bar{y}(x) + \Delta x \cdot \bar{y}'(x) + \dots - y(x). \tag{7, 48}$$

Hierfür kann nach (7, 41) und (7, 27) auch

$$\Delta y = dy + \Delta x \cdot \frac{d}{dx}\,[y(x) + \varepsilon \cdot \eta(x)] + \dots \tag{7, 49}$$

$$= \delta y + y'(x) \cdot \Delta x + \varepsilon \cdot \eta'(x) \cdot \Delta x + \dots \tag{7, 50}$$

geschrieben werden. Die Punkte in den letzten drei Gleichungen stehen anstelle von Gliedern, die „klein von höherer Ordnung“ sind, d. s. Glieder, die eine Potenz $(\Delta x)^n$ mit $n \geqq 2$ enthalten.

Setzt man nun in (7, 50) statt der Funktion y ihre Ableitung $y' = dy/dx$ ein, so wird einerseits

$$\Delta y' = \delta y' + y'' \cdot \Delta x + \varepsilon \cdot \eta''(x) \cdot \Delta x + \dots \tag{7, 51}$$

Andererseits ergibt Differentiation von (7, 50) nach x und Beachtung von (7, 46):

$$\frac{d}{dx}\,\Delta y = \frac{d}{dx}\,\delta y + y'' \cdot \Delta x + y'\,\frac{d\Delta x}{dx} + \dots \tag{7, 52}$$

$$= \delta y' + y''\Delta x + y'\,\frac{d\Delta x}{dx} + \dots, \tag{7, 53}$$

wobei nun die Punkte auch das in (7, 50) noch angegebene Glied mit dem Faktor ε einschließen. Subtrahiert man jetzt (7, 51) von (7, 53), so führt dies zu

$$\frac{d}{dx}\,\Delta y - \Delta\,\frac{dy}{dx} = y'\,\frac{d\Delta x}{dx} + \dots, \tag{7, 54}$$

und aus dieser Gleichung ist die eingangs behauptete Nichtvertauschbarkeit der Operationen Δ und d/dx — im Gegensatz zu (7, 47) — klar zu erkennen.

Unterdrückt man in (7, 54) alle mit einer Potenz ε^n, $n \geqq 1$, behafteten Glieder, (d. h. betrachtet man, wie etwa in Abschnitt 3 dieses Paragraphen, insbesondere den Fall $\varepsilon \to 0$), so ist statt (7, 54):

$$\frac{d}{dx}\Delta y = \Delta\frac{dy}{dx} + y'\frac{d\Delta x}{dx} \tag{7, 55}$$

zu schreiben. Durch diese Gleichung wird meistens die Nichtvertauschbarkeit von Δ und d/dx ausgedrückt. —

In gleicher Weise, wie man die Variation δy einer Funktion $y = y(x)$ gemäß (7, 41) einführt, definiert man als (totale) *Variation des Integrals*

$$J[y(x)] = \int_{x_1}^{x_2} F(y', y, x)\,dx \tag{7, 56}$$

den Ausdruck

$$\delta J = J[\bar{y}(x)] - J[(x)] \tag{7, 57}$$

$$= J[y(x) + \varepsilon \cdot \eta(x)] - J[y(x)]. \tag{7, 58}$$

Faßt man $J[\bar{y}(x)]$ als Funktion von ε auf, so kann für (7, 58) auch

$$\delta J = J(\varepsilon) - J(0) \tag{7, 59}$$

geschrieben werden. Hieraus erhält man, nach Entwicklung von $J(\varepsilon)$ in erster Näherung die sog. *erste* Variation des Integrals (7, 56):

$$\delta J = \varepsilon\left(\frac{dJ(\varepsilon)}{d\varepsilon}\right)_{\varepsilon=0} = \varepsilon \cdot J'(0). \tag{7, 60}$$

Mit der Einführung dieses Begriffes erhält die im Abschnitt 1 dieses Kapitels eingeführte formale δ-Schreibweise nunmehr einen Sinn: denn für die in Abschnitt 3 gefundene Bedingung (7, 29), die zu erfüllen ist, damit das Funktional (7, 6) — so z. B. das in (7, 25) auftretende Integral — einen Extremwert annimmt, kann unter Verwendung von (7, 60) nun

$$\delta J = 0 \tag{7, 61}$$

geschrieben werden, und das ist genau die am Anfang dieses Kapitels angegebene Gl. (7, 7), die dort zunächst nur als ein Symbol verwendet wurde, um ein Variationsproblem möglichst kurz zu formulieren. Jetzt aber kann (7, 61) auch interpretiert werden und man kann sagen: Notwendige Bedingungen dafür, daß das Integral (7, 56) einen Extremwert annimmt, ist das Verschwinden seiner (ersten) Variation δJ.

Es ist klar, daß diese Forderung wieder auf die EULERsche Gleichung (7, 35) führen muß. Dies läßt sich mit Verwendung des in diesem Abschnitt erklärten Variationsbegriffes wie folgt zeigen: Es ist p. def. δJ nach (7, 57) mit (7, 56) und (7, 40):

$$\delta J = \int_{x_1}^{x_2} F(y' + \varepsilon\eta', y + \varepsilon\eta, x)\,dx - \int_{x_1}^{x_2} F(y', y, x)\,dx, \tag{7, 62}$$

oder unter Beachtung von (7, 41):

$$\delta J = \int_{x_1}^{x_2} F(y' + \delta y', y + \delta y, x)\,dx - \int_{x_1}^{x_2} F(y', y, x)\,dx. \tag{7, 63}$$

Entwickelt man den ersten Integranden auf der rechten Seite von (7, 63), so erhält man

$$\delta J = \int_{x_1}^{x_2} \left[\left(\frac{\partial F}{\partial y'}\delta y' + \frac{\partial F}{\partial y}\delta y\right) + \varepsilon^2(\ldots) + \ldots\right] dx \tag{7, 64}$$

oder mit (7, 47):

$$\delta J = \int_{x_1}^{x_2} \left[\frac{\partial F}{\partial y'} \frac{d}{dx} (\delta y) + \frac{\partial F}{\partial y} \delta y + \varepsilon^2(\ldots) + \ldots \right] dx. \tag{7, 65}$$

Hierdurch erhält man durch partielle Integration

$$\delta J = \int_{x_1}^{x_2} \left[\left(-\frac{d}{dx} \frac{\partial F}{\partial y'} + \frac{\partial F}{\partial y} \right) \delta y + \varepsilon^2(\ldots) + \ldots \right] dx + \frac{\partial F}{\partial y'} \delta y \Big|_{x_1}^{x_2}. \tag{7, 66}$$

In diesem Ausdruck verschwindet der „ausintegrierte" Teil aufgrund der „Randbedingungen" (7, 26), weil diese nach Multiplikation mit ε gemäß (7, 41) — („Variation am festen Ort") — in

$$\delta y(x_1) = \delta y(x_2) = 0 \tag{7, 67}$$

übergehen.

Setzt man nun in (7, 66) für die Variation δy ihren Wert gemäß (7, 41) ein und bildet δJ nach seiner Definition (7, 60), so erhält man

$$\varepsilon \left(\frac{\partial J}{\partial \varepsilon} \right)_{\varepsilon=0} = \delta J = \varepsilon \int_{x_1}^{x_2} \left(-\frac{d}{dx} \frac{\partial F}{\partial y'} + \frac{\partial F}{\partial y} \right) \eta(x)\, dx. \tag{7, 68}$$

Da dieses nach (7, 61) verschwinden soll, folgt aufgrund des weiter oben erwähnten Fundamentallemmas der Variationsrechnung, daß

$$\frac{d}{dx} \frac{\partial F}{\partial y'} - \frac{\partial F}{\partial y} = 0 \tag{7, 69}$$

sein muß, und dieses ist in der Tat die Eulersche Differentialgleichung (7, 35). Sie ist, wie schon früher bemerkt, nur eine notwendige Bedingung dafür, daß $J = J[y(x)]$ einen Extremwert annimmt. Wenn nämlich (7, 69) erfüllt ist, so folgt daraus noch nicht zwangsläufig, daß eine Lösung dieser Gleichung auch unbedingt eine Extremale ist. Um dieses entscheiden zu können, benötigt man hinreichende Bedingungen, deren Aufsuchen eine ziemlich schwierige Teilaufgabe der Variationsrechnung ist. Der Leser sei diesbezüglich auf die einschlägige Literatur verwiesen.

5. Sonderfälle: Wenn in der Grundfunktion F nicht alle drei Variablen y', y und x gleichzeitig auftreten, so liegen Sonderfälle des Variationsproblems (7, 25) vor, von denen für die Physik die folgenden von Interesse sind:

a) Die Grundfunktion enthalte weder x noch y, sondern hänge allein von y' ab:

$$F = F(y'). \tag{7, 70}$$

Dann reduziert sich die Eulersche Gl. (7, 35) auf

$$y'' \frac{\partial^2 F}{\partial y'^2} = 0 \tag{7, 71}$$

oder, weil (7, 39) als erfüllt angesehen wird, auf

$$y'' = 0. \tag{7, 72}$$

Die Lösung dieser Differentialgleichung ist

$$y = ax + b. \tag{7, 73}$$

Mit diesem Ergebnis ist die eingangs aufgeworfene Frage nach der kürzesten Verbindungslinie zwischen zwei Punkten beantwortet, da bei dieser Aufgabe die Grundfunktion — vgl. (7, 4) — von der Form (7, 70) ist.

b) Die Grundfunktion hänge von y nicht explizit ab, es ist also

$$F = F(y', x). \tag{7, 74}$$

Dann ist nach (7, 35)

$$\frac{d}{dx}\frac{\partial F}{\partial y'} = 0, \tag{7, 75}$$

d. h. der Ausdruck

$$\frac{\partial F}{\partial y'} = \text{const.} \tag{7, 76}$$

ist ein „intermediäres“ (das erste) Integral von (7, 35).

c) Die Grundfunktion enthalte die unabhängige Variable x nicht explizit, es ist also

$$F = F(y', y). \tag{7, 77}$$

In diesem Fall ist nach (7, 38):

$$\frac{\partial^2 F}{\partial y'^2} y'' + \frac{\partial^2 F}{\partial y' \partial y} y' - \frac{\partial F}{\partial y} = 0. \tag{7, 78}$$

Multipliziert man diese Gleichung zunächst mit y' und fügt dann $\pm y'' \cdot \partial F/\partial y'$ hinzu, so erhält man

$$y'' \frac{\partial F}{\partial y'} + y' \left(\frac{\partial^2 F}{\partial y'^2} y'' + \frac{\partial^2 F}{\partial y' \partial y} y' \right) - \left(\frac{\partial F}{\partial y'} y'' + \frac{\partial F}{\partial y} y' \right) = 0, \tag{7, 79}$$

was man in

$$\frac{d}{dx}\left(y' \frac{\partial F}{\partial y'} - F \right) = 0 \tag{7, 80}$$

zusammenfassen kann. Hieraus folgt, daß

$$y' \frac{\partial F}{\partial y'} - F = \text{const.} \tag{7, 81}$$

ist. Dieser Ausdruck ist ein intermediäres Integral von (7, 38). Aus später ersichtlichen Gründen wird es gelegentlich als Energieintegral bezeichnet. Von ihm wird man übrigens ausgehen, um die Gleichung der Brachistochrone zu ermitteln, weil die Grundfunktion des entsprechenden Variationsproblems — s. (7, 20/21) — von der Form (7, 77) ist.

6. Verallgemeinerung: Sieht man von den vorstehend behandelten Sonderfällen ab, so wird durch (7, 25) das einfachste (wie man oft sagt: ebene) Variationsproblem ausgedrückt, daß sich nach verschiedenen Richtungen hin verallgemeinern läßt. So kann z. B. der Fall vorliegen, daß ein Variationsproblem unter Beachtung einer oder vielleicht auch mehrerer Nebenbedingungen zu lösen ist; man kann Grundfunktionen betrachten, die nicht nur von einer, sondern von $n > 1$ zu bestimmenden Funktionen $y_1 = y_1(x)$, $y_2 = y_2(x)$, ..., $y_n = y_n(x)$ abhängen (Sonderfall für $n = 2$: sog. räumliche Variationsprobleme); es können weiterhin in F neben y' auch y'', y''' auftreten; es kann $y = y(x_1, x_2, \ldots)$ sein, d. h. es liegen mehrere Unabhängige vor u. a. m. Nachstehend geben wir einige derartige „höhere“ Variationsprobleme und die zu ihnen gehörigen EULERschen Gleichungen an. Da man zu diesen auf ungefähr dem gleichen Wege gelangt, der von (7, 25) zu (7, 35) führt, soll ihre Herleitung unterbleiben.

a) Es sei das Variationsproblem (7, 25) unter Beachtung der Nebenbedingung

$$G(x, y) = 0 \tag{7, 82}$$

zu lösen. Dann lautet die EULERsche Gleichung

$$[H]_y = 0 \tag{7, 83}$$

mit

$$H = F + \lambda G, \tag{7, 84}$$

wobei $\lambda = \lambda(x, y)$ ein LAGRANGEscher Multiplikator ist, den man mit Hilfe der Nebenbedingung (7, 82) berechnen kann.

b) Es sei das Variationsproblem (7, 25) unter Beachtung der in Integralform vorgegebenen Nebenbedingung

$$\int_{x_1}^{x_2} G(y', y, x)\, dx = \text{const.} \tag{7, 85}$$

zu lösen („Isoperimetrisches Problem"). Die EULERsche Gleichung lautet dann

$$[H]_y = 0 \tag{7, 86}$$

mit

$$H = F + \lambda G, \tag{7, 87}$$

wobei der LAGRANGEsche Multiplikator λ in diesem Sonderfall eine Konstante ist.

c) Die Grundfunktion hänge von n Unbekannten $y_i = y_i(x)$, $i = 1, 2, \ldots, n$, ab und das Variationsproblem laute:

$$\delta \int_{x_1}^{x_2} F(y'_1, y'_2, \ldots, y'_n, y_1, y_2, \ldots, y_n, x)\, dx = 0. \tag{7, 88}$$

Die gesuchten n Funktionen sind dann aus den n zu (7, 88) gehörenden EULERschen Gleichungen

$$[F]_{y_i} \equiv \frac{d}{dx}\frac{\partial F}{\partial y'_i} - \frac{\partial F}{\partial y_i} = 0, i = 1, 2, \ldots, n, \tag{7, 89}$$

zu bestimmen.

Treten einige der n unbekannten Funktionen y_i, $i = 1, 2, \ldots, n$, in F nicht explizit auf, so folgt, wenn etwa y_j eine derartige „ignorable Koordinate" ist, aus (7, 89), daß

$$\frac{\partial F}{\partial y'_j} = c_j\ (= \text{const.}) \tag{7, 90}$$

ist. Dieser Ausdruck ist das Analogon zu (7, 76).

Erscheint in (7, 88) die Unabhängige x nicht explizit, so erhält man, durch geringfügige Änderung der Überlegung, die von (7, 77/78) zu (7, 81) führt, als deren Analogon

$$\sum_{i=1}^{n} y'_i \frac{\partial F}{\partial y'_i} - F = \text{const.} \tag{7, 91}$$

Dieser Ausdruck ist eine Verallgemeinerung des speziellen „Energieintegrals" (7, 81).

d) Es sei das Variationsproblem (7, 88) unter Beachtung der m Nebenbedingungen

$$G_j(y'_1, y'_2, \ldots, y'_n, y_1, y_2, \ldots, y_n, x) = 0, \quad j = 1, 2, \ldots, m, \tag{7, 92}$$

zu lösen. Die zu (7, 88) mit (7, 92) gehörenden EULERschen Gleichungen lauten dann

$$[H]_{y_i} = 0, \quad i = 1, 2, \ldots, n, \tag{7, 93}$$

mit

$$H = F + \sum_{j=1}^{m} \lambda_j \cdot G_j, \tag{7, 94}$$

wobei die λ_j, j, 1, 2, ..., m, wiederum LAGRANGEsche Multiplikatoren bedeuten.

Für den Sonderfall, daß in (7, 92) die Ableitungen y'_i, $i = 1, 2, \ldots, n$, nicht auftreten, statt (7, 92) also die Nebenbedingungen

$$g_j(y_1, y_2, \ldots y_n, x) = 0, \quad j = 1, 2, \ldots, m, \tag{7, 95}$$

zu erfüllen sind, nimmt (7, 93) die Form

$$[F]_{y_j} - \sum_{j=1}^{m} \lambda_j \frac{\partial g_j}{\partial y_i} = 0 \tag{7, 96}$$

an.

e) Die gesuchte Funktion y hänge von zwei Unabhängigen $x_1 = u$ und $x_2 = v$ ab:

$$y = y(u, v) \tag{7, 97}$$

und die Variationsaufgabe laute:

$$\delta \int_{u_1}^{u_2} \int_{v_1}^{v_2} F\left(\frac{\partial y}{\partial u}, \frac{\partial y}{\partial v}, y, u, v\right) du\, dv = 0. \tag{7, 98}$$

Die zu dieser manchmal als zweidimensionales Variationsproblem bezeichneten Aufgabe gehörige EULERsche Gleichung lautet:

$$\frac{\partial F}{\partial y} - \frac{\partial}{\partial u}\frac{\partial F}{\partial\left(\frac{\partial y}{\partial u}\right)} - \frac{\partial}{\partial v}\frac{\partial F}{\partial\left(\frac{\partial y}{\partial v}\right)} = 0. \tag{7, 99}$$

Sie ist i. allg. eine partielle Differentialgleichung zweiter Ordnung für $y = y(u, v)$.

f) Die Grundfunktion enthalte auch die zweiten Ableitungen von (7, 97):

$$F = F\left(\frac{\partial^2 y}{\partial u^2}, \frac{\partial^2 y}{\partial u\,\partial v}, \frac{\partial^2 y}{\partial v^2}, \frac{\partial y}{\partial u}, \frac{\partial y}{\partial v}, y, u, v\right). \tag{7, 100}$$

Dann heißt die zu (7, 100) gehörende EULERsche Gleichung:

$$\frac{\partial F}{\partial y} - \frac{\partial}{\partial u}\left(\frac{\partial F}{\partial\left(\frac{\partial y}{\partial u}\right)}\right) - \frac{\partial}{\partial v}\left(\frac{\partial F}{\partial\left(\frac{\partial y}{\partial v}\right)}\right) + \frac{\partial^2}{\partial u^2}\left(\frac{\partial F}{\partial\left(\frac{\partial^2 y}{\partial u^2}\right)}\right) + 2\frac{\partial^2}{\partial u\,\partial v}\left(\frac{\partial F}{\partial\left(\frac{\partial^2 y}{\partial u\,\partial v}\right)}\right) + \frac{\partial^2}{\partial v^2}\left(\frac{\partial F}{\partial\left(\frac{\partial^2 y}{\partial v^2}\right)}\right) = 0. \tag{7, 101}$$

Dies ist i. allg. eine partielle Differentialgleichung vierter Ordnung für $y = y(u, v)$.

g) Der Vollständigkeit halber sei noch der Fall angegeben, daß in der Grundfunktion neben $y = y(x)$ und y' auch höhere Ableitungen, z. B. y'', y''' auftreten:

$$F = F(y''', y'', y', y, x). \tag{7, 102}$$

Dann lautet die EULERsche Gleichung:

$$\frac{\partial F}{\partial y} - \frac{d}{dx}\left(\frac{\partial F}{\partial y'}\right) + \frac{d^2}{dx^2}\left(\frac{\partial F}{\partial y''}\right) - \frac{d^3}{dx^3}\left(\frac{\partial F}{\partial y'''}\right) = 0. \tag{7, 103}$$

Treten in F noch höhere Ableitungen auf, so ist (7, 103) sinngemäß zu verallgemeinern.

7. Invarianz der EULERschen Gleichungen: Zum Schluß dieses vorbereitenden mathematischen Abschnittes soll noch der Nachweis für die besonders wichtige Eigenschaft der EULERschen Gleichung erbracht werden, daß sie gegenüber einer umkehrbar eindeutigen Koordinatentransformation invariant ist. Hierzu schließen wir an das Variationsproblem (7, 88) an und fragen, wie ändert sich die zu (7, 88) gehörende Gleichung (7, 89), wenn in (7, 88) die n Funktionen y_i, $i = 1, 2, \ldots, n$, durch n neue Größen $\bar{y}_j$, $j = 1, 2, \ldots, n$, ersetzt werden, die von den y_i abhängen:

$$\bar{y}_j = \bar{y}_j(y_1, y_2, \ldots, y_n, x), \qquad j = 1, 2, \ldots, n. \tag{7, 104}$$

Durch die als möglich (und umkehrbar eindeutig) vorausgesetzte Auflösung dieser Gleichungen nach den y_i erhält man für diese in Abhängigkeit der $\bar{y}_j$:

$$y_i = y_i(\bar{y}_1, \bar{y}_2, \ldots, \bar{y}_n, x), \qquad i = 1, 2, \ldots, n. \tag{7, 105}$$

Hieraus ergibt sich durch Differentiation („Kettenregel")

$$y_i' = \frac{dy_i}{dx} = \sum_{r=1}^{n} \frac{\partial y_i}{\partial \bar{y}_r}\bar{y}_r' + \frac{\partial y_i}{\partial x}, \qquad i = 1, 2, \ldots, n. \tag{7, 106}$$

Es ist also i. allg.

$$y_i' = y_i'(\bar{y}_1', \bar{y}_2', \ldots, \bar{y}_n', \bar{y}_1, \bar{y}_2, \ldots, \bar{y}_n, x) \tag{7, 107}$$

und daher auch — sofern die erforderlichen Voraussetzungen zur Auflösung des Gleichungssystems (7, 106) nach den $\bar{y}_j'$ erfüllt sind —:

$$\bar{y}_j' = \bar{y}_j'(y_1', y_2', \ldots, y_n', y_1, y_2, \ldots, y_n, x), \qquad j = 1, 2, \ldots, n. \tag{7, 108}$$

Weiterhin folgt aus (7, 106) die sogleich benötigte Hilfsformel

$$\frac{\partial y_i'}{\partial \bar{y}_k'} = \frac{\partial y_i}{\partial y_k}\,. \tag{7, 109}$$

Man denke sich nun in der Grundfunktion F des Variationsproblems (7, 88) die y_i durch die $\bar{y}_j$ gemäß (7, 105) ausgedrückt. Dann geht F, in Kurzschreibweise formuliert, in

$$\bar{F} = \bar{F}(\bar{y}_j, \bar{y}'_j, x), \qquad j = 1, 2, \ldots, n \tag{7, 110}$$

über. Die Eulersche Ableitung dieses Ausdruckes ist nach (7, 89):

$$[\bar{F}]_{\bar{y}_i} = \frac{d}{dx}\frac{\partial \bar{F}}{\partial \bar{y}_i'} - \frac{\partial \bar{F}}{\partial \bar{y}_i}\,, \quad i = 1, 2, \ldots, n. \tag{7, 111}$$

Hierfür erhält man mit (7, 107), unter Beachtung von (7, 105) und der Tatsache, daß x Unabhängige ist:

$$[\bar{F}]_{\bar{y}_i} = \frac{d}{dx}\left(\sum_{k=1}^{n} \frac{\partial F}{\partial y'_k}\frac{\partial y'_k}{\partial \bar{y}_i'}\right) - \sum_{k=1}^{n}\left(\frac{\partial F}{\partial y_k}\frac{\partial y_k}{\partial \bar{y}_i} + \frac{\partial F}{\partial y'_k}\frac{\partial y'_k}{\partial \bar{y}_i}\right). \tag{7, 112}$$

Beachtet man (7, 109) und führt dann die Differentation nach x aus, so ergibt sich weiterhin:

$$[\bar{F}]_{\bar{y}_i} = \sum_{k=1}^{n}\left\{\frac{\partial y_k}{\partial \bar{y}_i}\frac{d}{dx}\left(\frac{\partial F}{\partial y'_k}\right) + \frac{\partial F}{\partial y'_k}\frac{d}{dx}\left(\frac{\partial y_k}{\partial \bar{y}_i}\right) - \frac{\partial F}{\partial y_k}\frac{\partial y_k}{\partial \bar{y}_i} - \frac{\partial F}{\partial y'_k}\frac{\partial}{\partial \bar{y}_i}\left(\frac{dJ_k}{dx}\right)\right\} \tag{7, 113}$$

$$= \sum_{k=1}^{n}\left\{\frac{\partial y_k}{\partial \bar{y}_i}\frac{d}{dx}\left(\frac{\partial F}{\partial y'_k}\right) + \frac{\partial F}{\partial y'_k}\left[\left(\sum_{l=1}^{n}\frac{\partial^2 y_k}{\partial \bar{y}_i \partial \bar{y}_l}\bar{y}_l'\right) + \frac{\partial^2 y_k}{\partial \bar{y}_i \partial x}\right] - \frac{\partial F}{\partial y_k}\frac{\partial y_k}{\partial \bar{y}_i} - \frac{\partial F}{\partial y'_k}\frac{\partial}{\partial \bar{y}_i}\left(\sum_{l=1}^{n}\frac{\partial y_k}{\partial \bar{y}_l}\bar{y}_l' + \frac{\partial y_k}{\partial x}\right)\right\}. \tag{7, 114}$$

Im letzten Ausdruck heben sich das zweite und vierte Glied auf und es verbleibt:

$$[\bar{F}]_{\bar{y}_i} = \sum_{k=1}^{n}\left\{\frac{d}{dx}\frac{\partial F}{\partial y'_k} - \frac{\partial F}{\partial y_k}\right\}\frac{dy_k}{\partial \bar{y}_i}\,. \tag{7, 115}$$

Dieses verschwindet aber, weil voraussetzungsgemäß (7, 89) gilt, so daß man schließlich

$$[\bar{F}]_{\bar{y}_i} = 0 \tag{7, 116}$$

erhält. Damit ist die Invarianz der Eulerschen Gleichung gegenüber der Transformation (7, 104) bzw. (7, 105) nachgewiesen. Diese Tatsache läßt sich auch so ausdrücken: die Eulersche Gleichung hat in den Variablen $\bar{y}_i$ dieselbe äußere Form wie in den Variablen y_i („Forminvarianz").

Wir geben hierfür ein Beispiel: Es handele sich etwa um ein Extremwertproblem, das die Bestimmung einer Kurve verlangt, die in ebenen Polarkoordinaten r, φ angegeben werden soll, d. h. um die Lösung der Aufgabe

$$\delta \int_{\varphi_1}^{\varphi_2} F(r', r, \varphi)\,d\varphi = 0, \quad r' = dr/d\varphi. \tag{7, 117}$$

Hierzu gehört die Eulersche Gleichung

$$[F]_r = \frac{d}{d\varphi}\frac{\partial F}{\partial r'} - \frac{\partial F}{\partial r} = 0, \tag{7, 118}$$

deren Integration die Gleichung der gesuchten Kurve in der Form $r = r(\varphi)$ liefert. Wählt man jedoch statt φ die Variable r als Unabhängige, so lautet nach (7, 116) die Eulersche Gleichung

$$[\bar{F}]_\varphi = \frac{d}{dr}\frac{\partial \bar{F}}{\partial \varphi'} - \frac{\partial \bar{F}}{\partial \varphi} = 0, \tag{7, 119}$$

wobei $\varphi' = d\varphi/dr$ bedeutet.

Obwohl die beiden letzten Gleichungen formal gleich aussehen, handelt es sich bei ihnen, wenn sie gemäß (7, 38) ausführlich geschrieben werden, um zwei Differentialgleichungen, die i. allg. verschieden sind und von denen die Integration der einen sich einfacher gestalten kann als die der anderen. Es besteht daher die Möglichkeit, durch geeignete Wahl der Unabhängigen in manchen Fällen zu erreichen, daß die EULERsche Gleichung eines Variationsproblems eine für ihre Integration handliche Form annimmt.

Literatur

[1] BAULE, B.: *Die Mathematik des Naturforschers und Ingenieurs.* Bd. V, Leipzig: S. Hirzel 1954.

[2] BLISS, G.: *Variationsrechnung.* Leipzig und Berlin: B. G. Teubner 1932.

[3] BOLZA, O.: *Variationsrechnung.* Leipzig: Koehler und Amelang 1949.

[4] CARATHEODORY, C.: *Variationsrechnung und partielle Differentialgleichungen erster Ordnung.* Leipzig: B. G. Teubner 1935.

[5] COURANT, R. u. D. HILBERT: *Methoden der mathematischen Physik.* Bd. 1, Berlin: J. Springer 1931.

[6] FUNK, P.: *Variationsrechnung und ihre Anwendung in Physik und Technik.* Berlin-Göttingen-Heidelberg: Springer-Verlag 1962.

[7] GRÜSS, G.: *Variationsrechnung.* Herausgegeben von W. Meyer-König. Heidelberg: Quelle und Meyer 1955.

[8] KOSCHMIEDER, L.: *Variationsrechnung.* Berlin: Walter de Gruyter & Co., Sammlung Göschen, Bd. 1074, 1962.

[9] MILLER, M.: *Variationsrechnung.* Leipzig: B. G. Teubner 1959.

[10] ROTHE, R.: *Höhere Mathematik.* (Teil VII herausgegeben von W. Schmeidler). Stuttgart: B. G. Teubner 1956.

[11] SMIRNOW, W. I.: *Lehrgang der Höheren Mathematik.* Teil IV. Berlin: Dtsch. Verl. d. Wiss. 1958.

Mechanik eines Massenpunktes

Mechanik eines Massenpunktes

I. Kinematik

8. Bezugssysteme

Unter der Lage eines Massenpunktes m versteht man jenen Raumpunkt P, in dem sich m (zu einer Zeit t) befindet. Was benötigt man, um die Lage von m eindeutig zu beschreiben? Um diese Frage zu beantworten, denken wir uns, der gesamte Raum sei leer, mit Ausnahme eben des Massenpunktes m, dessen Lage angegeben werden soll.

Nun hat der leere EUKLIDische Raum folgende Eigenschaften:

1. er ist *unendlich* groß, d. h. er ist ohne Begrenzung;

2. er ist *homogen*, d. h. irgendein Raumpunkt P_1 ist mit jedem anderen Raumpunkt P_2, P_3 ... gleichwertig und durch nichts zu unterscheiden, oder anders ausgedrückt: im leeren EUKLIDischen Raum ist kein Raumpunkt vor einem anderen ausgezeichnet;

3. er ist *isotrop*, d. h. im leeren EUKLIDischen Raum ist jede denkbare Richtung mit jeder anderen Richtung gleichwertig.

Diese drei Eigenschaften des leeren Raumes schließen es aus, in ihm einen Raumpunkt P zu individualisieren, d. h. ihn durch Angabe einer eindeutigen Bezeichnung aus dem Kollektiv aller Raumpunkte herauszuheben. Im leeren Raum ist also eine *absolute* Lagebestimmung eines Raumpunktes P (und damit auch die eines Massenpunktes m) nicht möglich. Vielmehr benötigt man außer dem festzulegenden Massenpunkt m noch einen Körper, in bezug auf den (oder: relativ zu dem) die Lage von m dadurch bestimmt werden kann, daß Entfernungen und Winkel gegenüber einer beliebig gewählten, aber festgehaltenen Richtung im Raum zwischen m und irgendwelchen Punkten des Körpers angegeben werden. Es ist also nur eine *relative* Lagebestimmung von m — und nur eine solche — möglich. Der Körper, relativ zu dem die Lage von m angegeben wird, heißt Bezugskörper. Fixiert man in ihm einen beliebigen Punkt O und wählt diesen zum Ursprung eines Koordinatensystems, so kann man die Lage eines Massenpunktes m, der sich im Raumpunkt P befindet, durch den (von O nach P weisenden) Ortsvektor $\mathfrak{r}$ beschreiben. Für den Fall, daß ein cartesisches Koordinatensystem verwendet wird, ist

$$\mathfrak{r} = x\mathfrak{i} + y\mathfrak{j} + z\mathfrak{k}, \tag{8, 1}$$

wobei x, y, z die cartesischen Koordinaten von P und $\mathfrak{i}, \mathfrak{j}, \mathfrak{k}$ die Einheitsvektoren in Richtung der x-, y- bzw. z-Achse des Bezugssystems sind, vgl. Abb. 5, 4. Statt (8, 1) werden wir aus Gründen der Abkürzung

$$\mathfrak{r} = \{x, y, z\} \tag{8, 2}$$

schreiben, s. hierzu Kap. 5.

Oftmals ist es zweckmäßig, weil es rechnerische Vorteile mit sich bringt, nicht cartesische Koordinaten, sondern krummlinige orthogonale Koordinaten zu verwenden. Die am meisten gebrauchten sind die

Zylinderkoordinaten: ϱ, φ, z (8, 3)

und die

Kugelkoordinaten: $r, \vartheta, \varphi,$ (8, 4)

vgl. Abb. 8, 1 und 8, 2. Statt Kugelkoordinaten sagt man auch vielfach sphärische oder räumliche Polarkoordinaten.

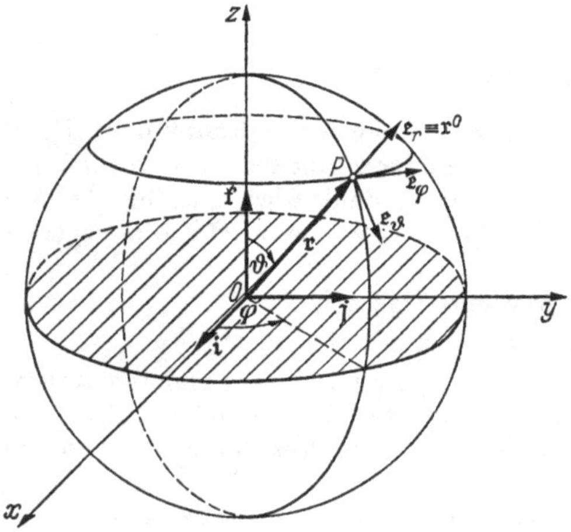

Abb. 8, 1: Die Kugelkoordinaten $r = |\mathfrak{r}|, \vartheta, \varphi$

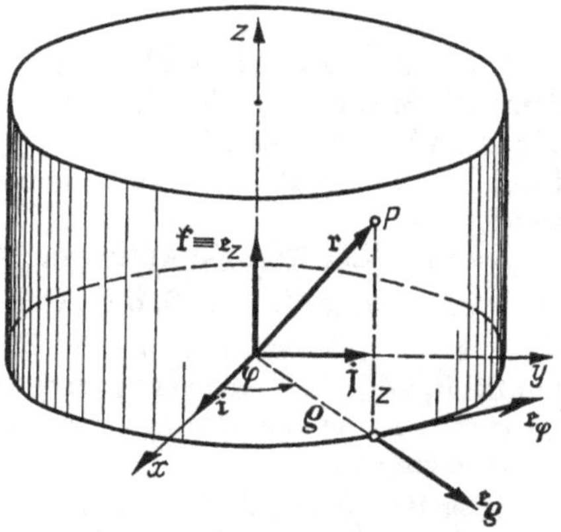

Abb. 8, 2: Die Zylinderkoordinaten ϱ, φ, z

Zwischen den Größen (8,3) und (8,4) und den cartesischen Koordinaten x, y, z bestehen die folgenden Beziehungen:

$$\varrho = \sqrt{x^2 + y^2}, \qquad x = \varrho \cos \varphi, \qquad (8, 5\,a/b)$$

$$\varphi = \operatorname{arc\,tg} \frac{y}{x}, \qquad y = \varrho \sin \varphi, \qquad (8, 6\,a/b)$$

und

$$r = |\mathfrak{r}| = \sqrt{x^2 + y^2 + z^2}, \qquad x = r \sin \vartheta \cos \varphi, \qquad (8, 7\,a/b)$$

$$\vartheta = \operatorname{arc\,cos} \frac{z}{\sqrt{x^2 + y^2 + z^2}}, \qquad y = r \sin \vartheta \sin \varphi, \qquad (8, 8\,a/b)$$

$$\varphi = \operatorname{arc\,tg} \frac{y}{x}, \qquad z = r \cos \vartheta. \qquad (8, 9\,a/b)$$

Im Fall, daß bei Verwendung von Kugelkoordinaten stets $\vartheta = \pi/2$ ist, nennt man r und φ ebene Polarkoordinaten. —

Für die Kinematik, deren Aufgabe (Kap. 4) es ist, alle denkbaren Bewegungen allein in geometrischer Hinsicht zu untersuchen, ist es natürlich belanglos, welches Koordinatensystem man zugrunde legt, um eine Bewegung zu beschreiben. Man kann daher auch sagen: von allen möglichen Bezugssystemen ist keines vor einem anderen ausgezeichnet. Würde dagegen einem Bezugssystem eine ausgezeichnete Rolle zukommen, so könnte man relativ zu ihm die Lage eines Raumpunktes P (oder eines sich in ihm befindenden Massenpunktes m) in einem gewissen Sinn als

„absolut" bestimmt bezeichnen, eben weil ein ausgezeichnetes Bezugssystem verwendet wird. Trotzdem bliebe es eine relative Lagebeschreibung, wenngleich auch relativ zu einem ausgezeichneten Bezugssystem. Indessen gibt es ein solches in der Kinematik nicht. Wohl aber ist dies in der Dynamik der Fall, worauf noch später ausführlich eingegangen werden wird (Kap. 23).

9. Bahn, Geschwindigkeit und Beschleunigung

In bezug auf ein beliebig gewähltes, dann aber fest beibehaltenes Koordinatensystem sei $\mathfrak{r}$ der Ortsvektor eines Massenpunktes m. Wenn sich nun $\mathfrak{r}$ im Laufe der Zeit ändert, also $\mathfrak{r}$ eine Funktion der Zeit t, d. h.

$$\mathfrak{r} = \mathfrak{r}(t) \tag{9, 1}$$

ist, so sagt man, daß m relativ zum Bezugssystem eine *Bewegung* ausführt. Die durch (9, 1) beschriebene Raumkurve nennt man die von m durchlaufene *Bahn*. Es ist klar, daß (9, 1) zumindest eine stetige Funktion der Zeit t sein muß, weil anderenfalls der Massenpunkt m gleichzeitig an zwei verschiedenen Raumpunkten anzutreffen sein müßte, was unmöglich ist.

Damit noch zwei weitere fundamentale kinematische Begriffe definiert werden können, muß von $\mathfrak{r} = \mathfrak{r}(t)$ neben der Stetigkeit noch (mindestens zweimalige) Differenzierbarkeit vorausgesetzt werden.

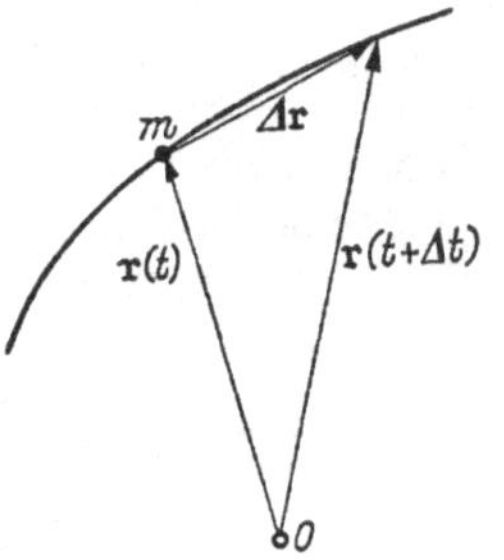

Abb. 9, 1: Zur Erklärung des Begriffes Geschwindigkeit

Wir betrachten einen sich bewegenden Massenpunkt m zu den Zeiten t und $t + \Delta t$. Die Änderung $\Delta\mathfrak{r}$ des Ortsvektors während der Zeit Δt ist dann, wie aus Abb. 9, 1 ersichtlich,

$$\Delta\mathfrak{r} = \mathfrak{r}(t + \Delta t) - \mathfrak{r}(t). \tag{9, 2}$$

Dividiert man diesen Ausdruck durch Δt und läßt dann $\Delta t \to 0$ gehen, so erhält man den Vektor

$$\mathfrak{v} \equiv \frac{d\mathfrak{r}}{dt} = \lim_{\Delta t \to 0} \frac{\Delta\mathfrak{r}}{\Delta t}. \tag{9, 3}$$

Man bezeichnet $\mathfrak{v}$ als die *Geschwindigkeit*, mit der m die Bahn $\mathfrak{r} = \mathfrak{r}(t)$ durchläuft. Verwendet man die auf NEWTON zurückgehende Abkürzung, den Differentialquotienten nach der Zeit t durch einen Punkt zu symbolisieren, so wird (9, 3):

$$\mathfrak{v}(t) = \frac{d\mathfrak{r}}{dt} \equiv \dot{\mathfrak{r}}. \tag{9, 4}$$

Statt (9, 4) kann man aufgrund der Kettenregel auch

$$\mathfrak{v} = \dot{\mathfrak{r}} = \frac{d\mathfrak{r}}{ds}\,\frac{ds}{dt} \tag{9, 5}$$

schreiben, wobei s zunächst ein beliebiger Parameter ist. Deutet man insbesondere s als die von irgendeinem Punkt der Bahn aus gemessene Bogenlänge von $\mathfrak{r} = \mathfrak{r}(t)$, so ist — bei Verwendung cartesischer Koordinaten — das Bogenelement

$$ds = \sqrt{dx^2 + dy^2 + dz^2} = |\, d\mathfrak{r} \,|. \tag{9, 6}$$

Hieraus folgt, daß

$$\frac{d\mathfrak{r}}{ds} = \mathfrak{t}^0 \tag{9, 7}$$

ein **Einheitsvektor** ist[1]). Die durch ihn festgelegte Richtung ist — wie die als bekannt vorausgesetzten Elemente der Differentialgeometrie lehren — die der Tangente in dem gerade betrachteten Punkt der Bahn $\mathfrak{r} = \mathfrak{r}(t)$. Mit (9, 7) geht (9, 5) in

$$\mathfrak{v} = \frac{ds}{dt}\, \mathfrak{t}^0 \tag{9, 8}$$

über. Der erste Faktor auf der rechten Seite dieses Ausdrucks gibt — vgl. (5, 3) — den Betrag

$$v = |\, \mathfrak{v} \,| = \frac{ds}{dt} \tag{9, 9}$$

der Geschwindigkeit an, während der Faktor $\mathfrak{t}^0$ besagt, daß die Richtung der Geschwindigkeit $\mathfrak{v}$ in jedem Punkte P der Bahn stets mit der Richtung der jeweiligen Tangente an $\mathfrak{r} = \mathfrak{r}(t)$ in P zusammenfällt.

Während wegen des Vektorcharakters der Geschwindigkeit $\mathfrak{v}$ ihr Betrag $|\mathfrak{v}| = v$ von dem benutzten Koordinatensystem unabhängig ist, erhält man für die Komponenten von $\mathfrak{v}$ verschiedene Ausdrücke, je nachdem, welches Bezugssystem verwendet wird. In bezug auf ein cartesisches Koordinatensystem ergibt sich unmittelbar aus (8, 2) für

$$\mathfrak{v} = \frac{d\mathfrak{r}}{dt} = \left\{\frac{dx}{dt}, \frac{dy}{dt}, \frac{dz}{dt}\right\} \tag{9, 10}$$

$$= \dot{\mathfrak{r}} = \{\dot{x}, \dot{y}, \dot{z}\} = \dot{x}\mathfrak{i} + \dot{y}\mathfrak{j} + \dot{z}\mathfrak{k}. \tag{9, 11}$$

Um $\mathfrak{v}$ in Zylinder- bzw. Kugelkoordinaten auszudrücken, hat man von den Transformationsformeln auszugehen, die die cartesischen Komponenten eines Vektors mit seinen Komponenten in bezug auf die entsprechenden anderen orthogonalen Koordinatensysteme verknüpfen. Bei Verwendung von Zylinderkoordinaten, (ϱ, φ, z), gilt bekanntlich[2]):

$$v_\varrho = v_x \cos\varphi + v_y \sin\varphi \tag{9, 12}$$

$$v_\varphi = -v_x \sin\varphi + v_y \cos\varphi. \tag{9, 13}$$

Setzt man in (9, 12) v_x bzw. v_y unter Beachtung von (8, 5/6) ein, so erhält man

$$v_\varrho = \cos\varphi \frac{d}{dt}(\varrho\cos\varphi) + \sin\varphi \frac{d}{dt}(\varrho\sin\varphi) \tag{9, 14}$$

$$= \dot{\varrho}\cos^2\varphi - \varrho\dot{\varphi}\sin\varphi\cos\varphi + \dot{\varrho}\sin^2\varphi + \varrho\dot{\varphi}\sin\varphi\cos\varphi \tag{9, 15}$$

$$= \dot{\varrho}. \tag{9, 16}$$

---

[1]) Bzgl. der Bezeichnung vgl. (5, 2).

[2]) Ein Leser, dem diese Formeln aus der Analytischen Geometrie nicht geläufig sein sollten, möge sie vorläufig hinnehmen. Daß die Gleichungen (9, 12/13) bzw. (9, 34-36) tatsächlich zutreffen, wird sich später — im Zusammenhang mit der Erklärung des Begriffes der Kanonischen Transformation, Kap. 72, bei einer Anwendung erweisen.

Ebenso erhält man aus (9, 13):

$$v_\varphi = \varrho\dot{\varphi}. \tag{9, 17}$$

Da schließlich

$$v_z = \dot{z} \tag{9, 18}$$

ist, ergibt sich für die Geschwindigkeit $\mathfrak{v}$ bei Verwendung von Zylinderkoordinaten nach (9, 16—18) die Darstellung

$$\mathfrak{v} = \dot{\varrho}\mathfrak{e}_\varrho + \varrho\dot{\varphi}\mathfrak{e}_\varphi + \dot{z}\mathfrak{e}_z. \tag{9, 19}$$

Man kann zu der zuletzt angegebenen Darstellung für $\mathfrak{v}$ auch auf einem anderen Wege gelangen. Hierzu schließen wir an die Tatsache an, daß $\mathfrak{e}_\varrho$ und $\mathfrak{e}_\varphi$ Einheitsvektoren sind:

$$\mathfrak{e}_\varrho^2 = 1, \qquad \mathfrak{e}_\varphi^2 = 1. \tag{9, 20}$$

Da, wie früher dargelegt, vgl. Abb. 5, 3, $\mathfrak{e}_\varrho$ und $\mathfrak{e}_\varphi$ in verschiedenen Punkten der Bahn i. allg. verschiedene Richtungen haben, sind $\mathfrak{e}_\varrho$ und $\mathfrak{e}_\varphi$ Funktionen der Zeit t. Differenziert man nun (9, 20) nach t, so erhält man

$$\mathfrak{e}_\varrho\dot{\mathfrak{e}}_\varrho = 0, \qquad \mathfrak{e}_\varphi\dot{\mathfrak{e}}_\varphi = 0 \tag{9, 21}$$

und d. h., daß die Änderung $\dot{\mathfrak{e}}$ eines Einheitsvektors auf ihm senkrecht steht:

$$\dot{\mathfrak{e}}_\varrho \perp \mathfrak{e}_\varrho, \qquad \dot{\mathfrak{e}}_\varphi \perp \mathfrak{e}_\varphi. \tag{9, 22}$$

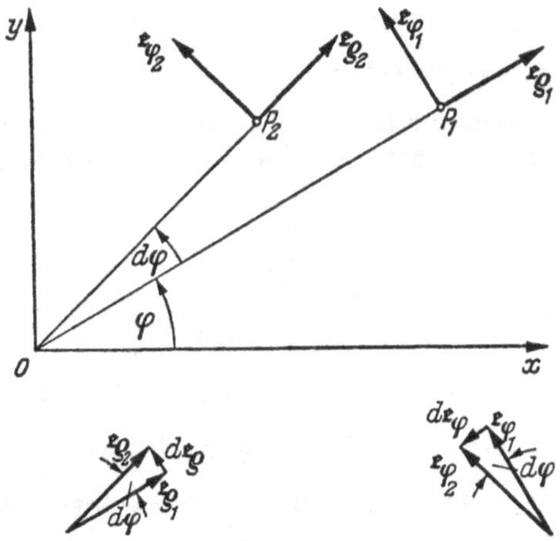

Abb. 9, 2: Die Änderungen der Einheitsvektoren $\mathfrak{e}_\varrho$ und $\mathfrak{e}_\varphi$

Aufgrund der Festlegung der Orientierung von $\mathfrak{e}_\varrho$ und $\mathfrak{e}_\varphi$, vgl. Abb. 9, 2, folgt, daß

$$\dot{\mathfrak{e}}_\varrho \parallel \mathfrak{e}_\varphi \tag{9, 23}$$

$$\dot{\mathfrak{e}}_\varphi \parallel -\mathfrak{e}_\varrho \tag{9, 24}$$

sein muß. Da der Betrag der Änderung der beiden Einheitsvektoren, wie unmittelbar aus Abb. 9, 2 zu ersehen ist, allein von der Änderung von φ abhängt, also

$$|d\mathfrak{e}_\varrho| = |d\varphi| \tag{9, 25}$$

$$|d\mathfrak{e}_\varphi| = |d\varphi| \tag{9, 26}$$

ist, erhält man mit (9, 23/24) die Beziehungen

$$\dot{\mathfrak{e}}_\varrho = \dot{\varphi}\mathfrak{e}_\varphi \tag{9, 27}$$

$$\dot{\mathfrak{e}}_\varphi = -\dot{\varphi}\mathfrak{e}_\varrho . \tag{9, 28}$$

Nun gilt bei Verwendung von Zylinderkoordinaten, vgl. Abb. 8, 2, für den Ortsvektor

$$\mathfrak{r} = \varrho\mathfrak{e}_\varrho + z\mathfrak{e}_z . \tag{9, 29}$$

Hieraus ergibt sich durch Differentiation nach der Zeit t für die Geschwindigkeit

$$\mathfrak{v} = \dot{\varrho}\mathfrak{e}_\varrho + \varrho\dot{\mathfrak{e}}_\varrho + \dot{z}\mathfrak{e}_z . \tag{9, 30}$$

Setzt man hierin (9, 27) ein, so erhält man genau (9, 19).

Bei Verwendung von Zylinderkoordinaten hat daher die Geschwindigkeit die Komponenten

$$v_\varrho = \dot{\varrho} \tag{9, 31}$$

$$v_\varphi = \varrho\dot{\varphi} \tag{9, 32}$$

$$v_z = \dot{z} . \tag{9, 33}$$

Um die Komponenten von $\mathfrak{v}$ bei Benutzung von Kugelkoordinaten (r, ϑ, φ) zu finden, hat man von den Transformationsgleichungen

$$v_r = v_x \cos\vartheta \sin\varphi + v_y \sin\vartheta \sin\varphi + v_z \cos\vartheta \tag{9, 34}$$

$$v_\vartheta = v_x \cos\vartheta \cos\varphi + v_y \sin\vartheta \cos\varphi - v_z \sin\vartheta \tag{9, 35}$$

$$v_\varphi = v_x \sin\vartheta + v_y \cos\varphi \tag{9, 36}$$

auszugehen. Setzt man hierin für $v_x = \dot{x}, \ldots$ ein und beachtet die Verknüpfungen (8, 7—9) zwischen den cartesischen und den Kugelkoordinaten, so erhält man aus (9, 34—36) für

$$v_r = \dot{r} \tag{9, 37}$$

$$v_\vartheta = r\dot{\vartheta} \tag{9, 38}$$

$$v_\varphi = r\dot{\varphi} \sin\vartheta . \tag{9, 39}$$

Es gilt daher neben (9, 11) und (9, 19) für $\mathfrak{v}$ auch die Darstellung

$$\mathfrak{v} = \dot{r}\mathfrak{e}_r + r\dot{\vartheta}\mathfrak{e}_\vartheta + r\dot{\varphi}\sin\vartheta\, \mathfrak{e}_\varphi . \text{ —} \tag{9, 40}$$

Wenn sich ein Massenpunkt m mit konstanter Geschwindigkeit

$$\mathfrak{v} = \mathfrak{v}_0 \tag{9, 41}$$

bewegt, deren Änderung also

$$d\mathfrak{v} = 0 \tag{9, 42}$$

ist, so sagt man, m führe eine *gleichförmige* Bewegung aus. Ist dagegen

$$d\mathfrak{v} \neq 0 \tag{9, 43}$$

so bezeichnet man die Bewegung von m als *beschleunigt*. Als jene Größe, die die Beschleunigung beschreibt, definiert man den Vektor

$$\mathfrak{a} = \lim_{\Delta t \to 0} \frac{\mathfrak{v}(t + \Delta t) - \mathfrak{v}(t)}{\Delta t} \tag{9, 44}$$

$$= \frac{d\mathfrak{v}}{dt} = \frac{d\dot{\mathfrak{r}}}{dt} = \ddot{\mathfrak{r}} . \tag{9, 45}$$

Setzt man in (9, 45) für $\mathfrak{v}$ den Ausdruck (9, 8) ein, so wird

$$\mathfrak{a} = \frac{d}{dt}\left(\frac{ds}{dt}\mathfrak{t}^0\right) \tag{9, 46}$$

$$= \frac{d^2s}{dt^2}\mathfrak{t}^0 + \frac{ds}{dt}\frac{d\mathfrak{t}^0}{dt} \tag{9, 47}$$

$$= \frac{dv}{dt}\mathfrak{t}^0 + v\frac{d\mathfrak{t}^0}{ds}\frac{ds}{dt}. \tag{9, 48}$$

Da in diesem Ausdruck s — wie oben — die Bogenlänge bedeutet, ist nach den Elementen der Differentialgeometrie

$$\frac{d\mathfrak{t}^0}{ds} = \varkappa\mathfrak{n}^0 = \frac{1}{R}\mathfrak{n}^0 \tag{9, 49}$$

ein Vektor, der die Änderung des Tangenteneinheitsvektors $\mathfrak{t}^0$ mit der Bogenlänge s angibt. Die Richtung des Vektors (9,49) wird durch den *Hauptnormaleneinheitsvektor* $\mathfrak{n}^0$ angegeben, der vom Punkt P der Bahn $\mathfrak{r} = \mathfrak{r}(t)$ zum Mittelpunkt M des „Krüm-

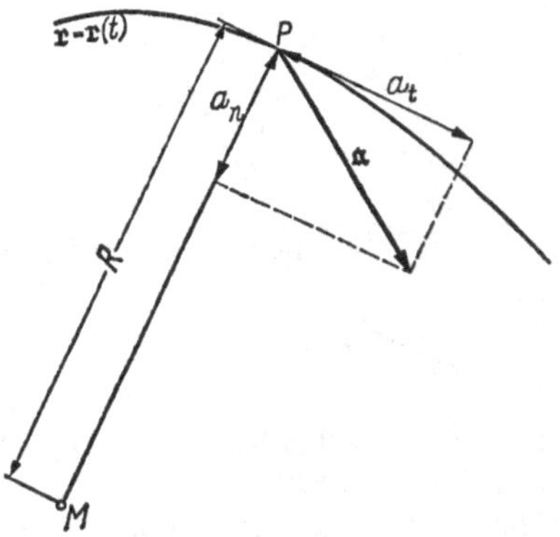

Abb. 9, 3: Zerlegung der Beschleunigung $\mathfrak{a}$ in Normal- u. Tangentialkomponenten, vgl. (9, 50)

mungskreises" weist, während der Betrag $|d\mathfrak{t}^0/ds|$ die „Krümmung" $\varkappa$ der Raumkurve ist. Es ist $\varkappa = 1/R$, wobei R den Radius des Krümmungskreises der Bahn in P bedeutet (Abb. 9, 3). Mit (9, 49) ergibt sich für die Beschleunigung aus (9, 48):

$$\mathfrak{a} = \frac{dv}{dt}\mathfrak{t}^0 + \frac{v^2}{R}\mathfrak{n}^0. \tag{9, 50}$$

Dieser Ausdruck läßt erkennen, daß die Beschleunigung i. allg. nicht nur — wie z. B. die Geschwindigkeit $\mathfrak{v}$ — einen tangential, sondern auch einen normal zur Bahnkurve $\mathfrak{r} = \mathfrak{r}(t)$ gerichteten Anteil hat (Zentripetalbeschleunigung). Dieser verschwindet, nach (9, 50), dann und nur dann, wenn der Krümmungsradius $R = \infty$ wird, d. h., wenn die Bahn eine Gerade ist. Der vorstehend durch (9, 42) definierte Begriff der gleichförmigen Bewegung eines Massenpunktes m verlangt demnach, daß m einerseits eine g e r a d l i n i g e Bahn durchläuft und daß andererseits während der gesamten Bewegung $dv = 0$ ist, d. h., daß sich der Betrag der Geschwindigkeit nicht ändert. Aus dieser Bemerkung folgt, daß es z. B. unrichtig ist, von einer „gleichförmigen" Kreisbewegung eines Massenpunktes m zu sprechen. Mit diesem häufig gebrauchten Begriff bezeichnet man die Bewegung eines Massenpunktes m längs einer Kreisbahn, auf der in gleichen Zeiten gleiche Wege (= Bogenlängen) zurückgelegt werden. Zweifellos ist dann $dv = 0$. Dagegen ist die Krümmung $\varkappa$ der durchlaufenen Kreisbahn nicht Null und daher auch

$$|\mathfrak{a}| = |\dot{\mathfrak{v}}| \neq 0, \tag{9, 51}$$

was indessen der Definition (9, 42) der gleichförmigen Bewegung widerspricht: der Begriff einer gleichförmigen „Kreis"-Bewegung ist mit der durch (9, 42) gegebenen Erklärung einer gleichförmigen Bewegung nicht zu vereinbaren. —

Wir kehren nochmals zu der Darstellung (9, 50) für die Beschleunigung $\mathfrak{a}$ zurück und erinnern daran, daß man in jedem Punkt P einer („vernünftigen") Raumkurve $\mathfrak{r} = \mathfrak{r}(t)$ ein begleitendes Dreibein konstruieren kann. Als solches bezeichnet man ein rechtsorientiertes Bezugssystem, dessen drei Achsen die Richtungen des Tangenteneinheitsvektors $\mathfrak{t}^0$, des Hauptnormaleneinheitsvektors $\mathfrak{n}^0$ und des Binormaleneinheitsvektors $\mathfrak{b}^0$ haben, der durch

$$\mathfrak{b}^0 = \mathfrak{t}^0 \times \mathfrak{n}^0 \tag{9, 52}$$

definiert ist, vgl. Abb. 9, 4. Da man die Ebene, die durch die Vektoren $\mathfrak{t}^0$ und $\mathfrak{n}^0$ bestimmt ist, als *Schmiegebene* bezeichnet, läßt sich aufgrund von (9, 50) sagen:

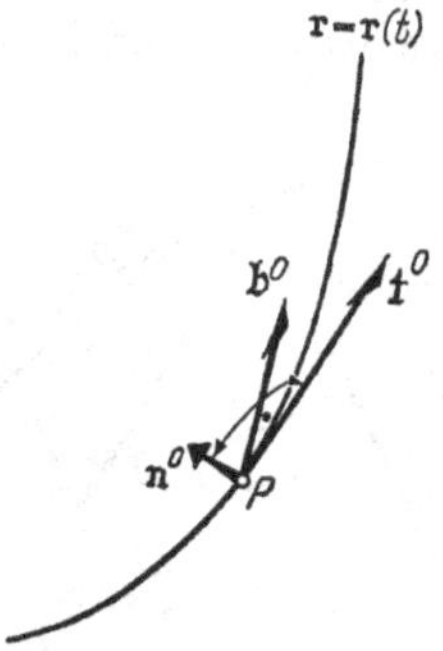

Abb. 9, 4: Das begleitende Dreibein in einem Punkte P einer Raumkurve $\mathfrak{r} = \mathfrak{r}(t)$

der Vektor der Beschleunigung $\mathfrak{a}$ liegt stets in der Schmiegebene der von m durchlaufenen Bahn $\mathfrak{r} = \mathfrak{r}(t)$.

Wir bemerken, daß man das begleitende Dreibein manchmal als „natürliches" Bezugssystem bezeichnet. Legt man dieses als Koordinatensystem zugrunde, so erhält man für die Beschleunigung die Darstellung (9, 50). Verwendet man jedoch ein cartesisches Koordinatensystem, so wird wegen (9, 45) mit (8, 1):

$$\mathfrak{a} = \{\ddot{x}, \ddot{y}, \ddot{z}\} = \ddot{x}\mathfrak{i} + \ddot{y}\mathfrak{j} + \ddot{z}\mathfrak{k}. \tag{9, 53}$$

Um $\mathfrak{a}$ in Zylinderkoordinaten (ϱ, φ, z) darzustellen, schließen wir an (9, 19) an. Aus diesem Ausdruck erhält man durch Differentiation nach der Zeit t (unter Beachtung, daß $\mathfrak{e}_z = \text{const}$):

$$\dot{\mathfrak{v}} = \mathfrak{a} = \ddot{\varrho}\mathfrak{e}_\varrho + \dot{\varrho}\dot{\mathfrak{e}}_\varrho + \dot{\varrho}\dot{\varphi}\mathfrak{e}_\varphi + \varrho\ddot{\varphi}\mathfrak{e}_\varphi + \varrho\dot{\varphi}\dot{\mathfrak{e}}_\varphi + \ddot{z}\mathfrak{e}_z. \tag{9, 54}$$

Das ist wegen (9, 27/28):

$$\mathfrak{a} = \ddot{\varrho}\mathfrak{e}_\varrho + \dot{\varrho}\dot{\varphi}\mathfrak{e}_\varphi + \dot{\varrho}\dot{\varphi}\mathfrak{e}_\varphi + \varrho\ddot{\varphi}\mathfrak{e}_\varphi - \varrho\dot{\varphi}\cdot\dot{\varphi}\mathfrak{e}_\varrho + \ddot{z}\mathfrak{e}_z \tag{9, 55}$$

$$= (\ddot{\varrho} - \varrho\dot{\varphi}^2)\,\mathfrak{e}_\varrho + (\varrho\ddot{\varphi} + 2\dot{\varrho}\dot{\varphi})\,\mathfrak{e}_\varphi + \ddot{z}\mathfrak{e}_z. \tag{9, 56}$$

Was schließlich die Komponenten $a_r, a_\vartheta, a_\varphi$ bei Verwendung von Kugelkoordinaten anbelangt, so könnten jene aus den — sinngemäß auf die Beschleunigungskomponenten übertragenen — Transformationsformeln (9, 34—36) in Verbindung mit (9, 53) ermittelt werden. Wir unterlassen es, die etwas umständliche Rechnung hier auszuführen und beschränken uns auf die Angabe des Ergebnisses.

Man erhält

$$a_r = \ddot{r} - r\dot{\vartheta}^2 - r\dot{\varphi}^2 \sin^2\vartheta \tag{9, 57}$$

$$a_\vartheta = 2\dot{r}\dot{\vartheta} + r\ddot{\vartheta} - r\dot{\varphi}^2 \sin\vartheta \cos\varphi \tag{9, 58}$$

$$a_\varphi = 2\dot{r}\dot{\varphi} \sin\vartheta + 2r\dot{\varphi}\dot{\vartheta} \cos\vartheta + r\ddot{\varphi} \sin\vartheta . \tag{9, 59}$$

Hieraus folgt insbesondere für die Komponenten von $\mathfrak{a}$ bei Verwendung von ebenen Polarkoordinaten $(r, \vartheta = \pi/2, \varphi)$:

$$a_r = \ddot{r} - r\dot{\varphi}^2 \tag{9, 60}$$

$$a_\vartheta \equiv 0 \tag{9, 61}$$

$$a_\varphi = 2\dot{r}\dot{\varphi} + r\ddot{\varphi} . \tag{9, 62}$$

Der Nachweis dafür, daß diese Gleichungen tatsächlich zutreffen, sei dem Leser als Übungsaufgabe empfohlen.

10. Bestimmung der Bahn eines Massenpunktes aus seiner Geschwindigkeit und Beschleunigung

Wenn sich ein Massenpunkt m längs einer vorgegebenen Bahn

$$\mathfrak{r} = \mathfrak{r}(t) \tag{10, 1}$$

bewegt, so ist die Ermittlung der Geschwindigkeit $\mathfrak{v}$ und der Beschleunigung $\mathfrak{a}$ von m nach den Ausführungen des vorstehenden Kapitels eine reine Differentiationsaufgabe: denn es wird lediglich verlangt, (10, 1) ein- bzw. zweimal nach t abzuleiten.

Es kann aber auch der Fall vorliegen, daß man — sei es aus der Erfahrung[1]) oder von einer theoretischen Überlegung her — die Geschwindigkeit oder die Beschleunigung eines Objektes, das als Massenpunkt m angesehen werden darf, kennt. Man kann dann die Frage nach der von m durchlaufenen Bahn (10, 1) stellen. Die Beantwortung dieser Frage verlangt die Integration von (9, 4) bzw. (9, 45).

Nehmen wir zunächst an, es sei die Geschwindigkeit bekannt: Damit ist gemeint, daß $\dot{\mathfrak{r}}$ als Funktion der Zeit t vorgegeben ist:

$$\dot{\mathfrak{r}} = \mathfrak{v}(t) . \tag{10, 2}$$

Hieraus folgt durch Integration nach t sofort

$$\mathfrak{r}(t) = \mathfrak{r}_0 + \int_0^t \mathfrak{v}(\tau) d\tau , \tag{10, 3}$$

(τ Integrationsvariable). In (10, 3) bedeutet $\mathfrak{r}_0$ eine Integrationskonstante, die, wie man aus der letzten Gleichung abliest, den Ortsvektor von m zur Zeit $t = 0$ angibt. Man bezeichnet $\mathfrak{r}_0 = \mathfrak{r}(0)$ als die Anfangslage von m.

Der Anfänger sei darauf aufmerksam gemacht, daß es (neben den jederzeit konstruierbaren auch konkrete) Fälle gibt, in denen die Geschwindigkeit nicht als explizite, sondern als implizite Funktion von t auftritt. Dann hat $\dot{\mathfrak{r}}$ nicht die Form (10, 2), sondern

$$\dot{\mathfrak{r}} = \mathfrak{v}(t, \mathfrak{r}(t)) . \tag{10, 4}$$

In diesen Ausdruck werden (infolge der Verwendung der Vektorsymbolik) drei, i. allg. miteinander gekoppelte Differentialgleichungen zusammengefaßt. Ihre Inte-

[1]) Beispiele hierzu s. Kap. 11.

gration wird sich i. allg. nicht mehr mittels der Methode der Trennung der Variablen — die beim Übergang von (10, 2) nach (10, 3) benutzt wurde — bewerkstelligen lassen. Welche Lösungsmethode man auf (10, 4) anzuwenden hat, hängt von der Form ihrer rechten Seite ab. —

Ist von der Bewegung eines Massenpunktes m nur dessen Beschleunigung bekannt, so läuft die Aufgabe, die Geschwindigkeit $\mathfrak{v}$ und die Bahn $\mathfrak{r}$ von m aus $\mathfrak{a}$ zu bestimmen, auf die Integration der vektoriellen Differentialgleichung

$$\ddot{\mathfrak{r}} = \frac{d^2\mathfrak{r}}{dt^2} = \mathfrak{a}(t) \qquad (10, 5)$$

hinaus. Diese läßt sich wiederum durch Trennung der Variablen sofort durchführen, wenn $\mathfrak{a}$ als explizite Funktion der Zeit t bekannt ist.
Aus (10, 5) erhält man durch eine erste Integration, wenn die Integrationsvariable wieder mit τ bezeichnet wird, für die Geschwindigkeit

$$\dot{\mathfrak{r}}(t) = \mathfrak{v}_0 + \int_0^t \mathfrak{a}(\tau)d\tau. \qquad (10, 6)$$

In diesem Ausdruck bedeutet $\mathfrak{v}_0$ die Geschwindigkeit von m zur Anfangszeit $t = 0$. Man nennt daher $\mathfrak{v}_0$ die Anfangsgeschwindigkeit.

Aus (10, 6) erhält man durch nochmalige Integration als Gleichung für die Bahn

$$\mathfrak{r}(t) = \mathfrak{r}_0 + \mathfrak{v}_0 t + \int_0^t \left\{\int_0^\tau \mathfrak{a}(\sigma)\,d\sigma\right\} d\tau, \qquad (10, 7)$$

wobei σ eine weitere Integrationsvariable ist. Die in (10, 7) auftretende Integrationskonstante $\mathfrak{r}_0$ bedeutet physikalisch, wie die genannte Gleichung erkennen läßt, den Ortsvektor von m zur Anfangszeit $t = 0$. Aus (10, 7) ersieht man: Ist die Beschleunigung $\ddot{\mathfrak{r}}$ eines Massenpunktes m bekannt, so ist seine Bahn (10, 1) erst dann eindeutig bestimmt, wenn außer $\mathfrak{a} = \mathfrak{a}(t)$ noch die Anfangslage $\mathfrak{r}_0$ und die Anfangsgeschwindigkeit $\mathfrak{v}_0$ von m vorgegeben sind („Anfangsbedingungen").

Auch bei der Frage nach der Bestimmung der Bahn und der Geschwindigkeit eines Massenpunktes m bei Kenntnis von dessen Beschleunigung kann der Fall eintreten, daß jene von der Zeit t auch implizit abhängen kann. Dann hat die Ausgangsgleichung i. allg. die Form

$$\ddot{\mathfrak{r}} = \mathfrak{a}(t, \mathfrak{r}(t), \dot{\mathfrak{r}}(t)). \qquad (10, 8)$$

Sonderfälle hiervon werden wir später kennenlernen.

11. Zwei einfache Beispiele

Für die im vorigen Paragraphen durchgeführten allgemein gehaltenen Überlegungen lassen sich beliebig viel Beispiele angeben: man kann sich nämlich für (10, 1) beliebige (aber „vernünftige") Funktionen ausdenken und die durch sie beschriebenen Kurven als Bahnen eines Massenpunktes m ansehen und dann nach dessen Geschwindigkeit und/oder Beschleunigung fragen. Ebenso kann man für die Geschwindigkeit und die Beschleunigung beliebige (aber wiederum „vernünftige") explizite oder implizite Abhängigkeit von t annehmen und z. B. nach der Bahn fragen, die m dann durchläuft.

Wir wollen hier nur zwei Beispiele angeben, bei denen es sich um die Kinematik zweier spezieller Bewegungen handelt, die — weil sie in der Natur vorkommen — eigene Namen haben: es handelt sich um die Bewegung eines als Massenpunkt m anzusehenden Objektes, wenn dieses während seiner Bewegung eine konstante Beschleunigung erfährt — in der Natur: Fall und Wurf im Schwerefeld der Erde — und um die Bewegung eines Körpers, dessen Bahn eine Ellipse ist — in der Natur: Planetenbewegung —.

a) Die Wurfbewegung im Schwerefeld der Erde

Durch seine berühmten Versuche hat Galilei gezeigt, daß im Vakuum alle Körper gleich schnell fallen und dabei eine konstante Beschleunigung erhalten. Man nennt diese die *Erd-* oder auch *Schwerebeschleunigung* und bezeichnet sie mit $\mathfrak{g}$. Die Beantwortung der Frage, weshalb m die Beschleunigung $\mathfrak{g}$ erfährt, gehört nach den Ausführungen des Kap. 4 nicht in die Kinematik, sondern ist Sache der Dynamik. Wir kommen darauf später (Kap. 13) zurück.

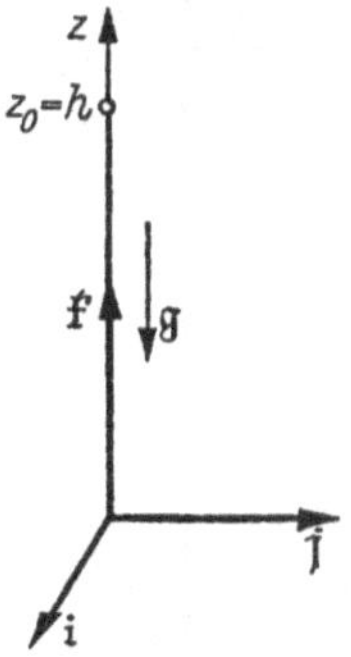

Abb. 11, 1: Das zur Behandlung des freien Falls benutzte Koordinatensystem. ($\mathfrak{g}$ Erdbeschleunigung)

Um die (freie) Bewegung eines Massenpunktes m im Schwerefeld der Erde zu untersuchen, denken wir uns ein cartesisches Koordinatensystem so gelegt, daß seine z-Achse, deren Richtung durch den Einheitsvektor $\mathfrak{k}$ festgelegt ist, antiparallel zu $\mathfrak{g}$ ist, vgl. Abb. 11, 1, während die xy-Ebene des Bezugssystems mit der (als eben angesehenen) Erdoberfläche zusammenfalle. Dann ist

$$\mathfrak{g} = \{0, 0, -g\} = -g\mathfrak{k} \tag{11, 1}$$

und nach (10, 5):

$$\ddot{\mathfrak{r}} = \mathfrak{g}. \tag{11, 2}$$

Da $\mathfrak{g}$ sowohl orts- als auch zeitunabhängig ist, erhält man aus (11, 2) nach einer ersten Integration für die Geschwindigkeit

$$\mathfrak{v}(t) = \mathfrak{v}_0 + \mathfrak{g}t \tag{11, 3}$$

und hieraus durch eine weitere Integration

$$\mathfrak{r}(t) = \mathfrak{r}_0 + \mathfrak{v}_0 t + \frac{1}{2}\mathfrak{g}t^2. \tag{11, 4}$$

Aus den beiden letzten Ausdrücken erhält man nun eine Reihe wohlbekannter Formeln über Fall- und Wurfbewegungen im Erdschwerefeld, indem man bzgl. der Anfangswerte $\mathfrak{r}_0$ und $\mathfrak{v}_0$ verschiedene Annahmen macht:

1. Der freie Fall: Es sei der Ortsvektor der Anfangslage

$$\mathfrak{r}_0 = \{0, 0, z_0 = h\} \tag{11, 5}$$

und es beginne die Bewegung von m im Erdschwerefeld geschwindigkeits*frei*:

$$\mathfrak{v}_0 = \{0, 0, 0\}. \tag{11, 6}$$

Dann folgt aus (11, 3) unter Beachtung von (11, 1) für die Geschwindigkeit eines im Schwerefeld der Erde frei fallenden Massenpunktes:

$$\dot{z} = v_z = -gt. \tag{11, 7}$$

Weiterhin zeigt (11, 4), daß die von m durchlaufene Bahn eine zur z-Achse antiparallel gerichtete Gerade ist, auf der m in der Zeit t den *Weg*

$$s = h - z = \frac{1}{2}gt^2 \tag{11, 8}$$

zurücklegt.

2. Der horizontale Wurf: Es sei — wie im vorstehenden Beispiel — die Anfangslage von m durch (11, 5) gegeben, jedoch wird dem Massenpunkt eine Anfangsgeschwindigkeit $\mathfrak{v}_0$ erteilt, die horizontal, d. h. parallel zur Erdoberfläche gerichtet ist. Legt man die mit dieser zusammenfallenden xy-Ebene des Bezugssystems derart, daß $\mathfrak{v}_0$ die Richtung der y-Achse, d. h. die des Einheitsvektors $\mathfrak{j}$ hat, (Abb. 11, 2), so ist

$$\mathfrak{v}_0 = \{0, v_0, 0\} = v_0\mathfrak{j}. \tag{11, 9}$$

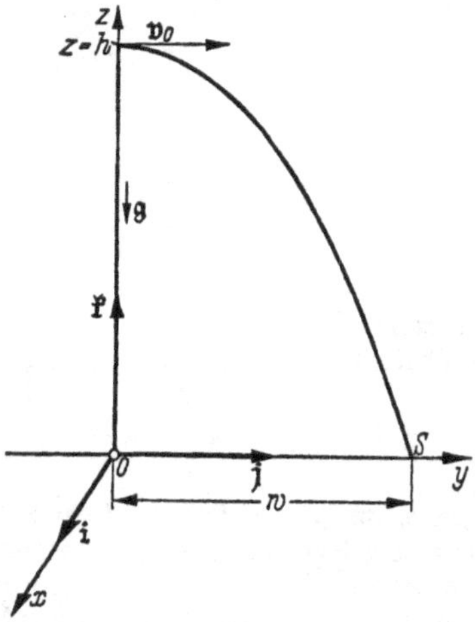

Abb. 11, 2: Die Wurfparabel beim horizontalen Wurf

Damit erhält man aus (11, 3) für die Geschwindigkeit

$$\mathfrak{v} = \{0, v_0, -gt\} = v_0\mathfrak{j} - gt\mathfrak{k} \tag{11, 10}$$

und aus (11, 4) die Gleichung der Bahn in Parameterdarstellung

$$\mathfrak{r}(t) = \left\{0, v_0 t, h - \frac{g}{2}t^2\right\} \tag{11, 11}$$

$$= y(t)\cdot\mathfrak{j} + z(t)\cdot\mathfrak{k} \tag{11, 12}$$

$$= v_0 t\mathfrak{j} + \left(h - \frac{g}{2}t^2\right)\mathfrak{k}. \tag{11, 13}$$

Die Gl. (11, 13) beschreibt eine in der yz-Ebene liegende Kurve. Durch Elimination der Zeit t (des „Parameters") aus $y = y(t)$ und $z = (t)$ erhält man

$$y^2 = \frac{2v_0^2}{g}(h - z). \tag{11, 14}$$

Dies ist die Gleichung einer Parabel („Wurfparabel"), deren Symmetrieachse die z-Achse des verwendeten Koordinatensystems ist und deren Scheitelpunkt mit der Anfangslage $\mathfrak{r}_0$ $\{0, 0, h\}$ von m zusammenfällt, vgl. Abb. 11, 2.

Die Wurfweite w, d. i. die Entfernung vom Koordinatenursprung 0 bis zum Schnittpunkt S der Parabel (11, 14) mit der y-Achse (Abb. 11, 2), ergibt sich aus (11, 14), indem man in dieser Gleichung $z = 0$ setzt. Dies liefert für w den Ausdruck

$$y(0) = w = v_0\sqrt{\frac{2h}{g}}. \tag{11, 15}$$

Die Zeit τ, die m benötigt, um mit der Anfangsgeschwindigkeit (11, 9) von seiner Anfangslage (11, 5) die Erdoberfläche ($z = 0$) zu erreichen, ergibt sich aus (11, 13) zu

$$\tau = \sqrt{\frac{2h}{g}}. \tag{11, 16}$$

3. **Der schiefe Wurf:** Wir verallgemeinern das vorstehend behandelte Beispiel insofern, als wir eine beliebig gerichtete Anfangsgeschwindigkeit $\mathfrak{v}_0$ annehmen. Dann läßt sich das Koordinatensystem stets so legen, daß $\mathfrak{v}_0$ in einer der Koordinatenebenen, sagen wir in der yz-Ebene liegt (Abb. 11, 3). Dann ist

$$\mathfrak{v}_0 = \{v_{0_y}, v_{0_z}\} = v_{0_y}\mathfrak{j} + v_{0_z}\mathfrak{k}. \qquad (11, 17)$$

Abb. 11, 3: Die Wurfparabel beim schiefen Wurf

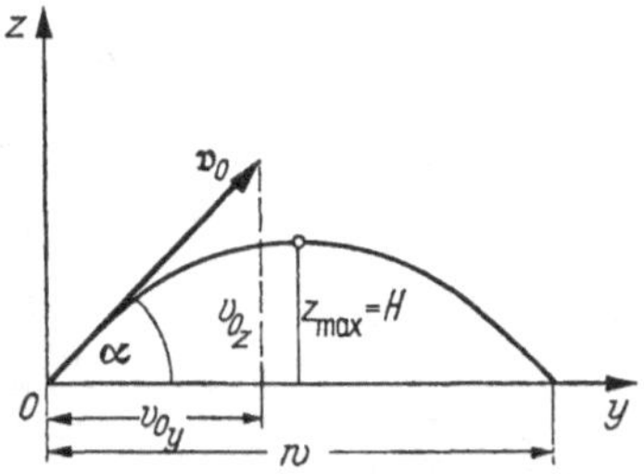

Im übrigen legen wir das Bezugssystem noch so, daß sein Ursprung 0 mit der Anfangslage von m zusammenfällt:

$$\mathfrak{r}_0 = \{0, 0, 0\}. \qquad (11, 18)$$

Es ist dann, wie aus (11, 4) folgt, die x-Komponente des Ortsvektors stets Null: $x = 0$, d. h., daß die Bahn $\mathfrak{r} = \mathfrak{r}(t)$, ebenso wie im vorigen Beispiel eine ebene Kurve ist. Ihre Gleichung lautet in Parameterdarstellung

$$y(t) = v_{0_y} t \qquad (11, 19)$$

$$z(t) = v_{0_z} t - \frac{1}{2} g t^2. \qquad (11, 20)$$

Hieraus ergibt sich durch Elimination von t als Kurvengleichung

$$z(y) = \frac{v_{0_z}}{v_{0_y}} y - \frac{1}{2} \frac{g}{v_{0_y}^2} y^2 \qquad (11, 21)$$

$$= ay - by^2. \qquad (11, 22)$$

Dies ist wiederum die Gleichung einer Parabel, deren Lage in bezug auf das für dieses Beispiel zugrunde gelegte Koordinatensystem Abb. 11, 3 veranschaulicht. Die größte Höhe (Wurfhöhe) $z_{\max} = H$, die m beim Durchlaufen der Wurfparabel (11, 21) erreicht, ergibt sich nach den Regeln der Differentialrechnung durch Elimination von y aus den Gleichungen

$$\frac{dz}{dy} = 0 \qquad (11, 23)$$

und (11, 21). Dies liefert

$$H = \frac{1}{2} \frac{v_{0_z}^2}{g}. \qquad (11, 24)$$

Hierfür kann man auch, weil, vgl. Abb. 11, 3:

$$v_{0_z} = |\mathfrak{v}_0| \sin\alpha \qquad (11, 25)$$

ist,

$$z_{\max} = \frac{v_0^2}{2g} \sin^2\alpha \qquad (11, 26)$$

schreiben. Da für $z = H$ die vertikale Komponente v_z der Geschwindigkeit verschwindet, also nach (11, 20):

$$\dot{z}(H) = v_{0_z} - g t_H = 0 \qquad (11, 27)$$

ist, erhält man hieraus für die „Steigzeit“

$$t_H = \frac{v_{0_z}}{g}. \qquad (11, 28)$$

Man kann schließlich noch nach der Wurfweite $y_{max} = w$ fragen (Abb. 11, 3), worunter man die horizontal gemessene Entfernung von der Anfangslage ($z = 0$) bis zum Wiederaufschlag auf die Erdoberfläche ($z = 0$) versteht. Die Antwort auf diese Frage liefert (11, 21), wenn in dieser Gleichung $z = 0$ gesetzt wird. Dies liefert für die Wurfweite

$$w = 2\,\frac{v_{0_y} v_{0_z}}{g}, \tag{11, 29}$$

wofür nach (11, 25) und wegen, (Abb. 11, 3),

$$v_{0_y} = |\,\mathfrak{v}_0\,| \cos\alpha \tag{11, 30}$$

auch

$$w = 2\,\frac{v_0^2 \sin\alpha\cos\alpha}{g} \tag{11, 31}$$

$$= \frac{v_0^2}{g} \sin 2\alpha \tag{11, 32}$$

geschrieben werden kann. Aus der letzten Gleichung liest man ab, daß bei vorgegebenem v_0 maximale Wurfweite für $\alpha = \pi/4$ erzielt wird. Aus (11, 31) ist ersichtlich, daß die gleiche Wurfweite w erreicht wird, wenn der Massenpunkt m entweder unter dem Winkel α oder unter dem Winkel $\alpha' = \pi/2 - \alpha$ (von der Horizontalen aus gemessen) mit der Anfangsgeschwindigkeit $\mathfrak{v}_0$ abgeworfen wird (Flach- bzw. Steilwurf (Abb. 11, 4)).

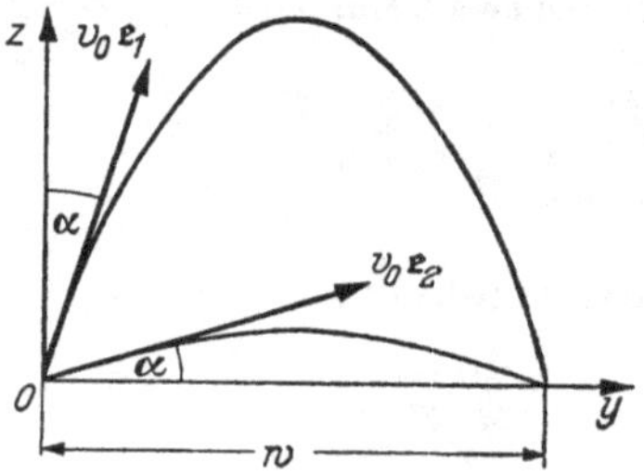

Abb. 11, 4: Flach- und Steilwurf

Aber nicht nur die gleiche Wurfweite w, sondern auch ein Raumpunkt P läßt sich bei vorgegebenem v_0 i. allg. durch zwei Wurfparabeln mit verschiedenen Anfangssteigungen erreichen. Um dies einzusehen, ersetzen wir zunächst in der Bahngleichung (11, 21) die Komponenten v_{0_y} und v_{0_z} durch (11, 25) und (11, 30). Man erhält

$$z = y \operatorname{tg}\alpha - \frac{g}{2v_0^2 \cos^2\alpha}\, y^2 \tag{11, 33}$$

$$= y \operatorname{tg}\alpha - \frac{g}{2v_0^2}\,(1 + \operatorname{tg}^2\alpha)\; y^2. \tag{11, 34}$$

Dies ist eine quadratische Gleichung für $tg\,\alpha$, in der v_0 und y, z (als Koordinaten des „Zielpunktes" P) vorgegeben sind. Löst man (11, 34) nach $tg\,\alpha$ auf, so findet man:

$$(\operatorname{tg}\alpha)_{1,2} = \frac{v_0^2}{gy} \pm \sqrt{\left(\frac{v_0^2}{gy}\right)^2 - \frac{2v_0^2 z}{gy^2} - 1}\,. \tag{11, 35}$$

Man erkennt an den $\pm$ Zeichen, daß es tatsächlich bei positiven Radikanden zwei verschiedene Winkel α_1 und α_2 gibt, unter denen m mit der Geschwindigkeit v_0 von der y-Achse aus in die Höhe geworfen werden kann, um durch den Zielpunkt $P(y, z)$ zu gehen.

Es gibt aber auch Punkte, die — immer bei festen v_0 — nur unter einem Abwurfwinkel α erreicht werden können, nämlich jene, mit deren Koordinaten x, y der Radikand in (11, 35) verschwindet. Diese Punkte liegen auf einer Kurve, deren Gleichung der gleich Null gesetzte Radikand von (11, 35) ist. Durch Auflösung nach z ergibt sich

$$z = \frac{v_0^2}{2g} - \frac{g}{2v_0^2}\, y^2. \tag{11, 36}$$

Dies ist ebenfalls eine Parabel, die alle anderen Wurfparabeln (11, 34) einschließt (Abb. 11, 5). Sie heißt *Grenzparabel* (in der Ballistik: Sicherheitsparabel), weil sie zusammen mit der y-Achse jenen Bereich abgrenzt, in dem alle Punkte liegen, die mit der Anfangsgeschwindigkeit v_0 erreicht werden können. Jenseits der Grenzparabel liegen alle nichterreichbaren Punkte, d. s. die, mit deren Koordinaten der Radikand in (11, 35) negativ, d. h. $tg\,\alpha$ komplex wird.

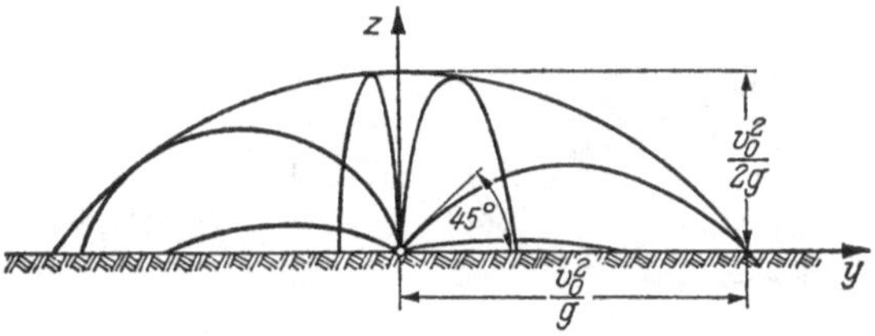

Abb. 11, 5: Die Grenzparabel

b) Die Planetenbewegung

Aus den sorgfältigen Beobachtungen und Messungen der Planetenbewegung, die Tycho de Brahe (1546—1601) durchführte, folgerte Kepler (1571—1630) drei Aussagen, die ihm zu Ehren als *Keplersche Gesetze* bezeichnet werden. Sie lauten:

1. Die Bahnen der Planeten sind Ellipsen, in deren einem Brennpunkt die Sonne steht.
2. Der von der Sonne nach dem Planeten weisende Radiusvektor überstreicht in gleichen Zeiten gleich große Flächen (sog. Flächensatz).
3. Die Quadrate der Umlaufzeiten der Planeten verhalten sich wie die 3. Potenzen der großen Halbachsen ihrer Ellipsenbahnen.

Aus diesen Sätzen, die rein kinematischer Natur sind, bestimmte Newton als erster die Beschleunigung $\mathfrak{a}$ eines Planeten und fand dabei das berühmte, nach ihm benannte Gravitationsgesetz (Kap. 14). Wir skizzieren die Newtonschen Gedanken in der heute üblichen Darstellung und Schreibweise.

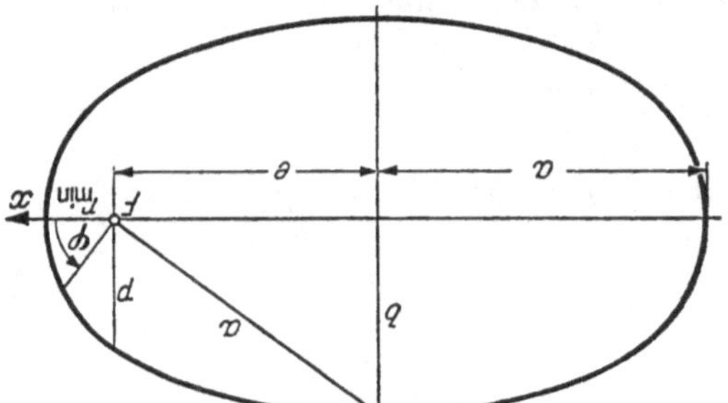

Abb. 11, 6: Zum ersten Keplerschen Gesetz

Zunächst besagt das erste Keplersche Gesetz, daß eine Planetenbahn eine ebene Kurve ist, deren einer Brennpunkt (er soll mit F bezeichnet werden) ein ausgezeichneter Punkt ist. Dies gibt Veranlassung, ein ebenes Polarkoordinatensystem $\left(r, \vartheta = \frac{\pi}{2}, \varphi\right)$ — s. Kap. 8 — mit F als Mittelpunkt einzuführen. In diesem Koordinatensystem hat eine Ellipse bekanntlich die Gleichung

$$r(\varphi) = \frac{p}{1 + \varepsilon \cos \varphi}, \qquad (11, 37)$$

wobei p den Parameter und $\varepsilon = e/a < 1$ die (numerische) Exzentrizität der Ellipse bedeutet, Abb. 11, 3.

Ändert sich φ um $d\varphi$, so ist die von $r(\varphi)$, $r(\varphi + d\varphi)$ und dem Bogenelement $r d\varphi$, Abb. 11, 7, begrenzte Fläche

$$dF = \frac{1}{2} r \cdot r d\varphi = \frac{1}{2} r^2 d\varphi. \tag{11, 38}$$

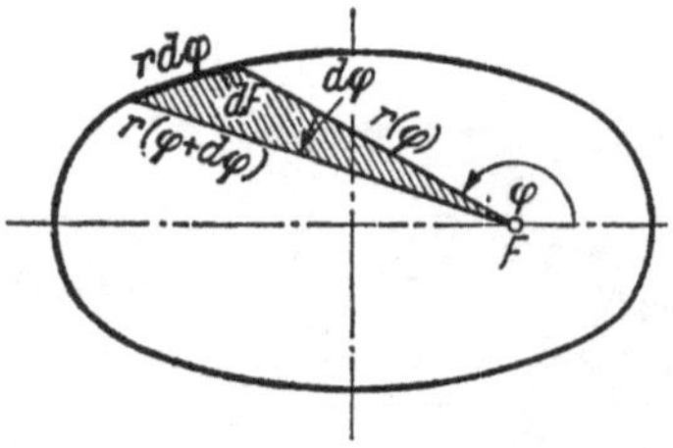

Abb. 11, 7: Veranschaulichung der Gleichung (11, 38)

Nach dem zweiten Keplerschen Gesetz ist dieser Ausdruck, auf die Zeiteinheit bezogen, eine Konstante f, d. h.

$$\frac{dF}{dt} = \frac{1}{2} r^2 \dot{\varphi} = f \ (= \text{const}). \tag{11, 39}$$

Hieraus erhält man durch Differentiation nach t und unter Beachtung von $r \neq 0$:

$$2\dot{r}\dot{\varphi} + r\ddot{\varphi} = 0. \tag{11, 40}$$

Dies ist aber nach (9, 62) die azimutale Beschleunigungskomponente a_φ, die demnach bei der Planetenbewegung verschwindet. Nach (9, 61) ist auch $a_\vartheta = 0$, so daß im vorliegenden Fall die Beschleunigung die Form

$$\mathfrak{a} = a_r \mathfrak{e}_r \equiv a_r \mathfrak{r}^0 \tag{11, 41}$$

hat. Nach (9, 60) ist

$$a_r = \ddot{r} - r\dot{\varphi}^2, \tag{11, 42}$$

welche Größe es zu berechnen gilt. Hierzu ist es zweckmäßig, statt

$$\dot{r} = \frac{dr(\varphi)}{dt} = \frac{dr}{d\varphi}\frac{d\varphi}{dt} = \frac{dr}{d\varphi}\dot{\varphi} \tag{11, 43}$$

zu schreiben, und hierin $\dot{\varphi}$ nach (11, 39) durch

$$\dot{\varphi} = \frac{2f}{r^2} \tag{11, 44}$$

zu ersetzen. Dies ergibt

$$\dot{r} = \frac{2f}{r^2}\frac{dr}{d\varphi}. \tag{11, 45}$$

Hieraus erhält man durch eine weitere Differentiation nach t:

$$\ddot{r} = \frac{d\dot{r}}{dt} = \frac{d\dot{r}}{d\varphi}\dot{\varphi}. \tag{11, 46}$$

Setzt man in diesem Ausdruck für $\dot{\varphi}$ die Gl. (11, 44) und für $\dot{r}$ die Gl. (11, 45) ein, so wird

$$\ddot{r} = \frac{2f}{r^2}\frac{d}{d\varphi}\left(\frac{2f}{r^2}\frac{dr}{d\varphi}\right) \tag{11, 47}$$

$$= \frac{2f}{r^2}\left\{\frac{2f}{r^2}\frac{d^2r}{d\varphi^2} - 2\frac{2f}{r^3}\frac{dr}{d\varphi}\frac{dr}{d\varphi}\right\} \tag{11, 48}$$

$$= \frac{4f^2}{r^4}\left\{\frac{d^2r}{d\varphi^2} - \frac{2}{r}\left(\frac{dr}{d\varphi}\right)^2\right\}. \tag{11, 49}$$

Für die in diesem Ausdruck auftretenden Differentialquotienten erhält man aus (11, 37):

$$\frac{dr}{d\varphi} = \frac{p}{(1+\varepsilon\cos\varphi)^2}\,\varepsilon\sin\varphi \tag{11, 50}$$

$$= \frac{\varepsilon}{p}\, r^2 \sin\varphi \tag{11, 51}$$

und

$$\frac{d^2r}{d\varphi^2} = \frac{\varepsilon}{p}\left(2r\frac{dr}{d\varphi}\sin\varphi + r^2\cos\varphi\right) \tag{11, 52}$$

oder mit (11, 51)

$$\frac{d^2r}{d\varphi^2} = 2\left(\frac{\varepsilon}{p}\right)^2 r^3\sin^2\varphi + \frac{\varepsilon}{p}\,r^2\cos\varphi. \tag{11, 53}$$

Setzt man (11, 53) und (11, 51) in (11, 49) ein, so findet man

$$\ddot{r} = \frac{4f^2}{r^4}\left(\frac{\varepsilon}{p}\right) r^2\cos\varphi. \tag{11, 54}$$

Mit diesem Ausdruck und (11, 44) ergibt sich aus (11, 42) für

$$a_r = \frac{4f^2}{r^4}\left(\frac{\varepsilon}{p}\right) r^2\cos\varphi - r\,\frac{4f^2}{r^4} \tag{11, 55}$$

$$= 4f^2\left\{\left(\frac{\varepsilon}{p}\right)\frac{\cos\varphi}{r^2} - \frac{1}{r^3}\right\}. \tag{11, 56}$$

Dieses Ergebnis läßt sich umschreiben, wenn man beachtet, daß aufgrund von (11, 37) für

$$\frac{\varepsilon}{p}\,\frac{\cos\varphi}{r^2} = \frac{1}{r^3}\left(1 - \frac{r}{p}\right) \tag{11, 57}$$

gesetzt werden kann. Geht man damit in (11, 56) ein, so erhält man

$$a_r = 4f^2\left\{\frac{1}{r^3}\left(1 - \frac{r}{p}\right) - \frac{1}{r^3}\right\} \tag{11, 58}$$

$$= -\frac{4f^2}{p}\,\frac{1}{r^2}. \tag{11, 59}$$

Dieses Ergebnis sagt aus, daß die Beschleunigung, die ein durch einen Massenpunkt m ersetzter Planet beim Durchlaufen seiner elliptischen Bahn (11, 37) erfährt, dem reziproken Quadrat seiner Entfernung von der Sonne proportional und nach (11, 41) auf diese gerichtet ist:

$$\mathfrak{a} = -\frac{c}{r^2}\,\mathfrak{e}_r = -\frac{c}{r^2}\,\mathfrak{r}^0. \tag{11, 60}$$

Dieser Ausdruck ist das erste Beispiel für eine implizite Abhängigkeit der Beschleunigung $\mathfrak{a}$ von der Zeit und stellt ein Beispiel für (10, 8) dar: man könnte nämlich (11, 60) als die Beschleunigung eines Massenpunktes m vorgeben und nach der von m durchlaufenen Bahn fragen. Wir kommen darauf später bei der Behandlung des Kepler-Problems zurück.

II. Dynamik

12. Der Begriff der Trägheit

Wenn wir eine Bewegung untersuchen, so lassen sich zwei Momente an ihr unterscheiden. Der Deutlichkeit halber wollen wir die Unterscheidung am Beispiel des horizontalen Wurfes erläutern und nachher verallgemeinern.

Nach (11, 14) ist die Bahngleichung bei einem horizontalen Wurf

$$y^2 = \frac{2v_0^2}{g}(h - z). \tag{12, 1}$$

Sie ist im wesentlichen durch die Beträge der Anfangsgeschwindigkeit v_0 und der Erdbeschleunigung g bestimmt.

Wir nehmen einmal vorübergehend an, daß man g variieren könnte. Dann ersieht man aus (12, 1), daß g und v_0 einander entgegenwirken: eine Vergrößerung von v_0 verflacht und öffnet die Wurfparabel, während eine Vergrößerung von g die Parabel steiler macht. Ebenso wie eine Vergrößerung von v_0 wirkt eine Verkleinerung von g und umgekehrt. Dies ist in Abb. 12, 1 skizziert, in der Parabelbahnen für einen festen Wert von g, aber für verschiedene Werte v_0 gezeichnet sind. Je größer v_0, desto gestreckter ist die Bahn, für $v_0 = \infty$ würde sie eine Horizontale sein.

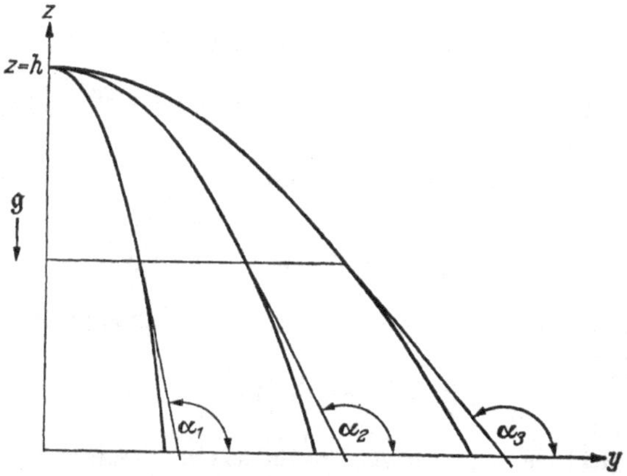

Abb. 12, 1: Wurfparabeln für verschiedene Anfangsgeschwindigkeiten (Erdbeschleunigung)

Man kann dies auch anders ausdrücken. Zu diesem Zweck differenzieren wir, bei festem v_0, g und h die Gl. (12, 1) nach y. Man erhält unter Beachtung von (11, 11):

$$\frac{dz}{dy} = z' = -\frac{gt}{v_0}. \tag{12, 2}$$

Dieser Ausdruck gibt die Neigung der Parabeln an der Stelle an, wo sich der Massenpunkt m zur Zeit t befindet. Bezeichnet man den Winkel, den die in diesem Punkte angelegte Tangente mit der positiven y-Achse bildet mit α, so ist

$$z' = \operatorname{tg}\alpha. \tag{12, 3}$$

Nun wollen wir die Winkel α für die verschiedenen Parabeln in Abb. 12, 1 zu einer festen Zeit $t = t_0$ vergleichen. Dann ist

$$(\operatorname{tg}\alpha)_{t=t_0} = \left(\frac{dz}{dy}\right)_{t=t_0} = -\frac{gt_0}{v_0}. \tag{12,4}$$

Die durch diesen Ausdruck beschriebene Neigung einer Wurfparabel ist dem (absoluten) Betrag nach um so kleiner, je größer v_0 im Verhältnis zu g, d. h. je größer die Anfangsgeschwindigkeit im Verhältnis zur Beschleunigung ist. In Abb. 12, 1 sind die Winkel α für drei Parabeln eingezeichnet und man ersieht unmittelbar die Richtigkeit dieses Sachverhaltes. Die Neigung der Wurfparabeln kann als Maß der Richtungsänderung oder Ablenkung von derjenigen Bahn betrachtet werden, die der Massenpunkt m beschreiben würde, wenn seine Anfangsgeschwindigkeit unendlich groß im Verhältnis zur Beschleunigung oder wenn die Beschleunigung 0 wäre. In diesem Falle würde die Bahn nach (12. 1) die Steigung $tg\,\alpha = 0$ gegen die y-Achse besitzen, also in eine horizontale Gerade übergehen.

Man kann daher die vorliegende Bewegung als einen „Kampf" zwischen den Wirkungen der Anfangsgeschwindigkeit v_0 und der Beschleunigung g ansehen. Die tatsächliche Bewegung ist gewissermaßen ein Kompromiß zwischen beiden Wirkungen. Welchen Fall von Bewegung man auch ins Auge fassen mag, diese beiden gegensätzlichen Bestrebungen lassen sich immer daran unterscheiden.

Man kann nun die Frage stellen: „Unter welchen Umständen behält in der Natur ein Massenpunkt eine ihm erteilte Anfangsgeschwindigkeit $\mathfrak{v}_0$ bei?" Oder anders ausgedrückt: „Unter welchen Umständen ist ein Massenpunkt m imstande, eine gleichförmige Bewegung auszuführen, d. h. sich so zu bewegen, daß (9, 42) gilt?"

Die Antwort, die man in der Mechanik seit Galilei auf die eben aufgeworfene Frage zu geben pflegt, ist im Grunde aus folgenden anthropomorphen Erwägungen hervorgegangen: Wir können durch Eingreifen unserer Muskeltätigkeit den Bewegungszustand eines Massenpunktes verändern, seine Geschwindigkeit vergrößern oder verkleinern, ihre Richtung ändern; d. h., wir können durch äußere Eingriffe Beschleunigung erzeugen. Dies führt dazu, die Beschleunigung als Folge (Wirkung) äußerer Eingriffe anzusehen. Akzeptiert man vorläufig diese Formulierung, so ist Fehlen von Beschleunigung gleichbedeutend mit dem Fehlen äußerer Einwirkungen. Somit lautet die Antwort auf die oben gestellte Frage: „Ein Massenpunkt verharrt im Zustand der gleichförmigen Bewegung, wenn keine äußeren Einwirkungen vorhanden sind."

Diese Aussage kann (innerhalb gewisser Grenzen) experimentell bestätigt werden: Läßt man eine Kugel mit der Anfangsgeschwindigkeit $\mathfrak{v}_0$ über irgendeine (horizontale) Unterlage rollen, so beobachtet man, daß die Kugel zur Ruhe kommt, d. h. ihren ursprünglichen Bewegungszustand ändert. Das scheint zunächst ein Widerspruch zu der vorstehend gemachten Aussage zu sein. Poliert man aber die Unterlage, so stellt man fest, daß die Kugel erst zu einer späteren Zeit zur Ruhe kommt. Man wird daraus schließen, daß infolge der besseren Politur die Kugel von der Unterlage weniger beeinflußt wird als vorher, also geringere „äußere Einwirkungen" erfährt. Gibt man dieses zu, so kann gesagt werden: Je kleiner der Einfluß der Unterlage ist, desto länger behält die Kugel ihre Bewegung bei.

Wenn sich nun viele weitere Erfahrungen in derselben Weise deuten lassen, so wird man glauben, berechtigt zu sein, auf den allerdings nie herstellbaren Fall, daß keine äußeren Einflüsse vorhanden sind, zu extrapolieren und zu sagen: Die Kugel behält ihren anfänglichen Bewegungszustand bei, wenn alle äußeren Einflüsse beseitigt sind. Das ist aber der oben ausgesprochene Satz von Galilei.

Natürlich sind derartige Experimente kein strenger Beweis, vor allem deshalb nicht, weil noch eine Erklärung des Begriffes „äußere Einwirkung" fehlt. Aber diese Überlegungen zeigen immerhin, daß der obige Satz der Erfahrung nicht widerspricht und daß man diese im Sinne des obigen Satzes interpretieren kann. Diese Interpretation ist übrigens ein wesentlicher Punkt: denn eine Einzeltatsache bleibt eine Einzeltatsache, auch wenn sie beliebig oft beobachtet wurde. Erst die Interpretation macht die Empirie fruchtbar, indem sie eine Reihe von Einzeltatsachen unter *einem* Gesichtspunkt zusammenfaßt.

Der oben angegebene Satz wurde erstmalig von Galilei ausgesprochen. Dieser stellte sich damit auf den Standpunkt, daß eine gleichförmige Bewegung, da sie ohne äußere Einwirkung bestehenbleibt, keiner Erklärung bedürfe. Im Gegensatz dazu nahm man vor Galilei an, daß zur Aufrechterhaltung auch einer gleichförmigen Bewegung äußere Einflüsse notwendig seien. Nur in dem Falle, daß die gleichförmige

Bewegung in die Ruhe ausartet, hat auch vor GALILEI kein Zweifel darüber bestanden, daß dieser spezielle Zustand zur Erklärung keiner Einwirkung von außen bedürfe. Man sieht, daß GALILEIS Standpunkt der einfachere ist: Für ihn sind nur die Beschleunigungen zu erklären, d. h. als Wirkung äußerer Einflüsse zu betrachten, während für die Alten sowohl Beschleunigung als auch gleichförmige Bewegung durch Einwirkung der Außenwelt erklärt werden müssen.

Man kann es also als den von GALILEI erzielten Fortschritt bezeichnen, daß er erkannt hat, daß die Erfahrungstatsachen im Sinne des von ihm formulierten Satzes gedeutet werden können. Man kann daher auch streng genommen nicht sagen, daß der GALILEIsche Satz, den wir später im Anschluß an NEWTON noch genauer formulieren müssen, ein Erfahrungssatz sei, vielmehr handelt es sich um eine geniale Extrapolation.

Um das Verhalten der Körper, eine einmal vorhandene gleichförmige Bewegung beizubehalten, unserem Kausalbedürfnis näher zu bringen, hat man ihnen die Eigenschaft der Trägheit oder des Beharrungsvermögens zugeschrieben, man nennt daher den oben ausgesprochenen Satz auch das *Trägheitsgesetz.*

Vorläufig nur ein Wort, eine bequeme Abkürzung für eine längere Aussage, wird sich die Trägheit im folgenden als eine meßbare Größe erweisen.

13. Kraft und Masse

Wenn wir uns auf den Standpunkt des Trägheitsgesetzes stellen, den die glänzende Entwicklung der Mechanik seit GALILEI als fruchtbar gerechtfertigt hat, so müssen wir Beschleunigungen als Folge „äußerer Einwirkungen" im Sinne des vorstehenden Kapitels annehmen. Nun haben wir für das Wirken eines „äußeren Einflusses" nur *das* Merkmal, daß jene einen Massenpunkt beschleunigt. Wir wollen von jetzt ab die Ursache einer Beschleunigung als eine *Kraft* bezeichnen. Jedesmal, wenn derselbe Massenpunkt m denselben „äußeren Bedingungen" unterworfen wird, ist nach unserer Auffassung dieselbe Kraft wirksam.

Wenn eine Kraft einen Massenpunkt m beschleunigt, so werden wir dies künftig durch die Redewendung: „Auf m wirkt die Kraft" oder „An m greift die Kraft an" ausdrücken.

Der Ursprung der Bezeichnung Kraft ist wohl anthropomorphen Ursprunges, weil Beschleunigungen von Menschen unter Aufwendung von „Muskelkraft" verursacht werden können.

Nach den vorstehenden Ausführungen liegt es nun nahe, die auf einen Massenpunkt m wirkende Kraft durch die Beschleunigung $\mathfrak{a}$ zu messen, die m durch $\mathfrak{a}$ erfährt. In einfachster Ausführung dieses Gedankens könnte man

$$\mathfrak{K} \sim \mathfrak{a}, \qquad (13,1)$$

d. h.

$$\mathfrak{K} = c\,\mathfrak{a} \qquad (13,2)$$

setzen, wobei mit c ein Proportionalitätsfaktor gemeint ist. Man könnte nun — weil es besonders einfach erscheint — in (13, 2) den Faktor $c = 1$ setzen. Dies ist zwar zulässig, indessen erweist es sich als nicht zweckmäßig: denn die Erfahrung lehrt, daß zwar gleiche Kräfte d e m s e l b e n Massenpunkt m stets die gleiche Beschleunigung, aber v e r s c h i e d e n e n Massenpunkten v e r s c h i e d e n e Beschleunigungen erteilen.

Man kann z. B. verschiedene Massenpunkte dadurch beschleunigen, daß man sie nacheinander an eine zu bestimmter Länge ausgezogene Feder anhängt, die dann, losgelassen, jeden an ihr befestigten Massenpunkt in bestimmter Weise beschleunigt.

Die Ursache dieser Beschleunigung nennen wir „Federkraft". Man wird annehmen dürfen, daß eine stets zur gleichen Länge ausgezogene Feder auf einen Massenpunkt m stets die gleiche „äußere Einwirkung", d. h. Kraft, ausübt. Diese Annahme ist zwar a priori nicht zwingend, aber sie empfiehlt sich wegen ihrer Einfachheit. Das Experiment zeigt nun, daß verschiedene Massenpunkte durch eine jedesmal gleich lang ausgezogene Feder keineswegs die gleiche Beschleunigung erfahren. Unterscheidet man die einzelnen Massenpunkte und die ihnen durch die gleiche Federkraft $\mathfrak{K}$ erteilte Beschleunigung $\mathfrak{a}$ durch die Indizes 1, 2, . . ., so lehrt die Erfahrung, wenn man die Beziehung (13, 2) beibehalten will, daß dann

$$\mathfrak{K} = m_1 \mathfrak{a}_1 = m_2 \mathfrak{a}_2 = \ldots \tag{13, 3}$$

gilt. Die in dieser Gleichung auftretenden Proportionalitätsfaktoren m_i, ($i = 1, 2, 3 \ldots$), sind Größen, die sicher von der Natur des i-ten Massenpunktes und vielleicht auch von der Kraft $\mathfrak{K}$ abhängig sind. Diese Frage kann durch das Experiment entschieden werden, indem man verschiedene Federn auf die nämlichen Massenpunkte wirken läßt. Wir nehmen also eine andere Feder, üben folglich eine andere Kraft $\mathfrak{K}'$ auf die Massenpunkte aus, die ihnen die Beschleunigungen $\mathfrak{a}_1'$, $\mathfrak{a}_2'$, . . . erteilen möge. Dann ergibt das Experiment, daß jetzt

$$\mathfrak{K}' = m_1 \mathfrak{a}_1' = m_2 \mathfrak{a}_2' = \ldots \tag{13, 4}$$

gilt, wobei die Faktoren m_i, ($i = 1, 2, 3 \ldots$), dieselben sind wie vorher. In beiden Fällen sind die beschleunigten Massenpunkte ungeändert, aber die Kräfte sind andere. Dennoch sind die Faktoren m_i ungeändert geblieben, sie können mithin nicht von den Kräften, sondern nur von der Natur der Massenpunkte abhängen. Wir nennen den Faktor m_i die *Masse* des i-ten Massenpunktes. Die Masse ist durch (13, 3) allerdings nur bis auf einen konstanten Faktor bestimmt, da (13, 3) nur Massenverhältnisse zu bestimmen erlaubt. Sobald jedoch eine Einheit der Masse festgelegt ist, sind damit sämtliche Massen bestimmt.

Nach Gl. (13, 3) folgt, daß die durch eine bestimmte Kraft einem Massenpunkt erteilte Beschleunigung umgekehrt proportional seiner Masse ist. Je größer die Masse, desto größer also der „Widerstand" des Massenpunktes gegen Beschleunigung. Erinnern wir uns an die in der vorigen Nummer eingeführte Bezeichnung der „Trägheit", so können wir die Masse direkt als ein Maß der Trägheit oder des Beharrungsvermögens betrachten.

Mit obigem Satz, daß eine Kraft verschiedenen Körpern Beschleunigungen erteilt, die umgekehrt proportional deren Massen sind, scheint die experimentelle Erfahrung in Widerspruch zu stehen, daß die Schwerkraft allen Körpern dieselbe Beschleunigung $\mathfrak{g}$ erteilt (Kap. 11). Dies läßt sich nur so verstehen, daß die auf einen Körper wirkende Schwerkraft der Masse m proportional ist, so daß wir gemäß (13, 3) setzen können:

$$\mathfrak{K} = m \mathfrak{g}. \tag{13, 5}$$

Darauf beruht es, daß wir die Massen zweier Körper auch auf der Waage vergleichen können, was übrigens viel genauer als die oben skizzierte Messung der Masse auszuführen ist.

Man hat also zwei gänzlich verschiedene Arten der Massenbestimmung. Daß sie übereinstimmende Resultate liefern, liegt ausschließlich an der Erfahrungstatsache, daß die Beschleunigung des freien Falles für alle Körper dieselbe ist, d. h. an der Gültigkeit von (13, 5). Man drückt dies zuweilen folgendermaßen aus: Die nach der ersten Methode der Massenbestimmung aus $\mathfrak{K}$ und $\mathfrak{a}$ nach (13, 3) bestimmte Masse nennt man zweckmäßig die *träge* Masse, die wir mit m_t bezeichnen wollen. Die auf der Waage (durch die Erdanziehung) gemessene Masse nach (13, 5) nennt man entsprechend die *schwere* Masse m_s. Wenn (13, 3) und (13, 5) gleichzeitig gelten, so muß offenbar

$$m_t \mathfrak{a} = m_s \mathfrak{g} \tag{13, 6}$$

sein, woraus man

$$\mathfrak{a} = \frac{m_s}{m_t} \mathfrak{g} \tag{13, 7}$$

erhält. Hieraus ersieht man, daß nur dann

$$\mathfrak{a} = \mathfrak{g} \tag{13, 8}$$

ist, wenn

$$m_t = m_s, \tag{13, 9}$$

d. h. wenn die träge Masse gleich der schweren Masse ist.

Ob dies wirklich der Fall ist, kann, wie schon oben bemerkt, nur durch die Erfahrung entschieden werden. Ein erster Beweis dafür sind die Fallversuche von GALILEI, aus denen die Unabhängigkeit der Schwerebeschleunigung von der Wahl des fallenden Körpers hervorgeht. Allerdings sind diese Versuche nicht sehr genau, und so haben NEWTON, später F. W. BESSEL (1784—1846), insbesondere R. v. EÖTVÖS (1848—1919) und P. ZEEMAN (1865—1943) nach genaueren Methoden (13, 9) geprüft. Nach BESSEL beträgt die Abweichung zwischen m_t und m_s nicht mehr als $5 \cdot 10^{-5}$, nach EÖTVÖS nicht mehr als höchstens 10^{-7}. Dies wurde 1917 von ZEEMAN bestätigt, aus dessen Untersuchungen sogar gefolgert werden konnte, daß der vielleicht vorhandene relative Unterschied zwischen m_s und m_t sogar nur höchstens von der Größenordnung 10^{-8} ist. Nach unseren heutigen Kenntnissen ist die Differenz von der Größenordnung $3 \cdot 10^{-11}$. Man ist daher berechtigt, den Satz von der Identität der trägen und schweren Masse als ein Naturgesetz anzusehen. Das ist keineswegs selbstverständlich: Vielmehr enthüllt es eine besondere Eigenschaft der Schwerkraft, worin sich diese von anderen Kräften unterscheidet. In der NEWTONschen Mechanik wird die Identität beider Massen als Erfahrungstatsache hingenommen, aber nicht erklärt. Die Empfindung, daß hier ein Problem vorliegt, war vielfach den Physikern abhanden gekommen. Erst EINSTEIN hat 1913 gerade an dieses Gesetz angeknüpft und seine Lösung des Problems der Schwerkraft darauf gegründet.

Auch wir nehmen im folgenden die Identität von schwerer und träger Masse als gültig an und werden die unterscheidenden Indizes t und s fortlassen. Nur wo es angebracht erscheint, werden wir sie der Deutlichkeit halber hinzufügen.

14. Die NEWTONschen Axiome

Die in den beiden vorherigen Paragraphen besprochenen Tatsachen lassen sich in zwei Sätzen zusammenfassen, deren Formulierung man NEWTON verdankt. Sie werden mit zwei weiteren Sätzen an die Spitze der Klassischen Mechanik als *Axiome* gestellt und lauten in der heutigen Ausdrucksweise:

1. (Lex prima): „Jeder Körper verharrt im Zustand der Ruhe oder der gleichförmigen Bewegung ($d\mathfrak{v} = 0$), wenn er nicht durch eingeprägte Kräfte gezwungen wird, seinen Zustand zu ändern."

Die lex prima ist, wie man erkennt, das bereits in Kap. 12 besprochene Trägheitsgesetz von GALILEI, das übrigens sein Zeitgenosse KEPLER auch schon kannte.

Wenn bei der Behandlung des Trägheitsgesetzes nur von einer auf einen Körper (in Kap. 12 speziell: auf einen Massenpunkt m) wirkenden Kraft schlechthin gesprochen wurde — womit eine „äußere Einwirkung" auf m im Sinne von Kap. 13 gemeint war — in der lex prima dagegen von „eingeprägten" Kräften die Rede ist, so hat dies seinen Grund in der Tatsache, daß man zwischen verschiedenen „Arten" von „äußeren Einwirkungen" (= Kräften) zu unterscheiden hat.

Wir wollen hier auf diesbez. Einzelheiten nicht eingehen, sondern zunächst nur zeigen, daß es mindestens zwei „Arten" von Kräften gibt.

Hierzu betrachten wir einen Massenpunkt m, der in bezug auf ein Koordinatensystem S ruhe oder sich gleichförmig bewege. Von einem anderen Bezugssystem S' aus, das sich relativ zu S ungleichförmig bewegt, wird aber m nicht mehr als ruhend oder gleichförmig, sondern als ungleichförmig bewegt, d. h. beschleunigt beobachtet werden. Eine Begründung für diese Behauptung läßt sich leicht mit Hilfe der Kinematik geben. Wir verzichten jedoch hier auf die Beweisführung — weil sie in Kap. 22 vom Standpunkt der Dynamik aus gegeben wird — und berufen uns vorerst auf die Anschauung.

Diese lehrt, daß die Bewegung eines Massenpunktes m, von verschiedenen Bezugssystemen aus beobachtet, i. allg. verschieden erscheint. Wenn daher die lex prima überhaupt einen Sinn haben soll, so muß sie als eine Aussage angesehen werden, die die Existenz eines Bezugssystems postuliert, in dem das Trägheitsgesetz Gültigkeit hat. Man nennt ein solches „Fundamentalsystem" — weil es im Zusammenhang mit dem Trägheitsgesetz (Trägheit = inertia) eingeführt wird — ein *Inertialsystem*.

Es erhebt sich die Frage, welches Bezugssystem ein Inertialsystem ist. A priori ist dieses nicht angebbar, weil die Mechanik eine Erfahrungswissenschaft ist, so daß die Antwort auf die vorstehend aufgeworfene Frage auch nur aus der Erfahrung, d. h. aus dem Experiment erschlossen werden kann. Zunächst liegt der Gedanke nahe, ein in der Erde, etwa in ihrem Mittelpunkt verankertes Koordinatensystem als Fundamentalsystem anzusehen. Die Erfahrung lehrt, daß dies zwar zur Beschreibung vieler, aber keineswegs aller mechanischen Vorgänge zulässig ist. So zeigt z. B. der FOUCAULTsche[1]) Pendelversuch (Kap. 36), daß ein in der Erde verankertes Koordinatensystem sicher kein Inertialsystem ist. Auch ein in der Sonne oder im Fixsternhimmel verankert gedachtes Bezugssystem erweist sich erfahrungsgemäß nicht als Inertialsystem.

Wir beschaffen uns daher ein Inertialsystem im Anschluß an L. LANGE (1863—1936), der wie folgt definiert: „Man schleudere drei kräftefreie, d. h. keiner „äußeren Einwirkung" unterliegenden Massenpunkte von einem Raumpunkt aus in drei nicht in einer Ebene liegende Richtungen. Wenn die Bahnen der drei Massenpunkte Geraden sind, so sind sie die Achsen eines Inertialsystems. In bezug auf dieses System ist dann die Bahn eines jeden kräftefreien Massenpunktes ebenfalls eine Gerade, die gleichförmig durchlaufen wird."

Wir nehmen die Existenz eines Inertialsystems an und meinen künftig — sofern nicht ausdrücklich Gegenteiliges gesagt wird — stets ein Inertialsystem, wenn von einem Bezugssystem gesprochen wird[2]).

Wenn nun ein Massenpunkt in bezug auf ein Inertialsystem S ruht oder sich gleichförmig bewegt und einem Beobachter B von einem Nichtinertialsystem S' aus die Bewegung von m als nicht gleichförmig, d. h. beschleunigt erscheint, so muß B, aufgrund der Darlegungen des Kap. 13, annehmen, daß m gewissen „äußeren Einwirkungen", d. h. Kräften unterworfen ist. Offensichtlich hängen diese von S' aus beobachteten „äußeren Einwirkungen" auf m wesentlich vom Bewegungszustand des Nichtinertialsystems S' ab. Solche Kräfte, auf die in Kap. 23 näher eingegangen werden wird, nennt man *Trägheitskräfte*. Diese sind in der lex prima nicht gemeint, weshalb vorstehend ausdrücklich von „eingeprägten Kräften" gesprochen wurde.

---

[1]) FOUCAULT, Léon: *1819 in Paris, † 1869 in Paris.

[2]) Meistens sieht man als ein Inertialsystem ein Bezugssystem an, das „im Fixsternhimmel verankert ist". Wir wollen uns dieser Vorstellung anschließen, weil sie sich in der Klassischen Mechanik gut bewährt hat.

Man kann „eingeprägte Kräfte" — oder wie man manchmal auch sagt: Kräfte „physikalischen Ursprungs" — etwa dadurch kennzeichnen, daß es sich bei ihnen um Kräfte handelt, die von Naturkonstanten abhängen, welche experimentell bestimmbar sind. Man kann auch sagen, daß „eingeprägte Kräfte" physikalische Realitäten sind, die von der Wahl eines Bezugssystemes nicht abhängen.

2. (Lex secunda): „Die auf einen Körper wirkende Kraft ist gleich dem Produkt aus der Masse des Körpers und dessen Beschleunigung."

Mit diesem Axiom wird die Kraft $\mathfrak{K}$ als ein Vektor eingeführt, der die Richtung der von $\mathfrak{K}$ verursachten Beschleunigung $\mathfrak{a}$ hat und dem Betrag $|\mathfrak{a}|$ proportional ist.

Formelmäßig dargestellt lautet demnach die lex secunda:

$$\mathfrak{K} = m\mathfrak{a} \tag{14, 1}$$

oder wegen (9, 44/45):

$$m\ddot{\mathfrak{r}} = \mathfrak{K}. \tag{14, 2}$$

Diese Gleichung, die oft schlagwortartig durch: „Kraft = Masse mal Beschleunigung" ausgedrückt wird, heißt die NEWTONsche Bewegungsgleichung. Sie ist die quantitative Formulierung einer Extrapolation aus einer Vielzahl von Erfahrungstatsachen. Ob durch eine solche durch Extrapolieren gewonnene Aussage tatsächlich ein Naturgesetz ausgedrückt wird, hängt einzig und allein davon ab, ob Folgerungen, die sich aus der Aussage ziehen lassen, von der Erfahrung bestätigt werden, d. h. beobachtete Naturerscheinungen richtig beschreiben. Die Bewegungsgleichung (14, 2) hat sich diesbez. bestens bewährt und wird daher als die Grundlage der Mechanik eines (freien) Massenpunktes angesehen.

Die Bewegungsgleichung (14, 2) ist, bei vorgegebenem $\mathfrak{K}$, eine gewöhnliche Differentialgleichung zweiter Ordnung für $\mathfrak{r} = \mathfrak{r}(t)$. Ihre allgemeine Lösung enthält daher zwei willkürliche (vektorielle) Konstanten, die aus vorgegebenen Anfangsbedingungen (Kap. 10), zu bestimmen sind. Man kann daher sagen: Während die allgemeine Lösung von (14,2) durch geeignete Bestimmung der disponiblen Konstanten die Möglichkeit bietet, eine spezielle Bewegung zu individualisieren, enthält die Bewegungsgleichung (14, 2) das für alle Bewegungen Typische, das allen möglichen Sonderfällen Gemeinsame.

Außer den beiden vorstehend besprochenen Axiomen hat NEWTON noch eine lex tertia formuliert. Sie wird als das Gesetz von „actio = reactio" bezeichnet. Gemeint ist damit die Aussage (Abb. 14, 1), daß ein Massenpunkt m_1 (Ortsvektor $\mathfrak{r}_1$),

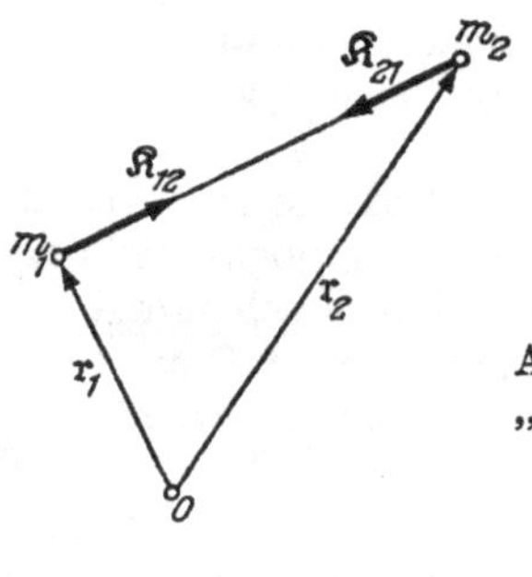

Abb. 14, 1: Zum Gesetz von „actio = reactio"

der unter dem Einfluß der Kraft $\mathfrak{K}_{12}$ steht, die von einem zweiten Massenpunkt m_2 (Ortsvektor $\mathfrak{r}_2$) ausgeht, rückwirkend auf m_2 die Kraft

$$\mathfrak{K}_{21} = -\mathfrak{K}_{12} \tag{14, 3}$$

ausübt. Weiteres hierzu in Kap. 37.

Wir haben noch abschließend eine Bemerkung zu machen, die von NEWTON als Corollarium angegeben wird, das man schlagwortartig als Satz vom Parallelogramm der Kräfte[1]) zu bezeichnen pflegt. Gemeint ist damit, daß die Gesamtkraft (die Resultierende) $\mathfrak{K}$ mehrerer gleichzeitig einen Massenpunkt m beeinflussender Kräfte $\mathfrak{K}_1, \mathfrak{K}_2, \ldots, \mathfrak{K}_n$ gleich ihrer Summe

$$\mathfrak{K} = \mathfrak{K}_1 + \mathfrak{K}_2 + \ldots \mathfrak{K}_n \tag{14, 4}$$

im Sinne der Vektoraddition ist. Man könnte denken, daß diese Aussage selbstverständlich ist, jedoch ist dies keineswegs der Fall: a priori ist es nämlich durchaus denkbar, daß das zusätzliche Wirken von $\mathfrak{K}_2$ auf m die Wirkung von $\mathfrak{K}_1$ auf m ändern könnte, etwa in $\mathfrak{K}' \neq \mathfrak{K}_1 + \mathfrak{K}_2$, so daß die Resultierende $\mathfrak{K} = \mathfrak{K}' + \mathfrak{K}_2 \neq \mathfrak{K}_1 + \mathfrak{K}_2$ ist. Die Erfahrung lehrt jedoch, daß mehrere gleichzeitig auf m wirkende Kräfte $\mathfrak{K}_1, \mathfrak{K}_2, \ldots, \mathfrak{K}_n$ sich *nicht* gegenseitig beeinflussen, vielmehr wirkt jede Kraft so, als wenn sie allein vorhanden wäre. Die Kräfte wirken voneinander unabhängig, was man als das *Prinzip der Unabhängigkeit der Kräfte* oder wegen der Gültigkeit von (14, 4) als das *Superpositionsprinzip* bezeichnet.

Nach Einführung des Kraftbegriffes können die in Kap. 11 durchgeführten kinematischen Überlegungen nunmehr auch vom dynamischen Standpunkt aus betrachtet werden. Statt z. B. zu sagen, daß alle Körper im Erdfeld mit der Beschleunigung $\mathfrak{g}$ fallen, kann jetzt gesagt werden, auf jeden Körper mit der Masse m wirkt im Erdfeld die Kraft

$$\mathfrak{K} = m\mathfrak{g}. \tag{14, 5}$$

Wird der Körper durch Unterstützen mit der Hand am Fallen gehindert, so empfinden wir diese Kraft als sein Gewicht oder seine Schwere, weshalb man (14, 5) als *Schwerkraft* bezeichnet.

Ebenso können wir nun sagen, daß jeder Planet von der Masse m nach (11, 60) von der Sonne mit der Kraft

$$\mathfrak{K} = -m\frac{c}{r^2}\mathfrak{r}^0 = -m\frac{c}{r^3}\mathfrak{r} \tag{14, 6}$$

angezogen wird. Diese Kraft heißt nach NEWTON die *Gravitationskraft.*

15. Arbeit, Energie, Impuls, Drehmoment und Drehimpuls

Nach Einführung der Bewegungsgleichung (14, 2) stellen wir uns nun die Aufgabe, aus (14, 2) Folgerungen zu ziehen, ohne dabei besondere Voraussetzungen über die Kraft $\mathfrak{K}$ zu machen. Dies führt zur Bildung neuer Begriffe, die nicht nur für die Mechanik, sondern auch für andere Teilgebiete der Physik von grundlegender Bedeutung sind.

Zu einem ersten neuen Begriff gelangt man, indem zunächst (14, 2) mit $\mathfrak{v} = \dot{\mathfrak{r}}$ skalar multipliziert wird. Dies ergibt

$$m\ddot{\mathfrak{r}} \cdot \dot{\mathfrak{r}} = \mathfrak{K} \cdot \dot{\mathfrak{r}}. \tag{15, 1}$$

Bemerkenswert an dieser Gleichung ist, daß ihre linke Seite ein Differentialquotient ist, denn es gilt

$$m\ddot{\mathfrak{r}} \cdot \dot{\mathfrak{r}} = \frac{d}{dt}\left(\frac{m}{2}\dot{\mathfrak{r}} \cdot \dot{\mathfrak{r}}\right) = \frac{d}{dt}\left(\frac{m}{2}\dot{\mathfrak{r}}^2\right). \tag{15, 2}$$

Den Ausdruck

$$\frac{m}{2}\dot{\mathfrak{r}}^2 = \frac{m}{2}\mathfrak{v}^2 = T \tag{15, 3}$$

[1]) Entdeckt im Jahre 1605 von Simon STEVIN, 1548—1620.

bezeichnet man als die *kinetische Energie* T des Massenpunktes m. Mit (15, 2/3) folgt aus (15, 1):

$$dT = \mathfrak{K} \cdot \dot{\mathfrak{r}}\, dt = \mathfrak{K} \cdot d\mathfrak{r}. \tag{15, 4}$$

Den in dieser Gleichung rechtsstehenden skalaren Ausdruck

$$\mathfrak{K} \cdot d\mathfrak{r} = |\, \mathfrak{K}\, |\, |\, d\mathfrak{r}\, | \cos(\mathfrak{K}, d\mathfrak{r}) = dA \tag{15, 5}$$

nennt man die (infinitesimal kleine) *Arbeit*, die die Kraft $\mathfrak{K}$ an dem Massenpunkt m längs dem Bahnelement $d\mathfrak{r}$ leistet. Man ersieht aus (15, 4), daß die Arbeit das Produkt aus dem Weg $|\, d\mathfrak{r}\, |$ und der Komponente von $\mathfrak{K}$ in Richtung von $d\mathfrak{r}$ ist. Dafür sagt man kurz: „Arbeit = Weg mal Kraft in Richtung des Weges." Die oft gebräuchliche Redewendung: „Arbeit = Kraft mal Weg" ist unkorrekt.

Es muß noch eine Bemerkung zu dem durch (15, 5) dargestellten „Arbeitselement" gemacht werden. Zu diesem Zweck nehmen wir der Einfachheit halber an, was übrigens keine Einschränkung der Allgemeinheit bzgl. der sich an (15, 7) anschließenden Bemerkung ist, daß die Kraft $\mathfrak{K}$ nur vom Ort $\mathfrak{r}$ abhängt:

$$\mathfrak{K} = \mathfrak{K}(\mathfrak{r}) = \{K_x(\mathfrak{r}), K_y(\mathfrak{r}), K_z(\mathfrak{r})\}. \tag{15, 6}$$

Dann lautet (15, 4) bei Verwendung von cartesischen Koordinaten ausführlich geschrieben

$$dA = K_x(x, y, z)dx + K_y(x, y, z)dy + K_z(x, y, z)dz. \tag{15, 7}$$

Dieser Ausdruck ist nun entweder ein vollständiges oder ein nichtvollständiges Differential. Man sagt dafür auch, die Differentialform (15, 7) ist *holonom* bzw. *nichtholonom*. Im allgemeinen wird (15, 7) ein nichtvollständiges Differential (d. h. eine nichtholonome Differentialform) sein, was formal dadurch ausgedrückt werden soll, daß anstelle des Zeichens d der Differentialrechnung das Symbol $\bar{d}$ gesetzt werden soll. Es wird daher i. allg. statt (15, 5) für das Arbeitselement

$$\mathfrak{K} \cdot d\mathfrak{r} = \bar{d}A \tag{15, 8}$$

zu schreiben sein. Den (für die Physik bedeutungsvollen) Sonderfall, daß das Arbeitselement ein vollständiges Differential ist, werden wir in Kap. 17 behandeln.

Mit (15, 8) und (15, 4) kann statt (15, 1) auch

$$dT(\dot{\mathfrak{r}}) = \bar{d}A(\mathfrak{r}) \tag{15, 9}$$

geschrieben werden, in Worten: Die Zunahme der kinetischen Energie des Massenpunktes in der Zeit dt ist gleich der Arbeit, welche die Kraft $\mathfrak{K}$ in dieser Zeit leistet.

Die Änderung von T während einer endlichen Zeitspanne $\tau = t_2 - t_1$ ergibt sich aus (15, 9) durch Integration zu

$$T(t_2) - T(t_1) = A_{12}. \tag{15, 10}$$

Hierbei ist aufgrund von (15, 8):

$$A_{12} = \int_{\mathfrak{r}(t_1)}^{\mathfrak{r}(t_2)} \mathfrak{K} \cdot d\mathfrak{r} = \int_{P_1}^{P_2} \mathfrak{K} \cdot d\mathfrak{r} \tag{15, 11}$$

die von $\mathfrak{K}$ in der Zeitspanne $\tau = t_2 - t_1$ geleistete Arbeit. Wenn sich der Massenpunkt m zur Zeit $t = t_1$ im Raumpunkt P_1 und zur Zeit $t = t_2$ im Raumpunkt P_2 befindet (Abb. 15, 1), so kann (15, 11) als ein zwischen P_1 und P_2 zu erstreckendes

Linienintegral angesehen werden. Man sagt daher auch häufig abkürzend: Die Arbeit ist das „Wegintegral" der Kraft. Es ist wichtig, daran zu denken, daß der Betrag von A_{12} wesentlich davon abhängt, „auf welchem Weg" der Massenpunkt m von P_1 nach P_2 gelangt. So wird die von $\mathfrak{K}$ an m geleistete Arbeit A_{12} längs der in Abb. 15, 1 als ausgezogene Linie skizzierten Bahn $\mathfrak{r} = \mathfrak{r}(t)$ i. allg. eine andere sein, als

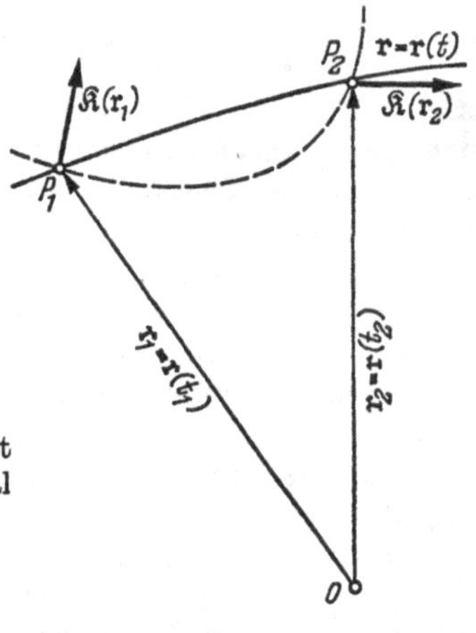

Abb. 15, 1: Zum Begriff der Arbeit A_{12} nach (15, 11) als Linienintegral zwischen P_1 und P_2

wenn m auf der in dieser Abbildung gestrichelt gezeichneten Bahn von P_1 nach P_2 gelangt.

Zu einem weiteren, ebenfalls für viele Teilgebiete der Physik bedeutungsvollen Begriff gelangt man (in einer gewissen Analogie zum „Wegintegral") durch Bildung des „Zeitintegrals" der Kraft. Man nennt diese Größe den *Impuls* $\mathfrak{P}$ der Kraft $\mathfrak{K}$. Für ihn erhält man unter Beachtung von (14, 2) und (9, 45):

$$\mathfrak{P} = \int_{t_0}^{t} \mathfrak{K} dt = \int_{t_0}^{t} m\ddot{\mathfrak{r}} dt = \int_{t_0}^{t} m \frac{d\mathfrak{v}}{dt} dt \tag{15, 12}$$

$$= \int_{t_0}^{t} m d\mathfrak{v} = m\mathfrak{v}(t) - m\mathfrak{v}(t_0).$$

Bezeichnet man, auf NEWTON zurückgehend, das Produkt

$$m\mathfrak{v}(t) = m\dot{\mathfrak{r}}(t) = \mathfrak{G}(t) \tag{15, 13}$$

als *Bewegungsgröße* zur Zeit t (NEWTON: „Größe der Bewegung"), so besagt (15, 12), daß der Impuls gleich der Differenz der Bewegungsgrößen zu den Zeiten t und t_0 ist

$$\mathfrak{P} = m\mathfrak{v} - m\mathfrak{v}_0. \tag{15, 14}$$

Nimmt man insbesondere an — was in vielen Fällen zwar zutrifft, aber nicht unbedingt zu sein braucht — daß zur Zeit t_0 der Massenpunkt in Ruhe war, d. h. $\mathfrak{v}(t_0) = \mathfrak{v}_0 = 0$ ist, so folgt aus (15, 12):

$$\mathfrak{P} = m\mathfrak{v}. \tag{15, 15}$$

Wir wollen im weiteren stets annehmen, daß $\mathfrak{v}_0 = 0$ ist.

Unter Verwendung des durch (15, 14) eingeführten Impulses kann man die Bewegungsgleichung (14, 2) in eine andere Form bringen. Denn nach (15, 14) ist

$$\dot{\mathfrak{P}} = m\dot{\mathfrak{v}} = m\ddot{\mathfrak{r}} \tag{15, 16}$$

und daher gilt statt (14, 2) auch

$$\dot{\mathfrak{P}} = \mathfrak{K} \tag{15, 17}$$

oder

$$\frac{d}{dt}(m\mathfrak{v}) = \mathfrak{K}. \tag{15, 18}$$

Streng genommen ist *diese* Gleichung die quantitative Formulierung der Lex secunda von NEWTON, die in die „gewöhnliche" Bewegungsgleichung (14, 2) übergeht, sofern die Masse m als eine konstante Größe angesehen werden kann. Dies ist zwar meistens, jedoch nicht ausschließlich der Fall. So lehrt z. B. die Relativitätstheorie, daß die Masse eine von der Geschwindigkeit $\mathfrak{v}$ abhängige Größe ist. Im übrigen gibt es auch „klassische" Bewegungsvorgänge mit variabler Masse. Ein Beispiel hierfür ist etwa der freie Fall eines Wassertropfens im Schwerefeld der Erde durch eine mit Wasserdampf gesättigte Atmosphäre. Infolge Kondensation des Dampfes kann die Masse des Tropfens ständig zunehmen, was das Vorliegen einer „variablen" Masse bedeutet. Als ein weiteres, insbesondere augenblicklich aktuelles Beispiel für die Bewegung einer sich zeitlich verändernden Masse sei die Rakete genannt, die als ein punktförmiges Gebilde angesehen werden kann, dessen Masse, einem gewissen Gesetz folgend, ständig abnimmt.

Wir wollen es hier bei der Aufzählung dieser beiden Beispiele belassen und auf das Problem der „variablen Massen" nicht näher eingehen. —

Als letzten neuen Begriff wollen wir in diesem Paragraphen das Moment $\mathfrak{M}$ eines beliebigen Vektors $\mathfrak{A}$ einführen. Darunter versteht man das Vektorprodukt

$$\mathfrak{M} = \mathfrak{r} \times \mathfrak{A}, \tag{15, 19}$$

wobei mit $\mathfrak{r}$ der Ortsvektor jenes Punktes P gemeint ist, in dem der Vektor $\mathfrak{A}$ „angreift" (Abb. 15, 2). Da der Anfangspunkt 0 beliebig gewählt werden kann, hat es

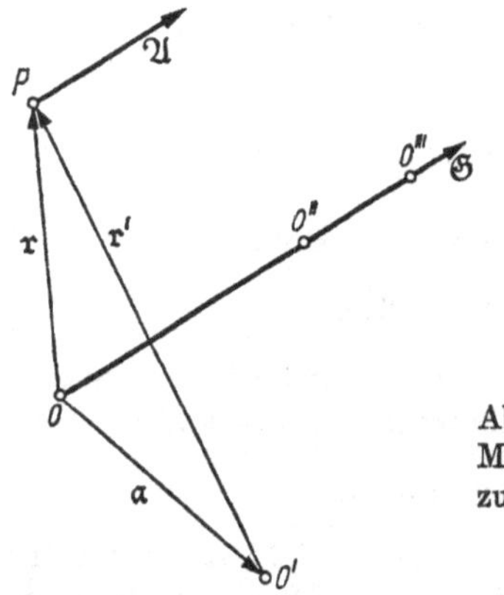

Abb. 15, 2: Zur Definition des Momentes eines Vektors $\mathfrak{A}$ und zum Beweis von (15, 24)

nur einen Sinn, von einem Moment $\mathfrak{M}$ in bezug auf einen vorgegebenen Anfangspunkt 0 zu sprechen. Es ist daher das Moment $\mathfrak{K} \times \mathfrak{r}$ eine von der Wahl von 0 abhängige Größe. Dies bringt die Frage mit sich: Wie ändert sich $\mathfrak{M}$, wenn man von einem ursprünglich beliebig gewählten Anfangspunkt 0 zu einem anderen beliebigen Bezugspunkt 0' übergeht? Um hierauf zu antworten, schließen wir an Abb. 15, 2 an. Danach ist

$$\mathfrak{r} = \mathfrak{a} + \mathfrak{r}'. \tag{15, 20}$$

Setzt man dieses in (15, 19) ein, so erhält man

$$\mathfrak{M} = (\mathfrak{a} + \mathfrak{r}') \times \mathfrak{A} \tag{15, 21}$$

$$= \mathfrak{a} \times \mathfrak{A} + \mathfrak{r}' \times \mathfrak{A} \tag{15, 22}$$

$$= \mathfrak{M}' + \mathfrak{a} \times \mathfrak{A} \tag{15, 23}$$

oder

$$\mathfrak{M}' = \mathfrak{r}' \times \mathfrak{A} = \mathfrak{M} - \mathfrak{a} \times \mathfrak{A}. \tag{15, 24}$$

Aus dieser Gleichung ist ersichtlich, daß

$$\mathfrak{M} = \mathfrak{M}' \tag{15, 25}$$

dann und nur dann ist, wenn

$$\mathfrak{a} \times \mathfrak{A} = 0 \tag{15, 26}$$

ist. Dies verlangt aber bei nichtverschwindenden $|\mathfrak{a}|$ und $|\mathfrak{A}|$, daß

$$\mathfrak{a} \,||\, \mathfrak{A} \tag{15, 27}$$

ist. Gl. (15, 26) besagt, daß das Moment $\mathfrak{M}$ des Vektors $\mathfrak{A}$ in bezug auf den Anfangspunkt 0 dann und nur dann ungeändert bleibt, wenn man es auf nur solche Anfangspunkte 0″, 0‴, ... bezieht, die auf einer Geraden $\mathfrak{G}$ liegen, deren Richtung parallel zu der des Vektors $\mathfrak{A}$ ist (Abb. 15, 2).

Wir erwähnen zwei wichtige Sonderfälle von Vektormomenten:

1. Bedeutet in der Definitionsgleichung (15, 19) der Vektor $\mathfrak{A}$ eine Kraft $\mathfrak{K}$, so heißt

$$\mathfrak{D} = \mathfrak{r} \times \mathfrak{K} \tag{15, 28}$$

das *Drehmoment* von $\mathfrak{K}$.

2. Identifiziert man in (15, 19) den Vektor $\mathfrak{A}$ mit dem durch (15, 15) definierten Impuls $\mathfrak{P}$, so ist dessen Moment

$$\mathfrak{L} = \mathfrak{r} \times \mathfrak{P} = \mathfrak{r} \times m\mathfrak{v} = \mathfrak{r} \times m\dot{\mathfrak{r}}, \tag{15, 29}$$

das als *Impulsmoment*, *Drall* oder heute vorwiegend als *Drehimpuls* bezeichnet wird.

Zwischen den soeben eingeführten beiden speziellen Momenten besteht eine Beziehung, die sich aus der NEWTONschen Bewegungsgleichung (14, 2) ergibt. Multipliziert man diese vektoriell mit dem Ortsvektor $\mathfrak{r}$ des Massenpunktes m, so hat man

$$\mathfrak{r} \times m\ddot{\mathfrak{r}} = \mathfrak{r} \times \mathfrak{K} = \mathfrak{D}. \tag{15, 30}$$

Nun ist aber

$$\mathfrak{r} \times m\ddot{\mathfrak{r}} = \frac{d}{dt}(\mathfrak{r} \times m\dot{\mathfrak{r}}) - \dot{\mathfrak{r}} \times m\dot{\mathfrak{r}}. \tag{15, 31}$$

In dieser Gleichung verschwindet der zweite Ausdruck auf der rechten Seite nach (5, 65), während der erste Ausdruck — unter Beachtung von (15, 21) — die zeitliche Änderung des Drehimpulses darstellt. Es ist daher

$$\frac{d}{dt}(\mathfrak{r} \times m\dot{\mathfrak{r}}) = \frac{d\mathfrak{L}}{dt} = \dot{\mathfrak{L}} \tag{15, 32}$$

und dies ergibt, in (15, 22) eingesetzt, die Beziehung

$$\dot{\mathfrak{L}} = \mathfrak{D}. \tag{15, 33}$$

Diese Gleichung ist ein formales Analogon zu (15, 17). Wir bemerken, daß den Gleichungen (15, 17) und (15, 25) in der Mechanik eines Massenpunktes keine besondere

Rolle zukommt. Dagegen spielen diese Gleichungen in der Mechanik mehrerer Massenpunkte („Systemmechanik") und insbesondere in der Mechanik der starren Körper („Stereomechanik") eine tragende Rolle, was später noch ausführlich dargelegt werden wird.

Wir bemerken weiterhin, daß die in diesem Kapitel eingeführten neuen Begriffe und die hergeleitete Gesetzmäßigkeit allgemeingültig sind, weil über die Kraft $\mathfrak{K}$ bisher keinerlei Voraussetzungen gemacht wurden. Weitere ebenso allgemeingültige Begriffe oder Sätze lassen sich aus (14, 2) nicht herleiten. Man gelangt aber zu anderen aus (14, 2) folgenden neuen Aussagen, wenn man über die Kraft $\mathfrak{K}$ gewisse Annahmen macht. Dies läuft auf eine Klassifizierung der Kräfte hinaus, mit der wir uns im folgenden Kapitel beschäftigen wollen.

16. Klassifizierung der eingeprägten Kräfte

Wie die in der Natur vorkommenden Kräfte beschaffen sind, d.h. von welchen Größen sie abhängen und wie diese Abhängigkeit aussieht, kann man nur aufgrund der Erfahrung sagen. Diese lehrt, daß die (in der Mechanik interessierenden) Kräfte, die auf einen Massenpunkt m wirken, von dessen Ortsvektor $\mathfrak{r}$ und/oder seiner Geschwindigkeit $\mathfrak{v} = \dot{\mathfrak{r}}$ und auch von der Zeit t abhängen können. Es wird also im allgemeinen Fall eine Kraft

$$\mathfrak{K} = \mathfrak{K}(\mathfrak{r}, \dot{\mathfrak{r}}, t) \tag{16, 1}$$

sein.

Wir wollen es nicht unterlassen, ausdrücklich darauf hinzuweisen, daß sich die Mechanik damit begnügt, Kräfte als gegeben hinzunehmen und allein ihre Wirkung auf Körper, d. s. Bewegungsvorgänge, untersucht. Dagegen gehört es *nicht* zur Aufgabe der Mechanik, den Ursprung von Kräften oder das Gesetz (16, 1), dem sie genügen, zu erklären. Dies ist Sache anderer Teilgebiete der Physik, so z. B. der „modernen" Feldtheorien. —

Wenn ein Massenpunkt m der Einwirkung einer Kraft (16, 1) unterliegt, so verlangt die Bestimmung der Bahn $\mathfrak{r} = \mathfrak{r}(t)$ von m nach (14, 2) die Integration der Differentialgleichung:

$$m\ddot{\mathfrak{r}} = \mathfrak{K}(\mathfrak{r}, \dot{\mathfrak{r}}, t). \tag{16, 2}$$

Dies ist eine sehr schwierige Aufgabe. Um insbesondere dem Anfänger, den diese Bemerkung vielleicht überraschen könnte, möglichst deutlicher vor Augen zu führen, um welches mathematische Problem es sich bei der Lösung von (16, 2) handelt, soll diese Vektorgleichung unter Verwendung cartesischer Koordinaten in Komponenten geschrieben werden. Dies ergibt:

$$m\ddot{x} = K_x(x, y, z, \dot{x}, \dot{y}, \dot{z}, t) \tag{16, 3}$$

$$m\ddot{y} = K_y(x, y, z, \dot{x}, \dot{y}, \dot{z}, t) \tag{16, 4}$$

$$m\ddot{z} = K_z(x, y, z, \dot{x}, \dot{y}, \dot{z}, t). \tag{16, 5}$$

Das sind drei miteinander gekoppelte Differentialgleichungen, deren rechte Seiten Funktionen der dort angegebenen Argumente sind. Die Lösung von (16, 3—5) verlangt, aus diesen Gleichungen die drei Funktionen

$$\mathfrak{r}(t) = \{x(t), y(t), z(t)\} \tag{16, 6}$$

zu bestimmen, mit — im Prinzip — beliebigen (aber „vernünftigen") vorgegebenen K_x, K_y und K_z. Die allgemeine Lösung des Gleichungssystems (16, 3—5) anzugeben, ist nicht möglich.

Nun liegen die Dinge aber so, daß in vielen für die Mechanik bedeutungsvollen Fällen die jeweils wirkende Kraft $\mathfrak{K}$ ein Sonderfall des Ausdrucks (16, 1) ist.

So kann z. B. die Kraft $\mathfrak{K}$ allein vom Ort $\mathfrak{r}$ abhängig sein, d. h. es ist

$$\mathfrak{K} = \mathfrak{K}(\mathfrak{r}). \qquad (16, 7)$$

Dies ist ein Sonderfall von (5, 30). Man nennt daher das Gebiet, innerhalb dessen (16, 7) gilt, ein (zeitunabhängiges) *Kraftfeld.*

Ein Beispiel für ein Kraftfeld stellt die Gravitationskraft dar, die nach (14, 4)

$$\mathfrak{K} = -\frac{c}{r^2}\mathfrak{r}^0 = -\frac{c}{r^3}\mathfrak{r} \qquad (16, 8)$$

ist. Ein anderes Kraftfeld ist das innerhalb kleiner Bereiche („Labor") in der Nähe der Erdoberfläche in erster Näherung als ortsunabhängig anzusehende „Anziehungsfeld der Erde", das nach (14, 3) durch

$$\mathfrak{K} = m\mathfrak{g} \qquad (16, 9)$$

beschrieben wird.

Als ein weiteres Beispiel eines Kraftfeldes nennen wir die *Federkraft.* Darunter versteht man eine Kraft, deren Richtung auf die Gleichgewichtslage eines Massenpunktes m hin gerichtet ist und deren Betrag der Auslenkung von m aus der Gleichgewichtslage proportional ist. Wird in bezug auf diese die Lage des Massenpunktes m durch den Ortsvektor $\mathfrak{r}$ beschrieben, so wird die Federkraft durch

$$\mathfrak{K} = -c\mathfrak{r} \qquad (16, 10)$$

dargestellt. Die in diesem Ausdruck auftretende Konstante c heißt Federkonstante. Diese Bezeichnung sowie der Ausdruck Federkraft geht darauf zurück, weil eine durch „Anhängen eines Massenpunktes m" gespannte elastische Feder auf m (in erster Näherung) die durch (16, 10) angegebene „rücktreibende" Kraft ausübt. Man bezeichnet häufig einen Massenpunkt, der dem Kraftgesetz (16, 10) unterliegt, als einen „elastisch gebundenen Punkt" oder einen Oszillator.

Ein anderer Krafttyp liegt vor, wenn die Kraft außer von $\mathfrak{r}$ auch noch von der Geschwindigkeit $\dot{\mathfrak{r}}$ abhängig ist. Betrachten wir im Augenblick nur die Geschwindigkeitsabhängigkeit, so hat man es mit Kräften zu tun, deren analytischer Ausdruck durch

$$\mathfrak{K} = \mathfrak{K}(\dot{\mathfrak{r}}) \qquad (16, 11)$$

gegeben ist. Von dieser Form sind die in der Natur auftretenden (und nie ausschaltbaren) Reibungskräfte, wie z. B. der Luftwiderstand. Ein allgemein gültiges Reibungsgesetz ist bisher noch nicht gefunden worden. Man weiß aufgrund der Erfahrung lediglich, daß eine Reibungskraft stets den Betrag der Geschwindigkeit eines sich bewegenden Objektes verkleinert und der Richtung der Geschwindigkeit $\dot{\mathfrak{r}}$ entgegen gerichtet ist.

Man kann daher eine Reibungskraft durch

$$\mathfrak{K}_R = -\dot{\mathfrak{r}}F(v, \ldots) \qquad (16, 12)$$

beschreiben, wobei F — eine von v und weiteren Parametern abhängige Funktion — im einzelnen nicht bekannt ist. Entwickelt man die in (16, 12) auftretende Funktion F in eine Reihe, so kann man dafür in erster Näherung

$$\mathfrak{K}_R = -\varrho\dot{\mathfrak{r}} \qquad (16, 13)$$

schreiben, wobei ϱ ein positiver Proportionalitätsfaktor, der sog. Reibungsfaktor ist. Dabei ist vorausgesetzt, daß die Entwicklung von F nach Potenzen von v ein absolutes Glied enthält. Von dem durch (16, 13) ausgedrückten Reibungsgesetz werden wir später, so z. B. in Kap. 26, Gebrauch machen.

Um keine Mißverständnisse aufkommen zu lassen, bemerken wir ausdrücklich, daß Reibungskräfte nicht unbedingt geschwindigkeitsabhängig sind. So weiß man z. B., daß die zwischen zwei festen Körpern herrschende (gleitende, rollende oder Haft-)Reibung eine von der Geschwindigkeit unabhängige Größe ist (Poisson, 1781—1840).

Ein dritter für die Mechanik wichtiger Typ einer Kraft liegt vor, wenn diese rein zeitabhängig ist:

$$\mathfrak{K} = \mathfrak{K}(t). \qquad (16, 14)$$

Als Beispiel für eine solche Kraft nennen wir etwa die regelmäßige oder unregelmäßige Folge von „Kraftimpulsen", von denen der oftmals vorkommende Fall einer Folge von Rechteckimpulsen in Abb. 16, 1 dargestellt ist.

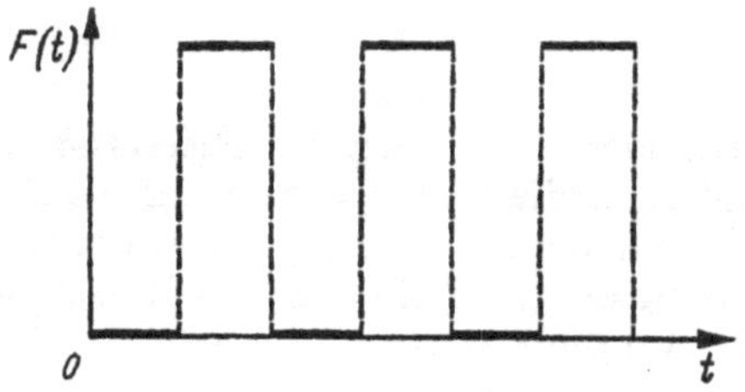

Abb. 16, 1: Darstellung des zeitlichen Verlaufes $F(t)$ einer Folge von Rechteckimpulsen

Wenn wir es späterhin mit einer zeitabhängigen Kraft zu tun haben, so werden wir für diese die Gesetzmäßigkeit

$$\mathfrak{K}(t) = \mathfrak{K}_0 \sin \omega t \qquad (16, 15)$$

annehmen, wobei $\mathfrak{K}_0$ ein konstanter Vektor ist. Die Begründung dafür werden wir sogleich angeben. Vorher wollen wir aber darauf hinweisen, daß es häufig rechnerische Vorteile mit sich bringt, wenn man nicht mit dem Ausdruck (16, 15) rechnet, sondern diesen durch

$$\tilde{\mathfrak{K}}(t) = \tilde{\mathfrak{K}}_0(\cos \omega t + i \sin \omega t) = \tilde{\mathfrak{K}}_0 e^{i\omega t} \qquad (16, 16)$$

ersetzt, worin $i = \sqrt{-1}$ die imaginäre Einheit bedeutet. Wir wollen uns hier auf diese Bemerkung beschränken und verweisen bzgl. Einzelheiten vom „Übergang aus dem Reellen ins Komplexe" auf Kap. 27, in dem anhand eines konkreten Beispiels dargelegt wird, was mit der vorstehenden Bemerkung gemeint ist.

Die Berechtigung bei der Behandlung von Vorgängen, bei denen zeitabhängige Kräfte wirksam sind, für diese das spezielle Gesetz (16, 15) anzunehmen, findet seine Begründung durch das Fouriersche *Integraltheorem*[1]). Nach diesem läßt sich jede wenigstens stückweise monotone Funktion $F = F(t)$, die in dem Intervall $-\infty \ldots +\infty$ absolut integrabel ist, d. h. deren Integral

$$I = \int_{-\infty}^{+\infty} |F(t)|\, dt \qquad (16, 17)$$

einen endlichen Wert hat, in der Form

$$F(t) = \frac{1}{\pi} \int_0^{\infty} d\omega \int_{-\infty}^{+\infty} F(\tau) \cos \omega (t - \tau)\, d\tau \qquad (16, 18)$$

[1]) Joseph Fourier, 1768—1830.

darstellen (FOURIER-*Integral*). Von dieser, vornehmlich in der mathematischen Literatur üblichen Schreibweise, gelangt man zu einer besonders eleganten Darstellung des FOURIER-Integrals, indem man unter Verwendung der MOIVREschen Formel das Integral (16, 18) in komplexer Form ausdrückt. Man erhält dann zunächst, sofern $F = F(t)$ die vorstehend genannten Voraussetzungen erfüllt und überdies auch stetig ist:

$$F(t) = \frac{1}{2\pi} \int_{-\infty}^{+\infty} d\omega \int_{-\infty}^{+\infty} F(\tau) e^{i\omega(t-\tau)} d\tau . \tag{16, 19}$$

Dieser eine Ausdruck für $F = F(t)$ läßt sich in zwei zu einander reziproke Ausdrücke aufspalten, wenn man für das in (16, 19) über τ zu erstreckende Integral

$$A(\omega) = \frac{1}{\sqrt{2\pi}} \int_{-\infty}^{+\infty} F(t) e^{i\omega t} dt \tag{16, 20}$$

setzt, wobei die Integrationsvariable nun mit t bezeichnet wird. Dann wird aus (16, 19):

$$F(t) = \frac{1}{\sqrt{2\pi}} \int_{-\infty}^{+\infty} A(\omega) e^{i\omega t} d\omega . \tag{16, 21}$$

Diese Gleichung läßt sich dahingehend interpretieren — und das ist die wesentliche Aussage des FOURIER-Theorems — daß man (wegen der schwachen Voraussetzungen) eine fast beliebige zeitabhängige Funktion $F = F(t)$ als eine kontinuierliche Summe (= Integral) aus harmonischen Anteilen ansehen kann[1]). Man bezeichnet diese als die „FOURIER-Komponenten" des durch $F = F(t)$ beschriebenen Vorganges.

Wenn man nun die Bewegungsgleichung (14, 2) für eine rein zeitabhängige Kraft $\mathfrak{K} = \mathfrak{K}(t)$ lösen soll und für diese die spezielle Form (16, 15) annimmt, so beschränkt man sich darauf, nur eine FOURIER-Komponente von $\mathfrak{K}$ zu betrachten. Die Lösung von (14, 2) mit einem beliebigen $\mathfrak{K}$ erhält man, indem man die Bewegungsgleichung für jede FOURIER-Komponente von $\mathfrak{K}$ integriert und alle Teillösungen summiert. Es genügt daher im Prinzip anzunehmen, daß eine zeitabhängige Kraft $\mathfrak{K}$ die Form (16, 15), d. h. die einer ihrer FOURIER-Komponenten hat.

Wir benutzen die Gelegenheit, um zu dem durch (16, 20/21) formulierten FOURIER-Theorem noch folgendes zu bemerken: Durch (16, 21) kommt zum Ausdruck, daß sich eine (fast) beliebige von der Zeit t abhängige Funktion $F = F(t)$ in ein Spektrum von harmonischen Schwingungen zerlegen läßt, in denen i. allg. alle möglichen Kreisfrequenzen ω auftreten (kontinuierliches Spektrum). Jede Einzelschwingung hat eine von ihrer Kreisfrequenz ω abhängige Amplitude $A = A(\omega)$, die durch (16, 20) gegeben ist. Man nennt daher diesen Ausdruck in der Physik das zu $F = F(t)$ gehörende *Amplitudenspektrum*, während in der Mathematik $A = A(\omega)$ als FOURIER-*Transformierte* von $F = F(t)$ bezeichnet wird. Daß in (16, 21) auch über negative Werte von ω integriert wird, ist eine Folge der Verwendung der komplexen Schreibweise und hat daher nur formale Bedeutung.

---

[1]) Kurz nachdem das FOURIERsche Theorem bekannt geworden und damit bewiesen war, daß man eine nichtperiodische (!) Funktion als Summe von harmonischen Funktionen darstellen kann, kennzeichnet L. KRONECKER (1823—1891) die Tatsache durch die Bemerkung: „... Zum ersten Male wurde gezeigt, wie sich eine nahezu beliebige Funktion ... in mathematische Formen fügt ..."

17. Die konservative Kraft, das Potential und der Energiesatz der Mechanik

Eine besondere Bedeutung gewinnt (16, 7), wenn sich dieses Kraftfeld aus einer skalaren Funktion

$$W = W(\mathfrak{r}) = -V(\mathfrak{r}) \tag{17, 1}$$

des Ortsvektors $\mathfrak{r}$ von m durch *Gradienten*bildung darstellen läßt[1]). Dies bedeutet, daß man dann für

$$\mathfrak{K}(\mathfrak{r}) = \operatorname{grad} W(\mathfrak{r}) = -\operatorname{grad} V(\mathfrak{r}) \tag{17, 2}$$

schreiben kann.

Dieser Fall kommt in der Natur häufig vor, wofür wir als erstes Beispiel die Schwerkraft (14, 4):

$$\mathfrak{K} = m\mathfrak{g} \tag{17, 3}$$

anführen. Benutzt man das in Abb. 11, 1 dargestellte Koordinatensystem, so ist (17, 3):

$$\mathfrak{K} = -mg\mathfrak{k}. \tag{17, 4}$$

Diesen Ausdruck erhält man durch Gradientenbildung der Funktion

$$W(z) = -V(z) = -mgz, \tag{17, 5}$$

wie man durch Anwendung von (5, 97) auf (17, 5) sofort erkennt.

Als zweites Beispiel einer in der Natur vorkommenden Kraft, die sich gemäß (17, 2) darstellen läßt, sei die Gravitationskraft (14, 5)

$$\mathfrak{K}(\mathfrak{r}) \sim \frac{\mathfrak{r}^0}{r^2} \tag{17, 6}$$

genannt. Diese erhält man durch Gradientenbildung aus

$$V(\mathfrak{r}) \sim \frac{1}{|\mathfrak{r}|}. \tag{17, 7}$$

Wenn sich ein Kraftfeld $\mathfrak{K} = \mathfrak{K}(\mathfrak{r})$ gemäß (17, 2) darstellen läßt, so nennt man die Funktion V das zu $\mathfrak{K}$ gehörige *Potential*. Diese Bezeichnung geht auf Green (1793 bis 1841) zurück, der 1828 in einer zunächst unbekannt gebliebenen Arbeit den Begriff „Potentialfunktion" einführte. Historisch interessant ist, daß später (1840) Gauss — ohne Kenntnis der Arbeit von Green — für V den Namen Potential vorschlug, der heute allgemein gebräuchlich ist. Insbesondere bezeichnet man (17, 5) als Schwerepotential und (17, 7) als Gravitations- oder Newtonsches Potential.

Es entsteht die Frage, welcher Typ von Kraftfeldern $\mathfrak{K} = \mathfrak{K}(\mathfrak{r})$ sich als Gradient eines Potentials V darstellen läßt. Die Antwort hierauf liefern die Rechenregeln der Vektoranalysis. Danach ist für die Gültigkeit von (17, 2) notwendig, daß

$$\operatorname{rot} \mathfrak{K}(\mathfrak{r}) = 0 \tag{17, 8}$$

ist. Diese Forderung ist, wie die Vektorrechnung weiterhin lehrt, auch hinreichend. Gleichwertig mit der differentiellen Formulierung (17, 8), der Bedingung für die Existenz des Potentials V, ist die integrale Aussage

$$\oint_{\mathfrak{C}} \mathfrak{K} \cdot d\mathfrak{r} = 0. \tag{17, 9}$$

---

[1]) Daß in (17, 1) die Ortsfunktion $W = W(\mathfrak{r})$ durch ihr Negatives $-V(\mathfrak{r}) = W$ ersetzt wurde, geschieht aus Zweckmäßigkeitsgründen, die im Verlauf der weiteren Ausführungen in diesem Kapitel ersichtlich werden.

Dies besagt unter Beachtung der Definition des Begriffes Arbeit nach (15, 5), daß in einem Kraftfeld, welches sich aus einem Potential „ableiten“ läßt, die Arbeit längs einer im Kraftfeld liegenden, beliebigen geschlossenen Kurve $\mathfrak{C}$ stets verschwindet. —

Wenn für eine Kraft $\mathfrak{K}$ die Darstellung (17, 2) gilt, so nimmt das Arbeitselement (15, 5) die Form

$$dA = \mathfrak{K} \cdot d\mathfrak{r} \qquad (17, 10)$$

$$= - d\mathfrak{r} \cdot \operatorname{grad} V \qquad (17, 11)$$

$$= - \left(\frac{\partial V}{\partial x} dx + \frac{\partial V}{\partial y} dy + \frac{\partial V}{\partial z} dz \right) \qquad (17, 12)$$

$$= - dV \qquad (17, 13)$$

an. In dem hier betrachteten Sonderfall ist also das Arbeitselement dA ein vollständiges Differential.

Gilt (17, 13), so wird aus (15, 9):

$$dA = dT = - dV(\mathfrak{r}). \qquad (17, 14)$$

Diese Gleichung kann nur dann zutreffen, wenn das Potential $V = V(\mathfrak{r})$ nicht explizit von der Zeit t abhängt.

Integriert man (17, 14) zwischen zwei Punkten $P_1 = P(\mathfrak{r}_1)$, und $P_2 = P(\mathfrak{r}_2)$ der von m durchlaufenen Bahn $\mathfrak{r} = \mathfrak{r}(t)$, so erhält man

$$T_2 - T_1 = -(V_2 - V_1) \qquad (17, 15)$$

oder

$$T_1 + V_1 = T_2 + V_2. \qquad (17, 16)$$

Da die Punkte P_1 und P_2 innerhalb des Kraftfeldes beliebig gewählt werden können, besagt (17, 16), daß die Summe $T + V$ stets den gleichen Betrag E hat. Man kann daher statt (17, 16) auch

$$T + V = E = \text{const} \qquad (17, 17)$$

schreiben.

Aus dieser Gleichung — und auch aus den beiden vorherstehenden — ist ersichtlich, daß das Potential V die gleiche Dimension wie die kinetische Energie T hat, also auch eine Energie sein muß. Man nennt V die *potentielle* Energie des Massenpunktes m.

Mit Verwendung dieses Begriffes kann aufgrund von (17, 15) gesagt werden: die Zunahme (Abnahme) der kinetischen Energie beim Übergang von Punkt $P_1 = P(\mathfrak{r}_1)$ nach $P_2 = P(\mathfrak{r}_2)$ ist gleich der Abnahme (Zunahme) der potentiellen Energie des Massenpunktes m. Statt dessen kann man wegen (17, 17) auch sagen: Während der Bewegung eines Massenpunktes m in einem Kraftfeld, das sich aus einem Potential herleiten läßt, ist jederzeit die Summe aus kinetischer und potentieller Energie — die Gesamtenergie von m — konstant.

Man nennt eine während einer Bewegung sich zeitlich nicht ändernde Größe eine *Erhaltungsgröße* (manchmal auch ,,Konstante der Bewegung“) und die Aussage über die Konstanz der fraglichen Größe einen *Erhaltungssatz*. Es ist daher (17, 14/15) der formelmäßige Ausdruck des für die Mechanik gültigen *Erhaltungssatzes der Energie*. Er ist ein Sonderfall eines allgemeinen Naturgesetzes, das man als *Energieprinzip* bezeichnet. Spezielle Fälle der Gültigkeit des Energiesatzes in der Mechanik sind u. a. schon von LEIBNIZ (1646—1716) erkannt worden.

Weil bei einer Bewegung in einem Kraftfeld, das ein Potential besitzt, nach (17, 14) die Gesamtenergie E „erhalten bleibt“[1]), nennt man eine Kraft, für die die Darstellung (17, 2) gilt, eine *konservative Kraft*. Man spricht auch von konservativen Systemen und meint damit jede Anordnung, die eine Bewegung unter Einwirkung von Kräften ausführt, die ein Potential besitzen.

Ein besonders einfaches Beispiel hierfür stellt der freie Fall eines Massenpunktes m im Schwerefeld der Erde dar. Da dieses Kraftfeld bei Verwendung des in Abb. 11, 1 dargestellten Koordinatensystems das Potential (17, 4) hat, nimmt in dem hier betrachteten Fall der „Energiesatz“ die Form

$$T + V = \frac{m}{2}\dot{z}^2 + mgz = E \; (= \text{const}) \tag{17, 18}$$

an. Man erhält ihn aus der Bewegungsgleichung (14, 2):

$$m\ddot{z} = -mg, \tag{17, 19}$$

indem man diese zunächst mit $\dot{z}$ multipliziert. Dies liefert

$$m\ddot{z}\dot{z} = -mg\dot{z}, \tag{17, 20}$$

wofür auch

$$\frac{d}{dt}\left(\frac{m}{2}\dot{z}^2 + mgz\right) = 0 \tag{17, 21}$$

geschrieben werden kann. Hieraus erhält man durch Integration (17, 18). Die beiden Ausdrücke auf der linken Seite von (17, 18) sind die kinetische bzw. potentielle Energie des fallenden Massenpunktes m, die auf der rechten Seite von (17, 18) stehende Größe E ist dessen Gesamtenergie. Um diese zu bestimmen, nehmen wir — ebenso wie in Kap. 11 — an, daß sich m zur Zeit $t = 0$ im Punkte $P(0, 0, z = h)$ befinde und den Fall im Erdschwerefeld geschwindigkeitsfrei beginne. Dann ist für $t = 0$ nach (17, 18)

$$mgh = E, \tag{17, 22}$$

d. h., für einen aus der Höhe h ohne eine Anfangsgeschwindigkeit frei fallenden Massenpunkt m lautet die Energieerhaltungsaussage

$$\frac{m}{2}\dot{z}^2 + mgz = mgh = E. \tag{17, 23}$$

Aus dieser Gleichung wird die Umsetzung von potentieller Energie in kinetische Energie deutlich ersichtlich: die anfänglich maximale potentielle Energie $V = mgh$ nimmt im Laufe der Zeit ab, während die kinetische Energie von m, die anfänglich Null war, im Laufe der Zeit zunimmt. Die Änderung der beiden Energieformen verläuft jedoch stets so, daß (17, 23) gültig ist. —

Die vor diesem Beispiel durchgeführten allgemeinen Darlegungen bedürfen einer Ergänzung. Wir haben eingangs nur solche Kraftfelder betrachtet, die allein vom Ortsvektor $\mathfrak{r}$ eines Raumpunktes abhängen:

$$\mathfrak{K} = \mathfrak{K}(\mathfrak{r}). \tag{17, 24}$$

Läßt sich ein solches Kraftfeld durch ein Potential V gemäß (17, 2) darstellen, so ist klar, daß auch V nur eine allein von $\mathfrak{r}$ abhängige Funktion ist, also von der Form

$$V = V(\mathfrak{r}) \tag{17, 25}$$

[1]) Man drückt dies oft dadurch aus, indem man sagt: „Es gilt der Energiesatz.“

sein muß. Man kann zwar in (17, 25) noch orts*un*abhängige Glieder (Konstanten oder Funktionen) additiv hinzufügen, weil diese bei der Gradientenbildung (= Ortsdifferentiation) verschwinden. Aus diesem Grunde sind sie jedoch uninteressant und können deswegen unbeachtet bleiben, d. h. gleich Null gesetzt werden.

Es kommt manchmal der Fall vor (so z. B. in der Elektrodynamik), daß ein Kraftfeld außer vom Ortsvektor $\mathfrak{r}$ auch von der Zeit t abhängt:

$$\mathfrak{K} = \mathfrak{K}(\mathfrak{r}, t). \tag{17, 26}$$

Wenn sich dieser Vektor ebenfalls durch Gradientenbildung aus einem Potential V darstellen läßt, so muß notwendigerweise — wenn man wiederum von nicht interessierenden additiven Gliedern absieht — auch das Potential

$$V = V(\mathfrak{r}, t) \tag{17, 27}$$

d. h. eine vom Ort $\mathfrak{r}$ und der Zeit t abhängige Funktion sein. Dann gilt anstelle von (17, 2) nunmehr

$$\mathfrak{K}(\mathfrak{r}, t) = -\operatorname{grad} V(\mathfrak{r}, t). \tag{17, 28}$$

In diesem Fall soll $\mathfrak{K}(\mathfrak{r}, t)$ eine *Potentialkraft* heißen, die jedoch von der durch (17, 2) definierten konservativen Kraft wohl zu unterscheiden ist. Während nämlich für diese nach (17, 17) die Energieerhaltungsaussage

$$d(T + V) = 0 \tag{17, 29}$$

gilt, trifft dies *nicht* mehr für die Potentialkraft (17, 28) zu. Dies läßt sich wie folgt einsehen.

Nach (17, 11) und (15, 9) ist

$$dA = dT = -d\mathfrak{r} \cdot \operatorname{grad} V. \tag{17, 30}$$

Nun gilt für das zeitabhängige Potential (17, 27):

$$dV = d\mathfrak{r} \cdot \operatorname{grad} V + \frac{\partial V}{\partial t}\, dt. \tag{17, 31}$$

Geht man damit in (17, 30) ein, so ergibt sich

$$d(T + V) = \frac{\partial V}{\partial t}\, dt. \tag{17, 32}$$

Dieser Ausdruck stimmt mit der differentiellen Formulierung (17, 14) des Energieerhaltungssatzes *nicht* überein. Man drückt den Unterschied zwischen (17, 32) und (17, 14) durch die (nicht gerade glücklich gewählte) Redewendung aus: „Der Energiesatz gilt nicht.“

18. Die Zentralkraft und der Flächensatz

Außer dem konservativen Kraftfeld spielt in einer Vielzahl von physikalischen Vorgängen ein weiterer Sonderfall eines Kraftfeldes eine Rolle, welches dadurch gekennzeichnet ist, daß es in ihm einen Punkt 0 gibt, auf den die in jedem Punkt P des Feldes wirkende Kraft entweder hin oder von 0 durch P gehend weg gerichtet ist. Liegen diese Verhältnisse vor, so spricht man von einem *Zentralkraftfeld*. Um ein solches zu beschreiben, ist es zweckmäßig, das von allen Feldpunkten P ausgezeichnete „Zentrum“ 0 als Bezugspunkt zu wählen. Bezeichnet man mit $\mathfrak{r}$ den

Ortsvektor von P bez. 0, so gilt, Abb. 18, 1, nach dem Vorstehenden für die Richtung einer Zentralkraft in jedem Fall

$$\mathfrak{K} \parallel \mathfrak{r}. \tag{18, 1}$$

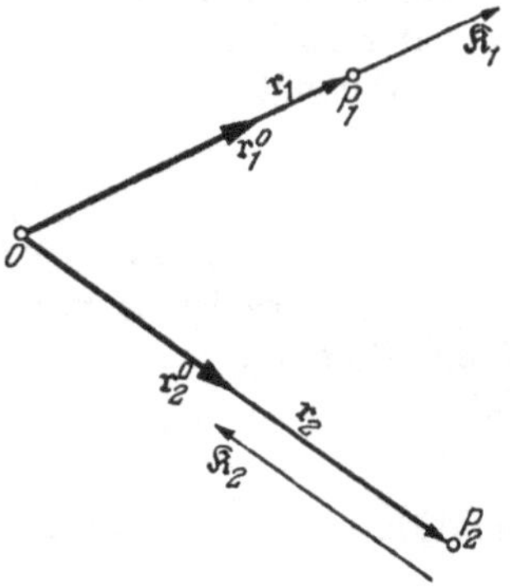

Abb. 18, 1: Zum Begriff der Zentralkraft: Die in den Punkten P_1 und P_2 eines Zentralkraftfeldes wirkenden Kräfte $\mathfrak{K}_1$ und $\mathfrak{K}_2$ haben die gleiche bzw. entgegengesetzte Richtung wie die Ortsvektoren $\mathfrak{r}_1$ bzw. $\mathfrak{r}_2$

Aufgrund der Erklärung (16, 7) eines Kraftfeldes ergibt sich demnach für die Darstellung eines Zentralkraftfeldes der Ausdruck

$$K(\mathfrak{r}) = \mathfrak{r}\Phi(\mathfrak{r}), \tag{18, 2}$$

wobei $\Phi(\mathfrak{r})$ eine für die jeweils vorliegende Zentralkraft charakteristische skalare Ortsfunktion ist.

Von besonderem Interesse ist das kugelsymmetrische Kraftfeld. Ein solches liegt vor, wenn die in (18, 2) auftretende Ortsfunktion allein vom Betrag $|\mathfrak{r}| = r$ abhängig ist. Wir wollen in diesem Sonderfall die in (18, 2) auftretende Ortsfunktion mit Ψ bezeichnen. Bei Verwendung von cartesischen Koordinaten x, y, z ist dann

$$\Psi(r) = \tilde{\Psi}\left(\sqrt{x^2 + y^2 + z^2}\right), \tag{18, 3}$$

während bei Verwendung von räumlichen Polarkoordinaten r, ϑ, φ die Kugelsymmetrie gleichbedeutend mit Unabhängigkeit von ϑ und φ ist. Nach den beiden letzten Gleichungen wird daher ein kugelsymmetrisches Zentralkraftfeld durch den Ausdruck

$$\mathfrak{K}(\mathfrak{r}) = \mathfrak{r}\Psi(r) = \mathfrak{r}^0 r\Psi(r) \tag{18, 4}$$

$$= \mathfrak{r}^0\widetilde{\Psi}(r) \tag{18, 5}$$

beschrieben, wobei $\mathfrak{r}^0$ einen vom Zentrum 0 ausgehenden Einheitsvektor in Richtung auf P ($\mathfrak{r}$) bedeutet. Als Beispiele für (18, 5) nennen wir die Gravitationskraft (16, 8) und die Federkraft (16, 10).

Zentralkraftfelder von der Form (18, 4/5) besitzen die wichtige Eigenschaft, daß sie sich aus einem Potential V herleiten, d. h. gemäß (17, 2) darstellen lassen. Um dies nachzuweisen, ist zu zeigen, daß die notwendige und hinreichende Bedingung (17, 8) für die Existenz eines Potentials V erfüllt ist. Daß dies tatsächlich zutrifft, ersieht man durch Anwendung von (5, 161) auf (18, 4) und Beachtung der Regeln (5, 166), (5, 108) und (5, 65). Man erhält

$$\operatorname{rot} \mathfrak{K} = \operatorname{rot} \mathfrak{r}\Psi(r) = \Psi(r) \operatorname{rot} \mathfrak{r} - \mathfrak{r} \times \operatorname{grad} \Psi \tag{18, 6}$$

$$= -\mathfrak{r} \times \frac{d\Psi}{dr} \mathfrak{r}^0 \tag{18, 7}$$

$$= -(\mathfrak{r} \times \mathfrak{r}) \frac{1}{r} \frac{d\Psi}{dr} = 0, \tag{18, 8}$$

w. z. b. w. Man kann also für (18, 5) auch

$$\Psi(r)\,\mathfrak{r}^0 = -\operatorname{grad} V \tag{18, 9}$$

schreiben, wobei

$$V(r) = -\int_{r_0}^{r} \Psi(\xi)\,d\xi \tag{18, 10}$$

ist. Hierbei ist die untere Grenze r_0 beliebig wählbar, d. h. das Potential (18, 10) ist — ebenso wie jedes andere Potential — nur bis auf eine willkürliche Konstante C bestimmt. Häufig setzt man $C = 0$ („Normierung" des Potentials).

Da das Zentralkraftfeld (18, 4) ein Potential hat, ist bei einer Bewegung in ihm (17, 17) erfüllt, d. h. „es gilt der Energiesatz". Darüber hinaus gilt aber bei Bewegungsvorgängen in einem Zentralkraftfeld noch eine zweite Erhaltungsaussage. Man erhält sie aus der Bewegungsgleichung für m, die nach (14, 2) mit (18, 4):

$$m\ddot{\mathfrak{r}} = \mathfrak{K} = \mathfrak{r}\Phi(\mathfrak{r}) \tag{18, 11}$$

lautet. Multipliziert man diese Gleichung vektoriell mit $\mathfrak{r}$, so ergibt sich

$$\mathfrak{r} \times m\ddot{\mathfrak{r}} = \mathfrak{r} \times \mathfrak{K} = \Phi(\mathfrak{r})\,(\mathfrak{r} \times \mathfrak{r}). \tag{18, 12}$$

Dies ist wegen (15, 28) und (5, 65):

$$\frac{d}{dt}(\mathfrak{r} \times m\dot{\mathfrak{r}}) = \mathfrak{D} = 0 \tag{18, 13}$$

und daher nach (15, 33):

$$\dot{\mathfrak{L}} = \frac{d\mathfrak{L}}{dt} = 0. \tag{18, 14}$$

Hieraus folgt, daß bei einer Bewegung in einem Zentralkraftfeld der Drehimpuls

$$\mathfrak{L} = \mathfrak{r} \times m\dot{\mathfrak{r}} = \mathfrak{L}_0 \tag{18, 15}$$

eine sich zeitlich nicht ändernde Größe, d. h. eine Erhaltungsgröße ist.

Die durch (18, 15) ausgedrückte Konstanz des Drehimpulsvektors $\mathfrak{L}$ bei einer Bewegung in einem Zentralkraftfeld besagt, daß $\mathfrak{L}_0$ nicht nur seinen Betrag, sondern auch seine Richtung dauernd beibehält. Dieser eine Satz läßt sich in zwei Sätze aufspalten, die es erlauben, den „Satz von der Erhaltung des Drehimpulses" so zu formulieren, daß er anschaulich wird.

Aufgrund der Definition des Vektorproduktes (5, 60) ist $\mathfrak{L}_0$ der Normalenvektor einer Ebene, in der nach (18, 15) der Ortsvektor $\mathfrak{r}$ von m sowie dessen Geschwindigkeitsvektor $\dot{\mathfrak{r}}$ liegen. Weil sich nun die Richtung von $\mathfrak{L}_0$ nicht ändert, so bleibt die Lage der von $\mathfrak{r}$ und $\dot{\mathfrak{r}}$ aufgespannten Ebene während der gesamten Bewegung im Raum erhalten (*invariable* Ebene). In ihr liegt die Bahn eines Massenpunktes m, wenn er sich unter dem Einfluß eines Zentralkraftfeldes bewegt. Es ist daher die Aussage über die Konstanz der Richtung von $\mathfrak{L}_0$ gleichwertig mit der Aussage: Die Bahn eines Massenpunktes m in einem Zentralkraftfeld ist eine ebene Kurve.

Historisch sei erwähnt, daß diese Tatsache schon vor der Begründung der NEWTONschen Mechanik von KEPLER auf empirischem Wege erkannt worden war.

Auch die Aussage über die Konstanz des Betrages von $\mathfrak{L}_0$ läßt sich anders formulieren und — nach Einführung eines neuen Begriffes — anschaulich deuten. Hierzu schließen wir an den vorstehend angegebenen Satz an und führen ein Koordinatensystem so ein, daß die Bahn von m in dessen x, y-Ebene liegt, Abb. 18, 2. Dann überstreicht in der infinitesimal kleinen Zeit dt der von 0 nach m weisende Ortsvektor $\mathfrak{r}$ die Fläche

$$dF = \frac{1}{2} |\,\mathfrak{r}\,|\, ds = \frac{1}{2} |\,\mathfrak{r}\,|\, r d\varphi \tag{18, 16}$$

$$= \frac{1}{2} r^2 d\varphi . \tag{18, 17}$$

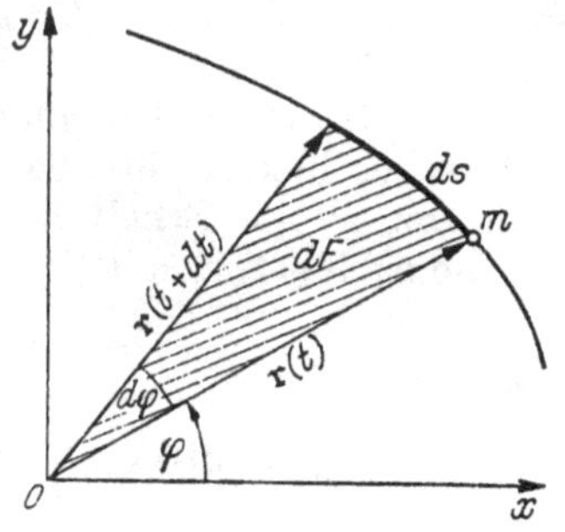

Abb. 18, 2: Die in der Zeit dt vom Ortsvektor $\mathfrak{r}$ überstrichene Fläche dF

Bezeichnet man die auf die Zeiteinheit bezogene, von $\mathfrak{r}$ überstrichene Fläche als Flächengeschwindigkeit f, so ist diese

$$f = \frac{dF}{dt} = \frac{1}{2} r^2 \dot{\varphi} . \tag{18, 18}$$

Andererseits ist nach (18, 15) in bezug auf den Ursprung des vorstehend eingeführten Koordinatensystems der Drehimpuls

$$\mathfrak{L}_0 = \begin{vmatrix} \mathfrak{i} & \mathfrak{j} & \mathfrak{k} \\ x & y & 0 \\ m\dot{x} & m\dot{y} & 0 \end{vmatrix} = m(x\dot{y} - y\dot{x})\,\mathfrak{k} . \tag{18, 19}$$

Führt man nun statt x, y ebene Polarkoordinaten r, φ ein, so ist

$$x = r \cos \varphi \tag{18, 20}$$

$$y = r \sin \varphi , \tag{18, 21}$$

woraus durch Ableitung nach der Zeit folgt:

$$\dot{x} = \dot{r} \cos \varphi - r\dot{\varphi} \sin \varphi \tag{18, 22}$$

$$\dot{y} = \dot{r} \sin \varphi + r\dot{\varphi} \cos \varphi . \tag{18, 23}$$

Mit (18, 21—23) geht (18, 19) in

$$\mathfrak{L}_0 = m r^2 \dot{\varphi}\, \mathfrak{k} \tag{18, 24}$$

über, wofür nach (18, 18) auch

$$\mathfrak{L}_0 = 2 m f \mathfrak{k} \tag{18, 25}$$

geschrieben werden kann. Hieraus folgt wegen $|\,\mathfrak{L}_0\,| = \text{const.}$, daß auch

$$f = \frac{1}{2} r^2 \dot{\varphi} = \text{const} \tag{18, 26}$$

sein muß: bei der Bewegung eines Massenpunktes m in einem Zentralkraftfeld ist die Flächengeschwindigkeit von m eine Erhaltungsgröße. Es ist allgemein üblich, diese Aussage als Flächensatz zu bezeichnen (zweites KEPLERsches Gesetz, Kap. 11 und 29). Wir bemerken aber, daß der Flächensatz kein selbständiger Satz wie etwa der Energieerhaltungssatz der Mechanik ist, sondern der Sonderfall des Drehimpulserhaltungssatzes, wenn es sich um die Bewegung nur eines Massenpunktes in einem Zentralkraftfeld handelt.

19. Gleichgewicht eines freien Massenpunktes

Wenn an einem Massenpunkt m mehrere Kräfte $\mathfrak{K}_1, \mathfrak{K}_2, \ldots, \mathfrak{K}_n$ angreifen, so werden sie i. allg. m eine Beschleunigung erteilen. In dem Sonderfall jedoch, daß das Kräftesystem so beschaffen ist, daß m keine Beschleunigung erfährt, sagt man: Der Massenpunkt m ist im *Gleichgewicht*. Wir fragen nach der Bedingung, der die Kräfte zu genügen haben, damit Gleichgewicht vorhanden ist. Sie ergibt sich aus der Bewegungsgleichung (14, 2), indem man in ihr die Beschleunigung $\ddot{\mathfrak{r}} = 0$ setzt. Das liefert

$$\mathfrak{K} = 0 \tag{19, 1}$$

oder unter Beachtung von (14, 3):

$$\mathfrak{K} = \sum_{i=1}^{n} \mathfrak{K}_i = 0. \tag{19, 2}$$

Diese Bedingung bedeutet geometrisch, daß die Vektoren $\mathfrak{K}_1, \mathfrak{K}_2, \ldots, \mathfrak{K}_n$ einen geschlossenen Streckenzug („Kräftepolygon") bilden: Der Endpunkt des Vektors $\mathfrak{K}_n$ muß mit dem Anfangspunkt des Vektors $\mathfrak{K}_1$ zusammenfallen, Abb. 19, 1.

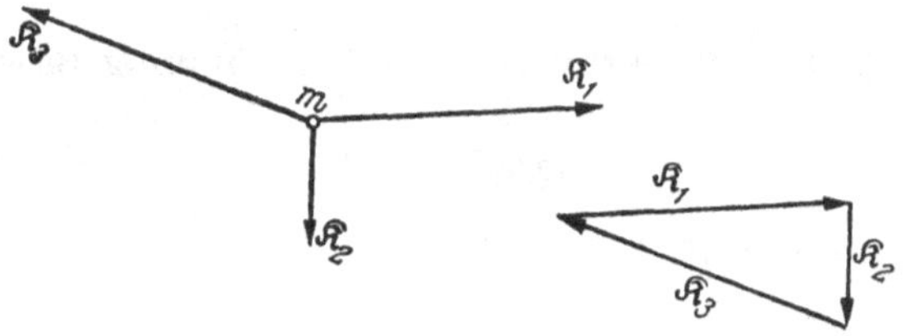

Abb. 19, 1: Der unter dem Einfluß der drei Kräfte $\mathfrak{K}_1$, $\mathfrak{K}_2$ und $\mathfrak{K}_3$ stehende Massenpunkt m ist im Gleichgewicht, weil $\mathfrak{K}_1$, $\mathfrak{K}_2$ und $\mathfrak{K}_3$ ein Kräftepolygon bilden

Die Gleichgewichtsbedingung (19, 1) kann man — zunächst rein formal — auch anders schreiben, indem man sie mit einem beliebigen (nichtverschwindenden) Vektor $\delta\mathfrak{r}$ skalar multipliziert. Dies ergibt

$$\mathfrak{K} \cdot \delta\mathfrak{r} = 0. \tag{19, 3}$$

Wegen der ausdrücklich vorausgesetzten Willkür von $\delta\mathfrak{r}$ hat diese Gleichung als einzige Lösung $\mathfrak{K} = 0$. Wir können demnach die Gleichgewichtsbedingung (19, 1) auch in der Form (19, 3) schreiben.

Man kann dieser Gleichung, die zunächst — wegen der Unbestimmtheit von $\delta\mathfrak{r}$ — nicht interpretierbar ist, einen physikalischen Inhalt geben, indem man $\delta\mathfrak{r}$ als *virtuelle Verschiebung* des Massenpunktes m deutet. Hierunter wollen wir eine gedachte (infinitesimal kleine) Verschiebung $\delta\mathfrak{r}$ verstehen, durch die m aus seiner tatsächlichen Lage, beschrieben durch den Ortsvektor $\mathfrak{r}$, in eine Nachbarlage, beschrieben durch den Ortsvektor $\mathfrak{r} + \delta\mathfrak{r}$, gebracht wird. Wir betonen, daß die virtuelle Verschiebung $\delta\mathfrak{r}$ in Wirklichkeit nicht ausgeführt wird, sondern nur gedacht ist.

Dadurch ist die Möglichkeit gegeben, die tatsächliche Lage $\mathfrak{r}$ von m mit einer zulässigen Nachbarlage $\mathfrak{r} + \delta\mathfrak{r}$ zur *selben* Zeit t zu vergleichen. Da zu jeder wirklichen Verschiebung stets eine gewisse Zeit benötigt wird, kennzeichnet man eine virtuelle Verschiebung auch dadurch, daß man sagt: $\delta\mathfrak{r}$ „verläuft nicht in der Zeit" oder $\delta\mathfrak{r}$ „ist zeitlos".

Ist in (19, 3) $\delta\mathfrak{r}$ eine virtuelle Verschiebung, so ist (19, 3) nach (15, 5) eine *virtuelle Arbeit:*

$$\delta A = \mathfrak{K} \cdot \delta\mathfrak{r}. \tag{19, 4}$$

Man kann daher die Gleichgewichtsbedingung (19, 1) durch

$$\delta A = 0 \tag{19, 5}$$

ersetzen und sagen: Ein Massenpunkt m ist im Gleichgewicht, wenn die an ihm geleistete virtuelle Arbeit verschwindet und umgekehrt.

Der Anfänger wird mit Recht fragen, welchen Nutzen es mit sich bringt, von der anschaulichen Gleichgewichtsbedingung (19, 2) — Kräftepolygon — zu der unanschaulichen Aussage (19, 5) überzugehen. Hierauf ist zu erwidern: In dem Fall, daß es sich um die Bestimmung der Gleichgewichtslage eines freien[1]) Massenpunktes handelt, besitzt allerdings (19, 5) keinen Vorzug vor (19, 2). Der Nutzen von (19, 5) zeigt sich erst dann, wenn der Massenpunkt in seiner Bewegung beschränkt ist. Darauf wird in Kap. 20 eingegangen werden.

Vorher bemerken wir aber, daß sich die Gleichgewichtsbedingung auch für einen freien Massenpunkt m mit Verwendung des Begriffes der virtuellen Arbeit in eine besonders elegante Form bringen läßt, sofern $\mathfrak{K}$ eine konservative Kraft ist. Dann gilt

$$\mathfrak{K} = -\operatorname{grad} V. \tag{19, 6}$$

Hiermit nimmt das Prinzip der virtuellen Arbeit (19, 5) unter Beachtung von (19, 4) die Form

$$\delta\mathfrak{r} \cdot \operatorname{grad} V = 0 \tag{19, 7}$$

an. Dafür kann man wegen (5, 103) auch

$$\delta V = 0 \tag{19, 8}$$

schreiben und d. h.: ein Massenpunkt m ist unter dem Einfluß einer konservativen Kraft im Gleichgewicht, wenn die potentielle Energie von m einen Extremwert hat. Je nachdem, ob es sich bei diesem um ein Maximum, Minimum oder einen Sattelwert handelt, nennt man die Gleichgewichtslage *labil*, *stabil* oder *indifferent*. Zur Feststellung, um welche Art von Gleichgewicht es sich in einem gegebenen Fall handelt, ist nach bekannten Rechenregeln zu beachten, daß für das

labile Gleichgewicht $\delta^2 V < 0;$ (19, 9)

stabile Gleichgewicht $\delta^2 V > 0;$ (19, 10)

indifferente Gleichgewicht $\delta^2 V = 0$, falls $\delta^3 V \neq 0$, (19, 11)

sein muß.

Beispiele für die Bestimmung von Gleichgewichtslagen mit Hilfe von (19, 5) und (19, 8) findet der Leser in Kap. 32.

---

[1]) Ein Massenpunkt heißt frei, wenn die Komponenten seines Ortsvektors voneinander unabhängig sind, d. h. keiner Nebenbedingung (Kap. 20) zu genügen haben.

20. Gebundene Massenpunkte und das Prinzip der virtuellen Verschiebung

1. Neue Begriffe: Es kann der Fall vorliegen, daß einem Massenpunkt m, der der Einwirkung von Kräften unterliegt, gewisse Bedingungen vorgeschrieben sind, die m während der gesamten Dauer oder vielleicht während eines Teiles der Dauer seiner Bewegung oder im Gleichgewicht zu erfüllen hat. So kann man z. B. nach der Bahn eines Massenpunktes fragen, der dem Einfluß der Schwerkraft unterliegt und der gleichzeitig gezwungen wird, auf einer Kugelfläche zu bleiben. Dieser Fall wird durch ein an einem starren (masselosen) Stab angebrachtes räumliches Pendel realisiert. Bei ihm muß zu jeder Zeit der Ortsvektor $\mathfrak{r}$ der (als punktförmig angenommenen) Pendelmasse die Bedingung

$$|\mathfrak{r}| = \sqrt{x^2 + y^2 + z^2} = l \tag{20, 1}$$

oder

$$|\mathfrak{r}| - l = 0 \tag{20, 2}$$

erfüllen, wenn l die Pendellänge ist und der Anfangspunkt mit dem (räumlich festen) Aufhängepunkt des Pendels zusammenfällt.

Man nennt eine Gleichung wie (20, 1/2), durch die die Koordinaten von m in bestimmter Weise miteinander verknüpft werden, eine *Nebenbedingung* (gelegentlich auch „Zwangsbedingung"). Im einfachsten Fall hat sie die Form

$$F(\mathfrak{r}) = F(x, y, z) = 0, \tag{20, 3}$$

wofür (20, 2) ein Beispiel ist. Geometrisch gedeutet, wird durch (20, 3) eine Fläche beschrieben. Die Forderung an m, die Nebenbedingung (20, 3) zu erfüllen, ist daher gleichbedeutend damit, daß sich m dauernd auf der Fläche befinden soll. Man spricht dann von einem *unfreien* (oder *gebundenen*) Massenpunkt im Gegensatz zu dem bisher ausschließlich betrachteten freien Massenpunkt. Die Bewegung eines unfreien Massenpunktes nennt man dementsprechend eine unfreie (manchmal auch gebundene oder eingeschränkte) Bewegung.

Wir führen in diesem Zusammenhang noch einen weiteren neuen Begriff ein. Ist m ein freier Massenpunkt, so heißt dies nach dem Vorstehenden, daß zwischen den drei Angaben (Koordinaten), die zur eindeutigen Festlegung der jeweiligen Lage von m erforderlich sind, keine Relationen bestehen. Dafür kann man auch sagen: die drei Koordinaten sind voneinander unabhängig. Man nennt nun die Zahl der voneinander unabhängigen Daten, die zur Festlegung der Lage von m angegeben werden müssen, die *Anzahl f der Freiheitsgrade* von m. Ist m ein freier Massenpunkt, so hat er $f = 3$ Freiheitsgrade. Ist dagegen m unfrei, weil sein Ortsvektor $\mathfrak{r}$ etwa der Nebenbedingung (20, 3) zu genügen hat, so sind nur noch zwei seiner Komponenten, z. B. x und y, frei wählbar, d. h. voneinander unabhängig. Für z folgt aus (20, 3) durch Auflösung nach dieser Größe

$$z = \varphi(x, y). \tag{20, 4}$$

Diese Gleichung besagt, daß z Funktion der $f = 2$ Unabhängigen x und y ist. Durch das Vorliegen der Nebenbedingung (20, 3) wird also die Anzahl der Freiheitsgrade von m um Eins verringert. Allgemein: Je eine Nebenbedingung vermindert die Anzahl der Freiheitsgrade um je Eins.

Hieraus folgt, daß die Anzahl der Nebenbedingungen für e i n e n Massenpunkt m nicht größer als drei sein kann: die Nebenbedingung (20, 3) bedeutet, daß m sich auf einer Fläche befinden muß, zwei Nebenbedingungen

$$F_1(\mathfrak{r}) = 0 \tag{20, 5}$$

$$F_2(\mathfrak{r}) = 0 \tag{20, 6}$$

verlangen, daß sich m gleichzeitig auf zwei Flächen, d. h. auf ihrer Schnittlinie, einer Raumkurve, befinden muß, während drei (sich einander nicht ausschließende) Nebenbedingungen einen Raumpunkt P bestimmen, in dem sich m dauernd befinden muß.

2. **Klassifizierung der Nebenbedingungen:** Im vorstehenden Abschnitt wurde gesagt, daß (20, 3) den einfachsten Fall einer Nebenbedingung darstellt. Damit sollte angedeutet werden, daß es noch andere Formen von Nebenbedingungen gibt, denen ein Massenpunkt m unterworfen sein kann. So kann — im Gegensatz zu (20, 3) — neben dem Ortsvektor $\mathfrak{r}$ von m auch noch die Zeit t explizit auftreten. Dann hat die Nebenbedingung die Form

$$F(\mathfrak{r}, t) = 0. \tag{20, 7}$$

Geometrisch gesprochen beschreibt diese Gleichung eine sich bewegende Fläche, auf der sich m ständig befinden muß. Als Beispiel hierfür nennen wir das „geführte Pendel", d. i. ein Pendel, dessen Aufhängepunkt sich nach einer vorgeschriebenen Gesetzmäßigkeit bewegt (Kap. 34).

Um das explizite Auftreten der Zeit t in einer Nebenbedingung zum Ausdruck zu bringen, nennt man nach einem Vorschlag von BOLTZMANN[1]) die Bedingungsgleichung (20, 7) eine *rheonome* („fließende") Nebenbedingung, im Gegensatz zu (20, 3), die als *skleronome* („starre") Nebenbedingung bezeichnet wird. Darüber hinaus nennt man Bedingungen von der Form (20, 3) und (20, 7) nach H. HERTZ *holonome* („ganzgesetzliche") Nebenbedingungen, wenn in ihnen allein die Komponenten des Ortsvektors $\mathfrak{r}$ von m eingehen. Dagegen spricht man von einer *nichtholonomen*, skleronomen bzw. rheonomen Nebenbedingung, wenn in ihr auch die Geschwindigkeit $\dot{\mathfrak{r}}$ von m auftritt, d. h. die Nebenbedingung die Form

$$F(\mathfrak{r}, \dot{\mathfrak{r}}) = 0 \tag{20, 8}$$

bzw.

$$F(\mathfrak{r}, \dot{\mathfrak{r}}, t) = 0 \tag{20, 9}$$

hat. Diese ursprüngliche Definition für nichtholonome Nebenbedingungen nach HERTZ hat jedoch im Laufe der Zeit eine Wandlung erfahren. Der Grund hierfür liegt darin, daß man bisher wohl fast ausschließlich nur solche Nebenbedingungen betrachtet hat, in denen die Komponenten von $\dot{\mathfrak{r}}$ *linear* eingehen. Insbesondere handelt es sich um die Ausdrücke

$$f_1(\mathfrak{r})\dot{x} + f_2(\mathfrak{r})\dot{y} + f_3(\mathfrak{r})\dot{z} = 0 \tag{20, 10}$$

bzw.

$$\varphi_1(\mathfrak{r}, t)\dot{x} + \varphi_2(\mathfrak{r}, t)\dot{y} + \varphi_3(\mathfrak{r}, t)\dot{z} + \varphi_4(\mathfrak{r}, t) = 0. \tag{20, 11}$$

Für diese beiden Gleichungen kann man, nach Multiplikation mit dt, auch

$$f_1(\mathfrak{r})dx + f_2(\mathfrak{r})dy + f_3(\mathfrak{r})dz = 0 \tag{20, 12}$$

bzw.

$$\varphi_1(\mathfrak{r}, t)dx + \varphi_2(\mathfrak{r}, t)dy + \varphi_3(\mathfrak{r}, t)dz + \varphi_4(\mathfrak{r}, t)dt = 0 \tag{20, 13}$$

schreiben.

Sind diese Differentialausdrücke (PFAFFsche Formen) totale Differentiale oder lassen sie sich nach Multiplikation mit einem integrierenden Faktor in totale Differentiale überführen, d. h. gilt für (20, 12/13) die Darstellung

$$df = f_1 dx + \ldots = 0 \tag{20, 14}$$

bzw.

$$d\varphi = \varphi_1 dx + \ldots = 0, \tag{20, 15}$$

[1]) Ludwig BOLTZMANN: *1844 in Wien, † 1906 in Duino.

so werden (20, 14/15) als holonome (skleronome bzw. rheonome) Nebenbedingungen bezeichnet. Sind dagegen (20, 12/13) *nicht*totale Differentiale, die *keinen* integrierenden Faktor besitzen, so nennt man (20, 12/13) nichtholonome (skleronome bzw. rheonome) Nebenbedingungen. Um sie formal als solche zu kennzeichnen, schreiben wir im Anschluß an VOIGT[1]) für nichttotale Differentiale

$$\bar{d}f = f_1 dx + \dots f_3 dz = 0 \tag{20, 16}$$

bzw.

$$\bar{d}\varphi = \varphi_1 dx + \dots \varphi_4 dt = 0. \tag{20, 17}$$

Die vorstehenden Darlegungen über die heutzutage übliche Bezeichnung von Nebenbedingungen lassen sich zusammenfassen, indem man an (20, 13) anschließt. Diese Nebenbedingung heißt:

nichtholonom-rheonom: wenn $\varphi_1, \varphi_2, \varphi_3, \varphi_4$ Funktionen von $\mathfrak{r}$ und t sind, (20, 13) nichtintegrierbar ist und auch kein integrierender Faktor existiert;

nichtholonom-skleronom: wenn $\varphi_1 = f_1(\mathfrak{r}), \dots$ Funktionen nur von $\mathfrak{r}$ sind, $\varphi_4 = 0$, die sich dann ergebende Differentialform (20, 12) nichtintegrierbar ist und auch kein integrierender Faktor existiert;

holonom-rheonom: wenn es eine Funktion $F = F(\mathfrak{r}, t)$ gibt, so daß

$$\frac{\partial F}{\partial x} = \varphi_1, \dots, \frac{\partial F}{\partial t} = \varphi_4 \neq 0 \tag{20, 18}$$

ist;

holonom-skleronom: wenn $\varphi_4 = 0$ ist und eine nur von $\mathfrak{r}$ abhängige Funktion $f = f(\mathfrak{r})$ existiert, so daß

$$\frac{\partial f}{\partial x} = \varphi_1 = f_1(\mathfrak{r}), \dots \tag{20, 19}$$

ist.

3. **Das Prinzip der virtuellen Verschiebung:** Wir gehen nun zur Behandlung der Frage über: Unter welcher Bedingung ist ein Massenpunkt m, der der Einwirkung der Kraft $\mathfrak{K}$ unterliegt, im Gleichgewicht, wenn der Ortsvektor $\mathfrak{r}$ von m die Nebenbedingung (20, 3) zu erfüllen hat?

Unter der Gleichgewichtslage eines an die Fläche (20, 3) gebundenen Massenpunktes m versteht man denjenigen Punkt der Fläche, in dem sich m in bezug auf die Fläche in Ruhe befindet. Um die Gleichgewichtslage zu bestimmen, verallgemeinern wir die für einen freien Massenpunkt geltende Aussage (19, 5), indem wir sie zum Prinzip erheben:

Ein der Nebenbedingung (20, 3) unterliegender Massenpunkt m ist dann und nur dann im Gleichgewicht, wenn die virtuelle Arbeit δA der eingeprägten Kraft $\mathfrak{K}$ verschwindet. Formelmäßig ausgedrückt

$$\delta A = \mathfrak{K} \cdot \delta\mathfrak{r} = 0. \tag{20, 20}$$

Man nennt (20, 20) das *Prinzip der virtuellen Verschiebung* oder auch das *Prinzip der virtuellen Arbeit.*

---

[1]) Woldemar VOIGT: *1850 in Leipzig, † 1919 in Göttingen.

Es wird sich später zeigen, daß man der Gleichgewichtsbedingung aufgrund des Prinzips der virtuellen Arbeit eine der Gleichgewichtsbedingung $\mathfrak{K} = 0$, wie sie beim freien Massenpunkt gilt, analoge Form geben kann, indem man die Nebenbedingung (20, 3) als eine Fläche im Raum deutet und sie durch eine geeignete Kraft (Zwangskraft), die m an diese Fläche bindet, in Rechnung stellt. —

Die in (20, 20) auftretende virtuelle Verschiebung $\delta\mathfrak{r}$ ist nun — im Gegensatz zu dem in der Gleichgewichtsbedingung (19, 4) für einen freien Massenpunkt auftretenden $\delta\mathfrak{r}$ — nicht mehr beliebig, weil p. def. durch die virtuelle Verschiebung m in Gedanken in eine erlaubte Nachbarlage gebracht wird. Das ist gleichbedeutend damit, daß $\delta\mathfrak{r}$ den vorliegenden Nebenbedingungen genügen muß. Im hier behandelten Fall heißt dies, daß neben (20, 3) auch

$$F(\mathfrak{r} + \delta\mathfrak{r}) = 0 \tag{20, 21}$$

gelten muß. Entwickelt man (20, 21) nach Taylor und bricht nach den linearen Gliedern ab, so erhält man

$$F(\mathfrak{r} + \delta\mathfrak{r}) = F(\mathfrak{r}) + \delta\mathfrak{r} \cdot \operatorname{grad} F = 0\,. \tag{20, 22}$$

Hieraus folgt wegen (20, 3):

$$\delta\mathfrak{r} \cdot \operatorname{grad} F = 0\,. \tag{20, 23}$$

Diese Gleichung in Verbindung mit (20, 20) löst das eingangs gestellte Gleichgewichtsproblem.

Um die Gleichgewichtslage von m zu bestimmen, muß aus den beiden Gleichungen (20, 20) und (20, 23) $\delta\mathfrak{r}$ eliminiert werden. Dies ist i. allg. eine umständliche und langwierige Rechnung. Man kann sie nach Lagrange umgehen, indem man wie folgt verfährt: man multipliziere (20, 23) mit einer zunächst noch unbestimmten, später geeignet zu wählenden Funktion $\lambda = \lambda\,(\mathfrak{r})$ und addiere das Ergebnis zu (20, 20). Dies ergibt

$$(\mathfrak{K} + \lambda \operatorname{grad} F) \cdot \delta\mathfrak{r} = 0 \tag{20, 24}$$

oder ausführlich geschrieben

$$\left(K_x + \lambda \frac{\partial F}{\partial x}\right) \delta x + \left(K_y + \lambda \frac{\partial F}{\partial y}\right) \delta y + \left(K_z + \lambda \frac{\partial F}{\partial z}\right) \delta z = 0\,. \tag{20, 25}$$

Aus (20, 24) darf man jetzt nicht, wie aus (19, 4), schließen, daß der Faktor von $\delta\mathfrak{r}$ verschwindet, weil nun, wegen (20, 21), die Komponenten δx, δy, δz nicht mehr voneinander unabhängig sind. Zwei von ihnen, sagen wir etwa δy und δz, können beliebig gewählt werden, dann ist jedoch δx aufgrund von (20, 21) festgelegt. Man wählt nun den in (20, 25) auftretenden „Lagrangeschen Multiplikator" λ *so*, daß der Faktor von δx verschwindet, d. h. daß

$$K_x + \lambda \frac{\partial F}{\partial x} = 0 \tag{20, 26}$$

wird. Dann reduziert sich (20, 25) auf

$$\left(K_y + \lambda \frac{\partial F}{\partial y}\right) \delta y + \left(K_z + \lambda \frac{\partial F}{\partial z}\right) \delta z = 0\,. \tag{20, 27}$$

Hieraus folgt jetzt, weil δy und δz voneinander unabhängig sind, daß dann

$$K_y + \lambda \frac{\partial F}{\partial y} = 0 \tag{20, 28}$$

$$K_z + \lambda \frac{\partial F}{\partial z} = 0 \tag{20, 29}$$

sein *muß*. Man beachte, daß das symmetrische Ergebnis (20, 26) und (20, 28/29) aus einer unsymmetrischen Schlußweise folgt.

Die Ausdrücke (20, 26) und (20, 28/29) lassen sich in

$$\mathfrak{K} + \lambda \operatorname{grad} F(\mathfrak{r}) = 0 \tag{20, 30}$$

zusammenfassen. Dies ist die gesuchte Gleichgewichtsbedingung für den hier behandelten Fall. Sie löst in Verbindung mit (20, 3) das eingangs aufgeworfene Gleichgewichtsproblem: die Vektorgleichung (20, 30) und die skalare Nebenbedingung (20, 3) reichen genau aus, um den Ortsvektor der Gleichgewichtslage von m und den i. allg. von $\mathfrak{r}$ abhängigen LAGRANGEschen Multiplikator $\lambda = \lambda(\mathfrak{r})$ zu bestimmen.

Aus (20, 30) ist zu erkennen, daß der Ausdruck

$$\mathfrak{Z} = \lambda \operatorname{grad} F \tag{20, 31}$$

eine Kraft sein muß, die als *Zwangskraft* bezeichnet wird. Sie hat, weil $\mathfrak{Z} \parallel \operatorname{grad} F$, in jedem Punkte der Fläche (20, 3) die Richtung der Flächennormalen. Man deutet das Auftreten von $\mathfrak{Z}$ in der Gleichgewichtsbedingung (20, 30) dahingehend, daß man sagt: die Zwangskraft $\mathfrak{Z}$ verhindert das Hinaustreten von m aus der vorgeschriebenen Fläche (20, 3). Dies drückt man auch häufig durch „die Zwangskraft (20, 31) ersetzt die Nebenbedingung (20, 3)" aus. —

Auf gleiche Weise wie vorstehend dargelegt, erhält man auch die Gleichgewichtsbedingung für einen der Kraft $\mathfrak{K}$ unterworfenen Massenpunkt m, wenn dessen Ortsvektor $\mathfrak{r}$ die zwei (holonom-skleronomen) Nebenbedingungen

$$F_1(\mathfrak{r}) = 0 \tag{20, 32}$$

$$F_2(\mathfrak{r}) = 0 \tag{20, 33}$$

zu erfüllen hat.

In diesem Fall erhält man durch eine geringfügige Änderung der oben durchgeführten Überlegungen als Gleichgewichtsbedingung

$$\mathfrak{K} + \lambda_1 \operatorname{grad} F_1 + \lambda_2 \operatorname{grad} F_2 = 0. \tag{20, 34}$$

Diese Gleichung in Verbindung mit den zwei Nebenbedingungen (20, 32/33) erlaubt die Bestimmung des Ortsvektors der Gleichgewichtslage von m sowie der beiden LAGRANGEschen Multiplikatoren λ_1 und λ_2.

Offensichtlich ist (20, 34) eine Verallgemeinerung von (20, 30). Daß diese Gleichgewichtsbedingung noch weitergehend verallgemeinert werden kann, wird in der Mechanik der Punktsysteme gezeigt werden.

Ergänzend mag noch bemerkt werden, daß beim Vorliegen der nichtholonom-skleronomen Nebenbedingung (20, 12) — der allerdings in den Anwendungen wohl kaum eine besondere Bedeutung zukommt — die vorstehend angegebene, nur geringfügig abzuändernde Überlegung die Ausdrücke

$$K_x + \lambda f_1(\mathfrak{r}) = 0 \tag{20, 35}$$
$$\cdots$$

als Gleichgewichtsbedingungen liefert.

21. Das Prinzip von d'ALEMBERT und die LAGRANGEschen Gleichungen 1. Art

Nachdem vorstehend die Gleichgewichtsbedingungen für einen unfreien Massenpunkt gefunden wurden, soll nun dargelegt werden, wie man die Bewegungsgleichung eines gebundenen Massenpunktes finden kann.

Hierzu betrachten wir noch einmal einen freien Massenpunkt m, der der Einwirkung von Kräften mit der Resultierenden $\mathfrak{K}$ unterliegt. Dann gilt für m nach NEWTON die Bewegungsgleichung (14, 2). Schreibt man diese in der Form

$$\mathfrak{K} - m\ddot{\mathfrak{r}} = 0 \tag{21, 1}$$

und setzt

$$\mathfrak{K} - m\ddot{\mathfrak{r}} = \overline{\mathfrak{K}}, \tag{21, 2}$$

so geht (21, 1) in

$$\overline{\mathfrak{K}} = 0 \tag{21, 3}$$

über.

Dies stimmt formal mit der Gleichgewichtsbedingung (19, 1) überein und erlaubt folgende Interpretation: Ein Massenpunkt m, der unter dem Einfluß der Kraft $\mathfrak{K}$ eine Bewegung ausführt, ist im Gleichgewicht, wenn man zu $\mathfrak{K}$ die D'ALEMBERT*sche Trägheitskraft* $-m\ddot{\mathfrak{r}}$ hinzufügt. Mit dieser Auffassung [1, S. 66] läßt sich ein dynamisches Problem formal auf ein solches der Statik zurückführen.

Es hat nun LAGRANGE in seiner „Mécanique Analytique" als erster den Schritt getan, auf die in (21, 2) eingeführte Kraft $\overline{\mathfrak{K}}$ das Prinzip der virtuellen Arbeit anzuwenden, d. h. er postuliert, daß für einen bewegten Massenpunkt m:

$$\delta A = \overline{\mathfrak{K}} \cdot \delta\mathfrak{r} = (\mathfrak{K} - m\ddot{\mathfrak{r}}) \cdot \delta\mathfrak{r} = 0 \tag{21, 4}$$

gilt, gleichgültig, ob m frei oder unfrei ist. Diese Aussage wird als D'ALEMBERT*sches Prinzip* bezeichnet.

Wegen der formalen Gleichheit von (21, 4) mit (20, 20) dürfen die im vorstehenden Kapitel durchgeführten Rechnungen übernommen werden, wobei lediglich $\mathfrak{K}$ durch $\overline{\mathfrak{K}}$ zu ersetzen ist.

Ist m ein freier Massenpunkt, so erhält man aus (21, 4) aufgrund derselben Überlegungen, die in Kap. 20 durchgeführt wurden, den Ausdruck (21, 3) und damit die NEWTONsche Bewegungsgleichung (14, 2). Ist dagegen m unfrei, weil z. B. die Nebenbedingung (20, 3) zu erfüllen ist, so muß neben (21, 4) noch (20, 15) gelten. Auf genau demselben Wege, der im Anschluß an diese Gleichung gegangen wurde, erhält man jetzt anstelle von (20, 16)

$$\overline{\mathfrak{K}} + \lambda \operatorname{grad} F \cdot \delta\mathfrak{r} = 0 \tag{21, 5}$$

und hieraus als Analogon zu (20, 22):

$$\overline{\mathfrak{K}} + \lambda \operatorname{grad} F = 0\,. \tag{21, 6}$$

Mit (21, 2) wird daraus:

$$m\ddot{\mathfrak{r}} = \mathfrak{K} + \lambda \operatorname{grad} F(\mathfrak{r}). \tag{21, 7}$$

Dies ist die LAGRANGE*sche Bewegungsgleichung 1. Art*, die anstelle der NEWTONschen Bewegungsgleichung (14, 2) zu verwenden ist, wenn es sich um die Bewegung eines der Nebenbedingung (20, 3) unterworfenen Massenpunktes m handelt. Gl. (21, 7) ermöglicht, gemeinsam mit (20, 3), die Bestimmung der Bahn $\mathfrak{r} = \mathfrak{r}(t)$ von m und des LAGRANGEschen Multiplikators $\lambda = \lambda(\mathfrak{r})$.

Liegt statt der holonom-skleronomen Nebenbedingung (20, 3) die nichtholonom-skleronome Nebenbedingung (20, 12) vor, so liefert das D'ALEMBERTsche Prinzip — auf dem gleichen Weg, wie er vorstehend angegeben wurde — als dann gültige Bewegungsgleichungen

$$m\ddot{x} = K_x + \lambda f_1(\mathfrak{r}) \tag{21, 8}$$
$$\cdots$$

Wir werden die Bewegungsgleichungen (21, 7) und (21, 8) im folgenden Kapitel mit Hilfe eines anderen Prinzips auf einem anderen Wege finden.

22. Das Gausssche Prinzip des kleinsten Zwanges

Zu der im vorhergehenden Kap. gefundenen Lagrangeschen Gleichung (21, 7) kann man auch auf einem anderen Wege gelangen als den, der dort beschritten wurde. Dies gelingt mit einem 1829 von Gauss gefundenen „. . . neuen allgemeinen Grundgesetz der Mechanik“, das heute als das *Gausssche Prinzip des kleinsten Zwanges* bezeichnet wird.

Ist m frei und unterliegt der Einwirkung der Kraft $\mathfrak{K}$, so erfährt m nach (14, 2) die Beschleunigung

$$\ddot{\mathfrak{r}}_f = \frac{\mathfrak{K}}{m}. \tag{22, 1}$$

Wir haben hier die Beschleunigung $\ddot{\mathfrak{r}}_f$ mit dem Index f versehen, um damit anzudeuten, daß (22, 1) für einen freien Massenpunkt m gilt. Hat dagegen m eine Nebenbedingung zu erfüllen — der Einfachheit halber wollen wir (20, 3) annehmen — so kann diese nach den Ausführungen in Kap. 20 durch eine geeignete Zwangskraft $\mathfrak{Z}$ ersetzt werden, die m daran hindert, sich so zu bewegen, wie wenn m frei wäre. Es wird daher beim Vorliegen einer Nebenbedingung die tatsächliche Beschleunigung

$$\ddot{\mathfrak{r}} \neq \ddot{\mathfrak{r}}_f \tag{22, 2}$$

sein.

Man drückt dies dadurch aus, daß man sagt: eine von m zu erfüllende Nebenbedingung „tut dem Massenpunkt einen Zwang an“.

Als Maß für den Zwang Z wird man eine der Differenz $|\ddot{\mathfrak{r}} - \ddot{\mathfrak{r}}_f|$ proportionale Größe wählen. Gauss hat, wohl im Anschluß an die von ihm gefundene „Methode der kleinsten Quadrate“ als den durch eine Nebenbedingung dem Massenpunkt m „angetanen“ Zwang Z den Ausdruck

$$Z = m(\ddot{\mathfrak{r}} - \ddot{\mathfrak{r}}_f)^2 \tag{22, 3}$$

$$= m\left(\ddot{\mathfrak{r}} - \frac{\mathfrak{K}}{m}\right)^2 \tag{22, 4}$$

definiert und postuliert: die tatsächliche Beschleunigung $\ddot{\mathfrak{r}}$, die m unter Einwirkung der Kraft $\mathfrak{K}$ beim Vorliegen einer Nebenbedingung erfährt, ist diejenige, mit der der Zwang (22, 4) ein Minimum wird, verglichen mit allen anderen möglichen Beschleunigungen, die mit der Nebenbedingung verträglich sind.

Um nach diesem Prinzip die tatsächliche Beschleunigung $\ddot{\mathfrak{r}}$ von m beim Vorliegen der Nebenbedingung (20, 3) zu finden, hat man zunächst die Bedingung aufzusuchen, der $\ddot{\mathfrak{r}}$ zu genügen hat. Man findet sie, indem man (20, 3), d. i. bei Verwendung cartesischer Koordinaten,

$$F(\mathfrak{r}) = F(\mathfrak{r}(t)) \tag{22, 5}$$

$$= F(x(t), y(t), z(t)) = 0 \tag{22, 6}$$

zweimal nach der Zeit t ableitet, weil dann in dem Ergebnis $\ddot{\mathfrak{r}} = \{\ddot{x}, \ddot{y}, \ddot{z}\}$ auftreten muß.

Die erste Differentiation von (22, 6) nach t ergibt

$$\frac{dF}{dt} = \frac{\partial F}{\partial x}\dot{x} + \frac{\partial F}{\partial y}\dot{y} + \frac{\partial F}{\partial z}\dot{z} \tag{22, 7}$$

$$= \dot{\mathfrak{r}} \cdot \operatorname{grad} F = 0. \tag{22, 8}$$

Statt (22, 7) kann man auch

$$\frac{dF}{dt} = \sum_{i=1}^{3} \frac{\partial F}{\partial x_i}\dot{x}_i = 0 \tag{22, 9}$$

schreiben. Leitet man diesen Ausdruck nochmals nach t ab, so ergibt sich

$$\frac{d^2F}{dt^2} = \sum_i \sum_j \frac{\partial^2 F}{\partial x_i \partial x_j} \dot{x}_i \dot{x}_j + \sum_i \frac{\partial F}{\partial x_i} \ddot{x}_i \tag{22, 10}$$

$$= F^*(\ddot{x}, \ddot{y}, \ddot{z}, \ldots) = F^*(\ddot{\mathfrak{r}}, \ldots) = 0. \tag{22, 11}$$

Während nach den Ausführungen in Kap. 20 nur solche $\mathfrak{r}$ zugelassen sind, die der Bedingung (20, 13) genügen, kommen — in Analogie dazu — beim GAUSSschen Prinzip des kleinsten Zwanges nunmehr nur solche Beschleunigungen $\ddot{\mathfrak{r}}$ in Betracht, die der Bedingung (22, 11) genügen. Das GAUSSsche Prinzip fordert daher: Minimum von (22, 4) unter Beachtung der Nebenbedingung (22, 11), in der die Variablen nur die (cartesischen) Komponenten der Beschleunigung $\ddot{\mathfrak{r}} = \{\ddot{x}, \ddot{y}, \ddot{z}\}$ sind.

Schreibt man für (22, 4) gemäß der früher getroffenen Vereinbarung

$$Z = m \sum_{i=1}^{3} \left(\ddot{x}_i - \frac{K_i}{m}\right)^2, \tag{22, 12}$$

so ergibt sich das geforderte Minimum von Z nach bekannten Regeln der Differentialrechnung aus

$$\frac{\partial}{\partial \ddot{x}_j}(Z + \mu F^*) = 0, \quad j = 1, 2, 3, \tag{22, 13}$$

wobei μ ein LAGRANGEscher Multiplikator ist. Mit (22, 12) und (22, 11) wird aus der letzten Gleichung

$$\frac{\partial}{\partial \ddot{x}_j}\left\{m \sum_i \left(\ddot{x}_i - \frac{K_i}{m}\right)^2 + \mu \sum_i \frac{\partial F}{\partial x_i} \ddot{x}_i + \cdots\right\} = 0. \tag{22, 14}$$

Führt man die Differentiation aus, so erhält man

$$2\, m\left(\ddot{x}_j - \frac{K_j}{m}\right) + \mu \frac{\partial F}{\partial x_j} = 0, \quad j = 1, 2, 3 \tag{22, 15}$$

oder, wenn man

$$\frac{\mu}{2} = -\lambda \tag{22, 16}$$

setzt,

$$m\ddot{x}_j = K_j + \lambda \frac{\partial F}{\partial x_j}. \tag{22, 17}$$

Diese drei (für $j = 1, 2, 3 \to x, y, z$ gültigen) Gleichungen lassen sich, vektoriell geschrieben, in

$$m\ddot{\mathfrak{r}} = \mathfrak{K} + \lambda \operatorname{grad} F \tag{22, 18}$$

zusammenfassen. Dies ist genau die mit Verwendung des D'ALEMBERTschen Prinzips gefundene LAGRANGEsche Bewegungsgleichung (21, 7).

Wir wollen nun das GAUSSsche Prinzip — in der Annahme, daß dieses beim Vorliegen einer beliebigen Nebenbedingung Gültigkeit besitzt — anwenden, um die Bewegungsgleichung für einen Massenpunkt zu finden, wenn er einer rheonomen Nebenbedingung unterworfen ist.

Wir beginnen mit dem Fall, daß es sich um die holonom-rheonome Nebenbedingung

$$F(\mathfrak{r}, t) = 0 \tag{22, 19}$$

handelt. Dann hat man, um die Bedingung zu finden, der $\ddot{\mathfrak{r}}$ zu genügen hat — ebenso wie vorstehend — die Nebenbedingung (22, 19) zweimal nach der Zeit t zu differenzieren. Die erste Ableitung von (22, 19) nach t ergibt

$$\frac{dF}{dt} = \dot{\mathfrak{r}} \cdot \operatorname{grad} F(\mathfrak{r}, t) + \frac{\partial F}{\partial t} = 0. \tag{22, 20}$$

Dieser Ausdruck unterscheidet sich von (22, 8) lediglich durch das Auftreten der partiellen Ableitung von F nach t. Daher kann sich auch die durch nochmalige Differentiation nach t von (22, 20) ergebende Bedingung

$$F^*(\ddot{\mathfrak{r}}, \ldots) = 0 \tag{22, 21}$$

von der im holonom-skleronomen Fall gültigen Gleichung (22, 10/11) nur durch das Auftreten von partiellen Zeitableitungen unterscheiden. Da diese aber aufgrund des durch (22, 13) formulierten Prinzips des kleinsten Zwanges fortfallen (Minimum in bezug auf $\ddot{\mathfrak{r}}$), liefert dieses, beim Vorliegen der Nebenbedingung (22, 19), als Bewegungsgleichung

$$m\ddot{\mathfrak{r}} = \mathfrak{K} + \lambda \operatorname{grad} F(\mathfrak{r}, t). \tag{22, 22}$$

Auf den ersten Blick erscheint es, daß diese Bewegungsgleichung mit der beim Vorliegen der skleronomen Nebenbedingung (20, 3) gültigen Bewegungsgleichung (22, 18) übereinstimmt. Dies trifft jedoch nicht zu: denn bei rheonomen Nebenbedingungen tritt in dem in (22, 12) vorhandenen Faktor grad $F(\mathfrak{r}, t)$ die Zeit t explizit auf, weshalb der Lagrangesche Multiplikator λ in (22, 22) i. allg. auch zeitabhängig: $\lambda = \lambda\,(\mathfrak{r}, t)$ sein wird. Es sind daher die Bewegungsgleichungen für m im Fall des Vorliegens skleronomer bzw. rheonomer Nebenbedingungen nur äußerlich, keineswegs jedoch ausführlich ausgeschrieben, gleich.

Abschließend wollen wir das Gausssche Prinzip noch dazu verwenden, um die Bewegungsgleichung eines Massenpunktes m aufzusuchen, wenn m der nichtholonom-rheonomen Nebenbedingung

$$F(\mathfrak{r}, \dot{\mathfrak{r}}, t) = 0 \tag{22, 23}$$

im Sinne von H. Hertz unterworfen ist. Aus dieser Nebenbedingung ergibt sich die Bedingung $F^*(\ddot{\mathfrak{r}}) = 0$, der die Beschleunigung $\ddot{\mathfrak{r}}$ zu genügen hat, im Gegensatz zu oben, indem man (22, 23) nur **einmal** nach t ableitet. Man erhält dann

$$\frac{dF}{dt} = \frac{\partial F}{\partial x}\dot{x} + \frac{\partial F}{\partial y}\dot{y} + \frac{\partial F}{\partial z}\dot{z} + \frac{\partial F}{\partial \dot{x}}\ddot{x} + \frac{\partial F}{\partial \dot{y}}\ddot{y} + \frac{\partial F}{\partial \dot{z}}\ddot{z} + \frac{\partial F}{\partial t} = 0. \tag{22, 24}$$

Die erste Zeile dieser Gleichung ist das skalare Produkt aus der Geschwindigkeit $\dot{\mathfrak{r}}\,\{\dot{x}, \dot{y}, \dot{z}\}$ und dem („gewöhnlichen" oder, wie wir sagen wollen, dem „Orts"-)Gradienten $\operatorname{grad}_{\mathfrak{r}}$ von F. Analog hierzu ist die zweite Zeile von (22, 24) als das skalare Produkt aus der Beschleunigung $\ddot{\mathfrak{r}}\,\{\ddot{x}, \ddot{y}, \ddot{z}\}$ und dem „Geschwindigkeits"-Gradienten $\operatorname{grad}_{\dot{\mathfrak{r}}}$ von F deutbar.

Mit Benutzung der soeben erklärten Symbole erhält man als Bedingungsgleichung für

$$F^*(\ddot{\mathfrak{r}}) = \ddot{\mathfrak{r}} \cdot \operatorname{grad}_{\dot{\mathfrak{r}}} F + \dot{\mathfrak{r}} \cdot \operatorname{grad}_{\mathfrak{r}} F + \frac{\partial F}{\partial t} = 0. \tag{22,25}$$

Mit dieser Bedingungsgleichung für $\ddot{\mathfrak{r}}$, die in dem hier behandelten Fall der nichtholonom-rheonomen Nebenbedingung (22, 23) äquivalent ist, ergibt das Gausssche Prinzip des kleinsten Zwanges gemäß (22, 12) als Bewegungsgleichung

$$m\ddot{\mathfrak{r}} = \mathfrak{K} + \lambda \operatorname{grad}_{\dot{\mathfrak{r}}} F(\mathfrak{r}, \dot{\mathfrak{r}}, t). \tag{22, 26}$$

Es ist vielleicht für den Anfänger von Nutzen, die Vektorgleichung (22, 26) in cartesischen Koordinaten anzugeben. Diese lautet dann

$$m\ddot{x} = K_x + \lambda \frac{\partial F}{\partial \dot{x}} \tag{22, 27}$$

$$m\ddot{y} = K_y + \lambda \frac{\partial F}{\partial \dot{y}} \tag{22, 28}$$

$$m\ddot{z} = K_z + \lambda \frac{\partial F}{\partial \dot{z}}. \tag{22, 29}$$

Für den Sonderfall, daß eine nichtholonome Nebenbedingung vorliegt, in die die Geschwindigkeitskomponenten $\dot{x}$, $\dot{y}$, $\dot{z}$ linear eingehen, d. h., daß Nebenbedingungen von der Form bzw. (20, 11) zu erfüllen sind, liefert (22, 27) als Bewegungsgleichungen

$$m\ddot{x} = K_x + \lambda f_1(\mathfrak{r}) \qquad (22, 30)$$
$$\ldots$$

bzw.

$$m\ddot{x} = K_x + \lambda \varphi_1(\mathfrak{r}, t) \qquad (22, 31)$$
$$\ldots .$$

Diese Gleichungen liefert auch das D'ALEMBERTsche Prinzip. Dagegen ist dieses nicht mehr anwendbar, wenn Nebenbedingungen vorliegen, in denen die Komponenten der Geschwindigkeit anders als in (20, 10/11), d. h. nichtlinear eingehen. Man kann daher sagen, daß das GAUSSsche Prinzip des kleinsten Zwanges mehr leistet als das Prinzip von D'ALEMBERT.

23. Relativbewegungen

1. Die GALILEI-Transformation. Es ist schon früher (Kap. 8) betont worden, daß alle Bewegungen relativ sind, d. h. die Bewegung eines Massenpunktes m kann nur in bezug auf ein Koordinatensystem beschrieben werden. Die NEWTONsche Mechanik legt als solches ein Inertialsystem zugrunde, welches dadurch definiert ist, daß in ihm (für einen freien Massenpunkt) die Bewegungsgleichung

$$m\ddot{\mathfrak{r}} = \mathfrak{K} \qquad (23, 1)$$

lautet.

Es sei nun S ($\mathfrak{i}$, $\mathfrak{j}$ $\mathfrak{k}$) ein Inertialsystem mit dem Ursprung 0 und S' ($\mathfrak{i}'$, $\mathfrak{j}'$, $\mathfrak{k}'$) ein anderes Bezugssystem mit dem Ursprung 0′, dessen Lage in bezug auf 0 durch den Vektor $\mathfrak{q}$ gegeben sei, Abb. 23, 1. Der Ursprung 0′ bewege sich relativ zu dem (als raumfest angesehenen) Punkt 0, auf einer beliebigen Bahn $\mathfrak{q} = \mathfrak{q}\ (t)$, jedoch stets so, daß die Winkel, die die Einheitsvektoren $\mathfrak{i}$, $\mathfrak{j}$, $\mathfrak{k}$ des Inertialsystems S mit denen des sich bewegenden Systems S' ($\mathfrak{i}'$, $\mathfrak{j}'$, $\mathfrak{k}'$) sich nicht ändern. Man sagt dann: S' führt relativ zu S eine *Translations*bewegung aus.

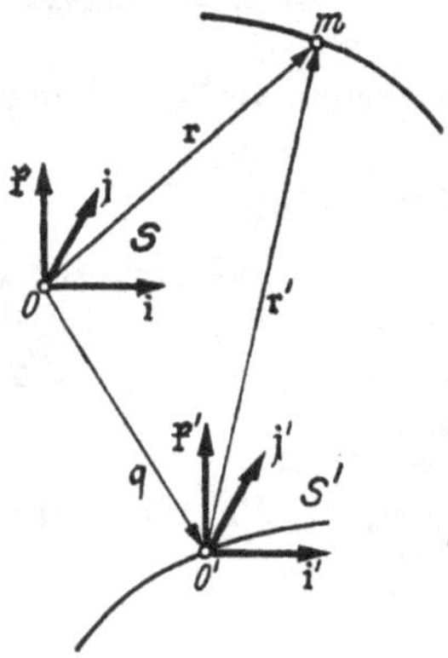

Abb. 23, 1: Zwei zueinander bewegte Koordinatensysteme, deren Einheitsvektoren $\mathfrak{i}$, $\mathfrak{j}$, $\mathfrak{k}$ bzw. $\mathfrak{i}'$, $\mathfrak{j}'$, $\mathfrak{k}'$ dauernd die gleiche Richtung haben

Nun gilt, wie unmittelbar aus Abb. 23, 1 ersichtlich, für die Ortsvektoren $\mathfrak{r}$ und $\mathfrak{r}'$ von m bzgl. 0 bzw. 0′ die einfache Beziehung

$$\mathfrak{r} = \mathfrak{q} + \mathfrak{r}' . \qquad (23, 2)$$

Durch Differentiation nach der Zeit von (23, 2) erhält man die entsprechende Beziehung zwischen den Geschwindigkeiten $\dot{\mathfrak{r}}$ und $\dot{\mathfrak{r}}'$ von m bzgl. 0 bzw. 0':

$$\dot{\mathfrak{r}} = \dot{\mathfrak{q}} + \dot{\mathfrak{r}}'. \tag{23, 3}$$

Man bezeichnet

$$\dot{\mathfrak{q}} = \frac{d\mathfrak{q}}{dt} = \mathfrak{v}_f \tag{23, 4}$$

als die ***Translationsgeschwindigkeit*** von S' relativ zu S oder auch (früher überwiegend, heute nur noch gelegentlich) als „Führungsgeschwindigkeit".

Um zu den Beschleunigungen überzugehen, hat man (23, 3) noch einmal nach der Zeit t zu differenzieren. Man erhält

$$\ddot{\mathfrak{r}} = \ddot{\mathfrak{q}} + \ddot{\mathfrak{r}}'. \tag{23, 5}$$

Hierin ist $\ddot{\mathfrak{q}}$ die Beschleunigung des Massenpunktes m, wenn er im System S' fixiert ist und von diesem durch seine Bewegung relativ zu S mitgeführt wird. Man nennt daher $\ddot{\mathfrak{q}}$ „Führungsbeschleunigung".

Mit Hilfe von (23, 5) kann man nun die Frage beantworten, wie sich die für das Inertialsystem S gültige Bewegungsgleichung (23, 1) ändert, wenn man von S zu dem System S' übergeht. Die Antwort ergibt sich, indem man (23, 5) in (23, 1) einsetzt. Dies liefert

$$m\ddot{\mathfrak{r}}' = \mathfrak{K} - m\ddot{\mathfrak{q}}. \tag{23, 6}$$

Setzt man

$$\mathfrak{K} - m\ddot{\mathfrak{q}} = \mathfrak{K}', \tag{23, 7}$$

so nimmt (23, 6) wieder die Form der NEWTONschen Bewegungsgleichung

$$m\ddot{\mathfrak{r}}' = \mathfrak{K}' \tag{23, 8}$$

an.

Aus den beiden letzten Gleichungen läßt sich folgendes ablesen: In einem sich relativ zu einem Inertialsystem S translatorisch beschleunigt bewegten System S' gilt, ebenso wie in bezug auf S, die NEWTONsche Bewegungsgleichung (23, 1), sofern der „eingeprägten" Kraft $\mathfrak{K}$ die durch die Beschleunigung $\ddot{\mathfrak{q}}$ von S' relativ zu S bedingte Trägheitskraft

$$\mathfrak{K}_t = - m\ddot{\mathfrak{q}} \tag{23, 9}$$

hinzugefügt wird, die man auch „Führungskraft" nennt.

Man kann nun fragen, ob es ein System S' (oder vielleicht auch deren mehrere) gibt, in dem bzw. denen, trotz der Bewegung von S' relativ zu S, die Bewegungsgleichung (23, 1) unverändert gilt, also

$$m\ddot{\mathfrak{r}}' = \mathfrak{K}' = \mathfrak{K} = m\ddot{\mathfrak{r}} \tag{23, 10}$$

ist.

Dies ist nach (23, 7) dann der Fall, wenn

$$\ddot{\mathfrak{q}}(t) = 0 \tag{23, 11}$$

ist. Hieraus folgt, durch Integration nach der Zeit, daß die Translationsgeschwindigkeit $\dot{\mathfrak{q}}$ von S' relativ zu S konstant sein muß:

$$\dot{\mathfrak{q}} = \mathfrak{v}_0. \tag{23, 12}$$

Man kann daher sagen: Wenn man *ein* Inertialsystem S gefunden hat, in dem p. def. die Bewegungsgleichung (23, 1) gilt, so gilt sie auch in jedem anderen Bezugssystem S', das relativ zu S eine gleichförmige Translationsgeschwindigkeit $\mathfrak{v}_0$ besitzt. Mit der Kenntnis *eines* Inertialsystems S kennt man also gleichzeitig auch eine unendlich große Klasse mit S äquivalenter Systeme.

Man kann diese Aussage auch anders formulieren: Wenn die Bewegungsgleichung (23, 1) nicht nur in einem Intertialsystem S, sondern ebenfalls in jedem dazu sich translatorisch gleichförmig bewegenden System S' gilt, so bedeutet dies, daß sich die konstante Translationsgeschwindigkeit $\mathfrak{v}_0$ mechanisch in keiner Weise geltend macht. Man kann daher auch sagen: „Es ist durch kein mechanisches Experiment möglich, eine gleichförmige Translationsbewegung eines Bezugssystems S' relativ zu einem anderen System S festzustellen" oder anders ausgedrückt: „Mechanische Vorgänge, die ein ruhender Beobachter in einem ruhenden Bezugssystem S wahrnimmt, sind genau dieselben, die in einem mit gleichförmiger Translationsgeschwindigkeit $\mathfrak{v}_0$ sich relativ zu S bewegenden System S' ein sich mit diesem mitbewegender Beobachter wahrnimmt."

Integriert man (23, 12), so erhält man

$$\mathfrak{q}(t) = \mathfrak{q}_0 + \mathfrak{v}_0 t\,, \tag{23, 13}$$

wobei $\mathfrak{q}_0$ ein konstanter Ortsvektor ist. Damit wird nach (23, 2) für den Ortsvektor $\mathfrak{r}'$ von m in bezug auf S':

$$\mathfrak{r}' = \mathfrak{r} - \mathfrak{q}_0 - \mathfrak{v}_0 t. \tag{23, 14}$$

Diese Gleichung heißt GALILEI-*Transformation*, der gegenüber die NEWTONsche Bewegungsgleichung (23, 1) invariant ist.

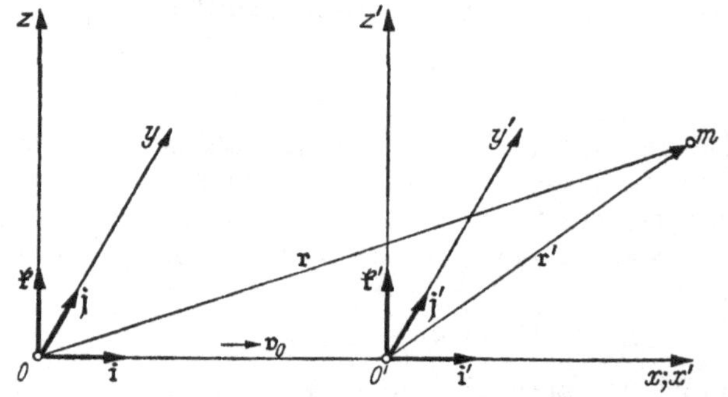

Abb. 23, 2: Zum Verständnis der GALILEI-Transformation (23, 14)

Es ist möglich — und allgemein üblich — die GALILEI-Transformation nicht vektoriell durch (23, 14), sondern in einer speziellen Form in Komponentenschreibweise auszudrücken, durch die — wie man beweisen kann — die Allgemeingültigkeit von (23, 14) nicht eingeschränkt wird. Man gelangt zu dieser vereinfachten Darstellung, indem man die beiden Systeme S und S' so wählt, daß sie zur Zeit $t = 0$ zusammenfallen. Dann ist nach (23, 14) der konstante Ortsvektor

$$\mathfrak{q}_0 = 0. \tag{23, 15}$$

Läßt man ferner die Richtungen von $\mathfrak{i}$ und $\mathfrak{i}'$ mit der Richtung von $\mathfrak{v}_0$ zusammenfallen, (Abb. 23, 2), so wird

$$\mathfrak{v}_0 = \{v, 0, 0\}. \tag{23, 16}$$

Mit den beiden letzten Gleichungen wird (23, 14), in Komponenten geschrieben,

$$x' = x - vt \tag{23, 17}$$

$$y' = y \tag{23, 18}$$

$$z' = z\,, \tag{23, 19}$$

und es sind insbesondere diese Gleichungen, die man meint, wenn man von der GALILEI-Transformation spricht. Die vorstehenden Gleichungen müssen noch durch die Relation

$$t' = t \tag{23, 20}$$

ergänzt werden, die in der Klassischen Mechanik als selbstverständlich angesehen und daher meistens nicht erwähnt wird („absolute" Zeit). Es ist nun gerade die „Zeittransformationsgleichung" (23, 20), die EINSTEIN als nicht zutreffend erkannte.

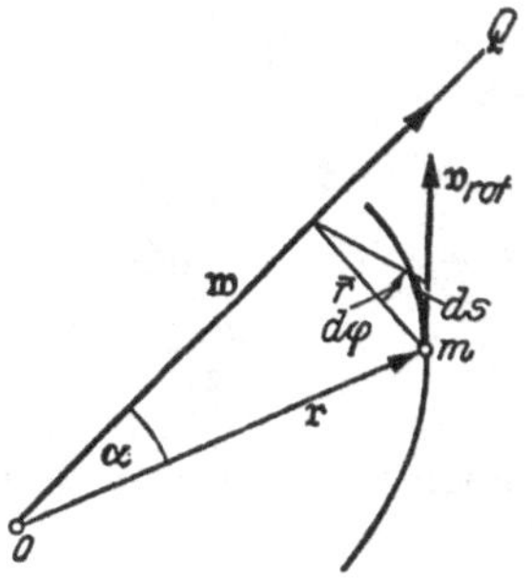

Abb. 23, 3: Zur Erklärung des Begriffes Winkelgeschwindigkeit

2. Die Winkelgeschwindigkeit. Es sei $0Q$ eine raumfeste Achse, um die sich ein Massenpunkt m auf einer Kreisbahn bewegt, Abb. 23, 3. In der Zeit dt lege m den Weg

$$ds = \bar{r}\,d\varphi, \quad d\varphi \geqq 0 \tag{23, 21}$$

zurück. In diesem Ausdruck kann, wie aus Abb. 23, 3 ersichtlich, für

$$\bar{r} = |\,\mathfrak{r}\,|\sin\alpha, \quad 0 \leqq \alpha \leqq \pi \tag{23, 22}$$

geschrieben werden, so daß (23, 21) in

$$ds = |\,\mathfrak{r}\,|\,d\varphi \sin\alpha \tag{23, 23}$$

übergeht. Hieraus ergibt sich für den Betrag der Geschwindigkeit $|\,\mathfrak{v}_{rot}\,|$, mit der m die Kreisbahn durchläuft,

$$|\,\mathfrak{v}_{rot}\,| = \frac{ds}{dt} = |\,\mathfrak{r}\,|\frac{d\varphi}{dt}\sin\alpha \tag{23, 24}$$

$$= |\,\mathfrak{r}\,|\,\dot{\varphi}\sin\alpha\,. \tag{23, 25}$$

Diesen Ausdruck kann man als das Vektorprodukt aus dem Ortsvektor $\mathfrak{r}$ und einem Vektor $\mathfrak{w}$ deuten, dessen Betrag

$$|\,\mathfrak{w}\,| = \dot{\varphi} \tag{23, 26}$$

ist und der mit $\mathfrak{r}$ den Winkel α einschließt, d. h. die Richtung der Drehachse $0Q$ hat, Abb. 23, 3. Mit dem so definierten Vektor $\mathfrak{w}$ wird aus (23, 25):

$$\mathfrak{v}_{rot} = \mathfrak{w} \times \mathfrak{r}, \tag{23, 27}$$

wobei die Reihenfolge der Faktoren in (23, 27) aufgrund der Definition des Vektorproduktes aus den in Abb. 23, 3 angegebenen Richtungen von $\mathfrak{r}$ und $\mathfrak{w}$ notwendig folgt.

Den soeben eingeführten Vektor $\mathfrak{w}$ bezeichnen wir als *Winkelgeschwindigkeit* oder als *Drehvektor*. Wir behalten uns vor, diese Begriffe später (Kap. 74) strenger zu formulieren.

3. Die Zeitableitung in einem beliebig bewegten Bezugssystem. Es sei nun $\bar{S}(\bar{\mathfrak{i}}, \bar{\mathfrak{j}}, \bar{\mathfrak{k}})$ ein raumfestes Bezugssystem (Inertialsystem) und $S(\mathfrak{i}, \mathfrak{j}, \mathfrak{k})$ ein in bezug auf $\bar{S}$ rotierendes anderes Bezugssystem. Dann ist in bezug auf $\bar{S}$ die zeitliche Änderung der Einheitsvektoren $\mathfrak{i}$, $\mathfrak{j}$, $\mathfrak{k}$ gemäß (23, 27) durch

$$\frac{d\mathfrak{i}}{dt} = \mathfrak{w} \times i \tag{23, 28}$$

$$\cdots$$

$$\cdots$$

gegeben.

Es sei ferner $\mathfrak{A} = \mathfrak{A}\,(t)$ ein beliebiger, zeitlich sich ändernder Vektor, der in bezug auf S die Darstellung

$$\mathfrak{A} = A_x\mathfrak{i} + A_y\mathfrak{j} + A_z\mathfrak{k} \tag{23, 29}$$

hat. Dann ist die zeitliche Änderung für einen in S verankerten Beobachter durch

$$\frac{d^*\mathfrak{A}}{dt} = \mathfrak{i}\frac{dAx}{dt} + \mathfrak{j}\frac{dAy}{dt} + \mathfrak{k}\frac{dAz}{dt} \tag{23, 30}$$

gegeben. Für einen mit dem raumfesten System $\bar{S}$ verankerten Beobachter gilt dagegen

$$\frac{d\mathfrak{A}}{dt} = \mathfrak{i}\frac{dAx}{dt} + \mathfrak{j}\frac{dAy}{dt} + \mathfrak{k}\frac{dAz}{dt} + A_x\frac{d\mathfrak{i}}{dt} + A_y\frac{d\mathfrak{j}}{dt} + A_z\frac{d\mathfrak{k}}{dt}. \tag{23, 31}$$

Dafür kann unter Beachtung von (23, 28) und (23, 30) auch

$$\frac{d\mathfrak{A}}{dt} = \frac{d^*\mathfrak{A}}{dt} + A_x\mathfrak{w}\times\mathfrak{i} + A_y\mathfrak{w}\times\mathfrak{j} + A_z\mathfrak{w}\times\mathfrak{k} \tag{23, 32}$$

$$= \frac{d^*\mathfrak{A}}{dt} + \mathfrak{w}\times(\mathfrak{i}A_x + \mathfrak{j}A_y + \mathfrak{k}A_z) \tag{23, 33}$$

$$= \frac{d^*\mathfrak{A}}{dt} + \mathfrak{w}\,\mathfrak{A} \tag{23, 34}$$

geschrieben werden.

Die für den beliebigen Vektor $\mathfrak{A}$ gültige Beziehung (23, 34) schreibt man häufig in der *Operator*form

$$\frac{d}{dt} = \frac{d^*}{dt} + \mathfrak{w}\times \tag{23, 35}$$

Wir erwähnen einen Sonderfall: läßt man den Operator (23, 35) auf den Vektor $\mathfrak{w}$ wirken, so erhält man wegen (5, 65):

$$\frac{d\mathfrak{w}}{dt} = \frac{d^*\mathfrak{w}}{dt} = \dot{\mathfrak{w}} \tag{23, 36}$$

und d. h. die zeitliche Änderung der Winkelgeschwindigkeit ist für das Inertialsystem $\bar{S}$ dieselbe wie für das sich zu $\bar{S}$ relativ bewegende System S.

4. Die Differentialgleichung für die Relativbewegung. Mit Hilfe von (23, 35) kann man nun die für einen Massenpunkt m in dem Inertialsystem $\bar{S}$ gültige Bewegungsgleichung (23, 1) in Erweiterung der Betrachtungen des Abschnitts 1. auf ein sich in bezug auf $\bar{S}$ beliebig bewegendes System S direkt umrechnen.

Hierzu genügt es, eine Verknüpfung zwischen den Beschleunigungen $\ddot{\mathfrak{r}}$ und $\ddot{\bar{\mathfrak{r}}}$ zu finden.

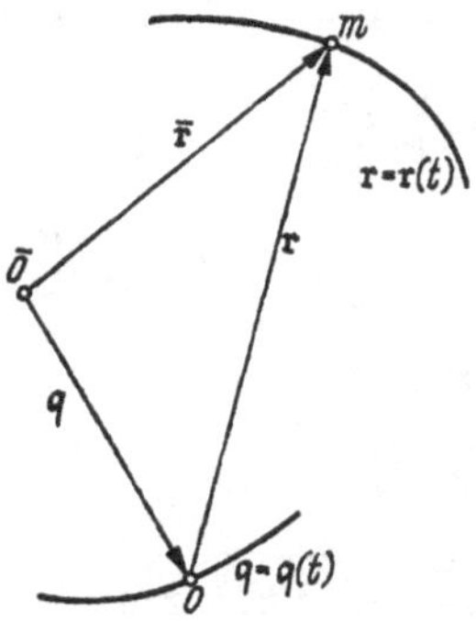

Abb. 23, 4: Zur Relativbewegung

Nach Abb. 23, 4, in der die Bezeichnungen gegenüber Abb. 23, 1 geringfügig geändert sind, gilt

$$\bar{\mathfrak{r}} = \mathfrak{q} + \mathfrak{r}. \tag{23, 37}$$

Hieraus folgt durch Differentiation nach der Zeit für die Geschwindigkeiten

$$\frac{d\bar{\mathfrak{r}}}{dt} = \bar{\mathfrak{v}} = \frac{d\mathfrak{q}}{dt} + \frac{d\mathfrak{r}}{dt}. \tag{23, 38}$$

Da $\mathfrak{q} = \mathfrak{q}(t)$ die Bahn beschreibt, auf der sich 0 relativ zu $\bar{0}$ (translatorisch) bewegt, nennt man

$$\frac{d\mathfrak{q}}{dt} = \dot{\mathfrak{q}} = \mathfrak{v}_t \tag{23, 39}$$

die Translationsgeschwindigkeit des Ursprungs $\bar{0}$ relativ zum Ursprung 0. Andererseits ist $\mathfrak{r}$ der Ortsvektor von m in dem sich in bezug auf $\bar{S}$ beliebig bewegenden System S. Daher gilt für die Zeitableitung von $\mathfrak{r}$ nach (23, 35):

$$\frac{d\mathfrak{r}}{dt} = \frac{d^*\mathfrak{r}}{dt} + \mathfrak{w} \times \mathfrak{r}. \tag{23, 40}$$

In diesem Ausdruck bedeutet

$$\frac{d^*\mathfrak{r}}{dt} = \mathfrak{v}_r \tag{23, 41}$$

die Geschwindigkeit von m im Bezugssystem S, die als Relativgeschwindigkeit $\mathfrak{v}_r$ bezeichnet wird. Mit (23, 40) geht (23, 38) in

$$\frac{d\bar{\mathfrak{r}}}{dt} = \bar{\mathfrak{v}} = \frac{d\mathfrak{q}}{dt} + \frac{d^*\mathfrak{r}}{dt} + \mathfrak{w} \times \mathfrak{r} \tag{23, 42}$$

$$= \mathfrak{v}_t + \mathfrak{v}_r + \mathfrak{w} \times \mathfrak{r} \tag{23, 43}$$

über.

Aus (23, 42) erhält man durch erneute Differentiation nach t für die Beschleunigung

$$\frac{d^2\bar{\mathfrak{r}}}{dt^2} = \ddot{\bar{\mathfrak{r}}} = \frac{d^2\mathfrak{q}}{dt^2} + \frac{d}{dt}\left(\frac{d^*\mathfrak{r}}{dt} + \mathfrak{w} \times \mathfrak{r}\right). \tag{23, 44}$$

Hieraus ergibt sich aufgrund von (23, 35) und Beachtung von (23, 36):

$$\ddot{\mathfrak{r}} = \frac{d^2\mathfrak{q}}{dt^2} + \frac{d^*}{dt}\left(\frac{d^*\mathfrak{r}}{dt} + \mathfrak{w} \times \mathfrak{r}\right) + \mathfrak{w} \times \left(\frac{d^*\mathfrak{r}}{dt} + \mathfrak{w} \times \mathfrak{r}\right) \qquad (23, 45)$$

$$= \frac{d^2\mathfrak{q}}{dt^2} + \frac{d^{*2}\mathfrak{r}}{dt^2} + \frac{d^*}{dt}(\mathfrak{w} \times \mathfrak{r}) + \mathfrak{w} \times \frac{d^*\mathfrak{r}}{dt} + \mathfrak{w} \times (\mathfrak{w} \times \mathfrak{r}) \qquad (23, 46)$$

$$= \frac{d^2\mathfrak{q}}{dt^2} + \frac{d^{*2}\mathfrak{r}}{dt^2} + \dot{\mathfrak{w}} \times \mathfrak{r} + \mathfrak{w} \times \frac{d^*\mathfrak{r}}{dt} + \mathfrak{w} \times \frac{d^*\mathfrak{r}}{dt} + \mathfrak{w} \times (\mathfrak{w} \times \mathfrak{r}) \qquad (23, 47)$$

$$= \frac{d^2\mathfrak{q}}{dt^2} + \frac{d^{*2}\mathfrak{r}}{dt^2} + 2\,\mathfrak{w} \times \frac{d^*\mathfrak{r}}{dt} + \mathfrak{w} \times (\mathfrak{w} \times \mathfrak{r}) + \dot{\mathfrak{w}} \times \mathfrak{r}. \qquad (23, 48)$$

Hierin ist, gemäß den Darlegungen in Abschnitt 1:

$$\frac{d^2\mathfrak{q}}{dt^2} = \ddot{\mathfrak{q}} = \mathfrak{a}_t \qquad (23, 49)$$

die Translations- oder Führungsbeschleunigung von 0 in bezug auf $\bar{S}$ und

$$\frac{d^{*2}\mathfrak{r}}{dt^2} = \ddot{\mathfrak{r}} = \mathfrak{a}_r \qquad (23, 50)$$

die sog. Relativbeschleunigung von m in bezug auf das System S. Ferner nennt man

$$\mathfrak{a}_c = 2\,\mathfrak{w} \times \frac{d^*\mathfrak{r}}{dt} \qquad (23, 51)$$

$$= 2\,\mathfrak{w} \times \dot{\mathfrak{r}} \qquad (23, 52)$$

Coriolis*beschleunigung*[1]) und schließlich

$$\mathfrak{a}_z = \mathfrak{w} \times (\mathfrak{w} \times \mathfrak{r}) \qquad (23, 53)$$

Zentrifugalbeschleunigung.

Mit Kenntnis von (23, 48) kann man nun sofort angeben, wie die in bezug auf das Inertialsystem $\bar{S}$ für m gültige Bewegungsgleichung

$$m\ddot{\bar{\mathfrak{r}}} = \bar{\mathfrak{K}} \qquad (23, 54)$$

im Bezugssystem S aussieht. Hierzu hat man (23, 48) mit m zu multiplizieren, was, unter Beachtung von (23, 50) und (23, 52), zu

$$m\ddot{\bar{\mathfrak{r}}} = \bar{\mathfrak{K}} = m\ddot{\mathfrak{q}} + m\ddot{\mathfrak{r}} + 2m\mathfrak{w} \times \dot{\mathfrak{r}} + m\mathfrak{w} \times (\mathfrak{w} \times \mathfrak{r}) + m\dot{\mathfrak{w}} \times \mathfrak{r} \qquad (23, 55)$$

führt. Aus dem zweiten Teil dieser Doppelgleichung folgt

$$m\ddot{\mathfrak{r}} = \bar{\mathfrak{K}} - m\ddot{\mathfrak{q}} - 2m\mathfrak{w} \times \dot{\mathfrak{r}} - m\mathfrak{w} \times (\mathfrak{w} \times \mathfrak{r}) - m\dot{\mathfrak{w}} \times \mathfrak{r}. \qquad (23, 56)$$

Schreibt man hierfür

$$m\ddot{\mathfrak{r}} = \mathfrak{K}, \qquad (23, 57)$$

so hat die Bewegungsgleichung auch im bewegten System S wieder die Form (23, 54), wobei jedoch anstelle der bzgl. $\bar{S}$ eingeprägten Kraft $\bar{\mathfrak{K}}$ jetzt die Kraft

$$\mathfrak{K} = \bar{\mathfrak{K}} + \mathfrak{K}_{tr} \qquad (23, 58)$$

[1]) So bezeichnet nach dem französischen Physiker Gustave Coriolis (1792—1843), von dem die wichtigsten Sätze über Relativbewegungen stammen.

steht, die sich aus $\bar{\mathfrak{K}}$ und Zusatzkräften $\mathfrak{K}_{tr}$ zusammensetzt, die man als *Trägheitskräfte* bezeichnet. Insbesondere heißt in Analogie zu den entsprechenden Beschleunigungen

$$\mathfrak{K}_f = m\ddot{\mathfrak{q}} \tag{23, 59}$$

Führungskraft, ferner

$$\mathfrak{K}_c = 2m\mathfrak{w} \times \dot{\mathfrak{r}} \tag{23, 60}$$

Coriolis*kraft* und

$$\mathfrak{K}_z = m\mathfrak{w} \times (\mathfrak{w} \times \mathfrak{r}) \tag{23, 61}$$

Zentrifugalkraft.

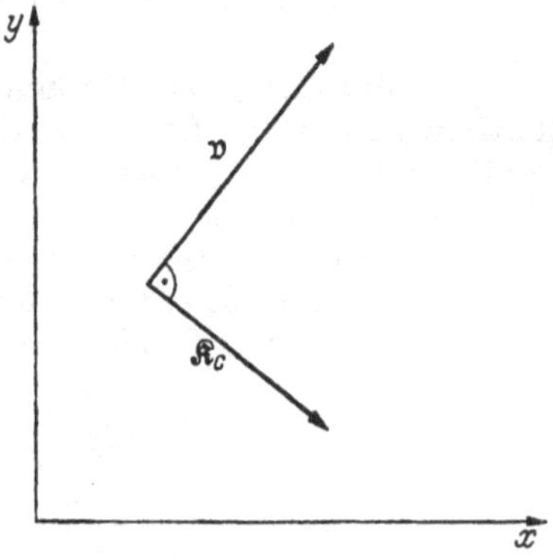

Abb. 23, 5: Die Corioliskraft $\mathfrak{K}_c$ steht senkrecht auf der Relativgeschwindigkeit $\mathfrak{v}$

Die Corioliskraft (23, 60) steht, gemäß der Definition des Vektorproduktes, senkrecht auf der Geschwindigkeit $\dot{\mathfrak{r}} = \mathfrak{v}$ von m, und zwar so, daß das in (23, 56) auftretende — $\mathfrak{K}_c$, in Richtung von $\dot{\mathfrak{r}}$ gesehen, nach rechts weist, Abb. 23, 5. —

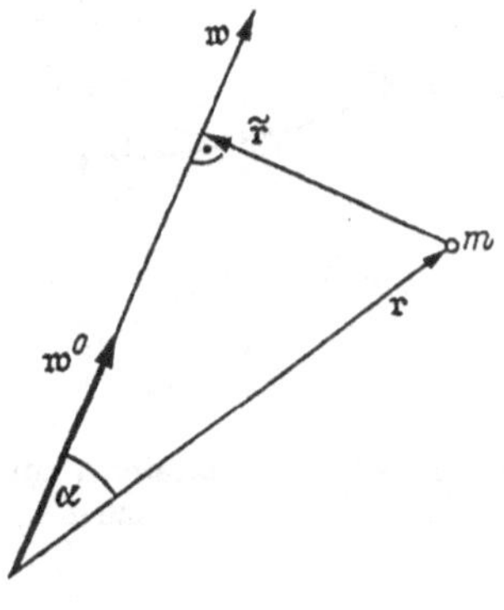

Abb. 23, 6: Zu Gl. (23, 65/66)

Ruht ein Massenpunkt m in einem mit konstanter Winkelgeschwindigkeit rotierenden Koordinatensystem ($\dot{\mathfrak{w}} = 0$), so tritt nach (23, 55) nur die Zentrifugalkraft (23, 61) als Trägheitskraft zusätzlich zu $\bar{\mathfrak{K}}$ hinzu. Nach (5, 72) kann man für (23, 61) auch

$$\mathfrak{K}_z = \mathfrak{w}(\mathfrak{r} \cdot \mathfrak{w}) - \mathfrak{r}(\mathfrak{w} \cdot \mathfrak{w}) \tag{23, 62}$$

$$= \mathfrak{w} r w \cos(\mathfrak{r}, \mathfrak{w}) - w^2 \mathfrak{r} \tag{23, 63}$$

$$= w^2 \{\mathfrak{w}^0 r \cos(\mathfrak{r}, \mathfrak{w}) - \mathfrak{r}\} \tag{23, 64}$$

schreiben. Nach Abb. 23, 6 ist nun

$$\mathfrak{w}^0 r \cos(\mathfrak{r}, \mathfrak{w}) = \mathfrak{w}^0 r \cos\alpha \tag{23, 65}$$

$$= \mathfrak{r} + \tilde{\mathfrak{r}}, \tag{23, 66}$$

womit (23, 64) in

$$\mathfrak{K}_z = w^2 \tilde{\mathfrak{r}} \tag{23, 67}$$

übergeht. Es hat daher die in der Bewegungsgleichung (23, 56) auftretende Trägheitskraft — $\mathfrak{K}_z$ die Richtung von — $\tilde{\mathfrak{r}}$, d. h. sie steht senkrecht auf der Drehachse und weist von ihr weg. Da der Massenpunkt m bei der Drehung — unveränderliche Richtung von $\mathfrak{w}$ angenommen — um die mit $\mathfrak{w}$ zusammenfallende Drehachse eine Kreisbahn durchläuft, sagt man auch häufig: die Zentrifugalkraft wirkt radial „nach außen".

Erscheinungen, die durch das Wirken sowohl der Corioliskraft als auch der Zentrifugalkraft ihre Erklärung finden, werden in nachstehenden Kapitel behandelt. —

Da ein auf der Erde fest angebrachtes Koordinatensystem S wegen der Erdrotation sicher kein Inertialsystem ist, muß es möglich sein, mittels in bezug auf S ausgeführter, mechanischer Versuche, die Drehung der Erde nachzuweisen.

Der bekannteste Versuch dieser Art ist der von Foucault im Jahre 1850 durchgeführte, nach ihm bezeichnete Pendelversuch, der in Kap. 36 behandelt werden wird.

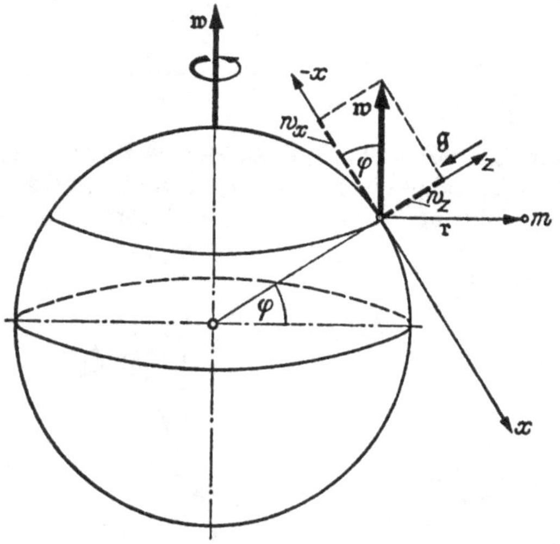

Abb. 23, 7: Wahl des Koordinatensystems zur Beschreibung von Bewegungsvorgängen relativ zur Erdoberfläche

Um ihn sowie auch andere Bewegungsvorgänge relativ zur Erdoberfläche zu beschreiben, ist es zweckmäßig, das Koordinatensystem im Beobachtungsort so zu wählen, wie es Abb. 23, 7 zeigt: x-Achse tangential zum Meridian in Richtung Süden weisend, y-Achse tangential zum Breitenkreis in Richtung Osten weisend, z-Achse in Richtung des Zenits weisend. Dann ist, wie man ebenfalls aus Abb. 23, 7 ersieht:

$$\mathfrak{w} = \{-w\cos\varphi,\ 0,\ w\sin\varphi\}, \tag{23, 68}$$

wenn φ die geographische Breite des Beobachtungsortes ist. Wir sehen von der Geoid-Gestalt der Erde ab und nehmen an, daß sie eine Kugel ist, die sich gleichförmig translatorisch ($\ddot{\mathfrak{q}} = 0$) durch den Raum bewegt und ebenfalls gleichförmig

($\dot{\mathfrak{w}} = 0$) um ihre Achse rotiert. Ein Massenpunkt m erfährt dann die durch das NEWTONsche Gravitationsgesetz gegebene Kraft $\overline{\mathfrak{K}}$, die zusammen mit der Zentrifugalkraft die von uns beobachtete Schwerkraft

$$\overline{\mathfrak{K}} - \mathfrak{K}_z = m\mathfrak{g} \tag{23, 69}$$

als Resultierende ergibt. Damit geht (23, 56) für den Fall, daß Bewegungsvorgänge relativ zur Erdoberfläche beschrieben werden sollen, in

$$\ddot{\mathfrak{r}} = \mathfrak{g} - 2\mathfrak{w} \times \dot{\mathfrak{r}} \tag{23, 70}$$

über. In Komponenten geschrieben, lautet (23, 68)

$$\ddot{x} = \qquad 2w\,\dot{y}\sin\varphi \tag{23, 71}$$

$$\ddot{y} = -2w\,\dot{x}\sin\varphi \qquad - 2w\,\dot{z}\cos\varphi \tag{23, 72}$$

$$\ddot{z} = -g \qquad + 2w\,\dot{y}\cos\varphi\,. \tag{23, 73}$$

Man nennt nach Lord KELVIN die auf der rechten Seite der vorstehenden Gleichung neben g auftretenden Ausdrücke *gyroskopische Terme.*

5. Bemerkung zur LORENTZ-Transformation. Im Abschnitt 1 dieses Kapitels haben wir die GALILEI-Transformation (23, 14) kennengelernt, der gegenüber die NEWTONsche Bewegungsgleichung (23, 1) invariant ist. Diese Invarianzeigenschaft nennt man das GALILEI-NEWTON*sche Relativitätsprinzip* oder das *Relativitätsprinzip der Klassischen Mechanik.* Man kann es wie folgt formulieren: Das Ergebnis der Anwendung der Bewegungsgleichung (23, 1) zur Beschreibung eines mechanischen Vorganges ist unabhängig davon, welches von zwei sich relativ zueinander gleichförmig translatorisch bewegender Systeme S und S' zur Beschreibung verwendet wird.

Diese Aussage führt sofort zu der Frage: Gilt das GALILEI-NEWTONsche Relativitätsprinzip nur für mechanische Vorgänge oder ist es auch in allen anderen Teilgebieten der Physik, wie etwa in der Elektrodynamik oder in der Optik gültig? Eine Antwort auf diese Frage gab 1905 EINSTEIN. Er fand sie im Zusammenhang mit dem Bemühen, seinerzeit verschiedene sich scheinbar widersprechende experimentelle Ergebnisse (Bd. II) einheitlich zu erklären. Dies gelang ihm durch eine Revision des bis dahin als gültig angesehenen Raum-Zeit-Begriffes (Kap. 2). Hierbei gelangte EINSTEIN zu einer Aussage, die heute als *Spezielles Relativitätsprinzip* bezeichnet wird. Es lautet: Sind S und S' zwei sich zueinander gleichförmig und translatorisch bewegende Bezugssysteme, so verläuft alles Naturgeschehen in bezug auf S nach genau den gleichen Gesetzen ab wie in bezug auf S'.

Wenn — wie es EINSTEIN postulierte — dieses Prinzip universell gültig sein soll, so folgt daraus insbesondere, daß dann die GALILEI-Transformation durch eine andere zu ersetzen ist, die als LORENTZ-*Transformation* bezeichnet wird. Sie lautet (wie in Bd. II gezeigt werden wird) für die in Abb. 23, 2 dargestellten Verhältnisse:

$$x' = \frac{x - vt}{\sqrt{1-\beta^2}} \tag{23, 74}$$

$$y' = y \tag{23, 75}$$

$$z' = z \tag{23, 76}$$

$$t' = \frac{t - \beta\,\dfrac{x}{v}}{\sqrt{1-\beta^2}}\,, \tag{23, 77}$$

wobei

$$\beta = \frac{v}{c} \tag{23, 78}$$

ist. Vergleicht man die LORENTZ-Transformation (23, 74—77) mit der GALILEI-Transformation, so erkennt man, daß sich diese aus jener für den Fall

$$\beta = \frac{v}{c} \ll 1 \tag{23, 79}$$

ergibt. Man kann daher die bisher angegebenen und noch später herzuleitenden mechanischen Gesetze verwenden, so lange (23, 79) erfüllt ist. Wenn dies zutrifft, spricht man von *Klassischer Mechanik*. Hat man es jedoch mit sehr schnell bewegten Teilchen (z. B. mit hoch beschleunigten Elektronen) zu tun, so gelten andere Gesetzmäßigkeiten, die anzugeben Aufgabe der *Relativitätsmechanik* ist. Diese muß die Klassische Mechanik von NEWTON als Sonderfall enthalten, wenn (23,79) erfüllt ist. —

In Verallgemeinerung seiner ursprünglichen Überlegungen beschäftigte sich später EINSTEIN mit der folgenden Frage: Gilt das Relativitätsprinzip nur dann, wenn sich zwei Bezugssysteme S und S' zueinander gleichförmig translatorisch bewegen oder gilt es auch, wenn man zwei beliebig zueinander bewegte Systeme S und S' verwendet? Seine Antwort hierauf lautete: Sind S und S' zwei *beliebig* zueinander bewegte Bezugssysteme, so gelten für die Beschreibung *beliebiger* Naturvorgänge sowohl in S als auch in S' die gleichen Gesetze. Diese Aussage heißt das *Allgemeine Relativitätsprinzip* (1913).

III. Anwendungen und Beispiele

24. Ein bewegter Massenpunkt unter Einfluß einer Reibungskraft

Wir beginnen mit der Aufgabe, die Geschwindigkeit $\dot{\mathfrak{r}} = \mathfrak{v}$ und den von einer Anfangslage $\mathfrak{r}_0$ aus gerechneten Weg eines Massenpunktes m zu berechnen, der $\mathfrak{r}_0$ mit der Geschwindigkeit $\mathfrak{v}_0$ passiert und von dort ab einer Reibungskraft $\mathfrak{K}_r$ unterliegt, deren Betrag dem Betrag der jeweiligen Geschwindigkeit $|\dot{\mathfrak{r}}| = v \neq 0$ proportional ist. Dann gilt nach (16, 13):

$$\mathfrak{K}_r = -\varrho\mathfrak{v}, \qquad \varrho > 0 \tag{24, 1}$$

und die Bewegungsgleichung (14, 2) lautet

$$m\ddot{\mathfrak{r}} = -\varrho\mathfrak{v} \tag{24, 2}$$

$$= -\varrho\dot{\mathfrak{r}} \tag{24, 3}$$

oder

$$\ddot{\mathfrak{r}} = -\alpha\dot{\mathfrak{r}} \tag{24, 4}$$

mit

$$\alpha = \frac{\varrho}{m}. \tag{24, 5}$$

Wählt man den Zeitpunkt t_0 des Durchgangs von m durch $\mathfrak{r}_0$ als Zeitnullpunkt $t = 0$, so lauten im vorliegenden Fall die Anfangsbedingungen

$$\mathfrak{r}(0) = \mathfrak{r}_0 \tag{24, 6}$$

$$\dot{\mathfrak{r}}(0) = \mathfrak{v}_0. \tag{24, 7}$$

Um die Bewegungsgleichung (24, 4) zu integrieren, setzen wir darin $\dot{\mathfrak{r}} = \mathfrak{v}$. Dies ergibt

$$\dot{\mathfrak{v}} = -\alpha\mathfrak{v}. \tag{24, 8}$$

Hieraus ist zu ersehen, daß die gesuchte Funktion $\mathfrak{v} = \mathfrak{v}(t)$ von solcher Art ist, daß ihre Ableitung — bis auf einen konstanten Faktor — gleich der Originalfunktion ist. Diese Eigenschaft besitzt nur die Exponentialfunktion. Es muß also die Lösung von (24, 8) die Form

$$\mathfrak{v}(t) = \mathfrak{c}_1 e^{\gamma t} \tag{24, 9}$$

haben, wobei $\mathfrak{c}_1$ und γ Konstanten sind. Die zweite von ihnen erhält man durch Einsetzen von (24, 9) in die Bewegungsgleichung (24, 8). Dies liefert

$$\gamma = -\alpha. \qquad (24, 10)$$

Andererseits folgt aus der Anfangsbedingung (24, 7) und mit (24, 9):

$$\dot{\mathfrak{r}}(0) = \mathfrak{v}_0 = \mathfrak{c}_1, \qquad (24, 11)$$

so daß man für (24, 9) endgültig

$$\mathfrak{v}(t) = \mathfrak{v}_0 e^{-\alpha t} \qquad (24, 12)$$

hat. Dieser Ausdruck besagt, daß die Geschwindigkeit $\mathfrak{v}$, mit der sich m unter dem Einfluß der Reibungskraft (24, 1) bewegt — oder wie man auch manchmal sagt: mit der m das „widerstehende Mittel" durchläuft — zu jedem Zeitpunkt t die gleiche Richtung wie die Anfangsgeschwindigkeit $\mathfrak{v}_0$ hat. Mit anderen Worten: die Bahn des Massenpunktes m ist eine Gerade (eindimensionale Bewegung).

Weiterhin erkennt man aus (24, 12), daß der Betrag der Geschwindigkeit

$$|\mathfrak{v}(t)| = |\mathfrak{v}_0|\, e^{-\alpha t} \qquad (24, 13)$$

d. i.

$$v(t) = v_0 e^{-\alpha t} \qquad (24, 14)$$

mit zunehmender Zeit exponentiell abnimmt, d. h. daß $v \to 0$ strebt und diesem Wert, bei genügend großem t, beliebig nahekommt, ohne ihn jedoch zu erreichen. Anders ausgedrückt: der Massenpunkt m kommt nach (24, 17) trotz Einwirkung der Reibungskraft (24, 1) niemals zur Ruhe. Diese Folgerung aus (24, 14) widerspricht der Erfahrung. Der Widerspruch findet seine Erklärung darin, daß das zur Behandlung der eingangs aufgeworfenen Frage angenommene „Reibungsgesetz" (24, 1) nur beschränkt Gültigkeit hat.

Um die Gleichung der von m durchlaufenen Bahn — von der wir bereits wissen, daß sie eine Gerade ist — zu bestimmen, hat man (24, 12) nach t zu integrieren. Dies ergibt — unter Beachtung von $\mathfrak{v} = \dot{\mathfrak{r}}$ —:

$$\mathfrak{r}(t) = \mathfrak{c}_2 - \frac{\mathfrak{v}_0}{\alpha} e^{-\alpha t}, \qquad (24, 15)$$

wobei $\mathfrak{c}_2$ wiederum eine Integrationskonstante ist. Sie ist aus der „Ortsanfangsbedingung" (24, 6) zu bestimmen. Diese, mit der letzten Gleichung kombiniert, ergibt

$$\mathfrak{r}(0) = \mathfrak{c}_2 - \frac{1}{\alpha}\mathfrak{v}_0 = \mathfrak{r}_0, \qquad (24, 16)$$

also

$$\mathfrak{c}_2 = \mathfrak{r}_0 + \frac{1}{\alpha}\mathfrak{v}_0. \qquad (24, 17)$$

Setzt man dies in (24, 15) ein, so erhält man als Gleichung für die von m durchlaufene Gerade

$$\mathfrak{r}(t) = \mathfrak{r}_0 + \frac{\mathfrak{v}_0}{\alpha}(1 - e^{-\alpha t}). \qquad (24, 18)$$

Bezeichnet man den von m, von $\mathfrak{r}_0$ aus gemessenen zurückgelegten Weg, mit s, so ist dieser

$$s(t) = |\mathfrak{r}(t) - \mathfrak{r}_0| \qquad (24, 19)$$

$$= \frac{v_0}{\alpha}(1 - e^{-\alpha t}). \qquad (24, 20)$$

In dem hier betrachteten Beispiel bewegt sich also m auf einer durch $\mathfrak{r}_0$ gehenden Geraden, die die Richtung von $\mathfrak{v}_0$ hat und es nähert sich m dem Raumpunkt $\mathfrak{r}_{t=\infty}$ nur a s y m p t o t i s c h, der von $\mathfrak{r}_0$ den Abstand

$$s = \frac{v_0}{\alpha} = \frac{v_0 m}{\varrho} \qquad (24, 21)$$

hat.

Wir wollen noch ein zweites Beispiel für eine eindimensionale Bewegung in einem „widerstehenden Mittel" angeben, das insofern bemerkenswert ist, als es für die Geschwindigkeit $\mathfrak{v}$ von m einen Ausdruck liefert, der für eine endliche Zeit $t = t^*$ verschwindet. Dies ist der Fall, wenn der Betrag der Reibungskraft $\mathfrak{K}_r$ der Quadratwurzel aus dem Geschwindigkeitsbetrag v proportional ist. Dann hat die Reibungskraft die Form

$$\mathfrak{K}_r = -\beta \sqrt{v} \cdot \mathfrak{v}^0, \tag{24, 22}$$

wobei $\beta > 0$ der Reibungskoeffizient ist. Damit $\mathfrak{K}_r$, wie es die Natur einer Reibungskraft verlangt, stets der Geschwindigkeit $\mathfrak{v}$ entgegengesetzt gerichtet ist, muß in (24, 23) und im folgenden der Faktor $\sqrt{v}$ stets mit dem positiven Vorzeichen versehen werden: gemeint ist also mit dem Wurzelausdruck ausschließlich $+\sqrt{v}$.

Mit (24, 22) lautet die Bewegungsgleichung

$$m\ddot{\mathfrak{r}} = -\beta \sqrt{v}\, \mathfrak{v}^0 \tag{24, 23}$$

oder

$$\ddot{\mathfrak{r}} = \dot{\mathfrak{v}} = -\gamma \sqrt{v}\, \mathfrak{v}^0, \tag{24, 24}$$

wenn für

$$\frac{\beta}{m} = \gamma \tag{24, 25}$$

gesetzt wird.

Um (24, 24) zu integrieren, schreiben wir diese Gleichung zunächst in der Form

$$\dot{\mathfrak{v}} = \dot{v}\, \dot{\mathfrak{v}}^0 = -\gamma \sqrt{v}\, \mathfrak{v}^0. \tag{24, 26}$$

Hieraus ist zu erkennen, daß die Richtung $\dot{\mathfrak{v}}^0$ der Beschleunigung $\dot{\mathfrak{v}}$ stets der Richtung $\mathfrak{v}^0$ der der Geschwindigkeit entgegengesetzt ist:

$$\dot{\mathfrak{v}}^0 = -\mathfrak{v}^0. \tag{24, 27}$$

Das bedeutet aber aufgrund von (9, 7), daß $\mathfrak{v}^0$ stets die Richtung der Tangente $\mathfrak{t}^0$ der von m durchlaufenen Bahn hat, die sich wegen (9, 47) mit (24, 27) bei der hier betrachteten Bewegung nicht ändert: die Bahn von m ist eine Gerade.

Die Bewegung in ihrer Richtung wird nach (24, 26) durch die Differentialgleichung

$$\dot{v} = \frac{dv}{dt} = -\gamma \sqrt{v} \tag{24, 28}$$

beschrieben. Hierin lassen sich die Variablen trennen, was zu

$$dt = -\frac{1}{\gamma} \frac{dv}{\sqrt{v}} \tag{24, 29}$$

führt. Integriert man nun zwischen den Zeiten t_0 und t, so erhält man als Lösung von (24, 28):

$$t - t_0 = -\frac{2}{\gamma} [\sqrt{v(t)} - \sqrt{v(t_0)}]. \tag{24, 30}$$

Wählt man t_0 als Zeitnullpunkt ($t_0 = 0$), zu dem die Bewegung von m mit der Anfangsgeschwindigkeit $|\mathfrak{v}_0| = v_0$ beginnt, so ist

$$v(0) = v_0. \tag{24, 31}$$

Damit geht (24, 30) in

$$t = \frac{2}{\gamma} [\sqrt{v_0} - \sqrt{v}] \tag{24, 32}$$

über. Hieraus ist zu erkennen, daß zur Zeit

$$t^* = \frac{2}{\gamma} \sqrt{v_0} = \frac{2m}{\beta} \sqrt{v_0} \tag{24, 33}$$

die Geschwindigkeit von m verschwindet, d. h. für $t = t^*$ kommt der Massenpunkt zur Ruhe und seine Bewegung ist beendet. Der zweite Teil der vorstehenden Aussage findet seine Begründung darin, daß für den Fall $t > t^*$ in (24, 32) der Faktor $\sqrt{v}$ mit dem negativen Vorzeichen versehen werden müßte, was nach dem im Anschluß an (24, 22) Gesagten nicht erlaubt ist.

25. Der vertikale Wurf und Fall im Erdfeld mit Berücksichtigung des Luftwiderstandes

Ein Massenpunkt m werde zur Zeit $t_0 = 0$ mit der Anfangsgeschwindigkeit $\mathfrak{v}_0$ senkrecht „nach oben", d. h. entgegen der Richtung der Erdbeschleunigung $\mathfrak{g}$ geworfen. Wir fragen nach der Geschwindigkeit $\mathfrak{v} = \mathfrak{v}(t)$ von m, wenn auf diesen außer dem Erdfeld noch der Luftwiderstand als Reibungskraft wirkt. Für diesen hat sich bei Fall- und Wurfbewegungen die auf NEWTON zurückgehende Formel

$$\mathfrak{K}_r = -\lambda v^2 \mathfrak{v}^0, \qquad \lambda > 0 \tag{25, 1}$$

bewährt, die wir auch hier verwenden wollen. In (25, 1) ist λ der Reibungs- (oder Widerstands-) Koeffizient. Die Bewegungsgleichung von m lautet dann

$$m\ddot{\mathfrak{r}} = m\mathfrak{g} - \lambda v^2 \mathfrak{v}^0. \tag{25, 2}$$

Legt man ein Koordinatensystem so, daß

$$\mathfrak{g} = \{0, 0, -g\} \tag{25, 3}$$

wird, Abb. 11, 1, so verläuft die Bewegung von m parallel zur z-Achse des Bezugssystems und man kann mit den Abkürzungen

$$\ddot{\mathfrak{r}} = \{0, 0, \ddot{z} = \dot{v}_z \equiv \dot{v}\}, \tag{25, 4}$$

$$\frac{\lambda}{m} = \mu \tag{25, 5}$$

für (25, 2):

$$\dot{v} = -g - \mu v^2 \tag{25, 6}$$

schreiben. Hieraus ergibt sich durch Trennung der Variablen

$$dt = -\frac{dv}{g + \mu v^2} \tag{25, 7}$$

und weiter durch Integration zwischen den Zeiten $t_0 = 0$ und t

$$t = -\int\limits_{v(0)=v_0}^{v} \frac{dv}{g + \mu v^2}. \tag{25, 8}$$

Dieses Integral läßt sich sofort angeben, wenn man sich der Formel

$$\int \frac{dx}{1 + x^2} = \operatorname{arc\,tg} x + \text{const} \tag{25, 9}$$

bedient. Mit ihrer Verwendung ergibt (25, 8):

$$t = -\frac{1}{\sqrt{g\mu}}\left[\operatorname{arc\,tg}\sqrt{\frac{\mu}{g}}\,v - \operatorname{arc\,tg}\sqrt{\frac{\mu}{g}}\,v_0\right]. \tag{25, 10}$$

Hieraus erhält man

$$\sqrt{\frac{\mu}{g}}\,v = \operatorname{tg}\left\{\operatorname{arc\,tg}\sqrt{\frac{\mu}{g}}\,v_0 - \sqrt{g\mu}\,t\right\}. \tag{25, 11}$$

Aus dieser Gleichung ersieht man, daß

$$v = 0 \tag{25, 12}$$

zur Zeit

$$t^* = \frac{1}{\sqrt{g\mu}} \operatorname{arc\,tg} \sqrt{\frac{\mu}{g}}\, v_0 \tag{25, 13}$$

wird.

Nach dieser Zeit ist die Aufwärtsbewegung von m im Erdfeld beendet. Für Zeiten $t > t^*$ bleibt jedoch m nicht in Ruhe, sondern fängt dann von der erreichten Höhe $z = z(t^*)$ aus an, im Erdfeld zu fallen, d. h. m bewegt sich nun in Richtung von $\mathfrak{g}$. Anstelle von (25, 6) gilt jetzt die Bewegungsgleichung

$$\dot{v} = + g - \mu v^2. \tag{25, 14}$$

Hieraus folgt nach Trennung der Variablen und Integration zwischen $t_0 = 0$ und t statt (25, 8):

$$t = \int\limits_{v_0}^{v} \frac{dv}{g - \mu v^2}. \tag{25, 15}$$

Beachtet man nun die Formel

$$\int \frac{dx}{1 - x^2} = \mathfrak{Ar}\,\mathfrak{Tg}\, x + \text{const}, \tag{25, 16}$$

so wird (25, 15):

$$t = \frac{1}{\sqrt{g\mu}} \left\{ \mathfrak{Ar}\,\mathfrak{Tg} \sqrt{\frac{\mu}{g}}\, v - \mathfrak{Ar}\,\mathfrak{Tg} \sqrt{\frac{\mu}{g}}\, v_0 \right\}. \tag{25, 17}$$

Löst man diese Gleichung nach v auf, so erhält man — als Gegenstück zu (25, 11) —:

$$\sqrt{\frac{\mu}{g}}\, v = \mathfrak{Tg} \left\{ \mathfrak{Ar}\,\mathfrak{Tg} \sqrt{\frac{\mu}{g}}\, v_0 + \sqrt{g\mu}\, t \right\}. \tag{25, 18}$$

Dieser Ausdruck läßt sich mittels des Additionstheorems

$$\mathfrak{Tg}(x + y) = \frac{\mathfrak{Tg}\, x + \mathfrak{Tg}\, y}{1 + \mathfrak{Tg}\, x\, \mathfrak{Tg}\, y} \tag{25, 19}$$

umformen. Wendet man (25, 19) auf die rechte Seite von (25, 18) an, so erhält man

$$\sqrt{\frac{\mu}{g}}\, v = \frac{\mathfrak{Tg} \sqrt{g\mu}\, t + \sqrt{\frac{\mu}{g}}\, v_0}{1 + \sqrt{\frac{\mu}{g}}\, v_0 \cdot \mathfrak{Tg} \sqrt{g\mu}\, t}. \tag{25, 20}$$

Hieraus läßt sich ein interessantes Resultat herleiten. Dazu setzen wir

$$\sqrt{g\mu}\, t = \sqrt{\frac{g\lambda}{m}}\, t = x. \tag{25, 21}$$

Dann wird (25, 20):

$$\sqrt{\frac{\mu}{g}}\, v = \frac{\mathfrak{Tg}\, x + \sqrt{\frac{\mu}{g}}\, v_0}{1 + \sqrt{\frac{\mu}{g}}\, v_0\, \mathfrak{Tg}\, x}. \tag{25, 22}$$

Nun gilt für

$$x \gg 1: \qquad \mathfrak{Tg}\, x \approx 1. \tag{25, 23}$$

Hierfür schreiben wir in der üblichen Form

$$\lim_{x \to \infty} \mathfrak{Tg}\, x = 1. \tag{25, 24}$$

Dann folgt aus (25, 20/21)

$$\lim_{x \to \infty} \sqrt{\frac{\mu}{g}}\, v(x) = 1 \tag{25, 25}$$

oder

$$\lim_{x \to \infty} v(x) = \sqrt{\frac{g}{\mu}} = \sqrt{\frac{gm}{\lambda}} = v_g. \tag{25, 26}$$

Diese Formel sagt aus, daß ein im Erdfeld fallender und der Einwirkung des Luftwiderstandes — gemäß (25, 1) — ausgesetzter Massenpunkt sich so bewegt, daß seine Geschwindigkeit während des Fallens einer konstanten Grenzgeschwindigkeit v_g zustrebt. Sie ist, wie man aus (25, 24) ablesen kann, bei gleichem λ um so größer, je größer die Masse m des fallenden Massenpunktes (in Wirklichkeit eines fallenden Körpers) ist. Im übrigen hängt es auch wesentlich von der Masse m des Objektes ab, nach welcher Zeit dieses die Atmosphäre näherungsweise mit der Endgeschwindigkeit v_g durchfällt. Das ist nach (25, 21) und (25, 23) dann der Fall, wenn

$$x = \sqrt{\frac{g\lambda}{m}}\, t \gg 1. \tag{25, 27}$$

Diese Beziehung ist für eine um so kleinere Zeit t erfüllt, je kleiner m ist.

Durch die letzte Gleichung wird erklärt, warum eine kleine Masse (z. B. ein Regentropfen oder ein Laubblatt) sehr bald nach Beginn einer Fallbewegung die Luft mit fast konstanter Geschwindigkeit durchfällt, während eine große Masse, z. B. ein Stein, eine ungleichförmige Fallbewegung ausführt, bei der sich die Geschwindigkeit dem Grenzwert v_g allmählich nähert.

26. Freier Fall aus sehr großer Höhe

Wir betrachten einen Massenpunkt m, der sich sehr weit von der Erdoberfläche befindet und unter dem Einfluß der Newtonschen Anziehungskraft

$$\mathfrak{K} = -G\frac{Mm}{r^2}\mathfrak{r}^0 \tag{26, 1}$$

der Erde auf diese falle. In (26, 1) bedeutet M die Erdmasse, die man sich punktförmig im Erdmittelpunkt 0 konzentriert denkt, G die Gravitationskonstante, r die Entfernung des Massenpunktes m von 0 und $\mathfrak{r}^0$ einen Einheitsvektor, der von 0 in Richtung von m weist. Wir fragen nach dem Verlauf der Fallbewegung von m in dem Kraftfeld (26, 1).

Bevor wir diese Aufgabe mit den Hilfsmitteln der Punktmechanik behandeln, muß eine Vorbemerkung gemacht werden. Sie bezieht sich auf die Frage, ob es erlaubt ist, die Erde, für die man in vorliegendem Fall als besonders einfaches Modell eine homogen mit Masse ausgefüllte Kugel wählen wird, durch einen Massenpunkt M zu ersetzen, der sich im Zentrum 0 der Kugel befindet. Diese Frage kann erst die Mechanik der Starren Körper beantworten. In dieser Disziplin wird, wie wir später (Kap. 89) sehen werden, nachgewiesen, daß die Anziehung einer homogenen Kugel von der Gesamtmasse M auf einen außerhalb von ihr bzw. auf ihrer Oberfläche liegenden Massenpunkt m tatsächlich durch das Gesetz (26, 1) beschrieben wird.

Wenn wir uns auf diese Aussage beziehen, so gilt für m die Bewegungsgleichung

$$m\ddot{\mathfrak{r}} = -G\frac{Mm}{r^2}\mathfrak{r}^0. \tag{26, 2}$$

Sie läßt sich in eine andere Form bringen, wenn man beachtet, daß für $r = R$ (Erdradius) die Anziehungskraft

$$\mathfrak{K}(R) = -G\frac{Mm}{R^2}\mathfrak{r}^0 = m\mathfrak{g}(R) \tag{26, 3}$$

wird. Hierbei ist

$$\mathfrak{g}(R) = \mathfrak{g}_0 = -G\frac{M}{R^2}\mathfrak{r}^0 \tag{26, 4}$$

die auf der Erdoberfläche herrschende konstante Erdbeschleunigung, die üblicherweise mit $\mathfrak{g}(|\mathfrak{g}| = g)$ bezeichnet wird. Der Deutlichkeit halber wollen wir in diesem Kapitel dafür $\mathfrak{g}_0$ schreiben.

Mit (26, 3/4) geht (26, 2) in

$$\ddot{\mathfrak{r}} = \mathfrak{g}(r) = -G\frac{M}{r^2}\mathfrak{r}^0 = -g_0\frac{R^2}{r^2}\mathfrak{r}^0 = -g_0\frac{R^2}{r^3}\mathfrak{r} \tag{26, 5}$$

über. Von dieser Gleichung können wir sofort das erste intermediäre Integral, den Energiesatz, angeben, denn die Kraft (26, 1) hat als Zentralkraft (Kap. 18) ein Potential. Dieses ergibt sich nach (17, 7) zu

$$V(r) = -G\frac{Mm}{r} \tag{26, 6}$$

und wird als NEWTONsches Potential bezeichnet. Unter Beachtung von (26, 4) kann dafür auch

$$V(r) = -mg_0\frac{R^2}{r} \tag{26, 7}$$

geschrieben werden. Das erste Integral von (26, 5) lautet daher nach (17, 17):

$$T + V = \frac{m}{2}\dot{\mathfrak{r}}^2 - mg_0\frac{R^2}{r} = E. \tag{26, 8}$$

Um die Energiekonstante E zu bestimmen, nehmen wir an, daß m seinen Fall auf die Erdoberfläche geschwindigkeitsfrei aus der Anfangsentfernung r_0, von 0 aus gemessen, beginnt. Dann lauten die Anfangsbedingungen

$$|\mathfrak{r}(0)| = r_0, \tag{26, 9}$$

$$|\dot{\mathfrak{r}}(0)| = 0. \tag{26, 10}$$

Hiermit erhält man aus (26, 8):

$$E = -mg_0\frac{R^2}{r_0}. \tag{26, 11}$$

Setzt man dies in (26, 8), so kann der Energiesatz in der Form

$$\frac{m}{2}\dot{\mathfrak{r}}^2 = mg_0 R^2\left(\frac{1}{r} - \frac{1}{r_0}\right) \tag{26, 12}$$

geschrieben werden. Hieraus ergibt sich für die Geschwindigkeit $\dot{r} \equiv v$, die m, in der Entfernung r von 0 aus gemessen, besitzt

$$v(r) = R\sqrt{2g_0}\sqrt{\frac{1}{r} - \frac{1}{r_0}}. \tag{26, 13}$$

Wir wollen diesen Ausdruck etwas anders schreiben, indem wir r_0 durch den Erdradius R und die Höhe h in bezug auf die Erdoberfläche ausdrücken. Dann ist

$$r_0 = R + h, \tag{26, 14}$$

womit (26, 13) in

$$v(r) = R\sqrt{2g_0}\sqrt{\frac{1}{r} - \frac{1}{R+h}} \tag{26, 15}$$

übergeht.

Wir diskutieren nun zwei Sonderfälle:

1. Es sei

$$h \ll R, \qquad h/R \ll 1, \tag{26, 16}$$

d. h. es handelt sich um den freien Fall eines Massenpunktes m aus nicht zu großer Anfangshöhe, so daß das Gravitationsfeld näherungsweise als konstant ($\mathfrak{K} = m\mathfrak{g}_0$) angesehen werden kann.

Wir fragen, welche Endgeschwindigkeit m auf der Erdoberfläche hat. Die Antwort erhält man aus (26, 15), indem man darin $r = R$ setzt. Dies ergibt

$$v(R) = R\sqrt{2g_0}\sqrt{\frac{1}{R} - \frac{1}{R+h}} \tag{26, 17}$$

$$= \sqrt{2g_0 R}\sqrt{1 - \frac{1}{1+h/R}} \tag{26, 18}$$

$$= \sqrt{2g_0 R}\left(1 - \frac{1}{1+h/R}\right)^{-1/2}. \tag{26, 19}$$

Entwickelt man den in der vorstehenden Klammer stehenden Bruch nach Potenzen von h/R, so erhält man

$$v(R) = \sqrt{2g_0 R}\left[1 - \left(1 - \frac{h}{R} + \frac{h^2}{R^2} - \cdots\right)\right]^{-1/2} \tag{26, 20}$$

$$= \sqrt{2g_0 R}\left[\frac{h}{R} - \frac{h^2}{R^2} + \cdots\right]^{-1/2} \tag{26, 21}$$

$$= \sqrt{2g_0 h}\left(1 - \frac{h}{R} + \cdots\right)^{-1/2}. \tag{26, 22}$$

Hieraus folgt für die Geschwindigkeit v, mit der ein aus nicht „zu großer Höhe h" frei fallender Massenpunkt auf die Erdoberfläche auftrifft, die bekannte Formel

$$v = \sqrt{2g_0 h}. \tag{26, 23}$$

2. Als zweiten Sonderfall betrachten wir einen Massenpunkt m, der aus „sehr großer Höhe" (Meteor) auf die Erdoberfläche fällt und fragen, mit welcher Endgeschwindigkeit m die Erdoberfläche erreicht. In diesem Fall ist in (26, 15) für $h = \infty$ und $r = R$ zu setzen. Dies liefert

$$v(R) = R\sqrt{2g_0}\,\frac{1}{\sqrt{R}} = \sqrt{2g_0 R}. \tag{26, 24}$$

Diese Formel besagt, wie ein Vergleich mit (26, 23) zeigt, daß ein aus unendlicher Höhe das ortsabhängige Gravitationsfeld der Erde durchlaufender Massenpunkt auf der Erdoberfläche die gleiche Endgeschwindigkeit hat, wie ein Massenpunkt, der die Strecke R in dem homogenen Feld $\mathfrak{g}_0$ frei durchfällt.

27. Der harmonische Oszillator

Wir wollen einen Massenpunkt m betrachten, der sich im Gleichgewicht befindet. Die Gleichgewichtslage von m wählen wir als Ursprung 0 eines Bezugssystems. Nun werde m durch Einwirkung einer Kraft $\mathfrak{K}$ in einen anderen Raumpunkt P gebracht, der in bezug auf 0 den Ortsvektor $\mathfrak{r}$ habe. Die Kraft $\mathfrak{K}$ sei so gestaltet, daß ihr Betrag $|\mathfrak{K}|$ dem Betrag $|\mathfrak{r}|$, d. i. die Entfernung P von der Gleichgewichtslage 0, proportional ist:

$$|\mathfrak{K}| \sim |\mathfrak{r}| \tag{27, 1}$$

oder, wenn c eine Proportionalitätskonstante ist,

$$|\mathfrak{K}| = c\,|\mathfrak{r}|, \tag{27, 2}$$

während die Richtung von $\mathfrak{K}$ der von $\mathfrak{r}$ entgegengesetzt, also auf die Ruhelage 0 hin gerichtet ist:

$$\mathfrak{K}^0 = -\mathfrak{r}^0. \tag{27, 3}$$

Aus den beiden letzten Gleichungen folgt für $\mathfrak{K}$ die Darstellung

$$\mathfrak{K} = -c\mathfrak{r}. \tag{27, 4}$$

Weil diese Kraft bestrebt ist, m in seine Ruhelage 0 „zurückzutreiben", nennt man (27, 4) vielfach eine rücktreibende Kraft. Man sagt auch dafür *elastische* Kraft oder *Federkraft*, weil ein an einer Feder angehängter kleiner Körper (Massenpunkt) durch sie in guter Näherung die Kraftwirkung (27, 4) erfährt, wenn die Feder ausgezogen und dann sich selbst überlassen wird, Kap. 16. Der in (27, 4) auftretende Faktor c heißt deswegen Federkonstante. Sie ist nach (27, 2) diejenige Kraft, die aufgewendet werden muß, um die Feder um eine Längeneinheit zu dehnen.

Wir fragen, welche Bewegung ein Massenpunkt m ausführt, wenn er der Federkraft (27, 4) unterliegt.

Die Antwort erhält man durch Integration der Bewegungsgleichung (14, 2), die mit (27, 4)

$$m\ddot{\mathfrak{r}} = -c\mathfrak{r} \tag{27, 5}$$

lautet.

Bevor wir diese Gleichung behandeln, erinnern wir daran, daß die Federkraft (27, 4) als Zentralkraft nach den Ausführungen in Kap. 18 eine Bewegung verursacht, die in einer Ebene verläuft. In diese wollen wir ein Koordinatensystem legen und vorerst den Sonderfall betrachten, daß $\mathfrak{r}$ nur eine x-Komponente hat. Dann ist

$$\mathfrak{r} = \{x, 0, 0\}, \quad \ddot{\mathfrak{r}} = \{\ddot{x}, 0, 0\}. \tag{27, 6}$$

Damit geht (27, 5) in

$$m\ddot{x} = -cx \tag{27, 7}$$

über.

Ein erstes Integral dieser Gleichung ist, weil (27, 4) eine Zentralkraft ist und daher ein Potential besitzt, der Energiesatz (17, 17). Um zu ihm zu gelangen, hat man (27, 7) mit $\dot{x}$ zu multiplizieren, was zu

$$m\ddot{x}\dot{x} = -cx\dot{x} \tag{27, 8}$$

führt. Das ist mit

$$\frac{d}{dt}\left(\frac{m}{2}\dot{x}^2 + \frac{c}{2}x^2\right) = 0 \tag{27, 9}$$

gleichwertig. Hieraus folgt

$$\frac{m}{2}\dot{x}^2 + \frac{c}{2}x^2 = E \tag{27, 10}$$

oder

$$T + V = E, \tag{27, 11}$$

wobei

$$T = \frac{m}{2}\dot{x}^2 \tag{27, 12}$$

die kinetische Energie des Massenpunktes m und

$$V = \frac{c}{2}x^2 \tag{27, 13}$$

das Potential der auf ihn wirkenden Federkraft (27, 4) ist.

Gl. (27, 10) ist das Ergebnis einer ersten Integration der Bewegungsgleichung (27, 7). Um zu deren Lösung $x = x(t)$ zu gelangen, hat man das Integral von (27, 10) aufzusuchen. Dies gelingt, indem man in dieser Differentialgleichung die Variablen x und t trennt. Man erhält zunächst

$$\dot{x} = \frac{dx}{dt} = \pm\sqrt{\frac{2E}{m} - \frac{c}{m}x^2} \tag{27, 14}$$

und hieraus

$$dt = \pm\sqrt{\frac{m}{c}}\,\frac{dx}{\sqrt{\frac{2E}{c} - x^2}}. \tag{27, 15}$$

In dieser Gleichung sind die Variablen getrennt und es ergibt sich daraus durch Integration zwischen t und t_0, wenn wir zunächst nur das $+$-Zeichen berücksichtigen,

$$t - t_0 = \sqrt{\frac{m}{c}}\left\{\arcsin\sqrt{\frac{c}{2E}}\,x(t) - \arcsin\sqrt{\frac{c}{2E}}\,x(t_0)\right\}. \tag{27, 16}$$

Führt man die Abkürzungen

$$\omega_0 = \sqrt{\frac{c}{m}} \tag{27, 17}$$

und

$$\delta' = \arcsin \sqrt{\frac{c}{2E}}\, x(t_0) \tag{27, 18}$$

ein, so wird weiter

$$\omega_0 t - \omega_0 t_0 + \delta' = \arcsin \sqrt{\frac{c}{2E}}\, x(t) \tag{27, 19}$$

und hieraus durch Übergang zur inversen Funktion

$$x(t) = \sqrt{\frac{2E}{c}} \sin(\omega_0 t - \omega_0 t_0 + \delta') \tag{27, 20}$$

$$= \sqrt{\frac{2E}{c}} \sin(\omega_0 t - \delta). \tag{27, 21}$$

Wendet man schließlich das Additionstheorem für den sin an, so erhält man

$$x(t) = \sqrt{\frac{2E}{c}} \sin \omega_0 t \cos \delta - \sqrt{\frac{2E}{c}} \sin \delta \cos \omega_0 t. \tag{27, 22}$$

Dies ist die gesuchte Lösung der (eindimensionalen) Differentialgleichung (27, 7). Sie enthält die zwei — noch unbestimmten — Integrationskonsten E und δ und ist daher die allgemeine Lösung von (27, 7). Diese hat also, wenn man anstelle der ursprünglich auftretenden Konstanten E und δ die neuen Konstanten

$$A = \sqrt{\frac{2E}{c}} \cos \delta \tag{27, 23}$$

$$B = -\sqrt{\frac{2E}{c}} \sin \delta \tag{27, 24}$$

einführt, die Form

$$x(t) = A \sin \omega_0 t + B \cos \omega_0 t. \tag{27, 25}$$

Um die Konstanten A und B zu bestimmen, benötigt man Anfangsbedingungen. Wir nehmen etwa an, zu Beginn der Bewegung befindet sich m an der Stelle x_0 und hat die Anfangsgeschwindigkeit v_0. Dann ist

$$x(0) = x_0, \quad \dot{x}(0) = v_0. \tag{27, 26}$$

Damit erhält man aus (27, 25):

$$x(0) = \quad B \quad = x_0, \tag{27, 27}$$

$$\dot{x}(0) = \omega_0 A = v_0. \tag{27, 28}$$

Mit diesen Werten für A und B wird (27, 25) schließlich

$$x(t) = x_0 \cos \omega_0 t + \frac{v_0}{\omega_0} \sin \omega_0 t. \tag{27, 29}$$

Dies ist die Lösung von (27, 7) mit den Anfangsbedingungen (27, 26).

Wir bemerken, daß man zu dem gleichen Ergebnis gelangt, wenn man in (27, 15) das Minus-Zeichen berücksichtigt. Es wird dann die rechte Seite von (27, 16) zwar negativ. Dennoch läßt sich auch in diesem Fall (27, 16) auf die Form (27, 25) bringen. Allerdings hängen dann die konstanten Faktoren von $\sin \omega_0 t$ und $\cos \omega_0 t$ mit E und δ nicht mehr nach (27, 23/24) zusammen. Die Durchführung der Rechnung wird dem Leser als Übungsaufgabe empfohlen. —

Wir wollen an dieser Stelle eine Bemerkung aus der Mathematik einschalten und knüpfen dazu an (27, 25) an. Die darin auftretenden Funktionen $\sin \omega_0 t$ und $\cos \omega_0 t$ befriedigen die Differentialgleichung (27, 7) einzeln, sind also Lösungen derselben. Da sie aber keine willkürlichen Konstanten enthalten, sind sie nicht die allgemeine Lösung, sondern partikuläre Lösungen von (27, 7). Dagegen ist (27, 25), weil darin die zwei willkürlichen Konstanten A und B auftreten, p. def. die allgemeine Lösung von (27, 7), die sich somit in einfacher Weise aus zwei partikulären Lösungen zusammensetzen läßt.

Was wir hier an einem Sonderfall erkannt haben, gilt allgemein für die Lösung einer linearen homogenen Differentialgleichung. Eine solche hat die Form

$$x^{(n)}(t) + p_1(t)\, x^{(n-1)}(t) + \cdots + p_n(t)\, x(t) = 0, \tag{27, 30}$$

wobei $x^{(n)}$ die n-te Ableitung der gesuchten Funktion $x = x(t)$ ist und die Koeffizienten p_1, $p_2, \ldots, p_n$ nur von t abhängig sind. Gl. (27, 7) hat die Gestalt von (27, 30): sie ist also eine lineare homogene Differentialgleichung zweiter Ordnung ($n = 2$), im übrigen mit der Eigenschaft, daß die Koeffizienten nicht von t abhängen, sondern konstant sind.

Wir erinnern an einen Satz über die Lösung von Differentialgleichungen dieses Typs, den wir der Kürze wegen anhand der Gleichung

$$\ddot{x}(t) + p_1(t)\, \dot{x}(t) + p_2(t)\, x(t) = 0 \tag{27, 31}$$

beweisen wollen.

Satz: Sind x_1 und x_2 Lösungen von (27, 31), so ist auch

$$x(t) = A x_1 + B x_2 \tag{27, 32}$$

Lösung dieser Gleichung, wenn A und B beliebige Konstanten sind.

Beweis: Nach Voraussetzung ist

$$\ddot{x}_1 + p_1(t)\dot{x}_1 + p_2(t)x_1 = 0 \tag{27, 33}$$

$$\ddot{x}_2 + p_1(t)\dot{x}_2 + p_2(t)x_2 = 0. \tag{27, 34}$$

Multipliziert man diese Gleichungen mit A bzw. B und addiert, so erhält man

$$\frac{d^2}{dt^2}(Ax_1 + Bx_2) + p_1 \frac{d}{dt}(Ax_1 + Bx_2) + p_2 (Ax_1 + Bx_2) = 0 \tag{27, 35}$$

und das besagt eben, daß auch (27, 32) der Gl. (27, 31) genügt, also, wie behauptet, ebenfalls Lösung von ihr ist. Da sie zwei willkürliche Konstanten (A und B) enthält, ist (27, 32) die allgemeine Lösung von (27, 31), wenn die Partikularlösungen x_1 und x_2 voneinander linear unabhängig sind[1]). —

Bevor wir die Lösung (27, 29) von (27, 7) diskutieren, wollen wir diese noch auf einem anderen Wege herleiten, wobei die Konstanz der Koeffizienten eine wichtige Rolle spielt. Hierbei benutzen wir ein Verfahren, das sich — zumindest im Prinzip — stets anwenden läßt, wenn es sich um die Integration der Differentialgleichung (27, 30) mit konstanten Koeffizienten $p_1, p_2, \ldots$ handelt. Diese Aufgabe liegt bei der Lösung von (27, 7) vor, die unter Beachtung von (27, 17) die Form

$$\ddot{x} = -\omega_0^2 x \tag{27, 36}$$

hat.

Diese Gleichung sagt aus, daß x eine solche Funktion ist, deren (zweite) Ableitung, bis auf einen konstanten Faktor, gleich der Originalfunktion x ist. Nun kennt man aber eine Funktion,

---

[1]) Man nennt x_1 und x_2 linear unabhängig, wenn die Beziehung

$$A x_1 + B x_2 = 0$$

mit konstantem A und B *nur* für

$$A = B = 0$$

besteht. Notwendige und hinreichende Bedingung für die lineare Unabhängigkeit ist, daß die Wronskische Determinante

$$\begin{vmatrix} x_1 & x_2 \\ \dot{x}_1 & \dot{x}_2 \end{vmatrix} \neq 0$$

d. h. nicht verschwindet.

deren n-te Ableitung proportional ihrer $(n-1)$-sten Ableitung ist: die Exponentialfunktion. Es liegt daher nahe, zur Lösung von (27, 36) den Ansatz

$$x(t) \sim e^{\alpha t} \tag{27, 37}$$

zu machen, in dem α eine noch unbestimmte Konstante ist. Geht man mit (27, 37) in (37, 36) ein, so erhält man

$$(\alpha^2 + \omega_0^2)\, e^{\alpha t} = 0 \tag{27, 38}$$

oder, nach Division durch die Exponentialfunktion $e^{\alpha t}$, die stets $\neq 0$ ist:

$$\alpha^2 = -\omega_0^2. \tag{27, 39}$$

Hieraus ergibt sich

$$\alpha_{1,2} = \pm\, i\omega_0, \quad i = \sqrt{-1}. \tag{27, 40}$$

Man erhält also mit (27, 40) nach (27, 37) die beiden Partikularlösungen

$$x_{1,2} \sim e^{\pm i\omega_0 t}. \tag{27, 41}$$

Hieraus ergibt sich, wenn c_1 und c_2 zwei Konstanten bedeuten, als allgemeine Lösung von (27, 36):

$$x(t) = c_1\, e^{i\omega_0 t} + c_2\, e^{-i\omega_0 t}. \tag{27, 42}$$

Dieser Ausdruck läßt sich mit Verwendung der MOIVREschen Formel

$$e^{i\tau} = \cos\tau + i \sin\tau \tag{27, 43}$$

in der Form

$$x(t) = (c_1 + c_2) \cos \omega_0 t + i(c_1 - c_2) \sin \omega_0 t \tag{27, 44}$$

schreiben.

Man könnte glauben, daß diese in komplexer Form gewonnene Lösung von (27, 36) der reellen Lösung (27, 25) widerspricht. Dieser Widerspruch ist jedoch nur scheinbar, weil die in (27, 25) auftretenden — aus den Anfangsbedingungen zu ermittelnden — Konstanten A und B reelle Größen, dagegen die in (27, 44) eingehenden Konstanten c_1 und c_2 i. allg. komplexe Größen sind. In jedem Fall sind sie von solcher Art, daß bei vorgegebenen Anfangsbedingungen (27, 25) und (27, 44) das gleiche — reelle — Ergebnis liefern.

Wir zeigen dies für den Fall, daß die Anfangsbedingungen (27, 26) vorliegen. Es müssen sich dann für c_1 und c_2 solche Werte ergeben, daß mit ihnen (27, 44) in (27, 29) übergeht.

Man hat jetzt

$$x_0 = c_1 + c_2 \tag{27, 45}$$

$$v_0 = i\omega_0(q - c_2) \tag{27, 46}$$

und hieraus

$$c_1 = \frac{1}{2}(x_0 - iv_0/\omega_0) \tag{27, 47}$$

$$c_2 = \frac{1}{2}(x_0 + iv_0/\omega_0). \tag{27, 48}$$

Setzt man dies in (27, 44), so erhält man tatsächlich (27, 29), wie es sein muß.

Wir wollen nun zur Lösung der eindimensionalen Schwingungsgleichung (27, 7) zurückkehren und jene diskutieren. Eine Bewegung, die nach dem Gesetz (27, 21) verläuft, bei der sich also der Abstand eines Massenpunktes m in bezug auf einen festen Punkt (hier: Gleichgewichtslage) zeitlich „sinusförmig" ändert, nennt man eine *harmonische Schwingung*. Die sie bestimmende Gleichung (27, 5) heißt *Schwingungsgleichung*. Speziell nennt man (27, 7) die eindimensionale Schwingungsgleichung, während der „harmonisch schwingende" Massenpunkt als (linearer) *harmonischer Oszillator* bezeichnet wird.

Wir wollen den Verlauf der harmonischen Schwingung (27, 21) im einzelnen untersuchen. Aus dieser Gleichung ersieht man, daß x ein Maximum für

$$\omega_0 t_{\max} - \delta = (4n+1)\frac{\pi}{2}, \quad n = 0, 1, 2, \ldots \tag{27, 49}$$

wird, wenn also

$$t_{\max} = \frac{(4n+1)\frac{\pi}{2} + \delta}{\omega_0}, \tag{27, 50}$$

ist. Andererseits nimmt x sein Minimum $x_{\min} = -x_0$ für

$$\omega_0 t_{\min} - \delta = (4n+3)\frac{\pi}{2}, \tag{27, 51}$$

d. h. zu den Zeiten

$$t_{\min} = \frac{(4n+3)\frac{\pi}{2} + \delta}{\omega_0}, \tag{27, 52}$$

an.

Die aufeinanderfolgenden Zeiten, in denen Maxima bzw. Minima von x auftreten, haben die gleiche Differenz

$$T = \frac{2\pi}{\omega_0}. \tag{27, 53}$$

Nach Ablauf dieser Zeit ist der Bewegungszustand des schwingenden Massenpunktes der gleiche wie zur Zeit t. Man nennt daher T die *Periode* oder *Schwingungsdauer*. Den reziproken Wert von T nennt man die Schwingungszahl oder *Frequenz*

$$f_0 = \frac{1}{T}, \tag{27, 54}$$

während

$$\omega_0 = 2\pi f_0 = \frac{2\pi}{T} \tag{27, 55}$$

als die *Kreisfrequenz* des Schwingungsvorganges (27, 21) bezeichnet wird. Es hat sich als zweckmäßig erwiesen, nicht mit f_0, sondern mit der Kreisfrequenz ω_0 zu rechnen, weil man dadurch den bei harmonischen Vorgängen unvermeidlich auftretenden Faktor 2π nicht anzuschreiben braucht. Es hat sich daher eingebürgert, die Größe ω_0 als Frequenz schlechthin zu bezeichnen. Wir schließen uns diesem Brauch an.

Die Größe x_0, die das Maximum von x angibt, nennt man die *Amplitude* der Schwingung, das Argument

$$\varphi = \omega_0 t + \delta \tag{27, 56}$$

heißt die *Phase* (zur Zeit t), die darin auftretende Konstante wird als *Phasenkonstante* bezeichnet, während die jeweilige Auslenkung x aus der Ruhelage von m als dessen *Elongation* bezeichnet wird.

Offenbar kann man es durch geeignete Verschiebung der Zeitskala stets erreichen, daß die Phasenkonstante

$$\delta = 0 \tag{27, 57}$$

wird. Dann wird nach (27, 21) eine harmonische Schwingung durch

$$x(t) = \sqrt{\frac{2E}{c}} \sin \omega_0 t \tag{27, 58}$$

beschrieben. Legt man dagegen die Zeitskala so, daß

$$\delta = \frac{3}{2}\pi \tag{27, 59}$$

wird, dann ist

$$x(t) = \sqrt{\frac{2E}{c}} \cos \omega_0 t. \tag{27, 60}$$

Der Verlauf von (27, 60) ist in Abb. 27, 1 dargestellt, in der auch die Geschwindigkeit $\dot{x}(t)$ von m skizziert ist, die, wie Differentiation von (27, 60) zeigt, ebenfalls eine harmonische Zeitfunktion ist. Daß auch die Beschleunigung $\ddot{x}$ zeitlich harmonisch verläuft, bringt die Schwingungsgleichung (27, 36) zum Ausdruck. —

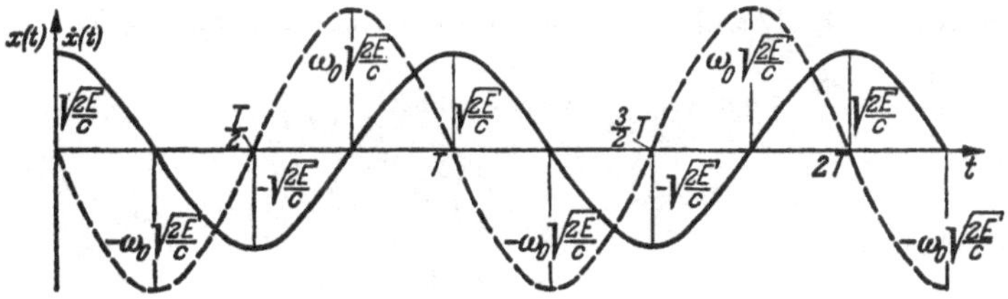

Abb. 27, 1: Verlauf der Schwingung (27, 60) und ihrer Geschwindigkeit (gestrichelte Kurve)

Wir hatten im Anschluß an (27, 5) bemerkt, daß die Bewegung eines harmonischen Oszillators, weil die ihn bewegende Federkraft (27, 4) eine Zentralkraft ist, in einer Ebene verlaufen muß, (Kap. 18). Der Einfachheit halber hatten wir vorstehend angenommen, (27, 6), daß der Ortsvektor $\mathfrak{r}$ von m nur eine nichtverschwindende x-Komponente hat (geradliniger oder eindimensionaler Oszillator). Diese Spezialisierung wollen wir nun aufheben und den allgemeinen Fall untersuchen. Dazu legen wir ein Koordinatensystem so, daß

$$\mathfrak{r}\,\{x \neq 0,\ y \neq 0,\ z(t) \equiv 0\} \tag{27, 61}$$

ist (zweidimensionaler Oszillator). Dann gelten nach (27, 5) für die beiden Komponenten x und y:

$$\ddot{x} + \omega_0^2 x = 0 \tag{27, 62}$$

$$\ddot{y} + \omega_0^2 y = 0. \tag{27, 63}$$

Die Lösungen dieser Gleichungen sind gemäß (27, 25):

$$x(t) = A \sin \omega_0 t + B \cos \omega_0 t \tag{27, 64}$$

$$y(t) = C \sin \omega_0 t + D \cos \omega_0 t \tag{27, 65}$$

mit den vier Konstanten A, B, C, D. Die beiden vorstehenden Ausdrücke lassen sich stets durch geeignete Wahl zweier Phasenkonstanten δ_1 und δ_2 auf die Form

$$x(t) = a \sin (\omega_0 t + \delta_1) \tag{27, 66}$$

$$y(t) = b \sin (\omega_0 t + \delta_2) \tag{27, 67}$$

bringen.

Wir fragen nun nach der Gleichung der Bahn des zweidimensionalen Oszillators. Man erhält sie, indem man aus ihrer Parameterdarstellung (27, 66/67) die Zeit t eliminiert. Zu diesem Zweck wenden wir zunächst das Additionstheorem auf (27, 66/67) an. Dies liefert

$$\frac{x}{a} = \sin \omega_0 t \cos \delta_1 + \cos \omega_0 t \sin \delta_1 \tag{27, 68}$$

$$\frac{y}{b} = \sin \omega_0 t \cos \delta_2 + \cos \omega_0 t \sin \delta_2. \tag{27, 69}$$

Multipliziert man diese beiden Gleichungen mit $\sin \delta_2$ bzw. $-\sin \delta_1$, so erhält man nach Addition

$$\frac{x}{a} \sin \delta_2 - \frac{y}{b} \sin \delta_1 = \sin \omega_0 t \,\{\cos \delta_1 \sin \delta_2 - \cos \delta_2 \sin \delta_1\} \tag{27, 70}$$

$$= \sin \omega_0 t \sin (\delta_2 - \delta_1). \tag{27, 71}$$

Multipliziert man jedoch (27, 68/69) mit $\cos\delta_2$ bzw. $-\cos\delta_1$, so erhält man nach Addition

$$\frac{x}{a}\cos\delta_2 + \frac{y}{b}\cos\delta_1 = \cos\omega_0 t\,\{\sin\delta_1\cos\delta_2 - \sin\delta_2\cos\delta_1\} \tag{27, 72}$$

$$= -\cos\omega_0 t\,\sin(\delta_2 - \delta_1). \tag{27, 73}$$

Durch Quadrieren von (27, 71) und (27, 73) und anschließendem Addieren erhält man schließlich

$$\left(\frac{x}{a}\right)^2 - 2\frac{xy}{ab}(\sin\delta_1\sin\delta_2 + \cos\delta_1\cos\delta_2) + \left(\frac{y}{b}\right)^2$$

$$= \left(\frac{x}{a}\right)^2 - 2\frac{xy}{ab}\cos(\delta_2 - \delta_1) + \left(\frac{y}{b}\right)^2 \tag{27, 74}$$

$$= \sin^2(\delta_2 - \delta_1). \tag{27, 75}$$

Die letzte Gleichung geht, nach Einführung des Begriffes *Phasendifferenz* oder *Phasenverschiebung*

$$\delta = \delta_2 - \delta_1 \tag{27, 76}$$

in

$$\left(\frac{x}{a}\right)^2 - 2\frac{xy}{ab}\cos\delta + \left(\frac{y}{b}\right)^2 = \sin^2\delta \tag{27, 77}$$

über.

Aus (27, 75) ist zu ersehen, daß beim Auftreten zweier Phasenkonstanten δ_1 und δ_2 nicht einzeln eingehen, sondern nur ihre Differenz (27, 76) eine Rolle spielt. Man kann daher stets, ohne Einschränkung der Allgemeinheit, eine der beiden Phasenkonstanten, z. B.

$$\delta_1 = 0 \tag{27, 78}$$

setzen. Dann gehen die beiden Teilschwingungen (27, 66/67) in

$$x(t) = a\sin\omega_0 t \tag{27, 79}$$

$$y(t) = b\sin(\omega_0 t + \delta) \tag{27, 80}$$

über. Die Bahn, die durch diese Gleichung beschrieben wird, ist durch (27, 77) gegeben. Dies ist die Gleichung einer Kurve zweiter Ordnung, die — wegen der Endlichkeit der Amplituden a und b — i. allg. eine Ellipse darstellt, deren Achsen jedoch nicht immer mit den Koordinatenachsen zusammenfallen, Abb. 27, 2.

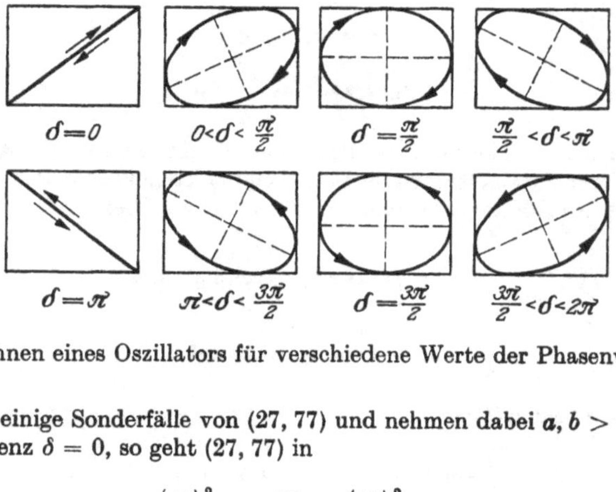

Abb. 27, 2: Bahnen eines Oszillators für verschiedene Werte der Phasenverschiebung δ

Wir betrachten einige Sonderfälle von (27, 77) und nehmen dabei $a, b > 0$ an:
Ist die Phasendifferenz $\delta = 0$, so geht (27, 77) in

$$\left(\frac{x}{a}\right)^2 - 2\frac{xy}{ab} + \left(\frac{y}{b}\right)^2 = 0 \tag{27, 81}$$

oder

$$\left(\frac{x}{a} - \frac{y}{b}\right)^2 = 0 \tag{27, 82}$$

über, woraus

$$y = \frac{b}{a} x \tag{27, 83}$$

folgt. Das gleiche Ergebnis erhält man auch unmittelbar aus (27, 79/80). Gl. (27, 83) sagt aus, daß bei verschwindender Phasendifferenz ($\delta = 0$) der Massenpunkt m „geradlinig schwingt" und eine Bahn durchläuft, die die — in Abb. 27, 2 dargestellte — Diagonale eines Rechtecks mit den Seiten $2a$ und $2b$ ist.

Beträgt die Phasendifferenz $\delta = \pi/2$, so durchläuft m nach (27, 77) die Bahn

$$\frac{x^2}{a^2} + \frac{y^2}{b^2} = 1. \tag{27, 84}$$

Das ist eine Ellipse, deren Achsen mit den Achsen des Bezugssystems zusammenfallen, Abb. 27, 2.

Für die Phasendifferenz $\delta = \pi$ erhält man aus (27, 77) als Bahngleichung

$$\left(\frac{x}{a}\right)^2 + 2\frac{xy}{ab} + \left(\frac{y}{b}\right)^2 = 0 \tag{27, 85}$$

oder

$$\left(\frac{x}{a} + \frac{y}{b}\right)^2 = 0, \tag{27, 86}$$

woraus

$$y = -\frac{b}{a} x \tag{27, 87}$$

folgt. Dies ist wiederum eine Gerade, und zwar diesmal diejenige Diagonale in dem Rechteck mit den Seiten $2a$ und $2b$, die mit der x-Achse einen stumpfen Winkel einschließt, Abb. 27, 2.

Bei einer Phasenverschiebung von $\delta = 3\pi/2$ erhält man als Bahn wiederum die Ellipse (27, 84), die jedoch jetzt im entgegengesetzten Sinne durchlaufen wird, als im Fall $\delta = \pi/2$.

Wir erwähnen noch einen Sonderfall. Ist $a = b$, und $\delta = \pi/2$ so geht (27, 84) in

$$x^2 + y^2 = a^2 \tag{27, 88}$$

über, d. h. die Bahn ist dann ein Kreis, der, wie aus (27, 79/80) folgt, für $\delta = \pi/2$ im Sinne, dagegen für $\delta = 3\pi/2$ entgegengesetzt dem Sinne des Uhrzeigers durchlaufen wird.

28. Gedämpfte Schwingungen eines Oszillators

Die bisher betrachteten Schwingungen weichen in einem sehr wesentlichen Punkt von denjenigen ab, die man in der Natur beobachtet. Die erstgenannten würden, einmal angeregt, beliebig lange ungeändert andauern, was sich daraus ergibt, daß die Amplitude der Schwingungen nicht von der Zeit abhängt, sondern konstant ist. Im Gegensatz dazu beobachtet man stets, daß die Amplituden mit der Zeit kleiner werden und schließlich die Schwingungsbewegung aufhört. Wir müssen daraus schließen, daß außer der bisher als wirkend angenommenen Federkraft (27, 4) noch andere Kräfte vorhanden sind, deren Wirkung eben das allmähliche Abklingen der Schwingung mit sich bringt. Diese Kräfte nennt man **Reibungskräfte**. Sie machen sich bei allen Vorgängen bemerkbar. Sie sind es auch, die scheinbar zu dem Resultat führen, daß das Trägheitsgesetz nicht gilt, wie wir in Kap. 12 sahen.

Der Vorgang der Reibung ist äußerst kompliziert und noch keineswegs in seinen Einzelheiten bekannt. Bei Beschränkung auf kleine Geschwindigkeiten ist nach (16, 13) die Reibungskraft

$$\mathfrak{K}_r = -\varrho \dot{\mathfrak{r}}, \tag{28, 1}$$

wo der stets positive Proportionalitätsfaktor ϱ als Reibungskoeffizient bezeichnet wird.

Um die Bewegungsgleichung von m unter Einfluß der elastischen Kraft (27, 4) und der Reibungskraft (28, 1) zu erhalten, hat man auf der zweiten Seite der Schwingungsgleichung (27, 5) noch (28, 1) hinzuzufügen. Dies ergibt

$$m\ddot{\mathfrak{r}} = -c\mathfrak{r} - \varrho\dot{\mathfrak{r}} \tag{28, 2}$$

oder

$$m\ddot{\mathfrak{r}} + \varrho\dot{\mathfrak{r}} + c\mathfrak{r} = 0. \tag{28, 3}$$

Wir beschränken uns auf die Behandlung des linearen Oszillators, in dessen Bewegungsrichtung wir die x-Achse eines Koordinatensystems legen. Dann verbleibt von der Vektorgleichung (28, 3) nur ihre x-Komponente

$$m\ddot{x} + \varrho\dot{x} + cx = 0. \tag{28, 4}$$

Wir dividieren noch durch m, was

$$\ddot{x} + 2\delta\dot{x} + \omega_0^2 x = 0 \tag{28, 5}$$

ergibt, wobei ω_0 die Eigenfrequenz des ungedämpften Oszillators gemäß (27, 17) und

$$\delta = \frac{\varrho}{2m} \tag{28, 6}$$

ist, welche Größe oft Dämpfungsfaktor genannt wird.

Da die Differentialgleichung (28, 5) linear und homogen ist und konstante Koeffizienten besitzt, hat sie die Eigenschaften der Differentialgleichung (27, 36). Wir werden also auch im vorliegenden Fall die Lösung von (28, 5) versuchsweise in der Exponentialform

$$x(t) \sim e^{\alpha t} \tag{28, 7}$$

ansetzen. Dies liefert:

$$\dot{x} = \alpha x, \quad \ddot{x} = \alpha^2 x. \tag{28, 8}$$

Einsetzen von (28, 7/8) in (28, 5) ergibt als Bedingung dafür, daß (28, 7) Lösung von (28, 5) ist, die Gleichung:

$$x(\alpha^2 + 2\delta\alpha + \omega_0^2) = 0, \tag{28, 9}$$

die, wenn man von der physikalisch uninteressanten Lösung $x \equiv 0$ absieht, die quadratische Gleichung

$$\alpha^2 + 2\delta\alpha + \omega_0^2 = 0 \tag{28, 10}$$

für α liefert. Aus ihr erhält man

$$\alpha_{1,2} = -\delta \pm \sqrt{\delta^2 - \omega_0^2}. \tag{28, 11}$$

Wir haben also, wenn $\delta \neq \omega_0$, zwei (linear unabhängige) Lösungen, den beiden Werten von α entsprechend:

$$x_1(t) = Ae^{-\delta t}\, e^{+\sqrt{\delta^2 - \omega_0^2}\, t} \tag{28, 12}$$

$$x_2(t) = Be^{-\delta t}\, e^{-\sqrt{\delta^2 - \omega_0^2}\, t}, \tag{28, 13}$$

wobei A und B willkürliche Konstanten sind. Die allgemeine Lösung $x(t)$ und (28, 5) ergibt sich durch Addition der beiden letzten Gleichungen:

$$x(t) = x_1(t) + x_2(t). \tag{28, 14}$$

Wir wollen diese im einzelnen untersuchen. Dabei sind, je nachdem der Ausdruck unter der Wurzel in (28, 11) positiv, negativ oder Null ist, drei verschiedene Fälle zu unterscheiden.

1. Quasiperiodische Bewegung: Wegen der großen Ähnlichkeit mit dem in Kap. 27 behandelten Beispiel fassen wir zunächst den Fall

$$\delta^2 - \omega_0^2 < 0 \tag{28, 15}$$

ins Auge. Dann ist

$$\sqrt{\delta^2 - \omega_0^2} = i\sqrt{\omega_0^2 - \delta^2}. \tag{28, 16}$$

Setzt man

$$\sqrt{\omega_0{}^2 - \delta^2} = \bar{\omega}, \tag{28, 17}$$

dann haben wir nach (28, 11) für

$$\alpha_{1,2} = \delta \pm i\bar{\omega}. \tag{28, 18}$$

Damit ergibt sich aufgrund von (28, 12/13) für die beiden Partikularlösungen von (28, 5):

$$x_1(t) = Ae^{-\delta t} e^{i\bar{\omega}t} \tag{28, 19}$$

$$x_2(t) = Be^{-\delta t} e^{-i\bar{\omega}t} \tag{28, 20}$$

oder nach Einführung trigonometrischer Funktionen

$$x_1(t) = Ae^{-\delta t}(\cos \bar{\omega}t + i \sin \bar{\omega}t) \tag{28, 21}$$

$$x_2(t) = Be^{-\delta t}(\cos \bar{\omega}t - i \sin \bar{\omega}t). \tag{28, 22}$$

Hieraus ergibt sich nach (28, 14) für die allgemeine Lösung von (28, 5) die Darstellung

$$x(t) = e^{-\delta t}\{(A + B) \cos \bar{\omega}t + i(A - B) \sin \bar{\omega}t\} \tag{28, 23}$$

$$= (A + B)\, e^{-\delta t} \cos \bar{\omega}t + i(A - B)\, e^{-\delta t} \sin \bar{\omega}t \tag{28, 24}$$

$$= F_1(t) \cos \bar{\omega}t + F_2(t) \sin \bar{\omega}t. \tag{28, 25}$$

Die beiden in (28, 25) auftretenden Summanden sind Partikularlösungen von (28, 5). Jede von ihnen besteht aus zwei Faktoren. Der zweite Faktor beschreibt eine harmonische Schwingung, wie wir sie in den vorhergehenden Paragraphen untersucht haben. Der erste Faktor, die Amplitude der Schwingung, ist eine Exponentialfunktion mit negativem Exponenten, also eine mit wachsender Zeit abnehmende Größe. Es beschreibt also jeder Summand in (28, 25) eine Schwingung, deren Amplitude mit der Zeit abnimmt, und zwar um so stärker, je größer der Dämpfungsfaktor δ ist, d. h. einen Vorgang, der nicht streng periodisch ist. Man bezeichnet ihn als einen quasiperiodischen Vorgang. Die hier betrachtete Bewegung von m wird — im Gegensatz zu den in Kap. 27 behandelten ungedämpften Schwingungen — als *gedämpfte* Schwingung bezeichnet. Den Ablauf einer gedämpften Schwingung veranschaulicht Abb. 28, 1.

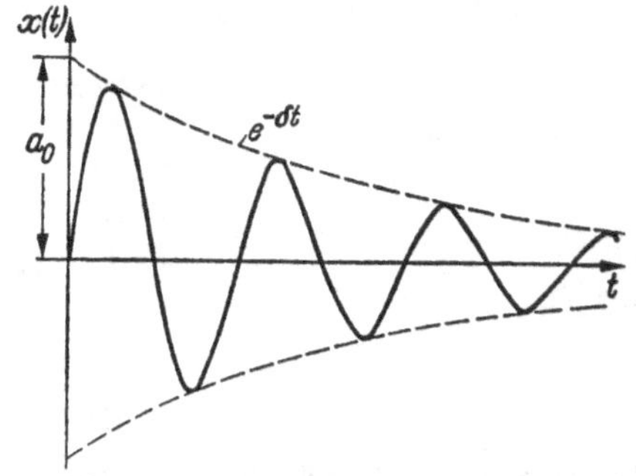

Abb. 28, 1: Verlauf einer durch $x(t) = a_0 e^{-\delta t} \sin \omega t$ beschriebenen gedämpften Schwingung

Die Frequenz $\bar{\omega}$ der gedämpften Schwingung ist nach (28, 17):

$$\bar{\omega} = \sqrt{\omega_0^2 - \delta^2}. \tag{28, 26}$$

Man erkennt, daß stets

$$\bar{\omega} < \omega_0 \tag{28, 27}$$

ist. Die Dämpfung verlangsamt also die Schwingung. Ist der Dämpfungsfaktor δ sehr klein, so daß man in (28, 17) δ^2 gegen ω_0^2 vernachlässigen darf, so ist angenähert

$$\bar{\omega} \approx \omega_0 \tag{28, 28}$$

und d. h., für sehr kleine Dämpfung stimmt in erster Näherung die Frequenz $\bar{\omega}$ mit ω_0 überein. Es ist aber zu beachten, daß das nicht für die Amplituden gilt. Diese nehmen auch bei beliebig kleiner Dämpfung stets ab, was sich bei genügend langer Beobachtungsdauer geltend macht.

Theoretisch kommt die gedämpfte Schwingung (28, 24) erst nach unendlich langer Zeit zur Ruhe. Dies ist jedoch in natura nicht der Fall. Vielmehr wird jede Schwingung schon nach endlicher Zeit zum Stillstand gebracht. Diese Diskrepanz zwischen Theorie und Beobachtung liegt daran, daß der Reibungskoeffizient in Wirklichkeit keine Konstante, sondern eine Funktion der Geschwindigkeit $\dot{x}$ ist.

Durch Beobachtung des durch (28, 24) beschriebenen abklingenden Schwingungsvorgangs ist es möglich, den Dämpfungsfaktor δ experimentell zu bestimmen. Beobachtet man nämlich die aufeinander folgenden Umkehrpunkte der Schwingung, die zeitlich um die Schwingungsdauer $\overline{T}$ auseinander liegen, so hat man zur Zeit t_0:

$$x(t_0) \sim e^{-\delta t_0}, \tag{28, 29}$$

zu der späteren Zeit $t = t_0 + T$ ist

$$x(t_0 + \overline{T}) \sim e^{-\delta(t_0+\overline{T})} \tag{28, 30}$$

und entsprechend

$$x(t_0 + 2\overline{T}) \sim e^{-\delta(t_0+2\overline{T})}. \tag{28, 31}$$

Dividiert man (28, 29) durch (28, 30) und diese Gleichung durch (28, 31) so erhält man

$$\frac{x(t_0)}{x(t_0+\overline{T})}\ \frac{x(t_0+\overline{T})}{x(t_0+2\overline{T})} = \cdots = e^{\delta\overline{T}} \tag{28, 32}$$

d. h., das absolut genommene Verhältnis zweier aufeinander folgender Amplituden ist eine Konstante der gedämpften Schwingung. Die Form derselben legt es nahe, die Logarithmen zu bilden. Man hat dann:

$$\ln\frac{x(t_0)}{x(t_0+\overline{T})} = \ldots = \delta\overline{T}. \tag{28, 33}$$

Man nennt diese Größe das *logarithmische Dekrement* der Schwingung. Da die Größen $x(t_0), \ldots$ und die Schwingungsdauer T genau gemessen werden können, ist die Bestimmung von δ großer Genauigkeit fähig.

2. Aperiodische Bewegung: Wir betrachten jetzt den Fall, daß in (28, 11) der Radikand

$$\delta^2 - \omega_0^2 > 0 \tag{28, 34}$$

ist. Setzen wir zur Abkürzung

$$-\delta + \sqrt{\delta^2 - \omega_0^2} = -\beta_1 \tag{28, 35}$$

$$-\delta - \sqrt{\delta^2 - \omega_0^2} = -\beta_2, \tag{28, 36}$$

so haben wir jetzt

$$x_1(t) \sim e^{-\beta_1 t} \tag{28, 37}$$

$$x_2(t) \sim e^{-\beta_2 t} \tag{28, 38}$$

und das allgemeine Integral wird mit den beiden willkürlichen Konstanten A und B:

$$x(t) = Ae^{-\beta_1 t} + Be^{-\beta_2 t}. \tag{28, 39}$$

Zur Zeit $t = 0$ sei $x(0) = x_0$, $\dot{x}(0) = v_0$. Das liefert zur Bestimmung der Konstanten A, B:

$$x_0 = A + B \tag{28, 40}$$

$$v_0 = -\beta_1 A - \beta_2 B \tag{28, 41}$$

und daraus folgt:

$$A = \frac{v_0 + \beta_2 x_0}{\beta_2 - \beta_1} \tag{28, 42}$$

$$B = -\frac{v_0 + \beta_1 x_0}{\beta_2 - \beta_1}. \tag{28, 43}$$

Das allgemeine Integral stellt sich als die Summe zweier mit der Zeit abnehmender Exponentialfunktionen dar. Dabei ist zu beachten, daß

$$0 < \beta_1 < \beta_2 \tag{28, 44}$$

ist. Die Exponentialfunktion mit β_2 nimmt also rascher ab als die mit β_1. Trägt man die Kurven $Ae^{-\beta_1 t}$ und $Be^{-\beta_2 t}$ unter Berücksichtigung von (28, 42/43) auf, so erhält man zwei verschiedene Fälle, je nachdem ob

$$|A| > |B| \tag{28, 45}$$

oder

$$|A| < |B| \tag{28, 46}$$

ist.

Wir wollen zunächst annehmen, daß

$$|A| > |B| \text{ und } A > 0, \tag{28, 47}$$

d. h. die positive Anfangsamplitude der Exponentialfunktion, die langsamer abnimmt, ist absolut genommen größer als die absolut genommene Anfangsamplitude der rascher abnehmenden Exponentialfunktion, die nach (28, 43) negativ ist. Diese Verhältnisse sind in Abb. 28, 2

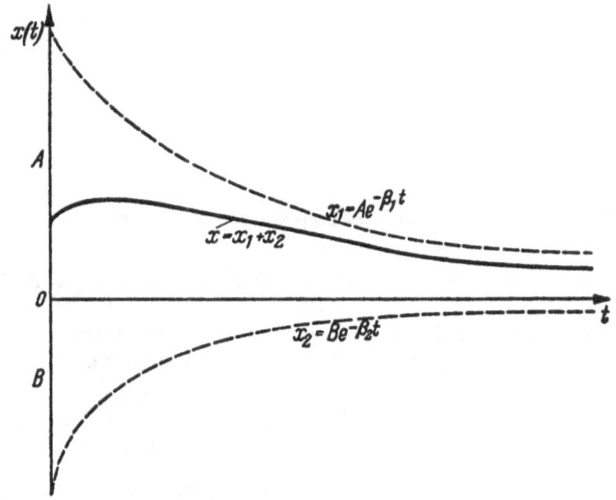

Abb. 28, 2: Verlauf einer aperiodischen Bewegung

dargestellt, in der die gestrichelten Linien die beiden Exponentialfunktionen — das sind die Partikularlösungen $x_1(t)$ und $x_2(t)$ — und die ausgezogene Linie ihre Summe, d. h. $x(t)$, bedeuten. Man ersieht aus der Abbildung, daß unter der Voraussetzung (28, 47) der Massenpunkt sich seiner Ruhelage asymptotisch nähert, ohne sie jemals zu überschreiten. Man sagt dafür häufig: „Es gibt keinen Nulldurchgang."

Analytisch ergibt sich dies aus (28, 39), indem man die Nullstellen dieser Gleichung aufsucht, d. h. den Ausdruck

$$Ae^{-\beta_1 t} + Be^{-\beta_2 t} = 0 \tag{28, 48}$$

diskutiert. Damit diese Gleichung besteht, ist zunächst notwendig, daß A und B verschiedene Vorzeichen haben. Eine weitere Bedingung für A und B ergibt sich, wenn man (28, 48) in der Form

$$e^{(\beta_2-\beta_1)t} = -\frac{B}{A} \tag{28, 49}$$

schreibt. Da die linke Seite dieser Gleichung wegen (28, 44) für positive Werte von t stets > 1 ist, muß

$$-\frac{B}{A} = \left|\frac{B}{A}\right| > 1 \tag{28, 50}$$

oder

$$|B| > |A| \tag{28, 51}$$

sein, wenn (28, 49) erfüllt sein soll. Diese Bedingung widerspricht aber der Voraussetzung (28, 47), d. h. in diesem Fall „gibt es keinen Nulldurchgang". (Beispiel: Eine aus ihrer Ruhelage gebrachte Flügeltür mit Stoßdämpfer, die ohne Anfangsgeschwindigkeit sich selbst überlassen wird.)

Ist jedoch (28, 51) erfüllt, so liegt der zweite Fall (28, 46) vor. Es gibt dann eine (aber nur eine) bestimmte Zeit $t = r$, für die (28, 49) erfüllt ist. Zu dieser Zeit τ geht der Massenpunkt durch seine Ruhelage („Nulldurchgang") und nähert sich ihr für Zeiten $t > \tau$

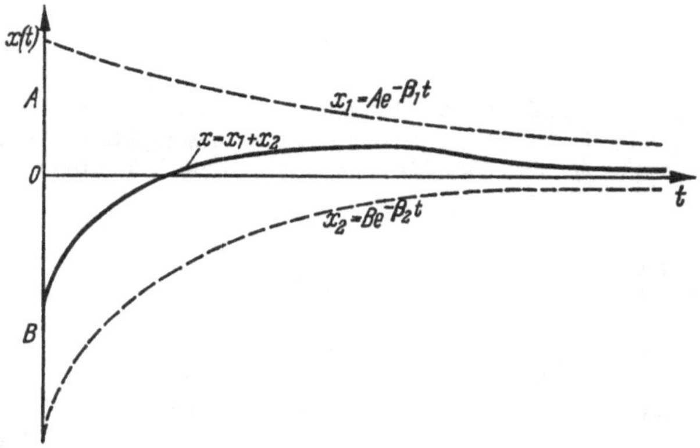

Abb. 28, 3: Verlauf einer aperiodischen Bewegung mit einem Nulldurchgang

in gleicher Weise („von der anderen Seite") wie im ersten Fall. Ein Beispiel dafür ist in Abb. 28, 3 dargestellt.

Wir knüpfen noch einmal an (28, 49) an und untersuchen, wann diese Gleichung eine Lösung hat. Setzt man für A und B die Werte (28, 42/43) ein, so verlangt (28, 49), daß

$$\frac{v_0 + \beta_1 x_0}{v_0 + \beta_2 x_0} > 1 \tag{28, 52}$$

ist. Wegen $\beta_1 < \beta_2$ ist dieser Ausdruck sicher < 1, wenn v_0 und x_0 das gleiche Vorzeichen haben. Es kann daher (28, 52) nur für verschiedene Vorzeichen von x_0 und v_0 erfüllt werden

$$\operatorname{sign} x_0 = -\operatorname{sign} v_0 \tag{28, 53}$$

und d. h. ein „Nulldurchgang" des Oszillators kann nur dann erfolgen, wenn er nach Auslenkung aus seiner Ruhelage eine auf diese hin gerichtete Anfangsgeschwindigkeit erhält. (Beispiel: Die aus ihrer Ruhelage gebrachte Flügeltür mit Stoßdämpfern erhält zu Beginn ihrer Bewegung einen „Stoß" in Richtung auf ihre Ruhelage.)

Man nennt Bewegungen, die durch (28, 39), beschrieben werden, *aperiodische* Bewegungen. Manchmal spricht man auch, weil in diesen Fällen die Gleichgewichtslage asymptotisch angestrebt wird, von Kriech- oder Schleichbewegungen.

Macht man andere Annahmen über die Beträge und Vorzeichen von A und B als es vorstehend geschah, so ergeben sich zwar weitere Fälle, indessen liefern sie nichts wesentlich Neues, da sie sich entweder auf (28, 45) oder (28, 46) zurückführen lassen.

3. Aperiodischer Grenzfall: Es verbleibt noch, den Sonderfall zu untersuchen, daß in (28, 11) der Radikand

$$\delta^2 - \omega_0^2 = 0 \tag{28, 54}$$

ist. Man spricht dann vom *aperiodischen Grenzfall.* Dann gehen die beiden Lösungen (28, 37/38) ineinander über und man hat nur das eine partikuläre Integral

$$x_1 \sim e^{-\delta t}. \tag{28, 55}$$

In diesem Falle muß man noch ein zweites von (28, 55) linear unabhängiges Integral der Differentialgleichung (28, 5) suchen. Das kann in folgender Weise geschehen. Wir setzen statt (28, 55) als Lösung von (28, 5) den Ausdruck

$$x(t) = x_1(t) \cdot f(t) \sim e^{-\delta t} f(t) \tag{28, 56}$$

an, in dem $f(t)$ eine unbekannte Funktion ist. Um sie zu ermitteln, ist mit (28, 56) in die Differentialgleichung (28, 5) einzugehen. Man erhält der Reihe nach:

$$\dot{x} = \dot{x}_1 f + x_1 \dot{f} \tag{28, 57}$$

$$\ddot{x} = \ddot{x}_1 f + 2\dot{x}_1 \dot{f} + x_1 \ddot{f} \tag{28, 58}$$

und hiermit durch Einsetzen in (28, 5):

$$[\ddot{x}_1 f + 2\dot{x}_1 \dot{f} + x_1 \ddot{f}] + 2\delta[\dot{x}_1 f + x_1 \dot{f}] + \omega_0^2 x_1 f = 0. \tag{28, 59}$$

Dafür kann auch

$$f[\ddot{x}_1 + 2\delta \dot{x}_1 + \omega_0^2 x_1] + 2\dot{f}[\dot{x}_1 + \delta x_1] + \ddot{f} x_1 = 0 \tag{28, 60}$$

geschrieben werden.

Da aber x_1 eine Lösung der Differentialgleichung (28, 5) ist, ist der Koeffizient von f identisch Null. Es reduziert sich also (28, 60) auf

$$2\dot{f}[\dot{x}_1 + \delta x] + \ddot{f} x_1 = 0. \tag{28, 61}$$

Nun ist aber, wie durch Differentiation von (28, 55) folgt

$$\dot{x}_1 = -\delta x_1. \tag{28, 62}$$

Daher verschwindet in (28, 61) das erste Glied und es verbleibt

$$\ddot{f}(t) = 0. \tag{28, 63}$$

Hieraus folgt durch zweimalige Integration, daß

$$f(t) \sim t \tag{28, 64}$$

ist.

Mit (28, 64) ergibt der Ansatz (28, 56) als zweite Partikularlösung von (28, 5):

$$x_2(t) \sim t e^{-\delta t}. \tag{28 ,65}$$

Da (28, 55) und (28, 65) linear unabhängig sind, erhält man als allgemeine Lösung der Bewegungsgleichung (28, 5) im aperiodischen Grenzfall

$$x(t) = c_1 e^{-\delta t} + c_2 t\, e^{-\delta t} \tag{28, 66}$$

$$= (q + c_2 t)\, e^{-\delta t} \tag{28, 67}$$

Die durch (28, 66/67) beschriebene Bewegung setzt sich aus einem mit der Zeit t exponentiell abklingenden Anteil und einen zweiten Anteil zusammen, der ebenfalls mit der Zeit exponentiell abklingt, aber noch den Faktor t enthält. Dieser Anteil wird jedoch für große Werte von t beliebig klein, da die Exponentialfunktion $e^{-\delta t}$ stärker $\to 0$ geht, als $t \to \infty$. Der Charakter der Bewegung im aperiodischen Grenzfall unterscheidet sich daher nicht wesentlich von dem der vorstehend besprochenen aperiodischen Schwingungen.

29. Erzwungene Schwingungen eines Oszillators

1. Erzwungene Schwingungen durch eine Störkraft mit konstanter Amplitude. Die in Kap. 27 untersuchte Bewegung eines Oszillators nennt man eine freie Schwingung, da sie — einmal angeregt — nur unter dem Einfluß der Federkraft (27, 4) abläuft. In Kap. 28 trat zur elastischen Kraft noch die Reibungskraft (28, 1) hinzu. Sie wirkt sich dadurch aus, daß sie die Eigenfrequenz ω_0 in $\overline{\omega}$ verkleinert und ein Abklingen der Amplitude zur Folge hat.

Wir wollen jetzt einen anderen Fall untersuchen, in dem zu der elastischen Kraft (27, 4) eine weitere (äußere) Kraft hinzutritt, die rein zeitabhängig sein soll: $\mathfrak{K} = \mathfrak{K}(t)$. Wie wir sehen werden, wird durch das Wirken dieser Kraft der Ablauf der freien Schwingungen geändert — oder wie man sagt: gestört — weswegen man $\mathfrak{K}$ als *Störkraft* bezeichnet. Die vom Oszillator unter dem gleichzeitigen Einfluß einer elastischen und einer Störkraft $\mathfrak{K}(t)$ ausgeführte Bewegung nennt man eine *erzwungene* Schwingung. Weshalb gerade diese Bezeichnung geprägt wurde, wird aus den nachfolgenden Darlegungen klar werden.

Wenn wir den Einfluß der Reibung zunächst unberücksichtigt lassen und uns auf eine eindimensionale Bewegung des Massenpunktes m — etwa längs der x-Achse eines Bezugssystems — beschränken, so handelt es sich in dem hier zu untersuchenden Fall um die Lösung der Bewegungsgleichung

$$m\ddot{x} + cx = K_x(t) \tag{29, 1}$$

oder nach Division durch m und Benutzung der früheren Abkürzung (27, 17):

$$\ddot{x} + \omega_0^2 x = \frac{K_x(t)}{m} = F(t). \tag{29, 2}$$

Wir müssen zunächst einige Eigenschaften dieser Gleichung feststellen, die zwar linear ist und konstante Koeffizienten besitzt, aber nicht mehr homogen ist, weil in ihr die „Störfunktion" $F(t)$ auftritt. Gl. (29, 2) ist eine inhomogene Differentialgleichung.

Wir wollen annehmen, zwei Lösungen dieser Gleichung, x_1 und x_2, seien gefunden. Dann gilt

$$\ddot{x}_1 + \omega_0^2 x_1 = F(t) \tag{29, 3}$$

$$\ddot{x}_2 + \omega_0^2 x_2 = F(t). \tag{29, 4}$$

Durch Subtraktion folgt

$$\frac{d^2}{dt^2}(x_1 - x_2) + \omega_0^2(x_1 - x_2) = 0, \tag{29, 5}$$

d. h. aber: Die Differenz zweier Lösungen der inhomogenen Gleichung ist keine Lösung derselben, wohl aber eine der ihr zugehörigen homogenen Gleichung (27, 7). Nennen wir die Differenz $x_1 - x_2 = \eta$, so ist $x_1 = x_2 + \eta$ und d. h., wenn man zu einem Integral x_2 der inhomogenen Gleichung (29, 2) ein Integral η der homogenen Gleichung (27, 7) addiert, so ist die Summe ebenfalls ein Integral der inhomogenen Differentialgleichung.

Die Bedeutung dieses Satzes ist folgende: Um das allgemeine Integral von (29, 2) zu finden, welches zwei willkürliche Konstanten haben muß, genügt es nach dem obigen Theorem, ein partikuläres Integral der inhomogenen Gleichung (29, 2) aufzusuchen. Ist dieses gefunden, so addieren wir dazu das uns bekannte allgemeine Integral der homogenen Gleichung (27, 7). Da die Summe nach dem obigen Satz wieder ein Integral der inhomogenen Gleichung ist und außerdem zwei willkürliche Konstanten besitzt, so ist sie das allgemeine Integral der inhomogenen Gleichung.

Ein weiterer wichtiger Satz ist der folgende: Es seien zwei verschiedene inhomogene Schwingungsgleichungen gegeben, die sich nur durch ihre Störfunktionen $F_1(t)$ und $F_2(t)$ unterscheiden. Ferner sei je eine Lösung x_1 und x_2 der beiden Gleichungen bekannt. Dann gilt

$$\ddot{x}_1 + \omega_0^2 x_1 = F_1(t), \tag{29, 6}$$

$$\ddot{x}_2 + \omega_0^2 x_2 = F_2(t). \tag{29, 7}$$

Addieren wir diese Gleichungen, so folgt:

$$\frac{d^2}{dt^2}(x_1 + x_2) + \omega_0^2(x_1 + x_2) = F_1(t) + F_2(t), \tag{29, 8}$$

d. h. die Summe

$$x(t) = x_1(t) + x_2(t) \tag{29, 9}$$

ist eine Lösung der inhomogenen Schwingungsgleichung, in der die Störfunktion

$$F(t) = F_1(t) + F_2(t) \tag{29, 10}$$

auftritt.

Die Bedeutung dieses Satzes wird klar, wenn man annimmt, daß $F(t)$ eine Summe von periodischen Funktionen ist:

$$F(t) = A_1 \cos \omega_1 t + A_2 \cos \omega_2 t + \ldots = \sum_i A_i \cos \omega_i t, \tag{29, 11}$$

d. h. es ist die Differentialgleichung

$$\ddot{x} + \omega_0^2 x = \sum_i A_i \cos \omega_i t \tag{29, 12}$$

zu lösen.

Dann können wir

$$x = x_1 + x_2 + \ldots = \sum_i x_i \tag{29, 13}$$

setzen und verlangen, daß jedes x_i der einfacheren Gleichung

$$\ddot{x}_i + \omega_0^2 x_i = A_i \cos \omega_i t \tag{29, 14}$$

genügt.

Sind diese gelöst, so ist

$$x = x_1 + x_2 + \ldots \tag{29, 15}$$

ein Integral der ursprünglich vorgelegten Differentialgleichung (29, 12). Man kann also durch diesen Satz die gestellte Aufgabe vereinfachen, indem man sie auf eine Mehrzahl gleichartiger Aufgaben mit einfacherem Störungsglied zurückführt.

Wir wollen nun annehmen, die Funktion $F = F(t)$ kann als FOURIER-Reihe dargestellt werden:

$$F(t) = A_0 + A_1 \cos \omega t + A_2 \cos 2\omega t + \ldots + B_1 \sin \omega t + B_2 \sin 2\omega t + \ldots \tag{29, 16}$$

Es genügt dann nach dem Obigen, daß wir statt (29, 12) die einfachere Gleichung

$$\ddot{x} + \omega_0^2 x = A \cos \omega t \tag{29, 17}$$

betrachten, denn auf Gleichungen von diesem Typ läßt sich das ursprüngliche Problem stets zurückführen.

Dies gilt auch, wenn $F = F(t)$ eine — innerhalb sehr weiter Grenzen — beliebige Zeitfunktion ist, die sich nicht in die FOURIER-Reihe (29, 16) entwickeln, wohl aber durch das FOURIER-Integral (16, 21) darstellen läßt. Es bedeutet dann der Übergang von (29, 2) zu (29, 17), daß man sich darauf beschränkt, allein den Einfluß der FOURIER-Komponente mit der Frequenz ω auf die Bewegung des Oszillators zu untersuchen. —

Wir wollen noch einen weiteren Kunstgriff angeben, dessen Verwendung sich später als sehr nützlich erweisen wird. Hierzu betrachten wir neben (29, 17) gleichzeitig die Schwingungsgleichung

$$\ddot{y} + \omega_0^2 y = A \sin \omega t, \tag{29, 18}$$

in der die Störkraft um ein Viertel ihrer Periode gegen die von (29, 17) verschoben ist. Gl. (29, 18) soll nun mit $i = \sqrt{-1}$ multipliziert und zu (29, 17) addiert werden.

Dann folgt:

$$\frac{d^2}{dt^2}(x + iy) + \omega_0^2(x + iy) = A(\cos \omega t + i \sin \omega t) \tag{29, 19}$$

oder, wenn wir für

$$x + iy = \zeta \tag{29, 20}$$

setzen,

$$\ddot{\zeta} + \omega_0^2 \zeta = A e^{i\omega t}. \tag{29, 21}$$

Die Lösung dieser Gleichung ist natürlich komplex. Wir haben dann aber nur den reellen Teil abzuspalten, um die Lösung von (29, 17) zu erhalten. Da (29, 21) linear ist und konstante Koeffi-

zienten besitzt, werden wir wieder die Lösung in Exponentialform ansetzen. Damit die Exponentialfunktion sich, wie bisher, forthebt (worin der Sinn dieses Ansatzes liegt), müssen wir die Exponentialfunktion $e^{i\omega t}$ nehmen, die die gleiche Abhängigkeit wie die Störkraft von der Zeit hat. Es ist also jetzt ω (im Gegensatz zu dem früher unbestimmten Faktor α) bestimmt. Wir setzen also versuchsweise an:

$$\zeta = Be^{i\omega t}, \tag{29, 22}$$

und das gibt in (29, 21) eingesetzt

$$B(-\omega^2 + \omega_0^2) = A, \tag{29, 23}$$

woraus

$$B = \frac{A}{\omega_0^2 - \omega^2} \tag{29, 24}$$

folgt.

Man erkennt, daß das Hinzufügen des unbestimmten Faktors B in (29, 22) notwendig war. Denn sonst hätten wir statt (29, 23):

$$-\omega^2 + \omega_0^2 = A \tag{29, 25}$$

erhalten und diese Gleichung ist i. allg. nicht erfüllt, weil ω_0, ω, A feste Werte sind.

Mit (29, 24) wird (29, 22):

$$\zeta(t) = \frac{Ae^{i\omega t}}{\omega_0^2 - \omega^2} \tag{29, 26}$$

oder, wenn wir den reellen Teil, wie vorher besprochen, abspalten,

$$x(t) = \frac{A}{\omega_0^2 - \omega^2} \cos \omega t \tag{29, 27}$$

das partikuläre (denn es sind keine disponiblen Konstanten da) Integral der Differentialgleichung (29, 17).

Wir wollen uns zunächst mit diesem partikulären Integral beschäftigen und erst nach Untersuchung seiner Eigenschaften das allgemeine Integral bilden.

Man erkennt aus (29, 27) zunächst, daß x dieselbe Frequenz hat, wie die Störkraft $A \cos \omega t$. Wir können also sagen: Die Störkraft ändert die „freie" Frequenz ω_0 in ω ab, oder anders ausgedrückt: Während der freie Oszillator mit der Eigenfrequenz ω_0 schwingt, wird er unter dem Einfluß der Störkraft gezwungen, mit deren Frequenz ω zu schwingen. Durch diese Tatsache wird die Bezeichnung „erzwungene Schwingung" verständlich.

Die Amplitude von x ist nach (29, 27) um so größer, je näher ω an ω_0 liegt. Für $\omega = \omega_0$ wird die Amplitude unendlich groß. In diesem Falle sagt man: Das schwingende System ist auf die Störkraft „abgestimmt" oder steht mit ihr in *Resonanz*. Natürlich können die Amplituden in natura nie unendlich werden. Die Abweichung von der Theorie rührt daher, daß der Einfluß der

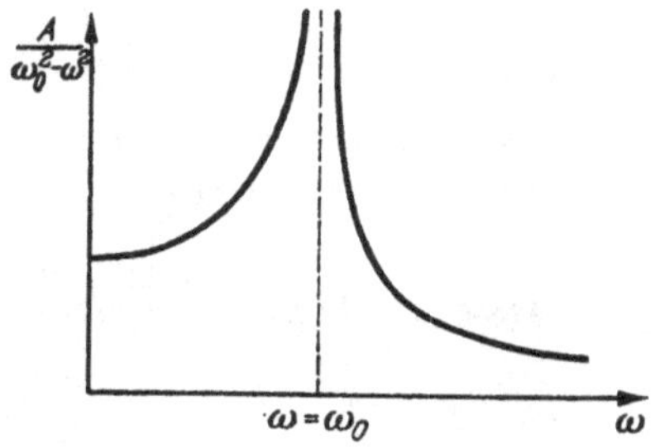

Abb. 29, 1: Die Amplitude einer erzwungenen Schwingung in Abhängigkeit von der Störfrequenz

Dämpfung, den wir bisher nicht berücksichtigt haben, im Falle der Resonanz unter keinen Umständen vernachlässigt werden darf. Deshalb wird später unsere Untersuchung in dieser Richtung zu vervollständigen sein. Abb. 29, 1 stellt die Amplitude der erzwungenen Schwingung als Funktion von ω dar.

Nun wollen wir die allgemeine Lösung von (29, 17) angeben. Hierzu haben wir, wie vorstehend gezeigt, die soeben gefundene Partikularlösung (29, 27) zu dem allgemeinen Integral der homogenen Gleichung (29, 17) zu addieren. Diese ist (27, 25). Somit erhält man

$$x(t) = C_1 \cos \omega_0 t + C_2 \sin \omega_0 t + \frac{A}{\omega_0^2 - \omega^2} \cos \omega t. \tag{29, 28}$$

Dieses Ergebnis wollen wir dem folgenden Anfangszustand anpassen:

$$x(0) = 0, \qquad \dot{x}(0) = 0. \tag{29, 29}$$

Das liefert die Bedingungen

$$C_1 + \frac{A}{\omega_0^2 - \omega^2} = 0, \quad C_2 = 0, \tag{29, 30}$$

und das gibt, in (29, 28) eingesetzt, das Resultat

$$x(t) = \frac{A}{\omega_0^2 - \omega^2} \{\cos \omega t - \cos \omega_0 t\}. \tag{29, 31}$$

Wir wollen nun den Sonderfall betrachten, daß ω von ω_0 nur wenig abweicht, so daß

$$\omega_0 - \omega = 2\delta \tag{29, 32}$$

sehr klein gegenüber ω_0 und ω ist:

$$|\delta| \ll \omega_0, \qquad |\delta| \ll \omega. \tag{29, 33}$$

Wenden wir nun das Additionstheorem des Kosinus auf (29, 31) an, so wird daraus

$$x(t) = -\frac{2A}{\omega_0^2 - \omega^2} \sin \frac{\omega + \omega_0}{2} t \cdot \sin \frac{\omega - \omega_0}{2} t \tag{29, 34}$$

$$= \frac{2A}{\omega_0^2 - \omega^2} \sin (\omega_0 - \delta) t \cdot \sin \delta t, \tag{29, 35}$$

wofür man wegen (29, 33) auch näherungsweise

$$x(t) \approx \frac{2A}{\omega_0^2 - \omega^2} \sin \omega_0 t \cdot \sin \delta t \tag{29, 36}$$

$$= \frac{2A \sin \delta t}{\omega_0^2 - \omega^2} \sin \omega_0 t = A^*(t) \sin \omega_0 t \tag{29, 37}$$

schreiben kann.

Diese Gleichung beschreibt eine harmonische Schwingung mit der Eigenfrequenz ω_0 und der jetzt variablen Amplitude $A^* = A^*(t)$. Diese ändert sich ebenfalls zeitlich harmonisch, jedoch — wegen der Voraussetzung (29, 33) — sehr langsam gegenüber dem durch $x \sim \sin \omega_0 t$ beschriebenen Schwingungsvorgang. Diese Verhältnisse sind in Abb. 29, 2 veranschaulicht.

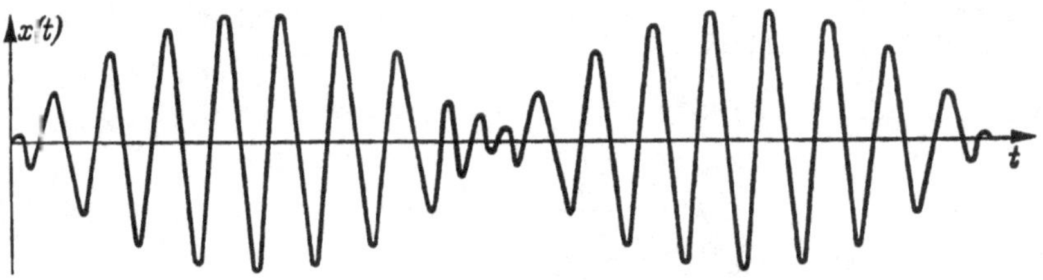

Abb. 29, 2: Schwebung

Eine Erscheinung dieser Art wird als *Schwebung* bezeichnet. Sie läßt sich sehr eindrucksvoll durch die Überlagerung der Schwingungen zweier Stimmgabeln realisieren, deren Eigenfrequenzen entsprechend (29, 33) nur sehr wenig voneinander verschieden sind. Man nimmt dann einen Ton wahr, dessen Intensität deutlich periodisch schwankt. Die Schwebung ist eines der schärfsten Mittel, um geringe Frequenzunterschiede festzustellen. —

Gehen wir jetzt zur Resonanz über ($\omega = \omega_0$), so kann man zeigen, daß das dem vorgeschriebenen Anfangszustand angepaßte allgemeine Integral (29, 31) für alle endlichen Zeiten endlich bleibt, obwohl wir vorhin gesehen haben, daß das partikuläre Integral (29, 27) dann unendlich ist. Man kann nämlich (29, 31) schreiben:

$$x(t) = A \left\{ \frac{\cos \omega t - \cos \omega_0 t}{\omega_0^2 - \omega^2} \right\}_{\omega = \omega_0} = A \left(\frac{0}{0} \right), \tag{29, 38}$$

d. h. wir haben die unbestimmte Form $\frac{0}{0}$. Diese bestimmt man etwa nach der L'HOSPITALschen Regel, indem man Zähler und Nenner getrennt nach ω differenziert und dann $\omega = \omega_0$ setzt. So folgt:

$$x = A \frac{t \sin \omega_0 t}{2\omega_0} = \frac{A}{2\omega_0} t \cdot \sin \omega_0 t. \tag{29, 39}$$

Das ist eine Schwingung von der Frequenz ω_0, deren Amplitude $\frac{At}{2\omega_0}$ proportional der Zeit t ist, also zunimmt, wie es Abb. 29, 3 zeigt.

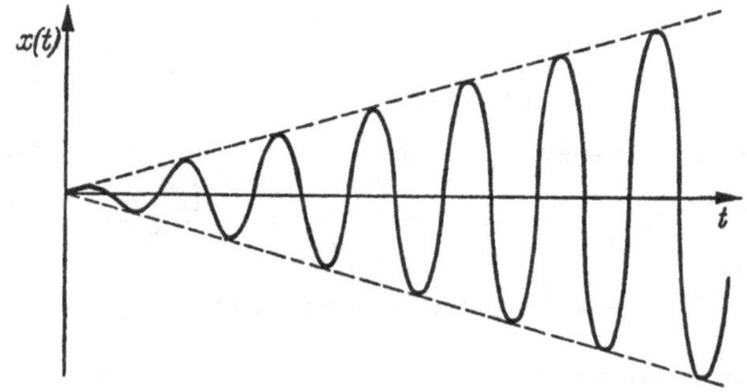

Abb. 29, 3: Angefachte Schwingung

Erst für $t = \infty$ wird die Amplitude unendlich groß, und dann ist die Lösung unbrauchbar. Dieser Vorgang ist leicht verständlich. Wenn für $t = 0$ die Störkraft zu wirken anfängt, so beginnt der Massenpunkt „anzuschwingen", wobei an ihm durch die Einwirkung der Störkraft immer mehr Arbeit geleistet wird („Anfachung"). Da es sich um einen ungedämpften Oszillator handelt, vergrößert sich seine Amplitude ständig. Unendlich große Amplitude entspricht unendlich großer Energie des Massenpunktes. Eine solche kann m von einer endlichen äußeren Kraft erst in unendlich großer Zeit erhalten.

Man kann die Anfachung als den Grenzfall der Schwebung auffassen, für den die Schwebungsdauer unendlich lang wird. In der Tat kann man aus (29, 36) sofort (29, 39) erhalten. Denn bei Gültigkeit von (29, 32/33) ist

$$\omega_0^2 - \omega^2 = (\omega_0 + \omega)(\omega_0 - \omega) \approx 4\delta\omega_0. \tag{29, 40}$$

Damit wird (29, 36):

$$x(t) = \frac{A}{2\omega_0} \cdot \frac{\sin \delta t}{\delta} \sin \omega_0 t. \tag{29, 41}$$

Dies ergibt unter Beachtung von

$$\lim_{\delta \to 0} \frac{\sin \delta t}{\delta} = t \tag{29, 42}$$

genau (29, 39).

Natürlich haben diese Entwicklungen nur insofern beschränkte physikalische Bedeutung, als unser Ansatz, daß die Kraft proportional der Auslenkung aus der Ruhelage ist, nur für kleine Amplituden gilt. Für große Amplituden können daher die aus den Gleichungen gezogenen Folgerungen nur näherungsweise zutreffen. —

Wir wollen jetzt noch den etwas komplizierteren Fall betrachten, daß die Störkraft aus zwei harmonischen Schwingungen mit den Frequenzen ω_1 und ω_2 besteht. Dann lautet die Bewegungsgleichung

$$\ddot{x} + \omega_0^2 x = A_1 \cos \omega_1 t + A_2 \cos \omega_2 t. \tag{29, 43}$$

Wie diese gelöst wird, haben wir im Vorhergehenden ausführlich besprochen. Danach ist in Analogie zu (29, 28) die allgemeine Lösung der letzten Gleichung, wenn C_1 und C_2 zwei willkürliche Konstanten bedeuten,

$$x(t) = C_1 \cos \omega_0 t + C_2 \sin \omega_0 t + \frac{A_1}{\omega_0^2 - \omega_1^2} \cos \omega_1 t + \frac{A_2}{\omega_0^2 - \omega_2^2} \cos \omega_2 t. \tag{29, 44}$$

Dieses Resultat läßt sich ohne Schwierigkeit verallgemeinern. Man erkennt aus (29, 44) das wichtige Ergebnis, daß in der resultierenden Schwingung x nur die Eigenfrequenz ω_0 sowie die Störfrequenzen ω_1 und ω_2 auftreten. Ferner sind die Amplituden der Schwingungen mit den Frequenzen ω_1 und ω_2 genau die gleichen wie sie auch sein würden, wenn eine der beiden Schwingungen nicht da wären. Denn z. B. ist der Koeffizient von $\cos \omega_1 t$ in (29, 44) genau der von (29, 28). Das zusätzliche Störungsglied $A_2 \cos \omega_2 t$ hat also die Schwingung nicht beeinflußt. Es bringt vielmehr nur ein neues Glied mit sich, ohne das schon vorhandene zu ändern. Dieses Resultat beruht, wie wir schon gesehen haben, auf der aus der Linearität der Gleichung folgenden Eigenschaft, daß man die Lösung mit kompliziertem Störglied $F(t)$ durch Superposition der Lösung von Gleichungen mit je einem einfachen Störglied von der Form $A_i \cos \omega_i t$ erhalten kann. Man nennt dies das Gesetz von der *ungestörten Superposition* der Schwingungen. Für nichtlineare Differentialgleichungen hat es keine Gültigkeit.

Die im Vorhergehenden angewendete Methode zur Lösung der inhomogenen Schwingungsgleichung (29, 2) läßt sich natürlich nur anwenden, wenn entweder $F(t)$ eine zeitlich harmonische Funktion ist, oder wenn man $F(t)$ in eine Fourier-Reihe entwickeln kann. Auch wenn dieser Fall vorliegt, ist es nicht immer zweckmäßig, den Umweg über die Fourier-Entwicklung zu machen. Vielmehr ist es in manchen Fällen vorzuziehen, die Integration von (29, 2) direkt mit beliebigem $F(t)$ vorzunehmen. Dies gelingt durch Verwendung der von Lagrange angegebenen Methode der *Variation der Konstanten*. Sie beruht auf folgendem Gedankengang: Wenn x_1 und x_2 zwei linear unabhängige Lösungen der zu (29, 2) gehörigen homogenen Gleichung sind, d. h. wenn

$$\ddot{x}_1 + \omega_0^2 x_1 \equiv 0 \tag{29, 45}$$

$$\ddot{x}_2 + \omega_0^2 x_2 \equiv 0 \tag{29, 46}$$

gilt, so ist (A, B sind beliebige, nichtverschwindende endliche Konstanten)

$$x(t) = A x_1 + B x_2 \tag{29, 47}$$

zwar die allgemeine Lösung der zu (29, 2) gehörenden homogenen Gleichung, jedoch nicht die von (29, 2) selbst. Lagrange versucht nun eine Verallgemeinerung von (29, 47), indem er A und B nicht mehr als Konstanten ansieht, sondern gleichfalls als Funktionen von t und setzt als (partikuläres) Integral der inhomogenen Gleichung (29, 2) an

$$x(t) = A(t)\, x_1 + B(t) x_2. \tag{29, 48}$$

Es kommt nun darauf an, die Funktionen $A(t)$ und $B(t)$ so zu bestimmen, daß sie (29, 2) genügen. Dies gelingt, wenn man folgendermaßen verfährt:

Wir gehen mit dem Ansatz (29, 48) in die inhomogene Gleichung (29, 2) ein, müssen also zuerst x zweimal nach t differenzieren. Die erste Differentiation ergibt:

$$\dot{x}(t) = A(t)\, \dot{x}_1 + B(t) \dot{x}_2 + \dot{A}(t) x_1 + \dot{B}(t) x_2. \tag{29, 49}$$

Lagrange setzt nun als erste Gleichung zur Bestimmung von A und B

$$\dot{A}(t) x_1 + \dot{B}(t) x_2 = 0 \tag{29, 50}$$

an. Damit vereinfacht sich (29, 50) zu

$$\dot{x} = A(t) \dot{x}_1 + B(t) \dot{x}_2. \tag{29, 51}$$

Durch nochmalige Differentiation folgt:

$$\ddot{x}(t) = A(t)\ddot{x}_1 + B(t)\ddot{x}_2 + \dot{A}(t)\dot{x}_1 + \dot{B}(t)\dot{x}_2. \tag{29, 52}$$

Setzt man (29, 51/52) in (29, 2) ein, so folgt

$$A\ddot{x}_1 + B\ddot{x}_2 + \dot{A}\dot{x}_1 + \dot{B}\dot{x}_2 + \omega_0^2 A x_1 + \omega_0^2 B x_2 = F(t) \tag{29, 53}$$

oder in anderer Zusammenfassung

$$A(\ddot{x}_1 + \omega_0^2 x_1) + B(\ddot{x}_2 + \omega_0^2 x_2) + \dot{A}\dot{x}_1 + \dot{B}\dot{x}_2 = F(t). \tag{29, 54}$$

Nach (29, 45/46) verschwinden die beiden ersten Glieder und es bleibt als zweite Gleichung zur Bestimmung von A und B:

$$\dot{A}\dot{x}_1 + \dot{B}\dot{x}_2 = F(t), \tag{29, 55}$$

die mit (29, 50) zur Bestimmung von A und B ausreicht.

Wir stellen beide Gleichungen noch einmal zusammen:

$$x_1(t)\,\dot{A}(t) + x_2(t)\,\dot{B}(t) = 0 \tag{29, 56}$$

$$\dot{x}_1(t)\,\dot{A}(t) + \dot{x}_2(t)\,\dot{B}(t) = F(t). \tag{29, 57}$$

Aus ihnen erhält man

$$\dot{A}(t) = -\frac{x_2(t)\,F(t)}{x_1\dot{x}_2 - \dot{x}_1 x_2} \tag{29, 58}$$

$$\dot{B}(t) = +\frac{x_1(t)\,F(t)}{x_1\dot{x}_2 - \dot{x}_1 x_2}. \tag{29, 59}$$

In diesen Ausdrücken kann der Nenner (Wronskische Determinante) nie verschwinden, da voraussetzungsgemäß x_1 und x_2 zwei voneinander linear unabhängige Lösungen von (29, 2) sind. Durch Integration nach t folgt aus den beiden letzten Gleichungen

$$A(t) = -\int \frac{x_2 F(t)}{x_1\dot{x}_2 - x_2\dot{x}_1}\,dt \tag{29, 60}$$

$$B(t) = +\int \frac{x_1 F(t)}{x_1\dot{x}_2 - x_2\dot{x}_1}\,dt. \tag{29, 61}$$

Demgemäß finden wir als (partikuläres) Integral der inhomogenen Schwingungsgleichung (29, 2)

$$x_p = -x_1 \int \frac{x_2 F(t)}{x_1\dot{x}_2 - x_2\dot{x}_1}\,dt + x_2 \int \frac{x_1 F(t)}{x_1\dot{x}_2 - x_2\dot{x}_1}\,dt, \tag{29, 62}$$

aus dem durch Hinzufügen von

$$x_h = C_1 x_1 + C_2 x_2,\ C_1, C_2 = \text{const}, \tag{29, 63}$$

das allgemeine Integral von (29, 2) erhalten wird.

Es wird zweckmäßig sein, an dem einfachen Fall $F(t) = A\cos\omega t$, den wir im vorhergehenden schon erledigt haben, diese Formeln zu verifizieren. Wir haben zunächst für die linear unabhängigen Integrale

$$x_1 \sim \cos\omega_0 t \tag{29, 64}$$

$$x_2 \sim \sin\omega_0 t. \tag{29, 65}$$

Damit ergibt sich für die Wronskische Determinante

$$\begin{vmatrix} x_1 & x_2 \\ \dot{x}_1 & \dot{x}_2 \end{vmatrix} = x_1\dot{x}_2 - x_2\dot{x}_1 = \omega_0. \tag{29, 66}$$

Setzt man dies in (29, 62) ein, so erhält man

$$x(t) = -\frac{A}{\omega_0}\cos\omega_0 t \int \sin\omega_0 t \cos\omega t\,dt + \frac{A}{\omega_0}\sin\omega_0 t \int \cos\omega_0 t \cos\omega t\,dt. \tag{29, 67}$$

Dies läßt sich durch Anwendung eines Additionstheorems in

$$x(t) = -\frac{A}{2\omega_0}\cos\omega_0 t\int[\sin(\omega_0+\omega)t+\sin(\omega_0-\omega)t]dt$$

$$+\frac{A}{2\omega_0}\sin\omega_0 t\int[\cos(\omega_0+\omega)t+\cos(\omega_0-\omega)t]dt. \tag{29, 68}$$

umformen. Die Ausführung der vorgeschriebenen Integration gibt dann weiter:

$$x(t) = \frac{A}{2\omega_0}\cos\omega_0 t\left[\frac{\cos(\omega_0+\omega)t}{\omega_0+\omega}+\frac{\cos(\omega_0-\omega)t}{\omega_0-\omega}\right]$$

$$+\frac{A}{2\omega_0}\sin\omega_0 t\left[\frac{\sin(\omega_0+\omega)t}{\omega_0+\omega}+\frac{\sin(\omega_0-\omega)t}{\omega_0-\omega}\right], \tag{29, 69}$$

was anders zusammengefaßt auch folgendermaßen geschrieben werden kann:

$$x(t) = A\left\{\frac{\cos\omega_0 t\cos(\omega_0+\omega)t+\sin\omega_0 t\sin(\omega_0+\omega)t}{2\omega_0(\omega_0+\omega)}\right.$$

$$\left.+\frac{\cos\omega_0 t\cos(\omega_0-\omega)t+\sin\omega_0 t\sin(\omega_0-\omega)t}{2\omega_0(\omega_0-\omega)}\right\}. \tag{29, 70}$$

Nochmalige Anwendung des Additionstheorems ergibt schließlich

$$x(t) = A\left[\frac{\cos\omega t}{2\omega_0(\omega_0+\omega)}+\frac{\cos\omega t}{2\omega_0(\omega_0-\omega)}\right] = A\frac{\cos\omega t}{\omega_0^2-\omega^2} \tag{29, 71}$$

und das ist in der Tat genau der Ausdruck (29, 27), den wir schon nach der ersten Methode gefunden hatten.

Wir haben nun noch die Aufgabe nachzuholen, die vorstehenden Betrachtungen dahingehend zu verallgemeinern, daß neben der Störkraft auch die Reibung berücksichtigt wird. Es gilt dann anstelle von (29, 1) die Bewegungsgleichung

$$m\ddot{x}+\varrho\dot{x}+cx = K_x(t) \tag{29, 72}$$

oder, bei Beschränkung auf eine harmonische Störkraft und mit Verwendung der früher eingeführten Abkürzungen,

$$\ddot{x}+2\delta\dot{x}+\omega_0^2 x = F(t) \tag{29, 73}$$

$$= A\cos\omega t. \tag{29, 74}$$

Verfährt man jetzt ebenso, wie im Anschluß an (29, 18) dargelegt, so erhält man

$$\ddot{\zeta}+2\delta\dot{\zeta}+\omega_0^2\zeta = Ae^{i\omega t}. \tag{29, 75}$$

Um ein partikuläres Integral dieser Gleichung zu finden, setzen wir, genau wie vorstehend

$$\zeta = Be^{i\omega t} \tag{29, 76}$$

mit der unbestimmten Konstanten B. Einsetzen von (29, 76) in (29, 75) liefert für B die Bestimmungsgleichung

$$B(-\omega^2+2\delta\omega+\omega_0^2) = A, \tag{29, 77}$$

woraus

$$B = \frac{A}{\omega_0^2-\omega^2+i\,2\omega\delta} \tag{29, 78}$$

folgt. Analytisch besteht, wie man durch Vergleich mit der zu (29, 78) analogen Gl. (29, 24) erkennt, der Einfluß der Dämpfung darin, daß nunmehr B eine komplexe Größe ist. Nach den Rechenregeln für komplexe Zahlen gilt nun

$$\omega_0^2-\omega^2+i\,2\delta\omega = |\alpha|\,e^{i\varphi} \tag{29, 79}$$

$$= |\alpha|\,(\cos\varphi+i\sin\varphi), \tag{29, 80}$$

wobei

$$\alpha = \sqrt{(\omega_0^2 - \omega^2)^2 + 4\delta^2\omega^2} \tag{29, 81}$$

der (absolute) Betrag und

$$\varphi = \operatorname{arc\,tg} \frac{2\delta\omega}{\omega_0^2 - \omega^2} \tag{29, 82}$$

das Argument der komplexen Zahl (29, 79) in der GAUSSschen Ebene ist.

Geht man mit (29, 79) in (29, 78) ein, so wird

$$B = \frac{A}{|\alpha|\, e^{i\varphi}} = \frac{A}{|\alpha|}\, e^{-i\varphi} \tag{29, 83}$$

und damit nach (29, 76):

$$\zeta = \frac{A}{|\alpha|}\, e^{i(\omega t - \varphi)}. \tag{29, 84}$$

Hieraus erhält man durch Abspalten des reellen Teiles die gesuchte Partikularlösung der Bewegungsgleichung (29, 72):

$$x(t) = \frac{A}{|\alpha|} \cos(\omega t - \varphi) \tag{29, 85}$$

$$= \frac{A \cos(\omega t - \varphi)}{\sqrt{(\omega_0^2 - \omega^2)^2 + 4\delta^2\omega^2}} \tag{29, 86}$$

$$= A^*(\omega, \delta) \cos(\omega t - \varphi). \tag{29, 87}$$

Wir beschäftigen uns mit den Eigenschaften des durch den letzten Ausdruck beschriebenen Vorganges. Man erkennt, daß es sich um eine ungedämpfte Schwingung handelt, die die gleiche Frequenz ω hat, wie die Störkraft $K_x(t) \sim \cos \omega t$. Die Wirkung von K_x besteht also darin, daß einerseits die Dämpfung aufgehoben, andererseits die Eigenfrequenz ω_0 des ungestörten Oszillators in die Störfrequenz ω abgeändert und schließlich eine Phasenverschiebung verursacht wird.

Man kann zu diesen Aussagen (von der Phasenverschiebung abgesehen) auch auf anderem Wege, nämlich durch eine geeignete Umformung der Störfunktion $F(t)$ gelangen, wenn man von der Partikularlösung (29, 85) Gebrauch macht.

Sicher gilt

$$F(t) = A \cos \omega t \equiv A \cos[(\omega t - \varphi) + \varphi] \tag{29, 88}$$

$$= A \cos(\omega t - \varphi) \cos \varphi - A \sin(\omega t - \varphi) \sin \varphi. \tag{29, 89}$$

Nun ist nach (29, 85):

$$A \cos(\omega t - \varphi) = |\alpha|\, x(t), \tag{29, 90}$$

woraus durch Differentiation

$$-A\omega \sin(\omega t - \varphi) = |\alpha|\, \dot{x}(t) \tag{29, 91}$$

folgt. Setzt man die beiden zuletzt angegebenen Ausdrücke in (29, 89) ein, so findet man, daß sich die Störfunktion F auch in der Form

$$F(t) = A \cos \omega t \tag{29, 92}$$

$$= |\alpha|\, x(t) \cos \varphi + \frac{|\alpha|}{\omega}\, \dot{x}(t) \sin \varphi \tag{29, 93}$$

schreiben läßt. Beachtet man schließlich (29, 80), wonach

$$|\alpha| \cos \varphi = \omega_0^2 - \omega^2 \tag{29, 94}$$

$$|\alpha| \sin \varphi = 2\delta\omega \tag{29, 95}$$

ist, so geht (29, 93) in

$$F(t) = (\omega_0^2 - \omega^2)\, x(t) + 2\delta \dot{x}(t) \tag{29, 96}$$

über.

Setzt man diese Form von F in die ursprüngliche Bewegungsgleichung (29, 74) ein, so wird

$$\ddot{x} + 2\delta\dot{x} + \omega_0^2 x = \omega_0^2 x - \omega^2 x + 2\delta\dot{x} \tag{29, 97}$$

oder

$$\ddot{x} = -\omega^2 x \tag{29, 98}$$

und dies ist nach Kap. 27 eben die Differentialgleichung einer ungedämpften Schwingung mit der Eigenfrequenz ω. —

Wir untersuchen nun die Abhängigkeit der Amplitude

$$A^* \sim \frac{1}{\sqrt{(\omega_0^2 - \omega^2)^2 + 4\delta^2\omega^2}} \tag{29, 99}$$

der durch (29, 87) beschriebenen erzwungenen Schwingung von der Störfrequenz ω und dem Dämpfungskoeffizienten δ. Man erkennt, daß A^* bei festem δ — ebenso wie im Fall ohne Dämpfung — von der Differenz der Frequenzen ω_0 und ω abhängt. Gl. (29, 99) zeigt, daß i. allg. die Schwingungsamplitude um so größer wird, je geringer diese Differenz ist. Doch wird wegen des Zusatzgliedes $4\delta^2\omega^2$, im Gegensatz zu früher, die Amplitude niemals unendlich groß.

Wir fragen, für welche Störfrequenz ω_r die Amplitude der erzwungenen Schwingung ein Maximum wird, d. h. Resonanz eintritt. Nach (29, 99) ist dies der Fall, wenn der Nenner — oder auch sein Quadrat —

$$\alpha^2 = (\omega_0^2 - \omega^2)^2 + 4\delta^2\omega^2 \tag{29, 100}$$

ein Minimum wird. Notwendige Bedingung hierfür ist, daß

$$\frac{d\alpha^2}{d\omega} = -4\omega\,(\omega_0^2 - \omega^2) + 8\delta^2\omega \tag{29, 101}$$

verschwindet. Dies liefert für ω_r die Bestimmungsgleichung

$$\omega_0^2 - \omega_r^2 = 2\delta^2, \tag{29, 102}$$

woraus man

$$\omega_r = \sqrt{\omega_0^2 - 2\delta^2} \tag{29, 103}$$

erhält: die Resonanzfrequenz ω_r ist also stets kleiner als die Eigenfrequenz ω_0 des Oszillators. Der Unterschied zwischen ω_0 und ω_r wird um so geringer, je kleiner der Dämpfungsfaktor δ bzw. der Reibungskoeffizient ϱ ist.

Es wäre nun ein Fehler, wenn man aufgrund von (29, 103) schließen würde, daß auch die Energie des unter dem Einfluß der Störung $F(t)$ schwingenden Oszillators für ω_r ein Maximum wird. Daß dieses nicht der Fall ist, läßt sich wie folgt einsehen: die kinetische Energie T des Oszillators ist

$$T = \frac{m}{2}\dot{x}^2, \tag{29, 104}$$

d. h. nach (29, 86)

$$T = \frac{m}{2}\,\frac{A\omega^2 \sin^2(\omega t - \varphi)}{(\omega_0^2 - \omega^2)^2 + 4\delta^2\omega^2}. \tag{29, 105}$$

Sie nimmt, bei festem ω, ihren Höchstwert an, wenn $\sin(\omega t - \varphi) = \pm 1$ ist. In diesem Fall ist T gleich der gesamten Energie E des Oszillators, für die demnach

$$E = \frac{m}{2}\,\frac{A\omega^2}{(\omega_0^2 - \omega^2)^2 + 4\delta^2\omega^2} \tag{29, 106}$$

gilt. Man erkennt, daß das Maximum dieses Ausdruckes jetzt nicht mit dem Minimum des Nenners zusammenfällt, weil nun der Zähler von (29, 106) noch den Faktor ω^2 enthält. Man findet das Maximum von E aus

$$\frac{dE}{d\omega} = 0, \tag{29, 107}$$

woraus man nach leichter Rechnung für die Störfrequenz ω_{max}, bei der der Oszillator maximale Energie hat,

$$\omega_{max} = \omega_0 \tag{29, 108}$$

erhält. Die Tatsache, daß *Amplituden-* und *Energieresonanz* bei verschiedenen Störfrequenzen auftreten, ist zuerst von M. WIEN[1]) erkannt worden. —

Es verbleibt noch die Diskussion der Abhängigkeit der Amplitude A^* von dem Dämpfungsfaktor δ bei fester Störfrequenz ω. Aus (29, 99) ersieht man, daß bei festem ω der Betrag der Amplitude A^* um so kleiner ist, je größer δ ist. Trägt man (29, 99) mit dem Parameter δ als Funktion von ω in einem A^*-ω-System ein, so erhält man die in Abb. 29, 4 dargestellten *Reso-*

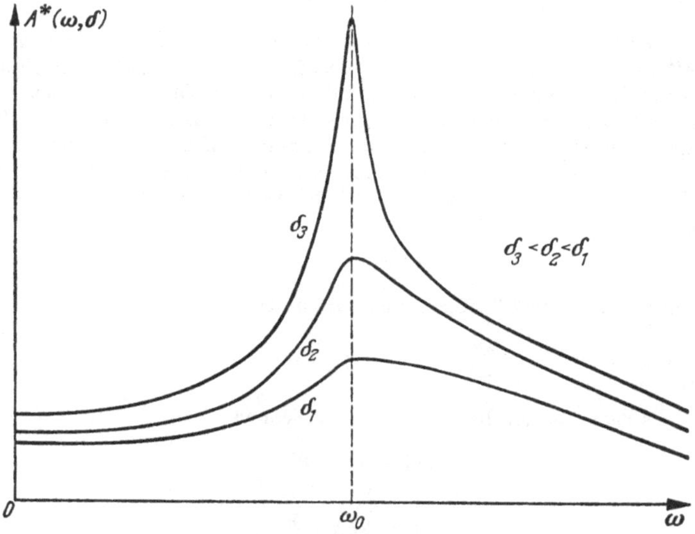

Abb. 29, 4: Resonanzkurven

nanzkurven. Sie lassen erkennen, daß A^* einen um so kleineren Betrag und ein um so flacheres Maximum hat, je größer δ ist. Anders ausgedrückt: Die Erscheinung der Resonanz ist um so ausgeprägter, je kleiner der Dämpfungsfaktor δ ist. —

Die Partikularlösung (29, 87) der Differentialgleichung der erzwungenen Schwingung (29, 74) zeigt, daß die Störfunktion $F(t)$ auch eine Phasenverschiebung φ verursacht, die durch (29, 82) gegeben ist. Dafür kann man auch

$$\operatorname{tg} \varphi = \frac{2\delta\omega}{\omega_0^2 - \omega^2} \tag{29, 109}$$

schreiben. Hieraus liest man ab, daß für sehr kleine Störfrequenzen ω die Phase des Oszillators der Phase von $F(t)$ nur sehr wenig nacheilt. Je größer ω wird, desto mehr nimmt auch φ zu. Für $\omega = \omega_0$ wird $\varphi = \frac{\pi}{2}$, und zwar unabhängig vom Dämpfungsfaktor δ. Für Werte von $\omega > \omega_0$ wird die Phasenverschiebung $\varphi > \frac{\pi}{2}$. Für extrem hohe Störfrequenzen nähert sich φ dem Wert π.

Wir wollen abschließend noch eine Bemerkung machen, um einem möglichen Irrtum vorzubeugen. Wenn ein Oszillator zur Zeit $t = 0$ dem Einfluß einer sich zeitlich periodisch ändernden Störkraft unterworfen wird, so führt er keineswegs sofort von $t = 0$ ab die durch (29, 86) beschriebene Schwingung aus. Man erkennt dies, wenn man beachtet, daß die Bewegung des Oszillators von $t = 0$ ab nicht durch die Partikularlösung (29, 86), sondern durch die allgemeine

[1]) Max WIEN, 1866—1938.

Lösung der Bewegungsgleichung (29, 74) beschrieben wird. Diese lautet nach den vorstehenden Ausführungen

$$x(t) = e^{-\delta t}\,(C_1 \cos \bar{\omega} t + C_2 \sin \bar{\omega} t) + \frac{A \cos(\omega t - \varphi)}{\sqrt{(\omega_0^2 - \omega^2)^2 + 4\delta^2\omega^2}}, \tag{29, 110}$$

wobei C_1 und C_2 willkürliche Konstanten sind, die man aus den Anfangsbedingungen erhält. Gl. (29, 110) ist der Ausdruck für einen Bewegungsvorgang, der aus der Überlagerung zweier abklingender Schwingungen und einer ungedämpften Schwingung resultiert. Nach genügend langer Zeit wird der abklingende Anteil beliebig klein und (29, 110) nähert sich der Partikularlösung (29, 86) der Bewegungsgleichung des erzwungenen Oszillators. Die durch (29, 110) festgelegte Bewegung, die der Oszillator ausführt, bevor er die durch (29, 86) beschriebene erzwungene Bewegung ausführt, nennt man den *Einschwingvorgang*. Ein Beispiel hierfür ist in Abb. 29, 5 skizziert.

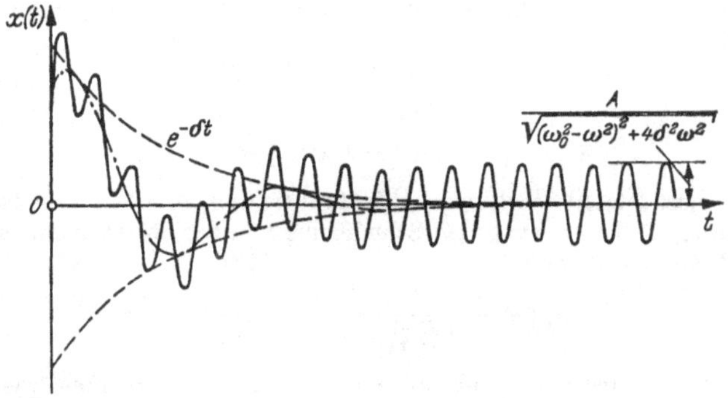

Abb. 29, 5: Beispiel für einen Einschwingvorgang

2. Erzwungene Schwingungen durch eine Störkraft mit frequenzabhängiger Amplitude. Es wäre ein Irrtum, wenn man aufgrund der vorstehenden Ausführungen annehmen würde, daß die eine erzwungene Schwingung hervorrufende Störkraft stets von der Form

$$\mathfrak{K} = \mathfrak{K}_0 \sin \omega t \tag{29, 111}$$

sein muß, d. h. daß $\mathfrak{K}$ eine konstante Amplitude $\mathfrak{K}_0$ hat. Es gibt nämlich eine Reihe von (für die Anwendungen wichtigen) Schwingungsproblemen, bei denen es sich zeigt, daß die Störkraft eine von der Störfrequenz ω abhängige Amplitude besitzt. Bezeichnet man diese mit $\mathfrak{A}$, so handelt es sich also um eine Störkraft von der Form

$$\mathfrak{K} = \mathfrak{A}(\omega) \cos \omega t. \tag{29, 112}$$

In den für die Anwendungen interessanten Fällen zeigt es sich, daß $\mathfrak{A}$ meistens einer Potenz von ω proportional ist, die wir in der Form

$$\mathfrak{A}(\omega) = \mathfrak{K}_n \omega^n \tag{29, 113}$$

schreiben wollen, wobei $\mathfrak{K}_n$ eine Konstante bedeutet.

Beschränken wir unsere Betrachtung, so wie vorstehend, auf eine eindimensionale Schwingung, oder, wie man manchmal sagt: auf einen „einläufigen Schwinger", dessen Bewegung durch $x_n(t)$ beschrieben wird, so gilt nun die Schwingungsgleichung

$$\ddot{\zeta}_n + 2\delta\dot{\zeta}_n + \omega_0^2 \zeta_n = \frac{K_n}{m}\,\omega^n e^{i\omega t} \tag{29, 114}$$

$$= k_n \omega^n e^{i\omega t}. \tag{29, 115}$$

Der hierin auftretende Faktor k_n ist zwar eine Konstante, die aber je nach dem Wert von n eine andere physikalische Bedeutung hat. So findet man durch eine elementare Dimensionsbetrachtung, daß k_n für

$n = 0$: eine Beschleunigung

$n = 1$: eine Geschwindigkeit

$n = 2$: eine Länge (Weg)

ist. Man spricht daher, wenn die Störkraft eine Amplitude

$$\left.\begin{array}{l} A(\omega) \sim \omega^0 \\ A(\omega) \sim \omega^1 \\ A(\omega) \sim \omega^2 \end{array}\right\} \text{ besitzt, von einer Anregung mit konstanter } \left\{\begin{array}{l} \text{Beschleunigungsamplitude} \\ \text{Geschwindigkeitsamplitude} \\ \text{„Weg"amplitude.} \end{array}\right.$$

Wir bemerken, daß bei den in den Anwendungen auftretenden Schwingungsproblemen der Exponent n (fast ausschließlich) die Werte 0, 1 oder 2 annimmt, weshalb wir uns auf diese Fälle beschränken.

Wir schließen zu diesem Zweck an die den stationären Schwingungszustand beschreibende Lösung von (29, 115) an. Ihr Realteil ergibt sich aus (29, 86) mit sinngemäßer Bezeichnungsänderung und lautet nun

$$x_n(t) = \frac{k_n \omega^n \cos(\omega t - \varphi)}{\sqrt{(\omega_0^2 - \omega^2)^2 + 4\delta^2\omega^2}} \tag{29, 116}$$

$$= \bar{x}_n(\omega) \cdot \cos(\omega t - \varphi). \tag{29, 117}$$

Spaltet man in dem letzten Ausdruck die Zeitfunktion ab, so erhält man für die Abhängigkeit der Amplitude $\bar{x}_n(\omega)$ der erzwungenen Schwingung von der Störfrequenz ω, d. h. als Gleichung für die Resonanzkurve,

$$\bar{x}_n(\omega) = \frac{k_n \omega^n}{\sqrt{(\omega_0^2 - \omega^2)^2 + 4\delta^2\omega^2}}. \tag{29, 118}$$

Dieser Ausdruck wird meistens allein als Funktion von ω betrachtet, wie etwa im ersten Teil dieses Paragraphen. Jedoch ist diese Betrachtungsweise zu eng, weil nämlich $\bar{x}$ außer von ω auch von den Schwingparametern: der Masse m des Schwingers, dem Dämpfungsfaktor δ des Systems und seiner Federkonstanten c abhängt. Die Abhängigkeit von diesen Größen ergibt sich aus (29, 118), indem man in dieser Gleichung gemäß (29, 114/115) die Konstante k_n durch K_n ausdrückt. Dies ergibt

$$\bar{x}_n = \frac{K_n \omega^n}{m\sqrt{(\omega_0^2 - \omega^2)^2 + 4\delta^2\omega^2}} \tag{29, 119}$$

oder

$$\bar{x}_n(\omega, m, c, \delta) = \frac{K_n \omega^n}{\sqrt{(c - m\omega^2)^2 + 4\delta^2 m\omega^2}}. \tag{29, 120}$$

Um uns von dem Faktor K_n zu befreien, beziehen wir (29, 120) auf diese Größe und erhalten somit als Gleichung für die Resonanzkurven

$$\sigma_n(\omega, m, c, \delta) = \frac{\bar{x}_n}{K_n} = \frac{\omega^n}{\sqrt{(c - m\omega^2)^2 + 4\delta^2 m^2\omega^2}}. \tag{29, 121}$$

Der Verlauf dieser Resonanzkurven σ_n ist wegen des Zählers ω^n naturgemäß für die drei fraglichen Werte von $n = 0, 1, 2$ bereits bei festen Schwingparametern m, c, δ verschieden. Für $n = 0$ liegen die vorstehend besprochenen Verhältnisse vor: Die Resonanzkurve beginnt ($\omega = 0$) bei einem konstanten Wert, durchläuft mit zunehmender Störfrequenz einen Extremwert und strebt für stets größer werdende Werte von ω gegen Null, Abb. 29, 4.

Dagegen beginnt die Resonanzkurve für $n = 1$ im Nullpunkt, durchläuft dann gleichfalls mit zunehmendem ω ein Maximum und strebt für sehr große ω ebenfalls nach Null.

Schließlich findet man wieder andere Verhältnisse für $n = 2$: Die Resonanzkurve σ_2 beginnt zwar auch im Nullpunkt, sie nähert sich aber, nachdem sie ein Maximum durchlaufen hat, für $\omega \to \infty$ dem endlichen Wert

$$\lim_{\omega \to \infty} \sigma_2 = \frac{1}{m}. \tag{29, 122}$$

Die Resonanzfrequenzen Ω_n ergeben sich aus der Gleichung

$$\frac{\partial \sigma_n}{\partial \omega} = 0 . \tag{29, 123}$$

Führt man die Differentiation aus, so ergibt sich für Ω_n die biquadratische Gleichung

$$(n-2)\,\Omega_n^4 + 2(n-1)(2\delta^2 - \omega_0^2)\,\Omega_n^2 + n\omega_0^4 = 0. \tag{29, 124}$$

Die Lösung dieser Gleichung ergibt

im Fall	für die Resonanzfrequenz	
$n = 0$	$\Omega_0 = \sqrt{\omega_0^2 - 2\delta^2} < \omega_0$	(29, 125)
$n = 1$	$\Omega_1 = \omega_0$	(29, 126)
$n = 2$	$\Omega_2 = \dfrac{\omega_0^2}{\sqrt{\omega_0^2 - 2\delta^2}} > \omega_0.$	(29, 127)

Das Maximum Σ_n, das die Resonanzkurve σ_n annimmt, ergibt sich in bekannter Weise, indem man mit Ω_n in (29, 121) eingeht. Man erhält

$$\Sigma_0 = \frac{1}{2m\delta\sqrt{\dfrac{c}{m} - \delta^2}} \tag{29, 128}$$

$$\Sigma_1 = \frac{1}{2m\delta} \tag{29, 129}$$

$$\Sigma_3 = \frac{c}{2m^2\delta\sqrt{\dfrac{c}{m} - \delta^2}} . \tag{29, 130}$$

Die vorstehenden Angaben für den Verlauf von σ_n ($n = 0, 1, 2$) sind in Abb. 29, 6 in einem doppellogarithmischen (!) Koordinatensystem für ein Schwingsystem (mit $m = 1$, $\delta = 1/20$, $c = 0, 1$) dargestellt.

Veranschaulicht man sich den Verlauf der Resonanzkurven

$$\sigma_n = \sigma_n(\omega, c) \tag{29, 131}$$

mit verschiedenen Werten der Federkonstanten c als Parameter, so erhält man in einem doppellogarithmischen Koordinatensystem die in den Abb. 29, 7—9 dargestellten Verhältnisse.

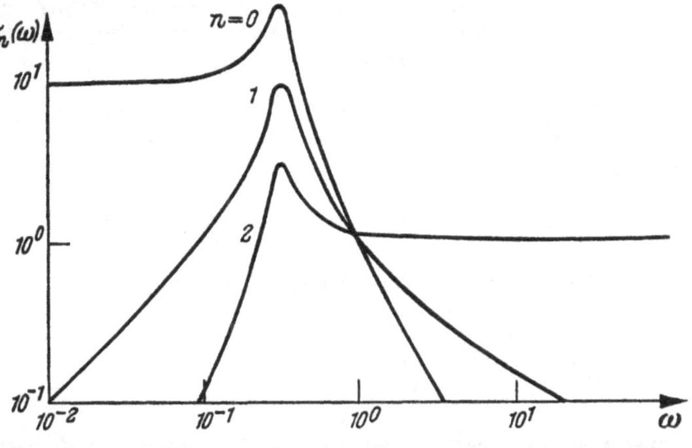

Abb. 29, 6: Verlauf der Resonanzkurven $\sigma_n(\omega)$ der erzwungenen Bewegung eines Schwingsystems, das unter dem Einfluß einer Störung steht, welche eine von der Störfrequenz ω abhängige Amplitude $A(\omega) \sim \omega^n$ besitzt ($n = 0, 1, 2$)

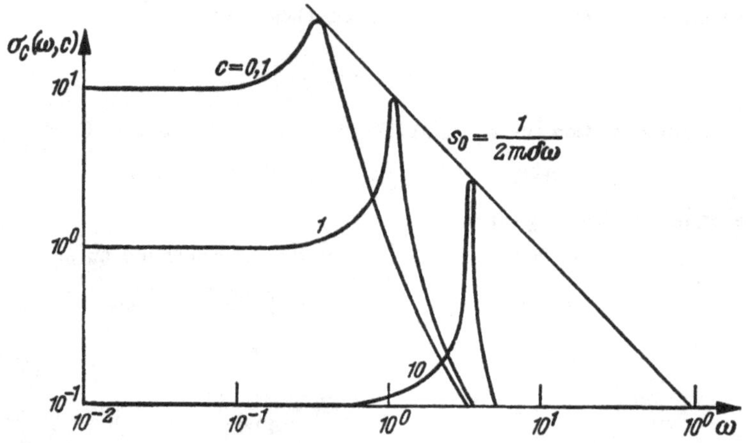

Abb. 29, 7: Verlauf der Resonanzkurven $\sigma_0(\omega, c)$ einer erzwungenen Schwingung, die durch eine Störung mit frequenzunabhängiger Amplitude $A = \text{const}$ erregt wird, für verschiedene Werte des Parameters c

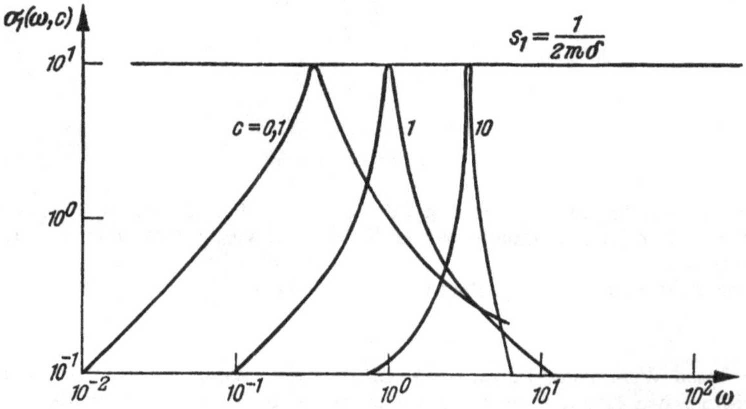

Abb. 29, 8: Verlauf der Resonanzkurven $\sigma_1(\omega, c)$ einer erzwungenen Schwingung, die durch eine Störung mit frequenzabhängiger Amplitude $A(\omega) \sim \omega$ erregt wird, für verschiedene Werte des Parameters c

Aus ihnen ist ersichtlich, daß die Resonanzkurven nur in einem Teil der σ_n-ω-Ebene liegen. Er wird durch die Einhüllende der σ_n-Kurven begrenzt. Nach bekannten Rechenregeln erhält man die Enveloppe der Kurvenschar

$$F(\omega, c) = \sigma_n - \frac{\omega^n}{\sqrt{(c - m\omega^2)^2 + 4\delta^2 m^2 \omega^2}} = 0 \tag{29, 132}$$

durch Elimination des Parameters c aus den beiden Gleichungen

$$F = 0 \tag{29, 133}$$

$$\frac{\partial F}{\partial c} = 0. \tag{29, 134}$$

Führt man diese Rechnung aus, so erhält man als Gleichung für die Enveloppe

$$s_n = \frac{\omega^{n-1}}{2\delta m}, \tag{29, 135}$$

d. h. für

$$s_0(\omega) \sim \omega^{-1} \quad \text{(Hyperbel)} \tag{29, 136}$$

$$s_1(\omega) \sim \omega^{0} \quad \text{(Horizontale Gerade)} \tag{29, 137}$$

$$s_2(\omega) \sim \omega^{1} \quad \text{(Geneigte Gerade).} \tag{29, 138}$$

Diese Verhältnisse sind in den Abb. 29, 7—9 in einem doppellogarithmischen Koordinatensystem veranschaulicht. Die Hyperbel (29, 136) ist noch einmal in einem üblichen Koordinatensystem wiedergegeben, Abb. 29, 10.

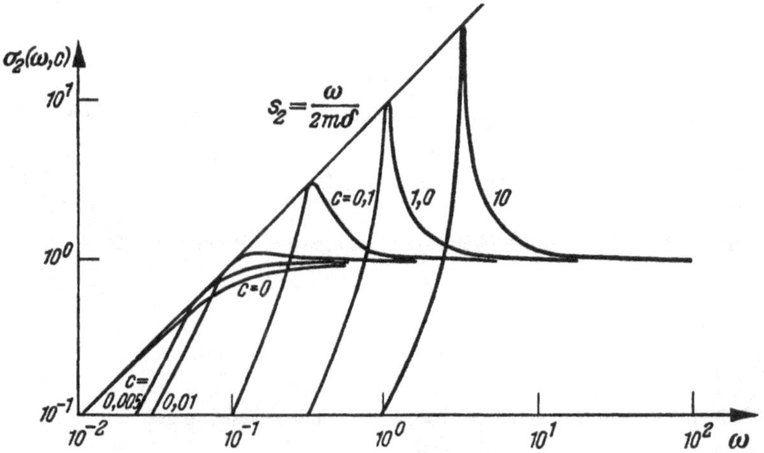

Abb. 29, 9: Verlauf der Resonanzkurven $\sigma_2(\omega, c)$ einer erzwungenen Schwingung, die durch eine Störung mit frequenzabhängiger Amplitude $A(\omega) \sim \omega^2$ erregt wird, für verschiedene Werte des Parameters c

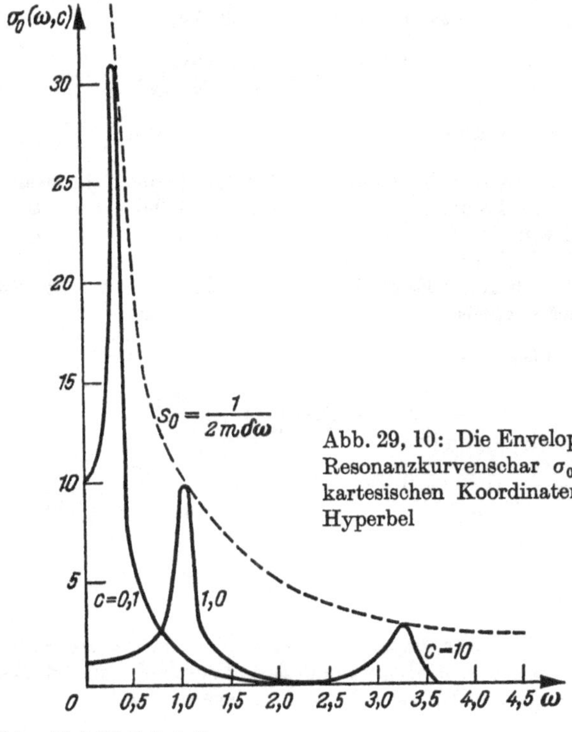

Abb. 29, 10: Die Enveloppe $s_0(\omega)$ der Resonanzkurvenschar $\sigma_0(\omega, c)$ ist in kartesischen Koordinatensystem eine Hyperbel

30. Der nichtharmonische Oszillator

Wir wollen die im ersten Teil des Kap. 27 durchgeführte Untersuchung der Bewegung eines Oszillators insofern erweitern, als wir uns m einer rücktreibenden Kraft unterworfen denken, die nicht mehr linear von der Auslenkung aus der Gleichgewichtslage 0 von m abhängt. Der Einfachheit halber beschränken wir uns auf den eindimensionalen Fall. Dann ist, bei geeigneter Wahl eines Bezugssystems

$$\mathfrak{r} = \{x, 0, 0\} \tag{30, 1}$$

$$\mathfrak{K} = \{K(x), 0, 0\}, \tag{30, 2}$$

und die Bewegungsgleichung lautet

$$m\ddot{x} = K(x). \tag{30, 3}$$

Hat man sehr kleine oder wie man sagt: „unendlich kleine" Auslenkungen, so kann man in erster Näherung

$$K(x) = K(0) + \left(\frac{dK}{dx}\right)_0 x \tag{30, 4}$$

setzen. Hierin ist aber, weil um die Gleichgewichtslage 0 entwickelt wurde,

$$K(0) = 0. \tag{30, 5}$$

Setzt man

$$\left(\frac{dK}{dx}\right)_0 = -c, \tag{30, 6}$$

so ergibt (30, 3) in Verbindung mit den drei vorstehenden Gleichungen

$$m\ddot{x} = -cx, \tag{30, 7}$$

und das ist die Schwingungsgleichung (27, 5) für den eindimensionalen Fall.

Ist aber x so groß, daß die Näherung (30, 4) unzureichend ist, so hat man die Potenzreihenentwicklung von $K(x)$ fortzusetzen und höhere Potenzen von x zu berücksichtigen. Man hat also dann in (30, 3) anstelle von (30, 4) unter Beachtung von (30, 5/6) für

$$K(x) = \left(\frac{dK}{dx}\right)_0 x + \frac{1}{2!}\left(\frac{d^2K}{dx^2}\right)_0 x^2 + \frac{1}{3!}\left(\frac{d^3K}{dx^3}\right)_0 x^3 + \cdots \tag{30, 8}$$

$$= -cx + \varepsilon x^2 + \eta x^3 + \cdots \tag{30, 9}$$

zu setzen. Dann wird die Bewegungsgleichung des Oszillators (30, 3) eine nichtlineare Differentialgleichung. Weil ihre allgemeine Lösung nicht mehr die harmonische Zeitfunktion (27, 21) ist, spricht man in diesem Fall von einem *nichtharmonischen* Oszillator.

Wir betrachten zwei Sonderfälle:

1. Es kann vorkommen, daß in der Entwicklung (30, 9) nur ungerade Potenzen von x auftreten. Dies ist z. B. bei der Pendelbewegung (Kap. 32) der Fall, wo

$$K(x) = -c \sin x \tag{30, 10}$$

$$= -c\left(x - \frac{1}{3!}x^3 + \frac{1}{5!}x^5 - \cdots\right) \tag{30, 11}$$

$$= -cx\left(1 - \frac{1}{3!}x^2 + \frac{1}{5!}x^4 - \cdots\right) \tag{30, 12}$$

ist. Liegt eine solche Gesetzmäßigkeit für $K(x)$ vor, die vom Typ

$$K(x) = -cx\,(1 + \alpha x^2 + \beta x^4 + \cdots) \tag{30, 13}$$

ist, so ändert sich das in der Klammer stehende Korrekturglied, das die Abweichung von dem linearen Kraftgesetz (30, 7) beschreibt, nicht, wenn man $+x$ durch $-x$ ersetzt. Das Korrekturglied ist also ein symmetrischer Ausdruck bzgl. der Ruhelage 0.

2. Anders ist es jedoch, wenn K von der Form

$$K(x) = -cx\,(1 + \gamma x + \delta x^3 + \cdots) \tag{30, 14}$$

ist, die Unsymmetrie bzgl. 0 bedeutet: bei positivem x ist, wenn $\gamma, \delta > 0$ angenommen werden, der Klammerausdruck in (30, 14) positiv, also $K(x) < 0$. Bei negativen Werten von x ändert dagegen der Klammerausdruck in (30, 14) seinen Betrag, weil darin ungerade Potenzen von x auftreten, und es ist daher $|K(x)| \neq |K(-x)|$. Es wirken also links und rechts von der Ruhelage 0 im gleichen Abstand x verschieden starke rücktreibende Kräfte, d. h. es liegt die oben behauptete Unsymmetrie in bezug auf 0 vor.

Wir wollen die Bewegung eines nichtharmonischen Oszillators für den Fall untersuchen, daß in der Entwicklung (30, 9) der rücktreibenden Kraft nur das erste nichtlineare Glied berücksichtigt zu werden braucht. Dann wird

$$K(x) = -cx + \varepsilon x^2. \tag{30, 15}$$

Damit ergibt sich nach (30, 3) als Bewegungsgleichung des anharmonischen Oszillators

$$m\ddot{x} = -cx + \varepsilon x^2 \tag{30, 16}$$

oder, nach Division durch m, wenn man

$$\frac{\varepsilon}{m} = \mu \tag{30, 17}$$

setzt und (27, 17) beachtet,

$$\ddot{x} + \omega_0^2 x = \mu x^2. \tag{30, 18}$$

Diese Gleichung ist nichtlinear, weshalb das Superpositionsprinzip nicht angewendet werden kann, d. h. man kann jetzt nicht mehr die allgemeine Lösung von (30, 18) durch Addition einer Partikularlösung dieser Gleichung zu der allgemeinen Lösung der zu ihr gehörenden homogenen Gleichung gewinnen. Im übrigen sei bemerkt, daß man nichtlineare Differentialgleichungen i. allg. nicht mehr streng lösen kann. Man muß dann Näherungsverfahren benutzen.

Ein solches Verfahren ist die Methode der „schrittweisen Näherung" (sukzessive Approximation). Ihre Anwendung setzt allerdings voraus, daß für j e d e Auslenkung x das auf der rechten Seite von (30, 18) stehende Glied μx^2 sehr klein gegen $\omega_0^2 x$ ist. Dies wollen wir als erfüllt ansehen. Man bezeichnet dann μx^2 als „Störungsglied" und nennt (30, 18) eine „gestörte" Gleichung. Gemeint ist damit, daß diese Gleichung streng gelöst werden könnte — wie es in Kap. 27 geschah — wenn in ihr das Störungsglied nicht aufträte. Um die gestörte Gleichung zu integrieren („Störungsrechnung"), wird man daher so vorgehen, daß man versucht, die Lösung der gestörten Gleichung als Summe aus der Lösung der ungestörten Gleichung und Zusatzgliedern („Störungslösungen") darzustellen, die die gestörte Gleichung näherungsweise erfüllen. Hierzu hat man verschiedene Näherungsverfahren entwickelt. Insbesondere geht die Methode der schrittweisen Näherung so vor, daß sie zunächst die Lösung der ungestörten Gleichung, die „Nullte Näherung" $x_0 = x_0(t)$, bestimmt. Diese wird in das Störungsglied eingesetzt, was zu einer inhomogenen Differentialgleichung führt, deren Lösung die erste Störungslösung x_1 ist, die zu x_0 addiert, die Erste Näherungslösung der zu behandelnden Aufgabe ist. Wiederholt man dieses Verfahren, so erhält man eine zweite Störungslösung x_2, die zur Ersten Näherung addiert, die Zweite Näherung ergibt, usf. Man stellt also die Lösung der gestörten Gleichung durch

$$x(t) = x_0 + x_1 + x_2 + \cdots \tag{30, 19}$$

dar.

Wir verwenden dieses Verfahren zur Lösung von (30, 18). Dabei wollen wir als Anfangsbedingungen

$$x(0) = a \tag{30, 20}$$

$$\dot{x}(0) = 0 \tag{30, 21}$$

annehmen.

Die zu (30, 18) gehörende ungestörte Gleichung

$$\ddot{x}_0 + \omega_0^2 x_0 = 0 \tag{30, 22}$$

ist die Bewegungsgleichung des ungedämpften harmonischen Oszillators mit der aus Kap. 27 bekannten Lösung

$$x_0 = C_1 \cos \omega_0 t + C_2 \sin \omega_0 t. \qquad (30, 23)$$

Mit den Anfangsbedingungen (30, 20/21) erhält man daraus als Nullte Näherung von (30, 18):

$$x_0 = a \cos \omega_0 t. \qquad (30, 24)$$

Diese Größe hat man nun in das Störungsglied von (30, 18) einzusetzen. Man erhält dann

$$\ddot{x}_1 + \omega_0^2 x_1 = \mu a^2 \cos^2 \omega_0 t \qquad (30, 25)$$

$$= \frac{1}{2} \mu a^2 (1 + \cos 2\omega_0 t). \qquad (30, 26)$$

Dies ist die Differentialgleichung für die erste Störungslösung x_1 von (30, 18). Sie läßt sich vereinfachen, indem man das auf ihrer rechten Seite auftretende konstante Glied mittels der Substitution

$$x_1(t) = \xi_1(t) + \frac{1}{2} \frac{\mu a^2}{\omega_0^2} \qquad (30, 27)$$

„wegtransformiert". Setzt man dies in (30, 26) ein, so erhält man

$$\ddot{\xi}_1 + \omega_0^2 \xi_1 = \frac{1}{2} \mu a^2 \cos 2\omega_0 t, \qquad (30, 28)$$

und das ist die Gleichung vom einfachsten Typ der erzwungenen Schwingung eines Oszillators, die wir in Kap. 29 behandelt haben. Ihre allgemeine Lösung ist nach (29, 28):

$$\xi_1(t) = C_3 \sin \omega_0 t + C_4 \cos \omega_0 t - \frac{\frac{1}{2} \mu a^2}{3\omega_0^2} \cos 2\omega_0 t. \qquad (30, 29)$$

Hiermit folgt aus (30, 27) für

$$x_1(t) = \frac{1}{2} \frac{\mu a^2}{\omega_0^2} + C_3 \sin \omega_0 t + C_4 \cos \omega_0 t - \frac{\mu a^2}{6\omega_0^2} \cos 2\omega_0 t. \qquad (30, 30)$$

Die Integrationskonstanten C_3 und C_4 ergeben sich aus den Anfangsbedingungen (30, 20/21). Man erhält

$$x_1(0) = \frac{\mu a^2}{2\omega_0^2} + C_4 - \frac{\mu a^2}{6\omega_0^2} = 0 \qquad (30, 31)$$

$$\dot{x}_1(0) = \omega_0 C_3 = 0 \qquad (30, 32)$$

und hieraus

$$C_3 = 0 \qquad (30, 33)$$

$$C_4 = -\frac{1}{3} \frac{\mu a^2}{\omega_0^2}. \qquad (30, 34)$$

Damit wird

$$x_1(t) = -\frac{\mu a^2}{6\omega_0^2} [-3 + 2 \cos \omega_0 t + \cos 2\omega_0 t] \qquad (30, 35)$$

und man erhält nach (30, 19) mit (30, 24) und (30, 35) als Erste Näherung von (30, 18)

$$x_1(t) = a \cos \omega_0 t - \frac{\mu a^2}{6\omega_0^2} [-3 + 2 \cos \omega_0 t + \cos 2\omega_0 t]. \qquad (30, 36)$$

Aus diesem Ausdruck ist ersichtlich, daß neben der Eigenfrequenz ω_0 noch ihr Doppeltes auftritt.

Wenn man sich mit dem Genauigkeitsgrad der Ersten Näherung (30, 36) nicht zufrieden gibt, kann man diese verbessern, indem man mit ihr in die rechte Seite von (30, 18) eingeht und daraus die zweite Störungslösung x_2 ermittelt. Wir wollen diese Rechnung, die ebenso verläuft wie vorstehend gezeigt, nicht im einzelnen durchführen, sondern nur bemerken, daß auch x_2 einer Differentialgleichung vom Typ der erzwungenen Schwingung genügt, wobei jetzt als „Störfrequenz" neben ω_0 und $2\omega_0$ auch $3\omega_0$ auftritt. Ebenso findet man, daß die Dritte Näherung eine Schwingung mit der Frequenz $4\omega_0$ enthält usw.

Man darf aber nun aufgrund dieser Tatsache nicht schließen, daß das Verfahren der schrittweisen Näherung die Lösung von (30, 18) in Form einer Fourier-Reihe liefert. Die Fourier-Reihe hat nämlich die bemerkenswerte Eigenschaft, daß ihre Entwicklungs- (Fourier-) Koeffizienten endgültig sind, d. h. daß der Koeffizient a_k des Gliedes $\cos k\omega_0 t$ sich nicht ändert, wenn man die Reihe über das k-te Glied hinaus fortsetzt. Diese Eigenschaft der Endgültigkeit der Koeffizienten besitzt die Lösung von (30, 18) jedoch nicht. Dies ist aus (30, 36) zu ersehen: der Koeffizient a der Nullten Näherung (30, 24) wird durch die erste Störungslösung geändert. Gl. (30, 36) stellt daher nicht die ersten Glieder einer Fourier-Reihe dar.

Es bedarf in jedem Fall einer besonderen — i. allg. schwierigen — Untersuchung, ob die mit Hilfe des Verfahrens der schrittweisen Näherung zu gewinnende Reihe (30, 19) konvergent ist. Trifft dieses nicht zu, so darf das geschilderte Näherungsverfahren nicht angewendet werden.

Man kann nach Helmholtz[1]) den nichtlinearen Oszillator in der Akustik als Modell zur Erklärung der *Kombinationstöne* verwenden. Hierzu betrachten wir die erzwungenen Schwingungen eines nichtsymmetrischen anharmonischen Oszillators, wenn dieser der Störkraft

$$K(t) = A' \cos \omega_1 t + B' \cos \omega_2 t \tag{30, 37}$$

unterworfen ist. Dann gilt statt (30, 16) die Bewegungsgleichung

$$m\ddot{x} = -cx + \varepsilon x^2 + A' \cos \omega_1 t + B' \cos \omega_2 t. \tag{30, 38}$$

Dividiert man durch m, so wird mit

$$\frac{A'}{m} = A, \quad \frac{B'}{m} = B \tag{30, 39}$$

und den früher verwendeten Abkürzungen

$$\ddot{x} + \omega_0^2 x = \mu x^2 + A \cos \omega_1 t + B \cos \omega_2 t. \tag{30, 40}$$

Wir wollen die Gleichung ebenso wie (30, 18) mittels der Methode der schrittweisen Näherung lösen.

Dann ergibt sich als Differentialgleichung für die Nullte Näherung von (30, 40) — die man nach dem Vorstehenden erhält, indem man $\mu = 0$ setzt —:

$$\ddot{x}_0 + \omega_0^2 x_0 = A \cos \omega_1 t + B \cos \omega_2 t. \tag{30, 41}$$

Ihre allgemeine Lösung ist gemäß den Ausführungen in Kap. 29:

$$x_0(t) = C_1 \cos \omega_0 t + C_2 \sin \omega_0 t + \frac{A}{\omega_0^2 - \omega_1^2} \cos \omega_1 t + \frac{B}{\omega_0^2 - \omega_2^2} \cos \omega_2 t \tag{30, 42}$$

mit C_1 und C_2 als Integrationskonstanten. Für sie erhält man, wenn wir die gleichen Anfangsbedingungen — (30, 20/21) — wie beim vorigen Beispiel annehmen,

$$C_1 = a - \frac{A}{\omega_0^2 - \omega_1^2} - \frac{B}{\omega_0^2 - \omega_2^2} \tag{30, 43}$$

$$C_2 = 0. \tag{30, 44}$$

Setzt man dies in (30, 42) ein, so hat man als Lösung von (30, 41) in „Nullter Näherung"

$$x_0(t) = \left(a - \frac{A}{\omega_0^2 - \omega_1^2} - \frac{B}{\omega_0^2 - \omega_2^2}\right) \cos \omega_0 t + \frac{A}{\omega_0^2 - \omega_1^2} \cos \omega_1 t + \frac{B}{\omega_0^2 - \omega_2^2} \cos \omega_2 t. \tag{30, 45}$$

---

[1]) Helmholtz, Hermann v.: *1821 in Potsdam, † 1894 in Berlin.

Wir haben bisher von der Berücksichtigung einer Dämpfung Abstand genommen. Diese hätte nach Kap. 28 zur Folge, daß das Schwingungsglied mit der Eigenfrequenz ω_0 im Laufe der Zeit abklingt und beliebig klein wird. Wir können daher den ersten Term in (30, 45) fortlassen. Dann lautet die Lösung von (30, 40) in Nullter Näherung

$$x_0(t) = \frac{A}{\omega_0^2 - \omega_1^2} \cos \omega_1 t + \frac{B}{\omega_0^2 - \omega_2^2} \cos \omega_2 t. \tag{30, 46}$$

Geht man damit, um die erste Störungslösung x_1 zu bestimmen, in (30, 40) ein, so erhält man

$$\begin{aligned} \ddot{x}_1 + \omega_0^2 x_1 &= -\mu x_0^2 + A \cos \omega_0 t + B \cos \omega_0 t \\ &= -\mu \left\{ \frac{A^2 \cos^2 \omega_1 t}{(\omega_0^2 - \omega_1^2)} + \frac{2AB \cos \omega_1 t \cos \omega_2 t}{(\omega_0^2 - \omega_1^2)(\omega_0^2 - \omega_2^2)} + \frac{B^2 \cos^2 \omega_2 t}{(\omega_0^2 - \omega_2^2)} \right\} + \cdots \end{aligned} \tag{30, 47}$$

Unter Verwendung der trigonometrischen Formel

$$\cos \alpha + \cos \beta = 2 \cos \frac{\alpha + \beta}{2} \cos \frac{\alpha - \beta}{2} \tag{30, 48}$$

läßt sich (30, 47) in

$$\begin{aligned} \ddot{x}_1 + \omega_0^2 x_1 = &- \frac{A^2}{2(\omega_0^2 - \omega_1^2)} [1 + \cos 2\omega_1 t] - \frac{B^2}{2(\omega_0^2 - \omega_2^2)} [1 + \cos 2\omega_2 t] \\ &- \frac{AB[\cos(\omega_1 + \omega_2)t + \cos(\omega_1 - \omega_2)t]}{(\omega_0^2 - \omega_1^2)(\omega_0^2 - \omega_2^2)} + \cdots \end{aligned} \tag{30, 49}$$

umschreiben. Dies ist wieder die Gleichung einer erzwungenen Schwingung, aus der man ersieht, daß in ihre Lösung x_1 außer der Eigenfrequenz ω_0 und den Störfrequenzen ω_1 und ω_2 auch deren Oktaven $2\omega_1$ und $2\omega_2$, sowie die Summe $\omega_1 + \omega_2$ und die Differenz $\omega_1 - \omega_2$ eingehen. In der Sprache der Akustik: Wird ein nichtharmonischer Oszillator durch zwei Primärtöne mit den Kreisfrequenzen ω_1 und ω_2 zu erzwungenen Schwingungen angeregt, so erhalten diese u. a. die Kombinationstöne („Differenzton" bzw. „Summationston") mit der Frequenz

$$\omega_{\mp} = \omega_1 \mp \omega_2. \tag{30, 50}$$

Diese prüfbare Aussage ist auch bestätigt worden. So wurde der „Differenzton" erstmalig von Tartini[1]) beobachtet, während der „Summationston" von Helmholtz, der ihn aufgrund der vorstehend skizzierten, von ihm stammenden Theorie als erster voraussagte, auch experimentell festgestellt.

Begnügt man sich nicht mit der ersten Näherung x_1, sondern verbessert diese durch Aufsuchen von x_2, so findet man, daß auch Kombinationstöne „höherer Ordnung", z. B. mit den Frequenzen

$$\omega^* = 2\omega_1 - \omega_2 \tag{30, 51}$$

$$\omega^{**} = 3\omega_2 - 2\omega_1 \tag{30, 52}$$

u. a. auftreten.

Wir bemerken, daß die von Helmholtz aufgestellte und untersuchte Gleichung (30, 40) nicht die einzige ist, in deren Lösung „Kombinationsfrequenzen" auftreten. Vielmehr hat Schaefer gezeigt, daß jede Gleichung von der Form

$$\ddot{x} + \omega_0^2 x \pm \sum_\alpha \sum_\beta \mu_{\alpha\beta} \frac{d^\alpha x}{dt^\alpha} \frac{d^\beta x}{dt^\beta} = A \cos \omega_1 t + B \cos \omega_2 t \tag{30, 53}$$

in der α und β ganze positive Zahlen einschließlich der Null sind, Lösungen besitzt, die als Schwingungen gedeutet werden können, in denen Kombinationstöne auftreten.

---

[1]) Giuseppe Tartini, 1692—1770 („Teufelstriller").

31. Das Kepler-Problem

Unter dem Kepler-Problem versteht man die Aufgabe, aus der Newtonschen Bewegungsgleichung die von Kepler aufgrund der Messungen von Tycho Brahe gefundenen Gesetze über die Bewegung der Planeten um die Sonne herzuleiten. Historisch verlief die Entwicklung umgekehrt: Newton ging von den beiden ersten Kepler-Gesetzen aus und bestimmte aus ihnen die Beschleunigung eines Planeten, die er beim Durchlaufen seiner elliptischen Bahn um die Sonne erfährt. Dies wurde in Kap. 11 ausgeführt und lieferte das Ergebnis (11, 60). Demnach ist die Kraft, die die (als ruhend angesehene) Sonne auf einen Planeten ausübt

$$\mathfrak{K} = -\frac{cm}{r^2}\,\mathfrak{r}^0. \tag{31, 1}$$

In diesem Ausdruck bedeutet m die Masse des Planeten, der als Massenpunkt betrachtet wird, ferner r die Entfernung zwischen dem Sonnenmittelpunkt 0 und m, weiterhin $\mathfrak{r}^0$ einen von 0 der als Bezugspunkt gewählt wird, nach m weisenden Einheitsvektor und c eine positive Konstante.

Wir wollen von (31, 1) ausgehen und zeigen, wie sich aus der dann für einen Planeten geltenden Bewegungsgleichung

$$m\ddot{\mathfrak{r}} = -\frac{cm}{r^2}\,\mathfrak{r}^0 \tag{31, 2}$$

$$= -\frac{cm}{r^3}\,\mathfrak{r} \tag{31, 3}$$

die drei Keplerschen Gesetze ergeben.

Weil die Gravitationskraft (31, 1) eine Zentralkraft ist, gilt nach den Ausführungen in Kap. 18 der Satz von der Konstanz des Drehimpulses $\mathfrak{L}$ — (18, 15) — der, wie dort gezeigt wurde, als Flächensatz gedeutet werden kann. Damit ist bereits das zweite Keplersche Gesetz gefunden.

Um das erste Keplersche Gesetz herzuleiten, gehen wir vom Energiesatz aus. Die Kraft (31, 1) besitzt als Zentralkraft ein Potential. Dieses ist nach (18, 10):

$$V = -\frac{cm}{r}. \tag{31, 4}$$

Daher nimmt in dem hier behandelten Fall der Energieerhaltungssatz die Form

$$\frac{m}{2}\,\dot{\mathfrak{r}}^2 - \frac{cm}{r} = E \tag{31, 5}$$

an, wobei E die konstante Gesamtenergie des Systems Sonne-Planet bedeutet.

Führt man, was jetzt zweckmäßig ist, ebene Polarkoordinaten r und φ ein, so geht (31, 5) unter Beachtung von (9, 40) in

$$\frac{m}{2}\,(\dot{r}^2 + r^2\dot{\varphi}^2) - \frac{cm}{r} = E \tag{31, 6}$$

über. Dies ist eine Differentialgleichung, die die beiden Unbekannten $r = r(t)$ und $\varphi = \varphi(t)$ enthält, welche Funktionen die gesuchte Bahngleichung in Parameterdarstellung angeben.

Um r und φ berechnen zu können, benötigt man außer (31, 6) noch eine zweite Differentialgleichung. Dies ist der Drehimpulserhaltungssatz (18, 24):

$$|\,\mathfrak{L}_0\,| = L_0 = mr^2\dot{\varphi}, \tag{31, 7}$$

wobei $\mathfrak{L}_0$ der Drehimpuls von m in bezug auf 0 ist (Kap. 18).

Die beiden letzten Gleichungen genügen, um r und φ zu bestimmen. Hat man diese Funktionen gefunden, so ergibt sich die Bahngleichung $r = r(\varphi)$ des Planeten durch Elimination der Zeit t.

Wir werden jedoch etwas anders vorgehen. Zunächst eliminieren wir mittels (31, 7) aus (31, 6) die Größe $\dot{\varphi}$. Dies ergibt

$$\frac{m}{2}\left(\dot{r}^2 + \frac{L_0}{m^2r^2}\right) - \frac{cm}{r} = E \tag{31, 8}$$

und hieraus folgt

$$\dot{r} = \frac{dr}{dt} = \pm \sqrt{\frac{2E}{m} + 2\frac{c}{r} - \frac{L_0}{m^2 r^2}}. \qquad (31, 9)$$

In dieser Gleichung lassen sich die Variablen trennen und man kann dann durch Integration

$$r = r(t) \qquad (31, 10)$$

erhalten.

Man erhält aber die Bahngleichung

$$r = r(\varphi) \qquad (31, 11)$$

direkt, indem man in (31, 9) für

$$\dot{r} = \frac{dr}{dt} = \frac{dr}{d\varphi}\frac{d\varphi}{dt} = \frac{dr}{d\varphi}\dot{\varphi} \qquad (31, 12)$$

schreibt. Dafür kann unter Beachtung von (31, 7) auch

$$\dot{r} = \frac{L_0}{mr^2}\frac{dr}{d\varphi} \qquad (31, 13)$$

geschrieben werden. Setzt man dies in (31, 9) ein, so erhält man

$$\frac{dr}{d\varphi} = \pm \frac{mr^2}{L_0}\sqrt{\frac{2E}{m} + 2\frac{c}{r} - \frac{L_0^2}{m^2 r^2}}. \qquad (31, 14)$$

Hieraus ergibt sich nach Trennung der Variablen

$$d\varphi = \pm \frac{L_0}{m}\frac{\frac{dr}{r^2}}{\sqrt{\frac{2E}{m} + 2\frac{c}{r} - \frac{L_0^2}{m^2 r^2}}}. \qquad (31, 15)$$

Um diesen Ausdruck zu integrieren, ist es zweckmäßig, die neue Variable

$$u(\varphi) = \frac{1}{r(\varphi)} \qquad (31, 16)$$

einzuführen. Dann ist

$$\frac{du}{d\varphi} = -\frac{1}{r^2}\frac{dr}{d\varphi}. \qquad (31, 17)$$

Hiermit erhält man aus (31, 15):

$$\frac{du}{d\varphi} = \mp \frac{m}{L_0}\sqrt{\frac{2E}{m} + 2cu - \frac{L_0^2}{m^2}u^2}. \qquad (31, 18)$$

Dies ist die Differentialgleichung für die Planetenbahn in der Form $u = u(\varphi)$.

Gl. (31, 18) ist eine Differentialgleichung erster Ordnung, die sich nach einer Standardmethode (Trennung der Variablen) integrieren läßt. Die Lösung ist jedoch mit einem relativ großen Rechenaufwand verbunden. Man kann diesen erheblich verringern, indem man (31, 18) in eine Differentialgleichung zweiter Ordnung überführt.

Hierzu hat man (31, 18) nach φ zu differenzieren. Dies ergibt

$$\frac{d^2u}{d\varphi^2} = \mp \frac{m}{L_0}\frac{1}{2\sqrt{\frac{2E}{m} + 2cu - \frac{L_0^2}{m^2}u^2}}\left(2c\frac{du}{d\varphi} - 2\frac{L_0^2}{m^2}u\frac{du}{d\varphi}\right). \qquad (31, 19)$$

Ersetzt man den in der letzten Gleichung auftretenden Wurzelausdruck nach (31, 18), so erhält man

$$\frac{d^2u}{d\varphi^2} = \frac{m^2}{L_0^2}\frac{d\varphi}{du}\left\{c\frac{du}{d\varphi} - \frac{L_0^2}{m^2}u\frac{du}{d\varphi}\right\}, \qquad (31, 20)$$

woraus sich

$$\frac{d^2u}{d\varphi^2} + u = \frac{cm^2}{L_0^2} \tag{31, 21}$$

ergibt.

Dies ist die vorstehend erwähnte Differentialgleichung zweiter Ordnung, aus der wir — lediglich um Rechenarbeit zu sparen — statt aus (31, 18) die Planetenbahn $u = u(\varphi)$ bestimmen wollen.

Gl. (31, 20) ist vom Typ der inhomogenen Schwingungsgleichung, deren Lösung sich nach Kap. 29 aus der vollständigen Lösung u_h der homogenen Gleichung und einer Partikularlösung u_p von (31, 21) zusammensetzt. Nach (27, 25) ist

$$u_h = A \sin\varphi + B \cos\varphi, \tag{31, 22}$$

wobei A und B Integrationskonstanten sind. Ferner ist, wie man unmittelbar aus (31, 21) ablesen kann,

$$u_p = \frac{cm^2}{L_0^2}, \tag{31, 23}$$

so daß man als vollständige Lösung von (31, 21):

$$u(\varphi) = A \sin\varphi + B \cos\varphi + \frac{cm^2}{L_0^2} \tag{31, 24}$$

erhält.

Hierfür kann man, indem anstelle von A und B geeignete neue Integrationskonstanten C und φ_0 eingeführt werden, auch

$$u(\varphi) = C \cos(\varphi - \varphi_0) + \frac{cm^2}{L_0^2} \tag{31, 25}$$

schreiben. Dieser Ausdruck enthält als allgemeine Lösung von (31, 21), einer Differentialgleichung zweiter Ordnung, zwei voneinander unabhängige Konstanten C, φ_0. Soll aber (31, 25) Lösung der Bahndifferentialgleichung (31, 18) sein, die von erster Ordnung ist, so können C und φ_0 nicht mehr voneinander unabhängig sein. Um den Zusammenhang zwischen C und φ_0 zu finden, hat man mit (31, 25) in (31, 18) einzugehen.

Aus (31, 25) folgt

$$\frac{du}{d\varphi} = -C \sin(\varphi - \varphi_0) \tag{31, 26}$$

und es ergibt sich nach Einsetzen der beiden letzten Ausdrücke in (31, 18) nach elementarer Rechnung

$$C^2 = \frac{2Em}{L_0^2} + \frac{c^2m^4}{L_0^4}, \tag{31, 27}$$

womit (31, 25) die Form

$$u(\varphi) = \frac{1}{r(\varphi)} = \frac{cm^2}{L_0^2} \pm \sqrt{\frac{2Em}{L_0^2} + \frac{c^2m^4}{L_0^4}} \cos(\varphi - \varphi_0) \tag{31, 28}$$

annimmt. Hieraus ergibt sich schließlich als Planetenbahngleichung

$$r(\varphi) = \frac{1}{\frac{cm^2}{L_0^2} \pm \sqrt{\frac{2Em}{L_0^2} + \frac{c^2m^4}{L_0^4}} \cos(\varphi - \varphi_0)} \tag{31, 29}$$

$$= \frac{\frac{L_0^2}{cm^2}}{1 \pm \frac{L_0^2}{cm^2} \sqrt{\frac{2Em}{L_0^2} + \frac{c^2m^4}{L_0^4}} \cos(\varphi - \varphi_0)} \tag{31, 30}$$

$$= \frac{\frac{L_0^2}{cm^2}}{1 \pm \sqrt{1 + \frac{2EL_0^2}{c^2m^3}} \cos(\varphi - \varphi_0)}. \tag{31, 31}$$

Setzt man hierin

$$\frac{L_0^2}{c m^2} = p, \tag{31, 32}$$

$$+\sqrt{1 + \frac{2EL_0^2}{c^2 m^3}} = \varepsilon \tag{31, 33}$$

oder

$$\varepsilon^2 - 1 = \frac{2EL_0^2}{c^2 m^3}, \tag{31, 34}$$

so wird damit

$$r(\varphi) = \frac{p}{1 \pm \varepsilon \cos(\varphi - \varphi_0)}. \tag{31, 35}$$

Diese Formel ist nach den Regeln der Analytischen Geometrie die Polargleichung eines Kegelschnittes, dessen Pol einer seiner Brennpunkte ist. Das Azimut $\varphi - \varphi_0$ wird dabei von der Polarachse aus gezählt, als welche man die Verbindungslinie zwischen dem Pol des Kegelschnittes und einem seiner Scheitelpunkte bezeichnet. Ferner bedeutet in (31, 35) das Symbol p den Parameter und ε die numerische Exzentrizität des Kegelschnittes.

Gl. (31, 35) beschreibt, je nachdem, ob die numerische Exzentrizität $\varepsilon \gtreqless 1$ oder

$$\varepsilon^2 - 1 \gtreqless 0 \tag{31, 36}$$

ist, eine Hyperbel, Parabel oder Ellipse.

Demnach wird, unter Beachtung von (31, 34), eine Hyperbelbahn durchlaufen, wenn

$$\frac{2EL_0^2}{c^2 m^3} > 0. \tag{31, 37}$$

Aus dieser Bedingung folgt, daß

$$E > 0 \tag{31, 38}$$

sein muß, weil alle anderen Größen in (31, 37) positiv sind.

Für eine parabolische Bahn ist, wegen (31, 36) und nach (31, 34) erforderlich, daß

$$\frac{2EL_0^2}{c^2 m^3} = 0 \tag{31, 39}$$

ist. Dies ist nur möglich, wenn

$$E = 0 \tag{31, 40}$$

ist.

Schließlich findet man aus (31, 36) und (31, 34), daß die Bahn eine Ellipse ist, wenn

$$E < 0 \tag{31, 41}$$

ist.

Es wird vielleicht als verwunderlich empfunden werden, daß in (31, 41) von einer negativen Gesamtenergie die Rede ist. Dies findet seine Erklärung in der Definition der potentiellen Energie. Sie ist — gemäß (31, 4) — als eine im Endlichen negative Größe eingeführt worden, die im Unendlichen ($r = \infty$) verschwindet. Bei einer anderen „Normierung" von V — Hinzufügen einer Integrationskonstanten V_0, der man einen beliebig großen positiven Wert erteilen kann — läßt es sich stets erreichen, daß keine negativen Energiewerte auftreten. Wir wollen jedoch, dem allgemeinen Brauch folgend, der sich als zweckmäßig erwies, $V_0 = 0$ setzen und somit von negativen Werten der Energie sprechen.

Wir wenden uns nun insbesondere der Untersuchung der Planetenbahn zu. Sie ist bei Zugrundelegung des heliozentrischen Systems, wie die Beobachtung zeigt, eine geschlossene Bahn. Diese Eigenschaft hat von den drei möglichen Kegelschnitten nur die Ellipse. Dies ist das erste Keplersche Gesetz. Es wird formelmäßig durch (31, 35) in Verbindung mit (31, 41) ausgedrückt.

Bevor wir weitere Überlegungen durchführen, wollen wir über das in (31, 35) auftretende φ_0 in geeigneter Weise verfügen. Hierzu vereinbaren wir, daß das zu $\varphi = 0$ gehörende $r(0) = r_0$ die

Polarkoordinate des dem Pol (Brennpunkt) am nächsten gelegenen Scheitelpunktes sei, anders ausgedrückt: für $\varphi = 0$ soll r ein Minimum sein. Dies verlangt, daß in (31, 35) bei

Gültigkeit des + Zeichens: $\varphi_0 = 0$

Gültigkeit des — Zeichens: $\varphi_0 = \pi$

zu setzen ist. Mit diesen Werten von φ_0 nimmt die Planetenbahngleichung nach (31, 35) die Form

$$r(\varphi) = \frac{p}{1 + \varepsilon \cos \varphi} \tag{31, 42}$$

mit $\varepsilon < 1$ an.

Bekanntlich ist die Form einer Ellipse bestimmt, wenn zwei charakteristische Größen, z. B. ihre große und kleine Achse, vorgegeben werden. Wir fragen, durch welche **physikalischen** Größen die Form einer Planetenbahn festgelegt wird.

Um hierauf antworten zu können, führen wir zunächst eine geometrische Vorbetrachtung aus. Mit Verwendung der allgemein gebräuchlichen Bezeichnungen, deren Bedeutung aus Abb. 31, 1

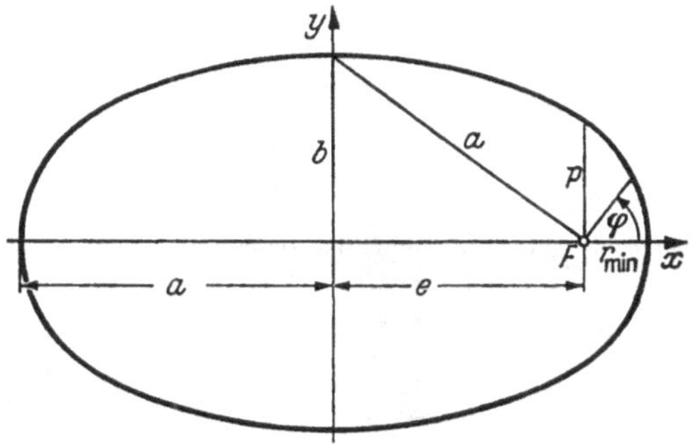

Abb. 31, 1: Zum ersten Keplerschen Gesetz

zu ersehen ist, lautet die Gleichung einer Ellipse

$$\frac{x^2}{a^2} + \frac{y^2}{b^2} = 1. \tag{31, 43}$$

Hieraus ergibt sich

$$y = \pm \frac{b}{a} \sqrt{a^2 - x^2} \tag{31, 44}$$

und speziell für den Parameter

$$p = | y(e) | = \frac{b}{a} \sqrt{a^2 - e^2} \tag{31, 45}$$

$$= \frac{b^2}{a}. \tag{31, 46}$$

Andererseits ist die numerische Exzentrizität p. def.

$$\varepsilon = \frac{e}{a} = \frac{\sqrt{a^2 - b^2}}{a} = \sqrt{1 - \frac{b^2}{a^2}}, \tag{31, 47}$$

woraus man

$$\varepsilon^2 - 1 = -\frac{b^2}{a^2} \tag{31, 48}$$

oder mit Verwendung von (31, 46)

$$\varepsilon^2 - 1 = -\frac{1}{a} p \tag{31, 49}$$

erhält. Dieser Ausdruck geht mit (31, 34) und (31, 32) in

$$\frac{2EL_0^2}{c^2m^3} = -\frac{1}{a} \frac{L_0^2}{cm^2} \tag{31, 50}$$

über, woraus

$$a = \frac{cm}{2\,|E|} \tag{31, 51}$$

folgt. Mit dieser Formel in Verbindung mit (31, 32), die wir noch einmal angeben,

$$p = \frac{L_0^2}{cm^2}, \tag{31, 52}$$

wird die vorstehend aufgeworfene Frage, durch welche physikalischen Größen die Form der elliptischen Planetenbahn bestimmt wird, beantwortet: Gl. (31, 51) sagt aus, daß durch die konstante Gesamtenergie E die große Achse a der Ellipse bestimmt wird, während nach (31, 52) durch den konstanten Drehimpuls $|\mathfrak{L}_0| = L_0$ der Parameter p der Ellipse festgelegt ist. —

Es verbleibt noch die Aufgabe, das dritte Keplersche Gesetz herzuleiten. Hierzu gehen wir von dem Begriff der Flächengeschwindigkeit (18, 18) aus, die bei Zentralkräften nach (18, 26) konstant ist und drücken die bei einem vollen Umlauf des Planeten m von dessen Ortsvektor $\mathfrak{r}$ überstrichene Ellipsenfläche

$$F = \pi ab \tag{31, 53}$$

durch $\mathfrak{f}$ und die Umlaufszeit T aus:

$$\pi ab = |\mathfrak{f}|\,T = \frac{|\mathfrak{L}_0|}{2m}\,T. \tag{31, 54}$$

Aus der letzten Gleichung kann man die kleine Halbachse b mit Hilfe von (31, 46) eliminieren. Danach ist

$$b = \sqrt{pa}, \tag{31, 55}$$

womit (31, 54) in

$$\pi a \sqrt{pa} = \frac{|\mathfrak{L}_0|}{2m}\,T \tag{31, 56}$$

übergeht. Quadriert man diese Gleichung, so erhält man nach geringfügiger Umformung

$$\frac{a^3}{T^2} = \frac{|\mathfrak{L}_0^2|}{\pi^2 4m^2 p}. \tag{31, 57}$$

Setzt man hierin für p seinen Wert (31, 32) ein, so resultiert schließlich

$$\frac{a^3}{T^2} = \frac{c}{4\pi^2}. \tag{31, 58}$$

Da nach Kap. 11 in der Konstanten c die Planetenmasse m nicht vorkommt, ist der auf der linken Seite der vorstehenden Gleichung stehende Ausdruck für alle Planeten gleich groß. Daher folgt aus (31, 58) für zwei beliebige Planeten, die wir durch die Indizes 1 und 2 kennzeichnen wollen,

$$a_1^3 : a_2^3 = T_1^2 : T_2^2. \tag{31, 59}$$

Dies ist die Aussage des dritten Keplerschen Gesetzes: Die dritten Potenzen der großen Achsen der elliptischen Bahnen der Planeten verhalten sich wie die Quadrate ihrer Umlaufzeiten, s. auch Kap. 69. —

Die soeben durchgeführten Rechnungen lassen sich mit nur einer geringfügigen Änderung übernehmen, um auf theoretischem Wege das Ergebnis von Versuchen zu erklären, die erstmalig von Rutherford[1]) ausgeführt wurden, um den Aufbau der Materie zu untersuchen. Zu diesem Zweck beschoß Rutherford Materie mit α-Teilchen (= positiv geladene He-Kerne). Wenn ein solches Teilchen in das Innere eines Atoms des beschossenen Stoffes dringt, fliegt es mehr oder minder nahe an dessen ebenfalls positiv geladenen Kern vorbei und erfährt dadurch eine Abstoßung nach dem Coulombschen Gesetz[2]):

$$\mathfrak{K} = \frac{Q_1 Q_2}{r^2}\,\mathfrak{r}^0. \tag{31, 60}$$

---

[1]) Ernest Rutherford, 1871—1937.

[2]) Charles Augustin Coulomb, 1736—1806.

Hierin bedeuten Q_1 bzw. Q_2 die Ladungen des (als ruhend angenommenen) Atomkerns bzw. des „Geschosses", r ihren gegenseitigen Abstand und $\mathfrak{r}^0$ einen von Q_1 nach Q_2 weisenden Einheitsvektor.

Ein Vergleich mit (31, 1) zeigt, daß — vom Vorzeichen und einer Konstanten abgesehen — das COULOMBsche und das NEWTONsche Anziehungsgesetz formal gleich sind. Insbesondere liegt bei beiden Kraftfeldern die gleiche Ortsabhängigkeit $\sim 1/r^2$ vor. Jedoch wird eine sich im COULOMB-*Feld* bewegende elektrische Ladung Q_2 ($= \alpha$-Teilchen $\triangleq$ dem Planeten) von einer gleichnamigen Ladung Q_1 ($\triangleq$ der Sonne) nicht angezogen, sondern *ab*gestoßen. Dadurch wird die anfängliche Richtung von Q_2 geändert. Wir fragen, wie groß der Ablenkwinkel ϑ ist, Abb. 31, 2.

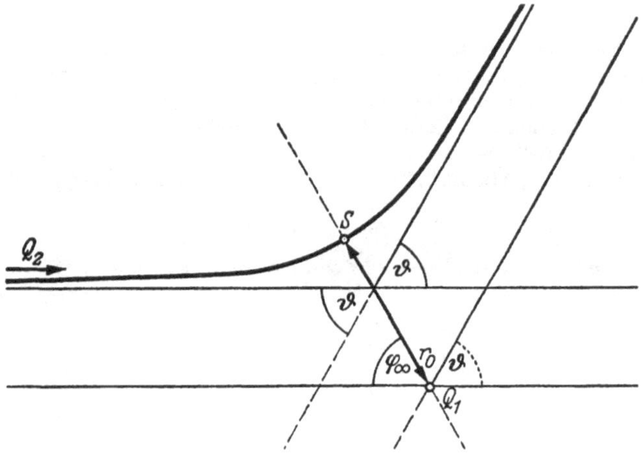

Abb. 31, 2: Zur Herleitung der RUTHERFORDschen Streuformel (31, 79)

Die Antwort hierauf ergibt sich sehr schnell aus den Gesetzen über die Planetenbewegung, indem man beachtet, daß die (abstoßend wirkende) COULOMB-Kraft (31, 60) das Potential

$$V = \frac{Q_1 Q_2}{r} \tag{31, 61}$$

hat, während das Potential der NEWTONschen Anziehungskraft durch (31, 4) gegeben ist. Der Vergleich der beiden Potentiale zeigt, daß man die Gesetze der Bewegung im COULOMB-Feld aus denen der Planetenbewegung erhält, wenn man in diesen das **Produkt**

$$-c\, m \to Q_1\, Q_2 \tag{31, 62}$$

ersetzt. Dann wird aus (31, 5):

$$\frac{m}{2}\,\dot{\mathfrak{r}}^2 + \frac{Q_1 Q_2}{r} = E > 0, \tag{31, 63}$$

wobei jetzt m die Masse des α-Teilchens bedeutet.

Der Ausdruck (31, 63) ist stets positiv, da voraussetzungsgemäß Q_1 und Q_2 gleichnamige Ladungen sind. Ferner erhält man im vorliegenden Fall nach (31, 34) für

$$\varepsilon^2 - 1 = \frac{2EL_0^2}{mQ_1^2 Q_2^2} > 0, \tag{31, 64}$$

d. h. das α-Teilchen durchläuft nach (31, 36) eine Hyperbelbahn. Ihre Gleichung ist durch (31, 35) gegeben, die unter Beachtung von (31, 62) in

$$r(\varphi) = \frac{-\dfrac{L_0^2}{mQ_1Q_2}}{1 \mp \dfrac{L_0^2}{mQ_1Q_2}\sqrt{\dfrac{2Em}{L_0^2} + \dfrac{m^2Q_1^2Q_2^2}{L_0^4}}\cdot\cos(\varphi - \varphi_0)} \tag{31, 65}$$

$$= \frac{-|p|}{1 \mp \varepsilon\cos(\varphi - \varphi_0)} \tag{31, 66}$$

übergeht. Über φ_0 verfügen wir ebenso, wie bei der Behandlung der Planetenbahn: für $\varphi = 0$ soll der vom Streuzentrum Q_1 ausgehende Radius $r(0)$ die Polarkoordinate r_0 des Scheitelpunktes S der von Q_2 durchlaufenen Hyperbelbahn sein, d. h. es soll r_0 den kleinsten Wert von r annehmen, Abb. 31, 2. Dann ist, unter Beachtung, daß stets $r > 0$ sein muß, in (31, 66):

bei Gültigkeit des — Zeichens für $\varphi_0 = 0$
bei Gültigkeit des + Zeichens für $\varphi_0 = \pi$

zu setzen. Damit geht (31, 66) in

$$r(\varphi) = \frac{-|p|}{1 - \varepsilon \cos \varphi} = \frac{|p|}{\varepsilon \cos \varphi - 1} \tag{31, 67}$$

über.

Bekanntlich werden bei Verwendung kartesischer Koordinaten durch die Hyperbelgleichung beide Äste beschrieben, durch die Polargleichung jedoch nur einer. Von den beiden Ästen kommt im vorliegenden Fall nur dieser in Frage, der in Abb. 31, 2 gezeichnet ist. Dies folgt aus der Tatsache, daß Q_1 und Q_2 gleichnamige Ladungen sind und daher Q_2 von Q_1 abgestoßen wird.

Wir nehmen nun an, daß das Teilchen Q_2 seine Bewegung mit der Geschwindigkeit $\mathfrak{v}_\infty$ im Unendlichen beginne. Dann sind, Abb. 31, 2, die Polarkoordinaten von Q_2 in bezug auf Q_1:

$$r = \infty, \qquad \varphi = \varphi_\infty . \tag{31, 68}$$

Setzt man φ_∞ in (31, 67) ein, so muß — weil dann r unendlich groß sein soll — der Nenner verschwinden, also

$$\varepsilon \cos \varphi_\infty - 1 = 0 \tag{31, 69}$$

sein. Daraus folgt

$$\cos \varphi_\infty = \frac{1}{\varepsilon} . \tag{31, 70}$$

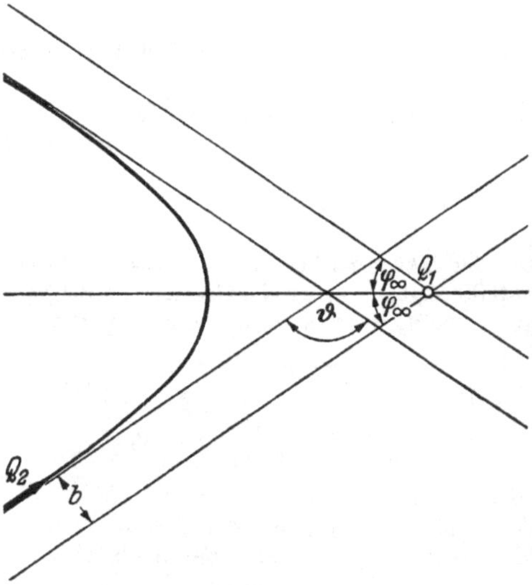

Abb. 31, 3: Zum Verständnis von (31, 71)

Nun wird der gesuchte Ablenkwinkel ϑ, das ist der Winkel zwischen den beiden Asymptoten der Hyperbelbahn, wie man aus Abb. 31, 3 ablesen kann, mit φ_∞ durch die Beziehung

$$\vartheta + 2\varphi_\infty = \pi \tag{31, 71}$$

verknüpft, d. h., es ist

$$\vartheta = \pi - 2\varphi_\infty \tag{31, 72}$$

oder

$$\frac{\vartheta}{2} = \frac{\pi}{2} - \varphi_\infty \tag{31, 73}$$

und somit

$$\cos\frac{\vartheta}{2} = \sin\varphi_\infty = +\sqrt{1-\cos^2\varphi_\infty}\,. \tag{31, 74}$$

Dafür kann man unter Beachtung von (31, 70) auch

$$\cos\frac{\vartheta}{2} = \sqrt{1-\frac{1}{\varepsilon^2}} = \frac{1}{\varepsilon}\sqrt{\varepsilon^2-1} \tag{31, 75}$$

$$= \sqrt{\varepsilon^2-1}\cdot\cos\varphi_\infty \tag{31, 76}$$

schreiben. Dies läßt sich weiter umformen, wenn man (31, 73) beachtet. Danach ist

$$\cos\varphi_\infty = \sin\frac{\vartheta}{2}, \tag{31, 77}$$

womit (31, 76) in

$$\frac{\cos\frac{\vartheta}{2}}{\sin\frac{\vartheta}{2}} = \operatorname{ctg}\frac{\vartheta}{2} = \sqrt{\varepsilon^2-1} \tag{31, 78}$$

übergeht. Das ergibt mit (31, 64):

$$\operatorname{ctg}\frac{\vartheta}{2} = \sqrt{\frac{2EL_0^2}{Q_1^2Q_2^2m}}\,. \tag{31, 79}$$

Die in diesem Ausdruck auftretenden Erhaltungsgrößen E und L_0 lassen sich angeben. Da das „Geschoß" Q_2 seine Bewegung unendlich weit vom Kern Q_1 beginnt, ist nach (31, 63) seine potentielle Energie gleich Null und daher

$$E = \frac{m}{2}v_\infty^2. \tag{31, 80}$$

Weiterhin ist nach (15, 29):

$$L = |\mathfrak{L}| = |\mathfrak{r}\times m\mathfrak{v}| \tag{31, 81}$$

$$= m\,v\cdot r\sin(\mathfrak{r},\mathfrak{v}). \tag{31, 82}$$

Hierin ist, wie aus Abb. 31, 4 ersichtlich, das Produkt $r\sin(\mathfrak{r},\mathfrak{v}) = r\sin\alpha = d$ die zu $\mathfrak{v}$ senkrechte Komponente des Ortsvektors $\mathfrak{r}$.

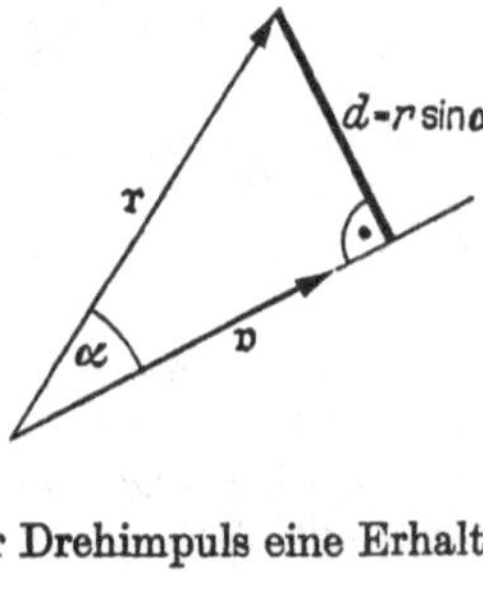

Abb. 31, 4: Zu Gl. (31, 83/84)

Bei dem hier behandelten Streuproblem ist der Drehimpuls eine Erhaltungsgröße. Daher gilt

$$L_0 = mvr\sin(\mathfrak{r},\mathfrak{v}) \tag{31, 83}$$

$$= mvd \tag{31, 84}$$

für jeden Punkt der Bahn, insbesondere auch für die Anfangslage von Q_2.

Für diese ist zwar

$$|\mathfrak{r}_\infty| = r_\infty = \infty \tag{31, 85}$$

und

$$\sin(\mathfrak{r}_\infty, \mathfrak{v}_\infty) = 0, \tag{31, 86}$$

jedoch ist das Produkt

$$r_\infty \sin(\mathfrak{r}_\infty, \mathfrak{v}_\infty) = b \tag{31, 87}$$

nach (31, 83) endlich. Damit ergibt sich für den Drehimpuls

$$L_0 = mv_\infty b. \tag{31, 88}$$

Die neu eingeführte Größe b heißt *Stoßparameter*. Er ist der Abstand, in dem das „Geschoß" Q_2 am Kern Q_1 vorbeifliegen würde, wenn zwischen Q_1 und Q_2 keine Wechselwirkung bestünde, Abb. 31, 3.

Mit (31, 80) und (31, 88) erhält man schließlich aus (31, 79) die RUTHERFORDsche *Streuformel*

$$\operatorname{ctg}\frac{\vartheta}{2} = \frac{mv_\infty^2 b}{Q_1 Q_2}. \tag{31, 89}$$

Mit ihrer Hilfe hat man mit gemessenen Streuwinkeln den Stoßparameter b berechnet.

Will man umgekehrt (31, 89) verwenden, um daraus zunächst Streuwinkel theoretisch zu bestimmen und dann die berechneten Werte mit Meßergebnissen zu vergleichen, so stößt man auf eine Schwierigkeit: von den auf der rechten Seite von (31, 89) stehenden Größen sind experimentell alle mit Ausnahme des Stoßparameters b bekannt. Man kann indessen (31, 89) mit Verwendung des neuen Begriffes *Wirkungsquerschnitt* in eine andere Form überführen, die eine prüfbare Aussage darstellt, in der der Stoßparameter b nicht mehr auftritt. Wir gehen auf diese Dinge jedoch nicht ein, weil sie nicht zur Klassischen Mechanik gehören und verweisen diesbzgl. interessierte Leser auf Lehrbücher über Atomphysik.

32. Beispiele für Gleichgewichtsbestimmungen

Wir wollen in diesem Kapitel einige Beispiele für die Anwendung der in Kap. 19 und 20 aufgestellten Gleichgewichtsbedingungen geben. Wir beginnen mit der Herleitung des wohlbegannten *Hebelgesetzes* (ARCHIMEDES) mit Hilfe des Prinzips der virtuellen Arbeit. Wir knüpfen hierzu an Abb. 32, 1 an und fragen, welche Kräfte an den Endpuukten A und B eines Hebels

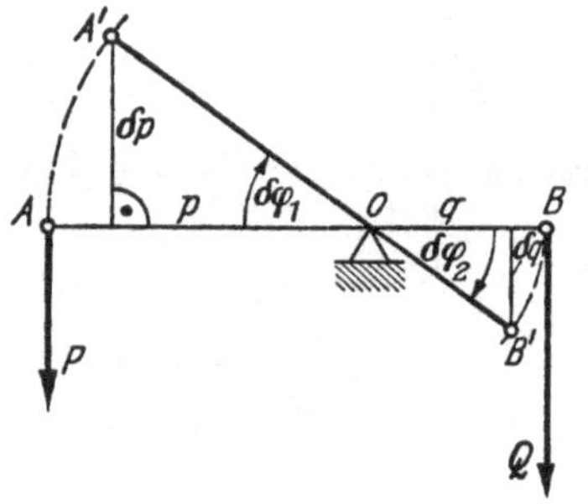

Abb. 32, 1: Zum Hebelgesetz

angreifen müssen, damit er im Gleichgewicht ist, d. h. sich nicht um den Unterstützungspunkt 0 dreht. Mit Verwendung der traditionellen, aus Abb. 32, 1 ersichtlichen Bezeichnungen, verlangt das Prinzip der virtuellen Verschiebungen, wenn der Hebel aus der Gleichgewichtslage $A\,B$ durch die virtuelle Drehung $\delta\varphi$ in die Nachbarlage $A'B'$ gebracht wird, daß

$$\delta A = P\delta p + Q\delta q = 0 \tag{32, 1}$$

gilt. Nun ist aber nach Abb. 32, 1:

$$\delta p = p \sin \delta\varphi_1 \tag{32, 2}$$

und

$$\delta q = q \sin \delta\varphi_2. \tag{32, 3}$$

Andererseits ist für die virtuelle Drehung

$$\delta\varphi_1 = -\delta\varphi_2 = \delta\varphi. \tag{32, 4}$$

Unter Beachtung der drei letzten Gleichungen geht (32, 1) in

$$(Pp - Qq) \sin \delta\varphi = 0 \tag{32, 5}$$

über. Da $\delta\varphi \neq 0$ ist, folgt hieraus

$$Pp = Qq. \tag{32, 6}$$

Beachtet man den Begriff des Drehmomentes (Kap. 15), so lautet das „Hebelgesetz" in Worten: Der Hebel AB ist im Gleichgewicht, wenn die Drehmomente der in A angreifenden Kraft $|\mathfrak{K}_1| = P$ und der in B angreifenden Kraft $|\mathfrak{K}_2| = Q$ in bezug auf den Drehpunkt 0 gleich sind.

In ähnlicher Weise wie vorstehend, kann man auch die Gleichgewichtsbedingung für einen Flaschenzug finden, die übrigens auch schon im Altertum bekannt war.

Als weiteres Beispiel für die Anwendung des Prinzips der virtuellen Arbeit zur Bestimmung einer Gleichgewichtslage behandeln wir folgende Aufgabe: Es seien zwei Massenpunkte m_1 und m_2 mit einem (als masselos angenommenen) Faden von der festen Länge l verbunden. Die beiden Massenpunkte sind der Bedingung unterworfen, daß sie sich jederzeit auf einer Parabel befinden müssen, die in einer Vertikalebene im Schwerefeld der Erde liegt. Der m_1 mit m_2 verbindende Faden soll stets durch den Brennpunkt F der Parabel gehen, Abb. 32, 2. Wir fragen nach der Gleichgewichtslage von m_1 und m_2.

Nehmen wir an, die beiden Massenpunkte befinden sich in der in Abb. 32, 2 angegebenen Lage im Gleichgewicht. Dann muß bei einer virtuellen Änderung der Lagen von m_1 und m_2 nach dem Prinzip der virtuellen Arbeit die Bedingung

$$\delta A = m_1 g \delta h_1 + m_2 g \delta h_2 = 0 \tag{32, 7}$$

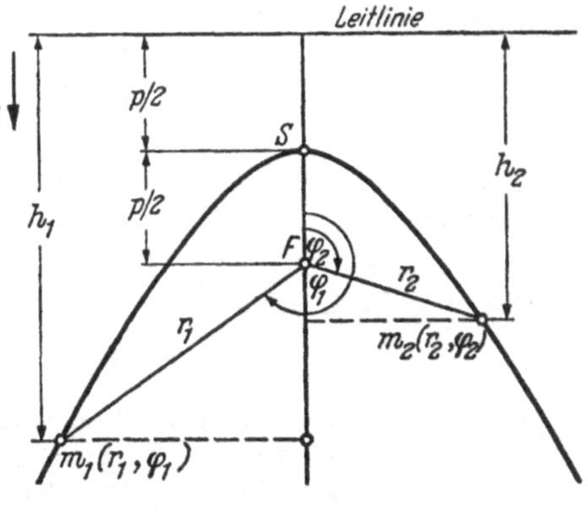

Abb. 32, 2: Zu den Gl. (32, 8/9)

gelten, wobei die Bedeutung der vorstehend benutzten Bezeichnungen aus Abb. 32, 2 zu ersehen ist. Aus ihr ist weiterhin abzulesen, daß

$$h_1 = p + r_1 \cos(\varphi_1 - \pi) = p - r_1 \cos \varphi_1 \tag{32, 8}$$

$$h_2 = p + r_2 \cos(\pi - \varphi_2) = p - r_2 \cos \varphi_2. \tag{32, 9}$$

Setzt man diese Werte in (32, 7) ein, so erhält man

$$m_1 \delta(r_1 \cos \varphi_1) + m_2 \delta(r_2 \cos \varphi_2) = 0 \tag{32, 10}$$

und hieraus, nach Ausführung der Variation,

$$m_1 \{\delta r_1 \cos \varphi_1 - r_1 \sin \varphi_1 \delta\varphi_1\} + m_2 \{\delta r_2 \cos \varphi_2 - r_2 \sin \varphi_2 \delta\varphi_2\} = 0. \tag{32, 11}$$

Dieser Ausdruck läßt sich umformen, wenn man beachtet, daß r und φ durch die Polargleichung der Parabel

$$r = \frac{p}{1 + \cos \varphi} \tag{32, 12}$$

verknüpft sind. Hieraus ergibt sich durch Variation

$$\delta r = \frac{p}{(1+\cos\varphi)^2}\sin\varphi\delta\varphi \tag{32, 13}$$

$$= \frac{r^2}{p}\sin\varphi\delta\varphi, \tag{32, 14}$$

woraus

$$r\sin\varphi\delta\varphi = \frac{p}{r}\,\delta r \tag{32, 15}$$

folgt. Setzt man dies in (32, 11) ein, so geht diese Gleichung in

$$m_1\left(\cos\varphi_1 - \frac{p}{r_1}\right)\delta r_1 + m_2\left(\cos\varphi_2 - \frac{p}{r_2}\right)\delta r_2 = 0 \tag{32, 16}$$

über. Dieser Ausdruck läßt sich noch vereinfachen, wenn man (32, 12) beachtet.

Daraus folgt, daß

$$\frac{p}{r} = 1 + \cos\varphi, \tag{32, 17}$$

also

$$\cos\varphi - \frac{p}{r} = -1 \tag{32, 18}$$

ist. Damit wird aus (32, 16):

$$m_1\delta r_1 + m_2\delta r_2 = 0. \tag{32, 19}$$

Weiterhin ist nach der eingangs angegebenen Nebenbedingung

$$r_1 + r_2 = l = \text{const}, \tag{32, 20}$$

also

$$\delta r_1 + \delta r_2 = 0 \tag{32, 21}$$

oder

$$\delta r_1 = -\delta r_2. \tag{32, 22}$$

Damit geht (32, 19) in

$$(m_1 - m_2)\delta r_1 = 0 \tag{32, 23}$$

über. Diese Gleichung ist immer erfüllt, wenn

$$m_1 = m_2 \tag{32, 24}$$

ist, d. h. in diesem Fall sind die beiden Massenpunkte in jeder Lage im Gleichgewicht.

Ist dagegen $m_1 \neq m_2$, so verlangt die Gleichgewichtsbedingung (32, 23), daß $\delta r_1 = 0$ ist. Nach (32, 13) bedeutet dies, daß $\varphi_1 = 0$ sein muß. Anders ausgedrückt: verschiedene Massenpunkte m_1 und m_2 befinden sich nur dann im Gleichgewicht, wenn einer der beiden Massenpunkte sich im Scheitel S der Parabel befindet. Je nachdem, ob $m_1 \gtrless m_2$ ist, hat man labiles bzw. stabiles Gleichgewicht, wovon sich der Leser überzeugen möge.

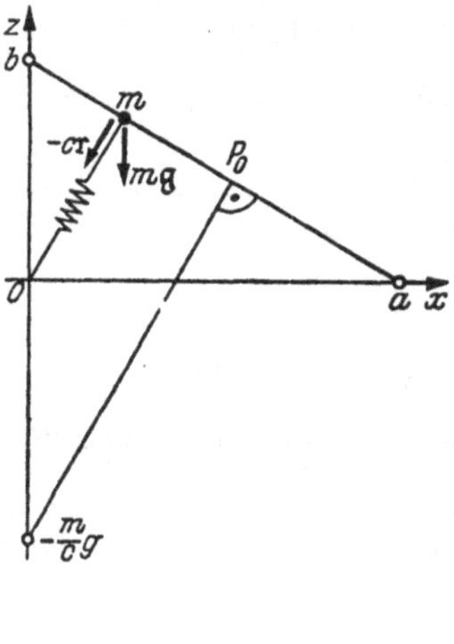

Abb. 32, 3: Gleichgewicht auf der schiefen Ebene beim Wirken einer elastischen Kraft

Als weiteres Beispiel bestimmen wir eine Gleichgewichtslage mit Hilfe der Bedingung (20, 22). Hierzu betrachten wir einen Massenpunkt m, der sich unter dem Einfluß der Schwerkraft

$$\mathfrak{K}_1 = m\mathfrak{g} \tag{32, 25}$$

auf einer schiefen Ebene befindet, Abb. 32, 3, und außerdem der nach 0 weisenden Federkraft

$$\mathfrak{K}_2 = -c\mathfrak{r} \tag{32, 26}$$

unterworfen ist. Wir fragen nach der Gleichgewichtslage von m. Nach (20, 22) ist sie aus

$$\mathfrak{K}_1 + \mathfrak{K}_2 + \lambda \operatorname{grad} F = 0 \tag{32, 27}$$

zu bestimmen. Hierbei ist

$$F(x, z) = \frac{x}{a} + \frac{z}{b} - 1 = 0 \tag{32, 28}$$

die Nebenbedingung, die m zu erfüllen hat: es ist die Gleichung der Spur der Ebene, auf der sich m befinden muß. Nach Abb. 32, 3 ist

$$\mathfrak{K}_1 = \{0, 0, -mg\} \tag{32, 29}$$

$$\mathfrak{K}_2 = \{-cx, 0, -cz\} \tag{32, 30}$$

$$\mathfrak{r} = \{x, 0, z\}. \tag{32, 31}$$

Damit geht (32, 27) in die beiden Gleichungen

$$-cx + \frac{\lambda}{a} = 0 \tag{32, 32}$$

$$-mg - cz + \frac{\lambda}{b} = 0 \tag{32, 33}$$

über, durch die — in Verbindung mit (32, 28) — die Koordinaten x, z der Gleichgewichtslage von m bestimmt sind. Durch Elimination des LAGRANGEschen Multiplikators λ aus (32, 32/33) erhält man

$$z = \frac{a}{b}x - \frac{mg}{c}. \tag{32, 34}$$

Dies ist die Gleichung einer Geraden, der die Koordinaten der Gleichgewichtslage einerseits zu genügen haben. Andererseits muß sich m aber auch auf der durch (32, 28) beschriebenen Geraden

$$z = -\frac{b}{a}x + b \tag{32, 35}$$

befinden. Ein Vergleich der beiden letzten Gleichungen zeigt, daß die Gleichgewichtslage P_0 $(x_0, 0, z_0)$ der Schnittpunkt der Geraden (32, 28) mit einer zu ihr senkrechten Geraden ist, die die z-Achse im Punkte $(0, -mg/c)$ schneidet, Abb. 32, 3. —

Wir wollen noch abschließend eine Aufgabe behandeln, bei der das Vorliegen einer rheonomen Nebenbedingung zu beachten ist. Hierzu betrachten wir einen Massenpunkt m, der an einen Raumpunkt 0 „elastisch gebunden" (Kap. 16), d. h. der Einwirkung der Kraft

$$\mathfrak{K} = -c\mathfrak{r} \tag{32, 36}$$

unterworfen ist, wobei $\mathfrak{r}$ der Ortsvektor von m in bezug auf 0 ist. Da $\mathfrak{K}$ eine Zentralkraft ist, verläuft die Bewegung von m in einer Ebene. Wir legen in sie die xy-Ebene eines („gestrichenen") Bezugssystems S' so, daß dessen Ursprung mit 0 zusammenfällt und der Oszillator längs der x'-Achse schwingt. Zu Beginn der Oszillatorbewegung sollen die Achsen von S' mit denen eines anderen Bezugssystems S zusammenfallen. Wir nehmen nun an, daß sich die $x'y'$-Ebene um eine senkrecht auf ihr stehende, durch 0 gehende Achse, d. h. um die z'-Achse (die gleichzeitig z-Achse von S ist) mit konstanter Winkelgeschwindigkeit ω relativ zur xy-Ebene drehe („rotierende Scheibe"). Dann hat m, wie man aus Abb. 32, 4 ersieht, in bezug auf S der Nebenbedingung

$$\varphi = \omega t \tag{32, 37}$$

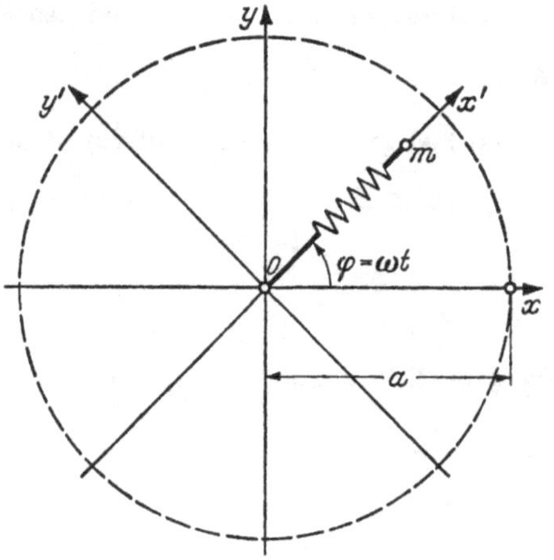

Abb. 32, 4: Oszillator auf einer rotierenden Scheibe

zu genügen, die wir gemäß Kap. 20 in der Form

$$F(\varphi, t) = \varphi - \omega t = 0 \tag{32, 38}$$

schreiben müssen.

Zu Beginn der Bewegung, ($t = 0$), befinde sich m in einem Punkt, der von 0 den Abstand

$$|\mathfrak{r}(0)| = |\mathfrak{r}'(0)| = a \tag{32, 39}$$

habe. Ferner habe m die Anfangsgeschwindigkeit

$$\dot{\mathfrak{r}}'(0) = 0. \tag{32, 40}$$

Wir fragen nun danach, ob und bejahendenfalls unter welchen Bedingungen für einen mit S' sich mitbewegenden Beobachter der Massenpunkt m stets in seiner Anfangslage bleibt, oder anders ausgedrückt: wir fragen nach der Gleichgewichtslage von m in bezug auf die rotierende Scheibe. Gibt es eine solche, so muß für einen in bezug auf S ruhenden Beobachter die Bahn von m ein Kreis mit dem Radius a um 0 als Mittelpunkt sein.

Um festzustellen, unter welchen Bedingungen dies der Fall ist, haben wir (22, 22) zu verwenden. Wir schreiben diese Gleichung in ebenen Polarkoordinaten. Dies ergibt

$$m(\ddot{r} - r\dot{\varphi}^2) = K_r + \lambda \frac{\partial F}{\partial r} \tag{32, 41}$$

$$m(r\ddot{\varphi} + 2\dot{r}\dot{\varphi}) = K_\varphi + \frac{\lambda}{r} \frac{\partial F}{\partial \varphi}. \tag{32, 42}$$

Setzt man hierin (32, 36) und (32, 38) ein, so erhält man

$$m(\ddot{r} - r\dot{\varphi}^2) = -cr \tag{32, 43}$$

$$m(r\ddot{\varphi} + 2\dot{r}\dot{\varphi}) = \frac{\lambda}{r}. \tag{32, 44}$$

Diese Gleichungen vereinfachen sich, wenn man beachtet, daß

$$\dot{\varphi} = \omega = \text{const} \tag{32, 45}$$

die konstante Winkelgeschwindigkeit der Scheibe und daher $\ddot{\varphi} = 0$ ist. Führt man noch die Eigenfrequenz $\omega_0 = \sqrt{c/m}$ des „schwingenden" Massenpunktes m ein, so gehen (32, 43/44) in

$$\ddot{r} + (\omega_0^2 - \omega^2)r = \ddot{r} + \omega_1^2 r = 0 \qquad (32,46)$$

$$2m\omega\dot{r} = \frac{\lambda}{r} \qquad (32,47)$$

über.

Zur Beantwortung der hier aufgeworfenen Frage genügt es, allein (32, 46) zu betrachten. Dies ist die Schwingungsgleichung, deren Lösung

$$r(t) = A \sin \omega_1 t + B \cos \omega_1 t \qquad (32,48)$$

lautet. Aus den Anfangsbedingungen (32, 39/40) erhält man

$$A = 0, \qquad B = a, \qquad (32,49)$$

womit (32, 48) in

$$r = a \cos \omega_1 t \qquad (32,50)$$

$$= a \cos \sqrt{\omega_0^2 - \omega^2}\, t \qquad (32,51)$$

übergeht. Hieraus ist zu ersehen, daß, wie verlangt,

$$r(t) = a \qquad (32,52)$$

nur dann gilt, wenn

$$\omega = \omega_0 \qquad (32,53)$$

ist, d. h. der Massenpunkt m bleibt auf der rotierenden Scheibe in seiner Anfangslage (32, 39) dann und nur dann, wenn der Betrag der Winkelgeschwindigkeit ω des sich drehenden Systems S' gleich der Eigenkreisfrequenz ω_0 des schwingenden Massenpunktes ist.

33. Das mathematische Pendel

1. Das ebene Pendel (Kreispendel). Wir wollen einem dem Schwerefeld der Erde unterworfenen Massenpunkt m die Bedingung auferlegen, daß er sich stets auf der Peripherie eines in einer vertikalen Ebene sich befindenden Kreises (mit dem Radius l) bewegen soll. Dieser Fall läßt sich leicht realisieren, indem man etwa eine kleine Blei- oder Messingkugel an einem Ende eines möglichst leichten Fadens von der Länge l befestigt und diese Anordnung um das andere Fadenende im Erdfeld schwingen läßt. Man spricht dann von einem *ebenen mathematischen Pendel* oder von einem ***Kreispendel.*** Bei diesem sieht man den Faden als masselos und die (kleine) Kugel als Massenpunkt an.

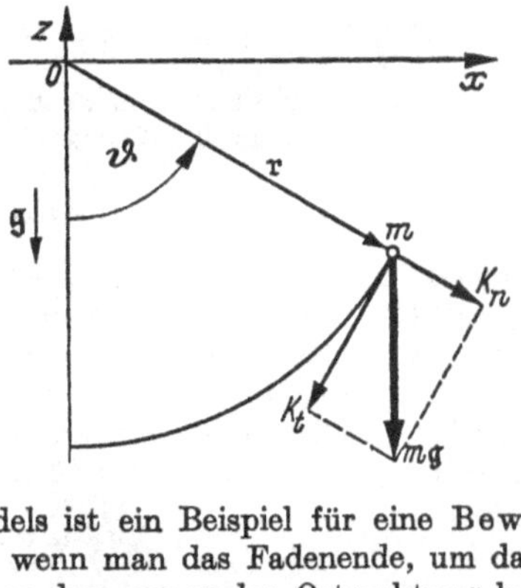

Abb. 33, 1: Zur Herleitung der Pendelgleichung (33, 12)

Die Behandlung des mathematischen Pendels ist ein Beispiel für eine Bewegung beim Vorliegen einer Nebenbedingung. Diese lautet, wenn man das Fadenende, um das das Pendel schwingt, als Nullpunkt 0 wählt, Abb. 33, 1, von dem aus m den Ortsvektor $\mathfrak{r}$ hat, wegen des konstanten Abstandes l, den m von 0 hat (der Faden soll stets gespannt sein)

$$\sqrt{x^2 + z^2} = |\mathfrak{r}| = l \qquad (33,1)$$

oder

$$F(\mathfrak{r}) = |\mathfrak{r}| - l = r - l = 0. \tag{33, 2}$$

Es liegt also eine holonom-skleronome Nebenbedingung vor, und man kann daher die LAGRANGEschen Gleichungen erster Art (21, 7) anwenden. Diese ergeben

$$m\ddot{\mathfrak{r}} = \mathfrak{K} + \lambda \operatorname{grad}(r - l) \tag{33, 3}$$

$$= m\mathfrak{g} + \lambda \mathfrak{r}^0. \tag{33, 4}$$

Um aus dieser Gleichung den LAGRANGEschen Multiplikator λ zu eliminieren, multiplizieren wir (33, 4) vektoriell mit $\mathfrak{r}$. Dies ergibt, wenn man noch durch m dividiert,

$$\ddot{\mathfrak{r}} \times \mathfrak{r} = \mathfrak{g} \times \mathfrak{r}. \tag{33, 5}$$

Führt man nun ein cartesisches Koordinatensystem so ein, wie in Abb. 33, 1 dargestellt, so wird

$$\mathfrak{g} = \{0, 0, -g\} \tag{33, 6}$$

$$\mathfrak{r} = \{x, 0, z\} \tag{33, 7}$$

$$\ddot{\mathfrak{r}} = \{\ddot{x}, 0, \ddot{z}\}, \tag{33, 8}$$

womit (33, 5) die Form

$$x\ddot{z} - z\ddot{x} = -gx \tag{33, 9}$$

annimmt.

Für das Folgende ist es zweckmäßig, von den cartesischen Koordinaten x, y zu Polarkoordinaten $r = |\mathfrak{r}|$, ϑ, $\varphi = 0$ gemäß Abb. 33, 1 überzugehen. Dann ist mit (33, 1):

$$x = l \sin\vartheta \tag{33, 10}$$

$$z = -l \cos\vartheta. \tag{33, 11}$$

Berechnet man hieraus $\ddot{x}$ und $\ddot{z}$ und geht mit diesen Ausdrücken in (33, 9) ein, so ergibt sich

$$\ddot{\vartheta} + \frac{g}{l}\sin\vartheta = 0. \tag{33, 12}$$

Dies ist die Bewegungsgleichung des mathematischen Pendels. Man kann sie auch durch eine direkte Betrachtung erhalten, die wir anhand von Abb. 33, 1 durchführen. Zerlegt man die an m angreifende Schwerkraft $\mathfrak{K} = m\mathfrak{g}$ in eine bzgl. der Bahn normal bzw. tangential gerichtete Komponente K_n bzw. K_t, so wird die Wirkung von K_n durch die Zwangskraft kompensiert, die m, gemäß der Nebenbedingung, an die Kreisbahn bindet. Physikalisch gesprochen wird K_n durch die Fadenspannung unwirksam gemacht. Die Bewegung von m auf der Kreisbahn wird daher nur durch

$$K_t = -mg\sin\vartheta \tag{33, 13}$$

verursacht. Nach dem D'ALEMBERTschen Prinzip wird dieser Kraftkomponente durch die Tangentialkomponente der negativen Trägheitskraft

$$-ma_t = -ml\ddot{\vartheta} \tag{33, 14}$$

das Gleichgewicht gehalten. Aus den beiden letzten Gleichungen ergibt sich wieder die Bewegungsgleichung (33, 12). Aus ihr ist zu erkennen, daß das mathematische Pendel keine — wie man vielleicht vermuten könnte — harmonischen Schwingungen ausführt, denn (33, 12) stimmt mit der Oszillatorgleichung (Kap. 27) nicht überein. Dies ist erst dann der Fall, wenn man nur sehr kleine (manchmal sagt man auch: unendlich kleine) Schwingungen betrachtet. Als solche bezeichnet man Schwingungen mit einem so kleinen Ausschlagswinkel ϑ, daß

$$\sin\vartheta \approx \vartheta \tag{33, 15}$$

gesetzt werden darf. Dann geht (33, 12) in

$$\ddot{\vartheta} + \frac{g}{l}\vartheta = 0 \tag{33, 16}$$

über, die tatsächlich von der Form der Oszillatorgleichung ist. Aus (33, 16) ist abzulesen, daß bei kleinen Schwingungen das mathematische Pendel die Frequenz

$$\omega_0 = \frac{2\pi}{T_0} = \sqrt{\frac{g}{l}} \tag{33, 17}$$

hat, woraus sofort die wohlbekannte Formel

$$T_0 = 2\pi \sqrt{\frac{l}{g}} \tag{33, 18}$$

für die Schwingungsdauer eines mathematischen Pendels folgt.

Da man Zeiten sehr genau messen kann, ergibt sich nach (33, 18) die Möglichkeit, durch Beobachtung von Pendelschwingungsdauern den Betrag g der Erdbeschleunigung zu messen. —

Durch Verwendung der Näherung (33, 15) ist der Ausdruck (33, 18) für die Schwingungsdauer T_0 nicht streng. Wir wollen nun untersuchen, wie die erste Näherung T_0 der tatsächlichen Schwingungsdauer T verbessert werden kann. Die Antwort hierauf erhält man auf folgendem Weg: Zunächst multiplizieren wir (33, 12) mit $ml^2\dot{\vartheta}$. Dies ergibt

$$ml^2\dot{\vartheta}\ddot{\vartheta} + mgl\dot{\vartheta}\sin\vartheta = 0 \tag{33, 19}$$

oder

$$\frac{d}{dl}\left[\frac{m}{2}l^2\dot{\vartheta}^2 - mgl\cos\vartheta\right] = 0. \tag{33, 20}$$

Hieraus folgt, daß

$$\frac{m}{2}l^2\dot{\vartheta}^2 - mgl\cos\vartheta = E \tag{33, 21}$$

eine Konstante ist. Dies ist der Energiesatz für die hier betrachtete Pendelbewegung.

Die Gesamtenergie E läßt sich bestimmen, wenn man die Anfangsauslenkung ϑ_0 aus der Ruhelage $\vartheta = 0$ und den Betrag der Anfangsgeschwindigkeit v_0 kennt. Wir nehmen an, daß das Pendel seine Bewegung zur Zeit $t = t_0 = 0$ beginne, sich zu diesem Zeitpunkt in der Anfangslage

$$\vartheta(0) = \vartheta_0 \tag{33, 22}$$

befinde und die Anfangsgeschwindigkeit

$$l\dot{\vartheta}(0) = v_0 \tag{33, 23}$$

habe. Mit diesen Anfangsbedingungen folgt aus (33, 21):

$$\frac{m}{2}v_0^2 - mgl\cos\vartheta_0 = E. \tag{33, 24}$$

Setzt man dies in (33, 21) ein, so erhält man

$$\frac{1}{2}(l\dot{\vartheta})^2 - gl\cos\vartheta = \frac{1}{2}v_0^2 - gl\cos\vartheta_0 \tag{33, 25}$$

und hieraus

$$l\dot{\vartheta} = \pm\sqrt{v_0^2 + 2gl(\cos\vartheta - \cos\vartheta_0)}\,. \tag{33, 26}$$

Zur weiteren Behandlung dieser Gleichung hat man zwei Fälle zu unterscheiden:

1. daß zu gewissen Zeiten die Geschwindigkeit (33, 26) gleich Null wird („hin und her schwingendes Pendel")

2. daß (33, 26) für keine Zeit t verschwindet. In diesem Fall durchläuft m die Kreisbahn — mit zwar variabler aber nie verschwindender Geschwindigkeit — stets in gleicher Richtung („sich überschlagendes Pendel").

Wir behandeln zunächst den ersten Fall und nehmen an, daß das aus seiner Ruhelage ausgelenkte Pendel seine Bewegung geschwindigkeitsfrei beginne. Dann ist $v_0 = 0$. Damit wird aus (33, 26):

$$l\dot{\vartheta} = \pm\sqrt{2gl(\cos\vartheta - \cos\vartheta_0)}\,. \tag{33, 27}$$

Dies läßt sich wegen

$$\cos\vartheta = 1 - 2\sin^2\frac{\vartheta}{2} \tag{33, 28}$$

in

$$l\dot{\vartheta} = \pm\sqrt{4gl}\sqrt{\sin^2\frac{\vartheta_0}{2} - \sin^2\frac{\vartheta}{2}} \tag{33, 29}$$

überführen, wofür auch

$$+\sqrt{\frac{l}{g}}\left(\frac{\dot{\vartheta}}{2}\right) = \pm\sqrt{\sin^2\frac{\vartheta_0}{2} - \sin^2\frac{\vartheta}{2}} \tag{33, 30}$$

geschrieben werden kann. Setzen wir für

$$\sin^2\frac{\vartheta_0}{2} = k^2 < 1, \tag{33, 31}$$

so wird aus (33, 30):

$$\frac{1}{2}\sqrt{\frac{l}{g}}\,\dot{\vartheta} = \pm\sqrt{k^2 - \sin^2\frac{\vartheta}{2}}\,. \tag{33, 32}$$

Durch Trennung der Variablen erhält man

$$\sqrt{\frac{g}{l}}\,dt = \pm\frac{d\,\frac{\vartheta}{2}}{\sqrt{k^2 - \sin^2\frac{\vartheta}{2}}}\,. \tag{33, 33}$$

Integriert man diese Gleichung zwischen den Zeiten $t_0 = 0$ und t, so erhält man unter Beachtung der Anfangsbedingung (33, 22):

$$\sqrt{\frac{g}{l}}\,t = \pm\int\limits_{\vartheta_0}^{\vartheta}\frac{d\,\frac{\vartheta}{2}}{\sqrt{k^2 - \sin^2\frac{\vartheta}{2}}}\,. \tag{33, 34}$$

Für die weitere Rechnung ist es zweckmäßig, statt $\frac{\vartheta}{2}$ die neue Variable ψ mittels der Gleichung

$$k\sin\psi = \sin\frac{\vartheta}{2} \tag{33, 35}$$

einzuführen. Dann wird der Nenner von (33, 34):

$$\sqrt{k^2 - k^2\sin^2\psi} = k\cos\psi, \tag{33, 36}$$

ferner

$$d\,\frac{\vartheta}{2} = \frac{k\cos\psi}{\sqrt{1 - k^2\sin^2\psi}}\,d\psi, \tag{33, 37}$$

so daß für (33, 34)

$$\sqrt{\frac{g}{l}}\,t = \pm\int\limits_{\psi_0}^{\psi}\frac{d\psi}{\sqrt{1 - k^2\sin^2\psi}} \tag{33, 38}$$

geschrieben werden kann.

Das vorstehende Integral läßt sich nicht in geschlossener Form ausdrücken. Man nennt die rechte Seite von (33, 38) ein *elliptisches Integral*. Es ist üblich, für

$$\int\limits_{0}^{\psi}\frac{d\psi}{\sqrt{1 - k^2\sin^2\psi}} = F(k, \psi) \tag{33, 39}$$

zu schreiben und nennt F ein *elliptisches Integral erster Gattung* in der LEGENDRE*schen Normalform.*

Insbesondere bezeichnet man das bestimmte Integral

$$\int_0^{\pi/2} \frac{d\psi}{\sqrt{1-k^2\sin^2\psi}} = F\left(k, \frac{\pi}{2}\right) \equiv K(k) \tag{33, 40}$$

als *vollständiges elliptisches Integral erster Gattung.*

Für die elliptischen Integrale (33, 39) und (33, 40) liegen Tabellen vor, die wohl erstmalig 1816 von LEGENDRE berechnet wurden. Man findet sie in gängigen Tafelwerken, wo vielfach auch ihr Verlauf in Abhängigkeit von k und ψ graphisch dargestellt ist[1]). Aus diesen Tabellen kann man für jeden Wert ψ, also auch mit Hilfe von (33, 35) für jede Auslenkung ϑ die zu ihr gehörige Schwingungsdauer T finden. Wir wollen diese jetzt bestimmen.

Zunächst schreiben wir (33, 38) mit Verwendung von (33, 39) in der Form

$$\sqrt{\frac{g}{l}}\, t = \pm\{F(k,\psi) - F(k,\psi_0)\}. \tag{33, 41}$$

Wir wollen die Zeit, die m benötigt, um aus seiner Anfangslage ϑ_0 in den tiefsten Punkt seiner Bahn ($\vartheta = 0$) zu gelangen, mit τ_0 bezeichnen. Dann ist nach (33, 35) auch $\psi = 0$ und man hat aus (33, 41) unter Beachtung von (33, 39):

$$\sqrt{\frac{g}{l}}\, \tau_0 = \mp F(k,\psi_0). \tag{33, 42}$$

Da $\tau > 0$ sein muß und ebenfalls $F(k,\psi_0) > 0$ ist, wenn wir den Anfangsausschlag ϑ_0 positiv rechnen, also auch $\psi_0 > 0$ ist, so haben wir in (33, 41) das negative Vorzeichen zu wählen, so daß

$$\tau_0 = \sqrt{\frac{l}{g}}\, F(k,\psi_0) \tag{33, 43}$$

wird. Von τ_0 ab wollen wir die Schwingungsdauer T rechnen. Setzt man den letzten Ausdruck in (33, 41) ein, so wird die Funktion $F(k,\psi_0)$, die den Anfangszustand enthält, eliminiert und man erhält

$$t = \tau_0 - \sqrt{\frac{l}{g}}\, F(k,\psi). \tag{33, 44}$$

Nach Durchlaufen der tiefsten Stelle, $\vartheta = 0$, gelangt m nach der von τ_0 ab gerechneten Zeit τ_1 in den Umkehrpunkt $\vartheta = -\vartheta_0$, wo $\dot\vartheta = 0$ wird. Dann ist nach (33, 32)

$$k^2 = \sin^2\left(-\frac{\vartheta_0}{2}\right) \tag{33, 45}$$

und weiter nach (33, 35): $\psi = \pm\frac{\pi}{2}$. Von den beiden Vorzeichen ist jetzt das negative zu wählen, weil nach unserer Festsetzung ϑ_0 negativ ist und das dazu gehörige ψ_0 das gleiche Vorzeichen hat wie ϑ_0. Der Massenpunkt m kommt also nach Passieren der Lage $\vartheta = 0$ zu der Zeit τ_1 in Ruhe, die (33, 44) ergibt, wenn darin $\psi = -\frac{\pi}{2}$ gesetzt wird.

Dies liefert

$$\tau_1 = \tau_0 - \sqrt{\frac{l}{g}}\, F\left(k, -\frac{\pi}{2}\right). \tag{33, 46}$$

Unter Beachtung der Definitionsgleichung (33, 40) ist dies

$$\tau_1 = \tau_0 + \sqrt{\frac{l}{g}}\, F\left(k, +\frac{\pi}{2}\right) \tag{33, 47}$$

oder

$$\tau_1 - \tau_0 = \sqrt{\frac{l}{g}}\, K(k). \tag{33, 48}$$

---

[1]) Vgl. etwa JAHNKE, E., F. EMDE und F. LÖSCH: „Tafeln höherer Funktionen" S. 43. Stuttgart: B. G. Teubner, 1960.

Die linke Seite dieses Ausdrucks ist aber nach dem vorstehend Dargelegten die Dauer einer Viertelpendelschwingung, so daß man schließlich für die Schwingungszeit

$$T = 4\sqrt{\frac{l}{g}}\,K(k) \tag{33, 49}$$

hat.

Durch Entwicklung von K kann man T beliebig genau bestimmen. Nach (33, 40) ist

$$K(k) = \int_0^{\pi/2} (1 - k^2 \sin^2\psi)^{-1/2} d\psi \tag{33, 50}$$

$$= \int_0^{\pi/2} \left\{1 + \frac{1}{2} k^2 \sin^2\psi + \frac{1\cdot 3}{2\cdot 4} k^4 \sin^4\psi + \frac{1\cdot 3\cdot 5}{2\cdot 4\cdot 6} k^6 \sin^6\psi + \cdots\right\} d\psi. \tag{33, 51}$$

Diese Reihe ist, da $k \sin\psi < 1$, konvergent, und zwar absolut konvergent, weil auch die Reihe der absoluten Beträge konvergiert. Daher darf man die Integration gliedweise ausführen. Dies ergibt

$$K(k) = \frac{\pi}{2}\left\{1 + \left(\frac{1}{2}\right)^2 k^2 + \left(\frac{1\cdot 3}{2\cdot 4}\right)^2 k^4 + \cdots\right\}. \tag{33, 52}$$

Hierbei bedeutet gemäß (33, 35):

$$(k \sin\psi)_{\psi=\frac{\pi}{2}} = k = \sin\frac{\vartheta_0}{2}, \tag{33, 53}$$

wobei ϑ_0 der Anfangsauslenkwinkel ist. Setzt man die beiden letzten Gleichungen in (33, 49) ein, so erhält man endgültig

$$T = 2\pi\sqrt{\frac{l}{g}}\left\{1 + \left(\frac{1}{2}\right)^2 \sin^2\frac{\vartheta_0}{2} + \left(\frac{1\cdot 3}{2\cdot 4}\right)^2 \sin^4\frac{\vartheta_0}{2} + \cdots\right\} \tag{33, 54}$$

$$= T_0\,\{1 + \ldots\}. \tag{33, 55}$$

Man sieht, daß für kleine Amplituden dieser Ausdruck in (33, 18) übergeht.

Nimmt man, um ein numerisches Beispiel zu geben, etwa einen Anfangsauslenkwinkel $\vartheta_0 = 5^0$ an, so wird

$$T = T_0\left\{1 + \frac{1}{4}\,(0{,}0436)^2 + \cdots\right\} \tag{33, 56}$$

$$\approx T_0\,\{1 + 5\cdot 10^{-4}\}\,. \tag{33, 57}$$

Aus der Kleinheit des Korrekturgliedes gegenüber 1 ersieht man, daß eine Pendelschwingung mit einem Ausschlagwinkel $\vartheta_0 = 5^0$ als eine Schwingung mit „unendlich" kleiner Amplitude angesehen werden kann, wenn der relative Fehler $(T - T_0) : T_0$ bei der Zeitmessung $> 5\cdot 10^{-4}$ ist.

Wir haben nun noch den zweiten Fall des „sich überschlagenden Pendels" zu erledigen. Damit ist ein Pendel gemeint, das seine Gleichgewichtslage $\vartheta(0) = 0$ mit der Anfangsgeschwindigkeit $l\dot{\vartheta}(0) = v_0$ verläßt und dann seine kreisförmige Bahn ununterbrochen im gleichen Sinn — etwa entgegengesetzt dem Uhrzeigersinn, der als positiv festgelegt werden soll — durchläuft. Dann ist der Betrag der Geschwindigkeit von m stets $\neq 0$, jedoch längs der Bahn variabel. So muß für $\vartheta = \pi$ der Betrag der Geschwindigkeit sein Minimum haben, weil dort nach (33, 21) die potentielle Energie

$$V = -mgl\cos\vartheta \tag{33, 58}$$

ihren Maximalbetrag hat. Umgekehrt ist für $\vartheta = 0$ die kinetische Energie von m am größten, d. h. diesen Punkt der Bahn durchläuft m mit der größten Geschwindigkeit.

Wir schließen an (33, 26) an, wonach (wegen $\vartheta_0 = 0$)

$$\dot{\vartheta}^2 = \frac{v_0^2}{l^2} - \frac{2g}{l} + \frac{2g}{l}\cos\vartheta \tag{33, 59}$$

ist. Hierfür kann man auch, die beiden ersten konstanten Glieder zusammenfassend,

$$\dot{\vartheta}^2 = C + \frac{2g}{l}\cos\vartheta \tag{33, 60}$$

$$= C + \frac{2g}{l}\left(1 - 2\sin^2\frac{\vartheta}{2}\right) \tag{33, 61}$$

$$= \left(C + \frac{2g}{l}\right)\left(1 - \frac{\frac{4g}{l}\sin^2\frac{\vartheta}{2}}{C + \frac{2g}{l}}\right). \tag{33, 62}$$

schreiben. Hierin muß, wegen $\dot{\vartheta}^2 > 0$, der Faktor

$$\frac{\frac{4g}{l}}{C + \frac{2g}{l}} = k^2 < 1 \tag{33, 63}$$

sein. Hieraus erhält man

$$C + \frac{2g}{l} = \frac{1}{k^2}\,\frac{4g}{l}. \tag{33, 64}$$

Mit den beiden letzten Ausdrücken wird aus (33, 62):

$$\dot{\vartheta}^2 = \frac{1}{k^2}\,\frac{4g}{l}\left(1 - k^2\sin^2\frac{\vartheta}{2}\right) \tag{33, 65}$$

oder

$$k\sqrt{\frac{l}{g}}\,\frac{d\frac{\vartheta}{2}}{dt} = +\sqrt{1 - k^2\sin^2\frac{\vartheta}{2}}. \tag{33, 66}$$

In der letzten Gleichung wurde die Wurzel mit dem positiven Vorzeichen genommen, da eingangs festgelegt wurde, daß m den Kreis im positiven Sinne durchlaufen soll, also $\dot{\vartheta} > 0$ ist.

Trennt man in (33, 66) die Variablen, so ergibt anschließende Integration zwischen den Zeiten $t_0 = 0$ und t:

$$\frac{1}{k}\sqrt{\frac{g}{l}}\,t = \int\limits_0^{\vartheta/2} \frac{d\frac{\vartheta}{2}}{\sqrt{1 - k^2\sin^2\frac{\vartheta}{2}}} \tag{33, 67}$$

$$= F\left(k, \frac{\vartheta}{2}\right). \tag{33, 68}$$

In (33, 67) ist für die untere Grenze $\vartheta_0 = 0$ zu setzen, weil die Bewegung aus der Gleichgewichtslage heraus beginnt, s. o.

Mit (33, 67) hat man die gesuchte Lösung, weil für jedes ϑ das zugehörige t aus Tabellen gefunden werden kann. Insbesondere ergibt sich für die Umlaufzeit

$$T' = k\sqrt{\frac{l}{g}}\int\limits_0^{\pi} \frac{d\frac{\vartheta}{2}}{\sqrt{1 - k^2\sin^2\frac{\vartheta}{2}}} \tag{33, 69}$$

$$= k\sqrt{\frac{l}{g}}\,F(k, \pi) \tag{33, 70}$$

$$= k\sqrt{\frac{l}{g}}\,2K(k). \tag{33, 71}$$

Unter Beachtung der Reihenentwicklung (33, 52) erhält man schließlich

$$T' = \pi k \sqrt{\frac{l}{g}} \left\{ 1 + \left(\frac{1}{2}\right)^2 k^2 + \left(\frac{1 \cdot 3}{2 \cdot 4}\right)^2 k^4 + \cdots \right\}. \tag{33, 72}$$

Damit ist der Fall des „sich überschlagenden Pendels" erledigt. —

Wir wollen zum Schluß dieses Kapitels noch einmal auf die einfache Herleitung der Bewegungsgleichung des mathematischen Pendels anhand der Abb. 33, 1 zurückkommen und nun zwischen der trägen Masse m_{tr} und der schweren Masse m_s unterscheiden (Kap. 13). Dann muß die auf die Pendelmasse wirkende Tangentialkomponente (37, 12) durch

$$K_t = -m_s g \sin \vartheta \tag{33, 73}$$

und die ihr das Gleichgewicht haltende Komponente der D'ALEMBERTschen Trägheitskraft (33, 14) durch

$$-m_s a_t = -m_{tr} l \ddot{\vartheta} \tag{33, 74}$$

ersetzt werden. Man erhält dann, auf dem gleichen Weg, der zu (33, 16) führt, bei Beschränkung auf kleine Ausschläge ϑ, nun anstelle von (33, 16) die Bewegungsgleichung

$$\ddot{\vartheta} + \frac{m_s}{m_{tr}} \frac{l}{g} \vartheta = 0. \tag{33, 75}$$

Sie unterscheidet sich von (33, 16) durch den Faktor $m\ /m_{tr}$ und geht unter Beachtung des Satzes von der Identität von m_s und m_{tr} in (33, 16) über, wie es auch sein muß.

Gilt jedoch (33, 75), so ist die Schwingungsdauer des Pendels

$$T_0 = 2\pi \sqrt{\frac{l}{g}} \sqrt{\frac{m_s}{m_{tr}}}, \tag{33, 76}$$

im Gegensatz zu (33, 18).

Wenn nun das Verhältnis m_s/m_{tr} nicht für alle Körper dasselbe wäre, so würde die Schwingungsdauer eines mathematischen Pendels im allgemeinen von dem Material der Pendelmasse abhängen. Indem man also untersucht, ob entweder (33, 18) oder (33, 76) zutrifft, kann man den Satz von der Identität von m_s und m_{tr} prüfen, und zwar viel genauer als es durch die Fallversuche von GALILEI möglich war. Dies ist der Sinn und die Bedeutung der Pendelversuche, die schon NEWTON und später mit verbesserten Hilfsmitteln BESSEL durchgeführt hat, Kap. 13.

2. Das räumliche Pendel (Kugelpendel). Etwas komplizierter als das eben behandelte Beispiel ist der Fall, daß sich der Massenpunkt m auf einer Kugelfläche bewegen darf. Man spricht dann von einem *Raum-* oder *Kugelpendel.* Wir wollen hier nur den Sonderfall der kleinen Schwingungen eines Raumpendels untersuchen, womit wir gleichzeitig einiges für das in Kap. 36 zu behandelnde FOUCAULT-Pendel vorbereiten.

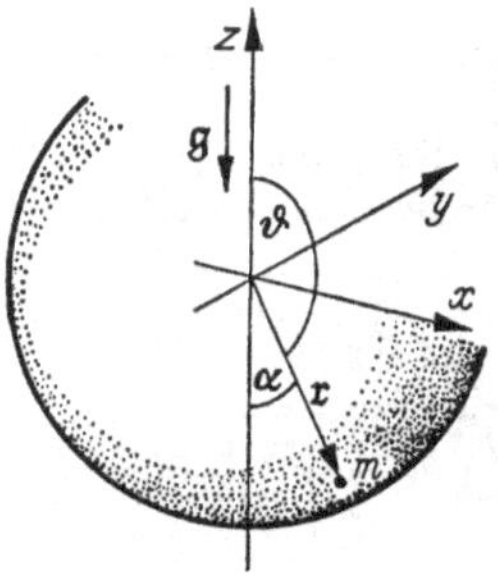

Abb. 33, 2: Zur Herleitung der Bewegungsgleichung des Kugelpendels

Wir verwenden ein Koordinatensystem, wie in Abb. 33, 2 angegeben. Dann ist die auf m wirkende äußere Kraft

$$\mathfrak{K} = \{0, 0, -mg\}, \tag{33, 77}$$

während die Nebenbedingung nun

$$F(x, y, z) = \sqrt{x^2 + y^2 + z^2} - l = r - l = 0 \tag{33, 78}$$

lautet.

Damit ergeben sich aus (21, 7) als Bewegungsgleichung für das Raumpendel

$$m\ddot{\mathfrak{r}} = \mathfrak{K} + \lambda \operatorname{grad}(r^2 - l^2) \tag{33, 79}$$

$$= m\mathfrak{g} + \lambda \mathfrak{r}^0. \tag{33, 80}$$

Formal stimmt dies mit (33, 4) überein, indessen ist jetzt, im Gegensatz zu (33, 7/8):

$$\mathfrak{r} = \{x, y, z\} \tag{33, 81}$$

$$\ddot{\mathfrak{r}} = \{\ddot{x}, \ddot{y}, \ddot{z}\}. \tag{33, 82}$$

Aus (33, 80) erhält man auf dem gleichen Weg, der früher schon mehrfach beschritten wurde, den „Energiesatz". Multipliziert man (33, 80) mit $\dot{\mathfrak{r}}$, so ergibt sich

$$m\ddot{\mathfrak{r}} \cdot \dot{\mathfrak{r}} = m\mathfrak{g} \cdot \dot{\mathfrak{r}} + \lambda \mathfrak{r}^0 \cdot \dot{\mathfrak{r}} \tag{33, 83}$$

oder unter Beachtung von (33, 6):

$$\frac{d}{dt}\left(\frac{m}{2}\dot{\mathfrak{r}}^2 + mgz\right) = \lambda \mathfrak{r}^0 \cdot \dot{\mathfrak{r}}. \tag{33, 84}$$

Nun ist aber

$$\mathfrak{r}^0\dot{\mathfrak{r}} = \mathfrak{r}^0 \frac{d}{dt}(r\mathfrak{r}^0) = \mathfrak{r}^0(\dot{r}\mathfrak{r}^0 + r\dot{\mathfrak{r}}^0). \tag{33, 85}$$

In diesem Ausdruck verschwindet $\dot{r}$ wegen der Nebenbedingung (33, 78). Es verbleibt

$$\mathfrak{r}^0\dot{\mathfrak{r}} = r\mathfrak{r}^0\dot{\mathfrak{r}}^0 = 0 \tag{33, 86}$$

wegen (5, 95).

Damit erhält man aus (33, 84) als intermediäres Integral der Bewegungsgleichung (33, 80):

$$\frac{m}{2}\mathfrak{v}^2 + mgz = \frac{m}{2}(\dot{x}^2 + \dot{y}^2 + \dot{z}^2) + mgz = E = \text{const.} \tag{33, 87}$$

Dies ist der Energiesatz, in dem der unbekannte Faktor λ nicht mehr auftritt.

Zu einem weiteren intermediären Integral von (33, 8) gelangt man, wenn diese Gleichung vektoriell mit $\mathfrak{r}$ multipliziert wird. Dies ergibt

$$m\mathfrak{r} \times \ddot{\mathfrak{r}} = m\mathfrak{r} \times \mathfrak{g} + \frac{\lambda}{r}\mathfrak{r} \times \mathfrak{r} \tag{33, 88}$$

oder

$$\frac{d}{dt}(\mathfrak{r} \times m\dot{\mathfrak{r}}) = \mathfrak{r} \times m\mathfrak{g}. \tag{33, 89}$$

Die linke Seite dieser Gleichung ist die zeitliche Änderung des Drehimpulses $\mathfrak{L}$ des Kugelpendels, während die rechte Seite das Drehmoment $\mathfrak{D}$ der Schwerkraft darstellt.

Aus der letzten Gleichung ergibt sich insbesondere für deren z-Komponente wegen (33, 81) und (33, 6):

$$\dot{L}_z = \frac{d}{dt} m(x\dot{y} - \dot{x}g) = 0 \tag{33, 90}$$

d. h. es ist

$$L_z = m(x\dot{y} - \dot{x}y) = \text{const.} \tag{33, 91}$$

Diese Erhaltungsaussage über L_z ist ein zweites intermediäres Integral von (33, 80), (Flächensatz).

Es ist nun zweckmäßig, zur weiteren Behandlung der beiden intermediären Integrale (33, 87) und (33, 91) die räumlichen Polarkoordinaten $r (= l)$, ϑ, φ einzuführen.

Mit ihnen ergibt sich unter Beachtung von (9, 37—39) für die kinetische Energie

$$T = \frac{m}{2}\mathfrak{v}^2 = \frac{m}{2}(\dot{r}^2 + r^2\dot{\vartheta}^2 + r^2\dot{\varphi}^2 \sin^2\vartheta) \tag{33, 92}$$

$$= \frac{m}{2} l^2 (\dot{\vartheta}^2 + \dot{\varphi}^2 \sin^2 \vartheta) \tag{33, 93}$$

und weiterhin nach elementarer Rechnung aus (33, 91) wegen

$$x = l \sin \vartheta \cos \varphi \tag{33, 94}$$

$$y = l \sin \vartheta \sin \varphi \tag{33, 95}$$

$$z = l \cos \vartheta \tag{33, 96}$$

für die Drehimpulskomponente

$$L_z = m l^2 \dot{\varphi} \sin^2 \vartheta . \tag{33, 97}$$

Schließlich wird die potentielle Energie

$$V = mgz = mgl \cos \vartheta . \tag{33, 98}$$

Führt man anstelle des üblicherweise vom „Nordpol“ ab gezählten Azimutwinkel ϑ seinen (vom „Südpol“ ab gezählten) Supplementwinkel

$$\alpha = \pi - \vartheta \tag{33, 99}$$

ein, Abb. 33, 2, so wird

$$V = - mgl \cos \alpha , \tag{33, 100}$$

ferner nach (33, 93):

$$T = \frac{m}{2} l^2 (\dot{\alpha}^2 + \dot{\varphi}^2 \sin^2 \alpha) \tag{33, 101}$$

und nach (33, 97):

$$L_z = m l^2 \dot{\varphi} \sin^2 \alpha = \text{const} . \tag{33, 102}$$

Wir können nun die weitere Behandlung der Bewegung des Raumpendels in gleicher Weise vornehmen, wie sie beim Kepler-Problem, (Kap. 31), durchgeführt wurde, d. h. durch Kombination des Energie- und Flächensatzes. Dieser ist durch (33, 102) ausgedrückt, während der Energiesatz nach (33, 100/101):

$$T + V = \frac{m}{2} l^2 (\dot{\alpha}^2 + \dot{\varphi}^2 \sin^2 \alpha) - mgl \cos \alpha = E \tag{33, 103}$$

lautet. Eliminiert man hieraus $\dot{\varphi}$, wofür man aus (33, 102):

$$\dot{\varphi} = \frac{L_z}{m l^2 \sin^2 \alpha}, \qquad \alpha \neq 0, \pi \tag{33, 104}$$

erhält, so liefert dies für $\alpha(t)$ die Differentialgleichung

$$\frac{m}{2} l^2 \left(\dot{\alpha}^2 + \frac{L_z^2}{m^2 l^4 \sin^2 \alpha} \right) - mgl \cos \alpha = E . \tag{33, 105}$$

Hieraus folgt

$$\dot{\alpha} = \frac{d\alpha}{dt} = \pm \sqrt{\frac{2E}{m l^2} + \frac{2}{l} g \cos \alpha - \frac{L_z^2}{m^2 l^4 \sin^2 \alpha}} . \tag{33, 106}$$

Durch Trennung der Variablen und geeignete Zusammenfassung ergibt sich

$$dt = \frac{\pm m l^2 \sin \alpha \cdot d\alpha}{\sqrt{2 m l^2 (E + mgl \cos \alpha) \sin^2 \alpha - L_z^2}} . \tag{33, 107}$$

Führt man hierin wieder die cartesische Koordinate

$$z = - l \cos \alpha , \tag{33, 108}$$

also

$$dz = l \sin \alpha \cdot d\alpha \tag{33, 109}$$

ein, so wird

$$dt = \pm \frac{ml\,dz}{\sqrt{\Phi(z)}} , \tag{33, 110}$$

wobei die Abkürzung

$$\Phi(z) = 2m\,(l^2 - z^2)\,(E - mgz) - L_z^2 \tag{33, 111}$$

eingeführt wurde. Durch Integration von (33, 110) erhält man schließlich

$$t - t_0 = \pm \int_{z_0}^{z} \frac{ml\,dz}{\sqrt{\Phi(z)}}. \tag{33, 112}$$

Hierbei bedeutet

$$z_0 = z(t_0) = l\cos\vartheta(t_0), \tag{33, 113}$$

wobei t_0 ein beliebiger Zeitpunkt ist. Es ist zweckmäßig — aber nicht notwendig — t_0 als jenen Zeitpunkt anzusehen, zu dem die Pendelbewegung begann und ihn als Zeitnullpunkt zu wählen: $t_0 = 0$. Da t eine spätere Zeit bedeutet, also eine positive Größe ist, entfällt von den beiden in (33, 112) auftretenden Vorzeichen das Minus-Zeichen, so daß diese Gleichung (mit $t_0 = 0$) in

$$t = + \int_{z_0}^{z} \frac{ml\,dz}{\sqrt{\Phi(z)}} = t(z) \tag{33, 114}$$

übergeht.

Denkt man sich die Integration ausgeführt, so erhält man durch Inversion

$$z = z(t) = l\cos\vartheta(t) \tag{33, 115}$$

und hieraus

$$\vartheta(t) = \arccos\frac{z(t)}{l}. \tag{33, 116}$$

Durch diese Gleichung wird die Zeitunabhängigkeit von nur einer zur Beschreibung der Bewegung des Raumpendels erforderlichen Koordinaten ausgedrückt. Da das Raumpendel aber ein System mit zwei Freiheitsgraden ist, muß noch die Zeitabhängigkeit einer weiteren Koordinaten angegeben werden. Als diese wählen wir den Azimutwinkel $\varphi = \varphi(t)$.

Diese Größe ergibt sich unschwer aus (33, 104) wie folgt: Danach ist

$$\dot{\varphi} = \frac{d\varphi}{dt} = \frac{d\varphi}{dz}\frac{dz}{dt} = \frac{L_z}{ml^2\sin^2\vartheta} \tag{33, 117}$$

$$= \frac{L_z}{ml^2(1-\cos^2\vartheta)} \tag{33, 118}$$

$$= \frac{L_z}{m(l^2 - z^2)}. \tag{33, 119}$$

Weiterhin ist nach (33, 114):

$$\frac{dz}{dt} = \frac{\sqrt{\Phi(z)}}{ml}. \tag{33, 120}$$

Setzt man dies in (33, 119) ein, so erhält man

$$\frac{d\varphi}{dz} = \frac{L_z l}{(l^2 - z^2)\sqrt{\Phi(z)}}, \tag{33, 121}$$

woraus sich durch Integration

$$\varphi(z) - \varphi(z_0) = L_z l \int_{z_0}^{z} \frac{dz}{(l^2 - z^2)\sqrt{\Phi(z)}} \tag{33, 122}$$

oder unter Beachtung von (33, 115) für

$$\varphi(t) - \varphi(t_0) = L_z l \int_{z(o)}^{z(t)} \frac{dz}{(l^2 - z^2)\sqrt{\Phi(z)}} \tag{33, 123}$$

ergibt. Damit ist auch die Zeitabhängigkeit von φ bestimmt, so daß also (33, 123) gemeinsam mit (33, 114/115) die Lösung der Aufgabe darstellen, die Bewegung eines Raumpendels quantitativ zu beschreiben.

Da sowohl in (33, 114) als auch in (33, 123) rechtsseitig elliptische Integrale auftreten, lassen sich die durch sie ausgedrückten Größen nicht in geschlossener Form darstellen.

Dennoch kann man konkrete Aussagen über die Bewegung eines Raumpendels machen. Zu einer ersten gelangt man, indem an (33, 114) angeknüpft und beachtet wird, daß dieser Ausdruck positiv sein muß. Dies verlangt, daß $\Phi(z)$ positiv ist. Für welche Werte von z dies der Fall ist, ergibt eine „Kurvendiskussion" von Φ. Diese Funktion ist, wie aus (33, 111) ersichtlich, in z von dritter Ordnung. Stellt man $\Phi(z)$ geometrisch als Kurve dar, so lassen sich vier Punkte angeben, durch welche $\Phi(z)$ gehen muß. Aus (33, 111) folgt nämlich, daß für

$$z = -\infty \quad : \quad \Phi(z) = -\infty \tag{33, 124}$$

$$z = -l \quad : \quad \Phi(z) = -L_z^2 \tag{33, 125}$$

$$z = +l \quad : \quad \Phi(z) = -L_z^2 \tag{33, 126}$$

$$z = +\infty \quad : \quad \Phi(z) = +\infty \tag{33, 127}$$

ist. Darüber hinaus ergibt ein Kriterium der Algebra, daß die kubische Gleichung

$$\Phi(z) = 0 \tag{33, 128}$$

drei reelle Wurzeln z_1, z_2, z_3 hat, so daß sich also für die geometrische Darstellung von $\Phi(z)$ der

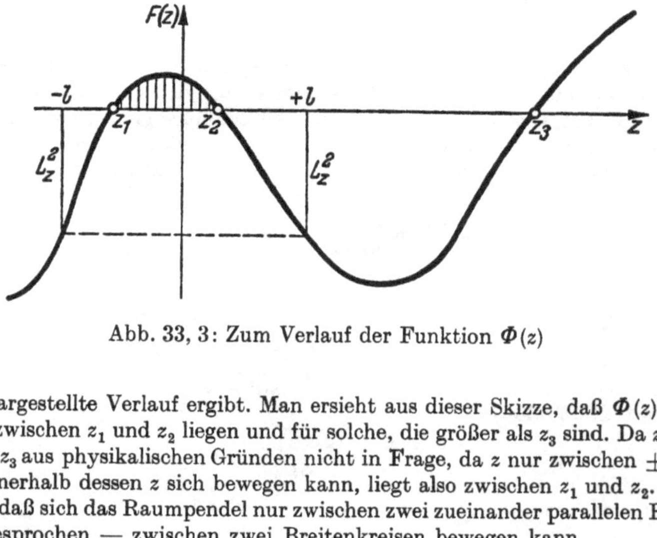

Abb. 33, 3: Zum Verlauf der Funktion $\Phi(z)$

in Abb. 33, 3 dargestellte Verlauf ergibt. Man ersieht aus dieser Skizze, daß $\Phi(z)$ nur positiv ist für Werte, die zwischen z_1 und z_2 liegen und für solche, die größer als z_3 sind. Da $z_3 > l$ ist, kommen z-Werte $\geqq z_3$ aus physikalischen Gründen nicht in Frage, da z nur zwischen $\pm l$ liegen kann. Der Bereich, innerhalb dessen z sich bewegen kann, liegt also zwischen z_1 und z_2. Da $z = l \cos\vartheta$ ist, besagt dies, daß sich das Raumpendel nur zwischen zwei zueinander parallelen Ebenen, oder — geographisch gesprochen — zwischen zwei Breitenkreisen bewegen kann.

Es läßt sich auch noch eine weitere Aussage machen, wo diese liegen können. Um zu diesem Satz zu kommen, knüpfen wir an (33, 111) an, wonach

$$\Phi(z) = 2m^2gz^3 - 2mEz^2 - 2m^2gl_z^2 + 2ml^2E - L_z^2 \tag{33, 129}$$

$$= 2m^2g\left\{z^3 - \frac{E}{mg}z^2 - l^2z\right\} + \cdots \tag{33, 130}$$

ist. Drückt man andererseits $\Phi(z)$ mit Hilfe des Vietaschen Wurzelsatzes aus, so erhält man

$$\Phi(z) = 2m^2g(z - z_1)(z - z_2)(z - z_3) = 2m^2g\{z^3 - z^2(\ldots) \tag{33, 131}$$

$$+ z(z_1z_2 + z_2z_3 + z_3z_1) - \ldots\}. \tag{33, 132}$$

Da dieser Ausdruck mit (33, 130) übereinstimmt, erhält man durch Koeffizientenvergleich des in z linearen Gliedes

$$-l^2 = z_1 z_2 + z_2 z_3 + z_3 z_1 \qquad (33, 133)$$

$$= z_3(z_1 + z_2) + z_1 z_2, \qquad (33, 134)$$

woraus

$$z_3 = -\frac{l^2 + z_1 z_2}{z_1 + z_2} > l \qquad (33, 135)$$

folgt. Weil z_1 und z_2 zwischen $-l$ und $+l$ liegen, also $|z_1 z_2| < l^2$ ist, hat der Zähler ein positives Vorzeichen. Da aber $z_3 > 0$ ist, muß der in (33, 135) auftretende Nenner negativ sein:

$$z_1 + z_2 < 0. \qquad (33, 136)$$

Diese Gleichung ist dann erfüllt, wenn entweder

$$z_1 < 0 \quad \text{und} \quad z_2 < 0 \qquad (33, 137)$$

sind, oder

$$z_1 < 0, \quad z_2 > 0 \qquad (33, 138)$$

sind, wobei jedoch dann

$$|z_1| > |z_2| \qquad (33, 139)$$

sein muß.

Die zuletzt gefundenen Gleichungen sagen aus, daß die Pendelbewegung zwischen zwei Breitenkreisen verläuft, die entweder — wenn (33, 137) gilt — beide unterhalb der Äquatorebene liegen, Abb. 33, 4a oder — wenn (33, 138/139) gelten — von denen einer unterhalb und der andere oberhalb der Äquatorebene liegt, wobei dann der „positive" Breitengrad (z_2) vom Äquator weniger weit entfernt ist, als der „negative" Breitengrad (z_1), Abb. 33, 4b. Auf keinen Fall verläuft indessen die Pendelbewegung nur oberhalb des Äquators.

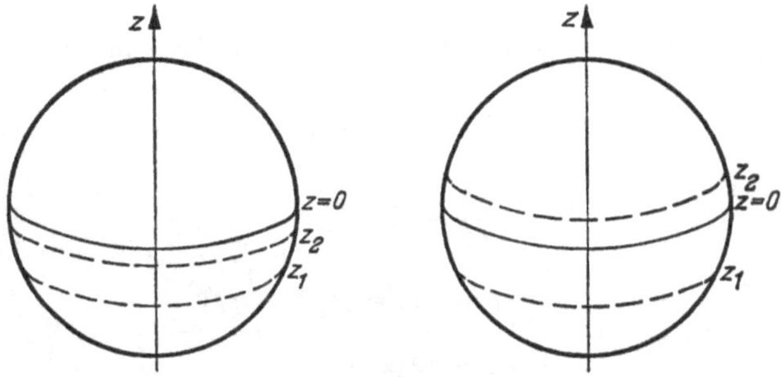

Abb. 33, 4a und 33, 4b: Zur Bewegung des Raumpendels

Es läßt sich schließlich noch eine weitere Aussage machen, die aus (33, 119) folgt. Daraus ist zu ersehen, weil $|z| < l$ ist, daß $\dot{\varphi}$ niemals verschwindet und sein Vorzeichen nicht wechseln kann. Die Bewegung verläuft also stets gleichsinnig: die Bahn des Pendels kann also weder eine Schleife sein noch Spitzen haben. Man spricht in diesem Fall von einer *Librationsbewegung.*

34. Das Pendel mit bewegtem Aufhängepunkt

Während wir im vorstehenden Kapitel die Bewegung eines Kreispendels untersuchten, dessen Aufhängepunkt 0 stillschweigend als ruhend angenommen wurde, wollen wir nun die Bewegungsgleichung für das gleiche Pendel aufstellen, wenn sich sein Aufhängepunkt 0 in der Schwingungsebene nach einer vorgegebenen Gesetzmäßigkeit bewegt, („geführtes Pendel"). Bezeichnet man die jeweiligen Koordinaten von 0 mit ξ und ζ, so lautet die Gleichung der Führungskurve in Parameterdarstellung

$$\xi = \xi(t) \qquad (34, 1)$$

$$\zeta = \zeta(t). \qquad (34, 2)$$

Die Aufgabe, die Bewegung eines geführten Pendels zu bestimmen, bedeutet daher die Lösung eines Bewegungsproblems unter Beachtung der rheonomen Nebenbedingung

$$\Phi(x, z, \xi, \zeta) = F(x, z, t) = 0. \tag{34, 3}$$

Hierbei bedeuten x, z die Koordinaten der Pendelmasse.

Wir wollen uns in diesem Kapitel auf die beiden Sonderfälle beschränken, daß sich 0 entweder nur horizontal oder nur vertikal bewegt. Am Rande sei bemerkt, daß man aus diesen beiden Fällen durch Überlagerung die Bewegung eines Kreispendels finden kann, dessen Aufhängepunkt eine Ellipse durchläuft. Dieser Fall wurde 1934 von ERDÉLYI untersucht, dessen Überlegungen bisher wohl nicht verallgemeinert wurden. —

Wir behandeln zunächst den Fall des horizontal geführten Pendels. Bei ihm bewegt sich der Aufhängepunkt $0(\xi, \zeta)$ längs der x-Achse eines Koordinatensystems nach der Gesetzmäßigkeit (34, 1). Dann ist während der Pendelbewegung die Nebenbedingung

$$\Phi = (x - \xi)^2 + z^2 - l^2 = 0 \tag{34, 4}$$

zu erfüllen, Abb. 34, 1, die nun anstelle von (33, 2) tritt.

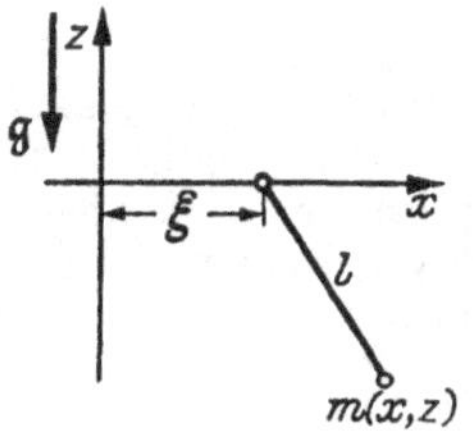

Abb. 34, 1: Das horizontal geführte Pendel

Die Bewegungsgleichungen des geführten Pendels ergeben sich nun aus (22, 22). Weil

$$\frac{\partial \Phi}{\partial x} = 2(x - \xi) \tag{34, 5}$$

$$\frac{\partial \Phi}{\partial y} = 2z \tag{34, 6}$$

und

$$\mathfrak{K} = m\mathfrak{g} = \{0, 0, -mg\} \tag{34, 7}$$

ist, erhält man

$$m\ddot{x} = 2\lambda(x - \xi) \tag{34, 8}$$

$$m\ddot{z} = -mg + 2\lambda z. \tag{34, 9}$$

Aus diesen beiden Gleichungen in Verbindung mit der Nebenbedingung (34, 4) lassen sich die drei Unbekannten x, z und λ bestimmen.

Aus (34, 8/9) kann der LAGRANGEsche Multiplikator λ — durch Multiplikation von (34, 8) mit z und (34, 9) mit $-(x - \xi)$ und anschließende Addition beider Gleichungen — eliminiert werden. Dann erhält man

$$z\ddot{x} - (\ddot{z} + g)(x - \xi) = 0. \tag{34, 10}$$

Die zweite Gleichung, die erforderlich ist, um x und z bestimmen zu können, ist die Nebenbedingung (34, 4). Die beiden nichtlinearen Gleichungen (34, 4) und (34, 10) beschreiben die Bewegung des (horizontal) geführten Pendels in Strenge.

Das vorstehende nichtlineare Gleichungssystem geht jedoch in lineare Gleichungen über, wenn man auf den Fall sehr kleiner Pendelschwingungen spezialisiert. Damit ist gemeint, daß in erster Näherung für

$$-z(t) \equiv l, \tag{34, 11}$$

also

$$\ddot{z}(t) = 0 \tag{34, 12}$$

gesetzt wird. Dann geht (34, 10) in

$$\ddot{x} + \frac{g}{l}(x - \xi) = 0 \qquad (34, 13)$$

oder

$$\ddot{x} + \omega_0^2 x = \omega_0^2 \xi \qquad (34, 14)$$

über, wobei ω_0 die Eigenfrequenz des Pendels mit ruhendem Aufhängepunkt gemäß (33, 17) ist. Aus (34, 14) ist zu ersehen, daß im Fall kleiner Ausschläge das (horizontal) geführte Pendel eine erzwungene Schwingung ausführt, die durch die zeitabhängige Kraft

$$K_x(t) = m\omega_0^2 \xi(t) \qquad (34, 15)$$

verursacht wird.

Die erzwungene Schwingung eines Oszillators ist in Kap. 29 behandelt. Dort wurde gezeigt, daß insbesondere bei einer harmonischen Störkraft, d. h. in dem hier betrachteten Fall, beim Vorliegen der Gesetzmäßigkeit

$$\xi(t) \sim \sin \omega t\,, \qquad (34, 16)$$

eine Phasendifferenz zwischen der Bewegung des Pendelaufhängepunktes 0 gemäß (34, 16) und der Bewegung der Pendelmasse m auftritt. Dies ist eine prüfbare Aussage, die durch das Experiment bestätigt wird. Wir zitieren in diesem Zusammenhang im Anschluß an SOMMERFELD [15]: „Man versäume nicht, den Versuch mit einer Schnur zu machen, deren unteres Ende ein Gewicht trägt und deren oberes Ende mit der Hand in horizontaler Richtung hin und her bewegt wird. Bei schneller Bewegung (oberhalb der Resonanz)¹) ist die gegensinnige Bewegung beider Punkte eindrucksvoll.“ —

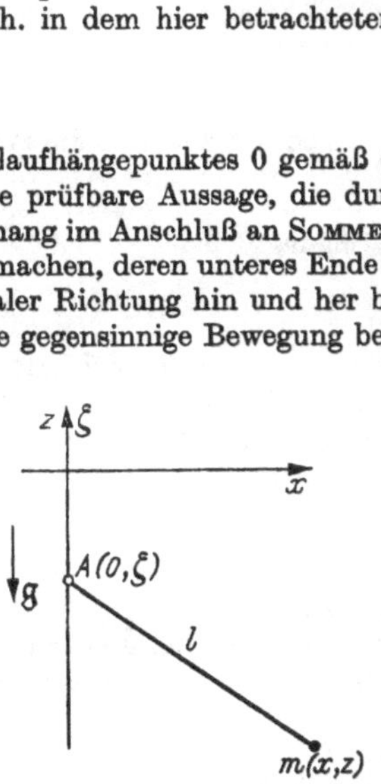

Abb. 34, 2: Das vertikal geführte Pendel

Wir wollen nun den zweiten Sonderfall behandeln, daß der Aufhängepunkt des Pendels im Schwerefeld der Erde nach dem Gesetz (34, 2) vertikal geführt wird. Dann gilt anstelle von (34, 4), wie sofort aus Abb. 34, 2 abzulesen ist, die Nebenbedingung

$$\Phi = x^2 + (z - \zeta)^2 - l^2 = 0. \qquad (34, 17)$$

Damit wird aus (22, 22):

$$m\ddot{x} = 2\lambda x \qquad (34, 18)$$

$$m\ddot{z} = -mg + 2\lambda(z - \zeta), \qquad (34, 19)$$

woraus man durch Elimination von λ anstelle von (34, 10) jetzt

$$\ddot{x}(z - \zeta) - x(\ddot{z} + g) = 0 \qquad (34, 20)$$

erhält.

In der Literatur wird (34, 20) vielfach auch auf den Fall „sehr kleiner“ Schwingungen spezialisiert, d. h. man setzt

$$-[z(t) - \zeta(t)] = l, \qquad (34, 21)$$

woraus

$$\ddot{z} = \ddot{\zeta} \qquad (34, 22)$$

¹) Gemeint ist, daß die „Störfrequenz“ $\omega > \omega_0$ ist.

folgt. Mit (34, 21/22) geht (34, 20) in

$$\ddot{x} + \frac{\ddot{\zeta} + g}{l} x = 0 \tag{34, 23}$$

über. Dies ist nach (27, 36) die Bewegungsgleichung des eindimensionalen Oszillators, sofern

$$\ddot{\zeta} = a = \text{const} \tag{34, 24}$$

ist. Dann ist die Frequenz des Oszillators

$$\omega = \sqrt{\frac{a + g}{l}}. \tag{34, 25}$$

Hieraus wird nun weiter geschlossen: Handelt es sich um ein sog. „frei fallendes Pendel", d. h. hat sein Aufhängepunkt A die konstante Beschleunigung

$$\ddot{\zeta} = a = -g, \tag{34, 26}$$

so ist (34, 25) zu entnehmen, daß die Pendelfrequenz

$$\omega = 0 \tag{34, 27}$$

bzw. die Schwingungsdauer

$$T = \infty \tag{34, 28}$$

ist.

Diese Formel wird häufig in Worten wie folgt ausgedrückt: Ein aus seiner Ruhelage ausgelenktes, im Schwerefeld der Erde frei fallendes Pendel verändert seine Anfangslage nicht.

Diese Aussage ist jedoch in dieser Form nur bedingt richtig, worauf wohl erstmalig Rietzel aufmerksam gemacht hat. Er zeigte, daß sich die beiden — wegen

$$\lambda = \lambda(x, z) \tag{34, 29}$$

i. allg. nichtlinearen — Differentialgleichungen (34, 18/19) mit (34, 24) in Strenge lösen lassen. Aus dem Ergebnis seiner Rechnungen, deren ursprüngliche Form aufgrund einer Anregung von Streubel verallgemeinert wurde, wird ersichtlich, daß (34, 27) nur unter einer Bedingung gültig ist.

Wir geben die strenge Behandlung eines mathematischen Pendels, dessen Aufhängepunkt sich in einer Vertikalen mit konstanter Beschleunigung

$$\ddot{\zeta} = a = -b \tag{34, 30}$$

„nach unten" (Abb. 34, 2) bewegt, im Anschluß an das (nicht veröffentlichte) Original wieder.

Ausgangspunkt ist die Gleichung (34, 20), in der beide zu bestimmenden Koordinaten $x(t)$ und $z(t)$ vorkommen. Die Rechnung wird nun so weitergeführt, daß eine der beiden Unbekannten, x oder z, und ihre Ableitungen aus (34, 20) eliminiert werden, um die für jede der Koordinaten für den vorliegenden Fall geltende Differentialgleichung zu finden.

Wir eliminieren aus (34, 20) die Koordinate x. Dies gelingt, indem man zunächst (34, 20) mit $\dot{x}$ multipliziert („Energiesatz"). Man erhält

$$(\ddot{z} + g)\, x\dot{x} = \ddot{x}\dot{x}(z - \zeta) \tag{34, 31}$$

und das kann, wegen

$$x\dot{x} = \frac{1}{2}\frac{dx^2}{dt} \tag{34, 32}$$

und

$$\dot{x}\ddot{x} = \frac{1}{2}\frac{d\dot{x}^2}{dt} \tag{34, 33}$$

in die Form

$$(\ddot{z} + g)\frac{dx^2}{dt} = (z - \zeta)\frac{d\dot{x}^2}{dt} \tag{34, 34}$$

gebracht werden. Beachtet man nun die Nebenbedingung (34, 17), so läßt sich mit ihrer Hilfe aus der letzten Gleichung vorerst x eliminieren. Man erhält

$$(z-\zeta)\frac{d\dot{x}^2}{dt} = (\ddot{z}+g)\frac{d}{dt}\left[l^2-(z-\zeta)^2\right] \quad (34, 35)$$

$$= (\ddot{z}+g)\left[-2(z-\zeta)(\dot{z}-\dot{\zeta})\right] \quad (34, 36)$$

oder

$$\frac{d\dot{x}^2}{dt} = -2(\ddot{z}+g)(\dot{z}-\dot{\zeta}) \quad (34, 37)$$

$$= -2(\dot{z}\ddot{z}+g\dot{z}-\ddot{z}\dot{\zeta}-g\dot{\zeta}). \quad (34, 38)$$

Die rechte Seite der letzten Gleichung läßt sich ebenso wie die linke als ein Differentialquotient schreiben. Zunächst hat man

$$\ddot{z}\dot{\zeta} = \frac{d}{dt}(\dot{z}\dot{\zeta}) - \dot{z}\ddot{\zeta} \quad (34, 39)$$

oder wegen (34, 30):

$$\ddot{z}\dot{\zeta} = \frac{d}{dt}\dot{z}\dot{\zeta} + b\dot{z} = \frac{d}{dt}(\dot{z}\dot{\zeta}+bz). \quad (34, 40)$$

Trägt man dies in (34, 38) ein, so wird daraus

$$-\frac{1}{2}\frac{d\dot{x}^2}{dt} = \frac{d}{dt}\left[\frac{1}{2}\dot{z}^2+(g-b)z-\dot{z}\dot{\zeta}-g\zeta\right]. \quad (34, 41)$$

Durch Integration folgt, daß

$$\frac{1}{2}\dot{z}^2+(g-b)z-\dot{z}\dot{\zeta}-g\zeta+\frac{1}{2}\dot{x}^2 = \frac{1}{2}C \quad (34, 42)$$

eine Konstante der Bewegung ist.

Um nun aus ihr auch $\dot{x}$ zu eliminieren, verwenden wir nochmals die Nebenbedingung (34, 17), aus der durch Differentiation nach der Zeit

$$x\dot{x} = -(z-\zeta)(\dot{z}-\dot{\zeta}) \quad (34, 43)$$

also

$$\dot{x}^2 = \frac{(z-\zeta)^2(\dot{z}-\dot{\zeta})^2}{x^2} \quad (34, 44)$$

oder mit (34, 17):

$$\dot{x}^2 = \frac{(z-\zeta)^2(\dot{z}-\dot{\zeta})^2}{l^2-(z-\zeta)^2} \quad (34, 45)$$

folgt. Setzt man dies in (34, 42) ein und multipliziert danach mit dem Nenner, so erhält man

$$[\dot{z}^2+2(g-b)z-2\dot{z}\dot{\zeta}-2g\zeta]\,[l^2-(z-\zeta)^2]+(z-\zeta)^2(\dot{z}-\dot{\zeta})^2$$
$$= C\,[l^2-(z-\zeta)^2] \quad (34, 46)$$

oder

$$[(\dot{z}-\dot{\zeta})^2+2(g-b)z-2g\zeta-\dot{\zeta}^2]\,[l^2-(z-\zeta)^2]+(z-\zeta)^2(\dot{z}-\dot{\zeta})^2$$
$$= C\,[l^2-(z-\zeta)^2]. \quad (34, 47)$$

Diese Gleichung kann nach Ausmultiplikation und Umordnung der Glieder in

$$l^2(\dot{z}-\dot{\zeta})^2 = [l^2-(z-\zeta)^2]\,[C-2(g-b)z+2g\zeta+\dot{\zeta}^2] \quad (34, 48)$$

übergeführt werden.

Diese Differentialgleichung für $z = z(t)$ läßt sich in eine solche für

$$z(t) - \zeta(t) = u(t) \tag{34, 49}$$

überführen. Das gelingt, indem man an (34, 30) anschließt, woraus durch zweimalige Integration

$$\dot{\zeta}(t) = -bt + \dot{\zeta}_0 \tag{34, 50}$$

und

$$\zeta(t) = -\frac{b}{2}t^2 + \dot{\zeta}_0 t + \zeta_0 \tag{34, 51}$$

folgt, wobei $\dot{\zeta}_0$ und ζ_0 Integrationskonstanten sind. Sie bedeuten die Anfangsgeschwindigkeit bzw. die Anfangslage des Aufhängepunktes A des Pendels.

Aus den beiden letzten Gleichungen erhält man für die in (34, 48) auftretenden Glieder

$$2g\zeta + \dot{\zeta}^2 = -gbt^2 + 2g\dot{\zeta}_0 t + 2g\zeta_0 + b^2t^2 - 2b\dot{\zeta}_0 t + \dot{\zeta}_0^2 \tag{34, 52}$$

$$= -bt^2(g-b) + 2(g-b)\dot{\zeta}_0 t + 2g\zeta_0 + \dot{\zeta}_0^2 \tag{34, 53}$$

$$= 2(g-b)\left(-\frac{b}{2}t^2 + \dot{\zeta}_0 t\right) + 2g\zeta_0 + \dot{\zeta}_0^2, \tag{34, 54}$$

was bei Beachtung von (34, 51) in

$$2g\zeta + \dot{\zeta}^2 = 2(g-b)(\zeta - \zeta_0) + 2g\zeta_0 + \dot{\zeta}_0^2 \tag{34, 55}$$

übergeht. Setzt man dies in (34, 48) ein, so nimmt diese Gleichung die Form

$$l^2(\dot{z} - \dot{\zeta})^2 = [l^2 - (z-\zeta)^2]\cdot[C - 2(g-b)(z - \zeta - \zeta_0) + 2g\zeta_0 + \dot{\zeta}_0^2] \tag{34, 56}$$

$$= [l^2 - (z-\zeta)^2]\cdot[C - 2(g-b)(z-\zeta) + 2b\zeta_0 + \dot{\zeta}_0^2] \tag{34, 57}$$

oder mit der Abkürzung (34, 49):

$$l\dot{u} = \sqrt{[l^2 - u^2]\,[C - 2(g-b)u + 2b\zeta_0 + \dot{\zeta}_0^2]} \tag{34, 58}$$

an. Diese Differentialgleichung erster Ordnung für u läßt sich durch Trennung der Variablen lösen. Man erhält

$$t - t_0 = \int\limits_{u_0}^{u} \frac{l\,du}{\sqrt{(l^2-u^2)\,[C - 2(g-b)u + 2b\zeta_0 + \dot{\zeta}_0^2]}}. \tag{34, 59}$$

Dies ist ein elliptisches Integral. Es geht jedoch in dem Sonderfall des „frei fallenden" Pendels, d. h. für

$$\ddot{\zeta} = -b = -g \tag{34, 60}$$

in das elementare Integral

$$t - t_0 = \int\limits_{u_0}^{u} \frac{l\,du}{\sqrt{(l^2-u^2)\,[C + 2g\zeta_0 + \dot{\zeta}_0^2]}} \tag{34, 61}$$

$$= \frac{l}{\sqrt{C + 2g\zeta_0 + \dot{\zeta}_0^2}} \int\limits_{u_0}^{u} \frac{du}{\sqrt{l^2-u^2}} \tag{34, 62}$$

$$= \frac{l}{\sqrt{C + 2g\zeta_0 + \dot{\zeta}_0^2}} \arcsin\frac{u}{l} \tag{34, 63}$$

über. Hieraus erhält man unter Berücksichtigung von (34, 49) zunächst

$$\arcsin \frac{z-\zeta}{l} = \frac{1}{l}\sqrt{C + 2g\zeta_0 + \dot{\zeta}_0^2}\,(t - t_0) \tag{34, 64}$$

und weiter durch Auflösung

$$z(t) = \zeta(t) + l \sin \frac{1}{l}\sqrt{C + 2g\zeta_0 + \dot{\zeta}_0^2}\,(t - t_0). \tag{34, 65}$$

Setzt man

$$\frac{1}{l}\sqrt{C + 2g\zeta_0 + \dot{\zeta}_0^2} = \omega, \tag{34, 66}$$

so hat man schließlich für die Zeitabhängigkeit der vertikalen Koordinate

$$z(t) = \zeta(t) + l \sin \omega (t - t_0). \tag{34, 67}$$

Die Zeitabhängigkeit der horizontalen Koordinate $x(t)$ ergibt sich mit (34, 67) aus der Nebenbedingung (34, 17) zu

$$x^2 = l^2 - (z - \zeta)^2 \tag{34, 68}$$

$$= l^2 - l^2 \sin^2 \omega (t - t_0) \tag{34, 69}$$

$$= l^2 \cos^2 \omega (t - t_0) \tag{34, 70}$$

oder

$$x(t) = l \cos \omega (t - t_0). \tag{34, 71}$$

Die Ausdrücke (34, 67) und (34, 70) sind die strengen Lösungen der Bewegungsgleichungen (34, 18/19) für das „frei fallende Pendel". Die Lösungen enthalten — wie es auch sein muß — zwei Integrationskonstanten (C und t_0), die sich aus den vorgegebenen Anfangsbedingungen bestimmen lassen. Als diese legen wir fest: Das Pendel sei zur Zeit $t = 0$ in Richtung der x-Achse um x_0 ausgelenkt und habe in dieser Richtung die Anfangsgeschwindigkeitskomponente $\dot{x}_0$:

$$x(0) = x_0 \tag{34, 72}$$

$$\dot{x}(0) = \dot{x}_0. \tag{34, 73}$$

Dann liefert (34, 70):

$$x_0 = \quad l \cos(-\omega t_0) = l \cos \omega t_0 \tag{34, 74}$$

$$\dot{x}_0 = -l\omega \sin(-\omega t_0) = l\,\omega \sin \omega t_0, \tag{34, 75}$$

woraus

$$\left(\frac{x_0}{l}\right)^2 + \left(\frac{\dot{x}_0}{\omega l}\right)^2 = 1 \tag{34, 76}$$

folgt. Hieraus ergibt sich für die Eigenfrequenz ω des Pendels

$$\omega^2 = \frac{\dot{x}_0^2}{l^2 - x_0^2}. \tag{34, 77}$$

Aus dieser Formel ist klar ersichtlich, daß das „frei fallende Pendel" nur dann nicht schwingt, d. h., daß

$$\omega = 0 \text{ bzw. } T = \infty \tag{34, 78}$$

ist, wenn

$$\dot{x}_0 = 0, \tag{34, 79}$$

wenn also das ausgelenkte Pendel keine Anfangsgeschwindigkeitskomponente in horizontaler Richtung hat. Die sich in der Literatur findende Aussage: Das „frei fallende Pendel" hat die Schwingungsdauer $T = \infty$, ist daher unkorrekt und irreführend, weil man daraus schließen könnte, daß dies stets der Fall ist.

Der Vollständigkeit halber wollen wir noch die beiden Integrationskonstanten bestimmen und die endgültigen Ausdrücke für $x(t)$ und $z(t)$ angeben. Hierzu setzen wir die Eigenfrequenz — (34, 77) — in (34, 66) ein, was zur Bestimmung von C führt. Man erhält

$$C = \frac{l^2 \dot{x}_0^2}{l^2 - x_0^2} - 2g\zeta_0 + \dot{\zeta}_0^2. \tag{34, 80}$$

Zur Bestimmung der zweiten Integrationskonstanten t_0 hat man (34, 77) in eine der beiden Anfangsbedingungen (34, 74/75) einzusetzen. Es ergibt sich, wenn man etwa (34, 74) verwendet,

$$t_0 = \frac{1}{\omega} \arccos \frac{x_0}{l} \tag{34, 81}$$

oder mit (34, 77):

$$t_0 = \frac{\sqrt{l^2 - x_0^2}}{\dot{x}_0} \arccos \frac{x_0}{l}. \tag{34, 82}$$

Trägt man C und t_0 in (34, 67) und (34, 71) ein, so erhält man

$$x(t) = l \cos \frac{\dot{x}_0}{\sqrt{l^2 - x_0^2}} \left(t - \frac{\sqrt{l^2 - x_0^2}}{\dot{x}_0} \arccos \frac{x_0}{l} \right) \tag{34, 83}$$

$$= l \cos \left(\frac{\dot{x}_0}{\sqrt{l^2 - x_0^2}}\, t - \arccos \frac{x_0}{l} \right) \tag{34, 84}$$

und

$$z(t) = \zeta(t) + l \sin \left(\frac{\dot{x}_0}{\sqrt{l^2 - x_0^2}}\, t - \arccos \frac{x_0}{l} \right) = -\frac{g}{2} t^2 + \dot{\zeta}_0 t + \zeta_0 \tag{34, 85}$$

$$+ l \sin \left(\frac{\dot{x}_0}{\sqrt{l^2 - x_0^2}}\, t - \arccos \frac{x_0}{l} \right). \tag{34, 86}$$

Durch die vorstehenden Ausdrücke wird die Bewegung des „frei fallenden Pendels" in Strenge beschrieben.

Wir wollen zum Abschluß noch die auf das „frei fallende Pendel" ausgeübte Zwangskraft

$$\mathfrak{Z} = \lambda \operatorname{grad} \Phi(x, z, t) \tag{34, 87}$$

berechnen. Hierzu benötigen wir die Kenntnis des Lagrangeschen Multiplikators λ, der nach (34, 30):

$$\lambda = \frac{m}{2} \frac{\ddot{x}}{x} \tag{34, 88}$$

ist. Setzt man hierin (34, 84) ein, so wird

$$\lambda = -\frac{m}{2} \frac{l \dfrac{\dot{x}_0^2}{l^2 - x_0^2}}{l} \tag{34, 89}$$

$$= -\frac{m}{2} \frac{\dot{x}_0^2}{l^2 - x_0^2} \tag{34, 90}$$

und man bekommt wegen der Nebenbedingung (34, 17) für die Zwangskraft

$$\mathfrak{Z} = \lambda \operatorname{grad} \Phi = -\frac{m}{2} \frac{\dot{x}_0^2}{l^2 - x_0^2} \{2x\,\mathfrak{i} + 2(z - \zeta)\,\mathfrak{k}\}. \tag{34, 91}$$

Hieraus ist zu ersehen, daß auf das „frei fallende Pendel" keine Zwangskraft ausgeübt wird, wenn $\dot{x}_0$ verschwindet.

35. Horizontalbewegung auf der rotierenden Erde

In diesem und im nächsten Kapitel wollen wir Beispiele für die Anwendung der Differentialgleichung (23, 70) der Bewegung eines Massenpunktes m relativ zur Erde bei Berücksichtigung ihrer Eigenrotation behandeln. Wir verwenden hierbei das in Abb. 23, 7 angegebene Koordinatensystem. Beschränken wir uns, um mit möglichst einfachen Verhältnissen zu beginnen, auf Bewegungen, die auf der (in kleinen Bereichen als eben anzusehenden) Erdoberfläche verlaufen, so liegt in dieser die xy-Ebene des oben eingeführten Bezugssystems, wobei nach den früheren Vereinbarungen die x-Achse vom Beobachtungsort nach Süden und die y-Achse nach Osten weist.

Wir denken uns einen Massenpunkt m zu Beginn seiner Bewegung im 0-Punkt des Bezugssystems. Dann ist

$$\mathfrak{r}(0) = \{0, 0, 0\}. \qquad (35, 1)$$

Wir fragen nun nach der Bahn von m, wenn seine Geschwindigkeit in diesem Punkte

$$\dot{\mathfrak{r}}(0) = \{v_0, 0, 0\} \qquad (35, 2)$$

ist und auf m keine eingeprägten Kräfte wirken.

Die Antwort hierauf erhält man aus den Bewegungsgleichungen (23, 71—73), von denen — weil die Bewegung in der xy-Ebene verläuft — nur die beiden ersten in Betracht kommen, in denen $z = 0$ zu setzen ist. Dann verbleibt

$$\ddot{x} = a\,\dot{y} \qquad (35, 3)$$

$$\ddot{y} = -a\,\dot{x}, \qquad (35, 4)$$

wobei der Abkürzung halber $2\omega \cos\varphi = a$ gesetzt wurde. Die Bewegung in der z-Richtung wird durch die Bindung an die Horizontalebene verhindert.

Integriert man (35, 3/4), so erhält man

$$\dot{x} = ay + c_1 \qquad (35, 5)$$

$$\dot{y} = -ax + c_2 \qquad (35, 6)$$

mit den Integrationskonstanten c_1 und c_2. Sie sind aus den Anfangsbedingungen (35, 1/2) zu bestimmen. Diese ergeben

$$\dot{x}(0) = v_0 = ay(0) + c_1 = c_1 \qquad (35, 7)$$

$$\dot{y}(0) = 0 = -ax(0) + c_2 = c_2, \qquad (35, 8)$$

d. h.

$$c_1 = v_0, \; c_2 = 0. \qquad (35, 9)$$

Damit wird aus (35, 5/6):

$$\dot{x} = v_0 + ay \qquad (35, 10)$$

$$\dot{y} = \quad -ax. \qquad (35, 11)$$

Diese Gleichungen sagen aus, daß die anfänglich nach Süden gerichtete Geschwindigkeit (35, 2) nach Verlassen der Ausgangslage (35, 1) ihre Richtung ändert: denn für jedes $x \neq 0$, d. h. nach Beginn der Bewegung in Richtung Süden, hat m eine Geschwindigkeit, deren y-Komponente $\neq 0$ ist. Sie ist, nach der früher getroffenen Vereinbarung über die Festlegung des Koordinatensystems, geographisch gesprochen, nach Westen gerichtet. Man kann daher sagen, daß m, von 0 aus gesehen, eine „Rechtsablenkung" erfährt, Abb. 35, 1. Diese wird nach (35, 3/4) durch die CORIOLIS-Kraft verursacht.

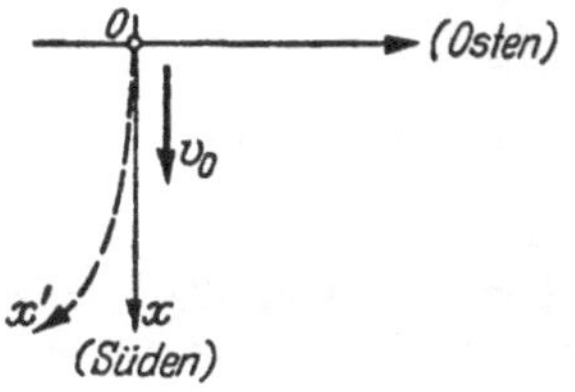

Abb. 35, 1: Rechtsablenkung bei einer Horizontalbewegung auf der Nordhalbkugel

Die vorstehende Aussage gilt, unabhängig von der Richtung der Anfangsgeschwindigkeit $\dot{\mathfrak{r}}(0)$, für alle horizontalen Bewegungsvorgänge auf der nördlichen Halbkugel der Erde. Südlich des Äquators bleibt der Satz richtig, wenn man „rechts" durch „links" ersetzt.

Wir bemerken, daß man die für einen Massenpunkt geltende Gleichung (23, 70) erweitern und auf ausgedehnte Massen — so z. B. auf Flüssigkeiten (Wasser) oder Gase (Luft) — übertragen kann. Auch dann führt die Integration der Gleichung für die Bewegung relativ zur Erdoberfläche zu Lösungen, die als „Rechtsablenkung" gedeutet werden können. Damit erklärt man eine Anzahl von bekannten Erscheinungen, die insbesondere geophysikalischer Natur sind. So führt man z. B. die verschieden starke Auswaschung der beiden Ufer von Flüssen, ebenso stationäre und nichtstationäre Driftströme in Ozeanen sowie auch einige atmosphärische Erscheinungen (Passatwinde, geostrophischer Wind) auf die Auswirkung der CORIOLIS-Kraft zurück.

Wir bemerken noch, ohne jedoch auf diesbezügl. Einzelheiten einzugehen, daß auch bei der Behandlung anderer Bewegungsvorgänge im Erdfeld mit Berücksichtigung der Erddrehung die Ergebnisse etwas geändert gegenüber denen sind, die man erhält, wenn die Eigenrotation der Erde nicht in Rechnung gesetzt ist. So zeigt z. B. die Integration der Bewegungsgleichung (23, 71—73) für den freien Fall eines Massenpunktes, daß dieser nicht in dem zu seiner Anfangslage gehörigen Fußpunkt auf der Erdoberfläche aufschlägt, d. h. keine geradlinige Bahn durchläuft, sondern sowohl eine Ost- als auch eine Südablenkung erfährt.

36. Das FOUCAULTsche Pendel

Im Jahre 1850 beobachtete FOUCAULT, daß sich die Schwingungsebene eines Kreispendels relativ zur Erdoberfläche dreht[1]). Diese Tatsache steht im Widerspruch zu den Aussagen des Kap. 33. Man könnte daher schließen, daß die Theorie falsch, d. h., daß die NEWTONsche Bewegungsgleichung unrichtig ist. Indessen haben wir jetzt nicht diese, sondern die für Bewegungsvorgänge relativ zur Erdoberfläche geltende Differentialgleichung (23, 70) anzuwenden. Diese beschreibt allerdings nur die Bewegungen eines freien Massenpunktes m. Im vorliegenden Fall ist m jedoch nicht frei, sondern gezwungen — in Verallgemeinerung der Betrachtung in Kap. 33 — stets auf einer Kugelfläche zu bleiben. Es liegt also jetzt die Nebenbedingung

$$|\mathfrak{r}| = l \tag{36, 1}$$

oder anders geschrieben

$$F(x, y, z) = \mathfrak{r}^2 - l^2 \tag{36, 2}$$

$$= x^2 + y^2 + z^2 - l^2 = 0 \tag{36, 3}$$

vor. Daher ist (23, 70) durch die LAGRANGEsche Gleichung erster Art

$$m\ddot{\mathfrak{r}} = m\mathfrak{g} - 2\mathfrak{w} \times \dot{\mathfrak{r}} + \lambda \operatorname{grad} F \tag{36, 4}$$

zu ersetzen. Wir wollen diese in Komponenten schreiben, wobei wir das in Abb. 23, 7 angegebene Koordinatensystem verwenden, dessen Nullpunkt wir jedoch nicht in die Erdoberfläche legen, sondern in den Aufhängepunkt 0 des Pendels verschieben. Dann gelten anstelle der früher hergeleiteten Gleichungen (23, 71—73) jetzt

$$\ddot{x} = 2\alpha\dot{y} + \mu x \tag{36, 5}$$

$$\ddot{y} = -2\alpha\dot{x} - 2\beta\dot{z} + \mu y \tag{36, 6}$$

$$\ddot{z} = -g + 2\beta\dot{y} + \mu z, \tag{36, 7}$$

wobei die Abkürzungen

$$\alpha = w \sin\varphi \tag{36, 8}$$

$$\beta = w \cos\varphi \tag{36, 9}$$

$$\mu = 2\,\frac{\lambda}{m} \tag{36, 10}$$

[1]) Als FOUCAULT seine Versuche durchführte, war ihm nicht bekannt, daß schon vor ihm 1661 VIVIANI und 1833 BARTOLINI ähnliche Versuche ausgeführt hatten.

bedeuten. Wir beschränken uns auf den Fall kleiner Auslenkungen des Pendels, d. h. wir setzen voraus, daß

$$z \approx -l, \text{ also } \dot{z} \approx 0, \ddot{z} \approx 0 \tag{35, 11}$$

sein soll. Dann folgt aus (36, 3), daß

$$\frac{|x|}{l} \ll 1 \qquad \frac{|y|}{l} \ll 1 \tag{36, 12}$$

ist. Geht man mit (36, 11) in (36, 7) ein, so erhält man

$$0 = -g + 2\beta\dot{y} - \mu l, \tag{36, 13}$$

woraus sich für den LAGRANGEschen Multiplikator in erster Näherung

$$\mu = \frac{2\beta\dot{y} - g}{l} \tag{36, 14}$$

ergibt. Setzt man dies in (36, 5/6) ein, so folgt

$$\ddot{x} = 2\alpha\dot{y} - \omega_0^2 x + 2\beta\dot{y}\frac{x}{l} \tag{36, 15}$$

$$\ddot{y} = -2\alpha\dot{x} - \omega_0^2 y + 2\beta\dot{y}\frac{y}{l}, \tag{36, 16}$$

wobei

$$\omega_0^2 = \frac{g}{l} \tag{36, 17}$$

die Eigenfrequenz des Pendels im Sinne des Kap. 33, d. h. bei der als ruhend angenommenen Erde, ist. Ein Vergleich der für diesen Fall gültigen Bewegungsgleichung (33, 16) mit (36, 15/16) zeigt, daß sich die Berücksichtigung der Erddrehung durch das Auftreten von Zusatzgliedern äußert, welche die Größen α und β als Faktoren enthalten. Diese sind, wie aus (36, 8/9) ersichtlich, von der gleichen Größenordnung. In dem an letzter Stelle in (36, 15) stehenden Korrekturglied tritt der nach Voraussetzung (36, 12) sehr kleine Faktor x/l auf, so daß dieses Korrekturglied gegenüber dem anderen vernachlässigt werden kann. Das gleiche gilt für den an letzter Stelle stehenden Term in (36, 16). Dieser kann umgeschrieben werden: Aus der Nebenbedingung (36, 3) folgt durch Differentiation nach der Zeit

$$x\dot{x} = -y\dot{y}. \tag{36, 18}$$

Damit wird

$$2\beta\dot{y}\frac{y}{l} = 2\beta\dot{x}\frac{x}{l} \ll 2\alpha\dot{x} \tag{36, 19}$$

und dieses ist wegen des Auftretens des Faktors x/l sehr klein verglichen mit dem anderen Korrekturglied in (36, 16) und darf daher in erster Näherung unterdrückt werden. Somit nehmen die Bewegungsgleichungen (36, 15/16) die Gestalt

$$\ddot{x} - 2\alpha\dot{y} + \omega_0^2 x = 0 \tag{36, 20}$$

$$\ddot{y} + 2\alpha\dot{x} + \omega_0^2 y = 0 \tag{36, 21}$$

an.

Um diese Gleichung zu integrieren, ist es zweckmäßig, sie durch Einführung der komplexen Variablen

$$\zeta = x + iy \tag{36, 22}$$

zusammenzufassen. Multiplikation von (36, 21) mit i und anschließende Addition von (36, 20) ergibt dann

$$\ddot{\zeta} + 2i\alpha\dot{\zeta} + \omega_0^2\zeta = 0. \tag{36, 23}$$

Dies ist formal die Gleichung einer gedämpften Schwingung. Wir versuchen daher (36, 23) ebenso wie (28, 5) mittels des Exponentialansatzes

$$\zeta \sim e^{i\sigma t} \tag{36, 24}$$

zu lösen. Hierbei ist σ ein Faktor, der, wie Einsetzen von (36, 24) in (36, 23) zeigt, der quadratischen Gleichung

$$\sigma^2 + 2\sigma\alpha - \omega_0^2 = 0 \tag{36, 25}$$

zu genügen hat. Hieraus folgt

$$\sigma_{1,2} = -\alpha \pm \sqrt{\alpha^2 + \omega_0^2}. \tag{36, 26}$$

Damit ergibt sich als allgemeine Lösung von (36, 23), wenn c_1 und c_2 zwei Konstanten sind,

$$\zeta = c_1 e^{i\sigma_1 t} + c_2 e^{i\sigma_2 t}. \tag{36, 27}$$

Um c_1 und c_2 zu bestimmen, brauchen wir Anfangsbedingungen. Als solche wollen wir, im Anschluß an die übliche Ausführung des FOUCAULTschen Pendelversuchs, annehmen, daß das Pendel aus seiner Gleichgewichtslage in Richtung Süden, d. h. längs der x-Achse, um die Strecke x_0 ausgelenkt wird und dann geschwindigkeitsfrei sich überlassen bleibt. Dann ist

$$x(0) = x_0, \; y(0) = 0 \tag{36, 28}$$

$$\dot{x}(0) = 0, \quad \dot{y}(0) = 0 \tag{36, 29}$$

oder

$$\zeta(0) = x_0 \tag{36, 30}$$

$$\dot{\zeta}(0) = 0. \tag{36, 31}$$

Damit liefert (36, 27) die beiden Bestimmungsgleichungen

$$c_1 + c_2 = x_0 \tag{36, 32}$$

$$\sigma_1 c_1 + \sigma_2 c_2 = 0, \tag{36, 33}$$

aus denen man mit (36, 26):

$$c_{1,2} = \frac{x_0}{2}\left(1 \pm \frac{\alpha}{\sqrt{\alpha^2 + \omega_0^2}}\right) \tag{36, 34}$$

errechnet. Setzt man dies und (36, 26) in (36, 27) ein, so erhält man nach Aufspaltung von ζ in Real- und Imaginärteil die Bahn des Pendels in Parameterdarstellung.

Wir wollen auf diese jedoch nicht eingehen, sondern uns den Verlauf der Pendelbewegung anhand der komplexen Geschwindigkeit veranschaulichen. Aus (36, 27) erhält man zunächst

$$\dot{\zeta} = i(\sigma_1 c_1 e^{i\sigma_1 t} + \sigma_2 c_2 e^{i\sigma_2 t}). \tag{36, 35}$$

Beachtet man (36, 33), so wird daraus

$$\dot{\zeta} = i\sigma_1 c_1 (e^{i\sigma_1 t} - e^{i\sigma_2 t}) \tag{36, 36}$$

und mit (36, 26)

$$\dot{\zeta} = i\sigma_1 c_1 e^{-i\alpha t}(e^{i\sqrt{\alpha^2 + \omega_0^2}\,t} - e^{-i\sqrt{\alpha^2 + \omega_0^2}\,t}). \tag{36, 37}$$

Setzt man hierin schließlich für c_1 seinen Wert (36, 34), so läßt sich (36, 36) in

$$\dot{\zeta} = -x_0 \frac{\omega_0^2}{\sqrt{\alpha^2 + \omega_0^2}} e^{-i\alpha t} \sin \sqrt{\alpha^2 + \omega_0^2}\, t \tag{36, 38}$$

überführen. Hieraus läßt sich erkennen, daß die Geschwindigkeit verschwindet, wenn

$$\sin \sqrt{\alpha^2 + \omega_0^2}\, t = 0 \tag{36, 39}$$

wird. Dies ist zu den Zeiten

$$t_n = n \frac{\pi}{\sqrt{\alpha^2 + \omega_0^2}}, \quad n = 0, 1, 2, \ldots, \tag{36, 40}$$

der Fall. Zur Zeit t_1 hat das Pendel eine Halbschwingung, zur Zeit t_2 zwei Halbschwingungen ausgeführt, so daß seine Schwingungsdauer

$$T = \frac{2\pi}{\sqrt{\alpha^2 + \omega_0^2}} \tag{36, 41}$$

ist. Sie ist also gegenüber der eines freischwingenden Pendels ohne Berücksichtigung der Erddrehung verändert, was — wie ein Vergleich der jeweils gültigen Bewegungsgleichung zeigt — eine Auswirkung der CORIOLIS-Kraft ist.

Wir vergleichen jetzt die Lage von m in der xy-Ebene zu den Zeiten $t = 0$ und $t = T$. Aus (36, 27) und (36, 30) hat man für $t = 0$:

$$\zeta(0) = c_1 + c_2 = x_0 \tag{36, 42}$$

und für $t = T$, wenn man (36, 26) beachtet,

$$\zeta(T) = e^{-i\alpha T}(c_1 e^{+i\sqrt{\alpha^2 + \omega_0^2}\,T} + c_2 e^{-i\sqrt{\alpha^2 + \omega_0^2}\,T}). \tag{36, 43}$$

Hieraus wird wegen (36, 41)

$$\zeta(T) = e^{-i\alpha T}(c_1 e^{2\pi i} + c_2 e^{-2\pi i}) \tag{36, 44}$$

$$= e^{-i\alpha T}(c_1 + c_2) \tag{35, 45}$$

$$= x_0 e^{-i\alpha T}. \tag{36, 46}$$

Der Übergang von (36, 45) zu (36, 46) ergibt sich unter Beachtung von (36, 42).

Der zuletzt gefundene Ausdruck besagt, daß sich das Pendel nach einem Hin- und Hergang von seiner Gleichgewichtslage $\zeta = 0$ ebenso weit entfernt befindet, wie zu Beginn der Schwingung, nämlich um die Strecke $|\zeta| = x_0$. Jedoch hat sich die Pendelebene in der Zeit T um den Winkel

$$\psi = \alpha T \tag{36, 47}$$

$$= T\omega \sin \varphi \tag{36, 48}$$

gedreht. Nach der Festlegung des hier benutzten Koordinatensystems, Kap. 23, erfolgt die Drehung nach Westen, Abb. 36, 1.

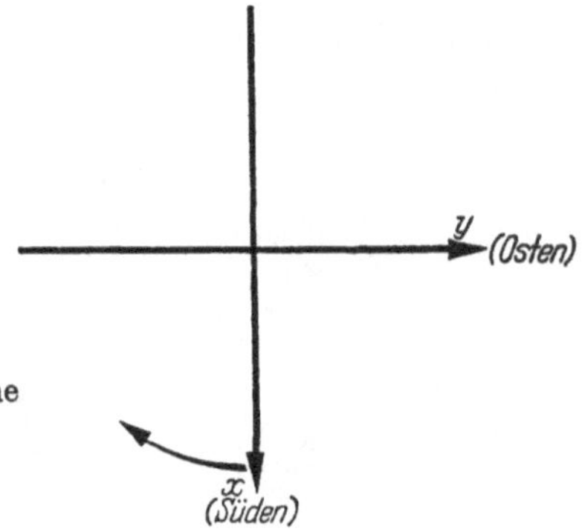

Abb. 36, 1: Drehsinn der Ebene eines FOUCAULT-Pendels

Wir berechnen, wie groß die Gesamtdrehung der Pendelebene pro Tag (d) ist. Nach (36, 48) ist der auf die Zeiteinheit bezogene Drehwinkel

$$\frac{\psi}{T} = \omega \sin \varphi. \tag{36, 49}$$

Andererseits ist die Winkelgeschwindigkeit der Erde

$$\omega = \frac{2\pi}{d}. \tag{36, 50}$$

Aus den beiden letzten Gleichungen folgt

$$\psi_d = 2\pi \sin \varphi. \tag{36, 51}$$

Hieraus ersieht man, daß die Drehung der Pendelebene wesentlich von der geographischen Breite des Ortes abhängt, an dem der Versuch durchgeführt wird. Insbesondere wird man am Äquator überhaupt keine Drehung der Pendelebene, am Nordpol dagegen eine Volldrehung pro Tag beobachten.

In Abb. 36, 2 ist die Bahn, welche die Spitze eines FOUCAULT-Pendels durchläuft, schematisch dargestellt.

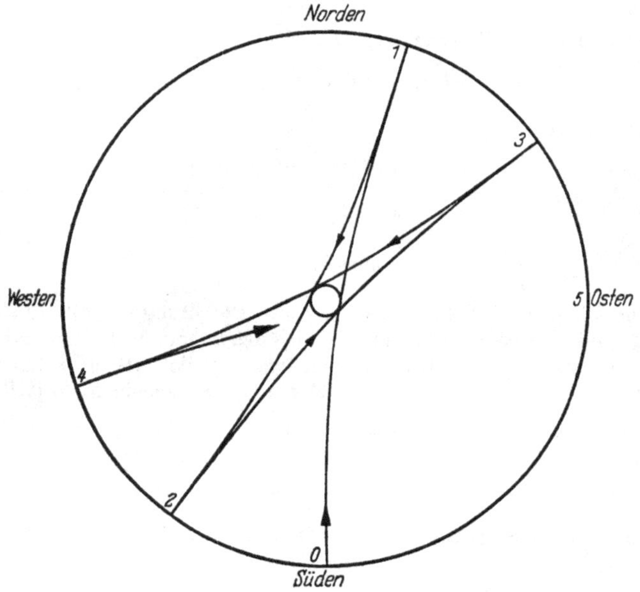

Abb. 36, 2: Bahn der Spitze eines FOUCAULT-Pendels

Mechanik der Punktsysteme

Mechanik der Punktsysteme

I. Dynamik

37. Das Punktsystem und sein Massenmittelpunkt (Schwerpunkt)

Bisher betrachteten wir nur einen Massenpunkt m, an dem gegebene äußere Kräfte angreifend gedacht wurden. Durch das Beiwort „äußere" sollte ausgedrückt werden, daß die auf einen Massenpunkt m wirkenden Kräfte, die ihm eine Beschleunigung erteilen, nicht aus m stammen können. Diese Aussage ist ein Postulat der NEWTONschen Mechanik, das durch Extrapolation aus der Erfahrung gewonnen wurde: es ist noch nie beobachtet worden, daß ein sich selbst überlassener ruhender Massenpunkt m in Bewegung gerät. Hieraus schließt man, daß ein Massenpunkt m sich selbst nicht beschleunigen kann.

Wir wollen nun nicht nur einen Massenpunkt m, sondern n Massenpunkte $m_1, m_2, \ldots, m_n$ betrachten. Diese Gesamtheit von Punkten nennt man ein *Punktsystem*.

Wir haben im folgenden die Aufgabe, die Gesetzmäßigkeiten aufzusuchen, nach denen die Bewegungen eines Punktsystems, d. h. die Bewegungen eines jeden zu ihm gehörenden Massenpunktes m_i, $(i = 1, 2, \ldots, n)$, verlaufen. Die Grundlage hierfür hat NEWTON geschaffen.

Bevor wir jedoch darauf eingehen, ist es zweckmäßig, einen neuen Begriff einzuführen, der vielfach Verwendung finden wird. Es handelt sich um den *Massenmittelpunkt* eines Punktsystems, den man vielfach auch als *Schwerpunkt* S bezeichnet. Besteht dieses aus n Massenpunkten m_i, $(i = 1, 2, \ldots, n)$, deren Ortsvektoren $\mathfrak{r}_i$, $(i = 1, 2, \ldots, n)$, sind, so wird der Massenmittelpunkt als jener Punkt definiert, dessen Ortsvektor

$$\mathfrak{x} = \frac{\sum_{i=1}^{n} m_i \mathfrak{r}_i}{\sum_{i=1}^{n} m_i} = \frac{1}{M} \sum_{i=1}^{n} m_i \mathfrak{r}_i \tag{37, 1}$$

ist. Hierbei bedeutet

$$\sum_{i=1}^{n} m_i = M \tag{37, 2}$$

die Gesamtmasse des Punktsystems. Man erkennt aus der Definitionsgleichung (37, 1) den Grund für die Bezeichnung Massenmittelpunkt: sein Ortsvektor $\mathfrak{x}$ stellt den Mittelwert der Ortsvektoren $\mathfrak{r}_i$ von den einzelnen Massenpunkten m_i dar. Sind diese Größen bekannt, so ist $\mathfrak{x}$ eindeutig festgelegt.

Wir bemerken, daß der Massenmittelpunkt ein geometrischer Punkt ist, der nicht unbedingt mit einem Punkt des Systems zusammenzufallen braucht. Ferner zeigen wir, daß der Massenmittelpunkt aufgrund seiner Definition (37, 1) unabhängig von dem jeweils benutzten Bezugssystem ist. Um dies nachzuweisen, gehen wir von einem Bezugssystem mit dem Ursprung 0 zu einem anderen über, dessen Ursprung 0′

in bezug auf 0 den Ortsvektor $\mathfrak{a}$ habe, Abb. 37, 1. Dann sind die Ortsvektoren $\mathfrak{r}_i$ und $\mathfrak{r}_i'$ eines Massenpunktes m_i durch die Beziehung

$$\mathfrak{r}_i = \mathfrak{a} + \mathfrak{r}_i' \tag{37, 3}$$

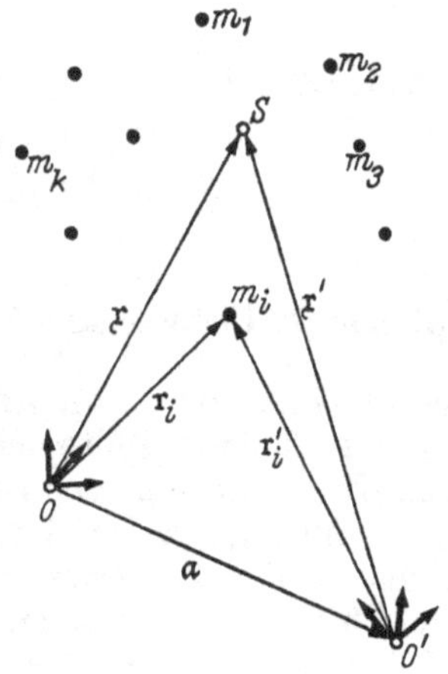

Abb. 37, 1: Unabhängigkeit des Massenmittelpunktes (Schwerpunktes) S eines Punktsystems vom Bezugssystem

verknüpft. Geht man damit in (37, 1) ein, so wird

$$\mathfrak{x} = \frac{\sum_{i=1}^{n} (\mathfrak{a} + \mathfrak{r}_i') m_i}{\sum_{i=1}^{n} m_i} = \frac{\mathfrak{a} \sum_{i=1}^{n} m_i + \sum_{i=1}^{n} \mathfrak{r}_i' m_i}{\sum_{i=1}^{n} m_i} \tag{37, 4}$$

$$= \mathfrak{a} + \frac{\sum_{i=1}^{n} \mathfrak{r}_i' m_i}{M}. \tag{37, 5}$$

Der letzte Ausdruck auf der rechten Seite von (37, 5) ist der Ortsvektor $\mathfrak{x}'$ von S in bezug auf 0'. Also wird

$$\mathfrak{x} = \mathfrak{a} + \mathfrak{x}' \tag{37, 6}$$

und d. h. es besteht zwischen $\mathfrak{x}$ und $\mathfrak{x}'$ die gleiche Relation (37, 3) wie zwischen den Ortsvektoren $\mathfrak{r}_i$ und $\mathfrak{r}_i'$. Mit anderen Worten: $\mathfrak{x}$ und $\mathfrak{x}'$ sind die beiden Ortsvektoren von S in bezug auf 0 bzw. 0' oder: die Lage von S ist unabhängig vom benutzten Koordinatensystem, sondern hängt lediglich von den Massenpunkten m_i und ihrer relativen Lage ab.

Wir machen noch eine Bemerkung zur konstruktiven Bestimmung des Massenmittelpunktes eines Punktsystems. Hierzu genügt es zu wissen, wie man den Massenmittelpunkt S von nur zwei Massenpunkten m_1 und m_2 findet. Nach der Definitionsgleichung (37, 1) ist in diesem Fall

$$\mathfrak{x} = \frac{m_1 \mathfrak{r}_1 + m_2 \mathfrak{r}_2}{m_1 + m_2}. \tag{37, 7}$$

Da, wie vorstehend bewiesen, S vom Bezugssystem unabhängig ist, wählen wir dieses so, daß sein Ursprung 0 mit S zusammenfällt. Dann wird

$$\mathfrak{x} = 0 \tag{37, 8}$$

oder nach (37, 7)

$$m_1 \mathfrak{r}_1 = - m_2 \mathfrak{r}_2. \tag{37, 9}$$

Diese Gleichung sagt aus, daß $\mathfrak{r}_1$ und $\mathfrak{r}_2$ antiparallel sind, d. h. $S = 0$ liegt auf der Geraden, die m_1 mit m_2 verbindet. Aus (37, 9) lassen sich $r_1 = |\mathfrak{r}_1|$ und $r_2 = |\mathfrak{r}_2|$ berechnen, wenn man den Abstand d zwischen m_1 und m_2 kennt. Man hat dann die zwei Gleichungen

$$r_1 + r_2 = d \tag{37, 10}$$

$$\frac{r_1}{r_2} = \frac{m_2}{m_1}, \tag{37, 11}$$

welche die Lage von S auf der Verbindungsgeraden von m_1 und m_2 eindeutig festlegen. Die letzte Gleichung sagt aus, daß S die Entfernung d zwischen m_1 und m_2 im umgekehrten Verhältnis der Massen teilt.

Wir behaupten nun, daß sich durch fortgesetzte Anwendung des soeben dargelegten Verfahrens der Massenmittelpunkt eines aus $n > 2$ bestehenden Punktsystems finden läßt. Das Rezept lautet: Man bestimme zunächst die Lage des Massenmittelpunktes S zweier Massenpunkte m_1 und m_2, danach die Lage des Massenmittelpunktes S' der in S vereinigt gedachten Massenpunkte $m_1 + m_2$ und einem dritten Massenpunkt m_3 usf.

Obwohl diese Vorschrift selbstverständlich erscheint, bleibt dennoch zu beweisen, daß man auf diesem Wege tatsächlich zu dem Massenmittelpunkt des Punktsystems gelangt.

Um dies zu zeigen, betrachten wir zunächst das aus den drei Massenpunkten m_1, m_2, m_3 bestehende System.

Sein Massenmittelpunkt, den wir mit S' bezeichnen wollen, hat nach (37, 1) den Ortsvektor

$$\mathfrak{x}' = \frac{m_1\mathfrak{r}_1 + m_2\mathfrak{r}_2 + m_3\mathfrak{r}_3}{m_1 + m_2 + m_3}. \tag{37, 12}$$

Hieraus hat man

$$[(m_1 + m_2) + m_3]\,\mathfrak{x}' = m_1\mathfrak{r}_1 + m_2\mathfrak{r}_2 + m_3\mathfrak{r}_3. \tag{37, 13}$$

Nun ist aber nach (37, 7):

$$m_1\mathfrak{r}_1 + m_2\mathfrak{r}_2 = (m_1 + m_2)\,\mathfrak{x}, \tag{37, 14}$$

womit man

$$[(m_1 + m_2) + m_3]\,\mathfrak{x}' = (m_1 + m_2)\,\mathfrak{x} + m_3\mathfrak{r}_3 \tag{37, 15}$$

oder

$$\mathfrak{x}' = \frac{(m_1 + m_2)\,\mathfrak{x} + m_3\mathfrak{r}_3}{(m_1 + m_2) + m_3} \tag{37, 16}$$

erhält. Diese Gleichung sagt aus, was oben behauptet wurde: der Massenmittelpunkt dreier Massenpunkte ist der Massenmittelpunkt von zwei in ihren Massenmittelpunkt vereinigt gedachten Massen $(m_1 + m_2)$ und dem dritten Massenpunkt m_3.

Indem man diesen Satz fortgesetzt anwendet, kann man durch das oben geschilderte Verfahren den Massenmittelpunkt eines Punktsystems finden.

38. Die Bewegungsgleichungen eines Punktsystems und das Newtonsche Reaktionsprinzip

Wenn man die Bewegung eines Punktsystems beschreiben will, so benötigt man für jeden zum System gehörenden Massenpunkt m_i, $(i = 1, 2, \ldots, n)$, eine Bewegungsgleichung. Diese ist wiederum die Newtonsche Bewegungsgleichung (14, 2), in der allerdings zu der Resultierenden $\mathfrak{K}_i$ der auf m_i wirkenden äußeren Kräfte nun noch die *inneren* Kräfte $\mathfrak{K}_{ij}$, $(j = 1, 2, \ldots, n)$, hinzugefügt werden müssen, die die anderen Massenpunkte m_j, $(j = 1, 2, \ldots, \neq i)$, auf m_i ausüben. Man erhält daher als Bewegungsgleichungen für ein aus n Massenpunkten m_i, $(i = 1, 2, \ldots, n)$, bestehendes Punktsystem die n Gleichungen

$$m_i \ddot{\mathfrak{r}}_i = \mathfrak{K}_i + \sum_{j=1}^{n} \mathfrak{K}_{ij}. \tag{38, 1}$$

Um aus diesen Gleichungen die Bewegung von m_i, d. h. den Ortsvektor $\mathfrak{r}_i = \mathfrak{r}_i(t)$ bestimmen zu können, müssen außer $\mathfrak{K}_i$ noch die inneren Kräfte $\mathfrak{K}_{ij}$ bekannt sein. Dies ist aber i. allg. nicht der Fall.

Um also überhaupt etwas mit den Gleichungen (38, 1) anfangen zu können, müssen Annahmen über die Wechselwirkungskräfte $\mathfrak{K}_{ij}$ gemacht werden. Die wichtigste dieser Annahmen geht auf NEWTON zurück, der im Rahmen der von ihm aufgebauten Mechanik postulierte, daß die Wechselwirkungskraft $\mathfrak{K}_{ij}$ zwischen m_i und m_j bis auf das Vorzeichen gleich der Wechselwirkungskraft $\mathfrak{K}_{ji}$ zwischen m_j und m_i ist (Kap. 14). Diese Aussage ist das NEWTON*sche Reaktionsprinzip*, („actio = reactio"). In eine Formel gefaßt, lautet das Reaktionsprinzip

$$\mathfrak{K}_{ij} = -\mathfrak{K}_{ji}, \qquad i, j = 1, 2, \ldots, n, \quad i \neq j. \tag{38, 2}$$

Wir bemerken ausdrücklich, daß (38, 2) eine nichtbeweisbare Aussage, sondern eines der Axiome der NEWTONschen Mechanik ist. Seine Richtigkeit kann lediglich durch die Tatsache begründet werden, daß bisher nichts bekannt ist, daß einer Folgerung aus dem Reaktionsprinzip widerspricht.

Gl. (38, 2) ist noch durch

$$\mathfrak{K}_{ii} = 0 \tag{38, 3}$$

zu ergänzen, wodurch die bereits in Kap. 36 erwähnte Tatsache zum Ausdruck kommt, daß ein einzelner Massenpunkt m_i sich selbst nicht beschleunigt.

Summiert man (38, 2) für alle Werte von i und j, so erhält man die für später wichtige Beziehung

$$\sum_{i=1}^{n} \sum_{j=1}^{n} (\mathfrak{K}_{ij} + \mathfrak{K}_{ji}) = 0. \tag{38, 4}$$

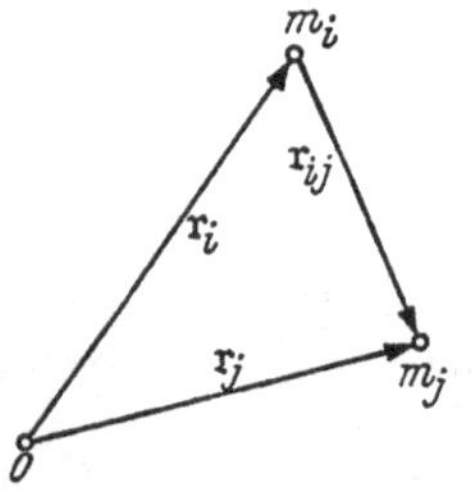

Abb. 38, 1: Zum Reaktionsprinzip

Eine zweite Annahme bzgl. der $\mathfrak{K}_{ij}$ macht man über die Richtung dieses Vektors, und zwar wird postuliert, daß $\mathfrak{K}_{ij}$ in der Verbindungslinie von m_i und m_j liege. Mit den aus Abb. 38, 1 ersichtlichen Bezeichnungen ist daher

$$\mathfrak{K}_{ij} \,||\, \pm \mathfrak{r}_{ij} \tag{38, 5}$$

oder

$$\mathfrak{K}_{ij} \,||\, \pm (\mathfrak{r}_j - \mathfrak{r}_i). \tag{38, 6}$$

Auch dies ist nicht beweisbar, jedoch plausibel.

39. Der Schwerpunktsatz

Es wurde im Anschluß an (37, 1) erwähnt, daß man aus diesen Gleichungen die Bewegung eines Punktsystems — beschrieben durch die n Ortsvektoren $\mathfrak{r}_i = \mathfrak{r}_i(t)$, $(i = 1, 2, \ldots, n)$, — erst dann ermitteln kann, wenn die inneren Kräfte $\mathfrak{K}_{ij}$ vollständig bekannt sind. Obwohl dies nicht der Fall ist, kommt man dennoch allein durch Verwendung der beiden in Kap. 38 dargelegten Annahmen über die $\mathfrak{K}_{ij}$ zu sehr wichtigen Sätzen über die Bewegung des Gesamtsystems.

Zu einem ersten Satz gelangt man, indem man die n Gleichungen (37, 1) addiert. Dies ergibt

$$\sum_{i=1}^{n} m_i \ddot{\mathfrak{r}}_i = \sum_{i=1}^{n} \mathfrak{K}_i + \sum_{i=1}^{n} \sum_{j=1}^{n} \mathfrak{K}_{ij}. \tag{39, 1}$$

(N. B. für den Anfänger: Dieses ist nur e i n e Vektorgleichung, im Gegensatz zu (38, 1), durch welchen Ausdruck n Gleichungen dargestellt werden.) Nun ist aber

$$\sum_{i=1}^{n} \sum_{j=1}^{n} \mathfrak{K}_{ij} = \frac{1}{2} \sum_{i=1}^{n} \sum_{j=1}^{n} (\mathfrak{K}_{ij} + \mathfrak{K}_{ji}). \tag{39, 2}$$

Denkt man sich dies in (39, 1) eingesetzt und beachtet (38, 4), so wird

$$\sum_{i=1}^{n} m_i \ddot{\mathfrak{r}}_i = \sum_{i=1}^{n} \mathfrak{K}_i. \tag{39, 3}$$

Die linke Seite dieser Gleichung läßt sich nun mittels (36, 1) anders formulieren. Danach ist

$$\sum_{i=1}^{n} m_i \ddot{\mathfrak{r}}_i = M \ddot{\mathfrak{x}}, \tag{39, 4}$$

wobei $\mathfrak{x}$ den Ortsvektor des Massenmittelpunktes (Schwerpunktes) S des Punktsystems und M seine Gesamtmasse bedeutet. Geht man mit (39, 4) in (39, 3) ein und schreibt für die Resultierende der auf das Punktsystem wirkenden äußeren Kräfte

$$\sum_i \mathfrak{K}_i = \mathfrak{K}, \tag{39, 5}$$

so wird aus (38, 3):

$$M \ddot{\mathfrak{x}} = \mathfrak{K}. \tag{39, 6}$$

Diese Gleichung hat genau die Form der Newtonschen Bewegungsgleichung für e i n e n Massenpunkt, dessen Masse M und dessen Ortsvektor $\mathfrak{x}$ der des Massenmittelpunktes des aus den n Massenpunkten m_i, $(i = 1, 2, \ldots, n)$, bestehenden Punktsystems ist. Man kann daher sagen: Der Massenmittelpunkt (Schwerpunkt) S eines Punktsystems bewegt sich so, als ob in S die Gesamtmasse M des Systems konzentriert ist und an ihm die Resultierende der auf das Punktsystem wirkenden äußeren Einzelkräfte angreift. Diese Aussage heißt *Schwerpunktsatz*. Seine Bedeutung besteht darin, daß man bei der Untersuchung der Bewegung von starren Körpern sich in vielen Fällen auf die Bewegung ihrer Massenmittelpunkte beschränken kann.

Auch der Name S c h w e r p u n k t erhält jetzt seine Erklärung. Betrachten wir einen allein der Schwerkraft unterworfenen Körper, so greift diese an sämtlichen Molekülen, die den Körper aufbauen, an. Statt dessen können wir nach dem obigen Satz die Schwerkraft auch im Massenmittelpunkt des Körpers angreifend denken, in dem dessen Gesamtmasse konzentriert ist. Daher hat der Massenmittelpunkt ursprünglich den Namen Schwerpunkt erhalten. Man sieht aber, daß diese Bezeichnung zu eng ist, da der oben ausgesprochene Satz für alle äußeren Kräfte gilt.

Wir betrachten den wichtigen Sonderfall, daß die Resultierende der auf ein Punktsystem wirkenden äußeren Kräfte verschwindet, also

$$\mathfrak{K} = \sum_i \mathfrak{K}_i = 0 \tag{39, 7}$$

ist. Man spricht dann von einem *abgeschlossenen* System. Für ein solches geht (39, 6) in

$$\ddot{\mathfrak{x}} = 0 \tag{39, 8}$$

über. Diese Gleichung besagt, daß sich der Massenmittelpunkt eines abgeschlossenen Punktsystems unbeschleunigt, d. h. kräftefrei, bewegt. Durch zweimalige Integration von (39, 8) erhält man

$$\mathfrak{x}(t) = \mathfrak{v}_0 t + \mathfrak{x}_0. \tag{39, 9}$$

Hierin ist $\mathfrak{x}_0$ der Ortsvektor zur Zeit $t = 0$ und $\mathfrak{v}_0$ die Geschwindigkeit des Massenmittelpunktes. Die letzte Gleichung sagt aus, daß sich der Massenmittelpunkt eines abgeschlossenen Punktsystems gleichförmig bewegt. Insbesondere folgt aus (39, 9), daß für einen anfänglichen Ruhezustand von S ($\mathfrak{v}_0 = 0$) stets

$$\mathfrak{x} = \mathfrak{x}_0 \tag{39, 10}$$

ist, d. h. die Anfangslage $\mathfrak{x}_0$ von S ändert sich nicht, sondern bleibt erhalten. Man nennt daher (39, 10) kurz *Schwerpunkterhaltungssatz*. Wir kommen auf ihn im folgenden Kapitel zurück.

Erscheinungen, die durch diesen Satz ihre Erklärung finden, sind aus dem täglichen Leben hinreichend bekannt. So kann z. B. nie ein ruhendes Fahrzeug dadurch in Bewegung gesetzt werden, daß in dem Fahrzeug sich befindende Personen dieses „anschieben". Dagegen ist dies möglich, wenn das Fahrzeug „von außen" angestoßen wird.

40. Der Impulssatz

In Erweiterung der durch (15, 15) gegebenen Erklärung des (wie man neuerdings sagt: linearen) Impulses $\mathfrak{P}$ eines Massenpunktes m wird der Impuls eines Punktsystems durch

$$\mathfrak{P} = \sum_{i=1}^{n} \mathfrak{P}_i = \sum_{i=1}^{n} m_i \mathfrak{v}_i = \sum_{i=1}^{n} m_i \dot{\mathfrak{r}}_i \tag{40, 1}$$

definiert. Damit kann statt (38, 1) auch

$$m_i \ddot{\mathfrak{r}}_i = \frac{d}{dt}(m_i \dot{\mathfrak{r}}_i) = \frac{d\mathfrak{P}_i}{dt} \tag{40, 2}$$

$$= \mathfrak{K}_i + \sum_{j=1}^{n} \mathfrak{K}_{ij}, \qquad i = 1, 2, \ldots, n, \tag{40, 3}$$

geschrieben werden. Durch Addition dieser n Gleichungen erhält man

$$\sum_{i=1}^{n} \dot{\mathfrak{P}}_i = \sum_{i=1}^{n} \mathfrak{K}_i + \sum_{i=1}^{n} \sum_{j=1}^{n} \mathfrak{K}_{ij} \tag{40, 4}$$

$$= \sum_{i=1}^{n} \mathfrak{K}_i + \frac{1}{2} \sum_{i=1}^{n} \sum_{j=1}^{n} (\mathfrak{K}_{ij} + \mathfrak{K}_{ji}). \tag{40, 5}$$

Dieses ist wegen (38, 4):

$$\sum_{i=1}^{n} \dot{\mathfrak{P}}_i = \sum_{i=1}^{n} \mathfrak{K}_i \tag{40, 6}$$

oder

$$\dot{\mathfrak{P}} = \mathfrak{K}. \tag{40, 7}$$

Das ist die schon früher angegebene Beziehung (15, 17) für **einen** Massenpunkt, die nach dem Vorstehenden formal auch für ein **Punktsystem** gilt.

Die letzte Gleichung ist insofern interessant, als sie zu einer neuen Erhaltungsaussage für ein abgeschlossenes System (d. h. für $\mathfrak{K} = 0$). Dann ist

$$\dot{\mathfrak{P}} = 0, \tag{40, 8}$$

woraus folgt, daß der Gesamtimpuls eines abgeschlossenen Punktsystems

$$\mathfrak{P} = \sum_{i=1}^{n} \mathfrak{P}_i = \mathfrak{P}_0 \tag{40, 9}$$

zeitlich konstant ist. Diese Aussage nennt man den *Satz von der Erhaltung des Impulses.* Vielfach sagt man dafür auch kurz *Impulssatz.* Allerdings muß bemerkt werden, daß diese Bezeichnung nicht einheitlich verwendet wird. Teilweise meint man mit dem Begriff „Impulssatz" die Erhaltungsaussage (40, 9), manchmal aber auch die Beziehung (40, 7).

Wir wollen nun, wie im vorstehenden Kapitel angekündigt, auf den Schwerpunktsatz zurückkommen. Hierzu schreiben wir (40, 1) unter Verwendung von (37, 1) in der Form

$$\mathfrak{P} = \frac{d}{dt} \sum_{i=1}^{n} m_i \mathfrak{r}_i = M \dot{\mathfrak{x}}. \tag{40, 10}$$

Damit ergibt sich für die Schwerpunktgeschwindigkeit

$$\dot{\mathfrak{x}} = \frac{\mathfrak{P}}{M}. \tag{40, 11}$$

Für ein abgeschlossenes Punktsystem gilt daher nach (39, 9) für den Ortsvektor seines Schwerpunktes

$$\mathfrak{x}(t) = \mathfrak{x}_0 + \frac{\mathfrak{P}_0}{M} t. \tag{40, 12}$$

Hieraus ist zu erkennen, daß der Schwerpunkt stets dann in Ruhe bleibt, wenn der Impuls des abgeschlossenen Systems

$$\mathfrak{P}_0 = 0 \tag{40, 13}$$

ist. Trifft dies nicht zu, so bewegt sich S gleichförmig.

41. Der Drehimpulssatz

Zu einem weiteren wichtigen Satz der Mechanik der Punktsysteme gelangt man, indem man die Bewegungsgleichung (38, 1) mit dem Ortsvektor $\mathfrak{r}_i$ vektoriell multipliziert. Dies ergibt

$$m_i \mathfrak{r}_i \times \ddot{\mathfrak{r}}_i = \mathfrak{r}_i \times \mathfrak{K}_i + \mathfrak{r}_i \times \sum_{j=1}^{n} \mathfrak{K}_{ij}, \qquad i = 1, 2, \ldots, n. \tag{41, 1}$$

Addiert man diese n Gleichungen, so erhält man

$$\sum_{i=1}^{n} m_i \mathfrak{r}_i \times \ddot{\mathfrak{r}}_i = \sum_{i=1}^{n} \mathfrak{r}_i \times \mathfrak{K}_i + \sum_{i=1}^{n} \sum_{j=1}^{n} \mathfrak{r}_i \times \mathfrak{K}_{ij}. \tag{41, 2}$$

Die linke Seite dieser Gleichung läßt sich anders schreiben, wenn man

$$m_i\mathfrak{r}_i \times \ddot{\mathfrak{r}}_i = m_i \frac{d}{dt}(\mathfrak{r}_i \times \dot{\mathfrak{r}}_i) - m_i\dot{\mathfrak{r}}_i \times \dot{\mathfrak{r}}_i \tag{41, 3}$$

$$= m_i \frac{d}{dt}(\mathfrak{r}_i \times \dot{\mathfrak{r}}_i) \tag{41, 4}$$

$$= \frac{d}{dt}(\mathfrak{r}_i \times m_i\dot{\mathfrak{r}}_i) = \frac{d}{dt}(\mathfrak{r}_i \times \mathfrak{P}_i) \tag{41, 5}$$

$$= \frac{d\mathfrak{L}_i}{dt} = \dot{\mathfrak{L}}_i \tag{41, 6}$$

beachtet, wobei nach (15, 29) $\mathfrak{L}_i$ der Drehimpuls von m_i ist. Ferner ist nach (15, 28):

$$\mathfrak{r}_i \times \mathfrak{K}_i = \mathfrak{D}_i \tag{41, 7}$$

das an m_i angreifende Drehmoment von $\mathfrak{K}_i$. Ebenso sind die Summanden in der Doppelsumme von (40, 2) Drehmomente der inneren Kräfte, die sich jedoch gegenseitig aufheben. Man sieht das, wenn man die Drehmomente, die auf m_i und m_j wirken, zusammenfaßt. Man hat dann

$$\mathfrak{r}_i \times \mathfrak{K}_{ij} + \mathfrak{r}_j \times \mathfrak{K}_{ji} = \mathfrak{r}_i \times \mathfrak{K}_{ij} - \mathfrak{r}_j \times \mathfrak{K}_{ij} \tag{41, 8}$$

$$= (\mathfrak{r}_i - \mathfrak{r}_j) \times \mathfrak{K}_{ij}. \tag{41, 9}$$

Dies verschwindet nun aufgrund der Annahme (38, 5), nach der die beiden vektoriellen Faktoren parallel sind. Da das für alle i und j gilt, verschwindet daher die Doppelsumme in (41, 2).

Damit und mit (41, 6/7) geht (41, 2) schließlich in

$$\sum_{i=1}^{n} \dot{\mathfrak{L}}_i = \sum_{i=1}^{n} \mathfrak{D}_i \tag{41, 10}$$

oder

$$\dot{\mathfrak{L}} = \mathfrak{D} \tag{41, 11}$$

über, wobei $\mathfrak{L}$ der Gesamtdrehimpuls (auch Drall genannt) des Punktsystems und $\mathfrak{D}$ die Resultierende der durch die äußeren Kräfte $\mathfrak{K}_i$ verursachten Drehmomente ist.

Aus (41, 11) ist zu ersehen, daß für ein Punktsystem, bei dem das resultierende Drehmoment $\mathfrak{D}$ verschwindet,

$$\dot{\mathfrak{L}} = 0 \tag{41, 12}$$

ist, d. h.

$$\mathfrak{L} = \mathfrak{L}_0 \tag{41, 13}$$

eine Erhaltungsgröße ist. Dies ist der *Drehimpulssatz*. Wie im vorstehenden Kapitel muß auch hier erwähnt werden, daß diese Bezeichnung nicht einheitlich verwendet wird, denn manchmal ist mit Drehimpulssatz auch (41, 11) gemeint.

Ebenso wie der Impulssatz gibt auch der Drehimpulssatz die Erklärung für viele wohlbekannte Erscheinungen, z. B. die Drehschemelversuche. —

Bei der Einführung des Begriffes „Moment eines Vektors" in Kap. 15 wurde darauf hingewiesen, daß das Moment — als Vektorprodukt, welches den Ortsvektor als einen Faktor enthält — vom Bezugspunkt 0 abhängig ist. Da der Drehimpuls $\mathfrak{L}$ das Moment des (linearen) Impulses ist, wird er sich bei einem Übergang vom Bezugspunkt 0 zu einem anderen 0′ i. allg. ändern. Wir suchen die diesbzgl. Gesetzmäßigkeit auf.

Hierzu setzen wir in

$$\mathfrak{L} = \sum_{i=1}^{n} m_i \mathfrak{r}_i \times \dot{\mathfrak{r}}_i \tag{41, 14}$$

für $\mathfrak{r}_i$ gemäß Abb. 41, 1:

$$\mathfrak{r}_i = \mathfrak{a} + \mathfrak{r}_i'. \tag{41, 15}$$

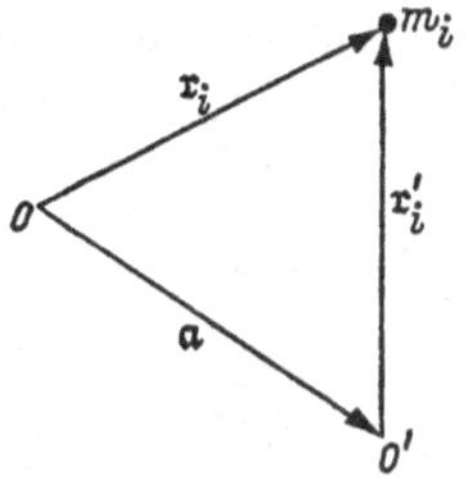

Abb. 41, 1: Zur Abhängigkeit des Drehimpulses vom Bezugspunkt

Dann wird

$$\mathfrak{L} = \sum_{i=1}^{n} m_i (\mathfrak{a} \times \mathfrak{r}_i') \times \dot{\mathfrak{r}}_i' \tag{41, 16}$$

$$= \mathfrak{a} \times \sum_{i=1}^{n} m_i \dot{\mathfrak{r}}_i' + \sum_{i=1}^{n} m_i \mathfrak{r}_i' \times \dot{\mathfrak{r}}_i'. \tag{41, 17}$$

Nach (37, 1) ist nun

$$\sum_{i=1}^{n} m_i \dot{\mathfrak{r}}_i' = M \dot{\mathfrak{x}}', \tag{41, 18}$$

wobei $\dot{\mathfrak{x}}'$ die Schwerpunktgeschwindigkeit in bezug auf 0' bedeutet. Ferner ist p. def.

$$\sum_{i=1}^{n} m_i \mathfrak{r}_i' \times \dot{\mathfrak{r}}_i' = \mathfrak{L}' \tag{41, 19}$$

der auf 0' bezogene Drehimpuls des Systems. Somit wird aus (41, 17):

$$\mathfrak{L}' = \mathfrak{L} - M \mathfrak{a} \times \dot{\mathfrak{x}}'. \tag{41, 20}$$

Hieraus ist zu ersehen, daß sich $\mathfrak{L}$ beim Übergang von 0 nach 0' i. allg. ändert. Nur wenn das Vektorprodukt in (41, 20) verschwindet, bleibt $\mathfrak{L}$ unverändert. Dies ist der Fall — weil $\mathfrak{a}$ als nichtverschwindend vorausgesetzt wird — wenn

$$\dot{\mathfrak{x}}' = 0 \tag{41, 21}$$

ist, d. h. wenn der Schwerpunkt des Systems ruht, oder wenn

$$\mathfrak{a} \parallel \dot{\mathfrak{x}}', \tag{41, 22}$$

d. h. wenn der neue Bezugspunkt 0' so gewählt wird, daß er ein Punkt jener durch 0 gehenden Geraden ist, deren Richtung parallel zu der der Schwerpunktgeschwindigkeit ist.

42. Der Energiesatz

In Kap. 17 wurde gezeigt, daß die Gesamtenergie E eines Massenpunktes m eine Erhaltungsgröße (oder wie man auch sagt: eine Konstante der Bewegung) ist, wenn auf m eine konservative Kraft wirkt, d. h. wenn

$$\mathfrak{K}(\mathfrak{r}) = -\operatorname{grad} V(\mathfrak{r}) \tag{42, 1}$$

ist. Dann gilt für die zeitlich unveränderliche Gesamtenergie E die Darstellung

$$E = T + V, \tag{42, 2}$$

wobei

$$T = \frac{m}{2}\dot{\mathfrak{r}}^2 \tag{42, 3}$$

die kinetische Energie von m und V dessen potentielle Energie ist.

Es entsteht nun die Aufgabe, zu untersuchen, ob und ggf. unter welchen Bedingungen ein zu (42, 2) analoger Satz für ein Punktsystem vorliegt.

Zur Beantwortung dieser Frage gehen wir wieder von den Bewegungsgleichungen (38, 1) aus, multiplizieren diese skalar mit $\dot{\mathfrak{r}}_i$ und addieren anschließend. Dies ergibt

$$\sum_{i=1}^{n} m_i \ddot{\mathfrak{r}}_i \cdot \dot{\mathfrak{r}}_i = \sum_{i=1}^{n} \mathfrak{K}_i \cdot \dot{\mathfrak{r}}_i + \sum_{i=1}^{n}\sum_{j=1}^{n} \mathfrak{K}_{ij} \cdot \dot{\mathfrak{r}}_i. \tag{42, 4}$$

Wir setzen voraus, daß alle äußeren Kräfte $\mathfrak{K}_i$ — d. i. nach Kap. 38 die Resultierende der auf den Massenpunkt m_i wirkenden äußeren Kräfte — konservativ sind. Dann gilt für jedes

$$\mathfrak{K}_i(\mathfrak{r}_i) = -\operatorname{grad} V_i(\mathfrak{r})\,|_{\mathfrak{r}=\mathfrak{r}_i}. \tag{42, 5}$$

Mit (42, 5) wird aus (42, 4):

$$\sum_{i=1}^{n} m_i \ddot{\mathfrak{r}}_i \cdot \dot{\mathfrak{r}}_i = \frac{d}{dt}\sum_{i=1}^{n} \frac{m_i}{2}\dot{\mathfrak{r}}_i^2 \tag{42, 6}$$

$$= -\sum_{i=1}^{n} \frac{d\mathfrak{r}_i}{dt} \cdot \operatorname{grad} V_i + \sum_{i=1}^{n}\sum_{j=1}^{n} \frac{d\mathfrak{r}_i}{dt} \cdot \mathfrak{K}_{ij}. \tag{42, 7}$$

Sind, was (42, 5) bereits angibt, die $\mathfrak{K}_i$ und damit auch die V_i von der Zeit t **nicht** explizit abhängig, so kann für die letzte Gleichung auch

$$d\sum_{i=1}^{n} \frac{m_i}{2}\dot{\mathfrak{r}}_i^2 = -\sum_{i=1}^{n} dV_i + \sum_{i=1}^{n}\sum_{j=1}^{n} d\mathfrak{r}_i \cdot \mathfrak{K}_{ij} \tag{42, 8}$$

geschrieben werden.

Auch das letzte Glied in (42, 8) läßt sich umformen, wenn wir die am Ende von Kap. 38 angeführte Annahme ausnutzen, daß die $\mathfrak{K}_{ij}$ Zentralkräfte sind. Dann lassen sie sich nach Kap. 18 ebenfalls aus einem Potential V_{ij} ableiten, sofern jedes $\mathfrak{K}_{ij}$ ein kugelsymmetrisches Kraftfeld ist, d. h. durch den Ausdruck

$$\mathfrak{K}_{ij} = \bar{\mathfrak{r}}^0 F(|\bar{\mathfrak{r}}|) \tag{42, 9}$$

beschrieben wird. Hierbei bedeutet

$$\bar{\mathfrak{r}} = \mathfrak{r}_j - \mathfrak{r}_i \tag{42, 10}$$

und $\bar{\mathfrak{r}}^0$ den Einheitsvektor in Richtung $\bar{\mathfrak{r}}$, Abb. 42, 1.

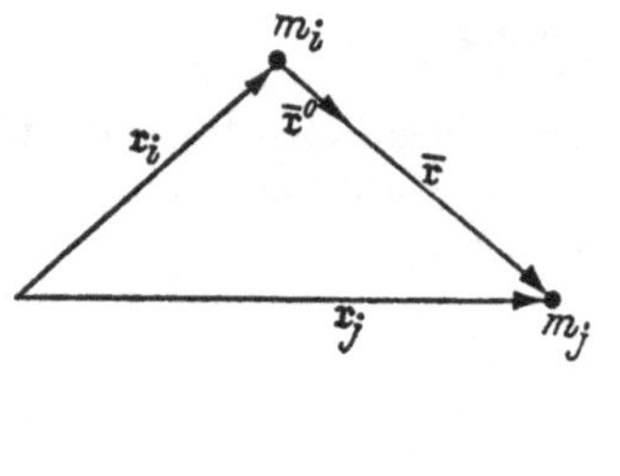

Abb. 42, 1: Zur Wechselwirkungskraft $\mathfrak{K}_{ij}$

Setzen wir voraus, daß die Wechselwirkungskräfte $\mathfrak{K}_{ij}$ von der Form (42, 9) sind, so gilt für sie nach (18, 9/10) auch die Darstellung

$$\mathfrak{K}_{ij} = -\operatorname{grad}_{\mathfrak{r}_i} V_{ij} \tag{42, 11}$$

mit

$$V_{ij} = -\int_{r_0}^{|\bar{\mathfrak{r}}|} F(\xi)\,d\xi\,. \tag{42, 12}$$

Dabei bedeutet der Index $\mathfrak{r}_i$ am Symbol grad in (42, 11), daß V_{ij} nach $\mathfrak{r}_i\,\{x_i, y_i, z_i\}$ im Sinne der Gradientenbildung zu differenzieren ist. Man drückt dies heute vielfach durch

$$\operatorname{grad}_{\mathfrak{r}_i} V_{ij} \equiv \frac{\partial V_{ij}}{\partial \mathfrak{r}_i} \tag{42, 13}$$

aus.

Nach (42, 12) ist das Wechselwirkungspotential allein Funktion von

$$|\bar{\mathfrak{r}}| = |\mathfrak{r}_i - \mathfrak{r}_j| \tag{42, 14}$$

$$= \sqrt{(x_i - x_j)^2 + (y_i - y_j)^2 + (z_i - z_j)^2}\,, \tag{42, 15}$$

also

$$V_{ij} = V_{ij}(|\mathfrak{r}_i - \mathfrak{r}_j|). \tag{42, 16}$$

Damit läßt sich die in (42, 8) stehende Doppelsumme umformen, denn aus (42, 11) erhält man zunächst

$$\mathfrak{K}_{ij} \cdot d\mathfrak{r}_i = -\left(\frac{\partial V_{ij}}{\partial x_i} dx_i + \frac{\partial V_{ij}}{\partial y_i} dy_i + \frac{\partial V_{ij}}{\partial z_i} dz_i\right). \tag{42, 17}$$

Analog dazu ist

$$\mathfrak{K}_{ji} \cdot d\mathfrak{r}_j = +\left(\frac{\partial V_{ij}}{\partial x_j} dx_j + \frac{\partial V_{ij}}{\partial y_j} dy_j + \frac{\partial V_{ij}}{\partial z_j} dz_j\right). \tag{42, 18}$$

Andererseits ist nach (42, 16)

$$dV_{ij} = \frac{\partial V_{ij}}{\partial x_i} dx_i + \frac{\partial V_{ij}}{\partial y_i} dy_i + \frac{\partial V_{ij}}{\partial z_i} dz_i - \frac{\partial V_{ij}}{\partial x_j} dx_j - \frac{\partial V_{ij}}{\partial y_j} dy_j - \frac{\partial V_{ij}}{\partial z_j} dz_j. \tag{42, 19}$$

Dafür kann man unter Beachtung von (42, 17/18) auch

$$dV_{ij} = -\mathfrak{K}_{ij} \cdot d\mathfrak{r}_i - \mathfrak{K}_{ji} \cdot d\mathfrak{r}_j \tag{42, 20}$$

schreiben. Hieraus folgt durch Summation über i und j von 1 bis n:

$$\sum_{i=1}^{n} \sum_{j=1}^{n} \mathfrak{K}_{ij} \cdot d\mathfrak{r}_i + \sum_{i=1}^{n} \sum_{j=1}^{n} \mathfrak{K}_{ji} \cdot d\mathfrak{r}_j = -\sum_{i=1}^{n} \sum_{j=1}^{n} dV_{ij}. \tag{42, 21}$$

Da das Ergebnis eines Summenausdruckes unabhängig von der Bezeichnung der Summationsindizes ist, können in der zweiten Doppelsumme auf der linken Seite die Indizes i und j vertauscht werden. Führt man dies aus, so geht (42, 21) wegen (42, 20) in

$$\sum_{i=1}^{n} \sum_{j=1}^{n} \mathfrak{K}_{ij} \cdot d\mathfrak{r}_i = -\frac{1}{2} \sum_{i=1}^{n} \sum_{j=1}^{n} dV_{ij} \tag{42, 22}$$

$$= -d\left(\frac{1}{2} \sum_{i=1}^{n} \sum_{j=1}^{n} V_{ij}\right) \tag{42, 23}$$

über. Setzt man diesen Ausdruck in (42, 8) ein, so erhält man

$$d\left(\sum_{i=1}^{n} \frac{m_i}{2} \dot{\mathfrak{r}}_i^2\right) = -d\left(\sum_{i=1}^{n} V_i\right) - d\left(\frac{1}{2} \sum_{i=1}^{n} \sum_{j=1}^{n} V_{ij}\right). \tag{42, 24}$$

Hierin ist

$$\frac{m_i}{2}\dot{\mathfrak{r}}_i^2 = T_i \tag{42, 25}$$

die kinetische Energie des Massenpunktes m_i und daher

$$\sum_{i=1}^{n}\frac{m_i}{2}\dot{\mathfrak{r}}_i^2 = \sum_{i=1}^{n} T_i = T \tag{42, 26}$$

die kinetische Energie aller zum Punktsystem gehörenden Massenpunkten m_i, $(i = 1, 2, \ldots, n)$, die als die kinetische Energie des Punktsystems bezeichnet wird. Definiert man in Analogie hierzu als (äußere) potentielle Energie des Systems

$$V = \sum_{i=1}^{n} V_i \tag{42, 27}$$

und als potentielle Energie der inneren Kräfte den Ausdruck

$$W = \frac{1}{2}\sum_{i=1}^{n}\sum_{j=1}^{n} V_{ij}, \tag{42, 28}$$

so geht (42, 24) in

$$d(T + V + W) = 0 \tag{42, 29}$$

über. Diese Gleichung besagt, daß die Größe

$$T + V + W = E \tag{42. 30}$$

sich zeitlich nicht ändert, d. h. eine Erhaltungsgröße ist. Man nennt E die Gesamtenergie des Punktsystems, während die Erhaltungsaussage (42, 30) als der *Energiesatz der Systemmechanik* bezeichnet wird. Ein Vergleich mit dem Energiesatz der Einpunktmechanik (17, 17) zeigt, daß diese Gleichung als Sonderfall in (42, 30) enthalten ist.

Es sei an dieser Stelle ausdrücklich darauf hingewiesen, daß (42, 29) nur unter der einschränkenden Annahme der Kugelsymmetrie der $\mathfrak{K}_{ij}$ gewonnen wurde. Ist diese Voraussetzung nicht erfüllt, so gilt anstelle des Energiesatzes in der Gestalt von (42, 29) die allgemeine Form (42, 8), in der der Wechselwirkungsterm ein nicht vollständiges Differential ist. —

Wir wollen abschließend noch eine andere Darstellung der kinetischen Energie T eines Punktsystems angeben. In (42, 26) bedeutet $\dot{\mathfrak{r}}_i$ die Geschwindigkeit des Massenpunktes m_i in bezug auf einen beliebig gewählten Ursprung 0. Geht man nun von 0

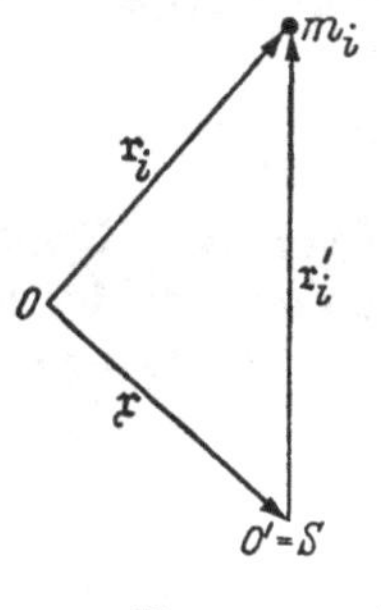

Abb. 42, 2: Zur Zerlegung der kinetischen Energie eines Punktsystems

zu einem neuen Bezugspunkt 0′ über, der mit dem Schwerpunkt S des Systems zusammenfällt, so ist, wie aus Abb. 42, 2 ersichtlich,

$$\mathfrak{r}_i = \mathfrak{x} + \mathfrak{r}_i', \tag{42, 31}$$

woraus

$$\dot{\mathfrak{r}}_i = \dot{\mathfrak{x}} + \dot{\mathfrak{r}}_i' \tag{42, 32}$$

folgt. Setzt man dies in (42, 26) ein, so erhält man

$$T = \frac{1}{2} \sum_{i=1}^{n} m_i (\dot{\mathfrak{x}}^2 + 2\,\dot{\mathfrak{x}} \cdot \dot{\mathfrak{r}}_i' + \dot{\mathfrak{r}}_i'^2) \tag{42, 33}$$

$$= \frac{1}{2} \dot{\mathfrak{x}}^2 \sum_{i=1}^{n} m_i + \dot{\mathfrak{x}} \cdot \sum_{i=1}^{n} m_i \dot{\mathfrak{r}}_i' + \frac{1}{2} \sum_{i=1}^{n} m_i \dot{\mathfrak{r}}_i'^2 \tag{42, 34}$$

$$= \frac{1}{2} M \dot{\mathfrak{x}}^2 + \dot{\mathfrak{x}} \cdot \frac{d}{dt} \sum_{i=1}^{n} m_i \mathfrak{r}_i' + \frac{1}{2} \sum_{i=1}^{n} m_i \dot{\mathfrak{r}}_i'^2 . \tag{42, 35}$$

Unter Beachtung der Definition des Schwerpunktortsvektors (37, 1) kann hierfür auch

$$T = \frac{1}{2} M \dot{\mathfrak{x}}^2 + M \dot{\mathfrak{x}} \cdot \frac{d\mathfrak{x}'}{dt} + \frac{1}{2} \sum_{i=1}^{n} m_i \dot{\mathfrak{r}}_i'^2 \tag{42, 36}$$

geschrieben werden.

Da sich nun aber nach der vorstehend getroffenen Vereinbarung alle gestrichenen Größen auf den Bezugspunkt 0′ = Schwerpunkt S des Punktsystems beziehen, ist $\mathfrak{x}'$ der Ortsvektor von S in bezug auf sich selbst, d. h. der Nullvektor $\mathfrak{x}' \equiv 0$. Daher entfällt das mittlere Glied auf der rechten Seite von (42, 36) und es verbleibt

$$T = \frac{1}{2} M \dot{\mathfrak{x}}^2 + \frac{1}{2} \sum_{i=1}^{n} m_i \dot{\mathfrak{r}}_i'^2 . \tag{42, 37}$$

Dieser Ausdruck besagt, daß die kinetische Energie eines Punktsystems aus zwei Anteilen besteht: der erste Anteil ist die kinetische Energie des Schwerpunktes S, in dem man sich die Gesamtmasse M des Systems vereinigt zu denken hat, während der zweite Anteil die Summe der kinetischen Energie aller jener Massenpunkte m_i ist, die sich relativ zum Schwerpunkt S bewegen.

43. Zusammenstellung der Erhaltungssätze und ihr Zusammenhang mit Invarianzeigenschaften

Wenn man die in den vorstehenden Kapiteln hergeleiteten Erhaltungssätze und die Bedingungen, unter denen sie gelten, zusammenstellt, so erhält man folgende Tabelle:

Erhaltungssatz	Erhaltungsgröße	Bedingung
$\frac{d\mathfrak{x}}{dt} = 0$	$\mathfrak{x} = \mathfrak{x}_0 = \frac{1}{M} \sum_{i=1}^{n} m_i \mathfrak{r}_i$	$\mathfrak{P}_0 = 0$
$\frac{d\mathfrak{P}}{dt} = 0$	$\mathfrak{P} = \mathfrak{P}_0 = \sum_{i=1}^{n} m_i \dot{\mathfrak{r}}_i$	$\mathfrak{K} = \sum_{i=1}^{n} \mathfrak{K}_i = 0$
$\frac{d\mathfrak{L}}{dt} = 0$	$\mathfrak{L} = \mathfrak{L}_0 = \sum_{i=1}^{n} \mathfrak{r}_i \times m_i \dot{\mathfrak{r}}_i$	$\mathfrak{D} = \sum_{i=1}^{n} \mathfrak{D}_i = \sum_{i=1}^{n} \mathfrak{r}_i \times \mathfrak{K}_i = 0$
$\frac{dE}{dt} = 0$	$E = T + V + W$	$\mathfrak{K}_i = -\operatorname{grad} V_i$ $\mathfrak{K}_{ij} = -\operatorname{grad} V_{ij}$ $i, j = 1, 2, \ldots, n, i \neq j$

Wir bemerken — und werden später, Kap. 61, darauf noch ausführlich eingehen — daß die Erhaltungsaussagen Folgen von Invarianzeigenschaften der (für abgeschlossene Systeme geltenden) mechanischen Gesetze gegenüber gewissen Transformationen sind. Daß die Gesetze der Mechanik zumindest eine Invarienanzeigenschaft haben, geht aus den Ausführungen über die GALILEI-Transformation in Kap. 23, 1 hervor: danach ist kein Inertialsystem vor einem anderen ausgezeichnet, d. h. die Bewegungsgleichungen sind gegenüber einer GALILEI-Transformation invariant. Diese Invarianzeigenschaft der Gesetzmäßigkeiten der Mechanik folgt aus der Homogenität und Isotropie des Raumes. Damit meint man, wie in Kap. 8 dargelegt, daß kein Punkt des Raumes vor einem anderen Punkt und keine Richtung im Raum vor einer anderen Richtung ausgezeichnet ist. Es müssen daher die mechanischen Gesetze gegenüber einer Koordinatentransformation (Verschiebung des Ursprungs = Translation und/oder Drehung der Achsen = Rotation) invariant sein. Eine weitere Invarianzeigenschaft folgt aus der Homogenität der Zeit, d. h. kein Punkt der Zeitskala ist vor einem anderen ausgezeichnet. Es müssen daher die mechanischen Grundgesetze auch gegenüber einer Zeittranslation ($t \to t + t_0$) invariant sein. Diese genannten Invarianzeigenschaften der (für abgeschlossene Systeme geltenden) mechanischen Gesetze haben die eingangs zusammengestellten Erhaltungssätze zur Folge.

II. Prinzipe der Mechanik

44. Allgemeines über die Prinzipe der Mechanik

In Kap. 14 hatten wir bemerkt, daß es die Hauptaufgabe der Mechanik ist, Bewegungsgleichungen aufzustellen. Als erste haben wir die NEWTONsche Bewegungsgleichung (14, 2) kennengelernt. Sie hat sich zwar zur Bestimmung der Bewegung eines *freien* Massen*punktes* bestens bewährt, jedoch ist ihr Gültigkeitsbereich beschränkt. Denn schon bei der Behandlung der Bewegung eines *un*freien Massenpunktes versagt (14, 2) und ist in diesem Fall durch die LAGRANGEsche Bewegungsgleichung 1. Art (21, 7) zu ersetzen.

Wir wollen den Unterschied zwischen (14, 2) und (21, 7) als eine Erweiterung der NEWTONschen Bewegungsgleichung (14, 2) bezeichnen. Es ist klar, daß (14, 2) noch andere Erweiterungen erfahren muß, damit es möglich wird, mit ihr auch die Bewegung eines starren Körpers (z. B. die Drehbewegung eines Kreisels) oder die eines deformierbaren Körpers (z. B. die Strömung einer Flüssigkeit) zu beschreiben. Daß man dies mit der NEWTONschen Bewegungsgleichung in der Form (14, 2) nicht vermag, ergibt sich aus dem Umstand, daß (14, 2) das Modell eines Massenpunktes zugrunde liegt, durch den man einen starren oder gar deformierbaren Körper sicher nicht abbilden kann.

Es ergab sich daher nach Begründung der Punktmechanik im Laufe der weiteren Entwicklung die Aufgabe, Methoden zu finden, die es gestatten, das mechanische Verhalten von zusammengesetzten Systemen zu beschreiben. Insbesondere war man bestrebt, bereits bekannte Gesetzmäßigkeiten der Punktmechanik auszubauen und sie möglichst allgemein zu formulieren, um somit zu Aussagen mit großem Gültigkeitsbereich zu gelangen.

Die Bemühungen, die vorstehend angedeuteten Fragen zu beantworten, waren erfolgreich. Ihre Behandlung führte — vornehmlich im 18. und 19. Jahrhundert — zu einer neuen Formulierung der Gesetze der Mechanik, die dadurch in bemerkenswert eleganter Weise ausgedrückt wurden und in der neuen Fassung mehr zu leisten vermögen, als die NEWTONsche Bewegungsgleichung (14, 2).

Diese allgemeinen Sätze werden heute als *Prinzipe der Mechanik* bezeichnet. Sie haben ebenso axiomatischen Charakter wie die ursprünglich von NEWTON aufgestellten Axiome, die durch die Prinzipe ersetzt und teilweise ergänzt werden. Im übrigen hat es sich inzwischen erwiesen, daß das — anfänglich nur für die Mechanik ausgesprochene — HAMILTON*sche Prinzip* sich in fast jedem anderen Teilgebiet der Physik ebenso erfolgreich anwenden läßt wie in der Mechanik.

Die als Prinzipe bezeichneten Sätze geben den Gesetzen der Mechanik die Form von Extremalaussagen. Durch eine solche wird der Ablauf eines (speziell: mechanischen, allgemein: beliebigen) Naturvorganges dadurch beschrieben, daß man eine für ihn charakteristische Größe angibt, die für den sich tatsächlich abspielenden Vorgang einen Extremwert besitzt, verglichen mit allen anderen Werten dieser Größe, die sie annehmen würde, wenn der Vorgang in einer anderen denkbaren Weise abliefe, als es in der Natur geschieht. Ist diese kennzeichnende Größe ein Integral, so spricht man von einem *Integralprinzip* oder von einem *Variationsprinzip*, anderenfalls von einem *Differentialprinzip*.

An dieser Stelle erscheint es angebracht, um einem Mißverständnis in der Bezeichnungsweise vorzubeugen, folgende Bemerkung zu machen: Es gibt eine Anzahl von Aussagen, die man (früher ausschließlich, heute noch gelegentlich) ebenfalls als „Prinzipe" bezeichnet, obwohl diese Sätze ihrer Natur nach Erhaltungsaussagen sind. Als Beispiel erwähnen wir das „Energieprinzip", mit dem man den Satz von der Erhaltung der Energie meint. Daß man diesen aus den Bewegungsgleichungen herleiten kann, haben wir für einen einfachen Fall bereits in Kap. 17 gezeigt. Es ist jedoch i. allg. nicht umgekehrt möglich, vom Energie„prinzip" ausgehend, die dazu gehörige Bewegungsgleichung zu ermitteln. Daher ist es nach der vorstehend gegebenen Erklärung des Begriffes Prinzip nicht erlaubt, von einem Energie„prinzip" oder ähnlichen „Prinzipien" — z. B. vom „Prinzip der Flächen" = Flächensatz — zu reden, weil sie eben keine „echten" Prinzipe, sondern Erhaltungsaussagen sind. Wir werden den Begriff Prinzip in diesem Band nur in dem oben angegebenen Sinn verwenden.

45. Das Prinzip der virtuellen Verschiebung

In Kap. 19 wurde das Prinzip der virtuellen Verschiebung (vielfach auch Prinzip der virtuellen Arbeit genannt), anhand eines einzelnen Massenpunktes m erklärt. In den Kapiteln 19/20 wurde dann gezeigt, wie man mit Hilfe dieses Prinzips die Gleichgewichtsbedingung bzw. die Bewegungsgleichung für m finden kann, wenn Nebenbedingungen vorliegen.

Wir wollen nun die früher durchgeführten Betrachtungen verallgemeinern, indem wir sie auf ein Punktsystem übertragen. Hierbei können wir uns kurz fassen, weil sich an den Ausführungen in den genannten Kapiteln im wesentlichen nichts ändert.

Wir betrachten ein aus n freien Massenpunkten m_i, $(i = 1, 2, \ldots, n)$, bestehendes Punktsystem. Auf jeden Massenpunkt m_i sollen Kräfte wirken, deren Resultierende $\mathfrak{K}_i$ ist. Sind nun alle

$$\mathfrak{K}_i = 0, \tag{45, 1}$$

so erfährt kein Massenpunkt m_i eine Beschleunigung. Man sagt dann — in Erweiterung der Begriffsbildung in Kap. 19 — das System befindet sich im *Gleichgewicht*.

Die n Vektorgleichungen (45, 1) lassen sich in eine Gleichung zusammenfassen, indem man jede von ihnen mit einem zunächst beliebigen vektoriellen Faktor $\delta\mathfrak{r}_i$ multipliziert und danach addiert. Dies ergibt

$$\sum_{i=1}^{n} \mathfrak{K}_i \cdot \delta\mathfrak{r}_i = 0. \tag{45, 2}$$

Deutet man nun die Vektoren $\delta\mathfrak{r}_i$ im Sinne der Ausführungen des Kap. 19 als virtuelle Verschiebungen der m_i, so ist

$$\mathfrak{K}_i \cdot \delta\mathfrak{r}_i = \delta A_i \tag{45, 3}$$

die an m_i geleistete virtuelle Arbeit. Damit wird aus (45, 2):

$$\delta A = \sum_{i=1}^{n} \delta A_i = 0. \tag{45, 4}$$

Man kann daher sagen: Wenn das System im Gleichgewicht ist, dann verschwindet die virtuelle Arbeit. Es gilt — wegen der Willkür der $\delta\mathfrak{r}_i$ — auch die Umkehrung: Ein freies Punktsystem ist im Gleichgewicht, wenn eine an dem System geleistete virtuelle Arbeit verschwindet.

Diese abstrakte Formulierung der Gleichgewichtsbedingung für ein Punktsystem läßt sich in einem Sonderfall in eine Extremalaussage überführen. Handelt es sich bei den $\mathfrak{K}_i$ um konservative Kräfte, gilt also für jedes

$$\mathfrak{K}_i = -\operatorname{grad} V_i, \tag{45, 5}$$

so wird aus (45, 3)

$$\delta A_i = -\delta\mathfrak{r}_i \cdot \operatorname{grad} V_i = -\delta V_i \tag{45, 6}$$

und (45, 4) geht in

$$\sum_{i=1}^{n} \delta V_i = \delta V = 0 \tag{45, 7}$$

über: Ein unter der Einwirkung von konservativen Kräften stehendes Punktsystem ist im Gleichgewicht, wenn die potentielle Energie des Systems einen Extremwert hat. Ebenso wie bei einem einzelnen Massenpunkt nennt man die Gleichgewichtslage des Systems labil, stabil oder indifferent, je nachdem ob es sich bei dem Extremwert von V um ein Maximum, Minimum oder einen Sattelwert handelt.

Wir wollen nun die Gleichgewichtsbedingungen für ein *unfreies* Punktsystem aufsuchen. Man nennt ein Punktsystem unfrei, wenn die Ortsvektoren $\mathfrak{r}_i$ der zum System gehörenden Massenpunkte m_i, $(1, 2, \ldots, n)$, nicht voneinander unabhängig sind, sondern Nebenbedingungen erfüllen müssen. Auf diese wurde in Kap. 20 ausführlich eingegangen. Was dort über die Einteilung der Nebenbedingungen gesagt wurde, gilt unverändert auch in der Systemmechanik. Jedoch werden in Nebenbedingungen für Punktsysteme i. allg. die Ortsvektoren $\mathfrak{r}_i$ aller Massenpunkte m_i, $(i = 1, 2, \ldots n)$, eingehen. Es wird daher eine holonom-skleronome Nebenbedingung von der Form

$$F(\mathfrak{r}_1, \mathfrak{r}_2, \ldots, \mathfrak{r}_n) = 0 \tag{45, 8}$$

und eine holonom-rheonome Nebenbedingung von der Form

$$F(\mathfrak{r}_1, \mathfrak{r}_2, \ldots, \mathfrak{r}_n, t) = 0 \tag{45, 9}$$

sein. Die beiden letzten Gleichungen sind die Verallgemeinerungen von (20, 3) bzw. (20, 7). Diese Gleichungen ließen sich als ruhende bzw. sich bewegende Fläche im dreidimensionalen Raum deuten. In Analogie dazu nennt man (45, 8/9) eine (ruhende bzw. sich bewegende) Hyperfläche im $3n$-dimensionalen Raum. Dies ist indessen nur eine formale Bezeichnung, weil sich die Veranschaulichung einer Hyperfläche unserem Vorstellungsvermögen entzieht. —

In Verallgemeinerung der für einen Massenpunkt geltenden nichtholonomen Nebenbedingungen (20, 8/9) beim Übergang von einem Massenpunkt zu einem Punkt-

Durch Differenzbildung erhält man aus den beiden letzten Gleichungen

$$\delta\overset{*}{\xi}_k - \frac{d}{dt}\bar{\delta}\xi_k = \sum_j (\dot{q}_j\delta\alpha_{kj} - \dot{\alpha}_{kj}\delta q_j). \qquad (49, 36)$$

Dies läßt sich umformen, indem man an (49, 23) anknüpft. Danach ist

$$\alpha_{kj} = \alpha_{kj}(q_1, q_2, \ldots, q_f) \qquad (49, 37)$$

also

$$\dot{\alpha}_{kj} = \sum_{l=1}^{f} \frac{\partial\alpha_{kj}}{\partial q_l}\dot{q}_l. \qquad (49, 38)$$

Setzt man dies in (49, 36) ein, so wird daraus

$$\delta\overset{*}{\xi}_k - \frac{d}{dt}\bar{\delta}\xi_k = \sum_j \dot{q}_j\delta\alpha_{kj} - \sum_j\sum_l \frac{\partial\alpha_{kj}}{\partial q_l}\dot{q}_l\delta q_j. \qquad (49, 39)$$

Vertauscht man in der Doppelsumme die Bezeichnung der beiden Summationsindizes, so wird weiter

$$\delta\overset{*}{\xi}_k - \frac{d}{dt}\bar{\delta}\xi_k = \sum_j \dot{q}_j\left\{\delta\alpha_{kj} - \sum_l \frac{\partial\alpha_{kl}}{\partial q_j}\delta q_l\right\}. \qquad (49, 40)$$

Nun folgt aus (49, 37):

$$\delta\alpha_{kj} = \sum_l \frac{\partial\alpha_{kj}}{\partial q_l}\delta q_l. \qquad (49, 41)$$

Setzt man dies in (49, 40) ein, so erhält man

$$\delta\overset{*}{\xi}_k - \frac{d}{dt}\bar{\delta}\xi_k = \sum_j\sum_l \left\{\frac{\partial\alpha_{kj}}{\partial q_l} - \frac{\partial\alpha_{kl}}{\partial q_j}\right\}\dot{q}_j\delta q_l. \qquad (49, 42)$$

Die in dieser Gleichung auftretende Klammer ist nun bei nichtholonomen Koordinaten nach Voraussetzung $\neq 0$. Daher gilt i. allg. im Gegensatz zu (49, 31):

$$\delta\overset{*}{\xi}_k - \frac{d}{dt}\bar{\delta}\xi_k \neq 0. \qquad (49, 43)$$

Die „Nichtvertauschbarkeitsrelation" (49, 43) läßt sich noch in eine andere Form bringen. Man gelangt zu ihr, indem man die Gleichung (49, 32) und (49, 28) nach δq_j bzw. $\dot{q}_j$ auflöst und die für diese Größen gefundenen Ausdrücke in (49, 42) einsetzt. Die Auflösung von (49, 32) nach δq_j — die als möglich vorausgesetzt wird — führt zu einem Ausdruck von der Form

$$\delta q_l = \sum_\varrho \beta_{l\varrho}\bar{\delta}\xi_\varrho, \qquad (49, 44)$$

während man aus (49, 28) für

$$\dot{q}_j = \sum_\sigma \beta_{j\sigma}\overset{*}{\xi}_\sigma \qquad (49, 45)$$

erhält.

Geht man mit den beiden letzten Gleichungen in (49, 42) ein, so wird daraus

$$\delta\overset{*}{\xi}_k - \frac{d}{dt}\bar{\delta}\xi_k = \sum_j\sum_l \left\{\frac{\partial\alpha_{kj}}{\partial q_l} - \frac{\partial\alpha_{kl}}{\partial q_j}\right\}\sum_\sigma\sum_\varrho \beta_{j\sigma}\beta_{l\varrho}\overset{*}{\xi}_\sigma\bar{\delta}\xi_\varrho \qquad (49, 46)$$

oder

$$\delta\overset{*}{\xi}_k - \frac{d}{dt}\bar{\delta}\xi_k = \sum_\sigma\sum_\varrho \left\{\sum_j\sum_l \beta_{j\sigma}\beta_{l\varrho}\left[\frac{\partial\alpha_{kj}}{\partial q_l} - \frac{\partial\alpha_{kl}}{\partial q_j}\right]\right\}\overset{*}{\xi}_\sigma\bar{\delta}\xi_\varrho. \qquad (49, 47)$$

Für den in der geschweiften Klammer stehenden Ausdruck, der von k, ϱ und σ abhängt — j und l sind Summationsindizes — führen wir die Abkürzung

$$-\gamma_{k\varrho\sigma} = \sum_j \sum_l \beta_{j\sigma}\beta_{l\varrho}\left[\frac{\partial \alpha_{kj}}{\partial q_l} - \frac{\partial \alpha_{kl}}{\partial q_j}\right] \tag{49, 48}$$

ein, so daß schließlich

$$\delta\overset{*}{\xi}_k = \frac{d\bar{\delta}\xi_k}{dt} - \sum_\varrho \sum_\sigma \gamma_{k\varrho\sigma}\overset{*}{\xi}_\sigma\bar{\delta}\xi_\varrho \tag{49, 49}$$

wird.

50. Die Lagrangeschen Gleichungen 2. Art

Wir betrachten ein aus n Massenpunkten m_i, $(i = 1, 2, \ldots, n)$, bestehendes Punktsystem. Jeder Massenpunkt m_i sei Kräften unterworfen, deren Resultierende $\mathfrak{K}_i$ sei. Handelt es sich um ein freies Punktsystem, so lauten die Bewegungsgleichungen

$$m_i\ddot{\mathfrak{r}}_i = \mathfrak{K}_i, \quad i = 1, 2, \ldots, n. \tag{50, 1}$$

Unterliegt dagegen das Punktsystem m Nebenbedingungen

$$F_j(\mathfrak{r}_1, \mathfrak{r}_2, \ldots, \mathfrak{r}_n) = 0, \quad j = 1, 2, \ldots, m, \tag{50, 2}$$

so tritt nach Kap. 46 anstelle von (50, 1) das Gleichungssystem

$$m_i\ddot{\mathfrak{r}}_i = \mathfrak{K}_i + \sum_{j=1}^{m} \lambda_j \operatorname{grad}_i F_j, \quad i = 1, 2, \ldots, n. \tag{50, 3}$$

Aus diesen n Gleichungen lassen sich in Verbindung mit den m Nebenbedingungen (50, 2) die n Ortsvektoren $\mathfrak{r}_i = \mathfrak{r}_i(t)$ sowie die m Lagrangeschen Multiplikatoren λ_j, bestimmen.

Man kann aber auch anders vorgehen, indem man — gemäß den Darlegungen in Kap. 49 — zur Beschreibung der Bewegung des Punktsystems nicht die $3n$ cartesischen Koordinaten

$$x_1, y_1, z_1, x_2, \ldots \tag{50, 4}$$

sondern, entsprechend der Anzahl der Freiheitsgrade

$$f = 3n - m \tag{50, 5}$$

des Systems, f generalisierte Koordinaten

$$q_1, q_2, \ldots, q_f \tag{50, 6}$$

einführt. Nach der in Kap. 45 getroffenen Vereinbarung schreiben wir für (50, 4) kurz

$$x_i, \quad i = 1, 2, \ldots, 3n \tag{50, 7}$$

und für (50, 6):

$$q_k, \quad k = 1, 2, \ldots, f \tag{50, 8}$$

und lassen zur weiteren Vereinfachung — Kap. 49 — die Angaben, welche Zahlenfolgen die Indizes i und k durchlaufen, im folgenden fort, sofern nicht Mißverständnisse entstehen können. Somit können wir den Zusammenhang, der zwischen den x_i und den q_k besteht, in der einfachen und üblichen Form

$$x_i = x_i(q_k) \tag{50, 9}$$

schreiben. Schließlich verwenden wir für die Bezeichnung der Komponenten der Kräfte $\mathfrak{K}_i$ und der Massenpunkte m_i, die durch (45, 20/21) bzw. (46, 12—14) erklärte Schreibweise. Damit können die Bewegungsgleichungen (50, 3) in der Form

$$m_i\ddot{x}_i = K_i + \sum_{j=1}^{m} \lambda_j \frac{\partial F_j}{\partial x_i} \tag{50, 10}$$

geschrieben werden.

Multipliziert man jede dieser Gleichungen mit den (in Kap. 46 erklärten) virtuellen Verschiebungen δx_i und addiert danach, so erhält man

$$\sum_{i=1}^{3n} m_i\ddot{x}_i\delta x_i = \sum_{i=1}^{3n} K_i\delta x_i + \sum_{i=1}^{3n} \sum_{j=1}^{m} \lambda_j \frac{\partial F_j}{\partial x_i} \delta x_i \tag{50, 11}$$

$$= \sum_{i=1}^{3n} K_i\delta x_i + \sum_{j=1}^{m} \lambda_j \left(\sum_{i=1}^{3n} \frac{\partial F_j}{\partial x_i} \delta x_i\right) \tag{50, 12}$$

oder nach (46, 23):

$$\sum_{i=1}^{3n} m_i\ddot{x}_i\delta x_i = \sum_{i=1}^{3n} K_i\delta x_i. \tag{50, 13}$$

Wir versuchen, die bei Verwendung der x_i gültigen Gleichung (50, 13) auf die generalisierten Koordinaten q_k umzuschreiben. Hierzu haben wir an die zwischen diesen Größen bestehenden Verknüpfungsgleichungen (50, 9) anzuschließen. Daraus folgt einerseits

$$\delta x_i = \sum_k \frac{\partial x_i}{\partial q_k} \delta q_k \tag{50, 14}$$

und andererseits

$$\dot{x}_i = \sum_k \frac{\partial x_i}{\partial q_k} \dot{q}_k. \tag{50, 15}$$

Aus der letzten Gleichung ergibt sich die sogleich zur weiteren Umformung nützliche Beziehung

$$\frac{\partial \dot{x}_i}{\partial \dot{q}_k} = \frac{\partial x_i}{\partial q_k}, \tag{50, 16}$$

gültig für jedes Indexpaar (i, k).

Setzt man (50, 14) in (50, 13) ein, so erhält man

$$\sum_i \sum_k m_i\ddot{x}_i \frac{\partial x_i}{\partial q_k} \delta q_k = \sum_i \sum_k K_i \frac{\partial x_i}{\partial q_k} \delta q_k. \tag{50, 17}$$

Die vorstehende Gleichung läßt sich unter Verwendung der Regel über die Differentiation eines Produktes umformen. Danach kann für die auf der linken Seite von (50, 17) auftretenden Summanden

$$\ddot{x}_i \frac{\partial x_i}{\partial q_k} = \frac{d}{dt}\left(\dot{x}_i \frac{\partial x_i}{\partial q_k}\right) - \dot{x}_i \frac{d}{dt}\left(\frac{\partial x_i}{\partial q_k}\right) \tag{50, 18}$$

geschrieben werden. Unter Beachtung von (50, 16) geht dies in

$$\ddot{x}_i \frac{\partial x_i}{\partial q_k} = \frac{d}{dt}\left(\dot{x}_i \frac{\partial \dot{x}_i}{\partial \dot{q}_k}\right) - \dot{x}_i \frac{d}{dt}\left(\frac{\partial x_i}{\partial q_k}\right) \tag{50, 19}$$

$$= \frac{d}{dt} \frac{\partial}{\partial \dot{q}_k}\left(\frac{\dot{x}_i^2}{2}\right) - \dot{x}_i \frac{d}{dt} \frac{\partial x_i}{\partial q_k} \tag{50, 20}$$

über. Weiterhin hat man

$$\frac{d}{dt} \frac{\partial x_i}{\partial q_k} = \sum_l \frac{\partial}{\partial q_l}\left(\frac{\partial x_i}{\partial q_k}\right) \frac{dq_l}{dt} \tag{50, 21}$$

$$= \frac{\partial}{\partial q_k} \sum_l \frac{\partial x_i}{\partial q_l} \dot{q}_l, \tag{50, 22}$$

oder unter Beachtung von (50, 15):

$$\frac{d}{dt}\frac{\partial x_i}{\partial q_k} = \frac{\partial \dot{x}_i}{\partial q_k}. \tag{50, 23}$$

Damit wird der letzte Term in (50, 20):

$$\dot{x}_i \frac{d}{dt}\frac{\partial x_i}{\partial q_k} = \dot{x}_i \frac{\partial \dot{x}_i}{\partial q_k} = \frac{1}{2}\frac{\partial \dot{x}_i^2}{\partial q_k}. \tag{50, 24}$$

Mit diesem Ausdruck wird dann aus (50, 20):

$$\ddot{x}_i \frac{\partial x_i}{\partial q_k} = \frac{1}{2}\left\{\frac{d}{dt}\frac{\partial}{\partial \dot{q}_k}(\dot{x}_i^2) - \frac{\partial}{\partial q_k}(\dot{x}_i^2)\right\} \tag{50, 25}$$

und die linke Seite von (50, 17) geht in

$$\sum_i \sum_k m_i \ddot{x}_i \frac{\partial x_i}{\partial q_k}\delta q_k = \sum_i \sum_k \frac{m_i}{2}\left\{\frac{d}{dt}\frac{\partial \dot{x}_i^2}{\partial \dot{q}_k} - \frac{\partial \dot{x}_i^2}{\partial q_k}\right\}\delta q_k \tag{50, 26}$$

$$= \sum_k \left\{\frac{d}{dt}\frac{\partial}{\partial \dot{q}_k}\left(\sum_i \frac{m_i}{2}\dot{x}_i^2\right) - \frac{\partial}{\partial q_k}\sum_i \frac{m_i}{2}\dot{x}_i^2\right\}\delta q_k \tag{50, 27}$$

über. Beachtet man noch, daß

$$\sum_i \frac{m_i}{2}\dot{x}_i^2 = T \tag{50, 28}$$

die kinetische Energie des Punktsystems ist, so hat man schließlich

$$\sum_i \sum_k m_i \ddot{x}_i \frac{\partial x_i}{\partial q_k}\delta q_k = \sum_k \left\{\frac{d}{dt}\frac{\partial T}{\partial \dot{q}_k} - \frac{\partial T}{\partial q_k}\right\}\delta q_k. \tag{50, 29}$$

Auch die rechte Seite von (50, 17) läßt sich umformen, wenn man zunächst voraussetzt, daß die Kräfte $\mathfrak{K}_i$ ein Potential

$$V = V(\mathfrak{r}_i) \to V(x_i) \tag{50, 30}$$

besitzen. Dann ist

$$K_i = -\frac{\partial V}{\partial x_i}. \tag{50, 31}$$

Geht man von den cartesischen Koordinaten x_1 mittels (50, 9) zu den q_k über, so wird das Potential

$$V = V(x_i(q_k)). \tag{50, 32}$$

Hieraus folgt

$$\frac{\partial V}{\partial q_k} = \sum_i \frac{\partial V}{\partial x_i}\frac{\partial x_i}{\partial q_k}, \tag{50, 33}$$

und das ist wegen (50, 31):

$$\frac{\partial V}{\partial q_k} = -\sum_i K_i \frac{\partial x_i}{\partial q_k}. \tag{50, 34}$$

Setzt man dieses in (50, 17) ein, so wird aus dieser Gleichung in Verbindung mit (50, 29):

$$\sum_k \left\{\frac{d}{dt}\frac{\partial T}{\partial \dot{q}_k} - \frac{\partial T}{\partial q_k} + \frac{\partial V}{\partial q_k}\right\}\delta q_k \tag{50, 35}$$

$$= \sum_k \left\{\frac{d}{dt}\frac{\partial T}{\partial \dot{q}_k} - \frac{\partial (T - V)}{\partial q_k}\right\}\delta q_k = 0. \tag{50, 36}$$

Hierfür darf, weil nach (50, 32) das Potential V von den $\dot{q}_k$ nicht abhängt, d. h. geschwindigkeitsunabhängig ist, auch

$$\sum_k \left\{\frac{d}{dt}\frac{\partial (T - V)}{\partial \dot{q}_k} - \frac{\partial (T - V)}{\partial q_k}\right\}\delta q_k = 0 \tag{50, 37}$$

geschrieben werden. Da nun aber die generalisierten Koordinaten q_k voneinander unabhängige Größen sind und daher die virtuellen Verschiebungen δq_k die gleiche Eigenschaft besitzen, folgt, daß (50, 37) dann und nur dann erfüllt ist, wenn für jedes k die Gleichung

$$\frac{d}{dt}\frac{\partial(T-V)}{\partial \dot{q}_k}-\frac{\partial(T-V)}{\partial q_k}=0 \qquad (50, 38)$$

gilt.

Hierfür schreibt man

$$\frac{d}{dt}\frac{\partial L}{\partial \dot{q}_k}-\frac{\partial L}{\partial q_k}=0, \quad k=1, 2, \ldots, f \qquad (50, 39)$$

und nennt

$$L=L(q_k, \dot{q}_k)=T(\dot{q}_k, q_k)-V(q_k) \qquad (50, 40)$$

die LAGRANGE-*Funktion* des betrachteten Punktsystems, während die f Gleichungen (50, 39) die LAGRANGE*schen Bewegungsgleichungen* 2. *Art* heißen.

Es kann der Fall vorkommen, daß das Potential V nicht nur von den Koordinaten q_k, sondern auch explizit von der Zeit t abhängt (Kap. 17). Dann ist

$$V=V(q_k, t). \qquad (50, 41)$$

Ferner ist die kinetische Energie T i. allg. Funktion sowohl von den q_k als auch von den $\dot{q}_k$, also

$$T=T(q_k, \dot{q}_k). \qquad (50, 42)$$

Daher ist im allgemeinen die LAGRANGE-Funktion

$$L=L(q_k, \dot{q}_k, t). \qquad (50, 43)$$

Wir wollen nun, in Verallgemeinerung der vorstehenden Betrachtungen, die LAGRANGEschen Bewegungsgleichungen zweiter Art für ein Punktsystem angeben, wenn auf die Massenpunkte m_i nicht nur Potentialkräfte K_i, sondern auch solche Kräfte K_i' wirken, die kein Potential besitzen. Dann kann (50, 17) in der Form

$$\sum_i\sum_k m_i\ddot{x}_i\frac{\partial x_i}{\partial q_k}\delta q_k=\sum_i\sum_k K_i\frac{\partial x_i}{\partial q_k}\delta q_k+\sum_i\sum_k K_i'\frac{\partial x_i}{\partial q_k}\delta q_k \qquad (50, 44)$$

geschrieben werden. Das letzte in diesem Ausdruck auftretende Glied läßt sich, weil die K_i' voraussetzungsgemäß kein Potential besitzen, nun nicht mehr auf die Form (50, 34) bringen. Man schreibt in diesem Fall für die virtuelle Arbeit

$$\delta' A=\sum_i\sum_k K_i'\frac{\partial x_i}{\partial q_k}\delta q_k \qquad (50, 45)$$

$$=\sum_k\left\{\sum_i K_i'\frac{\partial x_i}{\partial q_k}\right\}\delta q_k \qquad (50, 46)$$

$$=\sum_k Q_k\delta q_k \qquad (50, 47)$$

und nennt

$$Q_k=\sum_i K_i'\frac{\partial x_i}{\partial q_k} \qquad (50, 48)$$

generalisierte Kraftkomponente.

Mit Verwendung dieses Begriffes erhält man aus (50, 44), indem man die gleichen Umformungen wie im Anschluß an (50, 17) vornimmt, nun anstelle von (50, 39) die LAGRANGEschen Gleichungen zweiter Art in der Form

$$\frac{d}{dt}\frac{\partial L}{\partial \dot{q}_k}-\frac{\partial L}{\partial q_k}=Q_k. \qquad (50, 49)$$

Für den Sonderfall, daß keine der auf m_i wirkenden Kräfte K_i ein Potential besitzt, d. h. daß alle $K_i = 0$ sind, also auch $V = 0$ ist, geht (50, 49) in

$$\frac{d}{dt}\frac{\partial T}{\partial \dot{q}_k} - \frac{\partial T}{\partial q_k} = Q_k, \quad k = 1, 2, \ldots, f \tag{50, 50}$$

über.

Wir werden von dieser Form der LAGRANGEschen Gleichungen in Kap. 51 ausgehen und dort zeigen, daß sich für sie eine verallgemeinerte Schreibweise angeben läßt, die die in diesem Kapitel angegebenen Gleichungen als Sonderfälle enthält.

51. Die explizite Form der LAGRANGEschen Gleichungen 2. Art

Die im vorstehenden Kapitel hergeleiteten LAGRANGEschen Gleichungen

$$\frac{d}{dt}\frac{\partial L}{\partial \dot{q}_k} - \frac{\partial L}{\partial q_k} = 0, \quad k = 1, 2, \ldots, f \tag{51, 1}$$

sind f gewöhnliche Differentialgleichungen zweiter Ordnung für die f generalisierten Koordinaten q_k.

Man erkennt dies, indem man die im ersten Glied von (51, 1) geforderte Differentiation nach der Zeit t ausführt. Beachtet man, daß L eine Funktion der $2f$ unabhängigen Variablen $q_k(t)$ und $\dot{q}_k(t)$ ist, und auch explizit von der Zeit t abhängen kann, so ist

$$L = L(q_k, \dot{q}_k, t). \tag{51, 2}$$

Daher wird i. allg.

$$\frac{\partial L}{\partial \dot{q}_k} = F(q_k, \dot{q}_k, t) \tag{51, 3}$$

eine Funktion der gleichen $2f + 1$ Variablen $q_k, \dot{q}_k, t$ sein. Differenziert man (51, 3) nach t, so erhält man

$$\frac{d}{dt}\frac{\partial L}{\partial \dot{q}_k} = \frac{dF}{dt} = \sum_j \frac{\partial F}{\partial \dot{q}_j}\ddot{q}_j + \sum_j \frac{\partial F}{\partial q_j}\dot{q}_j + \frac{\partial F}{\partial t}. \tag{51, 4}$$

Setzt man dies unter Beachtung von (51, 3) in (51, 1) ein, so erhält man als explizite Form der LAGRANGEschen Gleichungen

$$\sum_{j=1}^{f} \frac{\partial^2 L}{\partial \dot{q}_k \partial \dot{q}_j}\ddot{q}_j + \sum_{j=1}^{f} \frac{\partial^2 L}{\partial \dot{q}_k \partial q_j}\dot{q}_j + \frac{\partial^2 L}{\partial \dot{q}_k \partial t} - \frac{\partial L}{\partial q_k} = 0. \tag{51, 5}$$

Da die LAGRANGE-Funktion L als bekannt anzusehen ist, sind auch ihre Ableitungen bekannt und daher stellt (51, 5) — wie behauptet — ein System von f gewöhnlichen Differentialgleichungen zweiter Ordnung für die q_k dar. Die allgemeine Lösung des Gleichungssystems (51, 5) enthält $2f$ willkürliche Konstanten, die durch Anpassung an $2f$ vorzugebende Anfangsbedingungen, so z. B. an

$$q_k(0) = q_k^{(0)} \tag{51, 6}$$

$$\dot{q}_k(0) = \dot{q}_k^{(0)} \tag{51, 7}$$

zu bestimmen sind. —

Wir haben nun noch die zu (51, 5) analoge explizite Form der LAGRANGEschen Gleichungen aufzusuchen, wenn diese sich nicht in die Form (51, 1) bringen lassen, sondern gemäß (48, 56):

$$\frac{d}{dt}\frac{\partial T}{\partial \dot{q}_k} - \frac{\partial T}{\partial q_k} = Q_k, \quad k = 1, 2, \ldots, f \tag{51, 8}$$

lauten. Hierzu haben wir die kinetische Energie T des Punktsystems, die bei Verwendung cartesischer Koordinaten x_i in der abgekürzten Schreibweise

$$T(\dot{x}_i) = \frac{1}{2} \sum_i m_i \dot{x}_i^2 \tag{51, 9}$$

lautet, durch die generalisierten Koordinaten q_k auszudrücken.

Nach (49, 11) gilt die Verknüpfung

$$x_i = x_i(q_k) \tag{51, 10}$$

und nach (50, 15):

$$\dot{x}_i = \sum_{m=1}^{f} \frac{\partial x_i(q_k)}{\partial q_m} \dot{q}_m \tag{51, 11}$$

$$= \sum_m f_{im}(q_k) \dot{q}_m. \tag{51, 12}$$

Hierin sind die Koeffizienten f_{im} nur von den q_k abhängig. Setzt man (51, 12) in (51, 9) ein, so wird daraus

$$T = T(q_k, \dot{q}_k) = \frac{1}{2} \sum_i m_i \{\sum_m f_{im}(q_k) \dot{q}_m\}^2 \tag{51, 13}$$

$$= \frac{1}{2} \sum_i m_i \left\{\left(\sum_m f_{im}\dot{q}_m\right)\left(\sum_{l=1}^{f} f_{il}\dot{q}_l\right)\right\}. \tag{51, 14}$$

In der vorstehenden Gleichung wurde das in (51, 13) auftretende Quadrat als Produkt geschrieben und der Deutlichkeit halber im letzten Faktor der Summationsindex m durch l ersetzt. Vertauscht man in (51, 6) die Summationen, so kann T in die Form

$$T = \frac{1}{2} \sum_m \sum_l \{\sum_i m_i f_{im} f_{il}\} \dot{q}_m \dot{q}_l \tag{51, 15}$$

übergeführt werden. Der in der geschweiften Klammer stehende Ausdruck ist eine Summe, die von den Indizes m und l, nicht dagegen von dem Summationsindex i abhängt. Man kann daher für

$$\sum_i m_i f_{im} f_{il} = a_{ml} = a_{lm} \tag{51, 16}$$

schreiben. Damit geht (51, 15) in

$$T = \frac{1}{2} \sum_m \sum_l a_{ml} \dot{q}_m \dot{q}_l \tag{51, 17}$$

über.

Mit Hilfe von (51, 17) gelingt es, die explizite Form der Lagrangeschen Bewegungsgleichungen (51, 8) anzugeben.

Zu diesem Zweck gehen wir mit (51, 17) in (51, 8) ein. Man erhält dann

$$\frac{d}{dt} \frac{\partial}{\partial \dot{q}_k} \left(\frac{1}{2} \sum_m \sum_l a_{ml} \dot{q}_l \dot{q}_m\right) - \frac{\partial}{\partial q_k} \left(\frac{1}{2} \sum_m \sum_l a_{ml} \dot{q}_l \dot{q}_m\right) = Q_k \tag{51, 18}$$

oder nach Ausführung der partiellen Differentiationen

$$\frac{d}{dt} \frac{1}{2} \sum_m \sum_l a_{ml} \left(\frac{\partial \dot{q}_l}{\partial \dot{q}_k} \dot{q}_m + \dot{q}_l \frac{\partial \dot{q}_m}{\partial \dot{q}_k}\right) - \frac{1}{2} \sum_m \sum_l \frac{\partial a_{ml}}{\partial q_k} \dot{q}_l \dot{q}_m = Q_k. \tag{51, 19}$$

Wegen der Unabhängigkeit der $\dot{q}_k$ ist nun

$$\frac{\partial \dot{q}_i}{\partial \dot{q}_j} = \begin{cases} 1 & \text{für } i = j \\ 0 & \text{für } i \neq j, \end{cases} \tag{51, 20}$$

so daß (51, 19) in

$$\frac{d}{dt}\,\frac{1}{2}\Big\{\sum_m a_{mk}\dot q_m + \sum_l a_{kl}\dot q_l\Big\} - \frac{1}{2}\sum_m\sum_l \frac{\partial a_{ml}}{\partial q_k}\dot q_l\dot q_m = Q_k \tag{51, 21}$$

übergeht. Nach (51, 16) — Symmetrie der a_{ml} bzgl. der Indizes — sind die beiden Summen in der geschweiften Klammer gleich, so daß für (52, 21) auch

$$\frac{d}{dt}\Big(\sum_l a_{lk}\dot q_l\Big) - \frac{1}{2}\sum_m\sum_l \frac{\partial a_{ml}}{\partial q_k}\dot q_l\dot q_m = Q_k \tag{51, 22}$$

geschrieben werden kann. Schließlich ergibt sich durch Ausführung der Zeitableitung

$$\sum_l a_{lk}\ddot q_l + \sum_l\sum_s \frac{\partial a_{lk}}{\partial q_s}\dot q_l\dot q_s - \frac{1}{2}\sum_m\sum_l \frac{\partial a_{ml}}{\partial q_k}\dot q_l\dot q_m = Q_k. \tag{51, 23}$$

Das ist die gesuchte explizite Form der LAGRANGEschen Gleichung zweiter Art. Sie läßt sich durch Verwendung eines von CHRISTOFFEL eingeführten Dreier-Symbols wie folgt umformen: Ändert man den Summationsindex m in der zweiten Doppelsumme von (51, 23) in s ab und spaltet die erste Doppelsumme auf, so erhält man für die beiden Doppelsummen in (51, 23) unter Beachtung der Symmetrieeigenschaft der a_{ml}:

$$\sum_l\sum_s \frac{\partial a_{lk}}{\partial q_s}\dot q_l\dot q_s - \frac{1}{2}\sum_s\sum_l \frac{\partial a_{sl}}{\partial q_k}\dot q_l\dot q_s$$

$$= \frac{1}{2}\sum_l\sum_s\left(\frac{\partial a_{lk}}{\partial q_s} + \frac{\partial a_{sk}}{\partial q_l}\right)\dot q_l\dot q_s - \frac{1}{2}\sum_l\sum_s \frac{\partial a_{ls}}{\partial q_k}\dot q_l\dot q_s \tag{51, 24}$$

$$= \sum_l\sum_s \frac{1}{2}\left(\frac{\partial a_{lk}}{\partial q_s} + \frac{\partial a_{sk}}{\partial q_l} - \frac{\partial a_{ls}}{\partial q_k}\right)\dot q_l\dot q_s \tag{51, 25}$$

$$= \sum_l\sum_s \begin{bmatrix} l & s \\ & k \end{bmatrix}\dot q_l\dot q_s \tag{51, 26}$$

mit der Abkürzung

$$\begin{bmatrix} l & s \\ & k \end{bmatrix} = \frac{1}{2}\left(\frac{\partial a_{lk}}{\partial q_s} + \frac{\partial a_{sk}}{\partial q_l} - \frac{\partial a_{ls}}{\partial q_k}\right), \tag{51, 27}$$

die als das CHRISTOFFEL*sche Drei-Indizes-Symbol erster Art* bezeichnet wird.

Damit erhält man schließlich aus (51, 22):

$$\sum_l a_{lk}\ddot q_l + \sum_l\sum_s \begin{bmatrix} l & s \\ & k \end{bmatrix}\dot q_l\dot q_s = Q_k, \quad k = 1, 2, \ldots, f. \tag{51, 28}$$

Dies sind f Differentialgleichungen, aus denen man die q_k bestimmen kann.

52. Das HAMILTONsche Prinzip

Vergleicht man die LAGRANGEschen Gleichungen (50, 39) mit den zu dem Variationsproblem (7, 88) gehörenden EULERschen Gleichungen (7, 89), so erkennt man, daß sie formal übereinstimmen. Dies erlaubt es, die LAGRANGEschen Bewegungsgleichungen als die zu dem Variationsproblem

$$\delta\int_{t_1}^{t_2} L(q_k, \dot q_k, t)\,dt = 0 \tag{52, 1}$$

gehörenden EULERschen Gleichungen anzusehen.

Während die NEWTONschen bzw. LAGRANGEschen Bewegungsgleichungen Differentialgleichungen sind, wird durch die Darstellung (52, 1) das Bewegungsgesetz als Extremalaussage formuliert.

Man nennt (52, 1) heute das HAMILTON*sche Prinzip*, während man früher von dem „Prinzip der stationären Wirkung“ sprach. Die Bezeichnung geht darauf zurück, daß das Integral in (52, 1) die Dimension Energie · Zeit hat, die in der Physik als Wirkung bezeichnet wird. Das Wort „stationär“ weist auf Extremwert im Sinn des Kap. 7 hin.

Wir hatten schon früher (Kap. 44) bemerkt, daß die Darstellung eines Naturgesetzes in Form einer Extremalaussage ein erstrebenswertes Ziel ist, weil dies den Vorteil mit sich bringt, daß keine Beziehung zu einem Koordinatensystem mehr besteht: denn im letzten Abschnitt des Kap. 7 wurde nachgewiesen, daß die zu dem Variationsprinzip (52, 1) gehörenden EULERschen Gleichungen gegenüber jeder Koordinatentransformation invariant sind.

Durch (52, 1) wird ein in der Natur tatsächlich ablaufender Vorgang vor allen anderen denkbaren Vorgängen dadurch ausgezeichnet, daß eine für den Ablauf des Naturgeschehens charakteristische Größe einen Extremwert annimmt. In der Mechanik ist diese Größe das Integral in (52, 1), dessen Integrand die LAGRANGE-Funktion

$$L(q_k, \dot{q}_k, t) = T(q_k, \dot{q}_k, t) - V(q_k, t) \tag{52, 2}$$

ist. Hierbei darf im Gegensatz zu (50, 40) das Potential V auch von der Zeit t explizit abhängen, weil dadurch die äußere Form der LAGRANGEschen Gleichungen (50, 38/39) sich nicht ändern, vgl. (7, 88).

Obwohl die LAGRANGE-Funktion unanschaulich ist, läßt sich das HAMILTONsche Prinzip doch in anschaulicher Weise aussprechen. Hierzu schreiben wir (52, 1) in der Form

$$\delta\left\{\frac{1}{t_2 - t_1}\int_{t_1}^{t_2} (T - V)\, dt\right\} = 0. \tag{52, 3}$$

Dies ist mit (52, 1) gleichwertig, weil t_1 und t_2 feste Werte sind. In der Form (52, 3) sagt das HAMILTONsche Prinzip aus: Eine unter dem Einfluß von Potentialkräften sich tatsächlich abspielende Bewegung ist von allen anderen denkbaren Bewegungen dadurch ausgezeichnet, daß die Differenz von kinetischer und potentieller Energie im Zeitmittel einen Extremwert annimmt. Ob es sich dabei um ein Maximum oder (wie es meistens der Fall ist) ein Minimum handelt, kann a priori nicht gesagt werden. Im übrigen ist dies für die Mechanik — und auch für die anderen Teile der Physik, in denen das HAMILTONsche Prinzip angewendet wird — ohne Belang.

Das HAMILTONsche Prinzip gilt in der Form (52, 1) in Verbindung mit (52, 2) offensichtlich nur dann, wenn die eine Bewegung verursachenden Kräfte aus einem Potential V herleitbar sind. Es entsteht daher die Frage, wie (52, 1) abzuändern ist, wenn die wirkenden Kräfte **kein** Potential besitzen.

Um hierauf zu antworten, schließen wir an das D'ALEMBERTsche Prinzip an. Dieses lautet

$$\sum_{i=1}^{3n} \overline{K}_i \delta x_i = \sum_i (K_i - m_i \ddot{x}_i)\, \delta x_i = 0 \tag{52, 4}$$

oder

$$\sum_i K_i \delta x_i = \delta' A = \sum_i m_i \ddot{x}_i \delta x_i . \tag{52, 5}$$

Hierin bedeutet $\delta' A$ die virtuelle Arbeit der Kräfte K_i bei einer virtuellen Verschiebung δx_i des Punktsystems. Die rechte Seite der letzten Gleichung läßt sich wie folgt umformen.

Es ist

$$\ddot{x}_i \delta x_i = \frac{d}{dt}(\dot{x}_i \delta x_i) - \dot{x}_i \frac{d}{dt}\delta x_i \tag{52, 6}$$

$$= \frac{d}{dt}(\dot{x}_i \delta x_i) - \dot{x}_i \delta \dot{x}_i \tag{52, 7}$$

$$= \frac{d}{dt}(\dot{x}_i \delta x_i) - \delta\left(\frac{\dot{x}_i^2}{2}\right). \tag{52, 8}$$

Damit wird

$$\sum_{i=1}^{3n} m_i \ddot{x}_i \delta x_i = \frac{d}{dt}\sum_i m_i \dot{x}_i \delta x_i - \delta \sum_i \frac{m_i \dot{x}_i^2}{2} \tag{52, 9}$$

$$= \frac{d}{dt}\sum_i m_i \dot{x}_i \delta x_i - \delta T, \tag{52, 10}$$

wobei

$$T = \sum_i \frac{m_i}{2}\dot{x}_i^2 \tag{52, 11}$$

die kinetische Energie des Punktsystems ist. Mit (52, 10) geht (52, 5) in

$$\delta' A = \frac{d}{dt}\sum_i m_i \dot{x}_i \delta x_i - \delta T \tag{52, 12}$$

über, welcher Ausdruck gelegentlich als LAGRANGE*sche Zentralgleichung* bezeichnet wird. Integriert man diese Gleichung zwischen den Zeiten t_1 und t_2, so erhält man

$$\int_{t_1}^{t_2} (\delta T + \delta' A) dt = \sum_i m_i \dot{x}_i \delta x_i \Big|_{t_1}^{t_2}. \tag{52, 13}$$

Die rechte Seite dieser Gleichung verschwindet jedoch, da p. def. die virtuellen Verrückungen δx_i für t_1 und t_2 gleich Null sind. Somit ergibt sich aus (52, 13) als verallgemeinertes HAMILTONsches Prinzip der Ausdruck

$$\int_{t_1}^{t_2} (\delta T + \delta' A) dt = 0. \tag{52, 14}$$

Daß sich hieraus (52, 1), welchen Ausdruck man wohl ausnahmslos meint, wenn vom HAMILTONschen Prinzip gesprochen wird, für den Fall konservativer Kräfte K_i ergibt, ist offensichtlich. Dann gilt nämlich

$$\delta' A = -\delta V. \tag{52, 15}$$

Geht man damit in (52, 14) ein, so erhält man

$$\int_{t_1}^{t_2} (\delta T - \delta V)\, dt = \int_{t_1}^{t_2} \delta (T - V)\, dt = 0. \tag{52, 16}$$

In diesem Ausdruck darf die Integration nach der Zeit mit der Variation δ vertauscht werden, weil bei der δ-Variation die Zeit nicht variiert wird (d. h. $\delta dt = d\delta t = 0$ ist). Daher wird aus (52, 16):

$$\delta \int_{t_1}^{t_2} (T - V) dt = 0, \tag{52, 17}$$

und das ist (52, 1).

Wir wollen nun zum Abschluß dieses Kapitels zeigen, daß sich die LAGRANGEschen Gleichungen in der Form (50, 50) auch aus dem verallgemeinerten HAMILTONschen

Prinzip (52, 14) — also auf einem anderen Wege als oben — gewinnen lassen. Hierzu hat man in (52, 14) die Variation der kinetischen Energie

$$T = T(q_k, \dot{q}_k) \tag{52, 18}$$

einzusetzen. Dies ergibt

$$\int_{t_1}^{t_2} \left(\sum_k \frac{\partial T}{\partial q_k} \delta q_k + \sum_k \frac{\partial T}{\partial \dot{q}_k} \delta \dot{q}_k + \sum_k Q_k \delta q_k \right) dt = 0 . \tag{52, 19}$$

Zur weiteren Umformung wird von der allein für holonome Koordinaten geltenden Vertauschbarkeit von δ und d/dt Gebrauch gemacht. Man kann dann jeden Summanden der zweiten Summe in (52, 19) wie folgt schreiben:

$$\int_{t_1}^{t_2} \frac{\partial T}{\partial \dot{q}_k} \delta \dot{q}_k dt = \int_{t_1}^{t_2} \frac{\partial T}{\partial \dot{q}_k} \frac{d\delta q}{dt} dt \tag{52, 20}$$

$$= \int_{t_1}^{t_2} \frac{\partial T}{\partial \dot{q}_k} d\delta q_k, \tag{52, 21}$$

woraus durch partielle Integration

$$\int_{t_1}^{t_2} \frac{\partial T}{\partial \dot{q}_k} \delta \dot{q}_k dt = \frac{\partial T}{\partial \dot{q}_k} \delta q_k \Big|_{t_1}^{t_2} - \int_{t_1}^{t_2} \frac{d}{dt} \frac{\partial T}{\partial \dot{q}_k} \delta q_k dt \tag{52, 22}$$

folgt. Da p. def.

$$\delta q_k(t_1) = \delta q_k(t_2) = 0 \tag{52, 23}$$

ist, verschwindet der ausintegrierte Teil in (52, 22) und (52, 19) geht in

$$\int_{t_1}^{t_2} dt \sum_k \left(\frac{\partial T}{\partial q_k} - \frac{d}{dt} \frac{\partial T}{\partial \dot{q}_k} + Q_k \right) \delta q_k = 0 \tag{52, 24}$$

über. Diese Gleichung muß für alle $\delta q_k(t)$ gelten, sofern sie nur die Bedingung (52, 23) erfüllen. Insbesondere muß (52, 24) auch gelten, wenn nur eine Koordinate, z. B. $q_1(t)$ variiert wird, während alle anderen q_k unverändert bleiben. Diese Variation ist möglich, da die q_k voneinander unabhängig sind. Dann wird aus (52, 24):

$$\int_{t_1}^{t_2} dt \left(\frac{\partial T}{\partial q_1} - \frac{d}{dt} \frac{\partial T}{\partial \dot{q}_1} + Q_1 \right) \delta q_1(t) = 0, \tag{52, 25}$$

woraus mit der in Kap. 7 angegebenen Schlußweise (Lemma von DUBOIS-REYMOND) das Verschwinden der Klammer folgt:

$$\frac{\partial T}{\partial q_1} - \frac{d}{dt} \frac{\partial T}{\partial \dot{q}_1} + Q_1 = 0. \tag{52, 26}$$

Führen wir diese Überlegung auch für alle anderen $q_k(t)$ durch, so erhalten wir die f LAGRANGEschen Gleichungen (50, 50). Man erkennt aus der vorstehend angegebenen Art ihrer Herleitung, daß sie in dieser Form nur für holonome Koordinaten gelten.

53. Die erweiterten LAGRANGEschen Gleichungen 2. Art für nichtholonome Geschwindigkeitskoordinaten

Wir wollen die am Ende des vorstehenden Kapitels durchgeführte Rechnung für den Fall verallgemeinern, daß die generalisierten Geschwindigkeiten $\dot{q}_k$ durch „nichtholonome“ Geschwindigkeitskomponenten $\overset{*}{\xi}_r$ gemäß (49, 45) ausgedrückt werden. Für diesen Fall steht zu erwarten, daß in den Gleichungen (52, 26) Zusatzglieder auftreten werden. Darauf hat erstmalig BOLTZMANN hingewiesen, der 1902 die erweiterte Form der LAGRANGEschen Gleichungen angab. Später haben sich mit dieser Frage noch HAMEL und SCHAEFER[1]) beschäftigt.

Zur Herleitung der in diesem Sinn verallgemeinerten LAGRANGEschen Gleichungen schließen wir an das HAMILTONsche Prinzip in der Form (52, 14) an. Setzt man darin (50, 47) ein, so hat man

$$\int_{t_1}^{t_2} \Big\{\delta T(q_k, \dot{q}_k) + \sum_k Q_k \delta q_k\Big\} dt = 0. \tag{53, 1}$$

Die darin auftretenden Größen δq_k und $\dot{q}_k$ haben wir nun durch die $\bar{\delta}\xi_\varrho$ gemäß (49, 44) und die zu ihnen gehörenden Geschwindigkeiten $\overset{*}{\xi}_\varrho$ nach (49, 45) auszudrücken. Dann geht das Arbeitselement in

$$\bar{\delta} A = \sum_k Q_k \delta q_k = \sum_{\varrho=1}^{f} \Big(\sum_k Q_k \beta_{k\varrho}\Big) \bar{\delta}\xi_\varrho \tag{53, 2}$$

über. Setzt man zur Abkürzung für

$$\sum_k Q_k \beta_{k\varrho} = \Xi_\varrho, \tag{53, 3}$$

so wird

$$\bar{\delta} A = \sum_k Q_k \delta q_k = \sum_\varrho \Xi_\varrho \bar{\delta}\xi_\varrho. \tag{53, 4}$$

Bezeichnet man ferner die kinetische Energie in den neuen Variablen mit T', d. h.

$$T(q_k, \dot{q}_k) = T'(q_k, \overset{*}{\xi}_k), \tag{53, 5}$$

so wird aus (53, 1):

$$\int_{t_1}^{t_2} \Big[\delta T'(q_k, \overset{*}{\xi}_k) + \sum_\varrho \Xi_\varrho \bar{\delta}\xi_\varrho\Big] dt = 0. \tag{53, 6}$$

Schreibt man die Variation $\delta T'$ ausführlich, so erhält man

$$\int_{t_1}^{t_2} dt \left[\sum_k \frac{\partial T'}{\partial q_k} \delta q_k + \sum_\varrho \frac{\partial T'}{\partial \overset{*}{\xi}_\varrho} \delta \overset{*}{\xi}_\varrho + \sum \Xi_\varrho \bar{\delta}\xi_\varrho\right] = 0. \tag{53, 7}$$

Setzt man hierin für δq_k gemäß (49, 44):

$$\delta q_k = \sum_\varrho \beta_{k\varrho} \bar{\delta}\xi_\varrho \tag{53, 8}$$

ein, so wird

$$\sum_k \frac{\partial T'}{\partial q_k} \delta q_k = \sum_k \sum_\varrho \frac{\partial T'}{\partial q_k} \beta_{k\varrho} \bar{\delta}\xi_\varrho \tag{53, 9}$$

$$= \sum_\varrho \left[\sum_k \frac{\partial T'}{\partial q_k} \beta_{k\varrho}\right] \bar{\delta}\xi_\varrho \tag{53, 10}$$

[1]) SCHAEFER, Clemens: *1878 in Remscheid, † 1968 in Köln.

und damit (53, 7):

$$\int_{t_1}^{t_2} dt \sum_{\varrho} \left(\sum_{k} \frac{\partial T'}{\partial q_k} \beta_{k\varrho} \right) \bar{\delta}\xi_{\varrho} + \int_{t_1}^{t_2} dt \sum_{\varrho} \frac{\partial T'}{\partial \overset{*}{\xi}_{\varrho}} \delta \overset{*}{\xi}_{\varrho} + \int_{t_1}^{t_2} dt \sum_{\varrho} \Xi_{\varrho} \bar{\delta}\xi_{\varrho} = 0. \quad (53, 11)$$

Wir wollen nun versuchen, das zweite in (53, 11) stehende Glied so umzuformen, daß es den Faktor $\bar{\delta}\xi_{\varrho}$ enthält. Dies gelingt durch partielle Integration. Jedoch dürfen jetzt — und das ist der kennzeichnende Unterschied zwischen holonomen und nichtholonomen Koordinaten — die Operationen δ und d/dt nicht vertauscht werden, sondern es ist (49, 49) zu beachten. Danach ist

$$\delta \overset{*}{\xi}_{\varrho} = \frac{d \bar{\delta} \xi_{\varrho}}{dt} - \sum_{r} \sum_{s} \gamma_{\varrho r s} \overset{*}{\xi}_r \bar{\delta} \xi_s, \quad (53, 12)$$

wenn die in (49, 49) auftretenden Summationsindizes ϱ und σ nunmehr mit r und s bezeichnet werden.

Mit dem letzten Ausdruck wird der zweite Term in (53, 11):

$$\int_{t_1}^{t_2} dt \sum_{\varrho} \frac{\partial T'}{\partial \overset{*}{\xi}_{\varrho}} \delta \overset{*}{\xi}_{\varrho} = \int_{t_1}^{t_2} \sum_{\varrho} \frac{\partial T'}{\partial \overset{*}{\xi}_{\varrho}} \frac{d \bar{\delta} \xi_{\varrho}}{dt} dt - \int_{t_1}^{t_2} dt \sum_{\varrho} \frac{\partial T'}{\partial \overset{*}{\xi}_{\varrho}} \sum_{r} \sum_{s} \gamma_{\varrho r s} \overset{*}{\xi}_r \bar{\delta} \xi_s. \quad (53, 13)$$

Das erste Glied auf der rechten Seite der letzten Gleichung läßt sich nun mittels partieller Integration wie folgt umformen:

$$\int_{t_1}^{t_2} \sum_{\varrho} \frac{\partial T'}{\partial \overset{*}{\xi}_{\varrho}} d \bar{\delta} \xi_{\varrho} = \sum_{\varrho} \frac{\partial T'}{\partial \overset{*}{\xi}_{\varrho}} \bar{\delta} \xi_{\varrho} \Big|_{t_1}^{t_2} - \int_{t_1}^{t_2} \frac{d}{dt} \sum_{\varrho} \frac{\partial T'}{\partial \overset{*}{\xi}_{\varrho}} \bar{\delta} \xi_{\varrho} dt. \quad (53, 14)$$

In diesem Ausdruck fällt der ausintegrierte Teil wieder fort, weil, wie schon mehrfach erwähnt,

$$\delta q_k(t_1) = \delta q_k(t_2) = 0 \quad (53, 15)$$

ist, was nach (49, 32) auch

$$\bar{\delta} \xi_{\varrho}(t_1) = \bar{\delta} \xi_{\varrho}(t_2) = 0 \quad (53, 16)$$

zur Folge hat. Man kann also für

$$\int_{t_1}^{t_2} \sum_{\varrho} \frac{\partial T'}{\partial \overset{*}{\xi}_{\varrho}} d \bar{\delta} \xi_{\varrho} = - \int_{t_1}^{t_2} \frac{d}{dt} \sum_{\varrho} \frac{\partial T'}{\partial \overset{*}{\xi}_{\varrho}} \bar{\delta} \xi_{\varrho} dt \quad (53, 17)$$

schreiben. Damit wird aus (53, 13):

$$\int_{t_1}^{t_2} dt \sum_{\varrho} \frac{\partial T'}{\partial \overset{*}{\xi}_{\varrho}} \delta \overset{*}{\xi}_{\varrho} = - \int_{t_1}^{t_2} \frac{d}{dt} \sum_{\varrho} \frac{\partial T'}{\partial \overset{*}{\xi}_{\varrho}} \bar{\delta} \xi_{\varrho} dt - \int_{t_1}^{t_2} dt \sum_{\varrho} \sum_{r} \sum_{s} \frac{\partial T'}{\partial \overset{*}{\xi}_{\varrho}} \gamma_{\varrho r s} \overset{*}{\xi}_r \bar{\delta} \xi_s. \quad (53, 18)$$

Vertauscht man in der in diesem Ausdruck auftretenden dreifachen Summe die Summationsindizes s und ϱ und geht danach mit (53, 18) in (53, 11) ein, so erhält man

$$\int_{t_1}^{t_2} dt \left\{ \sum_{\varrho} \left[\sum_{k} \frac{\partial T'}{\partial q_k} \beta_{k\varrho} - \frac{d}{dt} \frac{\partial T'}{\partial \overset{*}{\xi}_{\varrho}} - \sum_{r} \sum_{s} \frac{\partial T'}{\partial \overset{*}{\xi}_{s}} \gamma_{s r \varrho} \overset{*}{\xi}_r + \Xi_{\varrho} \right] \right\} \bar{\delta} \xi_{\varrho} = 0. \quad (53, 19)$$

Hieraus folgt nach der schon einmal verwendeten Schlußweise — weil die $\bar{\delta}\xi_\varrho$ ebenso wie die δq_k voneinander unabhängig sind — die Gültigkeit von

$$\frac{d}{dt}\frac{\partial T'}{\partial \overset{*}{\xi}_\varrho} - \sum_k \frac{\partial T'}{\partial q_k}\beta_{k\varrho} + \sum_r \sum_s \gamma_{sr\varrho}\frac{\partial T'}{\partial \overset{*}{\xi}_s}\overset{*}{\xi}_r = \Xi_\varrho . \tag{53, 20}$$

Diese für $\varrho = 1, 2, \ldots, f$ geltenden Gleichungen sind die Verallgemeinerung der LAGRANGEschen Gleichungen (50, 50).

54. Bemerkungen über andere Prinzipe der Mechanik[1])

Außer den bisher behandelten Prinzipen von D'ALEMBERT (welches das Prinzip der virtuellen Arbeit als Sonderfall enthält), von GAUSS und HAMILTON, gibt es noch eine Reihe anderer Prinzipe. Da sie jedoch kaum angewendet werden, wollen wir auf sie nur kurz eingehen.

Diese Prinzipe, die auf MAUPERTUIS, EULER, JACOBI u. a. zurückgehen, waren anfänglich z. T. nicht klar formuliert. Heute weiß man jedoch, daß man einige dieser Prinzipe aus dem D'ALEMBERTschen Prinzip oder der daraus gefolgerten LAGRANGEschen Zentralgleichung (52, 12):

$$\delta T + \delta' A = \frac{d}{dt}\sum_{i=1}^{3n} m_i \dot{x}_i \delta x_i \tag{54, 1}$$

gewinnen kann. Schließen wir auch rheonome Systeme in unsere Betrachtung ein, so ist der Zusammenhang zwischen den x_i und den generalisierten Koordinaten q_k durch

$$x_i = x_i(q_k, t) \tag{54, 2}$$

gegeben. Die Komponenten der virtuellen Verschiebungen sind dann

$$\delta x_i = \sum_{k=1}^{f} \frac{\partial x_i}{\partial q_k}\delta q_k , \tag{54, 3}$$

wobei die Koeffizienten $\partial x_i/\partial q_k$ jetzt auch Funktionen der Zeit t sind. Für rheonome Systeme ist

$$\dot{x}_i = \sum_{k=1}^{f} \frac{\partial x_i}{\partial q_k}\dot{q}_k + \frac{\partial x_i}{dt} , \tag{54, 4}$$

so daß

$$\frac{\partial T}{\partial \dot{q}_k} = \sum_{i=1}^{3n}\frac{m_i}{2}\frac{\partial}{\partial \dot{q}_k}\dot{x}_i^2 = \sum_{i=1}^{3n} m_i\dot{x}_i\frac{\partial \dot{x}_i}{\partial \dot{q}_k} = \sum_{i=1}^{3n} m_i\dot{x}_i\frac{\partial x_i}{\partial q_k} \tag{54, 5}$$

wird. Setzt man (54, 3) in (54, 1) ein und beachtet (54, 5), dann wird

$$\delta T + \delta' A = \frac{d}{dt}\sum_{i=1}^{3n} m_i\dot{x}_i \sum_{k=1}^{f}\frac{\partial x_i}{\partial q_k}\delta q_k \tag{54, 6}$$

$$= \frac{d}{dt}\sum_{k=1}^{f}\left(\sum_{i=1}^{3n} m_i\dot{x}_i\frac{\partial x_i}{\partial q_k}\right)\delta q_k \tag{54, 7}$$

$$= \frac{d}{dt}\sum_{k=1}^{f}\frac{\partial T}{\partial \dot{q}_k}\delta q_k . \tag{54, 8}$$

Integriert man diese Gleichung über t, so erhält man die Beziehung

$$\int_{t_1}^{t_2}(\delta T + \delta' A)dt = \sum_{k=1}^{f}\frac{\partial T}{\partial \dot{q}_k}\delta q_k\Bigg|_{t_1}^{t_2} , \tag{54, 9}$$

[1]) Dieses Kapitel entstand unter wesentlicher Mitarbeit von Dr. K.-E. HELLWIG.

die für konservative Systeme die Form

$$\int_{t_1}^{t_2} (\delta T - \delta V)\, dt = \int_{t_1}^{t_2} \delta L dt = \delta \int_{t_1}^{t_2} L dt = \sum_{k=1}^{f} \frac{\partial T}{\partial \dot{q}_k} \delta q_k \Big|_{t_1}^{t_2} \tag{54, 10}$$

annimmt. Die beiden letzten Gleichungen sind (wahlweise) der Ausgangspunkt für die weiteren Betrachtungen.

1. Verlangt man das Verschwinden der Variationen δq_k an den Grenzen t_1 und t_2, dann liefert (54, 10) das Hamiltonsche Prinzip (der stationären Wirkung), das also auch für rheonome Systeme gilt.

2. Das Hamiltonsche Prinzip (der stationären Wirkung) zeichnet unter allen denkbaren Bahnen mit räumlich und zeitlich festen Endpunkten diejenige aus, die das System tatsächlich durchläuft. Für diese nimmt das *Wirkungsintegral*

$$I(t_1, t_2, q_k, \dot{q}_k) = \int_{t_1}^{t_2} L dt \tag{54, 11}$$

einen Extremwert an. Wir fragen: Wie ändert sich dieser Extremwert, wenn die Endpunkte räumlich und zeitlich verändert werden? Die Antwort auf diese Frage gibt das Hamiltonsche *Prinzip der variierten Wirkung*, das nun hergeleitet werden soll.

Dazu müssen wir den in Kap. 7, Abschnitt 4, eingeführten Δ-Prozeß heranziehen. Während dort die Unabhängige x heißt, ist es jetzt die Zeit t. Man hat daher in Formeln, die aus Kap. 7 übernommen und hier verwendet werden, die Unabhängige x mit t und die Funktion $y(x)$ mit $q_k(t)$ zu identifizieren.

Wir benötigen zunächst die Δ-Variation von $q_k(t)$ und $\dot{q}_k(t)$. Diese erhält man aus (7, 50/51) für $\varepsilon = 0$. Das liefert

$$\Delta q_k(t) = \delta q_k(t) + \dot{q}_k(t) \Delta t \tag{54, 12}$$

$$\Delta \dot{q}_k(t) = \delta \dot{q}_k(t) + \ddot{q}_k(t) \Delta t. \tag{54, 13}$$

Es sei nun weiterhin F eine stetig differenzierbare Funktion von $q_k(t)$, $\dot{q}_k(t)$ und t. Man erhält dann

$$\Delta F(q_k, \dot{q}_k, t) = \sum_{l=1}^{f} \left\{ \frac{\partial F}{\partial q_l} \Delta q_l + \frac{\partial F}{\partial \dot{q}_l} \Delta \dot{q}_l \right\} + \frac{\partial F}{\partial t} \Delta t \tag{54, 14}$$

oder mit (54, 12/13):

$$\Delta F = \sum_{l=1}^{f} \left\{ \frac{\partial F}{\partial q_l} (\delta q_l + \dot{q}_l \Delta t) + \frac{\partial F}{\partial \dot{q}_l} (\delta \dot{q}_l + \ddot{q}_l \Delta t) \right\} + \frac{\partial F}{\partial t} \Delta t \tag{54, 15}$$

$$= \sum_{l} \left\{ \frac{\partial F}{\partial q_l} \delta q_l + \frac{\partial F}{\partial \dot{q}_l} \delta \dot{q}_l \right\} + \Delta t \left[\sum_{l=1}^{f} \left\{ \frac{\partial F}{\partial q_l} \dot{q}_l + \frac{\partial F}{\partial \dot{q}_l} \ddot{q}_l \right\} + \frac{\partial F}{\partial t} \right]. \tag{54, 16}$$

Andererseits ist — weil beim δ-Prozeß die Zeit festgehalten wird ($\delta t = 0$) —:

$$\delta F(q_k, \dot{q}_k, t) = \sum_{l=1}^{f} \left\{ \frac{\partial F}{\partial q_l} \delta q_l + \frac{\partial F}{\delta \dot{q}_l} \delta \dot{q}_l \right\} \tag{54, 17}$$

und weiterhin

$$\frac{dF}{dt} = \sum_{l} \left\{ \frac{\partial F}{\partial q_l} \dot{q}_l + \frac{\partial F}{\partial \dot{q}_l} \ddot{q}_l \right\} + \frac{\partial F}{\partial t}. \tag{54, 18}$$

Mit den beiden letzten Gleichungen ergibt sich aus (54, 16):

$$\Delta F = \delta F + \frac{\partial F}{\partial t} \Delta t. \tag{54, 19}$$

Ferner benötigen wir die Δ-Variation eines bestimmten Integrals, die wir durch

$$\Delta \int_{t_1}^{t_2} F dt = \int_{t_1}^{t_2} F(q_k + \Delta q_k, \dot{q}_k + \Delta \dot{q}_k, t + \Delta t)\, d(t + \Delta t) - \int_{t_1}^{t_2} F(q_k, \dot{q}_k, t)\, dt \tag{54, 20}$$

definieren. Wir erhalten

$$\Delta \int_{t_1}^{t_2} F dt = \int_{t_1}^{t_2} (F + \Delta F) d(t + \Delta t) - \int_{t_1}^{t_2} F dt \tag{54, 21}$$

$$= \int_{t_1}^{t_2} \Delta F dt + \int_{t_1}^{t_2} F \frac{d\Delta t}{dt} dt + \int_{t_1}^{t_2} \Delta F \frac{d\Delta t}{dt} dt. \tag{54, 22}$$

Das letzte Integral der rechten Seite kann vernachlässigt werden, wenn einmal Δt als Funktion von t schwach veränderlich ist, d. h. $\frac{d\Delta t}{dt} \ll 1$ ist und überdies der Mittelwert von ΔF zwischen den Integrationsgrenzen klein gegenüber dem von F ist. Man erhält dann

$$\Delta \int_{t_1}^{t_2} F dt = \int_{t_1}^{t_2} \Delta F dt + \int_{t_1}^{t_2} F \frac{d\Delta t}{dt} dt. \tag{54, 23}$$

Mit (54, 19) liefert dies

$$\Delta \int_{t_1}^{t_2} F dt = \int_{t_1}^{t_2} \left(\delta F + \frac{\partial F}{\partial t} \Delta t + F \frac{d\Delta t}{dt}\right) dt \tag{54, 24}$$

$$= \int_{t_1}^{t_2} \delta F dt + F \Delta t \Big|_{t_1}^{t_2}. \tag{54, 25}$$

Wir beschränken uns jetzt auf konservative Systeme, d. h., wir gehen von Gl. (54, 10) aus. Dann wird daraus, unter Verwendung von (54, 25) — mit $F \to L$ —:

$$\Delta \int_{t_1}^{t_2} L dt = \sum_{k=1}^{f} \frac{\partial T}{\partial \dot{q}_k} \delta q_k + L \Delta t \Big|_{t_1}^{t_2} \tag{54, 26}$$

und, indem wir noch (54, 12) einsetzen,

$$\Delta \int_{t_1}^{t_2} L dt = \sum_{k=1}^{f} \frac{\partial T}{\partial \dot{q}_k} (\Delta q_k - \dot{q}_k \Delta t) + L \Delta t \Big|_{t_1}^{t_2}. \tag{54, 27}$$

Für den skleronomen Fall hat man

$$\dot{x}_i = \sum_{k=1}^{f} \frac{\partial x_i}{\partial q_k} \dot{q}_k \tag{54, 28}$$

und damit wird

$$\sum_{k=1}^{f} \frac{\partial T}{\partial \dot{q}_k} \dot{q}_k = \sum_{i=1}^{3n} \sum_{k=1}^{f} \frac{m_i}{2} \frac{\partial \dot{x}_i^2}{\partial \dot{q}_k} \dot{q}_k \tag{54, 29}$$

$$= \sum_{i=1}^{3n} \sum_{k=1}^{f} m_i \dot{x}_i \frac{\partial \dot{x}_i}{\partial \dot{q}_k} \dot{q}_k \tag{54, 30}$$

$$= \sum_{i=1}^{3n} m_i \dot{x}_i \sum_{k=1}^{f} \frac{\partial x_i}{\partial q_k} \dot{q}_k \tag{54, 31}$$

$$= \sum_{i=1}^{3n} m_i \dot{x}_i^2 = 2T \tag{54, 32}$$

Wir setzen (vgl. Kap. 55)

$$\frac{\partial T}{\partial \dot{q}_k} = p_k \tag{54, 33}$$

und führen dies mit (54, 32) in (54, 27) ein. Dann erhält man

$$\Delta \int_{t_1}^{t_2} L dt = \left(\sum_{k=1}^{f} p_k \Delta q_k - E \Delta t \right) \Big|_{t_1}^{t_2}. \tag{54, 34}$$

Wir betrachten nun das Wirkungsintegral (54, 11). Es ist ein Funktional, das den Funktionen $q_k(t_1)$ und $\dot{q}_k(t)$ mit $q_k(t_1) = q_k^{(1)}$ und $q_k(t_2) = q_k^{(2)}$ eine Zahl I zuordnet. Wenn wir verabreden, bei jeder Vorgabe von t_1, $q_k^{(1)}$ und t_2, $q_k^{(2)}$ die sich nach dem Hamiltonschen Prinzip der stationären Wirkung ergebenden Funktionen $\hat{q}_k(t)$ und $\dot{\hat{q}}_k(t)$ einzusetzen, so daß $I(t_1, t_2, \hat{q}_k, \dot{\hat{q}}_k)$ extremal ist, dann haben wir eine Funktion $W(t_1, t_2, \hat{q}_k, \dot{\hat{q}}_k)$ definiert. Diese Funktion

$$W(t_1, t_2, q_k^{(1)}, q_k^{(2)}) = I(t_1, t_2, \hat{q}_k(t), \dot{\hat{q}}_k(t)) \tag{54, 35}$$

heißt die Hamiltonsche *Prinzipalfunktion* oder auch *Wirkungsfunktion.*

Wir schreiben von jetzt ab: t_0 anstelle von t_1, t anstelle von t_2, $q_k^{(0)}$ anstelle von $q_k^{(1)}$ und q_k anstelle von $q_k^{(2)}$.

Wir benutzen nun die Beziehung (54, 34), um die Änderung der Wirkungsfunktion W beim Übergang von der Bewegung des Systems zwischen t_0, $q_k^{(0)}$ und t, q_k zur benachbarten Bewegung zwischen $t_0 + \Delta t_0$, $q_k^{(0)} + \Delta q_k^{(0)}$ und $t + \Delta t$, $q_k + \Delta q_k$ zu berechnen. Dieser Schritt bedarf einer genauen Begründung, denn es ist durchaus nicht trivial, daß das nach (54, 34) variierte Wirkungsintegral für die benachbarte Bewegung ebenfalls extremal ist. Diese Begründung, die Stetigkeitsbetrachtungen von Funktionalen erfordert, würde über den Rahmen dieses Kapitels hinausgehen und soll daher hier unterbleiben.

Aus (54, 34) erhält man unter Beachtung von (54, 35) und (54, 11):

$$\Delta W(t_0, t, q_k^{(0)}, q_k) = \sum_{k=1}^{f} (p_k \Delta q_k - p_k^{(0)} \Delta q_k^{(0)}) - (E \Delta t - E \Delta t_0). \tag{54, 36}$$

Diese Beziehung heißt das Hamiltonsche *Prinzip der variierten Wirkung.*

Halten wir t_0 und $q_k^{(0)}$ fest, dann wird aus (54, 36):

$$\Delta W(t_0, t, q_k^{(0)}, q_k) = \sum_{k=1}^{f} p_k \Delta q_k - E \Delta t, \tag{54, 37}$$

woraus die Beziehungen

$$\frac{\partial W}{\partial q_k} = p_k \tag{54, 38}$$

und

$$\frac{\partial W}{\partial t} = -E \tag{54, 39}$$

folgen, die uns in Kap. 58 wieder begegnen werden.

Um die Bedeutung dieser Gleichungen zu veranschaulichen, betrachten wir den $(f + 1)$-dimensionalen Raum, der von den generalisierten Koordinaten q_k und der Zeit t aufgespannt wird. Wir zeichnen einen Punkt mit den Koordinaten t_0, $q_k^{(0)}$ aus und denken uns die Flächen $W(t^0, t, q_k^{(0)}, q_k) = \text{const}$ ausgezeichnet. Für alle möglichen Bewegungen des Systems, die zur Zeit t^0 durch $q_k^{(0)}$ laufen, steht der Vektor $\{-E, p_k\}$ stets senkrecht auf den Flächen $W = \text{const}$.

3. Wir betrachten jetzt wieder rheonome Systeme, die nicht notwendig konservativen Kräften unterliegen. Dann gilt (54, 9).

Wir fordern

$$\delta E = \delta T - \delta' A = 0 \tag{54, 40}$$

d. h. auf allen bei der Variation zugelassenen Bahnen soll der Energieverlauf $E(t)$ des Systems der gleiche sein. Damit wird aus (54, 9):

$$\int_{t_1}^{t_2} \delta T dt = \frac{1}{2} \sum_{k=1}^{f} \frac{\partial T}{\partial \dot{q}_k} \delta q_k \Big|_{t_1}^{t_2} \tag{54, 41}$$

Wir wenden (54, 25) an und erhalten:

$$\Delta \int_{t_1}^{t_2} T dt = \frac{1}{2} \sum_{k=1}^{f} \frac{\partial T}{\partial \dot{q}_k} \delta q_k \Big|_{t_1}^{t_2} + T \Delta t \Big|_{t_1}^{t_2} \tag{54, 42}$$

Verlangt man überdies, daß

$$\left\{ \sum_{k=1}^{f} \frac{\partial T}{\partial \dot{q}_k} \delta q_k + T \Delta t \right\} \Big|_{t_1}^{t_2} = 0 \tag{54, 43}$$

ist, so ergibt sich

$$\Delta \int_{t_1}^{t_2} T dt = 0\,. \tag{54, 44}$$

Dies ist das EULER-MAUPERTUIS*sche Prinzip der kleinsten Wirkung*. Es besagt, daß das physikalische System bei vorgegebenem Energieverlauf unter der Voraussetzung (54, 43) eine Bahn durchläuft, für die die Wirkung extremal ist. Daß die Wirkung hier anders definiert ist als im HAMILTONschen Prinzip, hat historische Gründe.

Wesentlich ist im Vergleich zum HAMILTONschen Prinzip der stationären Wirkung, daß nicht die Zeit, die das System bei seiner Bewegung von $q_k^{(1)} = q_k(t_1)$ nach $q_k^{(2)} = q_k(t_2)$ benötigt, vorgegeben ist, sondern der Energieverlauf.

Um die Voraussetzung (54, 43) zu veranschaulichen, setzen wir wie im HAMILTONschen Prinzip der stationären Wirkung $\delta q_k(t_1) = \delta q_k(t_2) = 0$, d. h. wir geben die Endpunkte der Bahn vor. Ebenso geben wir die Anfangszeit t_1 vor, also $\Delta t_1 = 0$. Dann ist nach (54, 43), wenn wir $\Delta t_2 \neq 0$ zulassen, $T(t_2) = 0$ gefordert, d. h. das System muß im Punkt $q_k^{(2)}$ zur Ruhe kommen.

4. Beschränkt man sich auf skleronome, konservative Systeme, so gilt

$$E = T + V = \text{const} \tag{54, 45}$$

Dann wird mit (54, 28):

$$T = \sum_i \frac{m_i}{2} \dot{x}_i^2 = \sum_k \sum_l \bar{a}_{kl} \dot{q}_k \dot{q}_l \tag{54, 46}$$

mit

$$\bar{a}_{kl} = \sum_i \frac{m_i}{2} \frac{\partial x_i}{\partial q_k} \frac{\partial x_i}{\partial q_l}\,, \tag{54, 47}$$

also

$$\sqrt{T}\; dt = \sqrt{\sum_k \sum_l \bar{a}_{kl} dq_k dq_l} \tag{54, 48}$$

Damit wird aus (54, 44):

$$\Delta \int_{t_1}^{t_2} T dt = \Delta \int_{P_1}^{P_2} \sqrt{(E - V) \sum_k \sum_l \bar{a}_{kl} dq_k dq_l} = 0. \tag{54, 49}$$

Hierbei sind die Integrationsgrenzen P_1 und P_2 die zu den Zeiten t_1 und t_2 gehörenden Koordinaten des Systems. Die letzte Gleichung ist die Formulierung des EULER-MAUPERTUISschen „Prinzips der kleinsten Wirkung“ von JACOBI.

Für den Sonderfall, daß nur ein Massenpunkt m vorliegt, wird aus (54, 49):

$$\Delta \int_{t_1}^{t_2} T dt = \Delta \int_{t_1}^{t_2} \frac{m}{2} \dot{\mathfrak{r}}^2 dt \tag{54, 50}$$

$$\sim \Delta \int_{P_1}^{P_2} m v ds = 0. \tag{54, 51}$$

Nach den vorstehend behandelten Integralprinzpien wollen wir noch ein Differentialprinzip angeben, das 1908 von JOURDAIN[1]) entdeckt wurde. Es kann als ein Prinzip angesehen werden, das „zwischen" dem von D'ALEMBERT (Kap. 46) und dem GAUSSschen Prinzip (Kap. 47) steht.

Während D'ALEMBERT die Bahnen $x_i(t)$ mit Nachbarbahnen vergleicht, so daß

$$\delta x_i \neq 0 \tag{54, 52}$$

ist, und beim GAUSSschen Prinzip die Bewegung mit einer anderen verglichen wird, bei der die Beschleunigungskomponenten

$$\delta \ddot{x}_i \neq 0 \tag{54, 53}$$

sind, wird nach JOURDAIN bei fester Zeit der Ort festgehalten, d. h.

$$\delta t = 0, \qquad \delta x_i = 0 \tag{54, 54}$$

gesetzt, dagegen die Geschwindigkeit variiert:

$$\delta \dot{x}_i \neq 0. \tag{54, 55}$$

JOURDAIN formuliert sein Prinzip so, daß das mechanische Verhalten eines Systems sich aus

$$\sum_{i=1}^{3n} (K_i - m_i \ddot{x}_i)\,\delta \dot{x}_i = 0 \tag{54, 56}$$

ermitteln läßt.

Aus diesem Prinzip kann man die Bewegungsgleichungen für den „gemischten" Fall (Kap. 47) gewinnen, daß das Punktsystem sowohl anholonomen als auch holonomen Nebenbedingungen unterliegt.

Wir wollen annehmen, daß die Bewegungsfreiheit des Systems durch die $r + p$ rheonomen Nebenbedingungen

$$F_j(x_i, \dot{x}_i, t) = 0, \qquad j = 1, 2, \ldots, r, r+1, \ldots, r+p \tag{54, 57}$$

eingeschränkt ist.

Die ersten r Gleichungen (54, 57) sollen nichtintegrierbar, d. h. anholonom sein. Die restlichen p Gleichungen (54, 57) wollen wir als integrierbar voraussetzen. Dann lassen sie sich in der Form

$$F_j(x_i, \dot{x}_i, t) = \sum_{i=1}^{3n} \frac{\partial \Phi_j}{\partial x_i}\dot{x}_i + \frac{\partial \Phi_j}{\partial t} = 0, \quad j = r+1, \ldots, r+p \tag{54, 58}$$

mit

$$\Phi_j = \Phi_j(x_i, t) \tag{54, 59}$$

schreiben und können daher die durch p holonomen Nebenbedingungen

$$\Phi_j(x_i, t) - c_j = 0 \tag{54, 60}$$

ersetzt werden, worin die c_j bei der Integration von (54, 58) auftretende Konstanten sind.

Die im Prinzip von JOURDAIN (54, 56) auftretenden Variationen $\delta\dot{x}_i$ der Geschwindigkeit haben gemäß (54, 57) den Bedingungen

$$F_j(x_i, \dot{x}_i + \delta\dot{x}_i, t) = 0 \tag{54, 61}$$

zu genügen. Mit

$$F_j(x_i, \dot{x}_i + \delta\dot{x}_i, t) = F_j(x_i, \dot{x}_i, t) + \sum_{i=1}^{3n} \frac{\partial F_j}{\partial \dot{x}_i}\delta\dot{x}_i \tag{54, 62}$$

ergibt sich daraus in Verbindung mit (54, 57)

$$\sum_{i=1}^{3n} \frac{\partial F_j}{\partial \dot{x}_i}\delta\dot{x}_i = 0. \tag{54, 63}$$

---

[1]) Philip JOURDAIN: *1879 in Cambridge, †1919 in Cambridge.

Kombiniert man diese Gleichungen unter Verwendung der LAGRANGEschen Faktoren λ_j mit (54, 56), so erhält man

$$\sum_{i=1}^{3n} \left\{ K_i - m_i \ddot{x}_i + \sum_{j=1}^{r+p} \lambda_j \frac{\partial F_j}{\partial \dot{x}_i} \right\} \delta \ddot{x}_i = 0. \tag{54, 64}$$

Hieraus folgen nach der schon mehrfach benutzten Schlußweise die Bewegungsgleichungen

$$m_i \ddot{x}_i = K_i + \sum_{j=1}^{r+p} \lambda_j \frac{\partial F_j}{\partial \dot{x}_i}. \tag{54, 65}$$

Wenn man noch (54, 58) beachtet und die Summe in (54, 65) aufspaltet, so erhält man die Form

$$m_i \ddot{x}_i = K_i + \sum_{j=1}^{r} \lambda_j \frac{\partial F_j}{\partial \dot{x}_i} + \sum_{j=r+1}^{r+p} \lambda_j \frac{\partial \Phi_j}{\partial x_i}, \tag{54, 66}$$

in der die aus den anholonomen und holonomen Nebenbedingungen resultierenden Zwangskräfte getrennt erscheinen.

Dies sind die bereits mit Hilfe des GAUSSschen Prinzips gewonnenen Bewegungsgleichungen (47, 30), bei denen eine etwas andere Bezeichnungsweise verwendet wurde. Man kann daher sagen, daß sowohl das GAUSSsche als auch das JOURDAINsche Prinzip die Aufstellung der Bewegungsgleichungen für den allgemeinen („gemischten") Fall erlauben. Dies gelingt indessen mit Hilfe des D'ALEMBERTschen Prinzips nur dann, wenn — wie bereits in Kap. 46 gezeigt wurde — alle anholomonen Nebenbedingungen in den Geschwindigkeitskomponenten $\dot{x}_i$ linear sind.

III. Die HAMILTONsche Mechanik

55. Die HAMILTONschen Gleichungen

Die LAGRANGEschen Gleichungen (50, 39) sind f Differentialgleichungen zweiter Ordnung. Nach einem bekannten Satz lassen sie sich in ein System von $2f$ Differentialgleichungen erster Ordnung überführen. Vielfach macht man dies so, daß man die f neuen Größen

$$r_k(t) = \dot{q}_k(t) \tag{55, 1}$$

einführt, und diese neben den $q_k = q_k(t)$ als zu bestimmende Funktionen ansieht. Hierzu stehen die $2f$ Differentialgleichungen (55, 1) und (50, 39), in denen man sich die r_k eingesetzt denken muß, zur Verfügung.

Würde man in dieser Weise vorgehen, so brächte dies i. allg. keine besonderen Vorteile mit sich. Wohl ergeben sich aber solche, wenn man in folgender Weise verfährt:

Man führe statt der $\dot{q}_k$ die f neuen Größen p_k ein, die durch

$$p_k = \frac{\partial L}{\partial \dot{q}_k} \tag{55, 2}$$

definiert sind und *generalisierte Impulse* genannt werden.

Diese Bezeichnung rührt daher, weil für den einfachsten Fall eines freien Massenpunktes m und Verwendung cartesischer Koordinaten die durch (55, 2) definierten p_k die rechtwinkligen Komponenten des Impulses $\mathfrak{G} = m\mathfrak{v}$ ergeben.

Mit (55, 2) nehmen die LAGRANGEschen Gleichungen (50, 39) die Form

$$\dot{p}_k = \frac{\partial L}{\partial q_k}, \quad k = 1, 2, \ldots, f \tag{55, 3}$$

an. Die beiden Gleichungs-Systeme (55, 2/3) sind bereits $2f$ Gleichungen erster Ordnung, in die sich die LAGRANGEschen Gleichungen (50, 39) überführen lassen.

Die Gleichungen (55, 2) und (55, 3) zeigen eine gewisse Symmetrie, die sich jedoch noch steigern läßt, weil man (55, 2) auf eine ähnliche Form wie (55, 3) bringen kann. Dies gelingt vermöge einer LEGENDREschen *Transformation*[1]).

Darunter versteht man (im einfachsten Fall) den Übergang von einer Funktion

$$f = f(x, y) \tag{55, 4}$$

von den beiden Unabhängigen x und y zu einer anderen Funktion

$$\varphi = \varphi(u, y), \tag{55, 5}$$

in der, anstelle von x, die neue Unabhängige

$$u = \frac{\partial f}{\partial x} \tag{55, 6}$$

steht und φ die Eigenschaft hat, daß

$$\frac{\partial \varphi}{\partial u} = x, \tag{55, 7}$$

d. h. die durch u ersetzte ursprüngliche unabhängige Variable x liefert.

Der Übergang $f(x, y) \to \varphi(u, y)$ vollzieht sich wie folgt. Es ist

$$df = \frac{\partial f}{\partial x} dx + \frac{\partial f}{\partial y} dy \tag{55, 8}$$

$$= u(x, y)dx + v(x, y)dy. \tag{55, 9}$$

Faßt man in diesem Ausdruck im Sinne der LEGENDREschen Transformation u als neue Unabhängige auf, so kann wegen

$$udx = d(ux) - xdu \tag{55, 10}$$

(55, 9) geschrieben werden:

$$df = d(ux) - xdu + vdy \tag{55, 11}$$

oder

$$d(f - ux) = - xdu + vdy. \tag{55, 12}$$

Setzt man schließlich

$$f - ux = - \varphi, \tag{55, 13}$$

so erhält man das vollständige Differential

$$d\varphi = x\,du - vdy \tag{55, 14}$$

der Funktion

$$\varphi = \varphi(u, y), \tag{55, 15}$$

die genau die Forderung (55, 7) erfüllt.

Überträgt man die vorstehenden Darlegungen auf die LAGRANGE-Funktion

$$L = L(\dot{q}_k, q_k, t) \tag{55, 16}$$

und führt anstelle der $\dot{q}_k$ die durch (55, 2) definierten neuen Variablen p_k ein, so heißt dies, daß die LEGENDRE-Transformation eine Funktion

$$H = H(p_k, q_k, t) \tag{55, 17}$$

[1]) Adrien Marie LEGENDRE: 1752—1833.

ergeben muß, die die Beziehung

$$\frac{\partial H}{\partial p_k} = \dot{q}_k \tag{55, 18}$$

erfüllt. Man nennt H die HAMILTON-*Funktion*, die — wie in (55, 17) bereits angedeutet und was noch einmal betont werden soll — Funktion der p_k (!), q_k und vielleicht auch von t ist.

Um H zu finden, haben wir die vorstehende, für den einfachsten Fall geltende Rechnung wie folgt zu verallgemeinern.

Zunächst ergibt sich durch Bildung des totalen Differentials von (55, 16):

$$dL = \sum_{k=1}^{f} \frac{\partial L}{\partial \dot{q}_k} d\dot{q}_k + \sum_{k=1}^{f} \frac{\partial L}{\partial q_k} dq_k + \frac{\partial L}{\partial t} dt. \tag{55, 19}$$

Setzt man hierin (55, 2) und (55, 3) ein, so wird

$$dL = \sum_k p_k d\dot{q}_k + \sum_k \dot{p}_k dq_k + \frac{\partial L}{\partial t} dt. \tag{55, 20}$$

Wegen

$$p_k d\dot{q}_k = d(p_k \dot{q}_k) - \dot{q}_k dp_k \tag{55, 21}$$

wird

$$dL = d(\sum_k p_k \dot{q}_k) - \sum_k \dot{q}_k dp_k + \sum_k \dot{p}_k dq_k + \frac{\partial L}{\partial t} dt \tag{55, 22}$$

oder

$$d(L - \sum_k p_k \dot{q}_k) = -\sum_k \dot{q}_k dp_k + \sum_k \dot{p}_k dq_k + \frac{\partial L}{\partial t} dt. \tag{55, 23}$$

Hieraus ist zu ersehen, daß unter Beachtung vou (55, 12/13) die HAMILTON-Funktion durch

$$H(p_k, q_k, t) = \sum_k p_k \dot{q}_k - L(q_k, \dot{q}_k, t) \tag{55, 24}$$

definiert ist.

Man könnte meinen, daß der auf der linken Seite angegebenen Abhängigkeit die rechte Seite von (55, 24) widerspricht, weil dort explizit die $\dot{q}_k$ stehen. Dieser Widerspruch ist jedoch nur scheinbar, wenn man beachtet, daß (55, 24) nur in Verbindung mit (55, 2) gilt. Danach ist aufgrund von (55, 16)

$$p_k = \frac{\partial L}{\partial \dot{q}_k} = p_k(\dot{q}_k, q_k, t). \tag{55, 25}$$

Aus diesem Gleichungssystem, ($k = 1, 2, \ldots, f$), lassen sich die $\dot{q}_k$ in der Form

$$\dot{q}_k = \dot{q}_k(p_l, q_l, t) \tag{55, 26}$$

darstellen. Mittels dieser Ausdrücke lassen sich in (55, 24) die $\dot{q}_k$ eliminieren, und es wird dann H Funktion der p_k, q_k und t, wie es (55, 17) verlangt. —

Mit (55, 24) wird aus (55, 23):

$$dH(p_k, q_k, t) = \sum_{k=1}^{f} \dot{q}_k dp_k - \sum_{k=1}^{f} \dot{p}_k dq_k - \frac{\partial L}{\partial t} dt. \tag{55, 27}$$

Hieraus folgt

$$\frac{\partial H}{\partial p_k} = +\dot{q}_k(t) \tag{55, 28}$$

$$\frac{\partial H}{\partial q_k} = -\dot{p}_k(t) \tag{55, 29}$$

$$\frac{\partial H}{\partial t} = -\frac{\partial L}{\partial t}. \tag{55, 30}$$

Man nennt die Bewegungsgleichungen, in der Form (55, 28/29) geschrieben, die *Kanonischen Bewegungsgleichungen* oder die HAMILTON*schen Gleichungen*. Die Unabhängigen p_k und q_k werden als zueinander *kanonisch konjugiert* bezeichnet.

Bevor wir die HAMILTONschen Gleichungen diskutieren und insbesondere auf die Vorteile, die ihre Verwendung mit sich bringen, eingehen, wollen wir sie noch direkt aus dem HAMILTONschen Prinzip

$$\delta \int_{t_1}^{t_2} L dt = 0 \tag{55, 31}$$

herleiten. Für dieses Variationsproblem kann gemäß (55, 24):

$$\delta \int_{t_1}^{t_2} \{\sum_k p_k \dot{q}_k - H(p_k, q_k, t)\} dt = 0 \tag{55, 32}$$

geschrieben werden, wobei jetzt die $q_k = q_k(t)$ und $p_k = p_k(t)$ die gesuchten Funktionen sind. Nach (7, 89) lauten die zu (55, 32) gehörenden EULERschen Gleichungen

$$\frac{d}{dt} \frac{\partial\{\ \}}{\partial \dot{q}_k} - \frac{\partial\{\ \}}{\partial q_k} = 0 \tag{55, 33}$$

$$\frac{d}{dt} \frac{\partial\{\ \}}{\partial \dot{p}_k} - \frac{\partial\{\ \}}{\partial p_k} = 0, \tag{55, 34}$$

wobei mit $\{\ \}$ der in (55, 32) stehende Integrand gemeint ist. Führt man die Differentiationen aus, so erhält man (55, 28/29).

56. Zyklische Variable

Bevor wir auf die allgemeine Theorie der Integration der HAMILTONschen Gleichungen (55, 28/29) eingehen, mögen einige Sonderfälle erwähnt werden, die zu Erhaltungsaussagen führen.

1. Hängt die HAMILTON-Funktion H von einer generalisierten Lagekoordinate, etwa von q_i, nicht explizit ab, so ist nach (55, 29):

$$-\frac{\partial H}{\partial q_i} = \dot{p}_i = 0. \tag{56, 1}$$

Hieraus folgt, daß der zu q_i kanonisch konjugierte Impuls

$$p_i = \alpha_i = \text{const} \tag{56, 2}$$

eine Erhaltungsgröße (Konstante der Bewegung) ist. Man nennt eine in H nicht explizit auftretende Koordinate nach HELMHOLTZ eine *zyklische* (manchmal auch ignorable) Koordinate.

Aus dem Vorstehenden folgt ein bedeutungsvoller Satz: Für den Fall, daß sämtliche q_k zyklisch sind, d. h. die HAMILTON-Funktion nur von den p_k abhängt:

$$H = H(p_1, p_2, \ldots, p_f), \tag{56, 3}$$

läßt sich die Integration der kanonischen Gleichung (55, 28/29) sofort vollständig durchführen.

Beweis: Zunächst folgt aus (56, 3) nach (56, 1), daß alle

$$p_k = \alpha_k = \text{const}, \quad k = 1, 2, \ldots, f \tag{56, 4}$$

sind. Damit wird (55, 28):

$$\dot{q}_k = \frac{\partial H}{\partial p_k} = \omega_k, \tag{56, 5}$$

wobei die ω_k ebenfalls zeitunabhängige Größen sind, die das jeweils betrachtete System charakterisieren. Aus (56, 5) erhält man durch Integration

$$q_k(t) = \omega_k t + \beta_k. \tag{56, 6}$$

Hierin sind die β_k, ebenso wie die in (56, 4) auftretenden α_k, zeitunabhängig.

Mit der Angabe von (56, 4) und (56, 6) ist die vollständige Integration der HAMILTONschen Gleichungen geleistet. Man kann daher auch sagen: ein mechanisches Bewegungsproblem ist sofort gelöst, wenn es gelingt, statt der generalisierten Lagekoordinaten q_k ausschließlich zyklische Koordinaten Q_k einzuführen, so daß H die Form (56, 3) annimmt. Wie diese Aufgabe zu erledigen ist, wird in Kap. 57 dargelegt werden.

2. Eine weitere Erhaltungsgröße ergibt sich aus den kanonischen Bewegungsgleichungen (55, 28/29), wenn in H eine generalisierte Impulskoordinate, sagen wir p_i, nicht auftritt. Dann ist nach (55, 28):

$$\frac{\partial H}{\partial p_i} = \dot{q}_i = 0, \tag{56, 7}$$

woraus

$$q_i = \text{const} \tag{56, 8}$$

folgt.

3. Zu noch einer anderen Erhaltungsaussage gelangt man, indem man von der totalen Zeitableitung von H ausgeht. Diese ist

$$\frac{dH}{dt} = \sum_k \left(\frac{\partial H}{\partial p_k}\dot{p}_k + \frac{\partial H}{\partial q_k}\dot{q}_k\right) + \frac{\partial H}{\partial t}. \tag{56, 9}$$

Beachtet man (55, 28/29), so wird

$$\frac{dH}{dt} = \sum_k (\dot{q}_k\,\dot{p}_k - \dot{p}_k\,\dot{q}_k) + \frac{\partial H}{\partial t}, \tag{56, 10}$$

also

$$\frac{dH}{dt} = \frac{\partial H}{\partial t}. \tag{56, 11}$$

Hieraus ist zu ersehen, daß H eine Erhaltungsgröße

$$H = E \tag{56, 12}$$

ist, sofern in H die Zeit t nicht explizit auftritt. Man nennt (56, 12) das Energieintegral, weil bei konservativen Systemen (56, 12) die Gesamtenergie des Systems ist. Dies läßt sich wie folgt zeigen. Die kinetische Energie T eines Punktsystems ist, ausgedrückt in generalisierten Koordinaten q_k eines ruhenden Bezugssystems, nach (50, 28) mit (50, 15) eine homogene Funktion zweiten Grades der q_k, also

$$T = \sum_i \sum_k a_{ik}(q_l)\dot{q}_i\dot{q}_k. \tag{56, 13}$$

Hieraus erhält man durch einfache Rechnung

$$\sum_l \dot{q}_l \frac{\partial T}{\partial \dot{q}_l} = 2T. \tag{56, 14}$$

(Sonderfall des EULERschen Theorems über homogene Funktionen).

Nach (50, 43) ist

$$L(q_k, \dot{q}_k, t) = T(q_k, \dot{q}_k) - V(q_k, t) \tag{56, 15}$$

und demnach

$$\frac{\partial L}{\partial \dot{q}_k} = \frac{\partial T}{\partial \dot{q}_k} = p_k. \tag{56, 16}$$

Damit wird (56, 14):

$$\sum_k p_k \dot{q}_k = 2T. \tag{56, 17}$$

Setzt man (56, 15) und (56, 17) in die HAMILTON-Funktion (55, 24) ein, so wird

$$H = 2T - L = 2T - (T - V) \tag{56, 18}$$

$$= T + V. \tag{56, 19}$$

Ist nun V zeit*un*abhängig, so wird nach (17, 17):

$$T + V = E = H, \tag{56, 20}$$

womit (56, 12) bewiesen ist.

Wir bemerken, daß bei Verwendung von bewegten Bezugssystemen auch der Fall eintreten kann, daß H die Zeit t nicht explizit enthält. Es ist dann zwar H ebenfalls eine Erhaltungsgröße, die jedoch nicht das Energieintegral (56, 20) darstellt.

57. Die Kanonische Transformation

Im vorstehenden Kapitel wurde gezeigt, daß sich die vollständige Lösung der HAMILTONschen Gleichung (55, 28/29) sofort angeben läßt, wenn alle q_k zyklische Koordinaten sind. Dies wird jedoch im allgemeinen nicht der Fall sein, und es kann die Integration der Bewegungsgleichungen unter Umständen Schwierigkeiten bereiten. Um diese zu verringern, liegt es daher nahe, von den p_k, q_k zu neuen Variablen P_k, Q_k von solcher Eigenschaft überzugehen, daß dadurch die HAMILTON-Funktion

$$H = H(p_k, q_k, t) \rightarrow H^* = H^*(P_k, t) \tag{57, 1}$$

übergeführt wird. Es sind dann alle Q_k zyklische Variable und daher nach den Darlegungen in Kap. 56 die neuen Impulse P_k von der Zeit unabhängige Größen. Allerdings ist dies dann und nur dann der Fall, wenn durch den Übergang von den ursprünglichen Variablen $p_k, q_k \rightarrow P_k, Q_k$ die Form der HAMILTONschen Gleichungen (55, 28/29) nicht zerstört wird, weil anderenfalls der in Kap. 56 eingeführte Begriff der zyklischen Variablen keinen Sinn mehr hat. Es müssen also die neuen Variablen P_k, Q_k die wesentliche Bedingung erfüllen, daß auch

$$\frac{\partial H^*}{\partial P_k} = \dot{Q}_k \tag{57, 2}$$

$$-\frac{\partial H^*}{\partial Q_k} = \dot{P}_k \tag{57, 3}$$

gilt.

Einen solchen Zusammenhang zwischen den p_k, q_k und den P_k, Q_k, der die Gültigkeit von (57, 2/3) garantiert, nennt man eine *Kanonische Transformation*.

Wenn zwischen den p_k, q_k und den P_k, Q_k die Verknüpfungsgleichungen

$$p_k = p_k(P_m), \tag{57, 4}$$

$$m = 1, 2, \ldots, f,$$

$$q_k = q_k(Q_m) \tag{57, 5}$$

bestehen (die speziell als ***Punkttransformation*** bezeichnet werden), so kann man (57, 1) nicht erreichen. Vielmehr muß man eine weitergehende Transformation verwenden, bei der j e d e alte Variable von a l l e n neuen Variablen P_k, Q_k und vielleicht auch von der Zeit t abhängt. Diese Transformation ist daher von der Form

$$p_k = p_k(P_1, \ldots, P_f, Q_1, \ldots, Q_f, t) = p_k(P_m, Q_m, t) \tag{57, 6}$$

$$q_k = q_k(P_1, \ldots, P_f, Q_1, \ldots, Q_f, t) = q_k(P_m, Q_m, t). \tag{57, 7}$$

Es wird wohl kein Mißverständnis zur Folge haben, wenn wir gemäß der früher getroffenen Vereinbarung die Abhängigkeit von allen neuen Variablen, so wie vorstehend rechtsseitig angegeben, mit (P_k, Q_k) abkürzen.

Um die gesuchte Transformation zu finden, kann man davon ausgehen, daß — wie in Kap. 55 gezeigt — sich die kanonische Bewegungsgleichungen aus dem HAMILTONschen Prinzip

$$\delta \int_{t_1}^{t_2} L\,dt = \delta \int_{t_1}^{t_2} \{\sum_k p_k \dot{q}_k - H(p_k, q_k, t)\}\,dt = 0 \tag{57, 8}$$

herleiten lassen. Da nun die Transformation (57, 6/7) zu (57, 2/3) führen soll, muß neben (57, 8) auch

$$\delta \int_{t_1}^{t_2} \{\sum_k P_k \dot{Q}_k - H^*(P_k, Q_k, t)\}\,dt = 0 \tag{57, 9}$$

gelten. Aus den beiden letzten Gleichungen folgt

$$\delta \int_{t_1}^{t_2} \{\sum_k p_k \dot{q}_k - H(p_k, q_k, t)\}\,dt = \delta \int_{t_1}^{t_2} \{\sum_k P_k \dot{Q}_k - H^*(P_k, Q_k, t)\}\,dt = 0. \tag{57, 10}$$

Diese Gleichung wird sicher durch die Transformation

$$p_k = P_k \tag{57, 11}$$

$$q_k = Q_k \tag{57, 12}$$

erfüllt, die jedoch uninteressant ist, weil sie die Identität zwischen den alten und neuen Variablen ausdrückt.

Zu etwas Neuem gelangt man aber, wenn man beachtet, daß (57, 10) auch dann erfüllt ist, wenn sich die beiden Integranden um die totale zeitliche Ableitung einer beliebigen Funktion

$$F = F(p_k, q_k, P_k, Q_k, t) \tag{57, 13}$$

unterscheiden, d. h. wenn

$$\sum_k p_k \dot{q}_k - H = \sum_k P_k \dot{Q}_k - H^* + \frac{dF}{dt} \tag{57, 14}$$

ist.

Man sieht dies ein, indem man zunächst die letzte Gleichung zwischen den Zeiten t_1 und t_2 integriert. Dies liefert

$$\int_{t_1}^{t_2} \{\sum_k p_k \dot{q}_k - H\}\,dt = \int_{t_1}^{t_2} \{\sum_k P_k \dot{Q}_k - H^*\}\,dt + F\Big|_{t_1}^{t_2}. \tag{57, 15}$$

Variiert man nun im Sinne von HAMILTON, d. h. bei festgehaltenen t_1 und t_2, so verschwindet das letzte Glied und man erhält (57, 10).

Nach (57, 13) hängt F in beliebiger Weise von den $4f$ ursprünglichen und neuen Variablen und von der Zeit t ab. Andererseits bestehen die $2f$ Verknüpfungsgleichungen (57, 6/7) zwischen den p_k, q_k und P_k, Q_k, so daß von allen Variablen nur $2f$ unabhängig sind. Es läßt sich daher F stets als Funktion von $2f$ der alten und neuen Koordinaten und der Zeit ausdrücken.

Wir wählen zunächst

$$F = F(q_k, Q_k, t). \qquad (57, 16)$$

Geht man damit in (57, 14) ein, so wird daraus

$$\sum_k p_k \dot{q}_k - H = \sum_k P_k \dot{Q}_k - H^* + \sum_k \frac{\partial F}{\partial q_k} \dot{q}_k + \sum_k \frac{\partial F}{\partial Q_k} \dot{Q}_k + \frac{\partial F}{\partial t} \qquad (57, 17)$$

oder

$$\sum_k \left(p_k - \frac{\partial F}{\partial q_k}\right) \dot{q}_k - \sum_k \left(P_k + \frac{\partial F}{\partial Q_k}\right) \dot{Q}_k + \left(H^* - H - \frac{\partial F}{\partial t}\right) = 0. \qquad (57, 18)$$

Diese Gleichung läßt sich erfüllen, wenn

$$p_k = p_k(q_k, Q_k, t) = \frac{\partial F}{\partial q_k} \qquad (57, 19)$$

$$P_k = P_k(q_k, Q_k, t) = -\frac{\partial F}{\partial Q_k} \qquad (57, 20)$$

$$H^* = H + \frac{\partial F}{\partial t} \qquad (57, 21)$$

gesetzt wird. Diese Ausdrücke besagen folgendes: Wählt man eine beliebige Funktion F gemäß (57, 16), so findet man die neuen Impulse P_k durch Ableitung nach der Vorschrift (57, 20). Aus dieser Gleichung lassen sich in Verbindung mit (57, 19) die Transformationsgleichungen (57, 6/7) finden.

Weil P_k und p_k nach (57, 19/20) durch die beliebige Funktion F bestimmt werden, nennt man F die *Erzeugende* der kanonischen Transformation (57, 6/7).

Da F eine Funktion von je einem Satz der alten und der neuen Variablen ist, gibt es außer dem bereits behandelten Fall noch drei weitere Möglichkeiten, die wir nachstehend angeben.

Wählt man

$$F = F(q_k, P_k, t), \qquad (57, 22)$$

so erhält man auf dem gleichen Weg, der von (57, 16) zu (57, 19—21) führt, als Analogon zu diesen Gleichungen

$$p_k = p_k(q_k, P_k, t) = \frac{\partial F}{\partial q_k} \qquad (57, 23)$$

$$Q_k = Q_k(q_k, P_k, t) = \frac{\partial F}{\partial P_k} \qquad (57, 24)$$

$$H^* = H + \frac{\partial F}{\partial t}. \qquad (57, 25)$$

Für den Fall, daß

$$F = F(Q_k, p_k, t) \qquad (57, 26)$$

ist, findet man

$$P_k = P_k(Q_k, p_k, t) = -\frac{\partial F}{\partial Q_k} \qquad (57, 27)$$

$$q_k = q_k(Q_k, p_k, t) = -\frac{\partial F}{\partial p_k} \qquad (57, 28)$$

$$H^* = H + \frac{\partial F}{\partial t}. \qquad (57, 29)$$

Wählt man schließlich

$$F = F(p_k, P_k, t), \qquad (57, 30)$$

so wird

$$q_k = q_k(p_k, P_k, t) = -\frac{\partial F}{\partial p_k} \tag{57, 31}$$

$$Q_k = Q_k(p_k, P_k, t) = \frac{\partial F}{\partial P_k} \tag{57, 32}$$

$$H^* = H + \frac{\partial F}{\partial t}. \tag{57, 33}$$

Es gibt spezielle Kanonische Transformationen, die sich für die Anwendungen als besonders bedeutungsvoll erwiesen haben. Beispiele hierfür werden in Kap. 72 angegeben.

58. Die Hamilton-Jacobische Differentialgleichung

Im vorstehenden Kapitel wurde gezeigt, daß und wie man von den ursprünglich kanonisch konjugierten Variablen p_k, q_k zu neuen Variablen P_k, Q_k übergehen kann, in denen die Hamiltonschen Gleichungen ebenfalls gelten.

Es entsteht nun die Frage, ob es spezielle Kanonische Transformationen gibt, durch die die Hamiltonschen Gleichungen in eine besonders leicht integrierbare Form gebracht werden können. Das ist sicher der Fall, wenn die neuen Koordinaten Q_k ausnahmslos zyklischen Charakter haben, d. h. wenn H^* die Form

$$H^* = H^*(P_1, P_2, \ldots, P_f, t) \tag{58, 1}$$

besitzt. Dann ist, wie bereits in Kap. 56 gezeigt,

$$-\frac{\partial H^*}{\partial Q_k} = \dot{P}_k = 0 \tag{58, 2}$$

$$\frac{\partial H^*}{\partial P_k} = \dot{Q}_k = \omega_k, \tag{58, 3}$$

wobei die ω_k Konstanten sind. Aus (58, 2/3) folgt

$$P_k = \alpha_k = \text{const} \tag{58, 4}$$

$$Q_k = \omega_k t + \beta_k. \tag{58, 5}$$

Am einfachsten werden aber offensichtlich die Verhältnisse, wenn man eine kanonische Transformation findet, die

$$H = H(p_k, q_k, t) \tag{58, 6}$$

in

$$H^* = H^*(P_k, Q_k, t) \equiv 0 \tag{58, 7}$$

überführt. Dann lauten die Bewegungsgleichungen

$$\frac{\partial H^*}{\partial P_k} = \dot{Q}_k = 0 \tag{58, 8}$$

$$-\frac{\partial H^*}{\partial Q_k} = \dot{P}_k = 0. \tag{58, 9}$$

Diese Gleichungen lassen sich sofort integrieren und liefern

$$P_k = \text{const} \tag{58, 10}$$

$$Q_k = \text{const}, \tag{58, 11}$$

d. h. Erhaltungsgrößen.

Wir wollen jene spezielle Erzeugende, die H in

$$H^* \equiv 0 \tag{58, 12}$$

überführt, mit W bezeichnen und sie die *Wirkungsfunktion* nennen.

Es ist zweckmäßig — aber nicht unbedingt notwendig — die Wirkungsfunktion W als von den q_k und P_k abhängig anzunehmen:

$$W = W(q_k, P_k, t). \tag{58, 13}$$

Dies entspricht (57, 22). Es gilt daher, gemäß (57, 23) und (57, 25) mit $F = W$:

$$p_k = \frac{\partial W}{\partial q_k} \tag{58, 14}$$

$$H^* = H(q_k, p_k, t) + \frac{\partial W}{\partial t}. \tag{58, 15}$$

Da die Wirkungsfunktion W die Forderung (58, 12) erfüllen soll, muß (58, 15) verschwinden, also

$$H^* = H(q_k, p_k, t) + \frac{\partial W}{\partial t} = 0 \tag{58, 16}$$

sein. Um H in den gleichen Variablen auszudrücken, von denen W abhängt, muß man in (58, 16) die p_k durch (58, 14) ausdrücken. Dies führt zu

$$H\left(q_k, \frac{\partial W}{\partial q_k}, t\right) + \frac{\partial W}{\partial t} = 0. \tag{58, 17}$$

Diese Gleichung nennt man die HAMILTON-JACOBI*sche Differentialgleichung*. Da die p_k im allgemeinen in H als quadratische Glieder auftreten, ist (58, 17) eine im allgemeinen nichtlineare partielle Differentialgleichung erster Ordnung für die Wirkungsfunktion W.

Das eingangs gestellte Problem, durch eine geeignete Kanonische Transformation die HAMILTONschen Gleichungen auf eine sofort integrierbare Form zu bringen, ist somit auf die Lösung der Differentialgleichung (58, 17) zurückgeführt. Da sie von den $f + 1$ Variablen q_k und t abhängt, ist ein Vollständiges Integral[1]) von (58, 17) ein Ausdruck, der $f + 1$ unabhängige Integrationskonstanten enthalten muß. Sie mögen etwa mit $\alpha_1, \alpha_2, \ldots, \alpha_{f+1}$ bezeichnet werden. Weil nun aber in der HAMILTON-JACOBIschen Gleichung die Wirkungsfunktion W nicht explizit auftritt, sondern nur ihre partiellen Ableitungen nach q_k bzw. t eingehen, ist mit W auch $W + \alpha$ eine Lösung von (58, 17). Dabei ist α eine von den $f + 1$ Konstanten, die in dem Vollständigen Integral von (58, 17) auftreten. Identifiziert man α etwa mit α_{f+1}, so hat diese Konstante additiven Charakter. Im Gegensatz hierzu sind die restlichen f Konstanten α_k nichtadditive — oder wie man auch sagt: *wesentliche* oder *nichttriviale* — Konstanten.

Es kann daher gesagt werden: ein Vollständiges Integral von (58, 17) hat die Form

$$W = W(q_k, t, \alpha_k) \tag{58, 18}$$

mit f nichttrivialen Konstanten α_k.

---

[1]) Zur Erinnerung sei bemerkt, daß man als Vollständiges Integral einer partiellen Differentialgleichung erster Ordnung nach LAGRANGE einen Ausdruck bezeichnet, der die Differentialgleichung erfüllt und n beliebige Konstanten enthält, wobei n die Anzahl der unabhängigen in der Differentialgleichung auftretenden Variablen ist.

Da die hier speziell betrachtete Erzeugende, die Wirkungsfunktion W, von der Form (58, 13) ist, in der die P_k nach (58, 10) Konstanten sind, kann man die in (58, 18) auftretenden α_k als die neuen Impulse P_k ansehen, also

$$P_k = \alpha_k = \text{const} \tag{58, 19}$$

setzen. Nach (57, 23/24) folgt dann aus (58, 18) für die ursprünglichen Impulse

$$p_k = \frac{\partial W}{\partial q_k} \tag{58, 20}$$

und für die neuen konstanten Koordinaten

$$Q_k = \frac{\partial W}{\partial P_k} = \frac{\partial W}{\partial \alpha_k} = \beta_k = \text{const}, \tag{58, 21}$$

also nach (58, 18)

$$Q_k = Q_k(q_k, t, \alpha_k) = \beta_k. \tag{58, 22}$$

Löst man diese Gleichungen nach den q_k auf, so erhält man

$$q_k = q_k(t, \alpha_k, \beta_k). \tag{58, 23}$$

Damit hat man die Koordinaten als Funktion der Zeit ausgedrückt, d. h. die Lösung des zu behandelnden Problems gefunden. Die darin auftretenden $2f$ Konstanten α_k und β_k ergeben sich aus den Anfangsbedingungen der zu lösenden Bewegungsaufgabe.

Das Aufsuchen eines Vollständigen Integrals von (58, 17) ist eine im allgemeinen schwierige Aufgabe. In manchen Fällen gestaltet sie sich jedoch einfacher als die direkte Lösung der Hamiltonschen Gleichungen.

Wir betrachten den Sonderfall eines konservativen Systems. Dann existiert ein Potential V und die Gesamtenergie E des Systems ist

$$E = T + V = H. \tag{58, 24}$$

In diesem Fall geht daher die Hamilton-Jacobische Gleichung in

$$H\left(\frac{\partial W}{\partial q_k}, q_k\right) + \frac{\partial W}{\partial t} = E + \frac{\partial W}{\partial t} = 0 \tag{58, 25}$$

über. Da (58, 24) nach den Ausführungen in Kap. 56 nur dann gilt, wenn H nicht explizit von t abhängt, sagt die linke Seite der letzten Gleichung aus, daß die Wirkungsfunktion W eine in t lineare Funktion sein muß. Diese zeitliche Abhängigkeit ergibt sich aus dem mittleren Teil von (58, 25) zu

$$W \sim -Et. \tag{58, 26}$$

Somit ist beim Vorliegen eines konservativen Systems für die Wirkungsfunktion

$$W(q_k, P_k, t) = S(q_k, P_k) - Et \tag{58, 27}$$

zu schreiben. Man nennt S die *verkürzte* Wirkungsfunktion.

Geht man mit (58, 27) in (58, 25) ein, so erhält man

$$H\left(\frac{\partial S}{\partial q_k}, q_k\right) = E. \tag{58, 28}$$

Dies ist die sog. verkürzte Hamilton-Jacobische Differentialgleichung für S.

Ein Vollständiges Integral dieser Gleichung muß die in ihr auftretende Konstante E als wesentliche Konstante enthalten. Es muß also S die Form

$$S = S(q_k, E, \ldots) \tag{58, 29}$$

haben. Da nun aber nach (58, 27) die Wirkungsfunktion

$$W(q_k, P_k, t) = W(q_k, \alpha_k, t) = -Et + S(q_k, \alpha_k) \tag{58, 30}$$

nur f nichttriviale Konstanten enthalten kann, besteht entweder zwischen E und den α_k eine Verknüpfungsgleichung, d. h. es ist

$$E = E(\alpha_1, \alpha_2, \ldots, \alpha_f) \tag{58, 31}$$

oder E ist selbst mit einer der f nichttrivialen Konstanten, z. B. mit α_1 zu identifizieren, also $E = \alpha_1$.

Nehmen wir dies an, so lautet (58, 30) in den Konstanten α_k ausführlich geschrieben

$$W(q_k, \alpha_k, t) = -Et + S(q_k, \alpha_1, \alpha_2, \ldots, \alpha_f) \tag{58, 32}$$

$$= -\alpha_1 t + S(q_k, \alpha_1, \alpha_2, \ldots, \alpha_f). \tag{58, 33}$$

Damit ist nach (58, 21) für $k = 1$, $(\alpha_1 = E)$

$$\frac{\partial W}{\partial \alpha_1} = \frac{\partial W}{\partial E} = -t + \frac{\partial S}{\partial E} = \beta_1, \tag{58, 34}$$

oder

$$\frac{\partial S}{\partial E} = f(q_k, \alpha_k) = t + \beta_1 \tag{58, 35}$$

und für $k > 1$

$$\frac{\partial W}{\partial \alpha_k} = \frac{\partial S}{\partial \alpha_k} = \varphi_k(q_k, \alpha_k) = \beta_k. \tag{58, 36}$$

Aus (58, 35) ersieht man, daß β_1 die Dimension einer Zeit haben muß. Setzt man $\beta_1 = -t_0$, so geht (58, 35) in

$$\frac{\partial S}{\partial E} = f(q_k, \alpha_k) = t - t_0 \tag{58, 37}$$

über.

Die f Gleichungen (58, 36/37) — aus denen sich die gesuchten $q_k(t)$ durch Auflösung ergeben — drücken formelmäßig den Inhalt eines Satzes aus, der als *Theorem von* Jacobi bezeichnet wird. Wir besprechen es im folgenden Kapitel. —

Für den Fall, daß das System aus nur einem Massenpunkt m besteht, der sich in einem konservativen Kraftfeld bewegt, ist

$$H = E = T + V \tag{58, 38}$$

$$= \frac{m}{2} v^2 + V \tag{58, 39}$$

$$= \frac{1}{2m} p^2 + V \tag{58, 40}$$

$$= \frac{1}{2m} (p_x^2 + p_y^2 + p_z^2) + V. \tag{58, 41}$$

Hieraus ergibt sich als Hamilton-Jacobische Gleichung, wenn man gemäß (58, 20) unter Berücksichtigung von (58, 27) für

$$p_x = \frac{\partial S}{\partial x} \tag{58, 42}$$

usw. setzt,

$$\left(\frac{\partial S}{\partial x}\right)^2 + \left(\frac{\partial S}{\partial y}\right)^2 + \left(\frac{\partial S}{\partial z}\right)^2 = 2m[E - V(\mathfrak{r})]. \tag{58, 43}$$

Für den Sonderfall, daß m nur $f = 1$ Freiheitsgrad hat, geht diese partielle Differentialgleichung mit der generalisierten Koordinate q in die gewöhnliche Differentialgleichung

$$\left(\frac{dS}{dq}\right)^2 = 2m\,[E - V(q)] \tag{58, 44}$$

über, die sich durch bloße Quadratur lösen läßt. Es ergibt sich

$$S(E, q) - S(E, q_0) = \int_{q_0}^{q} \sqrt{2m\,[E - V(q)]}\,dq. \tag{58, 45}$$

Die Lösung des mechanischen Problems findet man hieraus nach (58, 37), indem man den Ausdruck

$$\frac{\partial S}{\partial E} = f(q, E) = \sqrt{\frac{m}{2}} \int_{q_0}^{q} \frac{dq}{\sqrt{E - V(q)}} = t - t_0 \tag{58, 46}$$

nach q auflöst.

Abschließend bemerken wir, daß es manchmal möglich ist, die verkürzte Hamilton-Jacobische Differentialgleichung (58, 28) durch den Separationsansatz

$$S(q_k) = S_1(q_1) + S_2(q_2) + \dots \tag{58, 47}$$

zu lösen. Ein allgemeines Kriterium, in welchen Fällen dies gelingt, ist nicht bekannt. Immerhin weiß man aufgrund einer Untersuchung von Stäckel, daß die Separierung mittels (58, 47) stets dann gelingt, wenn in der Hamilton-Jacobischen Differentialgleichung nur reine Quadrate von $\partial S/\partial q_k$ und nicht gemischte Produkte dieser Größen auftreten.

59. Das Theorem von Jacobi

Wir kommen auf den im vorstehenden Kapitel erwähnten Satz von Jacobi zurück, weil er für die Lösung eines mechanischen Problems im Rahmen der Hamiltonschen Mechanik von wesentlicher Bedeutung ist. Dieses Theorem hat Jacobi in seinen klassischen „Vorlesungen über Dynamik“ angegeben und bewiesen. Wir geben es in der Originalfassung wieder, in der lediglich die s. Z. gebräuchliche Symbolik der hier verwendeten angepaßt ist.

Jacobi schreibt:

„Es sei

$$\frac{\partial W}{\partial t} + H = 0 \tag{59, 1}$$

eine beliebige partielle Differentialgleichung erster Ordnung, welche W nicht enthält, so daß H irgendeine Funktion der Größen $t, q_1, \dots, q_f, p_1, \dots, p_f$ ist, wo ferner

$$p_k = \frac{\partial W}{\partial q_k}. \tag{59, 2}$$

Man kenne eine vollständige Lösung W der partiellen Differentialgleichung (59, 1), d. h. eine Lösung, welche (außer den mit W durch Addition verbundenen) noch f willkürliche Konstanten $\alpha_1, \dots, \alpha_f$ enthält. Setzt man nun

$$\frac{\partial W}{\partial \alpha_k} = \beta_k, \tag{59, 3}$$

wo $\beta_1, \ldots, \beta_f$ f neue willkürliche Konstanten bedeuten, so sind diese Gleichungen verbunden mit den Gleichungen

$$\frac{\partial W}{\partial q_k} = p_k \tag{59, 4}$$

die Integrale des Systems von Differentialgleichungen

$$\frac{dq_k}{dt} = \frac{\partial H}{\partial p_k} \tag{59, 5}$$

$$-\frac{dp_k}{dt} = \frac{\partial H}{\partial q_k}, \tag{59, 6}$$

wo k die Werte $1, 2, \ldots, f$ annimmt."

Da (59, 5/6) die HAMILTONschen Gleichungen sind, sagt das JACOBIsche Theorem aus: Um die Lösung eines mechanischen Problems im Rahmen der HAMILTON-Mechanik zu finden, hat man nach JACOBI von (59, 1) auszugehen und in dieser Gleichung die p_k nach (59, 4) auszudrücken. Dies ergibt

$$H\left(q_k, \frac{\partial W}{\partial q_k}, t\right) + \frac{\partial W}{\partial t} = 0 \tag{59, 7}$$

und das ist die HAMILTON-JACOBIsche Differentialgleichung. Kennt man ein Vollständiges Integral

$$W = W(q_k(t), \alpha_k, t), \tag{59, 8}$$

von ihr, so gewinnt man daraus nach JACOBI die Lösung der kanonischen Bewegungsgleichungen (59, 5/6) mit Hilfe von (59, 3/4), d. h. allein durch Differentiation der Wirkungsfunktion W.

Um dies zu beweisen, haben wir zu zeigen, daß (59, 3/4) die HAMILTONschen Gleichungen (59, 5/6) identisch erfüllen. Hierzu gehen wir von (59, 3) aus und bilden die totale Zeitableitung dieser Gleichung.

Dies ergibt, weil die β_k Konstanten sind,

$$\frac{d}{dt}\frac{\partial W}{\partial \alpha_k} = 0. \tag{59, 9}$$

Beachtet man (59, 8), so wird (59, 9) ausführlich geschrieben

$$\frac{\partial^2 W}{\partial \alpha_k \partial t} + \sum_{i=1}^{f} \frac{\partial^2 W}{\partial \alpha_k \partial q_i} \dot{q}_i = 0, \quad k = 1, 2, \ldots, f. \tag{59, 10}$$

Aus diesem Gleichungssystem haben wir die $\dot{q}_k$ auszurechnen und zu zeigen, daß sie die HAMILTON-Gleichung (59, 5) identisch erfüllen.

Wir können aber auch umgekehrt in (59, 10) die $\dot{q}_k$ gemäß (59, 5) ersetzen und nachweisen, daß dann (59, 10) identisch erfüllt ist. Wir wollen diesen Weg gehen, weil er bequemer ist, und kombinieren (59, 10) mit (59, 5). Dies ergibt

$$\frac{\partial^2 W}{\partial \alpha_k \partial t} + \sum_{i=1}^{f} \frac{\partial^2 W}{\partial \alpha_k \partial q_i} \frac{\partial H}{\partial p_i} = 0. \tag{59, 11}$$

Der Beweis des JACOBIschen Satzes ist nun erbracht, wenn gezeigt wird, daß (59, 11) eine Identität ist.

Dies läßt sich wie folgt einsehen. Voraussetzungsgemäß ist W eine vollständige Lösung von (59, 1), d. h. diese Gleichung wird mit (59, 8) für beliebige Werte von α_k identisch erfüllt. Daher gilt, wenn (59, 1) nach α_k differenziert wird, auch

$$\frac{\partial^2 W}{\partial \alpha_k \partial t} + \frac{\partial H}{\partial \alpha_k} = 0, \quad k = 1, 2, \ldots, f. \tag{59, 12}$$

Aus (59, 7) ist zu ersehen, daß H von den α_k insofern abhängt, als in H die Ausdrücke $\partial W/\partial q_k$ eingehen, die nach (59, 8) die α_k enthalten. Es ist daher

$$\frac{\partial H}{\partial \alpha_k} = \sum_i \frac{\partial H}{\partial \left(\frac{\partial W}{\partial q_i}\right)} \frac{\partial^2 W}{\partial q_i \partial \alpha_k}. \tag{59, 13}$$

Setzt man dies in (59, 12) ein, so erhält man

$$\frac{\partial^2 W}{\partial \alpha_k \partial t} + \sum_i \frac{\partial H}{\partial \left(\frac{\partial W}{\partial q_i}\right)} \frac{\partial^2 W}{\partial q_i \partial \alpha_k}. \tag{59, 14}$$

Dafür kann man mit Verwendung von (59, 2) auch

$$\frac{\partial^2 W}{\partial \alpha_k \partial t} + \sum_i \frac{\partial H}{\partial p_i} \frac{\partial^2 W}{\partial q_i \partial \alpha_k} \equiv 0 \tag{59, 15}$$

schreiben.

Die Gleichung wird identisch erfüllt und stimmt mit (59, 11) überein, womit gezeigt ist, daß (59, 3) eine Lösung der Hamilton-Gleichung (59, 5) ist, w. z. b. w.

Auf analogem Wege läßt sich beweisen, daß (59, 4) eine Lösung von (59, 6) ist. Hierzu bildet man die totale Zeitableitung von (59, 4) und kombiniert diese mit (59, 6). Man gelangt dann zu einer zu (59, 15) analogen Gleichung.

60. Die Poisson-Klammer

Es sei

$$F = F(q_k, p_k, t) \tag{60, 1}$$

eine Funktion der angegebenen Variablen. Dann ist ihre zeitliche Ableitung

$$\frac{dF}{dt} = \frac{\partial F}{\partial t} + \sum_k \left(\frac{\partial F}{\partial q_k} \dot{q}_k + \frac{\partial F}{\partial p_k} \dot{p}_k\right). \tag{60, 2}$$

Unter Beachtung der Hamiltonschen Gleichungen (55, 28/29) wird daraus

$$\frac{dF}{dt} = \frac{\partial F}{\partial t} + \sum_k \left(\frac{\partial H}{\partial p_k} \frac{\partial F}{\partial q_k} - \frac{\partial H}{\partial q_k} \frac{\partial F}{\partial p_k}\right). \tag{60, 3}$$

Hierfür schreibt man

$$\frac{dF}{dt} = \frac{\partial F}{\partial t} + [H, F] \tag{60, 4}$$

und nennt

$$[H, F] = -[F, H] = \sum_k \left(\frac{\partial H}{\partial p_k} \frac{\partial F}{\partial q_k} - \frac{\partial H}{\partial q_k} \frac{\partial F}{\partial p_k}\right) \tag{60, 5}$$

das Poisson*sche Klammersymbol* oder kurz Poisson-*Klammer*.

Weil sich die Poisson-Klammer zur Darstellung der Gesetzmäßigkeiten der Mechanik als geeignet erwiesen hat, wollen wir die wichtigsten ihrer Eigenschaften hier angeben.

Enthält eine einen mechanischen Ablauf beschreibende Größe f die Zeit t nicht explizit:

$$f = f(q_k, p_k), \tag{60, 6}$$

so ist

$$\frac{\partial f}{\partial t} = 0 \tag{60, 7}$$

und daher

$$\frac{df}{dt} = [H, f]. \tag{60, 8}$$

Hieraus ersieht man, daß die Poisson-Klammer die totale zeitliche Ableitung einer nicht explizit von der Zeit abhängigen Funktion darstellt.

Damit ergibt sich die Möglichkeit, die Aussage, daß eine Größe

$$G = G(p_k, q_k) = G_0 \tag{60, 9}$$

eine Erhaltungsgröße ist, d. h.

$$\frac{dG}{dt} = 0 \tag{60, 10}$$

gilt, mit Hilfe des Poissonschen Klammersymbols auszudrücken. Unter Beachtung von (60, 8) läßt sich nämlich die letzte Gleichung in der Form

$$[H, G] = 0 \tag{60, 11}$$

schreiben.

Es gilt auch die Umkehrung: Gelangt man im Verlauf einer Rechnung zu der Beziehung (60, 11), so kann man auf (60, 9) schließen, sofern G nicht explizit zeitabhängig ist.

Es läßt sich daher die für ein konservatives System gültige Energieerhaltungsaussage

$$\frac{dE}{dt} = 0, \tag{60, 12}$$

für die nach (56, 12) auch

$$\frac{dH}{dt} = 0 \tag{60, 13}$$

geschrieben werden kann, mit Hilfe der Poisson-Klammer durch

$$[H, E] = [H, H] = 0 \tag{60, 14}$$

ausdrücken.

Auch die kanonischen Gleichungen (55, 28/29) können mit Verwendung der Poisson-Klammer in neuer Form dargestellt werden. Sie ergeben sich, indem man in (60, 8) die Funktion f mit q_k bzw. p_k identifiziert. Das liefert

$$\dot{q}_k = [H, q_k] \tag{60, 15}$$

$$\dot{p}_k = [H, p_k]. \tag{60, 16}$$

Man kann den eingangs erklärten Begriff der Poisson-Klammer auf zwei beliebige Funktionen verallgemeinern, indem man die Hamilton-Funktion H durch eine beliebige Funktion

$$f = f(q_k, p_k, t) \tag{60, 17}$$

ersetzt. Bezeichnet man die andere Funktion mit

$$g = g(q_k, p_k, t), \tag{60, 18}$$

so definiert man als Poisson-Klammer von f und g den Ausdruck

$$[f, g] = -[g, f] = \sum_k \left(\frac{\partial f}{\partial p_k}\frac{\partial g}{\partial q_k} - \frac{\partial f}{\partial q_k}\frac{\partial g}{\partial p_k}\right). \tag{60 19}$$

Hieraus ergibt sich eine bemerkenswerte Eigenschaft der zueinander kanonisch konjugierten Variablen p_k und q_k. Setzt man in (60, 19) für

$$f = p_j, \quad g = q_j, \quad j \text{ fest}, \tag{60, 20}$$

so erhält man

$$[p_j, q_j] = 1. \tag{60, 21}$$

Setzt man dagegen

$$f = p_i, \quad g = q_j, \quad i \neq j, \quad j \text{ fest}, \tag{60, 22}$$

so ergibt sich

$$[p_i, q_j] = 0. \tag{60, 23}$$

Die beiden Gleichungen (60, 21) und (60, 23) lassen sich in

$$[p_i, q_j] = \delta_{ij} \tag{60, 24}$$

zusammenfassen, wobei δ_{ij} das KRONECKER-Symbol ist.

Setzt man in (60, 19):

$$f = g = q_j, \tag{60, 25}$$

so wird

$$[q_j, q_j] = 0. \tag{60, 26}$$

Ebenso findet man

$$[p_j, p_j] = 0. \tag{60, 27}$$

Manchmal benutzt man die vorstehend angegebenen Ausdrücke zur Definition zweier kanonisch konjugierter Variablen p_k und q_k, indem man festlegt, daß p_k und q_k dann zueinander kanonisch konjugiert sind, wenn sie die durch die POISSON-Klammern ausgedrückten Gleichungen (60, 24) und (60, 26/27) erfüllen. —

Wir geben noch eine wichtige Eigenschaft der POISSON-Klammern an, deren formelmäßiger Ausdruck als JACOBI*sche Identität* bezeichnet wird. Sie lautet

$$[[f, g], h] + [[g, h], f] + [[h, f], g] = 0. \tag{60, 28}$$

Der Beweis hierfür ergibt sich, indem man die einzelnen Klammersymbole gemäß ihrer Definition ausschreibt. Dies ist etwas langwierig, jedoch nicht schwierig. Wir wollen daher die Rechnung nicht durchführen.

Wir erwähnen dieses Theorem, weil es für den Beweis eines anderen Satzes benötigt wird, der in der Integrationstheorie der Kanonischen Gleichungen von Wichtigkeit ist. Dieser Satz geht ebenfalls auf JACOBI zurück und lautet:
Sind für alle Zeiten t:

$$F_1(q_k, p_k, t) = c_1 = \text{const} \tag{60, 29}$$

und

$$F_2(q_k, p_k, t) = c_2 = \text{const}, \tag{60, 30}$$

d. h. Konstanten der Bewegung, so ist auch

$$[F_1, F_2] = c_3 = \text{const} \tag{60, 31}$$

eine Konstante der Bewegung.

Der Beweis ergibt sich wie folgt: Nach (60, 4) ist

$$\frac{dF_1}{dt} = \frac{\partial F_1}{\partial t} + [H, F_1] = 0 \tag{60, 32}$$

$$\frac{dF_2}{dt} = \frac{\partial F_2}{\partial t} + [H, F_2] = 0. \tag{60, 33}$$

Weiter gilt nach der JACOBIschen Identität (60, 28), wenn darin $f = F_1$, $g = F_2$ und $h = H$ gesetzt wird,

$$[[F_1, F_2], H] + [[F_2, H], F_1] + [[H, F_1] F_2] = 0. \qquad (60, 34)$$

Kombiniert man dies mit (60, 32/33), so erhält man

$$[[F_1, F_2], H] + \left[\frac{\partial F_2}{\partial t}, F_1\right] - \left[\frac{\partial F_1}{\partial t}, F_2\right] = 0. \qquad (60, 35)$$

Dafür kann man aber unter Beachtung von (60, 19) auch

$$[H, [F_1, F_2]] + \left[F_1, \frac{\partial F_2}{\partial t}\right] + \left[\frac{\partial F_1}{\partial t}, F_2\right] = 0 \qquad (60, 36)$$

oder

$$[H, [F_1, F_2]] + \frac{\partial}{\partial t}[F_1, F_2] = 0 \qquad (60, 37)$$

schreiben. Nach (60, 4) ist dies mit

$$\frac{d[F_1, F_2]}{dt} = 0 \qquad (60, 38)$$

oder

$$[F_1 F_2] = F_3 = c_3 = \text{const} \qquad (60, 39)$$

gleichwertig und dies besagt eben, wie oben behauptet, daß (60, 31) eine weitere Erhaltungsgröße F_3 ist.

61. Invarianzeigenschaften und Erhaltungssätze

Bei der Begründung der Klassischen Mechanik, d. h. durch die Postulierung der Bewegungsgleichung (14, 1) durch NEWTON, ging dieser von der Vorstellung aus, daß kein Punkt des Raumes vor einem beliebigen anderen Punkt und keine Richtung vor einer anderen möglichen Richtung ausgezeichnet ist. Dies bezeichnen wir heute schlagwortartig dadurch, daß man sagt, der Raum ist *homogen* und *isotrop*.

Ferner sagt NEWTON[1]):

„Die absolute, wahre und mathematische Zeit verfließt an sich und vermöge ihrer Natur gleichförmig und ohne Beziehung auf einen äußeren Gegenstand ..."

Diese Bemerkung über die Zeit besagt, daß auch sie homogen ist, d. h. daß kein Zeitpunkt vor einem anderen ausgezeichnet ist. Man kann daher nach Belieben jeden Zeitpunkt als Zeitnullpunkt wählen. Nun ist zur Beschreibung von physikalischen Vorgängen die Verwendung eines Bezugssystems und die Einführung einer Zeitskala unerläßlich.

Hat man einmal das Bezugssystem und die Zeitskala festgelegt, so wird damit der Ursprung des Bezugssystems gegenüber allen anderen Raumpunkten ausgezeichnet, wie auch die Richtungen der Achsen des Koordinatensystems gegenüber allen anderen möglichen Richtungen. Ebenso wird der Zeitpunkt $t = 0$ gegenüber allen anderen Punkten der Zeitskala hervorgehoben.

Diese Auszeichnung ist jedoch nur scheinbar, weil eben wegen der genannten Eigenschaften von Raum und Zeit die Naturgesetze so beschaffen sein müssen, daß sie unabhängig von der Wahl des Bezugssystems und der Zeitskala sind.

Wir wollen dies etwas anders ausdrücken und erinnern hierzu an folgende Begriffe: Verschiebt man den Ursprung eines Koordinatensystems, ohne die Richtung

---

1) Zitiert nach [15], Bd. I

von dessen Achsen zu ändern, so nennt man dies eine (Raum-)*Translation.* In Analogie hierzu spricht man von einer *Zeittranslation*, wenn man auf der Zeitachse jeden Zeitpunkt t durch $t' = t + \tau$ ersetzt, wobei τ ein fester Zeitwert ist. Geht man von einem Bezugssystem zu einem neuen über, dessen Achsen nicht die gleiche Richtung wie die ursprünglichen haben, so spricht man von einer *Drehung* oder *Rotation* des Bezugssystems.

Mit diesen Begriffen kann man die Aussage im vorstehenden Absatz auch so formulieren: Die Naturgesetze müssen gegenüber einer Raum- und Zeittranslation sowie gegenüber einer Drehung *forminvariant* sein, d. h. sie müssen in den neuen Raum-Zeit-Koordinaten dieselbe Form haben wie in den ursprünglich gewählten Koordinaten. Insbesondere bedeutet dies für die Mechanik — weil *eine* Formulierung der Bewegungsgleichungen durch die Kanonischen Gleichungen gegeben ist — daß diese Forderung auch die HAMILTON-Funktion H erfüllen muß.

Es ist nun sehr bemerkenswert, daß die genannten Invarianzeigenschaften Erhaltungsaussagen zur Folge haben.

Wir beschränken uns darauf, dies für zwei Fälle nachzuweisen und betrachten hierzu ein abgeschlossenes System, dessen HAMILTON-Funktion

$$H = H(q_k, p_k, t) \tag{61, 1}$$

ist, deren Argumente

$$q_k = q_k(t), \quad p_k = p_k(t) \tag{61, 2}$$

Funktionen der Zeit t sind.

1. Verschiebt man den Zeitnullpunkt um die konstante Zeit dt, so geht t in $t + dt$ über. Die Invarianz von H gegenüber dieser Zeittranslation verlangt, daß

$$H[q_k(t + dt), p_k(t + dt), t + dt] = H[q_k(t), p_k(t), t] \tag{61, 3}$$

ist. Entwickelt man die linke Seite dieser Gleichung, so erhält man

$$H[q_k(t), p_k(t), t] + \sum_k \left(\frac{\partial H}{\partial q_k}\dot{q}_k + \frac{\partial H}{\partial p_k}\dot{p}_k\right) dt + \frac{\partial H}{\partial t} dt = H[q_k(t), p_k(t), t] \tag{61,4}$$

oder

$$\sum_k \left(\frac{\partial H}{\partial q_k}\dot{q}_k + \frac{\partial H}{\partial p_k}\dot{p}_k\right) + \frac{\partial H}{\partial t} = \frac{dH}{dt} = 0. \tag{61, 5}$$

In diesem Ausdruck verschwindet die Summe wegen (55, 28/29). Hieraus folgt, daß H nicht explizit von der Zeit abhängen darf, d. h. daß

$$H = E \tag{61, 6}$$

eine Erhaltungsgröße ist. Die Invarianz von H gegenüber einer Zeittranslation hat also den Energiesatz zur Folge.

2. Wir untersuchen nun, welche Erhaltungsgröße die Invarianz gegenüber einer Raumtranslation mit sich bringt. Eine solche liegt dann vor, wenn man ein ursprünglich gewähltes Bezugssystem ohne Änderung der Achsenrichtungen, d. h. als Ganzes starr verschiebt, so daß der anfängliche Ursprung 0 in den neuen Ursprung 0' übergeht. Hat dieser in bezug auf 0 den Ortsvektor $d\mathfrak{r}$, so geht der Ortsvektor $\mathfrak{r}_k$ eines jeden Massenpunktes m_k in

$$\mathfrak{r}_k \to \mathfrak{r}_k + d\mathfrak{r} \tag{61, 7}$$

über, während die Impulse $\mathfrak{p}_k$ nicht geändert werden. Die Invarianz von H gegenüber der Translation (61, 7) verlangt, daß

$$H(\mathfrak{r}_k + d\mathfrak{r}, \mathfrak{p}_k, t) = H(\mathfrak{r}_k, \mathfrak{p}_k, t). \tag{61, 8}$$

Entwickelt man wiederum die linke Seite der letzten Gleichung, so erhält man

$$H(\mathfrak{r}_k, \mathfrak{p}_k, t) + \sum_k \mathrm{grad}_k H \cdot d\mathfrak{r} = H(\mathfrak{r}_k, \mathfrak{p}_k, t)^{1)} \qquad (61, 9)$$

oder

$$d\mathfrak{r} \cdot \sum_k \mathrm{grad}_k H = 0. \qquad (61, 10)$$

Hieraus folgt, weil durch $d\mathfrak{r}$ eine beliebige Translation beschrieben wird, daß die Summe verschwinden muß. Unter Beachtung von (55, 29) gilt daher

$$-\sum_k \dot{\mathfrak{p}}_k = -\frac{d}{dt} \sum_k \mathfrak{p}_k \qquad (61, 11)$$

$$= -\frac{d}{dt} \mathfrak{P} = 0, \qquad (61, 12)$$

wobei $\mathfrak{P}$ den Gesamtimpuls des betrachteten Systems bedeutet. Es ergibt sich daher aus der Invarianz von H gegenüber einer Translation der Impulserhaltungssatz

$$\mathfrak{P} = \mathfrak{P}_0 = \mathrm{const}. \qquad (61, 13)$$

Auf genau die gleiche Weise, wie sie vorstehend dargelegt wurde, findet man, daß die Invarianzforderung gegenüber einer Drehung des Bezugssystems die Erhaltung des Drehimpulses zur Folge hat. Ebenso folgt etwa aus der Gleichwertigkeit aller Inertialsysteme die Invarianz von H gegenüber der GALILEI-Transformation. Die hierzu gehörige Erhaltungsaussage ist der Schwerpunktsatz.

Wir bemerken abschließend, daß die HAMILTON-Funktion nicht nur gegenüber den vorstehend genannten, sondern auch allgemeineren, manchmal sogar unanschaulichen Transformationen (wie sie z. B. in der Physik der Elementarteilchen auftreten) invariant sein muß. Hieraus ergeben sich weitere Erhaltungsaussagen.

62. Die ROUTHschen Gleichungen

In Kap. 55 wurde gezeigt, wie man die f LAGRANGEschen Gleichungen

$$\frac{d}{dt}\frac{\partial L}{\partial \dot{q}_k} - \frac{\partial L}{\partial q_k} = 0 \qquad (62, 1)$$

in die $2f$ HAMILTONschen Gleichungen

$$\frac{\partial H}{\partial p_k} = \dot{q}_k, \qquad \frac{\partial H}{\partial q_k} = -\dot{p}_k \qquad (62, 2)$$

überführen kann.

Welches von diesen Gleichungssystemen man zur Bestimmung der Bewegung eines Punktsystems verwendet, ist grundsätzlich gleichgültig, weil die Gleichungen (62, 1) mit (62, 2) äquivalent sind. Man wird daher bei der Wahl zwischen (62, 1) und (62, 2) allein nach Zweckmäßigkeitsgründen entscheiden.

Es hat sich nun gezeigt, daß es in manchen Fällen von Vorteil ist, wenn man die Bewegungsgleichungen in „gemischter Form" wählt.

Eine solche Aufspaltung in $f - h$ Gleichungen vom „LAGRANGEschen Typ" und h Gleichungen vom „HAMILTONschen Typ" stammt von ROUTH[2]), weswegen man die entsprechenden „gemischten" Bewegungsgleichungen die ROUTH*schen Gleichungen* nennt.

---

[1]) Wobei $\mathrm{grad}_k = \mathfrak{i}\frac{\partial}{\partial x_k} + \mathfrak{j}\frac{\partial}{\partial y_k} + \mathfrak{k}\frac{\partial}{\partial z_k}$ bedeutet.

[2]) Edward John ROUTH: *1831 in Quebec, †1907 in Cambridge.

Um sie aufzustellen, gehen wir von einem Gegenstück zu der Lagrange- bzw. der Hamilton-Funktion aus, die als *Routhsche Funktion R* bezeichnet wird. Sie hängt von den $2(f-h)$ „Lagrangeschen Variablen"

$$q_1, q_2, \ldots, q_{f-h}, \qquad \dot{q}_1, \dot{q}_2, \ldots, \dot{q}_{f-h}, \tag{62, 3}$$

den $2h$ Variablen des Hamiltonschen Formalismus

$$q_{f-h+1}, q_{f-h+2}, \ldots, q_f, \qquad p_{f-h+1}, p_{f-h+2}, \ldots, p_f \tag{62, 4}$$

und der Zeit t ab. Es ist also

$$R = R(q_k, \dot{q}_1, \dot{q}_2, \ldots, \dot{q}_{f-h}, p_{f-h+1}, \ldots, p_f, t), \tag{62, 5}$$

wobei q_k an Stelle aller f generalisierten Koordinaten $q_1, q_2, \ldots, q_f$ steht.

Als Routhsche Funktion wird der Ausdruck

$$R = H(q_k, p_k, t) - \sum_{k=1}^{f-h} p_k \dot{q}_k \tag{62, 6}$$

definiert. Setzt man hierin die Hamilton-Funktion gemäß (55, 24) ein, so wird

$$R = \sum_{k=1}^{f} p_k \dot{q}_k - L(q_k, \dot{q}_k, t) - \sum_{k=1}^{f-h} p_k \dot{q}_k \tag{62, 7}$$

$$= \sum_{k=f-h+1}^{f} p_k \dot{q}_k - L(q_k, \dot{q}_k, t). \tag{62, 8}$$

Aus (62, 8) ist zu ersehen, daß für

$$h = f: \qquad R = H \tag{62, 9}$$

ist, d. h. daß für diesen Fall die Routhsche Funktion mit der Hamilton-Funktion übereinstimmt, während aus (62, 7) folgt, daß für

$$h = 0: \qquad R = -L, \tag{62, 10}$$

d. h. daß die Routhsche Funktion bis auf das Vorzeichen die Lagrange-Funktion ist. Man kann daher, bildlich gesprochen, R als eine „zwischen L und H stehende" Funktion ansehen.

Die Routhschen Gleichungen erhält man nun aus R ebenso, wie in Kap. 55 aus H die Hamiltonschen Gleichungen gewonnen wurden. Hierzu bilden wir zunächst das vollständige Differential von (62, 5). Dies ergibt

$$dR = \sum_{k=1}^{f} \frac{\partial R}{\partial q_k} dq_k + \sum_{k=1}^{f-h} \frac{\partial R}{\partial \dot{q}_k} d\dot{q}_k + \sum_{k=f-h+1}^{f} \frac{\partial R}{\partial p_k} dp_k + \frac{\partial R}{\partial t} dt. \tag{62, 11}$$

Andererseits folgt aus (62, 8):

$$dR = \sum_{k=f-h+1}^{f} \dot{q}_k dp_k + \sum_{k=f-h+1}^{f} p_k d\dot{q}_k - dL. \tag{62, 12}$$

Nun ist

$$L = L(q_k, \dot{q}_k, t), \qquad k = 1, 2, \ldots, f, \tag{62, 13}$$

also

$$dL = \sum_{k=1}^{f} \frac{\partial L}{\partial q_k} dq_k + \sum_{k=1}^{f} \frac{\partial L}{\partial \dot{q}_k} d\dot{q}_k + \frac{\partial L}{\partial t} dt = \sum_{k=1}^{f} \frac{\partial L}{\partial q_k} dq_k + \frac{\partial L}{\partial t} dt \tag{62, 14}$$

$$+ \sum_{k=1}^{f-h} \frac{\partial L}{\partial \dot{q}_k} d\dot{q}_k + \sum_{k=f-h+1}^{f} \frac{\partial L}{\partial \dot{q}_k} d\dot{q}_k. \tag{62, 15}$$

Dies läßt sich in eine andere Form bringen, wenn man beachtet, daß

$$\frac{\partial L}{\partial \dot{q}_k} = p_k \tag{62, 16}$$

ist, woraus sich für

$$\frac{\partial L}{\partial q_k} = \frac{d}{dt}\frac{\partial L}{\partial \dot{q}_k} = \dot{p}_k \tag{62, 17}$$

ergibt. Geht man mit den beiden letzten Gleichungen in (62, 15) ein, so erhält man

$$dL = \sum_{k=1}^{f} \dot{p}_k dq_k + \frac{\partial L}{\partial t} dt + \sum_{k=1}^{f-h} p_k d\dot{q}_k + \sum_{k=f-h+1}^{f} p_k d\dot{q}_k. \tag{62, 18}$$

Setzt man dieses schließlich in (62, 12) ein, so ergibt sich

$$dR = \sum_{k=f-h+1}^{f} \dot{q}_k dp_k - \sum_{k=1}^{f} \dot{p}_k dq_k - \sum_{k=1}^{f-h} p_k d\dot{q}_k - \frac{\partial L}{\partial t} dt. \tag{62, 19}$$

Vergleicht man dies mit (62, 11), so erhält man zunächst bei expliziter Zeitabhängigkeit von R

$$\frac{\partial R}{\partial t} = -\frac{\partial L}{\partial t}. \tag{62, 20}$$

Weiterhin erhält man für $k = 1, 2, \ldots, f-h$ die $2(f-h)$ Gleichungen

$$-\frac{\partial R}{\partial \dot{q}_k} = p_k, \tag{62, 21}$$

$$k = 1, 2, \ldots, f-h$$

$$-\frac{\partial R}{\partial q_k} = \dot{p}_k, \tag{62, 22}$$

und für $k = f-h+1, f-h+2, \ldots, f$ die $2h$ Gleichungen

$$\frac{\partial R}{\partial p_k} = \dot{q}_k, \tag{62, 23}$$

$$k = f-h+1, \ldots, f.$$

$$-\frac{\partial R}{\partial q_k} = \dot{p}_k. \tag{62, 24}$$

Vergleicht man das System (62, 23/24) mit (62, 2), so erkennt man, daß es vom Typ der Hamiltonschen Gleichungen mit $H = R$ ist. Weiterhin erweist sich, daß das System (62, 21/22) vom Typ der Lagrangeschen Gleichungen ist. Man sieht dies ein, indem man beachtet, daß nach (62, 5) für $k = 1, 2, \ldots, f-h$ die generalisierten Impulse *nicht* Unabhängige sind, sondern durch (62, 16) zu ersetzen sind. Dies liefert

$$-\frac{\partial R}{\partial \dot{q}_k} = \frac{\partial L}{\partial \dot{q}_k}, \tag{62, 25}$$

$$k = 1, 2, \ldots, f-h.$$

$$-\frac{\partial R}{\partial q_k} = \frac{d}{dt}\frac{\partial L}{\partial \dot{q}_k}, \tag{62, 26}$$

Für die letzte Gleichung kann auf Grund von (62, 17) auch

$$-\frac{\partial R}{\partial q_k} = \frac{\partial L}{\partial q_k} \tag{62, 27}$$

geschrieben werden. Differenziert man (62, 25) nach t, so erhält man in Verbindung mit (62, 26) die $f-h$ Gleichungen (62, 1), w. z. b. w.

Die Anwendung der Routhschen Gleichungen erweist sich als besonders zweckmäßig, wenn es sich um die Beschreibung von Systemen mit zyklischen Variablen (Kap. 56) handelt.

63. Die Gleichungen von Gibbs-Appell

Die nachfolgenden Ausführungen hängen zwar nicht unmittelbar mit der Hamiltonschen Mechanik zusammen, jedoch soll auf sie hier eingegangen werden, weil sie zu einer neuen Funktion führen, die eine gewisse Analogie sowohl zur Lagrange-Funktion als auch zur Hamilton-Funktion hat.

Wir betrachten ein Punktsystem, das r Nebenbedingungen unterworfen ist. Dann hat es $f = 3n - r$ Freiheitsgrade. Führen wir daher f generalisierte Koordinaten q_k ein, so besteht zwischen ihnen und den $3n$ kartesischen Koordinaten x_i ein Zusammenhang. Um möglichst allgemein zu bleiben, schreiben wir ihn in der differentiellen Form

$$dx_i = \sum_{k=1}^{f} a_{ik} dq_k. \qquad (63, 1)$$

In (63, 1) sind die Koeffizienten a_{ik} im allgemeinen Funktionen der q_k:

$$a_{ik} = a_{ik}(q_1, q_2, \ldots, q_f). \qquad (63, 2)$$

Aus (63, 1) erhält man für die Geschwindigkeitskomponenten

$$\dot{x}_i = \sum_{k=1}^{f} a_{ik} \dot{q}_k \qquad (63, 3)$$

und hieraus durch Differentiation nach der Zeit t für die Beschleunigungskomponenten

$$\ddot{x}_i = \sum_{k=1}^{f} a_{ik} \ddot{q}_k + F_i(\dot{q}_k, q_k, t), \qquad (63, 4)$$

wobei wir in F_i alle Glieder zusammengefaßt haben, die keine zweiten Ableitungen nach der Zeit t enthalten. Aus (63, 4) folgen die sofort zu verwendenden Beziehungen

$$\frac{\partial \ddot{x}_i}{\partial \ddot{q}_k} = a_{ik}. \qquad (63, 5)$$

Bildet man nun von (63, 4) die Gausssche Variation, so erhält man

$$\delta \ddot{x}_i = \sum_{k=1}^{f} a_{ik} \delta \ddot{q}_k, \qquad (63, 6)$$

oder wegen (63, 5)

$$\delta \ddot{x}_i = \sum_{k=1}^{f} \frac{\partial \ddot{x}_i}{\partial \ddot{q}_k} \delta \ddot{q}_k. \qquad (63, 7)$$

Setzt man dies in (47, 9) ein, so wird daraus

$$\sum_i \sum_k (m_i \ddot{x}_i - K_i) \frac{\partial \ddot{x}_i}{\partial \ddot{q}_k} \delta \ddot{q}_k = 0. \qquad (63, 8)$$

Wegen der vorausgesetzten Unabhängigkeit der $\delta \ddot{q}_k$ zerfällt diese Gleichung in die f Gleichungen

$$\sum_{i=1}^{3n} (m_i \ddot{x}_i - K_i) \frac{\partial \ddot{x}_i}{\partial \ddot{q}_k} = 0. \qquad (63, 9)$$

oder

$$\sum_{i=1}^{3n} K_i \frac{\partial \ddot{x}_i}{\partial \ddot{q}_k} = \sum_{i=1}^{3n} m_i \ddot{x}_i \frac{\partial \ddot{x}_i}{\partial \ddot{q}_k}. \qquad (63, 10)$$

Die linke Seite dieser Gleichung läßt sich als generalisierte Kraftkomponente Q_k deuten. Man erkennt dies, indem man in dem Arbeitselement

$$dA = \sum_{i=1}^{3n} K_i dx_i \tag{63, 11}$$

die Wegelemente dx_i durch (63, 1) ersetzt und (63, 5) berücksichtigt. Dies ergibt

$$dA = \sum_i \sum_k K_i \frac{\partial \ddot{x}_i}{\partial \ddot{q}_k} dq_k \tag{63, 12}$$

$$= \sum_k Q_k dq_k, \tag{63, 13}$$

wenn für

$$\sum_{i=1}^{3n} K_i \frac{\partial \ddot{x}_i}{\partial \ddot{q}_k} = Q_k \tag{63, 14}$$

gesetzt wird.

Damit wird aus (63, 10):

$$Q_k = \sum_{i=1}^{3n} m_i \ddot{x}_i \frac{\partial \ddot{x}_i}{\partial \ddot{q}_k} \tag{63, 15}$$

$$= \frac{\partial}{\partial \ddot{q}_k} \sum_{i=1}^{3n} \frac{m_i}{2} \ddot{x}_i^2. \tag{63, 16}$$

Diese Gleichung sagt aus, daß die generalisierten Kraftkomponenten Q_k gleich den partiellen Ableitungen der Funktion

$$G = \sum_{i=1}^{3n} \frac{m_i}{2} \ddot{x}_i^2 \tag{63, 17}$$

nach den generalisierten Beschleunigungskomponenten $\ddot{q}_k$ sind. Man nennt den Ausdruck (63, 17) die GIBBS-APPELL*sche Funktion*[1])[2]).

Mit (63, 17) ergibt sich

$$Q_k = \frac{\partial G}{\partial \ddot{q}_k}. \tag{63, 18}$$

Dies sind die Bewegungsgleichungen in der GIBBS-APPELLschen Form.

IV. Anwendungen und Beispiele

64. Die ATWOODsche Fallmaschine

Wir wollen zunächst, um die Darlegungen des vorstehenden Abschnittes und insbesondere das D'ALEMBERTsche Prinzip zu erläutern, ein aus zwei Massenpunkten m_1 und m_2 bestehendes System betrachten. Die Massenpunkte seien durch einen über eine feste Rolle laufenden (als gewichtslos angenommenen) Faden von der Länge l verbunden. Von äußeren Kräften soll nur die Schwere auf m_1 und m_2 wirken. Diese in Abb. 64, 1 schematisierte Anordnung heißt ATWOOD-

[1]) Josiah Willard GIBBS: *1839 in New Haven, †1903 in New Haven.

[2]) Paul Emil APPELL: *1855 in Straßburg, †1930 in Paris.

sche Fallmaschine. Sie ist ein (Zwei-Massen-)Punktsystem, das einer Nebenbedingung unterliegt. Diese lautet, wie man aus Abb. 64, 1 abliest,

$$F(z_1, z_2) = z_1 + z_2 + R\pi - l = 0, \tag{64, 1}$$

wobei R der Radius der Rolle ist.

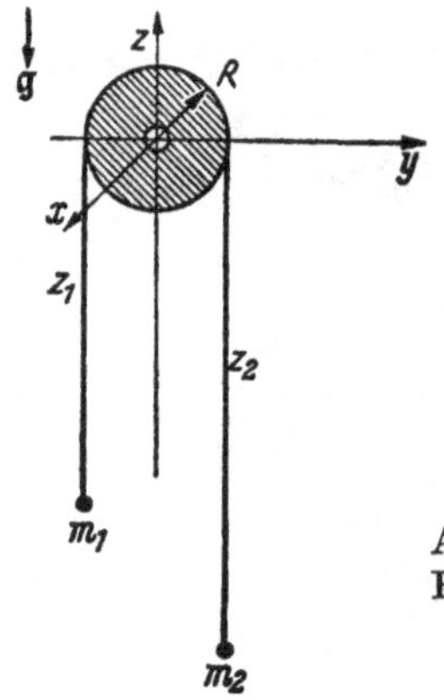

Abb. 64, 1: Einfache ATWOODsche Fallmaschine

Die Bewegung von m_1 und m_2 wird durch die LAGRANGEschen Gleichungen erster Art (46, 17) beschrieben. Sie lauten im vorliegenden Fall:

$$m_1 \ddot{z}_1 = K_1 + \lambda \frac{\partial F}{\partial z_1}, \tag{64, 2}$$

$$m_2 \ddot{z}_2 = K_2 + \lambda \frac{\partial F}{\partial z_2}, \tag{64, 3}$$

wobei

$$K_i = - m_i g, \quad i = 1, 2 \tag{64, 4}$$

bedeutet. Da wegen (64, 1):

$$\frac{\partial F}{\partial z_1} = \frac{\partial F}{\partial z_2} = 1 \tag{64, 5}$$

ist, gehen (64, 2/3) in

$$m_1 \ddot{z}_1 = - m_1 g + \lambda \tag{64, 6}$$

$$m_2 \ddot{z}_2 = - m_2 g + \lambda \tag{64, 7}$$

über. Um aus den vorstehenden Gleichungen die Beschleunigungen $\ddot{z}_1$ und $\ddot{z}_2$ von m_1 und m_2 zu finden, hat man den Multiplikator λ zu eliminieren. Durch Subtraktion erhält man

$$m_1 \ddot{z}_1 - m_2 \ddot{z}_2 = - (m_1 - m_2) g. \tag{64, 8}$$

Nun ist aber nach (64, 1):

$$\ddot{z}_1 = - \ddot{z}_2, \tag{64, 9}$$

womit man aus (64, 8) für die Beschleunigungen

$$\ddot{z}_1 = - \ddot{z}_2 = - \frac{m_1 - m_2}{m_1 + m_2} g \tag{64, 10}$$

erhält.

Aus dieser Gleichung wird zunächst verständlich, warum die ATWOODsche Fallmaschine zur Demonstration der Fallgesetze besonders gut geeignet ist: es kann die Beschleunigung der im Erdfeld fallenden Masse m_2 ($> m_1$) beliebig klein gemacht — und dabei die Fallbewegung genügend genau verfolgt — werden, wenn man gemäß (64, 10) die Masse

$$m_1 \approx m_2 \tag{64, 11}$$

wählt.

Von Interesse ist es noch, die infolge der Bindung (64, 1) auf m_1 und m_2 wirkenden Zwangskräfte

$$\mathfrak{Z}_1 = \lambda \operatorname{grad}_{\mathfrak{r}_1} F(z_1, z_2) = \lambda \frac{\partial F}{\partial z_1} \mathfrak{k} \tag{64, 12}$$

$$\mathfrak{Z}_2 = \lambda \operatorname{grad}_{\mathfrak{r}_2} F(z_1, z_2) = \lambda \frac{\partial F}{\partial z_2} \mathfrak{k} \tag{64, 13}$$

zu bestimmen. Wegen (64, 5) wird

$$\mathfrak{Z}_1 = \mathfrak{Z}_2 = \lambda \mathfrak{k} \tag{64, 14}$$

oder mit (64, 6) und (64, 10):

$$\mathfrak{Z}_1 = \mathfrak{Z}_2 = 2 \frac{m_1 m_2}{m_1 + m_2} g \mathfrak{k}. \tag{64, 15}$$

Dieser Ausdruck stellt nach den Darlegungen in Kap. 46 die Kraft dar, durch welche die Bedingungsgleichung (64, 1) ersetzt werden kann.

Die ATWOODsche Fallmaschine ist ein geeignetes Mittel, das D'ALEMBERTsche Prinzip zu demonstrieren. Hierzu bemerken wir vorerst folgendes: Hängt an einem Faden die Masse m, so wirkt auf jenen im Schwerefeld der Erde die Kraft

$$|\mathfrak{K}| = mg. \tag{64, 16}$$

Man sagt dafür auch, m ruft im Faden die Spannung

$$S = mg \tag{64, 17}$$

hervor. Diese Aussage gilt jedoch nur für den Fall, daß sich m im Gleichgewicht befindet, d. h. nicht beschleunigt ist.

Würde man diesen Satz auf die Spannung des Fadens der ATWOODschen Fallmaschine bedenkenlos übertragen, so müßten die Fadenspannungen links- bzw. rechtsseitig

$$S_1 = m_1 g \quad \text{bzw.} \quad S_2 = m_2 g \tag{64, 18}$$

also

$$S_1 \neq S_2 \tag{64, 19}$$

sein.

Diese Gleichung besagt, daß die Spannung in einem (übrigens nicht bestimmbaren) Punkt des Fadens unstetig sein sollte. Das ist offenbar unmöglich, wenn außer der Schwere keine anderen Kräfte wirksam sind.

Der Grund, der zu dem nicht zutreffenden Ergebnis (64, 19) führt, ist der, daß die für die Statik gültige Gleichung (64, 16) vorbehaltlos auf einen Bewegungsvorgang, d. h. auf ein dynamisches Problem übertragen wurde. Dies ist aber nach dem D'ALEMBERTschen Prinzip nur dann zulässig, wenn zu den äußeren Kräften

$$K_1 = -m_1 g, \qquad K_2 = -m_2 g \tag{64, 20}$$

die negativen Trägheitskräfte hinzugefügt werden, die nach (64, 10)

$$-m_1 \ddot{z}_1 = -m_1 \frac{m_2 - m_1}{m_2 + m_1} g \tag{64, 21}$$

$$-m_2 \ddot{z}_2 = -m_2 \frac{m_2 - m_1}{m_2 + m_1} g \tag{64, 22}$$

sind. Aus den letzten Gleichungen findet man unschwer

$$K_1 - m_1 \ddot{z}_1 = K_2 - m_2 \ddot{z}_2 = -2 \frac{m_1 - m_2}{m_1 + m_2} g. \tag{64, 23}$$

Dieses sind die von den sich bewegenden Massen m_1 und m_2 auf den Faden ausgeübten Kräfte, die demnach gleich sind. Der negative Wert von (64, 23) ist nach dem Reaktionsprinzip die Fadenspannung, die nun — wie es auch sein muß — beidseitig gleich ist. Ihr Betrag ist gleich der der Zwangskraft (64, 15).

Bringt man links und rechts in den Fäden einer Atwoodschen Fallmaschine je eine Federwaage an, so zeigen diese während der Bewegung beidseitig die Spannungen

$$S_1 = S_2 = |\mathfrak{Z}_1| = |\mathfrak{Z}_2| \tag{64, 24}$$

an. Wird jedoch der Faden festgehalten, so würden die Spannungen (64, 18) angezeigt werden. Die Verschiedenheit der Anzeigen bei Ruhe und während der Bewegung demonstriert die Wirkung der Trägheitskräfte. Ähnliche Versuche zu ihrer Demonstration sind von Lummer[1]) und Schaefer angegeben worden.

Wir bemerken, daß es an der Eigenart des hier betrachteten Systems liegt, daß — zufällig — die Zwangskraft $|\mathfrak{Z}| = S$ den gleichen Betrag wie der Multiplikator λ hat. Im allgemeinen ist dies nicht der Fall.

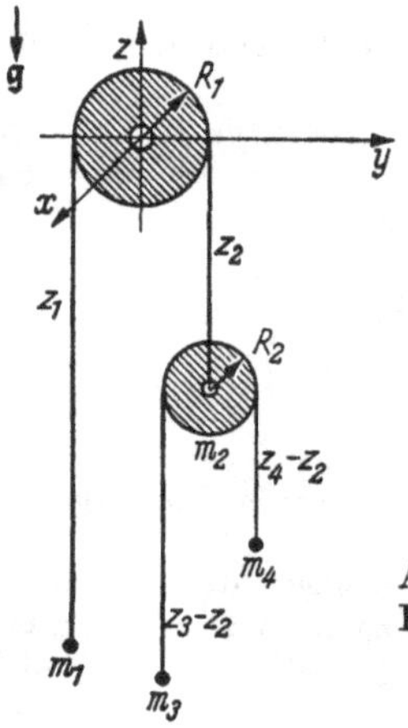

Abb. 64, 2: Doppelte Atwoodsche Fallmaschine

Wir wollen noch, um ein weiteres Beispiel für die Anwendung der Lagrangeschen Gleichungen erster Art anzugeben, die Bewegungsgleichungen für ein System aufstellen, das man als doppelte Atwoodsche Fallmaschine bezeichnet. Sie ist in Abb. 64, 2 veranschaulicht. Hier handelt es sich um ein System von vier Massenpunkten (die zweite Rolle werde als Massenpunkt m_2 angesehen), das nun zwei Nebenbedingungen unterworfen ist. Diese lauten, wie man aus Abb. 64, 2 unschwer abliest,

$$F_1(z_1, z_2) \quad = z_1 + z_2 + R_1\pi - l_1 = 0 \tag{64, 25}$$

$$F_2(z_2, z_3, z_4) = z_4 + z_3 + R_2\pi - l_2 = 0, \tag{64, 26}$$

wobei R_1 und R_2 die Radien der beiden Rollen sind.

Damit erhält man als Bewegungsgleichungen für die vier Massenpunkte

$$-m_1 g - m_1\ddot{z}_1 + \lambda_1 \qquad = 0 \tag{64, 27}$$

$$-m_2 g - m_2\ddot{z}_2 + \lambda_1 - 2\lambda_2 = 0 \tag{64, 28}$$

$$-m_3 g - m_3\ddot{z}_3 \qquad + \lambda_2 = 0 \tag{64, 29}$$

$$-m_4 g - m_4\ddot{z}_4 \qquad + \lambda_2 = 0. \tag{64, 30}$$

Aus ihnen lassen sich durch Elimination der beiden Lagrangeschen Multiplikatoren λ_1, λ_2 die Beschleunigungen $\ddot{z}_1, \ldots, \ddot{z}_4$ der vier Massenpunkte $m_1 \ldots, m_4$ bestimmen. Da diese Rechnung elementar ist, unterlassen wir es, sie im einzelnen durchzuführen.

[1]) Otto Lummer: *1860 in Gera, †1925 in Breslau.

Indessen soll auf einen Sonderfall hingewiesen werden. Wählt man nämlich die Massen so, daß

$$m_2 = m_3 = m \tag{64, 31}$$

$$m_4 = 2m \tag{64, 32}$$

$$m_1 = 4m \tag{64, 33}$$

ist, so trägt der über die feste Rolle laufende Faden beidseitig die gleichen Massen $4m$. Man könnte daher — bei flüchtiger Betrachtung — meinen, daß in diesem Fall $\ddot{z}_1 = 0$ ist. Dies ist jedoch keineswegs der Fall. Bestimmt man nämlich aus (64, 27—30) mit den Massen (64, 31—33) deren Beschleunigungen, so erhält man

$$\ddot{z}_1 = -\ddot{z}_2 = -\frac{1}{23} g \tag{64, 34}$$

$$\ddot{z}_3 = -\frac{9}{23} g \tag{64, 35}$$

$$\ddot{z}_4 = -\frac{7}{23} g\,. \tag{64, 36}$$

Der Massenpunkt $m_1 = 4m$ bleibt also nicht in Ruhe, sondern bewegt sich mit der Beschleunigung (64, 34) in Richtung von $\mathfrak{g}$, was a priori durchaus nicht zu sagen war.

Wir stellen nun die Frage: welche Beziehung muß zwischen den vier Massen bestehen, damit m_1 in Ruhe bleibt. Die Antwort hierauf ergibt sich, indem aus (64, 27—30) die Beschleunigung $\ddot{z}_1$ ausgerechnet und gleich Null gesetzt wird.

Man erhält dann — nach einer etwas längeren, aber durchweg elementaren Rechnung — als gesuchte Bedingung für das Gleichgewicht von m_1:

$$(m_3 + m_4)(m_2 + m_3 + m_4 - m_1) - (m_4 - m_3)^2 = 0\,. \tag{64, 37}$$

Hieraus ergibt sich

$$m_1 = m_2 + m_3 + m_4 - \frac{(m_4 - m_3)^2}{m_3 + m_4}. \tag{64, 38}$$

Es muß also in dem hier betrachteten Fall m_1 kleiner als die Summe der drei übrigen Massen sein, wenn der triviale Fall $m_3 = m_4$ ausgeschlossen wird.

65. Das ebene Doppelpendel

Wir wollen ein aus zwei Massenpunkten m_1 und m_2 bestehendes System betrachten, dessen kleine Schwingungen im Schwerefeld der Erde untersucht werden sollen. Die Anordnung, um die es sich handelt, ist in Abb. 65, 1 dargestellt und heißt *Doppelpendel.* Manchmal spricht man auch von einem „sympathischen Pendel". Es möge sich nur in einer Ebene bewegen, die wir als die xz-Ebene eines cartesischen Koordinatensystems wählen. Dann bestehen zwischen den jeweiligen Koordinaten x_1, z_1 und x_2, z_2 der beiden Massenpunkte m_1 und m_2, wie aus Abb. 65, 1 unmittelbar abzulesen ist, die beiden Relationen

$$F_1 = x_1^2 + z_1^2 - l_1^2 = 0 \tag{65, 1}$$

$$F_2 = (x_2 - x_1)^2 + (z_2 - z_1)^2 - l_2^2 = 0\,. \tag{65, 2}$$

Das ebene Doppelpendel hat daher $f = 4 - 2 = 2$ Freiheitsgrade. Weil auf die beiden miteinander „gekoppelten" Pendel nur das Schwerefeld der Erde wirken soll, sind die äußeren Kräfte

$$\mathfrak{K}_1 = \{0, 0, -m_1 g\} \tag{65, 3}$$

$$\mathfrak{K}_2 = \{0, 0, -m_2 g\}\,. \tag{65, 4}$$

Somit lauten die LAGRANGEschen Gleichungen erster Art (46, 18) für dieses Beispiel

$$m_1\ddot{x}_1 = \qquad + 2\lambda_1 x_1 - 2\lambda_2(x_2 - x_1) \tag{65, 5}$$

$$m_1\ddot{z}_1 = - m_1 g + 2\lambda_1 z_1 - 2\lambda_2(z_2 - z_1) \tag{65, 6}$$

$$m_2\ddot{x}_2 = \qquad 2\lambda_2(x_2 - x_1) \tag{65, 7}$$

$$m_2\ddot{z}_2 = - m_2 g \qquad + 2\lambda_2(z_2 - z_1)\,. \tag{65, 8}$$

Aus diesen Gleichungen kann man in Verbindung mit den beiden Nebenbedingungen (65, 1/2) die sechs Unbekannten $x_1, x_2, z_1, z_2, \lambda_1, \lambda_2$ bestimmen. Da dies — wegen der miteinander gekoppelten Gleichungen — eine sehr umständliche Rechnung ist, wollen wir sie nicht durchführen, sondern anstelle der cartesischen Koordinaten generalisierte Koordinaten einführen. Als solche sind, wie aus Abb. 65, 1 zu ersehen ist, die beiden Winkel ϑ_1 und ϑ_2 geeignet. Daß diese zwei Größen in der Tat generalisierte Koordinaten sind, geht daraus hervor, daß durch die Angabe von ϑ_1 und ϑ_2 die Lage des hier betrachteten Systems eindeutig bestimmt ist.

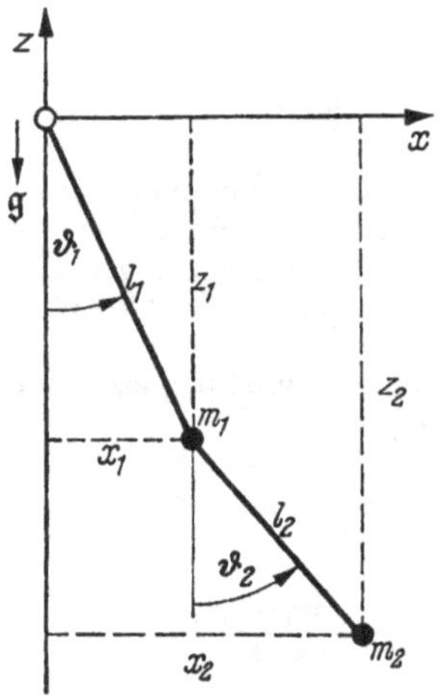

Abb. 65, 1: Doppelpendel

Aus Abb. 65, 1 entnimmt man, daß

$$x_1 = l_1 \sin\vartheta_1, \qquad z_1 = -l_1\cos\vartheta_1 \tag{65, 9}$$

$$x_2 = l_1\sin\vartheta_1 + l_2\sin\vartheta_2, \quad z_2 = -l_1\cos\vartheta_1 - l_2\cos\vartheta_2, \tag{65, 10}$$

also

$$x_2 - x_1 = l_2\sin\vartheta_2 \tag{65, 11}$$

$$z_2 - z_1 = -l_2\cos\vartheta_2 \tag{65, 12}$$

ist.

Beschränken wir uns, weil wir nur kleine Schwingungen untersuchen wollen, auf kleine Winkel ϑ_1 und ϑ_2, so ist in Näherung

$$\sin\vartheta \approx \vartheta \tag{65, 13}$$

$$\cos\vartheta \approx 1 - \frac{\vartheta^2}{2}\,. \tag{65, 14}$$

Damit ergibt sich aus (65, 9/10) für

$$x_1 \approx l_1\vartheta_1, \qquad z_1 \approx -l_1\left(1 - \frac{\vartheta_1^2}{2}\right) \tag{65, 15}$$

$$x_2 \approx l_1\vartheta_1 + l_2\vartheta_2, \quad z_2 \approx -l_1\left(1 - \frac{\vartheta_1^2}{2}\right) - l_2\left(1 - \frac{\vartheta_2^2}{2}\right) \tag{65, 16}$$

und hieraus weiter im gleichen Grad der Näherung

$$\dot{x}_1^2 = l_1^2\dot{\vartheta}_1^2, \qquad \dot{z}_1^2 = (l_1\vartheta_1\dot{\vartheta}_1)^2 \approx 0 \tag{65, 17}$$

$$\dot{x}_2^2 = (l_1\dot{\vartheta}_1 + l_2\dot{\vartheta}_2)^2, \qquad \dot{z}_2^2 \approx 0. \tag{65, 18}$$

Mit Verwendung dieser Ausdrücke erhält man für die kinetische Energie T des Doppelpendels

$$T = \frac{m_1}{2}\mathfrak{v}_1^2 + \frac{m_2}{2}\mathfrak{v}_2^2 \tag{65, 19}$$

$$= \frac{m_1}{2}(\dot{x}_1^2 + \dot{z}_1^2) + \frac{m_2}{2}(\dot{x}_2^2 + \dot{z}_2^2) \tag{65, 20}$$

$$= \frac{1}{2}l_1^2\dot{\vartheta}_1^2(m_1 + m_2) + \frac{m_2}{2}l_2^2\dot{\vartheta}_2^2 + m_2 l_1 l_2\dot{\vartheta}_1\dot{\vartheta}_2 \tag{65, 21}$$

und für die potentielle Energie

$$V = m_1 g z_1 + m_2 g z_2 \tag{65, 22}$$

unter Beachtung von (65, 15/16):

$$V = \frac{m_1 + m_2}{2}g l_1\vartheta_1^2 + \frac{m_2}{2}g l_2\vartheta_2^2 + \text{const.} \tag{65, 23}$$

Mit (65, 21) und (65, 23) liefern die LAGRANGEschen Gleichungen (50, 38) als Bewegungsgleichungen für das Doppelpendel

$$(m_1 + m_2)l_1^2\ddot{\vartheta}_1 + m_2 l_1 l_2\ddot{\vartheta}_2 + g l_1(m_1 + m_2)\vartheta_1 = 0, \tag{65, 24}$$

$$l_2^2\ddot{\vartheta}_2 + l_1 l_2\ddot{\vartheta}_1 + g l_2\vartheta_2 = 0. \tag{65, 25}$$

Diese lösen wir wieder durch den Ansatz

$$\vartheta_1 = A^{(1)}e^{i\omega t} \tag{65, 26}$$

$$\vartheta_2 = A^{(2)}e^{i\omega t}, \tag{65, 27}$$

worin A_1, A_2 und ω zu bestimmende Konstanten sind.

Einsetzen von (65, 26/27) in (65, 24/25) liefert die beiden in $A^{(1)}$ und $A^{(2)}$ linearen Gleichungen

$$A^{(1)}[g l_1(m_1 + m_2) - l_1^2(m_1 + m_2)\omega^2] - A^{(2)}m_2 l_1 l_2\omega^2 = 0, \tag{65, 28}$$

$$A^{(1)}l_1 l_2\omega^2 - A^{(2)}[g l_2 - l_2^2\omega^2] = 0. \tag{65, 29}$$

Wegen der Homogenität hat dieses Gleichungssystem dann und nur dann eine von Null verschiedene (nichttriviale) Lösung, wenn seine Determinante verschwindet:

$$\begin{vmatrix} (m_1 + m_2)(g - l_1\omega^2) & -m_2 l_2\omega^2 \\ -l_1\omega^2 & g - l_2\omega^2 \end{vmatrix} = 0. \tag{65, 30}$$

Das liefert für ω^2 die quadratische Gleichung

$$\omega^4 - \omega^2\frac{(m_1 + m_2)(l_1 + l_2)g}{m_1 l_1 l_2} + \frac{g^2(m_1 + m_2)}{m_1 l_1 l_2} = 0. \tag{65, 31}$$

Ihre Lösung lautet

$$\omega_{1,2}^2 = \frac{(m_1 + m_2)(l_1 + l_2)g}{2m_1 l_1 l_2} \pm g\frac{\sqrt{m_1 + m_2}}{2m_1 l_1 l_2}\sqrt{m_1(l_1 - l_2)^2 + m_2(l_1 + l_2)^2}, \tag{65, 32}$$

so daß die vier Wurzeln der biquadratischen Gleichung (65, 31):

$$+\omega_1, \quad -\omega_1, \quad +\omega_2, \quad -\omega_2 \tag{65, 33}$$

sind. Mit ihnen erhält man aus (65, 26/27) für ϑ_1 und ϑ_2 je vier Partikularlösungen, aus denen sich die beiden allgemeinen Lösungen von (65, 24/25) durch Linearkombination ergeben. Man hat also, wenn $A_1, A_2, B_1, B_2, \ldots, D_2$ neue Konstanten bedeuten, als Lösung der Bewegungsgleichungen (65, 24/25):

$$\vartheta_1 = A_1 e^{+i\omega_1 t} + B_1 e^{-i\omega_1 t} + C_1 e^{+i\omega_2 t} + D_1 e^{-i\omega_2 t} \qquad (65, 34)$$

$$\vartheta_2 = A_2 e^{+i\omega_1 t} + B_2 e^{-i\omega_1 t} + C_2 e^{+i\omega_2 t} + D_2 e^{-i\omega_2 t}. \qquad (65, 35)$$

Zu jedem Wert von (65, 33) gehört nach (65, 28) ein bestimmtes Verhältnis

$$\frac{A_2}{A_1}, \frac{B_2}{B_1}, \ldots, \frac{D_2}{D_1}. \qquad (65, 36)$$

Da in (65, 28) die Frequenz ω quadratisch eingeht, folgt für $\omega = \pm \omega_1$:

$$\frac{A_2}{A_1} = \frac{B_2}{B_1} = \gamma_1 \qquad (65, 37)$$

und für $\omega = \pm \omega_2$:

$$\frac{C_2}{C_1} = \frac{D_2}{D_1} = \gamma_2. \qquad (65, 38)$$

Damit gehen (65, 34/35) in

$$\vartheta_1 = A_1 e^{+i\omega_1 t} + \cdots \qquad (65, 39)$$

$$\vartheta_2 = \gamma_1 A_1 e^{+i\omega_1 t} + \gamma_1 B_1 e^{-i\omega_1 t} + \gamma_2 C_1 e^{i\omega_2 t} + \gamma_2 D_2 e^{-i\omega_2 t} \qquad (65, 40)$$

über. Diese Ausdrücke lassen sich unter Beachtung der Moivreschen Formel und der Anwendung eines Additionstheorems stets auf die Form

$$\vartheta_1 = a_1 \cos(\omega_1 t + \delta_1) + a_2 \cos(\omega_2 t + \delta_2) \qquad (65, 41)$$

$$\vartheta_2 = \gamma_1 a_1 \cos(\omega_1 t + \delta_1) + \gamma_2 a_2 \cos(\omega_2 t + \delta_2) \qquad (65, 42)$$

bringen. Hierin sind a_1, a_2, δ_1 und δ_2 vier disponible Konstanten, die aus einem vorgegebenen Anfangszustand zu bestimmen sind.

Da dies keine Schwierigkeiten bereitet, gehen wir darauf nicht ein. Dagegen wollen wir zwei Sonderfälle betrachten.

1. *Sonderfall*: Die beiden Massen m_1 und m_2 seien gleich groß:

$$m_1 = m_2 = m \qquad (65, 43)$$

und die beiden Pendellängen l_1 und l_2 gleich lang:

$$l_1 = l_2 = l. \qquad (65, 44)$$

Dann wird nach (65, 32):

$$\omega_{1,2}^2 = 2\frac{g}{l} \pm \frac{g}{l}\sqrt{2}. \qquad (65, 45)$$

Beachtet man, daß für die Kreisfrequenz ω_0 eines einfachen Pendels

$$\omega_0^2 = \frac{g}{l} \qquad (65, 46)$$

gilt, so haben wir

$$\omega_{1,2}^2 = 2\omega_0^2 \pm \omega_0^2\sqrt{2} = \omega_0^2\left(2 \pm \sqrt{2}\right) \qquad (65, 47)$$

oder

$$\omega_1 = \omega_0\sqrt{2 + \sqrt{2}} \approx 1{,}85\omega_0 \qquad (65, 48)$$

$$\omega_2 = \omega_0\sqrt{2 - \sqrt{2}} \approx 0{,}76\omega_0. \qquad (65, 49)$$

Durch diese Formeln kommt zum Ausdruck, in welcher Weise die Eigenfrequenz ω_0 zweier gleicher Pendel sich ändert, wenn sie, wie in dem hier betrachteten Fall, miteinander gekoppelt werden.

2. *Sonderfall*: Wir fragen, unter welchen Bedingungen die beiden Frequenzen ω_1 und ω_2 gleich sind. Die Antwort hierauf ergibt sich aus (65, 32): es muß die in diesem Ausdruck auftretende Wurzel verschwinden, also

$$m_1(l_1 - l_2)^2 + m_2(l_1 + l_2)^2 = 0 \tag{65, 50}$$

sein. Diese Gleichung ist aber nicht erfüllbar, weil beide Summanden positive Größen sind. Man kann daher sagen: es ist unter keinen Umständen möglich, es zu erreichen, daß die Frequenzen ω_1 und ω_2 zweier gekoppelter Pendel gleich groß werden.

Wir ändern daher die vorstehend gestellte Frage wie folgt ab: Welche Bedingungen müssen erfüllt sein, damit die Frequenzen ω_1 und ω_2 der beiden miteinander gekoppelten Pendel möglichst nahe beieinander liegen (oder wie man manchmal sagt: damit die beiden „möglichst synchron schwingen"). Dies ist nach (65, 50) dann der Fall, wenn

$$l_1 = l_2 = l \tag{65, 51}$$

und

$$\frac{m_2}{m_1} \ll 1 \tag{65, 52}$$

ist, d. h. wenn beide Pendel gleich lang sind und das an das Pendel 1 angehängte Pendel 2 eine sehr kleine Masse m_2 verglichen mit m_1 hat.

Mit (65, 51/52) wird aus (65, 32) in erster Näherung

$$\omega_{1,2}^2 \approx \omega_0^2 \left(1 \pm \sqrt{\frac{m_2}{m_1}}\right). \tag{65, 53}$$

Setzt man für

$$\sqrt{\frac{m_2}{m_1}} = 2\varepsilon \tag{65, 54}$$

und entwickelt (65, 53), so ergibt sich

$$\omega_{1,2} = \omega_0(1 \pm \varepsilon). \tag{65, 55}$$

Weiterhin erhält man unter Beachtung von (65, 52) aus (65, 28) und (65, 37) für $\omega = \omega_1$:

$$A_1 [g l m_1 - l^2 m_1 \omega_1^2] = A_2 m_2 l^2 \omega_1^2 \tag{65, 56}$$

also

$$\frac{A_2}{A_1} = \gamma_1 = \frac{g m_1}{m_2 l\, \omega_1^2} - \frac{m_1}{m_2} \tag{65, 57}$$

$$= \frac{m_1}{m_2}\left(\frac{\omega_0^2}{\omega_1^2} - 1\right) \approx -\frac{1}{2\varepsilon}. \tag{65, 58}$$

Entsprechend erhält man für $\omega = \omega_2$:

$$\frac{C_2}{C_1} = \gamma_2 \approx \frac{1}{2\varepsilon}. \tag{65, 59}$$

Damit geht die Lösung (65, 41/42) in dem hier betrachteten Sonderfall in

$$\vartheta_1 = a_1 \cos(\omega_1 t + \delta_1) + a_2 \cos(\omega_2 t + \delta_2) \tag{65, 60}$$

$$\vartheta_2 = -\frac{a_1}{2\varepsilon} \cos(\omega_1 t + \delta_1) + \frac{a_2}{2\varepsilon} \cos(\omega_2 t + \delta_2) \tag{65, 61}$$

über.

Die hierin auftretenden Konstanten a_1, a_2, δ_1 und δ_2 sind — wie schon im Anschluß an (65, 41/42) bemerkt — aus Anfangsbedingungen zu bestimmen. Als solche wählen wir etwa

$$\vartheta_1(0) = \vartheta_0, \quad \dot{\vartheta}_1(0) = 0 \tag{65, 62}$$

$$\vartheta_2(0) = 0 \quad \dot{\vartheta}_2(0) = 0. \tag{65, 63}$$

Diese Bedingungen besagen anschaulich: Pendel 1 wird aus seiner Ruhelage um den Winkel ϑ_0 ausgelenkt, Pendel 2 „hängt durch". Von dieser Anfangslage aus beginnen die beiden Pendel, ohne Anfangsgeschwindigkeit, zu schwingen.

Mit den Anfangsbedingungen (65, 62/63) erhält man aus (65, 60/61) unschwer

$$a_1 = a_2 = \frac{1}{2}\vartheta_0 \tag{65, 64}$$

$$\delta_1 = \delta_2 = 0, \tag{65, 65}$$

womit die Lösung die Form

$$\vartheta_1 = \frac{1}{2}\vartheta_0 (\cos\omega_1 t + \cos\omega_2 t) \tag{65, 66}$$

$$\vartheta_2 = -\frac{\vartheta_0}{4\varepsilon}(\cos\omega_1 t - \cos\omega_2 t) \tag{65, 67}$$

annimmt. Dieses läßt sich durch Anwendung eines Additionstheorems in

$$\vartheta_1 = \vartheta_0 \cos\frac{\omega_1 + \omega_2}{2} t \cos\frac{\omega_1 - \omega_2}{2} t \tag{65, 68}$$

$$\vartheta_2 = \frac{\vartheta_0}{2\varepsilon}\sin\frac{\omega_1 + \omega_2 t}{2}\sin\frac{\omega_1 - \omega_2}{2} t \tag{65, 69}$$

umformen. Beachtet man noch (65, 55), so ergibt sich schließlich

$$\vartheta_1 = \vartheta_0 \cos\varepsilon\omega_0 t \cos\omega_0 t \tag{65, 70}$$

$$\vartheta_2 = \frac{\vartheta_0}{2\varepsilon}\sin\varepsilon\omega_0 t \sin\omega_0 t. \tag{65, 71}$$

Diese Ausdrücke stellen Schwingungen mit der (Kreis)frequenz ω_0 dar, die indessen jetzt — im Gegensatz zu den in Kap. 27 behandelten Schwingungen — keine konstante, sondern eine periodisch veränderliche Amplitude mit der Frequenz $\varepsilon\omega_0$ haben. Wegen (65, 52) in Verbindung mit (65, 54) ist auch

$$\varepsilon\omega_0 \ll \omega_0, \tag{65, 72}$$

d. h. die Amplitude ist eine langsam veränderliche Größe, wenn man $\cos\omega_0 t$ bzw. $\sin\omega_0 t$ als rasch veränderlich ansieht. In der Sprache der Akustik ausgedrückt, kann (65, 70/71) als ein Ton von fester Frequenz (ω_0) angesehen werden, dessen (dem Quadrat der Amplitude proportionale) Intensität periodisch schwankt. Eine solche Erscheinung wird als *Schwebung* bezeichnet, Abb. 65, 2.

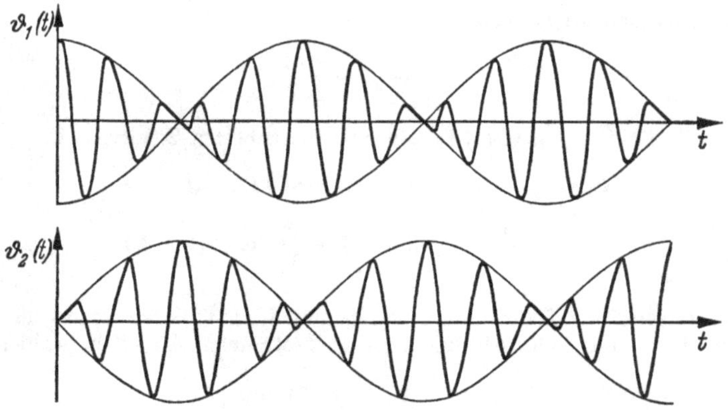

Abb. 65, 2: Schwebung

66. Bemerkungen über gekoppelte Schwingungen

Für das im vorstehenden Kapitel behandelte Doppelpendel wurde mehrfach die Bezeichnung „miteinander gekoppelte Pendel" verwendet. Es ist dies ein Beispiel für den allgemeinen Begriff von miteinander *gekoppelten Schwingungssystemen*. Darunter versteht man zwei (oder mehrere) schwingungsfähige Gebilde, zwischen denen eine Wechselbeziehung von solcher Art besteht, daß die Bewegung irgendeines Systems von der Bewegung der anderen Systeme beeinflußt wird. Diejenigen Elemente, die die Beeinflussung verursachen, nennt man *Kopplungsglieder*. Je nachdem, ob die Beeinflussung der Bewegung eines „Schwingers" durch andere stark oder schwach ist, spricht man von fester oder loser Kopplung. Ein Beispiel für eine lose Kopplung zwischen zwei Schwingungssystemen ist das in Kap. 65 behandelte Doppelpendel, wenn die Bedingung (65, 52) erfüllt ist.

Daß ein Doppelpendel ein (einfach) gekoppeltes Schwingungssystem ist, ersieht man aus dessen Bewegungsgleichungen (65, 24/25). Sie sind von der Form

$$F_1(\ddot{\vartheta}_1, \vartheta_1, \ddot{\vartheta}_2) = 0 \tag{66, 1}$$

$$F_2(\ddot{\vartheta}_2, \vartheta_2, \ddot{\vartheta}_1) = 0. \tag{66, 2}$$

In diesem Fall spricht man — wegen des Auftretens von $\ddot{\vartheta}_2$ bzw. $\ddot{\vartheta}_1$ — von *Beschleunigungskopplung*. Hätten die beiden Pendel — infolge einer anderen Art von Wechselwirkung — den Bewegungsgleichungen

$$f_1(\ddot{\vartheta}_1, \vartheta_1, \dot{\vartheta}_2) = 0 \tag{66, 3}$$

$$f_2(\ddot{\vartheta}_2, \vartheta_2, \dot{\vartheta}_1) = 0 \tag{66, 4}$$

zu genügen, so spricht man von *Reibungskopplung*. Würde man durch eine wiederum andere Art der Wechselwirkung zwischen den beiden Pendeln zu Bewegungsgleichungen von der Form

$$\varphi_1(\ddot{\vartheta}_1, \vartheta_1, \vartheta_2) = 0 \tag{66, 5}$$

$$\varphi_2(\ddot{\vartheta}_2, \vartheta_2, \vartheta_1) = 0 \tag{66, 6}$$

gelangen, so liegt der Fall der *Feder*- oder *elastischen Kopplung* vor. Er läßt sich etwa dadurch realisieren, daß die beiden Massen m_1 und m_2 eines Doppelpendels durch eine (als masselos angenommene) Feder verbunden werden, Abb. 66, 1.

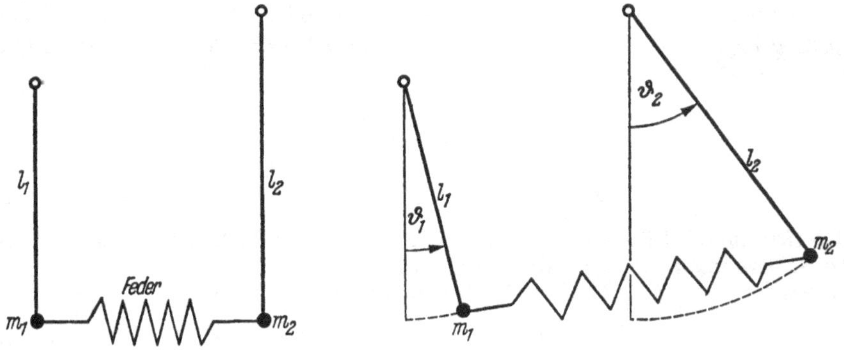

Abb. 66, 1: Elastische Kopplung

Natürlich können zwei Pendel (allgemein: zwei oder auch mehrere beliebige schwingungsfähige Systeme) gleichzeitig in mehrfacher Weise miteinander gekoppelt werden.

Welcher Art die Kopplung auch sein mag, so gilt stets der vorstehend am Beispiel der beschleunigungsgekoppelten Pendel gefundene Satz: infolge einer Kopplung zweier schwingungsfähiger Systeme werden deren Eigenfrequenzen verstimmt. An ihre Stelle treten *Koppelfrequenzen* auf, deren Betrag wesentlich von der Art der Kopplung — die man durch einen *Kopplungskoeffizienten* k ausdrückt — abhängt. In Kap. 65 ist dieser die durch (65, 54) eingeführte Größe ε.

67. Kleine freie Schwingungen eines Punktsystems

Wir wollen die in den beiden vorstehenden Kapiteln durchgeführten Betrachtungen erweitern und betrachten hierzu ein aus n Massenpunkten bestehendes konservatives Punktsystem mit f Freiheitsgraden. Wir beschreiben es durch die f voneinander unabhängigen Koordinaten

$$x_1, x_2, \ldots, x_f. \tag{67, 1}$$

Nach den Ausführungen in Kap. 45 ist die potentielle Energie V des Punktsystems, wenn es sich im Gleichgewicht befindet, ein Minimum. Normiert man dieses auf Null, so muß V in der Umgebung des Gleichgewichts positiv sein. In der Gleichgewichtslage G sei

$$x_1(G) = x_1^{(0)}, \qquad x_2(G) = x_2^{(0)}, \ldots \tag{67, 2}$$

Die Koordinaten, die eine Auslenkung aus der Gleichgewichtslage beschreiben, nennen wir

$$\xi_1 = x_1 - x_1^{(0)} \tag{67, 3}$$

$$\xi_2 = x_2 - x_2^{(0)} \tag{67, 4}$$

$$\ldots$$

Entwickelt man das Potential

$$V = V(x_1, x_2, \ldots, x_f) \tag{67, 5}$$

in der Umgebung von G, so erhält man, wenn nach dem Glied zweiter Ordnung abgebrochen wird,

$$V = V(x_1^{(0)}, x_2^{(0)}, \ldots, x_f^{(0)}) + \sum_{i=1}^{f} \left(\frac{\partial V}{\partial x_i}\right)^{(0)} \xi_i + \frac{1}{2} \sum_{i=1}^{f} \sum_{k=1}^{f} \left(\frac{\partial^2 V}{\partial x_i \partial x_k}\right)^0 \xi_i \xi_k. \tag{67, 6}$$

In diesem Ausdruck verschwinden die beiden ersten Terme, weil $x_1^{(0)}, x_2^{(0)}, \ldots x_n^{(0)}$ die Gleichgewichtslage ist. Es verbleibt also

$$V = \frac{1}{2} \sum_i \sum_k C_{ik} \xi_i \xi_k \tag{67, 7}$$

mit

$$C_{ik} = \left(\frac{\partial^2 V}{\partial x_i \partial x_k}\right)^{(0)} = C_{ki}. \tag{67, 8}$$

In analoger Form zu (67, 7) läßt sich auch die kinetische Energie T schreiben, weil sie — wie in Kap. 51 gezeigt — eine homogene quadratische Funktion der Geschwindigkeiten $\dot{\xi}_i$ ist. Es gilt also

$$T = \frac{1}{2} \sum_i \sum_k a_{ik} \dot{\xi}_i \dot{\xi}_k \tag{67, 9}$$

mit

$$a_{ik} = a_{ki}. \tag{67, 10}$$

Diese Koeffizienten sind Konstanten, wenn es sich um ein freies Punktsystem handelt, das keinen äußeren Kräften unterworfen ist. Dies sei im Folgenden vorausgesetzt.

Wir wenden die Lagrangeschen Gleichungen zweiter Art (50, 38/39)

$$\frac{d}{dt} \frac{\partial L}{\partial \dot{\xi}_k} - \frac{\partial L}{\partial \xi_k} = \frac{d}{dt} \frac{\partial (T - V)}{\partial \dot{\xi}_k} - \frac{\partial (T - V)}{\partial \xi_k} = 0 \tag{67, 11}$$

an. Sie gehen, weil nach (67, 7) bzw. (67, 9)

$$\frac{\partial V}{\partial \dot{\xi}_k} = 0, \qquad \frac{\partial T}{\partial \xi_k} = 0 \tag{67, 12}$$

ist, in

$$\frac{d}{dt} \frac{\partial T}{\partial \dot{\xi}_k} + \frac{\partial V}{\partial \xi_k} = 0 \tag{67, 13}$$

über. Führt man die Differentiation aus, so erhält man

$$\sum_{i=1}^{f} (a_{ik}\ddot{\xi}_i + c_{ik}\xi_i) = 0, \qquad k = 1, 2, \ldots, f. \tag{67, 14}$$

Dies ist ein System von f gekoppelten homogenen gewöhnlichen Differentialgleichungen vom Typ (27, 7). Um sie zu lösen, kann man, ebenso wie bei der Behandlung des linearen Oszillators, Kap. 27, für jede Koordinate den Ansatz

$$\xi_i = A_i e^{\mu t}, \qquad i = 1, 2, \ldots, f \tag{67, 15}$$

machen. Geht man damit in (67, 14) ein, so erhält man ein lineares homogenes Gleichungssystem, aus dem sich die Konstanten A_i und μ bestimmen lassen. Führt man die Rechnung aus, so findet man, daß die $\xi_i(t)$ harmonische Funktionen der Zeit sind, d. h. das betrachtete System führt Schwingungen um seine Gleichgewichtslage aus.

Wir wollen die Rechnung, die zu dieser Aussage führt, nicht im einzelnen darlegen, weil es noch eine andere Möglichkeit gibt, zu ihr zu gelangen.

Dazu verwenden wir einen Begriff aus der Algebra, der schlagwortartig als *Hauptachsentransformation* bezeichnet wird. Dieser Begriff ist in Kap. 6 erklärt worden. Über das, was dort zur Hauptachsenformation einer reellen bilinearen Form gesagt wurde, hinausgehend, läßt sich auch folgende Aussage beweisen:

Es seien

$$\left.\begin{aligned} \varphi_1 &= \sum_i \sum_k a_{ik}\dot{x}_i\dot{x}_k \qquad (67, 16)\\ \varphi_2 &= \sum_i \sum_k b_{ik}x_i x_k \qquad (67, 17)\end{aligned}\right\} \quad i, k = 1, 2, \ldots, f$$

zwei positiv definite reelle bilineare Formen mit

$$a_{ik} = a_{ki} \tag{67, 18}$$

$$b_{ik} = b_{ki}. \tag{67, 19}$$

Dann gibt es stets f neue Variable y_i, $(i = 1, 2, \ldots, f)$, die mit den ursprünglichen Variablen x_i, $(i = 1, 2, \ldots, f)$, linear verknüpft sind:

$$y_i = \sum_{k=1}^{f} \alpha_{ik} x_k, \tag{67, 20}$$

mit denen φ_1 und φ_2 in die Ausdrücke

$$\Phi_1 = \sum_{i=1}^{f} \dot{y}_i^2 \tag{67, 21}$$

$$\Phi_2 = \sum_{i=1}^{f} \lambda_i y_i^2 \tag{67, 22}$$

übergehen. Hierbei bedeuten die λ_i die f Wurzeln der „Säkulargleichung"

$$\det | \lambda a_{ik} - b_{ik} | = 0, \tag{67, 23}$$

die alle — wie gezeigt werden kann — bei Gültigkeit der gemachten Voraussetzungen reell sind.

Beziehen wir uns auf diesen Satz, so heißt dies, daß man durch Linearkombination der ξ_i, $(i = 1, 2, \ldots, f)$, gemäß (67, 20) stets f neue Koordinaten

$$Q_i = \sum_{k=1}^{f} \beta_{ik} \xi_k \tag{67, 24}$$

finden kann, in denen die kinetische Energie T des Punktsystems ausgedrückt, die Form

$$T = \frac{1}{2} \sum_{i=1}^{f} \dot{Q}_i^2 \tag{67, 25}$$

hat und gleichzeitig die potentielle Energie

$$V = \frac{1}{2} \sum_{i=1}^{f} \lambda_i Q_i^2 \tag{67, 26}$$

lautet.

Man nennt die Größen Q_i, in denen die kinetische Energie T und die potentielle Energie V eines Punktsystems die Formen (67, 25/26) annehmen, *Normalkoordinaten.* Mit ihrer Verwendung lauten nun die LAGRANGEschen Gleichungen (67, 13) für das betrachtete System

$$\ddot{Q}_k + \lambda_k Q_k = 0, \qquad k = 1, 2, \ldots, f. \tag{67, 27}$$

Dies ist nach (27, 7) die Bewegungsgleichung eines einfachen Oszillators, aus der die Bedeutung der λ_k entnommen werden kann: es sind die Quadrate der Eigenfrequenzen der Normalschwingungen $Q_k(t)$, weshalb man sie als *Normalfrequenzen* bezeichnet.

Löst man (67, 24) nach den ξ_k auf, so erhält man

$$\xi_k = \sum_{i=1}^{f} \gamma_{ki} Q_i \tag{67, 28}$$

und dies ergibt den Satz: Die kleinen Schwingungen eines Punktsystems um seine Gleichgewichtslage lassen sich durch Überlagerung von (höchstens) f Normalschwingungen ausdrücken.

68. Das Gravitationsgesetz

In der Kinematik eines Massenpunktes wurde gezeigt, — Kap. 11 —, daß ein Planet (durch das Modell eines Massenpunktes m idealisiert), aufgrund des (empirisch gefundenen) ersten KEPLERschen Gesetzes seine elliptische Bahn um die (ebenfalls als Massenpunkt angenommene) Sonne mit der Beschleunigung

$$\mathfrak{a} = -\frac{c}{r^2} \mathfrak{r}^0 \tag{68, 1}$$

durchläuft, wobei

$$r = |\mathfrak{r}| \tag{68, 2}$$

der Betrag des Ortsvektors $\mathfrak{r}$ von m in bezug auf die Sonne und $\mathfrak{r}^0$ der Einheitsvektor von $\mathfrak{r}$ ist.

Mit Verwendung des in Kap. 14 eingeführten Kraftbegriffes kann man statt (67, 1) auch sagen, daß ein Planet von der Sonne mit der Kraft

$$\mathfrak{K} = -\frac{c m_1}{r^2} \mathfrak{r}^0 \tag{68, 3}$$

angezogen wird. Hierbei ist c eine für jeden Planeten gleiche Konstante, die indessen von der Masse des Anziehungszentrums abhängt.

Man ersieht dies, wenn man das in Kap. 31 noch nicht berücksichtigte NEWTONsche Axiom „actio = reactio“ beachtet. Bezeichnet man alle auf die Sonne bezogenen Größen mit dem Index 1 und die den Planeten betreffenden Größen mit dem Index 2, so geht (68, 3) in

$$\mathfrak{K}_{12} = -\frac{c m_2}{r_{12}^2} \mathfrak{r}_{12}^0 \tag{68, 4}$$

über. Andererseits wirkt gemäß dem Reaktionsprinzip noch die gleich große, aber entgegengesetzte Kraft

$$\mathfrak{K}_{21} = -\mathfrak{K}_{12} = +\frac{\bar{c} m_1}{r_{12}^2} \mathfrak{r}_{12}^0 \tag{68, 5}$$

von dem Planeten m_2 auf die Sonne m_1. Aus (67, 4/5) folgt

$$\mathfrak{K}_{12} + \mathfrak{K}_{21} = (\bar{c} m_1 - c m_2) \frac{\mathfrak{r}_{12}^0}{r_{12}^2} = 0 \tag{68, 6}$$

oder

$$\bar{c} m_1 = c m_2. \tag{68, 7}$$

Diese Gleichung wird durch

$$c = G m_1 \tag{68, 8}$$

$$\bar{c} = G m_2 \tag{68, 9}$$

erfüllt, wobei nun G ein **universeller**, von den beiden sich anziehenden Massen m_1 und m_2 unabhängiger Faktor ist, der als *Gravitationskonstante* bezeichnet wird. Mit (68, 8/9) geht (68, 5) in

$$\mathfrak{K}_{12} = -\mathfrak{K}_{21} = -G \frac{m_1 m_2}{r_{12}^2} \mathfrak{r}_{12}^0 \tag{68, 10}$$

über. Dieses ist das NEWTON*sche Gravitationsgesetz*, das sich in der Himmelsmechanik glänzend bewährt hat.

NEWTON nahm nun an, daß das Kraftgesetz (68, 10) nicht nur für Himmelskörper, sondern für zwei beliebige Massen gilt. So wurde er dazu geführt, die Erdbeschleunigung, d. h. die Schwere, als eine Folge der nach (68, 10) wirkenden Kräfte zwischen der Erde und einer fallenden Masse zu betrachten. NEWTON gelangte hierbei zu einer prüfbaren Aussage: er verglich die Beschleunigung $\mathfrak{a}_1$, welche die Erde einem sich auf ihrer Oberfläche befindenden Massenpunkt erteilt, mit der Beschleunigung $\mathfrak{a}_2$, die der Mond infolge der Anziehung durch die Erde erfährt.

Bezeichnet man die Masse der Erde mit m und den Erdradius mit R, so ist

$$|\mathfrak{a}_1| = g = \frac{Gm}{R^2}. \tag{68, 11}$$

Andererseits ist, weil der Mond vom Erdmittelpunkt die Entfernung von ≈ 60 Erdradien hat,

$$|\mathfrak{a}_2| = \frac{Gm}{60^2 R^2}. \tag{68, 12}$$

Aus den beiden letzten Gleichungen folgt

$$\frac{|\mathfrak{a}_2|}{|\mathfrak{a}_1|} = \frac{|\mathfrak{a}_2|}{g} = \frac{1}{60^2}, \tag{68, 13}$$

also

$$|\mathfrak{a}_2| = g/60^2. \tag{68, 14}$$

Dies ergibt mit

$$g \approx 981 \text{ cm sec}^{-2} \tag{68, 15}$$

für

$$|\mathfrak{a}_2| \approx 0{,}27 \text{ cm sec}^{-2}. \tag{68, 16}$$

Andererseits läßt sich die Beschleunigung des Mondes auch kinematisch bestimmen. Wird angenommen, was in erster Näherung gut zutrifft, daß er die Erde auf einer **Kreisbahn** (mit dem Radius $r = 60R$) mit **konstanter** Winkelgeschwindigkeit $|\mathfrak{w}| = \omega$ umläuft, so ist nach (9, 62):

$$|\mathfrak{a}_2| = |a_\varphi| = 60 R \dot{\varphi}^2 = 60 R \omega^2. \tag{68, 17}$$

Nun ist

$$\omega = \frac{2\pi}{T}, \tag{68, 18}$$

wobei T die Umlaufzeit des Mondes um die Erde ist. Setzt man für diese (im Mittel)

$$T = 28 \text{ Tage} = 28 \cdot 86400 \text{ sec} \tag{68, 19}$$

und beachtet, daß der Erdradius

$$R \approx 637 \cdot 10^6 \text{ cm} \tag{68, 20}$$

ist, so erhält man aus (68, 17) für

$$|\mathfrak{a}_2| \approx 0{,}27 \text{ cm sec}^{-2}. \tag{68, 21}$$

Dies ist in Übereinstimmung mit dem sich aus dem Gravitationsgesetz ergebenden Betrag (68, 16) für $|\mathfrak{a}_2|$. Das gefundene Ergebnis spricht also für die oben genannte Übertragung des Gravitationsgesetzes (68, 10) auf beliebige Massen. Man nennt daher (68, 10) auch häufig ***Massenanziehungsgesetz.***

Die vorstehenden Betrachtungen beruhen auf der bisher noch nicht bewiesenen Annahme, daß die Anziehung der Erde eines sich auf ihrer Oberfläche befindenden Massenpunktes dieselbe ist, als ob die Gesamtmasse der Erde als Massenpunkt angenommen werden darf, der sich im Erdmittelpunkt befindet. Daß diese Annahme erlaubt ist, werden wir in Kap. 89 beweisen.

69. Das Zweikörperproblem

In Kap. 31 hatten wir das Kepler-Problem behandelt, d. h. die Frage beantwortet, welche Gesetze für die Bewegung eines Planeten gelten, wenn er die als ruhend vorausgesetzte Sonne umläuft. Wir wollen die Frage der Planetenbewegung erneut aufgreifen und sie nun unter Beachtung des dritten Newtonschen Axioms behandeln. Diese Aufgabe wird als *Zweikörperproblem* bezeichnet.

Um sie zu lösen, hat man die eine das Kepler-Problem beschreibende Differentialgleichung (31, 3) jetzt durch zwei Bewegungsgleichungen zu ersetzen. Kennzeichnen wir wieder die auf die Sonne bzw. den Planeten bezogenen Größen durch die Indizes 1 bzw. 2, so wird das Zweikörperproblem gemäß (68, 10) durch die Differentialgleichungen

$$\mathfrak{K}_{12} = m_2\ddot{\mathfrak{r}}_2 = -G\frac{m_1 m_2}{r_{12}}\mathfrak{r}^0_{12} \tag{69, 1}$$

$$\mathfrak{K}_{21} = m_1\ddot{\mathfrak{r}}_1 = +G\frac{m_1 m_2}{r^2_{12}}\mathfrak{r}^0_{12} \tag{69, 2}$$

beschrieben, Abb. 69, 1. Die letzte Gleichung zeigt zunächst, daß sich infolge der Rückwirkung des Planeten auf die Sonne diese nicht in Ruhe bleibt, sondern ebenso wie der Planet in Bewegung ist.

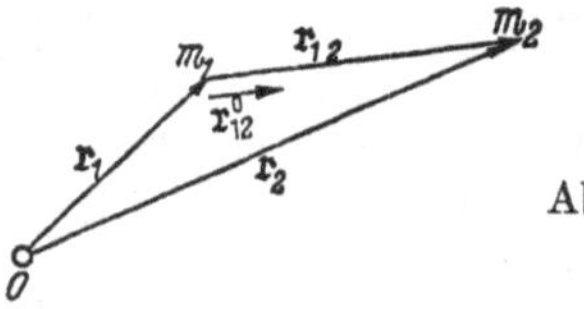

Abb. 69, 1: Zum Zweikörperproblem

Wir fragen nun, ob und ggf. welche Änderungen die aus der Bewegungsgleichung (31, 3) des Kepler-Problems gefundenen Ergebnisse erfahren, wenn man anstelle jener von den Differentialgleichungen (69, 1/2) des Zweikörperproblems ausgeht.

Durch Addition von (69, 1) und (69, 2) erhält man

$$m_1\ddot{\mathfrak{r}}_1 + m_2\ddot{\mathfrak{r}}_2 = 0. \tag{69, 3}$$

Führt man den Schwerpunktsvektor

$$\mathfrak{x} = \frac{m_1\mathfrak{r}_1 + m_2\mathfrak{r}_2}{m_1 + m_2} \tag{69, 4}$$

ein, so wird aus (69, 3):

$$\ddot{\mathfrak{x}} = 0\,, \tag{69, 5}$$

d. h., der Schwerpunkt des Systems Sonne-Planet führt — wie es der Schwerpunktsatz für ein nur inneren Kräften unterliegendes System verlangt — eine gleichförmige Translationsbewegung aus. Da nach dem Klassischen Relativitätsprinzip alle gegeneinander gleichförmig bewegten Bezugssysteme gleichwertig sind, können wir den Ursprung 0 des Koordinatensystems im Schwerpunkt verankern.

Ebenso wie im Fall des KEPLER-Problems verläuft auch beim Zweikörperproblem die Bewegung der beiden Massen m_1 und m_2 in einer Ebene, weil bei dem hier betrachteten System nach (69, 1/2)

$$\dot{\mathfrak{L}} = \frac{d}{dt}\{m_1\mathfrak{r}_1 \times \dot{\mathfrak{r}}_1 + m_2\mathfrak{r}_2 \times \dot{\mathfrak{r}}_2\} = \mathfrak{D} = \sum_i \mathfrak{K}_i \times \mathfrak{r}_i = 0, \tag{69, 6}$$

d. h., der Drehimpuls

$$m_1\mathfrak{r}_1 \times \dot{\mathfrak{r}}_1 + m_2\mathfrak{r}_2 \times \dot{\mathfrak{r}}_2 = \mathfrak{L}_0 \tag{69, 7}$$

konstant ist. Da der Ursprung 0 des verwendeten Koordinatensystems im Schwerpunkt S des Systems Sonne-Planet liegt, ist der Ortsvektor von S:

$$\mathfrak{x} = 0. \tag{69, 8}$$

Damit folgt aus (69, 4):

$$m_1\mathfrak{r}_1 = -m_2\mathfrak{r}_2, \tag{69, 9}$$

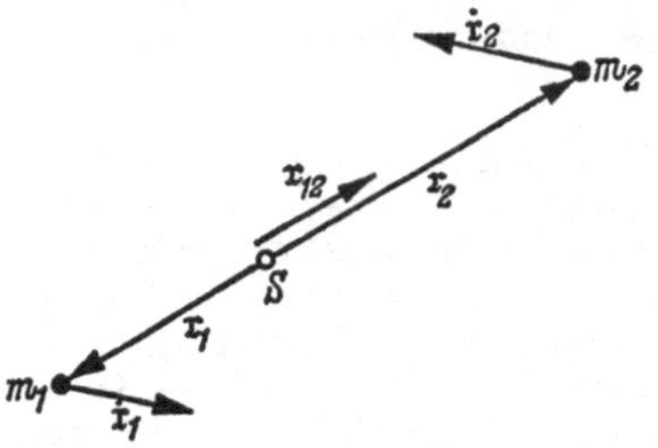

Abb. 69, 2: Orts- und Geschwindigkeitsvektoren beim Zweikörperproblem im Schwerpunktsystem

d. h., m_1, m_2 und S liegen auf einer Geraden, Abb. 69, 2. Ferner folgt aus (69, 9):

$$m_1\dot{\mathfrak{r}}_1 = -m_2\dot{\mathfrak{r}}_2. \tag{69, 10}$$

Mit den beiden letzten Gleichungen kann für den konstanten Drehimpuls (69, 7) geschrieben werden:

$$\mathfrak{L}_0 = m_1\mathfrak{r}_1 \times \dot{\mathfrak{r}}_1 + \mathfrak{r}_2 \times m_2\dot{\mathfrak{r}}_2 \tag{69, 11}$$

$$= m_1\mathfrak{r}_1 \times \dot{\mathfrak{r}}_1 - \mathfrak{r}_2 \times m_1\dot{\mathfrak{r}}_1 \tag{69, 12}$$

$$= m_1(\mathfrak{r}_1 - \mathfrak{r}_2) \times \dot{\mathfrak{r}}_1. \tag{69, 13}$$

Es gilt aber auch die Darstellung

$$\mathfrak{L}_0 = \mathfrak{r}_1 \times m_1\dot{\mathfrak{r}}_1 + m_2\mathfrak{r}_2 \times \dot{\mathfrak{r}}_2 \tag{69, 14}$$

$$= -\mathfrak{r}_1 \times m_2\dot{\mathfrak{r}}_2 + m_2\mathfrak{r}_2 \times \dot{\mathfrak{r}}_2 \tag{69, 15}$$

$$= -m_2(\mathfrak{r}_1 - \mathfrak{r}_2) \times \dot{\mathfrak{r}}_2. \tag{69, 16}$$

Da $\mathfrak{L}_0$ ein konstanter Vektor ist, d. h. weder Betrag noch Richtung ändert, folgt aus (69, 13) und aus (69, 16), daß die Vektoren $\mathfrak{r}_1 - \mathfrak{r}_2$, $\dot{\mathfrak{r}}_1$ und $\dot{\mathfrak{r}}_2$ und daher auch wegen (69, 9) die Vektoren $\mathfrak{r}_1$, $\mathfrak{r}_2$, $\dot{\mathfrak{r}}_1$ und $\dot{\mathfrak{r}}_2$ komplanar sind: sie liegen stets in einer Ebene, auf der $\mathfrak{L}_0$ senkrecht steht.

Wir orientieren nun das Koordinatensystem so, daß seine x-y-Ebene mit dieser „invariablen" Ebene zusammenfällt. Dann sind die Ortsvektoren $\mathfrak{r}_1$ bzw. $\mathfrak{r}_2$ von Sonne bzw. Planet

$$\mathfrak{r}_1 = \{x_1, y_1, 0\} \tag{69, 17}$$

$$\mathfrak{r}_2 = \{x_2, y_2, 0\}. \tag{69, 18}$$

Um die Gleichungen der Bahnen der Sonne und des Planeten zu ermitteln, ist es zweckmäßig, den „Relativ"-Vektor

$$\mathfrak{r}_{12} = \mathfrak{r}_2 - \mathfrak{r}_1 \tag{69, 19}$$

zu verwenden, Abb. 69, 2. Mit ihm erhält man aus (69, 1/2) — wenn man diese Gleichung zunächst durch m_2 bzw. m_1 dividiert und danach voneinander subtrahiert —:

$$\ddot{\mathfrak{r}}_{12} = - G \frac{m_1 + m_2}{r_{12}^2} \mathfrak{r}_{12}^0 . \tag{69, 20}$$

Andererseits gilt, wenn man die Mitbewegung der Sonne m_1 **nicht** berücksichtigt, d. h. diese als ruhend ansieht ($\ddot{\mathfrak{r}}_1 = 0$), nach (69, 1/2) für den Planeten m_2 die Bewegungsgleichung

$$\mathfrak{K}_{12} = m_2 \ddot{\mathfrak{r}}_2 = - G \frac{m_1 m_2}{r_{12}^2} \mathfrak{r}_{12}^0 \tag{69, 21}$$

oder

$$\ddot{\mathfrak{r}}_2 = - G \frac{m_1}{r_{12}^2} \mathfrak{r}_{12}^0 , \tag{69, 22}$$

wobei r_{12} den Abstand zwischen Planet und Sonne bedeutet.

Ein Vergleich mit (69, 20) zeigt, daß dies genau die Bewegungsgleichung des KEPLER-Problems ist, wobei lediglich anstelle der in (69, 22) auftretenden Sonnenmasse m_1 die Summe der Sonnen- und Planetenmasse steht:

$$m_1 \to m_1 + m_2 . \tag{69, 23}$$

Es gelten daher die in Kap. 31 gefundenen Ergebnisse im wesentlichen unverändert. Das erste KEPLERsche Gesetz ist bei Berücksichtigung der Mitbewegung der Sonne lediglich dahingehend abzuändern, daß es nun lautet: Sowohl die Sonne als auch ein Planet durchlaufen Ellipsenbahnen, die einen gemeinsamen Brennpunkt haben, welcher der Schwerpunkt des Systems Sonne-Planet ist. Der „Flächensatz" gilt sowohl für die Sonne als auch für den Planeten unverändert.

Indessen läßt sich das dritte KEPLERsche Gesetz verschärfen. Anstelle des früher gefundenen Ergebnisses (31, 58) gilt unter Beachtung von (69, 23) und (68, 8) beim Zweikörperproblem

$$\frac{a^3}{T^2} = \frac{G(m_1 + m_2)}{4\pi^2} = \frac{G m_1}{4\pi^2} \left(1 + \frac{m_2}{m_1}\right). \tag{69, 24}$$

Diese Gleichung sagt aus, daß der Quotient a^3/T^2 nicht — wie nach (31, 58) — eine universelle, sondern eine für jeden Planeten **individuelle** Konstante ist, weil in (69, 24) die Planetenmasse m_2 eingeht. Da aber für jeden Planeten

$$\frac{m_2}{m_1} \ll 1 \tag{69, 25}$$

ist, kann man die ursprüngliche Fassung des dritten KEPLERschen Gesetzes als Aussage beibehalten, die in erster Näherung zutrifft.

70. Stoßvorgänge

Es mögen sich zwei Massenpunkte m_1 und m_2 (die man etwa als Modelle zweier gleicher oder verschiedener Gasmoleküle, zweier gleicher oder verschiedener Teilchen ansehen kann), frei von äußeren Kräften mit den Geschwindigkeiten $\mathfrak{v}_1$ und $\mathfrak{v}_2$ bewegen und in irgendeinem Raumpunkt zusammenstoßen. Wir fragen nach den Geschwindigkeiten $\mathfrak{w}_1$ und $\mathfrak{w}_2$ nach dem „Zweierstoß".

Die Antwort hierauf hängt davon ab, um welche „Art" von Stoß es sich handelt. Man unterscheidet nämlich zwischen *geraden* und *schiefen* sowie zwischen *elastischen* und *unelastischen* Stößen.

Ein **gerader** Stoß liegt dann vor, wenn die beiden Geschwindigkeiten $\mathfrak{v}_1$ und $\mathfrak{v}_2$ gleiche Richtungen haben, d. h. wenn sich m_1 und m_2 z. B. geradlinig aufeinander zu bewegen (Abb. 70, 1). Anderenfalls spricht man von einem **schiefen** Stoß, Abb. 70, 2.

Abb. 70, 1: Der gerade Stoß

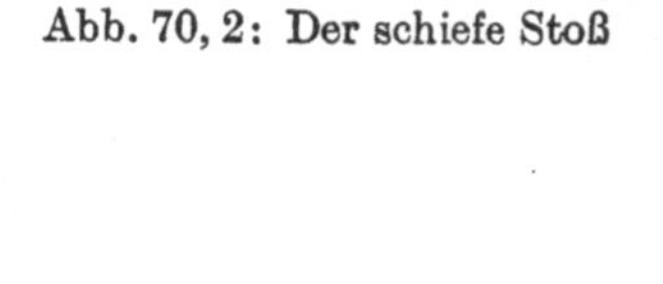

Abb. 70, 2: Der schiefe Stoß

Gleichgültig, ob es sich um einen geraden oder schiefen Stoß handelt, gilt — wegen der als kräftefrei vorausgesetzten Bewegung von m_1 und m_2 — der Impulssatz (40, 8), d. h. es ist

$$\dot{\mathfrak{P}} = \frac{d}{dt}(m_1\mathfrak{v}_1 + m_2\mathfrak{v}_2) = 0 \tag{70, 1}$$

oder

$$m_1\mathfrak{v}_1 + m_1\mathfrak{v}_2 = m_1\mathfrak{w}_1 + m_2\mathfrak{w}_2 \tag{70, 2}$$

Wenn weiterhin noch für den Stoßvorgang der Energiesatz der Mechanik gilt, so spricht man von einem elastischen Stoß. Für ihn muß, weil sich m_1 und m_2 kräftefrei bewegen, also nur kinetische Energie vorhanden ist, diese eine weitere Erhaltungsgröße sein:

$$\frac{m_1}{2}v_1^2 + \frac{m_2}{2}v_2^2 = \frac{m_1}{2}w_1^2 + \frac{m_2}{2}w_2^2. \tag{70, 3}$$

Ist diese Gleichung für einen Stoßprozeß nicht erfüllt, so spricht man von einem unelastischen Stoß.

In Strenge ist zwar jeder Stoßvorgang unelastisch. Indessen hat es sich gezeigt, daß das (ideale) Modell des elastischen Stoßes sich durchaus verwenden läßt, weil sich mit ihm eine Reihe von Erscheinungen gut deuten läßt, die insbesondere bei Stoß- und Streuprozessen in der Atomphysik auftreten. —

Wir behandeln zunächst den einfachsten Fall, den geraden elastischen Stoß. Dann lauten die Erhaltungssätze (70, 2/3):

$$m_1v_1 + m_2v_2 = m_1w_1 + m_2w_2 \tag{70, 4}$$

$$m_1v_1^2 + m_2v_2^2 = m_1w_1^2 + m_2w_2^2. \tag{70, 5}$$

Hieraus ergibt sich durch eine elementare Rechnung für die Geschwindigkeiten w_1 und w_2 der Massenpunkte m_1 und m_2 nach dem Stoß

$$w_1 = \frac{m_1 - m_2}{m_1 + m_2}v_1 + \frac{2m_2}{m_1 + m_2}v_2 \tag{70, 6}$$

$$w_2 = \frac{2m_1}{m_1 + m_2}v_1 - \frac{m_1 - m_2}{m_1 + m_2}v_2. \tag{70, 7}$$

Aus diesen allgemein für w_1 und w_2 gültigen Ausdrücken ergeben sich folgende Sonderfälle:

1) Sind die beiden zusammenstoßenden Massen gleich:

$$m_1 = m_2 = m \tag{70, 8}$$

(z. B. zwei gleiche Elementarteilchen), so folgt aus (70, 6/7):

$$w_1 = v_2 \tag{70, 9}$$

$$w_2 = v_1, \tag{70, 10}$$

d. h., die beiden zusammenstoßenden Massenpunkte „vertauschen" ihre Geschwindigkeiten. Ist insbesondere die „gestoßene" Masse, etwa m_2, ursprünglich in Ruhe gewesen: $v_2 = 0$, so hat m_2 nach dem Stoß die Geschwindigkeit v_1 der „stoßenden" Masse m_1, während diese dann in Ruhe bleibt.

2) Ist die „gestoßene" Masse m_2 verglichen mit der „stoßenden" Masse m_1 sehr groß, d. h.

$$\frac{m_1}{m_2} \ll 1, \tag{70, 11}$$

so folgt aus (70, 6/7):

$$w_1 = \frac{\frac{m_1}{m_2} - 1}{\frac{m_1}{m_2} + 1}v_1 + \frac{2}{\frac{m_1}{m_2} + 1}v_2 \approx -v_1 + 2v_2 \tag{70, 12}$$

$$w_2 = \frac{1 - \frac{m_1}{m_2}}{\frac{m_1}{m_2} + 1}v_2 + \frac{2\frac{m_1}{m_2}}{\frac{m_1}{m_2} + 1}v_1 \approx v_2. \tag{70, 13}$$

Die letzte Gleichung sagt aus, daß sich unter der angegebenen Voraussetzung die Geschwindigkeit der „gestoßenen“ Masse nach dem Stoß (in erster Näherung) nicht ändert.
War insbesondere die „gestoßene“ Masse m_2 anfänglich in Ruhe:

$$v_2 = 0, \tag{70, 14}$$

so wird aus den vorstehenden Ausdrücken

$$w_1 \approx -v_1 \tag{70, 15}$$

$$w_2 = 0, \tag{70, 16}$$

d. h., die ursprünglich ruhende Masse bleibt trotz des Stoßes weiterhin in Ruhe, während die stoßende Masse ihre Geschwindigkeit umkehrt. (Beispiel: Reflexion eines gegen eine Mauer fliegenden Balles.)

Als Gegenstück zu dem Idealfall des elastischen (geraden) Stoßes behandeln wir — als Grenzfall des unelastischen geraden Stoßes — den „völlig unelastischen“ Stoß. Er ist dadurch definiert, daß nach dem Stoß die beiden Massen m_1 und m_2 mit der gleichen Geschwindigkeit

$$w_1 = w_2 = w \tag{70, 17}$$

weiterlaufen. (Dies ist etwa näherungsweise realisiert beim Zusammenstoß zweier Ton- oder Lehmkugeln.) In diesem Fall geht der Impulssatz (70, 2) in

$$m_1 v_1 + m_2 v_2 = m_1 w + m_2 w \tag{70, 18}$$

über, woraus sich für die für m_1 und m_2 gemeinsame Geschwindigkeit w nach dem Stoß

$$w = \frac{m_1 v_1 + m_2 v_2}{m_1 + m_2} \tag{70, 19}$$

ergibt.

P. def. ist bei einem unelastischen Stoß die „Energiegleichung“ (70, 3) nicht erfüllt, d. h., es tritt ein Energieverlust ΔT auf. Beim „völlig unelastischen“ Stoß ist dieser

$$\Delta T = \frac{m_1}{2} v_1^2 + \frac{m_2}{2} v_2^2 - \frac{w^2}{2}(m_1 + m_2). \tag{70, 20}$$

Hieraus erhält man mit (70, 19) nach geringfügiger elementarer Rechnung

$$\Delta T = \frac{1}{2} \frac{m_1 - m_2}{m_1 + m_2} (v_1 - v_2)^2. \tag{70, 21}$$

Dieser Ausdruck läßt sich formal wieder als eine kinetische Energie schreiben, wenn man den Begriff der *reduzierten* Masse μ einführt. Als solche bezeichnet man das halbe harmonische Mittel von m_1 und m_2:

$$\frac{1}{\mu} = \frac{1}{m_1} + \frac{1}{m_2}, \tag{70, 22}$$

was

$$\mu = \frac{m_1 m_2}{m_1 + m_2} \tag{70, 23}$$

ergibt. Beachtet man ferner, daß

$$v_1 - v_2 = v_r \tag{70, 24}$$

die Relativgeschwindigkeit der beiden Stoßpartner vor dem Stoß ist, so geht (70, 21) in

$$\Delta T = \frac{\mu}{2} v_r^2 \tag{70, 25}$$

über. Dieser Ausdruck wird als „CARNOTscher Energieverlust“ bezeichnet, weil (70, 25) erstmalig von CARNOT[1]) hergeleitet wurde. —

[1]) Sadi CARNOT: *1796 in Paris, †1832 in Paris.

Wir wollen in Erweiterung der vorstehenden Betrachtungen nun den schiefen elastischen Stoß behandeln, wobei wir zunächst der Einfachheit halber annehmen, daß die zusammenstoßenden Massen gleich groß sind, d. h.

$$m_1 = m_2 = m. \tag{70, 26}$$

(Beispiel: Zusammenstoß zweier Moleküle eines Gases, das sich in einem abgeschlossenen Gefäß befindet — kinetische Gastheorie —). Dann reduzieren sich Impuls- und Energieerhaltungssatz (70, 2/3) auf

$$\mathfrak{v}_1 + \mathfrak{v}_2 = \mathfrak{w}_1 + \mathfrak{w}_2 \tag{70, 27}$$

$$\mathfrak{v}_1^2 + \mathfrak{v}_2^2 = \mathfrak{w}_1^2 + \mathfrak{w}_2^2. \tag{70, 28}$$

Die Verhältnisse vor und nach dem Stoßvorgang nehmen nun eine bemerkenswert einfache Form an, wenn man sie vom Schwerpunktsystem aus beschreibt. Sind $\mathfrak{r}_1$ und $\mathfrak{r}_2$ die Ortsvektoren der beiden Stoßpartner, so hat ihr Schwerpunkt S nach (37, 1) den Ortsvektor

$$\mathfrak{x} = \frac{1}{2}(\mathfrak{r}_1 + \mathfrak{r}_2) \tag{70, 29}$$

und bewegt sich mit der Geschwindigkeit

$$\dot{\mathfrak{x}} = \frac{1}{2}(\dot{\mathfrak{r}}_1 + \dot{\mathfrak{r}}_2) = \frac{1}{2}(\mathfrak{v}_1 + \mathfrak{v}_2). \tag{70, 30}$$

Von S aus gesehen haben daher die beiden Massenpunkte die Geschwindigkeiten

$$\mathfrak{u}_1 = \mathfrak{v}_1 - \dot{\mathfrak{x}} = \mathfrak{v}_1 - \frac{1}{2}(\mathfrak{v}_1 + \mathfrak{v}_2) = \frac{\mathfrak{v}_1 - \mathfrak{v}_2}{2} \tag{70, 31}$$

$$\mathfrak{u}_2 = \mathfrak{v}_2 - \dot{\mathfrak{x}} = \mathfrak{v}_2 - \frac{1}{2}(\mathfrak{v}_1 + \mathfrak{v}_2) = -\frac{\mathfrak{v}_1 - \mathfrak{v}_2}{2}. \tag{70, 32}$$

Hieraus folgt

$$\mathfrak{u}_1 = -\mathfrak{u}_2 \tag{70, 33}$$

$$|\mathfrak{u}_1| = |\mathfrak{u}_2|. \tag{70, 34}$$

Diese beiden Gleichungen besagen, daß der im „Laborsystem“ sich abspielende schiefe Stoß vom Schwerpunkt S aus beobachtet, ein gerader Stoß ist, weil sich nach (70, 33) die beiden Massenpunkte geradlinig aufeinander zu bewegen, wobei übrigens nach (70, 34) ihre Geschwindigkeitsbeträge gleich sind.

Analog hierzu sehen die Verhältnisse, von S aus betrachtet, nach dem Stoß aus. Die Relativgeschwindigkeiten sind dann

$$\mathfrak{u}_1' = \mathfrak{w}_1 - \dot{\mathfrak{x}} = \frac{\mathfrak{w}_1 - \mathfrak{w}_2}{2} \tag{70, 35}$$

$$\mathfrak{u}_2' = \mathfrak{w}_2 - \dot{\mathfrak{x}} = -\frac{\mathfrak{w}_1 - \mathfrak{w}_2}{2}, \tag{70, 36}$$

woraus sofort

$$\mathfrak{u}_1' = -\mathfrak{u}_2' \tag{70, 37}$$

$$|\mathfrak{u}_1'| = |\mathfrak{u}_2'| \tag{70, 38}$$

folgt: nach dem Stoß bewegen sich die beiden Stoßpartner mit gleicher Geschwindigkeit in entgegengesetzter Richtung.

Weiterhin folgt nun aus den Erhaltungssätzen (70, 26/27), daß nicht nur (70, 34) und (70, 38) gilt, sondern darüber hinaus auch

$$|\mathfrak{u}_1| = |\mathfrak{u}_2| = |\mathfrak{u}_1'| = |\mathfrak{u}_2'| \tag{70, 39}$$

ist, d. h., von S aus beobachtet sind die Beträge der Geschwindigkeiten zweier gleich großer zusammenstoßender Massen die gleichen wie vor dem Stoß, Abb. 70, 3. Aus ihr erhält man auf

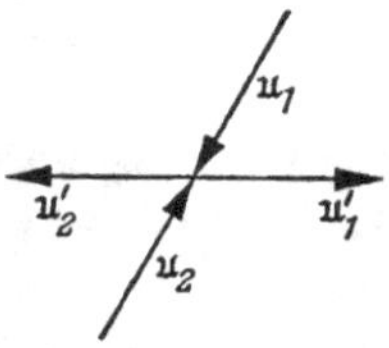

Abb. 70, 3: „Zweierstoß" vom Schwerpunktsystem aus betrachtet

geometrischem Weg die Geschwindigkeitsvektoren vor bzw. nach dem Stoß mit Hilfe von (70, 31/32) bzw. (70, 35/36). So ergibt sich damit etwa für die Anfangsgeschwindigkeiten $\mathfrak{v}_1$ und $\mathfrak{v}_2$ aus Abb. 70, 3 die Abb. 70, 4. —

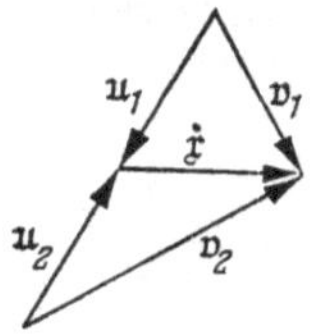

Abb. 70, 4: Zur Ermittlung der Geschwindigkeiten $\mathfrak{v}_1$ und $\mathfrak{v}_2$

Wir wollen noch abschließend einige Bemerkungen zum schiefen elastischen Stoß machen, für den Fall, daß die zusammenstoßenden Massen nicht gleich sind. Wir nehmen dabei — im Hinblick auf atomphysikalische Anwendungen — an, daß die gestoßene Masse m_2 anfänglich ruhe (so wie es etwa beim „Beschuß" von Atomen durch Teilchen der Fall ist). Unter diesen Voraussetzungen lauten die Erhaltungssätze

$$m_1\mathfrak{v}_1 = m_1\mathfrak{w}_1 + m_2\mathfrak{w}_2 \qquad (70, 40)$$

$$m_1 v_1^2 = m_1 w_1^2 + m_2 w_2^2. \qquad (70, 41)$$

Durch diese Gleichungen werden bei vorgegebenen Massen m_1 und m_2 und der Anfangsgeschwindigkeit $\mathfrak{v}_1$ aus allen denkbaren Geschwindigkeiten $\mathfrak{w}_1$ und $\mathfrak{w}_2$ nach dem Stoß die möglichen ausgesondert. Gemeint ist damit folgendes: der Impulserhaltungssatz (70, 40) läßt sich mit beliebig vielen Vektoren $m_1\mathfrak{w}_1$ und $m_2\mathfrak{w}_2$ erfüllen, wofür drei Beispiele in Abb. 70, 5 angegeben sind. Von diesen beliebigen „Nachstoß-Impulsen" $\mathfrak{p}_1 = m_1\mathfrak{w}_1$ und $\mathfrak{p}_2 = m_2\mathfrak{w}_2$ sind jedoch nicht

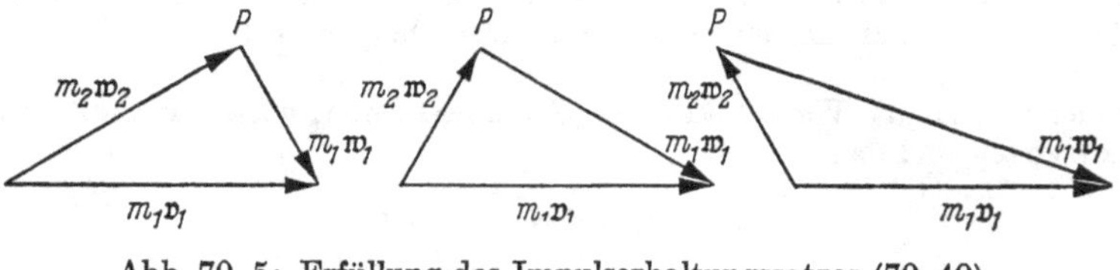

Abb. 70, 5: Erfüllung des Impulserhaltungssatzes (70, 40)

alle möglich, weil sie außer dem Impulserhaltungssatz (70, 40) *auch* dem Energieerhaltungssatz (70, 41) genügen müssen. Es entsteht daher die Frage, welche $\mathfrak{p}_1$ und $\mathfrak{p}_2$ mit (70, 41) verträglich

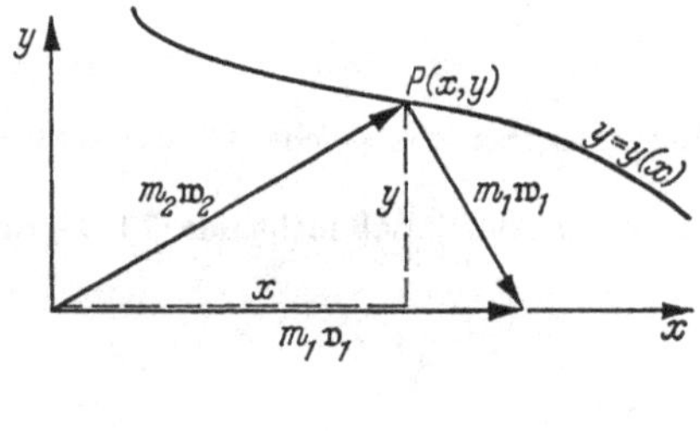

Abb. 70, 6: Zur Bestimmung der Kurve $y = y(x)$

sind. Geometrisch gesprochen, bedeutet das, die Gleichung jener Kurve $y = y(x)$ aufzusuchen, auf der der in Abb. 70, 5 angegebene Punkt P liegen muß. Um $y = y(x)$ zu finden, legen wir ein cartesisches Koordinatensystem so, wie in Abb. 70, 6 angegeben. Dann gilt

$$m_2^2 w_2^2 = x^2 + y^2 \qquad (70, 42)$$

$$m_1^2 w_1^2 = (m_1 v_1 - x)^2 + y^2. \qquad (70, 43)$$

Geht man damit in den Energieerhaltungssatz (70, 41) ein, so erhält man

$$m_1 v_1^2 = \frac{1}{m_1} [(m_1 v_1 - x)^2 + y^2] + \frac{1}{m_2} (x^2 + y^2). \qquad (70, 44)$$

Dieser Ausdruck läßt sich mit Verwendung der durch (70, 23) definierten reduzierten Masse μ durch elementare Umformung auf die Form

$$f(x, y) = x^2 + y^2 - 2 \mu v_1 x = 0 \qquad (70, 45)$$

bringen. Dies ist die Gleichung eines Kreises mit dem Radius

$$r = \mu v_1 = \frac{m_1 v_1}{1 + \frac{m_1}{m_2}}, \qquad (70, 46)$$

dessen Mittelpunkt M auf der x-Achse liegt, Abb. 70, 7. Die möglichen Impulsvektoren $\mathfrak{p}_2 = m_2 \mathfrak{w}_2$ der gestoßenen, ursprünglich ruhenden Masse m_2 sind also nur diese, deren Endpunkte P auf der Peripherie des durch (70, 45) beschriebenen Kreises liegen, wie es für einen Fall in Abb. 70, 7 dargestellt ist.

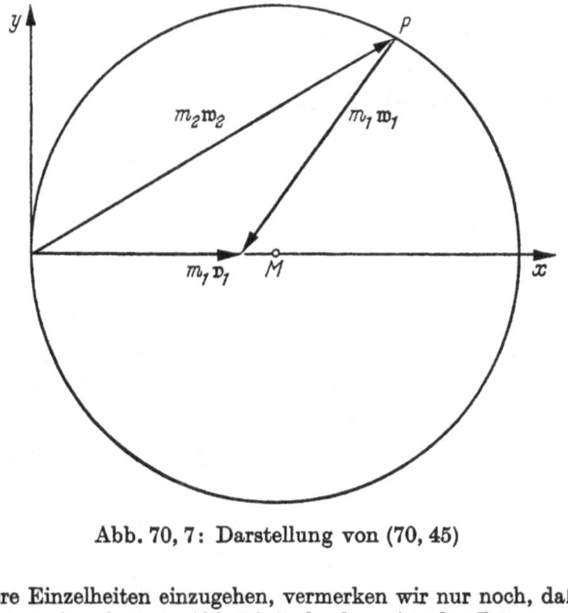

Abb. 70, 7: Darstellung von (70, 45)

Ohne auf weitere Einzelheiten einzugehen, vermerken wir nur noch, daß der größte auf m_2 übertragene Impuls $\mathfrak{p}_2$, wie sofort aus Abb. 70, 7 abzulesen ist, den Betrag

$$|\mathfrak{p}_{2\max}| = |m_2 \mathfrak{w}_{2\max}| = 2r = \frac{2 m_1 m_2}{m_1 + m_2} v_1 \qquad (70, 47)$$

hat. In diesem Fall wird auch von der stoßenden Masse m_1 auf die gestoßene Masse m_2 das Maximum an Energie übertragen. Diese ist

$$E^{(ü)}_{\max} = \frac{m_2}{2} w^2_{2\max} \qquad (70, 48)$$

oder mit (70, 47):

$$E_{\max}^{(\ddot{u})} = \frac{1}{2m_2} \mid p_{2\max} \mid^2 \tag{70, 49}$$

$$= \frac{m_1 v_1^2}{2} \frac{4m_1 m_2}{(m_1 + m_2)^2} \tag{70, 50}$$

$$= E_0 \frac{4m_1 m_2}{(m_1 + m_2)^2}, \tag{70, 51}$$

wenn mit E_0 die „Primärenergie" der stoßenden Masse m_1 bezeichnet wird. Bei vorgegebenem E_0 wird von der stoßenden Masse m_1 auf m_2 dann die meiste Energie übertragen, wenn

$$m_1 = m_2 \tag{70, 52}$$

ist. Dieses besagt, daß eine bewegte Masse (Teilchen) am stärksten „gebremst" wird, wenn sie auf eine gleich große Masse stößt. Diese Tatsache wird in der Atomphysik zur Bremsung schneller Teilchen, z. B. von Neutronen, ausgenutzt.

71. Beispiele für die Behandlung von Bewegungsaufgaben nach der Hamiltonschen Mechanik

1. *Der Wurf im Schwerefeld der Erde* (Kap. 11). Wir verwenden ein Koordinatensystem, dessen positive z-Achse die entgegengesetzte Richtung der Erdbeschleunigung $\mathfrak{g}$ hat, d. h. „nach oben" gerichtet ist. Schreibt man für die horizontalen Koordinaten

$$x = q_1, \qquad y = q_2 \tag{71, 1}$$

und für die vertikale Koordinate

$$z = q_3, \tag{71, 2}$$

so ist die kinetische Energie eines Massenpunktes m:

$$T = \frac{m}{2} \mathfrak{v}^2 = \frac{m}{2} (\dot{x}^2 + \dot{y}^2 + \dot{z}^2) \tag{71, 3}$$

$$= \frac{m}{2} (\dot{q}_1^2 + \dot{q}_2^2 + \dot{q}_3^2), \tag{71, 4}$$

während das Schwerepotential

$$V = mgz = mgq_3 \tag{71, 5}$$

lautet.

Um die Wurfbewegung im Rahmen des Hamilton-Formalismus zu beschreiben, hat man die $\dot{q}_k$ durch die p_k auszudrücken. Hierzu hat man (55, 25) zu verwenden. Dies ergibt mit (71, 4/5):

$$p_1 = \frac{\partial (T - V)}{\partial \dot{q}_1} = \frac{\partial T}{\partial \dot{q}_1} \tag{71, 6}$$

$$= m\dot{q}_1, \tag{71, 7}$$

also

$$\dot{q}_1 = \frac{p_1}{m} \tag{71, 8}$$

und zwei analoge Ausdrücke für $\dot{q}_2$ und $\dot{q}_3$.
Geht man damit in (71, 4) ein, so erhält man als Hamilton-Funktion für den hier betrachteten Fall

$$H = T + V = \frac{1}{2m} (p_1^2 + p_2^2 + p_3^2) + mgq_3 = E. \tag{71, 9}$$

Hieraus ist zu ersehen, daß q_1 und q_2 zyklische Variable und daher nach Kap. 56 die Impulskomponenten

$$p_1 = \alpha_1, \qquad p_2 = \alpha_2 \tag{71, 10}$$

konstant sind. Damit erhält man aus (71, 9):

$$p_3 = m\frac{dq_3}{dt} \tag{71, 11}$$

$$= \sqrt{2m\,(E - mgq_3) - \alpha_1^2 - \alpha_2^2}\,. \tag{71, 12}$$

Hieraus folgt durch Trennung der Variablen

$$dt = \frac{mdq_3}{\sqrt{2m(E - mgq_3) - \alpha_1^2 - \alpha_2^2}} \tag{71, 13}$$

und anschließende Integration

$$t - t_0 = \int \frac{mdq_3}{\sqrt{\ldots}} \tag{71, 14}$$

$$= -\sqrt{\frac{2}{g}}\sqrt{(q_3)_0 - q_3}\,, \tag{71, 15}$$

wobei

$$2mE - \alpha_1^2 - \alpha_2^2 = 2m^2g(q_3)_0 = 2m^2gq_3(t_0) \tag{71, 16}$$

ist.

Aus (71, 15) erhält man

$$q_3 - (q_3)_0 = z - z_0 = -\frac{g}{2}(t - t_0)^2, \tag{71, 17}$$

womit die Abhängigkeit $z = z(t)$ gefunden ist.

Die Zeitabhängigkeit der beiden anderen Koordinaten $q_1(t) = x(t)$ und $q_2(t) = y(t)$ erhält man aus (71, 8) unter Beachtung von (71, 10):

$$p_1 = m\dot{q}_1 = p_x = m\dot{x} = \alpha_1 \tag{71, 18}$$

$$p_2 = m\dot{q}_2 = p_y = m\dot{y} = \alpha_2. \tag{71, 19}$$

Hieraus folgt durch Integration

$$x - x_0 = \frac{\alpha_1}{m}(t - t_0) \tag{71, 20}$$

$$y - y_0 = \frac{\alpha_2}{m}(t - t_0). \tag{71, 21}$$

Mit diesen beiden Gleichungen und mit (71, 17) ist die von m durchlaufene Bahn $\mathfrak{r} = \mathfrak{r}(t)$ in Parameterdarstellung angegeben. Eliminiert man aus ihnen den Parameter („Zeit“ $= t - t_0$), so erhält man

$$z - z_0 = -\frac{g}{2}\frac{m^2}{\alpha_1^2}(x - x_0)^2 \tag{71, 22}$$

$$z - z_0 = -\frac{g}{2}\frac{m^2}{\alpha_2^2}(y - y_0)^2. \tag{71, 23}$$

Durch diese beiden Gleichungen wird die Wurfparabel beschrieben.

2. *Der eindimensionale harmonische Oszillator* (Kap. 27). Nach (27, 12) ist seine kinetische Energie

$$T = \frac{m}{2}\dot{x}^2 = \frac{m}{2}\dot{q}^2 \tag{71, 24}$$

und nach (27, 13) die potentielle Energie

$$V = \frac{c}{2}x^2 = \frac{c}{2}q^2. \tag{71, 25}$$

Nach (71, 24/25) hat man

$$p_x = p = \frac{\partial L}{\partial \dot{q}} = m\dot{q}\,, \tag{71, 26}$$

also

$$\dot{q} = \frac{1}{m} p. \tag{71, 27}$$

Damit wird die HAMILTON-Funktion des linearen harmonischen Oszillators

$$H = \frac{1}{2m} p^2 + \frac{c}{2} q^2. \tag{71, 28}$$

Hieraus ergeben sich nach (55, 28/29) für die Bewegungsgleichung des Oszillators in der Kanonischen Form

$$\frac{\partial H}{\partial p} = \frac{1}{m} p = \dot{q} \tag{71, 29}$$

$$\frac{\partial H}{\partial q} = cq = -\dot{p}. \tag{71, 30}$$

Es ist klar, daß man aus den vorstehenden Ausdrücken die Bewegungsgleichung in der NEWTONschen Form erhalten muß. Sie ergibt sich, indem man (71, 29/30) miteinander kombiniert, was zu

$$m\ddot{q} = -cq \tag{71, 31}$$

führt und dies ist (mit $q = x$) genau die Oszillatorgleichung (27, 7).

Um diesen Ausdruck mit Hilfe der Methode der HAMILTON-JACOBIschen Theorie zu finden, gehen wir von (71, 28) aus. Da H von der Zeit t nicht explizit abhängt, ergibt sich mit Verwendung der „verkürzten" Wirkungsfunktion (58, 27) nach (58, 28) die gewöhnliche Differentialgleichung

$$\frac{1}{2m} \left(\frac{dS}{dq}\right)^2 + \frac{c}{2} q^2 = E. \tag{71, 32}$$

Hieraus läßt sich die Wirkungsfunktion

$$S = S(q) \tag{71, 33}$$

durch Trennung der Variablen bestimmen. Man erhält

$$dS = \sqrt{2mE} \sqrt{1 - \frac{c}{2E} q^2}\, dq \tag{71, 34}$$

und damit durch (unbestimmte) Integration

$$S(q) = \frac{E\sqrt{m}}{\sqrt{c}} \left\{ \arcsin \sqrt{\frac{c}{2E}}\, q + q \sqrt{\frac{c}{2E}} \sqrt{1 - \frac{c}{2E} q^2} \right\}. \tag{71, 35}$$

Hieraus erhält man nach (58, 35):

$$\frac{\partial S}{\partial E} = \sqrt{\frac{m}{c}} \arcsin \sqrt{\frac{c}{2E}}\, q = t + \beta, \tag{71, 36}$$

woraus

$$q = x(t) = \sqrt{\frac{2E}{c}} \sin \sqrt{\frac{c}{m}} (t + \beta) \tag{71, 37}$$

folgt. Dies ist, von einer geringfügigen Änderung der Bezeichnungsweise abgesehen, genau die Lösung (27, 21) der Oszillatorgleichung (27, 7), vgl. hierzu auch das letzte Beispiel im nachstehenden Kapitel.

72. Beispiele für Kanonische Transformationen

Wir wollen die in Kap. 57 allgemein gehaltenen Darlegungen zunächst anhand eines einfachen Beispiels illustrieren. Wir beschränken uns dabei auf $f = 1$ Freiheitsgrad und wählen als Erzeugende

$$F(q, Q, t) = qQt. \tag{72, 1}$$

Dann liefern (57, 19—21):

$$p = \frac{\partial F}{\partial q} = Qt \tag{72, 2}$$

$$-P = \frac{\partial F}{\partial Q} = qt \tag{72, 3}$$

$$H^* = H + \frac{\partial F}{\partial t} = H + qQ. \tag{72, 4}$$

Hieraus ergeben sich als Transformationsgleichungen — das sind die Gleichungen (57, 6/7) für den hier betrachteten Sonderfall —

$$p = Qt \tag{72, 5}$$

$$q = -\frac{P}{t}, \tag{72, 6}$$

oder nach den neuen Variablen aufgelöst

$$P = -qt \tag{72, 7}$$

$$Q = \frac{p}{t}. \tag{72, 8}$$

Ferner gilt für die Hamilton-Funktion

$$H = H^* - qQ \tag{72, 9}$$

$$= H^* + \frac{PQ}{t} \tag{72, 10}$$

bzw.

$$H^* = H - \frac{PQ}{t} \tag{72, 11}$$

$$= H + \frac{pq}{t}. \tag{72, 12}$$

Um zu zeigen, daß (72, 5/6) bzw. (72, 7/8) tatsächlich eine Kanonische Transformation ist, muß nachgewiesen werden, daß H^* (57, 2/3) erfüllt. Geht man etwa von

$$\frac{\partial H}{\partial p} = \dot{q} \tag{72, 13}$$

aus, so wird nach (72, 6):

$$\dot{q} = -\frac{d}{dt}\left(\frac{P}{t}\right) = \frac{P}{t^2} - \frac{\dot{P}}{t}. \tag{72, 14}$$

Weiter hat man mit (72, 10):

$$\frac{\partial H}{\partial p} = \frac{\partial H^*}{\partial P}\frac{\partial P}{\partial p} + \frac{\partial H^*}{\partial Q}\frac{\partial Q}{\partial p} + \frac{Q}{t}\frac{\partial P}{\partial p} + \frac{P}{t}\frac{\partial Q}{\partial p}. \tag{72, 15}$$

Dieser Ausdruck vereinfacht sich, denn nach (72, 7/8) ist

$$\frac{\partial P}{\partial p} = 0, \qquad \frac{\partial Q}{\partial p} = \frac{1}{t}, \tag{72, 16}$$

womit (75, 15) in

$$\frac{\partial H}{\partial p} = \frac{1}{t}\frac{\partial H^*}{\partial Q} + \frac{P}{t^2} \tag{72, 17}$$

übergeht. Setzt man diese Beziehung und (72, 14) in (72, 13) ein, so geht diese in

$$\frac{\partial H^*}{\partial Q} = -\dot{P} \tag{72, 18}$$

über. In analoger Weise findet man, daß die Transformation (72, 5/6) die HAMILTON-Gleichung

$$\frac{\partial H}{\partial q} = -\dot{p} \tag{72, 19}$$

in

$$\frac{\partial H^*}{\partial P} = \dot{Q} \tag{72, 20}$$

überführt. —

Wir geben einige weitere Formen der Erzeugenden an, die zu speziellen Transformationen führen.

Setzt man für

$$F = F(q_k, P_k) = \sum_{k=1}^{f} q_k P_k, \tag{72, 21}$$

so ist dies ein Sonderfall von (57, 22) und man erhält aus (57, 23/24):

$$p_k = \frac{\partial F}{\partial q_k} = P_k \tag{72, 22}$$

$$Q_k = \frac{\partial F}{\partial P_k} = q_k, \tag{72, 23}$$

d. h. die Erzeugende (72, 21) ergibt die Identität zwischen den ursprünglichen Variablen p_k, q_k und den neuen P_k, Q_k.

Setzt man dagegen für die Erzeugende

$$F = F(q_k, Q_k) = \sum_{k=1}^{f} q_k Q_k \tag{72, 24}$$

als speziellen Fall von (57, 16) an, so erhält man nach (57, 19/20):

$$p_k = \frac{\partial F}{\partial q_k} = Q_k \tag{72, 25}$$

$$P_k = -\frac{\partial F}{\partial Q_k} = -q_k. \tag{72, 26}$$

Diese Ausdrücke besagen, daß die Erzeugende (72, 24) eine Kanonische Transformation zur Folge hat, durch die, von einem Vorzeichenwechsel abgesehen, Impulse und Koordinaten miteinander vertauscht werden. Diese Tatsache ist insofern bemerkenswert, als sie neben der Unabhängigkeit der q_k und p_k insbesondere ihre Gleichwertigkeit als unabhängige Variable zur Beschreibung des mechanischen Verhaltens eines Systems im Sinne des HAMILTONschen Formalismus zum Ausdruck bringt.

Wir wollen als weiteres Beispiel eine Erzeugende F angeben, die zu den Verknüpfungsgleichungen zwischen den cartesischen Koordinaten x, y, z und den Kugelkoordinaten $r, \vartheta, \varphi \to Q_1, Q_2, Q_3$ führt. In diesem Fall ist F vom Typ (57, 26) und lautet

$$-F(p_k, Q_k) = +p_x r \cos\varphi \sin\vartheta + p_y r \sin\varphi \sin\vartheta + p_z r \cos\vartheta. \tag{72, 27}$$

Mit dieser Erzeugenden erhält man nach (57, 28) die wohlbekannten Gleichungen

$$(q_1 =)\, x = -\frac{\partial F}{\partial p_x} = r \cos\varphi \cos\vartheta \tag{72, 28}$$

$$(q_2 =)\, y = -\frac{\partial F}{\partial p_y} = r \sin\varphi \sin\vartheta \tag{72, 29}$$

$$(q_3 =)\, z = -\frac{\partial F}{\partial p_z} = r \cos\vartheta. \tag{72, 30}$$

Darüber hinaus liefert aber (57, 27) noch

$$(P_1 =) p_r = -\frac{\partial F}{\partial Q_1} = -\frac{\partial F}{\partial r} \tag{72, 31}$$

$$= p_x \cos\varphi \sin\vartheta + p_y \sin\varphi \sin\vartheta + p_z \cos\vartheta, \tag{72, 32}$$

$$(P_2 =) p_\vartheta = -\frac{\partial F}{\partial Q_2} = -\frac{\partial F}{\partial \vartheta} \tag{72, 33}$$

$$= p_x r \cos\varphi \cos\vartheta + p_y r \sin\varphi \cos\vartheta - p_z r \sin\vartheta, \tag{72, 34}$$

$$(P_3 =) p_\varphi = -\frac{\partial F}{\partial Q_3} = -\frac{\partial F}{\partial \varphi} \tag{72, 35}$$

$$= -p_x r \sin\varphi \sin\vartheta + p_y r \cos\varphi \sin\vartheta. \tag{72, 36}$$

Als letztes Beispiel wollen wir noch die Erzeugende

$$F = F(q, Q) = \frac{m}{2}\omega_0 q^2 \operatorname{ctg} Q \tag{72, 37}$$

betrachten, in der m und ω konstante Faktoren sind. Die Erzeugende ist vom Typ (57, 16) und liefert gemäß (57, 19/20):

$$p = \frac{\partial F}{\partial q} = m\omega_0 q \operatorname{ctg} Q \tag{72, 38}$$

$$P = -\frac{\partial F}{\partial Q} = \frac{m\omega_0 q^2}{2\sin^2 Q}. \tag{72, 39}$$

Hieraus erhält man für die alten Variablen p, q, ausgedrückt durch die neuen P, Q:

$$p = \sqrt{2m\omega_0 P}\cos Q \tag{72, 40}$$

$$q = \sqrt{\frac{2P}{m\omega_0}}\sin Q. \tag{72, 41}$$

Schreibt man diese Gleichungen in der Form

$$\frac{p}{\sqrt{2m}} = \sqrt{\omega_0 P}\cos Q \tag{72, 42}$$

$$\sqrt{\frac{m\omega_0^2}{2}}\, q = \sqrt{\omega_0 P}\sin Q, \tag{72, 43}$$

so ersieht man, daß mit der oben angegebenen Transformation

$$\frac{p^2}{2m} + \frac{m\omega_0^2}{2} q^2 = \omega_0 P \tag{72, 44}$$

wird.

Die linke Seite der letzten Gleichung ist nach (71, 28) die Hamilton-Funktion H des linearen harmonischen Oszillators. Verwendet man daher die Transformationsgleichung (72, 42/43), so ist gemäß (57, 21):

$$H = H^* = \omega_0 P. \tag{72, 45}$$

Somit lauten die Bewegungsgleichungen

$$\frac{\partial H^*}{\partial P} = \omega_0 = \dot{Q} \tag{72, 46}$$

$$-\frac{\partial H^*}{\partial Q} = 0 = \dot{P}, \tag{72, 47}$$

aus denen man durch Integration sofort

$$Q = \omega_0 t - \delta \tag{72, 48}$$

$$P = \text{const} \tag{72, 49}$$

erhält, wobei δ eine Integrationskonstante bedeutet. Geht man mit Q in (72, 41) ein, so ergibt sich für

$$q(t) = \sqrt{\frac{2P}{\omega_0 m}} \sin(\omega_0 t - \delta) \tag{72, 50}$$

und das ist genau die Lösung (27, 21) der Bewegungsgleichung des Oszillators (27, 7), wenn in (72, 50) anstelle

$$P = \frac{E}{\omega_0} \tag{72, 51}$$

gesetzt wird und man beachtet, daß für einen Oszillator

$$\omega_0^2 = \frac{c}{m} \tag{72, 52}$$

ist (27, 17).

73. Beispiele für das Rechnen mit Poisson-Klammern

Als Beispiele für die Verwendung der in Kap. 60 behandelten Poisson-Klammer gehen wir noch einmal auf den Impuls- und Drehimpulserhaltungssatz eines aus n Massenpunkten m_i, $i = 1, 2, \ldots, n$, bestehenden abgeschlossenen freien Punktsystems ein.

Nach (40, 1) ist der Gesamtimpuls $\mathfrak{P}$ des Systems

$$\mathfrak{P} = \sum_i \mathfrak{P}_i, \tag{73, 1}$$

wobei $\mathfrak{P}_i$ den Impuls des Massenpunktes m_i bedeutet. Geht man zur Komponentenschreibweise über, so ist bei Verwendung cartesischer Koordinaten

$$P_x = \sum_i P_{i_x} \tag{73, 2}$$

$$P_y = \sum_i P_{i_y} \tag{73, 3}$$

$$P_z = \sum_i P_{i_z}. \tag{73, 4}$$

Es genügt wegen der Gleichwertigkeit dieser drei Ausdrücke, nur einen von ihnen zu betrachten. Wir wählen (73, 2) und schreiben dafür

$$P_x \to P. \tag{73, 5}$$

Hiermit erhält man aus (60, 8), wenn darin $F = P$ gesetzt wird,

$$\frac{dP}{dt} = \dot{P} = [H, P]. \tag{73, 6}$$

Dies ergibt mit der Definitionsgleichung (60, 5) der Poisson-Klammer

$$\dot{P} = \sum_k \left(\frac{\partial H}{\partial p_k} \frac{\partial P}{\partial q_k} - \frac{\partial H}{\partial q_k} \frac{\partial P}{\partial p_k} \right). \tag{73, 7}$$

Weil in dem hier betrachteten Fall die generalisierten Koordinaten

$$q_k \to x_1, \ldots x_n, y_1 \ldots y_n, z_1, \ldots z_n \tag{73, 8a}$$

und die generalisierten Impulse

$$p_k \to P_{1_x} \ldots P_{n_x}, P_{1_y}, \ldots P_{n_y}, P_{1_z}, \ldots P_{n_z} \tag{73, 8b}$$

sind, geht (73, 7) in

$$\dot{P} = [H, P] = -\sum_i \frac{\partial H}{\partial x_i} \tag{73, 9}$$

über. Andererseits ist wegen der ausdrücklich vorausgesetzten Abgeschlossenheit des Punktsystems nach früheren Darlegungen

$$H = E = T(\dot{x}_k) + V(x_k), \tag{73, 10}$$

wobei $V = V(x_k)$ nur von den Koordinaten der das System bildenden Massenpunkte abhängt. Daher wird aus (73, 9):

$$[H, P] = -\sum_i \frac{\partial V}{\partial x_i} = K. \tag{73, 11}$$

Hierbei ist K eine der drei Komponenten der auf das abgeschlossene System wirkenden resultierenden äußeren Kraft $\mathfrak{K}$. Da diese aber, eben weil es sich um ein abgeschlossenes Punktsystem handelt, verschwinden muß, ist auch $K = 0$, so daß aus (73, 11):

$$[H, P] = 0 \tag{73, 12}$$

wird, woraus nach (73, 6)

$$P = \text{const} \tag{73, 13}$$

folgt. Weil P anstelle einer beliebigen der drei Komponenten P_x, P_y, P_z steht, kann statt (73, 13) auch

$$\mathfrak{P} = \mathfrak{P}_0 \tag{73, 14}$$

geschrieben werden. Mit diesem Ausdruck ist der schon früher angegebene Impulserhaltungssatz für ein Punktsystem auf einem anderen Wege gefunden worden.

In ähnlicher Weise gelangt man auch zu der Erhaltungsaussage des Drehimpulses (Drallsatz). Er gilt nach den Ausführungen in Kap. 41 dann, wenn das resultierende Drehmoment $\mathfrak{D}$ der auf das Punktsystem wirkenden Kräfte verschwindet. Der einfachste Fall hierfür ist ein einzelner Massenpunkt m, der sich unter dem Einfluß einer Zentralkraft bewegt. Seine Bahn liegt, wie in Kap. 18 bewiesen, in einer Ebene. Wählt man diese als die xy-Ebene eines Koordinatensystems, so ist der Drehimpuls

$$\mathfrak{L} = m(\mathfrak{r} \times \dot{\mathfrak{r}}) \tag{73, 15}$$

$$= m \begin{vmatrix} \mathfrak{i} & \mathfrak{j} & \mathfrak{k} \\ x & y & 0 \\ \dot{x} & \dot{y} & 0 \end{vmatrix} \tag{73, 16}$$

$$= m(x\dot{y} - y\dot{x})\mathfrak{k} \tag{73, 17}$$

$$= (xP_y - yP_x)\mathfrak{k}, \tag{73, 18}$$

wobei

$$m\dot{\mathfrak{r}} = \{m\dot{x}, m\dot{y}, 0\} \tag{73, 19}$$

$$= \{P_x, P_y, 0\} = \mathfrak{P} \tag{73, 20}$$

der (lineare) Impuls des Massenpunktes m ist.

Wir fragen nach der zeitlichen Änderung des Betrages $|\mathfrak{L}| = L$ des Drehimpulses. Sie ist durch die Poisson-Klammer

$$[H, L] = \frac{\partial H}{\partial p_1}\frac{\partial L}{\partial q_1} + \frac{\partial H}{\partial p_2}\frac{\partial L}{\partial q_2} - \frac{\partial H}{\partial q_1}\frac{\partial L}{\partial p_1} - \frac{\partial H}{\partial q_2}\frac{\partial L}{\partial p_2} \tag{73, 21}$$

gegeben. Hierin sind für p_1, p_2 bzw. für q_1, q_2 die rechtwinkligen Komponenten des Impulses $\mathfrak{P}$ bzw. des Ortsvektors $\mathfrak{r}$ von m einzusetzen. Man hat daher

$$[H, L] = \frac{\partial H}{\partial P_x}\frac{\partial L}{\partial x} + \frac{\partial H}{\partial P_y}\frac{\partial L}{\partial y} - \frac{\partial H}{\partial x}\frac{\partial L}{\partial P_x} - \frac{\partial H}{\partial y}\frac{\partial L}{\partial P_y}. \tag{73, 22}$$

Unter Beachtung von (73, 18) wird daraus

$$[H, L] = P_y \frac{\partial H}{\partial P_x} - P_x \frac{\partial H}{\partial P} + y \frac{\partial H}{\partial x} - x \frac{\partial H}{\partial y}. \tag{73, 23}$$

Wir haben nun die HAMILTON-Funktion H für das betrachtete Beispiel zu bestimmen, um die in der letzten Gleichung auftretenden Ableitungen von H bilden zu können.

Da eine Zentralkraft, unter deren Einfluß sich m voraussetzungsgemäß bewegen soll, eine konservative Kraft ist, d. h. ein Potential V besitzt, gilt der Energieerhaltungssatz in der Form

$$E = T + V = \frac{m}{2}(\dot{x}^2 + \dot{y}^2) + V(x, y). \tag{73, 24}$$

Hieraus erhält man H, indem man die Geschwindigkeit

$$\dot{\mathfrak{r}} = \{\dot{x}, \dot{y}, 0\} \tag{73, 25}$$

durch den Impuls (73, 19) ausdrückt. Dies ergibt

$$\dot{\mathfrak{r}} = \frac{\mathfrak{P}}{m} = \left\{\frac{P_x}{m}, \frac{P_y}{m}, 0\right\}. \tag{73, 26}$$

Geht man damit in (73, 24) ein, so ergibt sich als HAMILTON-Funktion für den betrachteten Fall

$$H = \frac{1}{2m}(P_x^2 + P_y^2) + V(x, y) = E. \tag{73, 27}$$

Bildet man nun hieraus die in (73, 23) auftretenden Ableitungen und geht mit ihnen in diese Gleichung ein, so wird daraus

$$[H, L] = y \frac{\partial V}{\partial x} - x \frac{\partial V}{\partial y}. \tag{73, 28}$$

Nun ist aber, weil V das Potential einer Zentralkraft ist, dieses bei der oben getroffenen Wahl des Bezugssystems von der Form

$$V(x, y) = V\left(\sqrt{x^2 + y^2}\right) = V(r), \tag{73, 29}$$

wobei $r = |\mathfrak{r}|$ den Abstand von m vom Kraftzentrum 0 bedeutet. Bei Einführung von ebenen Polarkoordinaten r, φ bestehen zwischen diesen und den Komponenten des Ortsvektors $\mathfrak{r} = \{x, y, 0\}$ von m die bekannten Beziehungen

$$x = r \cos\varphi \tag{73, 30}$$

$$y = r \sin\varphi. \tag{73, 31}$$

Es gilt daher für die in (73, 28) auftretenden Ableitungen

$$\frac{\partial V}{\partial x} = \frac{\partial V(r)}{dr} \frac{\partial r}{\partial x} = \frac{x}{r} \frac{dV}{dr} \tag{73, 32}$$

$$\frac{\partial V}{\partial y} = \frac{dV(r)}{dr} \frac{\partial r}{\partial y} = \frac{y}{r} \frac{dV}{dr}. \tag{73, 33}$$

Setzt man dieses in (73, 28) ein, so erhält man

$$[H, L] = 0. \tag{73, 34}$$

Hieraus folgt, daß

$$L = |\mathfrak{L}| = L_0 \tag{73, 35}$$

eine Konstante ist. In Verbindung mit der schon früher festgestellten Konstanz der Richtung von $\mathfrak{L}$, kann statt (73, 35) auch

$$\mathfrak{L} = \mathfrak{L}_0 \tag{73, 36}$$

geschrieben werden. Dies ist der in Kap. 61 angegebene Drehimpulssatz.

Mechanik Starrer Körper

Mechanik Starrer Körper

I. Kinematik des Starren Körpers

74. Der Starre Körper

1. **Definition:** Unter einem Starren Körper versteht man, wie bereits in Kap. 3 angegeben wurde, ein Punktsystem mit der Eigenschaft, daß der Abstand r_{ij} je zweier zu dem System gehörender Punkte m_i und m_j konstant ist. Sind $\mathfrak{r}_i$ bzw. $\mathfrak{r}_j$ die Ortsvektoren von m_i bzw. m_j, so muß demnach für alle möglichen Werte der Indizes i und j stets

$$r_{ij} = |\mathfrak{r}_i - \mathfrak{r}_j| = \mathrm{const}_{ij} \tag{74, 1}$$

gelten. Ein Starrer Körper ist daher ein spezielles Punktsystem und deswegen ist die Mechanik Starrer Körper ein Sonderfall der Punktmechanik. Es ist indessen Brauch geworden, die Mechanik Starrer Körper neben der Punktmechanik gesondert zu behandeln, selbstverständlich unter Verwendung aller in dieser Disziplin gewonnenen Resultate.

2. **Translation und Rotation:** Wir beschäftigen uns zunächst mit der Kinematik, d. h. der Lageveränderung eines Starren Körpers, ohne nach den Ursachen zu fragen, die diese Änderungen veranlassen.

Befindet sich ein Starrer Körper K in einer Anfangslage 1 und gelangt in eine Endlage 2, so sagt man, K habe eine *Verschiebung* von 1 nach 2 erfahren. Sie wird durch den Verschiebungsvektor $\mathfrak{s}$ eines jeden Punktes P von K beschrieben, Abb. 74, 1.

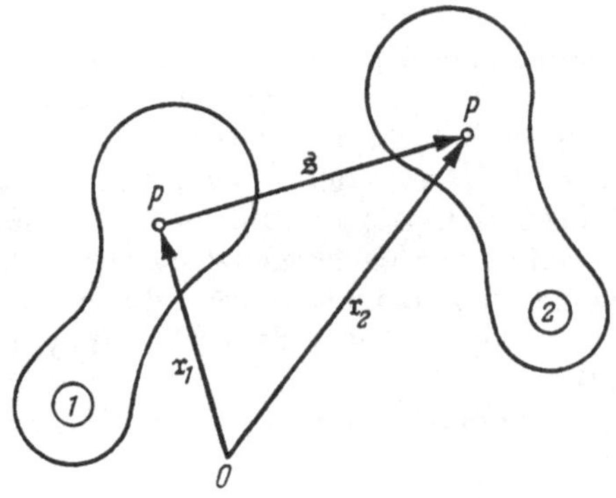

Abb. 74, 1: Der Verschiebungsvektor $\mathfrak{s}$ des Punktes P eines Starren Körpers

Denkt man sich im Raum ein Koordinatensystem S_r verankert (raumfestes Koordinatensystem) und ein zweites Koordinatensystem S_k, das mit dem sich bewegenden Starren Körper K fest verbunden ist (körperfestes Koordinatensystem), so sind nach einer Verschiebung von K zwei Fälle möglich:

a) Die je drei Achsen der Systeme S_r und S_k behalten während der Verschiebung ihre relative Orientierung stets bei, d. h. die Winkel zwischen den Achsen ändern sich während der Verschiebung nicht, Abb. 74, 2. In diesem Fall spricht man von einer *Translation*.

b) Ändern sich dagegen die Orientierungen der Achsen des körperfesten Systems S_k relativ zum raumfesten System S_r, so spricht man von einer *Drehung* oder *Rotation* von K, Abb. 74, 2.

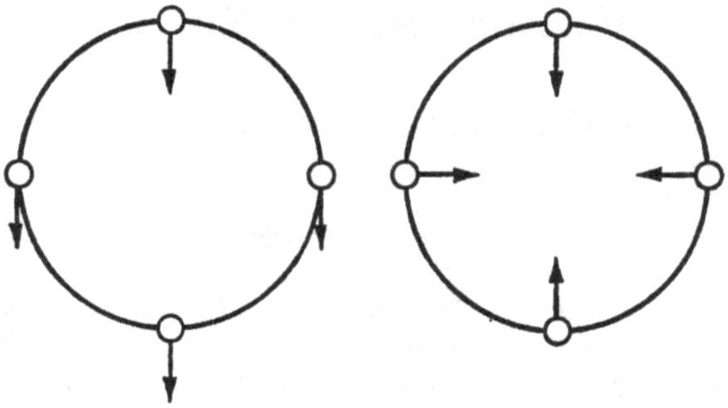

Abb. 74, 2: Zum Begriff der Translation (Riesenrad) und Rotation (Mond)

Die Drehung eines Starren Körpers kann so verlaufen, daß während der Bewegung alle Punkte von K, die auf einer bestimmten Geraden G liegen, ihre Lage unverändert beibehalten. In diesem Fall spricht man von einer Drehung des Körpers um die *Rotationsachse* G.

Es kann aber auch der Fall vorkommen, daß während einer Drehung von K nur einer seiner Punkte in Ruhe bleibt (Beispiel: Kreisel). Dann spricht man von einer Drehung von K um eben diesen Punkt, der als *Rotationszentrum* bezeichnet wird.

3. **Verschärfung des Begriffes Winkelgeschwindigkeit.** Wir hatten in Kap. 23 im Zusammenhang mit der Behandlung von Relativbewegungen den Begriff der Winkelgeschwindigkeit eingeführt und bei dieser Gelegenheit angedeutet, daß zu diesem Begriff später noch mehr gesagt werden wird. Wir wollen dies jetzt, da vorstehend von der Rotation eines Starren Körpers gesprochen wurde, tun und dabei unter Verwendung einiger Begriffe aus der Tensorrechnung (Kap. 6) die Winkelgeschwindigkeit in einer anderen Form darstellen, als es früher geschah.

Hierzu gehen wir von der soeben gemachten Bemerkung aus, daß eine Drehung eines Starren Körpers nur dann vorliegt, wenn sich die Orientierung der Achsen eines körperfesten Bezugssystems relativ zu der eines raumfesten Systems ändert.

Es muß daher möglich sein, eine Drehung durch die zeitliche Änderung der Richtungskosinusse α_{ik} zwischen den Achsen der beiden Systeme zu beschreiben. Dieses wollen wir nachstehend darlegen. Aus Gründen der Zweckmäßigkeit sollen hierbei die Bezeichnungen geringfügig geändert werden. Wir verwenden für das körperfeste System das Symbol $S'(\mathfrak{i}', \mathfrak{j}', \mathfrak{k}')$, dagegen für das raumfeste System $S(\mathfrak{i}, \mathfrak{j}, \mathfrak{k})$.

Es werde nun ein Punkt P eines Starren Körpers betrachtet, der in bezug auf S' den Ortsvektor

$$\mathfrak{r}' = x'\mathfrak{i}' + y'\mathfrak{j}' + z'\mathfrak{k}' \tag{74, 2}$$

habe, vgl. Abb. 74, 3. In ihr ist S das raumfeste Koordinatensystem, in bezug auf dessen Ursprung 0 der Ursprung 0′ des körperfesten Systems S' den Ortsvektor $\mathfrak{r}_0$ und P den Ortsvektor $\mathfrak{r}$ habe. Man ersieht aus Abb. 74, 3, daß zwischen den genannten Ortsvektoren die Beziehung

$$\mathfrak{r} = \mathfrak{r}_0 + \mathfrak{r}' \tag{74, 3}$$

besteht. Drückt man

$$\mathfrak{r}' = \{x', y', z'\} \tag{74, 4}$$

gemäß (74, 2) aus, so wird aus (74, 3):

$$\mathfrak{r} - \mathfrak{r}_0 = x'\mathfrak{i}' + y'\mathfrak{j}' + z'\mathfrak{k}'. \tag{74, 5}$$

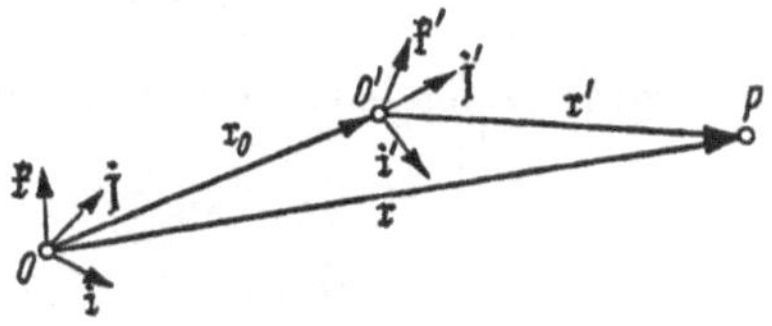

Abb. 74, 3: Zur Erklärung der Winkelgeschwindigkeit

Wir denken uns der Einfachheit halber — was für die hier durchgeführten Betrachtungen keine Einschränkungen bedeutet — den Ursprung 0′ mit 0 stets zusammenfallend (Verallgemeinerung s. Kap. 77). Dann ist S' ein (um eine durch 0 gehende Achse) gegenüber S gedrehtes System. In diesem Fall vereinfacht sich (74, 5) zu

$$\mathfrak{r} = x'\mathfrak{i}' + y'\mathfrak{j}' + z'\mathfrak{k}'. \tag{74, 6}$$

Es möge nun der Punkt P seine Lage in bezug auf das System S' unverändert beibehalten, dagegen soll sich S' (und damit auch P) gegenüber dem System S drehen. (Dabei sehen wir von einer möglichen Translation von S' relativ zu S ab, d. h. es soll 0′ mit 0 stets zusammenfallen.) Wir fragen nach der Geschwindigkeit $\mathfrak{v} = \dot{\mathfrak{r}}$, mit der sich der in S' verankerte Punkt P infolge der Drehung von S' gegenüber S bewegt. Die Antwort hierauf erhält man durch Differentiation von (74, 6) nach der Zeit t. Es genügt, von dieser Gleichung nur die x-Komponente zu betrachten. Sie lautet p. def.

$$\mathfrak{r} \cdot \mathfrak{i} = x = x'(\mathfrak{i} \cdot \mathfrak{i}') + y'(\mathfrak{i} \cdot \mathfrak{j}') + z'(\mathfrak{i} \cdot \mathfrak{k}'). \tag{74, 7}$$

Die hierin auftretenden skalaren Produkte sind nach Kap. 5 die Richtungskosinusse zwischen $\mathfrak{i}$ und den Einheitsvektoren $\mathfrak{i}', \mathfrak{j}', \mathfrak{k}'$ der Achsen von S'. Wir erinnern an das Schema (5, 25), das wir nachstehend zur Bequemlichkeit des Lesers und weil es nachfolgend noch mehrfach benötigt wird, erneut angeben:

	x $\mathfrak{i}$	y $\mathfrak{j}$	z $\mathfrak{k}$
$x', \mathfrak{i}'$	α_{11}	α_{12}	α_{13}
$y', \mathfrak{j}'$	α_{21}	α_{22}	α_{23}
$z', \mathfrak{k}'$	α_{31}	α_{32}	α_{33} .

(74, 8)

Mit Verwendung der Richtungskosinusse α_{ik} wird aus (74, 7):

$$x = \alpha_{11}x' + \alpha_{21}y' + \alpha_{31}z'. \tag{74, 9}$$

Hieraus erhält man für die x-Komponente der Drehgeschwindigkeit $\mathfrak{v}$ von P:

$$\dot{x} = \dot{\alpha}_{11}x' + \dot{\alpha}_{21}y' + \dot{\alpha}_{31}z'. \tag{74, 10}$$

(Die zeitlichen Änderungen von

$$\mathfrak{r}' = \{x', y', z'\} \tag{74, 11}$$

verschwinden, weil sich voraussetzungsgemäß die Lage von P in bezug auf S' *nicht* ändern soll.)

Wir drücken nun in (74, 10) die gestrichenen Koordinaten x', y', z' durch die ungestrichenen Koordinaten x, y, z gemäß dem Schema (74, 8) aus. Dies ergibt

$$\begin{aligned}\dot{x} = \dot{\alpha}_{11}(\alpha_{11}x + \alpha_{12}y + \alpha_{13}z)\\ + \dot{\alpha}_{21}(\alpha_{21}x + \alpha_{22}y + \alpha_{23}z)\\ + \dot{\alpha}_{31}(\alpha_{31}x + \alpha_{32}y + \alpha_{33}z).\end{aligned} \tag{74, 12}$$

Ordnet man rechtsseitig nach den Koordinaten x, y, z, so erhält man

$$\begin{aligned}\dot{x} = x(\dot{\alpha}_{11}\alpha_{11} + \dot{\alpha}_{21}\alpha_{21} + \dot{\alpha}_{31}\alpha_{31})\\ + y(\dot{\alpha}_{11}\alpha_{12} + \dot{\alpha}_{21}\alpha_{22} + \dot{\alpha}_{31}\alpha_{32})\\ + z(\dot{\alpha}_{11}\alpha_{13} + \dot{\alpha}_{21}\alpha_{23} + \dot{\alpha}_{31}\alpha_{33}).\end{aligned} \tag{74, 13}$$

Mit Verwendung der Summenschreibweise wird daraus

$$\dot{x} = x\sum_m \dot{\alpha}_{m1}\alpha_{m1} + y\sum_m \dot{\alpha}_{m1}\alpha_{m2} + z\sum_m \dot{\alpha}_{m1}\alpha_{m3}. \tag{74, 14}$$

Diese Gleichung, aus der sich durch zyklische Vertauschung die beiden anderen Komponenten $\dot{y}$ und $\dot{z}$ ergeben, läßt erkennen, daß die Drehgeschwindigkeit $\mathfrak{v} = \{\dot{x}, \dot{y}, \dot{z}\}$ von P eine homogene lineare Funktion des Ortsvektors $\mathfrak{r} = \{x, y, z\}$ ist.

Die lineare homogene Vektorfunktion (74, 14) läßt sich auf eine einfache Formel bringen, weil die Richtungskosinusse α_{ik} nicht voneinander unabhängig sind, sondern die als „Orthogonalitätsbeziehungen" (Kap. 5) bezeichneten Nebenbedingungen zu erfüllen haben. Diese verlangen einerseits:

$$\sum_m \alpha_{mi}^2 = 1. \tag{74, 15}$$

Hieraus folgt durch Differentiation nach der Zeit t, daß

$$\sum_m \dot{\alpha}_{mi}\alpha_{mi} = 0 \tag{74, 16}$$

ist. Damit erhält man aus (74, 14) — dort $i = 1$ — und nachfolgend durch zyklische Vertauschung die Gleichungen

$$\dot{x} = \qquad y\sum_m \dot{\alpha}_{m1}\alpha_{m2} + z\sum_m \dot{\alpha}_{m1}\alpha_{m3} \tag{74, 17}$$

$$\dot{y} = x\sum_m \dot{\alpha}_{m2}\alpha_{m1} \qquad + z\sum_m \dot{\alpha}_{m2}\alpha_{m3} \tag{74, 18}$$

$$\dot{z} = x\sum_m \dot{\alpha}_{m3}\alpha_{m1} + y\sum_m \dot{\alpha}_{m3}\alpha_{m2}. \tag{74, 19}$$

Von dieser linearen Vektorfunktion läßt sich nun zeigen, daß sie antisymmetrisch ist. Der Beweis hierfür ergibt sich, indem man beachtet, daß andererseits auch

$$\sum_m \alpha_{mi}\alpha_{mj} = 0 \tag{74, 20}$$

sein muß. Differenziert man diese Gleichung nach der Zeit t, so erhält man

$$\sum_m \dot{\alpha}_{mi}\alpha_{mj} + \sum_m \alpha_{mi}\dot{\alpha}_{mj} = 0 \tag{74, 21}$$

oder

$$\sum_m \dot{\alpha}_{mi}\alpha_{mj} = -\sum_m \alpha_{mi}\dot{\alpha}_{mj}. \tag{74, 22}$$

Man darf daher statt (74, 17—19) auch

$$\dot{x} = \qquad\qquad - y \sum_m \dot{\alpha}_{m2}\alpha_{m1} + z \sum_m \dot{\alpha}_{m1}\alpha_{m3} \tag{74, 23}$$

$$\dot{y} = \quad x \sum_m \dot{\alpha}_{m2}\alpha_{m1} \qquad\qquad - z \sum_m \dot{\alpha}_{m3}\alpha_{m2} \tag{74, 24}$$

$$\dot{z} = - x \sum_m \dot{\alpha}_{m1}\alpha_{m3} + y \sum_m \dot{\alpha}_{m3}\alpha_{m2} \tag{74, 25}$$

schreiben.

Weil die vorstehende homogene lineare Vektorfunktion antisymmetrisch ist, kann man nach den Ausführungen des Kap. 5 den Vektor $\mathfrak{v} = \{\dot{x}, \dot{y}, \dot{z}\}$ durch ein Vektorprodukt aus einem Vektor $\mathfrak{w}$ und dem Ortsvektor $\mathfrak{r}$ ausdrücken.

Setzt man

$$\mathfrak{v} = \mathfrak{w} \times \mathfrak{r}, \tag{74, 26}$$

so wird

$$\dot{x} = \qquad - y w_z + z w_y \tag{74, 27}$$

$$\dot{y} = \quad x w_z \qquad - z w_x \tag{74, 28}$$

$$\dot{z} = - x w_y + y w_x \,. \tag{74, 29}$$

Damit die vorstehenden drei Gleichungen mit (74, 23—25) übereinstimmen, muß, wie ein Vergleich mit diesen Gleichungen zeigt, für

$$w_x = \sum_m \dot{\alpha}_{m3}\alpha_{m2} \qquad \left(= - \sum_m \dot{\alpha}_{m2}\alpha_{m3}\right) \tag{74, 30}$$

$$w_y = \sum_m \dot{\alpha}_{m1}\alpha_{m3} \qquad \left(= - \sum_m \dot{\alpha}_{m3}\alpha_{m1}\right) \tag{74, 31}$$

$$w_z = \sum_m \dot{\alpha}_{m2}\alpha_{m1} \qquad \left(= - \sum_m \dot{\alpha}_{m1}\alpha_{m2}\right) \tag{74, 32}$$

gesetzt werden. Aus den letzten Gleichungen erkennt man, daß der „Vektor" $\mathfrak{w}$ in Strenge ein schiefsymmetrischer Tensor mit den Komponenten

$$w_x = w_1 \to - \omega_{23} = - \sum_m \dot{\alpha}_{m2}\alpha_{m3} \tag{74, 33}$$

$$w_y = w_2 \to - \omega_{31} = - \sum_m \dot{\alpha}_{m3}\alpha_{m1} \tag{74, 34}$$

$$w_z = w_3 \to - \omega_{12} = - \sum_m \dot{\alpha}_{m1}\alpha_{m2} \tag{74, 35}$$

ist. Diese drei Gleichungen lassen sich in

$$- w_i \to \omega_{jk} = \sum_m \dot{\alpha}_{mj}\alpha_{mk} \tag{74, 36}$$

zusammenfassen, wobei die Buchstaben i, j, k drei aufeinander folgende Zahlen aus der Reihe

$$1\ 2\ 3\ 1\ 2 \tag{74, 37}$$

bedeuten.

Aus (74, 36) ist ersichtlich, daß die Komponenten von $\mathfrak{w}$ von den zeitlichen Änderungen der Richtungskosinusse, d. h. von der Änderung der Winkel zwischen den Achsen der Bezugssysteme S und S' abhängen. Man bezeichnet daher $\mathfrak{w}$ als *Winkelgeschwindigkeit*. —

Mit (74, 36/37) lassen sich die Komponenten $\dot{x}, \dot{y}, \dot{z}$ der Drehgeschwindigkeit unter Verwendung der „Durchnumerierung" geschlossen in der Form

$$\dot{x}_i = \sum_p \omega_{ip} x_p \tag{74, 38}$$

schreiben. Von dieser Formel werden wir später noch mehrfach Gebrauch machen.

4. **Anzahl der Freiheitsgrade eines Starren Körpers.** Um die Lage eines Starren Körpers K in bezug auf das vorstehend eingeführte raumfeste Koordinatensystem S_r eindeutig festzulegen, benötigt man den Ortsvektor $\mathfrak{a}$ des Ursprungs von S_k in bezug auf S_r und ferner die neun Winkel, die die Achsen von S_r und S_k miteinander einschließen. Da zwischen den Richtungskosinussen dieser Winkel jedoch die sechs Orthogonalitätsrelationen (5, 26) bestehen, bedarf es zur Festlegung der relativen Lage der Achsen der Bezugssysteme S_r und S_k nur dreier voneinander unabhängiger Angaben. Weil weiterhin der Ortsvektor $\mathfrak{a}$ des Systems S_k durch ebenfalls drei voneinander unabhängige Größen (die Komponenten von $\mathfrak{a}$) eindeutig festgelegt ist, benötigt man zur Beschreibung der Lage von K in bezug auf S_r:

$$f = 9 - 6 + 3 = 6 \tag{74, 39}$$

voneinander unabhängige Angaben, d. h. ein freier Starrer Körper hat $f = 6$ Freiheitsgrade.

Es hat sich eingebürgert, von drei „Freiheitsgraden der Translation" (d. s. die drei Komponenten des Vektors $\mathfrak{a}$) und von drei „Freiheitsgraden der Rotation" (d. s. die drei voneinander unabhängigen Richtungskosinusse) zu sprechen.

Handelt es sich um einen Starren Körper, der sich um einen festen Punkt dreht, (s. oben), so hat er nur

$$f = 3 \tag{74, 40}$$

Freiheitsgrade, während ein Starrer Körper, der sich um eine Rotationsachse bewegt, nur noch

$$f = 1 \tag{74, 41}$$

Freiheitsgrad hat.

75. Einige Sätze über die Bewegung Starrer Körper

Die Kinematik des Starren Körpers macht über dessen Bewegung eine Vielzahl von Aussagen, auf die wir hier nicht im einzelnen eingehen können, weil dies den Rahmen dieser Schrift überschreiten würde. Jedoch soll es nicht unterbleiben, auf diese Sätze zumindest hinzuweisen. Wir wollen darüber hinaus auch einige von ihnen angeben, ohne sie allerdings zu beweisen. Der interessierte Leser mag wegen anderer Einzelheiten in der einschlägigen Spezialliteratur nachlesen.

Wir betrachten zunächst einen Starren Körper, dessen eine seiner drei Dimensionen d_1, d_2, d_3, verglichen mit den beiden anderen, sehr klein sei, also etwa

$$\frac{d_1}{d_2} \sim \frac{d_1}{d_3} \ll 1. \tag{75, 1}$$

In diesem Fall spricht man von einem e b e n e n Starren Körper.

Über die Bewegung ebener Starrer Körper gilt u. a. folgender Satz:

Es sei K ein ebener Starrer Körper, der aus einer beliebigen Anfangslage 1 in eine beliebige Endlage 2 irgendwie verschoben werde, Abb. 75, 1. Dann läßt sich der Übergang von K aus der Anfangslage 1 in die Endlage 2 durch eine Rotation von K um einen geeignet zu wählenden Drehpunkt P erreichen.

Die Richtigkeit dieser Aussage ergibt sich durch eine elementar geometrische Betrachtung aus Abb. 75, 1.

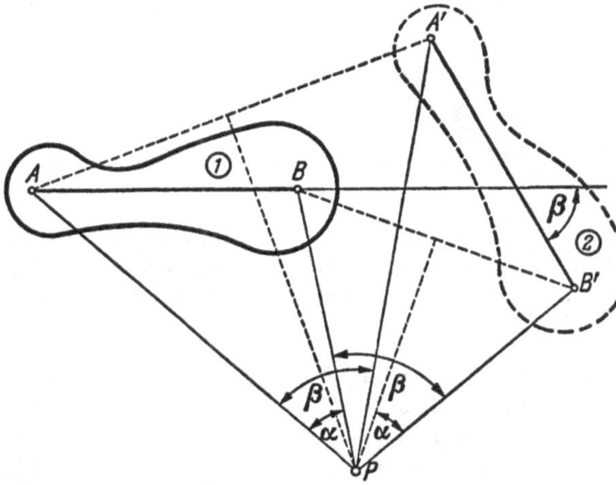

Abb. 75, 1: Darstellung der Verschiebung eines ebenen Starren Körpers als Rotation um P

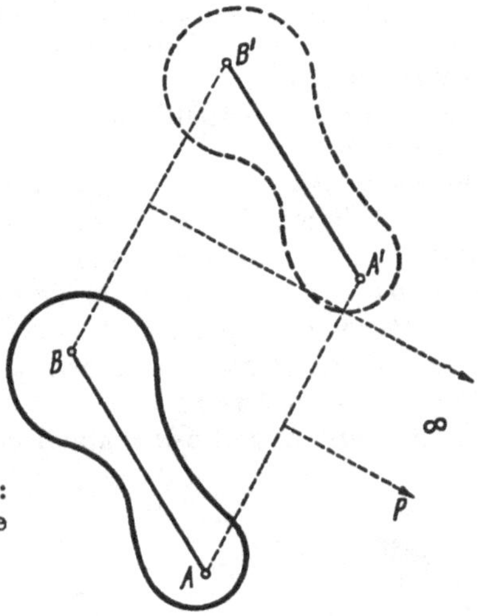

Abb. 75, 2: Sonderfall von Abb. 75, 1: Der ebene Starre Körper führt eine Translation aus

Hat K eine Translation erfahren, Abb. 75, 2, so sind die Verbindungsgeraden AA' und BB' zueinander parallel. In diesem Fall rückt das Drehzentrum P ins Unendliche. Dies berechtigt zu der Aussage, daß eine Translation eines ebenen Starren Körpers K äquivalent ist mit einer Rotation von K um ein im Unendlichen liegendes Drehzentrum.

In ähnlicher Weise, wie vorstehend — d. h. auf elementar geometrischem Weg — lassen sich auch die folgenden Sätze beweisen.

Die Drehung eines ebenen Starren Körpers K um einen Punkt P ist äquivalent mit der Drehung (um den gleichen Winkel) um einen anderen Punkt P' und einer Translation von K.

Es gilt auch die Umkehrung dieses Satzes: Eine Drehung eines ebenen Starren Körpers K um einen Punkt P und eine darauf folgende oder vorhergehend stattgefundene Translation von K ist äquivalent mit nur einer Drehung von K um ein anderes Drehzentrum P'.

Zwei aufeinanderfolgende gleich große, aber entgegengesetzte Rotationen eines Ebenen Starren Körpers K um parallele Achsen sind äquivalent einer Translation von K in einer zu den Achsen senkrechten Ebene, Abb. 75, 3.

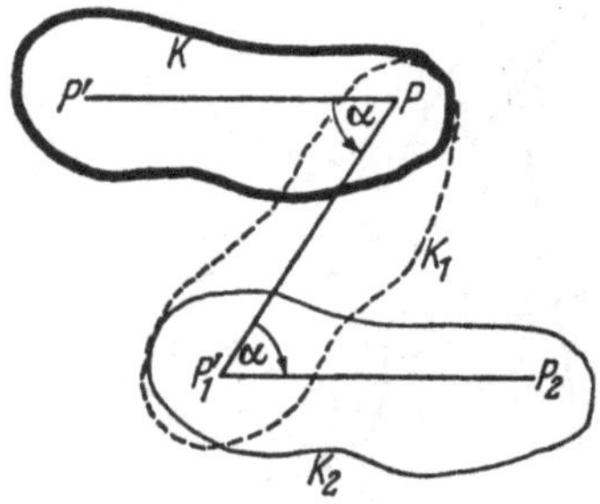

Abb. 75, 3: Zwei um den gleichen Winkel α ausgeführte entgegengesetzte Drehungen sind einer Translation äquivalent

Analoge Sätze, wie über die ebene Bewegung eines Ebenen Starren Körpers, gelten auch für die räumliche Bewegung eines beliebigen Starren Körpers, wie EULER nachgewiesen hat. So hat er etwa die Aussage bewiesen:

Eine räumliche Bewegung eines Starren Körpers K um einen festen Punkt P ist äquivalent einer Rotation von K um eine durch P gehende Achse.

Weiterhin gelten folgende Aussagen:

Eine beliebige infinitesimal kleine Bewegung eines Starren Körpers K um einen festen Punkt P ist einer infinitesimal kleinen Rotation von K um eine durch P gehende Achse äquivalent.

Da diese Achse ihre Orientierung ständig ändern kann, wird sie als *instantane* Drehachse bezeichnet.

Nach POINSOT lassen sich die vorstehenden Aussagen auch wie folgt formulieren: Man erhält eine beliebige Bewegung eines Starren Körpers K um einen festen Punkt 0 dadurch, daß man einen bestimmten im Körper K verankerten (körperfesten) Kegel, dessen Spitze in 0 liegt, auf einem raumfesten Kegel, dessen Spitze ebenfalls in 0 liegt, abrollen läßt. Man nennt den körperfesten Kegel den *Polhodiekegel* und den raumfesten Kegel den *Herpolhodiekegel*. Mit diesen beiden neuen Begriffen kann man den Satz von POINSOT auch so ausdrücken: Jede Bewegung eines Starren Körpers kann dadurch erzielt werden, daß der Polhodiekegel auf dem Herpolhodiekegel abrollt.

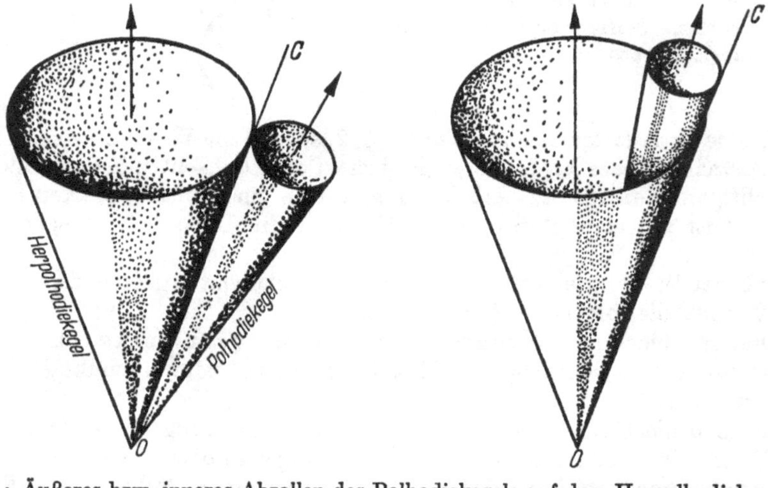

Abb. 75, 4: Äußeres bzw. inneres Abrollen des Polhodiekegels auf dem Herpolhodiekegel um die instantane Drehachse OC

Zwei Sonderfälle hiervon sind in Abb. 75, 4 dargestellt, die das Abrollen des Polhodiekegels auf dem Herpolhodiekegel von außen bzw. von innen um die instantane Drehachse *OC* veranschaulicht.

76. Das Theorem von Chasles

Außer den im vorstehenden Kapitel angegebenen Sätzen aus der Kinematik des Starren Körpers gilt u. a. noch folgende Aussage: Jede Verschiebung eines Starren Körpers aus einer Anfangslage 1 in eine Endlage 2 kann stets durch eine Translation und eine darauf folgende Rotation um eine geeignete Achse erzielt werden.

Es läßt sich aber noch weiterhin zeigen, daß die Translation immer so gewählt werden kann, daß ihre Richtung mit der der Rotationsachse übereinstimmt. Eine solche Kombination von Translation und Rotation nennt man eine *Schraubenbewegung* oder eine *Bewegungsschraube.* Mit Verwendung dieses Begriffes läßt sich also sagen: eine beliebige endliche Verschiebung eines Starren Körpers ist äquivalent einer Schraubenbewegung bzw. ist eine Bewegungsschraube. Diesen Satz hat erstmalig Chasles bewiesen.

Erweitert man den im vorstehenden Kapitel angegebenen Satz von Poinsot über die Drehung eines Starren Körpers *K* um einen festen Punkt auf eine Schraubenbewegung von *K*, so zeigt es sich, daß diese nun nicht mehr durch ein (inneres oder äußeres) Abrollen von Kegelflächen, sondern durch ein gleichzeitiges Abrollen und Gleiten („Schroten") von anderen Flächen dargestellt werden kann, die man *Regelflächen* nennt. Man kann also sagen: eine beliebige Bewegung eines Starren Körpers kann dadurch hervorgebracht werden, daß eine körperfeste Regelfläche auf einer raumfesten Regelfläche „schrotet". Dieses ist in Abb. 76, 1 dargestellt, die ein Gegenstück zu Abb. 75, 4 ist.

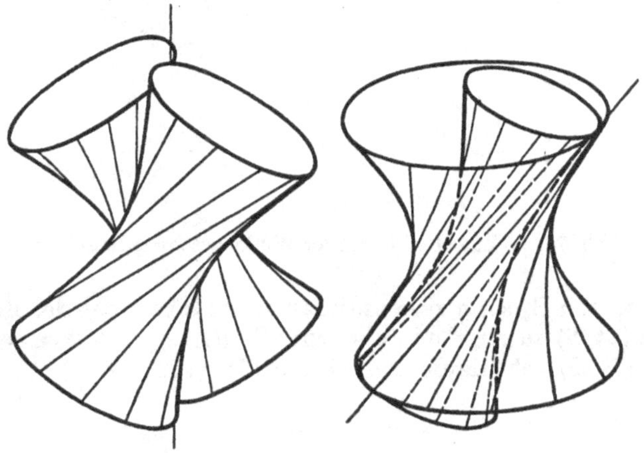

Abb. 76, 1: Inneres bzw. äußeres Abrollen einer körperfesten Regelfläche auf einer raumfesten Regelfläche („Schroten")

77. Analytische Darstellung der Bewegung eines Starren Körpers

In Kap. 74 wurde die Verschiebung eines Starren Körpers *K* dann als eine Drehung bezeichnet, wenn sich die Winkel zwischen den Achsen eines mit *K* fest verbundenen Koordinatensystems S_k $(\mathfrak{i}', \mathfrak{j}', \mathfrak{k}')$ und den Achsen eines raumfesten Bezugssystems $S_r(\mathfrak{i}, \mathfrak{j}, \mathfrak{k})$ ändern. Diese Winkeländerung könnte daher zur Beschreibung einer Drehung verwendet werden. Es hat sich aber erwiesen, daß es zweckmäßiger ist, statt der Winkeländerungen die Änderung der Richtungskosinusse α_{ik}, (Kap. 5), zu verwenden. Wir erinnern an diesen Begriff durch Angabe der nachstehenden Tabelle:

	x $\mathfrak{i}$	y $\mathfrak{j}$	z $\mathfrak{k}$
x', $\mathfrak{i}'$	α_{11}	α_{12}	α_{13}
y', $\mathfrak{j}'$	α_{21}	α_{22}	α_{23}
z', $\mathfrak{k}'$	α_{31}	α_{32}	α_{33}.

(77, 1)

Hierbei bedeutet z. B.

$$\alpha_{23} = \mathfrak{j}' \cdot \mathfrak{k} = \cos(\mathfrak{j}', \mathfrak{k}). \tag{77, 2}$$

Wir erinnern weiterhin daran, weil es nachstehend benötigt wird, daß sich aus dem Schema (77, 1) leicht die Verknüpfungen ergeben, die zwischen den Koordinaten x, y, z (bzgl. S_r) und x', y', z' (bzgl. S_k) eines Punktes P bestehen. So gilt z. B.

$$x' = \alpha_{11}x + \alpha_{12}y + \alpha_{13}z \tag{77, 3}$$

usw. Diese Transformationsformel zwischen den „ungestrichenen" und den „gestrichenen" Koordinaten von P gilt jedoch nur, wenn die Ursprünge 0 und 0′ der

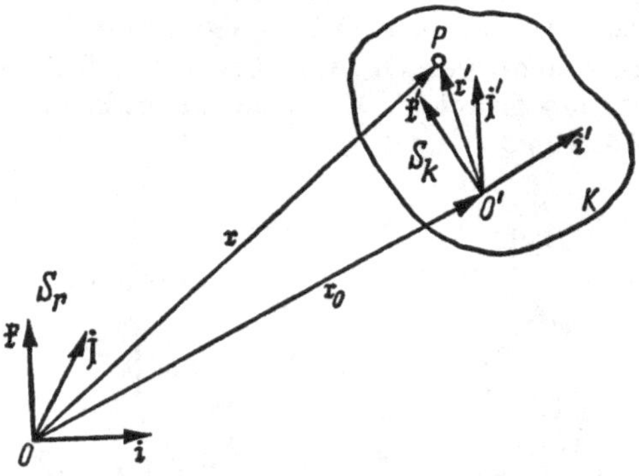

Abb. 77, 1: Zur Herleitung der Winkelgeschwindigkeit $\mathfrak{w}$

Bezugssysteme S_r und S_k stets zusammenfallen. Ist dies nicht der Fall, Abb. 77, 1, so hat man von (74, 5) auszugehen, in welcher Gleichung $\mathfrak{r}_0 \neq 0$ zu setzen ist. Unter Beachtung von (74, 3) geht dann das Schema (74, 8) in

	$x-x_0$ $\mathfrak{i}$	$y-y_0$ $\mathfrak{j}$	$z-z_0$ $\mathfrak{k}$
x', $\mathfrak{i}'$	α_{11}	α_{12}	α_{13}
y', $\mathfrak{j}'$	α_{21}	α_{22}	α_{23}
z', $\mathfrak{k}'$	α_{31}	α_{32}	α_{33}

(77, 4)

über, woraus nun — in Abänderung von (74, 9) — folgt

$$x - x_0 = \alpha_{11}x' + \alpha_{21}y' + \alpha_{31}z' \tag{77, 5}$$

Hieraus ergeben sich aufgrund der gleichen Rechnung, die im Anschluß an (74, 9) durchgeführt wurde, nun anstelle von (74, 17—19):

$$\dot{x} - \dot{x}_0 = \qquad -(y - y_0) \sum_m \alpha_{m1}\dot{\alpha}_{m2} + (z - z_0) \sum_m \alpha_{m3}\dot{\alpha}_{m1} \tag{77, 6}$$

. . . . .

und zwei weitere, die aus der vorstehenden Gleichung durch zyklische Vertauschung folgen. Verwendet man nun wieder die mit (74, 36) eingeführten Komponenten des schiefsymmetrischen Tensors

$$-w_i \to \omega_{jk} = \sum_m \dot{\alpha}_{mj}\alpha_{mk}, \tag{77, 7}$$

so erhält man

$$\dot{x} - \dot{x}_0 = \qquad -w_z(y - y_0) + w_y\,(z - z_0) \tag{77, 8}$$

$$\dot{y} - \dot{y}_0 = \quad w_z(x - x_0) \qquad - w_x(z - z_0) \tag{77, 9}$$

$$\dot{z} - \dot{z}_0 = -w_y(x - x_0) + w_x(y - y_0)\,, \tag{77, 10}$$

was formal durch das Vektorprodukt

$$\dot{\mathfrak{r}} - \dot{\mathfrak{r}}_0 = \mathfrak{w} \times (\mathfrak{r} - \mathfrak{r}_0) \tag{77, 11}$$

ausgedrückt werden kann.

Zur Deutung von (77, 11) schreiben wir diese Gleichung

$$\dot{\mathfrak{r}} = \mathfrak{v} = \dot{\mathfrak{r}}_0 + \mathfrak{w} \times (\mathfrak{r} - \mathfrak{r}_0) \tag{77, 12}$$

oder

$$\mathfrak{v} = \dot{\mathfrak{r}}_0 + \mathfrak{w} \times \mathfrak{r}'. \tag{77, 13}$$

Das erste Glied der rechten Seite,

$$\dot{\mathfrak{r}}_0 = \mathfrak{u}, \tag{77, 14}$$

ist unabhängig vom Ortsvektor $\mathfrak{r}$. Daher ist $\mathfrak{u}$ (Abb. 77, 1) für jeden Punkt von K gleich und stellt deshalb die *Translationsgeschwindigkeit* von K in bezug auf S_r dar, während das in (77, 13) auftretende „Vektorprodukt" die Rotation um eine durch den Ursprung 0 des raumfesten Systems S_r gehende Achse darstellt.

Wir weisen noch einmal darauf hin, daß der vorstehend verwendete axiale „Vektor" der Winkelgeschwindigkeit $\mathfrak{w}$ seiner Natur nach ein schiefsymmetrischer Tensor ist. Wir benutzen ferner die Gelegenheit, anhand seiner Komponenten ω_{jk} ein Beispiel für den in Kap. 49 eingeführten Begriff der nichtholonomen Koordinaten zu geben. Nach (77, 7) ist z. B.

$$\omega_{23} = w_x = -(\alpha_{13}\dot{\alpha}_{12} + \alpha_{23}\dot{\alpha}_{22} + \alpha_{33}\dot{\alpha}_{32})\,. \tag{77, 15}$$

Hieraus folgt

$$w_x dt = -(\alpha_{13}d\alpha_{12} + \alpha_{23}d\alpha_{22} + \alpha_{33}d\alpha_{32}) \tag{77, 16}$$

$$= -d(\alpha_{13}\alpha_{12} + \alpha_{23}\alpha_{22} + \alpha_{33}\alpha_{32}) + (\alpha_{12}d\alpha_{13} + \alpha_{22}d\alpha_{23} + \alpha_{32}d\alpha_{33}). \tag{77, 17}$$

Der letzte Term ist i. allg. $\neq 0$. Deswegen besagt (77, 17), daß $w_x dt$ kein vollständiges Differential, d. h. ein nichtholonomer Ausdruck ist. Mit einer von EULER eingeführten Bezeichnungsweise schreibt man auch heute noch häufig — hier mit Verwendung des Symbols $\bar{d}$, (Kap. 20), für die nichttotalen Differentiale —

$$w_x dt = \bar{d}p \tag{77, 18}$$

$$w_y dt = \bar{d}q \tag{77, 19}$$

$$w_z dt = \bar{d}r. \tag{77, 20}$$

Die Komponenten der Winkelgeschwindigkeit $\mathfrak{w}$ sollten dann gemäß der in Kap. 49 eingeführten Symbolik mit

$$\mathfrak{w} = \{w_x = \overset{*}{p}, \quad w_y = \overset{*}{q}, \quad w_z = \overset{*}{r}\} \tag{77, 21}$$

bezeichnet werden. Wir wollen aber später bei den Anwendungen (Kreiselgleichungen Kap. 83) statt

$$w_x = \overset{*}{p} \to p \tag{77, 22}$$

$$\cdots\cdots$$

schreiben.

Es ist für viele Anwendungen zweckmäßig, den Ausdruck (77, 13) in eine andere Form zu bringen, indem man die in Abb. 77, 1 angegebenen „gestrichenen" und „un-

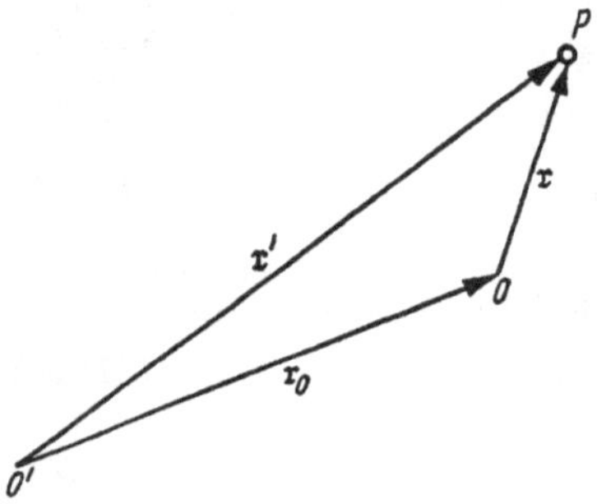

Abb. 77, 2: Zu (77, 23)

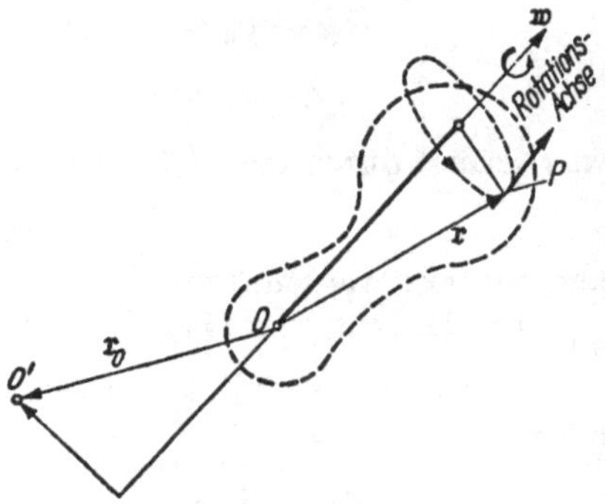

Abb. 77, 3: Darstellung der Winkelgeschwindigkeit $\mathfrak{w}$

gestrichenen" Größen miteinander vertauscht. Dies ergibt Abb. 77, 2. Dann gilt anstelle von (77, 13) mit (77, 14):

$$\mathfrak{v} = \mathfrak{u} + \mathfrak{w} \times \mathfrak{r}. \tag{77, 23}$$

Hierbei ist $\mathfrak{u}$ die Translationsgeschwindigkeit von 0 in bezug auf ein raumfestes System mit dem Ursprung 0'. Die Bedeutung von $\mathfrak{w}$ ersieht man aus Abb. 77, 3, vgl. auch Abb. 23, 3.

Sieht man von einer Translationsbewegung ab, so verbleibt

$$\mathfrak{v}(\mathfrak{r}) = \mathfrak{w} \times \mathfrak{r}. \tag{77, 24}$$

Hieraus ist ersichtlich, daß die Geschwindigkeit $\mathfrak{v}$ eine Funktion des Ortsvektors $\mathfrak{r}$, d. h. von den Koordinaten von P, ist. Nach den Darlegungen in Kap. 5 ist daher durch (77, 24) ein Geschwindigkeits*feld* erklärt.

Während in (77, 24) $\mathfrak{v}$ durch $\mathfrak{w}$ ausgedrückt ist, kann man auch $\mathfrak{w}$ durch $\mathfrak{v}$ ausdrücken. Dies gelingt, indem man auf (77, 24) die Operation rot anwendet. Dann erhält man wegen der räumlichen Konstanz von $\mathfrak{w}$ aus (5, 162):

$$\text{rot}\,\mathfrak{v} = -(\mathfrak{w} \cdot \text{grad})\,\mathfrak{r} + \mathfrak{w}\,\text{div}\,\mathfrak{r} \tag{77, 25}$$

$$= -\mathfrak{w} + 3\mathfrak{w}, \tag{77, 26}$$

d. h., es gilt für die Winkelgeschwindigkeit

$$\mathfrak{w} = \frac{1}{2}\,\text{rot}\,\mathfrak{v}. \tag{77, 27}$$

Dieser Zusammenhang macht verständlich, daß die durch (5, 154) eingeführte Operation als Rotation bezeichnet wird.

Kombiniert man die letzte Gleichung mit (77, 24), so ergibt sich

$$\mathfrak{v} = \frac{1}{2}(\mathrm{rot}\,\mathfrak{v}) \times \mathfrak{r}\,. \tag{77, 28}$$

Hieraus erhält man für die in der kleinen Zeitspanne Δt durch die Drehung verursachte Verschiebung

$$\Delta\mathfrak{s} = \mathfrak{v}\Delta t = \frac{1}{2}(\mathrm{rot}\,\mathfrak{v}\Delta t) \times \mathfrak{r} \tag{77, 29}$$

$$= \frac{1}{2}(\mathrm{rot}\,\Delta\mathfrak{s}) \times \mathfrak{r}\,. \tag{77, 30}$$

Von dieser Beziehung werden wir in Kap. 97 Gebrauch machen.

Wir bemerken, daß es üblich ist, für den ersten Faktor der rechten Seite dieser Gleichung

$$\mathfrak{d} = \frac{1}{2}\,\mathrm{rot}\,\mathfrak{s} \tag{77, 31}$$

zu schreiben. Man nennt den Vektor $\mathfrak{d}$ die *Drehung*, die ein Körper bei der Verschiebung $\mathfrak{s}$ erfährt.

78. Die Eulerschen Winkel

In Kap. 74 wurde dargelegt, daß die Orientierung eines Starren Körpers K in bezug auf ein raumfestes Koordinatensystem $S_r(\mathfrak{i}, \mathfrak{j}, \mathfrak{k})$ dann festgelegt ist, wenn man die neun Winkel kennt, die die Achsen $\mathfrak{i}, \mathfrak{j}, \mathfrak{k}$ von S_r mit den Achsen $\mathfrak{i}', \mathfrak{j}', \mathfrak{k}'$ eines körperfesten Systems S_k einschließen. Da aber zwischen den cos dieser neun Winkel die sechs Orthogonalitätsrelationen (5, 26) bestehen, benötigt man zur Beschreibung der Orientierung von K in bezug auf S_r nur d r e i unabhängige Größen. Als solche wählt man vielfach die *Eulerschen Winkel* φ, ϑ, ψ. Was mit diesen Größen gemeint ist, geht aus Abb. 78, 1 hervor: die drei Eulerschen Winkel beschreiben drei aufein-

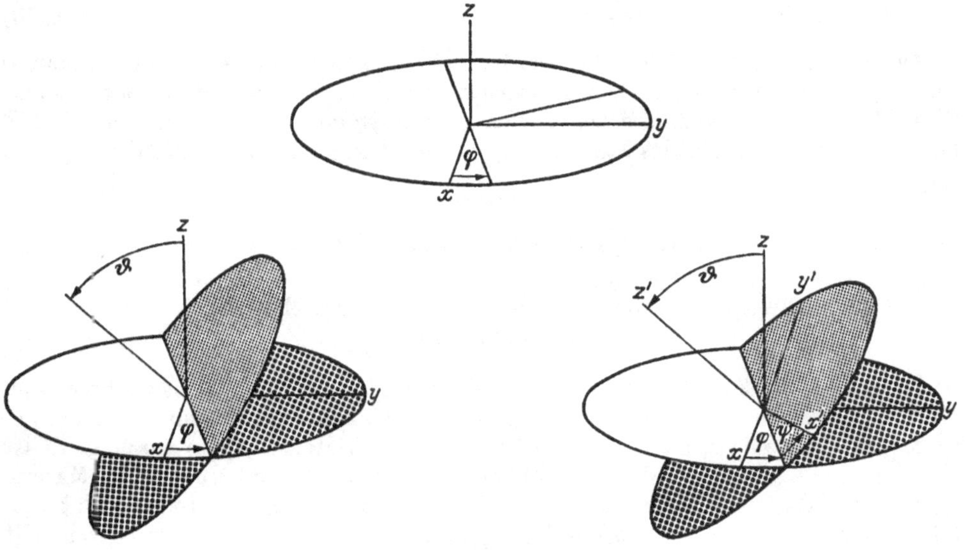

Abb. 78, 1: Die Eulerschen Winkel

ander folgende Drehungen des körperfesten Systems S_k, das anfänglich mit dem raumfesten Bezugssystem S_r zusammenfallen möge. Die Drehungen von S_k relativ zu S_r werden so vorgenommen, daß die Beziehungen

$$0 \leqq \varphi \leqq 2\pi \tag{78, 1}$$

$$0 \leqq \vartheta \leqq \pi \tag{78, 2}$$

$$0 \leqq \psi \leqq 2\pi \tag{78, 3}$$

gelten.

Es ist klar, daß sich die neun Richtungskosinusse α_{ik} durch die drei voneinander unabhängigen EULERschen Winkel φ, ϑ, ψ ausdrücken lassen müssen. Es ist zweckmäßig, hierzu an das „Transformationsschema" (77, 1) anzuschließen. Aus ihm entnimmt man sofort, daß

$$\alpha_{33} = (\mathfrak{k}, \mathfrak{k}') = \cos\vartheta \tag{78, 4}$$

ist. Weitere Beziehungen zwischen den α_{ik} und φ, ϑ, ψ lassen sich mit einfachen Sätzen der Sphärischen Geometrie gewinnen. Wir übergehen hier diese zwar elementare, aber etwas langwierige Rechnung, die dem Leser als Übung empfohlen wird, und geben nachstehend das Ergebnis an. Man erhält

$$\alpha_{11} = \cos\varphi\cos\psi - \sin\varphi\sin\psi\cos\vartheta \tag{78, 5}$$

$$\alpha_{12} = -\cos\varphi\sin\psi - \sin\varphi\cos\psi\cos\vartheta \tag{78, 6}$$

$$\alpha_{13} = \sin\varphi\sin\vartheta \tag{78, 7}$$

$$\alpha_{21} = \sin\varphi\cos\psi + \cos\varphi\sin\psi\cos\vartheta \tag{78, 8}$$

$$\alpha_{22} = -\sin\varphi\sin\psi + \cos\varphi\cos\psi\cos\vartheta \tag{78, 9}$$

$$\alpha_{23} = -\cos\varphi\sin\vartheta \tag{78, 10}$$

$$\alpha_{31} = \sin\vartheta\sin\psi \tag{78, 11}$$

$$\alpha_{32} = \sin\vartheta\cos\psi \tag{78, 12}$$

$$\alpha_{33} = \cos\vartheta. \tag{78, 13}$$

Die drei EULERschen Winkel haben besondere Namen erhalten. So nennt man ψ den *Eigendrehungswinkel*, φ den *Präzessionswinkel* und ϑ den *Pendelungswinkel*. Diese Begriffe sind der Kreiseltheorie [30, 31] entnommen, die ein bedeutungsvolles Teilgebiet der Mechanik des Starren Körpers ist. Einiges hierzu findet der Leser in Kap. 88.

II. Dynamik des Starren Körpers

79. Schwerpunkt, Impuls, Drehimpuls und kinetische Energie eines Starren Körpers

Wir hatten in Kap. 74 einen Starren Körper K als ein den Nebenbedingungen (74, 1) unterworfenes Punktsystem erklärt. Als die das System aufbauenden „Punkte" kann man etwa die Atome oder Moleküle des betrachteten Körpers ansehen. Es ist jedoch in der Klassischen Mechanik üblich, von der atomaren Struktur der Materie abzusehen und einen Körper, gleichgültig in welchem Aggregatzustand er sich befindet, als ein mit Masse *kontinuierlich* ausgefüllten Raumbereich zu betrachten. Mit Verwendung dieses Modells (s. Kap. 92) ändern sich die bisher verwendeten Ausdrücke für einige wichtige mechanische Begriffe, deren Form wir nachstehend für einen Starren Körper angeben wollen.

1. **Schwerpunkt:** Der für den Ortsvektor $\mathfrak{x}$ des Schwerpunktes S für n „echte" Massenpunkte m_i gültige Ausdruck (37, 1) ist bei kontinuierlicher Massenverteilung dahingehend abzuändern, daß die in (37, 1) auftretenden „diskreten" Summen in „kontinuierliche" Summen, d. h. Integrale, übergehen. Es gilt daher anstelle von (37, 1) für den Ortsvektor $\mathfrak{x}$ des Schwerpunktes eines Starren Körpers

$$\mathfrak{x} = \frac{\int \mathfrak{r} dm}{\int dm} \tag{79, 1}$$

$$= \frac{1}{M} \int \mathfrak{r} dm. \tag{79, 2}$$

Hierbei ist M die Gesamtmasse und dm ein Massenelement von K, das nun die Rolle eines diskreten Massenpunktes m_i übernimmt. Bezeichnet man mit

$$\varrho = \varrho(\mathfrak{r}) \tag{79, 3}$$

die möglicherweise örtlich veränderliche Massendichte von K, so ist

$$dm = \varrho(\mathfrak{r}) d\tau \tag{79, 4}$$

($d\tau$ ein Volumenelement von K), womit sich für den Ortsvektor des Schwerpunktes S von K aus (79, 2):

$$\mathfrak{x} = \frac{1}{M} \iiint\limits_V \mathfrak{r} \varrho(\mathfrak{r}) d\tau \tag{79, 5}$$

ergibt. Die Integration ist über das Volumen V von K zu erstrecken. Aus (79, 5) ersieht man, daß die Lage von S allein von der Massenverteilung $\varrho = \varrho(\mathfrak{r})$ und der Geometrie von K abhängt. Daß durch den Ortsvektor $\mathfrak{x}$ ein von der Wahl des Koordinatensystems u n a b h ä n g i g e r Punkt beschrieben wird, beweist man ebenso wie in Kap. 37.

2. **Impuls eines Starren Körpers:** Der für ein diskretes Punktsystem geltende Ausdruck

$$\mathfrak{P} = \sum_{i=1}^{n} m_i \mathfrak{v}_i = \sum_{i=1}^{n} m_i \dot{\mathfrak{r}}_i \tag{79, 6}$$

für den (linearen) Impuls geht für einen Starren Körper in

$$\mathfrak{P} = \int \mathfrak{v} dm \tag{79, 7}$$

über, wobei jetzt $\mathfrak{v}$ durch (77, 45) gegeben ist. Geht man damit in (79, 7) ein, so erhält man

$$\mathfrak{P} = \int (\mathfrak{u} + \mathfrak{w} \times \mathfrak{r}) dm. \tag{79, 8}$$

Da sowohl die Translationsgeschwindigkeit $\mathfrak{u}$ als auch der Drehvektor $\mathfrak{w}$ für jedes Massenelement gleich sind, kann statt (79, 8) auch

$$\mathfrak{P} = \mathfrak{u} \int dm + \mathfrak{w} \times \int \mathfrak{r} dm \tag{79, 9}$$

$$= \mathfrak{u} M + \mathfrak{w} \times \iiint\limits_V \mathfrak{r} \varrho(\mathfrak{r}) d\tau \tag{79, 10}$$

geschrieben werden. Führt man in dieser Gleichung den Ortsvektor $\mathfrak{x}$ des Schwerpunktes S von K gemäß (79, 5) ein, so erhält man

$$\mathfrak{P} = \mathfrak{u} M + M \mathfrak{w} \times \mathfrak{x}. \tag{79, 11}$$

Wählt man nun insbesondere als Bezugspunkt 0 den Schwerpunkt S, so wird

$$\mathfrak{x} = 0, \tag{79, 12}$$

womit (79, 11) in

$$\mathfrak{P} = M\mathfrak{u} \tag{79, 13}$$

übergeht. Dieser Ausdruck besagt, daß sich bei geeigneter Wahl eines Bezugspunktes ($= S$) der Impuls eines Starren Körpers ebenso darstellen läßt, wie der eines diskreten Massenpunktes.

3. **Drehimpuls eines Starren Körpers:** Der dbzgl. für ein diskretes Punktsystem gültige Ausdruck (41, 14):

$$\mathfrak{L} = \sum_i m_i \mathfrak{r}_i \times \dot{\mathfrak{r}}_i = \sum_i m_i \mathfrak{r}_i \times \mathfrak{v}_i \tag{79, 14}$$

ist für einen Starren Körper in

$$\mathfrak{L} = \int (\mathfrak{r} \times \mathfrak{v}) dm , \tag{79, 15}$$

d. h., mit Verwendung von (77, 45) in

$$\mathfrak{L} = \int \{\mathfrak{r} \times (\mathfrak{u} + \mathfrak{w} \times \mathfrak{r})\} dm \tag{79, 16}$$

$$= - \mathfrak{u} \times \int \mathfrak{r} dm + \int \{\mathfrak{r} \times (\mathfrak{w} \times \mathfrak{r})\} dm \tag{79, 17}$$

abzuändern. Führt man wiederum den Ortsvektor $\mathfrak{x}$ des Schwerpunktes ein, so wird aus der letzten Gleichung

$$\mathfrak{L} = - M\mathfrak{u} \times \mathfrak{x} + \int \{\mathfrak{r} \times (\mathfrak{w} \times \mathfrak{r})\} dm \tag{79, 18}$$

und diese reduziert sich, wenn man — ebenso wie vorstehend — als Bezugspunkt $0 = S$ wählt, auf

$$\mathfrak{L} = \int \{\mathfrak{r} \times (\mathfrak{w} \times \mathfrak{r})\} dm . \tag{79, 19}$$

Nach (5, 72) lautet die x-Komponente dieser Vektorgleichung

$$L_x = \int \{w_x r^2 - x(\mathfrak{r} \cdot \mathfrak{w})\} dm \tag{79, 20}$$

$$= \int \{w_x(x^2 + y^2 + z^2) - x(xw_x + yw_y + zw_z)\} dm \tag{79, 21}$$

$$= w_x \int (y^2 + z^2) dm - w_y \int xydm - w_z \int xzdm . \tag{79, 22}$$

Führt man die Abkürzungen

$$J_{xx} = \int (y^2 + z^2) dm \tag{79, 23}$$

$$J_{xy} = - \int xydm \tag{79, 24}$$

$$J_{xz} = - \int xzdm \tag{79, 25}$$

ein, so wird

$$L_x = J_{xx} w_x + J_{xy} w_y + J_{xz} w_z . \tag{79, 26}$$

Hieraus erhält man durch zyklische Vertauschung für die beiden anderen Komponenten des Drehimpulses

$$L_y = J_{yx} w_x + J_{yy} w_y + J_{yz} w_z \tag{79, 27}$$

$$L_z = J_{zx} w_x + J_{zy} w_y + J_{zz} w_z . \tag{79, 28}$$

Die in den beiden Gleichungen neu auftretenden Koeffizienten $J_{yx}, \ldots, J_{zz}$ ergeben sich durch zyklische Vertauschung aus (79, 23—25).

Aus (79, 26—28) ersieht man, daß die Komponenten des Drehimpulsvektors $\mathfrak{L}$ eines Starren Körpers K lineare homogene Funktionen der Komponenten von $\mathfrak{w}$ sind, oder — wie man es kurz ausdrückt — daß $\mathfrak{L}(\mathfrak{w})$ eine lineare homogene Vektorfunktion ist (Kap. 6). Nach den dort dargelegten Ausführungen sind daher die neun Koeffizienten J_{ik} die Komponenten eines Tensors $\boldsymbol{I}$, der als *Trägheitstensor* bezeichnet wird. Wir drücken dies wie in Kap. 6 durch

$$\boldsymbol{I} = (J_{ik}) \tag{79, 29}$$

aus und fassen die drei Gleichungen (79, 26—29) formal in den Ausdruck

$$\mathfrak{L} = \boldsymbol{I} * \mathfrak{w} \tag{79, 30}$$

zusammen. Auf den Begriff des Trägheitstensors werden wir im nachfolgenden Kapitel eingehen.

4. **Die kinetische Energie eines Starren Körpers** lautet, wegen der vorausgesetzten kontinuierlichen Massenverteilung,

$$T = \frac{1}{2}\int \mathfrak{v}^2 dm \tag{79, 31}$$

oder mit (77, 45):

$$T = \frac{1}{2}\int \{\mathfrak{u} + \mathfrak{w} \times \mathfrak{r}\}^2 dm \tag{79, 32}$$

$$= \frac{1}{2}\int \mathfrak{u}^2 dm + \int \mathfrak{u} \cdot (\mathfrak{w} \times \mathfrak{r}) dm + \frac{1}{2}\int (\mathfrak{w} \times \mathfrak{r})^2 dm \tag{79, 33}$$

$$= T^{(t)} + T^{(w)} + T^{(r)}. \tag{79, 34}$$

Aus (79, 34) geht hervor, daß sich die kinetische Energie T eines Starren Körpers in drei Teile zerlegen läßt: in den Anteil

$$T^{(t)} = \frac{1}{2}\int \mathfrak{u}^2 dm = \frac{1}{2}\mathfrak{u}^2 \int dm \tag{79, 35}$$

$$= \frac{M}{2}\mathfrak{u}^2, \tag{79, 36}$$

der als Translationsenergie von K bezeichnet wird, in den Anteil

$$T^{(w)} = \mathfrak{u} \cdot \int (\mathfrak{w} \times \mathfrak{r}) dm \tag{79, 37}$$

$$= \mathfrak{u} \cdot (\mathfrak{w} \times \int \mathfrak{r} dm), \tag{79, 38}$$

den sogenannten wechselseitigen Energieanteil und schließlich in

$$T^{(r)} = \frac{1}{2}\int (\mathfrak{w} \times \mathfrak{r})^2 \, dm, \tag{79, 39}$$

der Rotationsenergie heißt.

Die Aufteilung der kinetischen Energie T eines Punktsystems in die drei vorstehend genannten Anteile haben wir bereits in Kap. 42 kennengelernt.

Führt man den Ortsvektor $\mathfrak{x}$ des Schwerpunktes S von K nach (79, 5) ein, so wird

$$T^{(w)} = M\mathfrak{u} \cdot (\mathfrak{w} \times \mathfrak{x}). \tag{79, 40}$$

Wählt man S als Bezugspunkt 0, so ist sein Ortsvektor $\mathfrak{x} = 0$ und damit auch $T^{(w)} = 0$, womit (79, 34) sich auf

$$T = T^{(t)} + T^{(r)} \tag{79, 41}$$

$$= \frac{M}{2}\mathfrak{u}^2 + \frac{1}{2}\int (\mathfrak{w} \times \mathfrak{r})^2 dm \tag{79, 42}$$

reduziert.

Wir untersuchen den in (79, 42) auftretenden Anteil $T^{(r)}$, die Rotationsenergie. Nach (5, 70) kann dafür geschrieben werden

$$T^{(r)} = \frac{1}{2}\int\{(zw_y - yw_z)^2 + (xw_z - zw_x)^2 + (yw_x - xw_y)^2\}\,dm. \qquad (79, 43)$$

Rechnet man die Quadrate aus, so gelangt man nach geeigneter Zusammenfassung zu dem Ausdruck

$$T^{(r)} = \frac{1}{2}w_x^2\int(y^2 + z^2)dm + \frac{1}{2}w_y^2\int(z^2 + x^2)dm + \frac{1}{2}w_z^2\int(x^2 + y^2)dm$$
$$- w_y w_z\int zy dm - w_z w_x\int xz dm + \cdots. \qquad (79, 44)$$

Hierfür kann man mit Verwendung der im vorstehenden Abschnitt eingeführten Komponenten $J_{ik} = J_{ki}$ des Trägheitstensors auch

$$T^{(r)} = \frac{1}{2}\{J_{xx}w_x^2 + J_{yy}w_y^2 + J_{zz}w_z^2 + 2J_{xy}w_xw_y + 2J_{yz}w_yw_z + 2J_{zx}w_zw_y\} \qquad (79, 45)$$

schreiben.

Der „Rotationsanteil" der kinetischen Energie eines bewegten Starren Körpers ist also eine homogen quadratische Funktion der Komponenten der Winkelgeschwindigkeit $\mathfrak{w}$. Die in dieser Form auftretenden Koeffizienten J_{jk} sind die Komponenten des Trägheitstensors.

Wir weisen in diesem Zusammenhang auf eine interessante Verknüpfung zwischen $T^{(r)}$ und den Komponenten des Drehimpulses $\mathfrak{L}$ eines Starren Körpers hin. Bildet man die Ableitung von $T^{(r)}$ nach einer Komponente von $\mathfrak{w}$, sagen wir etwa nach w_x, so erhält man aus (79, 45):

$$\frac{\partial T^{(r)}}{\partial w_x} = J_{xx}w_x + J_{xy}w_y + J_{xz}w_z. \qquad (79, 46)$$

. . . .

Unter Beachtung von (79, 26) kann hierfür

$$\frac{\partial T^{(r)}}{\partial w_x} = L_x \qquad (79, 47)$$

. . . .

geschrieben werden. Dies ist ein Sonderfall von (55, 29).

Aus den vorstehenden Gleichungen folgt, wenn man sie mit w_x, w_y, w_z multipliziert und danach addiert,

$$w_xL_x + w_yL_y + w_zL_z = J_{xx}w_x^2 + \cdots + 2J_{zx}w_xw_z. \qquad (79, 48)$$

Die rechte Seite dieser Gleichung ist nach (79, 45) die doppelte Rotationsenergie $T^{(r)}$ des Starren Körpers, so daß diese auch in der Form

$$T^{(r)} = \frac{1}{2}\mathfrak{L}\cdot\mathfrak{w} \qquad (79, 49)$$

geschrieben werden kann.

Wir geben noch einen anderen Ausdruck für $T^{(r)}$ an, für den Fall, daß die Achse A, um die K rotiert, ihre Richtung nicht ändert (Beispiel: Physikalisches Pendel, Kap. 87). Wir legen ein cartesisches Koordinatensystem so, daß eine seiner Achsen, sagen wir die x-Achse, mit der Drehachse A zusammenfällt. Dann ist der Drehvektor

$$\mathfrak{w} = \{w_x = w, \quad 0, \quad 0\} \qquad (79, 50)$$

und aus (79, 44) wird

$$T^{(r)} = \frac{1}{2} w^2 \int (y^2 + z^2)\, dm \tag{79, 51}$$

oder nach (79, 23):

$$T^{(r)} = \frac{1}{2} J_{xx} w^2. \tag{79, 52}$$

In (79, 23) ist

$$y^2 + z^2 = \bar{r}^2 \tag{79, 53}$$

das Quadrat des senkrechten Abstandes des Massenelementes dm von der x-Achse. Mit Einführung der Bezeichnung $\bar{r}$ kann daher auch

$$J_{xx} = \int \bar{r}^2 dm \tag{79, 54}$$

geschrieben werden.

Weil nun die x-Achse wegen der Isotropie des Raumes vor keiner anderen Achse ausgezeichnet ist, kann für die Rotationsenergie allgemein

$$T^{(r)} = \frac{1}{2} J \mathfrak{w}^2 \tag{79, 55}$$

geschrieben werden, wobei nun in

$$J_A = \int \bar{r}^2 dm \tag{79, 56}$$

unter $\bar{r}$ der senkrechte Abstand eines Massenelementes von einer beliebigen Drehachse A zu verstehen ist. Dieses folgt auch aus (79, 39), was man unmittelbar der Abb. 79, 1 entnehmen kann. Man bezeichnet (79, 56) als das *Trägheitsmoment* J_A von K in bezug auf die Drehachse A, wobei der Index A meistens unterdrückt wird.

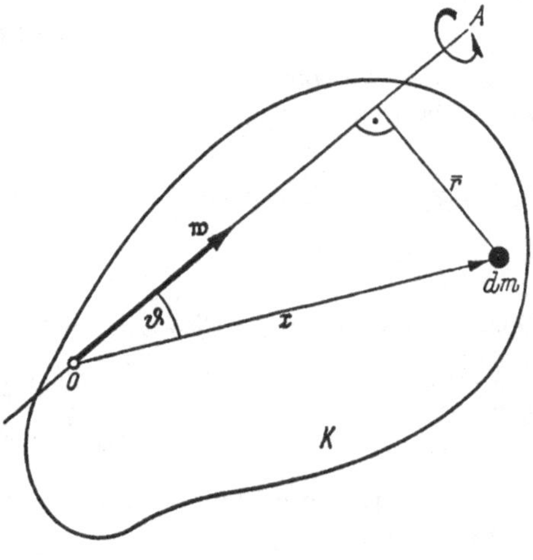

Abb. 79, 1: Zur Erklärung des Trägheitsmomentes J_A des um die Achse A rotierenden Starren Körpers K

Wir wollen nun zeigen, daß sich die vorstehend gefundenen Ausdrücke für den Drehimpuls $\mathfrak{L}$ und die kinetische Energie $T^{(r)}$ eines nur eine Drehbewegung ausführenden Starren Körpers mit Verwendung der Tensorschreibweise in anderer Form darstellen lassen, als sie durch (79, 26—28) bzw. (79, 45) angegeben sind. Dies gelingt, wenn man die im dritten Abschnitt von Kap. 74 dargelegte Tatsache berücksichtigt, daß die Winkelgeschwindigkeit

$$\mathfrak{w} = \{w_x, w_y, w_z\} \tag{79, 57}$$

$$= \{w_i\}, \qquad i = 1, 2, 3 \rightarrow x, y, z \tag{79, 58}$$

in Strenge kein Vektor, sondern ein schiefsymmetrischer Tensor ist, dessen Komponenten ω_{jk} mit den w_i gemäß der Beziehung

$$-w_i = \omega_{jk} = -\omega_{kj} \tag{79, 59}$$

zusammenhängen. Hierbei bedeuten i, j, k drei aufeinander folgende Zahlen aus der Reihe

$$1\ 2\ 3\ 1\ 2\,. \tag{79, 60}$$

Nun ist der Drehimpuls $\mathfrak{L}$ in der Punktmechanik als das Vektorprodukt

$$\mathfrak{L} = \mathfrak{r} \times \mathfrak{G} \tag{79, 61}$$

eingeführt worden, wobei

$$\mathfrak{G} = m\mathfrak{v} = m\dot{\mathfrak{r}} \tag{79, 62}$$

der „lineare" Impuls des Massenpunktes m ist. Damit wird

$$\mathfrak{L} = \mathfrak{r} \times m\dot{\mathfrak{r}} = m\mathfrak{r} \times \dot{\mathfrak{r}}\,. \tag{79, 63}$$

Dieses Vektorprodukt ist in Strenge ein schiefsymmetrischer Tensor, dessen Komponenten L_i nach den Ausführungen in Kap. 6

$$L_i = N_{jk} = m(x_j\dot{x}_k - x_k\dot{x}_j) \tag{79, 64}$$

lauten. Hierbei gilt bzgl. der Indizes i, j, k das gleiche, was im Anschluß an (79.59) gesagt wurde.

Überträgt man den in der Punktmechanik gültigen Ausdruck (79, 64) auf einen (nur rotierenden) Starren Körper, so erhält man, weil nun (79, 64) für jedes Massenelement dm des Körpers gilt, für die Komponente L_i seines resultierenden Drehimpulses

$$L_i = N_{jk} = \int (x_j\dot{x}_k - x_k\dot{x}_j)\,dm\,. \tag{79, 65}$$

Da wir uns ausschließlich auf eine Drehbewegung des Starren Körpers beschränken wollen, ist

$$\dot{x}_p = \dot{x}_p^{(r)}, \tag{79, 66}$$

wobei $\dot{x}_p^{(r)}$ eine Komponente der Drehgeschwindigkeit $\mathfrak{v}^{(r)}$ ist. Nach (74, 38) ist

$$\dot{x}_p = \sum_{r=1}^{3} \omega_{pr} x_r = -\sum_{r=1}^{3} \omega_{rp} x_r\,. \tag{79, 67}$$

Geht man damit in (79, 65) ein, so erhält man

$$L_i = N_{jk} = \int \Big(x_j \sum_r \omega_{kr} x_r - x_k \sum_r \omega_{jr} x_r\Big)\,dm \tag{79, 68}$$

$$= \sum_r \Big\{\omega_{kr} \int x_j x_r\,dm - \omega_{jr} \int x_k x_r\,dm\Big\}\,. \tag{79, 69}$$

Wir führen nun die neun Abkürzungen

$$\tilde{J}_{jr} = \int x_j x_r\,dm = \tilde{J}_{rj} \tag{79, 70}$$

ein, die nach den Darlegungen in Kap. 6 offenbar die Komponenten eines symmetrischen Tensors sind. Wir nennen ihn den *Trägheitstensor*, für dessen Komponenten — im Gegensatz zu dem früher definierten Trägheitstensor mit dem Komponenten J_{jr} — nun ein einheitliches Bildungsgesetz vorliegt. Der Unterschied zwischen den Komponenten $\tilde{J}_{jr}$ und J_{jr} läßt sich durch die beiden folgenden Gleichungen ausdrücken. Es ist

$$\tilde{J}_{ii} = \int x_i^2\,dm \neq J_{ii} = \int (x_j^2 + x_k^2)\,dm = \tilde{J}_{jj} + \tilde{J}_{kk} \tag{79, 71}$$

$$\tilde{J}_{jk} = -\int x_j x_k\,dm = -J_{jk}\,. \tag{79, 72}$$

Mit Verwendung der Tensorkomponenten $\tilde{J}_{jr}$ wird aus (79, 69) schließlich

$$L_i = N_{jk} = \sum_r \{\omega_{kr}\tilde{J}_{jr} - \omega_{jr}\tilde{J}_{kr}\} \tag{79, 73}$$

$$= -N_{kj}. \tag{79, 74}$$

Aus diesem Ausdruck ist zu erkennen, daß der Drehimpuls $\mathfrak{L}$ ein antisymmetrischer Tensor ist: in der geschweiften Klammer stehen Ausdrücke, die Produkte zweier Tensorkomponenten zweiter Stufe, also Komponenten eines Tensors vierter Stufe sind. Durch die Summation über einen Index (Verjüngung, Kap. 6) wird die Stufenzahl um 2 verringert, so daß durch (79, 73/74) die Komponenten eines Tensors zweiter Stufe beschrieben werden.

Es ist klar, daß der für L_i neu angegebene Ausdruck (79, 73) mit (79, 26—28) übereinstimmen muß. Dies folgt schon daraus, daß vorstehend lediglich eine andere Schreibweise als früher verwendet wurde. Durch eine solche kann aber ein irgendwie einmal gefundener Ausdruck, auch wenn er durch eine neue Schreibweise eine formal andere Form annimmt, in physikalischer Hinsicht nichts anderes aussagen. Es erübrigt sich demnach im Prinzip ein besonderer Nachweis der Gleichwertigkeit von (79, 73) mit (79, 26—28). Wir wollen ihn aber dennoch erbringen, weil er vielleicht insbesondere für den Anfänger von Nutzen sein kann.

Hierzu schreiben wir die in (79, 73) auftretende Summe aus. Dies ergibt, wenn man beachtet, daß wegen der Antisymmetrie der Komponenten ω_{jk}, d. h. wegen

$$\omega_{ii} = 0 \tag{79, 75}$$

für L_i den Ausdruck

$$L_i = N_{jk} = \omega_{ki}\tilde{J}_{ji} + \omega_{kj}\tilde{J}_{jj} - \omega_{ji}\tilde{J}_{ki} - \omega_{jk}\tilde{J}_{kk} \tag{79, 76}$$

$$= \omega_{jk}(\tilde{J}_{jj} + \tilde{J}_{kk}) + \omega_{ki}\tilde{J}_{ji} + \omega_{ij}\tilde{J}_{ki}. \tag{79, 77}$$

Beachtet man nun weiterhin (79, 71/72) und daß

$$\omega_{jk} = -w_i \tag{79, 78}$$

ist, so geht (79, 77) in

$$L_i = w_i J_{ii} + w_j J_{ij} + w_k J_{ik} \tag{79, 79}$$

oder

$$L_i = \sum_{p=1}^{3} w_p J_{ip} \tag{79, 80}$$

über und das ist genau (79, 26—28). —

Auch die durch eine Rotationsbewegung eines Starren Körpers bedingte kinetische Energie

$$T^{(r)} = \frac{1}{2}\int (\mathfrak{w} \times \mathfrak{r})^2 dm \tag{79, 81}$$

läßt sich durch die Komponenten ω_{ij} und $\tilde{J}_{pq}$ ausdrücken, was wir zum Schluß dieses Kapitels noch zeigen wollen. In (79, 81) ist der Integrand die Rotationsgeschwindigkeit $\mathfrak{v}_r$, so daß man hat:

$$2\,T^{(r)} = \int \mathfrak{v}_r^2 dm. \tag{79, 82}$$

Unterdrücken wir wiederum den Index r (wir betrachten nur eine Drehbewegung), so lautet (79, 82) etwas anders geschrieben:

$$2\,T = \int \sum_i v_i^2 dm = \int \sum_i \dot{x}_i^2 dm. \tag{79, 83}$$

Setzt man hierin $\dot{x}_i$ gemäß (74, 38) ein, so erhält man

$$2T = \int \{\sum_i \sum_m \omega_{im} x_m \sum_n \omega_{in} x_n\} dm \tag{79, 84}$$

$$= \sum_i \sum_m \sum_n \omega_{im}\omega_{in} \int x_m x_n dm . \tag{79, 85}$$

Führt man nun wieder die Komponenten des Trägheitstensors $\{\tilde{J}_{mn}\}$ gemäß (79, 70) ein, so erhält man für die kinetische Energie den Ausdruck

$$T = \frac{1}{2} \sum_i \sum_m \sum_n \omega_{im}\omega_{in} \tilde{J}_{mn} . \tag{79, 86}$$

Auch dieser Ausdruck läßt sich auf die früher angegebene Form (79, 45) zurückführen, indem man die drei Summen ausführlich schreibt und dann geeignet zusammenfaßt. Wir unterlassen es, dieses im einzelnen hier auszuführen, empfehlen jedoch dem Leser, die etwas langwierige, jedoch gänzlich elementare Rechnung als Übung selbst auszuführen.

80. Das Trägheitsmoment und das Poinsotsche Trägheitsellipsoid

In den Darlegungen des Kap. 79 traten die Größen

$$J_{xx} = \int (y^2 + z^2) dm \tag{80, 1}$$

. . . . .

$$J_{xy} = - \int xy dm \tag{80, 2}$$

. . . . .

auf. Sie sind, weil durch sie gemäß (79, 26—28) der Drehimpuls $\mathfrak{L}$ und die Winkelgeschwindigkeit $\mathfrak{w}$ miteinander linear und homogen verknüpft werden, nach den Ausführungen in Kap. 6 die Komponenten eines Tensors, des *Trägheitstensors*,

$$\boldsymbol{I} = (J_{ik}) = \begin{pmatrix} J_{xx}, & J_{xy}, & J_{xz} \\ J_{yx}, & J_{yy}, & J_{yz} \\ J_{zx}, & J_{zy}, & J_{zz} \end{pmatrix} . \tag{80, 3}$$

Seine vorstehend nicht ausführlich angegebenen Komponenten $J_{yy}, \ldots, J_{xz}, \ldots$ erhält man durch zyklische Vertauschung von (80, 1/2). Es ist also

$$J_{yy} = \int (z^2 + x^2) dm \tag{80, 4}$$

$$J_{zz} = \int (x^2 + y^2) dm \tag{80, 5}$$

$$J_{yz} = - \int yz dm \tag{80, 6}$$

. . . . .

Man ersieht hieraus, daß $\boldsymbol{I}$ ein *symmetrischer Tensor* ist, der also nur sechs voneinander unabhängige Komponenten hat.

Man nennt die in der Hauptdiagonale von (80, 3) stehenden Komponenten J_{xx}, J_{yy}, J_{zz} *Trägheitsmomente*, die Komponenten mit gemischten Indizes $J_{xy}, \ldots$ *Deviationsmomente* des Trägheitstensors $\boldsymbol{I}$ in bezug auf die x, y, z-Achse des verwendeten Koordinatensystems.

Da $\boldsymbol{I}$ ein symmetrischer Tensor ist, gelten für ihn die in Kap. 6 bewiesenen Sätze. So gilt insbesondere nach (6, 82), daß sich $\boldsymbol{I}$ auf Hauptachsen transformieren läßt, d. h. es ist stets möglich, ein Koordinatensystem, das Hauptachsensystem, so zu legen, daß der Trägheitstensor $\boldsymbol{I}$ die Form

$$\boldsymbol{I}^{(0)} = \begin{pmatrix} J_1, & 0, & 0 \\ 0, & J_2, & 0 \\ 0, & 0, & J_3 \end{pmatrix} \tag{80, 7}$$

annimmt. Man nennt die drei Achsen des Bezugssystems, in dem $\boldsymbol{I}$ die Form (80, 7) annimmt, *Hauptträgheitsachsen* und J_1, J_2, J_3 die *Hauptträgheitsmomente.*

Nach den Ausführungen in Kap. 6 sind die Achsen des Hauptachsensystems diejenigen, in bezug auf welche J_1, J_2, J_3 Extremwerte annehmen.

Im Hauptachsensystem lauten die Komponenten des Drehimpulses $\mathfrak{L}$ nach (79, 26):

$$L_x = J_1 w_x, \quad L_y = J_2 w_y, \quad L_z = J_3 w_z, \tag{80, 8}$$

während die Rotationsenergie $T^{(r)}$ (79, 45) sich auf

$$T^{(r)} = \frac{1}{2}(J_1 w_x^2 + J_2 w_y^2 + J_3 w_z^2) \tag{80, 9}$$

reduziert.

Wir bemerken noch, daß sowohl für die Trägheitsmomente $J_{xx}, \ldots$ als auch für die Hauptträgheitsmomente $J_1, \ldots$ der Satz gilt, daß die Summe irgend zweier dieser Größen stets größer als die dritte ist. So ist z. B.

$$J_{xx} + J_{yy} > J_{zz} \tag{80, 10}$$

oder

$$J_1 + J_2 > J_3. \tag{80, 11}$$

Der Beweis ergibt sich unmittelbar, indem man in den vorstehenden Gleichungen $J_{xx}, \ldots$ bzw. $J_1 \ldots$ durch die sie definierenden Ausdrücke ersetzt. —

In Kap. 79 wurde der Begriff des Trägheitsmomentes J_A eines Starren Körpers K in bezug auf die Drehachse A durch (79, 56),

$$J_A = \int \bar{r}^2 dm \tag{80, 12}$$

eingeführt, Abb. 79, 1.

Wir wählen nun ein Koordinatensystem $S(\mathfrak{i}, \mathfrak{j}, \mathfrak{k})$ und bezeichnen die Winkel, die die Drehachse A mit den Achsen $\mathfrak{i}, \mathfrak{j}, \mathfrak{k}$ von S einschließt, mit α, β, γ. Anders ausgedrückt: wird die Richtung der Drehachse durch den Einheitsvektor $\mathfrak{e}^0$ beschrieben, so ist

$$\mathfrak{e}^0 = \{\cos\alpha, \cos\beta, \cos\gamma\}, \tag{80, 13}$$

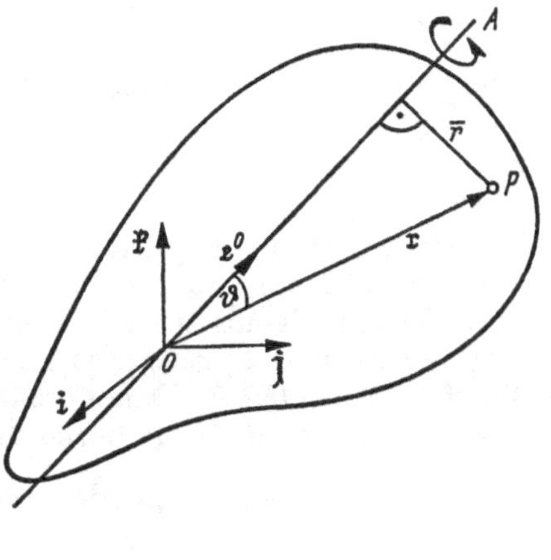

Abb. 80, 1: Zu den Gleichungen (80, 13/14)

Abb. 80, 1. Aus ihr ist zu entnehmen, daß

$$\bar{r} = |\mathfrak{r}| \sin\vartheta \tag{80, 14}$$

ist, wofür auch

$$\bar{r} = |\mathfrak{r} \times \mathfrak{e}^0| \tag{80, 15}$$

geschrieben werden kann. Man hat daher für den Ausdruck (80, 12) des Trägheitsmomentes J_A von K in bezug auf A:

$$J_A = \int (\mathfrak{r} \times \mathfrak{e}^0)^2 dm. \tag{80, 16}$$

Nun ist nach (5, 71):

$$(\mathfrak{r} \times \mathfrak{e}^0)^2 = \begin{vmatrix} \mathfrak{i} & \mathfrak{j} & \mathfrak{k} \\ x & y & z \\ \cos\alpha & \cos\beta & \cos\gamma \end{vmatrix}^2 \tag{80, 17}$$

$$= (y \cos\gamma - z \cos\beta)^2 + (z \cos\alpha - x \cos\gamma)^2 + (x \cos\beta - y \cos\alpha)^2. \tag{80, 18}$$

Geht man damit in (80, 16) ein, so erhält man, unter Beachtung der Definition der Komponenten des Trägheitstensors

$$J_A = J_{xx} \cos^2\alpha + J_{yy} \cos^2\beta + J_{zz} \cos^2\gamma + 2 J_{yz} \cos\beta \cos\gamma + 2 J_{zx} \cos\gamma \cos\alpha + 2 J_{xy} \cos\alpha \cos\beta. \tag{80, 19}$$

Wir bemerken, daß sich die vorstehende Gleichung auch anders gewinnen läßt. Sieht man die Drehachse A als die x'-Achse eines Bezugssystems an und transformiert die auf x' bezügliche Tensorkomponente $J_A = J_{x'x'}$ auf das Koordinatensystem S, so liefert (6, 23a) mit den vorstehend eingeführten Bezeichnungen genau (80, 19).

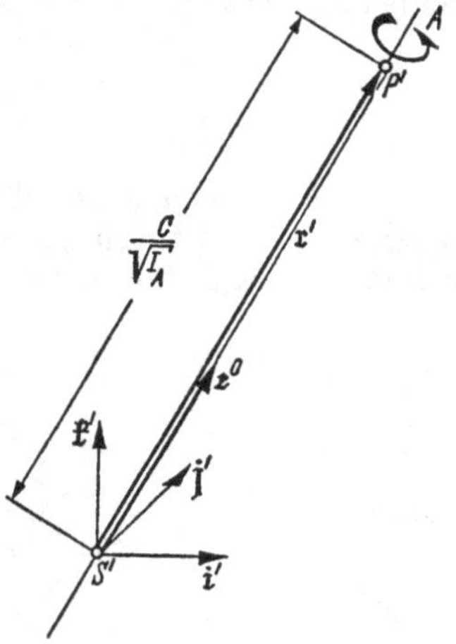

Abb. 80, 2: Zur Konstruktion des Trägheitsellipsoides

Wir haben (80, 19) hergeleitet, weil sich diese Gleichung, wie Poinsot fand, durch Einführung des *Trägheitsellipsoides* anschaulich deuten läßt. Zu seiner Konstruktion denken wir uns speziell in einen Punkt des Starren Körpers das Hauptbezugssystem S' ($\mathfrak{i}'$, $\mathfrak{j}'$, $\mathfrak{k}'$) gelegt, Abb. 80, 2. Dann reduziert sich der Trägheitstensor (80, 3) auf die Form (80, 7). Damit erhält man aus (80, 19) für das Trägheitsmoment J_A in bezug auf eine beliebige durch den Ursprung von S' gehende Drehachse A:

$$J_A = J_1 \cos^2\alpha' + J_2 \cos^2\beta' + J_3 \cos^2\gamma'. \tag{80, 20}$$

Hierbei bedeuten α', β', γ' die Winkel, die A mit den drei Hauptträgheitsachsen $\mathfrak{i}', \mathfrak{j}', \mathfrak{k}'$ einschließen. Wir betrachten nun den Punkt P' auf A, der vom Ursprung von S' die Entfernung

$$r' = \frac{C}{\sqrt{J_A}} \tag{88, 21}$$

hat, wobei C eine Konstante bedeutet. Dann ist der Ortsvektor von P':

$$\mathfrak{r}' = \{x', y', z'\} = \frac{C}{\sqrt{J_A}}\,\mathfrak{e}^0 = \frac{C}{\sqrt{J_A}}\{\cos\alpha', \cos\beta', \cos\gamma'\}. \tag{80, 22}$$

Damit ergibt sich für die Richtungskosinusse von $\mathfrak{e}^0$:

$$\cos\alpha' = \frac{x'}{C}\sqrt{J_A} \tag{80, 23}$$

$$\cos\beta' = \frac{y'}{C}\sqrt{J_A} \tag{80, 24}$$

$$\cos\gamma' = \frac{z'}{C}\sqrt{J_A}. \tag{80, 25}$$

Geht man damit in (80, 20) ein, so erhält man

$$\frac{J_1}{C^2}x'^2 + \frac{J_2}{C^2}y'^2 + \frac{J_3}{C^2}z'^2 = 1. \tag{80, 26}$$

Führt man die vorstehende Überlegung für alle möglichen Richtungen der Drehachse A durch, so erhält man für jede Orientierung die Gleichung (80, 26), d. h. der geometrische Ort des Endpunktes von $\mathfrak{r}'$ ist ein Ellipsoid mit den Halbachsen

$$a = \frac{C}{\sqrt{J_1}}, \qquad b = \frac{C}{\sqrt{J_2}}, \qquad c = \frac{C}{\sqrt{J_3}}. \tag{80, 27}$$

Das ist das Poinsotsche Trägheitsellipsoid in dem betrachteten Punkt (Ursprung von S'), Abb. 80, 3.

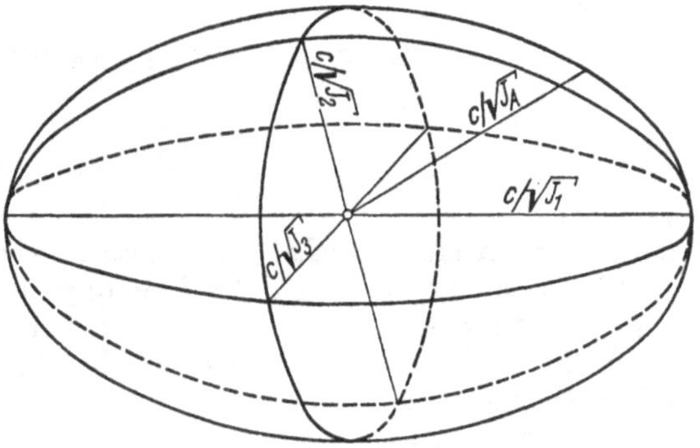

Abb. 80, 3: **Das Trägheitsellipsoid**

Auf diese Weise läßt sich jedem Punkt von K ein Trägheitsellipsoid zuordnen, wenn für ihn die Hauptträgheitsmomente bekannt sind, Abb. 80, 4. Man kann dann das Trägheitsmoment J_A um eine beliebige durch den betreffenden Punkt gehende Achse A finden, da der Betrag von $\mathfrak{r}'$ der Wurzel von J_A umgekehrt proportional ist.

Aus (80, 27) erkennt man, daß das Trägheitsellipsoid ein Rotationsellipsoid ist, wenn zwei Hauptträgheitsmomente gleich groß sind.

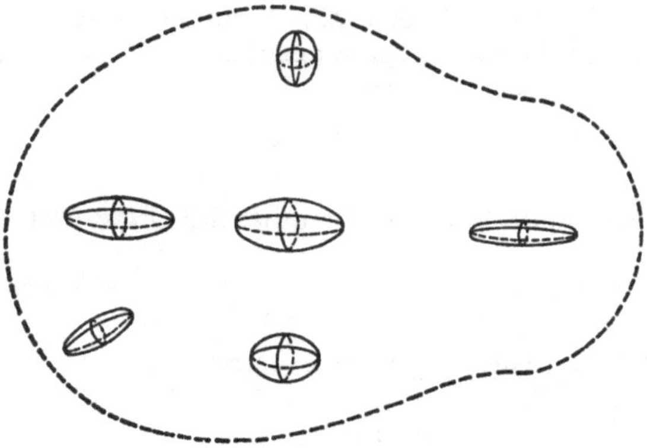

Abb. 80, 4: Das Trägheitsellipsoid in verschiedenen Punkten eines Starren Körpers

Sind alle drei Hauptträgheitsmomente gleich groß, so geht das durch (80, 26) beschriebene Trägheitsellipsoid in die *Trägheitskugel* über. In diesem Fall ist das Trägheitsmoment J_A um jede durch den betrachteten Punkt gehende Achse A gleich groß.

Wir bemerken, daß man im Anschluß an die soeben eingeführten Begriffe eine Einteilung der Kreisel vornimmt, worüber einiges in Kap. 88 gesagt werden wird.

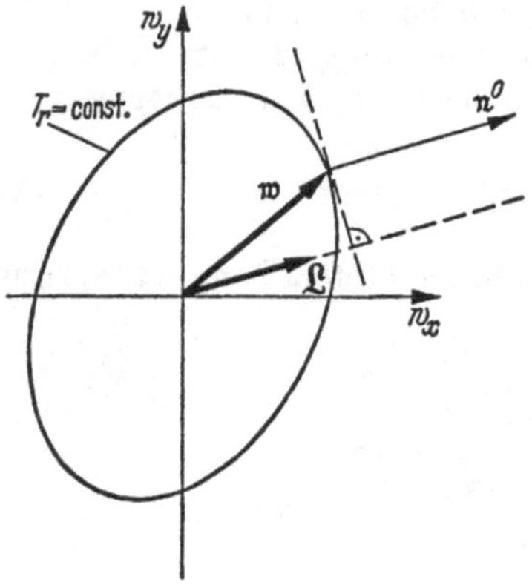

Abb. 80, 5: Spur der Fläche $T^{(r)} = \text{const}$ in der w_x, w_y-Ebene

Abschließend wollen wir noch eine ebenfalls auf Poinsot zurückgehende Konstruktion angeben, aus der man die Richtung des Drehimpulses $\mathfrak{L}$ eines Starren Körpers auf geometrischem Wege findet, wenn man die Richtung der Winkelgeschwindigkeit $\mathfrak{w}$ kennt. Zu diesem Zwecke gehen wir von (79, 45) aus und konstruieren im $\mathfrak{w}$-Raum die Fläche

$$T^{(r)} = \text{const}, \tag{80, 28}$$

Abb. 80, 5. Nach (79, 47) ist

$$\mathfrak{L} = \text{grad}_{\mathfrak{w}}\, T^{(r)}, \tag{80, 29}$$

d. h., $\mathfrak{L}$ hat nach den Ausführungen in Kap. 5 dieselbe Richtung wie die Normale $\mathfrak{n}^0$ der Tangentialebene der Fläche (80, 28) im Endpunkt des Vektors $\mathfrak{w}$. Dies veranschaulicht Abb. 80, 5. Für den Fall, daß $\mathfrak{w}$ in eine der Hauptachsen des Ellipsoides (80, 28) fällt, sind $\mathfrak{w}$ und $\mathfrak{L}$ parallel, wie es nach (80, 8) auch sein muß.

81. Der Satz von Steiner

Das Trägheitsmoment eines Starren Körpers in bezug auf eine Drehachse A_1 ist

$$J_1 = \int \mathfrak{r}_1^2 dm, \tag{81, 1}$$

Abb. 81, 1. Die Drehachse A_1 möge eine zu ihr senkrechte Ebene E im Punkt D_1 durchstoßen. Wir denken uns nun eine zu A_1 parallele zweite Drehachse A_2, die die Ebene E im Punkt D_2 durchstößt.

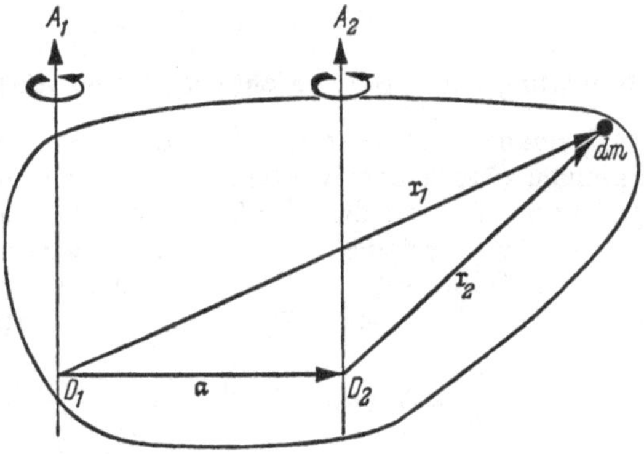

Abb. 81, 1: Zum Satz von Steiner

Aus der Abb. 81, 1 entnimmt man unmittelbar die Beziehung

$$\mathfrak{r}_1 = \mathfrak{a} + \mathfrak{r}_2. \tag{81, 2}$$

Damit geht (81, 1) in

$$J_1 = \int (\mathfrak{a} + \mathfrak{r}_2)^2 dm \tag{81, 3}$$

$$= \int (\mathfrak{a}^2 + 2\mathfrak{a} \cdot \mathfrak{r}_2 + \mathfrak{r}_2^2) dm \tag{81, 4}$$

über. Da $\mathfrak{a}$ ein fester Vektor ist, wird aus der letzten Gleichung

$$J_1 = a^2 \int dm + 2 \int \mathfrak{a} \cdot \mathfrak{r}_2 dm + \int r_2^2 dm \tag{81, 5}$$

$$= a^2 M + 2 \int \mathfrak{a} \cdot \mathfrak{r}_2 dm + J_2. \tag{81, 6}$$

Hierbei bedeutet

$$J_2 = \int \mathfrak{r}_2^2 dm \tag{81, 7}$$

das Trägheitsmoment des Starren Körpers in bezug auf die Drehachse A_2 — Analogon zu (81, 1) —. Es besteht also zwischen den beiden Trägheitsmomenten J_1 und J_2 bzgl. der Achsen A_1 und A_2 die Relation

$$J_1 = J_2 + a^2 M + 2\mathfrak{a} \cdot \int \mathfrak{r}_2 dm. \tag{81, 8}$$

Dieser Ausdruck vereinfacht sich, wenn das in (81, 8) auftretende Integral verschwindet, d. h., wenn

$$\int \mathfrak{r}_2 dm = \iiint\limits_V \mathfrak{r}_2 \varrho(\mathfrak{r}_2) d\tau = 0 \tag{81, 9}$$

wird. Dies ist nach (79, 5) stets dann der Fall, wenn der Durchstoßpunkt $D_2 = S$, d. h., wenn die zu A_1 parallele Drehachse A_2 so gewählt ist, daß sie durch den Schwerpunkt S von K geht. Dann wird aus (81, 8) mit einer geringfügigen Bezeichnungsänderung

$$J = J_s + a^2 M. \tag{81, 10}$$

Diese Formel wird als *Satz von* STEINER bezeichnet, der folgendes aussagt: Das Trägheitsmoment J eines Starren Körpers K um eine beliebige Achse A ist gleich dem Trägheitsmoment von K in bezug auf eine zu A parallele, durch den Schwerpunkt S von K gehende Achse, vermehrt um das Trägheitsmoment der in S als Massenpunkt gedachten Gesamtmasse M von K in bezug auf A.

Aus (81, 10) ist zu ersehen, daß das Trägheitsmoment J eines Starren Körpers in bezug auf alle zueinander parallelen Achsen ein Minimum hat, wenn die Achse durch S geht.

82. Bewegung und Gleichgewicht des Starren Körpers

1. **Die Bewegungsgleichungen des Starren Körpers.** Da ein Starrer Körper K als ein den Nebenbedingungen (74, 1) unterworfenes Punktsystem definiert wurde, muß sich die Bewegung von K unter dem Einfluß äußerer Kräfte aus den in dem Abschnitt „Mechanik der Punktsysteme" angegebenen Gesetzen bestimmen lassen. Hierzu knüpfen wir an den Impulssatz (40, 7) und an den Drehimpulssatz (41, 11) an, die unter Beachtung von (79, 11) bzw. (79, 30) wie folgt lauten:

$$\dot{\mathfrak{P}} = \frac{d}{dt}\left\{\mathfrak{u}\, M + M\, \mathfrak{w} \times \mathfrak{x}\right\} = \mathfrak{K} \tag{82, 1}$$

$$\dot{\mathfrak{L}} = \frac{d}{dt}\left(\boldsymbol{I} * \mathfrak{w}\right) = \mathfrak{D}\,. \tag{82, 2}$$

Hierbei bedeutet $\mathfrak{K}$ die Resultierende der auf K einwirkenden äußeren Kräfte und $\mathfrak{D}$ das resultierende äußere Drehmoment. Im allgemeinen werden $\mathfrak{K}$ und $\mathfrak{D}$ von $\mathfrak{u}, \mathfrak{w}, t$ und vielleicht von gewissen Parametern — wie z. B. den Angriffspunkten der Einzelkräfte (Kräftepaar) — abhängig sein.

Die Gleichungen (82, 1/2) sind gekoppelte Differentialgleichungen für $\mathfrak{u}\,(t)$ und $\mathfrak{w}\,(t)$, aus denen diese Größen bestimmt werden können. Da mit ihrer Kenntnis nach den Darlegungen in den Kapiteln 74 und 77 die Bewegung eines Starren Körpers vollständig beschrieben wird, sind (82, 1/2) die *Bewegungsgleichungen eines freien Starren Körpers.*

Natürlich kann man zur Beschreibung der Bewegung eines Starren Körpers anstelle von (82, 1/2) auch die LAGRANGEschen Bewegungsgleichungen (50, 39) verwenden. Auf diese muß man dann zurückgreifen, wenn K nicht mehr frei, sondern Nebenbedingungen unterworfen ist. Ein Beispiel hierfür ist das Physikalische Pendel, das wir in Kap. 87 behandeln werden. —

2. **Die Gleichgewichtsbedingungen für einen Starren Körper** liefert das Prinzip der virtuellen Arbeit. Es lautet, wenn man den Starren Körper wie eingangs als ein den Nebenbedingungen (74, 1) unterworfenes Punktsystem ansieht,

$$\sum_i \mathfrak{K}_i \cdot \delta \mathfrak{r}_i = 0\,. \tag{82, 3}$$

Hierbei ist nach (77, 12) für die virtuelle Verschiebung des i-ten Massenpunktes

$$\delta \mathfrak{r}_i = \delta \mathfrak{r}_0 + \delta \vec{\varphi} \times (\mathfrak{r}_i - \mathfrak{r}_0)\,, \tag{82, 4}$$

wobei die virtuelle Drehung mit $\delta \vec{\varphi}$ bezeichnet wird. Geht man mit (82, 4) in (82, 3) ein, so erhält man

$$\sum_i \mathfrak{K}_i \cdot \{\delta \mathfrak{r}_0 + \delta \vec{\varphi} \times (\mathfrak{r}_i - \mathfrak{r}_0)\} = 0\,, \tag{82, 5}$$

oder durch Anwendung der Rechenregel (5, 74):

$$\sum_i \mathfrak{K}_i \cdot \delta \mathfrak{r}_0 - \sum_i \{\mathfrak{K}_i \times (\mathfrak{r}_i - \mathfrak{r}_0)\} \cdot \delta \vec{\varphi} = 0. \qquad (82, 5a)$$

Da bei einem freien System die Komponenten der virtuellen Translationsverschiebung $\delta \mathfrak{r}_0$ und die der virtuellen Drehung $\delta \vec{\varphi}$ voneinander unabhängig sind, folgt nach der schon mehrfach verwendeten Schlußweise, daß sowohl die Resultierende der äußeren Kräfte

$$\mathfrak{K} = \sum_i \mathfrak{K}_i = 0 \qquad (82, 6)$$

als auch das resultierende äußere Drehmoment

$$\mathfrak{D} = \sum_i \mathfrak{K}_i \times (\mathfrak{r}_i - \mathfrak{r}_0) = 0 \qquad (82, 7)$$

für den Fall des Gleichgewichts verschwinden müssen. Ist der Starre Körper zur Zeit $t = 0$ in Ruhe, so bleibt er in Ruhe, wenn er Kräften unterliegt, die die Bedingungen (82, 6/7) erfüllen. War er jedoch anfangs in Bewegung, so bewegt er sich so weiter, als wenn keine Kräfte auf ihn wirken (s. hierzu Kap. 88).

Daß das Gleichgewicht von K durch die beiden Gleichungen (82, 6/7) bestimmt wird, ersieht man leicht, wenn an K ein *Kräftepaar* $\mathfrak{K}_1$ und $\mathfrak{K}_2 = - \mathfrak{K}_1$ angreift, Abb. 82, 1. In diesem Fall ist zwar (82, 6), jedoch im allgemeinen nicht die Bedingung (82, 7) erfüllt. Es wird daher unter Einwirkung eines Kräftepaares der Starre Körper K zwar keine Translation, wohl aber eine Drehung ausführen.

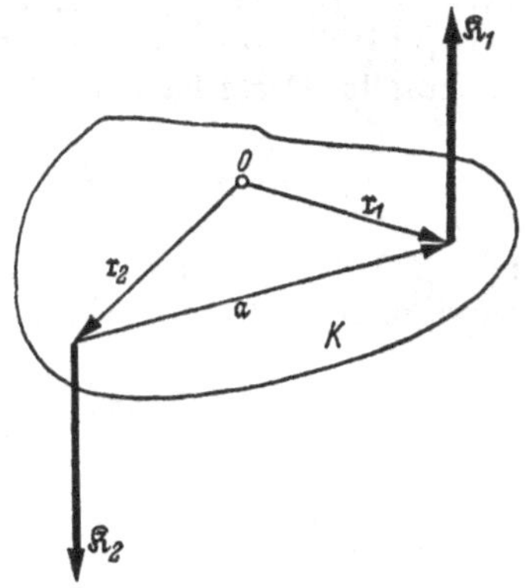

Abb. 82, 1: Das Kräftepaar

Wir machen in diesem Zusammenhang eine ergänzende Bemerkung zu den Ausführungen in Kap. 15 über die Abhängigkeit des Drehmomentes einer Kraft vor der Wahl des Bezugspunktes.

Nach Abb. 82, 1 ist das Drehmoment $\mathfrak{D}$ des Kräftepaares in bezug auf einen beliebigen Ursprung 0:

$$\mathfrak{D} = \mathfrak{r}_1 \times \mathfrak{K}_1 + \mathfrak{r}_2 \times \mathfrak{K}_2 \qquad (82, 8)$$

$$= (\mathfrak{r}_1 - \mathfrak{r}_2) \times \mathfrak{K}_1, \qquad (82, 9)$$

oder mit Bezug auf Abb. 82, 1:

$$\mathfrak{D} = \mathfrak{a} \times \mathfrak{K}_1. \qquad (82, 10)$$

Dieser Ausdruck besagt, daß das Drehmoment $\mathfrak{D}$ eines Kräftepaares $\mathfrak{K}_1$, $\mathfrak{K}_2$, im Gegensatz zum Drehmoment einer Einzelkraft, Kap. 15, unabhängig von der Wahl des Ursprungs 0 ist, sondern nur von $\mathfrak{a}$, d. h. bis auf einen Faktor, vom Abstand a der beiden Punkte P_1 und P_2 abhängt, in denen $\mathfrak{K}_1$ bzw. $\mathfrak{K}_2$ angreifen. —

83. Die Eulerschen Kreiselgleichungen

Wir betrachten einen in einem Punkt 0 festgehaltenen, sich drehenden Starren Körper K (*Kreisel*, s. a. Kap. 88). Da K infolge des Festhaltens in 0 keine Translation ausführt, hat er (höchstens) die drei Freiheitsgrade der Rotation. Die Drehbewegung von K wird durch den Drehimpulssatz

$$\dot{\mathfrak{L}} = \mathfrak{D} \tag{83, 1}$$

beschrieben, wobei $\mathfrak{D}$ das resultierende Drehmoment der äußeren Kräfte in bezug auf 0 ist.

Wir erinnern daran, daß (83, 1) in einem Inertialsystem $S(\mathfrak{i}, \mathfrak{j}, \mathfrak{k})$ gilt, das wir als raumfest ansehen. Bei Verwendung dieses Bezugssystems lautet die x-Komponente von (83, 1) unter Beachtung von (79, 26):

$$\dot{L}_x = \frac{d}{dt}(J_{xx}w_x + J_{xy}w_y + J_{xz}w_z) = D_x. \tag{83, 2}$$

Hierin sind i. allg. nicht nur die Komponenten w_x, w_y, w_z der Winkelgeschwindigkeit $\mathfrak{w}$, sondern auch die Trägheits- und Deviationsmomente $J_{xx}, \ldots$ zeitabhängig. Der auf der linken Seite von (83, 2) stehende Differentialquotient führt daher, wenn die Zeitableitung ausgeführt wird, zu einer im allgemeinen komplizierten Differentialgleichung für w_x, w_y und w_z.

Die Verhältnisse gestalten sich aber einfacher, wenn man neben dem raumfesten Koordinatensystem $S(\mathfrak{i}, \mathfrak{j}, \mathfrak{k})$ noch ein im Kreisel verankertes (d. h. körperfestes) Bezugssystem $S'(\mathfrak{i}', \mathfrak{j}', \mathfrak{k}')$ so einführt, daß es mit dem Hauptträgheitssystem von K bzgl. 0 zusammenfällt. Dann ist nach (80, 8):

$$L_{x'} = J_1 w_{x'}, \qquad L_{y'} = J_2 w_{y'}, \qquad L_{z'} = J_3 w_{z'}. \tag{83, 3}$$

Für die zeitliche Ableitung dieser Größen gilt nun, weil S' sich relativ zu S mit der Winkelgeschwindigkeit $\mathfrak{w}$ dreht, der Ausdruck (23, 35). Es ist also

$$\dot{\mathfrak{L}} = \frac{d\mathfrak{L}}{dt} = \frac{d^*\mathfrak{L}}{dt} + \mathfrak{w} \times \mathfrak{L}. \tag{83, 4}$$

Damit erhält man für die Komponenten der Bewegungsgleichung (83, 1) unter Beachtung von (83, 3):

$$J_1 \frac{d^* w_{x'}}{dt} - (J_2 - J_3) w_{y'} w_{z'} = D_{x'}, \tag{83, 5}$$

woraus sich die beiden anderen Komponenten von (83, 1) durch zyklische Vertauschung ergeben.

Wir wollen an dieser Stelle eine Änderung der Bezeichnungsweise einführen: es werden von jetzt ab alle auf das körperfeste System S' bezogenen Größen *nicht* mehr mit einem Strich versehen, d. h. wir schreiben anstelle von

$$w_{x'} \to w_x \tag{83, 6}$$

$$\ldots$$

und setzen für den auf S' bezogenen Operator

$$\frac{d^*}{dt} \to \frac{d}{dt}, \tag{83, 7}$$

den wir wie bisher durch einen Punkt symbolisieren. Dann lauten die Komponenten der Bewegungsgleichung (83, 1):

$$J_1 \dot{w}_x - (J_2 - J_3)\, w_y w_z = D_x \tag{83, 8}$$

$$J_2 \dot{w}_y - (J_3 - J_1)\, w_z w_x = D_y \tag{83, 9}$$

$$J_3 \dot{w}_z - (J_1 - J_2)\, w_x w_y = D_z. \tag{83, 10}$$

Die Ausdrücke werden als EULER*sche Kreiselgleichungen* bezeichnet. Sie sind ein System von drei miteinander gekoppelten nichtlinearen Differentialgleichungen für die Komponenten w_x, w_y, w_z, bezogen auf das vorstehend eingeführte körperfeste Koordinatensystem.

Wir schreiben (83, 8—10) in einer anderen Form, die auf EULER zurückgeht. Dieser setzt

$$w_x \rightarrow p \tag{83, 11}$$

$$w_y \rightarrow q \tag{83, 12}$$

$$w_z \rightarrow r. \tag{83, 13}$$

Weiterhin bezeichnet EULER die Hauptträgheitsmomente

$$J_1 \text{ mit } A \tag{83, 14}$$

$$J_2 \text{ mit } B \tag{83, 15}$$

$$J_3 \text{ mit } C \tag{83, 16}$$

und schließlich die Komponenten des Drehmomentes

$$D_x \text{ mit } L \tag{83, 17}$$

$$D_y \text{ mit } M \tag{83, 18}$$

$$D_z \text{ mit } N. \tag{83, 19}$$

Mit dieser Bezeichnungsweise gehen (83, 8—10) in

$$A \frac{dp}{dt} - (B - C)\, qr = L \tag{83, 20}$$

$$B \frac{dq}{dt} - (C - A)\, rp = M \tag{83, 21}$$

$$C \frac{dr}{dt} - (A - B)\, pq = N \tag{83, 22}$$

über.

Wir geben diese Gleichung an, weil sie in dieser Form auch heute noch vielfach in der Literatur zur Kreiseltheorie zu finden sind [30], [31].

Wir wollen die vorstehend angegebenen EULERschen Kreiselgleichungen auf einem anderen Wege mit Verwendung der Tensorschreibweise herleiten. Hierzu gehen wir von (79, 65), dem Ausdruck für die Drehimpulskomponente

$$L_i = N_{jk} = \int (x_j \dot{x}_k - x_k \dot{x}_j)\, dm \tag{83, 23}$$

aus. Wir erinnern: i, j, k sind drei aufeinander folgende Zahlen aus der Reihe 1 2 3 1 2, während $\dot{x}_j$ und $\dot{x}_k$ zwei Komponenten der Drehgeschwindigkeit bedeuten.

Bildet man nun gemäß dem Bewegungsgesetz

$$\dot{\mathfrak{L}} = \mathfrak{D} \tag{83, 24}$$

die Zeitableitung von (83, 23), so erhält man

$$\frac{dL_i}{dt} = \frac{dN_{jk}}{dt} = \int (\dot{x}_j\dot{x}_k + x_j\ddot{x}_k - \dot{x}_k\dot{x}_j - x_k\ddot{x}_j)\,dm \tag{83, 25}$$

$$= \int (x_j\ddot{x}_k - x_k\ddot{x}_j)\,dm. \tag{83, 26}$$

Nun gilt nach (74, 38) für die Komponenten der Drehgeschwindigkeit

$$\dot{x}_i = \sum_m \omega_{im} x_m. \tag{83, 27}$$

Differenziert man diesen Ausdruck nach der Zeit, so erhält man

$$\ddot{x}_i = \sum_m \dot{\omega}_{im} x_m + \sum_m \omega_{im}\dot{x}_m, \tag{83, 28}$$

was unter Beachtung von (83, 27) zu

$$\ddot{x}_i = \sum_m \dot{\omega}_{im} x_m + \sum_m \sum_p \omega_{im}\omega_{mp} x_p \tag{83, 29}$$

führt.

Geht man mit diesem Ausdruck in (83, 26) ein, so wird daraus

$$\frac{dL_i}{dt} = \frac{dN_{jk}}{dt} = \int \Big\{\sum_m \dot{\omega}_{km} x_j x_m + \sum_m \sum_p \omega_{km}\omega_{mp} x_j x_p - \sum_m \dot{\omega}_{jm} x_m x_k - \sum_m \sum_p \omega_{jm}\omega_{mp} x_p x_k\Big\}\,dm \tag{83, 30}$$

$$= \sum_m \Big\{\dot{\omega}_{km} \int x_j x_m\,dm - \dot{\omega}_{jm} \int x_m x_k\,dm + \sum_p \Big[\omega_{km}\omega_{mp} \int x_j x_p\,dm - \omega_{jm}\omega_{mp} \int x_p x_k\,dm\Big]\Big\}. \tag{83, 31}$$

Mit Verwendung des in Kap. 79 eingeführten symmetrischen Trägheitstensors mit den Komponenten

$$\tilde{J}_{jp} = \int x_j x_p\,dm = \tilde{J}_{pj} \tag{83, 32}$$

wird aus der vorletzten Gleichung

$$\frac{dL_i}{dt} = \frac{dN_{jk}}{dt} = \sum_m \Big\{\dot{\omega}_{km}\tilde{J}_{jm} - \dot{\omega}_{jm}\tilde{J}_{mk} + \sum_p [\omega_{km}\omega_{mp}\tilde{J}_{jp} - \omega_{jm}\omega_{mp}\tilde{J}_{pk}]\Big\}. \tag{83, 33}$$

Diese Gleichung vereinfacht sich erheblich, wenn man das in dem rotierenden Kreisel verankerte Koordinatensystem, auf das der „Drehimpulssatz" (83, 24) bezogen ist, so wählt, daß die Koordinatenachsen mit den Hauptträgheitsachsen zusammenfallen. Dann ist p. def.

$$\tilde{J}_{jk} = 0 \quad \text{für} \quad j \neq k. \tag{83, 34}$$

Damit reduziert sich (83, 33) auf

$$\frac{dL_i}{dt} = \frac{dN_{jk}}{dt} = \dot{\omega}_{kj}\tilde{J}_{jj} - \dot{\omega}_{jk}\tilde{J}_{kk} + \sum_m \{\omega_{km}\omega_{mj}\tilde{J}_{jj} - \omega_{jm}\omega_{mk}\tilde{J}_{kk}\} \tag{83, 35}$$

$$= \dot{\omega}_{kj}(\tilde{J}_{jj} + \tilde{J}_{kk}) + \sum_m \omega_{km}\omega_{mj}(\tilde{J}_{jj} - \tilde{J}_{kk}). \tag{83, 36}$$

In dem letzten Summenausdruck verschwinden nun wegen der Antisymmetrie der ω_{jk}, d. h. wegen

$$\omega_{mm} = 0\,, \tag{83, 37}$$

alle Ausdrücke, in denen der Summationsindex mit einer der beiden Zahlen k oder j übereinstimmt. Die Summe reduziert sich also auf nur ein Glied, in dem $m = i$ ist. Man hat daher

$$\frac{dL_i}{dt} = \frac{dN_{jk}}{dt} = \dot{\omega}_{kj}(\tilde{J}_{jj} + \tilde{J}_{kk}) + \omega_{ki}\omega_{ij}(\tilde{J}_{jj} - \tilde{J}_{kk}). \qquad (83, 38)$$

Nach (83, 24) ist nun

$$\frac{dL_i}{dt} = D_i \qquad (83, 39)$$

oder, wenn man auch für die Komponenten des Drehmomentes $\mathfrak{D}$ die Doppelindizierung verwendet:

$$D_i = M_{jk}. \qquad (83, 40)$$

Damit nehmen die EULERschen Kreiselgleichungen in der Tensorschreibweise die Form

$$\dot{\omega}_{kj}(\tilde{J}_{jj} + \tilde{J}_{kk}) + \omega_{ki}\omega_{ij}(\tilde{J}_{jj} - \tilde{J}_{kk}) = M_{jk} \qquad (83, 41)$$

an.

84. Das Äquivalente Kräftesystem

Wenn an einem Starren Körper K mehrere Kräfte $\mathfrak{K}_i$, $(i = 1, 2, \ldots, n)$ angreifen, so sagt man, auf K wirkt ein *Kräftesystem.* Es entsteht die Frage, ob man Kräftesysteme auf möglichst einfache Typen zurückführen kann.

Um die vorstehend aufgeworfene Frage zu beantworten, führen wir den Begriff des *Äquivalenten Kräftesystems* ein. Wir verstehen hierunter solche Kräfte, die — auf der rechten Seite der Bewegungsgleichungen für einen Starren Körper

$$\dot{\mathfrak{P}} = \mathfrak{K} = \sum_i \mathfrak{K}_i \qquad (84, 1)$$

$$\dot{\mathfrak{L}} = \mathfrak{D} = \sum_i \mathfrak{D}_i = \sum_i \mathfrak{r}_i \times \mathfrak{K}_i \qquad (84, 2)$$

eingesetzt — dieselbe Bewegung von K hervorrufen, wie die tatsächlich angreifenden Kräfte $\mathfrak{K}_i$. Um Mißverständnisse zu vermeiden, bemerken wir, daß in der letzten Gleichung $\mathfrak{r}_i$ den Ortsvektor des Punktes $P_i(\mathfrak{r}_i)$ bedeutet, in dem die Kraft $\mathfrak{K}_i$ angreift, Abb. 84, 1.

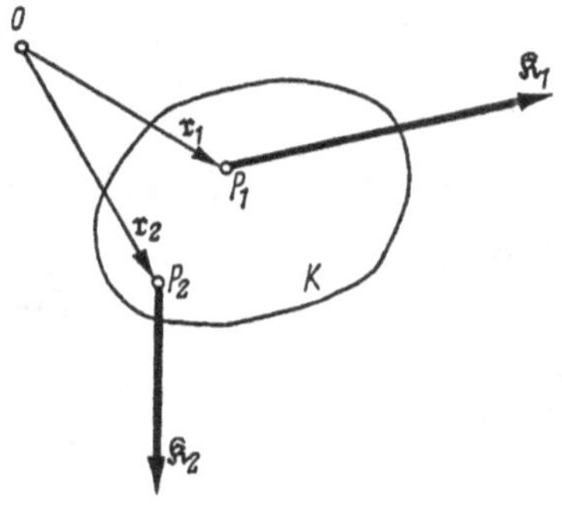

Abb. 84, 1: Beispiel für ein (einfaches) Kräftesystem

Wir wollen untersuchen, ob es möglich ist, die $\mathfrak{K}_i$ durch ein möglichst einfaches Äquivalentes Kräftesystem, d. h. im Sonderfall durch nur eine Äquivalente Kraft $\mathfrak{K}'$ zu ersetzen, die in einem geeignet zu wählenden Punkt $P'(\mathfrak{r}')$ angreift.

Wenn es eine solche dem Kräftesystem $\mathfrak{K}_i$ Äquivalente Kraft $\mathfrak{K}'$ gibt, so muß

$$\mathfrak{K} = \sum_i \mathfrak{K}_i = \mathfrak{K}' \tag{84, 3}$$

$$\mathfrak{D} = \sum_i \mathfrak{r}_i \times \mathfrak{K}_i = \mathfrak{r}' \times \mathfrak{K}' \tag{84, 4}$$

gelten.

Die erste der beiden vorstehenden Gleichungen verlangt, daß die dem Kräftesystem $\mathfrak{K}_i$ Äquivalente Kraft $\mathfrak{K}'$ gleich der Resultante der einzelnen Kräfte $\mathfrak{K}_i$ ist. Diese Forderung läßt sich immer erfüllen. Ob jedoch mit dem durch sie bestimmten $\mathfrak{K}'$ auch (84, 4) erfüllt werden kann, hängt von der Art des Kräftesystems $\mathfrak{K}_i$ ab. Die Bedingung, die dieses zu erfüllen hat, damit auch (84, 4) gilt, ergibt sich, indem man aus dieser Gleichung den Ortsvektor $\mathfrak{r}'$ des Angriffspunktes P' der Äquivalenten Kraft $\mathfrak{K}'$ eliminiert. Man erhält

$$\mathfrak{K}' \cdot \mathfrak{D} = 0 \tag{84, 5}$$

oder unter Beachtung von (84, 3):

$$\mathfrak{K} \cdot \mathfrak{D} = 0. \tag{84, 6}$$

Im Fall der Statik ist diese Bedingung p. def. erfüllt. Im Fall der Dynamik sind jedoch im allgemeinen $\mathfrak{K}$ und $\mathfrak{D}$ von Null verschieden. Dann verlangt (84, 6), daß

$$\mathfrak{K} \perp \mathfrak{D}, \tag{84, 7}$$

damit (84, 4) erfüllt werden kann.

Im allgemeinen wird die Beziehung (84, 7) nicht zutreffen. Sie trifft aber in dem Sonderfall zu, daß alle $\mathfrak{K}_i$ die gleiche Richtung haben, oder, wie man sagt: im Fall paralleler Kräfte. Dann sind nämlich sämtliche

$$\mathfrak{D}_i = \mathfrak{r}_i \times \mathfrak{K}_i \perp \mathfrak{K}_i. \tag{84, 8}$$

Wir wollen für diesen Sonderfall den Ortsvektor $\mathfrak{r}'$ des Angriffspunktes von $\mathfrak{K}'$ bestimmen. Wird die Richtung der $\mathfrak{K}_i$ durch den Einheitsvektor $\mathfrak{e}^0$ beschrieben:

$$\mathfrak{K}_i = K_i \mathfrak{e}^0, \tag{84, 9}$$

so ist

$$\mathfrak{K}' = \sum_i \mathfrak{K}_i = \sum_i K_i \mathfrak{e}^0. \tag{84, 10}$$

Damit erhält man aus (84, 4) für den Ortsvektor $\mathfrak{r}'$ des Angriffspunktes von $\mathfrak{K}'$:

$$\mathfrak{r}' \times \mathfrak{K}' = \mathfrak{r}' \times \sum_i K_i \mathfrak{e}^0 \tag{84, 11}$$

$$= \sum_i \mathfrak{r}_i \times \mathfrak{K}_i \tag{84, 12}$$

$$= \sum_i \mathfrak{r}_i \times K_i \mathfrak{e}^0 \tag{84, 13}$$

oder

$$\left(\mathfrak{r}' \sum_i K_i - \sum_i \mathfrak{r}_i K_i\right) \times \mathfrak{e}^0 = 0. \tag{84, 14}$$

Setzt man

$$\sum_i K_i \neq 0 \tag{84, 15}$$

voraus, so läßt sich (84, 14) durch

$$\mathfrak{r}' = \frac{\sum \mathfrak{r}_i K_i}{\sum K_i} \tag{84, 16}$$

erfüllen.

Die Gleichung (84, 14) wird aber auch erfüllt, wenn der durch die runde Klammer erklärte Vektor parallel zu $\mathfrak{e}^0$ ist:

$$\mathfrak{r}' \sum K_i - \sum \mathfrak{r}_i K_i = C\mathfrak{e}^0, \tag{84, 17}$$

wobei C eine skalare Konstante ist. Hieraus ergibt sich

$$\mathfrak{r}' = \frac{\sum_i \mathfrak{r}_i K_i}{\sum_i K_i} + \frac{C\mathfrak{e}^0}{\sum_i K_i}. \tag{84, 18}$$

Dies ist in Übereinstimmung mit den Darlegungen in Kap. 15, wo gezeigt wurde, daß sich das Drehmoment in bezug auf einen Punkt 0 nicht ändert, wenn man zu einem anderen Bezugspunkt 0′ übergeht, der auf einer Geraden parallel zu $\mathfrak{e}^0$ liegt.

Das wohl bekannteste Beispiel für parallele Kräfte ist die Schwerkraft. Dann gilt, wenn man sich den Starren Körper der Einfachheit halber als ein diskretes, aus den Massenpunkten m_i bestehendes Punktsystem vorstellt,

$$\mathfrak{K}_i = m_i \mathfrak{g} = m_i g \mathfrak{g}^0. \tag{84, 19}$$

Damit wird aus (84, 16):

$$\mathfrak{r}' = \frac{\sum m_i \mathfrak{r}_i}{\sum m_i} \tag{84, 20}$$

und das heißt, daß die Äquivalente Kraft im Massenmittelpunkt S von K angreift. Dies ist der Grund dafür, daß S überwiegend als Schwerpunkt bezeichnet wird.

Wir wollen abschließend betonen, daß sich ein Kräftesystem nicht immer durch nur *eine* Äquivalente Kraft ersetzen läßt. Dies ist dann nicht möglich, wenn die Bedingung (84, 15) nicht erfüllt ist, d. h. wenn

$$\sum_i \mathfrak{K}_i = 0 \tag{84, 21}$$

ist. Das einfachste Beispiel hierfür ist das Kräftepaar, Abb. 82, 1. Für dieses ist die Resultierende

$$\mathfrak{K}' = \mathfrak{K}_1 + \mathfrak{K}_2 = 0, \tag{84, 22}$$

während nach (82, 10) das Drehmoment der Äquivalenten Kraft

$$\mathfrak{D} = \mathfrak{r}' \times \mathfrak{K}' \neq 0 \tag{84, 23}$$

sein muß.

Die beiden letzten Ausdrücke sind nicht miteinander vereinbar, womit die Behauptung, daß ein Kräftepaar sich nicht durch eine Äquivalente Kraft ersetzen läßt, bewiesen ist.

85. Der Satz vom kleinsten Drehmoment

In Kap. 15 wurde gezeigt, daß Richtung und Betrag des Drehmomentes $\mathfrak{D}$ einer Kraft $\mathfrak{K}$ im allgemeinen bei einem Wechsel des Bezugspunktes geändert wird. Nach (15, 24) gilt, wenn man von dem ursprünglichen Bezugspunkt 0 zu dem neuen Bezugspunkt 0′ übergeht, zwischen den beiden auf 0 und 0′ bezogenen Drehmomenten $\mathfrak{D}$ und $\mathfrak{D}'$ die Beziehung

$$\mathfrak{D}' = \mathfrak{D} - \mathfrak{a} \times \mathfrak{K}, \tag{85, 1}$$

wobei $\mathfrak{a}$ der Ortsvektor von 0′ bzgl. 0 ist, Abb. 15, 2.

Liegt nicht eine Einzelkraft $\mathfrak{K}$, sondern ein Kräftesystem $\mathfrak{K}_i$ vor, so gilt in Erweiterung von (85, 1) die Gleichung

$$\mathfrak{D}' = \mathfrak{D} - \sum_i \mathfrak{a} \times \mathfrak{K}_i \tag{85, 2}$$

$$= \sum_i \mathfrak{r}_i \times \mathfrak{K}_i - \mathfrak{a} \times \sum_i \mathfrak{K}_i. \tag{85, 3}$$

Wir stellen nun die Frage, wie man $\mathfrak{a}$ zu wählen hat, damit der Betrag $|\mathfrak{D}'|$ ein Minimum wird. In diesem Fall ist auch $\mathfrak{D}'^2$ ein Minimum. Man erhält $\mathfrak{D}'^2$ aus (85, 3) durch skalare Multiplikation mit $\mathfrak{D}'$. Dies liefert

$$\mathfrak{D}'^2 = \mathfrak{D}' \cdot \sum_i \mathfrak{r}_i \times \mathfrak{K}_i - \mathfrak{D}' \cdot (\mathfrak{a} \times \sum_i \mathfrak{K}_i) \tag{85, 4}$$

oder unter Beachtung von (5, 74):

$$\mathfrak{D}'^2 = \mathfrak{D}' \cdot \sum_i \mathfrak{r}_i \times \mathfrak{K}_i + \mathfrak{a} \cdot \sum_i \mathfrak{D}' \times \mathfrak{K}_i. \tag{85, 5}$$

Ändert man nun

$$\mathfrak{a} \to \mathfrak{a} + d\mathfrak{a} \tag{85, 6}$$

ab, so werden sich auch $\mathfrak{D}'$ bzw. $\mathfrak{D}'^2$ ändern, d. h. es wird

$$\mathfrak{D}' \to \mathfrak{D}' + d\mathfrak{D}' \tag{85, 7}$$

bzw.

$$\mathfrak{D}'^2 \to \mathfrak{D}'^2 + d\mathfrak{D}'^2 = \mathfrak{D}'^2 + 2\mathfrak{D} \cdot{}' d\, \mathfrak{D}' \tag{85, 8}$$

übergehen.

Man erhält dann aus (85, 5):

$$\mathfrak{D}'^2 + 2\mathfrak{D}' \cdot d\mathfrak{D}' = (\mathfrak{D}' + d\mathfrak{D}') \cdot \sum_i \mathfrak{r}_i \times \mathfrak{K}_i + (\mathfrak{a} + d\mathfrak{a}) \cdot \sum_i (\mathfrak{D}' + d\mathfrak{D}') \times \mathfrak{K}_i. \tag{85, 9}$$

Subtrahiert man hiervon (85, 5), so verbleibt

$$2\mathfrak{D}' \cdot d\mathfrak{D}' = d\mathfrak{D}' \cdot \sum_i \mathfrak{r}_i \times \mathfrak{K}_i + \mathfrak{a} \cdot d\mathfrak{D}' \times \sum_i \mathfrak{K}_i + d\mathfrak{a} \cdot \Big(\mathfrak{D}' + d\mathfrak{D}' \times \sum_i \mathfrak{K}_i\Big) \tag{85, 10}$$

oder anders geordnet

$$d\mathfrak{D}' \cdot \Big\{2\mathfrak{D}' - \sum_i \mathfrak{r}_i \times \mathfrak{K}_i + \mathfrak{a} \times \sum_i \mathfrak{K}_i\Big\} = d\mathfrak{a} \cdot \Big(\mathfrak{D}' \times \sum_i \mathfrak{K}_i\Big). \tag{85, 11}$$

Hierbei ist ein Glied mit dem Faktor $d\mathfrak{a} \cdot d\mathfrak{D}'$ als klein von 2. Ordnung unterdrückt worden.

Soll nun $|\mathfrak{D}'|$ ein Minimum werden — wir schreiben dann $\mathfrak{D}_m$ — so muß nach den Regeln der Differentialrechnung $d\mathfrak{D}'$ verschwinden und das ist der Fall, wenn der Faktor von $d\mathfrak{a}$ verschwindet:

$$\mathfrak{D}_m \times \sum_i \mathfrak{K}_i = \mathfrak{D}_m \times \mathfrak{K} = 0. \tag{85, 12}$$

Dieser Ausdruck besagt, daß die Richtung des Drehmomentes $\mathfrak{D}_m$ des Kräftesystems $\mathfrak{K}_i$ der Richtung der Resultierenden

$$\mathfrak{K} = \sum_i \mathfrak{K}_i \tag{85, 13}$$

des Kräftesystems parallel oder antiparallel ist, sofern $\mathfrak{K} \neq 0$ ist, was vorausgesetzt werde.

Um den Betrag von $\mathfrak{D}_m$ zu finden, multiplizieren wir (85, 1) skalar mit der Resultierenden (85, 13). Dies ergibt

$$\mathfrak{K} \cdot \mathfrak{D}' = \mathfrak{K} \cdot \mathfrak{D} - \mathfrak{K} \cdot (\mathfrak{a} \times \mathfrak{K}) \tag{85, 14}$$

$$= \mathfrak{K} \cdot \mathfrak{D}. \tag{85, 15}$$

Setzt man hierin für

$$\mathfrak{D}' = \mathfrak{D}_m, \tag{85, 16}$$

so wird

$$\mathfrak{K} \cdot \mathfrak{D}_m = \mathfrak{K} \cdot \mathfrak{D}. \tag{85, 17}$$

Wegen (85, 12) ist

$$\mathfrak{D}_m^0 \cdot \mathfrak{K}^0 = \pm 1. \tag{85, 18}$$

Damit folgt aus (85, 17):

$$|\mathfrak{D}_m| = \pm \mathfrak{D} \cdot \mathfrak{K}^0 = |\mathfrak{D} \cdot \mathfrak{K}^0|. \tag{85, 19}$$

Diese Formel besagt folgendes: Greift an einem Starren Körper ein Kräftesystem $\mathfrak{K}_i$ mit der Resultierenden $\mathfrak{K}$ und dem resultierenden Drehmoment $\mathfrak{D}$ in bezug auf einen beliebig gewählten Ursprung 0 an, so ist der Betrag des Drehmomentes $\mathfrak{D}_m$ dieses Kräftesystem geometrisch durch die Projektion von $\mathfrak{D}$ auf $\mathfrak{K}^0$ gegeben, also $|\mathfrak{D}_m| \leqq |\mathfrak{D}|$, d. h. $|\mathfrak{D}_m|$ ist ein Minimum.

Um schließlich noch den Angriffspunkt $P(\mathfrak{a}_m)$ von $\mathfrak{K}$ zu finden, in bezug auf den das Drehmoment von $\mathfrak{K}$ ein Minimum wird, multiplizieren wir (85, 1), in welcher Gleichung nun $\mathfrak{D}'$ durch

$\mathfrak{D}_m$ zu ersetzen ist, vektoriell mit $\mathfrak{K}$. Dies ergibt

$$\mathfrak{D}_m \times \mathfrak{K} = \mathfrak{D} \times \mathfrak{K} - (\mathfrak{a}_m \times \mathfrak{K}) \times \mathfrak{K}. \tag{85, 20}$$

Wegen (85, 12) verschwindet dieser Ausdruck, womit

$$(\mathfrak{a}_m \times \mathfrak{K}) \times \mathfrak{K} = \mathfrak{D} \times \mathfrak{K} \tag{85, 21}$$

oder unter Beachtung von (5, 72):

$$\mathfrak{a}_m \cdot \mathfrak{K}^2 - \mathfrak{K}(\mathfrak{a}_m \cdot \mathfrak{K}) = \mathfrak{K} \times \mathfrak{D} \tag{85, 22}$$

folgt. Hieraus ergibt sich

$$\mathfrak{a}_m = \frac{\mathfrak{K} \times \mathfrak{D}}{\mathfrak{K}^2} + \frac{\mathfrak{K}(\mathfrak{a}_m \cdot \mathfrak{K})}{\mathfrak{K}^2} \tag{85, 23}$$

$$= \frac{\mathfrak{K}^0 \times \mathfrak{D}}{|\mathfrak{K}|} + \mathfrak{K}^0(\mathfrak{a}_m \cdot \mathfrak{K}^0). \tag{85, 24}$$

Nun kann man nach den Ausführungen des Kap. 15 den Angriffspunkt P von $\mathfrak{K}$ in deren Richtung verschieben, ohne daß dadurch das Drehmoment $\mathfrak{D}$ von $\mathfrak{K}$ geändert wird. Anders ausgedrückt: man kann zu dem Ortsvektor $\mathfrak{a}_m$ des Angriffspunktes von $\mathfrak{K}$ einen zu $\mathfrak{K}$ parallelen Vektor addieren, ohne daß sich $\mathfrak{D}$ ändert.

Fügt man daher in (85, 24) den Vektor

$$\tilde{\mathfrak{a}} = -\mathfrak{K}^0(\mathfrak{a}_m \cdot \mathfrak{K}^0) \tag{85, 25}$$

hinzu, so vereinfacht sich (85, 24) zu

$$\mathfrak{a}_m - \tilde{\mathfrak{a}} = \bar{\mathfrak{a}}_m = \frac{\mathfrak{K}^0 \times \mathfrak{D}}{|\mathfrak{K}|}. \tag{85, 26}$$

Man hat also das Ergebnis: Wenn ein Kräftesystem $\mathfrak{K}_i$ durch seine Resultante $\mathfrak{K}$ ersetzt wird, so nimmt deren Drehmoment ein Minimum an, wenn $\mathfrak{K}$ in dem Punkt $P(\bar{\mathfrak{a}}_m)$ angreift, dessen Ortsvektor $\bar{\mathfrak{a}}_m$ in bezug auf einen beliebigen Ursprung 0 durch (85, 26) gegeben ist.

III. Anwendungen und Beispiele

86. Rollen eines axialsymmetrischen Körpers auf einer Schiefen Ebene

Wir wollen als erstes Beispiel der Bewegung eines Starren Körpers K das Rollen eines Zylinders oder einer Kugel längs einer Schiefen Ebene (ohne Gleiten und ohne Reibung) betrachten. Der Körper dreht sich bei dieser Bewegung um die durch seinen Schwerpunkt S gehende Achse A. Diese ist zwar körperfest, sie verschiebt sich jedoch in bezug auf ein raumfestes System während der Rollbewegung von K. Die Verschiebung von A ist bei der hier betrachteten Bewegung so, daß die jeweilige Richtung von A stets parallel zu ihrer ursprünglichen Richtung ist. Der Durchstoßpunkt von A mit einer geeignet gewählten Vertikalebene sei S, Abb. 86, 1.

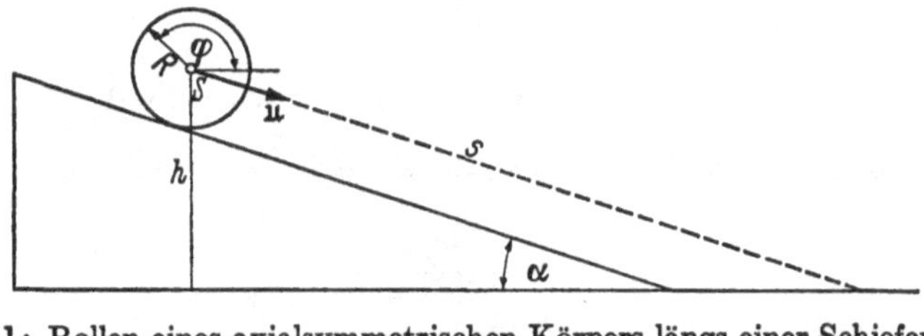

Abb. 86, 1: Rollen eines axialsymmetrischen Körpers längs einer Schiefen Ebene

Die Bewegungsgleichung des rollenden Zylinders oder der Kugel ergeben sich aus den LAGRANGEschen Gleichungen. Hierzu benötigt man die LAGRANGE-Funktion

$$L = T - V \tag{86, 1}$$

des auf der Schiefen Ebene abrollenden Körpers.

Die kinetische Energie T von K ist nach (79, 42) in Verbindung mit (79, 55):

$$T = \frac{M}{2}\,\mathfrak{u}^2 + \frac{J}{2}\,\mathfrak{w}^2, \tag{86, 2}$$

wobei M die Gesamtmasse von K, J sein Trägheitsmoment in bezug auf die Drehachse, $\mathfrak{w}$ seine Winkelgeschwindigkeit und $\mathfrak{u}$ die Schwerpunktsgeschwindigkeit bedeuten, Abb. 86, 1.

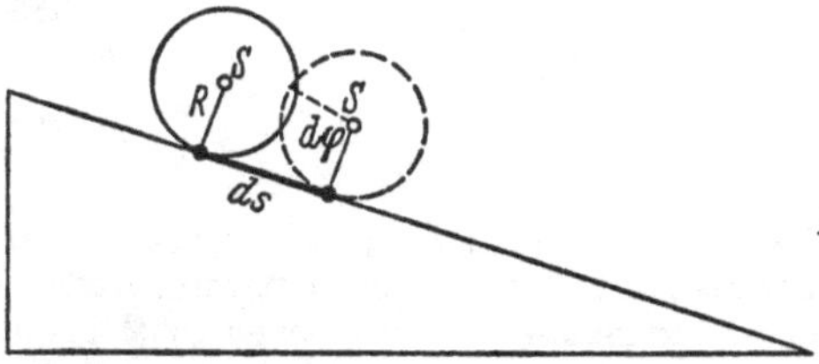

Abb. 86, 2: Zur Rollbedingung (85, 3/4)

Nun besteht zwischen $|\mathfrak{u}|$ und $|\mathfrak{w}| = \dot{\varphi}$ eine Beziehung, die durch die Bedingung gegeben ist, daß K nur rollen soll. Diese Forderung verlangt, daß das Wegelement ds gleich dem abgerollten Teil des Umfanges von K zwischen Anfangs- und Endpunkt von ds ist, Abb. 86, 2, d. h.

$$ds = R d\varphi \tag{86, 3}$$

oder

$$|\mathfrak{u}| = \frac{ds}{dt} = R\frac{d\varphi}{dt} = R\,|\mathfrak{w}|. \tag{86, 4}$$

Geht man damit in (86, 2) ein, so erhält man für die kinetische Energie

$$T = \frac{1}{2}(M + J/R^2)\,\dot{s}^2. \tag{86, 5}$$

Für die potentielle Energie V von K hat man, wenn man sich die Gesamtmasse M von K in seinem Schwerpunkt S als Massenpunkt vereinigt denkt, bei geeigneter Normierung

$$V = Mgh \tag{86, 6}$$

$$= Mgs\sin\alpha. \tag{86, 7}$$

Mit diesem Ausdruck in Verbindung mit (86, 5) wird die LAGRANGE-Funktion

$$L = L(s, \dot{s}) = \frac{1}{2}(M + J/R^2)\,\dot{s}^2 - mgs\sin\alpha. \tag{86, 8}$$

Hieraus erhält man als Bewegungsgleichung für K:

$$\frac{d}{dt}\frac{\partial L}{\partial \dot{s}} - \frac{\partial L}{\partial s} = \frac{d}{dt}(M + J^2/R)\,\dot{s} + Mg\sin\alpha \tag{86, 9}$$

$$= (M + J/R^2)\,\ddot{s} + Mg\sin\alpha = 0. \tag{86, 10}$$

Dieser Ausdruck besagt, daß die Rollbewegung von K auf der Schiefen Ebene mit der Beschleunigung

$$\ddot{s} = -\frac{Mg\sin\alpha}{M + J/R^2} \tag{86, 11}$$

verläuft.

Andererseits erhält man für die Beschleunigung eines längs der Schiefen Ebene gleitenden Massenpunktes

$$\ddot{s}_{gl} = -g \sin\alpha. \tag{86, 12}$$

Aus den beiden letzten Gleichungen ersieht man, daß durch die Rollbewegung die Beschleunigung im Verhältnis

$$\frac{\ddot{s}_r}{\ddot{s}_{gl}} = \frac{M}{M + J/R^2} \tag{86, 13}$$

verkleinert wird, wobei wir der Deutlichkeit halber die Rollbeschleunigung (86, 11) mit $\ddot{s}_r$ bezeichnet haben. Im übrigen erkennt man aus (86, 13), daß dieser Quotient von dem Trägheitsmoment J, d. h. von der Massenverteilung abhängt. Es werden daher verschieden geformte rotationssymmetrische Körper mit gleichem M verschieden schnell auf der gleichen Schiefen Ebene abrollen.

Wir zeigen dies an drei Beispielen.

1. Der abrollende Körper sei ein homogener Vollzylinder mit dem Radius R, der Höhe H und der konstanten Dichte ϱ. Dann ist sein Trägheitsmoment J in bezug auf die Symmetrieachse p. def.

$$J = \int \bar{r}^2 dm = \varrho \int \bar{r}^2 d\tau. \tag{86, 14}$$

Mit Verwendung von Zylinderkoordinaten wird daraus

$$J = \varrho H \int_0^R \int_0^{2\pi} \bar{r}^3 d\bar{r} d\varphi \tag{86, 15}$$

$$= \frac{\varrho H R^4}{4} \cdot 2\pi = \frac{1}{2} \cdot \pi R^2 H \varrho \cdot R^2 \tag{86, 16}$$

$$= \frac{1}{2} M R^2. \tag{86, 17}$$

Für einen Vollzylinder wird daher

$$\frac{\ddot{s}_r}{\ddot{s}_{gl}} = \frac{2}{3}. \tag{86, 18}$$

2. Der abrollende Körper sei ein Hohlzylinder, den wir als „sehr dünn“ annehmen wollen. Gemeint ist damit, daß sein Innenradius R_0 sich vom Außenradius R nur wenig unterscheiden soll („Ring“). Sein Trägheitsmoment ergibt sich aus (86, 15), indem man diese Gleichung in

$$J = \varrho H \int_{R_0}^R \int_0^{2\pi} \bar{r}^3 dr d\varphi \tag{86, 19}$$

abändert. Führt man die Integration aus, so erhält man nun

$$J = \frac{\varrho H}{4} (R^4 - R_0^4) \cdot 2\pi \tag{86, 20}$$

$$= \frac{1}{2} \cdot \varrho H \pi (R^2 - R_0^2) \cdot (R^2 + R_0^2) \tag{86, 21}$$

$$= \frac{1}{2} M (R^2 + R_0^2) \tag{86, 22}$$

$$\approx M R^2. \tag{86, 23}$$

Daher gilt für den Ring

$$\frac{\ddot{s}_r}{\ddot{s}_{gl}} = \frac{1}{2}. \tag{86, 24}$$

3. Als letztes Beispiel wollen wir den Quotienten (86, 13) für eine homogene Kugel mit dem Radius R bestimmen. Das Trägheitsmoment der Kugel in bezug auf eine durch ihren Schwerpunkt S gehende Achse ist

$$J = \varrho \int \bar{r}^2 d\tau. \tag{86, 25}$$

Beachtet man, daß

$$\bar{r} = r \sin \vartheta \tag{86, 26}$$

ist, so wird mit Verwendung räumlicher Polarkoordinaten

$$J = \varrho \int_0^R \int_0^\pi \int_0^{2\pi} \bar{r}^4 \sin^3 \vartheta \, dr \, d\vartheta \, d\varphi. \tag{86, 27}$$

Die Auswertung dieses dreifachen Integrals ergibt

$$J = \frac{2}{5} \cdot \frac{4}{3} \pi R^3 \varrho \cdot R^2 \tag{86, 28}$$

$$= \frac{2}{5} M R^2. \tag{86, 29}$$

Daher hat man jetzt

$$\frac{\ddot{s}_r}{\ddot{s}_{gl}} = \frac{5}{7}. \tag{86, 30}$$

Wir stellen der Übersicht halber die vorstehend gefundenen Ergebnisse für den Quotienten (86, 13), den wir mit γ bezeichnen wollen, zusammen. Wird eine Masse M homogen und axialsymmetrisch mit dem gleichen Radius R verteilt, so daß der dann entstehende Körper

ein Vollzylinder		$\gamma = \frac{2}{3}$	(86, 31)
ein Ring	ist, so gilt	$\gamma = \frac{1}{2}$.	(86, 32)
eine Kugel		$\gamma = \frac{5}{7}$	(86, 33)

Wir haben diese Zusammenstellung deswegen gemacht, weil sie prüfbare Aussagen enthält. Sie wurden durch das Experiment ausnahmslos bestätigt. Wir bemerken in diesem Zusammenhang, daß durch Rollversuche mit axialsymmetrischen Körpern auf einer Schiefen Ebene auch die Möglichkeit gegeben ist, das Trägheitsmoment dieser Körper experimentell zu bestimmen.

87. Das Physikalische Pendel

In Erweiterung von Kap. 33 wollen wir nun die Bewegung eines *Physikalischen Pendels* behandeln. Man versteht darunter einen Starren Körper K, der sich allein unter dem Einfluß der Erdschwere um eine raum- und körperfeste Achse A (reibungsfrei) bewegt. Wir legen ein rechtwinkliges Koordinatensystem so, daß dessen z-Achse mit der Drehachse zusammenfällt. Dann ergeben sich die in Abb. 87, 1 dargestellten Verhältnisse. Da das Physikalische Pendel ein System

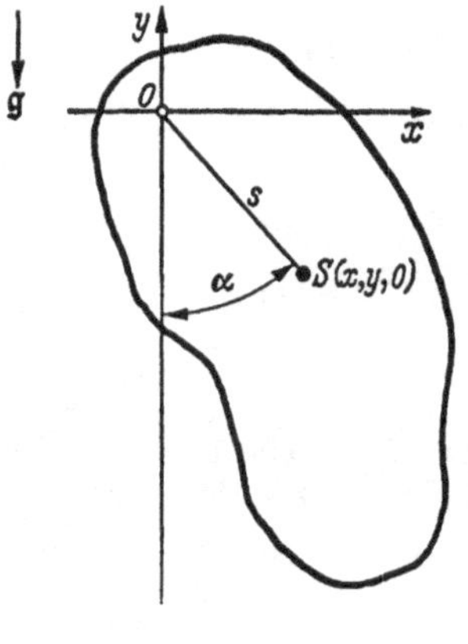

Abb. 87, 1: Physikalisches Pendel

mit nur einem Freiheitsgrad ist, genügt zur eindeutigen Beschreibung seiner Lage eine generalisierte Koordinate. Als diese wählen wir den Winkel α. Die zeitliche Änderung $|\dot{\alpha}|$ gibt den Betrag der Winkelgeschwindigkeit $\mathfrak{w}$ an. Da dieser Vektor p. def. in die Drehachse, d. h. bei unserer Wahl des Bezugssystems die Richtung der z-Achse hat, ist

$$\mathfrak{w} = \{0, 0, w_z = \dot{\alpha}\}. \tag{87, 1}$$

Zur Aufstellung der Bewegungsgleichung des Physikalischen Pendels könnten wir wieder, wie im vorstehenden Paragraphen, die Lagrangeschen Gleichungen heranziehen. Wir wollen aber jetzt den Drehimpulssatz

$$\dot{\mathfrak{L}} = \mathfrak{D} \tag{87, 2}$$

benutzen, um ein Beispiel für dessen Anwendung zu geben.

Der Drehimpuls $\mathfrak{L}$ hat gemäß (79, 26—28) im vorliegenden Fall unter Beachtung von (87, 1) die Komponenten

$$L_x = J_{xz}\dot{\alpha} \tag{87, 3}$$

$$L_y = J_{yz}\dot{\alpha} \tag{87, 4}$$

$$L_z = J_{zz}\dot{\alpha}. \tag{87, 5}$$

Andererseits ist das im Schwerpunkt $S\ (x, y, 0)$ des Pendels angreifende Drehmoment der Schwerkraft

$$\mathfrak{K} = \{0, -mg, 0\} \tag{87, 6}$$

durch

$$\mathfrak{D} = \begin{vmatrix} \mathfrak{i} & \mathfrak{j} & \mathfrak{k} \\ x & y & 0 \\ 0 & -mg & 0 \end{vmatrix} = -xmg\,\mathfrak{k} \tag{87, 7}$$

gegeben. Führt man den Schwerpunktabstand s ein, Abb. 87, 1, so wird

$$\mathfrak{D} = -mgs \sin\alpha\,\mathfrak{k}. \tag{87, 8}$$

Hiermit ergeben sich in Verbindung mit (87, 3—5) aus (87, 2) als Bewegungsgleichung für das Physikalische Pendel

$$\dot{L}_x = J_{xz}\ddot{\alpha} = 0 \tag{87, 9}$$

$$\dot{L}_y = J_{yz}\ddot{\alpha} = 0 \tag{87, 10}$$

$$\dot{L}_z = J_{zz}\ddot{\alpha} = -mgs \sin\alpha. \tag{87, 11}$$

Die beiden ersten der vorstehenden Gleichungen sagen aus, daß L_x und L_y Erhaltungsgrößen sind.

Die letzte Gleichung lautet, wenn man von der Indizierung von J_{zz} absieht und dafür weiterhin J_0 schreibt,

$$\ddot{\alpha} + \frac{mgs}{J_0} \sin\alpha = 0. \tag{87, 12}$$

Dies ist, wie ein Vergleich mit (33, 12) zeigt, genau die Bewegungsgleichung des Mathematischen Pendels, wenn man in ihr $\vartheta = \pi - \alpha$ und

$$\frac{1}{l} = \frac{ms}{J_0} \tag{87, 13}$$

setzt. Es gelten daher die in Kap. 33 gemachten Aussagen für ein Mathematisches Pendel auch für ein Physikalisches Pendel unter Beachtung von (87, 13).

Beschränkt man sich auf kleine Ausschläge des Pendels, d. h. sind die Verhältnisse derart, daß für

$$\sin\alpha \approx \alpha \tag{87, 14}$$

gesetzt werden darf, so erhält man für die Schwingungsdauer $T^{(0)}$ des um die durch 0 gehende Achse schwingenden Physikalischen Pendels aus (33, 18):

$$T^{(0)} = 2\pi \sqrt{\frac{J_0}{mgs}}\,. \tag{87, 15}$$

Dieser Ausdruck läßt sich formal analog zu (33, 18) schreiben, wenn man den Begriff des *Direktionsmomentes*

$$D = mgs \tag{87, 16}$$

einführt. Dann nimmt (87, 15) die Form

$$T^{(0)} = 2\pi \sqrt{\frac{J_0}{D}} \tag{87, 17}$$

an.

Der Vergleich von (87, 15) mit (33, 18) zeigt, daß die Schwingungsdauer T eines Mathematischen Pendels mit der eines Physikalischen Pendels übereinstimmt, wenn dieses die *Reduzierte Pendellänge*

$$l_r^{(0)} = \frac{J_0}{ms} \tag{87, 18}$$

hat.

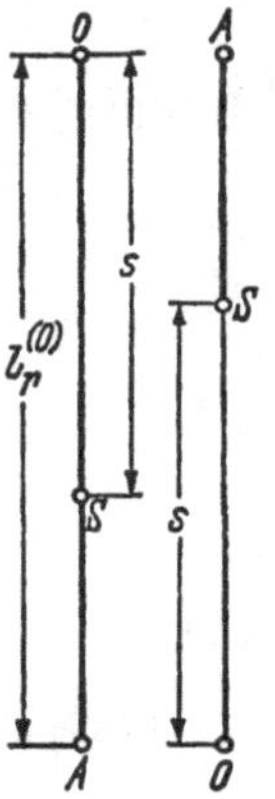

Abb. 87, 2: Zum Reversionspendel

Wir denken uns nun $l_r^{(0)}$ von 0 aus auf der durch den Schwerpunkt S des Pendels gehenden Geraden abgetragen. Dies möge zu dem Punkt A führen, Abb. 87, 2. Wir denken uns weiterhin das Physikalische Pendel so „umgehängt", daß 0 und A ihre Rollen vertauschen, Abb. 87, 2. Für das Physikalische Pendel in dieser Lage ist nun nach (87, 18) die Reduzierte Pendellänge

$$l_r^{(A)} = \frac{J_A}{m\,(l_r^{(0)} - s)}\,. \tag{87, 19}$$

Dafür kann nach dem Satz von Steiner, (81, 10), auch

$$l_r^{(A)} = \frac{J_s + m\,(l_r^{(0)} - s)^2}{m\,(l_r^{(0)} - s)} \tag{87, 20}$$

$$= l_r^{(0)} - s + \frac{J_s}{m\,(l_r^{(0)} - s)} \tag{87, 21}$$

geschrieben werden. Andererseits ergibt sich aus (87, 18) mit Verwendung des Steinerschen Satzes

$$l_r^{(0)} = \frac{J_0}{ms} = \frac{J_s + ms^2}{ms} = s + \frac{J_s}{ms}, \tag{87, 22}$$

woraus

$$l_r^{(0)} - s = \frac{J_s}{ms} \tag{87, 23}$$

folgt. Geht man damit in (87, 21) ein, so wird

$$l_r^{(A)} = \frac{J_s}{ms} + s \qquad (87, 24)$$

und daher wegen (87, 22):

$$l_r^{(A)} = l_r^{(0)}, \qquad (87, 25)$$

in Worten: Vertauscht man den ursprünglichen Aufhängepunkt 0 mit A, so ändert sich die Reduzierte Pendellänge nicht. Damit ergibt sich mit (87, 18) und (87, 15), daß auch die Schwingungsdauern

$$T^{(A)} = T^{(0)} \qquad (87, 26)$$

sind (*Reversionspendel*).

Man kann zeigen, daß es zu jedem Aufhängepunkt 0 nur einen anderen Punkt A gibt für den (87, 26) gilt. Um dieses einzusehen, gehen wir von (87, 22) aus, woraus

$$s^2 - l_r^{(0)} s + \frac{J_s}{m} = 0 \qquad (87, 27)$$

folgt. Diese quadratische Gleichung hat zwei Wurzeln s_1 und s_2, die nach dem Wurzelsatz der Bedingung

$$s_1 + s_2 = l_r^{(0)} \qquad (87, 28)$$

genügen. Nach beliebiger Wahl von 0 ist gemäß der oben eingeführten Bezeichnung

$$s_1 = s. \qquad (87, 29)$$

Damit ergibt sich aus (87, 29):

$$s_2 = l_r^{(0)} - s \qquad (87, 30)$$

und das ist der Schwerpunktabstand von A, wie oben angegeben, Abb. 87, 2.

88. Einiges aus der Kreiseltheorie

1. Definition des Kreisels. Als einen Kreisel bezeichnet man (im weitesten Sinne) jeden Starren Körper K, der eine beliebige Drehbewegung ausführt. So ist etwa die um ihre Achse rotierende Erde ein Kreisel, wie auch ein von einem Baum fallendes, sich in der Luft drehendes Blatt. Durch diese Definition eines Kreisels wird zugelassen, daß die Achse, um die K rotiert, sich beliebig im Raum bewegen darf.

In der *Kreiseltheorie* betrachtet man jedoch fast ausschließlich solche Starren Körper, die eine Drehung um einen raumfesten Punkt ausführen. Wir schließen uns diesem Brauch an und meinen daher weiterhin, wenn wir von einem Kreisel sprechen (Definition im engeren Sinn) einen Starren Körper, der sich um einen festen Punkt dreht.

2. Einteilung der Kreisel. Es seien die Hauptträgheitsmomente einer Kreisels J_1, J_2, J_3. Wählt man die Hauptträgheitsachse $\mathfrak{k}$ als Kreiselachse und ist dann

$$J_1 > J_2 > J_3, \qquad (88, 1)$$

so spricht man von einem unsymmetrischen „verlängerten“ Kreisel.

Ist jedoch

$$J_1 < J_2 < J_3, \qquad (88, 2)$$

so liegt ein unsymmetrischer „abgeplatteter“ Kreisel vor.

Für den Fall, daß

$$J_1 = J_2 > J_3 \qquad (88, 3)$$

ist, hat man einen symmetrischen „verlängerten“ Kreisel, dagegen, wenn

$$J_1 = J_2 < J_3 \qquad (88, 4)$$

ist, einen symmetrischen „abgeplatteten“ Kreisel.

Ein symmetrischer Kreisel ist jeder (homogene) axialsymmetrische Körper, so z. B. ein Gegenstand, der auf einer Drehbank hergestellt wurde (etwa eine Maschinenwelle, ein Schwungrad u. a. m.).

Ist schließlich

$$J_1 = J_2 = J_3, \tag{88, 5}$$

so hat man es mit einem *Kugelkreisel* zu tun.

Aus der vorstehend angegebenen Klassifizierung der Kreisel ersieht man, daß hierbei nicht ihre geometrische Form, sondern allein ihre Hauptträgheitsmomente, d. h. die Massenverteilung, maßgebend sind. So ist es z. B. durchaus möglich, daß ein geometrisch unsymmetrischer Körper ein Kugelkreisel ist.

3. Kräftefreie Bewegung eines Kreisels. Wir wollen einen Kreisel betrachten, der in Rotation versetzt wurde und sich dann selbst überlassen bleibt. Gefragt wird nach dem weiteren Verlauf der Kreiselbewegung, die kräftefrei, d. h. ohne Einfluß von äußeren Kräften verlaufen soll.

Wegen der vorausgesetzten Kräftefreiheit folgt aus den Bewegungsgleichungen (82, 1/2), daß sowohl der Impuls $\mathfrak{P}$ als auch der Drehimpuls $\mathfrak{L}$ des Kreisels Erhaltungsgrößen sind:

$$\mathfrak{P} = \mathfrak{P}_0 = \mathfrak{konst} \tag{88, 6}$$

$$\mathfrak{L} = \mathfrak{L}_0 = \mathfrak{konst}. \tag{88, 7}$$

Aus (88, 6) folgt aufgrund von (39, 8), daß auch die Schwerpunktgeschwindigkeit $\dot{\mathfrak{x}}$ des Kreisels konstant ist:

$$\dot{\mathfrak{x}} = \dot{\mathfrak{x}}_0 = \mathfrak{konst}. \tag{88, 8}$$

Wegen des vorausgesetzten Fehlens äußerer Kräfte liegt ein konstantes Potential V_0 vor, (das man Null setzen kann), so daß auch der „Energiesatz" gilt:

$$T + V_0 = \frac{M}{2}\dot{\mathfrak{x}}^2 + T_r + V_0 = E = \text{const}. \tag{88, 9}$$

Wegen (88, 8) kann dafür unter Beachtung von (80, 9) auch

$$T^{(r)} = \frac{1}{2}(J_1 w_x^2 + J_2 w_y^2 + J_3 w_z^2) = \widetilde{E} \tag{88, 10}$$

geschrieben werden.

Die beiden Erhaltungsaussagen (88, 7) und (88, 10) lassen sich auch unmittelbar aus den EULERschen Kreiselgleichungen (83, 8—10) gewinnen.

Multipliziert man diese mit w_x bzw. w_y, w_z und addiert danach, so erhält man

$$J_1 w_x \dot{w}_x + J_2 w_y \dot{w}_y + J_3 w_z \dot{w}_z = 0 \tag{88, 11}$$

oder

$$\frac{d}{dt}\left\{\frac{1}{2}(J_1 w_x^2 + J_2 w_y^2 + J_3 w_z^2)\right\} = 0. \tag{88, 12}$$

Durch Integration erhält man hieraus genau den Energieerhaltungssatz (88, 10).

Multipliziert man andererseits die EULERschen Kreiselgleichungen (83, 8—10) mit $J_1 w_x$ bzw. $J_2 w_y$, $J_3 w_z$ und addiert danach, so hat man

$$J_1^2 w_x \dot{w}_x + J_2^2 w_y \dot{w}_y + J_3^2 w_z \dot{w}_z^2 = 0 \tag{88, 13}$$

oder

$$\frac{d}{dt}\{J_1^2 w_x^2 + J_2^2 w_y^2 + J_3^2 w_z^2\} = 0. \tag{88, 14}$$

Durch Integration erhält man hieraus

$$J_1^2 w_x^2 + J_2^2 w_y^2 + J_3^2 w_z^2 = \mathfrak{L}_0^2 = \text{const}. \tag{88, 15}$$

Die in (88, 15) auftretende Konstante ist das Quadrat des Drehimpulses $\mathfrak{L}$ des Kreisels.

Die beiden Erhaltungsgrößen (88, 10) und (88, 15) stellen geometrisch veranschaulicht im $\mathfrak{w}$-Raum (d. i. der Raum, in dem die Komponenten w_x, w_y, w_z von $\mathfrak{w}$ die Rolle von kartesischen Koordinaten übernehmen) Ellipsoide dar. Ihre Halbachsen sind

$$a_1 = \sqrt{\frac{2\widetilde{E}}{J_1}}, \qquad b_1 = \sqrt{\frac{2\widetilde{E}}{J_2}}, \qquad c_1 = \sqrt{\frac{2\widetilde{E}}{J_3}} \tag{88, 16}$$

bzw.

$$a_2 = \frac{|\mathfrak{L}_0|}{J_1}, \qquad b_2 = \frac{|\mathfrak{L}_0|}{J_2}, \qquad c_2 = \frac{|\mathfrak{L}_0|}{J_3}. \tag{88, 17}$$

Genügen nun die Trägheitsmomente der Relation

$$J_1 \geqq J_2 \geqq J_3, \tag{88, 18}$$

so ist nach (88, 16/17):

$$a_1 \leqq b_1 \leqq c_1 \tag{88, 19}$$

bzw.

$$a_2 \leqq b_2 \leqq c_2. \tag{88, 20}$$

Die Deutung von (88, 10) und (88, 15) als Ellipsoide im $\mathfrak{w}$-Raum verlangt, daß die die Komponenten w_x, w_y, w_z darstellenden Punkte auf den beiden Ellipsoiden gleichzeitig, d. h. auf ihrer Schnittlinie liegen müssen. Ziehen wir daher vom Ursprung nach einem Punkt der Schnittlinie den Radiusvektor, so stellt dieser der Größe und Richtung nach die Drehgeschwindigkeit $\mathfrak{w}$ dar. Der Endpunkt von $\mathfrak{w}$ bezeichnet man häufig als *Drehpol*. Es ist daher die stets geschlossene Schnittlinie des „$\widetilde{E}$"- bzw. „$\mathfrak{L}_0^2$"-Ellipsoides die Bahn des Drehpols, auf der sich dieser während der Drehung des Kreisels bewegt. Diese Bahn heißt *Polhodiekurve*. Sie bestimmt zusammen mit dem Ursprung den *Polhodiekegel*. Seine Gleichung ergibt sich aus (88, 10) und (88, 15), indem man diese Gleichungen mit L_0^2 bzw. mit $2\widetilde{E}$ multipliziert und danach die eine von der anderen subtrahiert. Dies ergibt

$$w_x^2(J_1\mathfrak{L}_0^2 - 2J_1^2\widetilde{E}) + w_y^2(J_2\mathfrak{L}_0^2 - 2J_2^2\widetilde{E}) + w_z^2(J_3\mathfrak{L}_0^2 - 2J_3^2\widetilde{E}) = 0. \tag{88, 21}$$

Dies ist, wie aus den Regeln der Analytischen Geometrie folgt, die Gleichung eines Kegels, eben des Polhodiekegels. Wir wollen auf weitere Einzelheiten über Kreiselbewegungen hier nicht eingehen, sondern verweisen diesbzgl. auf die einschlägige Literatur, etwa auf [30] oder [31]. Dagegen wollen wir nachstehend den Sonderfall der

4. Kräftefreien Bewegung eines symmetrischen Kreisels behandeln. Ein solcher liegt nach Abschnitt 2 vor, wenn zwei seiner Hauptträgheitsmomente gleich sind, sagen wir etwa

$$J_1 = J_2 \neq J_3. \tag{88, 22}$$

Dann lauten die Eulerschen Kreiselgleichungen (83, 8—10) wegen der vorausgesetzten Kräftefreiheit

$$J_1\dot{w}_x + (J_3 - J_2)w_y w_z = 0 \tag{88, 23}$$

$$J_2\dot{w}_y + (J_1 - J_3)w_z w_x = 0 \tag{88, 24}$$

$$J_3\dot{w}_z = 0. \tag{88, 25}$$

Von diesen liefert die letzte sofort

$$w_z = r_0 = \text{const.} \tag{88, 26}$$

Hierbei haben wir die Konstante, im Anschluß an die Eulersche Bezeichnungsweise, Kap. 83, mit r_0 bezeichnet.

Mit (88, 22) und (88, 26) erhält man für das Quadrat des Drehimpulses (80, 8):

$$\mathfrak{L}^2 = L_x^2 + L_y^2 + L_z^2 = J_1^2(w_x^2 + w_y^2) + J_3^2 r_0^2. \tag{88, 27}$$

Dies ist — gemäß den Voraussetzungen — nach (88, 7) eine Konstante, $\mathfrak{L}_0^2$. Damit wird aus (88, 27):

$$J_1^2(w_x^2 + w_y^2) = \mathfrak{L}_0^2 - J_3^2 r_0^2 = \text{const.} \tag{88, 28}$$

Hieraus folgt, daß

$$w_x^2 + w_y^2 = \text{const} \tag{88, 29}$$

und daher wegen (88, 26) auch

$$\mathfrak{w}^2 = \text{const} \tag{88, 30}$$

ist: der Betrag der Winkelgeschwindigkeit $\mathfrak{w}$ eines kräftefreien Kreisels ist konstant.
Mit (88, 26) vereinfachen sich die Gleichungen (88, 23/24):

$$J_1 \dot{w}_x + (J_3 - J_2) r_0 w_y = 0 \tag{88, 31}$$

$$J_2 \dot{w}_y + (J_1 - J_3) r_0 w_x = 0. \tag{88, 32}$$

Dies sind zwei miteinander gekoppelte lineare Differentialgleichungen für w_x und w_y. Sie sind von der gleichen Form wie die Bewegungsgleichungen des FOUCAULT-Pendels Kap. 36, weswegen wir das dort angegebene Integrationsverfahren auch auf (88, 31/32) anwenden. Hierzu multiplizieren wir (88, 32) mit der imaginären Einheit i und addieren dazu (88, 31).

Dies führt, unter Beachtung von (88, 22) nach elementarer Rechnung zu

$$J_1(\dot{w}_x + i\dot{w}_y) + i r_0 (J_1 - J_3)(w_x + i w_y) = 0. \tag{88, 33}$$

Dieser Ausdruck geht mit Verwendung der Abkürzung

$$\omega = w_x + i w_y \tag{88, 34}$$

in

$$\dot{\omega} = i \frac{J_3 - J_1}{J_1} r_0 \omega = i \Gamma \omega \tag{88, 35}$$

über.

Die Lösung dieser Differentialgleichung, die man durch Trennung der Variablen findet, ist

$$\omega(t) = \omega_0 e^{i\Gamma t}, \tag{88, 36}$$

wobei ω_0 eine Integrationskonstante ist. Sie wird im allgemeinen komplex sein, weshalb wir

$$\omega_0 = \alpha + i\beta \tag{88, 37}$$

setzen. Geht man damit in (88, 36) ein und spaltet dann unter Beachtung von (88, 34) in Real- und Imaginärteil auf, so erhält man

$$w_x = \alpha \cos \Gamma t - \beta \sin \Gamma t \tag{88, 38}$$

$$w_y = \beta \cos \Gamma t + \alpha \sin \Gamma t. \tag{88, 39}$$

Setzt man

$$\alpha = \gamma \sin \Gamma t_0 \tag{88, 40}$$

$$\beta = \gamma \cos \Gamma t_0, \tag{88, 41}$$

so wird

$$w_x = -\gamma \sin \Gamma (t - t_0) \tag{88, 42}$$

$$w_y = +\gamma \cos \Gamma (t - t_0). \tag{88, 43}$$

Die Konstante γ ergibt sich aus (88, 28) zu

$$\gamma = \pm \sqrt{\frac{\mathfrak{L}_0^2 - J_3^2 r_0^2}{J_1^2}}. \tag{88, 44}$$

Wir wollen eine geringfügige Erweiterung der vorstehenden Darlegungen behandeln, die zu einem neuen Begriff führt, der in der Kreiseltheorie als

5. Freie Achsen bezeichnet wird. Hierzu betrachten wir einen unsymmetrischen Kreisel:

$$J_1 \neq J_2 \neq J_3, \tag{88, 45}$$

der sich um die z-Achse „sehr schnell" drehe. Gemeint ist damit, daß die z-Komponente w_z von $\mathfrak{w}$ sehr groß gegenüber w_x und w_y ist:

$$w_z \gg w_x, w_y, \tag{88, 46}$$

und daher Glieder, in denen das Produkt $w_x w_y$ als Faktor auftritt, gegenüber Gliedern, in denen w_z als Faktor auftritt, vernachlässigt werden können. Unter dieser Voraussetzung lauten die EULERschen Kreiselgleichungen (83, 8—10):

$$J_1\dot{w}_x + (J_3 - J_2)\, w_y w_z = 0 \tag{88, 47}$$

$$J_2\dot{w}_y + (J_1 - J_3)\, w_z w_x = 0 \tag{88, 48}$$

$$J_3\dot{w}_z = 0\,. \tag{88, 49}$$

Aus der letzten dieser Gleichungen folgt wie aus (88, 25), daß (in erster Näherung)

$$w_z = \text{const} = r_0 \tag{88, 50}$$

ist.

Führt man nun die Abkürzungen

$$P_1 = \frac{J_3 - J_2}{J_1}\, r_0 \tag{88, 51}$$

$$P_2 = \frac{J_1 - J_3}{J_2}\, r_0 \tag{88, 52}$$

ein, so wird aus (88, 47/48):

$$\dot{w}_x + P_1 w_y = 0 \tag{88, 53}$$

$$\dot{w}_y + P_2 w_x = 0\,. \tag{88, 54}$$

Diese Gleichungen sind vom selben Typ wie die Gleichungen (88, 31/32) und könnten daher nach dem dort angegebenen Verfahren gelöst werden. Wir wollen hier jedoch noch eine andere Möglichkeit zur Lösung von (88, 53/54) angeben. Hierzu differenzieren wir (88, 53) nach t, was

$$\ddot{w}_x + P_1\dot{w}_y = 0 \tag{88, 55}$$

ergibt. Eliminiert man hieraus $\dot{w}_y$ mittels (88, 54), so erhält man für w_x die Differentialgleichung

$$\ddot{w}_x = P_1 P_2 w_x. \tag{88, 56}$$

Ihre Lösung ist

$$w_x = p_0^{(1)} e^{+\sqrt{P_1 P_2}\, t} + p_0^{(2)} e^{-\sqrt{P_1 P_2}\, t}\,, \tag{88, 57}$$

wobei $p_0^{(1)}$ und $p_0^{(2)}$ Integrationskonstanten sind.

Ebenso erhält man für

$$w_y = q_0^{(1)} e^{+\sqrt{P_1 P_2}\, t} + q_0^{(2)} e^{-\sqrt{P_1 P_2}\, t}\,. \tag{88, 58}$$

Die Ausdrücke (88, 57/58) sind „reine“ Exponentialfunktionen, wenn

$$P_1 P_2 > 0 \tag{88, 59}$$

ist, dagegen beschreiben sie periodische Funktionen, wenn

$$P_1 P_2 < 0 \tag{88, 60}$$

ist, weil dann

$$e^{\pm\sqrt{P_1 P_2}\, t} = e^{\pm iQt} \tag{88, 61}$$

$$= \cos Qt \pm i \sin Qt \tag{88, 62}$$

wird.

Die Lösung in Form der Exponentialfunktion (88, 58) ist für unseren Fall nicht brauchbar, weil die Bewegungsgleichungen unter der Bedingung (88, 46) hergeleitet wurden, die stets erfüllt sein soll. Es interessiert daher nur der Fall, daß (88, 60) erfüllt ist. Diese Ungleichung lautet mit (88, 51/52) ausführlich geschrieben

$$\frac{J_3 - J_2}{J_1} \cdot \frac{J_1 - J_3}{J_2}\, r_0^2 < 0. \tag{88, 63}$$

Dies ist dann der Fall, wenn entweder

$$J_3 > \begin{cases} J_1 \\ J_2 \end{cases} \tag{88, 64}$$

oder

$$J_3 < \begin{cases} J_1 \\ J_2 \end{cases} \tag{88, 65}$$

ist. In diesen beiden Fällen ist die z-Achse diejenige Hauptachse, in bezug auf die das Hauptträgheitsmoment J_3 ein Maximum oder ein Minimum hat.

Wenn diese Verhältnisse vorliegen, wird ein rasch rotierender Kreisel in seiner Bewegung durch kleine Störungen nur geringfügig beeinflußt: seine Rotationsachse schwankt periodisch um ihre ursprüngliche Lage. Ein sich so drehender Kreisel K behält also im wesentlichen seine Lage bei. Man sagt hierfür, K drehe sich um eine *Freie Achse.*

6. Summarische Betrachtung der Bewegung eines schweren symmetrischen Kreisels. Die allgemeine Behandlung der Bewegung eines symmetrischen Kreisels unter dem Einfluß von äußeren Kräften, insbesondere der Schwerkraft, („schwerer Kreisel"), würde den Rahmen dieses Buches überschreiten. Der Leser, der sich für diese Fragen interessiert, sei auf die einschlägige Spezialliteratur verwiesen. Wir beschränken uns hier auf eine summarische Betrachtung der dabei auftretenden Verhältnisse.

Wir denken uns einen sich sehr schnell um seine Symmetrieachse drehenden Kreisel. Dann gilt für ihn der Drehimpulssatz

$$d\mathfrak{L} = \mathfrak{D}dt\,. \tag{88, 66}$$

Hierbei ist $d\mathfrak{L}$ die auf ein raumfestes Koordinatensystem mit dem Ursprung 0 bezogene Änderung von $\mathfrak{L}$ während der Zeit dt.

Aus (88, 66) ist zu ersehen, daß $d\mathfrak{L} \parallel \mathfrak{D}$ ist. Man kann daher sagen, daß der Drehimpuls $\mathfrak{L}$ bestrebt ist, sich parallel zur Richtung des Drehmomentes $\mathfrak{D}$ zu stellen. Dieses Verhalten von $\mathfrak{L}$ nennt man *Tendenz zum gleichsinnigen Parallelismus,* Abb. 88, 1.

Mit diesem Begriff läßt sich das scheinbar paradoxe Verhalten eines schnell rotierenden Kreisels gegenüber der Einwirkung äußerer Kräfte erklären.

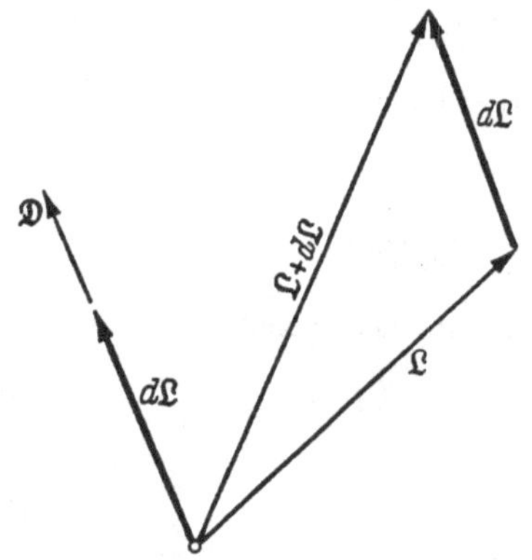

Abb. 88, 1: Zur Erklärung der „Tendenz zum gleichsinnigen Parallelismus"

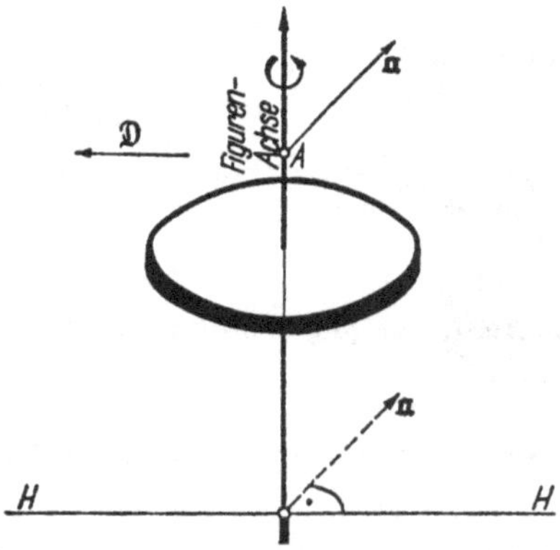

Abb. 88, 2: Auf eine in Richtung von $\mathfrak{a}$ wirkende Störung reagiert ein rotierender Kreisel mit einem Ausweichen in Richtung von $\mathfrak{D}$

Wir geben hierfür ein Beispiel und schließen dazu an Abb. 88, 2 an, aus der die Bedeutung aller Symbole zu entnehmen ist. Drückt man den Kreisel in dem Punkt A seiner Achse um die Horizontale HH nach hinten, d. h. in Richtung des Vektors $\mathfrak{a}$, so wird auf den Kreisel eine Kraft ausgeübt, deren in A angreifendes Drehmoment $\mathfrak{D}$ in die Zeichenebene fällt und nach „links" gerichtet ist. Nach (88, 66) wird sich also die durch den Punkt A gehende Kreiselachse nicht, wie man vermuten würde, nach „hinten" (in bezug auf die Zeichenebene), sondern in Richtung von $\mathfrak{D}$ bewegen.

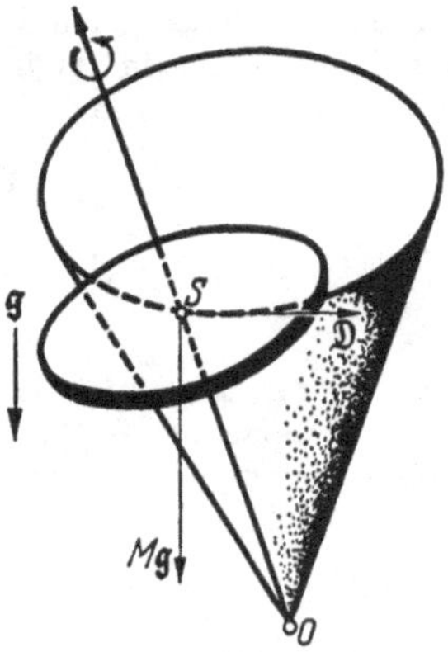

Abb. 88, 3: Rotierender Kreisel im Erdfeld

Auf diese Weise wird auch das Verhalten eines symmetrischen Kreisels im Schwerefeld der Erde verständlich, wenn der Kreisel nicht in seinem Schwerpunkt S, sondern in einem anderen Punkt 0 festgehalten wird, Abb. 88, 3. Das Drehmoment $\mathfrak{D}$ der Schwerkraft $\mathfrak{K} = M\mathfrak{g}$ in bezug auf S ist stets horizontal gerichtet. Dies hat zur Folge, daß der Drehimpulsvektor sich auch in einer Horizontalebene (bei einem symmetrischen Kreisel auf einer Kreisbahn) bewegt.

89. Das Potential einer kontinuierlich verteilten Masse

Aus (68, 10) folgt, daß das Potential V der Gravitationskraft

$$V = -G\,\frac{m_1 m_2}{r_{12}} \tag{89, 1}$$

ist, wobei

$$r_{12} = |\mathfrak{r}_{12}| = |\mathfrak{r}_2 - \mathfrak{r}_1| \tag{89, 2}$$

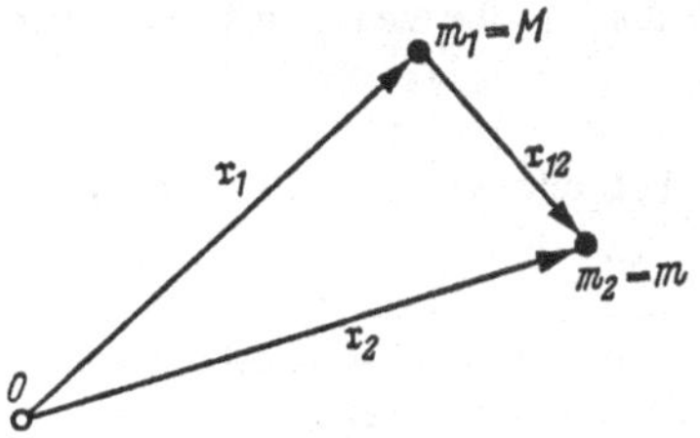

Abb. 89, 1: Zu (89, 2)

bedeutet, Abb. 89, 1, denn aus (89, 1) ergibt sich unmittelbar

$$\mathfrak{K}_{12} = -\operatorname{grad}_{\mathfrak{r}_2} V(r_{12}) \tag{89, 3}$$

$$\mathfrak{K}_{21} = -\operatorname{grad}_{\mathfrak{r}_1} V(r_{12}). \tag{89, 4}$$

Hierbei ist mit $\operatorname{grad}_{\mathfrak{r}_2}$ gemeint, daß nach den durch $\mathfrak{r}_2 = \{x_2, y_2, z_2\}$ angegebenen Koordinaten zu differenzieren ist.

Wir ändern jetzt die Bezeichnungsweise ab und setzen

$$m_1 = M \qquad (\text{„Sonne“}) \tag{89, 5}$$

$$m_2 = m \qquad (\text{„Planet“}). \tag{89, 6}$$

Ferner bezeichnen wir den Ortsvektor des Planeten mit $\mathfrak{r}$. Damit wird aus (89, 1):

$$V = -Gm\,\frac{M}{|\mathfrak{r} - \mathfrak{r}_1|}. \tag{89, 7}$$

Diesen Ausdruck bezeichnet man als das *Gravitationspotential* von M im Punkt $P(\mathfrak{r})$.

Hat man nun nicht nur „eine Sonne", sondern n Massenpunkte M_i, $(i = 1, 2, \ldots, n)$, von denen jeder auf den „Planeten" m die Gravitationskraft (68, 10) ausübt, so ist das Potential des „gravitierenden" Punktsystems

$$V(\mathfrak{r}) = -Gm \sum_{i=1}^{n} \frac{M_i}{\bar{r}_i}, \tag{89, 8}$$

wobei nun

$$\bar{r}_i = |\bar{\mathfrak{r}}_i| = |\mathfrak{r} - \mathfrak{r}_i| \tag{89, 9}$$

den Abstand zwischen M_i und m bedeutet. Man nennt den Raumpunkt $P(\mathfrak{r})$, in dem sich m befindet, den *Aufpunkt*, Abb. 89, 2. Der Ausdruck (89, 8) wird unendlich, wenn der Aufpunkt P mit einem Massenpunkt M_i zusammenfällt, weil dann $\bar{r}_i = 0$ ist.

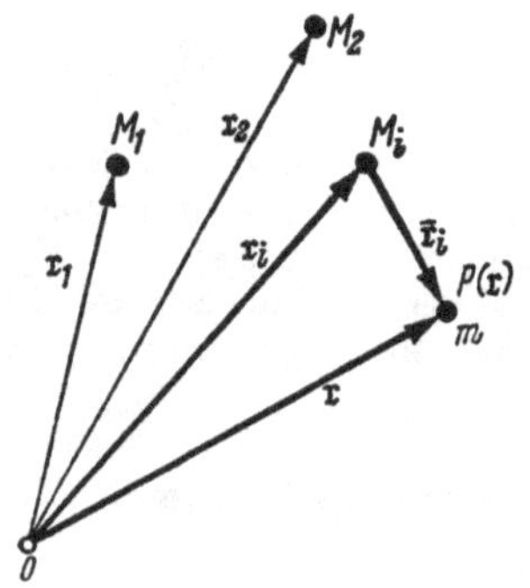

Abb. 89, 2: Zur Erklärung des Aufpunktes $P(\mathfrak{r})$

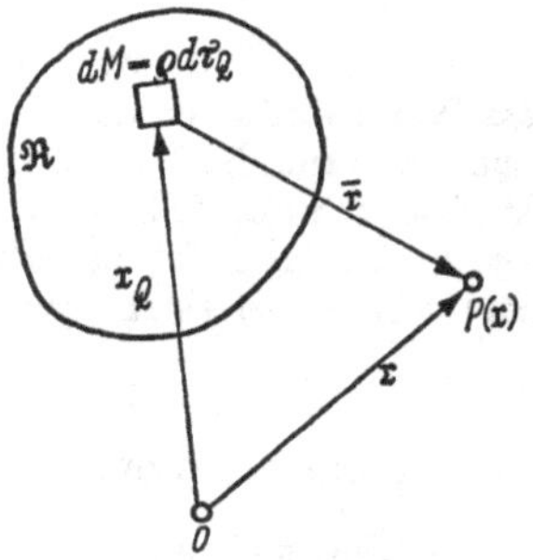

Abb. 89, 3: Zu (89, 11)

Dieses ist dadurch bedingt, daß wir bisher das Modell des Massenpunktes benutzt haben. Tatsächlich füllt jedoch jede auch noch so kleine Masse ein gewisses Raumgebiet $\mathfrak{R}$ aus. In diesem denken wir uns die Masse kontinuierlich verteilt und beschreiben die Massenverteilung in $\mathfrak{R}$ durch die im allgemeinen ortsabhängige *Dichte*

$$\varrho = \varrho(\mathfrak{r}_Q), \tag{89, 10}$$

Abb. 89, 3. Betrachtet man nun ein Volumenelement $d\tau_Q$ von $\mathfrak{R}$, so enthält es das Massenelement

$$dM = \varrho(\mathfrak{r}_Q)\,d\tau_Q. \tag{89, 11}$$

Der Beitrag von dM zum Potential V im Aufpunkt $P(\mathfrak{r})$ ist daher, mit den aus der Abbildung zu entnehmenden Bezeichnungen,

$$dV = -Gm\frac{dM}{\bar{r}} = -Gm\frac{\varrho(\mathfrak{r}_Q)}{|\mathfrak{r} - \mathfrak{r}_Q|}\,d\tau_Q. \tag{89, 12}$$

Das Potential der Gesamtmasse M in $P(\mathfrak{r})$ ist also

$$V(\mathfrak{r}) = -Gm \iiint\limits_{\mathfrak{R}} \frac{\varrho(\mathfrak{r}_Q)}{|\mathfrak{r} - \mathfrak{r}_Q|}\,d\tau_Q. \tag{89, 13}$$

Mit der sinngemäßen Erweiterung (89, 13) des „primitiven" Ausdrucks (89, 8) für das Potential $V(\mathfrak{r})$ einer kontinuierlichen Massenverteilung läßt sich nun leicht zeigen, daß V keineswegs singulär wird, wenn der Aufpunkt $P(\mathfrak{r})$ innerhalb der „gravitierenden" Masse M liegt.

Führt man nämlich Polarkoordinaten $\bar{r}_Q, \vartheta, \varphi$ mit Ursprung in P ein, Abb. 89, 4, so wird

$$d\tau_Q = \bar{r}^2_Q \sin\vartheta\, d\bar{r}_Q\, d\vartheta\, d\varphi. \tag{89, 14}$$

Damit erhält man aus (89, 13):

$$V(P) = -Gm \iiint\limits_{\mathfrak{R}} \varrho(\bar{\mathfrak{r}}_Q)\,\bar{r}^2_Q \sin\vartheta\, d\bar{r}_Q\, d\vartheta\, d\varphi. \tag{89, 15}$$

Hieraus ersieht man, daß das Integral einen endlichen Wert hat und das Potential (89, 13) für „innere" Punkte P sinnvoll ist. —

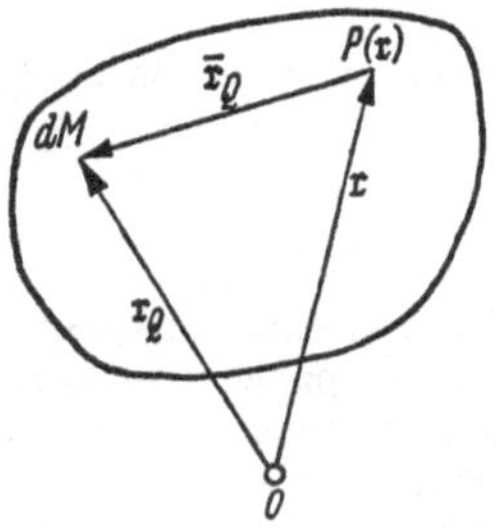

Abb. 89, 4: Der Aufpunkt $P(\mathfrak{r})$ als Ursprung eines neuen Koordinatensystems

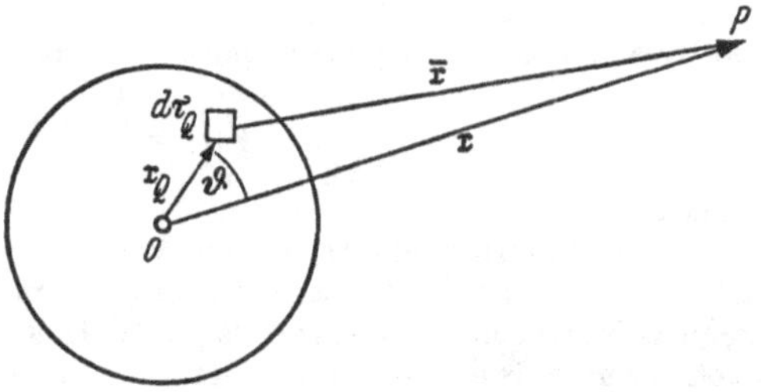

Abb. 89, 5: Zu (89, 16—19)

Als Beispiel für die Bestimmung des Potentials V für eine vorgegebene Massenverteilung wollen wir V für eine homogene ($\varrho = \text{const}$) Vollkugel mit dem Radius R für einen außerhalb der Kugel liegenden Aufpunkt $P(\mathfrak{r})$, d. h. $|\mathfrak{r}| = r > R$, bestimmen. Wählt man als Ursprung 0 den Kugelmittelpunkt, Abb. 89, 5, so ist nach (89, 13) das Potential

$$V = -Gm\varrho \iiint \frac{d\tau_Q}{|\bar{\mathfrak{r}}|}. \tag{89, 16}$$

Für den Nenner kann man mit den in Abb. 89, 5 angegebenen Bezeichnungen

$$|\bar{\mathfrak{r}}| = |\mathfrak{r} - \mathfrak{r}_Q| = \sqrt{(\mathfrak{r} - \mathfrak{r}_Q)^2} \tag{89, 17}$$

$$= +\sqrt{\mathfrak{r}^2 - 2\mathfrak{r}\cdot\mathfrak{r}_Q + \mathfrak{r}_Q^2} \tag{89, 18}$$

$$= +\sqrt{r^2 - 2rr_Q\cos\vartheta + r_Q^2} \tag{89, 19}$$

schreiben.

Da weiterhin bei Verwendung von räumlichen Polarkoordinaten r_Q, ϑ, φ mit 0 als Bezugspunkt das Volumenelement

$$d\tau_Q = r_Q^2 dr_Q \sin\vartheta d\vartheta d\varphi \tag{89, 20}$$

wird, erhält man mit den beiden letzten Ausdrücken aus (89, 16) für das Potential der Kugel

$$V = -Gm\varrho \int_0^R \int_0^\pi \int_0^{2\pi} \frac{r_Q^2 dr_Q \sin\vartheta\, d\vartheta\, d\varphi}{+\sqrt{r^2 - 2rr_Q\cos\vartheta + r_Q^2}}. \tag{89, 21}$$

Die Integrationen nach φ und ϑ lassen sich sofort ausführen und man erhält

$$V = -\frac{Gm\varrho 2\pi}{r} \int_0^R r_Q \left\{\sqrt{r^2 + 2rr_Q + r_Q^2} - \sqrt{r^2 - 2rr_Q + r_Q^2}\right\} dr_Q \tag{89, 22}$$

$$= -\frac{Gm\varrho 2\pi}{r} \int_0^R r_Q\{(r + r_Q) - (r - r_Q)\}\, dr_Q \tag{89, 23}$$

$$= -\frac{Gm\varrho 2\pi}{r} \int_0^R 2r_Q^2 dr_Q \tag{89, 24}$$

$$= -\frac{Gm\varrho 2\pi}{r} \cdot 2\frac{R^3}{3} \tag{89, 25}$$

$$= -\frac{Gm}{r} \cdot \frac{4\pi}{3} R^3 \varrho. \tag{89, 26}$$

Nun ist

$$\frac{4\pi}{3} R^3 \varrho = M \tag{89, 27}$$

die Gesamtmasse der „gravitierenden“ Kugel, so daß man endgültig für deren Potential

$$V(\mathfrak{r}) = -G \frac{mM}{r} = -G \frac{mM}{|\mathfrak{r}|} \tag{89, 28}$$

erhält.

Dieser Ausdruck besagt, wie ein Vergleich mit (89, 1) zeigt, daß eine homogene Kugel von der Gesamtmasse M auf einen außerhalb von ihr liegenden Massenpunkt m ebenso wirkt, wie wenn M im Kugelmittelpunkt 0 als *punkt*förmig konzentriert angenommen wird. Man kann daher auch sagen, daß das Modell des Massenpunktes nicht ganz unreal ist.

Das vorstehend gefundene Ergebnis rechtfertigt nachträglich die Überlegungen in den Kap. 31, 69. Dort setzten wir bei der Berechnung des Einflusses der Erde auf einen an ihrer Oberfläche befindlichen Massenpunktes m voraus, daß die Masse der Erde in ihrem Mittelpunkt konzentriert werden darf. Die Zulässigkeit dieser Voraussetzung ist jetzt bewiesen, sofern man die Erde durch das Modell einer homogenen Kugel ersetzt.

Mechanik Deformierbarer Körper

(Elastomechanik, Hydromechanik)

Mechanik Deformierbarer Körper

(Elastomechanik, Hydromechanik)

I. Einleitung

90. Vorbemerkung

Wir hatten bei der Darlegung der Mechanik zunächst als Modell einen einzelnen Massenpunkt, danach ein Punktsystem und schließlich den Starren Körper zugrunde gelegt. Dieser ist dadurch gekennzeichnet, daß er beim Einwirken irgendwelcher Kräfte weder seine Gestalt noch sein Volumen ändert. Die Vorstellung, daß ein Körper starr sei, ist in der Natur zwar vielfach mit großer Annäherung realisiert, jedoch liegt dieser Grenzfall in Strenge nie vor: in Wirklichkeit erleidet nämlich jeder Körper unter einer Krafteinwirkung eine (mehr oder minder große) Gestalts- und/oder Volumenänderung. Man nennt dieses eine *Deformation* des betrachteten Körpers. Eine solche tritt dann auf, wenn die Bedingung (74, 1) der „Starren Bindung" (für mindestens zwei Punkte des Körpers) nicht mehr erfüllt ist. In diesem Fall sind die Gesetzmäßigkeiten der Stereomechanik durch andere zu ersetzen, die aufzustellen und zu untersuchen die Aufgabe der Mechanik Deformierbarer Körper ist. Mit diesem Fragenkreis werden wir uns nachstehend beschäftigen.

91. Einteilung der Mechanik Deformierbarer Körper

Die Objekte, mit denen es die Mechanik der Deformierbaren Körper zu tun hat, sind alle in der Natur vorkommenden Körper. Diese werden bekanntlich gemäß ihrem Aggregatzustand in drei Klassen eingeteilt.

Wir erinnern: Man spricht

1. von einem *Festen* Körper, wenn der Körper ein bestimmtes Volumen und eine definierte Gestalt besitzt, die beide relativ beständig sind,

2. von einer *Flüssigkeit*, wenn es sich um einen Stoff handelt, dessen Volumen zwar gegenüber äußeren Einwirkungen relativ beständig — im Grenzfall: unveränderlich (inkompressible Flüssigkeit) — ist, der aber keine feste Gestalt hat, sondern stets die Form des Behälters annimmt, in dem sich dieser Stoff befindet,

3. von *Gasen*, wenn es sich um einen Stoff handelt, dessen Volumen unter dem Einfluß äußerer Kräfte stark variabel ist und der ein beliebiges ihm zur Verfügung stehendes Volumen stets ganz ausfüllt.

Durch diese Klassifizierung der in der Natur vorkommenden Körper ergibt sich eine naturgemäße Einteilung der Mechanik Deformierbaren Körper. Sie kann etwa zunächst als Objekt einen Festen Körper betrachten und die Gesetzmäßigkeiten seiner Verformbarkeit untersuchen. Diese Aufgabe obliegt der *Elastomechanik.* Ist jedoch das Objekt der Untersuchung eine Flüssigkeit, so handelt es sich um den Bereich der *Hydromechanik*, während man jenen Teil der Mechanik Deformierbarer Körper als *Aeromechanik* bezeichnet, wenn das betrachtete Objekt ein Gas ist.

Wir werden später sehen, daß sich das mechanische Verhalten von Flüssigkeiten und Gasen weitgehend gemeinsam behandeln läßt. Der Grund hierfür ist der, daß die Definition des Begriffes Flüssigkeit (Kap. 141) den des gasförmigen Körpers impliziert. Dies hat zur Folge, daß eine scharfe Trennung zwischen Aeromechanik und Hydromechanik nicht unbedingt notwendig ist. Es hat sich eingebürgert, die Disziplin, in der die mechanischen Eigenschaften von flüssigen und gasförmigen Körpern *gemeinsam* behandelt werden, schlechthin als Hydromechanik zu bezeichnen.

Es ergibt sich somit eine erste Einteilung der Mechanik Deformierbarer Körper (M. D. K.), die schematisch wie folgt dargestellt werden kann:

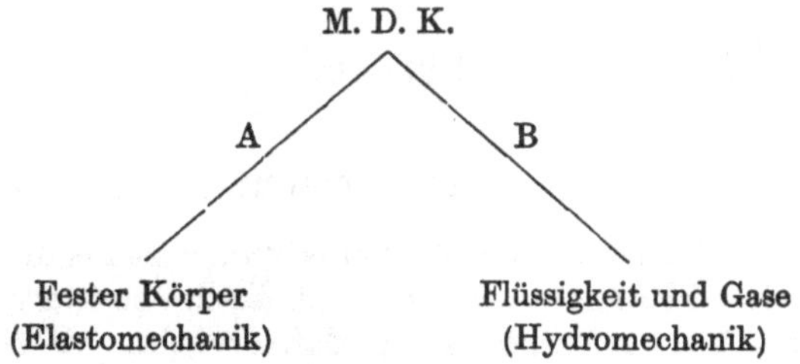

Schema 1: „Grobe" Einteilung der Mechanik Deformierbarer Körper

Die beiden, vorstehend durch *A* und *B* gekennzeichneten Unterkapitel der Mechanik Deformierbarer Körper lassen sich, je nach dem Modell, das man den Teilgebieten *A* bzw. *B* zugrunde legt, weiterhin unterteilen.

Im Rahmen der Klassischen Mechanik, die in diesem Buch allein behandelt wird, verwendet die Elastomechanik nur ein Modell, den *Ideal Elastischen Körper* (Kap. 106). Die Theorie über das mechanische Verhalten Fester Körper, die anhand dieser Vorstellung entwickelt wurde, nennt man *Elastizitätstheorie.*

In der „Klassischen Hydromechanik" werden dagegen zwei Modelle betrachtet: die *Ideale Flüssigkeit* (Kap. 141) und die *Zähe Flüssigkeit* (Kap. 166).

Begnügt man sich damit, die Festen, Flüssigen und Gasförmigen Körper durch die vorstehend genannten drei Modelle abzubilden, so läßt sich die durch das Schema 1 angegebene „grobe" Aufteilung der Mechanik Deformierbarer Körper wie folgt abändern:

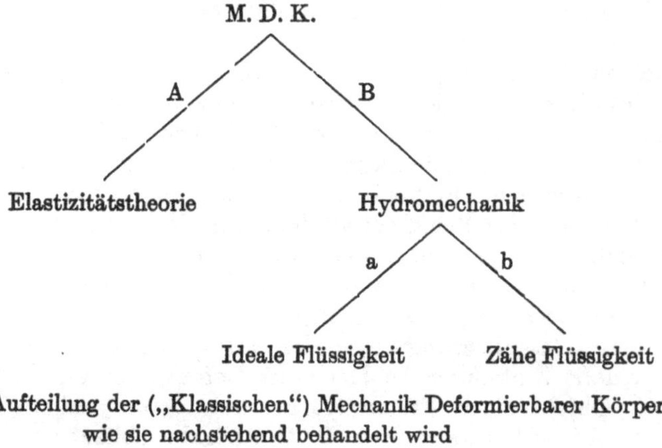

Schema 2: Aufteilung der („Klassischen") Mechanik Deformierbarer Körper, wie sie nachstehend behandelt wird

Der in den folgenden Ausführungen behandelte Stoff ist gemäß dem vorstehenden Schema aufgeteilt.

Wir wollen es nicht unterlassen, ausdrücklich darauf hinzuweisen, daß damit nur ein relativ kleiner Teil der Mechanik Deformierbarer Körper beschrieben wird. Es konnten nämlich durch Erweiterung der vorstehend erwähnten Modelle für einen beliebigen Körper die nachstehenden Darlegungen in verschiedener Weise verallgemeinert werden. Es entstanden dadurch neue Disziplinen, die heute eigene Namen tragen, wie etwa die *Nichtlineare Mechanik* [32], die *Plastizitätstheorie*, die *Rationale Mechanik* und die *Rheologie* [56], [57], [58]. Einige Bemerkungen hierzu finden sich in Kap. 93.

Auch die Hydromechanik hat verschiedene Erweiterungen erfahren. So gibt es ein neues Gebiet, das sich mit dem Verhalten einer „*Nicht*-Newton*schen*" *Flüssigkeit* befaßt [39], [40], insbesondere hat sich aber die Aeromechanik nach verschiedenen Seiten hin entwickelt und zu neuen Disziplinen geführt, von denen heute wohl am meisten die *Überschall-Akustik* und die Gasdynamik interessieren [46], [53].

92. Molekular- und Kontinuumstheorie

Um eine Mechanik der Deformierbaren Körper aufzubauen, bedarf es eines geeigneten Modells als Ausgangspunkt. Hierzu bieten sich zwei Möglichkeiten.

Einerseits kann man von der Tatsache der atomistischen Struktur der Materie ausgehen und die einen Körper aufbauenden Teilchen (Atome, Moleküle) als diskrete Massenpunkte ansehen. Damit erhält man als Modell eines Deformierbaren Körpers ein System von (sehr vielen) Massenpunkten, deren Abstände nun — im Gegensatz zur Stereomechanik — nicht mehr unveränderlich sind. Dieses Modell liegt der *Molekulartheorie* der Materie zugrunde. Sie setzt sich als Ziel, von dem eben skizzierten Modell ausgehend, die physikalischen Eigenschaften, so u. a. auch das mechanische Verhalten eines beliebigen Körpers, zu erklären.

Die ersten, die mit Hilfe der Molekulartheorie (zunächst) das mechanische Verhalten von Stoffen zu erklären versuchten, waren wohl Cauchy[1]) und Poisson[2]). Später haben sich mit diesen Fragen auch Lord Kelvin[3]) und Voigt) beschäftigt. theoretischen Standpunkt aus zu erklären, hatte Born[4]) mit seiner *Dynamik der Kristallgitter* (Gitterdynamik). Durch diese Theorie werden nicht nur Mängel der „älteren" Molekulartheorie ausgeglichen, sondern außer dem mechanischen Verhalten auch weitere, so z. B. thermische, elektrische u. a. Eigenschaften von Stoffen in mit der Erfahrung übereinstimmender Weise erklärt.

Außer dem molekulartheoretischen Modell kann man sich auch ein anderes wählen, indem man von der atomistischen Struktur der Materie absieht. Zu dem neuen Modell gelangt man, indem man sich, so wie es der (rohen, d. h. makroskopischen) Beobachtung zu entsprechen scheint, die Masse eines Körpers in dem Raum, den er einnimmt, *kontinuierlich* verteilt denkt. Diese Vorstellung eines lückenlos mit Masse ausgefüllten Raumgebietes ist das Modell der *Kontinuumstheorie*, weshalb die sich auf diesem Modell aufbauende Mechanik als Kontinuumsmechanik oder als Mechanik der Kontinua bezeichnet wird.

Obwohl das Modell eines kontinuierlich mit Masse ausgefüllten Volumens für einen beliebigen Körper den Tatsachen (eben dem molekularen Aufbau der Materie) nicht gerecht wird, hat es sich dennoch innerhalb weiter Grenzen bewährt. Wir werden es daher den nachfolgenden Betrachtungen zugrunde legen, d. h. wir werden nachstehend ausschließlich Kontinuumsmechanik betreiben.

---

[1]) Augustin Louis Cauchy: *1789 in Paris, †1857 in Sceaux.
[2]) Siméon Denis Poisson: *1781 in Pithiviers, †1840 in Paris.
[3]) William Thomson Kelvin: *1824 in Belfast, †1907 in London.
[4]) Max Born: *1882 in Breslau, † 1970 in Göttingen.

93. Bemerkung über Rheologie

Im vorstehenden Kapitel bemerkten wir, daß als Ausgangspunkt zum Aufbau einer Mechanik der Deformierbaren Körper entweder eine Molekulartheorie oder die Kontinuumsvorstellung dienen kann. Wir haben uns hier — im Sinne der „Klassischen Mechanik" — entschieden, an die Kontinuumsauffassung anzuschließen: es wird angenommen, daß das Volumen, welches ein beliebiger Körper einnimmt, kontinuierlich mit Masse angefüllt ist. Mit dieser Annahme wird allen deformierbaren Körper zwar eine gemeinsame Eigenschaft zugeschrieben, jedoch liefert die erwähnte Auffassung noch kein endgültiges Modell für einen festen, flüssigen oder gasförmigen Körper.

Modelle für solche Stoffe können — sofern die vorstehend erwähnte Bedingung der kontinuierlichen Massenverteilung erfüllt ist — natürlich in verschiedener Weise gewählt werden.

Man ging, um Modelle für Deformierbare Körper aufzustellen, davon aus, diese zunächst möglichst einfach anzunehmen. So legt man der Elastomechanik das Modell des *Ideal Elastischen (oder* HOOKE*schen*[1]*) Körpers* zugrunde, den man aus dem Modell des *Starren (oder* EUKLID*ischen) Körpers* durch eine relativ geringfügige Verallgemeinerung gewinnt. Ein Sonderfall des HOOKEschen Körpers ist das Modell der *Idealen Flüssigkeit*, die man auch als PASCAL*sche*[2]) *Flüssigkeit* bezeichnet. Eine Erweiterung dieses Abbildes einer flüssigen Substanz führt zu dem Modell der *Zähen (oder der* NEWTON*schen) Flüssigkeit.*

Man bezeichnet die vorstehend genannten Modelle, d. s. der EUKLIDische und der HOOKEsche Körper, sowie die PASCALsche und die NEWTONsche Flüssigkeit, vielfach als *Klassische Körper*. Diese liegen einer Mechanik — eben der Klassischen Mechanik der Deformierbaren Körper — zugrunde, die mit Verwendung dieser Modelle zwar erstaunlich viele, aber nicht alle mechanischen Eigenschaften der natürlichen Körper zu erklären vermag.

So lassen sich etwa mit Verwendung der Vorstellung des HOOKEschen Körpers die Eigenschaften der Plastizität, Sprödigkeit, Härte von Festen Körpern, deren Fließerscheinungen (Teer), das eigenartige Verhalten von Gummi u. a. m. nicht erklären.

Die Aufgabe, diese Materialeigenschaften zu beschreiben, obliegt einer Erweiterung der Klassischen Kontinuumsmechanik, die vor etwa 40 Jahren von BINGHAM begründet wurde und heute *Rheologie* heißt. Ihre Aufgabe ist es, das mechanische Verhalten der natürlichen Stoffe aus einer geeigneten *Rheologischen Zustandsgleichung* theoretisch zu erklären. Zwei Grenzfälle dieser (bisher in ihrer allgemeinen Form noch nicht bekannten) Rheologischen Zustandsgleichung werden wir später bei der Behandlung des HOOKEschen Körpers, Kap. 106, und der NEWTONschen Flüssigkeit, Kap. 166/167, kennenlernen. Die Rheologie „im engeren Sinn" ist — so kann es vielleicht ausgedrückt werden — eine Mechanik, welche „zwischen" der Mechanik der Starren Körper und der Mechanik der Zähen Flüssigkeiten liegt. Schematisch läßt sich dies, im Anschluß an REINER [57], etwa wie folgt darstellen:

Mechanik der				
Festen Körper		Rheologie	Flüssigkeiten	
EUKLIDischer Körper	HOOKEscher Körper		PASCALsche Flüssigkeit	NEWTONsche Flüssigkeit

[1]) Robert HOOKE: *1635 auf Insel Wight, †1703 in London.

[2]) Blaise PASCAL: *1623 in Clermont, †1662 in Paris.

Während wir die Mechanik des Starren (EUKLIDIschen) Körpers schon vorstehend behandelt haben und auf die Mechanik des Ideal Elastischen (HOOKEschen) Körpers sowie auf die Ideale (PASCALsche) und Zähe (NEWTONsche) Flüssigkeit noch nachstehend eingehen werden, ist es im Rahmen dieser Schrift nicht möglich, Einzelheiten zur Rheologie darzulegen. Es sollte mit den vorstehenden Bemerkungen lediglich auf die — wohl nur wenig bekannte — Existenz dieses Gebietes hingewiesen werden.

II. Der Deformationszustand

94. Allgemeine Darstellung einer Verschiebung

Wir betrachten einen Deformierbaren Körper, der einer Kraftwirkung unterliege. Diese wird eine Bewegung des Körpers verursachen, d. h. seine einzelnen Punkte werden *Verschiebungen* erfahren.

Um diese zu untersuchen, fassen wir zu einer festen Zeit t_1 zwei benachbarte Punkte $P(\mathfrak{r})$ und $\overline{P}(\mathfrak{r}+\bar{\mathfrak{r}})$ des Kontinuums ins Auge. Hierbei setzen wir voraus, daß $\overline{P}$ in einer „genügend kleinen" Umgebung von P liegt.

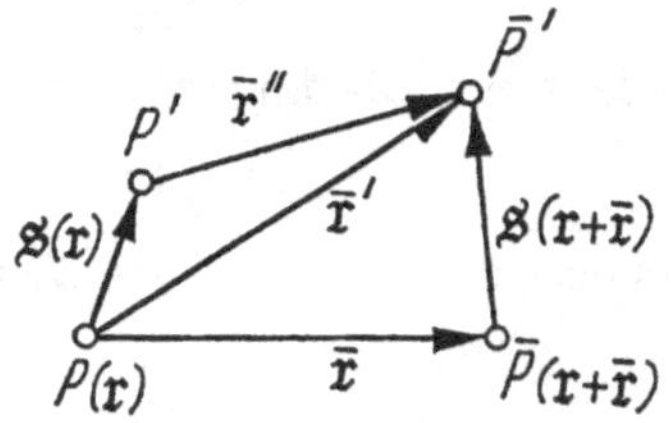

Abb. 94, 1: Die Verschiebungsvektoren $\mathfrak{s}(\mathfrak{r})$ und $\mathfrak{s}(\mathfrak{r}+\bar{\mathfrak{r}})$

Zu einer späteren Zeit $t_2 > t_1$ sei P in P' und $\overline{P}$ in $\overline{P}'$ übergegangen, Abb. 94, 1. Dabei hat P die Verschiebung

$$\mathfrak{s} = \mathfrak{s}(\mathfrak{r}) \tag{94, 1}$$

und $\overline{P}$ die andere Verschiebung

$$\bar{\mathfrak{s}} = \mathfrak{s}(\mathfrak{r}+\bar{\mathfrak{r}}) \tag{94, 2}$$

erfahren.

Durch die Angabe der Argumente in den beiden vorstehenden Gleichungen soll zum Ausdruck gebracht werden, daß die Verschiebung $\mathfrak{s}$ eines Kontinuumpunktes $P(\mathfrak{r})$ von dessen Ortsvektor $\mathfrak{r}$ abhängig ist (Verschiebungs*feld*).

Die Verschiebung $\bar{\mathfrak{s}}$ von $\overline{P}$ läßt sich stets durch die Verschiebung $\mathfrak{s}$ von P mit Hilfe einer TAYLOR-Entwicklung von $\mathfrak{s}(\mathfrak{r}+\bar{\mathfrak{r}})$ „um $P(\mathfrak{r})$" darstellen. Von der Vielzahl der möglichen Verschiebungen wollen wir nun allein den Sonderfall betrachten, daß auch $\overline{P'}$ in einer „genügend kleinen" Umgebung von P' liegt. Damit ist hier und im folgenden gemeint, daß es hinreicht, wenn man sich bei der Entwicklung nur auf die *linearen* Glieder der Reihe beschränkt („Lineare Mechanik"). Dann erhält man aus (94, 2):

$$\bar{\mathfrak{s}} = \mathfrak{s}(\mathfrak{r}+\bar{\mathfrak{r}}) = \mathfrak{s}(\mathfrak{r}) + (\bar{\mathfrak{r}} \cdot \operatorname{grad})\mathfrak{s}\,|_{\mathfrak{r}}. \tag{94, 3}$$

In Komponenten geschrieben lautet diese Gleichung

$$\bar{s}_x = s_x(\mathfrak{r}+\bar{\mathfrak{r}}) = s_x(\mathfrak{r}) + \frac{\partial s_x}{\partial x}\bigg|_{\mathfrak{r}} \bar{x} + \frac{\partial s_x}{\partial y}\bigg|_{\mathfrak{r}} \bar{y} + \frac{\partial s_x}{\partial z}\bigg|_{\mathfrak{r}} \bar{z} \tag{94, 4}$$

$$\bar{s}_y = s_y(\mathfrak{r}+\bar{\mathfrak{r}}) = s_y(\mathfrak{r}) + \frac{\partial s_y}{\partial x}\bigg|_{\mathfrak{r}} \bar{x} + \frac{\partial s_y}{\partial y}\bigg|_{\mathfrak{r}} \bar{y} + \frac{\partial s_y}{\partial z}\bigg|_{\mathfrak{r}} \bar{z} \tag{94, 5}$$

$$\bar{s}_z = s_z(\mathfrak{r}+\bar{\mathfrak{r}}) = s_z(\mathfrak{r}) + \frac{\partial s_z}{\partial x}\bigg|_{\mathfrak{r}} \bar{x} + \frac{\partial s_z}{\partial y}\bigg|_{\mathfrak{r}} \bar{y} + \frac{\partial s_z}{\partial z}\bigg|_{\mathfrak{r}} \bar{z}. \tag{94, 6}$$

In den vorstehenden Gleichungen bedeutet das Symbol $|_{\mathfrak{r}}$, daß die jeweils davorstehenden Ableitungen an der Stelle $\mathfrak{r}$, d. h. im Punkt P zu bilden sind. Wir wollen der Einfachheit halber künftig die Argumentenangabe bei den Differentialquotienten in (94, 4—6) fortlassen. Wir schreiben daher

$$s_x(\mathfrak{r} + \bar{\mathfrak{r}}) = s_x(\mathfrak{r}) + \frac{\partial s_x}{\partial x}\bar{x} + \frac{\partial s_x}{\partial y}\bar{y} + \frac{\partial s_x}{\partial z}\bar{z} \qquad (94, 7)$$

$$s_y(\mathfrak{r} + \bar{\mathfrak{r}}) = s_y(\mathfrak{r}) + \frac{\partial s_y}{\partial x}\bar{x} + \ldots \qquad (94, 8)$$

$$s_z(\mathfrak{r} + \bar{\mathfrak{r}}) = s_z(\mathfrak{r}) + \frac{\partial s_z}{\partial x}\bar{x} + \ldots \qquad (94, 9)$$

Diese Ausdrücke werden wegen ihres linearen Charakters als *Lineare Deformation* bezeichnet. Hierbei ist allerdings das Wort Deformation in einem weiteren Sinn zu verstehen als eingangs angegeben wurde (Volumen und/oder Gestaltsänderung), weil die durch (94, 7—9) erklärte Lineare Deformation auch die „uneigentlichen" Deformationen Translation und Rotation als Sonderfälle enthalten kann.

Führen wir die Abkürzungen

$$\frac{\partial s_i}{\partial x_k} = t_{ik}(\mathfrak{r}), \qquad i, k = 1, 2, 3 \qquad (94, 10)$$

ein, so läßt sich die Lineare Deformation (94, 7—9) nach (6, 8) in

$$\mathfrak{s}(\mathfrak{r} + \bar{\mathfrak{r}}) = \mathfrak{s}(\mathfrak{r}) + T * \bar{\mathfrak{r}} \qquad (94, 11)$$

zusammenfassen, wobei T der Tensor

$$T = (t_{ik}) \qquad (94, 12)$$

ist.

Auf einige Eigenschaften von Linearen Deformationen gehen wir nachstehend ein. Dabei verstehen wir unter $P(\mathfrak{r})$ einen beliebigen, aber nach seiner Wahl festgehaltenen Punkt des Kontinuums, dagegen unter $\bar{P}$ irgendeinen Punkt der „genügend kleinen" Umgebung von P.

95. Einige Eigenschaften Linearer Deformationen

Wir schließen an die Darstellung (94, 4—6) einer Linearen Deformation an. Beachtet man, daß der Verschiebungsvektor $\mathfrak{s}(\mathfrak{r} + \bar{\mathfrak{r}})$ die Differenz der Ortsvektoren $\bar{\mathfrak{r}}'$ und $\bar{\mathfrak{r}}$ des Punktes $\bar{P}$ ist:

$$\mathfrak{s}(\mathfrak{r} + \bar{\mathfrak{r}}) = \bar{\mathfrak{r}}' - \bar{\mathfrak{r}}, \qquad (95, 1)$$

so wird aus (94, 4—6)

$$\bar{x}' = s_x(\mathfrak{r}) + \left[1 + \frac{\partial s_x}{\partial x}\bigg|_{\mathfrak{r}}\right]\bar{x} + \frac{\partial s_x}{\partial y}\bigg|_{\mathfrak{r}}\bar{y} + \frac{\partial s_x}{\partial z}\bigg|_{\mathfrak{r}}\bar{z} \qquad (95, 2)$$

$$\bar{y}' = s_y(\mathfrak{r}) + \frac{\partial s_y}{\partial x}\bigg|_{\mathfrak{r}}\bar{x} + \left[1 + \frac{\partial s_y}{\partial y}\bigg|_{\mathfrak{r}}\right]\bar{y} + \frac{\partial s_y}{\partial z}\bigg|_{\mathfrak{r}}\bar{z} \qquad (95, 3)$$

$$\bar{z}' = s_0(\mathfrak{r}) + \frac{\partial s_z}{\partial x}\bigg|_{\mathfrak{r}}\bar{x} + \frac{\partial s_z}{\partial y}\bigg|_{\mathfrak{r}}\bar{y} + \left[1 + \frac{\partial s_z}{\partial z}\bigg|_{\mathfrak{r}}\right]\bar{z}. \qquad (95, 4)$$

Mit Einführung neuer Bezeichnungen für die hierin auftretenden Konstanten nehmen diese Gleichungen die Form

$$\bar{x}' = a_0 + a_1\bar{x} + a_2\bar{y} + a_3\bar{z} \qquad (95, 5)$$

$$\bar{y}' = b_0 + b_1\bar{x} + b_2\bar{y} + b_3\bar{z} \qquad (95, 6)$$

$$\bar{z}' = c_0 + c_1\bar{x} + c_2\bar{y} + c_3\bar{z} \qquad (95, 7)$$

an.

Diese Ausdrücke geben an, in welcher Weise die Koordinaten $\bar{x}', \bar{y}', \bar{z}'$ von $\overline{P}'$ nach einer erlittenen Verschiebung $\mathfrak{s}$ mit den ursprünglichen Lagekoordinaten $\bar{x}, \bar{y}, \bar{z}$ von $\overline{P}$ verknüpft sind. Den umgekehrten Zusammenhang erhält man, indem das Gleichungstripel (95, 5—7) nach den Komponenten des Anfangslagevektors $\bar{\mathfrak{r}} = \{\bar{x}, \bar{y}, \bar{z}\}$ aufgelöst wird. Dies ergibt Ausdrücke von der Form

$$\bar{x} = a_0' + a_1'\bar{x}' + a_2'\bar{y}' + a_3'\bar{z}' \qquad (95, 8)$$

$$\bar{y} = b_0' + b_1'\bar{x}' + b_2'\bar{y}' + b_3'\bar{z}' \qquad (95, 9)$$

$$\bar{z} = c_0' + c_1'\bar{x}' + c_2'\bar{y}' + c_3'\bar{z}'. \qquad (95, 10)$$

Hierbei sind $a_0', \ldots c_3'$ neue Konstanten, die sich unschwer durch die $a_0, \ldots c_3$ ausdrücken lassen.

Für eine durch die letzten drei Gleichungen ausgedrückte Lineare Deformation, die man in der Geometrie als „Affine Raumtransformation" bezeichnet, gilt eine Reihe von Sätzen, von denen wir einige angeben wollen.

1. Wir betrachten zunächst alle jene Punkte $\overline{P}$, die vor der Deformation in einer Ebene liegen. Ihre Gleichung lautet

$$A\bar{x} + B\bar{y} + C\bar{z} + D = 0, \qquad (95, 11)$$

wobei A, B, C, D Konstanten sind.

Die Gleichung der Fläche, auf der die Punkte $\overline{P}'$ nach einer Linearen Deformation liegen, ergibt sich, indem man mit (95, 8—10) in (95, 11) eingeht. Dies liefert

$$A(a_0' + a_1'\bar{x}' + \ldots) + B(b_0' + b_1'\bar{x}' + \ldots) + C(c_0' + c_1'\bar{x}' + \ldots) + D = 0. \quad (95, 12)$$

Ordnet man diesen Ausdruck nach den Koordinaten $\bar{x}', \bar{y}', \bar{z}'$ der Punkte $\overline{P}'$ nach der Deformation, so erhält man

$$A'\bar{x}' + B'\bar{y}' + C'\bar{z}' + D' = 0, \qquad (95, 13)$$

wobei A', B', C', D' neue Konstanten sind, die sich durch elementare Rechnung durch die ursprünglichen Konstanten $A, \ldots D$ ausdrücken lassen.

Vergleicht man (95, 13) mit (95, 11), so kann gesagt werden: Punkte, die anfänglich in einer Ebene lagen, liegen nach einer Linearen Deformation wiederum in einer Ebene, oder: durch die Lineare Deformation (95, 8—10) wird eine Ebene wieder in eine Ebene übergeführt.

Auf demselben wie oben angegebenen Weg lassen sich auch die folgenden Aussagen beweisen:

2. Punkte, die ursprünglich auf einer Geraden lagen, liegen auch nach einer Linearen Deformation auf einer Geraden.

3. Punkte, die ursprünglich auf einer Fläche zweiter Ordnung lagen (Ellipsoid, Hyperboloid, Paraboloid), liegen auch nach einer Linearen Deformation wieder auf der gleichen Fläche zweiter Ordnung.

Betrachtet man insbesondere die Punkte P, die ursprünglich auf einer Kugelfläche

$$\bar{x}^2 + \bar{y}^2 + \bar{z}^2 = R^2 \qquad (95, 14)$$

lagen, so führt (95, 8—10) zu der Aussage, daß diese Punkte nach dieser Linearen Transformation auf der Oberfläche eines Ellipsoides liegen.

Diese Aussage ist — wie man ebenfalls mit Verwendung der Transformationsgleichungen unschwer zeigen kann — umkehrbar: Durch eine geeignete Lineare Transformation kann man es stets erreichen, Punkte, die anfänglich auf der Oberfläche eines Ellipsoides lagen, so zu verschieben, daß sie nach der Deformation Punkte einer Kugeloberfläche sind.

96. Zusammensetzung zweier Linearer Deformationen und der Begriff der Infinitesimal kleinen Deformation

Wir wollen außer den vorstehend angegebenen Eigenschaften einer Linearen Deformation nun eine weitere besprechen, die für das Folgende von Bedeutung ist. Hierzu knüpfen wir an (95, 2—4) an. Hierin bedeutet

$$\mathfrak{s}(\mathfrak{r}) = \{s_x(\mathfrak{r}),\ s_y(\mathfrak{r}),\ s_z(\mathfrak{r})\} \tag{96, 1}$$

den Vektor einer translatorischen Verschiebung, die für alle Punkte der betrachteten „genügend kleinen“ Umgebung von $P(\mathfrak{r})$ gleich ist. Die Translation der „Umgebung“ von P ist jedoch eine „uneigentliche“ Deformation, weil dadurch die betrachtete „Umgebung“ von P als Ganzes wie ein Starrer Körper verschoben wird. Dies hat keine Abstandsänderungen von mindestens zwei Punkten zur Folge, weswegen die Translation $\mathfrak{s}(\mathfrak{r})$ für die Mechanik Deformierbarer Körper uninteressant ist und daher unbeachtet bleiben kann.

Damit gehen die Ausdrücke (95, 2—4) — wenn man das Argument gemäß einer Bemerkung in Kap. 94 fortläßt — in

$$\bar{x}' = \left(1 + \frac{\partial s_x}{\partial x}\right)\bar{x} + \frac{\partial s_x}{\partial y}\bar{y} + \frac{\partial s_x}{\partial z}\bar{z} \tag{96, 2}$$

und zwei weitere Gleichungen über, die sich aus der vorstehenden durch zyklische Vertauschung ergeben.

Mit den in Kap. 94 eingeführten Abkürzungen

$$\frac{\partial s_x}{\partial x} = t_{11}, \qquad \frac{\partial s_x}{\partial y} = t_{12}, \qquad \frac{\partial s_x}{\partial z} = t_{13} \tag{96, 3}$$

erhält man daher

$$\bar{x}' = (1 + t_{11})\,\bar{x} + t_{12}\bar{y} + t_{13}\bar{z} \tag{96, 4}$$

$$\bar{y}' = t_{21}\bar{x} + (1 + t_{22})\,\bar{y} + t_{23}\bar{z} \tag{96, 5}$$

$$\bar{z}' = t_{31}\bar{x} + t_{32}\bar{y} + (1 + t_{33})\,\bar{z}. \tag{96, 6}$$

Wir wollen nun zwei verschiedene Deformationen $D^{(1)}$ und $D^{(2)}$ betrachten. Durch $D^{(1)}$ mögen die ursprünglichen Koordinaten $\bar{x}, \bar{y}, \bar{z}$ eines Punktes $\bar{P}$ in $\bar{x}', \bar{y}', \bar{z}'$ gemäß (96, 4—6) übergeführt werden. In diesen Gleichungen wollen wir der Deutlichkeit halber die t_{ik} durch $t_{ik}^{(1)}$ ersetzen. Es wird also $D^{(1)}$ durch

$$\bar{x}' = (1 + t_{11}^{(1)})\,\bar{x} + t_{12}^{(1)}\bar{y} + t_{13}^{(1)}\bar{z} \tag{96, 7}$$

$$\cdots$$

beschrieben. Nach der ersten Deformation, die die Koordinaten $\bar{x}, \bar{y}, \bar{z}$ in $\bar{x}', \bar{y}', \bar{z}'$ übergeführt hat, finde eine zweite Deformation $D^{(2)}$ statt, durch welche die Koordinaten $\bar{x}', \bar{y}', \bar{z}'$ in $\bar{x}'', \bar{y}'', \bar{z}''$ übergehen mögen. Bezeichnen wir die die Deformation $D^{(2)}$ charakterisierenden Koeffizienten t_{ik} mit $t_{ik}^{(2)}$, so gelten für die Verknüpfung von $\bar{x}'' \ldots$ und $\bar{x}' \ldots$ die zu (96, 7) analogen Gleichungen

$$\bar{x}'' = (1 + t_{11}^{(2)})\,\bar{x}' + t_{12}^{(2)}\bar{y}' + t_{13}^{(2)}\bar{z}' \tag{96, 8}$$

$$\cdots$$

Geht man hierin mit (96, 7) ein, so lassen sich die „endgültigen“ Koordinaten $\bar{x}'', \bar{y}'', \bar{z}''$ durch die „ursprünglichen“ Koordinaten ausdrücken. Man erhält für

$$\bar{x}'' = (1 + t_{11}^{(2)})\,[(1 + t_{11}^{(1)})\,\bar{x} + t_{12}^{(1)}\bar{y} + t_{13}^{(1)}\bar{z}] + t_{12}^{(2)}[\ldots] + t_{13}^{(2)}[\ldots] \tag{96, 9}$$

$$\cdots$$

Führt man die Multiplikationen aus und ordnet die einzelnen Glieder nach $\bar{x}, \bar{y}, \bar{z}$, so erhält man

$$\begin{aligned}\bar{x}'' = \bar{x}[(1 + t_{11}^{(2)})(1 + t_{11}^{(1)}) + t_{12}^{(2)}t_{21}^{(1)} + t_{13}^{(2)}t_{31}^{(1)}] \\ + \bar{y}[(1 + t_{11}^{(2)})t_{12}^{(1)} + t_{12}^{(2)}(1 + t_{22}^{(1)}) + t_{13}^{(2)}t_{32}^{(1)}] \\ + \bar{z}[(1 + t_{11}^{(2)})t_{13}^{(1)} + t_{12}^{(2)}t_{23}^{(1)} + t_{13}^{(2)}(1 + t_{33}^{(1)})]\end{aligned} \tag{96, 10}$$

und zwei entsprechende Ausdrücke für $\bar{y}''$ und $\bar{z}''$.

Wir können diese Gleichung als Ausdruck für die „resultierende" Deformation $D^{(1)} + D^{(2)}$ ansehen.

Wir fragen nun, ob sich die beiden aufeinanderfolgenden Deformationen $D^{(1)}$ und $D^{(2)}$ durch nur eine Deformation D ersetzen läßt. Formal soll dies durch

$$D = D^{(1)} + D^{(2)} \tag{96, 11}$$

ausgedrückt werden. Gemeint ist damit, daß durch die Deformation D der ursprüngliche Ortsvektor $\bar{\mathfrak{r}} = \{\bar{x}, \bar{y}, \bar{z}\}$ unmittelbar in $\bar{\mathfrak{r}}'' = \{\bar{x}'', \bar{y}'', \bar{z}''\}$ übergeführt wird. Für eine solche Deformation D, die durch die Koeffizienten t_{ik} charakterisiert werde, müssen daher die zu (96, 4—6) analogen Gleichungen

$$\bar{x}'' = (1 + t_{11})\bar{x} + t_{12}\bar{y} + t_{13}\bar{z} \tag{96, 12}$$

$$\cdots$$

gelten.

Wenn diese, wie verlangt, mit (96, 10) übereinstimmen soll, so muß

$$1 + t_{11} = (1 + t_{11}^{(2)})(1 + t_{11}^{(1)}) + t_{12}^{(2)}t_{21}^{(1)} + t_{13}^{(2)}t_{31}^{(1)} \tag{96, 13}$$

$$\cdots$$

sein.

Hieraus ist ersichtlich, daß die Koeffizienten t_{ik} der „resultierenden" Deformation D keineswegs in einfacher Weise mit den Koeffizienten $t_{ik}^{(1)}$ und $t_{ik}^{(2)}$ der Teildeformationen $D^{(1)}$ und $D^{(2)}$ zusammenhängen. Insbesondere ersieht man aus (96, 13), daß eine Vertauschung der beiden Deformationen $D^{(1)}$ und $D^{(2)}$ *nicht* zu der gleichen resultierenden Deformation (96, 11) führt. Nennt man die resultierende Deformation

$$D^{(2)} + D^{(1)} = D' \tag{96, 14}$$

und kennzeichnet ihre Koeffizienten durch t'_{ik}, so gilt anstelle von (96, 13) nun

$$1 + t'_{11} = (1 + t_{11}^{(1)})(1 + t_{11}^{(2)}) + t_{12}^{(1)}t_{21}^{(2)} + t_{13}^{(1)}t_{31}^{(2)} \tag{96, 15}$$

$$\cdots$$

Ein Vergleich mit (96, 13) zeigt, daß die Koeffizienten

$$t_{ik} \neq t'_{ik} \tag{96, 16}$$

sind.

Dieses Ergebnis läßt sich symbolisch durch

$$D^{(1)} + D^{(2)} \neq D^{(2)} + D^{(1)} \tag{96, 17}$$

ausdrücken oder in Worten: Die Vertauschung zweier Deformationen $D^{(1)}$ und $D^{(2)}$ ergibt i. allg. nicht die gleiche „resultierende" Deformation.

Wir fragen nun, ob und ggf. unter welchen Voraussetzungen die Vertauschung zweier aufeinanderfolgender Deformationen $D^{(1)}$ und $D^{(2)}$ zu der *gleichen* resultierenden Deformation führt. Die Antwort auf diese Frage erhält man, indem man die rechten Seiten von (96, 15) und (96, 13) ausmultipliziert.

Dies liefert die Ausdrücke

$$t_{11} = t_{11}^{(1)} + t_{11}^{(2)} + t_{11}^{(1)}t_{11}^{(2)} + t_{12}^{(2)}t_{21}^{(1)} + t_{13}^{(2)}t_{31}^{(1)} \qquad (96, 18)$$

$$\cdots$$

bzw.

$$t'_{11} = t_{11}^{(1)} + t_{11}^{(2)} + t_{11}^{(1)}t_{11}^{(2)} + t_{12}^{(1)}t_{21}^{(1)} + t_{13}^{(1)}t_{31}^{(2)} \qquad (96, 19)$$

$$\cdots$$

Aus diesen Gleichungen ersieht man, daß eine resultierende Deformation D von der Reihenfolge zweier nacheinander ausgeführten Deformationen *unabhängig* ist, d. h.

$$t_{ik} = t'_{ik} \qquad (96, 20)$$

wird, wenn die $t_{ik}^{(1)}$ und $t_{ik}^{(2)}$ *so* kleine Größen sind, daß Produkte aus ihnen gegenüber $t_{ik}^{(1)}$ und $t_{ik}^{(2)}$ vernachlässigt werden können. Dann gilt

$$t_{11} = t'_{11} = t_{11}^{(1)} + t_{11}^{(2)} \qquad (96, 21)$$

$$t_{12} = t'_{12} = t_{12}^{(1)} + t_{12}^{(2)}. \qquad (96, 22)$$

Ist dies der Fall, so spricht man kurz von einer *Infinitesimal kleinen* (linearen) Deformation, die wir für das Weitere voraussetzen. Weil eine resultierende Infinitesimal kleine Deformation *unabhängig* von der Reihenfolge der Teildeformationen ist, kann man auch umgekehrt sagen: jede Infinitesimal kleine Deformation läßt sich in Teildeformationen von *beliebiger* Reihenfolge zerlegen. Von dieser Aussage werden wir im folgenden Kapitel Gebrauch machen.

97. Analyse der Infinitesimal kleinen Deformation

In Kap. 96 wurde bemerkt, daß der in dem allgemeinen Ausdruck (94, 11) für eine mögliche Verschiebung $\mathfrak{s}(\mathfrak{r} + \bar{\mathfrak{r}})$ des Punktes $P(\mathfrak{r})$ auftretende Anteil $\mathfrak{s}(\mathfrak{r})$ eine Translation beschreibt, die die Umgebung von $P(\mathfrak{r})$ als Ganzes ausführt. Durch die Verschiebung $\mathfrak{s}(\mathfrak{r})$ wird daher die Umgebung von P sicher nicht verformt, so daß dieser Verschiebungsanteil für die Mechanik eines Deformierbaren Mediums uninteressant ist. Man darf daher, ohne Einschränkung der Allgemeinheit der weiteren Darlegungen,

$$\mathfrak{s}(\mathfrak{r}) = 0 \qquad (97, 1)$$

setzen. Damit kann statt (94, 11) jetzt

$$\mathfrak{s}(\mathfrak{r} + \bar{\mathfrak{r}}) = \boldsymbol{T} * \bar{\mathfrak{r}} \qquad (97, 2)$$

oder in Komponenten

$$s_x(\mathfrak{r} + \bar{\mathfrak{r}}) = t_{11}\bar{x} + t_{12}\bar{y} + t_{13}\bar{z} \qquad (97, 3)$$

geschrieben werden.

Wir wollen nun versuchen, diese Komponenten unter der ausdrücklichen Voraussetzung, daß Infinitesimal kleine Verschiebungen vorliegen, so zu zerlegen, daß die einzelnen Anteile physikalisch deutbar sind.

Eine solche Zerlegung legt der in Kap. 6 angegebene Satz nahe, nach dem sich die Lineare Vektorfunktion (97, 3) in einen symmetrischen und antisymmetrischen Anteil aufspalten läßt. Man erhält dann für die Komponenten des Verschiebungsvektors

$$s_x = \left(\frac{t_{12} - t_{21}}{2}\,\bar{y} + \frac{t_{13} - t_{31}}{2}\,\bar{z}\right) + \left(t_{11}\bar{x} + \frac{t_{12} + t_{21}}{2}\,\bar{y} + \frac{t_{13} + t_{31}}{2}\,\bar{z}\right) \qquad (97, 4)$$

$$= s_x^{(1)} + s_x^{(2)} \qquad (97, 5)$$

und entsprechend

$$s_y = s_y^{(1)} + s_y^{(2)} \tag{97, 6}$$

$$\cdot \quad \cdot \quad \cdot$$

oder vektoriell zusammengefaßt

$$\mathfrak{s}(\mathfrak{r} + \bar{\mathfrak{r}}) = \mathfrak{s}^{(1)} + \mathfrak{s}^{(2)}. \tag{97, 7}$$

Um die Bedeutung von $\mathfrak{s}^{(1)}$ und $\mathfrak{s}^{(2)}$ zu ermitteln, gehen wir von Abb. 94, 1 aus. Aus ihr entnimmt man unmittelbar, daß

$$\bar{\mathfrak{r}}'' = \bar{\mathfrak{r}}' - \mathfrak{s}(\mathfrak{r}) \tag{97, 8}$$

$$= \bar{\mathfrak{r}} + \mathfrak{s}(\mathfrak{r} + \bar{\mathfrak{r}}) - \mathfrak{s}(\mathfrak{r}) \tag{97, 9}$$

gilt. Nun ist nach (94, 3):

$$\mathfrak{s}(\mathfrak{r} + \bar{\mathfrak{r}}) - \mathfrak{s}(\mathfrak{r}) = (\bar{\mathfrak{r}} \cdot \operatorname{grad})\, \mathfrak{s}, \tag{97, 10}$$

womit (97, 9) in

$$\bar{\mathfrak{r}}'' = \bar{\mathfrak{r}} + (\bar{\mathfrak{r}} \cdot \operatorname{grad})\, \mathfrak{s} \tag{97, 11}$$

übergeht.

Hieraus folgt, daß die Abstandsquadrate der beiden Punkte P und $\bar{P}$ nach und vor der Verschiebung durch die Beziehung

$$|\bar{\mathfrak{r}}''|^2 = |\bar{\mathfrak{r}}|^2 + 2\bar{\mathfrak{r}} \cdot [(\bar{\mathfrak{r}} \cdot \operatorname{grad})\, \mathfrak{s}] + [(\bar{\mathfrak{r}} \cdot \operatorname{grad})\, \mathfrak{s}]^2 \tag{97, 12}$$

verknüpft sind. Beachtet man, daß nach einer oben gemachten Voraussetzung (Kap. 96) nur die in t_{ik} linearen Glieder berücksichtigt werden, so erhält man aus (97, 12) für die Differenz der Abstandsquadrate

$$|\bar{\mathfrak{r}}''|^2 - |\bar{\mathfrak{r}}|^2 = 2\bar{\mathfrak{r}} \cdot [(\bar{\mathfrak{r}} \cdot \operatorname{grad})\, \mathfrak{s}]. \tag{97, 13}$$

Ausführlich geschrieben, lautet die letzte Gleichung

$$|\bar{\mathfrak{r}}''|^2 - |\bar{\mathfrak{r}}|^2 = 2\left\{\left(\frac{\partial s_x}{\partial x}\bar{x} + \ldots\right)\bar{x} + \left(\frac{\partial s_y}{\partial x}\bar{x} + \ldots\right)\bar{y} + \left(\frac{\partial s_z}{\partial x}\bar{x} + \ldots\right)\bar{z}\right\}. \tag{97, 14}$$

Mit Verwendung der durch (94, 10) eingeführten Abkürzung läßt sich die rechte Seite des vorstehenden Ausdrucks wie folgt umordnen:

$$\begin{aligned} |\mathfrak{r}''|^2 - |\mathfrak{r}'|^2 &\\ = 2\Big\{\Big[t_{11}\bar{x} &+ \frac{1}{2}(t_{12} + t_{21})\,\bar{y} + \frac{1}{2}(t_{13} + t_{31})\,\bar{z} \\ &+ \frac{1}{2}(t_{12} - t_{21})\,\bar{y} + \frac{1}{2}(t_{13} - t_{31})\,\bar{z}\Big]\bar{x} \\ + \Big[\frac{1}{2}(t_{21} + t_{12})\,\bar{x} &+ t_{22}\bar{y} + \frac{1}{2}(t_{23} + t_{32})\,\bar{z} \\ &+ \frac{1}{2}(t_{21} - t_{12})\,\bar{x} + \frac{1}{2}(t_{23} - t_{32})\,\bar{z}\Big]\bar{y} \\ + \Big[\frac{1}{2}(t_{31} + t_{31})\,\bar{x} &+ \ldots + \frac{1}{2}(t_{31} - t_{13})\,\bar{x} + \frac{1}{2}(t_{32} - t_{23})\,\bar{y}\Big]\bar{z}\Big\} \end{aligned} \tag{97, 15}$$

$$= 2\left\{\bar{x}\left[t_{11}\bar{x} + \frac{1}{2}(t_{12} + t_{21})\,\bar{y} + \frac{1}{2}(t_{13} + t_{31})\,\bar{z}\right] + \bar{y}[\ldots] + \bar{z}[\ldots]\right\}. \tag{97, 16}$$

Aus dem vorstehenden Ausdruck ersieht man, daß die Änderung des Abstandsquadrates von P und $\bar{P}$ nach einer Verschiebung nur von dem in (97, 7) auftretenden symmetrischen Anteil $\mathfrak{s}^{(2)}$, nicht dagegen von dem antisymmetrischen Anteil $\mathfrak{s}^{(1)}$ abhängt. Es wird daher durch $\mathfrak{s}^{(1)}$ eine „uneigentliche" Deformation beschrieben.

Da die andere mögliche „uneigentliche" Deformation, die Translation — wie bereits in Kap. 96 gezeigt wurde — durch den Vektor $\mathfrak{s}(\mathfrak{r})$ beschrieben wird, muß $\mathfrak{s}^{(1)}$ notwendigerweise eine Rotation der Umgebung von $P(\mathfrak{r})$, die diese als Ganzes um $P(\mathfrak{r})$ ausführt, darstellen. Man erkennt dies auch daraus, daß sich $\mathfrak{s}^{(1)}$ — nach (97, 7/4) — in der Form

$$\mathfrak{s}^{(1)} = \frac{1}{2} \operatorname{rot} \mathfrak{s} \times \bar{\mathfrak{r}} \tag{97, 17}$$

schreiben läßt, die (bis auf eine geringfügige Bezeichnungsänderung) mit (77, 30) übereinstimmt.

Es wird also, wie schon vorstehend bemerkt, allein durch den Anteil $\mathfrak{s}^{(2)}$ von (97, 7) eine eigentliche Deformation beschrieben. Setzt man zur Abkürzung

$$\frac{1}{2}(t_{ik} + t_{ki}) = \varepsilon_{ik}, \tag{97, 18}$$

so wird nach (97, 4/5), wenn man zur Buchstabenindizierung übergeht,

$$s_x^{(2)} = \varepsilon_{xx}\bar{x} + \varepsilon_{xy}\bar{y} + \varepsilon_{xz}\bar{z}. \tag{97, 19}$$

Wir wollen an dieser Stelle eine geringfügige Bezeichnungsänderung vornehmen: da — wie gezeigt wurde — nur die Verschiebung $\mathfrak{s}^{(2)}$ eine „eigentliche" Deformation bedingt, die im Folgenden allein interessiert, betrachten wir nur $\mathfrak{s}^{(2)}$ und lassen, weil Verwechslungen nicht zu befürchten sind, den Index 2 nachstehend fort. Weiterhin sehen wir den früher mit P bezeichneten Punkt als Nullpunkt 0 an, in bezug auf den der Punkt $\bar{P}$ den Ortsvektor $\mathfrak{r} = \{x, y, z\}$ habe. Wir lassen daher in (97, 19) auch die Querstriche über den Komponenten fort und erhalten somit

$$s_x = \varepsilon_{xx}x + \varepsilon_{xy}y + \varepsilon_{xz}z\,. \tag{97, 20}$$

Aus diesem Ausdruck und zwei ihm analogen ist ersichtlich, daß eine „eigentliche" Deformation nur dann vorliegt, wenn mindestens ein $\varepsilon_{ik} \neq 0$ ist.

Man nennt daher den symmetrischen Tensor

$$\boldsymbol{T}_s = \frac{1}{2}(t_{ik} + t_{ki}) = (\varepsilon_{ik}) \tag{97, 21}$$

den *Deformationstensor*. Wir werden auf ihn in Kap. 98 zu sprechen kommen.

Zunächst wollen wir jedoch die vorstehend gefundenen Ergebnisse in die Aussage zusammenfassen, die oftmals als Satz von HELMHOLTZ bezeichnet wird. Er sagt aus: Eine (unendlich kleine) Verschiebung läßt sich i. allg. als Summe aus einer Translation, einer Rotation und einer Deformation darstellen.

Obwohl dieser Satz von HELMHOLTZ[1]) (1858) zugesprochen wird, ist er schon früher (1845) von STOKES[2]) gefunden worden.

98. Der Deformationstensor

Wir hatten vorstehend gefunden, daß eine eigentliche Deformation durch den symmetrischen Tensor (97, 21), den Deformationstensor, beschrieben wird. Dieser vermittelt einen linearen homogenen Zusammenhang zwischen dem Verschiebungsvektor $\mathfrak{s}^{(2)}$ des Punktes $\bar{P}(\bar{\mathfrak{r}})$ und dem Radiusvektor $\bar{\mathfrak{r}}$ von $\bar{P}$ bezüglich des Nachbarpunktes $P(\mathfrak{r})$.

Wir untersuchen nun, ob und ggf. welche physikalische Bedeutung den Komponenten ε_{ik} des Deformationstensors zukommt. Hierzu betrachten wir zunächst zwei

[1]) Hermann v. HELMHOLTZ: *1821 in Potsdam, †1894 in Berlin.
[2]) Georges STOKES: *1819 in Skreen/Irland, †1903 in Cambridge.

Punkte P_1 und P_2 innerhalb eines deformierbaren Festen Körpers, deren Abstand vor einer Deformation l sei. Legt man ein Koordinatensystem derart, daß dessen x-Achse durch P_1 und P_2 geht, Abb. 98, 1, so wird

$$P_1 = P_1(x_1, 0, 0) \quad (98, 1)$$

$$P_2 = P_2(x_2, 0, 0), \quad (98, 2)$$

d. h., es ist

$$l = x_2 - x_1 = \Delta x. \quad (98, 3)$$

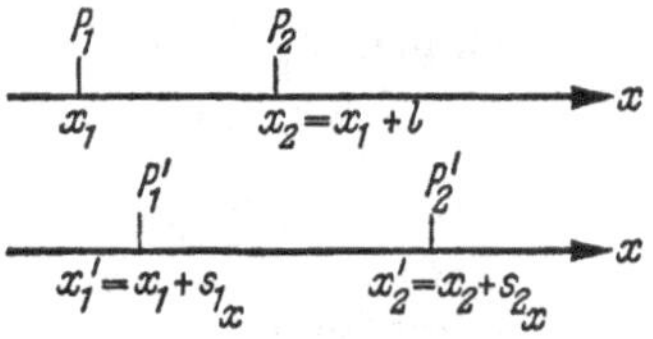

Abb. 98, 1: Zur Deutung von ε_{xx}

Nach der Deformation sei l' die Länge der betrachteten „x-Faser". Ist $l' \gtrless l$, so sagt man, die Faser habe eine *Dehnung* bzw. *Stauchung* erfahren. Wir nehmen an, daß ein solcher Vorgang stattgefunden hat. Dann entnimmt man aus Abb. 98, 1 für die neue Länge

$$l' = x_2' - x_1' = [x_2 + (s_2)_x] - [x_1 + (s_1)_x] \quad (98, 4)$$

$$= (x_2 - x_1) + [(s_2)_x - (s_1)_x] \quad (98, 5)$$

$$= l + [(s_2)_x - (s_1)_x] \quad (98, 6)$$

$$= l + (\Delta s)_x. \quad (98, 7)$$

Demnach ist die infolge der Deformation eingetretene Längenänderung der „x-Faser"

$$\Delta l = l' - l = \Delta s_x. \quad (98, 8)$$

Bezieht man sie auf die ursprüngliche Länge $l = \Delta x$, so wird

$$\frac{l' - l}{l} = \frac{\Delta l}{l} = \frac{\Delta s_x}{\Delta x}. \quad (98, 9)$$

Dieser Ausdruck geht, wenn P_1 und P_2 infinitesimal benachbart sind, in

$$\frac{\Delta l}{l} = \frac{\Delta s_x}{\Delta x} \to \frac{\partial s_x}{\partial x} \quad (98, 10)$$

über. Unter Beachtung von (97, 18) wird daher

$$\frac{\Delta l}{l} = \varepsilon_{xx}. \quad (98, 11)$$

Dieser Ausdruck besagt, daß die Tensorkomponente ε_{xx} die relative Änderung eines ursprünglichen Abstandes l zweier auf der x-Achse liegender Punkte bei einer Dehnung in Richtung der x-Achse angibt. Analoges gilt für die Bedeutung von ε_{yy} und ε_{zz}.

Aus den vorstehenden Darlegungen folgt unmittelbar, daß die mit einer Deformation möglicherweise verbundene Änderung ΔV des Volumens V eines Körpers sich durch die drei Komponenten 1. Art $\varepsilon_{xx}, \varepsilon_{yy}, \varepsilon_{zz}$ des Deformationstensors beschreiben lassen muß. Um hierfür einen geeigneten Ausdruck zu finden, betrachten wir einen kleinen Quader, dessen Kanten von den Längen l_1, l_2, l_3 parallel zu den drei

Achsen des Koordinatensystems sind. Das Volumen des Quaders ist daher

$$V_0 = l_1 l_2 l_3. \tag{98, 12}$$

Nach einer Deformation seien die neuen Kantenlängen des Quaders

$$l_1' = l_1(1 + \varepsilon_{xx}) \tag{98, 13}$$

$$l_2' = l_2(1 + \varepsilon_{yy}) \tag{98, 14}$$

$$l_3' = l_3(1 + \varepsilon_{zz}) \tag{98, 15}$$

und daher das Volumen V_0' des deformierten Quaders

$$V_0' = l_1' l_2' l_3' \tag{98, 16}$$

$$= l_1 l_2 l_3 (1 + \varepsilon_{xx})(1 + \varepsilon_{yy})(1 + \varepsilon_{zz}). \tag{98, 17}$$

Beachtet man, daß die $\varepsilon_{xx}, \ldots$ „klein von erster Ordnung" sind und vernachlässigt man ihnen gegenüber alle Glieder, die „klein von höherer Ordnung" sind, so erhält man nach Ausmultiplizieren der rechten Seite von (98, 17) in erster Näherung

$$V_0' = l_1 l_2 l_3 (1 + \varepsilon_{xx} + \varepsilon_{yy} + \varepsilon_{zz}) \tag{98, 18}$$

$$= V_0(1 + \varepsilon_{xx} + \varepsilon_{yy} + \varepsilon_{zz}). \tag{98, 19}$$

Für die Volumenänderung ΔV folgt hieraus

$$\Delta V = V_0' - V_0 = V_0(\varepsilon_{xx} + \varepsilon_{yy} + \varepsilon_{zz}). \tag{98, 20}$$

Bezieht man ΔV auf das ursprüngliche Volumen V_0, so wird

$$\frac{V_0' - V_0}{V_0} = \frac{\Delta V}{V} = \varepsilon_{xx} + \varepsilon_{yy} + \varepsilon_{zz}. \tag{98, 21}$$

Man nennt die relative Volumenänderung $\Delta V/V$ *Volumendilatation* und bezeichnet sie mit Θ. Nach der letzten Gleichung ist demnach

$$\Theta = \varepsilon_{xx} + \varepsilon_{yy} + \varepsilon_{zz}. \tag{98, 22}$$

Unter Beachtung von (97, 18) und (94, 10) kann hierfür auch

$$\Theta = \frac{\partial s_x}{\partial x} + \frac{\partial s_y}{\partial y} + \frac{\partial s_z}{\partial z} = \operatorname{div} \mathfrak{s} \tag{98, 23}$$

geschrieben werden. —

Es verbleibt noch zu klären, welche Bedeutung die Tensorkomponenten zweiter Art ε_{ik}, $(i \neq k)$ haben. Zu diesem Zweck betrachten wir vier innerhalb eines deformierbaren Festen Körpers liegende Punkte, die Eckpunkte eines Rechteckes sind. Die Rechteckebene werde als xy-Ebene eines cartesischen Koordinatensystems

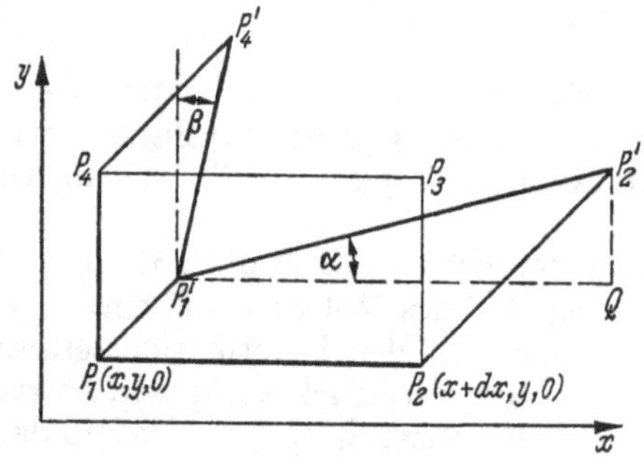

Abb. 98, 2: Zur Deutung von ε_{xy}

gewählt, in bezug auf das die vier Punkte P_1, P_2, P_3, P_4 die aus Abb. 98, 2 zu entnehmenden Koordinaten haben sollen. Infolge einer Deformation ändern die vier Punkte ihre Lage. Wir betrachten insbesondere die Verschiebungen von P_1 und P_2. Sie kann symbolisch durch

$$P_1(x, y, 0) \rightarrow P_1'(x + s_x, y + s_y, s_z) \qquad (98, 24)$$

$$P_2(x + dx, y, 0) \rightarrow P_2'\left(x + dx + s_x + \frac{\partial s_x}{\partial x} dx, y + s_y + \frac{\partial s_y}{\partial x} dx, s_z + \frac{\partial s_z}{\partial x} dx\right) \qquad (98, 25)$$

dargestellt werden.

Die Änderung der Lagekoordinaten in Richtung der z-Achse können unberücksichtigt bleiben, wenn man sich P_1' und P_2' in die xy-Ebene projiziert denkt. Dann wird die Richtung der beiden Punkte, die ursprünglich mit der Richtung der x-Achse zusammenfiel, nunmehr eine andere sein und mit dieser einen (kleinen) Winkel α einschließen. Für ihn gilt, wie aus Abb. 98, 2 abzulesen ist,

$$\operatorname{tg} \alpha = \frac{P_2'Q}{P_1'Q} = \frac{\left(y + s_y + \frac{\partial s_y}{\partial x} dx\right) - (y - s_y)}{\left(x + dx + s_k + \frac{\partial s_x}{\partial x} dx\right) - (x - s_x)} \qquad (98, 26)$$

$$= \frac{\frac{\partial s_y}{\partial x} dx}{\left(1 + \frac{\partial s_x}{\partial x}\right) dx}. \qquad (98, 27)$$

Vernachlässigt man im Nenner $\frac{\partial s_x}{\partial x}$ als klein gegenüber 1 und ersetzt näherungsweise den tg des kleinen Winkels α durch das Argument, so wird

$$\alpha \approx \frac{\partial s_y}{\partial x}. \qquad (98, 28)$$

Durch dieselbe Betrachtung findet man für den Winkel β, den die Verbindungslinie $P_1' P_4'$ mit der y-Achse bildet,

$$\beta \approx \frac{\partial s_x}{\partial y}. \qquad (98, 29)$$

Daher ist

$$\frac{\partial s_y}{\partial x} + \frac{\partial s_x}{\partial y} = 2\varepsilon_{xy} \approx \alpha + \beta, \qquad (98, 30)$$

d. h.,

$$\varepsilon_{xy} \approx \frac{1}{2}(\alpha + \beta) \qquad (98, 31)$$

gibt (näherungsweise) die Hälfte der Änderung eines in der xy-Ebene liegenden ursprünglich rechten Winkels infolge einer Deformation an. Entsprechende Bedeutungen haben ε_{xz} und ε_{yz}.

Eine Deformation, die Winkeländerungen zur Folge haben, nennt man *Scherung* oder *Gleitung*. Durch sie wird eine Gestalts-(Form-)veränderung des Körpers bewirkt.

Zusammenfassend läßt sich sagen: die bei einer Infinitesimal kleinen Deformation eines Festen Körpers auftretenden Längen- und Winkeländerungen, die Volumen- und Gestaltsveränderungen bedingen, werden durch den symmetrischen Deformationstensor mit den Komponenten (97, 20) beschrieben. Diese lauten gemäß (97, 18) in Verbindung mit (94, 10):

$$\varepsilon_{ik} = \frac{1}{2}\left(\frac{\partial s_i}{\partial x_k} + \frac{\partial s_k}{\partial x_i}\right), \qquad i = 1, 2, 3. \qquad (98, 32)$$

Die Komponenten erster Art des Deformationstensors beschreiben relative Längenänderungen und damit Änderung des *Volumens* der deformierten Körper, während die Komponenten zweiter Art *Winkel*änderungen, d. h. eine vielleicht auftretende Gestaltsveränderung des Körpers beschreiben.

99. Die Kompatibilitätsbedingungen

Nach den Darlegungen in Kap. 97 wird ein („eigentlicher") Deformationszustand durch die neun Tensorkomponenten ε_{ik} beschrieben, von denen wegen der Symmetrie des Deformationstensors nur sechs voneinander unabhängig sind. Jedoch wird durch ein System von sechs voneinander unabhängigen Größen, die Tensorcharakter haben, keineswegs immer ein physikalisch möglicher Verzerrungszustand beschrieben. Dies folgt daraus, daß die ε_{ik} sich aus (den nur drei!) Komponenten $s_x = \xi$, $s_y = \eta$, $s_z = \zeta$ des Verschiebungsvektors $\mathfrak{s}$ aus den Definitionsgleichungen (98, 32) ergeben.

Die ε_{ik} müssen daher, außer daß sie die Eigenschaft haben, Tensorkomponenten zu sein, noch weiteren Forderungen genügen, die als *Kompatibilitäts-* oder *Verträglichkeitsbedingungen* bezeichnet werden. Hierauf haben wohl erstmalig KIRCHHOFF[1]) und DE SAINT-VENANT[2]) hingewiesen.

Die fraglichen Kompatibilitätsbedingungen erhält man aus dem bekannten Satz, daß das Ergebnis einer mehrfachen partiellen Differentiation — immer vorausgesetzt, daß die erforderlichen Differentiationseigenschaften erfüllt sind — unabhängig davon ist, in welcher Reihenfolge nach den verschiedenen Variablen abgeleitet wird, d. h. es muß z. B.

$$\frac{\partial}{\partial y}\left(\frac{\partial \xi}{\partial x}\right) = \frac{\partial}{\partial x}\left(\frac{\partial \xi}{\partial y}\right) \tag{99, 1}$$

gelten. Dieses liefert mit Verwendung von (98, 32):

$$\frac{\partial \varepsilon_{xx}}{\partial y} = 2\,\frac{\partial \varepsilon_{xy}}{\partial x} - \frac{\partial^2 \eta}{\partial x^2}. \tag{99, 2}$$

Aus dieser Gleichung läßt sich die Komponente η eliminieren und durch ε_{yy} ausdrücken. Dies gelingt, indem man (99, 2) nach y differenziert und wieder (98, 32) beachtet. Dann geht (99, 2) in

$$2\,\frac{\partial^2 \varepsilon_{xy}}{\partial x \partial y} = \frac{\partial^2 \varepsilon_{xx}}{\partial y^2} + \frac{\partial^2 \varepsilon_{yy}}{\partial x^2} \tag{99, 3}$$

über. Durch zyklische Vertauschung erhält man die zwei weiteren Bedingungen

$$2\,\frac{\partial^2 \varepsilon_{yz}}{\partial y \partial z} = \frac{\partial^2 \varepsilon_{yy}}{\partial z^2} + \frac{\partial^2 \varepsilon_{zz}}{\partial y^2} \tag{99, 4}$$

$$2\,\frac{\partial^2 \varepsilon_{zx}}{\partial z \partial x} = \frac{\partial^2 \varepsilon_{zz}}{\partial x^2} + \frac{\partial^2 \varepsilon_{xx}}{\partial z^2}. \tag{99, 5}$$

Durch das zuletzt angegebene Gleichungstripel werden noch nicht alle Forderungen ausgedrückt, die an die ε_{ik} gestellt werden, wenn sie einen physikalisch möglichen Deformationszustand beschreiben sollen. Denn außer (99, 1) muß auch die Bedingung

$$\frac{\partial}{\partial x}\left(\frac{\partial \eta}{\partial z}\right) = \frac{\partial}{\partial z}\left(\frac{\partial \eta}{\partial x}\right) \tag{99, 6}$$

---

[1]) Gustav KIRCHHOFF: *1824 in Königsberg, †1887 in Berlin.

[2]) Adhémar DE SAINT-VENANT: *1797 in Port Oiseau, †1886 in Saint Ouen (Vendômes).

erfüllt sein. Setzt man hierin für die in den Klammern stehenden Differentialquotienten, die sich aus (98, 32) ergebenden Ausdrücke ein, so erhält man nach geringfügiger Umformung

$$2\frac{\partial \varepsilon_{yz}}{\partial x} - 2\frac{\partial \varepsilon_{xy}}{\partial z} = \frac{\partial}{\partial y}\left(\frac{\partial \zeta}{\partial x} - \frac{\partial \xi}{\partial z}\right), \tag{99, 7}$$

oder unter Beachtung von (98, 32):

$$\ldots = 2\left(\frac{\partial \varepsilon_{xz}}{\partial y} - \frac{\partial^2 \xi}{\partial y \partial z}\right) \tag{99, 8}$$

Hieraus läßt sich ξ eliminieren, indem man die letzte Gleichung nach x differenziert. Dann erhält man

$$\frac{\partial^2 \varepsilon_{xx}}{\partial y \partial z} = \frac{\partial}{\partial x}\left(-\frac{\partial \varepsilon_{yz}}{\partial x} + \frac{\partial \varepsilon_{zx}}{\partial y} + \frac{\partial \varepsilon_{xy}}{\partial z}\right). \tag{99, 9}$$

und durch zyklische Vertauschung

$$\frac{\partial^2 \varepsilon_{yy}}{\partial z \partial x} = \frac{\partial}{\partial y}\left(\frac{\partial \varepsilon_{yz}}{\partial x} - \frac{\partial \varepsilon_{xz}}{\partial y} + \frac{\partial \varepsilon_{xy}}{\partial z}\right) \tag{99, 10}$$

$$\frac{\partial^2 \varepsilon_{zz}}{\partial x \partial y} = \frac{\partial}{\partial z}\left(\frac{\partial \varepsilon_{yz}}{\partial x} + \frac{\partial \varepsilon_{zx}}{\partial y} - \frac{\partial \varepsilon_{xy}}{\partial z}\right). \tag{99, 11}$$

Die letzten drei Gleichungen stellen weitere Bedingungen dar, denen die ε_{ik} außer (99, 3—5) noch zu genügen haben.

Von den insgesamt neun Gleichheiten, die sich zwischen den gemischten Ableitungen der drei Komponenten ξ, η, ζ nach den drei Ortsvariablen x, y, z aufstellen lassen, sind bisher nur sechs verwendet worden. Schließt man an die noch drei verbleibenden Identitäten an, so erhält man keine neuen Bedingungsgleichungen für die ε_{ik}. Es sind daher die beiden Tripel (99, 3—5) und (99, 9—11) die gesuchten Verträglichkeitsbedinungen für die ε_{ik}.

Es hat 1886 zuerst BELTRAMI[1]) bewiesen, daß die zuletzt genannten Gleichungstripel sowohl notwendige als auch hinreichende Bedingungen dafür sind, daß nur jene sechs Tensorkomponenten ε_{ik}, die diesen beiden Tripeln genügen, einen physikalisch möglichen Deformationszustand beschreiben.

III. Der Spannungszustand

100. Massen-, Volumen- und Flächenkräfte

Die auf einen Deformierbaren Körper wirkenden Kräfte lassen sich in zwei Klassen einteilen.

Die erste Klasse umfaßt alle jene Kräfte, die auf jedes Massenelement dm des Körpers wirken und deren Betrag dem Massenelement dm proportional ist. Man nennt diese Art von Kräften, bezogen auf die Masseneinheit, *Massenkräfte*. Bezeichnet man sie mit $\mathfrak{P}$, so wirkt auf ein Massenelement dm die infinitesimal kleine Kraft

$$d\mathfrak{K} = \mathfrak{P} dm \tag{100, 1}$$

und auf den gesamten Körper die Kraft

$$\mathfrak{K} = \int \mathfrak{P} dm. \tag{100, 2}$$

Beispiele für Massenkräfte sind die Schwerkraft, die Zentrifugalkraft und die Trägheitskraft.

---

[1]) Eugenio BELTRAMI: *1835 in Cremona, †1900 in Rom.

Anstelle der auf die Masseneinheit bezogenen Kraft $\mathfrak{P}$ wird (insbesondere in der Elastomechanik) auch oft mit der auf die Volumeneinheit bezogenen *Volumenkraft* $\mathfrak{F}$ gerechnet.

Wegen der vorausgesetzten kontinuierlichen Massenverteilung muß zwischen $\mathfrak{P}$ und $\mathfrak{F}$ ein Zusammenhang bestehen, der sich wie folgt ergibt. Sei $\varrho = \varrho(\mathfrak{r})$ die — ggf. ortsabhängige — Dichte des betrachteten Körpers und $d\tau$ ein Volumenelement desselben, so enthält $d\tau$ die Masse

$$dm = \varrho(\mathfrak{r})d\tau\,. \tag{100, 3}$$

Damit wird aus (100, 1):

$$d\mathfrak{K} = \varrho\mathfrak{P}d\tau. \tag{100, 4}$$

Hieraus ersieht man, daß die auf die Volumeneinheit bezogene Kraft, eben die Volumenkraft,

$$\mathfrak{F} = \varrho\mathfrak{P} \tag{100, 5}$$

ist. Daher ist die auf den Deformierbaren Körper wirkende Gesamtkraft $\mathfrak{K}$, wenn man sie durch $\mathfrak{F}$ ausdrückt,

$$\mathfrak{K} = \iiint\limits_V \mathfrak{F}d\tau\,, \tag{100, 6}$$

wobei über das vom Körper eingenommene Volumen V zu integrieren ist.

Für den Fall, daß es sich z. B. bei der Kraft um die Schwerkraft der Erde handelt, ist

$$\mathfrak{P} = \mathfrak{g} \tag{100, 7}$$

$$\mathfrak{F} = \varrho\mathfrak{g}\,, \tag{100, 8}$$

wobei $\mathfrak{g}$ den Vektor der Erdbeschleunigung bedeutet. —

Die zweite Klasse von Kräften, die in der Mechanik Deformierbarer Körper neben den Massen- und Volumenkräften eine wesentliche Rolle spielen, sind die *Flächenkräfte*. Als solche bezeichnet man Kräfte, die auf Flächen innerhalb eines Körpers oder auf die ihn begrenzende Oberfläche wirken und durch diese übertragen werden. Derartige Kräfte, bezogen auf die Flächeneinheit, nennt man heute *Spannungen* (oder Drücke). Diese Bezeichnungen gehen auf CAUCHY zurück, der 1832 erstmalig die Flächenkräfte als „tension ou pression" bezeichnete (engl. „stress"). CAUCHY sah die Spannungen als eine Verallgemeinerung des hydrostatischen Druckes an, indem er annahm, daß Flächenkräfte nicht unbedingt parallel (oder antiparallel) zu einer Flächennormalen gerichtet sein müssen, sondern auch nicht normal zur Fläche angreifen können.

Zur Erläuterung des Begriffs der Spannungen und der CAUCHYschen Vorstellung von diesem Begriff schließen wir an Abb. (100, 1) an. Hierin bedeutet $\mathfrak{f}$ den als rechteckig angenommenen Querschnitt eines Stabes, auf den — gleichmäßig über ihn verteilt — die Kraft $\mathfrak{K}$ in Richtung der Normalen $\mathfrak{n}^0$ von $\mathfrak{f}$ wirke. Es ist daher die Querschnittsfläche

$$\mathfrak{f} = f\mathfrak{n}^0 \tag{100, 9}$$

und die auf sie wirkende Kraft

$$\mathfrak{K} = K\mathfrak{n}^0, \tag{100, 10}$$

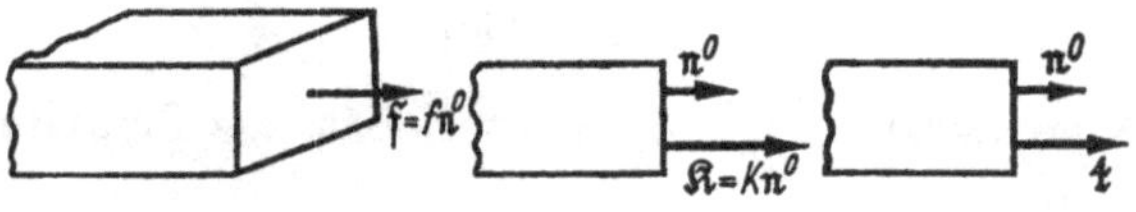

Abb. 100, 1: Der Spannungsvektor $\mathfrak{t}$

wobei K den Betrag von $\mathfrak{K}$ bedeutet.

Für die auf die Flächeneinheit bezogene Kraft erhält man

$$\mathfrak{t} = \frac{\mathfrak{K}}{f} = \frac{K}{f}\,\mathfrak{K}^0. \tag{100, 11}$$

Diese Größe heißt *Spannungsvektor.*

Im vorstehend betrachteten Sonderfall hat $\mathfrak{t}$ die Richtung der Flächennormale $\mathfrak{n}^0$ und daher nur die eine in Normalenrichtung nicht verschwindende Komponente. Eine solche nennt man *Normalspannung.* Ist sie, wie in dem hier betrachteten Beispiel positiv (d. h. parallel zu $\mathfrak{n}^0$), so spricht man von einer *Zug*komponente, im entgegengesetzten Fall von einer *Druck*komponente.

Offensichtlich muß bei einem nur auf Zug beanspruchten (bzw. nur einem Druck unterworfenen) Körper die auf ihn einwirkende Kraft in allen Punkten der Körperoberfläche auf ihr senkrecht stehen, Abb. 100, 2.

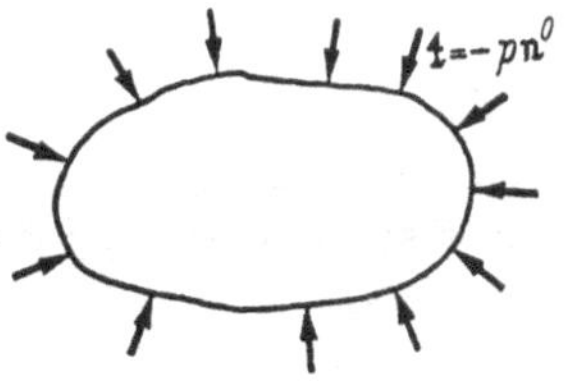

Abb. 100, 2: Ein einem Druck p unterworfener Körper

Trifft dies nicht zu, was i. allg. der Fall ist, so schließen Spannungsvektor $\mathfrak{t}$ und Flächennormale $\mathfrak{n}^0$ einen Winkel $\alpha \neq 0$ ein, Abb. 100, 3. Es hat dann $\mathfrak{t}$ außer der Normalkomponente t_n auch eine in die Fläche fallende Tangentialkomponente t_t, die man *Scher-* oder *Schub*spannung nennt.

Offenbar haben nun, wie aus Abb. 100, 3 unmittelbar ersichtlich, die Normal- und Tangentialkomponente des gleichen Spannungsvektors $\mathfrak{t}$ verschiedene Beträge,

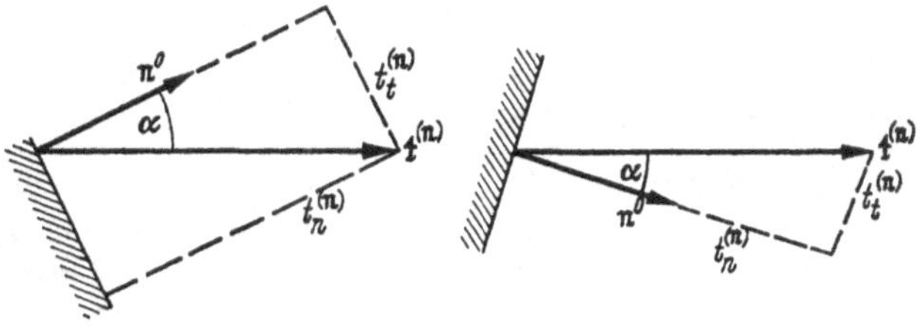

Abb. 100, 3: Normal- und Schubspannung

wenn $\mathfrak{K}$ auf Flächen mit verschieden gerichteten Flächennormalen $\mathfrak{n}^0$ wirkt. Zur vollständigen Beschreibung der Verhältnisse muß also neben dem Spannungsvektor $\mathfrak{t}$ auch noch die jeweilige Normale $\mathfrak{n}^0$ jener Fläche angegeben werden, auf der $\mathfrak{t}$ angreift. Wir wollen dies durch $\mathfrak{t}^{(\mathfrak{n})}$ ausdrücken[1]). Dieses Symbol bedeutet also eine Kraft, welche an einer als eben vorausgesetzten Einheitsfläche mit dem Normaleneinheitsvektor $\mathfrak{n}^0$ angreift. (Wir erinnern daran, daß nach einer in Kap. 5 getroffenen Festlegung die Normalenrichtung der Oberfläche eines Körpers dann als positiv bezeichnet wird, wenn $\mathfrak{n}^0$ „nach außen" weist, Abb. 100, 4).

[1]) Korrekterweise sollte nach der in Kap. 5 getroffenen Vereinbarung $\mathfrak{t}^{(\mathfrak{n}^0)}$ geschrieben werden. Wenn wir dem entgegen das einen Einheitsvektor kennzeichnende Symbol ^{0} bei $\mathfrak{n}^0$ fortlassen, so geschieht dies lediglich aus Gründen der Vereinfachung. Verwechslungen oder Unklarheiten dürfte diese Schreibweise wohl kaum zur Folge haben.

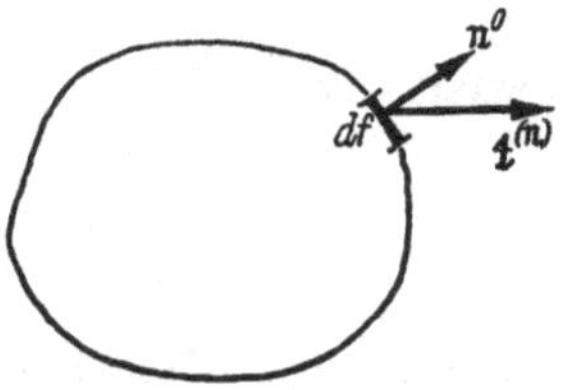

Abb. 100, 4: Zur Festlegung der positiven Orientierung des Flächennormalenvektors $\mathfrak{n}^0$

Nach dem Gesetz von actio = reactio ist

$$\mathfrak{t}^{(-\mathfrak{n})} = -\mathfrak{t}^{(\mathfrak{n})}, \tag{100, 12}$$

von welcher Beziehung wir Gebrauch machen werden.

Wir betrachten nun (nicht wie bisher den ebenen Querschnitt eines Stabes, sondern) einen beliebig geformten Körper, dessen Berandung eine „vernünftige“ Fläche ist, Abb. 101, 4. Es sei

$$d\mathfrak{f} = \mathfrak{n}^0 df \tag{100, 13}$$

ein Element der Oberfläche, an dem der Spannungsvektor $\mathfrak{t}^{(\mathfrak{n})}$ angreife. Dann wirkt auf df der infinitesimal kleine Kraftanteil

$$d\mathfrak{K} = \mathfrak{t}^{(\mathfrak{n})} df \tag{100, 14}$$

und auf die gesamte Körperoberfläche F die Kraft

$$\mathfrak{K} = \iint_F \mathfrak{t}^{(\mathfrak{n})} df. \tag{100, 15}$$

Um das Integral (100, 15) ausrechnen zu können, bedarf es der Kenntnis der Spannungsvektoren $\mathfrak{t}^{(\mathfrak{n})}$ für alle vorkommenden Normalenrichtungen $\mathfrak{n}^0$. Dies führt zu der Frage: Gibt es einen Zusammenhang zwischen $\mathfrak{t}^{(\mathfrak{n})}$ und $\mathfrak{n}^0$? Mit der Beantwortung dieser Frage beschäftigen wir uns im folgenden Kapitel.

101. Der Spannungstensor

Um die vorstehend aufgeworfene Frage zu beantworten, schließen wir an Abb. 101, 1 an. In ihr bedeutet K einen sich im Gleichgewicht befindenden Deformierbaren Körper, der Volumen- und Massenkräften unterworfen sei. Weiterhin sei P ein

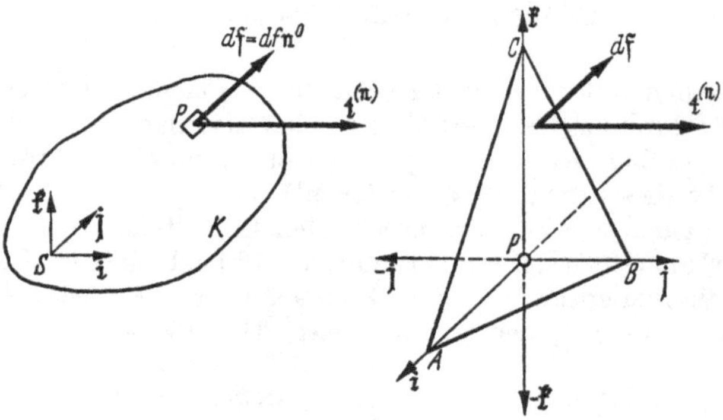

Abb. 101, 1: Zur Darstellung des Spannungszustandes im Flächenelement $d\mathfrak{f}$ eines Deformierbaren Körpers K

Punkt von K, der in dem Flächenelement

$$d\mathfrak{f} = \mathfrak{n}^0 df \tag{101, 1}$$

liege. An $d\mathfrak{f}$ greife die Kraft (100, 14) an. Wir denken uns nun ein ursprünglich beliebig orientiertes, cartesisches Koordinatensystem S, gekennzeichnet durch die Einheitsvektoren $\mathfrak{i}$, $\mathfrak{j}$, $\mathfrak{k}$, derart verschoben, daß der Ursprung von S mit P zusammenfällt. Gleichzeitig möge $d\mathfrak{f}$ um ein infinitesimal kleines Stück in Richtung seiner Normalen $\mathfrak{n}^0$ verschoben werden. Dann schneidet $d\mathfrak{f}$ aus dem durch $\mathfrak{i}$, $\mathfrak{j}$, $\mathfrak{k}$ gegebenen Dreibein die in die drei Koordinatenebenen fallenden Flächenelemente

$$df_1 = BCP \tag{101, 2}$$

$$df_2 = CAP \tag{101, 3}$$

$$df_3 = ABP \tag{101, 4}$$

aus. Diese Flächenelemente begrenzen gemeinsam mit

$$df = ABC \tag{101, 5}$$

ein kleines Tetraeder. Die positiven (d. h. „nach außen" gerichteten) Normalen von dessen Begrenzungsflächen sind von

$$df_1: \quad -\mathfrak{i} \quad \text{d. i. die Richtung der } -x \text{ Achse} \tag{101, 6}$$

$$df_2: \quad -\mathfrak{j} \quad \text{d. i. die Richtung der } -y \text{ Achse} \tag{101, 7}$$

$$df_3: \quad -\mathfrak{k} \quad \text{d. i. die Richtung der } -z \text{ Achse.} \tag{101, 8}$$

Es ist also

$$d\mathfrak{f}_1 = (-\mathfrak{i})\, df_1 \tag{101, 9}$$

usw.

Wegen des vorausgesetzten Gleichgewichtes von K muß sich ebenfalls jedes seiner Teile, also auch das Tetraeder, im Gleichgewicht befinden. Notwendige Bedingung ist hierfür das Verschwinden aller am Tetraeder angreifenden Kräfte, d. h. es muß

$$\iiint\limits_V \mathfrak{F} d\tau + \iint\limits_F \mathfrak{t}^{(\mathfrak{n})} df = 0 \tag{101, 10}$$

sein. Hierbei bedeutet V das Volumen und F die Oberfläche des Tetraeders. Da diese nur aus vier Teilen besteht, reduziert sich (100, 10), wenn wir nur die x-Komponente dieser Gleichung betrachten, auf

$$F_x d\tau + t_x^{(-x)} df_1 + t_x^{(-y)} df_2 + t_x^{(-z)} df_3 + t_x^{(\mathfrak{n})} df = 0. \tag{101, 11}$$

Hierfür können wir wegen (101, 12) auch

$$F_x d\tau - t_x^{(x)} df_1 + t_x^{(y)} df_2 + t_x^{(z)} df_3 + t_x^{(\mathfrak{n})} df = 0 \tag{101, 12}$$

schreiben.

Nun sind df_1, df_2, df_3 die Projektionen von df auf die drei Koordinatenebenen. Es lassen sich daher nach den Regeln der Analytischen Geometrie df_1, df_2, df_3 durch df und den cos der drei Winkel α, β, γ, die $-\mathfrak{i}$, $-\mathfrak{j}$, $-\mathfrak{k}$ mit $\mathfrak{n}^0$ bilden, ausdrücken, und zwar gelten die Beziehungen

$$df_1 = -\mathfrak{i} \cdot d\mathfrak{f} = df \cos\alpha \tag{101, 13}$$

$$df_2 = -\mathfrak{j} \cdot d\mathfrak{f} = df \cos\beta \tag{101, 14}$$

$$df_3 = -\mathfrak{k} \cdot d\mathfrak{f} = df \cos\gamma. \tag{101, 15}$$

Nach den Darlegungen in Kap. 5 sind die drei „Richtungscosinusse" $\cos\alpha, \ldots$ die Komponenten von $\mathfrak{n}^0$ in bezug auf das Koordinatensystem $-\mathfrak{i}, -\mathfrak{j}, -\mathfrak{k}$:

$$\mathfrak{n}^0 = \{\cos\alpha, \cos\beta, \cos\gamma\}. \tag{101, 16}$$

Für die weitere Überlegung ist nun wichtig, daß man im Anschluß an eine wohl erstmalig von CAUCHY durchgeführte Überlegung, die in den vorstehenden Gleichungen auftretende Volumenkraft $\mathfrak{F}$ als klein von dritter Ordnung gegenüber den Anteilen $t_x^{(x)} df_1, \ldots$ der Flächenkräfte, die kleine Größen von zweiter Ordnung sind, vernachlässigen darf. Dann wird aus (101, 12), wenn man darin (101, 13—15) einsetzt und durch den gemeinsamen Faktor df kürzt

$$t_x^{(\mathfrak{n})} = t_x^{(x)} \cos\alpha + t_x^{(y)} \cos\beta + t_x^{(z)} \cos\gamma. \tag{101, 17}$$

Hieraus erhält man durch zyklische Vertauschung die beiden weiteren Gleichungen:

$$t_y^{(\mathfrak{n})} = t_y^{(x)} \cos\alpha + t_y^{(y)} \cos\beta + t_y^{(z)} \cos\gamma \tag{101, 18}$$

$$t_z^{(\mathfrak{n})} = t_z^{(x)} \cos\alpha + t_z^{(y)} \cos\beta + t_z^{(z)} \cos\gamma. \tag{101, 19}$$

Die drei zuletzt angegebenen Gleichungen bringen zunächst zum Ausdruck, daß die drei Komponenten von $\mathfrak{t}^{(\mathfrak{n})}$ in einem beliebigen Flächenelement $d\mathfrak{f}$ dann bekannt sind, wenn man am Ort von $d\mathfrak{f}$ die Spannungsvektoren in drei aufeinander senkrecht stehenden Richtungen kennt.

Weiterhin geht aus (101, 17—19) hervor, daß die drei Komponenten von $\mathfrak{t}^{(\mathfrak{n})}$ mit den Komponenten des Flächennormaleneinheitsvektors $\mathfrak{n}^0$ *linear* und *homogen* verknüpft sind. Dies bedeutet nach den Ausführungen in Kap. 6, daß die $t_x^{(x)}, \ldots t_z^{(z)}$ die Komponenten eines Tensors sind. Man nennt ihn den *Spannungstensor*. Um seine Komponenten in der in Kap. 6 dargelegten Weise (Doppelindizierung) zu schreiben, setzen wir

$$t_x^{(x)} = \sigma_{xx}, \quad t_y^{(x)} = \sigma_{xy}, \quad t_z^{(x)} = \sigma_{xz} \tag{101, 20}$$

$$t_y^{(x)} = \sigma_{xy}, \quad \ldots \tag{101, 21}$$

$$t_z^{(x)} = \sigma_{xz}, \quad \ldots \tag{101, 22}$$

oder allgemein

$$t_k^{(i)} = \sigma_{ik}. \tag{101, 23}$$

In diesem Schema sind die Tensorkomponenten erster Art gemäß der oben gegebenen Definition die Normalspannungen, während die Tensorkomponenten zweiter Art die Scher- oder Schubspannungen darstellen.

Mit (101, 23) nehmen (101, 17—19) die Form

$$t_x^{(\mathfrak{n})} = \sigma_{xx} \cos\alpha + \sigma_{yx} \cos\beta + \sigma_{zx} \cos\gamma \tag{101, 24}$$

$$t_y^{(\mathfrak{n})} = \sigma_{xy} \cos\alpha + \cdots \tag{101, 25}$$

$$t_z^{(\mathfrak{n})} = \sigma_{xz} \cos\alpha + \cdots \tag{101, 26}$$

an. Sie gelten auch dann, wenn das in Abb. 101, 1 dargestellte Tetraeder so liegt, daß $d\mathfrak{f} = \mathfrak{n}^0 df$ ein Element der Oberfläche des Deformierbaren Körpers ist. Dann nennt man (101, 24—26) *Oberflächenbedingungen*.

Wir kommen noch einmal auf den schon vorstehend erwähnten Sonderfall zurück, daß alle Scherspannungen verschwinden, d. h. daß

$$\sigma_{ik} = 0 \quad \text{für } i \neq k \tag{101, 27}$$

ist. Die nicht verschwindenden Komponenten σ_{ii} erster Art des Spannungstensors haben dann p. def. die Richtung der Normalen $\mathfrak{n}^0$ des Flächenelementes, in dem der Spannungsvektor $\mathfrak{t}^{(\mathfrak{n})}$ angreift. Ist insbesondere die Richtung von $\mathfrak{t}^{(\mathfrak{n})}$ entgegengesetzt der von $\mathfrak{n}^0$ und ist außerdem der Betrag von $\mathfrak{t}^{(\mathfrak{n})}$ in jedem Flächenelement $d\mathfrak{f}$ gleich groß, so sagt man, der Deformierbare Körper unterliege einem allseitig gleichen *Druck*, Abb. 100, 2. Dieser Zustand läßt sich daher, wenn man den Betrag von $\mathfrak{t}^{(\mathfrak{n})}$ mit

$$|\mathfrak{t}^{(\mathfrak{n})}| = p \tag{101, 28}$$

bezeichnet, durch die Gleichungen

$$\sigma_{xx} = \sigma_{yy} = \sigma_{zz} = -p \tag{101, 29}$$

$$\sigma_{ik} = 0 \quad \text{für } i \neq k \tag{101, 30}$$

beschreiben.

Wir erwähnen diesen Sonderfall, weil wir ihn in der Hydrostatik antreffen werden.

102. Das Spannungsellipsoid

Der im vorstehenden Kapitel erklärte Spannungstensor ist, wie in Kap. 105 gezeigt werden wird, symmetrisch, d. h. es gilt

$$\sigma_{ik} = \sigma_{ki}. \tag{102, 1}$$

Es läßt sich daher nach den Ausführungen in Kap. 6 der Spannungstensor geometrisch durch eine Fläche zweiten Grades von solcher Art veranschaulichen, daß die Komponenten des Ortsvektors $\mathfrak{r} = \{x, y, z\}$ eines zur Fläche gehörenden Punktes P gleich den Spannungskomponenten $t_x^{(\mathfrak{n})}, t_y^{(\mathfrak{n})}, t_z^{(\mathfrak{n})}$ sind:

$$t_x^{(\mathfrak{n})} = x, \qquad t_y^{(\mathfrak{n})} = y, \qquad t_z^{(\mathfrak{n})} = z. \tag{102, 2}$$

Damit geht (101, 24) in

$$x = \sigma_{xx} \cos\alpha + \sigma_{yx} \cos\beta + \sigma_{zx} \cos\gamma \tag{102, 3}$$

über, aus der sich durch zyklische Vertauschung zwei weitere Gleichungen ergeben, die nun anstelle von (101, 25/26) treten.

Löst man dieses Gleichungstripel nach $\cos\alpha$, $\cos\beta$, $\cos\gamma$ auf, so erhält man für sie, wegen der Symmetrie der σ_{ik}, drei Ausdrücke von der Form

$$\cos\alpha = Ax + Ey + Fz \tag{102, 4}$$

$$\cos\beta = Ex + By + Gz \tag{102, 5}$$

$$\cos\gamma = Fx + Gy + Cz. \tag{102, 6}$$

Hierin sind $A, B, \ldots, G$ leicht zu bestimmende Größen, die durch die σ_{ik} festgelegt sind. Beachtet man die Relation

$$\cos^2\alpha + \cos^2\beta + \cos^2\gamma = 1, \tag{102, 7}$$

so erhält man aus (102, 4—6) als Gleichung der gesuchten Fläche

$$(Ax + Ey + Fz)^2 + (Ex + By + Gz)^2 + (Fx + Gy + Cz)^2 = 1. \tag{102, 8}$$

Durch diese Gleichung wird i. allg. ein Ellipsoid beschrieben, das man als *Spannungsellipsoid* bezeichnet.

Das durch (102, 8) erklärte Spannungsellipsoid läßt sich stets „auf Hauptachsen" transformieren, (Kap. 6), und hat dann, wenn die Koordinaten des Hauptachsensystems S' mit x', y', z' bezeichnet werden, die Gleichung

$$\frac{x'^2}{\sigma_1^2} + \frac{y'^2}{\sigma_2^2} + \frac{z'^2}{\sigma_3^2} = 1. \tag{102, 9}$$

Hierbei sind $\sigma_1, \sigma_2, \sigma_3$ die Hauptwerte des Spannungstensors.

Da p. def. im Hauptachsensystem S' alle

$$\sigma_{ik} = 0 \quad \text{für} \quad i \neq k \tag{102, 10}$$

sind, reduzieren sich bezüglich S' die Gleichungen (101, 24—26) auf

$$t_x^{(\mathfrak{n})} = \sigma_1 \cos\alpha' \tag{102, 11}$$

$$t_y^{(\mathfrak{n})} = \sigma_2 \cos\beta' \tag{102, 12}$$

$$t_z^{(\mathfrak{n})} = \sigma_3 \cos\gamma'. \tag{102, 13}$$

Wir erwähnen noch den durch (101, 29) angegebenen Sonderfall, daß die drei Hauptspannungen gleich groß sind und entgegengesetzt zur Normalen jener Fläche sind, auf die sie wirken. Dann ist

$$\sigma_1 = \sigma_2 = \sigma_3 = -p\,. \tag{102, 14}$$

In diesem Fall wird aus (102, 9):

$$x'^2 + y'^2 + z'^2 = p^2. \tag{102, 15}$$

Das ist die Gleichung einer Kugel, die man sinngemäß als *Druckkugel* bezeichnet.

IV. Bewegung Deformierbarer Körper

103. Die Lagrangeschen und die Eulerschen Variablen sowie der Begriff der substantiellen Ableitung

Um die Bewegung eines Körpers, die er während einer Deformation ausführt, zu beschreiben, hat man sich zwei voneinander verschiedene Methoden ausgedacht.

Die eine geht auf Lagrange zurück und wird daher als *Lagrangesche Darstellung* bezeichnet. Sie ist dadurch gekennzeichnet, daß sie die Begriffe und Sätze der Mechanik der Punktsysteme (diskrete punktförmige Massenverteilung), sinngemäß abgeändert, auf eine kontinuierlich verteilte (deformierbare) Masse überträgt. Es wird daher in der Lagrangeschen Darstellung die Bewegung eines Punktes P eines Körpers K, die er während einer Deformation ausführt, ebenso wie in der Punktmechanik dadurch ausgedrückt, daß man den Ortsvektor $\mathfrak{r}$ von P in Abhängigkeit von der Zeit t angibt. Während nun aber bei einem diskreten, sagen wir aus n Massenpunkten m_i, $(i = 1, 2, \ldots, n)$, bestehenden Punktsystem jeder Massenpunkt durch den Index i gekennzeichnet ist und daher von einem anderen Massenpunkt unterschieden werden kann, ist dies bei Punkten einer Masse, die kontinuierlich über ein Raumgebiet verteilt ist, *nicht* mehr möglich. In diesem Fall muß man anstelle des Kennzeichens i ein anderes Merkmal für einen ins Auge gefaßten Punkt P von K verwenden.

Welches Merkmal man zur Kennzeichnung eines „Teilchens" verwendet, ist grundsätzlich gleichgültig. Im Anschluß an Lagrange wählt man zur Individualisierung eines „Teilchens" seinen Ortsvektor $\mathfrak{r}_0$ zu einer beliebigen, aber festen Zeit t_0.

Es ist daher der Ortsvektor $\mathfrak{r}$ des betrachteten Punktes P im Sinn der LAGRANGEschen Darstellung nicht allein Funktion der Zeit t, sondern auch von $\mathfrak{r}_0$:

$$\mathfrak{r} = \tilde{\mathfrak{r}}(\mathfrak{r}_0, t). \tag{103, 1}$$

Diese Gleichung ist das „kontinuierliche" Gegenstück zu den n Gleichungen

$$\mathfrak{r}_i = \mathfrak{r}_i(t), \quad i = 1, 2, \ldots, n, \tag{103, 2}$$

durch welche die Bahnen der Massenpunkte m_i eines Punktsystems beschrieben werden.

Nach der Erklärung des Kennzeichens $\mathfrak{r}_0$ für ein „Teilchen" ist nach (103, 1) mit

$$\mathfrak{r}_0 = \tilde{\mathfrak{r}}(\mathfrak{r}_0, t_0) \tag{103, 3}$$

gemeint. Meistens wählt man den Zeitpunkt t_0 als Zeitnullpunkt:

$$t_0 = 0. \tag{103, 4}$$

Wir wollen uns diesem Brauch anschließen, so daß dann

$$\mathfrak{r}_0 = \tilde{\mathfrak{r}}(\mathfrak{r}_0, 0) \tag{103, 5}$$

gilt. Die Wahl des Zeitnullpunktes gemäß (103, 4) ist lediglich eine Zweckmäßigkeitsangelegenheit und hat keine Einschränkung der Allgemeinheit der nachstehenden Betrachtungen zur Folge.

Wir haben in (103, 1) das Funktionssymbol $\tilde{\mathfrak{r}}$ mit einer Tilde versehen. Diese soll darauf hinweisen und ist in den folgenden Ausführungen, wenn sie über einem Funktionssymbol steht, auch stets in dem Sinn zu verstehen, daß es sich um eine Funktion handelt, die von den voneinander unabhängigen LAGRANGEschen Variablen $\mathfrak{r}_0$ und t abhängt.

Wir wollen die Komponenten der „Visitenkarte" $\mathfrak{r}_0$ eines ins Auge gefaßten „Teilchens" eines Deformierbaren Körpers im Anschluß an LAGRANGE mit a, b, c bezeichnen:

$$\mathfrak{r}_0 = \{a, b, c\}, \tag{103, 6}$$

während der Ortsvektor

$$\mathfrak{r} = \{x, y, z\} \tag{103, 7}$$

ist. Aus (103, 1) in Verbindung mit (103, 3) ergibt sich für die Komponenten des Ortsvektors $\mathfrak{r}$ ausführlich geschrieben

$$x = \tilde{f}_1(a, b, c, t) \tag{103, 8}$$

$$y = \tilde{f}_2(a, b, c, t) \tag{103, 9}$$

$$z = \tilde{f}_3(a, b, c, t). \tag{103, 10}$$

Wir setzen nun aus physikalischen Gründen voraus, daß der durch die vorstehenden Gleichungen angegebene Zusammenhang zwischen $\mathfrak{r} = \{x, y, z\}$ und $\mathfrak{r}_0 = \{a, b, c\}$ zu jeder Zeit t eineindeutig und stetig ist. Diese Voraussetzung stützt sich auf den Begriff der *Undurchdringlichkeit der Materie.* Gemeint ist damit folgendes: Da zwei verschiedene „Teilchen" 1 und 2 zur Zeit t_0 zwei verschiedene Ortsvektoren $\mathfrak{r}_0^{(1)}$ und $\mathfrak{r}_0^{(2)}$ haben, so müssen wegen der Undurchdringlichkeit der Materie[1]) zu einer anderen Zeit t' die Ortsvektoren von 1 und 2 ebenfalls voneinander verschieden sein. Diese Aussage muß auch gelten, wenn in ihr die Zeiten t' und t_0 vertauscht werden.

---

[1]) Die Forderung der „Undurchdringlichkeit der Materie" ist in der Mechanik der Deformierbaren Körper weitgehend, jedoch nicht ausnahmslos erfüllt, wie z. B. bei *Diffusions*vorgängen.

Sieht man den eineindeutigen und zu jeder Zeit t stetigen Zusammenhang zwischen $\mathfrak{r}$ und $\mathfrak{r}_0$ als erfüllt an, so kann (103, 1) eindeutig nach $\mathfrak{r}_0$ bzw. (103, 8—10) eindeutig nach a, b, c aufgelöst werden. Das Ergebnis der Auflösung sei

$$\mathfrak{r}_0 = \mathfrak{r}_0(\mathfrak{r}, t)\,, \tag{103, 11}$$

oder in Komponenten geschrieben,

$$a = \varphi_1(x, y, z, t) \tag{103, 12}$$

$$b = \varphi_2(x, y, z, t) \tag{103, 13}$$

$$c = \varphi_3(x, y, z, t). — \tag{103, 14}$$

Aus (103, 1) erhält man als Geschwindigkeit $\mathfrak{v}$ des durch $\mathfrak{r}_0$ gekennzeichneten „Teilchens“

$$\tilde{\mathfrak{v}} = \{\tilde{v}_x, \tilde{v}_y, \tilde{v}_z\} = \left.\frac{\partial \tilde{\mathfrak{r}}(\mathfrak{r}_0, t)}{\partial t}\right|_{\mathfrak{r}_0}. \tag{103, 15}$$

Ihre Komponenten lauten, unter Beachtung von (103, 8—10), ausführlich geschrieben:

$$\tilde{v}_x = \left.\frac{\partial \tilde{f}_1(a, b, c, t)}{\partial t}\right|_{a, b, c} \tag{103, 16}$$

$$\cdot\;\cdot\;\cdot\;\cdot\;\cdot$$

Entsprechend ist die Beschleunigung

$$\tilde{\mathfrak{a}} = \{\tilde{a}_x, \tilde{a}_y, \tilde{a}_z\} = \left.\frac{\partial \tilde{\mathfrak{v}}(\mathfrak{r}_0, t)}{\partial t}\right|_{\mathfrak{r}_0} \tag{103, 17}$$

$$= \left.\frac{\partial^2 \tilde{\mathfrak{r}}(\mathfrak{r}_0, t)}{\partial t^2}\right|_{\mathfrak{r}_0}, \tag{103, 18}$$

wobei

$$\tilde{a}_x = \left.\frac{\partial^2 f_1(a, b, c, t)}{\partial t^2}\right|_{a, b, c} \tag{103, 19}$$

$$\cdot\;\cdot\;\cdot\;\cdot\;\cdot$$

bedeutet. —

Außer der LAGRANGEschen Darstellung gibt es noch eine andere Möglichkeit, ein Verschiebungsfeld zu beschreiben, die auf EULER (1755) zurückgeht und heute als EULER*sche Darstellung* bezeichnet wird[1]). In dieser Darstellung wird nicht das elastische Medium selbst, sondern der von ihm erfüllte Raum V betrachtet. Eine Bewegung des Mediums wird nach EULER dadurch beschrieben, daß in jedem Raumpunkt $P(\mathfrak{r})$ von V für jede Zeit t die Geschwindigkeit $\mathfrak{v}$ und bei nichtfesten Stoffen der in ihnen herrschende Druck p und ihre Dichte ϱ in Abhängigkeit von $\mathfrak{r}$ und t angegeben werden:

$$\mathfrak{v} = \mathfrak{v}(\mathfrak{r}, t) \tag{103, 20}$$

$$p = p(\mathfrak{r}, t) \tag{103. 21}$$

$$\varrho = \varrho(\mathfrak{r}, t). \tag{103, 22}$$

In den vorstehenden Gleichungen sind die Variablen $\mathfrak{r}$ und t voneinander *unabhängig*. Sie werden als EULER*sche Variable* bezeichnet und können als ein Gegenstück zu den LAGRANGEschen Variablen $\mathfrak{r}_0$ und t angesehen werden.

---

[1]) Historisch sei bemerkt, daß die LAGRANGEsche Darstellung auch schon EULER bekannt war. Wenn man trotzdem heute von der LAGRANGEschen Darstellung spricht, so hat dies seinen Grund darin, daß die mathematischen Methoden mit Verwendung der Variablen $\mathfrak{r}_0$ und t überwiegend von LAGRANGE ausgearbeitet wurden.

Wegen der durch (103, 8—10) und (103, 12—14) ausgedrückten (eineindeutigen) Verknüpfung der Komponenten von $\mathfrak{r}$ und $\mathfrak{r}_0$ muß es möglich sein, einen Ausdruck, in dem die EULERschen Variablen auftreten, auf LAGRANGEsche Variablen zu transformieren und umgekehrt.

Es sei G eine von den EULERschen Variablen Ort $\mathfrak{r}$ und Zeit t abhängige physikalische Größe:

$$G = \Phi(\mathfrak{r}, t) = \Phi(x, y, z, t). \tag{103, 23}$$

Um G in den LAGRANGEschen Variablen $\mathfrak{r}_0$ und t darzustellen, hat man $\mathfrak{r} = \{x, y, z\}$ gemäß (103, 8—10) auszudrücken, was

$$G = \Phi[\tilde{f}_1(a, b, c, t), \tilde{f}_2(\ldots), \tilde{f}_3(\ldots), t] \tag{103, 24}$$

ergibt.

Dieser Zusammenhang ist zu beachten, wenn es sich darum handelt, eine nach einer der LAGRANGE-Variablen gebildete Ableitung von G auf EULERsche Variablen umzuschreiben. Hierzu hat man die Kettenregel anzuwenden, nach der sich z. B. für

$$\left.\frac{\partial G}{\partial a}\right|_{b, c, t} = \frac{\partial \Phi}{\partial \tilde{f}_1}\frac{\partial \tilde{f}_1}{\partial a} + \frac{\partial \Phi}{\partial \tilde{f}_2}\frac{\partial \tilde{f}_2}{\partial a} + \frac{\partial \Phi}{\partial \tilde{f}_3}\frac{\partial \tilde{f}_3}{\partial a} \tag{103, 25}$$

$$= \frac{\partial \Phi}{\partial x}\frac{\partial x}{\partial a} + \frac{\partial \Phi}{\partial y}\frac{\partial y}{\partial a} + \frac{\partial \Phi}{\partial z}\frac{\partial z}{\partial a} \tag{103, 26}$$

ergibt.

Analoge Gleichungen gelten für die Ableitungen von G nach b und c.

Zu einer Beziehung, die insbesondere in der Hydrodynamik eine wesentliche Rolle spielt, gelangt man, wenn man die zeitliche Ableitung von (103, 23) auf EULERsche Variable umrechnet. Dann erhält man aus (103, 24) gemäß der Kettenregel

$$\left.\frac{\partial G}{\partial t}\right|_{a, b, c} = \frac{\partial \Phi}{\partial \tilde{f}_1}\frac{\partial \tilde{f}_1}{\partial t} + \frac{\partial \Phi}{\partial \tilde{f}_2}\frac{\partial \tilde{f}_2}{\partial t} + \frac{\partial \Phi}{\partial \tilde{f}_3}\frac{\partial \tilde{f}_3}{\partial t} + \frac{\partial \Phi}{\partial t}. \tag{103, 27}$$

Nun ist nach (103, 16):

$$\left.\frac{\partial \tilde{f}_1}{\partial t}\right|_{a, b, c} = v_x, \tag{103, 28}$$

so daß statt (103, 27) auch

$$\left.\frac{\partial G}{\partial t}\right|_{a, b, c} = \frac{\partial \Phi}{\partial t} + v_x\frac{\partial \Phi}{\partial x} + v_y\frac{\partial \Phi}{\partial y} + v_z\frac{\partial \Phi}{\partial z} \tag{103, 29}$$

geschrieben werden kann. Dieser Ausdruck läßt sich anders schreiben, wenn man aus seinen letzten drei Gliedern formal die Funktion Φ „ausklammert". Dies ergibt

$$\left.\left(\frac{\partial G}{\partial t}\right)\right|_{a, b, c} = \frac{\partial \Phi}{\partial t} + \left(v_x\frac{\partial}{\partial x} + v_y\frac{\partial}{\partial y} + v_z\frac{\partial}{\partial z}\right)\Phi. \tag{103, 30}$$

Der in der letzten Gleichung in runden Klammern stehende Operator, der auf die Funktion $\Phi(\mathfrak{r}, t)$ anzuwenden ist, läßt sich mit Verwendung eines Begriffes der Vektorrechnung auch anders schreiben: er kann (wiederum formal, Kap. 5) als das skalare Produkt des Vektors

$$\mathfrak{v} = \{v_x, v_y, v_z\} \tag{103, 31}$$

mit dem vektoriellen Operator „Gradient"

$$\text{grad} = \left\{\frac{\partial}{\partial x}, \frac{\partial}{\partial y}, \frac{\partial}{\partial z}\right\} \tag{103, 32}$$

angesehen werden. Schließt man sich dieser Auffassung an, so darf für

$$\left(v_x \frac{\partial}{\partial x} + v_y \frac{\partial}{\partial y} + v_z \frac{\partial}{\partial z}\right) = (\mathfrak{v} \cdot \text{grad}) \tag{103, 33}$$

geschrieben werden.

Damit geht (103, 30) in

$$\frac{\partial G}{\partial t} = \frac{\partial \Phi}{\partial t} + (\mathfrak{v} \cdot \text{grad})\, \Phi \tag{103, 34}$$

über.

Diesen Ausdruck bezeichnet man als die *substantielle Ableitung* der Funktion F und schreibt dafür vielfach

$$\frac{dG}{dt} = \frac{\partial \Phi}{\partial t} + (\mathfrak{v} \cdot \text{grad})\, \Phi. \tag{103, 35}$$

Weil das auf der linken Seite dieser Gleichung stehende Symbol leicht mit einem „gewöhnlichen“ Differentialquotienten verwechselt werden und dies zu Mißverständnissen führen kann, wollen wir diese Symbolik nicht verwenden, sondern kennzeichnen künftig die substantielle Ableitung von G durch

$$\frac{DG}{Dt} = \left.\frac{\partial \Phi}{\partial t}\right|_{\mathfrak{r}} + (\mathfrak{v} \cdot \text{grad})\, \Phi. \tag{103, 36}$$

Diese Gleichung zeigt, daß die substantielle Ableitung einer Größe G aus zwei Teilen besteht. Man nennt den ersten Summanden auf der rechten Seite von (103, 36), weil es sich um eine Zeitableitung handelt, bei welcher der Ort $\mathfrak{r}$ festzuhalten ist, die *lokale Ableitung*, während der andere Summand das *konvektive Glied* der substantiellen Ableitung von G heißt.

Wendet man (103, 36) auf die Komponenten der durch (103, 15) definierten Geschwindigkeit $\mathfrak{v} = \{v_x, v_y, v_z\}$ an, so erhält man

$$\frac{Dv_x}{Dt} = \left.\frac{\partial v_x}{\partial t}\right|_{\mathfrak{r}} + (\mathfrak{v} \cdot \text{grad})\, v_x \tag{103, 37}$$

und zwei analoge Gleichungen für v_y und v_z. Diese drei Gleichungen lassen sich unter Verwendung der Vektorschreibweise in

$$\frac{D\mathfrak{v}}{Dt} = \frac{\partial \mathfrak{v}}{\partial t} + (\mathfrak{v} \cdot \text{grad})\, \mathfrak{v} \tag{103, 38}$$

zusammenfassen.

Von dieser Beziehung werden wir bei der Aufstellung der Bewegungsgleichung der Hydrodynamik Gebrauch machen. Damit ist bereits angedeutet, daß diese in den EULERschen Variablen ausgedrückt werden wird. Dieses ist heute üblich, weil es sich gezeigt hat, daß zur Lösung von hydrodynamischen Problemen in der überwiegenden Mehrzahl der Fälle die Verwendung der EULERschen Darstellung geeigneter ist als die LAGRANGEsche Darstellung.

104. Die Kontinuitätsgleichung

Wir werden im folgenden, insbesondere bei der Behandlung von Flüssigkeits- und Gasbewegungen eine Beziehung benötigen, die als *Kontinuitätsgleichung* bezeichnet wird. Man versteht darunter eine Gleichung von einer charakteristischen Form, durch die mathematisch die *Erhaltung* einer physikalischen Größe (Quantität) zum Ausdruck gebracht wird.

Blicken wir auf die bisher gefundenen Erhaltungsaussagen zurück, so sieht man, daß sie sich in die Gleichung

$$\frac{dG}{dt} = 0 \tag{104, 1}$$

zusammenfassen lassen, wenn mit G die fragliche Erhaltungsgröße bezeichnet wird.

In der Mechanik der Deformierbaren Körper spielt nun insbesondere die Unveränderlichkeit der Masse eines betrachteten Systems eine wesentliche Rolle. In der Punktmechanik brauchte — so lange, wie vorstehend nicht-relativistische Betrachtungen durchgeführt wurden — ebenso wie in der Mechanik Starrer Körper darauf nicht besonders hingewiesen zu werden: in der Punktmechanik ist die Masse p. def. auf einen Punkt konzentriert, während sie zwar in der Stereomechanik einen gewissen Raum ausfüllt, der sich jedoch während einer Bewegung des Körpers nicht ändert.

Dies ist jedoch in der Mechanik von Deformierbaren Körpern (insbesondere von Flüssigkeiten und Gasen) nicht mehr der Fall: die Gestalt eines Körpers kann sich nach einer Deformation erheblich geändert haben. Jedoch ändert sich dabei die Masse

$$M = \iiint_{V(t)} \varrho(\mathfrak{r}, t)\, d\tau \tag{104, 2}$$

(ϱ = Dichte), die in dem ursprünglichen Volumen enthalten war, in keinem Fall. Es läßt sich daher die Aussage über die Erhaltung der Masse M analog zu (104, 1) in der Form

$$\frac{dM}{dt} = 0 \tag{104, 3}$$

ausdrücken.

Setzt man in der letzten Gleichung für M den Ausdruck (104, 2) ein, so ergibt sich formelmäßig für den Satz der Erhaltung der Masse

$$\frac{d}{dt} \iiint_{V(t)} \varrho(\mathfrak{r}, t)\, d\tau = 0. \tag{104, 4}$$

Beachtet man, daß nun der Integrationsbereich — das Volumen $V(t)$ innerhalb dessen sich die Masse M befindet — infolge einer Verformung variabel ist, so ist die Differentiationsformel (5, 213) anzuwenden. Sie ergibt

$$\frac{d}{dt} \iiint_{V(t)} \varrho\, d\tau = \iiint_{V(t)} \frac{\partial \varrho}{\partial t}\, d\tau + \oint\!\!\!\oint_{F(t)} \varrho \mathfrak{v} \cdot d\mathfrak{f}. \tag{104, 5}$$

Wendet man auf das letzte Integral, das über die Oberfläche F zu erstrecken ist, welche das Volumen V begrenzt, den Gaussschen Satz an, so erhält man

$$\iiint_{V(t)} \left\{ \frac{\partial \varrho}{\partial t} + \operatorname{div} \varrho \mathfrak{v} \right\} d\tau = 0. \tag{104, 6}$$

Da diese Gleichung gelten muß, unabhängig davon, um welches Volumen V es sich handelt, in dem die Masse M verteilt ist, kann (104, 6) nur dann stets erfüllt sein, wenn der darin auftretende Integrand verschwindet, d. h. wenn

$$\frac{\partial \varrho}{\partial t} + \operatorname{div} \varrho \mathfrak{v} = 0 \tag{104, 7}$$

ist. Dieses ist die *Kontinuitätsgleichung*, durch die die Erhaltung der Masse M ausgedrückt wird.

Auf diesen Gleichungstyp werden wir noch in anderen Teilgebieten der Physik stoßen, so z. B. in der Elektrodynamik oder in der Quantenmechanik.

105. Die Bewegungsgleichung

Wir kommen nun zu der Hauptaufgabe der Mechanik Deformierbarer Körper, die darin besteht, jene Gesetzmäßigkeiten aufzusuchen, nach denen sich Bewegungsvorgänge Elastischer Körper abspielen. Hierzu schließen wir an die Bewegungsgleichung (82, 1) des Starren Körpers an. In Analogie dazu postulieren wir, daß auch für einen Deformierbaren Körper

$$\frac{d\mathfrak{G}}{dt} = \dot{\mathfrak{G}} = \mathfrak{K} \tag{105, 1}$$

gilt. Hierbei bedeutet $\dot{\mathfrak{G}}$ die zeitliche Änderung des Gesamtimpulses

$$\mathfrak{G} = \iiint_V \varrho \mathfrak{v} d\tau \tag{105, 2}$$

des Deformierbaren Körpers und

$$\mathfrak{K} = \iiint_V \mathfrak{F} d\tau + \iint_F \mathfrak{t}^{(n)} df \tag{105, 3}$$

die Resultierende der an dem Körper angreifenden Volumen- und Oberflächenkräfte.

An dieser Stelle müssen wir uns entscheiden, welche der beiden in Kap. 103 angegebenen Darstellungsweisen wir verwenden wollen. Es ist üblich und wir wollen uns dem anschließen, für die Beschreibung der Bewegung eines festen Deformierbaren Körpers die Lagrangesche Schreibweise zu benutzen. Die Bewegungen von flüssigen und gasförmigen Körpern werden dagegen meist mit Eulerschen Variablen beschrieben.

In der Lagrangeschen Schreibweise lautet (105, 1—3) ausführlich geschrieben:

$$\frac{d}{dt}\iiint_V \tilde{\varrho}(\mathfrak{r}_0)\tilde{\mathfrak{v}}(\mathfrak{r}_0, t)d\tau = \iiint_V \tilde{\mathfrak{F}}(\mathfrak{r}_0, t)d\tau + \iint_F \tilde{\mathfrak{t}}^{(n)}(\mathfrak{r}_0, t)df. \tag{105, 4}$$

Dabei wird über *das* Volumen V integriert, das der Körper zur Zeit t_0 einnimmt, d. h., zu der Zeit, in der die Kennzeichnung der „Teilchen" des Körpers durch den Vektor $\mathfrak{r}_0$ erfolgt. Entsprechend ist das Flächenintegral über die das Volumen einschließende Oberfläche F zu erstrecken.

Die Gleichung (105, 4) ist das kontinuierliche Analogon zum Schwerpunktsatz (39, 3) der Mechanik diskreter Punkte. Um dies einzusehen, braucht man nur für

$$\begin{aligned} i &\to \mathfrak{r}_0 \\ m_i &\to dm = \tilde{\varrho}(\mathfrak{r}_0)d\tau \\ \mathfrak{v}_i(t) &\to \tilde{\mathfrak{v}}(\mathfrak{r}_0, t) \\ \mathfrak{K}_i &\to \tilde{\mathfrak{F}} d\tau \\ \sum_i &\to \iiint_V \end{aligned} \tag{105, 5}$$

zu setzen, denn nach Kap. 103 sind die Lagrangeschen Variablen in diesem Sinne zu verstehen.

Nun kann weiter in (105, 4) die Differentiation nach der Zeit mit der Integration vertauscht werden, da diese über ein zeitlich konstantes Volumen auszuführen ist. Verwandeln wir außerdem auf der rechten Seite von (105, 4) unter Verwendung des Gaussschen Satzes das Flächenintegral in ein Volumenintegral, so erhalten wir für die x-Komponente von (105, 4):

$$\iiint_V \left\{\tilde{\varrho}(\mathfrak{r}_0)\frac{\partial \tilde{v}_x(\mathfrak{r}_0, t)}{\partial t} - \tilde{F}_x(\mathfrak{r}_0, t) - \frac{\partial \tilde{\sigma}_{xx}(\mathfrak{r}_0, t)}{\partial a} - \frac{\partial \tilde{\sigma}_{xy}(\mathfrak{r}_0, t)}{\partial b} - \frac{\partial \tilde{\sigma}_{xz}(\mathfrak{r}_0, t)}{\partial c}\right\} d\tau = 0 \tag{105, 6}$$

Diese Gleichung ist — wie postuliert — für jeden Deformierbaren Körper gültig. Insbesondere muß sie also auch für jeden beliebigen Teil des jeweils betrachteten Körpers zutreffen, d. h. (105, 6) muß auch gelten, wenn man über ein beliebiges Teilvolumen integriert. Dann folgt nach einer geläufigen Schlußweise, daß der Integrand in (105, 6) verschwinden muß, d. h. es muß

$$\tilde{\varrho}\,\frac{\partial \tilde{v}_x}{\partial t} = \tilde{F}_x + \frac{\partial \tilde{\sigma}_{xx}}{\partial a} + \frac{\partial \tilde{\sigma}_{xy}}{\partial b} + \frac{\partial \tilde{\sigma}_{xz}}{\partial c} \qquad (105, 7)$$

sein. Durch zyklische Vertauschung erhält man hieraus zwei weitere Gleichungen für die y- und z-Komponente von $\tilde{\mathfrak{v}}$.

Wir gehen jetzt zur EULERschen Darstellung über. Dann lauten (105, 1—3) ausführlich geschrieben:

$$\frac{d\mathfrak{G}}{dt} = \frac{d}{dt}\iiint\limits_{V(t)} \varrho(\mathfrak{r}, t)\,\mathfrak{v}(\mathfrak{r}, t)\,d\tau = \iiint\limits_{V} \mathfrak{F}(\mathfrak{r}, t)\,d\tau + \iint\limits_{F} \mathfrak{t}^{(\mathfrak{n})}(\mathfrak{r}, t)\,df \qquad (105, 8)$$

d. h., die Integrationen sind über die EULERschen Variablen x, y, z, also über das jeweilige (zum Zeitpunkt t) vom Körper eingenommene Volumen $V(t)$ bzw. seine Oberfläche $F(t)$, zu erstrecken. Wegen der zeitlichen Veränderlichkeit des Volumens V ist bei der Ausführung der Differentiation in (105, 8) nun die Regel (5, 213) anzuwenden.

Dies ergibt, wenn wir zunächst die x-Komponente betrachten,

$$\frac{dG_x}{dt} = \frac{d}{dt}\iiint\limits_{V} \varrho v_x d\tau = \iiint\limits_{V} \frac{\partial}{\partial t}(\varrho v_x)\,d\tau + \iint\limits_{F} \varrho v_x(\mathfrak{v}\cdot d\mathfrak{f}). \qquad (105, 9)$$

Mit Verwendung des GAUSSschen Satzes und der Regel (5, 133) wird daraus

$$\frac{dG_x}{dt} = \iiint\limits_{V} \left\{\frac{\partial}{\partial t}(\varrho v_x) + \operatorname{div} \varrho v_x \mathfrak{v}\right\} d\tau \qquad (105, 10)$$

$$= \iiint\limits_{V} \left\{\frac{\partial \varrho}{\partial t} v_x + \varrho\,\frac{\partial v_x}{\partial t} + v_x \operatorname{div} \varrho\mathfrak{v} + \varrho\mathfrak{v}\cdot \operatorname{grad} v_x\right\} d\tau \qquad (105, 11)$$

$$= \iiint\limits_{V} \left\{v_x\left[\frac{\partial \varrho}{\partial t} + \operatorname{div} \varrho\mathfrak{v}\right] + \varrho\left[\frac{\partial v_x}{\partial t} + \mathfrak{v}\cdot \operatorname{grad} v_x\right]\right\} d\tau. \qquad (105, 12)$$

Hierin verschwindet aufgrund der Kontinuitätsgleichung (104, 7) der erste Summand im Integranden, und es verbleibt

$$\frac{dG_x}{dt} = \iiint\limits_{V} \varrho\left[\frac{\partial v_x}{\partial t} + \mathfrak{v}\cdot \operatorname{grad} v_x\right] d\tau. \qquad (105, 13)$$

Nach (103, 37) ist der in eckigen Klammern stehende Ausdruck die substantielle Ableitung von v_x, so daß wir

$$\iiint\limits_{V} \varrho\,\frac{Dv_x}{Dt}\,d\tau = K_x \qquad (105, 14)$$

erhalten.

Damit ergibt sich mit (105, 3):

$$\iiint\limits_{V} \varrho\,\frac{Dv_x}{Dt}\,d\tau = \iiint\limits_{V} F_x d\tau + \iint\limits_{F} t_x^{(\mathfrak{n})} df. \qquad (105, 15)$$

Das hierin auftretende Oberflächenintegral läßt sich in die Form

$$\iint\limits_{F} t_x^{(\mathfrak{n})}\,df = \iiint\limits_{V} \left(\frac{\partial \sigma_{xx}}{\partial x} + \frac{\partial \sigma_{xy}}{\partial y} + \frac{\partial \sigma_{xz}}{\partial z}\right) d\tau \qquad (105, 16)$$

überführen, so daß (105, 15) in

$$\iiint\limits_V \left\{\varrho \frac{Dv_x}{Dt} - F_x - \frac{\partial \sigma_{xx}}{\partial x} - \frac{\partial \sigma_{xy}}{\partial y} - \frac{\partial \sigma_{xz}}{\partial z}\right\} d\tau = 0 \qquad (105, 17)$$

übergeht.

Da diese Gleichung für ein beliebiges V gültig sein soll, folgt wieder

$$\varrho \frac{Dv_x}{Dt} = F_x + \frac{\partial \sigma_{xx}}{\partial x} + \frac{\partial \sigma_{xy}}{\partial y} + \frac{\partial \sigma_{xz}}{\partial z}\,. \qquad (105, 18)$$

Durch zyklische Vertauschung erhält man hieraus zwei weitere Gleichungen für die y- und z-Komponente von $\mathfrak{v}$.

Diese Gleichungen sind jedoch, ebenso wie (105, 7) und die zwei ihr analogen, zur Lösung eines Problems der Deformationsmechanik noch nicht brauchbar: in den genannten Gleichungen sind nur die Komponenten der Volumenkraft $\mathfrak{F}$ bekannt, dagegen i. allg. nicht die Spannungskomponenten σ_{ik}, deren Bestimmung mit zur Lösung einer Aufgabe gehört. Man benötigt daher noch (mindestens) eine weitere Gleichung, mit deren Hilfe man eine Differentialgleichung für nur *eine* Größe gewinnt, etwa für die Geschwindigkeit $\mathfrak{v}$ oder den Verschiebungsvektor $\mathfrak{s}$. Hierzu verhilft eine Gleichung, die die Spannungskomponenten σ_{ik} mit den Dehnungskomponenten ε_{ik} verknüpft, die sich ihrerseits durch die Komponenten von $\mathfrak{s}$ und/oder $\mathfrak{v}$ ausdrücken lassen. Diese Verknüpfungsgleichung schreibt man i. allg. in der impliziten Form

$$R(\sigma_{ik}, \varepsilon_{ik}, \dot{\varepsilon}_{ik}, \ldots) = 0 \qquad (105, 19)$$

und nennt sie die *Rheologische Zustandsgleichung* des betrachteten Deformierbaren Stoffes, Kap. 93.

Mit dem neuen in (105, 19) auftretenden Symbol $\dot{\varepsilon}_{ik}$ ist in der heute üblichen Schreibweise der Ausdruck

$$\dot{\varepsilon}_{ik} = \frac{1}{2}\left(\frac{\partial v_i}{\partial x_k} + \frac{\partial v_k}{\partial x_i}\right) \qquad (105, 20)$$

gemeint. Es hat sich eingebürgert, die $\dot{\varepsilon}_{ik}$ als die Komponenten des *Tensors der Deformationsgeschwindigkeit* zu bezeichnen.

Für den Fall, daß in R allein die σ_{ik} und ε_{ik} auftreten, nennt man R eine Spannungs-Dehnungs-Beziehung. Mit solchen werden wir es in den Kap. 109 und 114 zu tun haben. Ein Beispiel für eine Rheologische Zustandsgleichung, in der die σ_{ik} auch von den $\dot{\varepsilon}_{ik}$ abhängen, wird dem Leser in der Theorie der Zähen Flüssigkeit, Kap. 167, begegnen. —

Wir haben vorstehend zur Aufstellung einer Bewegungsgleichung für einen Deformierbaren Festen Körper die in der Stereomechanik gültige Gleichung (82, 1) übernommen und postuliert, daß sie auch in der Mechanik der Deformierbaren Körper gültig ist. Da aber in der Stereomechanik neben (82, 1) auch (82, 2):

$$\dot{\mathfrak{L}} = \mathfrak{D} \qquad (105, 20\text{a})$$

gilt, muß diese Gleichung konsequenterweise ebenfalls in die Mechanik Deformierbarer Körper als Postulat übernommen werden. Nun ist der Drehimpuls $\mathfrak{L}$ eines Deformierbaren Körpers

$$\mathfrak{L} = \iiint\limits_V \mathfrak{r} \times \mathfrak{v}\, dm = \iiint\limits_V (\mathfrak{r} \times \varrho\mathfrak{v})\, d\tau \qquad (105, 20\text{b})$$

und das resultierende äußere Drehmoment

$$\mathfrak{D} = \iiint\limits_V (\mathfrak{r} \times \mathfrak{F})\, d\tau + \iint\limits_F (\mathfrak{r} \times \mathfrak{t}^{(\mathfrak{n})})\, df. \qquad (105, 21)$$

Aus (105, 20a) läßt sich eine wichtige Eigenschaft des Spannungstensors herleiten. Um sie zu finden, gehen wir von der x-Komponente von (105, 20a) aus, die unter Beachtung der beiden letzten Ausdrücke in der LAGRANGEschen Darstellung

$$\frac{d}{dt}\iiint_V (b\tilde{v}_z - c\tilde{v}_y)\tilde{\varrho}\, d\tau = \iiint_V (b\tilde{F}_z - c\tilde{F}_y)\, d\tau + \iint_F (b\tilde{t}_z^{(n)} - ct_y^{(n)})\, df \qquad (105, 22)$$

lautet. Es hat sich eingebürgert, sofern Verwechslungen nicht zu befürchten sind, die Variablen a, b, c mit x, y, z zu bezeichnen und die Tilde über den Funktionssymbolen fortzulassen. Schließt man sich diesem Brauch an, so nimmt (105, 22) die Form

$$\frac{d}{dt}\iiint_V (yv_z - zv_y)\varrho\, d\tau = \iiint_V (yF_z - zF_y)\, d\tau + \iint_F (yt_z^{(n)} - zt_y^{(n)})\, df \qquad (105, 23)$$

an.

Setzt man für die in dem Oberflächenintegral auftauchenden Größen $t_y^{(n)}$ und $t_z^{(n)}$ die Ausdrücke (101, 25/26) ein, so erhält man Integrale, auf die die GAUSSsche Integralformel angewendet werden kann. So ergibt sich etwa für

$$\iint_F yt_z^{(n)}\, df = \iint_F \{y\sigma_{xz}\cos\alpha + y\sigma_{yz}\cos\beta + y\sigma_{zz}\cos\gamma\}\, df \qquad (105, 24)$$

$$= \iiint_V \left\{\frac{\partial(y\sigma_{xz})}{\partial x} + \frac{\partial(y\sigma_{yz})}{\partial y} + \frac{\partial(y\sigma_{zz})}{\partial z}\right\} d\tau. \qquad (105, 25)$$

Führt man die Differentationen aus, so erhält man

$$\iint_F yt_z^{(n)}\, df = \iiint_V \left\{y\left(\frac{\partial\sigma_{xz}}{\partial x} + \frac{\partial\sigma_{yz}}{\partial y} + \frac{\partial\sigma_{zz}}{\partial z}\right) + \sigma_{yz}\right\} d\tau. \qquad (105, 26)$$

Auf dem gleichen Wege ergibt sich für

$$\iint_F zt_y^{(n)}\, df = \iiint_V \left\{z\left(\frac{\partial\sigma_{xy}}{\partial x} + \frac{\partial\sigma_{yy}}{\partial y} + \frac{\partial\sigma_{zy}}{\partial z}\right) + \sigma_{zy}\right\} d\tau. \qquad (105, 27)$$

Setzt man (105, 26/27) in (105, 23) ein und faßt geeignet zusammen, so heben sich die je fünf Glieder, die den gemeinsamen Faktor y bzw. z wegen (105, 7) auf und es verbleibt

$$\iint_F (\sigma_{yz} - \sigma_{zy})\, df = 0. \qquad (105, 28)$$

Hieraus folgt, aufgrund der gleichen Schlußweise, die vorher verwendet wurde, daß

$$\sigma_{yz} = \sigma_{zy} \qquad (105, 29)$$

sein muß. Durch zyklische Vertauschung folgt hieraus, daß auch

$$\sigma_{zx} = \sigma_{xz} \qquad (105, 30)$$

$$\sigma_{xy} = \sigma_{yx}, \qquad (105, 31)$$

oder mit der früher eingeführten Schreibweise

$$\sigma_{ik} = \sigma_{ki}, \qquad i, k = 1, 2, 3 \qquad (105, 32)$$

ist.

Diese Gleichung bringt zum Ausdruck, daß der Spannungstensor *symmetrisch* ist, d. h. nur sechs voneinander unabhängige Komponenten hat.

A. Elastomechanik

106. Das Modell des Elastischen Körpers

Wir hatten schon vorstehend (Kap. 91) erwähnt, daß es die Aufgabe der Elastomechanik ist, das Formänderungsverhalten Fester Körper zu untersuchen, wenn sie äußeren Krafteinwirkungen („Belastung") ausgesetzt sind. Die durch sie verursachten Deformationen des „beanspruchten" Körpers bestehen i. allg. in einer Änderung seiner Gestalt und seines Volumens. Derartige Änderungen treten offensichtlich dann und nur dann auf, wenn sich infolge der Krafteinwirkung der Abstand mindestens zweier Punkte $P(\mathfrak{r}_i)$ und $P(\mathfrak{r}_k)$ ändert. Im Gegensatz zu der Stereomechanik, die verlangt, daß während der gesamten Bewegung eines Körpers die Bedingung

$$r_{ik} = |\mathfrak{r}_{ik}| = |\mathfrak{r}_i - \mathfrak{r}_k| = \text{const} \tag{106, 1}$$

erfüllt ist, interessieren in der Elastomechanik nur solche Bewegungsvorgänge, bei denen nun

$$r_{ik} = |\mathfrak{r}_{ik}| = |\mathfrak{r}_i - \mathfrak{r}_k| \neq \text{const} \tag{106, 2}$$

ist. Diese Bedingung ist bei Bewegungen, die der Körper als Ganzes ausführt (Translation und/oder Rotationsbewegung) p. def. nicht erfüllt, weswegen diese beiden Bewegungsarten in der Elastomechanik nicht betrachtet werden.

Nimmt ein Deformierter Fester Körper K, nachdem die ihn verformende Kraft aufgehört hat zu wirken („Entlastung"), wieder seine ursprüngliche Form an, d. h. wird jede infolge der Belastung auftretende Verformung nach der Entlastung gänzlich ausgeglichen, so nennt man den Körper bzw. das Material, aus dem er besteht, *elastisch*. Behält dagegen ein Körper nach einer Entlastung eine dauernde Verformung bei, sei es, daß die ursprüngliche Deformation nur teilweise oder gar nicht ausgeglichen wird, dann sagt man, das Material, aus dem der Körper besteht, sei *plastisch*.

Ob sich ein Körper bei einer Belastung elastisch oder plastisch verhält, hängt nicht nur von der Natur seines Materials, sondern auch wesentlich von der Art der Belastung ab. Bei „kleinen" Belastungen, d. s. solche, die — möglichst weit — unterhalb einer vom jeweiligen Material abhängigen Grenze (der *Elastizitätsgrenze*) liegen, weist eine Reihe von Stoffen ein nahezu ideal elastisches Verhalten auf. Beispiele hierfür sind das Elfenbein (Billardkugel), bestimmte Stahlsorten u. a. m.

Diesen Materialien stehen die nahezu plastischen Stoffe gegenüber, die die durch auch nur eine geringe Krafteinwirkung erlittene Deformation dauernd beibehalten. Die bekanntesten Vertreter solcher Stoffe sind Wachs, Ton, Lehm u. a.

Wir werden im folgenden stets das Modell des ideal Elastischen festen Körpers zugrunde legen. Mit der Wahl dieses Modells, das man auch als einen Hooke*schen Körper* bezeichnet, beschränken wir uns auf jenen Teil der Elastomechanik, den man als *Elastizitätstheorie* bezeichnet.

V. Elastostatik

107. Die Gleichgewichtsbedingungen für einen Elastischen Körper

In Kap. 82 wurde gezeigt, daß ein Starrer Körper im Gleichgewicht ist, wenn die beiden Bedingungen (82, 6—7) erfüllt sind:

$$\mathfrak{K} = \sum_{i=1}^{n} \mathfrak{K}_i = 0 \tag{107, 1}$$

$$\mathfrak{D} = \sum_{i=1}^{n} \mathfrak{D}_i = 0. \tag{107, 2}$$

Um die Gleichgewichtsbedingungen für einen Deformierbaren Körper zu finden, übernehmen wir die für den Starren Körper gültigen Bedingungen (107, 1/2) unter Berufung auf das *Prinzip der Solidifikation* (Erstarrungsprinzip), das auf THOMSON[1]) und TAIT zurückgeht (1883). Nach diesem Prinzip soll sich ein Volumen- und Flächenkräften unterworfener Deformierbarer Körper im Gleichgewicht ebenso wie ein Starrer Körper verhalten. Man drückt dies auch manchmal so aus:

Das Gleichgewicht eines Deformierbaren Körpers wird nicht gestört, wenn man sich den Körper oder Teile desselben im Gleichgewicht erstarrt denkt.

Im übrigen enthält das Erstarrungsprinzip die meist nicht deutlich ausgesprochene Aussage, daß die Übertragung von (107, 1/2) auf einen Deformierbaren Körper zu Gleichgewichtsbedingungen für diesen führt, die sowohl notwendig als auch hinreichend sind. Man kann diesen Satz als ein (durch die Erfahrung bestätigtes) selbständiges Axiom ansehen.

Wir schließen an das Erstarrungsprinzip an und haben die für einen Starren Körper gültigen Gleichgewichtsbedingungen (107, 1/2) für einen Deformierbaren Körper umzuschreiben.

Unterliegt dieser Volumenkräften und Flächenkräften mit den Resultanten $\mathfrak{F}$ bzw. $\mathfrak{t}^{(\mathfrak{n})}$, so gehen (107, 1/2) in

$$\iiint_V \mathfrak{F}\,d\tau + \iint_F \mathfrak{t}^{(\mathfrak{n})}\,df = 0 \qquad (107, 3)$$

$$\iiint_V (\mathfrak{r} \times \mathfrak{F})\,d\tau + \iint_F (\mathfrak{r} \times \mathfrak{t}^{(\mathfrak{n})})\,df = 0 \qquad (107, 4)$$

über.

Diese Gleichungen lassen sich ebenso umformen, wie es in Kap. 105 mit den Bewegungsgleichungen geschah. Führt man dieses mit (107, 3) durch, so erhält man anstelle von (105, 7) bzw. (105, 18) als Gleichgewichtsbedingungen

$$F_x + \frac{\partial \sigma_{xx}}{\partial x} + \frac{\partial \sigma_{yx}}{\partial y} + \frac{\partial \sigma_{zx}}{\partial z} = 0 \qquad (107, 5)$$

$$F_y + \frac{\partial \sigma_{xy}}{\partial x} + \frac{\partial \sigma_{yy}}{\partial y} + \frac{\partial \sigma_{zy}}{\partial z} = 0 \qquad (107, 6)$$

$$F_z + \frac{\partial \sigma_{xz}}{\partial x} + \frac{\partial \sigma_{yz}}{\partial y} + \frac{\partial \sigma_{zz}}{\partial z} = 0. \qquad (107, 7)$$

Es ist bemerkenswert, daß in diese Gleichgewichtsbedingungen zwar die Komponenten F_x, F_y, F_z der resultierenden Volumenkraft $\mathfrak{F}$, nicht dagegen die Komponenten $\sigma_{xx}, \ldots$, sondern allein deren räumliche Änderungen eingehen. Dies bedeutet, daß beim Fehlen von Volumenkräften das Gleichgewicht eines Deformierbaren Körpers durch ein homogenes Spannungsfeld $\left(\frac{\partial}{\partial x} = 0, \ldots\right)$ nicht gestört wird.

Wir erwähnen, daß sich die vorstehenden drei Gleichgewichtsbedingungen formal in eine Vektorgleichung zusammenfassen lassen. Hierzu benötigt man einen neuen Vektor, der als *Vektordivergenz* des Spannungstensors (σ_{ik}) bezeichnet wird. Wir gehen hierauf jedoch nicht ein, weil dies keine rechnerischen Vorteile mit sich bringt, denn bei der Lösung einer vorgegebenen Aufgabe aus der Elastostatik muß man stets von den Gleichgewichtsbedingungen in der Form (107, 5—7) ausgehen. —

Es verbleibt nun zu untersuchen, zu welcher Aussage (107, 4) führt. Formt man diese Gleichung in gleicher Weise wie es im Anschluß an (105, 23) geschah, so erhält man wiederum als Ergebnis, daß der Spannungstensor symmetrisch ist. Dieses ist nicht verwunderlich: nachdem in Kap. 105 die Symmetrie des Spannungstensors für den Fall der Bewegung nachgewiesen worden ist, kann es nicht anders sein, daß er auch im Gleichgewicht symmetrisch ist, denn das Gleichgewicht ist ein Sonderfall der Bewegung.

---

[1]) William THOMSON: *1824 in Belfast, †1907 in London.

VI. Elastodynamik

108. Das Hookesche und das Naviersche Gesetz

In Abschnitt II wurde gezeigt, daß der Deformationszustand eines verformbaren Körpers durch die sechs Komponenten ε_{ik} des Deformationstensors beschrieben wird. Analog dazu wurde in Abschnitt III gefunden, daß sich der Spannungszustand durch die Komponenten σ_{ik} des Spannungstensors beschreiben läßt, die mit den äußeren Kräften durch (105, 7 bzw. 8) in Zusammenhang stehen. Gelänge es, auch einen Zusammenhang zwischen den ε_{ik} und den σ_{ik} zu finden, so bestünde die Möglichkeit, durch Elimination der σ_{ik} eine direkte Beziehung zwischen den äußeren Kräften $\mathfrak{F}$ und den durch sie bewirkten Verzerrungen zu gewinnen. Wie ein solcher Zusammenhang aussieht, läßt sich a priori nicht sagen, vielmehr muß dazu von der Erfahrung ausgegangen werden.

Die ersten diesbzgl. Versuche machte Hooke mit Spiralfedern. Unabhängig von ihm beschäftigte sich auch Mariotte[1]) mit dieser Frage im Zusammenhang mit dem Problem der Balkenbiegung, das zu etwa der gleichen Zeit ebenfalls von J. Bernoulli[2]) behandelt wurde. Das Ergebnis dieser Untersuchungen führte zu der Erkenntnis, daß die Formänderung („tensio") eines Deformierbaren Festen Körpers — in erster Näherung — der Ursache („vis") proportional ist. Dies wurde erstmalig 1678 von Hooke ausgesprochen: „Ut tensio sic vis", weshalb man diese Aussage als Hooke*sches Gesetz* bezeichnet.

In der heutigen Sprachweise lautet es: Bei einer (kleinen) Deformation eines Festen Elastischen Körpers besteht zwischen den Verzerrungs- und Spannungskomponenten ein linearer Zusammenhang.

Seine erste präzise Formulierung erhielt das Hookesche Gesetz 1807 durch Young für den Sonderfall der Dehnung eines Stabes.

Wird ein (homogener isotroper) Stab von der Länge l in seiner Längsrichtung „auf Zug beansprucht", Abb. 108, 1, so erfährt der Stab eine Längenänderung Δl, die

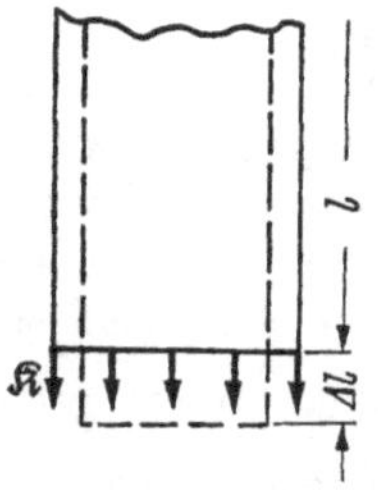

Abb. 108, 1: Dehnung und Querkontraktion eines auf Zug beanspruchten Stabes

(bei nicht zu großer „Beanspruchung" oder, wie man manchmal sagt, wenn die „Elastizitätsgrenze" nicht überschritten wird) dem Betrag der über dem Stabquerschnitt q gleichmäßig verteilt angenommenen und senkrecht zu q wirkenden Zugkraft $\mathfrak{K}$ und der Stablänge l direkt, dagegen dem Querschnitt q umgekehrt proportional ist. Demnach ist

$$\Delta l = \frac{1}{E} \frac{|\mathfrak{K}|\, l}{q}. \tag{108, 1}$$

Hierbei ist E ein von $\mathfrak{K}$, l und q unabhängiger Proportionalfaktor, d. h. eine Materialkonstante, die als *Elastizitätsmodul* bezeichnet wird. In der angelsächsischen Literatur heißt E der Youngsche Modul.

---

[1]) Edmé Mariotte: *1690 in Dijon, † 1684 in Paris.

[2]) Johann Bernoulli: *1667 in Basel, † 1748 in Basel.

Der Elastizitätsmodul E läßt sich anschaulich deuten. Aus (108, 2) folgt

$$E = \frac{|\mathfrak{K}|}{q} \frac{l}{\Delta l} \tag{108, 2}$$

Diese Beziehung besagt, daß E als diejenige Kraft angesehen werden kann, die auf die Einheit des Stabsquerschnittes ($q = 1$) wirken müßte, damit (theoretisch!) die ursprüngliche Stablänge l verdoppelt, d. h.

$$\Delta l = l \tag{108, 3}$$

wird. Diese Deutung von E setzt allerdings die Gültigkeit von (108, 1) auch für derartig starke Belastungen eines Stabes voraus, die für eine Verdopplung seiner Länge erforderlich sind. Erfahrungsgemäß gilt dann jedoch das HOOKEsche Gesetz nicht mehr, wenn man von wenigen Ausnahmen (wie z. B. Gummi) absieht. Es ist daher die vorstehend angegebene Deutung von E im übertragenen Sinne zu verstehen.

Man kann (108, 2) auf eine andere Form bringen, indem man beachtet, daß nach den früheren Darlegungen

$$\frac{|\mathfrak{K}|}{q} = |\mathfrak{t}| = \sigma \tag{108, 4}$$

die in Richtung des Zuges wirkende Spannung und

$$\frac{\Delta l}{l} = \varepsilon \tag{108, 5}$$

die durch σ hervorgerufene relative Längenänderung des Stabes ist. Mit (108, 4) und (108, 5) geht (108, 2) in

$$\sigma = E\varepsilon \tag{108, 6}$$

über. Dieser Ausdruck ist es, den man meistens meint, wenn man vom HOOKEschen Gesetz spricht. Man kann es auch so ausdrücken, daß der Quotient aus einer Zugspannung σ und der durch sie verursachten relativen Längenänderung ε eine — innerhalb gewisser Grenzen — für das Material charakteristische Konstante ist.

Durch (108, 6) wird das HOOKEsche Gesetz in der einfachsten Weise quantitativ formuliert. Auf die Verallgemeinerung von (108, 6) gehen wir in Kap. 114 ein. —

Durch (108, 6) werden die aus den Zugversuchen an Stäben gefundenen Ergebnisse nicht vollständig beschrieben. Im Jahre 1822 wies nämlich NAVIER[1]) darauf hin, daß eine Zugspannung nicht nur eine Längenänderung *in*, sondern zugleich auch eine Dimensionsänderung des Stabes *senkrecht* zur Zugrichtung hervorruft. Dies bedeutet, daß der Stabquerschnitt q verändert wird. Da die Erfahrung zeigt, daß q eine Verkleinerung erfährt, spricht man von *Querkontraktion*.

Das Experiment zeigt, daß die relative Verkleinerung $-\varepsilon'$ einer Dimension senkrecht zur Zugrichtung bezogen auf die durch (108, 5) gegebene relative Längenänderung ε wiederum eine für das vorliegende Material charakteristische Konstante m ist:

$$-\frac{\varepsilon'}{\varepsilon} = m. \tag{108, 7}$$

Man bezeichnet m als die POISSONsche[2]) *Querkontraktionskonstante*. Verknüpft man (108, 7) mit (108, 6), so erhält man

$$-\varepsilon' = m\varepsilon = m\frac{\sigma}{E}. \tag{108, 8}$$

[1]) Claude NAVIER: *1785 in Dijon, †1836 in Paris.
[2]) Siméon Denis POISSON: *1781 in Pithiviers, †1840 in Paris.

Die beiden Konstanten E und m kennzeichnen das elastische Verhalten eines (isotropen) Festen Körpers vollständig.

Was den Betrag von m anbelangt, so weiß man aus der Erfahrung, daß für die überwiegende Anzahl von Materialien m etwa zwischen 0,25 und 0,5 liegt. Diese experimentell festgestellten Werte bestätigen eine Aussage der nachfolgend aufzubauenden Theorie, nach der

$$m \leqq 0{,}5 \qquad (108, 9)$$

sein soll. Wir werden dies im folgenden Kapitel zeigen.

109. Die Spannungs-Dehnungs-Beziehungen für einen isotropen Festen Körper

Die beiden Gleichungen (108, 6) und (108, 8), durch die die bei Zugversuchen auftretende Längsdilatation und Querkontraktion beschrieben werden, genügen, um die in Kap. 108 aufgeworfene Frage nach dem Zusammenhang zwischen den Komponenten des Spannungs- und Dehnungstensors zu beantworten. Diese Verknüpfungsgleichungen heißen *Spannungs-Dehnungs-Beziehungen.*

Um zu ihnen zu gelangen, betrachten wir einen aus einem isotropen Material bestehenden Körper, der die Gestalt eines Quaders habe. Seine Begrenzungsflächen seien parallel zu den Ebenen eines cartesischen Koordinatensystems $K'\{\mathfrak{i}', \mathfrak{j}', \mathfrak{k}'\}$, Abb. 109, 1.

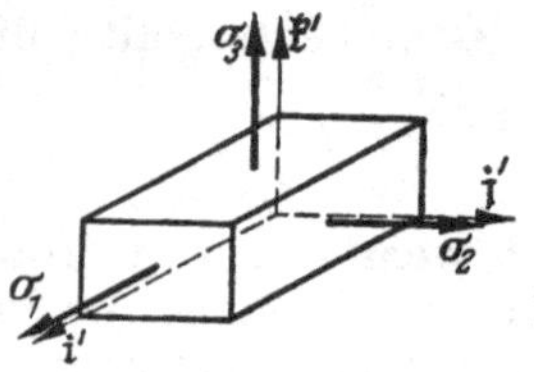

Abb. 109, 1: Zur Herleitung der Spannungs-Dehnungs-Beziehungen

Parallel zu $\mathfrak{i}'$, $\mathfrak{j}'$, $\mathfrak{k}'$ mögen die drei Spannungsvektoren $\mathfrak{t}^{(\mathfrak{i}')} = \sigma_1 \mathfrak{i}'$, $\mathfrak{t}^{(\mathfrak{j}')} = \sigma_2 \mathfrak{j}'$ und $\mathfrak{t}^{(\mathfrak{k}')} = \sigma_3 \mathfrak{k}'$ auf die Begrenzungsflächen des Quaders wirken. Es wird dann nach dem Hookeschen Gesetz (108, 6) in Richtung der x-Achse die Dehnung

$$\varepsilon_1^{(1)} = \frac{\sigma_1}{E} \qquad (109, 1)$$

hervorgerufen. Gleichzeitig bewirken aber nach dem Navierschen Gesetz die beiden Spannungen $\mathfrak{t}^{(\mathfrak{j}')}$ und $\mathfrak{t}^{(\mathfrak{k}')}$ senkrecht zu ihrer Richtung, d. h. also parallel zur x-Achse, Kontraktionen, die nach (108, 8) durch

$$\varepsilon_1^{(2)} = -m \frac{\sigma_2}{E} \qquad (109, 2)$$

$$\varepsilon_1^{(3)} = -m \frac{\sigma_3}{E} \qquad (109, 3)$$

gegeben sind. Demnach beträgt die relative Längenänderung in Richtung der x-Achse insgesamt

$$\varepsilon_1 = \varepsilon_1^{(1)} + \varepsilon_1^{(2)} + \varepsilon_1^{(3)} \qquad (109, 4)$$

$$= \frac{\sigma_1}{E} - \frac{m}{E}(\sigma_2 + \sigma_3) \qquad (109, 5)$$

$$= \frac{\sigma_1}{E}(1 + m) - \frac{m}{E}(\sigma_1 + \sigma_2 + \sigma_3). \qquad (109, 6)$$

Hieraus erhält man — wegen der vorausgesetzten Isotropie des Materials — die relative Längenänderung in Richtung der y'- bzw. z'-Achse durch zyklische Vertauschung der Indizes. Dies ergibt

$$\varepsilon_2 = \frac{\sigma_2}{E}(1+m) - \frac{m}{E}(\sigma_2+\sigma_3+\sigma_1) \qquad (109,7)$$

$$\varepsilon_3 = \frac{\sigma_3}{E}(1+m) - \frac{m}{E}(\sigma_3+\sigma_1+\sigma_2). \qquad (109,8)$$

Die drei letzten Gleichungen nennt man, weil sie die Komponenten 1. Art $\varepsilon_1, \varepsilon_2, \varepsilon_3$ des Dehnungstensors mit den Komponenten 1. Art $\sigma_1, \sigma_2, \sigma_3$ des Spannungstensors verbinden, *Dehnungs-Spannungs-Beziehungen*. Von ihnen gelangt man durch Auflösung nach $\sigma_1, \sigma_2, \sigma_3$ zu den Spannungs-Dehnungs-Beziehungen. Man erhält sie, indem man zunächst die letzten drei Gleichungen addiert. Dies ergibt

$$\varepsilon_1+\varepsilon_2+\varepsilon_3 = \frac{1+m}{E}(\sigma_1+\sigma_2+\sigma_3) - \frac{3m}{E}(\sigma_1+\sigma_2+\sigma_3) \qquad (109,9)$$

$$= \frac{1-2m}{E}(\sigma_1+\sigma_2+\sigma_3) \qquad (109,10)$$

oder

$$S = \sigma_1+\sigma_2+\sigma_3 = \frac{E}{1-2m}(\varepsilon_1+\varepsilon_2+\varepsilon_3). \qquad (109,11)$$

Hierin bedeutet S die Spur des Spannungstensors, (Kap. 6), für die unter Beachtung von (98, 22) auch

$$S = \frac{E}{1-2m}\Theta \qquad (109,12)$$

geschrieben werden kann. Geht man mit (109, 11/12) in (109, 6) ein, so erhält man

$$\sigma_1 = \frac{E}{1+m}\varepsilon_1 + \frac{mE}{(1-2m)(1+m)}\Theta. \qquad (109,13)$$

Es ist nun zweckmäßig, statt der beiden „anschaulichen" oder, wie man manchmal sagt, „technischen" Elastizitätskonstanten E und m die beiden LAMÉschen[1]) Elastizitätskonstanten λ und μ einzuführen, die durch die Ausdrücke

$$\lambda = \frac{Em}{(1-2m)(1+m)} \qquad (109,14)$$

$$\mu = \frac{E}{2(1+m)} \qquad (109,15)$$

definiert sind. Damit wird aus (109, 13):

$$\sigma_1 = 2\mu\varepsilon_1 + \lambda\Theta \qquad (109,16)$$

und entsprechend

$$\sigma_2 = 2\mu\varepsilon_2 + \lambda\Theta \qquad (109,17)$$

$$\sigma_3 = 2\mu\varepsilon_3 + \lambda\Theta. \qquad (109,18)$$

Dies sind die gesuchten Spannungs-Dehnungs-Beziehungen. In der vorstehend angegebenen einfachen Form gelten sie allerdings nur bei Verwendung eines Hauptsystems K'. Es verbleibt daher die Aufgabe, (109, 16—18) in bezug auf ein Koordinatensystem $K\{\mathfrak{i}, \mathfrak{j}, \mathfrak{k}\}$ auszudrücken, das gegen K' beliebig orientiert ist.

[1]) Gabriel LAMÉ: *1795 in Tours, †1870 in Paris.

Dies ermöglichen die Transformationsgleichungen (6, 106) für Tensorkomponenten. Wird in dieser Gleichung für

$$t_1 = \sigma_1, \qquad t_2 = \sigma_2, \qquad t_3 = \sigma_3 \tag{109, 19}$$

gesetzt und die t_{pq} mit

$$t_{11} \rightarrow t_{xx} = \sigma_{xx} \tag{109, 20}$$

$$t_{12} \rightarrow t_{xy} = \sigma_{xy} \tag{109, 21}$$

$$\cdot \quad \cdot \quad \cdot$$

identifiziert, so liefert (6, 106) etwa für

$$\sigma_{xx} = \alpha_{11}^2\sigma_1 + \alpha_{21}^2\sigma_2 + \alpha_{31}^2\sigma_3 \tag{109, 22}$$

oder, wenn man hierin mit (109, 16—18) eingeht,

$$\sigma_{xx} = 2\mu(\alpha_{11}^2\varepsilon_1 + \alpha_{21}^2\varepsilon_2 + \alpha_{31}^2\varepsilon_3) + \lambda(\alpha_{11}^2 + \alpha_{21}^2 + \alpha_{31}^2)\Theta. \tag{109, 23}$$

Nun folgt wiederum aus (6, 106), daß

$$\alpha_{11}^2\varepsilon_1 + \alpha_{21}^2\varepsilon_2 + \alpha_{31}^2\varepsilon_3 = \varepsilon_{xx} \tag{109, 25}$$

ist. Da fernerhin der zweite in Klammern stehende Faktor von (109, 23) aufgrund der Orthogonalitätsrelation (5, 26/27) gleich eins ist, wird aus (107, 23):

$$\sigma_{xx} = 2\mu\varepsilon_{xx} + \lambda\Theta. \tag{109, 26}$$

Zwei analoge Gleichungen gelten für σ_{yy} und σ_{zz}. Diese drei Gleichungen lassen sich mit Verwendung einer früher vereinbarten Schreibweise in

$$\sigma_{ii} = 2\mu\varepsilon_{ii} + \lambda\Theta, \qquad i = 1, 2, 3, \tag{109, 27}$$

zusammenfassen.

Ein Vergleich mit (109, 16—18) zeigt, daß sich beim Übergang von dem Hauptsystem K' zu einem beliebigen Bezugssystem K die Spannungs-Dehnungs-Beziehungen für die Tensorkomponenten erster Art formal nicht ändern. Für die Tensorkomponenten zweiter Art, σ_{ik} und ε_{ik} mit $i \neq k$, gilt dies dagegen nicht. Diese verschwinden zwar p. def. im Hauptsystem K', was jedoch i. allg. nicht der Fall sein wird, wenn ein beliebiges Bezugssystem zugrunde gelegt wird. Dies ergibt sich aus den Transformationsformeln (6, 106). Setzt man darin etwa

$$p = 1 \rightarrow x \tag{109, 28}$$

$$q = 2 \rightarrow y, \tag{109, 29}$$

so erhält man

$$t_{12} \rightarrow \sigma_{xy} = \alpha_{11}\alpha_{12}\sigma_1 + \alpha_{21}\alpha_{22}\sigma_2 + \alpha_{31}\alpha_{32}\sigma_3, \tag{109, 30}$$

oder mit (109, 16—18):

$$\sigma_{xy} = 2\mu(\alpha_{11}\alpha_{12}\varepsilon_1 + \alpha_{21}\alpha_{22}\varepsilon_2 + \alpha_{31}\alpha_{32}\varepsilon_3) + \lambda(\alpha_{11}\alpha_{22} + \alpha_{21}\alpha_{22} + \alpha_{31}\alpha_{32})\Theta. \tag{109, 31}$$

Hierin ist der erste Klammerausdruck nach (6, 106):

$$\alpha_{11}\alpha_{12}\varepsilon_1 + \alpha_{21}\alpha_{22}\varepsilon_2 + \alpha_{31}\alpha_{32}\varepsilon_3 = \varepsilon_{xy}. \tag{109, 32}$$

Andererseits ergeben die Orthogonalitätsbedingungen (5, 26/27), wenn darin $i = 1$ und $k = 2$ gesetzt wird,

$$\alpha_{11}\alpha_{22} + \alpha_{21}\alpha_{22} + \alpha_{31}\alpha_{32} = 0, \tag{109, 33}$$

d. h. die zweite Klammer in (109, 31) verschwindet. Somit geht dieser Ausdruck in

$$\sigma_{xy} = 2\mu\varepsilon_{xy} \tag{109, 34}$$

über. Analog hierzu gelten zwei weitere Gleichungen für $\sigma_{yz} = \sigma_{zy}$ und $\sigma_{zx} = \sigma_{xz}$. Diese drei Spannungs-Dehnungs-Beziehungen können durch

$$\sigma_{ik} = 2\mu\varepsilon_{ik}, \qquad i, k = 1, 2, 3, \qquad i \neq k \tag{109, 35}$$

ausgedrückt werden.

Das zuletzt angegebene Tripel läßt sich mit dem Tripel (109, 27) unter Verwendung des KRONECKERschen Symbols in

$$\sigma_{ik} = 2\mu\varepsilon_{ik} + \lambda\Theta\delta_{ik}, \tag{109, 36}$$

zusammenfassen. Dies sind die Spannungs-Dehnungs-Beziehungen für einen isotropen Festen Körper.

Wir wollen sie für den Sonderfall betrachten, daß die Bedingungen (101, 29/30) erfüllt sind. Dann erhält man durch Addition der drei Gleichungen (109, 27):

$$\sigma_{xx} + \sigma_{yy} + \sigma_{zz} = 2\mu(\varepsilon_{xx} + \varepsilon_{yy} + \varepsilon_{zz}) + 3\lambda\Theta \tag{109, 37}$$

oder

$$-3p = (2\mu + 3\lambda)\Theta. \tag{109, 38}$$

Hieraus folgt

$$\frac{p}{-\Theta} = K = \frac{1}{\varkappa} = \frac{2\mu + 3\lambda}{3}. \tag{109, 39}$$

Diese Gleichung ist ein Analogon zu (108, 6). Durch sie wird ein neuer Koeffizient K definiert, der *Kompressionsmodul* heißt. Sein Reziprokes $\varkappa$ wird als *Kompressibilität* bezeichnet. Gemäß dieser Definition sind sowohl K als auch $\varkappa$ positive Größen, da ein Druck p stets eine Volumenverkleinerung $\Theta < 0$ verursacht.

Ersetzt man in (109, 39) die LAMÉschen Konstanten λ und μ gemäß (109, 14/15), so wird

$$K = \frac{1}{3}\,\frac{E}{1 - 2m} > 0. \tag{109, 40}$$

Dies ist aber dann und nur dann positiv, wenn

$$m < 0{,}5 \tag{109, 41}$$

ist. Für den Sonderfall $m = 0{,}5$ wird $K = \infty$, oder $\varkappa = 0$. Dieser Grenzfall bedeutet Inkompressibilität.

110. Der ebene Spannungszustand und die AIRYsche Spannungsfunktion

Ist das in einem Körper infolge Belastung entstehende Spannungsfeld von einer der drei Raumkoordinaten unabhängig, so liegt der Sonderfall eines zweidimensionalen oder Ebenen Spannungszustandes vor. Obwohl es ihn in der Natur in Strenge nicht gibt, kann man in manchen Fällen das Modell des ebenen Spannungszustandes verwenden, um einen tatsächlich vorliegenden Spannungszustand in erster Näherung zu beschreiben. Hiervon macht insbesondere die Technische Mechanik Gebrauch, wie z. B. bei der Untersuchung des Spannungszustandes von Scheiben und Platten.

Wegen der Unabhängigkeit des Spannungszustandes von einer Raumkoordinate vereinfachen sich sowohl die Gleichgewichtsbedingungen als auch die Spannungs-Dehnungs-Beziehungen und lassen sich dann in einer für diesen Sonderfall charakteristischen Weise zusammenfassen.

Um dieses nachzuweisen, nehmen wir an, daß der Spannungszustand von der z-Koordinate des verwendeten Bezugssystems unabhängig sei: Dann reduzieren sich die Gleichgewichtsbedingungen (105, 9—11), wenn vorausgesetzt wird, daß keine Volumenkräfte wirken, ($\mathfrak{F} = 0$), auf

$$\frac{\partial\sigma_{xx}}{\partial x} + \frac{\partial\sigma_{xy}}{\partial y} = 0 \tag{110, 1}$$

$$\frac{\partial\sigma_{yx}}{\partial x} + \frac{\partial\sigma_{yy}}{\partial y} = 0, \tag{110, 2}$$

während sich die Spannungs-Dehnungs-Beziehungen (109, 36) auf die drei Gleichungen

$$\sigma_{xx} = 2\mu\varepsilon_{xx} + \lambda(\varepsilon_{xx} + \varepsilon_{yy}) \tag{110, 3}$$

$$\sigma_{yy} = 2\mu\varepsilon_{yy} + \lambda(\varepsilon_{xx} + \varepsilon_{yy}) \tag{110, 4}$$

$$\sigma_{xy} = 2\mu\varepsilon_{xy} \tag{110, 5}$$

reduzieren.

Der ebene Spannungszustand wird also durch fünf Gleichungen beschrieben, aus denen sich fünf Unbekannte bestimmen lassen. Scheinbar enthalten jedoch die Gleichungen (110, 1—5) sechs Unbekannte, nämlich die drei Spannungskomponenten σ_{xx}, σ_{yy}, σ_{xy} und die drei Dehnungskomponenten ε_{xx}, ε_{yy}, ε_{zz}. Es ist aber zu beachten, daß die Komponenten des Dehnungstensors sich aus den im vorliegenden Fall nur zwei (!) Komponenten s_x, s_y des Verschiebungsvektors $\mathfrak{s}$ herleiten lassen. Es sind daher die vorstehenden fünf Ausdrücke Bestimmungsgleichungen für die fünf Unbekannten σ_{xx}, σ_{yy}, σ_{xy}, s_x, s_y.

Für die Anwendungen interessieren meistens die Spannungskomponenten σ_{xx}, σ_{yy}, σ_{xy}. Sie lassen sich wie folgt ermitteln.

Zunächst folgt aus (110, 1), daß sich diese Gleichung durch eine Funktion

$$\Phi_1 = \Phi_1(x, y) \tag{110, 6}$$

identisch erfüllen läßt, wenn Φ_1 die Eigenschaft hat, daß

$$\frac{\partial \Phi_1}{\partial y} = \sigma_{xx}, \quad -\frac{\partial \Phi_1}{\partial x} = \sigma_{xy} \tag{110, 7}$$

ist. Ebenso läßt sich (106, 2) durch eine andere Funktion

$$\Phi_2 = \Phi_2(x, y) \tag{110, 8}$$

erfüllen, wenn sie die Bedingung

$$\frac{\partial \Phi_2}{\partial x} = \sigma_{yy}, \quad -\frac{\partial \Phi_2}{\partial y} = \sigma_{yx} \tag{110, 9}$$

erfüllt. Wegen der Symmetrie des Spannungstensors

$$\sigma_{xy} = \sigma_{yx} \tag{110, 10}$$

folgt, daß Φ_1 und Φ_2 nicht voneinander unabhängig sind, weil sie nach (110, 10) in Verbindung mit (110, 7) und (110, 9) durch die Beziehung

$$\frac{\partial \Phi_2}{\partial y} = \frac{\partial \Phi_1}{\partial x} \tag{110, 11}$$

verknüpft sind. Diese Bedingung läßt sich durch Einführung einer neuen Funktion

$$\Phi = \Phi(x, y) \tag{110, 12}$$

erfüllen, sofern Φ die Eigenschaft hat, daß

$$\frac{\partial \Phi}{\partial y} = \Phi_1, \quad \frac{\partial \Phi}{\partial x} = \Phi_2 \tag{110, 13}$$

ist.

Ist Φ bekannt, so erhält man daraus die Spannungskomponenten durch einfache Differentiation. So ist nach (110, 7) und (110, 9) in Verbindung mit (110, 11):

$$\sigma_{xx} = \frac{\partial \Phi_1}{\partial y} = \frac{\partial^2 \Phi}{\partial y^2} \tag{110, 14}$$

$$\sigma_{yy} = \frac{\partial \Phi_2}{\partial x} = \frac{\partial^2 \Phi}{\partial x^2} \tag{110, 15}$$

$$\sigma_{xy} = \sigma_{yx} = -\frac{\partial \Phi_1}{\partial x} = -\frac{\partial \Phi_2}{\partial y} = -\frac{\partial^2 \Phi}{\partial x\,\partial y}. \tag{110, 16}$$

Es bedarf also in dem hier betrachteten Sonderfall des ebenen Spannungszustandes zur Ermittlung der Spannungskomponenten allein der Kenntnis nur einer (potentialähnlichen) Funktion Φ, die man nach ihrem Entdecker die AIRY*sche*[1]) *Spannungsfunktion* bezeichnet.

Um sie ermitteln zu können, benötigt man eine Gleichung für Φ. Diese ergibt sich aus den bisher noch nicht verwendeten Spannungs-Dehnungs-Beziehungen.

Aus diesen ergeben sich zunächst durch Auflösung für die drei Deformationskomponenten

$$\varepsilon_{xx} = \frac{\partial s_x}{\partial x} = \frac{1}{(2\mu+\lambda)^2 - \lambda^2} \{(2\mu+\lambda)\,\sigma_{xx} - \lambda\sigma_{yy}\} \tag{110, 17}$$

$$\varepsilon_{yy} = \frac{\partial s_y}{\partial y} = \frac{1}{(2\mu+\lambda)^2 - \lambda^2} \{(2\mu+\lambda)\,\sigma_{yy} - \lambda\sigma_{xx}\} \tag{110, 18}$$

$$\varepsilon_{xy} = \frac{1}{2}\left(\frac{\partial s_x}{\partial y} + \frac{\partial s_y}{\partial x}\right) = \frac{1}{2\mu}\,\sigma_{xy}. \tag{110, 19}$$

Aus diesen Ausdrücken erhält man die gesuchte Differentialgleichung für Φ, indem man aus ihnen s_x und s_y eliminiert. Dies gelingt wie folgt: Zunächst differenziere man (110, 19) einmal nach x und ein weiteres Mal nach y. Dies ergibt unter Beachtung von (110, 16):

$$\frac{1}{2}\left(\frac{\partial^3 s_x}{\partial x\,\partial y^2} + \frac{\partial^3 s_y}{\partial x^2\,\partial y}\right) = \frac{1}{2\mu}\,\frac{\partial^2 \sigma_{xy}}{\partial x\,\partial y} \tag{110, 20}$$

$$= -\frac{1}{2\mu}\,\frac{\partial^4 \Phi}{\partial x^2\,\partial y^2}. \tag{110, 21}$$

Die hierin auftretenden partiellen Ableitungen von s_x und s_y lassen sich mit Hilfe von (110, 17/18) durch Ableitungen der Spannungskomponenten σ_{xx}, σ_{yy}, σ_{xy} und diese wiederum unter Verwendung von (110, 14/15) durch Ableitungen der Spannungsfunktion Φ ausdrücken. Führt man die Elimination von s_x und s_y aus, so erhält man nach elementarer Rechnung

$$\frac{\partial^4 \Phi}{\partial x^4} + 2\,\frac{\partial^4 \Phi}{\partial x^2\,\partial y^2} + \frac{\partial^4 \Phi}{\partial y^4} = 0. \tag{110, 22}$$

Dies ist die Differentialgleichung, der die AIRYsche Spannungsfunktion Φ zu genügen hat.

Man kann sie symbolisch unter Verwendung des durch (5, 140) erklärten LAPLACE-Operators Δ auch anders schreiben. Wegen des hier vorliegenden zweidimensionalen Falles wird

$$\Delta = \frac{\partial^2}{\partial x^2} + \frac{\partial^2}{\partial y^2}. \tag{110, 23}$$

Wendet man diesen Operator zweimal auf eine Funktion $\Phi = \Phi(x, y)$ an, so erhält man

$$\Delta\Delta\Phi = \left(\frac{\partial^2}{\partial x^2} + \frac{\partial^2}{\partial y^2}\right)\left(\frac{\partial^2}{\partial x^2} + \frac{\partial^2}{\partial y^2}\right)\Phi(x, y) \tag{110, 24}$$

$$= \frac{\partial^2}{\partial x^2}\left(\frac{\partial^2}{\partial x^2} + \frac{\partial^2}{\partial y^2}\right)\Phi(x, y) + \frac{\partial^2}{\partial y^2}\left(\frac{\partial^2}{\partial x^2} + \frac{\partial^2}{\partial y^2}\right)\Phi(x, y) \tag{110, 25}$$

$$= \frac{\partial^4 \Phi}{\partial x^4} + 2\,\frac{\partial^4 \Phi}{\partial x^2\,\partial y^2} + \frac{\partial^4 \Phi}{\partial y^4}. \tag{110, 26}$$

Dies ist die linke Seite von (110, 22), weshalb man diese Gleichung auch in der Form

$$\Delta\Delta\Phi(x, y) = 0 \tag{110, 27}$$

schreiben kann.

Eine Differentialgleichung vom Typ (110, 27) heißt *Bipotentialgleichung*. Ihre Lösungen werden Bipotentiale genannt.

Es kann daher ein jedes Bipotential als eine AIRYsche Spannungsfunktion angesehen werden, aus der sich durch die oben angegebenen Ableitungen Ausdrücke gewinnen lassen, die einen möglichen Spannungszustand beschreiben.

---

[1]) George Bidell AIRY: * 1801 in Northumberland, † 1892 in London.

111. Die Elastische Grundgleichung für einen isotropen Festen Körper

Wir schließen an Gl. (105, 7) an. Setzt man für v_x seine Definition (103, 16) ein, so erhält man

$$\tilde{\varrho}(\mathfrak{r}_0)\frac{\partial \tilde{v}_x}{\partial t} = \tilde{\varrho}(\mathfrak{r}_0)\frac{\partial^2 \tilde{f}_1(\mathfrak{r}_0, t)}{\partial t^2} = \tilde{F}_x + \frac{\partial \tilde{\sigma}_{xx}}{\partial a} + \frac{\partial \tilde{\sigma}_{xy}}{\partial b} + \frac{\partial \tilde{\sigma}_{xz}}{\partial c}. \tag{111, 1}$$

Statt durch $\mathfrak{r} = \{\tilde{f}_1, \tilde{f}_2, \tilde{f}_3\}$ läßt sich nun die Bewegung von P auch durch den Verschiebungsvektor

$$\mathfrak{s} = \tilde{\mathfrak{r}}(\mathfrak{r}_0, t) - \mathfrak{r}_0 \tag{111, 2}$$

beschreiben.

Durch (111, 2) wird das Verschiebungsfeld $\mathfrak{s} = \tilde{\mathfrak{s}}(\mathfrak{r}_0, t)$ in Abhängigkeit von den LAGRANGEschen Variablen $\mathfrak{r}_0, t$ definiert.

Diese Definition enthält als Sonderfall die in Kap. 94 gegebene Definition von $\mathfrak{s}$. Dort wurde die Verschiebung zwischen zwei festen Zeiten t_2 und t_1 betrachtet und diese Größen, weil sie Konstanten sind, im Argument von $\mathfrak{s}$ nicht angegeben.

Führen wir den Verschiebungsvektor $\mathfrak{s}$ in (111, 1) ein, so erhält man

$$\tilde{\varrho}\frac{\partial^2 \tilde{s}_x}{\partial t^2} = \tilde{F}_x + \frac{\partial \tilde{\sigma}_{xx}}{\partial a} + \frac{\partial \tilde{\sigma}_{xy}}{\partial b} + \frac{\partial \tilde{\sigma}_{xz}}{\partial c}. \tag{111, 3}$$

Wir wollen wiederum, weil Verwechslungen in dieser Gleichung kaum zu befürchten sind, die Variablen a, b, c mit x, y, z bezeichnen und die Tilde über den Funktionssymbolen fortlassen. Dann wird aus (111, 3):

$$\varrho\frac{\partial^2 s_x}{\partial t^2} = F_x + \frac{\partial \sigma_{xx}}{\partial x} + \frac{\partial \sigma_{xy}}{\partial y} + \frac{\partial \sigma_{xz}}{\partial z}. \tag{111, 4}$$

Diese Gleichung ist jedoch für die Lösung elastomechanischer Probleme noch nicht brauchbar. Nach den Ausführungen in Kap. 105 benötigen wir eine weitere Beziehung, die Rheologische Zustandsgleichung $R = 0$ des festen Elastischen Körpers, um aus (111, 4) eine Differentialgleichung allein für $\mathfrak{s}$ zu finden.

Im vorliegenden Fall ist R die Spannungs-Dehnungs-Beziehung (109, 36). Mit ihr lassen sich die Spannungskomponenten σ_{ik} durch die Dehnungskomponenten ε_{ik} ausdrücken, die ihrerseits mit den Komponenten von $\mathfrak{s} = \{s_x, s_y, s_z\}$ durch die Beziehung

$$\varepsilon_{ik} = \frac{1}{2}\left(\frac{\partial s_i}{\partial x_k} + \frac{\partial s_k}{\partial x_i}\right) \tag{111, 5}$$

verknüpft sind.

Führt man dies durch, so ergibt sich zunächst nach geeigneter Zusammenfassung

$$\varrho\frac{\partial^2 s_x}{\partial t^2} = F_x + 2\mu\left(\frac{\partial \varepsilon_{xx}}{\partial x} + \frac{\partial \varepsilon_{xy}}{\partial y} + \frac{\partial \varepsilon_{xz}}{\partial z}\right) + \lambda\frac{\partial \Theta}{\partial x}. \tag{111, 6}$$

Mit (111, 5) erhält man weiterhin

$$\varrho\frac{\partial^2 s_x}{\partial t^2} = F_x + 2\mu\left\{\frac{\partial}{\partial x}\frac{\partial s_x}{\partial x} + \frac{1}{2}\frac{\partial}{\partial y}\left(\frac{\partial s_x}{\partial y} + \frac{\partial s_y}{\partial x}\right) + \frac{1}{2}\frac{\partial}{\partial z}\left(\frac{\partial s_x}{\partial z} + \frac{\partial s_z}{\partial x}\right)\right\} + \lambda\frac{\partial \Theta}{\partial x}. \tag{111, 7}$$

Durch eine geringfügige Umordnung der einzelnen Glieder wird daraus

$$\varrho\frac{\partial^2 s_x}{\partial t^2} = F_x + \mu\left(\frac{\partial^2 s_x}{\partial x^2} + \frac{\partial^2 s_x}{\partial y^2} + \frac{\partial^2 s_x}{\partial z^2}\right) + \mu\frac{\partial}{\partial x}\left(\frac{\partial s_x}{\partial x} + \frac{\partial s_y}{\partial y} + \frac{\partial s_z}{\partial z}\right) + \lambda\frac{\partial \Theta}{\partial x}. \tag{111, 8}$$

Mit Verwendung der Vektorsymbolik ist dies

$$\varrho \frac{\partial^2 s_x}{\partial t^2} = F_x + \mu \Delta s_x + (\mu + \lambda) \frac{\partial}{\partial x} \operatorname{div} \mathfrak{s}. \tag{111, 9}$$

Zwei entsprechende Gleichungen gelten für die y- und z-Komponente von $\mathfrak{s}$. Diese drei Gleichungen lassen sich in die Vektorgleichung

$$\varrho \frac{\partial^2 \mathfrak{s}}{\partial t^2} = \mathfrak{F} + \mu \Delta \mathfrak{s} + (\mu + \lambda) \operatorname{grad} \operatorname{div} \mathfrak{s} \tag{111, 10}$$

zusammenfassen.

Mit diesem Ausdruck haben wir eine partielle Differentialgleichung gewonnen, die wir zur Beschreibung von Verschiebungen fester Deformierbarer Körper in Zukunft anstelle der Bewegungsgleichung in der integralen Form (105, 1—3) verwenden werden. Dadurch wird es möglich, bei vorgegebenen Anfangs- und Rand-Bedingungen den Verschiebungsvektor $\mathfrak{s}$ eines jeden Punktes des betrachteten Körpers eindeutig zu bestimmen. Hat man $\mathfrak{s}$ ermittelt, so liefert (111, 5) die den Deformationszustand beschreibenden Größen ε_{ik}. Mit Hilfe der Spannungs-Dehnungs-beziehungen (109, 36) kann dann der Spannungszustand bestimmt werden. Mit der Kenntnis von $\mathfrak{s}$ ist also ein elastomechanischer Zustand bestimmt.

Man nennt daher die partielle Differentialgleichung zweiter Ordnung (111, 10) die *Elastische Grundgleichung.*

Wir bemerken, daß (111, 10) nur für isotrope feste Stoffe gilt, weil sie unter Verwendung der nur für isotrope Körper gültigen Spannungs-Dehnungs-Beziehung aus (109, 36) gewonnen wurde.

Über eine Erweiterung der Spannungs-Dehnungs-Beziehungen für anisotrope Körper (Kristalle) werden in Kap. 114 einige Bemerkungen gemacht.

112. Das Randwertproblem der Elastomechanik

Von den unendlich vielen Lösungen der Elastischen Grundgleichung (111, 10) beschreibt jede eine mögliche Verschiebung $\mathfrak{s}$. Um eine konkrete physikalische Fragestellung mit Hilfe einer Lösung von (111, 10) beantworten zu können, hat man jene Lösung aufzusuchen, die den bei dem zu behandelnden Problem vorliegenden Anfangs- und Randwerten genügt („Randwertproblem"). Von der Vielzahl der möglichen Randbedingungen, die bei elastomechanischen Problemen vorliegen können und denen eine Lösung von (111, 10) anzupassen ist, seien hier insbesondere die folgenden erwähnt:

1. Es ist die Verschiebung $\mathfrak{s}_{\mathfrak{R}}$ auf der Berandung $\mathfrak{R}$ des Deformierbaren Körpers vorgegeben, d. h., die Lösung von (111, 10) muß von solcher Form sein, daß sie für alle Punkte P ($\mathfrak{r}$), die auf der Oberfläche $\mathfrak{R}$ des Deformierbaren Körpers liegen, in die vorgeschriebene Ortsfunktion

$$\mathfrak{s}_{\mathfrak{R}} = \mathfrak{s}(\mathfrak{r}_{\mathfrak{R}}) \tag{112, 1}$$

übergehen.

2. Es sind die Spannungskomponenten auf der Oberfläche vorgegeben. Dann sind die „Oberflächenbedingungen" (101, 24—26), in denen nun die $t_x^{(\mathfrak{n})}$ vorgegebene Ortsfunktionen der Punkte von $\mathfrak{R}$ sind:

$$(t_x^{(\mathfrak{n})})_{\mathfrak{R}} = t_x^{(\mathfrak{n})}(\mathfrak{r}_{\mathfrak{R}}). \tag{112, 2}$$

. . . . .

Im Sonderfall einer spannungsfreien Oberfläche $\mathfrak{R}$ muß

$$(t_x^{(\mathfrak{n})})_{\mathfrak{R}} = (t_y^{(\mathfrak{n})})_{\mathfrak{R}} = (t_z^{(\mathfrak{n})})_{\mathfrak{R}} = 0 \tag{112, 3}$$

erfüllt sein.

3. Schließlich kann es auch vorkommen, daß auf dem Rand $\mathfrak{R}$ des Körpers sowohl Verschiebungen als auch Spannungen vorgegeben sind. Ist dies der Fall, so sagt man, es liegen „gemischte Randbedingungen" vor.

Gleichgültig, um welche Randwertaufgabe der Elastomechanik es sich auch handeln mag, läßt sich stets zeigen, daß das jeweilige Randwertproblem eine eindeutige Lösung besitzt. Diesen Eindeutigkeitsbeweis erbrachte erstmalig KIRCHHOFF[1]). Wir werden ihn in Kap. 115 skizzieren.

113. Das Elastische Potential für einen isotropen Festen Körper

Um einen Elastischen Körper zu deformieren, bedarf es der Aufwendung von Arbeit. Nimmt man an, daß keine Reibung zu berücksichtigen ist und betrachtet dann zunächst der Einfachheit halber unendlich langsam verlaufende (quasistatische) Deformationen, so geht die Arbeit nicht verloren, sondern ist im deformierten Körper als potentielle Energie $W = W(\varepsilon_{ik})$ enthalten. Diese kann, wenn der Körper in den undeformierten Zustand übergeht, entweder als Arbeit oder als kinetische Energie (Ausdehnung, Schwingung o. ä.) wiedergewonnen werden.

Zur Berechnung der Arbeit, die zu einer Deformation eines Körpers aufgewendet werden muß („Verformungsarbeit"), betrachten wir einen unter der Einwirkung von Volumenkräften

$$\mathfrak{F} = \{F_x, F_y, F_z\} \tag{113, 1}$$

und Oberflächenkräften

$$\mathfrak{t}^{(\mathfrak{n})} = \{t_x^{(\mathfrak{n})}, t_y^{(\mathfrak{n})}, t_z^{(\mathfrak{n})}\} \tag{113, 2}$$

stehenden Körper. Durch die Einwirkung von $\mathfrak{F}$ und $\mathfrak{t}^{(\mathfrak{n})}$ mögen die Punkte des Körpers die infinitesimal kleine Verschiebung

$$d\mathfrak{s} = \{ds_x, ds_y, ds_z\} \tag{113, 3}$$

erlitten haben. Dann ist die von $\mathfrak{F}$ und $\mathfrak{t}^{(\mathfrak{n})}$ geleistete Arbeit

$$dA = \iiint_V (\mathfrak{F} \cdot d\mathfrak{s})\, d\tau + \iint_F (\mathfrak{t}^{(\mathfrak{n})} \cdot d\mathfrak{s})\, df. \tag{113, 4}$$

Hierbei ist das erste Integral über das Volumen V, innerhalb dessen $\mathfrak{F}$ wirkt und das zweite über die Fläche F, auf der $\mathfrak{t}^{(\mathfrak{n})}$ angreift, zu erstrecken.

Ausführlich geschrieben lautet (113, 4):

$$dA = \iiint_V \{F_x ds_x + F_y ds_y + F_z ds_z\} d\tau + \iint_F \{t_x^{(\mathfrak{n})} ds_x + t_y^{(\mathfrak{n})} ds_y + t_z^{(\mathfrak{n})} ds_z\} df. \tag{113, 5}$$

Diese am Körper geleistete Arbeit ist nach den obigen Voraussetzungen gleich der Änderung der potentiellen Energie W, also

$$dA = dW(\varepsilon_{ik}) \tag{113,6}$$

Wir wollen diese Gleichung auf ein zu einem cartesischen Koordinatensystem achsenparallel geschnittenes Parallelepiped mit den Kantenlängen dx, dy, dz anwenden, Abb. 113, 1. Dann reduziert sich der durch das Volumenintegral gegebene

[1]) Gustav KIRCHHOFF: *1824 in Königsberg, †1887 in Berlin.

Abb. 113, 1: Zur Berechnung der Deformationsarbeit

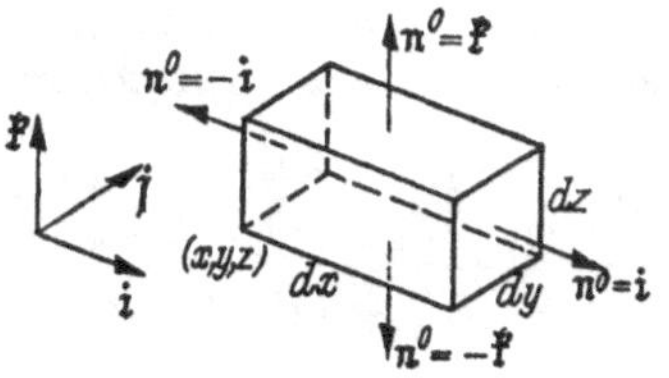

Anteil dA_1 von dA auf

$$dA_1 = (F_x ds_x + F_y ds_y + F_z ds_z)\, dx\, dy\, dz, \tag{113, 7}$$

während der durch das Oberflächenintegral bestimmte Anteil

$$dA_2 = \iint (\mathfrak{t}^{(\mathfrak{n})} \cdot d\mathfrak{s})\, df = \iint \{t_x^{(\mathfrak{n})} ds_x + \ldots\}\, df \tag{113, 8}$$

in eine Summe von sechs Gliedern übergeht. Betrachtet man etwa die linke und rechte Begrenzungsfläche des Parallelepipeds, so ist für diese

$$df = dy\, dz, \tag{113, 9}$$

während die Normalen $\mathfrak{n}^0$ dieser beiden Flächen parallel zur $\mp\, x$-Achse sind, d. h.

$$\mathfrak{n}^0 = \mp\, \mathfrak{i} \tag{113, 10}$$

ist. Daher wird die von den Spannungskomponenten bei einer Verschiebung der Flächen um $d\mathfrak{s}$ geleistete Arbeit

$$dA_2^{(1)} = \{(\sigma_{xx} ds_x + \sigma_{xy} ds_y + \sigma_{xz} ds_z)_{x+dx,y,z} - (\sigma_{xx} ds_x + \sigma_{xy} ds_y + \sigma_{xz} ds_z)_{x,y,z}\}\, dy\, dz. \tag{113, 11}$$

Durch die vorstehend angegebenen Indizes wird zum Ausdruck gebracht, daß die Argumente der beiden Klammerausdrücke einmal x, y, z (linke Seitenfläche), das andere Mal $x + dx, y, z$ (rechte Seitenfläche) sind.

Entwickelt man die erste Klammer in (113, 11) nach TAYLOR, so wird

$$dA_2^{(1)} = \frac{\partial}{\partial x} (\sigma_{xx} ds_x + \sigma_{xy} ds_y + \sigma_{xz} ds_z)\, dx\, dy\, dz. \tag{113, 12}$$

Entsprechend erhält man als Anteil der geleisteten Arbeit der an der Vorder- und Hinterfläche (Normalenrichtung $\mathfrak{n}^0 = \mp\, \mathfrak{j}$) des Quaders angreifenden Spannungen

$$dA_2^{(2)} = \frac{\partial}{\partial y} (\sigma_{yx} ds_x + \sigma_{yy} ds_y + \sigma_{yz} ds_z)\, dy\, dx\, dz \tag{113, 13}$$

und schließlich für die Grund- und Deckfläche (Normalenrichtung $\mathfrak{n}^0 = \pm\, \mathfrak{k}$):

$$dA_2^{(3)} = \frac{\partial}{\partial z} (\sigma_{zx} ds_x + \sigma_{zy} ds_y + \sigma_{zz} ds_z)\, dz\, dx\, dy. \tag{113, 14}$$

Als gesamte Arbeit

$$dA = dA_1 + dA_2^{(1)} + dA_2^{(2)} + dA_2^{(3)} \tag{113, 15}$$

erhält man also

$$dA = \Big\{F_x ds_x + F_y ds_y + F_z ds_z + \frac{\partial}{\partial x} (\sigma_{xx} ds_x + \ldots) + \frac{\partial}{\partial y} (\sigma_{yx} ds_x + \ldots) + \frac{\partial}{\partial z} (\sigma_{zx} ds_x + \ldots)\Big\}\, dx\, dy\, dz. \tag{113, 16}$$

Führt man die Differentiationen in (113, 16) durch und faßt dann die mit ds_x bzw. ds_y, ds_z behafteten Glieder zusammen, so erhält man

$$\begin{aligned} dA = \Big\{ & \Big(F_x + \frac{\partial\sigma_{xx}}{\partial x} + \frac{\partial\sigma_{yx}}{\partial y} + \frac{\partial\sigma_{zx}}{\partial z}\Big) ds_x \\ & + \Big(F_y + \frac{\partial\sigma_{xy}}{\partial x} + \ldots\Big) ds_y + \Big(F_z + \frac{\partial\sigma_{xz}}{\partial x} + \ldots\Big) ds_z \\ & + \sigma_{xx}\frac{\partial ds_x}{\partial x} + \sigma_{xy}\frac{\partial ds_y}{\partial x} + \sigma_{xz}\frac{\partial ds_z}{\partial x} \\ & + \sigma_{yx}\frac{\partial ds_x}{\partial y} + \ldots + \sigma_{zx}\frac{\partial ds_x}{\partial z} + \ldots\Big\} dxdydz. \end{aligned} \tag{113, 17}$$

Wir haben vorausgesetzt, daß die Deformation sehr langsam vor sich gehen möge, so daß in guter Näherung die Gleichgewichtsbedingungen (107, 5—7) gültig sind. Dann verschwinden in (113, 17) die drei in runden Klammern stehenden Ausdrücke. Der verbleibende Ausdruck ist dem Volumen

$$d\tau = dxdydz \tag{113, 18}$$

des Quaders proportional. Dies legt es nahe, eine auf die Volumeneinheit bezogene Deformationsarbeit einzuführen, die mit da bezeichnet werden soll. Sie wird durch die Summe der in (113, 17) nicht in den runden Klammern stehenden Glieder ausgedrückt. Diese sind Produkte, deren einer Faktor eine der Spannungskomponenten σ_{ik} und der anderer Faktor eine partielle Ableitung von ds_i ist. In dieser dürfen die Differentiationen miteinander vertauscht werden[1]), so daß geschrieben werden kann:

$$\frac{\partial ds_x}{\partial x} = d\,\frac{\partial s_x}{\partial x} \tag{113, 19}$$

[1]) Beweis: Es ist der Verschiebungsvektor

$$\mathfrak{s} = \mathfrak{s}(\mathfrak{r}, t)$$

und daher ebenfalls jede seiner Komponenten, etwa die x-Komponente,

$$s_x = s_x(\mathfrak{r}, t) = s_x(x, y, z, t).$$

Daher ist das totale Differential dieser Größe

$$ds_x = \frac{\partial s_x}{\partial x}dx + \frac{\partial s_x}{\partial y}dy + \frac{\partial s_x}{\partial z}dz + \frac{\partial s_x}{\partial t}dt.$$

Hieraus erhält man einerseits für

$$\frac{\partial}{\partial x}ds_x = \frac{\partial^2 s_x}{\partial x^2}dx + \frac{\partial^2 s_x}{\partial x\partial y}dy + \frac{\partial^2 s_x}{\partial x\partial z}dz + \frac{\partial^2 s_x}{\partial x\partial t}dt. \tag{*}$$

(Nach den Regeln der Differentialabrechnung hängen die Differentiale $dx, \ldots, dt$ der *Un*abhängigen $x, \ldots, t$ *nicht* von diesen ab.)

Andererseits ist das totale Differential von

$$\frac{\partial s_x}{\partial x} = f(x, y, z, t)$$

nach geläufigen Regeln

$$d\,\frac{\partial s_x}{\partial x} = \frac{\partial f}{\partial x}dx + \frac{\partial f}{\partial y}dt + \frac{\partial f}{\partial z}dz + \frac{\partial f}{\partial t}dt$$

oder unter Beachtung der vorletzten Gleichung

$$d\,\frac{\partial s_x}{\partial x} = \frac{\partial^2 s_x}{\partial x^2}dx + \frac{\partial^2 s_x}{\partial y\partial x}dy + \frac{\partial^2 s_x}{\partial z\partial x}dz + \frac{\partial^2 s_x}{\partial t\partial x}dt.$$

Vergleicht man diesen Ausdruck mit der Gleichung (*), so erkennt man die Richtigkeit von (113, 19).

usw. Beachtet man schließlich (98, 32) und macht von der Symmetrie des Spannungs- und des Dehnungstensors Gebrauch, so erhält man

$$da = \sigma_{xx} d\varepsilon_{xx} + \sigma_{yy} d\varepsilon_{yy} + \sigma_{zz} d\varepsilon_{zz} + 2\sigma_{xy} d\varepsilon_{xy} + \ldots \qquad (113, 20)$$

Dies läßt sich in

$$da = \sum_i \sum_k \sigma_{ik} d\varepsilon_{ik} \qquad (i, k = 1, 2, 3 \to x, y, z) \qquad (113, 21)$$

zusammenfassen.

Es ist, insbesondere für spätere Anwendung, zweckmäßig, die Bezeichnungsweise zu ändern, und zwar für

$$\varepsilon_{xx}, \varepsilon_{yy}, \ldots 2\varepsilon_{yz}, \ldots 2\varepsilon_{xy} \to \varepsilon_1, \varepsilon_2, \ldots \varepsilon_4 \ldots \varepsilon_6 \qquad (113, 22)$$

und entsprechend

$$\sigma_{xx}, \sigma_{yy}, \ldots, \sigma_{yz}, \ldots \sigma_{xy} \to \sigma_1, \sigma_2, \ldots \sigma_4 \ldots \sigma_6 \qquad (113, 23)$$

zu setzen. Dann geht (113, 21) in

$$da = \sum_{i=1}^{6} \sigma_i d\varepsilon_i \qquad (113, 24)$$

über.

Führt man nun die auf die Volumeneinheit bezogene potentielle Energie w ein und beachtet (113, 6), so wird

$$da = dw = \sum_i \frac{\partial w(\varepsilon_1, \ldots)}{\partial \varepsilon_i} d\varepsilon_i \,. \qquad (113,25)$$

Hieraus ergeben sich die wichtigen Beziehungen

$$\frac{\partial w(\varepsilon_i)}{\partial \varepsilon_k} = \sigma_k(\varepsilon_i), \qquad i, k = 1, 2, \ldots 6. \qquad (113, 26)$$

Diese Gleichungen bringen zum Ausdruck, daß man bei Kenntnis von w durch Differentiation nach einer Deformationskomponente die korrespondierende Spannungskomponente erhält. Man bezeichnet deswegen, in Anlehnung an den Begriff des Potentials aus der Punktmechanik, w als *Elastisches Potential.*

Wir wollen w für einen isotropen Ideal elastischen Körper bestimmen. Dies gelingt, indem man in (113, 24) die σ_i als Funktion der ε_k, d. h. die Spannungs-Dehnungs-Beziehungen (109, 36) einsetzt und danach integriert. Man erhält, wenn wir wieder die ursprüngliche Schreibweise verwenden, nach elementarer Rechnung

$$dw = 2\mu(\varepsilon_{xx} d\varepsilon_{xx} + \ldots + 2\varepsilon_{yz} d\varepsilon_{yz} + \ldots) + \lambda\Theta(d\varepsilon_{xx} + d\varepsilon_{yy} + d\varepsilon_{zz}) \qquad (113, 27)$$

$$= 2\mu(\varepsilon_{xx} d\varepsilon_{xx} + \ldots) + \lambda\Theta d\Theta \qquad (113, 28)$$

und hieraus

$$w(\varepsilon_{ik}) = \mu(\varepsilon_{xx}^2 + \varepsilon_{yy}^2 + \varepsilon_{zz}^2 + \ldots + 2\varepsilon_{xy}^2) + \frac{\lambda}{2}\Theta^2. \qquad (113, 29)$$

Verwendet man — nach sinngemäßer Änderung der Bezeichnungen — die in Kap. 6 erklärten Tensorinvarianten $J_1(\varepsilon_{ii})$ und $J_2(\varepsilon_{ik})$, so ergibt sich aus (113, 29) für das Elastische Potential der Ausdruck

$$w(\varepsilon_{ik}) = \left(\mu + \frac{\lambda}{2}\right) J_1^2 - 2\mu J_2. \qquad (113, 30)$$

Diese invariante Darstellung von w war zu erwarten, weil sie als skalare Größe von dem jeweils verwendeten Koordinatensystem unabhängig sein muß.

Anstatt, wie es durch (113, 29) zum Ausdruck kommt, das Elastische Potential w als Funktion der ε_i bzw. in der anderen Bezeichnungsweise durch die ε_{ik} anzugeben, läßt sich natürlich w mit Verwendung der Dehnungs-Spannungs-Beziehungen auch als Funktion der Spannungskomponenten σ_{ik} ausdrücken:

$$w = w(\sigma_{ik}). \tag{113, 31}$$

Wir unterlassen es, die explizite Darstellung von (113, 31) anzugeben. Man erhält sie durch elementare Rechnung. Dagegen wollen wir noch auf eine „gemischte" Darstellungsform von w hinweisen, die sich durch Umformung von (113, 29) ergibt. Diese Gleichung läßt sich wie folgt schreiben:

$$w = \mu(\varepsilon_{xx}\varepsilon_{xx} + \varepsilon_{yy}\varepsilon_{yy} + \varepsilon_{zz}\varepsilon_{zz}) + \frac{\lambda}{2}\Theta(\varepsilon_{xx} + \varepsilon_{yy} + \varepsilon_{zz}) + 2\mu(\varepsilon_{yz}\varepsilon_{yz} + \ldots) \tag{113, 32}$$

$$= \frac{1}{2}\{\varepsilon_{xx}(2\mu\varepsilon_{xx} + \lambda\Theta) + \ldots + \varepsilon_{yz}\,2\mu\varepsilon_{yz} + \ldots\}. \tag{113, 33}$$

Dafür kann unter Beachtung der Spannungs-Dehnungs-Beziehungen (109, 36) auch

$$w = \frac{1}{2}\{\varepsilon_{xx}\sigma_{xx} + \varepsilon_{yy}\sigma_{yy} + \ldots + \varepsilon_{xy}\sigma_{xy}\} \tag{113, 34}$$

oder mit Verwendung der Summationsschreibweise

$$w(\varepsilon_{ik}, \sigma_{ik}) = \frac{1}{2}\sum_{i=1}^{3}\sum_{k=1}^{3}\varepsilon_{ik}\sigma_{ik} \tag{113, 35}$$

bzw.

$$w(\varepsilon_i, \sigma_i) = \frac{1}{2}\sum_{i=1}^{6}\varepsilon_i\sigma_i \tag{113, 36}$$

geschrieben werden.

Durch diese „gemischte" Darstellung des Elastischen Potentials w wird dessen Symmetrie hinsichtlich der Spannungs- und Dehnungskomponenten besonders deutlich zum Ausdruck gebracht.

Wir müssen noch abschließend folgende Bemerkung machen: Die bisherigen Überlegungen wurden unter der Voraussetzung durchgeführt, daß die Deformationen quasistatisch verlaufen. Die bisher gefundenen Beziehungen (113, 26) gelten jedoch ebenfalls für den Fall der Bewegung.

Man gelangt zu diesem Resultat, indem man die gleiche Betrachtung wie vorstehend ausführt. Hierbei hat man lediglich (113, 6) durch

$$dA = dT + dW \tag{113,37}$$

zu ersetzen (dT = Änderung der kinetischen Energie) und statt der Gleichgewichtsbedingungen (107, 5—7) die Bewegungsgleichungen (105, 7) zu verwenden. Es heben sich dann die Trägheitskräfte auf und man gelangt wiederum zu (113, 36).

114. Bemerkungen zur Elastomechanik anisotroper Körper (Kristallelastizität)

Die früher angegebenen Spannungs-Dehnungs-Beziehungen (109, 36) gelten nur für einen *isotropen* Körper. Als solcher wird ein Stoff bezeichnet, der sich physikalisch in allen Richtungen gleich verhält (Beispiele: amorphe Stoffe, Gase, Flüssigkeiten). Verhält sich jedoch ein Stoff in verschiedenen Richtungen physikalisch verschieden, so nennt man ihn einen *anisotropen* Körper. Der Prototyp von anisotropen Stoffen sind die Kristalle. Für sie gelten physikalische Gesetze, die für isotrope Stoffe gefunden und sich bewährt haben, nicht mehr. Sie müssen durch andere

Gesetzmäßigkeiten ersetzt werden, die aufzustellen Aufgabe der *Kristallphysik* ist. Das wohl bekannteste Teilgebiet dieser Disziplin ist die Kristalloptik, der es obliegt, optische Erscheinungen, wie z. B. Doppelbrechung oder Drehung der Polarisationsebene einer Lichtwelle, die man bei isotropen Stoffen nicht beobachtet, zu erklären. Ein weiteres Gebiet der Kristallpyhsik ist die Kristallelastizität, deren Aufgabe es ist, die für isotrope Körper geltenden elastomechanischen Gesetze auf anisotrope Stoffe zu erweitern. Hierzu seien die nachstehenden Bemerkungen gemacht.

In Kap. 108 wurde dargelegt, daß die von HOOKE gemachte qualitative Aussage „Ut tensio sic vis" erstmalig von YOUNG für isotrope Stoffe durch (108, 6) quantitativ formuliert wurde. Diese Gleichung wurde 1831 von POISSON[1]) unter Beibehaltung der Annahme eines linearen Zusammenhanges zwischen den Spannungskomponenten σ_{ik} und den Deformationskomponenten ε_{ik} auf einen anisotropen Körper übertragen. Da POISSON die Symmetrie des Spannungs- und des Deformationstensors noch nicht bekannt war, sind die von ihm angegebenen Verallgemeinerungen von (106, 7), (die er übrigens aufgrund einer molekulartheoretischen Überlegung fand), ein System von neun Gleichungen, durch die die neun Spannungskomponenten σ_{ik} mit den neun Deformationskomponenten ε_{ik} linear und homogen verknüpft werden. Nachdem die Symmetrie des Spannungs- und des Deformationstensors erkannt war, ließen sich die von POISSON gefundenen Ergebnisse in der von VOIGT eingeführten Schreibweise wie folgt darstellen:

$$\sigma_{xx} = c_{11}\varepsilon_{xx} + c_{12}\varepsilon_{yy} + c_{13}\varepsilon_{zz} + c_{14}\varepsilon_{yz} + c_{15}\varepsilon_{zx} + c_{16}\varepsilon_{xy} \qquad (114, 1)$$

$$\sigma_{yy} = c_{21}\varepsilon_{xx} + c_{22}\varepsilon_{yy} + c_{23}\varepsilon_{zz} + c_{24}\varepsilon_{yz} + c_{25}\varepsilon_{zx} + c_{26}\varepsilon_{xy} \qquad (114, 2)$$

$$\sigma_{zz} = c_{31}\varepsilon_{xx} + c_{32}\varepsilon_{yy} + c_{33}\varepsilon_{zz} + c_{34}\varepsilon_{yz} + c_{35}\varepsilon_{zx} + c_{36}\varepsilon_{xy} \qquad (114, 3)$$

$$\sigma_{yz} = c_{41}\varepsilon_{xx} + c_{42}\varepsilon_{yy} + c_{43}\varepsilon_{zz} + c_{44}\varepsilon_{yz} + c_{45}\varepsilon_{zx} + c_{46}\varepsilon_{xy} \qquad (114, 4)$$

$$\sigma_{zx} = c_{51}\varepsilon_{xx} + c_{52}\varepsilon_{yy} + c_{53}\varepsilon_{zz} + c_{54}\varepsilon_{yz} + c_{55}\varepsilon_{zx} + c_{56}\varepsilon_{xy} \qquad (114, 5)$$

$$\sigma_{xy} = c_{61}\varepsilon_{xx} + c_{62}\varepsilon_{yy} + c_{63}\varepsilon_{zz} + c_{64}\varepsilon_{yz} + c_{65}\varepsilon_{zx} + c_{66}\varepsilon_{xy}\,. \qquad (114, 6)$$

Setzt man für die Indexpaare

$$xx \to 1, \quad yy \to 2, \quad zz \to 3 \qquad (114, 7)$$

$$yz \to 4, \quad zx \to 5, \quad xy \to 6, \qquad (114, 8)$$

so lassen sich die vorstehenden Gleichungen in

$$\sigma_i = \sum_{k=1}^{6} c_{ik}\varepsilon_k, \qquad i = 1, 2, \ldots, 6 \qquad (114, 9)$$

zusammenfassen.

Die in diesen sechs Spannungs-Dehnungs-Beziehungen auftretenden 36 Koeffizienten c_{ik} heißen die (*isothermen*) *Elastizitätskonstanten* des betrachteten anisotropen Körpers.

Aufgrund der vorstehenden Ausdrücke, die gelegentlich als das allgemeine HOOKEsche Gesetz bezeichnet werden, scheint es, daß zur Beschreibung des elastischen Verhaltens eines Festen Körpers im allgemeinsten Fall 36 Elastizitätskonstanten erforderlich sind. Dieses ist indessen nicht der Fall. Es läßt sich nämlich zeigen, daß aus der Existenz des Elastischen Potentials w die Symmetrie der Koeffizienten-Matrix (c_{ik}) folgt.

---

[1]) Siméon Denis POISSON: * 1781 in Pithiviers, † 1840 in Paris

Um dieses nachzuweisen, schließen wir an (113, 24/25) an:

$$da = \sum_{i=1}^{6} \sigma_i(\varepsilon_k) d\varepsilon_i \tag{114, 10}$$

$$da = dw = \sum_i \frac{\partial w}{\partial \varepsilon_i} d\varepsilon_i \,. \tag{114, 11}$$

Hieraus folgte die Beziehung

$$\frac{\partial w}{\partial \varepsilon_i} = \sigma_i(\varepsilon_k)\,. \tag{114, 12}$$

Wegen

$$\frac{\partial}{\partial \varepsilon_k}\left(\frac{\partial w}{\partial \varepsilon_i}\right) = \frac{\partial}{\partial \varepsilon_i}\left(\frac{\partial w}{\partial \varepsilon_k}\right) \tag{114, 13}$$

erhält man mit (114, 12), daß

$$\frac{\partial \sigma_i}{\partial \varepsilon_k} = \frac{\partial \sigma_k}{\partial \varepsilon_i}, \qquad i, k = 1, 2, \ldots, 6, \tag{114, 14}$$

gelten muß.

Für den Fall, daß die Spannungs-Dehnungs-Beziehungen (114, 9) gelten, besagt (114, 14), daß

$$c_{ik} = c_{ki} \tag{114, 15}$$

sein muß.

Diese Symmetrieeigenschaft der c_{ik} wurde erstmalig 1839 von GREEN[1]) nachgewiesen. Wegen (114, 15) benötigt man daher im allgemeinsten Fall zum Beschreiben des elastischen Verhaltens eines anisotropen Körpers statt 36 höchstens 21 voneinander unabhängige Elastizitätskonstanten. Ein Körper, für den dies zutrifft, nennt man einen *triklinen* Kristall. Er ist dadurch gekennzeichnet, daß er keine geometrischen Symmetrien besitzt.

Es bereitet nun keine Schwierigkeiten, das Elastische Potential w für einen Kristall, der dem triklinen System angehört, zu bestimmen. Hierzu hat man die Spannungs-Dehnungs-Beziehungen (114, 9) in das totale Differential (114, 10) einzusetzen und dann zu integrieren. Dies ergibt

$$dw = \sum_{i=1}^{6} \sum_{k=1}^{6} c_{ik} \varepsilon_k d\varepsilon_i, \tag{114, 16}$$

woraus man bei Beachtung von (114, 15) durch Integration die in den ε_i homogene bilineare Form

$$w = \frac{1}{2} \sum_i \sum_k c_{ik} \varepsilon_i \varepsilon_k \tag{114, 17}$$

gewinnt.

Für die weiteren Überlegungen ist es zweckmäßig, diesen Ausdruck auszuschreiben und wieder die ursprüngliche Indizierung der Deformationskomponenten zu verwenden. Man hat dann

$$\begin{aligned} 2w = c_{11}\varepsilon_{xx}^2 &+ 2c_{12}\varepsilon_{xx}\varepsilon_{yy} + 2c_{13}\varepsilon_{xx}\varepsilon_{zz} + 4c_{14}\varepsilon_{xx}\varepsilon_{yz} + 4c_{15}\varepsilon_{xx}\varepsilon_{zx} + 4c_{16}\varepsilon_{xx}\varepsilon_{xy} \\ &+ c_{22}\varepsilon_{yy}^2 + 2c_{23}\varepsilon_{yy}\varepsilon_{zz} + 4c_{24}\varepsilon_{yy}\varepsilon_{yz} + 4c_{25}\varepsilon_{yy}\varepsilon_{zx} + 4c_{26}\varepsilon_{yy}\varepsilon_{xy} \\ &+ c_{33}\varepsilon_{zz}^2 + 4c_{34}\varepsilon_{zz}\varepsilon_{yz} + 4c_{35}\varepsilon_{zz}\varepsilon_{zx} + 4c_{36}\varepsilon_{zz}\varepsilon_{xy} \\ &+ 4c_{44}\varepsilon_{yz}^2 + 8c_{45}\varepsilon_{yz}\varepsilon_{zx} + 8c_{46}\varepsilon_{yz}\varepsilon_{xy} \\ &+ 4c_{55}\varepsilon_{zx}^2 + 8c_{56}\varepsilon_{zx}\varepsilon_{xy} \\ &+ 4c_{66}\varepsilon_{xy}^2\,. \end{aligned} \tag{114, 18}$$

[1]) George GREEN: * 1793 in Nottingham, † 1841 in Nottingham.

Das Koeffizientenschema (c_{ik}) aller möglichen Produkte von je zwei Komponenten des Deformationstensors, die wir uns weiterhin in der vorstehend angegebenen Reihenfolge geordnet denken, ist daher

$$(c_{ik}) = \begin{matrix} c_{11} & 2c_{12} & 2c_{13} & 4c_{14} & 4c_{15} & 4c_{16} \\ & c_{22} & 2c_{23} & 4c_{24} & 4c_{25} & 4c_{26} \\ & & c_{33} & 4c_{34} & 4c_{35} & 4c_{36} \\ & & & 4c_{44} & 8c_{45} & 8c_{46} \\ & & & & 4c_{55} & 8c_{56} \\ & & & & & 4c_{66}\,. \end{matrix} \qquad (114, 19)$$

Wenn es sich nun um einen anisotropen Körper handelt, der im Gegensatz zu einem triklinen Kristall gewisse (geometrische) Symmetrieeigenschaften besitzt, so reduziert sich für diesen Kristall die Anzahl seiner Elastizitätskonstanten.

Nehmen wir etwa an, ein Kristall besitze eine Symmetrieebene. Von einer solchen spricht man dann, wenn alle zu einer bestimmten Ebene spiegelbildlichen Richtungen in bezug auf das physikalische Verhalten des Kristalls miteinander gleichwertig sind. Kristalle von dieser Art treten in der Natur auf. Sie werden als *monokline* Kristalle bezeichnet. Beispiele für sie sind Aragonit und Glimmer.

Wählt man die Symmetrieebene eines monoklinen Kristalls als die xy-Ebene eines cartesischen Koordinatensystems, so muß die auf ihr senkrecht stehende $+z$-Achse mit der zur Symmetrieebene spiegelbildlichen $-z$-Achse gleichwertig sein. Anders ausgedrückt bedeutet das, daß sich die c_{ik} nicht ändern dürfen, wenn

$$+z \to -z \qquad (114, 20)$$

und damit auch

$$s_z \to -s_z \qquad (114, 21)$$

ersetzt wird. Nimmt man diese Vertauschungen vor, so geht

$$\varepsilon_{xz} = \frac{1}{2}\left(\frac{\partial s_x}{\partial z} + \frac{\partial s_z}{\partial x}\right) \to \frac{1}{2}\left(-\frac{\partial s_x}{\partial z} - \frac{\partial s_z}{\partial x}\right) = -\varepsilon_{xz} \qquad (114, 22)$$

und

$$\varepsilon_{yz} = \frac{1}{2}\left(\frac{\partial s_y}{\partial z} + \frac{\partial s_z}{\partial y}\right) \to \frac{1}{2}\left(-\frac{\partial s_y}{\partial z} - \frac{\partial s_z}{\partial y}\right) = -\varepsilon_{yz} \qquad (114, 23)$$

über, während alle anderen Deformationskomponenten ε_{ik} sich bei der Vertauschung (114, 20/21) nicht ändern. Weil nun bei einer solchen Änderung nach (114, 22/23) die Komponenten ε_{xz} und ε_{yz} ihre Vorzeichen wechseln, müssen, damit w gegenüber der Vertauschung (114, 20) invariant bleibt, alle in w auftretenden Glieder, die die Komponenten $\varepsilon_{xz} = \varepsilon_{zx}$ und $\varepsilon_{yz} = \varepsilon_{zy}$ in erster Potenz enthalten, verschwinden. Dies verlangt nach (114, 18), daß für einen monoklinen Kristall die Elastizitätskonstanten

$$c_{14} = c_{15} = c_{24} = c_{25} = c_{34} = c_{35} = c_{46} = c_{56} = 0 \qquad (114, 24)$$

sein müssen. Damit reduziert sich das Elastische Potential für einen Kristall des monoklinen Systems auf

$$\begin{aligned} 2w = c_{11}\varepsilon_{xx}^2 &+ 2c_{12}\varepsilon_{xx}\varepsilon_{yy} + 2c_{13}\varepsilon_{xx}\varepsilon_{zz} && + 4c_{16}\varepsilon_{xx}\varepsilon_{xy} \\ &+ c_{22}\varepsilon_{yy}^2 \quad + 2c_{23}\varepsilon_{yy}\varepsilon_{zz} && + 4c_{26}\varepsilon_{yy}\varepsilon_{xy} \\ &\qquad + c_{33}\varepsilon_{zz}^2 && + 4c_{36}\varepsilon_{yz}\varepsilon_{xy} \\ &\qquad\qquad + 4c_{44}\varepsilon_{yz}^2 + 8c_{45}\varepsilon_{yz}\varepsilon_{zx} && \\ &\qquad\qquad\qquad + 4c_{55}\varepsilon_{zx}^2 && \\ &&& + 4c_{66}\varepsilon_{xy}^2\,. \end{aligned} \qquad (114, 25)$$

Dieser Ausdruck besagt, daß zur Beschreibung des elastischen Verhaltens eines dem monoklinen System angehörenden Kristalls nur 13 Elastizitätskonstanten erforderlich sind.

Ist außer der xy-Ebene auch die yz-Ebene Symmetrieebene, so sagt man, der Kristall gehört dem *rhombischen* System an. Vertreter dieser Klasse sind $BaSO_4$ und $CaSO_4$. Bei einem rhombischen Kristall muß (bei dem hier verwendeten Koordinatensystem) alles unverändert bleiben, wenn weiterhin

$$x \to -x, \quad s_x \to -s_x \tag{114, 26}$$

ersetzt wird. Dies hat für die in w auftretenden ε_{ik} zur Folge, daß

$$\varepsilon_{zx} \to -\varepsilon_{zx} \tag{114, 27}$$

$$\varepsilon_{xy} \to -\varepsilon_{xy}. \tag{114, 28}$$

Hieraus folgt durch die gleiche Schlußweise wie oben, daß dann außerdem

$$c_{16} = c_{26} = c_{36} = c_{45} = 0 \tag{114, 29}$$

sein müssen. Das Elastische Potential w eines rhombischen Kristalls nimmt daher die Form

$$\begin{aligned} 2w = c_{11}\varepsilon_{xx}^2 &+ 2c_{12}\varepsilon_{xx}\varepsilon_{yy} + 2c_{13}\varepsilon_{xx}\varepsilon_{zz} \\ &+ c_{22}\varepsilon_{yy}^2 \quad + 2c_{33}\varepsilon_{yy}\varepsilon_{zz} \\ &\qquad + c_{33}\varepsilon_{zz}^2 \\ &\qquad\qquad + 4c_{44}\varepsilon_{yz}^2 \\ &\qquad\qquad\qquad + 4c_{55}\varepsilon_{zx}^2 \\ &\qquad\qquad\qquad\qquad + 4c_{66}\varepsilon_{xy}^2 \end{aligned} \tag{114, 30}$$

an. Hieraus ist zu ersehen, daß einem rhombischen Kristall 13 — 4 = 9 Elastizitätskonstanten zukommen.

Nehmen wir noch die xz-Ebene als dritte Symmetrieebene an, so muß y mit $-y$ und s_y mit $-s_g$ gleichwertig sein. Dann wird

$$\varepsilon_{yz} \to -\varepsilon_{yz}, \qquad \varepsilon_{xy} \to -\varepsilon_{yx}, \tag{114, 31}$$

während die anderen ε ihr Vorzeichen nicht ändern. Aus (114, 30) ist nun zu ersehen, daß Anteile von w, die ε_{yz} und ε_{xy} in erster Potenz enthalten, nicht mehr auftreten, d. h., bei den eben betrachteten Symmetrieverhältnissen kommen weitere Elastizitätskonstanten nicht in Fortfall. Anders ausgedrückt: Wenn für einen Kristall (bei dem hier verwendeten Koordinatensystem) die xy- und die yz-Ebene gleichzeitig Symmetrieebenen sind, so ist eo ipso auch die xz-Ebene eine Symmetrieebene.

Wir wollen jetzt einen Schritt weiter gehen und verlangen, daß sich nichts ändert, wenn man noch die x-Achse mit der y-Achse vertauscht, d. h. daß diese beiden Achsen gleichwertig sind. Wenn dies der Fall ist, so nennt man die yz- und die xz-Ebene gleichwertige Symmetrieebenen. Kristalle, die diese Symmetrieeigenschaften haben, gehören zu dem *tetragonalen* System (Beispiel: das mit 6 H_2O-Molekülen kristallisierte $ZnSO_4$).

Bei Kristallen des tetragonalen Systems ist wegen der Gleichwertigkeit der x-Achse mit der y-Achse auch s_x mit s_y gleichwertig. Damit wird

$$\varepsilon_{xx} = \frac{\partial s_x}{\partial x} \to \frac{\partial s_y}{\partial y} = \varepsilon_{yy} \tag{114, 32}$$

$$\varepsilon_{xz} \to \varepsilon_{yz} \tag{114, 33}$$

$$\varepsilon_{yz} \to \varepsilon_{xz}. \tag{114, 34}$$

Dies bedeutet nach (114, 30), daß für tetragonale Kristalle

$$c_{11} = c_{22}, \; c_{44} = c_{55}, \; c_{13} = c_{23} \tag{114, 35}$$

sein muß. Damit nimmt nach (114, 30) das Elastische Potential die Form

$$\begin{aligned} 2w = {} & c_{11}(\varepsilon_{xx}^2 + \varepsilon_{yy}^2) + 2c_{12}\varepsilon_{xx}\varepsilon_{yy} \\ & + 2c_{13}(\varepsilon_{xx}\varepsilon_{zz} + \varepsilon_{yy}\varepsilon_{zz}) + c_{33}\varepsilon_{zz}^2 \\ & + 4c_{44}(\varepsilon_{yz}^2 + \varepsilon_{zx}^2) + 4c_{66}\varepsilon_{xy}^2 \end{aligned} \tag{114, 36}$$

an. Hieraus ist zu entnehmen, daß ein Kristall des tetragonalen Systems nur 6 Elastizitätskonstanten hat.

Ist schließlich auch x mit z vertauschbar, so liegen Kristalle des *kubischen* Systems vor (Beispiele: Steinsalz, Sylvin). In diesem Fall ändert sich nichts, wenn man

$$\varepsilon_{xx} \rightarrow \varepsilon_{zz} \tag{114, 37}$$

$$\varepsilon_{xy} \rightarrow \varepsilon_{zy} \tag{114, 38}$$

ersetzt.

Ein Vergleich mit (114, 36) zeigt, daß dann

$$c_{11} = c_{33}, \; c_{12} = c_{13}, \; c_{44} = c_{66} \tag{114, 39}$$

wird. Somit geht für einen kubischen Kristall sein Elastisches Potential in

$$\begin{aligned} 2w = {} & c_{11}(\varepsilon_{xx}^2 + \varepsilon_{yy}^2 + \varepsilon_{zz}^2) \\ & + 2c_{12}(\varepsilon_{xx}\varepsilon_{yy} + \varepsilon_{yy}\varepsilon_{zz} + \varepsilon_{zz}\varepsilon_{xx}) \\ & + 4c_{44}(\varepsilon_{xy}^2 + \varepsilon_{yz}^2 + \varepsilon_{zx}^2) \end{aligned} \tag{114, 40}$$

über. Hieraus ist ersichtlich, daß ein kubischer Kristall 3 Elastizitätskonstanten hat.

Weitere Symmetrieeigenschaften kann ein Kristall nicht mehr besitzen, d. h. andere Kristallsysteme als die angegebenen gibt es nicht. Es kann lediglich noch der Fall vorliegen, daß in einem Körper eine beliebige Richtung mit jeder anderen gleichwertig ist. Dann ist der Körper isotrop. In diesem Fall muß (114, 40) mit (113, 30) übereinstimmen. Schreibt man (114, 40) um, so erhält man

$$w = \frac{1}{2} c_{11} J_1^2 + (c_{12} - c_{11}) J_2 + (2c_{44} + c_{12} - c_{11})(\varepsilon_{xy}^2 + \varepsilon_{yz}^2 + \varepsilon_{zx}^2). \tag{114, 41}$$

Es muß daher in (114, 41) der Koeffizient

$$2c_{44} + c_{12} - c_{11} = 0 \tag{114, 42}$$

sein.

Hieraus ersieht man, daß die drei Elastizitätskonstanten c_{11}, c_{12}, c_{44}, die für einen kubischen Kristall voneinander unabhängig sind, im Fall der Isotropie des Körpers der Bedingung (114, 42) zu genügen haben. Das elastische Verhalten eines isotropen Festen Körpers wird durch nur *zwei* voneinander unabhängige Elastizitätskonstanten beschrieben.

Damit (114, 41) mit dem früher angegebenen Ausdruck (113, 30) für w übereinstimmt, muß

$$c_{11} = 2\mu + \lambda = \frac{E(1 - m)}{(1 + m)(1 - 2m)} \tag{114, 43}$$

$$c_{12} = \lambda = \frac{mE}{(1 + m)(1 - 2m)} \tag{114, 44}$$

$$c_{44} = \mu = \frac{E}{2(1 + m)} \tag{114, 45}$$

gesetzt werden.

Wir haben noch eine Bemerkung zu machen, die sich auf die Eigenschaft der durch (114, 1—6) eingeführten Elastizitätsmoduln bezieht. Diese Gleichungen lassen sich durch eine Änderung der Indizierung in die Form (114, 9) zusammenfassen. Aus dieser Gleichung ist erkennbar, daß die Komponenten σ_i des Spannungstensors — ein Tensor 2. Stufe — mit den Komponenten ε_k des Deformationstensors — ebenfalls ein Tensor 2. Stufe — linear und homogen verknüpft sind. Hieraus folgt, unter Beachtung des in Kap. 6 erklärten Begriffes der „Verjüngung eines Tensors", daß die c_{ik} die Komponenten eines Tensors vierter Stufe sind. Sie sollten daher konsequenterweise mit vier Indizes versehen werden. Eine solche Bezeichnungsweise ergibt sich zwanglos, wenn man beachtet, daß in (114, 9) die Indizes i und k die Rolle von je zwei Indizes übernehmen. Steht etwa

$$i \text{ anstelle von } mn \qquad (114, 46)$$

$$k \text{ anstelle von } pq, \qquad (114, 47)$$

so lautet die Spannungs-Dehnungs-Beziehung (114, 9), anders geschrieben,

$$\sigma_{mn} = \sum_{p=1}^{3} \sum_{q=1}^{3} c_{mnpq} \varepsilon_{pq}, \qquad m, n = 1, 2, 3. \qquad (114, 48)$$

Anschließend seien noch die zwei folgenden Bemerkungen gemacht:

1. Da die c_{mnpq} die Komponenten eines Tensors vierter Stufe sind, hat dieser $3^4 = 81$ Komponenten. Wegen der Symmetrie der Komponenten σ_{ik} und der Komponenten ε_{ik} reduzieren sich die 3^4 Komponenten c_{mnpq} zunächst auf 36 Komponenten. Von diesen sind nun — wie es am Anfang dieses Paragraphen gezeigt wurde — aufgrund der Existenz eines Elastischen Potentials im Höchstfall nur 21 voneinander unabhängig.

2. Die nächste Bemerkung bezweckt, darauf hinzuweisen, daß die vorstehend vierfach indizierten Elastizitätsmoduln mit den zweifach indizierten Moduln i. allg. nicht übereinstimmen. Natürlich besteht zwischen diesen Größen ein Zusammenhang. Er ergibt sich leicht, indem man die in (114, 48) stehenden Summen ausschreibt und dieses Ergebnis mit (114, 1—6) vergleicht.

VII. Anwendungen und Beispiele

Spezielle Fälle des Elastischen Gleichgewichts

115. Eindeutigkeit der Lösung der Gleichung für das Elastische Gleichgewicht

Bevor wir die vorstehend hergeleiteten allgemeinen Gesetzmäßigkeiten auf spezielle Probleme anwenden, wollen wir zeigen, daß neben einer auf irgendeinem Wege gefundenen Lösung, die gewissen Bedingungen zu genügen hat, keine weitere, von der gefundenen Lösung verschiedene existiert, die dieselben Bedingungen erfüllt (Eindeutigkeitsbeweis).

Die Aufgaben, die in der Elastomechanik vorkommen, lassen sich in zwei Gruppen unterteilen.

1. Es kann die Verschiebung

$$\mathfrak{s} = \mathfrak{s}(\mathfrak{r}, t) \qquad (115, 1)$$

vorgegeben sein und es wird nach der wirkenden Massen- und der Oberflächenkraft

$$\mathfrak{F} = \mathfrak{F}(\mathfrak{r}), \quad \mathfrak{t}^{(\mathfrak{n})} = \mathfrak{t}^{(\mathfrak{n})}(\mathfrak{r}) \qquad (115, 2)$$

gefragt. Diese Aufgabe ist offensichtlich eindeutig lösbar, weil sich $\mathfrak{F}$ aus der Elastischen Grundgleichung allein durch Differentiation des Verschiebungsvektors $\mathfrak{s}$ ermitteln läßt. Ferner sind bei bekanntem $\mathfrak{s}$ durch die Definitionsgleichung (98, 32) die Deformationskomponenten ε_{ik} eindeutig bestimmt und damit durch die Spannungs-Dehnungs-Beziehungen (109, 36) auch die Spannungskomponenten σ_{ik}. Mit ihrer Kenntnis sind dann die Komponenten von $\mathfrak{t}^{(\mathfrak{n})}$ eindeutig bestimmt.

2. Überwiegend handelt es sich jedoch bei den Anwendungen um die Lösung der Umkehrung der vorstehend genannten Aufgabe: es sind $\mathfrak{F}$ und $\mathfrak{t}^{(\mathfrak{n})}$ bekannt und gefragt wird nach dem Verschiebungsfeld $\mathfrak{s}(\mathfrak{r})$.

Auch diese Aufgabe ist eindeutig lösbar, was erstmalig von KIRCHHOFF[1]) gezeigt wurde.

Um den Gedanken von KIRCHHOFF darzulegen, nehmen wir an, daß die unter 2. angegebene Aufgabe die beiden voneinander verschiedenen Lösungen

$$\mathfrak{s}' = \mathfrak{s}'(\mathfrak{r}) \quad \text{und} \quad \mathfrak{s}'' = \mathfrak{s}''(\mathfrak{r}) \tag{115, 3}$$

habe. Damit hat man auch zwei verschiedene Systeme von Deformationskomponenten

$$\varepsilon'_{xx} = \frac{\partial s'_x}{\partial x}, \ldots \tag{115, 4}$$

$$\varepsilon''_{xx} = \frac{\partial s''_x}{\partial x}, \ldots \tag{115, 5}$$

und ebenfalls aufgrund der Spannungs-Dehnungs-Beziehungen zwei voneinander verschiedene Systeme von Spannungskomponenten

$$\sigma'_{xx} = 2\mu\varepsilon'_{xx} + \lambda\Theta', \quad \ldots \tag{115, 6}$$

$$\sigma''_{xx} = 2\mu\varepsilon''_{xx} + \lambda\Theta'', \quad \ldots . \tag{115, 7}$$

Sowohl die σ'_{ik} als auch die σ''_{ik} müssen den Oberflächenbedingungen (101, 24—26) genügen, d. h. es muß sein

$$t_x^{(\mathfrak{n})} = \sigma'_{xx} \cos\alpha + \cdots \tag{115, 8}$$

$$\cdots\cdots$$

und ebenfalls

$$t_x^{(\mathfrak{n})} = \sigma''_{xx} \cos\alpha + \cdots \tag{115, 9}$$

$$\cdots\cdots$$

Weiterhin müssen die σ'_{ik} und σ''_{ik} den Gleichgewichtsbedingungen (107, 9—11) genügen, d. h. es müssen die Beziehungen

$$F_x + \frac{\partial\sigma'_{xx}}{\partial x} + \frac{\partial\sigma'_{xy}}{\partial y} + \frac{\partial\sigma'_{xz}}{\partial z} = 0 \tag{115, 10}$$

$$\cdots\cdots$$

und

$$F_x + \frac{\partial\sigma''_{xx}}{\partial x} + \frac{\partial\sigma''_{xy}}{\partial y} + \frac{\partial\sigma''_{xz}}{\partial z} = 0 \tag{114, 11}$$

erfüllt sein.

Wir wollen nun die Abkürzungen

$$s'_x - s''_x = \bar{s}_x \tag{115, 12}$$

$$\cdots\cdots$$

$$\varepsilon'_{xx} - \varepsilon''_{xx} = \bar{\varepsilon}_{xx} \tag{115, 13}$$

$$\cdots\cdots$$

$$\sigma'_{xx} - \sigma''_{xx} = \bar{\sigma}_{xx} \tag{115, 14}$$

$$\cdots\cdots$$

einführen. Wenn man jetzt (115, 9) von (115, 8) und (115, 11) von (115, 10) subtrahiert, so erhält man, mit Verwendung der eben eingeführten Abkürzungen, die Gleichungen

$$0 = \bar{\sigma}_{xx} \cos\alpha + \cdots \tag{115, 15}$$

$$\cdots\cdots$$

[1]) Gustav KIRCHHOFF: * 1824 in Königsberg, † 1887 in Berlin.

und

$$0 = \frac{\partial \bar{\sigma}_{xx}}{\partial x} + \cdots \tag{115, 16}$$

$$\cdots\cdots$$

Die Annahme von zwei verschiedenen Lösungen $\mathfrak{s}'$ und $\mathfrak{s}''$ ergibt also, daß ein Spannungssystem $\bar{\sigma}_{ik}$ existiert, welches den Oberflächen- und Gleichgewichtsbedingungen der Elastomechanik mit verschwindenden Volumen- und Oberflächenkräften genügt.

Wir wollen untersuchen, was sich aus diesen Gleichungen folgern läßt. Hierzu multiplizieren wir (115, 16) mit $\bar{s}_x, \ldots$, addieren diese Gleichungen und integrieren die Summe über das Volumen V des betrachteten Körpers. Dies ergibt

$$\iiint\limits_V \left\{ \frac{\partial \bar{\sigma}_{xx}}{\partial x} \bar{s}_x + \cdots + \frac{\partial \bar{\sigma}_{yx}}{\partial x} \bar{s}_y + \cdots + \frac{\partial \bar{\sigma}_{zx}}{\partial x} \bar{s}_z \right\} d\tau = 0, \tag{115, 17}$$

wobei $d\tau$ ein Volumenelement des Körpers bedeutet. Jedes Glied des Integranden von (115, 17) läßt sich umformen, denn es ist nach der Regel über die Differentiation eines Produktes

$$\frac{\partial \bar{\sigma}_{xx}}{\partial x} \bar{s}_x = \frac{\partial}{\partial x} (\bar{\sigma}_{xx} \bar{s}_x) - \bar{\sigma}_{xx} \frac{\partial \bar{s}_x}{\partial x}. \tag{115, 18}$$

Entsprechende Gleichungen gelten für die übrigen 8 Glieder des Integranden in (115, 17). Damit kann man durch geeignete Zusammenfassung das in (115, 17) auftretende Integral in die beiden Integrale

$$J_1 = \iiint\limits_V \left\{ \frac{\partial}{\partial x} (\bar{\sigma}_{xx} \bar{s}_x) + \frac{\partial}{\partial y} (\bar{\sigma}_{xy} \bar{s}_x) + \frac{\partial}{\partial z} (\bar{\sigma}_{xz} \bar{s}_x) + \frac{\partial}{\partial x} (\bar{\sigma}_{yx} \bar{s}_y) + \cdots + \frac{\partial}{\partial x} (\bar{\sigma}_{zx} \bar{s}_z) + \cdots \right\} d\tau \tag{115, 19}$$

und

$$J_2 = -\iiint\limits_V \left\{ \bar{\sigma}_{xx} \frac{\partial \bar{s}_x}{\partial x} + \bar{\sigma}_{xy} \frac{\partial \bar{s}_x}{\partial y} + \bar{\sigma}_{xz} \frac{\partial \bar{s}_x}{\partial z} + \bar{\sigma}_{yx} \frac{\partial \bar{s}_y}{\partial x} + \cdots + \bar{\sigma}_{zx} \frac{\partial \bar{s}_z}{\partial x} + \cdots \right\} d\tau \tag{115, 20}$$

aufspalten.

Auf jedes Glied von (115, 19) wenden wir nun den Gaussschen Satz (5, 191) an. Damit wird z. B. für das erste Glied

$$\iiint\limits_V \frac{\partial}{\partial x} (\bar{\sigma}_{xx} \bar{s}_x) \, d\tau = \iint\limits_F \bar{\sigma}_{xx} \bar{s}_x \cos(\mathfrak{n}^0, \mathfrak{i}) \, df \tag{115, 21}$$

$$= \iint\limits_F \bar{\sigma}_{xx} \bar{s}_x \cos\alpha \, df. \tag{115, 22}$$

Mit diesen und den entsprechenden Ausdrücken für die acht weiteren auftretenden Glieder wird

$$J_1 = \iint\limits_F \{ (\bar{\sigma}_{xx} \cos\alpha + \bar{\sigma}_{xy} \cos\beta + \bar{\sigma}_{xz} \cos\gamma) \bar{s}_x + (\bar{\sigma}_{yz} \cos\alpha + \cdots) \bar{s}_y + (\bar{\sigma}_{zx} \cos\alpha + \cdots) \bar{s}_z \} \, df. \tag{115, 23}$$

Dieses Integral verschwindet jedoch wegen der Gültigkeit von (115, 15).

Setzt man nun in (115, 20) für

$$\frac{\partial \bar{s}_x}{\partial x} = \bar{\varepsilon}_{xx} \tag{115, 24}$$

$$\cdots\cdots$$

ein, so wird aus (115, 17):

$$\iiint\limits_V \{ \bar{\varepsilon}_{xx} \bar{\sigma}_{xx} + \bar{\varepsilon}_{yy} \bar{\sigma}_{yy} + \bar{\varepsilon}_{zz} \bar{\sigma}_{zz} + 2 \bar{\varepsilon}_{yz} \bar{\sigma}_{yz} + 2 \bar{\varepsilon}_{zx} \bar{\sigma}_{zx} + 2 \bar{\varepsilon}_{xy} \bar{\sigma}_{xy} \} \, d\tau = 0. \tag{115, 25}$$

Drückt man hierin die Spannungskomponenten σ_{ik} durch das Elastische Potential w gemäß (113, 26) aus, so wird

$$\iiint\limits_V \left\{\bar{\varepsilon}_{xx} \frac{\partial w}{\partial \bar{\varepsilon}_{xx}} + \cdots + 2\bar{\varepsilon}_{xy} \frac{\partial w}{\partial \bar{\varepsilon}_{xy}}\right\} d\tau = 0. \qquad (115, 26)$$

Nun ist nach Kap. 113:

$$w = w(\bar{\varepsilon}_{ik}) \qquad (115, 27)$$

eine homogen quadratische Funktion der $\bar{\varepsilon}_{ik}$. Daher ist nach dem Theorem von EULER über homogene Funktionen

$$\bar{\varepsilon}_{xx} \frac{\partial w}{\partial \bar{\varepsilon}_{xx}} + \cdots + 2\bar{\varepsilon}_{xy} \frac{\partial w}{\partial \bar{\varepsilon}_{xy}} = 2w. \qquad (115, 28)$$

Somit wird (115, 26):

$$\iiint\limits_V w(\bar{\varepsilon}_{ik})\, d\tau = 0. \qquad (115, 29)$$

Da nun aber das Elastische Potential stets $\geqq 0$, ist, kann (115, 29) nur zutreffen, wenn alle in w auftretenden $\bar{\varepsilon}_{ik}$ einzeln verschwinden:

$$\bar{\varepsilon}_{xx} = \bar{\varepsilon}_{yy} = \cdots = \bar{\varepsilon}_{xy} = 0. \qquad (115, 30)$$

Dieses Ergebnis besagt zunächst nach (115, 13), daß

$$\varepsilon'_{xx} = \varepsilon''_{xx} \qquad (115, 31)$$

$$\cdots\cdots$$

ist, d. h. die als verschieden angenommenen Deformationskomponenten erweisen sich als gleich. Anders ausgedrückt: Hat man aus den Gleichungen der Elastostatik für ein vorgegebenes Problem die Deformationskomponenten ε_{ik} irgendwie bestimmt, so sind diese die einzige Lösung dieses Problems. Damit ist der Nachweis für die eindeutige Bestimmung der ε_{ik} erbracht. Er impliziert zugleich, daß auch die Spannungskomponenten σ_{ik} eindeutig bestimmt sind, weil diese mit den ε_{ik} durch die Spannungs-Dehnungs-Beziehungen festgelegt sind.

Es verbleibt noch zu untersuchen, ob sich auch der Verschiebungsvektor $\mathfrak{s}$ eindeutig bestimmen läßt. Um diese Frage zu beantworten, schließen wir an (115, 30) an und drücken diese Gleichungen durch die Komponenten von $\mathfrak{s}$ aus. Dies ergibt das Gleichungssystem

$$\bar{\varepsilon}_{xx} = \frac{\partial \bar{s}_x}{\partial x} = 0, \quad \bar{\varepsilon}_{yy} = \frac{\partial \bar{s}_y}{\partial y} = 0, \quad \bar{\varepsilon}_{zz} = \frac{\partial \bar{s}_z}{\partial z} = 0 \qquad (115, 32)$$

$$\bar{\varepsilon}_{yz} = \frac{1}{2}\left(\frac{\partial \bar{s}_y}{\partial z} + \frac{\partial \bar{s}_z}{\partial y}\right) = 0 \qquad (115, 33)$$

$$\bar{\varepsilon}_{zx} = \frac{1}{2}\left(\frac{\partial \bar{s}_z}{\partial x} + \frac{\partial \bar{s}_x}{\partial z}\right) = 0 \qquad (115, 34)$$

$$\bar{\varepsilon}_{xy} = \frac{1}{2}\left(\frac{\partial \bar{s}_x}{\partial y} + \frac{\partial \bar{s}_y}{\partial x}\right) = 0. \qquad (115, 35)$$

Differenziert man jede dieser Gleichungen je einmal nach x, y und z, so erhält man unschwer, daß die zweiten Ableitungen der Komponenten von $\mathfrak{s}$ nach x, y und z verschwinden. Es müssen demnach $\bar{s}_x, \ldots$ lineare Funktionen dieser Variablen sein:

$$\bar{s}_x = \bar{s}_x(0) + \frac{\partial \bar{s}_x}{\partial x} x + \frac{\partial \bar{s}_x}{\partial y} y + \frac{\partial \bar{s}_x}{\partial z} z \qquad (115, 36)$$

$$\cdots\cdots$$

Unter Beachtung von (115, 32) wird daraus

$$\bar{s}_x = \bar{s}_x(0) + \frac{\partial \bar{s}_x}{\partial y} y + \frac{\partial \bar{s}_x}{\partial z} z, \qquad (115, 37)$$

wozu noch die zwei weiteren, sich durch zyklische Vertauschung ergebenden Ausdrücke für die Komponenten

$$\bar{s}_y = \bar{s}_y(0) + \frac{\partial \bar{s}_y}{\partial x} x + \frac{\partial \bar{s}_y}{\partial z} z \tag{115, 38}$$

$$\bar{s}_z = \bar{s}_z(0) + \frac{\partial \bar{s}_z}{\partial x} x + \frac{\partial \bar{s}^z}{\partial y} y \tag{115, 39}$$

kommen. Setzt man zur Abkürzung für

$$\frac{\partial \bar{s}_x}{\partial y} = -r, \quad \frac{\partial \bar{s}_x}{\partial z} = q, \quad \frac{\partial \bar{s}_y}{\partial z} = -p, \tag{115, 40}$$

so folgt aus (115, 33/35), daß

$$\frac{\partial \bar{s}_y}{\partial x} = +r, \quad \frac{\partial \bar{s}_z}{\partial x} = -q, \quad \frac{\partial \bar{s}_z}{\partial y} = +p \tag{115, 41}$$

ist. Mit diesen Bezeichnungen wird aus (115, 37—39):

$$\bar{s}_x = \bar{s}_x(0) \qquad - ry + qz \tag{115, 42}$$

$$\bar{s}_y = \bar{s}_y(0) + rx \qquad - pz \tag{115, 43}$$

$$\bar{s}_z = \bar{s}_z(0) - qx + py. \tag{115, 44}$$

Sieht man schließlich die Abkürzungen p, q, r, so wie in Kap. 83 schon geschehen, als die Komponenten des Vektors

$$\mathfrak{w} = \{p, q, r\} \tag{115, 45}$$

an, so lassen sich die Ausdrücke (115, 42—44) vektoriell in die Gleichung

$$\bar{\mathfrak{s}} = \bar{\mathfrak{s}}(0) + \mathfrak{w} \times \mathfrak{r} \tag{115, 46}$$

zusammenfassen.

Nach den Ausführungen in Kap. 97 wird durch diesen Ausdruck eine uneigentliche infinitesimal kleine Deformation beschrieben. Der Anteil $\bar{\mathfrak{s}}(0)$ stellt eine Translation und das Vektorprodukt eine Rotation dar. Es wird daher durch (115, 46) keine Deformation im eigentlichen Sinn beschrieben. Somit folgt aus (115, 46), daß durch $\mathfrak{s}''$ und $\mathfrak{s}'$ dieselbe eigentliche Deformation beschrieben wird.

Damit ist der Eindeutigkeitsbeweis für die Bestimmung der ε_{ik}, σ_{ik} und $\mathfrak{s}$ für ein vorgegebenes, allerdings zunächst als statisch vorausgesetztes Problem der Deformationsmechanik erbracht.

Es bereitet jedoch keine Schwierigkeit, den Eindeutigkeitsbeweis der Lösung eines dynamischen Problems zu führen, da er sich mit einer geringfügigen Änderung (Berücksichtigung der Trägheitskraft) aus den vorstehenden Darlegungen ergibt.

116. Gleichgewicht eines einem allseitig gleichen Druck ausgesetzten Elastischen Körpers

Wir betrachten einen Festen Körper, auf den allein ein konstanter Druck p wirke, während Massenkräfte nicht vorhanden sind, Abb. 100, 2. Es gelten daher die Gleichungen

$$t_x^{(\mathfrak{n})} = -p\cos(\mathfrak{n}^0, \mathfrak{i}) = -p\cos\alpha \tag{116, 1}$$

$$t_y^{(\mathfrak{n})} = -p\cos(\mathfrak{n}^0, \mathfrak{j}) = -p\cos\beta \tag{116, 2}$$

$$t_z^{(\mathfrak{n})} = -p\cos(\mathfrak{n}^0, \mathfrak{k}) = -p\cos\gamma. \tag{116, 3}$$

Damit wird aus den Oberflächenbedingungen (101, 24—26):

$$-p\cos\alpha = \sigma_{xx}\cos\alpha + \sigma_{xy}\cos\beta + \sigma_{xz}\cos\gamma \tag{116, 4}$$

$$-p\cos\beta = \sigma_{yx}\cos\alpha + \sigma_{yy}\cos\beta + \sigma_{yz}\cos\gamma \tag{116, 5}$$

$$-p\cos\gamma = \sigma_{zx}\cos\alpha + \sigma_{zy}\cos\beta + \sigma_{zz}\cos\gamma. \tag{116, 6}$$

Neben diesen Gleichungen gelten noch, weil voraussetzungsgemäß nur der Druck p wirken soll, die Gleichgewichtsbedingungen

$$\frac{\partial \sigma_{xx}}{\partial x} + \frac{\partial \sigma_{xy}}{\partial y} + \frac{\partial \sigma_{xz}}{\partial z} = 0 \tag{116, 7}$$

$$\frac{\partial \sigma_{yx}}{\partial x} + \cdots \qquad = 0 \tag{116, 8}$$

$$\frac{\partial \sigma_{zx}}{\partial x} + \cdots \qquad = 0. \tag{116, 9}$$

Eine Lösung des Gleichungssystems (116, 4—6) ist

$$\sigma_{xx} = \sigma_{yy} = \sigma_{zz} = -p \tag{116, 10}$$

$$\sigma_{yz} = \sigma_{zx} = \sigma_{xy} = 0. \tag{116, 11}$$

Damit reduzieren sich die Gleichgewichtsbedingungen auf

$$\frac{\partial \sigma_{xx}}{\partial x} = \frac{\partial \sigma_{yy}}{\partial y} = \frac{\partial \sigma_{zz}}{\partial z} = 0. \tag{116, 12}$$

Mit den vorstehend angegebenen Ergebnissen gehen die Spannungs-Dehnungs-Beziehungen in

$$\sigma_{xx} = -p = 2\mu\varepsilon_{xx} + \lambda\Theta \tag{116, 13}$$

$$\sigma_{yy} = -p = 2\mu\varepsilon_{yy} + \lambda\Theta \tag{116, 14}$$

$$\sigma_{zz} = -p = 2\mu\varepsilon_{zz} + \lambda\Theta \tag{116, 15}$$

$$\sigma_{xy} = 0 = 2\mu\varepsilon_{xy} \tag{116, 16}$$

$$\cdots\cdots$$

über.

Aus den vorstehenden Gleichungen folgt

$$\varepsilon_{xx} = \varepsilon_{yy} = \varepsilon_{zz} \tag{116, 17}$$

und

$$\varepsilon_{ik} = 0, \qquad i \neq k. \tag{116, 18}$$

Aufgrund der Bedeutung der Komponenten ε_{ik} des Deformationstensors besagen die beiden letzten Gleichungen, daß der Körper nur die relative Volumenänderung

$$\Theta = -\frac{3p}{2\mu + 3\lambda}, \tag{116, 19}$$

jedoch keine Gestaltsveränderung (Scherung) erfährt.

117. Gleichgewicht eines einem einseitigen Druck ausgesetzten Zylinders

Wir betrachten einen geraden Kreiszylinder von der Länge l, dessen Achse mit der positiven x-Achse eines cartesischen Koordinatensystems zusammenfalle, Abb. 117, 1. Senkrecht zu den beiden Seitenflächen soll eine über sie gleichmäßig verteilte Kraft vom Betrag K wirken. Wird die Querschnittsfläche mit F bezeichnet, so heißt dies, daß die beiden Seitenflächen dem Druck

$$p = \frac{K}{F} \tag{117, 1}$$

unterliegen. Der Zylindermantel sei dagegen druckfrei, weiterhin sollen keine Massenkräfte wirken. Gefragt wird nach den auftretenden Deformationen.

Wir behandeln die Oberflächengleichungen (101, 24—26) für den Mantel und die Seitenflächen getrennt.

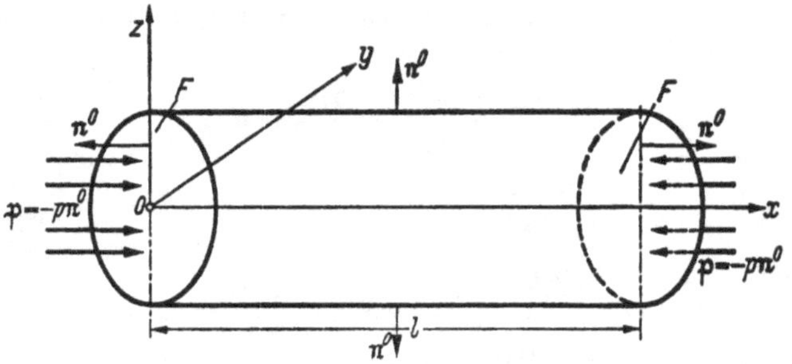

Abb. 117, 1: Zylinder, auf dessen Endflächen der Druck p wirkt

1. Für den **Mantel** werden sie sehr einfach, weil er kräftefrei ist. Ferner ist wegen der Lage des verwendeten Koordinatensystem

$$\cos(\mathfrak{n}^0, \mathfrak{i}) = \cos\alpha = 0, \tag{117, 2}$$

womit sich die Oberflächengleichungen auf

$$0 = \sigma_{xy}\cos\beta + \sigma_{xz}\cos\gamma \tag{117, 3}$$

$$0 = \sigma_{yy}\cos\beta + \sigma_{yz}\cos\gamma \tag{117, 4}$$

$$0 = \sigma_{zy}\cos\beta + \sigma_{zz}\cos\gamma \tag{117, 5}$$

reduzieren.

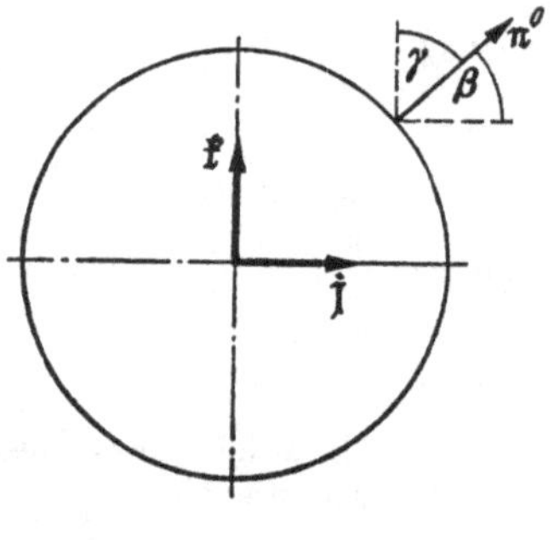

Abb. 117, 2: Zur Gl. (117, 6)

Um Ausdrücke für die Spannungskomponenten σ_{ik} zu finden, die diese Gleichungen erfüllen, schließen wir an Abb. 117, 2 an. Aus ihr entnimmt man, daß

$$\cos\gamma = \cos(\mathfrak{n}^0, \mathfrak{k}) = \cos\left(\frac{\pi}{2} - \beta\right) = \sin\beta \tag{117, 6}$$

ist. Somit wird aus (117, 3—5):

$$0 = \sigma_{xy}\cos\beta + \sigma_{xz}\sin\beta \tag{117, 7}$$

$$0 = \sigma_{yy}\cos\beta + \sigma_{yz}\sin\beta \tag{117, 8}$$

$$0 = \sigma_{zy}\cos\beta + \sigma_{zz}\sin\beta. \tag{117, 9}$$

Diese drei Gleichungen können wegen der linearen Unabhängigkeit von $\sin\beta$, $\cos\beta$ nur mit verschwindenden Koeffizienten bestehen.

Hieraus folgt, daß (117, 3—5) nur durch

$$\sigma_{yy} = \sigma_{zz} = 0 \tag{117, 10}$$

$$\sigma_{yz} = \sigma_{zx} = \sigma_{xy} = 0 \tag{117, 11}$$

erfüllt werden kann.

Dieses Ergebnis besagt, daß auf der Mantelfläche alle Komponenten des Spannungstensors verschwinden, mit Ausnahme von σ_{xx}.

2. Wir betrachten nun die Oberflächengleichungen (101, 24—26) für die beiden Seitenflächen. Für die rechte ist deren positiver (d. h. nach unserer früher getroffenen Vereinbarung nach außen gerichteter) Normaleneinheitsvektor

$$\mathfrak{n}^0 \,||\, \mathfrak{i}, \tag{117, 12}$$

also

$$\cos\alpha = 1, \qquad \cos\beta = 0, \qquad \cos\gamma = 0. \tag{117, 13}$$

Auf F wirkt daher nur die Spannung

$$t_x^{(\mathfrak{i})} = \sigma_{xx} = -\frac{K}{F} = -p, \tag{117, 14}$$

während

$$\sigma_{xy} = \sigma_{xz} = 0 \tag{117, 15}$$

und auch

$$\sigma_{yy} = \sigma_{zz} = 0 \tag{117, 16}$$

ist.

Damit lauten die Spannungs-Dehnungs-Beziehungen (109, 36):

$$\sigma_{xx} = 2\mu\varepsilon_{xx} + \lambda\Theta = -p \tag{117, 17}$$

$$\sigma_{yy} = 2\mu\varepsilon_{yy} + \lambda\Theta = 0 \tag{117, 18}$$

$$\sigma_{zz} = 2\mu\varepsilon_{zz} + \lambda\Theta = 0 \tag{117, 19}$$

$$\sigma_{yz} = 2\mu\varepsilon_{yz} = 0 \tag{117, 20}$$

$$\sigma_{zx} = 2\mu\varepsilon_{zx} = 0 \tag{117, 21}$$

$$\sigma_{xy} = 2\mu\varepsilon_{xy} = 0. \tag{117, 22}$$

Addiert man die drei ersten der vorstehenden Gleichungen, so erhält man

$$-p = (2\mu + 3\lambda)\Theta \tag{117, 23}$$

und hieraus

$$\Theta = -\frac{p}{2\mu + 3\lambda}. \tag{117, 24}$$

Vergleicht man dies mit (109, 38), so ersieht man, daß bei dem hier behandelten Beispiel die Volumendilatation nur $^1/_3$ von der ist, die ein allseitig wirkender Druck hervorruft.

Wir haben noch die Komponenten des Verschiebungsvektors $\mathfrak{s}$ der eigentlichen Deformation zu bestimmen. Hierzu gehen wir mit (117, 24) in (117, 17) ein, was zu

$$\varepsilon_{xx} = \frac{1}{2\mu}\left\{-p + \lambda\frac{p}{2\mu + 3\lambda}\right\} \tag{117, 25}$$

oder

$$\varepsilon_{xx} = \frac{\partial s_x}{\partial x} = -p\,\frac{\lambda + \mu}{\mu\,(3\lambda + 2\mu)} \tag{117, 26}$$

führt.

Beachtet man die Bedeutung von ε_{xx}, so besagt die letzte Gleichung, daß der auf den Zylinder wirkende Druck p in Richtung der x-Achse die relative Längenänderung

$$\frac{\Delta x}{x} = -p\,\frac{\mu + \lambda}{\mu\,(2\mu + 3\lambda)} \tag{117, 27}$$

einer „x-Faser" bewirkt. Sie geht in die früher angegebene Form (108, 2) über, wenn man die in (117, 27) auftretenden Laméschen Konstanten μ und λ durch die ursprünglich eingeführten

„anschaulichen" Elastizitätskonstanten E und m ausdrückt. Für diese erhält man aus (109, 14/15):

$$E = \frac{\mu\,(+\,2\mu + 3\lambda)}{\mu + \lambda} \tag{117, 28}$$

$$m = \frac{\lambda}{2\,(\mu + \lambda)}. \tag{117, 29}$$

Somit wird

$$\varepsilon_{xx} = \frac{\Delta x}{x} = -\frac{p}{E} \tag{117, 30}$$

oder

$$\Delta x = -\frac{1}{E}\,\frac{x\,K}{F}. \tag{117, 31}$$

Dies ist das früher angegebene „primitive" Hookesche Gesetz (108, 2). Das in (117, 31) auftretende Minuszeichen ist dadurch bedingt, daß jetzt ein einem Druck, früher dagegen ein einem Zug (= negativer Druck) unterworfener Körper betrachtet wurde.

Für die beiden Verzerrungskomponenten ε_{yy} und ε_{zz} erhält man aus (117, 18/19):

$$\varepsilon_{yy} = \varepsilon_{zz} = -\frac{\lambda\Theta}{2\mu}, \tag{117, 32}$$

oder unter Beachtung von (117, 24):

$$\varepsilon_{yy} = \varepsilon_{zz} = \frac{\lambda}{2\mu\,(2\mu + 3\lambda)}\,p \tag{117, 33}$$

$$= \frac{\mu + \lambda}{\mu\,(2\mu + 3\lambda)}\,\frac{\lambda}{2\,(\mu + \lambda)}\,p. \tag{117, 34}$$

Daraus wird mit (117, 28—30):

$$\varepsilon_{yy} = \varepsilon_{zz} = \frac{m}{E}\,p \tag{117, 35}$$

$$= m\varepsilon_{xx}, \tag{117, 36}$$

(Querdilatation).

Aus (117, 26) und (117, 31) erhält man die Komponenten des Verschiebungsvektors $\mathfrak{s}$ durch Integration. Es ergibt sich

$$s_x = -\frac{K}{FE}\,x \tag{117, 37}$$

$$s_y = \frac{K}{FE}\,my \tag{117, 38}$$

$$s_z = \frac{K}{FE}\,mz. \tag{117, 39}$$

Zusätzliche Funktion $f_1(y, z), \ldots$, die in (117, 37—39) noch angegeben werden müßten, haben wir unterdrückt, da sie, wie in Kap. 115 gezeigt, eine Translation und eine Rotation, d. h. uneigentliche Deformationen beschreiben.

118. Torsion eines Zylinders

Wir betrachten einen geraden Zylinder der Länge l mit einem zunächst noch beliebig angenommenen Querschnitt und lassen seine Achse mit der z-Achse eines cartesischen Koordinatensystems zusammenfallen, in dessen xy-Ebene die Grundfläche des Zylinders liege, Abb. 118, 1. Wir denken uns die Grundfläche des Zylinders festgehalten und drehen dessen Deckfläche um die z-Achse um den infinitesimal kleinen Winkel $d\psi$. In Anlehnung an die schon vorstehend verwendete Bezeichnungsweise (die infinitesimal kleine Verschiebung $d\mathfrak{s}$ wurde mit $\mathfrak{s}$ bezeichnet) soll der Drehwinkel $d\psi$ weiterhin mit ψ bezeichnet werden. Bei der Drehung soll jeder Punkt P eines Zylinderquerschnittes seinen Abstand r von der Zylinderachse beibehalten.

An der Drehung nehmen alle Querschnitte des Zylinders teil, und zwar mit einem ihrem Abstand z von der Grundfläche proportionalen Betrag. Ferner ist die Drehung $\delta\varphi$ eines beliebigen Querschnittes dem Winkel ψ proportional, so daß man

$$\delta\varphi = kz\psi \tag{118, 1}$$

hat, wobei k ein Proportionalitätsfaktor ist. Er läßt sich bestimmen, indem man $z = l$ setzt. Dann muß nach Voraussetzung $\delta\varphi = \psi$ sein:

$$kl\psi = \psi, \tag{118, 2}$$

woraus

$$k = \frac{1}{l} \tag{118, 3}$$

folgt. Damit wird

$$\delta\varphi = \frac{z\psi}{l}\,. \tag{118, 4}$$

Eine durch diesen Ausdruck beschriebene Deformation nennt man eine *Torsion* oder *Drillung*. Bei ihr ist nach Voraussetzung die Verschiebungskomponente

$$s_z = 0. \tag{118, 5}$$

Um die beiden anderen Komponenten s_x und s_y zu bestimmen, ist es zweckmäßig, in der Ebene eines Querschnitts Polarkoordinaten r und φ in bezug auf die Zylinderachse einzuführen, Abb. 118, 2. Dann sind die Koordinaten eines Punktes $P\ (x, y)$ vor der Deformation

$$x = r\cos\varphi \tag{118, 6}$$

$$y = r\cos\varphi, \tag{118, 7}$$

dagegen nach der Torsion

$$x + s_x = r\cos(\varphi + \delta\varphi) = r\cos\left(\varphi + \frac{z\psi}{l}\right) \tag{118, 8}$$

$$= r\cos\varphi\cos\frac{z\psi}{l} - r\sin\varphi\sin\frac{z\psi}{l} \tag{118, 9}$$

$$y + s_y = r\sin(\varphi + \delta\varphi) = r\sin\left(\varphi + \frac{z\psi}{l}\right) \tag{118, 10}$$

$$= r\sin\varphi\cos\frac{z\psi}{l} + r\cos\varphi\sin\frac{z\psi}{l}\,. \tag{118, 11}$$

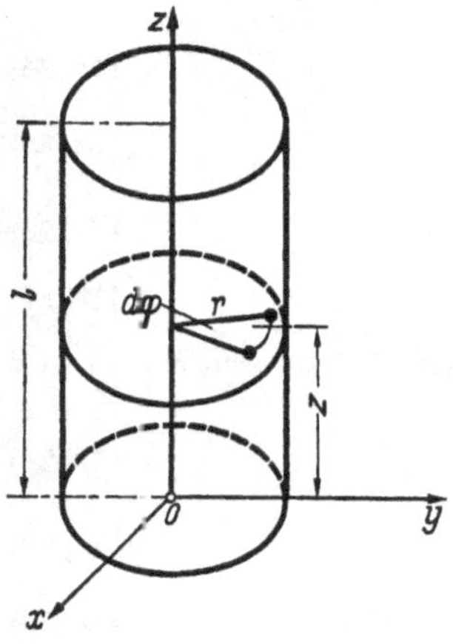

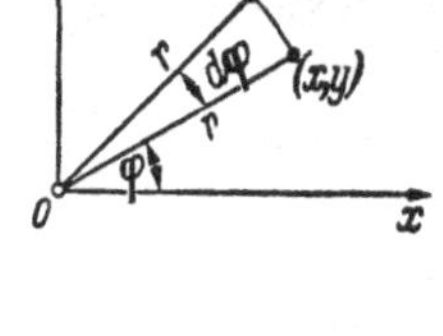

Abb. 118, 1: Zylinder mit kreisförmigem Querschnitt

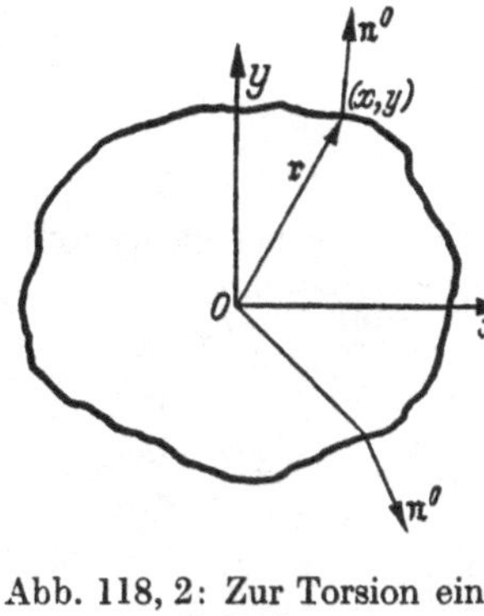

Abb. 118, 2: Zur Torsion eines Zylinders

Unter Beachtung des Umstandes, daß ψ und daher auch $z\psi/l$ als infinitesimal klein angenommen wurde, dürfen die Näherungsformeln

$$\sin\frac{z\psi}{l} \approx \frac{z\psi}{l} \tag{118, 12}$$

$$\cos\frac{z\psi}{l} \approx 1 \tag{118, 13}$$

verwendet werden. Mit ihnen gehen (118, 9) und 118, 11) unter Beachtung von (118, 6/7) in

$$x + s_x = x - y\frac{z\psi}{l} \tag{118, 14}$$

$$y + s_y = y + x\frac{z\psi}{l} \tag{118, 15}$$

über. Somit ergeben sich für die Komponenten des Verschiebungsvektors $\mathfrak{s}$ bei einer Torsion

$$s_x = -y\frac{z\psi}{l} \tag{118, 16}$$

$$s_y = +x\frac{z\psi}{l} \tag{118, 17}$$

$$s_z = 0. \tag{118, 18}$$

Mit der Kenntnis von $\mathfrak{s}$ lassen sich sofort nach (98, 32) die Komponenten ε_{ik} des Deformationstensors angeben. Sie lauten

$$\varepsilon_{xx} = \varepsilon_{yy} = \varepsilon_{zz} = 0 \tag{118, 19}$$

$$\varepsilon_{yz} = \frac{\psi x}{l} \tag{118, 20}$$

$$\varepsilon_{zx} = -\frac{\psi y}{l} \tag{118, 21}$$

$$\varepsilon_{xy} = 0. \tag{118, 22}$$

Aus (118, 19) folgt, daß die Torsion eine Deformation ist, die keine Volumenänderung des tordierten Körpers zur Folge hat, weil

$$\Theta = \frac{\Delta V}{V} = \varepsilon_{xx} + \varepsilon_{yy} + \varepsilon_{zz} = 0 \tag{118, 23}$$

ist.

Mit Kenntnis der Scherkomponenten lassen sich aus den Spannungs-Dehnungs-Beziehungen (109, 36) die durch eine Torsion hervorgerufenen Spannungskomponenten σ_{ik} angeben. Für diese findet man

$$\sigma_{xx} = \sigma_{yy} = \sigma_{zz} = 0 \tag{118, 24}$$

$$\sigma_{yz} = +2\mu\frac{\psi x}{l} \tag{118, 25}$$

$$\sigma_{zx} = -2\mu\frac{\psi y}{l} \tag{118, 26}$$

$$\sigma_{xy} = 0. \tag{118, 27}$$

Geht man mit diesen Ausdrücken in die Oberflächengleichungen (101, 24—26) ein, so wird aus ihnen

$$t_x^{(\mathfrak{n})} = \sigma_{xz}\cos\gamma = -2\mu\frac{\psi y}{l}\cos\gamma \tag{118, 28}$$

$$t_y^{(\mathfrak{n})} = \sigma_{yz}\cos\gamma = +2\mu\frac{\psi x}{l}\cos\gamma \tag{118, 29}$$

$$t_z^{(\mathfrak{n})} = \sigma_{zx}\cos\alpha + \sigma_{zy}\cos\beta \tag{118, 30}$$

$$= -2\mu\frac{\psi y}{l}\cos\alpha + 2\mu\frac{\psi x}{l}\cos\beta. \tag{118, 31}$$

Nun ist gemäß der Festlegung des Koordinatensystems in jedem Punkt des Zylinder mantels dessen Flächennormale

$$\mathfrak{n}^0 \perp \mathfrak{k}, \tag{118, 32}$$

Abb. 118, 1, also

$$\cos\gamma = \cos(\mathfrak{n}^0, \mathfrak{k}) = 0. \tag{118, 33}$$

Damit wird aus (118, 28/29):

$$t_x^{(\mathfrak{n})} = t_y^{(\mathfrak{n})} = 0 \tag{118, 34}$$

und es verbleibt nur noch

$$t_z^{(\mathfrak{n})} \neq 0. \tag{118, 35}$$

Dieser Ausdruck besagt, daß bei der Torsion eines Zylinders i. allg. sein Mantel nicht spannungsfrei ist.

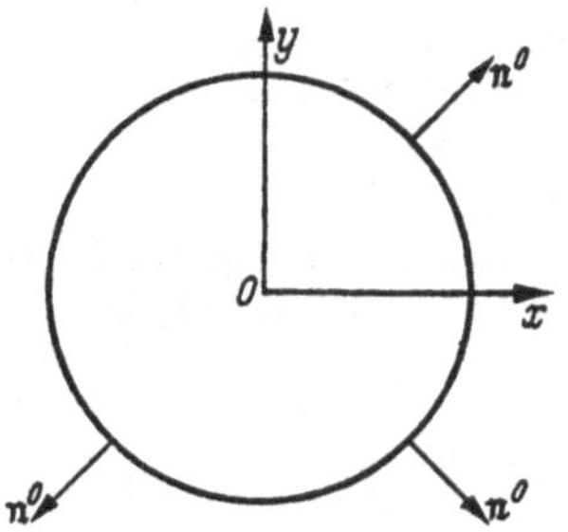

Abb. 118, 3: Zur Berechnung der Spannungsfreiheit eines tordierten Zylinders

Wir fragen, ob — und ggf. unter welchen Bedingungen — der Sonderfall möglich ist, daß der Zylindermantel bei einer Torsion spannungsfrei, d. h. daß auch

$$t_z^{(\mathfrak{n})} = 0 \tag{118, 36}$$

st. Diese Gleichung geht mit Verwendung von (118, 31) in

$$y\cos\alpha = x\cos\beta \tag{118, 37}$$

oder

$$y : x = \cos\beta : \cos\alpha \tag{118, 38}$$

über. Nun gibt das Verhältnis $y:x$ die Richtung der Geraden an, die vom Koordinatenursprung durch den auf dem Mantel des Zylinders liegenden Punkt $P(x, y)$ geht, Abb. 118, 2. Andererseits sind

$$\cos\alpha = \cos(\mathfrak{n}^0, \mathfrak{i}), \qquad \cos\beta = \cos(\mathfrak{n}^0, \mathfrak{j}) \tag{118, 39}$$

die cos der Winkel, die die Normale $\mathfrak{n}^0$ auf den Zylindermantel im Punkte $P\ (x, y)$ mit der x- bzw. y-Achse einschließen. Die Bedingung der Spannungsfreiheit in jedem Punkte des Mantels eines tordierten Zylinders verlangt also, daß

$$\mathfrak{r} \parallel \mathfrak{n}^0 \tag{118, 40}$$

ist. Diese Bedingung wird nur *dann* erfüllt, wenn die Berandung eines Zylinderquerschnitts ein Kreis ist, Abb. 118, 3.

Dieses wollen wir für das Weitere zugrunde legen, um die Aufgabe möglichst einfach zu gestalten und weil übrigens der Kreiszylinder überwiegend beim Experiment verwendet wird. Für einen solchen sind also die Spannungen auf dem Mantel

$$t_x^{(\mathfrak{n})} = t_y^{(\mathfrak{n})} = t_z^{(\mathfrak{n})} = 0. \tag{118, 41}$$

Es verbleibt noch, die Spannungen auf der Deckfläche zu bestimmen. Für diese ist

$$\cos(\mathfrak{n}^0, \mathfrak{i}) = \cos(\mathfrak{n}^0, \mathfrak{j}) = 0 \tag{118, 42}$$

$$\cos(\mathfrak{n}^0, \mathfrak{k}) = 1. \tag{118, 43}$$

Damit erhält man aus den Oberflächengleichungen (101, 24—26) unter Beachtung der vorstehend gefundenen Ergebnisse

$$t_x^{(\mathfrak{n})} = \sigma_{xz} = -2\mu \frac{\psi y}{l} \tag{118, 44}$$

$$t_y^{(\mathfrak{n})} = \sigma_{yz} = +2\mu \frac{\psi x}{l} \tag{118, 45}$$

$$t_z^{(\mathfrak{n})} = 0. \tag{118, 46}$$

Aus diesen Gleichungen folgt für die Deckfläche:

1. Die resultierende Kraft pro Flächeneinheit

$$\mathfrak{t}^{(\mathfrak{n})} = \left\{-2\mu \frac{\psi y}{l}, 2\mu \frac{\psi x}{l}, 0\right\} \tag{118, 47}$$

liegt in der Ebene der Deckfläche, d. h. sie ist eine Tangentialspannung.

2. Aus (118, 44/45) folgt, daß das skalare Produkt

$$\mathfrak{r} \cdot \mathfrak{t}^{(\mathfrak{n})} = 0 \tag{118, 48}$$

ist, d. h. die resultierende Spannung steht senkrecht auf $\mathfrak{r}$.

3. Daraus folgt, daß auf die Deckfläche ein Drehmoment wirkt, das pro Flächeneinheit den Betrag

$$|\mathfrak{r} \times \mathfrak{t}^{(\mathfrak{n})}| = |\mathfrak{r}| \cdot |\mathfrak{t}^{(\mathfrak{n})}| \tag{118, 49}$$

$$= r\sqrt{t_x^{(\mathfrak{n})2} + t_y^{(\mathfrak{n})2}} = 2\mu \frac{\psi r^2}{l} \tag{118, 50}$$

hat. Der Betrag des auf die gesamte Deckfläche wirkenden Drehmomentes $\mathfrak{D}$ ergibt sich durch Integration über die Fläche. Man erhält, wenn R der Radius des Kreiszylinders ist,

$$|\mathfrak{D}| = \int_0^R \int_0^{2\pi} 2\mu \frac{\psi r^2}{l} r dr d\varphi \tag{118, 51}$$

$$= 2\mu \frac{\psi}{l} \frac{R^4}{4} 2\pi. \tag{118, 52}$$

Hieraus folgt für den Drehwinkel

$$\psi = \frac{lD}{\mu\pi R^4}. \tag{118, 53}$$

Diese Gleichung wird bei der experimentellen Bestimmung des Torsionsmoduls μ verwendet.

119. Biegung eines Stabes

Ein Stab von der Länge l, der Breite b und der Höhe h sei an einem seiner Enden an einer horizontalen Wand so befestigt, daß sich die Lage dieses Endquerschnittes bei einer Deformation des Stabes nicht ändert. In den Mittelpunkt 0 dieses Endquerschnittes legen wir den Ursprung eines cartesischen Koordinatensystems, dessen Achsenrichtung aus Abb. 119, 1 zu entnehmen ist. An dem freien Stabende sei ein Hebelarm von der Länge L angebracht, an dessen Enden zwei entgegengesetzt gerichtete Kräfte $\mathfrak{K}_1$ und $\mathfrak{K}_2$ vom gleichen Betrag

$$|\mathfrak{K}_1| = |\mathfrak{K}_2| = K \tag{119, 1}$$

wirken sollen, die daher ein Drehmoment vom Betrag

$$|\mathfrak{D}| = D = KL \tag{119, 2}$$

auf das freie Stabende ausüben. Die übrigen Flächen seien kräftefrei. Die Wirkung des Drehmomentes $\mathfrak{D}$ besteht darin, daß die oberhalb der Mittelfaser ($z = 0$) liegenden Schichten verlängert, die unterhalb von ihr liegenden Schichten verkürzt werden, während die Mittelfaser keine

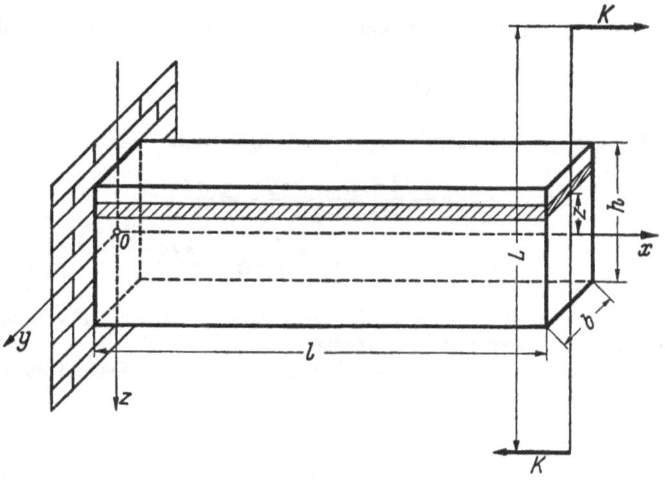

Abb. 119, 1: Einseitig eingespannter Stab

Längenänderung erfährt, (*Neutrale* Faser). Anders ausgedrückt: durch das Drehmoment $\mathfrak{D}$ wird das freie Stabende gedreht, Abb. 119, 2. Diese Drehung läßt sich auch durch geeignet gewählte, auf den freien Stabquerschnitt wirkende Spannungen hervorrufen.

Um diese zu bestimmen, benutzen wir das HOOKEsche Gesetz und wenden es auf ein Stabelement an, das in Abb. 119, 1 gestrichelt gezeichnet ist. Die Länge l dieses Stabelementes wird infolge der Spannung um

$$\Delta l = \frac{\sigma_{xx}\, l}{E} \qquad (119, 3)$$

geändert. Bezeichnet man den Winkel, um den das freie Stabende gedreht wird, mit φ, Abb. 119, 2, so ist für die betrachtete Schicht

$$\Delta l = \varphi z, \qquad (119, 4)$$

was mit (119, 3) kombiniert

$$\sigma_{xx} = \frac{E\varphi z}{l} \qquad (119, 5)$$

liefert. Alle anderen Spannungskomponenten sind gleich Null.

Mit (118, 5) lauten nun die Spannungs-Dehnungs-Beziehungen

$$\sigma_{xx} = \frac{E\varphi z}{l} = 2\mu\varepsilon_{xx} + \lambda\Theta \qquad (119, 6)$$

$$\sigma_{yy} = 0 = 2\mu\varepsilon_{yy} + \lambda\Theta \qquad (119, 7)$$

$$\sigma_{zz} = 0 = 2\mu\varepsilon_{zz} + \lambda\Theta \qquad (119, 8)$$

$$\sigma_{yz} = 0 = 2\mu\varepsilon_{yz} \qquad (119, 9)$$

. . . . .

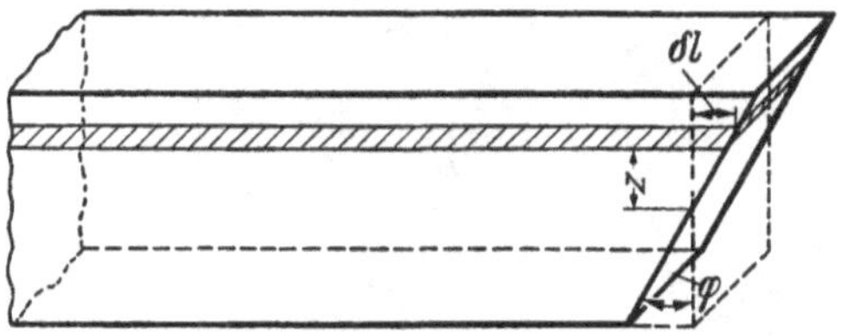

Abb. 119, 2: Zur Biegung eines Stabes

Addiert man die ersten dieser drei Gleichungen, so erhält man für die Volumendilation

$$\Theta = \frac{E\varphi z}{l(3\lambda + 2\mu)}. \tag{119, 10}$$

Damit ergibt sich für die Komponenten des Verzerrungstensors

$$\varepsilon_{xx} = \frac{\lambda + \mu}{\mu(3\lambda + 2\mu)} \frac{E\varphi z}{l} = \frac{\varphi z}{l} \tag{119, 11}$$

$$\varepsilon_{yy} = \varepsilon_{zz} = -\frac{\lambda}{2\mu(3\lambda + 2\mu)} \frac{E\varphi z}{l} = -\frac{m\varphi z}{l}, \tag{119, 12}$$

wenn die LAMÉschen Konstanten λ und μ durch den Elastizitätsmodul E und die POISSONsche Querkontraktionskonstante m ausgedrückt werden.

Durch Integration der beiden letzten Gleichungen folgt für die Verschiebungskomponenten

$$s_x = \frac{\varphi z x}{l} + f_1(y, z) \tag{119, 13}$$

$$s_y = -\frac{m\varphi z y}{l} + f_2(z, x) \tag{119, 14}$$

$$s_z = -\frac{m\varphi z^2}{l^2} + f_3(x, y). \tag{119, 15}$$

Die drei willkürlichen Funktionen f_1, f_2, f_3 sind so zu bestimmen, daß

$$\varepsilon_{xy} = \frac{1}{2}\left(\frac{\partial s_x}{\partial_y} + \frac{\partial s_y}{\partial_x}\right) = 0 \tag{119, 16}$$

. . . . .

erfüllt sind. Geht man in diese Gleichungen mit (119, 13—15) ein, so erhält man, auf dem gleichen Weg, der früher (Kap. 115) beschritten wurde, schließlich für die eigentliche Deformation

$$s_x = \frac{\varphi z x}{l} \tag{119, 17}$$

$$s_y = -\frac{m\varphi z y}{l} \tag{119, 18}$$

$$s_z = -\frac{\varphi}{2l}[x^2 + (z^2 - y^2)]. — \tag{119, 19}$$

Wir betrachten nun das in den Abb. 119, 1/2 gestrichelte Balkenelement, dessen Querschnitt $b \cdot dz$ ist. Auf ihn wirkt die Kraft $\sigma_{xx} b \cdot dz$.

Das Gesamtmoment $|\mathfrak{D}|$ der Kraftanteile, die über den freien Querschnitt verteilt sind, ist daher

$$D = \int_0^{h/2} \sigma_{xx} b\, 2z\, dz, \tag{119, 20}$$

wobei $2z$ der „Hebelarm" ist. Damit dieses Moment mit dem eingangs eingeführten Moment (119, 2) übereinstimmt, muß

$$KL = \int_0^{h/2} \frac{E\varphi z}{l} 2bz dz \tag{119, 21}$$

$$= \frac{2E\varphi b}{l} \int_0^{h/2} z^2 dz \tag{119, 22}$$

$$= \frac{1}{12} \frac{bh^3}{l} E\varphi \tag{119, 23}$$

gelten.

Hieraus kann man, was vielfach bequem ist, den Drehwinkel φ des Endquerschnittes eliminieren und dafür den *Biegungspfeil* f des Punktes A einführen, der vor der Deformation die Koordinaten $x = l$, $y = z = 0$ hatte. Infolge der Stabbiegung wird A gemäß (119, 17—19) um

$$\mathfrak{s}(A) = \left\{0, 0, -\frac{\varphi l}{2} = f\right\} \tag{119, 24}$$

verschoben. Dieser Ausdruck besagt, daß — bis auf Größen höherer Ordnung — die neue Lage von A sich senkrecht unter ursprünglichen befindet. Diese Senkung ist der vorstehend genannte Biegungspfeil f. Geht man mit ihm in (119, 23) ein, so wird

$$KL = \frac{1}{6}\frac{bh^3}{l^2} fE. \tag{119, 25}$$

Hieraus ergibt sich für den Elastizitätsmodul

$$E = \frac{6\,KL\,l^2}{bh^3 f}. \tag{119, 26}$$

Diese Formel wird bei der experimentellen Bestimmung von E verwendet.

Bewegungen in einem unendlich ausgedehnten Kontinuum

120. Die Bewegungsgleichungen für die Volumendilatation und die Drehung

Die Aufgabe, eine Lösung der Elastischen Grundgleichung (111, 10) aufzusuchen, die vorgegebene Rand- und Anfangsbedingungen erfüllt, ist i. allg. sehr schwierig und in Strenge bisher nur in wenigen Fällen gelungen. Man erhält aber relativ einfache Verhältnisse, wenn man sich das Elastische Kontinuum als unendlich ausgedehnt vorstellt.

Obwohl dies zwar nie der Wirklichkeit entspricht, so kann doch das Modell eines unendlich ausgedehnten Körpers in solchen Fällen verwendet werden, wenn der Körper sehr große Dimensionen hat und der Bereich, innerhalb dessen man eine Aussage über den Verlauf eines Deformationsvorganges machen will, sehr weit von der Oberfläche des Körpers entfernt ist. In solchen Fällen brauchen Oberflächenbedingungen nicht berücksichtigt zu werden und es handelt sich dann nur darum, allein aus der Elastischen Grundgleichung Folgerungen zu ziehen. Dies führt zu einigen allgemein gültigen Ergebnissen, die nachstehend hergeleitet werden sollen.

Hierzu benutzen wir den Zerlegungssatz (5, 186—188). Wendet man diesen Satz auf den Verschiebungsvektor $\mathfrak{s}$ an, so heißt dies, daß für $\mathfrak{s}$ die Darstellung

$$\mathfrak{s}(\mathfrak{r}, t) = \mathfrak{s}_1(\mathfrak{r}, t) + \mathfrak{s}_2(\mathfrak{r}, t) \tag{120, 1}$$

gilt, mit

$$\operatorname{div} \mathfrak{s} = \operatorname{div} \mathfrak{s}_1, \qquad \operatorname{rot} \mathfrak{s}_1 = 0 \tag{120, 2}$$

$$\operatorname{rot} \mathfrak{s} = \operatorname{rot} \mathfrak{s}_2, \qquad \operatorname{div} \mathfrak{s}_2 = 0. \tag{120, 3}$$

Nach den Regeln (5, 176—179) der Vektorrechnung folgt, daß man dann für

$$\mathfrak{s}_1 = \operatorname{grad} \psi(\mathfrak{r}, t) \tag{120, 4}$$

$$\mathfrak{s}_2 = \operatorname{rot} \mathfrak{A}(\mathfrak{r}, t) \tag{120, 5}$$

schreiben kann. Hierbei sind ψ und $\mathfrak{A}$ neue Feldgrößen, die als *Skalares Potential* bzw. als *Vektorpotential* des Verschiebungsvektors $\mathfrak{s}$ bezeichnet werden, aus denen sich $\mathfrak{s}$ nach der vorstehend angegebenen Differentiationsvorschrift ermitteln läßt.

Geht man mit (120, 1) in die Elastische Grundgleichung (111, 10) ein, so wird daraus

$$\varrho\left(\frac{\partial^2 \mathfrak{s}_1}{\partial t^2} + \frac{\partial^2 \mathfrak{s}_2}{\partial t^2}\right) = \mathfrak{F} + \mu(\Delta \mathfrak{s}_1 + \Delta \mathfrak{s}_2) + (\mu + \lambda)(\operatorname{grad}\operatorname{div} \mathfrak{s}_1 + \operatorname{grad}\operatorname{div} \mathfrak{s}_2). \tag{120, 6}$$

Dies ist wegen (120, 3):

$$\cdots = \cdots + (\mu + \lambda) \operatorname{grad}\operatorname{div} \mathfrak{s}_1. \tag{120, 7}$$

Auf diese Gleichung wenden wir die Operation div an. Dann erhält man für einen homogenen Körper (ϱ = const)

$$\varrho \frac{\partial^2 \operatorname{div} \mathfrak{s}_1}{\partial t^2} = \operatorname{div} \mathfrak{F} + \mu \operatorname{div}(\Delta \mathfrak{s}_1 + \Delta \mathfrak{s}_2) + (\mu + \lambda) \operatorname{div} \operatorname{grad} \operatorname{div} \mathfrak{s}_1$$
$$= \cdots + (\mu + \lambda) \Delta \operatorname{div} \mathfrak{s}_1. \quad (120, 8)$$

Nun ist nach (5, 165) der Operator

$$\Delta \equiv \operatorname{grad} \operatorname{div} — \operatorname{rot} \operatorname{rot}. \quad (120, 9)$$

Man erhält daher für den in (120, 8) auftretenden Ausdruck

$$\mu \operatorname{div} (\Delta \mathfrak{s}_1 + \Delta \mathfrak{s}_2) = \mu \operatorname{div} (\operatorname{grad} \operatorname{div} \mathfrak{s}_1 — \operatorname{rot} \operatorname{rot} \mathfrak{s}_1 + \operatorname{grad} \operatorname{div} \mathfrak{s}_2 — \operatorname{rot} \operatorname{rot} \mathfrak{s}_2), \quad (120, 10)$$

oder unter Berücksichtigung von (120, 2/3):

$$\cdots = \cdots + \mu \operatorname{div} (\operatorname{grad} \operatorname{div} \mathfrak{s}_1 — \operatorname{rot} \operatorname{rot} \mathfrak{s}_2) \quad (120, 11)$$
$$= \mu \Delta \operatorname{div} \mathfrak{s}_1. \quad (120, 12)$$

Nach den früheren Darlegungen ist

$$\operatorname{div} \mathfrak{s} = \operatorname{div} \mathfrak{s}_1 = \Theta \quad (120, 13)$$

die Volumendilatation. Es geht daher (120, 8) in

$$\varrho \frac{\partial^2 \Theta}{\partial t^2} = \operatorname{div} \mathfrak{F} + (2\mu + \lambda) \Delta \Theta \quad (120, 14)$$

über.

Bevor wir diese Gleichung diskutieren, untersuchen wir, welcher Gleichung der rotationsbehaftete Anteil $\mathfrak{s}_2$ von $\mathfrak{s}$ zu genügen hat. Hierzu bilden wir, in Analogie zu dem vorstehend angegebenen Vorgang, die rot der Bewegungsgleichung (120, 6). Dies ergibt

$$\varrho \frac{\partial^2}{\partial t^2} \operatorname{rot} \mathfrak{s}_2 = \operatorname{rot} \mathfrak{F} + \mu \Delta \operatorname{rot} \mathfrak{s}_2. \quad (120, 15)$$

In dieser Gleichung läßt sich nach (77, 53):

$$\operatorname{rot} \mathfrak{s} = \operatorname{rot} \mathfrak{s}_2 = 2\mathfrak{d} \quad (120, 16)$$

durch die Drehung $\mathfrak{d}$ ausdrücken. Damit wird aus (120, 15):

$$\varrho \frac{\partial^2 \mathfrak{d}}{\partial t^2} = \frac{1}{2} \operatorname{rot} \mathfrak{F} + \mu \Delta \mathfrak{d}. \quad (120, 17)$$

Diese für $\mathfrak{d}$ gültige Gleichung ist vom gleichen Typ wie (120, 14). Beide Gleichungen lassen sich — unter Verwendung neutraler Bezeichnungen — auf die Form

$$\Delta u(\mathfrak{r}, t) = \frac{1}{v^2} \frac{\partial^2 u(\mathfrak{r}, t)}{\partial t^2} + f(\mathfrak{r}, t) \quad (120, 18)$$

bringen.

Wir betrachten einen Sonderfall von diesem Gleichungstyp. Er liegt dann vor, wenn während des Ablaufes des betrachteten Deformationsvorganges die Massenkraft $\mathfrak{F}$ verschwindet („kräftefreier Fall"). Physikalisch bedeutet dies, daß durch irgendwelche (i. allg. nicht bekannte) Kräfte ein Bewegungsvorgang verursacht wurde und dessen Ablauf d a n n untersucht wird, wenn die Kräfte, die den Vorgang einleiteten, nicht mehr wirksam sind. Dann kommen in (120, 14) und (120, 18) die „Inhomogenitätsglieder" div $\mathfrak{F}$ und $\frac{1}{2}$ rot $\mathfrak{F}$ zum Fortfall und die Bewegungsgleichungen für Θ und $\mathfrak{d}$ gehen in

$$\Delta \Theta = \frac{\varrho}{\lambda + 2\mu} \frac{\partial^2 \Theta}{\partial t^2} \quad (120, 19)$$

$$\Delta \mathfrak{d} = \frac{\varrho}{\mu} \frac{\partial^2 \mathfrak{d}}{\partial t^2} \quad (120, 20)$$

über. Diese Gleichungen sind vom Typ

$$\Delta u = \frac{1}{v^2} \frac{\partial^2 u}{\partial t^2}. \tag{120, 21}$$

Man nennt eine Gleichung vom Typ (120, 21) *Wellengleichung.* Diese Bezeichnung wird aus den Darlegungen im folgenden Paragraphen verständlich werden. Eine Gleichung vom Typ (120, 18) heißt inhomogene Wellengleichung. Wir werden uns mit ihr hier nicht näher beschäftigen, weil sie für die Mechanik relativ unbedeutend ist. Dagegen wird es sich später zeigen, daß die inhomogene Wellengleichung eine wesentliche Rolle bei der Beschreibung von Elektromagnetischen Ausbreitungsvorgängen spielt, vgl. hierzu Band II.

Die sowohl homogene als auch inhomogene Wellengleichung sind partielle Differentialgleichungen d.h.,nach den Darlegungen in Kap. 5, *Feldgleichungen*, die sich zur Beschreibung physikalischer Vorgänge als wesentlich erwiesen haben. Zwei andere Typen von Feldgleichungen, mit deren Hilfe man ebenfalls eine Vielzahl physikalischer Erscheinungen beschreiben kann, ergeben sich aus (120, 18), wenn die darin auftretende Feldgröße u nicht zeit-, sondern nur ortsabhängig ist. Dann geht (120, 18) in

$$\Delta u(\mathfrak{r}) = -f(\mathfrak{r}) \tag{120, 22}$$

über.

Eine Gleichung von diesem Typ, die man lediglich aus rechnerischen Gründen in der Form

$$\Delta u(\mathfrak{r}) = -4\pi\varrho(\mathfrak{r}) \tag{120, 23}$$

schreibt, heißt Poissonsche *Differentialgleichung.* Wir werden ihr später noch begegnen.

Liegen die physikalischen Verhältnisse so, daß in (120, 23) das Inhomogenitätsglied ϱ verschwindet, dann verbleibt

$$\Delta u(\mathfrak{r}) = 0. \tag{120, 24}$$

Eine Gleichung von diesem Typ heißt Laplace- oder *Potentialgleichung.*

Die homogene und inhomogene Wellengleichung, die Poisson- und die Laplace-Gleichung werden mit noch einigen anderen in der Physik auftretenden Gleichungen zusammenfassend als *Differentialgleichungen der Physik* bezeichnet.

121. Die Wellengleichung

Im vorstehenden Kapitel erwies es sich, daß bei der Untersuchung von Deformationsvorgängen in einem als sehr ausgedehnt angenommenen Kontinuum sowohl die div des quellenbehafteten, aber wirbelfreien Anteils $\mathfrak{s}_1$ als auch die rot des wirbelbehafteten, jedoch quellenfreien Anteils $\mathfrak{s}_2$ des Verschiebungsvektors $\mathfrak{s}$ im „kräftefreien" Fall der Wellengleichung genügen. Es entsteht daher die Aufgabe, sich mit dieser Gleichung näher zu beschäftigen, ihre Lösungen aufzusuchen und sie physikalisch zu interpretieren.

Bei Verwendung von cartesischen Koordinaten lautet die Wellengleichung für die vorerst als skalar angenommene Feldgröße $u = u(\mathfrak{r}, t)$:

$$\Delta u \equiv \frac{\partial^2 u}{\partial x^2} + \frac{\partial^2 u}{\partial y^2} + \frac{\partial^2 u}{\partial z^2} = \frac{1}{v^2} \frac{\partial^2 u}{\partial t^2}, \tag{121, 1}$$

wobei v eine Konstante ist.

Weil alle in (121, 1) auftretenden Orts- und Zeitableitungen von zweiter Ordnung sind, ist jede vom Ortsvektor $\mathfrak{r} = \{x, y, z\}$ und der Zeit t linear abhängige Funktion

$$u \to \psi(\mathfrak{r}, t) = a_1 x + a_2 y + a_3 z + a_4 t \tag{121, 2}$$

eine partikuläre Lösung von (121, 1). In (121, 2) sind $a_1, \ldots, a_4$ beliebige, d. h. voneinander unabhängige Konstanten.

Mit ψ ist auch jede beliebige Funktion

$$\Phi = \Phi(\psi) \tag{121, 3}$$

$$= \Phi(a_1 x + a_2 y + a_3 z + a_4 t) \tag{121, 4}$$

eine partikuläre Lösung der Wellengleichung. Allerdings sind in (121, 4) nun die Konstanten $a_1, \ldots, a_4$ nicht mehr voneinander unabhängig. Man erkennt dies, wenn man mit Φ in (121, 1) eingeht. Man erhält dann

$$a_1^2 + a_2^2 + a_3^2 = \frac{a_4^2}{v^2}. \tag{121, 5}$$

Dieser Ausdruck ist eine Nebenbedingung für die $a_1, \ldots, a_4$. Von diesen Konstanten kann man daher nur drei beliebig wählen: die vierte ist dann durch (121, 5) festgelegt.

Wählt man nun a_1, a_2, a_3 so, daß

$$a_1^2 + a_2^2 + a_3^2 = 1 \tag{121, 6}$$

wird, dann folgt aus (121, 5):

$$a_4 = \mp v. \tag{121, 7}$$

Damit erhält man nach (121, 4) die zwei speziellen Partikularlösungen

$$\Phi_1(\mathfrak{r}, t) = \Phi_1(a_1 x + a_2 y + a_3 z - vt) \tag{121, 8}$$

$$\Phi_2(\mathfrak{r}, t) = \Phi_2(a_1 x + a_2 y + a_3 z + vt). \tag{121, 9}$$

Deuten wir nach (121, 6) die Größen a_1, a_2, a_3 als die Komponenten eines Einheitsvektors

$$\mathfrak{n}^0 = \{a_1, a_2, a_3\} \tag{121, 10}$$

und beachten, daß x, y, z die Komponenten des Ortsvektors

$$\mathfrak{r} = \{x, y, z\} \tag{121, 11}$$

eines Punktes des durch $u(\mathfrak{r}, t)$ beschriebenen Feldes ist, so kann für

$$a_1 x + a_2 y + a_3 z = \mathfrak{n}^0 \cdot \mathfrak{r} \tag{121, 12}$$

geschrieben werden. Damit wird aus (121, 8/9):

$$\Phi_1(\mathfrak{r}, t) = \Phi_1(\mathfrak{n}^0 \cdot \mathfrak{r} - vt) = F(vt - \mathfrak{n}^0 \cdot \mathfrak{r}) \tag{121, 13}$$

$$\Phi_2(\mathfrak{r}, t) = \Phi_2(\mathfrak{n}^0 \cdot \mathfrak{r} + vt) = G(vt + \mathfrak{n}^0 \cdot \mathfrak{r}). \tag{121, 14}$$

Hierbei sind F und G zwei beliebige Funktionen der angegebenen Argumente. Durch Addition erhält man hieraus als eine weitere Lösung der Wellengleichung

$$u(\mathfrak{r}, t) = F(vt - \mathfrak{n}^0 \cdot \mathfrak{r}) + G(vt + \mathfrak{n}^0 \cdot \mathfrak{r}). \tag{121, 15}$$

Dieser Ausdruck, zu dem man auch durch andere Überlegungen gelangen kann, wird gelegentlich als die D'ALEMBERTsche *Lösung* von (121, 1) bezeichnet. Die in ihr auftretende eigentümliche Kombination der Unabhängigen $\mathfrak{r}$ und t in der Form

$$\varphi = vt \mp \mathfrak{n}^0 \cdot \mathfrak{r} \tag{121, 16}$$

nennt man die *Phase* von F bzw. G.

Bevor wir daran gehen, die physikalische Bedeutung der beiden Funktionen F und G zu untersuchen, soll noch eine Bemerkung eingeschaltet werden.

Daß (121, 15) als Summe der beiden Partikularlösungen F und G der Wellengleichung (121, 1) dieser ebenfalls genügt, ist keineswegs selbstverständlich, wie es zunächst erscheinen könnte. Vielmehr beruht dieser Umstand auf der Tatsache, daß (121, 1) eine lineare Differentialgleichung ist: nur bei linearen (gleichgültig ob gewöhnlichen oder partiellen) Differentialgleichungen ist auch die Summe von (irgendwie gefundenen) Partikularlösungen ebenfalls eine Lösung der Differentialgleichung. Diese leicht beweisbare Aussage wird als *Superpositionsprinzip* bezeichnet.

In der Physik wird von diesem Prinzip reichlich Gebrauch gemacht, weil die überwiegende Mehrzahl der „Differentialgleichungen der Physik" linearen Charakter haben. Die wohl bekanntesten Ausnahmen hiervon sind die in der Hydrodynamik auftretenden Gleichungen von EULER und NAVIER-STOKES. Diese sind nichtlineare Differentialgleichungen und daher kann das Superpositionsprinzip nun nicht mehr angewendet werden. —

Um zu untersuchen, welche physikalische Bedeutung (121, 13/14) besitzen, betrachten wir zu einer beliebigen Zeit $t = t_0$ die Phase von (121, 13/14), also den Ausdruck

$$\varphi(\mathfrak{r}, t) = vt_0 \mp \mathfrak{n}^0 \cdot \mathfrak{r}. \qquad (121, 17)$$

Im allgemeinen wird für verschiedene Werte von $\mathfrak{r}$, d. h. in verschiedenen Raumpunkten, der Betrag von φ — und damit auch der der *Wellenfunktion* u — verschieden sein. Man kann nun fragen: Gibt es Stellen im Raum, wo die Phase für $t = t_0$ den gleichen Wert, etwa c_1, hat? Trifft dies zu, so muß die Bedingung

$$vt_0 \mp \mathfrak{n}^0 \cdot \mathfrak{r} = c_1 \qquad (121, 18)$$

oder

$$\pm \mathfrak{n}^0 \cdot \mathfrak{r} = C \qquad (121, 19)$$

erfüllt sein. Dies ist, wie die Analytische Geometrie lehrt, die Gleichung einer Schar von Ebenen, deren Normalen die Richtung von $\mathfrak{n}^0$ haben.

Man nennt deswegen und aus einem sogleich noch anzugebenden Grund Vorgänge, die durch (121, 13/14) beschrieben werden, *Ebene Wellen*, Abb. 121, 1.

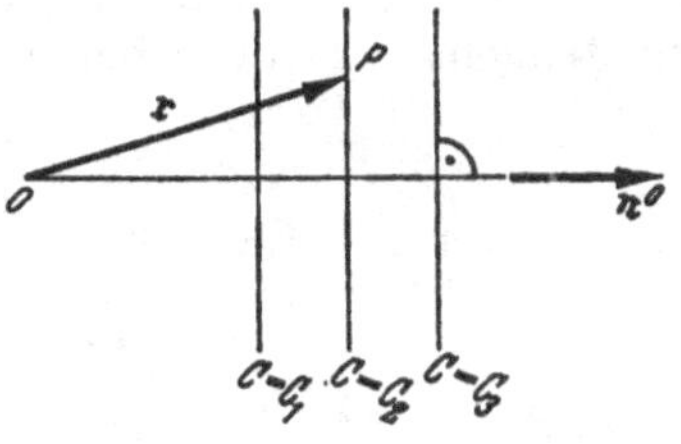

Abb. 121, 1: Flächen konstanter Phase und Ausbreitungsrichtung $\mathfrak{n}^0$ einer ebenen Welle

Wir fassen die Phasenfläche

$$\varphi(\mathfrak{r}, t) \equiv vt \mp \mathfrak{n}^0 \cdot \mathfrak{r} = c_1 \qquad (121, 20)$$

ins Auge. Durch diese Gleichung werden die Variablen $\mathfrak{r}$ und t miteinander verbunden.

Wir fragen nun, wie sich $\mathfrak{r}$ mit t ändern muß, damit (121, 20) unverändert bleibt. Diese Forderung verlangt, daß

$$v\,dt \mp \mathfrak{n}^0 \cdot d\mathfrak{r} = 0 \qquad (121, 21)$$

oder

$$v \mp \mathfrak{n}^0 \cdot \frac{d\mathfrak{r}}{dt} = 0 \qquad (121, 22)$$

ist. Da $\mathfrak{r}$ der Ortsvektor der Punkte $P(\mathfrak{r})$ der Ebene (121, 20) ist, bedeutet $d\mathfrak{r}/dt$ die Geschwindigkeit, mit der sich die Punkte P der betrachteten Ebene bewegen. Um diese Geschwindigkeit explizit zu finden, multiplizieren wir den Summanden v in (121, 22) mit

$$\mathfrak{n}^0 \cdot \mathfrak{n}^0 = 1. \qquad (121, 23)$$

Dieses liefert

$$\mathfrak{n}^0 \cdot \mathfrak{n}^0 v \mp \mathfrak{n}^0 \cdot \frac{d\mathfrak{r}}{dt} = 0 \qquad (121, 24)$$

oder

$$\mathfrak{n}^0 \cdot \left(\mathfrak{n}^0 v \mp \frac{d\mathfrak{r}}{dt}\right) = 0. \qquad (121, 25)$$

Aus dieser Gleichung folgt für

$$\frac{d\mathfrak{r}}{dt} = \pm\, v\mathfrak{n}^0 + \left(\frac{d\mathfrak{r}}{dt}\right)_\perp. \qquad (121, 26)$$

Hierin ist $(d\mathfrak{r}/dt)_\perp$ ein zur Normalen $\mathfrak{n}^0$ senkrechter Anteil der Geschwindigkeit. Diese ist jedoch uninteressant, da er eine Bewegung der Ebene $\varphi = c_1$ in sich beschreibt.

Außer dieser möglichen Bewegung kann sich diese Fläche konstanter Phase noch *in* bzw. entgegen der Richtung ihrer Normalen $\mathfrak{n}^0$ bewegen. Dies geschieht nach (121, 26) mit der Geschwindigkeit

$$\left(\frac{d\mathfrak{r}}{dt}\right)_{||} = \pm\, \mathfrak{n}^0 v. \qquad (121, 27)$$

Man nennt daher

$$\left(\frac{d\mathfrak{r}}{dt}\right)_{||} = \mathfrak{v}_p = \pm\, \mathfrak{n}^0 v \qquad (121, 28)$$

die *Phasengeschwindigkeit.* Damit erweist sich die in der Wellengleichung auftretende Konstante v als Betrag von $\mathfrak{v}_p$.

Nun sind schließlich mit $\varphi = \text{const}$ auch (121, 13/14) konstant. Man kann also sagen: Durch die beiden Lösungen $F = F(r, t)$ und $G = G(r, t)$ der Wellengleichung (121, 1) werden Bewegungen der Größe $u = u(r, t)$ beschrieben, deren Phasen sich ungeändert, d. h. unverzerrt, mit der Geschwindigkeit v in Richtung von $\pm\, \mathfrak{n}^0$ fortbewegen. Es wird daher durch F bzw. G ein *Ausbreitungsvorgang* beschrieben, den man als Ebene Welle bezeichnet.

Für den Sonderfall, daß die Ausbreitungsrichtung $\mathfrak{n}^0$ mit der Richtung einer Koordinatenachse, etwa der x-Achse, zusammenfällt, ist

$$\mathfrak{n}^0 = \{1, 0, 0\}. \qquad (121, 29)$$

Dann vereinfacht sich die Partikularlösung (121, 13) zu

$$\Phi_1 \to u(x, t) = F(vt - x). \qquad (121, 30)$$

Dieser Ausdruck ist ein (partikuläres) Integral der eindimensionalen[1]) Wellengleichung

$$\frac{\partial^2 u}{\partial x^2} = \frac{1}{v^2}\frac{\partial^2 u}{\partial t^2} \qquad (121, 31)$$

und beschreibt eine sich in Richtung der positiven x-Achse ausbreitende, wie man sagt, *Störung.* Die diesbezügl. Verhältnisse sind in Abb. 121, 2 veranschaulicht.

Es bedarf wohl nach den vorstehenden Ausführungen keines besonderen Beweises für die Aussage, daß durch

$$\Phi_2 \to u(x, t) = G(vt + x) \qquad (121, 32)$$

eine sich in Richtung der negativen x-Achse ausbreitende Störung beschrieben wird. —

[1]) Mit diesem Begriff ist in der Physik die Abhängigkeit einer Größe von nur einer Ortskoordinate gemeint.

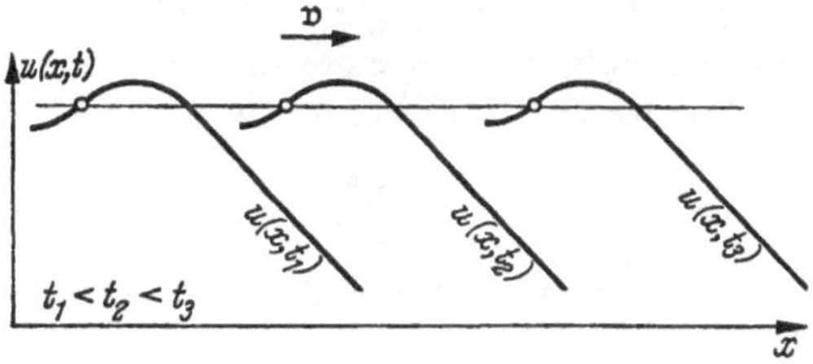

Abb. 121, 2: Zur Bedeutung von $u(x, t) = F(vt - x)$

Von den beliebigen Funktionen des Argumentes φ, die als Lösung der Wellengleichung (121, 1) angegeben werden können, kommt in der Physik den harmonischen Funktionen eine besondere Bedeutung zu. Beschränken wir uns auf den eindimensionalen Fall, so handelt es sich um die Partikularlösung

$$u(x, t) = u_0 \sin k(vt - x). \tag{121, 33}$$

Die darin auftretende Konstante u_0 nennt man die *Amplitude* der durch (121, 33) beschriebenen Welle. Die in ihrem Argument angegebene Größe k ist eine Konstante, die so bestimmt werden muß, daß das Argument des sin dimensionslos ist.

Um dieses zu erreichen, nutzen wir die Periodizitätseigenschaft der sin-Funktion aus und betrachten u an einer Stelle $x = x_0$ zu einer beliebigen Zeit t, d. h. den Ausdruck

$$u(x_0, t) = u_0 \sin k(vt - x_0). \tag{121, 34}$$

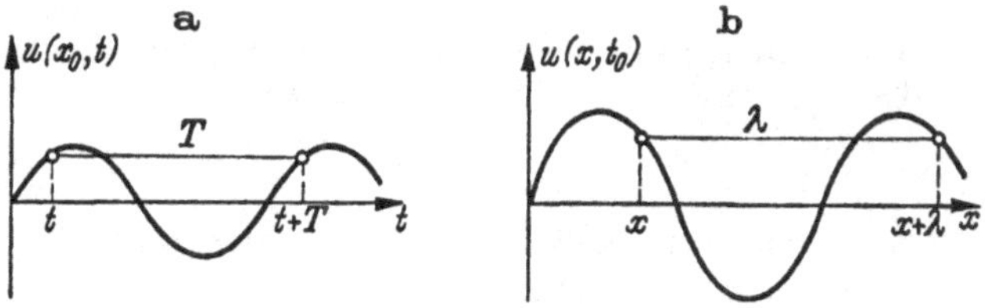

Abb. 121, 3: Eindimensionale harmonische Welle in Abhängigkeit a) von der Zeit, b) vom Ort

Die Periodizität von u verlangt nun, daß sich der Zustand $u = u(x_0 t)$ regelmäßig zu bestimmten Zeiten wiederholt. Tritt dies erstmalig nach der Zeitspanne T auf, Abb. 121, 3, so muß also gelten

$$\sin k[v(t + T) - x_0] = \sin k(vt - x_0). \tag{121, 35}$$

Dies ist nur möglich, wenn sich die beiden Argumente um 2π unterscheiden. Es muß dann also

$$k[v(t + T) - x_0] = k(vt - x_0) + 2\pi \tag{121, 36}$$

sein. Hieraus folgt

$$kv = \frac{2\pi}{T} = 2\pi f. \tag{121, 37}$$

In Anlehnung an die Schwingungstheorie nennt man $2\pi f$ die Kreisfrequenz ω der durch (121, 34) beschriebenen Welle, T ihre Schwingungsdauer und f ihre Frequenz. Es ist also

$$kv = \omega. \tag{121, 38}$$

Natürlich kann man zur Bestimmung der in (121, 34) auftretenden Konstanten k auch die räumliche Periodizität ausnutzen. Diese verlangt, daß sich der Zustand u

zu einer festen Zeit $t = t_0$ („Momentphotographie") räumlich wiederholt. Ist dies erstmalig an einer Stelle der Fall, die von x den Abstand λ hat, so führt die gleiche Überlegung, wie sie vorstehend durchgeführt wurde, zu

$$k = \frac{2\pi}{\lambda}. \qquad (121, 39)$$

Der „räumliche Periodizitätsmodul" λ heißt *Wellenlänge*, während man k als *Wellenzahl* bezeichnet.

Aus (121, 37—38) folgt

$$2\pi = \omega T = kvT = k\lambda, \qquad (121, 40)$$

woraus sich die später noch vielfach benötigten Verknüpfungen

$$\lambda = vT \qquad (121, 41)$$

$$v = \frac{\omega}{k} \qquad (121, 42)$$

ergeben.

Mit Benutzung dieser Ausdrücke ergeben sich nach (121, 33) für die Darstellung einer eindimensionalen Welle noch folgende Schreibweisen:

$$u = u_0 \sin(\omega t - kx) \qquad (121, 43)$$

$$= u_0 \sin \omega \left(t - \frac{x}{v}\right) \qquad (121, 44)$$

$$= u_0 \sin 2\pi \left(\frac{t}{T} - \frac{x}{\lambda}\right). \qquad (121, 45)$$

Diese Ausdrücke lassen sich mit Verwendung der Moivreschen Formel in komplexer Form schreiben. So wird dann z. B. aus (121, 43)

$$u = \mathfrak{u}_0 \, e^{i(\omega t - kx)}, \qquad (121, 46)$$

mit der Vereinbarung, daß bei dieser Schreibweise der (mit $-i$ multiplizierte) Imaginärteil der *e-Funktion* gemeint ist. —

Bei Abhängigkeit der Wellenfunktion u von allen drei Raumkoordinaten nimmt die Phase (121, 16) von u mit (121, 42) die Form

$$\varphi = \frac{\omega}{k} t - \mathfrak{n}^0 \cdot \mathfrak{r} \qquad (121, 47)$$

an. Hierfür kann man auch

$$\varphi = \omega t - k \, \mathfrak{n}^0 \cdot \mathfrak{r} \qquad (121, 48)$$

schreiben. Wir führen nun die neue Größe

$$\mathfrak{k} = k\mathfrak{n}^0 \qquad (121, 49)$$

ein, die als *Wellenvektor* bezeichnet wird. Er gibt, weil

$$\mathfrak{k} \parallel \mathfrak{n}^0, \qquad (121, 50)$$

die Richtung der Ausbreitung der Ebenen Wellen an, während sein Betrag

$$|\mathfrak{k}| = k = \frac{2\pi}{\lambda} \qquad (121, 51)$$

die Wellenzahl k ist.

Mit Verwendung des neuen Begriffes $\mathfrak{k}$ läßt sich eine Ebene Welle in der Form

$$u(\mathfrak{r}, t) = F(\omega t - \mathfrak{k} \cdot \mathfrak{r}) + G(\omega t + \mathfrak{k} \cdot \mathfrak{r}) \qquad (121, 52)$$

darstellen, deren Sonderfall

$$u(\mathfrak{r}, t) = u_0 \sin(\omega t - \mathfrak{k} \cdot \mathfrak{r}) \tag{121, 53}$$

wir später überwiegend verwenden werden.

Neben den Ebenen Wellen gibt es für die Anwendungen in der Physik noch einen anderen wichtigen Typ von Lösungen der Wellengleichung, den wir nachstehend behandeln wollen. Es ist der Sonderfall, daß die Wellen von einem Punkt ausgehen und sich nach allen Richtungen gleichmäßig ausbreiten. Diese Vorstellung kann etwa als Modell für den Fall dienen, daß die sich ausbreitenden Wellen von einer Quelle erzeugt werden, deren Dimensionen sehr klein sind, verglichen mit den Dimensionen jenes Raumes, der der Ausbreitung der Wellen zur Verfügung steht. (Beispiel: eine kleine Tischglocke, die zu Schallschwingungen angeregt wird, welche sich in einem großen Versammlungsraum ausbreiten können.)

Wir wählen das Erregungszentrum der Wellen als Ursprung 0 eines Bezugssystems und bezeichnen die von 0 ausgehenden Wellen mit u. Dann verlangt die Voraussetzung, daß sich u in bezug auf das Zentrum 0 nach allen Richtungen gleichmäßig ausbreitet, daß die Raum-Zeit-Abhängigkeit von u die Form

$$u(\mathfrak{r}, t) = u(|\mathfrak{r}|, t) \tag{121, 54}$$

$$= u(r, t) \tag{121, 55}$$

hat, wobei

$$r = |\mathfrak{r}| = \sqrt{x^2 + y^2 + z^2} \tag{121, 56}$$

der Abstand eines Aufpunktes $P(\mathfrak{r})$ im Wellenfeld vom Zentrum ist. Bei einer Ortsabhängigkeit einer physikalischen Größe u, wie sie durch (121, 1) ausgedrückt ist, sagt man, es liegt *Kugelsymmetrie* vor.

Für den Fall, daß man eine kugelsymmetrische Wellenausbreitung beschreiben will, wird man den in der Wellengleichung auftretenden Operator Δ auf Kugelkoordinaten r, ϑ, φ umschreiben.

Beachtet man, daß wegen der Kugelsymmetrie keine Abhängigkeit von ϑ und φ vorliegt, so lautet nach (5, 144) die Wellengleichung

$$\frac{1}{r^2} \frac{\partial}{\partial r}\left(r^2 \frac{\partial u}{\partial r}\right) = \frac{1}{v^2} \frac{\partial^2 u}{\partial t^2}. \tag{121, 57}$$

Sie läßt sich in die Form

$$\frac{\partial^2}{\partial r^2}(ru) = \frac{1}{v^2} \frac{\partial^2 (ru)}{\partial t^2} \tag{121, 58}$$

bringen. Setzt man nun

$$ru(r, t) = w(r, t), \tag{121, 59}$$

so wird aus (121, 58):

$$\frac{\partial^2 w}{\partial r^2} = \frac{1}{v^2} \frac{\partial^2 w}{\partial t^2}. \tag{121, 60}$$

Dies ist die eindimensionale Wellengleichung (121, 31), die nunmehr für die Größe w gilt, wobei anstelle von x jetzt r steht. Als Lösung von (121, 60) hat man daher, in Analogie zu (121, 30):

$$w = ru = F(vt - r), \tag{121, 61}$$

d. h.

$$u = \frac{1}{r} F(vt - r). \tag{121, 62}$$

Hieraus ersieht man, daß die Flächen konstanter Phase die Gleichung

$$r = \text{const} \tag{121, 63}$$

haben, d. h. Kugeloberflächen sind. Man nennt daher den durch (121, 62) beschriebenen Ausbreitungsvorgang eine *Kugelwelle*.

Zu einer anderen symmetrischen Lösung der Wellengleichung (121, 1) gelangt man, wenn die Wellen von einer Quelle ausgehen, die man sich modellmäßig als eine (unendlich ausgedehnte) Gerade vorstellen kann (Axial- oder Zylindersymmetrie). In diesem Fall nennt man die Lösungen von (121, 1) *Zylinderwellen*.

122. Vektorwellen

Die im vorstehenden Kapitel gefundenen Ergebnisse können unverändert übernommen werden, wenn die aus der Wellengleichung zu bestimmende Größe nicht ein Skalar u, sondern ein Vektor

$$\mathfrak{A} = \mathfrak{A}(\mathfrak{r}, t) \tag{122, 1}$$

ist. Dann liegt die vektorielle Wellengleichung

$$\Delta \mathfrak{A} = \frac{1}{v^2} \frac{\partial^2 \mathfrak{A}}{\partial t^2} \tag{122, 2}$$

vor. In Analogie zu (121, 52) ist eine Lösung von ihr

$$\mathfrak{A}(r, t) = \mathfrak{F}(\omega t - \mathfrak{k} \cdot \mathfrak{r}) + \mathfrak{G}(\omega t + \mathfrak{k} \cdot \mathfrak{r}) \tag{122, 3}$$

$$= \mathfrak{A}_0^{(1)} F(\omega t - \mathfrak{k} \cdot \mathfrak{r}) + \mathfrak{A}_0^{(2)} G(\omega t + \mathfrak{k} \cdot \mathfrak{r}). \tag{122, 4}$$

Die beiden Teillösungen $\mathfrak{F}$ und $\mathfrak{G}$ beschreiben Ausbreitungsvorgänge, die man als *ebene Vektorwellen* mit den Amplituden $\mathfrak{A}_0^{(1)}$ und $\mathfrak{A}_0^{(2)}$ bezeichnet. Da sich nach den Darlegungen im vorstehenden Paragraphen die beiden Vektorwellen $\mathfrak{F}$ und $\mathfrak{G}$ nur durch entgegengesetzte Ausbreitungsrichtungen unterscheiden, genügt es, nur eine von ihnen, etwa $\mathfrak{F}$, zu untersuchen. Wir schreiben daher statt (122, 4),

$$\mathfrak{A}(\mathfrak{r}, t) = \mathfrak{A}_0 \mathfrak{F}(\omega t - \mathfrak{k} \cdot \mathfrak{r}). \tag{122, 5}$$

Von den durch diesen Ausdruck beschriebenen möglichen Vektorwellenfeldern kommen nun zwei Typen eine besondere Bedeutung zu. Der erste Typ liegt dann vor, wenn $\mathfrak{A}$ stets *parallel* zur Ausbreitungsrichtung $\mathfrak{n}^0 \parallel \mathfrak{k}$ ist, oder, wie man oft sagt, wenn „$\mathfrak{A}$ in die Ausbreitungsrichtung $\mathfrak{n}^0$ fällt“:

$$\mathfrak{A} \parallel \mathfrak{n}^0. \tag{122, 6}$$

Ist dies der Fall, so spricht man von einer *longitudinalen* Welle. Dieser Wellentyp erfüllt die *Longitudinalitätsbedingung*

$$\mathfrak{A} \times \mathfrak{n}^0 = 0. \tag{122, 7}$$

Der andere Sonderfall eines ebenen Vektorwellenfeldes liegt dann vor, wenn $\mathfrak{A}$ stets *senkrecht* auf $\mathfrak{n}^0$ steht,

$$\mathfrak{A} \perp \mathfrak{n}^0. \tag{122, 8}$$

Derartige Wellen heißen *Transversalwellen* und erfüllen die Transversalitätsbedingung

$$\mathfrak{A} \cdot \mathfrak{n}^0 = 0. \tag{122, 9}$$

Man kann die beiden angegebenen Bedingungen für die Transversalität bzw. Longitudinalität von ebenen Vektorwellen auch anders formulieren. Hierzu schließen wir an (122, 5) an und bilden deren div. Nach (5, 133) ergibt dies

$$\operatorname{div} \mathfrak{A} = F \operatorname{div} \mathfrak{A}_0 + \mathfrak{A} \cdot \operatorname{grad} F(\omega t - \mathfrak{k} \cdot \mathfrak{r}). \tag{122, 10}$$

Ist $\mathfrak{A}_0$ räumlich konstant, so verschwindet das erste Glied der rechten Seite von (122, 10). Weiterhin ist

$$\operatorname{grad} F \parallel \mathfrak{k} = k\mathfrak{n}^0, \tag{122, 11}$$

so daß man hat

$$\operatorname{div} \mathfrak{A} \sim \mathfrak{A} \cdot \mathfrak{n}^0. \tag{122, 12}$$

Für den Fall, daß $\mathfrak{A}$ eine transversale Welle ist, verschwindet also die rechte Seite von (122, 12) nach (122, 9), so daß anstelle dieser Gleichung als Transversalitätsbedingung auch

$$\operatorname{div} \mathfrak{A} = 0 \tag{122, 13}$$

geschrieben werden kann.

Entsprechend findet man durch rot-Bildung von (122, 5) — mit Verwendung von (5, 161) —, daß dieser Ausdruck eine longitudinale Welle beschreibt, wenn

$$\operatorname{rot} \mathfrak{A} = 0 \tag{122, 14}$$

ist.

Aufgrund der soeben gefundenen Ergebnisse kann man also sagen: Wird die raum-zeitliche Änderung eines Vektors $\mathfrak{A} = \mathfrak{A}(\mathfrak{r}, t)$ durch die Wellengleichung (122, 2) beschrieben, und ist

$$\mathfrak{A} \text{ quellenfrei: } \operatorname{div} \mathfrak{A} = 0 \tag{122, 15}$$

$$\mathfrak{A} \text{ wirbelfrei: } \operatorname{rot} \mathfrak{A} = 0, \tag{122, 16}$$

so stellen die Lösungen von (122, 2):

$$\text{transversale Wellen: } \mathfrak{A} \cdot \mathfrak{n}^0 = 0 \tag{122, 17}$$

$$\text{longitudinale Wellen: } \mathfrak{A} \times \mathfrak{n}^0 = 0 \tag{122, 18}$$

dar.

123. Die elastischen Wellen

Wir wollen die vorstehend gefundenen Ergebnisse auf die Bewegungsgleichungen für die Volumendilation Θ und die Drehung $\mathfrak{d}$ anwenden. Sie lauten

$$\Delta \Theta = \frac{\varrho}{\lambda + 2\mu} \frac{\partial^2 \Theta}{\partial t^2} = \frac{1}{v_l^2} \frac{\partial^2 \Theta}{\partial t^2} \tag{123, 1}$$

$$\Delta \mathfrak{d} = \frac{\varrho}{\mu} \frac{\partial^2 \mathfrak{d}}{\partial t^2} = \frac{1}{v_t^2} \frac{\partial^2 \mathfrak{d}}{\partial t^2}. \tag{123, 2}$$

Weil nun

$$\mathfrak{d} = \frac{1}{2} \operatorname{rot} \mathfrak{s}_2, \tag{123, 3}$$

also

$$\operatorname{div} \mathfrak{d} = \frac{1}{2} \operatorname{div} \operatorname{rot} \mathfrak{s}_2 \equiv 0 \tag{123, 4}$$

ist, werden durch die Lösungen von (123, 2) elastische Transversalwellen beschrieben, die man als *Torsions-* oder *Scherwellen* bezeichnet, während die Lösungen von (123, 1) *Dilatations-* oder *Kompressionswellen* heißen.

Beachtet man die in Kap. 121 gefundene Bedeutung der in der Wellengleichung auftretenden Konstante v als Phasengeschwindigkeit der Welle, so ersieht man aus (123, 1/2), daß sich Dilatations- und Torsionswellen mit den voneinander verschiedenen Phasengeschwindigkeiten

$$v_l = \sqrt{\frac{2\mu + \lambda}{\varrho}} \tag{123, 5}$$

$$v_t = \sqrt{\frac{\mu}{\varrho}} \tag{123, 6}$$

ausbreiten. Während v_l außer von der Dichte ϱ des Stoffes auch von seinen beiden Elastizitätskonstanten μ und λ abhängt, hängt v_t außer von ϱ nur noch vom Schermodul μ ab. Geht man von den LAMÉschen Konstanten μ und λ zu den Konstanten E und m über, so zeigt sich, daß v_t von E unabhängig ist.

Ein Vergleich von (123, 5/6) zeigt, daß

$$v_l > v_t \tag{123, 7}$$

ist. Für den Quotienten der beiden Phasengeschwindigkeiten erhält man aus (123, 5/6):

$$\frac{v_l}{v_t} = \sqrt{\frac{2(1-m)}{1-2m}}. \tag{123, 8}$$

Dieser Ausdruck ist nur von der Querkontraktionskonstanten m abhängig. Mit dem aus der Erfahrung gefundenen mittleren Wert von

$$m \approx {}^1/_3 \tag{123, 9}$$

liefert (123, 8):

$$v_l \approx 2v_t, \tag{123, 10}$$

d. h., die Phasengeschwindigkeit der Dilatationswellen ist etwa doppelt so groß wie die der Scherwellen.

Nach (123, 6) sind Transversalwellen nur in solchen Elastischen Medien möglich, für die $\mu = G \neq 0$ ist. Es wird sich später zeigen, daß sich das elastische Verhalten von Idealen Flüssigkeiten und Gasen durch $\mu = G = 0$ charakterisieren läßt. Daher sind in Idealen Flüssigkeiten und Gasen Transversalwellen nicht möglich.

124. Die Gruppengeschwindigkeit

Wir hatten in Kap. 121 gesagt, daß von den beliebig vielen Funktionen F und G, die in der Lösung (121, 15) der Wellengleichung auftreten, für die Physik insbesondere die harmonischen Funktionen von Interesse sind.

Man könnte nun meinen, daß mit einer harmonischen Funktion ein Naturvorgang, wie z. B. eine Schwingung, nicht beschrieben werden kann, weil die sin- bzw. cos-Funktion p. def. weder einen Anfang noch ein Ende besitzt, im Gegensatz zu jedem sich in der Natur abspielenden Prozeß, der stets einen Anfang hat und infolge unvermeidlicher Verluste (in der Mechanik: Reibung, in der Elektrodynamik: OHMscher Widerstand u. a. m.) eher oder später endet. Selbst wenn man idealisiert und von Verlusten, die durch Reibung („Energiedissipation“) verursacht werden, absieht, hat jeder Naturvorgang einen wohldefinierten Anfang. Es ist daher in Strenge nicht zulässig, etwa die Bewegung eines harmonischen Oszillators (Kap. 27) durch

$$x = a \sin \omega_0 t \tag{124, 1}$$

darzustellen, vielmehr müßte korrekterweise

$$x = 0 \qquad t < 0 \tag{124, 2}$$

für

$$x = a \sin \omega_0 t \qquad t \geqq 0 \tag{124, 3}$$

geschrieben werden.

Ähnlich liegen die Verhältnisse, wenn man die sin- oder cos-Funktion zur Beschreibung von sich wellenförmig ausbreitenden Vorgängen benutzt.

Es entsteht die Frage, weshalb man — trotz der Kenntnis der erwähnten Eigenschaft der harmonischen Funktionen — diese zur Beschreibung von Naturvorgängen verwendet.

Die Berechtigung hierzu gibt das in Kap. 16 angegebene FOURIERsche Integraltheorem, das auf raum-zeitliche Funktionen erweitert werden kann. Danach läßt sich auch jede Lösung der Wellengleichung durch eine Summe von raum-zeitlich harmonischen Funktionen beschreiben, die man *Partialwellen* nennt. Ihre Summe, das sind die Funktionen F und G, werden oftmals als *Wellenpaket* oder *Wellengruppe* bezeichnet.

Wir wollen den einfachsten Fall einer Wellengruppe betrachten, der offenbar dann vorliegt, wenn das Paket aus den nur zwei Wellen

$$u_1 = u_0 \sin(\omega_1 t - k_1 x) \qquad (124, 4)$$

$$u_2 = u_0 \sin(\omega_2 t - k_2 x) \qquad (124, 5)$$

besteht. Hierbei haben wir der Einfachheit halber noch angenommen, daß die Amplituden der beiden Teilwellen gleich sind.

Wir fragen, welches das Ergebnis der Überlagerung von u_1 und u_2 ist. Man erhält

$$u = u_1 + u_2 = 2n_0 \sin \frac{(\omega_1 + \omega_2)t - (k_1 + k_2)x}{2} \cos \frac{(\omega_1 - \omega_2)t - (k_1 - k_2)x}{2}. \qquad (124, 6)$$

Die beiden Teilwellen sollen sich nur geringfügig in ihren Wellenlängen unterscheiden. Damit sind auch ihre Frequenzen ω_1 und ω_2 und ebenfalls ihre Wellenzahlen k_1 und k_2 nur wenig voneinander verschieden. Setzt man

$$\omega_2 = \omega, \qquad (124, 7)$$

so ist

$$\omega_1 = \omega + \Delta\omega, \qquad (124, 8)$$

wobei

$$\Delta\omega \ll \omega \qquad (124, 9)$$

ist. Entsprechend gilt, wenn

$$k_2 = k \qquad (124, 10)$$

gesetzt wird,

$$k_1 = k + \Delta k \qquad (124, 11)$$

mit

$$\Delta k \ll k. \qquad (124, 12)$$

Geht man mit diesen Ausdrücken in (124, 6) ein, so erhält man

$$u = 2u_0 \sin\left[\left(\omega + \frac{\Delta\omega}{2}\right)t - \left(k + \frac{\Delta k}{2}\right)x\right] \cos\left(\frac{\Delta\omega}{2}t - \frac{\Delta k}{2}x\right). \qquad (124, 13)$$

Hierfür kann wegen (124, 9) und (124, 12) in guter Näherung

$$u = 2u_0 \cos\left(\frac{\Delta\omega}{2}t - \frac{\Delta k}{2}x\right) \sin(\omega t - kx) \qquad (124, 14)$$

oder auch

$$u = A \sin(\omega t - kx) \qquad (124, 15)$$

geschrieben werden.

Dieser Ausdruck kann als eine Welle mit der Frequenz ω und der Wellenzahl k gedeutet werden, deren Amplitude

$$A = 2u_0 \cos\left(\frac{\Delta\omega}{2} t - \frac{\Delta k}{2} x\right) \tag{124, 16}$$

jedoch nun nicht mehr (wie bei einer Ebenen Welle) konstant ist, sondern sich ebenfalls räumlich und zeitlich periodisch ändert. Diese räumlichen und zeitlichen Schwankungen von A sind, weil $\Delta\omega$ bzw. Δk verglichen mit ω bzw. k sehr kleine Größen sind, ebenfalls gering.

Nähme man eine Momentaufnahme ($t =$ const), des durch (124, 14) beschriebenen Vorganges auf, so erhielte man für ihn die in Abb. 29, 2 angedeuteten Verhältnisse. Die gleichen Verhältnisse erhielte man, wenn x festgehalten wird und man t variieren läßt.

Da nach (124, 16) die Amplitude A der Wellengruppe sich ebenfalls wellenförmig ausbreitet, ist deren Ausbreitungsgeschwindigkeit nach den Darlegungen in Kap. 121:

$$v_{gr} = \frac{\Delta\omega}{\Delta k}. \tag{124, 17}$$

Wenn $\Delta\omega$ bzw. Δk beliebig klein werden, d. h. wenn die beiden Teilwellen u_1 und u_2 „unendlich nah benachbart" sind, geht (124, 17) in

$$v_{gr} = \frac{d\omega}{dk} \tag{124, 18}$$

über.

Diese Geschwindigkeit, mit der sich die Amplitude A der Wellengruppe u ausbreitet, ist i. allg. verschieden von deren Phasengeschwindigkeit

$$v_p = \frac{\omega}{k}. \tag{124, 19}$$

Man nennt die durch (124, 18) angegebene Größe v_{gr} die *Gruppengeschwindigkeit* des Wellenpaketes u.

Die durch (124, 18) definierte Gruppengeschwindigkeit v_{gr} eines Wellenpaketes kann in eine andere Form gebracht werden, die erstmalig von Lord Rayleigh[1]) angegeben wurde. Beachtet man, daß nach (124, 19):

$$\omega = k v_p \tag{124, 20}$$

und

$$k = \frac{2\pi}{\lambda} \tag{124, 21}$$

ist, so erhält man, wenn damit in (124, 18) eingegangen wird,

$$v_{gr} = \frac{d\left(\frac{v_p}{\lambda}\right)}{d\left(\frac{1}{\lambda}\right)} = -\lambda^2 \frac{d\left(\frac{v_p}{\lambda}\right)}{d\lambda} \tag{124, 22}$$

$$= -\lambda^2 \left\{\frac{1}{\lambda}\frac{dv_p}{d\lambda} - \frac{v_p}{\lambda}\right\} \tag{124, 23}$$

$$= v_p - \lambda \frac{dv_p}{d\lambda}. \tag{124, 24}$$

---

[1]) John William Lord Rayleigh: * 1842 in Langford, Grove, † 1919 in Terling Place Witham, Essex.

Dies ist der von RAYLEIGH angegebene Ausdruck für die Gruppengeschwindigkeit. Man erkennt aus (124, 24), daß die drei Fälle

$$v_{gr} \gtreqless v_p \tag{124, 25}$$

möglich sind, je nachdem ob

$$\frac{dv_p(\lambda)}{d\lambda} \gtreqless 0 \tag{124, 26}$$

ist.

Gilt bei einem Wellenausbreitungsvorgang eines der beiden in (124, 26) angegebenen Ungleichheitszeichen, so spricht man (in Anlehnung an aus der Optik bekannten Erscheinungen) von *Dispersion.*

Wir bemerken ausdrücklich, daß man bei der experimentellen Bestimmung von sich wellenförmig ausbreitenden Vorgängen stets nur deren Gruppengeschwindigkeit ermitteln kann. So ist z. B. die mittels des bekannten Versuches von FIZEAU[2]) bestimmbare Lichtgeschwindigkeit c nicht die Phasengeschwindigkeit des Lichtes, sondern seine Gruppengeschwindigkeit.

Die vorstehenden Betrachtungen, die zu dem Ausdruck (124, 24) für v_{gr} führten, sind insofern speziell, als allein die einfachste, nur aus zwei Partialwellen bestehende Wellengruppe zugrunde gelegt wurde. Man kann aber zeigen, daß sich an den gefundenen Ergebnissen nichts ändert, wenn man verallgemeinert, d. h. ein Wellenpaket betrachtet, das gemäß dem FOURIERschen Theorem aus unendlich vielen Partialwellen besteht, deren Frequenzen ω bzw. deren Wellenzahlen k i. allg. jeden möglichen Wert annehmen können, d. h. sich kontinuierlich ändern. Dann läßt sich ein (eindimensionales) Wellenpaket in seiner räumlichen Abhängigkeit nach FOURIER — Kap. 16 — mit Verwendung der komplexen Schreibweise durch

$$F(x, t) \sim \int_{-\infty}^{+\infty} A(k) e^{i(\omega t - kx)} dk \tag{124, 27}$$

darstellen, wobei $A(k)$ das Amplitudenspektrum des durch $F(x, t)$ beschriebenen Vorganges bedeutet.

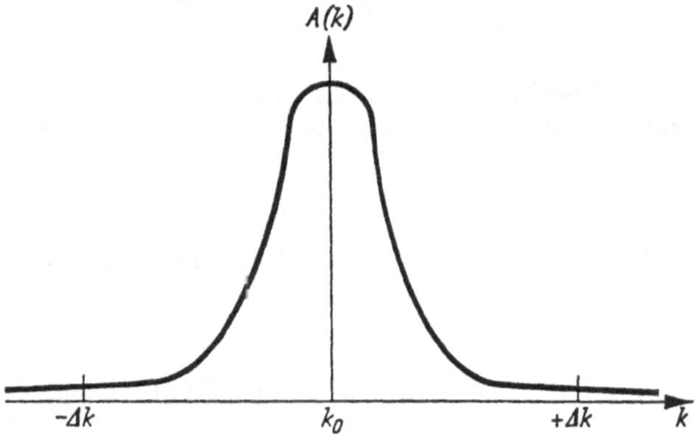

Abb. 124, 1: Das Amplitudenspektrum $A(k)$

Wir wollen nun annehmen, daß $A(k)$ nur innerhalb eines sehr kleinen Bereiches um ein gewisses k_0 wesentlich von Null verschieden ist. Es möge also $A(k)$ etwa einen Verlauf haben, wie er in Abb. 124, 1 dargestellt ist. In diesem Fall läßt sich das

[2]) Armand Hippolyte FIZEAU: *1819 in Paris, †1896 in Venteuil.

Wellenpaket (124, 27) in guter Näherung durch

$$F(x, t) \sim \int_{k_0-\Delta k}^{k_0+\Delta k} A(k) e^{i(\omega t-kx)} dk \qquad (124, 28)$$

darstellen, weil außerhalb des sehr kleinen Bereiches

$$-\Delta k \ldots + \Delta k \qquad (124, 29)$$

der Integrand näherungsweise als verschwindend angesehen werden kann.

Bezieht man nun die Wellenzahlen k und die Frequenzen ω der Partialwellen auf jene mit der größten Amplitude $A(k_0)$, den sog. Schwerpunkt des Wellenpaketes, so kann geschrieben werden

$$k = k_0 + (k - k_0) \qquad (124, 30)$$

und

$$\omega = \omega_0 + (\omega - \omega_0). \qquad (124, 31)$$

Da ω und k miteinander verknüpft sind,

$$\omega = \omega(k), \qquad (124, 32)$$

erhält man durch Reihenentwicklung in erster Näherung

$$\omega = \omega[k_0 + (k - k_0)] \qquad (124, 33)$$

$$= \omega(k_0) + \left.\frac{d\omega}{dk}\right|_{k_0} (k - k_0) \qquad (124, 34)$$

$$= \omega_0 + \left.\frac{d\omega}{dk}\right|_{k_0} (k - k_0). \qquad (124, 35)$$

Geht man damit in (124, 28) ein, so wird daraus

$$F(x, t) \approx A'(x, t)\, e^{i(\omega_0 t - k_0 x)} \qquad (124, 36)$$

mit der Amplitude

$$A'(x, t) = \int_{k_0-\Delta k}^{k_0+\Delta k} A(k)\, e^{i\left[\left.\frac{d\omega}{dk}\right|_{k_0} t - x\right](k-k_0)} dk. \qquad (124, 37)$$

Führt man dieselbe Überlegung wie bei einem nur aus zwei Partialwellen bestehenden Wellenpaket aus, so erhält man für die Gruppengeschwindigkeit

$$v_{gr} = \left.\frac{d\omega(k)}{dk}\right|_{k_0}. \qquad (124, 38)$$

Dies ist die Ausbreitungsgeschwindigkeit des Schwerpunktes des Wellenpaketes im Ortsraum.

Schwingungen von Saiten und Membranen

125. Definitionen

Wir wollen im folgenden einiges über Bewegungen von Saiten und Membranen darlegen und haben deshalb diese beiden Begriffe zunächst zu definieren.

Unter einer Saite versteht man einen Stab, dessen Querschnittdimensionen b und h sehr klein sind verglichen mit der Stablänge l. Man drückt dies häufig auch so aus, daß man sagt: Eine Saite ist ein Stab mit einem so kleinen Querschnitt, daß er einer Biegung gegenüber keinen Widerstand leistet (keine „Biegungssteifigkeit“ besitzt). Gemeint ist damit folgendes: Nach (119, 21) ist das zum Hervorrufen eines bestimmten Biegungspfeiles f erforderliche Drehmoment

$$Kl \sim bh^3. \tag{125, 1}$$

Nun ist aber

$$bh = q \tag{125, 2}$$

der Querschnitt des Stabes, so daß aus (125, 1):

$$Kl \sim qh^2 \tag{125, 3}$$

wird. Hieraus ist ersichtlich, daß das Drehmoment mit kleiner werdendem Querschnitt und insbesondere kleiner werdendem h stark abnimmt. Es kann daher durch genügende Verkleinerung von q bzw. von h das Drehmoment beliebig klein gemacht werden und eben dieses ist gemeint, wenn man von „keinem Widerstand" gegenüber einer Biegung spricht.

Natürlich kann (125, 3) nur dann zum Verschwinden gebracht werden, wenn q exakt verschwindet. Dies ist aber in Strenge nicht möglich. Es ist daher der Begriff der Saite nur eine Idealvorstellung, d. h. ein Modell für einen Stab mit „unendlich kleinem" Querschnitt.

Analog zu der vorstehend gegebenen Definition einer Saite versteht man unter einer Membran eine Platte, deren Höhe („Dicke") sehr klein gegenüber ihrer Länge und Breite ist. Sie ist daher als das zweidimensionale Analogon zur Saite anzusehen.

Die Bewegungsgleichung, die die Schwingungen einer Saite bzw. einer Membran beschreiben, müssen sich grundsätzlich aus der Elastischen Grundgleichung durch einen Grenzübergang ($q \to 0$ bzw. $h \to 0$) finden lassen. Eine strenge Durchführung dieses Grenzüberganges ist jedoch bisher noch nicht gelungen. Vielmehr verwendet man andere Überlegungen, um zu der Bewegungsgleichung einer „schwingenden" Saite bzw. Membran zu kommen. Ein Weg hierzu ist von Lagrange angegeben worden, den wir nachstehend erörtern wollen. Eine andere Betrachtung, die ebenfalls zu der Bewegungsgleichung der schwingenden Saite führt, werden wir in Kap. 128 darlegen.

126. Die lineare Punktkette

Der Gedanke von Lagrange zur Aufstellung der Bewegungsgleichung einer schwingenden Saite war der, die (kontinuierlich mit Masse belegte) Saite zunächst durch ein System von endlich vielen gleichen diskreten Massenpunkten $m_1, m_2, m_3, \ldots m_n$ $(= m)$ zu ersetzen. Die Massenpunkte seien linear angeordnet, je ein Massenpunkt habe von seinen Nachbarpunkten den gleichen Abstand d, im übrigen sollen die m_i $(i = 1, 2, \ldots, n)$ durch elastische Kräfte im Gleichgewicht gehalten werden. Die Saite wird also durch das Modell einer Punktkette ersetzt, Abb. 126, 1. Damit verlassen wir (vorübergehend) die Kontinuumsauffassung und kehren zur Mechanik eines Punktsystems zurück.

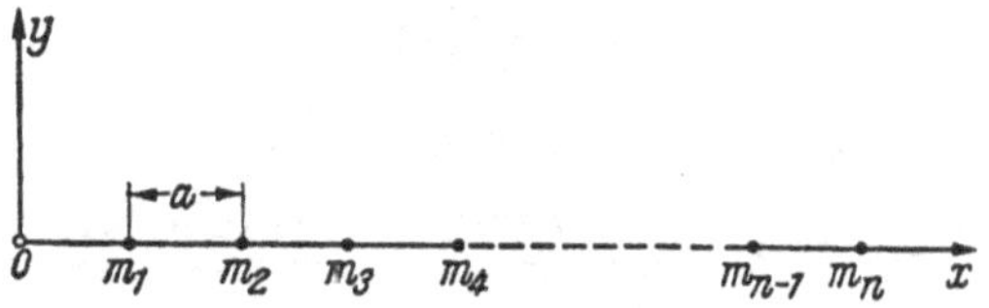

Abb. 126, 1: Lineare Punktkette

Wir fragen nach der Bewegungsgleichung der einzelnen Punkte der „n-gliedrigen" Kette. Hierzu nehmen wir an, daß je zwei benachbarte Massenpunkte durch (masselose) Federn (Federkonstante c) verbunden sind, die in der Ruhelage spannungsfrei, d. h. nicht gedehnt sind. Mit Verwendung des in Abb. 126, 1 gezeichneten Koordinatensystems ist dann wegen der vorausgesetzten Äquidistanz der Massenpunkte die Lagekoordinate des Massenpunktes m_i:

$$x_i = ia. \tag{126, 1}$$

Werden die Massenpunkte nur in Richtung der x-Achse aus ihrer Gleichgewichtslage ausgelenkt, so wird die Verschiebung $s_x^{(i)}$, die wir der Einfachheit halber mit ξ_i bezeichnen wollen, durch

$$\xi_i = x_i - ia \tag{126, 2}$$

beschrieben. Es hat daher nach der Verschiebung die Feder zwischen m_{i-1} und m_i die Längenänderung

$$\Delta l_{i,\,i+1} = \xi_i - \xi_{i-1} \tag{126, 3}$$

und die der Feder zwischen m_i und m_{i+1} die Längenänderung

$$\Delta l_{i+1,\,i} = \xi_{i+1} - \xi_i \tag{126, 4}$$

erfahren. Durch die zuletzt angegebene Änderung der Federlänge wird auf m_i die Kraft

$$\overline{K}_x^{(i)} = c(\xi_{i+1} - \xi_i) \tag{126, 5}$$

in positiver Richtung der x-Achse ausgeübt, während durch die (126, 3) angegebene Federlängenänderung auf m_i die Kraft

$$\overline{\overline{K}}_x^{(i)} = -c(\xi_i - \xi_{i-1}) \tag{126, 6}$$

in negativer x-Richtung ausübt. Durch die Auslenkung der Punktkette wirkt also auf m_i die resultierende Kraft

$$K_x^{(i)} = \overline{K}_x^{(i)} + \overline{\overline{K}}_x^{(i)} \tag{126, 7}$$

$$= c(\xi_{i+1} - \xi_i) - c(\xi_i - \xi_{i-1}) \tag{126, 8}$$

$$= c(\xi_{i+1} - 2\xi_i + \xi_{i-1}). \tag{126, 9}$$

Es lauten daher die gesuchten Bewegungsgleichungen der einzelnen Punkte der Kette

$$m_i\ddot{\xi}_i = c(\xi_{i+1} - 2\xi_i + \xi_{i-1}). \tag{126, 10}$$

Sie gelten nach dem in Abb. 126, 1 zugrunde gelegten Modell für alle Massenpunkte m_i, mit Ausnahme für m_1 und m_n. Auf diese beiden „Randpunkte" wirkt nur eine Kraft, die wir hier aber nicht angeben wollen, da sie für das Weitere nicht von Interesse ist. —

Es ist klar, daß man zu der vorstehenden Bewegungsgleichung für m_i auch mit Hilfe der Lagrangeschen Bewegungsgleichung

$$\frac{d}{dt}\frac{\partial L^{(i)}}{\partial \dot{\xi}_i} - \frac{\partial L^{(i)}}{\partial \xi_i} = 0 \tag{126, 11}$$

gelangen muß. Wir wollen dies der Vollständigkeit halber noch zeigen. Hierzu benötigen wir die Kenntnis der Lagrange-Funktion $L^{(i)} = T^{(i)} - V^{(i)}$ des Massenpunktes m_i. Seine kinetische Energie ist

$$T^{(i)} = \frac{m_i}{2}\dot{\xi}_i^2. \tag{126, 12}$$

Die potentielle Energie $V^{(i)}$ von m_i erhält man durch Integration der Gleichung

$$K_x^{(i)} = -\frac{\partial V^{(i)}}{\partial x_i} = -\frac{\partial V^{(i)}}{\partial \xi_i}, \tag{126, 13}$$

wobei $K_x^{(i)}$ der Ausdruck (126, 9) ist. Mit ihm erhält man aus der letzten Gleichung

$$V^{(i)} = \frac{c}{4}(\xi_{i+1} - 2\xi_i + \xi_{i-1})^2. \tag{126, 14}$$

Somit lautet die Lagrange-Funktion für m_i:

$$L^{(i)} = \frac{m_i}{2}\dot{\xi}^2 - \frac{c}{4}(\xi_{i+1} - 2\xi_i + \xi_{i-1})^2. \tag{126, 15}$$

Geht man mit diesem Ausdruck in (126, 11) ein, so erhält man genau die Bewegungsgleichung (126, 10).

Wir machen abschließend noch folgende Bemerkung. Es wurde vorstehend allein der Fall behandelt, daß sich jeder Massenpunkt m_i längs der Kettenrichtung bewegt, d. h. daß m_i eine longitudinale Bewegung ausführt. Natürlich ist es auch möglich, daß sich m_i andersartig, so z. B. transversal zur Orientierung der Kette bewegt. In diesem Sonderfall gilt, wie man durch eine gleiche Überlegung erhält, für eine transversale Auslenkung ebenfalls eine Bewegungsgleichung von der Form (126, 10). So findet man etwa für die Auslenkung $s_y^{(i)} = \eta_i$ in Richtung der y-Achse

$$m_i \ddot{\eta}_i = c'(\eta_{i+1} - 2\eta_i + \eta_{i-1}). \tag{126, 16}$$

Eine zu (126, 16) analoge Gleichung gilt für die Verschiebung von m_i in Richtung der z-Achse.

127. Der Übergang von der Punktkette zur Saite

Wir wollen nun von dem bisher betrachteten Modell der diskreten linearen Punktkette zur Saite übergehen. Dies wird nach Lagrange dadurch vollzogen, daß man den Grenzübergang $a \to 0$ ausführt.

Hierzu haben wir zunächst anzugeben, durch welche Größen der Kontinuumsmechanik ein Massenpunkt m_i und die Federkonstante c auszudrücken sind.

Um diese zu finden, dividieren wir (126, 10) durch a und schreiben diese Gleichung, unter Beachtung, daß

$$m_1 = m_2 = \cdots = m \tag{127, 1}$$

ist, in der Form

$$\frac{m}{a} \ddot{\xi}_i = ca \frac{1}{a} \left[\frac{\xi_{i+1} - \xi_i}{a} - \frac{\xi_i - \xi_{i-1}}{a} \right]. \tag{127, 2}$$

Der Grenzübergang $a \to 0$ soll nun so vollzogen werden, daß

$$\lim_{a \to 0} \frac{m}{a} = \varkappa \tag{127, 3}$$

wird, wobei $\varkappa$ eine endliche Größe ist. Sie ist eine Masse pro Längeneinheit und wird als *Liniendichte* bezeichnet. Sie ist das eindimensionale Gegenstück zu der Dichte ϱ eines Körpers.

Weiterhin ist zu beachten, daß bei der Dehnung eines Stabes seine relative Längenänderung ε der auf den Stab wirkenden Kraft $|\mathfrak{K}|$ proportional ist (Kap. 108):

$$|\mathfrak{K}| = K = E\,\varepsilon. \tag{127, 4}$$

Der Proportionalitätsfaktor E ist das eindimensionale Analogon des Elastizitätsmoduls der Kontinuumsmechanik.

Bei dem Kettenmodell ist die relative Längenänderung ε zwischen den Massenpunkten m_i und m_{i+1}:

$$\varepsilon = \frac{\xi_{i+1} - \xi_i}{a}. \tag{127, 5}$$

Hierzu ist nach (126, 5) die Zugkraft

$$\overline{K}_x^{(i)} = c(\xi_{i+1} - \xi_i) \tag{127, 6}$$

$$= ca \frac{\xi_{i+1} - \xi_i}{a} = ca\varepsilon \tag{127, 7}$$

erforderlich. Ein Vergleich mit (127, 4) zeigt, daß man beim Übergang von der linearen Punktkette zur Saite für

$$ca \to E \tag{127, 8}$$

zu schreiben hat.

Weiterhin geht für $a \to 0$ die Verschiebung ξ_i des Massenpunktes m_i in die i. allg. von der Lagekoordinate x abhängige Funktion

$$\xi = \xi(x, t) \tag{127, 9}$$

über. Es wird nun aus der relativen Längenänderung (127, 5) für $a \to 0$:

$$\varepsilon = \frac{\xi_{i+1} - \xi_i}{a} \tag{127, 10}$$

$$\to \lim_{a \to 0} \frac{\xi(x+a,t) - \xi(x,t)}{a} \tag{127, 11}$$

$$= \frac{\partial \xi(x,t)}{\partial x} = \left(\frac{\partial \xi}{\partial x}\right)_x. \tag{127, 12}$$

Vollzieht man den Übergang $a \to 0$ auf der rechten Seite von (127, 2), so erhält man unter Beachtung von (127, 8):

$$\lim_{a \to 0} ca \frac{\left(\frac{\partial \xi}{\partial x}\right)_x - \left(\frac{\partial \xi}{\partial x}\right)_{x-a}}{a} = E \frac{\partial^2 \xi}{\partial x^2}. \tag{127, 13}$$

Daher geht die Bewegungsgleichung (126, 10) für die Punkte der Kette für $a \to 0$ in

$$\varkappa \frac{\partial^2 \xi}{\partial t^2} = E \frac{\partial^2 \xi}{\partial x^2} \tag{127, 14}$$

oder in

$$\frac{\partial^2 \xi}{\partial x^2} = \frac{1}{v_l^2} \frac{\partial^2 \xi}{\partial t^2} \tag{127, 15}$$

über, wobei zur Abkürzung

$$v_l = \sqrt{\frac{E}{\varkappa}} \tag{127, 16}$$

gesetzt wurde. Gl. (127, 15) ist, wie zu erwarten war, die eindimensionale Wellengleichung, durch die die Longitudinalschwingungen einer Saite (d. h. eines „eindimensionalen" Stabes) beschrieben werden. Aus (127, 16) ersieht man, daß die Phasengeschwindigkeit v_l der Longitudinalschwingungen der Saite von den durch E und $\varkappa$ gekennzeichneten Materialeigenschaften abhängen.

Durch eine ähnliche Betrachtung, wie sie vorstehend durchgeführt wurde, erhält man auch für die Transversalschwingungen einer Saite, etwa in Richtung der y-Achse, gleichfalls die eindimensionale Wellengleichung

$$\frac{\partial^2 \eta}{\partial x^2} = \frac{1}{v_t^2} \frac{\partial^2 \eta}{\partial t^2}. \tag{127, 17}$$

Der Unterschied zwischen den Longitudinal- und Transversalschwingungen einer Saite besteht allein darin, daß die Phasengeschwindigkeiten v_t und v_l der beiden Schwingungstypen verschieden sind.

Wir wollen zum Schluß dieses Paragraphen noch die LAGRANGE-Funktion L der schwingenden Saite angeben. Sie lautet

$$L = \frac{1}{2} \int_0^l \left\{ \varkappa \left(\frac{\partial \xi}{\partial t}\right)^2 - E \left(\frac{\partial \xi}{\partial x}\right)^2 \right\} dx, \tag{127, 18}$$

wobei l die Saitenlänge bedeutet.

Man gelangt zu diesem Ausdruck, indem man sich die LAGRANGE-Funktion der im vorstehenden Paragraphen behandelten Punktkette verschafft und dann den Grenzübergang $a \to 0$ vornimmt. Man erhält aber auch (127, 18) aus der LAGRANGE-Funktion eines schwingenden Stabes, Kap. 137, wenn man seinen Querschnitt q beliebig klein werden läßt, d. h. den Grenzübergang $q \to 0$ vornimmt.

Mit dieser LAGRANGE-Funktion nimmt das HAMILTONsche Prinzip die Form

$$\delta \int_{t_1}^{t_2} \int_0^l \left\{ \varkappa \left(\frac{\partial \xi}{\partial t}\right)^2 - E \left(\frac{\partial \xi}{\partial x}\right)^2 \right\} dx\,dt = 0 \tag{127, 19}$$

an. Hiermit ergibt sich aus der zu diesem Variationsproblem gehörenden EULERschen Gleichung (7, 99) genau die Wellengleichung (127, 14). —

Wir haben in Kap. 125 bemerkt, daß eine Membran das zweidimensionale Analogon der Saite ist. Dem entspricht es, daß man die Bewegungsgleichung einer Membran aus den Bewegungsgleichungen eines zweidimensionalen Netzes von Massenpunkten erhalten kann. Hierzu hat man die beiden Netzabstände $\to 0$ gehen zu lassen.

Nimmt man an, daß sie in der Ruhelage in der xy-Ebene eines Koordinatensystems liegt, so erhält man als Gleichung für die Auslenkung $s_z = \zeta$ aus dieser Ebene

$$\sigma \frac{\partial^2 \zeta}{\partial t^2} = c'' \left(\frac{\partial^2 \zeta}{\partial x^2} + \frac{\partial^2 \zeta}{\partial y^2} \right). \tag{127, 20}$$

Hierbei bedeutet σ die „Massenbelegung" der Membran und c'' eine Größe, in der die Störkraft, die die anfänglich als ruhend angenommene Membran zu einer Bewegung anregt, als Faktor eingeht. Es wird daher c'' i. allg. eine Ortsfunktion sein, weil die Störkräfte in den einzelnen Punkten der Membran verschieden sein können. Wir wollen uns aber bei späterer Behandlung einiger Bewegungstypen einer Membran auf den Sonderfall beschränken, daß die Störkräfte, wie man es auszudrücken pflegt, „gleichmäßig verteilt sind". Dann ist c'' eine Konstante und man kann daher (127, 15) in der Form

$$v_t^2 \frac{\partial^2 \zeta}{\partial t^2} = \frac{\partial^2 \zeta}{\partial x^2} + \frac{\partial^2 \zeta}{\partial y^2} \tag{127, 21}$$

schreiben. Dies ist die zweidimensionale Wellengleichung, in der v_t die Phasengeschwindigkeit der Transversalschwingung der Membran ist. Von dieser Gleichung werden wir bei den Betrachtungen in Kap. 135 und Kap. 136 ausgehen.

128. Eine andere Herleitung der Bewegungsgleichung der Saite

Wir geben nun die in Kap. 125 angekündigte andere Methode an, mittels der sich die Bewegungsgleichung einer schwingenden Saite ebenfalls finden läßt. Diese Überlegung wird in der Literatur bei der Behandlung der schwingenden Saite überwiegend verwendet.

Wir denken uns die (homogene) Saite von der Länge l an ihren beiden Enden fest eingespannt, so daß sie in der Ruhelage eine Gerade bildet, in deren Richtung wir die x-Achse eines Koordinatensystems legen, Abb. 128, 1.

Abb. 128,1: Zur Herleitung der Bewegungsgleichung einer schwingenden Saite

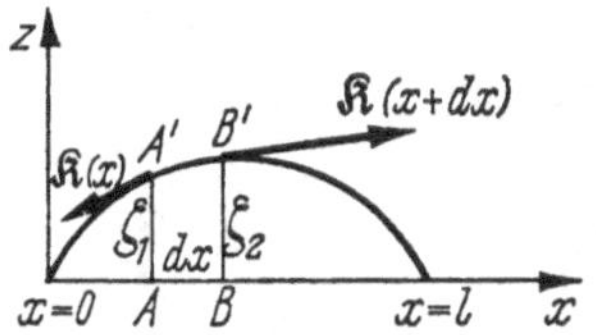

Wir setzen ferner voraus, daß die Bewegung der Saite in einer Ebene verlaufe, die wir als die xy-Ebene des verwendeten Koordinatensystems wählen. Die jeweilige Form der schwingenden Saite ist dann bekannt, wenn man die Auslenkung $s_z(x, t) = \zeta(x, t)$ in Richtung der z-Achse für jeden Punkt x, $(0 \leqq x \leqq l)$, zu jedem Zeitpunkt t kennt. Hierzu benötigt man eine Differentialgleichung für $\zeta(x, t)$, die man wie folgt finden kann.

Es sei dx ein Element der Saite, dessen Enden in der Ruhelage die Punkte $A\ (x, 0, 0)$ und $B(x + dx, 0, 0)$ sind, Abb. 128, 1. Nach Einwirkung einer Störung seien

$$A \to A'(x, 0, \zeta_1) \tag{128, 1}$$

$$B \to B'(x + dx, 0, \zeta_2) \tag{128, 2}$$

übergegangen.

In dieser Lage denken wir uns das Element aus der Saite herausgeschnitten und ersetzen den Einfluß der Umgebung von $A'B'$ durch geeignete Kräfte, die auf dem das Saitenelement begrenzenden (konstanten, sehr kleinen) Querschnitt q senkrecht stehen. An den Endflächen des Saitenelementes greifen dann die beiden Kräfte

$$\mathfrak{K}(x) = -qS\mathfrak{t}^0(x) \tag{128, 3}$$

$$\mathfrak{K}(x + dx) = +qS\mathfrak{t}^0(x + dx) \tag{128, 4}$$

an. Hierbei bedeutet t^0 den Tangenteneinheitsvektor der Kurve $\zeta(x, t)$, dessen Richtung wir im Punkte B′ positiv zählen, Abb. 128, 2, und S den Betrag der Spannung.

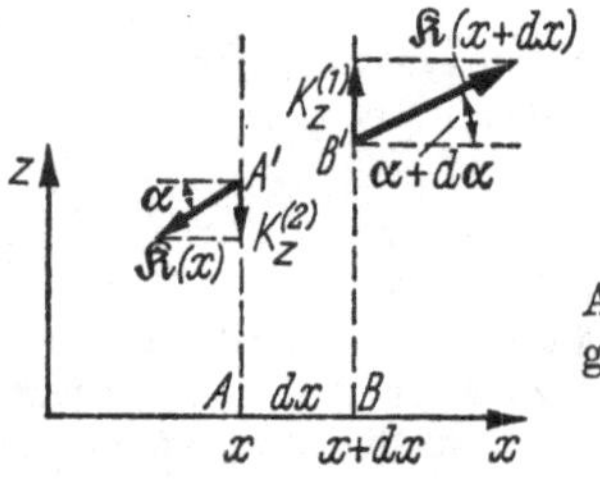

Abb. 128, 2: Kraftbilanz bei der schwingenden Saite

In Richtung der Bewegung ($\pm$ z-Achse) sind, wie aus Abb. 128, 2 abzulesen ist, die Kraftkomponenten

$$K_z(x) = -qS\sin\alpha \tag{128, 5}$$

$$K_z(x+dx) = +qS\sin(\alpha + d\alpha)\,. \tag{128, 6}$$

Ihre Resultante ist

$$K_z = K_z(x+dx) + K_z(x) \tag{128, 7}$$

oder

$$K_z = qS\{\sin(\alpha + d\alpha) - \sin\alpha\} \tag{128, 8}$$

$$\approx qS\frac{\partial\sin\alpha}{\partial x}\,dx. \tag{128, 9}$$

Bei genügend kleiner Auslenkung, die vorausgesetzt werde, kann nach einer bekannten Näherungsformel für

$$\sin\alpha \approx \operatorname{tg}\alpha \tag{128, 10}$$

gesetzt werden. Nun ist aber

$$\operatorname{tg}\alpha = \frac{\partial\zeta}{\partial x}, \tag{128, 11}$$

womit (128, 9) in

$$K_z = qS\frac{\partial\operatorname{tg}\alpha}{\partial x}\,dx \tag{128, 12}$$

$$= qS\frac{\partial^2\zeta}{\partial x^2}\,dx \tag{128, 13}$$

übergeht.

Nach dem Newtonschen Bewegungsgesetz ist nun K_z gleich dem Produkt aus der Masse dm des Saitenelementes und seiner Beschleunigungskomponente $\partial^2\zeta/\partial t^2$ in Richtung der z-Achse. Ist ϱ die Dichte der Saite, so enthält das Saitenelement die Masse

$$dm = \varrho\,d\tau = \varrho q\,dx. \tag{128, 14}$$

Somit wird aus (128, 13):

$$\varrho q\frac{\partial^2\zeta}{\partial t^2}\,dx = qS\frac{\partial^2\zeta}{\partial x^2}\,dx \tag{128, 15}$$

oder

$$\frac{\partial^2\zeta}{\partial x^2} = \frac{1}{v_t^2}\frac{\partial^2\zeta}{\partial t^2}, \tag{128, 16}$$

und das ist die eindimensionale Wellengleichung für die Transversalschwingungen einer Saite. Ihre Phasengeschwindigkeit hängt von der Spannung, die auf die Saite wirkt, ab, dagegen ist sie unabhängig von ihren elastischen Eigenschaften.

Durch eine analoge Überlegung erhält man als Bewegungsgleichung für eine longitudinal schwingende Saite ebenfalls die Wellengleichung, jedoch nun mit der von den elastischen Eigenschaften der Saiten abhängigen Phasengeschwindigkeit (127, 16).

129. Freie Schwingungen einer Saite

a) Anpassung der D'ALEMBERT*schen Lösung an Anfangs- und Randbedingungen*

Um etwas über die Schwingungen einer Saite aussagen zu können, hat man die eindimensionale Wellengleichung (127, 15) für die longitudinalen Schwingungen bzw. (127, 17) für die transversalen Schwingungen zu lösen. Da diese beiden Gleichungen vom selben Typ sind und sich nur dadurch unterscheiden, daß die in ihnen auftretenden Konstanten verschieden sind, wollen wir sie, unter Benutzung von allgemein gebräuchlichen neutralen Bezeichnungen in die übliche Form

$$\frac{\partial^2 u}{\partial x^2} = \frac{1}{v^2}\,\frac{\partial^2 u}{\partial t^2} \tag{129, 1}$$

zusammenfassen.

Die Lösung dieser Differentialgleichung ist in Kap. 121 angegeben worden. Sie lautet nach (121, 30/32)

$$u(x, t) = \Phi_1(x, t) + \Phi_2(x, t) \tag{129, 2}$$

$$= F(vt - x) + G(vt + x). \tag{129, 3}$$

Der Ausdruck (129, 3) ist die allgemeine Lösung der eindimensionalen Wellengleichung (129, 1). Damit ist gemeint, daß sich (129, 3) einem beliebig vorgegebenen Anfangszustand anpassen läßt. Daß dies auch tatsächlich stets möglich ist, wollen wir nun beweisen.

Als Anfangszustand bezeichnet man den Zustand eines Systems in einem beliebigen Zeitpunkt $t = t_0$, der meistens als Zeitnullpunkt ($t_0 = 0$) gewählt wird. Um den Anfangszustand eines mechanischen Systems zu kennzeichnen, benötigt man seine Anfangslage und seine Anfangsgeschwindigkeit. Für das System Saite bedeutet dies die Vorgabe ihrer anfänglichen Form. Diese werde als ebene Kurve vorausgesetzt. Daher kann die Anfangslage der Saite durch die Gleichung

$$u(x, 0) = u_0(x), \qquad 0 \leqq x \leqq l \tag{129, 4}$$

ausgedrückt werden. Beginnen weiterhin die Punkte $P(x)$ ihre Bewegung mit der Geschwindigkeit $v_0(x)$, so lautet die Anfangsbedingung für die Geschwindigkeit

$$\left(\frac{\partial u}{\partial t}\right)_{t=0} = v_0(x), \qquad 0 \leqq x \leqq l. \tag{129, 5}$$

Mit (129, 3) nehmen die Anfangsbedingungen die Form

$$F(-x) + G(x) = u_0(x) \tag{129, 6}$$

$$vF'(-x) + vG'(x) = v_0(x) \tag{129, 7}$$

an. Hierbei bedeuten F' und G' die Ableitungen dieser Funktionen nach ihren Argumenten. Integriert man (129, 7) nach x, so erhält man

$$-F(-x) + G(x) = \frac{1}{v}\int\limits_a^x v_0(\alpha)\,d\alpha. \tag{129, 8}$$

Hierbei bedeutet a eine beliebige untere Grenze und α die Integrationsvariable.

Kombiniert man (129, 8) mit (129, 6), so erhält man

$$F(-x) = \frac{1}{2}\left\{u_0(x) - \frac{1}{v}\int\limits_a^x v_0(\alpha)\,d\alpha\right\} \tag{129, 9}$$

$$G(x) = \frac{1}{2}\left\{u_0(x) + \frac{1}{v}\int\limits_a^x v_0(x)\,d\alpha\right\} \tag{129, 10}$$

und hieraus weiterhin

$$F(vt-x)=\frac{1}{2}\left\{u_0(x-vt)-\frac{1}{v}\int\limits_a^{x-vt} v_0(\alpha)\,d\alpha\right\} \tag{129, 11}$$

und

$$G(vt+x)=\frac{1}{2}\left\{u_0(x+vt)+\frac{1}{v}\int\limits_a^{x+vt} v_0(\alpha)\,d\alpha\right\}. \tag{129, 12}$$

Mit diesen Ausdrücken geht die allgemeine Lösung (129, 3) in

$$u(x,t)=\frac{1}{2}\left\{u_0(x-vt)+u_0(x+vt)-\frac{1}{v}\int\limits_a^{x-vt} v_0(\alpha)\,d\alpha+\frac{1}{v}\int\limits_a^{x+vt} v_0(\alpha)\,d\alpha\right\} \tag{129, 13}$$

$$=\frac{1}{2}\left\{u_0(x-vt)+u_0(x+vt)+\frac{1}{v}\int\limits_{x-vt}^{x+vt} v_0(\alpha)\,d\alpha\right\} \tag{129, 14}$$

über. Mit diesem Ausdruck ist die Anpassung der allgemeinen Lösung (129, 3) der Wellengleichung (129, 1) an den vorgegebenen Anfangszustand (129, 4/5) vollzogen.

In dem häufig vorliegenden Sonderfall, daß sich die aus ihrer Ruhelage ausgelenkte Saite geschwindigkeitsfrei überlassen wird, d. h. daß

$$v_0(x)=0 \tag{129, 15}$$

ist, geht (129, 14) in

$$u(x,t)=\frac{1}{2}\{u_0(x-vt)+u_0(x+vt)\} \tag{129, 16}$$

über. Dieser Ausdruck besagt nach den Ausführungen in Kap. 121, daß die Bewegung der Saite aus zwei Teilbewegungen besteht, die Ausbreitungsvorgänge in Richtung der positiven bzw. der negativen x-Achse.

Die vorstehend gefundene Lösung (129, 14) enthält die Funktionen u_0 und v_0, welche — wie ausdrücklich angegeben — nur für Argumente erklärt sind, die im Intervall $(0, l)$ liegen. Damit ist der Gültigkeitsbereich von (129, 14) zunächst auf diejenigen Werte x und t beschränkt, für die

$$0 \leqq x-vt \leqq l \tag{129, 17}$$

und

$$0 \leqq x+vt \leqq l \tag{129, 18}$$

gilt. In der x, t-Ebene liegen diese Werte in einem Gebiet, das von den Geradenstücken $x = \pm vt$ und $x - l = \pm vt$ eingeschlossen wird, Abb. 129, 1. Weil alle Punkte, die in diesem Gebiet liegen, allein aufgrund der Anfangsvorgaben im Intervall $0 \leqq x \leqq l$ bestimmt sind, nennt man dieses Gebiet das *Bestimmtheitsgebiet* bezüglich des Intervalls $0 \leqq x \leqq l$.

Um die Bewegung eines jeden Punktes der Saite für einen beliebigen Wert von t angeben zu können, muß man die beiden Partikularlösungen F und G über den Saitenbereich hinaus

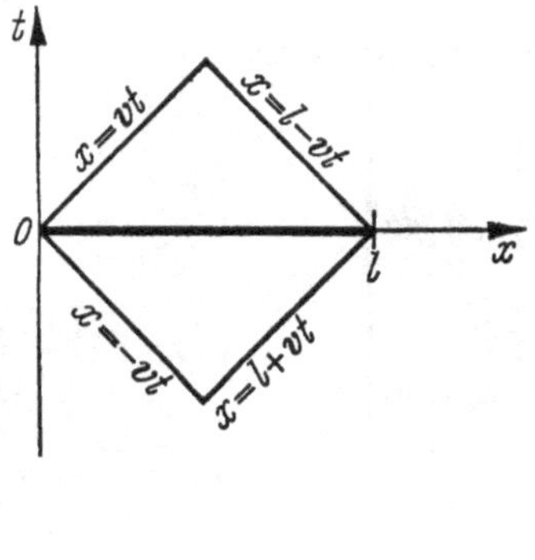

Abb. 129, 1: Zum Begriff des Bestimmtheitsgebietes der eindimensionalen Wellengleichung

„fortsetzen". Dies gelingt mit Hilfe der *Randbedingungen*. Darunter versteht man Forderungen, die an das Verhalten gewisser Punkte des Körpers gestellt werden, welche diese während dessen Bewegung *stets* erfüllen müssen. Vielfach kennt man während einer Bewegung das Verhalten jener Punkte eines Körpers, die zu seiner Begrenzung (Rand) gehören, wodurch der Begriff Randbedingung seine Erklärung findet. Wir bemerken aber ausdrücklich, daß durch eine Randbedingung auch das Verhalten von innerhalb des Objektes liegender Punkte beschrieben werden kann (Beispiel: eine in ihrem Mittelpunkt festgehaltene Membran, Kap. 136).

Bei einer Saite wird der „Rand" von ihren Endpunkten $x = 0$ und $x = l$ gebildet. Handelt es sich um eine beidseitig fest eingespannte Saite, so sind zu jeder Zeit t die Auslenkungen u der Endpunkte gleich Null, d. h. die dann zu erfüllenden Randbedingungen lauten

$$u(0, t) = 0, \qquad u(l, t) = 0. \tag{129, 19}$$

Aufgrund dieser Forderungen läßt sich zeigen, daß die Partikularlösungen F und G periodische Funktionen mit der Periode $2\,l$, also der doppelten Saitenlänge, sind. Wir wollen dies hier nicht im einzelnen durchführen, sondern den Nachweis auf einem anderen Wege erbringen.

b) Die Bernoullische Lösung der Wellengleichung

Hierzu machen wir im Anschluß an Bernoulli zur Lösung der Wellengleichung

$$\frac{\partial^2 u}{\partial x^2} = \frac{1}{v^2}\,\frac{\partial^2 u}{\partial t^2} \tag{129, 20}$$

den *Produktansatz* (auch *Separationsansatz* genannt)

$$u(x, t) = \varphi(x)\,\psi(t). \tag{129, 21}$$

Hierbei sind φ und ψ je eine nur von x bzw. t abhängige Funktion. Geht man mit (129, 21) in (129, 20) ein, so erhält man

$$\psi(t)\,\frac{d^2\varphi}{dx^2} = \frac{1}{v^2}\,\varphi(x)\,\frac{d^2\psi}{dt^2}. \tag{129, 22}$$

Dividiert man diese Gleichung durch $\varphi\psi$ und bezeichnet die Ableitungen nach dem jeweiligen Argument, wie üblich, mit je einem Strich, so wird aus (129, 22):

$$\frac{\varphi''(x)}{\varphi(x)} = \frac{1}{v^2}\,\frac{\psi''(t)}{\psi(t)}. \tag{129, 23}$$

Da die linke Seite von (129, 23) nur von der Unabhängigen x, die rechte Seite dagegen nur von der anderen Unabhängigen t abhängt, kann (129, 23) für jedes mögliche x und für jedes beliebige t nur dann gelten, wenn ihre beiden Seiten gleich einer Konstanten sind, die mit γ^2 bezeichnet werde. Damit zerfällt (129, 23) in die beiden Differentialgleichungen

$$\varphi''(x) = \gamma^2\varphi(x) \tag{129, 24}$$

$$\psi''(t) = \gamma^2 v^2 \psi(t). \tag{129, 25}$$

Wegen der formalen Gleichheit dieser beiden Gleichungen brauchen wir nur eine von ihnen, etwa (129, 24), zu behandeln. Ihre allgemeine Lösung ist

$$\varphi(x) = c_1 e^{\gamma x} + c_2 e^{-\gamma x} \tag{129, 26}$$

mit den Integrationskonstanten c_1 und c_2. Um sie zu bestimmen, hat man die Randbedingungen (129, 19) zu verwenden. Diese gehen wegen des Produktansatzes (129, 21) in

$$\varphi(0) = 0, \qquad \varphi(l) = 0 \tag{129, 27}$$

über. Damit sie erfüllt werden, muß nach (129, 26) gelten:

$$c_1 + c_2 = 0 \tag{129, 28}$$

$$c_1 e^{\gamma l} + c_2 e^{-\gamma l} = 0 \tag{129, 29}$$

Hieraus folgt

$$c_1(e^{\gamma l} - e^{-\gamma l}) = 0 \tag{129, 30}$$

oder

$$c_1(e^{2\gamma l} - 1) = 0. \tag{129, 31}$$

Diese Gleichung ist erfüllt, wenn einer der beiden Faktoren verschwindet. Nimmt man etwa an, daß $c_1 = 0$ ist, so folgt aus (129, 28), daß auch $c_2 = 0$ ist. Mit diesen Werten von c_1 und c_2 folgt aus (129, 26) die triviale Lösung $\varphi(x) = 0$, die physikalisch uninteressant ist.

Wir haben daher als nächstes zu untersuchen, was die Annahme, daß der zweite Faktor in (129, 31) verschwindet, zur Folge hat. Dann muß

$$e^{2\gamma l} = 1 \tag{129, 32}$$

sein. Diese Gleichung wird erfüllt, wenn

$$\gamma = 0 \tag{129, 33}$$

ist. Dann geht die Differentialgleichung (129, 24) in

$$\varphi''(x) = 0 \tag{129, 34}$$

über, deren Lösung

$$\varphi(x) = \bar{c}_1 x + \bar{c}_2 \tag{129, 35}$$

ist. Paßt man diesen Ausdruck den Randbedingungen (129, 27) an, so erhält man wieder die triviale Lösung $\varphi = 0$.

Man kann jedoch zu einer nichttrivialen Lösung von (129, 24) gelangen, wenn man beachtet, daß (129, 32) auch noch durch andere Werte von γ gelöst werden kann. Beim Übergang von (129, 32) zu (129, 33) wurde stillschweigend vorausgesetzt, daß γ eine reelle Zahl ist. Dieser Bedingung ist jedoch γ keineswegs unterworfen. Es kann γ auch eine imaginäre Zahl sein. Wir haben daher noch diesen Fall zu untersuchen und setzen hierzu

$$\gamma = i\alpha, \tag{129, 36}$$

wobei α eine reelle Zahl ist. Dann gehen (129, 24/25) in die „gewöhnlichen" Schwingungsgleichungen

$$\varphi''(x) + \alpha^2\varphi(x) = 0 \tag{129, 37}$$

$$\psi''(t) + \alpha^2 v^2 \psi(t) = 0 \tag{129, 38}$$

über. Die allgemeine Lösung von (129, 37) ist

$$\varphi(x) = C_1 \sin \alpha x + C_2 \cos \alpha x \tag{129, 39}$$

mit den Integrationskonstanten C_1 und C_2. Aufgrund der ersten Randbedingung (129, 27) ergibt sich sofort für

$$C_2 = 0. \tag{129, 40}$$

Es verbleibt daher als Lösung

$$\varphi(x) = C_1 \sin \alpha x. \tag{129, 41}$$

Die zweite Randbedingung (129, 27) verlangt nun, daß

$$C_1 \sin \alpha l = 0 \tag{129, 42}$$

sein muß.

Erfüllt man diese Gleichung mit $C_1 = 0$, so erhält man wiederum die triviale Lösung $\varphi = 0$. Man gelangt aber zu einer nichttrivialen Lösung, wenn man beachtet, daß (129, 42) auch dann erfüllt wird, wenn

$$\alpha l = n\pi, \qquad n = \pm 1, \pm 2, \ldots \tag{129, 43}$$

ist. Mit dieser Lösung von (129, 42) erhält man die abzählbar unendlich vielen Konstanten

$$\alpha_n = n \frac{\pi}{l}, \tag{129, 44}$$

die als *Eigenwerte* des „Randwertproblems der beidseitig eingespannten Saite" bezeichnet werden. Die dazu gehörenden Lösungen

$$\varphi_n(x) = C_n \sin \frac{n\pi x}{l} \tag{129, 45}$$

heißen *Eigenfunktionen* des hier behandelten Saitenproblems.

Für die Zeitabhängigkeit erhält man nach (129, 38):

$$\psi(t) = D_n \sin \frac{n\pi v t}{l} + E_n \cos \frac{n\pi v t}{l}, \tag{129, 46}$$

wobei D_n und E_n Integrationskonstanten sind. Mit (129, 45/46) hat man daher als Partikularlösung der Wellengleichung (129, 20):

$$u_n(x, t) = \varphi_n(x)\, \psi_n(t) \tag{129, 47}$$

$$= C_n \sin \frac{n\pi x}{l} \left[D_n \sin \frac{n\pi v t}{l} + E_n \cos \frac{n\pi v t}{l}\right] \tag{129, 48}$$

$$= \sin \frac{n\pi x}{l} \left[A_n \sin \frac{n\pi v t}{l} + B_n \cos \frac{n\pi v t}{l}\right] \tag{129, 49}$$

mit den beiden neuen Konstanten $A_n = C_n D_n$ und $B_n = C_n E_n$. Nach einem bekannten Satz aus der Theorie der linearen Differentialgleichungen (Superpositionsprinzip) ist daher auch

$$u(x, t) = \sum_n \sin \frac{n\pi x}{l} \left[A_n \sin \frac{n\pi v t}{l} + B_n \cos \frac{n\pi v t}{l}\right] \tag{129, 50}$$

eine Lösung von (129, 20). Dieser Ausdruck erfüllt, wie man aus dem ersten Faktor der rechten Seite erkennt, die Randbedingungen (129, 27).

Man könnte meinen, daß die mit Hilfe des BERNOULLIschen Produktansatzes gefundene Lösung (129, 50) der D'ALEMBERTschen Lösung (129, 14) widerspricht, nach der die Argumente von der Form $x \mp vt$ sein sollen. Daß hier aber nur ein scheinbarer Widerspruch vorliegt, erkennt man sofort, wenn man auf (129, 49) bekannte trigonometrische Additionstheoreme anwendet. Dann erhält man

$$u_n(x, t) = \frac{1}{2} A_n \left[\cos \frac{n\pi}{l}(x - vt) - \cos \frac{n\pi}{l}(x + vt)\right] - \frac{1}{2} B_n \left[\sin \frac{n\pi}{l}(x - vt) - \sin \frac{n\pi}{l}(x + vt)\right]. \tag{129, 51}$$

In diesem Ausdruck treten tatsächlich nur Funktionen mit den für die Lösung der Wellengleichung typischen Argumenten $x \mp vt$ auf. —

Die in (129, 50) noch unbekannten Konstanten A_n und B_n müssen nun so bestimmt werden, daß auch die Anfangsbedingungen (129, 4/5) erfüllt werden. Diese liefern die beiden Gleichungen

$$u(x, 0) = \sum_n B_n \sin \frac{n\pi x}{l} = u_0(x) \tag{129, 52}$$

und

$$\left(\frac{\partial u}{\partial t}\right)_{t=0} = \frac{\pi v}{l} \sum_n A_n n \sin \frac{n\pi x}{l} = v_0(x), \tag{129, 53}$$

aus denen die A_n und B_n eindeutig zu ermitteln sind. Dies ist eine Aufgabe, die als „Entwicklung einer willkürlichen Funktion nach Eigenfunktionen" bezeichnet wird, worüber in Kap. 131 einige Bemerkungen gemacht werden.

130. Der Begriff der Eigenfunktion, des Eigenwertes und des Eigenwertproblems

Die im vorstehenden Kapitel eingeführten Begriffe Eigenwert und Eigenfunktion sind Ausdrücke, die im Zusammenhang mit der Behandlung von Aufgaben verwendet werden, die als *Eigenwertprobleme* bezeichnet werden. Darunter versteht man folgendes.

Es liege eine (gewöhnliche oder partielle) Differentialgleichung vor, die in der Form

$$\Omega u = \lambda u \tag{130, 1}$$

geschrieben werde. Hierin ist Ω ein *Differentialoperator*, der nach seiner Einwirkung auf u alle die in der Differentialgleichung auftretenden Ableitungen von u liefert. In der Schwingungsgleichung (129, 24) ist der Operator

$$\Omega = \frac{d^2}{dx^2}. \tag{130, 2}$$

Weiterhin ist die in (130, 1) auftretende Größe λ eine Konstante, die im Fall der Saitenschwingung den Betrag

$$\lambda = \gamma^2 \tag{130, 3}$$

hat.

Handelt es sich nun um die Aufgabe, Lösungen der Differentialgleichung (130, 1) aufzusuchen, die gewissen vorgegebenen Randbedingungen genügen sollen, so zeigt es sich, daß solche Lösungen in manchen Fällen (wie etwa bei der beidseitig eingespannten Saite) nur dann existieren, wenn λ diskrete, i. allg. unendlich viele, jedoch abzählbare Werte $\lambda_1, \lambda_2, \ldots$ annimmt. Diese Werte heißen die *Eigenwerte* des durch (130, 1) beschriebenen *Eigenwertproblems* — im Fall der schwingenden Saite gegeben durch (129, 44) — und die für ein λ_n zugehörige Lösung u_n von (130, 1) die *Eigenfunktion* dieser Gleichung — im Fall der schwingenden Saite durch (129, 47) gegeben —.

Wenn sich die Differentialgleichung (130, 1) für vorgegebene Randbedingungen nur für eine Folge diskreter Eigenwerte $\lambda_1, \lambda_2, \ldots$ lösen läßt, so spricht man auch häufig von einem Eigenwertproblem mit einem *diskreten Eigenwertspektrum*. Dieses Wort ist in Anlehnung an den aus der Optik stammenden Begriff des Linienspektrums geprägt worden.

Wir bemerken noch, um keine Irrtümer aufkommen zu lassen, daß die Lösung der Differentialgleichung (130, 1) für vorgegebene Randbedingungen in manchen Fällen auch für *jeden* Wert von λ innerhalb eines gewissen Intervalls möglich ist. In diesem Fall spricht man von einem Eigenwertproblem mit einem *kontinuierlichen Eigenwertspektrum*. Beispiele hierfür werden dem Leser in der Quantenmechanik begegnen.

131. Entwicklung einer vorgegebenen Funktion nach Eigenfunktionen

Es sei $f(x)$ eine Funktion der reellen Unabhängigen x und ferner

$$\varphi_1(x), \varphi_2(x), \ldots, \varphi_n(x), \ldots \tag{131, 1}$$

eine Folge von Funktionen.

Unter der Entwicklung von $f(x)$ in eine Reihe „nach den $\varphi_i(x)$" in dem abgeschlossenen Intervall

$$a \leqq x \leqq b \tag{131, 2}$$

versteht man die Aufgabe, eine solche Folge von konstanten Koeffizienten

$$c_1, c_2, \ldots, c_n, \ldots \tag{131, 3}$$

zu suchen, daß der Ausdruck

$$\left| f(x) - \sum_{i=1}^{p} c_i \varphi_i(x) \right| = \varepsilon(x) \tag{131, 4}$$

für jeden Wert von x durch geeignete Wahl von p beliebig klein gemacht werden kann.

Eine Vorschrift, die es ermöglicht, den durch (131, 4) definierten Fehler ε möglichst klein zu halten, hat GAUSS angegeben: man wähle die in (131, 4) auftretenden Koeffizienten c_i so, daß das *mittlere Fehlerquadrat*

$$\overline{F^2} = \frac{1}{b-a} \int_a^b \varepsilon^2(x)\,dx \tag{131, 5}$$

$$= \frac{1}{b-a} \int_a^b \left[f(x) - \sum_{i=1}^{p} c_i \varphi_i(x) \right]^2 dx \tag{131, 6}$$

ein Minimum wird. Dies verlangt, daß

$$\frac{\partial \overline{F^2}}{\partial c_i} = 0 \tag{131, 7}$$

wird. Diese, für jedes $i = 1, 2, \ldots$ gültige Forderung erlaubt es, die Koeffizienten c_i *unmittelbar*, d. h., *nicht* aus einer Rekursionsformel, eindeutig zu bestimmen.

Wenn für $p \to \infty$ der Fehler

$$\varepsilon = \left| f(x) - \sum_{i=1}^{p} c_i \varphi_i(x) \right| \to 0 \tag{131, 8}$$

so sagt man, die Reihe $\sum c_i \varphi_i$ konvergiert gegen die Funktion $f(x)$ und schreibt dann

$$f(x) = \sum_{i=1}^{\infty} c_i \varphi_i(x). \tag{131, 9}$$

Obwohl die $\varphi_i(x)$ beliebige (aber „vernünftige") Funktionen sein können, wird man sie möglichst einfach wählen.

1. Wählt man

$$\varphi_i(x) = (x - x_0)^i, \quad i = 0, 1, 2, \ldots, \tag{131, 10}$$

wobei x_0 ein Punkt des Intervalls (131, 2) ist, so wird $f(x)$ nach (131, 9) durch die Reihe

$$f(x) = \sum_{i=0}^{\infty} c_i (x - x_0)^i \tag{131, 11}$$

dargestellt. In diesem Fall spricht man von einer *Potenzreihenentwicklung* von $f(x)$ „um den Punkt x_0".

Eine Funktion $f(x)$, für welche die Darstellung (131, 11) gilt, nennt man eine in der Umgebung von x_0 analytische Funktion.

2. Zu einer anderen Reihendarstellung von $f(x)$ gelangt man, wenn für

$$\varphi_i(x) = \begin{cases} \cos ix \\ \sin ix, \end{cases} \quad i = 0, 1, 2, \ldots \tag{131, 12}$$

gesetzt wird. Dies läuft darauf hinaus, $f(x)$ in der Form

$$f(x) = \sum_{i=0}^{\infty} (A_i \cos ix + B_i \sin ix) \tag{131, 13}$$

darzustellen. Die Entwicklung einer Funktion $f(x)$ nach trigonometrischen Funktionen gemäß (131, 13) nennt man die FOURIER-*Reihe* von $f(x)$. Diese Bezeichnung rührt daher, weil sich FOURIER[1]) im Zusammenhang mit der von ihm begründeten Wärme-

[1]) Jean Baptiste FOURIER: *1768 in Auxerre, †1830 in Paris.

leitungstheorie mit der Frage der Darstellung einer beliebig vorgegebenen Funktion durch trigonometrische Funktionen als erster beschäftigt hat.

Wir wollen anhand der trigonometrischen Funktionen, die im vorstehenden Kapitel als Eigenfunktionen des Randwertproblems der beidseitig eingespannten Saite erkannt wurden, zwei wichtige Begriffe erklären, die in der Theorie der Entwicklung einer Funktion $f(x)$ nach irgendwelchen Eigenfunktionen eine wesentliche Rolle spielen.

Hierzu denken wir uns das Intervall

$$a \leqq x \leqq b \tag{131, 14}$$

durch eine geeignete Transformation auf das neue Intervall,

$$-\pi \leqq x \leqq \pi \tag{131, 15}$$

gebracht. Wir bilden nun die über dieses Intervall erstreckten Integrale

$$J_{ij}^{(1)} = \int_{-\pi}^{+\pi} \sin ix \sin jx dx \tag{131, 16}$$

$$J_{ij}^{(2)} = \int_{-\pi}^{+\pi} \cos ix \cos jx dx \tag{131, 17}$$

$$J_{ij}^{(3)} = \int_{-\pi}^{+\pi} \sin ix \cos jx dx. \tag{131, 18}$$

Rechnet man diese Ausdrücke aus, so erhält man

$$J_{ij}^{(1)} = \begin{cases} \pi & \\ & \text{für} \\ 0 & \end{cases} \begin{matrix} i = j \\ \\ i \neq j \end{matrix} \tag{131, 19}$$

$$J_{ij}^{(2)} = \begin{cases} \pi & \\ & \text{für} \\ 0 & \end{cases} \begin{matrix} i = j \\ \\ i \neq j \end{matrix} \tag{131, 20}$$

$$J_{ij}^{(3)} = 0. \tag{131, 21}$$

Es hat sich nun erwiesen, daß auch Eigenfunktionen anderer Randwertprobleme — wie z. B. die in der Quantenmechanik auftretenden LAGUERREschen Polynome u. a. m. — ein zu den zuletzt angegebenen Gleichungen analoges Verhalten aufweisen. Dies hat zu der Einführung des Begriffes der *orthogonalen Funktionen* geführt. Man definiert: Sind

$$\varphi_1(x),\ \varphi_2(x), \ldots \tag{131, 22}$$

verschiedene in dem Intervall $a \leqq x \leqq b$ erklärte Funktionen, so heißen sie zueinander orthogonal, wenn

$$\int_a^b \varphi_i(x)\, \varphi_j(x) dx = 0 \ \text{ für } i \neq j, \tag{131, 23}$$

ist. Die linke Seite der *Orthogonalitätsbedingung* (131, 23) schreibt man vielfach im Anschluß an COURANT[1]) in der Form

$$(\varphi_i, \varphi_j) = 0,\ i \neq j, \tag{131, 24}$$

---

[1]) Richard COURANT: *1886 in Lublinitz.

weil der Begriff der Orthogonalität zweier Funktionen φ_i und φ_j eine Verallgemeinerung des Begriffs Skalares Produkt zweier Vektoren $\mathfrak{a}$ und $\mathfrak{b}$ ist. Nach dessen Definition ist

$$\mathfrak{a} \cdot \mathfrak{b} = 0, \tag{131, 25}$$

wenn

$$\mathfrak{a} \perp \mathfrak{b}, \tag{131, 26}$$

d. h., wenn die beiden Vektoren $\mathfrak{a}$ und $\mathfrak{b}$ zueinander orthogonal sind.

Ebenfalls in Analogie zur „gewöhnlichen" Vektorrechnung im dreidimensionalen Raum bezeichnet man den Ausdruck

$$\sqrt{(\varphi_i, \varphi_i)} = \left\{\int_a^b \varphi_i^2(x)\,dx\right\}^{\frac{1}{2}} = N(\varphi_i) \tag{131, 27}$$

als die *Norm* der Funktion φ_i.

Aus der letzten Gleichung ist zu erkennen, daß man es stets erreichen kann, daß

$$N = 1 \tag{131, 28}$$

wird. Ist dieses nämlich nicht der Fall, d. h. ist $N \neq 1$, so erhält man (131, 28), indem man

$$\varphi_i(x) = \frac{1}{\sqrt{N}}\varphi_i(x) = \tilde{\varphi}_i(x) \tag{131, 29}$$

ersetzt. Man nennt dann $\tilde{\varphi}_i$ eine „auf eins" normierte Funktion. Wir wollen die vorstehend betrachteten Funktionenerfolge (131, 22) stets als „auf eins" normiert ansehen, ohne dies durch die in (131, 29) verwendete Tilde noch besonders zu kennzeichnen.

Hat man es nun insbesondere mit einer Folge von zueinander orthogonalen und „auf eins" normierten Folgen von Funktionen zu tun, so nennt man diese ein normiertes Orthogonalsystem oder ein *Orthonormalsystem*.

132. Mögliche Schwingungsformen der Saite

Nach den vorstehend eingeschobenen Bemerkungen aus der Mathematik kehren wir zu (129, 50) zurück, um diesen Ausdruck zu diskutieren. Er ist eine unendliche Summe und hat daher nur dann einen Sinn, wenn diese konvergent ist. Dies läßt sich beweisen, was wir hier jedoch nicht zeigen wollen.

Es genügt, um (129, 33) zu diskutieren, nur einen der Summanden $u_n(x, t)$ zu betrachten, der auf die Form (129, 51) gebracht wurde. Dieser Ausdruck besagt, daß sich die Auslenkung u_n einer schwingenden Saite aus vier gegeneinander phasenverschobenen Teilwellen zusammensetzt, die die gleiche Wellenlänge

$$\lambda_n = \frac{2l}{n} \tag{132, 1}$$

haben. Je zwei der Teilwellen breiten sich in der positiven bzw. negativen Richtung der x-Achse aus. Indessen stellt ihre Summe keineswegs eine fortschreitende Welle dar. Geht man nämlich auf die mit (129, 51) gleichwertige Darstellung (129, 49) der Teilwelle u_n über, so ersieht man, daß an den Stellen

$$x_m = m \cdot \frac{l}{n}, \qquad m = 0, 1, 2, \ldots \tag{132, 2}$$

die Auslenkung zu jeder Zeit t

$$u_n(x_m, l) = 0 \tag{132, 3}$$

ist. Man nennt einen solchen Schwingungsvorgang eine *stehende* Welle, deren „Nullstellen" x_m *Knotenpunkte* heißen.

Es ist möglich und auch zweckmäßig, den aus einer Summe bestehenden Ausdruck (129, 49) für eine Teilwelle in eine summenfreie („geschlossene") Form zu bringen. Dies gelingt, wenn man

$$A_n = a_n \sin \varphi \tag{132, 4}$$

$$B_n = a_n \cos \varphi \tag{132, 5}$$

setzt. Damit wird aus (129, 49) nach Anwendung eines Additionstheorems

$$u_n(x, t) = a_n \sin \frac{n\pi x}{l} \cos(\omega_n t - \varphi), \tag{132, 6}$$

wobei

$$\omega_n = \frac{n\pi v}{l} \tag{132, 7}$$

bedeutet.

In der durch (132, 6) dargestellten Form nennt man u_n die n-te *Eigenschwingung* der Saite und ω_n die zu ihr gehörige *Eigenfrequenz.*

Die Eigenschwingung für $n = 1$ nennt man die Grundschwingung der Saite, ihre Frequenz$_1$ die Grundfrequenz. Für $n > 1$ heißen die entsprechenden Begriffe Oberschwingung bzw. Oberfrequenz. In der Akustik nennt man die Schwingung mit der Frequenz ω_1 den Grundton der Saite, während man beim Auftreten von Schwingungen mit den Oberfrequenzen $\omega_n, (n > 1)$, von Obertönen spricht.

Wie aus (132, 7) zu ersehen ist, sind die Oberfrequenzen ganzzahlige Vielfache der Grundfrequenz ω_1. Zwei beliebige Frequenzen von möglichen Saitenschwingungen stehen daher stets in dem rationalen Verhältnis

$$\omega_{n_1} : \omega_{n_2} = n_1 : n_2 \tag{132, 8}$$

Dies ist bei Schwingungsvorgängen anderer elastischer Systeme i. allg. nicht der Fall.

Aus (132, 1) ist zu ersehen, daß die Länge der stehenden Welle am größten für $n = 1$ wird:

$$\lambda_1 = 2l \tag{132, 9}$$

Die Wellenlänge ist dann gleich der doppelten Länge der Saite. In diesem Fall gibt es außer den Endpunkten keine weiteren Knotenpunkte, Abb. 132, 1.

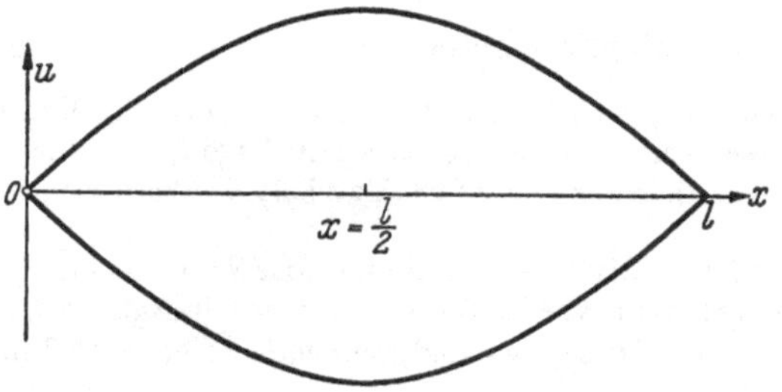

Abb. 132, 1: Grundschwingung einer beidseitig eingespannten Saite

133. Die Greensche Funktion der schwingenden Saite

Wir wollen in diesem Paragraphen einen neuen Begriff erklären, der in fast allen Teilgebieten der Theoretischen Physik eine wichtige Rolle spielt. Hierzu knüpfen wir an das in Kap. 129 behandelte Randwertproblem der „beidseitig fest eingespannten Saite" an. Diese Aufgabe verlangt, eine Lösung der Wellengleichung

$$\frac{\partial^2 u}{\partial x^2} = \frac{1}{v^2} \frac{\partial^2 u}{\partial t^2} \tag{133, 1}$$

aufzusuchen, die den Randbedingungen

$$u(0) = 0, \qquad u(l) = 0 \tag{133, 2}$$

genügt. Hierbei sind

$$x = 0, \qquad x = l \tag{133, 3}$$

die Koordinaten der beiden Endpunkte der Saite, die sich während der Schwingung — eben wegen der vorausgesetzten „beidseitigen" Einspannung — nicht ändern.

Wir betrachten nun den Sonderfall des stationären Zustandes, d. h., daß u zeitunabhängig ist. Dann geht (133, 1) in

$$\frac{d^2u}{dx^2} = 0 \tag{133, 4}$$

über, deren Lösung

$$u(x) = Ax + B \tag{133, 5}$$

ist. Paßt man diese Lösung den Randbedingungen (133, 2) an, so erhält man für die Konstanten

$$A = 0, \qquad B = 0\,, \tag{133, 6}$$

d. h., es ergibt sich die für das betrachtete Problem gänzlich uninteressante Lösung

$$u = 0. \tag{133, 7}$$

Man kann jedoch auch zu einer nichtverschwindenden Lösung für den stationären Zustand gelangen. Hierzu betrachten wir einen beliebigen zwischen den beiden Endpunkten liegenden Punkt $P(x_0)$ der Saite, der die feste Auslenkung

$$u(x_0) = u_0 \tag{133, 8}$$

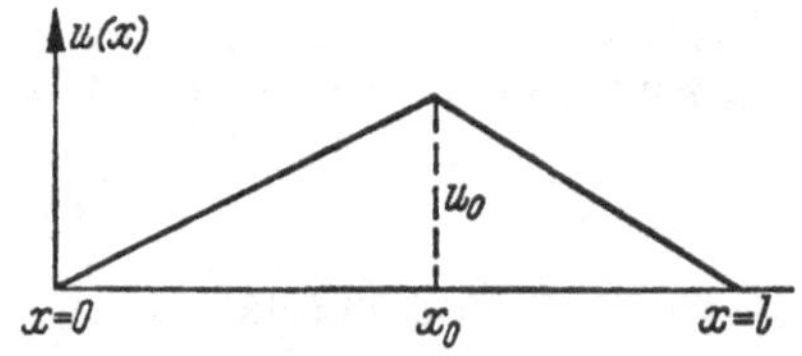

Abb. 133, 1: Zur GREENschen Funktion $u = u(x)$ der schwingenden Saite

erfahre. Dies ist natürlich nur möglich, wenn in $P(x_0)$ eine geeignete und nur auf P beschränkte Kraft angreift, die die Auslenkung (133, 8) verursacht. Man erhält dann die in Abb. 133, 1 dargestellten Verhältnisse. Sie werden nach dem Vorstehenden durch folgende Gleichungen beschrieben:

für $x < x_0$ ist

$$u''(x) = 0 \tag{133, 9}$$

$$u(0) = 0\,, \tag{133, 10}$$

für $x = x_0$ ist

$$u(x_0) = u_0 \tag{133, 11}$$

und für $x > x_0$ ist

$$u''(x) = 0 \tag{133, 12}$$

$$u(l) = 0. \tag{133, 13}$$

Wegen der Forderung (133, 10) ergibt sich aus (133, 5) für

$$x < x_0\colon B = 0\,. \tag{133, 14}$$

Es ist daher für den genannten Bereich, den wir durch den Index 1 kennzeichnen wollen,

$$u(x) = A_1 x, \qquad x < x_0. \tag{133, 15}$$

Ferner ist nach (133, 5) für den Bereich $x > x_0$ (gekennzeichnet durch den Index 2):

$$u(x) = A_2 x + B_2. \tag{133, 16}$$

Aus der Forderung (133, 13) folgt, daß

$$u(l) = A_2 l + B_2 = 0 \tag{133, 17}$$

sein muß. Hieraus erhält man

$$B_2 = -A_2 l, \tag{133, 18}$$

womit (133, 16) in

$$u(x) = A_2(x - l) \tag{133, 19}$$

übergeht, gültig für $x > x_0$.

Die beiden Funktionen (133, 15) und 133, (19) müssen für $x = x_0$ ineinander übergehen, wie aus Abb. 133, 1 unmittelbar zu ersehen ist. Es gilt daher für $x = x_0$:

$$A_1 x_0 = A_2(x_0 - l) = u_0 \,. \tag{133, 20}$$

Hieraus erhält man für die Konstanten

$$A_1 = \frac{u_0}{x_0} \tag{133, 21}$$

$$A_2 = \frac{u_0}{x_0 - l} \,. \tag{133, 22}$$

Geht man damit in (133, 15) und (133, 19) ein, so ergibt sich

$$u(x) = \frac{u_0}{x_0}\, x, \qquad 0 \leqq x < x_0 \tag{133, 23}$$

$$u(x) = \frac{u_0(x - l)}{x_0 - l}\,, \qquad x_0 < x \leqq l. \tag{133, 24}$$

Die Funktion $u = u(x)$ ist zwar eine stetige Kurve, jedoch besitzt sie für $x = x_0$ einen unstetigen Differentialquotienten. Es ist nämlich nach (133, 23), d. h. für

$$x \leqq x_0 : \quad \frac{du}{dx} = \frac{u_0}{x_0}. \tag{133, 25}$$

Dieser Ausdruck gilt auch noch für $x = x_0$, d. h. wenn man sich dieser Stelle „von links“ her nähert.

Wir wollen hierfür mit Verwendung einer bekannten Symbolik

$$\left(\frac{du}{dx}\right)_{x_0 - 0} = \frac{u_0}{x_0} \tag{133, 26}$$

schreiben. Dagegen erhält man nach (133, 24), d. h. wenn man sich der Stelle $x = x_0$ „von rechts“ her nähert,

$$\left(\frac{du}{dx}\right)_{x_0 + 0} = \frac{u_0}{x_0 - l} \,. \tag{133, 27}$$

Die Unstetigkeit der Differentialquotienten an der Stelle $x = x_0$ ist durch die Differenz

$$\left(\frac{du}{dx}\right)_{x_0 - 0} - \left(\frac{du}{dx}\right)_{x + 0} = u_0 \left(\frac{1}{x_0} - \frac{1}{x_0 - l}\right) \tag{133, 28}$$

$$= -u_0 \frac{l}{x_0(x_0 - l)} \tag{133, 29}$$

gegeben.

Man kann diesen Ausdruck als ein Maß für die Kraft ansehen, die im Punkt $P\,(x_0)$ angreift und diesem die Verschiebung u_0 erteilt. Wir wählen nun die Einheit der Kraft so, daß die durch (133, 29) ausgedrückte Differenz gleich 1 wird, d. h. daß

$$-u_0 l = x_0(x_0 - l) \tag{133, 30}$$

gilt, woraus

$$u_0 = -\frac{x_0(x_0 - l)}{l} \tag{133, 31}$$

folgt.

Geht man mit diesem Ausdruck in (133, 23/24) ein, so ergibt sich

$$u(x) = \frac{x(l - x_0)}{l}, \qquad 0 \leqq x \leqq x_0 \tag{133, 32}$$

$$u(x) = \frac{x_0(l - x)}{l}, \qquad x_0 \leqq x \leqq l. \tag{133, 33}$$

Man bezeichnet die durch die beiden vorstehend angegebenen Ausdrücke erklärte Funktion als die GREENsche *Funktion G* (*Einflußfunktion*) *der schwingenden Saite.* Sie wird als Funktion der beiden Variablen x und x_0 angesehen. Setzen wir, um die heute gebräuchlichen Bezeichnungen zu verwenden,

$$x_0 = \xi, \tag{133, 34}$$

so lautet die GREENsche Funktion des Randwertproblems (133, 1/2):

$$G(x, \xi) = \begin{cases} \dfrac{x(l - \xi)}{l}, & 0 \leqq x \leqq \xi \\ \dfrac{\xi(l - x)}{l}, & \xi \leqq x \leqq l. \end{cases} \tag{133, 35}$$

Wir bemerken, daß die vorstehend eingeführte GREENsche Funktion (133, 35) nur ein Sonderfall dieses Begriffes ist, der vorerst anhand eines eindimensionalen Randwertproblems erklärt wurde. Es gibt nämlich in der Theoretischen Physik eine Vielzahl anderer Randwertprobleme, deren Lösung die Bestimmung einer dreidimensionalen GREENschen Funktion verlangt. Beispiele hierfür werden wir u. a. in der Elektrostatik (Bd. II) angeben.

Wir beschränken uns vorerst auf die spezielle GREENsche Funktion (133, 35), für die nach dem bisher Gesagten folgendes gilt:

Als die GREENsche Funktion

$$G = G(x, \xi) \tag{133, 36}$$

in bezug auf den Punkt $x = x_0 = \xi$ definieren wir jene Funktion G, die

1. im Intervall

$$0 \leqq x \leqq l \tag{133, 37}$$

stetig ist,

2. außer im Punkt $x = x_0 = \xi$ der Differentialgleichung (133, 4) genügt,
3. die Randbedingungen (133, 2) und
4. die Unstetigkeitsbedingung

$$\left(\frac{\partial G(x, \xi)}{\partial x}\right)_{x=\xi-0} - \left(\frac{\partial G(x, \xi)}{\partial x}\right)_{x=\xi+0} = 1 \tag{133, 38}$$

erfüllt.

Diese auf 1 normierte Unstetigkeit der GREENschen Funktion im Punkte $P(\xi)$ wird oft als *Quellenbedingung* der nur in dem Punkt P wirkenden Kraft bezeichnet. Man spricht daher manchmal auch von einer *Punktquelle* der Ergiebigkeit 1.

Eine weitere Eigenschaft der GREENschen Funktion G ergibt sich aus (133, 35). Diese Gleichung läßt erkennen, daß G in den Variablen x und ξ symmetrisch ist. Vertauscht man nämlich die Rollen von x und ξ, so erhält man

$$G(\xi, x) = \begin{cases} \dfrac{\xi(l - x)}{l}, & 0 \leqq \xi \leqq x \\ \dfrac{x(l - \xi)}{l}, & x \leqq \xi \leqq l. \end{cases} \tag{133, 39}$$

Man erhält daher

$$G(x, \xi) = G(\xi, x). \tag{133, 40}$$

Wir bemerken, daß der Satz von der Symmetrie der GREENschen Funktion allgemein gilt.

Wir hatten vorstehend $G(x, \xi)$ als die Verrückung der Saite unter dem Einfluß einer Kraft vom Betrage 1 angesehen, die im Punkte $x = (x_0 =)\ \xi$ wirkt. Da die Verrückung der wirkenden

Kraft proportional ist, so stellt

$$G^*(x, \xi) = G(x, \xi) f(\xi) \tag{133, 41}$$

die Verrückung dar, wenn in ξ eine Kraft vom Betrag $f(\xi)$ wirkt („Punktquelle von der Ergiebigkeit $f(\xi)$"). Natürlich ist G^* eine Lösung von (133, 4), weil bei der Differentiation nach x die Funktion $f(\xi)$ als Konstante zu behandeln ist.

Da (133, 4) eine lineare Differentialgleichung ist, gilt nach dem Superpositionsprinzip, daß auch der aus den endlich vielen Gliedern bestehende Ausdruck

$$\begin{aligned} u(x, \xi) = G(x, \xi_0) f_0(\xi_0) & \\ + G(x, \xi_1) f_1(\xi_1) + \ldots & \\ + G(x, \xi_n) f_n(\xi_n) & \end{aligned} \tag{133, 42}$$

ebenfalls eine Lösung von (133, 4) ist. Dieser Ausdruck gibt die Auslenkung der Saite an, wenn in den n diskreten Punkten der Saite mit den Koordinaten

$$x = \xi_0, \quad x = \xi_1, \ldots, \quad x = \xi_n \tag{133, 43}$$

Kräfte angreifen, deren Beträge

$$f_0(\xi_0), f_1(\xi_1), \ldots, f_n(\xi_n) \tag{133, 44}$$

sind („mehrere Punktquellen von verschiedenen Ergiebigkeiten").

Wenn nun nicht mehr in einzelnen Punkten, sondern in jedem Punkt $P(\xi)$ der Saite eine Kraft vom Betrag $f(\xi)$ angreift, so geht die aus den endlich vielen Gliedern bestehende Summe (133, 42) in das Integral

$$F(x) = \int_0^l G(x, \xi) f(\xi) d\xi \tag{133, 45}$$

über.

Im Gegensatz zu (133, 42) ist nun (133, 45) keine Lösung von (133, 4), was durch die Änderung der Bezeichnungsweise ($u \to F$) ausgedrückt wurde. Die vorstehende Behauptung lautet formelmäßig

$$\frac{d^2F}{dx^2} \neq 0. \tag{133, 46}$$

Daß diese Gleichung zu Recht besteht, ergibt sich durch zweimalige Differentiation von (133, 45) nach x. Für die erste Ableitung erhält man

$$\frac{dF(x)}{dx} = \int_0^l \frac{\partial G(x, \xi)}{\partial x} f(\xi) d\xi. \tag{133, 47}$$

Bei der Bildung der 2. Ableitung ist die durch (133, 38) ausgedrückte Unstetigkeit von $\partial G(x, \xi)/\partial x$ an der Stelle $x = \xi$ zu beachten. Wir zerlegen daher das Integral (133, 47) in

$$\frac{dF(x)}{dx} = \int_0^{x-0} \frac{\partial G(x, \xi)}{\partial x} f(\xi) d\xi + \int_{x+0}^l \frac{\partial G(x, \xi)}{\partial x} f(\xi) d\xi. \tag{133, 48}$$

Um von diesem Ausdruck die Ableitung nach x zu bilden, hat man die aus der Differentialrechnung bekannten Regeln der Differentiation eines Integrals mit variabler Grenze zu verwenden. Man erhält

$$\begin{aligned} \frac{d^2F}{dx^2} = \int_0^{x-0} \frac{\partial^2 G(x, \xi)}{\partial x^2} f(\xi) d\xi + \left[\frac{\partial G(x, \xi)}{\partial x}\right]_{x-0} f(x) & \\ + \int_{x+0}^l \frac{\partial^2 G(x, \xi)}{\partial x^2} f(\xi) d\xi - \left[\frac{\partial G(x, \xi)}{\partial x}\right]_{x+0} f(x). & \end{aligned} \tag{133, 49}$$

Dieser Ausdruck reduziert sich, weil nach den vorstehenden Darlegungen G der Differentialgleichung

$$\frac{\partial^2 G(x,\xi)}{\partial x^2} = 0 \tag{133, 50}$$

genügt, auf

$$\frac{d^2F}{dx^2} = -f(x)\left\{\left[\frac{\partial G(x,\xi)}{\partial x}\right]_{x+0} - \left[\frac{\partial G(x,\xi)}{\partial x}\right]_{x-0}\right\}. \tag{133, 51}$$

In diesem Ausdruck ist der Faktor $f(x) \neq 0$, während der in der geschweiften Klammer stehende Faktor wegen der Unstetigkeitsbedingung (133, 38) gleich -1 ist. Es ist daher die rechte Seite von (133, 51) ungleich Null, womit die Richtigkeit von (133, 46) bewiesen ist.

Wir schließen die vorstehenden Ausführungen mit einer Bemerkung ab, in der noch ein neuer Begriff erklärt werden soll. Man nennt jede Funktion F, die man in der Form (133, 45) darstellen kann, eine *quellenmäßig darstellbare* oder kurz eine *quellenmäßige Funktion*. Für eine solche ergeben sich aus den vorstehenden Erörterungen sofort folgende Eigenschaften:

1. Da

$$G(0,\xi) = G(l,\xi) = 0 \tag{133, 52}$$

ist, folgt aus (133, 45), daß auch

$$F(0) = F(l) = 0 \tag{133, 53}$$

sein muß, d. h. eine quellenmäßig darstellbare Funktion F erfüllt die gleichen Randbedingungen wie die entsprechende GREENsche Funktion G.

2. Ist f eine stückweise stetige Funktion, d. h. ist f in dem Grundintervall $0 \leqq x \leqq l$ nur an endlich vielen Stellen unstetig, so folgt aus (133, 45) und (133, 47) — weil sich diese Integrale in Teilintervalle zerlegen lassen, innerhalb derer $f(x)$ stetig ist — daß sich sowohl die Funktion $F(x)$ als auch ihre erste Ableitung durch eine endliche Summe stetiger Funktionen quellenmäßig darstellen läßt.

3. Nach den eben angenommenen Voraussetzungen ist dann nach (133, 51) die zweite Ableitung von $F(x)$ stückweise stetig.

Es hat also eine quellenmäßig dargestellte Funktion folgende Eigenschaften: Sie ist stetig, sie erfüllt die Randbedingungen der GREENschen Funktion, sie hat eine stetige erste Ableitung, während ihre zweite Ableitung stückweise stetig ist.

Es entsteht nun die Frage: Kann eine Funktion $\Phi(x)$ mit diesen Eigenschaften stets quellenmäßig, d. h. in der Form (133, 45) dargestellt werden?

Wir zeigen, *daß* dies der Fall ist. Sei $\Phi(x)$ eine Funktion mit den verlangten Eigenschaften, so erfüllt sie die Randbedingungen

$$\Phi(0) = \Phi(l) = 0. \tag{133, 54}$$

Die zweite Ableitung von Φ ist dann

$$\frac{d^2\Phi}{dx^2} = -f(x). \tag{133, 55}$$

Neben diesen Gleichungen gilt ferner für G:

$$\frac{\partial^2 G}{\partial x^2} = 0. \tag{133, 56}$$

Multipliziert man (133, 55) mit $G(x,\xi)$, ferner (133, 56) mit $\Phi(x)$ und addiert, so erhält man

$$-G(x,\xi)\,\Phi''(x) + \Phi(x)\frac{\partial^2 G}{\partial x^2} = f(x)G(x,\xi) \tag{133, 57}$$

oder

$$\frac{d}{dx}\left\{\Phi(x)\frac{\partial G(x,\xi)}{\partial x} - G(x,\xi)\,\Phi'(x)\right\} = f(x)G(x,\xi). \tag{133, 58}$$

Diesen Ausdruck wollen wir über das Grundgebiet $0 \leqq x \leqq l$ integrieren, welches wegen der Unstetigkeit von $\partial G/\partial x$ für $x = \xi$ in zwei Teilintervalle zerfällt. Dann erhält man

$$\int_0^{\xi-0} \frac{d}{dx}\{\ldots\}\,dx + \int_{\xi+0}^{l} \frac{d}{dx}\{\ldots\}\,dx = \int_0^l f(x)G(x,\xi)\,dx \tag{133, 59}$$

oder

$$\{\ldots\}_0^{\xi-0} + \{\ldots\}_{\xi+0}^{l} = \int_0^l f(x) G(x, \xi)\, dx. \qquad (133, 60)$$

Beachtet man die Randbedingungen, denen G und Φ zu genügen haben, so erhält man nach elementarer Rechnung

$$\Phi(\xi) \left\{\frac{\partial G(x, \xi)}{\partial x}\right\}_{\xi+0}^{\xi-0} = \int_0^l f(x) G(x, \xi)\, dx. \qquad (133, 61)$$

Wegen der durch (133, 38) ausgedrückten Unstetigkeit von $\partial G/\partial x$ wird daraus

$$\Phi(\xi) = \int_0^l f(x)\, G(x, \xi)\, dx. \qquad (133, 62)$$

Hieraus folgt mit einer anderen Bezeichnung der Variablen ($x \rightleftarrows \xi$)

$$\Phi(x) = \int_0^l f(\xi)\, G(\xi, x)\, d\xi. \qquad (133, 63)$$

Damit ist bewiesen, daß eine Funktion $\Phi(x)$, die die oben genannten Eigenschaften besitzt, stets quellenmäßig darstellbar ist.

134. Übergang zu einer Integralgleichung

Wir schließen an das in Kap. 129 angegebene Randwertproblem der beidseitig eingespannten Saite an, das durch die Gleichungen

$$\frac{\partial^2 u}{\partial x^2} = \frac{1}{v^2} \frac{\partial^2 u}{\partial t} \qquad (134, 1)$$

$$u(0, t) = u(l, t) = 0 \qquad (134, 2)$$

beschrieben wird.

Macht man für u den Ansatz

$$u(x, t) = \varphi(x) \cos \omega t, \qquad (134, 3)$$

so wird aus (134, 1/2):

$$\varphi''(x) + k^2 \varphi(x) = 0 \qquad (134, 4)$$

$$\varphi(0) = \varphi(l) = 0, \qquad (134, 5)$$

mit

$$k = \frac{\omega}{v}. \qquad (134, 6)$$

Die Greensche Funktion $G = G(x, \xi)$ des betrachteten Randwertproblems erfüllt nach den Darlegungen des vorstehenden Paragraphen die Differentialgleichung

$$\frac{\partial^2 G(x, \xi)}{\partial x^2} = 0 \qquad (134, 7)$$

und die gleichen Randbedingungen wie $\varphi(x)$:

$$G(0, \xi) = G(l, \xi) = 0\ . \qquad (134, 8)$$

Analog zu dem im vorstehenden Kapitel angegebenen Vorgang, multiplizieren wir (134, 4) mit $G(x, \xi)$ und (134, 7) mit $\varphi(x)$ und subtrahieren danach die eine Gleichung von der anderen. Dies ergibt

$$\varphi''(x) G(x, \xi) - \frac{\partial^2 G(x, \xi)}{\partial x^2} \varphi(x) = -k^2 G\,(x, \xi) \varphi(x) \qquad (134, 9)$$

oder

$$\frac{\partial}{\partial x}\left[\varphi'(x)G(x,\xi)-\frac{\partial G}{\partial x}\varphi(x)\right]=-k^2G(x,\xi)\varphi(x). \tag{134, 10}$$

Integriert man diese Gleichung über das Grundgebiet $0 \leqq x \leqq l$ der Saite, so erhält man

$$\int_0^l \frac{d}{dx}\left[\varphi'(x)G-\frac{\partial G}{\partial x}\varphi\right]dx=-k^2\int_0^l G(x,\xi)\varphi(x)dx. \tag{134, 11}$$

Wegen der Unstetigkeit von $\partial G/\partial x$ im Punkte $x = \xi$ teilen wir das Intervall $0 \leqq x \leqq l$ in die zwei Teile

$$0 \leqq x \leqq \xi - 0 \tag{134, 12}$$

$$\xi + 0 \leqq x \leqq l \tag{134, 13}$$

auf, womit aus (134, 11) nach Ausführung der Integration

$$[\ldots]_0^{\xi-0}+[\ldots]_{\xi+0}^{l}=-k^2\int_0^l G\varphi dx \tag{134, 14}$$

und unter Beachtung der Randbedingungen (134, 5) und (134, 8):

$$-\varphi(\xi)\left\{\frac{\partial G}{\partial x}\bigg|_{\xi-0}-\frac{\partial G}{\partial x}\bigg|_{\xi+0}\right\}=-k^2\int_0^l G(x,\xi)\varphi(x)\,dx \tag{134, 15}$$

wird. Wegen der Unstetigkeit von $\partial G/\partial x$ ist dies

$$\varphi(\xi)=k^2\int_0^l G(x,\xi)\varphi(x)dx\,. \tag{134, 16}$$

Vertauscht man in diesem Ausdruck x mit ξ und berücksichtigt die Symmetrie von G, so erhält man

$$\varphi(x)=k^2\int_0^l G(\xi,x)\varphi(\xi)d\xi. \tag{134, 17}$$

Dieser Ausdruck besagt, daß jede Lösung von (134, 4), d. h. jede Eigenfunktion $\varphi_n(x)$ der „schwingenden Saite" auch der Gleichung (134, 17) genügt. Da in dieser die Unbekannte $\varphi(x)$ als Faktor des Integranden auftritt, nennt man Gleichungen vom Typ (134, 17) *Integralgleichungen.*

Mit (134, 17) ist gezeigt worden, daß sich das Randwertproblem (134, 4/5) auf eine Integralgleichung zurückführen läßt.

Wir haben dieses hier erwähnt, weil Integralgleichungen auch in anderen Teilgebieten der Physik eine bedeutende Rolle spielen. Man geht zu jenen insbesondere dann über, wenn sich ein Problem nicht streng lösen läßt, weil dann die Möglichkeit gegeben ist, Iterationsmethoden aus der Theorie der Integralgleichungen zur näherungsweisen Lösung der zu behandelnden Aufgabe anzuwenden.

135. Transversalschwingungen einer Rechteckmembran

Wir gehen nun zu der Untersuchung zweier Fälle von Transversalschwingungen von Membranen über. Nach den Darlegungen in Kap. 127 werden diese durch die Differentialgleichung

$$\frac{\partial^2\zeta}{\partial x^2}+\frac{\partial^2\zeta}{\partial y^2}=\frac{1}{v^2}\frac{\partial^2\zeta}{\partial t^2} \tag{135, 1}$$

beschrieben. Hierin bedeutet

$$\zeta=\zeta(x,y,t) \tag{135, 2}$$

die transversale Auslenkung eines Punktes $P(x, y)$ der Membran aus der Ruhelage, die mit der xy-Ebene eines cartesischen Koordinatensystems zusammenfalle.

Als erstes Beispiel wollen wir eine Membran mit einer rechteckigen Berandung betrachten, deren Längen a und b sei. Einen Eckpunkt des Rechteckes wählen wir als Ursprung des in Abb. 135,1 angedeuteten Bezugssystems.

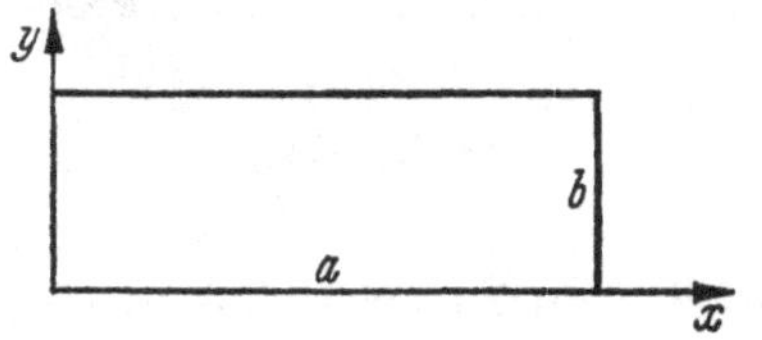

Abb. 135, 1: Die Rechteckmembran

Wir wollen annehmen, daß die Rechteckmembran an ihren Rändern eingespannt ist. Dann sind die Verschiebungen ζ aller Punkte der Begrenzungslinien

$$x = 0, \qquad x = a \tag{135, 3}$$

$$y = 0, \qquad y = b \tag{135, 4}$$

gleich Null, d. h., es gilt die Differentialgleichung (135, 1) unter Beachtung der Randbedingungen

$$\zeta(0, y, t) = \zeta(a, y, t) = 0 \tag{135, 5}$$

$$\zeta(x, 0, t) = \zeta(x, b, t) = 0 \tag{135, 6}$$

zu lösen.

Hierzu machen wir — im Anschluß an BERNOULLI — für ζ den „Produktansatz"

$$\zeta(x, y, t) = \varphi(x, y)\psi(t). \tag{135, 7}$$

Geht man damit in (135, 1) ein, so erhält man

$$\left(\frac{\partial^2\varphi}{\partial x^2} + \frac{\partial^2\varphi}{\partial y^2}\right)\psi(t) = \frac{\varphi(x, y)}{v^2}\frac{d^2\psi}{dt^2} \tag{135, 8}$$

oder

$$\frac{1}{\varphi}\left(\frac{\partial^2\varphi}{\partial x^2} + \frac{\partial^2\varphi}{\partial y^2}\right) = \frac{1}{v^2\psi(t)}\frac{d^2\psi}{dt^2} = -\,a^2. \tag{135, 9}$$

Da die linke Seite von (135, 9) nur ortabhängig, die rechte Seite dagegen nur zeitabhängig ist, kann (135, 9) für jedes mögliche x und y und für eine beliebige Zeit t nur dann gelten, wenn beide Seiten dieser Gleichung eine Konstante sind, die wir mit $-\,a^2$ bezeichnen. Dann zerfällt (135, 9) in die beiden Differentialgleichungen

$$\frac{\partial^2\varphi}{\partial x^2} + \frac{\partial^2\varphi}{\partial y^2} + a^2\varphi = 0 \tag{135, 10}$$

$$\frac{d^2\psi}{dt^2} = -\,a^2v^2\psi(t). \tag{135, 11}$$

Setzt man

$$av = \omega, \tag{135, 12}$$

so wird aus (135, 11):

$$\frac{d^2\psi}{dt^2} + \omega^2\psi(t) = 0. \tag{135, 13}$$

Ihre allgemeine Lösung lautet

$$\psi(t) = c_1 \sin \omega t + c_2 \cos \omega t, \tag{135, 14}$$

in der c_1 und c_2 Integrationskonstanten sind.

Zur Integration von (135, 10) machen wir für φ wiederum einen BERNOULLIschen Produktansatz und setzen

$$\varphi(x, y) = \varphi_1(x)\varphi_2(y)\,. \tag{135, 15}$$

Geht man damit in (135, 10) ein, so wird daraus

$$\frac{1}{\varphi_1}\frac{d^2\varphi_1(x)}{dx^2}+\frac{1}{\varphi_2}\frac{d^2\varphi_2(y)}{dy^2}=-a^2. \tag{135, 16}$$

Hieraus folgt, weil diese Gleichung für jeden möglichen Wert von x und y gelten soll, daß die beiden auf der linken Seite in (135, 16) auftretenden Ausdrücke ebenfalls Konstanten sein müssen. Die letzte Gleichung läßt sich daher in die beiden Gleichungen

$$\frac{d^2\varphi_1(x)}{dx^2}=-\alpha^2\varphi_1 \tag{135, 17}$$

$$\frac{d^2\varphi_2(y)}{dy^2}=-\beta^2\varphi_2 \tag{135, 18}$$

aufspalten, wobei α und β neue Konstanten sind. Sie sind jedoch nicht voneinander unabhängig, sondern haben, wie man aus (135, 16) ersieht, wenn man in diese Gleichung mit (135, 17/18) eingeht, die Nebenbedingung

$$\alpha^2+\beta^2=a^2 \tag{135, 19}$$

zu erfüllen.

Da auch (135, 17/18) Gleichungen vom Typ der Schwingungsgleichung sind, lauten ihre allgemeinen Lösungen

$$\varphi_1(x)=a_1\sin\alpha x+b_1\cos\alpha x \tag{135, 20}$$

$$\varphi_2(y)=a_2\sin\beta y+b_2\cos\beta y, \tag{135, 21}$$

wobei a_1, a_2, b_1, b_2 neue Integrationskonstanten sind.

Damit ergibt sich für

$$\zeta(x,y,t)=\varphi_1(x)\varphi_2(y)\,\psi(t) \tag{135, 22}$$

$$\begin{aligned}&=(a_1\sin\alpha x+b_1\cos\alpha x)\\&\quad\cdot(a_2\sin\beta y+b_2\cos\beta y)\\&\quad\cdot(c_1\sin\omega t+c_2\cos\omega t).\end{aligned} \tag{135, 23}$$

Die in dem vorstehenden Ausdruck auftretenden Konstanten ergeben sich aus den Randbedingungen (135, 5/6). Wegen des Produktansatzes (135, 7) gehen sie in

$$\varphi(0,y)=\varphi(a,y)=0 \tag{135, 24}$$

$$\varphi(x,0)=\varphi(x,b)=0 \tag{135, 25}$$

über.

Die beiden auf der linken Seite dieser Bedingungen stehenden Gleichungen werden von (135, 23) nur dann erfüllt, wenn

$$b_1=0,\qquad b_2=0 \tag{135, 26}$$

ist.

Damit reduziert sich (135, 23) auf

$$\zeta(x,y,t)=a_1\sin\alpha x\cdot a_2\sin\beta y\cdot(c_1\sin\omega t+c_2\cos\omega t) \tag{135, 27}$$

oder

$$\zeta(x,y,t)=\sin\alpha x\cdot\sin\beta y\,[C_1\sin\omega t+C_2\cos\omega t], \tag{135, 28}$$

wobei C_1 und C_2 neue Konstanten bedeuten. Wir sehen diese ausdrücklich als $\neq 0$ an, weil anderenfalls (135, 28) in die triviale Lösung

$$\zeta=0 \tag{135, 29}$$

überginge.

Wir haben nun die in (135, 28) auftretenden Konstanten so zu bestimmen, daß auch die noch nicht beachteten Randbedingungen (135, 24/25):

$$\varphi(a,y)=\varphi(x,b)=0 \tag{135, 30}$$

erfüllt sind.

Wegen der Voraussetzung, daß C_1 und C_2 nicht verschwinden sollen, kann (135, 30) nur dann erfüllt werden, wenn

$$\sin \alpha a = 0 \tag{135, 31}$$

$$\sin \beta b = 0 \tag{135, 32}$$

ist.

Die Gleichungen haben die nichttrivialen Lösungen

$$\alpha a = m\pi, \qquad m = \pm 1, \pm 2, \ldots . \tag{135, 33}$$

$$\beta b = n\pi, \qquad n = \pm 1, \pm 2, \ldots . \tag{135, 34}$$

Hieraus ergibt sich, daß die Konstanten α und β die unendlich vielen Werte

$$\alpha_m = \frac{m\pi}{a}, \quad m = 1, 2, \ldots \tag{135, 35}$$

$$\beta_n = \frac{n\pi}{b}, \quad n = 1, 2, \ldots \tag{135, 36}$$

annehmen können. Sie hängen von der Wahl von m und n ab und wurden daher durch einen jeweils entsprechenden Index gekennzeichnet.

Mit dem zuletzt gefundenen Ergebnis erhält man aus (135, 19):

$$a_{mn} = \pi \sqrt{\frac{m^2}{a^2} + \frac{n^2}{b^2}} \tag{135, 37}$$

oder unter Beachtung von (135, 12) für die Eigenwerte (die „Eigenfrequenzen") des hier behandelten Randwertproblems

$$\omega_{mn} = v\pi \sqrt{\frac{m^2}{a^2} + \frac{n^2}{b^2}}\,. \tag{135, 38}$$

Für je einen solchen Eigenwert erhält man nach (135, 28) die Partikularlösung

$$\zeta_{mn}(x, y, t) = \sin \frac{m\pi x}{a} \sin \frac{n\pi y}{b} (a_{mn} \sin \omega_{mn} t + b_{mn} \cos \omega_{mn} t) \tag{135, 39}$$

mit den neuen Konstanten a_{mn} und b_{mn}. Aus den $2 \cdot \infty$ vielen Partikularlösungen (135, 39) erhält man die allgemeine Lösung von (135, 1), indem man jene addiert. Dies ergibt

$$\zeta(x, y, t) = \sum_m \sum_n \left\{\sin \frac{m\pi x}{a} \sin \frac{n\pi y}{b} (a_{mn} \sin \omega_{mn} t + b_{mn} \cos \omega_{mn} t)\right\}. \tag{135, 40}$$

Die Partialschwingungen ζ_{mn} lassen sich unter Verwendung eines bekannten Additionstheorems stets in die Form

$$\zeta_{mn}(x, y, t) = c_{mn} \sin \frac{m\pi x}{a} \sin \frac{n\pi y}{b} \sin(\omega_{mn} t - \varphi_{mn}) \tag{135, 41}$$

bringen. Diese Ausdrücke geben die Eigenschwingungen der längs ihrer Berandung eingespannten Rechteckmembran mit den Eigenfrequenzen ω_{mn} an. Aus (135, 38) ist zu ersehen, daß die ω_{mn} einer Membran i. allg. nicht mehr, wie die Eigenfrequenzen ω_n einer schwingenden Saite, in einem rationalen Verhältnis zueinander stehen.

Wir wollen uns dem Sonderfall einer quadratischen Membran zuwenden und anhand dieses Beispiels zwei neue Begriffe erklären. Bei einer quadratischen Membran ist

$$a = b = l, \tag{135, 42}$$

womit nach (135, 38) ihre Eigenfrequenzen

$$\omega_{mn} = \frac{v\pi}{l} \sqrt{m^2 + n^2} \tag{135, 43}$$

sind.

Es genügt zur Erklärung des ersten Begriffs anzunehmen, daß von den ∞ vielen Werten von m und n alle, mit Ausnahme von nur je einer dieser Zahlen, verschwinden. Es sei etwa

$$m = 1, \qquad n = 2. \tag{135, 44}$$

Dann ist die Eigenfrequenz

$$\omega_{12} = \frac{v\pi}{l}\sqrt{1^2 + 2^2}, \tag{135, 45}$$

während nach (135, 41) die dazu gehörige Eigenfunktion

$$\zeta_{12} = c_{12} \sin\frac{\pi x}{l} \sin\frac{2\pi y}{l} \sin(\omega_{12} t - \varphi_{12}) \tag{135, 46}$$

lautet.

Wir wollen nun die Gleichung aller Kurven ermitteln, auf denen die Gesamtheit derjenigen Punkte $P(x, y)$ liegt, die während der Schwingung der Membran stets in Ruhe bleiben. Diese Kurven nennt man *Knotenlinien.* Ihre Gleichung ist nach der eben gegebenen Definition

$$\zeta(x, y, t) = 0. \tag{135, 47}$$

In dem vorliegend betrachteten Sonderfall ergibt sich aus (135, 46), daß Punkte von Knotenlinien alle diejenigen sind, die die Koordinate

$$y = \frac{1}{2} l \tag{135, 48}$$

haben, Abb. 135, 2.

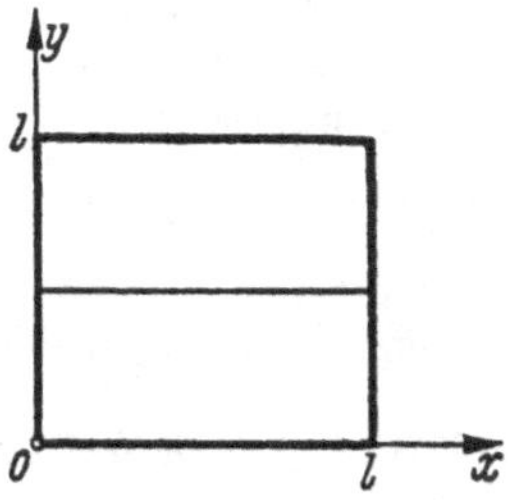

Abb. 135, 2: Eine Knotenlinie der schwingenden Rechteckmembran

Natürlich können Knotenlinien auch ungeradlinig sein. Die sich jeweils ausbildenden Knotenlinien hängen von der Art der Einspannung der Membran (Randbedingungen) und von den Anregungsbedingungen (Anfangsbedingungen) ab. —

Um nun den zweiten angekündigten Begriff zu erklären, schließen wir an (135, 43) an. Setzt man ausdrücklich

$$m \neq n \tag{135, 49}$$

voraus, so ersieht man, daß eine Vertauschung von m mit n keine Änderung der Eigenfrequenz zur Folge hat. Wohl aber ändern sich die zu m, n bzw. n, m gehörigen Eigenfunktionen: Nach (135, 41) ist nämlich für eine quadratische Membran

$$\zeta_{nm} = c_{nm} \sin\frac{n\pi x}{l} \sin\frac{m\pi y}{l} \sin(\omega_{nm} t - \varphi_{nm}) \tag{135, 50}$$

und dies ist verschieden von (135, 41) mit $a = b = l$.

Man nennt eine Eigenfrequenz

$$\omega_{mn} = \omega_{nm}, \tag{135, 51}$$

für die es zwei verschiedene, voneinander unabhängige Eigenfunktionen gibt, eine *zweifach entartete* Eigenfrequenz.

Gibt es zu einem Eigenwert mehr als zwei, sagen wir etwa k voneinander unabhängige Eigenfunktionen, so nennt man den Eigenwert *k-fach entartet.*

Wir beschränken uns hier auf die Einführung des Begriffes der Entartung, mit dem wir es später in der Quantenmechanik noch zu tun haben werden.

136. Transversalschwingungen einer Kreismembran

Als ein weiteres Beispiel für die Transversalschwingungen einer Membran betrachten wir noch den Fall, daß diese eine kreisförmige Berandung habe. Wegen der Kreissymmetrie liegt es nahe, den Membranmittelpunkt als Koordinatenursprung zu wählen und zu ebenen Polarkoordinaten r, φ überzugehen. Wir wollen der Einfachheit halber annehmen, daß die Auslenkung $s_z = \zeta$ der Membran in Richtung der z-Achse um diese axialsymmetrisch ist, d. h. daß ζ von φ unabhängig ist. Dann ist

$$\zeta = \zeta(r, t). \tag{136, 1}$$

Diese Funktion ist aus der Wellengleichung zu bestimmen, die auf ebene Polarkoordinaten umgeschrieben werden muß. Man erhält dafür nach (5, 142):

$$\frac{\partial^2 \zeta}{\partial r^2} + \frac{1}{r}\frac{\partial \zeta}{\partial r} = \frac{1}{v^2}\frac{\partial^2 \zeta}{\partial t^2}. \tag{136, 2}$$

Wir wollen nun annehmen, daß die Membran längs ihres Randes eingespannt ist. Bedeutet R den Radius der Kreismembran, so geben wir daher die Randbedingung

$$\zeta(R, t) = 0 \tag{136, 3}$$

vor. Im übrigen muß ζ für

$$0 \leqq r \leqq R \tag{136, 4}$$

regulär, d. h.

$$\zeta(r, t) \neq \infty \tag{136, 5}$$

und natürlich auch eindeutig sein.

Zur Integration von (136, 2) machen wir, ebenso wie im vorstehenden Paragraphen, für ζ einen Produktansatz und setzen

$$\zeta(r, t) = \varphi(r)[c_1 \sin \omega t + c_2 \cos \omega t]. \tag{136, 6}$$

Hierbei haben wir die Zeitabhängigkeit bereits als harmonische Funktion mit der (noch unbekannten) Frequenz ω angenommen. Die Größen c_1 und c_2 sind (ebenfalls noch unbekannte) Konstanten.

Geht man mit (136, 6) in die Wellengleichung (136, 2) ein, so erhält man für φ die Differentialgleichung

$$\frac{d^2\varphi}{dr^2} + \frac{1}{r}\frac{d\varphi}{dr} + \lambda^2 \varphi = 0 \tag{136, 7}$$

mit

$$\lambda = \frac{\omega}{v}. \tag{136, 8}$$

Zur weiteren Behandlung von (136, 7) ist es zweckmäßig, die neue Variable

$$z = r\sqrt{\lambda} \tag{136, 9}$$

einzuführen, mit der (136, 7) in

$$\frac{d^2\varphi}{dz^2} + \frac{1}{z}\frac{d\varphi}{dz} + \varphi(r) = 0 \tag{136, 10}$$

übergeht. Diese Gleichung ist ein Sonderfall der allgemeineren Gleichung

$$\left\{\frac{d^2}{dz^2} + \frac{1}{z}\frac{d}{dz} + \left(1 - \frac{n^2}{z^2}\right)\right\}\varphi_n(z) = 0, \tag{136, 11}$$

die als BESSELsche[1]) Differentialgleichung bezeichnet wird[2]). In ihr bedeutet n eine ganze oder gebrochene reelle positive oder negative Zahl, die als Ordnungszahl bezeichnet wird. Man erkennt,

[1]) Friedrich Wilhelm BESSEL: *1784 in Minden, †1846 in Königsberg.

[2]) Näheres hierzu etwa bei JAHNKE, E., F. EMDE und F. LÖSCH: Tafeln höherer Funktionen. Stuttgart: B. G. Teubner 1960.

daß sich (136, 10) aus (136, 11) für den Sonderfall $n = 0$ ergibt. Die Lösungen $\varphi_n(z)$ von (136, 11) heißen *Zylinderfunktionen* oder BESSEL-Funktionen, für die üblicherweise die Bezeichnung $J_n(z)$ verwendet wird. Die Lösung von (136, 10), das ist die Zylinderfunktion $J_0(t)$, läßt sich durch die Reihe[2])

$$J_0(z) = 1 - \frac{\left(\frac{z}{2}\right)^2}{(1!)^2} + \frac{\left(\frac{z}{2}\right)^4}{(2!)^2} - \frac{\left(\frac{z}{2}\right)^6}{(3!)^2} + \dots \tag{136, 12}$$

darstellen.

Wir bemerken, daß J_0 nur eine Partikularlösung von (136, 10) ist, die jedoch allein interessiert, weil sie die Regularitätsbedingung (136, 5) erfüllt, während die andere Partikularlösung für $r = 0$ singulär wird.

Mit (136, 12) ergibt sich als Lösung von (136, 7):

$$\varphi(r) = A_\lambda J_0(r\sqrt{\lambda}), \tag{136, 13}$$

wobei A_λ eine Konstante bedeutet.

Da λ unbekannt ist — es enthält nach (136, 8) das unbekannte ω —, müssen wir es nun bestimmen. Hierzu dient die Randbedingung (136, 3), die

$$A_\lambda J_0(R\sqrt{\lambda}) = 0 \tag{136, 14}$$

verlangt. Diese Gleichung ist mit der Annahme $A_\lambda = 0$ erfüllbar, was aber zu der uninteressanten trivialen Lösung $\varphi = 0$ führt. Schließen wir diese aus, so muß

$$J_0(R\sqrt{\lambda}) = 0 \tag{136, 15}$$

gelten. Diese Gleichung hat ∞ viele Lösungen[2])

$$\lambda_1, \lambda_2, \lambda_3, \dots \tag{136, 16}$$

die die Eigenwerte des behandelten Randwertproblems sind. Durch sie sind nach (136, 8) die Eigenfrequenzen

$$\omega_1 = v\lambda_1, \omega_2 = v\lambda_2, \dots \tag{136, 17}$$

bestimmt, während nun (die noch nicht normierten) Eigenfunktionen

$$\varphi_n(r) = A_n J_0(r\sqrt{\lambda_n}) \tag{136, 18}$$

lauten. Damit erhält man nach (136, 6) für die Partialschwingungen einer längs ihres Randes eingespannten Kreismembran

$$\zeta_n(r, t) = J_0(r\sqrt{\lambda_n})[a_n \sin \omega_n t + b_n \cos \omega_n t], \qquad n = 1, 2, \dots, \tag{136, 19}$$

wenn für

$$A_n c_1 = a_n \tag{136, 20}$$

$$A_n c_2 = b_n \tag{136, 21}$$

gesetzt wird. Diese Konstanten sind aus den Anfangsbedingungen zu bestimmen. Lauten diese

$$\zeta(r, 0) = F(r) \tag{136, 22}$$

$$\left(\frac{\partial \zeta}{\partial t}\right)_{t=0} = G(r), \tag{136, 23}$$

dann sind a_n und b_n durch die folgenden Gleichungen festgelegt:

$$\sum_{n=1}^{\infty} a_n J_0(r\sqrt{\lambda_n}) = F(r) \tag{136, 24}$$

$$\sum_{n=1}^{\infty} b_n \omega_n J_0(r\sqrt{\lambda_n}) = G(r). \tag{136, 25}$$

Wir wollen abschließend noch einige mögliche Schwingungsformen der Membran angeben. Hierzu genügt es, wenn wir der Einfachheit halber in (136, 19) die Konstanten $b_n = 0$ setzen. Dann verbleibt

$$\zeta(r, t) = \sum_{n=1}^{\infty} a_n J_0(r\sqrt{\lambda_n}) \sin \omega_n t. \tag{136, 26}$$

Beschränken wir uns zunächst auf den Fall $n = 1$, die Grundschwingung, so wird diese durch

$$\zeta_1(r, t) = a_1 J_0(r\sqrt{\lambda_1}) \sin \omega_1 t \tag{136, 27}$$

$$= a_1 J(r\sqrt{\lambda_1}) \sin v\lambda_1 t \tag{136, 28}$$

beschrieben. Stellt man diese Gleichung für ein festes t (Momentaufnahme) graphisch dar, so erhält man die in Abb. 136, 1 wiedergegebenen Verhältnisse.

Für die erste Oberschwingung, $n = 2$, hat man

$$\zeta_2(r, t) = a_2 J(r\sqrt{\lambda_2}) \sin v\lambda_2 t. \tag{136, 29}$$

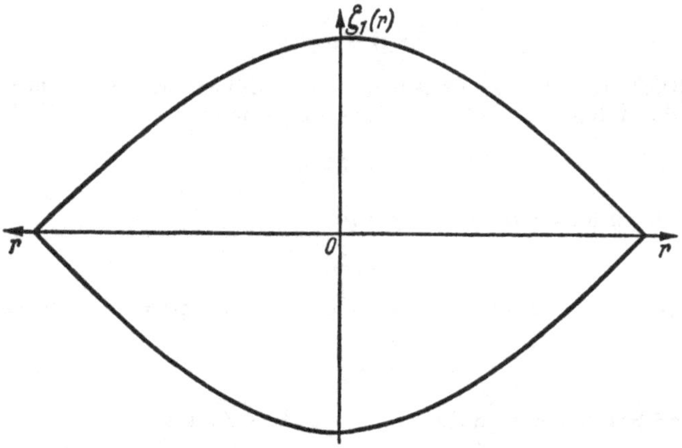

Abb. 136, 1: Momentaufnahme der Grundschwingung ζ_1 einer transversal schwingenden Kreismembran

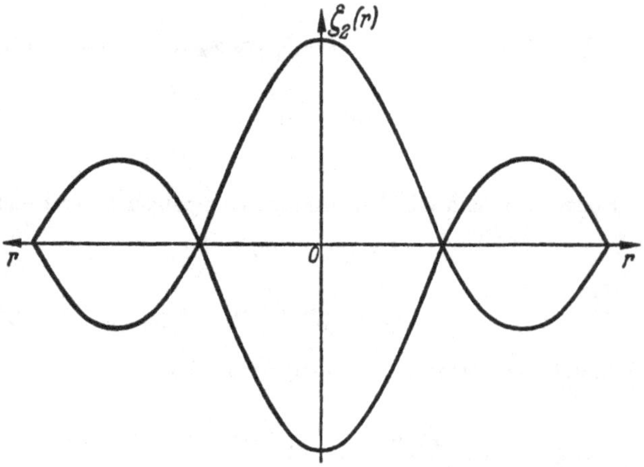

Abb. 136, 2: Momentaufnahme der ersten Oberschwingung ζ_2 einer transversal schwingenden Kreismembran

Dies ist eine Schwingung mit der Frequenz

$$\omega_2 = v\lambda_2. \tag{136, 30}$$

Sie ist aber, weil

$$\lambda_2 \neq 2\lambda_1 \tag{136, 31}$$

ist, nicht wie bei der Saite, genau doppelt so groß wie die Grundfrequenz ω_1. Die Darstellung einer „Momentaufnahme" von ζ_2 ergibt die Abb. 136, 2. Aus ihr ist zu ersehen, daß es — im Gegensatz zur Grundschwingung ζ_1 — zwischen dem Mittelpunkt $r = 0$ und dem Rand $r = R$ der Membran Punkte gibt, die dauernd in Ruhe sind. Es sind dies die Punkte einer kreisförmigen Knotenlinie. Ihr Radius ist jedoch nicht $R/2$, sondern steht zu R etwa im Verhältnis 0,77:1. Analoge Ergebnisse erhält man bei der Untersuchung von höheren Oberschwingungen.

Man erkennt aus den vorstehenden Darlegungen, daß der durch (136, 26) beschriebene Vorgang sehr kompliziert ist, weil seine Partialschwingungen ζ_n Amplituden und Frequenzen haben, die zueinander in einem *nicht*rationalen Verhältnis stehen. In der Akustik spricht man in diesem Fall von unharmonischen Tönen.

Schwingungen von Stäben und Platten

137. Longitudinale Stabschwingungen

Wir gehen in diesem Abschnitt zu der Behandlung von Schwingungen über, die eine naturgemäße Erweiterung der Betrachtungen des vorstehenden Abschnittes darstellen. Wir haben nämlich dort idealisiert, indem wir die Saite als einen eindimensionalen Stab und die Membran als eine zweidimensionale Platte ansahen. Diese Idealisierung geben wir jetzt auf.

Um die Schwingungsgleichungen für Stab und Platte herzuleiten, bedienen wir uns im folgenden des Hamiltonschen Prinzips

$$\delta \int_{t_1}^{t_2} L dt = \delta \int_{t_1}^{t_2} (T - V) dt = 0. \tag{137, 1}$$

Um es anwenden zu können, muß man Ausdrücke für die kinetische Energie T und die potentielle Energie V für die hier zu behandelnden Fälle aufsuchen.

Wir beginnen mit der Aufstellung der Bewegungsgleichung für die Longitudinalschwingungen eines Stabes, auf den ein periodisch wechselnder Druck in Richtung der Stabachse wirkt. Legt man ein Koordinatensystem so, daß seine x-Achse mit der Stabachse zusammenfällt und bezeichnen wir die Verschiebung eines Punktes P des Stabes in der „longitudinalen" Richtung x mit $s_x = \xi$, so ist die Geschwindigkeit von P:

$$\mathfrak{v} = \left\{\frac{\partial \xi}{\partial t}, 0, 0\right\}. \tag{137, 2}$$

Bezeichnet man ferner mit ϱ die Dichte des longitudinal schwingenden homogenen Stabes, so ist

$$T_1 = \frac{\varrho}{2}\left(\frac{\partial \xi}{\partial t}\right)^2 \tag{137, 3}$$

die kinetische Energiedichte des Stabes. Seine gesamte kinetische Energie erhält man durch Integration von (137, 3) über das Gesamtvolumen V des Stabes. Dies ergibt

$$T = \frac{\varrho}{2} \iiint\limits_V \left(\frac{\partial \xi}{\partial t}\right)^2 d\tau. \tag{137, 4}$$

Nimmt man an, daß der Stab einen konstanten Querschnitt q hat, so ist ein Volumenelement

$$d\tau = q dx, \tag{137, 5}$$

womit (137, 4) in

$$T = \frac{\varrho}{2} q \int_0^l \left(\frac{\partial \xi}{\partial t}\right)^2 dx \tag{137, 6}$$

übergeht. Hierbei bedeutet l die Länge des Stabes[1]).

Die potentielle Energie V des Stabes ergibt sich, indem man das elastische Potential w über das Stabvolumen integriert:

$$V = \iiint w d\tau = q \int_0^l w dx. \tag{137, 7}$$

Nach Kap. 113 ist

$$w = \frac{\lambda}{2} (\varepsilon_{xx} + \varepsilon_{yy} + \varepsilon_{zz})^2 + \mu \{\varepsilon_{xx}^2 + \varepsilon_{yy}^2 + \varepsilon_{zz}^2 + 2\varepsilon_{yz}^2 + 2\varepsilon_{zx}^2 + 2\varepsilon_{xy}^2\}. \tag{137, 8}$$

Die Verzerrungskomponenten ε_{ik} eines einem Druck in Richtung seiner Achse unterworfenen Stabes sind in Kap. 117 bestimmt worden. Dort wurde gezeigt, daß die Komponenten 2. Art

$$\varepsilon_{yz} = \varepsilon_{zx} = \varepsilon_{xy} = 0 \tag{137, 9}$$

sind, während nach (117, 36) zwischen den Komponenten 1. Art die Beziehung

$$\varepsilon_{yy} = \varepsilon_{zz} = m\varepsilon_{xx} \tag{137, 10}$$

besteht. Damit geht unter Berücksichtigung der Bedeutung von

$$\varepsilon_{xx} = \frac{\partial s_x}{\partial x} \to \frac{\partial \xi}{\partial x} \tag{137, 11}$$

der Ausdruck (137, 8) für das elastische Potential in

$$w = \frac{1}{2} \left(\frac{\partial \xi}{\partial x}\right)^2 \{\lambda - 4m\lambda + 4m^2\lambda + 2\mu + 4\mu m^2\} \tag{137, 12}$$

über. Nun sind die LAMÉschen Elastizitätskonstanten λ und μ mit der Querkontraktionskonstanten m und dem Elastizitätsmodul E durch die Beziehungen

$$\mu = \frac{E}{2(1 + m)} \tag{137, 13}$$

$$\lambda = \frac{Em}{(1 - 2m)(1 + m)} \tag{137, 14}$$

verknüpft. Setzt man diese Formeln in (137, 12) ein, so erhält man für w den Ausdruck

$$w = \frac{1}{2} E \left(\frac{\partial \xi}{\partial x}\right)^2. \tag{137, 15}$$

Hiermit hat man nun nach (137, 7) für die potentielle Energie des schwingenden Stabes

$$V = \frac{1}{2} Eq \int_0^l \left(\frac{\partial \xi}{\partial x}\right)^2 dx. \tag{137, 16}$$

Damit lautet das HAMILTONsche Prinzip (137, 1):

$$\delta \int_{t_1}^{t_2} \left\{ \int_0^l \left[\varrho \left(\frac{\partial \xi}{\partial t}\right)^2 - E \left(\frac{\partial \xi}{\partial x}\right)^2 \right] dx \right\} dt = 0. \tag{137, 17}$$

---

[1]) Wir bemerken, daß der Ausdruck (137, 6) für T nicht exakt ist, weil auch Verrückungen $s_y = \eta$ und $s_z = \zeta$ senkrecht zur Stabachse vorhanden sind. Ihre Beiträge zur kinetischen Energie sind allerdings sehr klein, so daß sie vernachlässigt werden können.

Die zu diesem Variationsproblem gehörende EULERsche Gleichung ist nach (7, 99):

$$\varrho\frac{\partial^2\xi}{\partial t^2} - E\frac{\partial^2\xi}{\partial x^2} = 0 \tag{137, 18}$$

oder

$$\frac{\partial^2\xi}{\partial x^2} = \frac{1}{v^2}\frac{\partial^2\xi}{\partial t^2} \tag{137, 19}$$

mit

$$v = \sqrt{\frac{E}{\varrho}}. \tag{137, 20}$$

Wir haben also, wie es zu erwarten war, als Bewegungsgleichung für einen longitudinal schwingenden Stab die Wellengleichung erhalten.

138. Torsionsschwingungen eines Stabes

Man kann einen Stab dadurch zu Schwingungen anregen, daß man ein Drehmoment in einer zur Stabachse senkrechten Ebene wirken läßt. Dann wird der Stab tordiert. Hebt man das Drehmoment auf, so geht der Stab wegen seiner Trägheit nicht in die Ruhelage zurück, sondern pendelt um sie herum: Er führt *Torsionsschwingungen* aus, mit denen wir uns jetzt beschäftigen wollen.

Zunächst interessiert die Bewegungsgleichung, der Torsionsschwingungen genügen. Wir wollen jene wieder mit Hilfe des HAMILTONschen Prinzips ermitteln und haben daher den gleichen Weg zu gehen, der im vorstehenden Kapitel beschritten wurde.

Dazu haben wir das elastische Potential w zu berechnen, aus dem man die potentielle Energie V des schwingenden Stabes erhält. Wir setzen für die weiteren Betrachtungen voraus, daß der Stab ein Zylinder mit kreisförmigen Querschnitt sei. Dann erfährt bei einer Drillung des Stabes einer seiner Punkte $P(x, y, z)$ eine Verschiebung, deren Komponenten nach (118, 16—18)

$$s_x = -y\frac{z\psi_0}{l} \tag{138,1}$$

$$s_y = +x\frac{z\psi_0}{l} \tag{138,2}$$

$$s_z = 0 \tag{138, 3}$$

lauten. Wir haben hier die Bezeichnungsweise geringfügig geändert und die Verdrehung des obersten Stabquerschnittes jetzt mit ψ_0 bezeichnet. Die Drehung ψ (früher: $\delta\varphi$), die ein im Abstand z von der xy-Ebene befindlicher Querschnitt erfährt, ist nach (118, 4)

$$\psi(z) = z\frac{\psi_0}{l}. \tag{138, 4}$$

Damit wird aus (138, 1—3):

$$s_x = -y\psi(z) \tag{138, 5}$$

$$s_y = +x\psi(z) \tag{138, 6}$$

$$s_z = 0. \tag{138, 7}$$

Hieraus erhält man für die Verzerrungskomponenten

$$\varepsilon_{xx} = \varepsilon_{yy} = \varepsilon_{zz} = 0 \tag{138, 8}$$

$$\varepsilon_{xy} = \frac{1}{2}\left(\frac{\partial s_x}{\partial y} + \frac{\partial s_y}{\partial x}\right) = 0 \tag{138, 9}$$

$$\varepsilon_{yz} = \frac{1}{2}\left(\frac{\partial s_y}{\partial z} + \frac{\partial s_z}{\partial y}\right) = +\frac{1}{2}x\frac{\partial\psi}{\partial z} \tag{138, 10}$$

$$\varepsilon_{zx} = \frac{1}{2}\left(\frac{\partial s_z}{\partial x} + \frac{\partial s_x}{\partial z}\right) = -\frac{1}{2}y\frac{\partial\psi}{\partial z}. \tag{138, 11}$$

Setzt man dies in den Ausdruck (113, 29) für das elastische Potential ein, so erhält man

$$w = \frac{\mu}{2}\left\{x^2\left(\frac{\partial\psi}{\partial z}\right)^2 + y^2\left(\frac{\partial\psi}{\partial z}\right)^2\right\} \tag{138, 12}$$

$$= \frac{\mu}{2}\left(\frac{\partial\psi}{\partial z}\right)^2 (x^2 + y^2)\,. \tag{138, 13}$$

Dies läßt sich mit Verwendung von Zylinderkoordinaten r, φ, z wegen

$$x = r\cos\varphi, \qquad y = r\sin\varphi \tag{138, 14}$$

in der Form

$$w = \frac{\mu}{2}\left(\frac{\partial\psi}{\partial z}\right)^2 r^2 \tag{138, 15}$$

schreiben.

Hieraus erhält man V durch Integration über das Stabvolumen. Bezeichnet man mit R den Radius eines Stabquerschnittes, mit l die Länge des Stabes, so wird

$$d\tau = r\,dr\,d\varphi\,dz, \tag{138, 16}$$

womit man für

$$V = \iiint w\,d\tau \tag{138, 17}$$

$$= \frac{\mu}{2}\int_0^l\left(\frac{\partial\psi}{\partial z}\right)^2 dz\int_0^R r^3 dr\int_0^{2\pi} d\varphi \tag{138, 18}$$

$$= \frac{\pi\mu R^4}{4}\int_0^l\left(\frac{\partial\psi}{\partial z}\right)^2 dz \tag{138, 19}$$

erhält.

Zur Berechnung der kinetischen Energie T hat man zu beachten, daß die Geschwindigkeit $\mathfrak{v}$ eines sich im Abstand r von der Stabachse befindenden Volumenelementes $d\tau$ gleich

$$\mathfrak{v} = \left\{0, r\frac{\partial\psi}{\partial t}, 0\right\} \tag{138, 20}$$

ist. Bezeichnet man mit ϱ die (wiederum als konstant angenommene) Dichte des Stabmaterials, so ist die kinetische Energie eines Volumenelementes

$$dT = \frac{\varrho}{2} r^2\left(\frac{\partial\psi}{\partial t}\right)^2 d\tau \tag{138, 21}$$

$$= \frac{\varrho}{2}\left(\frac{\partial\psi}{\partial t}\right)^2 r^3\,dr\,d\varphi\,dz. \tag{138, 22}$$

Die gesamte kinetische Energie des schwingenden Stabes erhält man hieraus durch Integration über das Stabvolumen, was

$$T = \frac{\varrho}{2}\int_0^l\left(\frac{\partial\psi}{\partial t}\right)^2 dz\int_0^R r^3 dr\int_0^{2\pi} d\varphi \tag{138, 23}$$

$$= \frac{\varrho\pi R^4}{4}\int_0^l\left(\frac{\partial\psi}{\partial t}\right)^2 dz \tag{138, 24}$$

liefert.

Mit (138, 24) und (138, 19) lautet demnach jetzt das Hamiltonsche Prinzip

$$\delta\int_{t_1}^{t_2}\left\{\int_0^l\left[\varrho\left(\frac{\partial\psi}{\partial t}\right)^2 - \mu\left(\frac{\partial\psi}{\partial z}\right)^2\right]dz\right\}dt = 0\,. \tag{138, 25}$$

Die hierzu gehörige EULERsche Gleichung (7, 99):

$$\varrho \frac{\partial^2 \psi}{\partial t^2} = \mu \frac{\partial^2 \psi}{\partial z^2}, \tag{138, 26}$$

ist die Bewegungsgleichung der Torsionsschwingungen. Das ist wieder die Wellengleichung

$$\frac{\partial^2 \psi}{\partial z^2} = \frac{1}{v^2} \frac{\partial^2 \psi}{\partial t^2}. \tag{138, 27}$$

Sie sagt aus, daß sich die Torsionswellen in einem Stab mit der Geschwindigkeit

$$v = \sqrt{\frac{\mu}{\varrho}} \tag{138, 28}$$

ausbreiten. Dies ist — im Gegensatz zu den im vorstehenden Kapitel gefundenen Ergebnissen — dieselbe Geschwindigkeit, die die Transversalwellen in einem unendlichen Kontinuum haben, wie ein Vergleich (123, 6) zeigt. Das liegt daran, daß bei einem kreisförmigen Zylinder durch Torsionsschwingungen die Mantelform nicht geändert wird, wohingegen Longitudinalschwingungen mit einer Querkontraktion verbunden sind.

139. Biegeschwingungen eines Stabes

Man kann einen Stab noch zu einer dritten Art von Schwingungen anregen, indem man eines seiner Enden befestigt und an dem anderen Ende ein Drehmoment wirken läßt, so wie am Anfang von Kap. 119 beschrieben. Hebt man das Drehmoment auf, so pendelt danach der anfänglich gebogene Stab um seine Ruhelage: er führt *Biegeschwingungen* aus. Wir wollen diese untersuchen und setzen dabei voraus, daß es sich um einen Stab mit konstantem, rechteckigem Querschnitt handelt.

Zur Bestimmung der Bewegungsgleichungen verwenden wir wiederum das HAMILTONsche Prinzip und haben daher V und T zu bestimmen.

Zur Berechnung des elastischen Potentials w schließen wir an (119, 11/12) an, wonach

$$\varepsilon_{xx} = \frac{\varphi z}{l} \tag{139, 1}$$

$$\varepsilon_{yy} = \varepsilon_{zz} = -m \frac{\varphi z}{l} \tag{139, 2}$$

ist, während die „Gleitungen“

$$\varepsilon_{ik} = 0, \quad i \neq k, \tag{139, 3}$$

sind. In den vorstehenden Gleichungen bedeutet φ die „Neigung“ der beiden Begrenzungsflächen des Stabes zueinander, die in Abb. 139, 1 veranschaulicht ist.

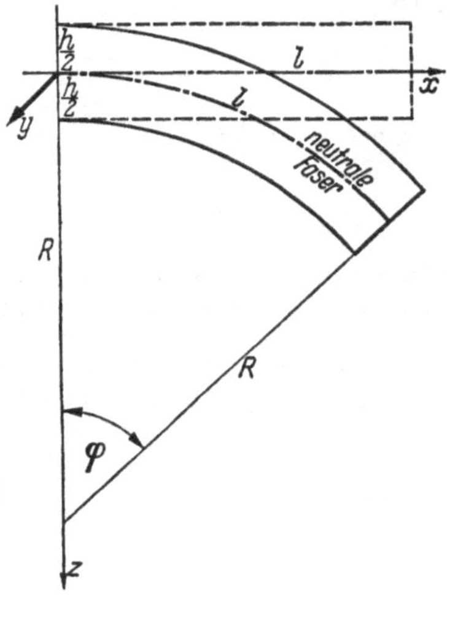

Abb. 139, 1: Zur Biegeschwingung eines Stabes

Bezeichnet man den Krümmungsradius der neutralen Faser im deformierten Zustand mit R, so ist

$$l = R\varphi. \tag{139, 4}$$

Damit gehen (139, 1/2) in

$$\varepsilon_{xx} = \frac{z}{R} \tag{139, 5}$$

$$\varepsilon_{yy} = \varepsilon_{zz} = -m\frac{z}{R} = -m\varepsilon_{xx} \tag{139, 6}$$

über.

Mit diesen Werten erhält man für das elastische Potential

$$w = \frac{\lambda}{2}(\varepsilon_{xx} + \varepsilon_{yy} + \varepsilon_{zz})^2 + \mu(\varepsilon_{xx}^2 + \varepsilon_{yy}^2 + \varepsilon_{zz}^2) \tag{139, 7}$$

$$= \varepsilon_{xx}^2\left\{(1-2m)^2\frac{\lambda}{2} + (1+2m^2)\mu\right\}. \tag{139, 8}$$

Mit den schon mehrfach verwendeten Umrechnungsformeln

$$\mu = \frac{E}{2(1+m)}, \qquad \lambda = \frac{Em}{(1-2m)(1+m)} \tag{139, 9}$$

erhält man unschwer, daß die in (139, 8) auftretende Konstante

$$\left\{(1-2m)^2\frac{\lambda}{2} + (1+2m^2)\mu\right\} = \frac{E}{2} \tag{139, 10}$$

ist. Damit erhält man für w, unter Beachtung von (139, 5) schließlich

$$w = \frac{E}{2}\frac{z^2}{R^2}. \tag{139, 11}$$

Dieser Ausdruck läßt sich noch in eine andere Form bringen, wenn man ihn durch die Verschiebungskomponente $s_z = \zeta$ ausdrückt. Nach (119, 19) lautet sie

$$\zeta = -\frac{\varphi}{2l}[x^2 + (z^2 - y^2)]. \tag{139, 12}$$

Differenziert man diese zweimal partiell nach x, so erhält man

$$\frac{\partial^2\zeta}{\partial x^2} = -\frac{\varphi}{l} \tag{139, 13}$$

oder mit Verwendung von (139, 4):

$$\frac{\partial^2\zeta}{\partial x^2} = -\frac{1}{R}. \tag{139, 14}$$

Geht man mit diesem Wert für den reziproken Krümmungsradius in (139, 11) ein, so wird

$$w = \frac{E}{2}z^2\left(\frac{\partial^2\zeta}{\partial x^2}\right)^2. \tag{139, 15}$$

Durch Integration über das Stabvolumen erhält man die potentielle Energie. Der Stab habe die Höhe h (von $z = -h/2$ bis $z = +h/2$), die Breite b und die Länge l. Dann ist

$$d\tau = b\,dx\,dz \tag{139, 16}$$

und man hat

$$V = \frac{Eb}{2}\int\limits_{-\frac{h}{2}}^{+\frac{h}{2}}\int\limits_{0}^{l} z^2\left(\frac{\partial^2\zeta}{\partial x^2}\right)^2 dz\,dx. \tag{139, 17}$$

Unter Beachtung von (139, 14) folgt

$$V = \frac{Eb}{2} \int_0^l \left(\frac{\partial^2 \zeta}{\partial x^2}\right)^2 dx \int_{-\frac{h}{2}}^{+\frac{h}{2}} z^2 dz \tag{139, 18}$$

$$= \frac{Eb\,h^3}{24} \int_0^l \left(\frac{\partial^2 \zeta}{\partial x^2}\right)^2 dx\,. \tag{139, 19}$$

Bei der Bestimmung der kinetischen Energie machen wir eine ähnliche Vernachlässigung wie beim longitudinal schwingenden Stab, indem wir nur die parallel zur z-Achse vor sich gehende Verschiebung ζ in Rechnung setzen. In Wirklichkeit führt jeder Stabquerschnitt noch eine Rotation durch, deren kinetische Energie ebenfalls berücksichtigt werden müßte. Die Erfahrung hat jedoch gezeigt, daß man (in den meisten Fällen) keinen merklichen Fehler begeht, wenn man jene vernachlässigt. Mit dieser vereinfachenden Annahme ist die kinetische Energie eines Volumenelementes $d\tau$ des schwingenden Stabes

$$dT = \frac{\varrho}{2} \left(\frac{\partial \zeta}{\partial t}\right)^2 d\tau. \tag{139, 20}$$

Durch Integration über das Stabvolumen erhält man für die gesamte kinetische Energie

$$T = \frac{\varrho b}{2} \int_{-\frac{h}{2}}^{+\frac{h}{2}} \int_0^l \left(\frac{\partial \zeta}{\partial t}\right)^2 dz\,dx. \tag{139, 21}$$

Da in den meisten Fällen die Stäbe solche Dimensionen haben, daß $h \ll l$ ist, kann in guter Näherung $\partial\zeta/\partial t$ als von z unabhängig angesehen werden. Mit dieser Annahme erhält man schließlich

$$T = \frac{\varrho b h}{2} \int_0^l \left(\frac{\partial \zeta}{\partial t}\right)^2 dx. \tag{139, 22}$$

Mit diesem Ausdruck und (139, 19) lautet nun das Hamiltonsche Prinzip

$$\delta \int_{t_1}^{t_2} \left\{ \int_0^l \left[\frac{\varrho}{2} \left(\frac{\partial \zeta}{\partial t}\right)^2 - \frac{E h^2}{24} \left(\frac{\partial^2 \zeta}{\partial x^2}\right)^2\right] dx \right\} dt = 0. \tag{139, 23}$$

Die zu diesem Variationsproblem gehörende Eulersche Gleichung (7, 101), also die Bewegungsgleichung für die Biegeschwingungen eines Stabes, ist die Differentialgleichung

$$\varrho \frac{\partial^2 \zeta}{\partial t^2} + \frac{E h^2}{12} \frac{\partial^4 \zeta}{\partial x^4} = 0. \tag{139, 24}$$

Diese ist nicht, wie man vielleicht hätte vermuten können, die Wellengleichung, sondern eine lineare partielle Differentialgleichung 4. Ordnung, die man gelegentlich als *Stabgleichung* bezeichnet.

Wir wollen auf ihre nähere Behandlung, d. h. auf das Aufsuchen ihrer Lösung bei vorgegebenen Randbedingungen, nicht näher eingehen, sondern begnügen uns mit der nachstehenden Bemerkung.

Da die Stabgleichung von anderem Typ als die Wellengleichung ist, wird deren allgemeine Lösung

$$\zeta = F(vt - x) + G(vt + x), \tag{139, 25}$$

wenn überhaupt, so nur in Sonderfällen auch eine Lösung von (139, 24) sein. Wir wollen daher die Frage behandeln: Kann (139, 25) ebenfalls eine Lösung von (139, 24) sein? Bejahendenfalls sollen dann die zu erfüllenden Bedingungen angegeben werden.

Um die Frage zu beantworten, hat man mit (139, 25) — welche Gleichung nunmehr als Lösungsansatz anzusehen ist — in die Stabgleichung (139, 24) einzugehen. Hierzu schreiben wir der Einfachheit halber in wohl unmißverständlicher Weise statt (139, 25):

$$\zeta = f(vt \mp x). \tag{139, 26}$$

Mit diesem Ausdruck geht (139, 24) in

$$\frac{E h^2}{12 \varrho} f'''' + v^2 f'' = 0 \tag{139, 27}$$

über. Hierbei bedeutet je ein Strich an dem Funktionssymbol f je eine Ableitung nach dem Argument $vt \mp x$ von f.

Die letzte Gleichung läßt sich auf die Form der Schwingungsgleichung bringen, indem

$$f'' = \varphi(vt \mp x) \tag{139, 28}$$

gesetzt wird. Damit wird aus (139, 27):

$$\varphi'' + \frac{12 \varrho v^2}{E h^2} \varphi = 0, \tag{139, 29}$$

und das ist die Schwingungsgleichung. Ihre Partikularlösungen sind

$$\varphi \sim \frac{\sin}{\cos} \sqrt{\frac{12 \varrho v^2}{E h^2}} (vt \mp x). \tag{139, 30}$$

Hieraus ergibt sich aus (139, 28) für f durch zweimalige Integration

$$f(vt \mp x) \sim \frac{\sin}{\cos} \sqrt{\frac{12 \varrho v^2}{E h^2}} (vt \mp x). \tag{139, 31}$$

Dieses Ergebnis besagt, daß die Stabgleichung nur von harmonischen Funktionen des Argumentes $vt \mp x$ gelöst wird.

Vergleicht man die durch (139, 31) beschriebene ebene Welle mit dem früher angegebenen Ausdruck

$$f(vt \mp x) \sim \sin(\omega t \mp kx), \tag{139, 32}$$

so findet man durch Vergleich, daß im hier betrachteten Fall die Wellenzahl

$$k = \frac{2\pi}{\lambda} = v \sqrt{\frac{12 \varrho}{E h^2}} \tag{139, 33}$$

ist. Hieraus ergibt sich für die Phasengeschwindigkeit

$$v_p = \frac{2\pi}{\lambda} \sqrt{\frac{E h^2}{12 \varrho}}. \tag{139, 34}$$

Dieser Ausdruck läßt erkennen, daß bei Biegungswellen v_p nicht nur von den Materialeigenschaften E, ϱ und der Dimension h, sondern auch von der Wellenlänge λ abhängig ist:

$$v_p = v_p(\lambda). \tag{139, 35}$$

Es ist dies das erste Beispiel der in Kap. 124 besprochenen Erscheinung der Dispersion.

Für die Gruppengeschwindigkeit

$$v_{gr} = \left[v_p(\lambda) - \lambda \frac{d v_p(\lambda)}{d\lambda} \right]_{\lambda_0} \tag{139, 36}$$

ergibt sich unschwer:

$$v_{gr} = \left[v_p(\lambda) + \frac{2\pi}{\lambda} \sqrt{\frac{E h^2}{12 \varrho}} \right]_{\lambda_0} \tag{139, 37}$$

$$= 2 v_p(\lambda_0), \tag{139, 38}$$

d. h. die Gruppengeschwindigkeit v_{gr} einer Gruppe von Biegewellen ist genau doppelt so groß wie die Phasengeschwindigkeit der Partialwelle mit der Wellenlänge λ_0.

Ein weiteres Beispiel für das Auftreten von Dispersion in der Mechanik werden wir bei der Behandlung von Oberflächenwellen antreffen.

140. Die Differentialgleichung für die Transversalschwingungen einer Platte

Wir wollen zum Schluß dieses Abschnittes noch die Bewegungsgleichung für die Transversalschwingungen einer Platte herleiten. Mit dieser Aufgabe hat sich wohl als erster POISSON beschäftigt, der 1814 — allerdings unter sehr speziellen Annahmen — eine Differentialgleichung für die verbogene Platte angab. Später haben sich Saint GERMAIN (1821), NAVIER (1823), LAGRANGE (1828) u. a. mit dem Problem der deformierten Platte beschäftigt. Man hat jedoch in den Überlegungen der genannten Autoren Stellen gefunden, die anfechtbar und z. T. nicht haltbar sind.

Als Begründer der heutigen *Plattentheorie* wird KIRCHHOFF angesehen, der als erster 1850 die Bewegungsgleichung einer schwingenden Platte („Plattengleichung") aus dem HAMILTONschen Prinzip hergeleitet hat. KIRCHHOFF machte dabei zwar auch einige vereinfachende Voraussetzungen, wobei er sich jedoch — im Gegensatz zu den vorstehend genannten Autoren — auf experimentelle Ergebnisse bezog. Wir geben nachstehend den Grundgedanken der KIRCHHOFFschen Näherungstheorie wieder.

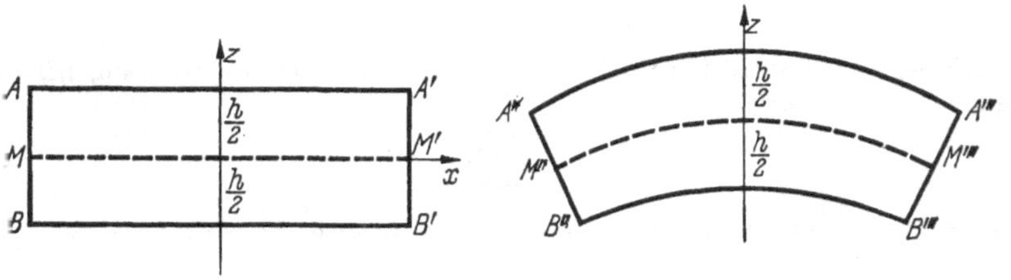

Abb. 140, 1: Rechteckplatte

Die Platte habe die (kleine) Höhe h. Wir legen ein cartesisches Koordinatensystem so, daß seine xy-Ebene mit der Mittelfläche MM' der undeformierten Platte zusammenfällt, Abb. 140, 1. Dann wird die Platte in der Ruhelage durch die Ebenen

$$z = +\frac{h}{2}, \qquad z = -\frac{h}{2} \tag{140, 1}$$

begrenzt.

Wird die Platte zu Transversalschwingungen angeregt, so sollen nach KIRCHHOFF, wenn es sich um nur kleine Schwingungen der Platte handelt, für ihren deformierten Zustand folgende, die weiteren Betrachtungen vereinfachenden Annahmen gelten:

1. Die Mittelfläche MM' werde weder gedehnt noch gestaucht,

2. alle Geraden, die in der Ruhelage senkrecht auf der Mittelfläche MM' standen, stehen auch auf der deformierten Mittelfläche senkrecht,

3. auf Ebenen, die parallel zur Mittelfläche MM' sind, wirkt keine Normalspannung σ_{zz}.

Zum Verständnis dieser Voraussetzungen sei folgendes bemerkt:

Zu 1.: Es werden zwar oberhalb der Mittelfläche MM' zu ihr parallele Ebenen bei einer Deformation dilatiert und unterhalb von MM' liegende Ebenen komprimiert, wie aus Abb. 140, 1 unmittelbar ersichtlich ist, jedoch wird von der Mittelfläche MM' angenommen, daß sie trotz einer Deformation ihre Größe nicht ändert. Die Mittelfläche MM' einer Platte ist daher das zweidimensionale Analogon der neutralen Faser eines Stabes, weshalb MM' als *neutrale Schicht* bezeichnet wird.

Zu 3.: Diese Annahme findet sich — obwohl vorstehend angegeben — bei KIRCHHOFF nicht explizit und braucht auch nicht gesondert als vereinfachende Voraussetzung angegeben zu werden. Es läßt sich nämlich zeigen, daß sie eine notwendige Folge der Annahmen 1. und 2. ist. Analytisch formuliert, lautet die Annahme 3., weil die neutrale Schicht im Ruhezustand mit der xy-Ebene zusammenfällt, daß für jede zu ihr parallele Ebene stets

$$\sigma_{zz} = 0 \tag{140, 2}$$

ist.

Wir wollen nun unter Ausnutzung der angegebenen vereinfachenden Voraussetzungen die potentielle und kinetische Energie V bzw. T einer transversal schwingenden Platte berechnen, um mit diesen Ausdrücken das HAMILTONsche Prinzip für den hier betrachteten Fall explizit anzugeben.

Zur Bestimmung von V benötigen wir zunächst, wie vorstehend schon mehrfach dargelegt, das elastische Potential

$$w = \frac{\lambda}{2}(\varepsilon_{xx} + \varepsilon_{yy} + \varepsilon_{zz})^2 + \mu\,\{\varepsilon_{xx}^2 + \varepsilon_{yy}^2 + \varepsilon_{zz}^2 + 2\,(\varepsilon_{yz}^2 + \varepsilon_{zx}^2 + \varepsilon_{xy}^2)\}. \tag{140, 3}$$

Bei Verwendung des Hauptachsensystems geht (140, 3) in

$$w = \frac{\lambda}{2}(\varepsilon_1 + \varepsilon_2 + \varepsilon_3)^2 + \mu(\varepsilon_1^2 + \varepsilon_2^2 + \varepsilon_3^2) \tag{140, 4}$$

über, wobei ε_1, ε_2, ε_3 die Hauptdilatationen bedeuten.

Wir betrachten nun einen Punkt P, dessen Abstand in der Ruhelage der Platte von der neutralen Schicht z ist und nach einer Deformation in z' übergehe. Dann ist

$$z' - z = \zeta \tag{140, 5}$$

die Verschiebung, die P parallel zur z-Richtung erfahren hat. Die relative Längenänderung der z-Koordinate von P ist daher

$$\varepsilon_{zz} = \frac{\partial \zeta}{\partial z}. \tag{140, 6}$$

Nach der oben angegebenen Voraussetzung 2. ist dies auch die Hauptdilatation ε_3, so daß (140, 6) in

$$\varepsilon_{zz} = \frac{\partial \zeta}{\partial z} = \varepsilon_3 \tag{140, 7}$$

übergeht.

Nun gilt wegen der Invarianz der Spur eines Tensors,

$$\varepsilon_{xx} + \varepsilon_{yy} + \varepsilon_{zz} = \varepsilon_1 + \varepsilon_2 + \varepsilon_3. \tag{140, 8}$$

Subtrahiert man hiervon den Ausdruck (140, 7), so erhält man das (i. allg. nicht geltende) Resultat

$$\varepsilon_{xx} + \varepsilon_{yy} = \varepsilon_1 + \varepsilon_2. \tag{140, 9}$$

Wir bilden nun einen Normalschnitt durch die Platte, in dessen Ebene die Normalenrichrichtung z' (die mit der Normalenrichtung z bis auf Größen 2. Ordnung zusammenfällt) fällt, Abb. 140, 2. In dieser Abbildung sei MM' ein Kurvenelement der Mittelfläche, das nach Voraussetzung 1 seine ursprüngliche Länge ds auch nach einer Deformation beibehält. Nach den Regeln der Differentialgeometrie gilt nun

$$ds = R d\varphi, \tag{140, 10}$$

wobei R den Krümmungsradius und $d\varphi$ die Neigung der beiden Querschnitte bedeutet, die ds begrenzen.

Wir fassen nun ein Kurvenelement (in Abb. 140, 2 gestrichelt gezeichnet) ins Auge, das nach der Deformation durch den Punkt z' geht. Dieses Kurvenelement hatte vor der Deformation auch die Länge ds, nach der Deformation ist es gedehnt und habe die Länge ds_1. Diese hängt mit dem Krümmungsradius $R + z'$ der deformierten Schicht — analog zu (140, 10) gemäß der Formel

$$ds_1 = (R + z')d\varphi \tag{140, 11}$$

zusammen. Es ist daher die absolute Längenänderung

$$ds_1 - ds = z' d\varphi \tag{140, 12}$$

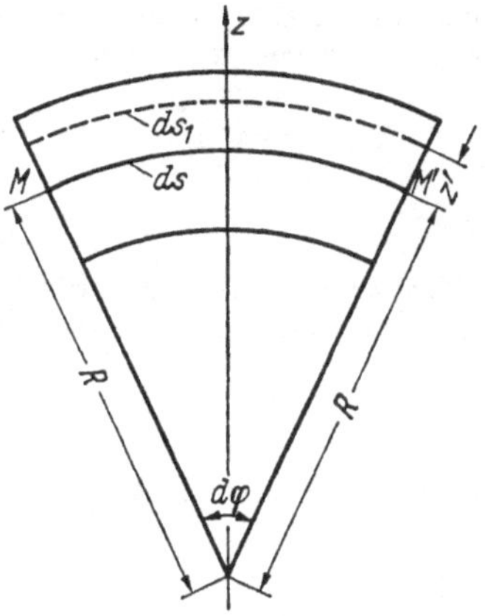

Abb. 140, 2: Zu (140, 11/12)

und die relative Längenänderung

$$\frac{ds_1 - ds}{ds} = z' \frac{d\varphi}{ds} = \frac{z'}{R}. \qquad (140, 13)$$

Dafür kann, weil z' sich von z nur unendlich wenig unterscheiden soll, in guter Näherung

$$\varepsilon = \frac{ds_1 - ds}{ds} = \frac{z}{R} \qquad (140, 14)$$

gesetzt werden.

Diese Gleichung gilt für jeden Normalschnitt. Wir berufen uns nun auf einen Satz aus der Differentialgeometrie, wonach bei Verwendung des Hauptachsensystems die Hauptdilatationen ε_1 und ε_2 in zwei zueinander senkrechte Normalschnitte fallen, von denen die eine den größten und die andere den kleinsten Krümmungsradius hat. Bezeichnet man diese Radien mit R_1 bzw. R_2, so gilt in bezug auf das Hauptsystem anstelle von (140, 14):

$$\varepsilon_1 = \frac{z}{R_1} \qquad (140, 15)$$

$$\varepsilon_2 = \frac{z}{R_2}. \qquad (140, 16)$$

Daraus folgt durch Addition und Beachtung von (140, 9):

$$\varepsilon_1 + \varepsilon_2 = \varepsilon_{xx} + \varepsilon_{yy} = z\left(\frac{1}{R_1} + \frac{1}{R_2}\right). \qquad (140, 17)$$

Geht man damit und mit (140, 7) in den Ausdruck (140, 4) für das elastische Potential w ein, so erhält man

$$w = \frac{\lambda}{2}\left\{\varepsilon_3 + z\left(\frac{1}{R_1} + \frac{1}{R_2}\right)\right\}^2 + \mu\left\{\varepsilon_3^2 + \left(\frac{z}{R_1}\right)^2 + \left(\frac{z}{R_2}\right)^2\right\}. \qquad (140, 18)$$

Nun ziehen wir, um das noch unbekannte ε_3 zu bestimmen, die durch (140, 2) ausgedrückte 3. Vereinfachung heran. Sie lautet mit Verwendung der Spannungs-Dehnungs-Beziehungen

$$\sigma_3 = 2\mu\varepsilon_3 + \lambda(\varepsilon_1 + \varepsilon_2 + \varepsilon_3) = 0. \qquad (140, 19)$$

Hieraus erhält man für

$$\varepsilon_3 = -\frac{\lambda}{\lambda + 2\mu}(\varepsilon_1 + \varepsilon_2), \qquad (140, 20)$$

oder mit (140, 17):

$$\varepsilon_3 = -\frac{\lambda z}{\lambda + 2\mu}\left(\frac{1}{R_1} + \frac{1}{R_2}\right). \qquad (140, 21)$$

Geht man damit in (140, 18) ein und ersetzt weiterhin die LAMÉschen Konstanten λ und μ mit Hilfe der schon mehrfach verwendeten Formeln

$$\frac{\mu(3\lambda + 2\mu)}{\lambda + \mu} = E \tag{140, 22}$$

$$\frac{\lambda}{2(\lambda + \mu)} = m \tag{140, 23}$$

durch den Elastizitätsmodul E und die POISSONsche Querkontraktionskonstante m, so erhält man nach einer etwas langwierigen, aber elementaren Rechnung

$$w = \frac{1}{2}\frac{Ez^2}{1 - m^2}\left\{\frac{1}{R_1^2} + \frac{1}{R_2^2} + \frac{2m}{R_1 R_2}\right\}. \tag{140, 24}$$

Dieser Ausdruck läßt sich, was für später bequem ist, in der Form

$$w = \frac{1}{2}\frac{Ez^2}{1 - m^2}\left\{\left(\frac{1}{R_1} + \frac{1}{R_2}\right)^2 - \frac{2(1 - m)}{R_1 R_2}\right\} \tag{140, 25}$$

schreiben.

Wir berufen uns nun nochmals auf die Differentialgeometrie, nach der die mittlere Krümmung

$$\frac{1}{R} = \frac{1}{R_1} + \frac{1}{R_2} \tag{140, 26}$$

einer Fläche

$$\zeta = \zeta(x, y, t) \tag{140, 27}$$

durch

$$\frac{1}{R} = \frac{1}{R_1} + \frac{1}{R_2} = \frac{\partial^2 \zeta}{\partial x^2} + \frac{\partial^2 \zeta}{\partial y^2} \tag{140, 28}$$

gegeben ist, während das GAUSSsche Krümmungsmaß ϱ der Fläche

$$\varrho = \frac{1}{R_1 R_2} = \frac{\partial^2 \zeta}{\partial x^2}\frac{\partial^2 \zeta}{\partial y^2} - \left(\frac{\partial^2 \zeta}{\partial x \partial y}\right)^2 \tag{140, 29}$$

lautet.

Geht man mit (140, 28) und (140, 29) in (140, 25) ein, so erhält man

$$w = \frac{1}{2}\frac{Ez^2}{1 - m^2}\left\{\left(\frac{\partial^2 \zeta}{\partial x^2} + \frac{\partial^2 \zeta}{\partial y^2}\right)^2 - 2(1 - m)\left[\frac{\partial^2 \zeta}{\partial x^2}\frac{\partial^2 \zeta}{\partial y^2} - \left(\frac{\partial^2 \zeta}{\partial x \partial y}\right)^2\right]\right\}. \tag{140, 30}$$

Hieraus erhält man nach den früheren Darlegungen die potentielle Energie V der Platte durch Integration über ihr Volumen. Bezeichnet man mit df ein Oberflächenelement der Platte, so ist ein Volumenelement von ihr

$$d\tau = df dz. \tag{140, 31}$$

Somit erhält man für

$$V = \frac{1}{2}\frac{E}{1 - m^2}\int_{-\frac{h}{2}}^{+\frac{h}{2}} z^2 dz \iint_F \{\quad\} df = \frac{Eh^3}{24(1 - m^2)}\iint_F \left\{\left(\frac{\partial^2 \zeta}{\partial x^2} + \frac{\partial^2 \zeta}{\partial y^2}\right)^2\right. \tag{140, 32}$$

$$\left. - 2(1 - m)\left[\frac{\partial^2 \zeta}{\partial x^2}\frac{\partial^2 \zeta}{\partial y^2} - \left(\frac{\partial^2 \zeta}{\partial x \partial y}\right)^2\right]\right\} df. \tag{140, 33}$$

Die kinetische Energie T der schwingenden Platte ist in der gleichen Näherung wie in den vorstehenden Kapiteln,

$$T = \frac{\varrho}{2}\int_{-\frac{h}{2}}^{+\frac{h}{2}} dz \iint_F \left(\frac{\partial \zeta}{\partial t}\right)^2 df \tag{140, 34}$$

$$= \frac{\varrho h}{2}\iint_F \left(\frac{\partial \zeta}{\partial t}\right)^2 df. \tag{140, 35}$$

Somit lautet im vorliegenden Fall das HAMILTONsche Prinzip

$$\delta \int_{t_1}^{t_2} \left\{ \iint_F \left\{ \frac{\varrho}{2} \left(\frac{\partial \zeta}{\partial t} \right)^2 - \frac{E h^2}{24(1-m^2)} \left[\left(\frac{\partial^2 \zeta}{\partial x^2} + \frac{\partial^2 \zeta}{\partial y^2} \right)^2 - 2(1-m) \left(\frac{\partial^2 \zeta}{\partial x^2} \frac{\partial^2 \zeta}{\partial y^2} - \left(\frac{\partial^2 \zeta}{\partial x \partial y} \right)^2 \right) \right] \right\} df \right\} dt = 0. \quad (140, 36)$$

Die zu diesem Variationsproblem gehörende EULERsche Gleichung (mit den nun drei Unabhängigen x, y, t) lautet

$$\varrho \frac{\partial^2 \zeta}{\partial t^2} + \frac{E h^2}{12(1-m^2)} \left(\frac{\partial^4 \zeta}{\partial x^4} + 2 \frac{\partial^4 \zeta}{\partial x^2 \partial y^2} + \frac{\partial^4 \zeta}{\partial y^4} \right\} = 0 \quad (140, 37)$$

und ist die Bewegungsgleichung für die Transversalschwingungen einer Platte.

Die Plattengleichung (140, 37), das zweidimensionale Analogon der Stabgleichung (139, 24), ist im Gegensatz zu den bisher gefundenen „Differentialgleichungen der Physik" eine partielle Differentialgleichung 4. Ordnung.

Wir unterlassen es hier, auf eine nähere Behandlung von (140, 38) einzugehen: denn die strenge Integration dieser Gleichung bei vorgegebenen Randbedingungen bringt i. allg. erhebliche Schwierigkeiten mit sich, die z. T. noch nicht überwunden sind. So ist z. B. die Aufgabe, die transversalen Schwingungen einer rechteckigen Platte mit freien Rändern aus (140, 38) zu bestimmen, bis heute noch nicht exakt gelöst.

B. Hydromechanik

141. Das Modell der Idealen Flüssigkeit

Während bisher allein der deformierbare Feste Körper der Gegenstand unserer Betrachtungen war, sollen nun im letzten Teil dieses Bandes die Grundgesetze der Mechanik flüssiger und gasförmiger Körper dargelegt werden.

Der auffälligste Unterschied zwischen flüssigen und gasförmigen Körpern und dem festen Körper ist bereits in Kap. 91 angegeben worden: ein Fester Körper besitzt eine bestimmte Gestalt und ist bestrebt, diese beizubehalten, was bei flüssigen und gasförmigen Körpern nicht der Fall ist. Während ferner ein Fester Körper einer Formänderung einen sehr großen Widerstand entgegengesetzt, ist dieser bei einer Formänderung von flüssigen und gasförmigen Stoffen nur sehr gering. Man gelangt daher zu einem besonders einfachen Modell für flüssige und gasförmige Stoffe, wenn man sie als solche Körper ansieht, die gegenüber einer Formänderung (bei festem Volumen) keinen Widerstand leisten.

Nach den früheren Darlegungen bedeutet dies, daß bei solchen Stoffen die Scherspannungen σ_{ik}, $(i \neq k)$ stets verschwinden und das ist nach den Spannungs-Dehnungs-Beziehungen (109, 36) dann der Fall, wenn

$$\mu = 0 \quad (141, 1)$$

ist. Wie die Erfahrung lehrt, weist zwar jede Flüssigkeit und jedes Gas bei einer Formveränderung einen — allerdings nur kleinen — Widerstand auf. Vernachlässigt man diesen zunächst, so kann man durch (141, 1) einen Stoff definieren, den man als *Ideale Flüssigkeit* bezeichnet. Durch diesen Begriff sind daher nicht nur Flüssigkeiten im landläufigen Sinn, sondern auch Gase gemeint.

Der augenfällige Unterschied zwischen flüssigen und gasförmigen Stoffen besteht darin, daß Flüssigkeiten (fast) inkompressibel, Gase dagegen stark kompressibel sind. Man drückt dies dadurch aus, daß man von inkompressiblen oder tropfbaren Flüssigkeiten bzw. von kompressiblen Flüssigkeiten (d. s. Gase) spricht. Nachstehend wird der Begriff Flüssigkeit als gemeinsame Bezeichnung für flüssige und gasförmige Stoffe verwendet und nur wenn eine Unterscheidung notwendig ist, ein entsprechendes Eigenschaftswort hinzugefügt.

Dadurch, daß ideale oder reibungslose Flüssigkeiten als Stoffe definiert sind, die nur eine nicht verschwindende Elastizitätskonstante (λ) haben, erweisen sich jene als ein Sonderfall des Festen elastischen Körpers. Man kann daher für Flüssigkeiten gültige Gleichungen erhalten, indem man die früher für den Festen Körper gefundenen Beziehungen übernimmt und in ihnen $\mu = 0$ setzt. Allerdings muß dabei beachtet werden, daß die somit erhaltenen Gleichungen nur insoweit gelten können, als sie auch den früher gemachten Voraussetzungen entsprechen. Die wesentlichste war die der „infinitesimalen" Verrückung. Eine solche liegt nun bei Flüssigkeiten sicher nicht im Fall einer Bewegung vor. Hierin unterscheiden sich Flüssigkeiten von festen Körpern ein weiteres Mal, weil Flüssigkeiten bei Bewegungen endliche Verschiebungen erleiden können, was bei den als *Strömungen* bezeichneten Bewegungsvorgängen der Fall ist. Setzt man also in früher gefundenen Gleichungen $\mu = 0$, so werden die sich dann ergebenden Beziehungen für Flüssigkeiten nur dann gültig sein, wenn die Verrückungen „hinreichend" klein sind. Diese Bedingung ist mit Sicherheit erfüllt, wenn die Verrückung gänzlich verschwindet, die Flüssigkeit also in Ruhe ist. Die für den dann vorliegenden Fall des Gleichgewichts von Flüssigkeiten (*Hydrostatik*) geltenden Gleichungen wird man daher unschwer aus bereits bekannten Ergebnissen erhalten.

VIII. Hydrostatik

142. Die Gleichgewichtsbedingung

Nach dem eben Erörterten erhält man die Bedingung für das Gleichgewicht einer Flüssigkeit, indem man in den für einen Elastischen Körper geltenden Gleichungen den Schermodul $\mu = 0$ setzt. Dann reduzieren sich die Spannungs-Dehnungs-Beziehungen auf

$$\sigma_{xx} = \sigma_{yy} = \sigma_{zz} = \lambda\Theta = -p\,, \tag{142, 1}$$

$$\sigma_{ik} = 0, \qquad i \neq k. \tag{142, 2}$$

Während die zuletzt angegebenen Ausdrücke das p. def. bei Idealen Flüssigkeiten verlangte Verschwinden der Scherspannungen angeben, besagen die vorstehenden, daß die drei Normalspannungen einander gleich sind[1]).

Damit erhält man für den Spannungsvektor $\mathfrak{t}^{(\mathfrak{n})}$ nach (101, 24—26):

$$\mathfrak{t}^{(\mathfrak{n})} = \{\sigma_{xx}\cos\alpha,\ \sigma_{yy}\cos\beta,\ \sigma_{zz}\cos\gamma\} \tag{142, 3}$$

$$= -p\mathfrak{n}^0\,. \tag{142, 4}$$

Man nennt p den auf die Flüssigkeit ausgeübten Druck.

Geht man mit (142, 1) in (107, 9—11) ein, so erhält man als Gleichgewichtsbedingung für eine Flüssigkeit

$$F_x = -\frac{\partial\sigma_{xx}}{\partial x}\,, \qquad F_y = -\frac{\partial\sigma_{yy}}{\partial y}\,, \qquad F_z = -\frac{\partial\sigma_{zz}}{\partial z} \tag{142, 5}$$

[1]) Sog. „Gesetz des isotropen Drucks", das verschiedentlich als axiomatischer Ausgangspunkt der Hydrostatik verwendet wird (Pascal).

oder

$$\mathfrak{F} = \operatorname{grad} p. \tag{142, 6}$$

Es ist nun notwendig, anstelle der in der Elastomechanik allein verwendeten Volumenkraft $\mathfrak{F}$ die Massenkraft $\mathfrak{P}$ einzuführen, die mit $\mathfrak{F}$ durch die Beziehung (100, 5):

$$\mathfrak{F} = \varrho\mathfrak{P} \tag{142, 7}$$

verknüpft ist.

Der Übergang von $\mathfrak{F}$ auf $\mathfrak{P}$ ist jetzt deswegen erforderlich, weil die Dichte ϱ von kompressiblen Flüssigkeiten (Gasen), i. allg. von noch anderen Größen, wie z. B. vom Druck p, der Temperatur T abhängig ist.

Wir wollen uns nachstehend allein auf den Fall einer *barotropen* Flüssigkeit beschränken, die dadurch gekennzeichnet ist, daß ihre Dichte ϱ nur druckabhängig ist:

$$\varrho = \varrho(p). \tag{142, 8}$$

Geht man mit (142, 7) in (142, 6) ein, so erhält man als *Gleichgewichtsbedingung* für eine barotrope Flüssigkeit

$$\varrho(p)\mathfrak{P}(\mathfrak{r}) = \operatorname{grad} p(\mathfrak{r}) . \tag{142, 9}$$

Dieser Ausdruck heißt die *hydrostatische Grundgleichung*. Durch diese Gleichung wird festgelegt, von welcher Art ein Kraftfeld $\mathfrak{P} = \mathfrak{P}(\mathfrak{r})$ sein muß, damit in ihm Gleichgewicht einer barotropen Flüssigkeit überhaupt möglich ist.

Um die Bedingung, die $\mathfrak{P}$ für den „hydrostatischen Fall" zu erfüllen hat, zu finden, formen wir die Gleichgewichtsbedingung (142, 9) wie folgt um. Wendet man auf sie die Operation rot an, so erhält man

$$\operatorname{rot} \varrho(p)\, \mathfrak{P}(\mathfrak{r}) = \operatorname{rot} \operatorname{grad} p = 0. \tag{142, 10}$$

Führt man die Differentiation des linksseitig stehenden Ausdrucks aus, so erhält man

$$\varrho(p(\mathfrak{r})) \operatorname{rot} \mathfrak{P}(\mathfrak{r}) - \mathfrak{P} \times \operatorname{grad} \varrho(p(\mathfrak{r})) = 0. \tag{142, 11}$$

Multipliziert man diese Gleichung skalar mit $\mathfrak{P}$, so wird

$$\varrho(\mathfrak{P} \cdot \operatorname{rot} \mathfrak{P}) - \mathfrak{P} \cdot (\mathfrak{P} \times \operatorname{grad} \varrho) = 0 . \tag{142, 12}$$

Hieraus folgt wegen des Verschwindens des Spatproduktes, daß

$$\mathfrak{P} \cdot \operatorname{rot} \mathfrak{P} = 0 \tag{142, 13}$$

sein muß. Diese Gleichung wird erfüllt, wenn

$$\mathfrak{P}(\mathfrak{r}) \perp \operatorname{rot} \mathfrak{P}(\mathfrak{r}) \tag{142, 14}$$

ist. Sieht man von diesem sehr speziellen — und in der Natur wohl kaum vorliegenden — Fall eines Kraftfeldes ab, so muß, wenn (142, 13) gelten soll,

$$\operatorname{rot} \mathfrak{P} = 0 , \tag{142, 15}$$

d. h.

$$\mathfrak{P} = -\operatorname{grad} W \tag{142, 16}$$

sein. Diese Gleichung besagt, daß sich Gleichgewicht von Flüssigkeiten nur in solchen Kraftfeldern $\mathfrak{P} = \mathfrak{P}(\mathfrak{r})$ einstellen kann, die sich aus einem auf die Masseneinheit bezogenen Potential W herleiten lassen, d. h. gemäß den früher eingeführten Begriffen ist ein hydrostatisches Gleichgewicht nur in konservativen Kraftfeldern möglich.

Für diesen Fall kann mit (142, 16) die Gleichgewichtsbedingung (142, 9) in der Form

$$-\operatorname{grad} W = \frac{1}{\varrho(p)} \operatorname{grad} p(\mathfrak{r}) \tag{142, 17}$$

geschrieben werden. Die rechte Seite dieser Gleichung läßt sich ebenfalls als Gradient darstellen, wenn man die Hilfsgröße

$$P = \int \frac{dp}{\varrho(p)} \tag{142, 18}$$

einführt. Damit geht (142, 17) in

$$\operatorname{grad}(W + P) = 0 \tag{142, 19}$$

über, aus der durch Integration

$$W + P = \text{const} \tag{142, 20}$$

folgt. Diese — ihrem Inhalt nach mit (142, 6) gleichwertige — Beziehung ist die integrale Form der hydrostatischen Grundgleichung.

IX. Hydrodynamik der Idealen Flüssigkeit

143. Problemstellung

Während sich die vorstehenden Betrachtungen nur auf Gleichgewichtszustände von Flüssigkeiten beschränkten, wollen wir nunmehr zu der Behandlung von Flüssigkeitsbewegungen übergehen. Dieser Teil der Hydromechanik, der sich mit den Gesetzmäßigkeiten und Eigenschaften der Bewegungen von (kompressiblen oder inkompressiblen) Flüssigkeiten beschäftigt, heißt *Hydrodynamik*. Ihr obliegt insbesondere die Lösung folgender Aufgabe: Gegegeben ist eine ein gewisses Raumgebiet kontinuierlich ausfüllende Flüssigkeit, auf die bekannte äußere Kräfte einwirken. Gesucht sind Ausdrücke, durch die sowohl die Bewegung eines jeden Flüssigkeitselementes, der jeweils herrschende Druck p und bei kompressiblen Flüssigkeiten auch ihre Dichte ϱ in jedem Punkte $\mathfrak{r} = \{x, y, z\}$ des Strömungsfeldes zu jedem Zeitpunkt t beschrieben werden.

Zur Lösung dieser Aufgabe kann man in verschiedener Weise vorgehen. Die eine von ihnen ist die, welche heute als LAGRANGEsche Darstellung bezeichnet wird. Sie ist dadurch charakterisiert, daß sie die in Kap. 103 erklärten LAGRANGEschen Variablen $\mathfrak{r}_0$ und t verwendet und durch sie den Ortsvektor $\mathfrak{r}$ eines Flüssigkeitsteilchens ausdrückt:

$$\mathfrak{r} = \mathfrak{r}(\mathfrak{r}_0, t). \tag{143, 1}$$

Eine andere Möglichkeit zur Beschreibung eines Strömungsfeldes ist die EULERsche Darstellung. Diese beschreibt eine Flüssigkeitsströmung dadurch, daß für jeden Punkt $\mathfrak{r} = \{x, y, z\}$ des Strömungsfeldes zu jedem Zeitpunkt t die Geschwindigkeit $\mathfrak{v}$, der Druck p und bei kompressiblen Flüssigkeiten auch deren Dichte ϱ in Abhängigkeit von $\mathfrak{r}$ und t angegeben wird. Nach EULER wird also eine Flüssigkeitsbewegung durch die drei Feldgrößen

$$\mathfrak{v} = \mathfrak{v}(\mathfrak{r}, t), \qquad p = p(\mathfrak{r}, t), \qquad \varrho = \varrho(\mathfrak{r}, t) \tag{143, 2}$$

beschrieben, die Funktionen der voneinander unabhängigen Variablen $\mathfrak{r}$ und t sind.

Welche von den beiden genannten Darstellungen man zur Beschreibung einer Flüssigkeitsbewegung wählt, ist grundsätzlich gleichgültig: man kann nämlich stets

Gleichungen, die etwa in den LAGRANGEschen Variablen $\mathfrak{r}_0$, t ausgedrückt sind, durch Transformation auf ihnen entsprechende Gleichungen zurückführen, die von den EULERschen Variablen $\mathfrak{r}$, t abhängen. Ein Beispiel hierfür ist in Kap. 103 angegeben, das zum Begriff der substantiellen Ableitung führte.

Die Erfahrung hat gezeigt, daß zur Beschreibung von Flüssigkeitsströmungen in den meisten Fällen die Verwendung der EULERschen Variablen (aus rechnerischen Gründen) besonders zweckmäßig ist. Wir werden sie daher — wie es auch heute vorzugsweise geschieht — nachstehend überwiegend verwenden. Es sei jedoch betont, daß sich gewisse Begriffe der Hydrodynamik ohne Verwendung der LAGRANGEschen Variablen nicht bilden lassen, wie z. B. die eben erwähnte substantielle Ableitung.

144. Bahnlinien, Stromlinien, Stromröhre und Stromfaden

Die die LAGRANGEsche Darstellung kennzeichnende Gleichung

$$\mathfrak{r} = \mathfrak{r}(\mathfrak{r}_0, t) \tag{144, 1}$$

ist der analytische Ausdruck für eine Raumkurve, die das durch das Merkmal $\mathfrak{r}_0$ gekennzeichnete Flüssigkeitsteilchen während einer Strömung tatsächlich durchläuft. Man nennt daher die durch (144, 1) beschriebene Kurve die *Bahnlinie* des Teilchens. Ihre Differentialgleichung erhält man aus (144, 1) nach wohlbekannten mathematischen Regeln — Elimination von $\mathfrak{r}_0$ aus $\mathfrak{r}$ und der zeitlichen Ableitung dieses Vektors — was zu

$$d\mathfrak{r} = \mathfrak{v}(\mathfrak{r}, t)\,dt \tag{144, 2}$$

führt. Diese Gleichung lautet, ausführlich geschrieben,

$$\frac{dx}{v_x(x, y, z, t)} = \frac{dy}{v_y(x, y, z, t)} = \frac{dz}{v_z(x, y, z, t)} = dt. \tag{144, 3}$$

Dies ist ein System von gekoppelten Differentialgleichungen, deren Lösung i. allg. nicht einfach ist.

Der Begriff der Bahnlinie ist wohl zu unterscheiden von dem der *Stromlinien.* Diese sind definiert als jene innerhalb eines von Flüssigkeit durchströmten Raumgebietes $\mathfrak{G}$ verlaufende Kurven, deren Tangenten in jedem Punkt $P(\mathfrak{r})$ von $\mathfrak{G}$ stets dieselbe Richtung haben, wie sie auch die jeweils in $P(\mathfrak{r})$ herrschende Geschwindigkeit $\mathfrak{v}$ besitzt. Durch die Einführung des Begriffes Stromlinie läßt sich das Geschwindigkeitsfeld einer bewegten Flüssigkeit in ähnlicher Weise veranschaulichen, wie es z. B. vom magnetischen Feld durch Verwendung des Begriffes „Kraftlinie“ her bekannt ist.

Da in der EULERschen Darstellung

$$\mathfrak{v} = \mathfrak{v}(\mathfrak{r}, t) \tag{144, 4}$$

ist, wird sich an einem festen Ort $\mathfrak{r}$ im Strömungsfeld die Richtung der Geschwindigkeit $\mathfrak{v}$ i. allg. mit der Zeit t ändern. Denkt man sich etwa zur Zeit $t = t_1$ das Stromlinienbild gezeichnet („Momentaufnahme“), so wird sich zu einer etwas späteren Zeit $t = t_1 + dt$ die Gesamtheit der Stromlinien i. allg. anders ändern als die der Bahnlinien, d. h. Bahnlinien und Stromlinien fallen i. allg. nicht zusammen. Diese Tatsache kommt auch formal dadurch zum Ausdruck, daß sich die Differentialgleichungen für Bahn- und Stromlinie unterscheiden.

Die Differentialgleichung für eine Stromlinie läßt sich leicht angeben: Ist

$$d\mathfrak{r} = \{dx, dy, dz\} \tag{144, 5}$$

ein Linienelement der Stromlinie, so gilt p. def.

$$d\mathfrak{r} \parallel \mathfrak{v} \tag{144, 6}$$

oder

$$\mathfrak{v} \times d\mathfrak{r} = 0. \tag{144, 7}$$

Ausführlich lautet diese Gleichung

$$\frac{dx}{v_x(x, y, z, t)} = \frac{dy}{v_y(x, y, z, t)} = \frac{dz}{v_z(x, y, z, t)} = d\tau, \tag{144, 8}$$

oder vektoriell geschrieben

$$d\mathfrak{r} = \mathfrak{v}(\mathfrak{r}, t)d\tau. \tag{144, 9}$$

Bei der Integration dieser Gleichung, deren Lösung eben die Stromlinien sind, ist die Zeit t eine Konstante, im Gegensatz zu der Differentialgleichung (144, 3) der Bahnlinien, in der t eine unabhängige Variable ist.

Man erkennt aus dem Vergleich von (144, 2) und (144, 9), daß Bahn- und Stromlinien dann identisch werden, wenn sich das Geschwindigkeitsfeld zeitlich nicht ändert, d. h. wenn

$$\mathfrak{v} = \mathfrak{v}(\mathfrak{r}) \tag{144, 10}$$

ist. Dieser Sonderfall einer Flüssigkeitsbewegung wird als *stationäre Strömung* bezeichnet.

Denkt man sich im Innern einer strömenden Flüssigkeit eine kleine geschlossene Kurve $\mathfrak{C}$ (etwa einen Kreis) gelegt und durch jeden Punkt von $\mathfrak{C}$ die dazugehörige Stromlinie gezogen, so nennt man das von diesen Stromlinien eingeschlossene Gebiet eine *Stromröhre*, Abb. 144, 1. Für den Fall einer stationären Bewegung ändert sich eine einmal gewählte Form einer Stromröhre zeitlich nicht und die durch sie fließende Flüssigkeit bewegt sich so, als wäre die Stromröhre von festen Wänden umgeben. In diesem Fall nennt man die durch die Stromröhre fließende Flüssigkeit einen *Stromfaden*, auf welchen Begriff wir in Kap. 159 zurückkommen werden.

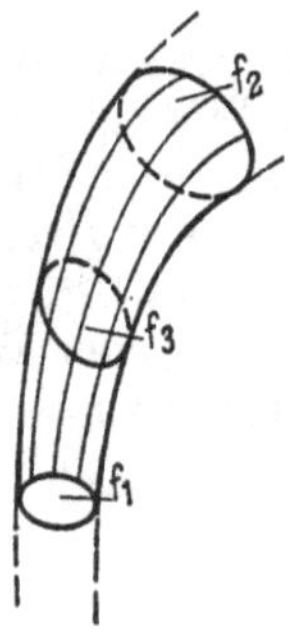

Abb. 144, 1: Stromröhre

Wir erwähnen noch abschließend einen Sonderfall: Handelt es sich um die Bewegung eines Deformierbaren Mediums, dessen Dichte ϱ konstant ist, so geht (104, 7) in

$$\operatorname{div} \mathfrak{v} = 0 \tag{144, 11}$$

über. Da diese Gleichung für volumenbeständige oder — wie man vielfach sagt — für inkompressible Deformierbare Substanzen (Wasser) gilt, wird (144, 11) als *Inkompressibilitätsbedingung* bezeichnet.

Nach Einführung des Begriffes der Stromröhre läßt sich die Inkompressibilitätsbedingung (144, 11) auf eine Form bringen, die für die Anwendungen besonders geeignet ist. Hierzu integrieren wir (144, 11) über einen Bereich $\mathfrak{B}$ der Stromröhre, was mit gleichzeitiger Anwendung des GAUSSschen Satzes zu

$$\iiint_{\mathfrak{B}} \operatorname{div} \mathfrak{v} d\tau = \iint_{\mathfrak{R}} \mathfrak{v} \cdot d\mathfrak{f} = 0 \qquad (144, 12)$$

führt. Hierbei bedeutet $\mathfrak{R}$ die den Bereich $\mathfrak{B}$ begrenzende Berandung. Die zuletzt angegebene Gleichung sagt aus, daß durch eine in dem Strömungsfeld einer inkompressiblen Flüssigkeit gelegten beliebigen (aber unbeweglichen) Oberfläche stets gleichviel Flüssigkeit ein- wie austritt. Ist der Bereich $\mathfrak{B}$ insbesondere eine Stromröhre, so tritt nur durch die die Röhre senkrecht begrenzenden Flächen f_1 und f_2 Flüssigkeit ein bzw. aus, Abb. 144, 1. Daher reduziert sich (144, 12) auf

$$\iint_{f_1} \mathfrak{v}_1 \cdot d\mathfrak{f} + \iint_{f_2} \mathfrak{v}_2 \cdot d\mathfrak{f} = \iint_{f_1} \mathfrak{v}_1 \cdot \mathfrak{n}_1^0 df + \iint_{f_2} \mathfrak{v}_2 \cdot \mathfrak{n}_2^0 df. \qquad (144, 13)$$

Weil nun immer

$$\mathfrak{v}_1 \parallel \pm \mathfrak{n}_1^0, \qquad \mathfrak{v}_2 \parallel \mp \mathfrak{n}_2^0 \qquad (144, 14)$$

ist, geht (144, 12) in

$$\iint_{f_1} v_1 df - \iint_{f_2} v_2 df = 0 \qquad (144, 15)$$

über.

Setzt man nun noch voraus, was bei vielen Strömungsvorgängen in erster Näherung erfüllt ist, daß die Strömungsgeschwindigkeit in allen Punkten der beiden Flächen f_1 und f_2 gleich ist, so wird aus (144, 15):

$$v_1 f_1 = v_2 f_2 = \ldots = \text{const.} \qquad (144, 16)$$

Dieses Produkt gibt das Flüssigkeitsvolumen an, das pro Zeiteinheit durch die Querschnitte $f_1, f_2, \ldots$ einer Stromröhre ein- bzw. austritt.

145. Die EULERsche Gleichung der Hydrodynamik

Nach den in Kap. 103 angegebenen beiden Darstellungsmöglichkeiten einer Flüssigkeitsbewegung wird diese — gleichgültig, ob man die LAGRANGEsche oder die EULERsche Beschreibungsweise wählt — durch eine vektorielle Größe ($\mathfrak{r}$ bzw. $\mathfrak{v}$) und zwei Skalare (p und ϱ) beschrieben.

Wir wollen uns hier für die Beschreibung einer Flüssigkeitsbewegung mit Hilfe der EULERschen Variablen $\mathfrak{r}$ und t entscheiden. Dann haben wir zunächst die Bewegungsgleichung für das Geschwindigkeitsfeld

$$\mathfrak{v} = \mathfrak{v}(\mathfrak{r}, t) \qquad (145, 1)$$

aufzusuchen. Hierzu sind aber keine neuen Überlegungen mehr erforderlich, weil die in Kap. 105 durchgeführten Betrachtungen hier wörtlich übernommen werden können. Man hat also

$$\varrho \frac{Dv_x}{Dt} = F_x + \frac{\partial \sigma_{xx}}{\partial x} + \frac{\partial \sigma_{xy}}{\partial y} + \frac{\partial \sigma_{xz}}{\partial z}. \qquad (145, 2)$$

Um diese Gleichung auf die Hydrodynamik zu übertragen, braucht nur beachtet zu werden, daß in einer Idealen Flüssigkeit p. def. keine Scherspannungen herrschen. Es sind also in (145, 2) die

$$\sigma_{ik} = 0, \qquad i \neq k \qquad (145, 3)$$

zu setzen, während die Normalspannungen

$$\sigma_{xx} = \sigma_{yy} = \sigma_{zz} = -p \qquad (145, 4)$$

sind. Geht man damit in (145, 2) ein, so erhält man

$$\varrho \frac{Dv_x}{Dt} = F_x - \frac{\partial p}{\partial x}\,. \tag{145, 5}$$

Führt man noch schließlich anstelle der Volumenkraft $\mathfrak{F}$ die Massenkraft

$$\mathfrak{P} = \frac{1}{\varrho}\mathfrak{F} \tag{146, 6}$$

ein, so erhält man als Bewegungsgleichung

$$\frac{Dv_x}{Dt} = \frac{\partial v_x}{\partial t} + (\mathfrak{v} \cdot \operatorname{grad})\, v_x = P_x - \frac{1}{\varrho}\frac{\partial p}{\partial x} \tag{145, 7}$$

und zwei analoge Gleichungen für v_y und v_z. Diese Gleichungen lassen sich in die Vektorgleichung

$$\frac{\partial \mathfrak{v}}{\partial t} + (\mathfrak{v} \cdot \operatorname{grad})\, \mathfrak{v} = \mathfrak{P} - \frac{1}{\varrho}\operatorname{grad} p \tag{145, 8}$$

zusammenfassen. Das ist die erstmalig von EULER angegebene Bewegungsgleichung für eine Ideale Flüssigkeit, weshalb sie schlagwortartig als EULER*sche Gleichung der Hydrodynamik* bezeichnet wird.

Sie ist, wegen des Auftretens des konvektiven Gliedes $(\mathfrak{v} \cdot \operatorname{grad})\, \mathfrak{v}$ eine *nichtlineare* partielle Differentialgleichung für $\mathfrak{v}(\mathfrak{r}, t)$. Die Nichtlinearität von (145, 8) hat zur Folge, daß ihre Integration i. allg. in Strenge nicht möglich ist.

Ohne jedoch hier auf die grundsätzlichen Schwierigkeiten, die die Integration nichtlinearer Differentialgleichungen mit sich bringt, im einzelnen einzugehen, bemerken wir, daß in (145, 8) allein die „äußere eingeprägte" Massenkraft $\mathfrak{P}$ als bekannt anzusehen ist, während außer der Geschwindigkeit $\mathfrak{v}$ auch der Druck p und die Dichte ϱ noch zu bestimmende Größen sind. Dies ist nur dann möglich, wenn man noch zwei weitere Gleichungen zur Verfügung hat, in denen mindestens zwei der Unbekannten $\mathfrak{v}$, p, ϱ vorkommen. Als eine dieser Gleichungen kann die Kontinuitätsgleichung (104, 7):

$$\operatorname{div} \varrho \mathfrak{v} + \frac{\partial \varrho}{\partial t} = 0 \tag{145, 9}$$

dienen. Schließlich braucht man, insbesondere für kompressible Flüssigkeiten (Gase) eine Druck-Dichte-Beziehung

$$p = p(\varrho, \ldots). \tag{145, 10}$$

Für barotrope Flüssigkeiten kann man hierzu die Polytropengleichungen

$$p\varrho^{-n} = \text{const} \tag{145 11}$$

verwenden.

146. Randbedingungen

Um aus der EULERschen Gleichung (145, 8), der Kontinuitätsgleichung (145, 9) und der Druck-Dichte-Beziehung (145, 10) die das Strömungsfeld beschreibenden Größen

$$\mathfrak{v} = \mathfrak{v}(\mathfrak{r}, t), \qquad p = p(\mathfrak{r}, t), \qquad \varrho = \varrho(\mathfrak{r}, t) \tag{146, 1}$$

für konkrete Fälle zu bestimmen, hat man ein solches Integral jener Gleichungen aufzusuchen, das gewisse Anfangs- und Randbedingungen erfüllt.

Aus der Vielzahl von häufig auftretenden Randbedingungen geben wir folgende Beispiele an.

1. Es handele sich um eine strömende Flüssigkeit, die von einer für sie undurchdringlichen, zeitlich festen Berandung umgeben ist. Die Undurchdringlichkeit der Wand verlangt dann, daß die Geschwindigkeit $\mathfrak{v}$ senkrecht zur Berandung $\mathfrak{R}$ keine Komponente hat, also die Normalkomponente

$$v_n = 0. \tag{146, 2}$$

Ist

$$F(\mathfrak{r}) = 0 \tag{146, 3}$$

die Gleichung der Berandungsfläche (Wand), so wird das Verschwinden der Normalkomponente auf $\mathfrak{R}$ analytisch durch

$$\mathfrak{v} \cdot \operatorname{grad} F(\mathfrak{r}) = v_x \frac{\partial F}{\partial x} + \ldots = 0 \tag{146, 4}$$

zum Ausdruck gebracht.

2. Ist die eine strömende Flüssigkeit begrenzende Fläche zeitlich veränderlich, so ist ihre Gleichung von der Form

$$F(\mathfrak{r}, t) = 0. \tag{146, 5}$$

Dann verlangt die Undurchdringlichkeit, daß

$$\mathfrak{v} \cdot \operatorname{grad} F(\mathfrak{r}, t) = 0 \tag{146, 6}$$

ist.

3. Eine wiederum andere Randbedingung hat man zu erfüllen, wenn die Bewegung einer Flüssigkeit untersucht wird, die an eine andere Flüssigkeit grenzt. Als Beispiel hierfür seien die Oberflächenwellen einer „echten“ Flüssigkeit genannt, Kap. 161. Grenzt diese an die Atmosphäre, so herrscht in allen Punkten der Trennfläche Luft/Flüssigkeit der konstante Atmosphärendruck p_0, d. h. es muß dann für alle Punkte der „echten“ Flüssigkeitsoberfläche die Bedingung

$$p(\mathfrak{r}, t) = p_0 = \text{const} \tag{146, 7}$$

oder

$$dp(\mathfrak{r}, t) = 0 \tag{146, 8}$$

auf $\mathfrak{R}$ erfüllt sein.

147. Energetische Betrachtungen

Aus der Eulerschen Gleichung (145, 8) in Verbindung mit der Kontinuitätsgleichung (145, 9) läßt sich eine Beziehung herleiten, die als *Energiegleichung* der Hydrodynamik bezeichnet wird, weil durch sie die Erhaltung der Energie bei Strömungsvorgängen von Idealen (kompressiblen oder inkompressiblen) Flüssigkeiten zum Ausdruck gebracht wird.

Um zu der Energiegleichung zu gelangen, multiplizieren wir die Eulersche Gleichung mit $\varrho\mathfrak{v}$, was zu

$$\varrho\mathfrak{v} \cdot \frac{\partial \mathfrak{v}}{\partial t} + \frac{1}{2}\varrho\mathfrak{v} \cdot \operatorname{grad} \mathfrak{v}^2 = \varrho\mathfrak{v} \cdot \mathfrak{P} - \mathfrak{v} \cdot \operatorname{grad} p \tag{147, 1}$$

führt. Setzt man voraus, daß die Massenkraft $\mathfrak{P}$ ein Potential W hat,

$$\mathfrak{P} = -\operatorname{grad} W, \tag{147, 2}$$

so wird aus (147, 1):

$$\varrho\mathfrak{v}\cdot\frac{\partial\mathfrak{v}}{\partial t}+\frac{1}{2}\varrho\mathfrak{v}\cdot\operatorname{grad}\mathfrak{v}^2=-\varrho(\mathfrak{v}\cdot\operatorname{grad}W)-\mathfrak{v}\cdot\operatorname{grad}p. \qquad (147, 3)$$

Beachtet man (5, 133), so wird weiter

$$\varrho\mathfrak{v}\cdot\frac{\partial\mathfrak{v}}{\partial t}+\frac{1}{2}\operatorname{div}\varrho v^2\mathfrak{v}-\frac{1}{2}\mathfrak{v}^2\operatorname{div}\varrho\mathfrak{v}=-\operatorname{div}\varrho W\mathfrak{v}+W\operatorname{div}\varrho\mathfrak{v} \qquad (147, 4)$$
$$-\operatorname{div}p\mathfrak{v}+p\operatorname{div}\mathfrak{v}.$$

Drückt man hierin den Faktor div $\varrho\mathfrak{v}$ gemäß der Kontinuitätsgleichung aus, so erhält man nach geeigneter Zusammenfassung

$$\frac{\varrho}{2}\frac{\partial\mathfrak{v}^2}{\partial t}+\frac{1}{2}\mathfrak{v}^2\frac{\partial\varrho}{\partial t}+W\frac{\partial\varrho}{\partial t}-p\operatorname{div}\mathfrak{v}+\operatorname{div}\left(\frac{\varrho}{2}\mathfrak{v}^2+\varrho W+p\right)\mathfrak{v}=0. \qquad (147, 5)$$

Nun ist weiterhin

$$\frac{\varrho}{2}\frac{\partial\mathfrak{v}^2}{\partial t}+\frac{\mathfrak{v}^2}{2}\frac{\partial\varrho}{\partial t}=\frac{\partial}{\partial t}\left(\frac{\varrho}{2}\mathfrak{v}^2\right)=\frac{\partial\varepsilon_k}{\partial t} \qquad (147, 6)$$

d. h. gleich der zeitlichen Änderung der kinetischen Energiedichte

$$\varepsilon_k=\frac{\varrho}{2}\mathfrak{v}^2. \qquad (147, 7)$$

Ebenso lassen sich das 3. und 4. Glied in (147, 5) als die zeitliche Änderung der potentiellen Energiedichte ε_p der Flüssigkeit deuten. Man sieht dies so ein. Die auf die Volumeneinheit bezogene potentielle Energie ist

$$\varepsilon_p=\varrho W+w, \qquad (147, 8)$$

wobei w das elastische Potential bedeutet. Dieses ist für Ideale Flüssigkeiten ($\mu=0$) nach (113, 29):

$$w=\frac{1}{2}\lambda\Theta^2, \qquad (147, 9)$$

womit die potentielle Energiedichte

$$\varepsilon_p=\varrho W+\frac{\lambda}{2}\Theta^2 \qquad (147, 10)$$

wird. Ihre zeitliche Änderung ist

$$\frac{\partial\varepsilon_p}{\partial t}=\frac{\partial}{\partial t}\left\{\varrho W+\frac{\lambda}{2}\Theta^2\right\} \qquad (147, 11)$$

$$=W\frac{\partial\varrho}{\partial t}+\lambda\Theta\frac{\partial\Theta}{\partial t}. \qquad (147, 12)$$

Hierbei ist vorausgesetzt, daß das Potential W nicht explizit von der Zeit t abhängt, also

$$\frac{\partial W}{\partial t}=0 \qquad (147, 13)$$

ist. Für das letzte Glied in (147, 12) kann man unter Verwendung früher gefundener Ergebnisse

$$\lambda\Theta\frac{\partial\Theta}{\partial t}=\lambda\Theta\frac{\partial}{\partial t}\operatorname{div}\mathfrak{s} \qquad (147, 14)$$

$$=-p\operatorname{div}\mathfrak{v} \qquad (147, 15)$$

schreiben. Damit wird

$$\frac{\partial \varepsilon_p}{\partial t} = W \frac{\partial \varrho}{\partial t} - p \operatorname{div} \mathfrak{v} . \tag{147, 16}$$

Mit diesem Ausdruck und (147, 6) geht (147, 5) in

$$\frac{\partial(\varepsilon_k + \varepsilon_p)}{\partial t} + \operatorname{div}\left(\frac{\varrho}{2}\mathfrak{v}^2 + \varrho W + p\right)\mathfrak{v} = 0 \tag{147, 17}$$

über. Führt man die Abkürzungen

$$\varepsilon = \varepsilon_k + \varepsilon_p \tag{147, 18}$$

$$\mathfrak{S} = \left(\frac{\varrho}{2}\mathfrak{v}^2 + \varrho W + p\right)\mathfrak{v} \tag{147, 19}$$

ein, so hat man schließlich

$$\frac{\partial \varepsilon}{\partial t} + \operatorname{div} \mathfrak{S} = 0 . \tag{147, 20}$$

Integriert man (147, 20) über einen raumfesten Bereich $\mathfrak{B}$ mit der Berandungsfläche $\mathfrak{R}$ und wendet den Gaussschen Satz an, so geht (147, 20) in

$$-\frac{\partial}{\partial t}\iiint\limits_{\mathfrak{B}} \varepsilon d\tau = -\frac{\partial E}{\partial t} = \iint\limits_{\mathfrak{R}} \mathfrak{S} \cdot d\mathfrak{f} \tag{147, 21}$$

oder

$$\frac{\partial E}{\partial t} + \iint\limits_{\mathfrak{R}} \mathfrak{S} \cdot d\mathfrak{f} = 0 \tag{147, 22}$$

über. Diese Beziehung sagt aus: Die Gesamtenergie E in einem raumfesten Volumen eines Strömungsfeldes kann nur dadurch ab- oder zunehmen, daß durch die Berandung $\mathfrak{R}$ von $\mathfrak{B}$ Energie aus- oder einströmt. Diese „Energieströmung" wird durch den Vektor $\mathfrak{S}$ beschrieben, der deswegen *Energieströmungsvektor* heißt. Er gibt die durch die zu $\mathfrak{v}$ senkrecht stehende Flächeneinheit von $\mathfrak{R}$ hindurchtretende Energie pro Zeiteinheit an.

Durch (147, 22) wird die Energieerhaltungsaussage bei der Strömung einer Idealen Flüssigkeit in integraler Form ausgedrückt. Differentiell geschrieben kommt die Energiegleichung durch (147, 20) zum Ausdruck. Dies konnte im Anschluß an die Herleitung dieser Gleichung noch nicht gesagt werden, weil in ihr $\mathfrak{S}$ zunächst noch eine Abkürzung war und erst im Anschluß an (147, 22) festgestellt wurde, daß $\mathfrak{S}$ auch eine physikalische Bedeutung hat.

Die differentielle Formulierung (147, 20) der Energieerhaltungsaussage ist der in Kap. 104 eingeführten Kontinuitätsgleichung ähnlich. Man nennt daher Gleichungen vom Typ (147, 20), die in vielen Teilgebieten der Physik auftreten, eine Kontinuitätsgleichung schlechthin. Durch sie wird stets die Erhaltung einer physikalischen Größe ausgedrückt.

148. Einteilung der Flüssigkeitsbewegungen

Das in der Eulerschen Gleichung

$$\frac{\partial \mathfrak{v}}{\partial t} + (\mathfrak{v} \cdot \operatorname{grad})\mathfrak{v} = \mathfrak{P} - \frac{1}{\varrho}\operatorname{grad} p \tag{148, 1}$$

auftretende nichtlineare Glied, der konvektive Anteil $(\mathfrak{v} \cdot \operatorname{grad})\mathfrak{v}$ der substantiellen Ableitung von $\mathfrak{v}$, läßt sich — wie es Sommerfeld ausdrückt — in eine „legitimvektorielle Form umsetzen". Geht man mit dieser in die hydrodynamische Bewegungsgleichung (148, 1) ein, so nimmt sie eine Gestalt an, die es ermöglicht, die Vielzahl der Flüssigkeitsbewegungen in gewisse typische Klassen einzuteilen.

Wir wollen diese Klassifizierung vornehmen und haben daher vorerst das in (148, 1) auftretende nichtlineare Glied umzuformen. Hierzu gehen wir von dessen x-Komponente

$$\{(\mathfrak{v} \cdot \operatorname{grad})\,\mathfrak{v}\}_x = \left(v_x \frac{\partial}{\partial x} + v_y \frac{\partial}{\partial y} + v_z \frac{\partial}{\partial z}\right) v_x \tag{148, 2}$$

$$= v_x \frac{\partial v_x}{\partial x} + v_y \frac{\partial v_x}{\partial y} + v_z \frac{\partial v_x}{\partial z} \tag{148, 3}$$

aus. In diesem Ausdruck läßt sich für

$$v_x \frac{\partial v_x}{\partial x} = \frac{1}{2} \frac{\partial v_x^2}{\partial x} \tag{148, 4}$$

schreiben. Es liegt nahe, diesen Term durch entsprechende Ergänzungen auf die Form

$$\frac{1}{2} \frac{\partial \mathfrak{v}^2}{\partial x} = \frac{1}{2}\left(\frac{\partial v_x^2}{\partial x} + \frac{\partial v_y^2}{\partial x} + \frac{\partial v_z^2}{\partial x}\right) \tag{148, 5}$$

zu bringen, damit in (148, 3) die Invariante

$$\mathfrak{v}^2 = v_x^2 + v_y^2 + v_z^2 \tag{148, 6}$$

auftritt. Aus (148, 5) folgt

$$\frac{1}{2} \frac{\partial v_x^2}{\partial x} = \frac{1}{2}\left(\frac{\partial \mathfrak{v}^2}{\partial x} - \frac{\partial v_y^2}{\partial x} - \frac{\partial v_z^2}{\partial x}\right). \tag{148, 7}$$

Dies ist gleichwertig mit

$$v_x \frac{\partial v_x}{\partial x} = \frac{1}{2} \frac{\partial v_x^2}{\partial x} = \frac{1}{2} \frac{\partial \mathfrak{v}^2}{\partial x} - v_y \frac{\partial v_y}{\partial x} - v_z \frac{\partial v_z}{\partial x}. \tag{148, 8}$$

Geht man damit in (148, 3) ein und faßt die Glieder, in denen die Faktoren v_y und v_z vorkommen, zusammen, so erhält man

$$(\mathfrak{v} \cdot \operatorname{grad})\, v_x = \frac{1}{2} \frac{\partial \mathfrak{v}^2}{\partial y} + v_y \left(\frac{\partial v_x}{\partial y} - \frac{\partial v_y}{\partial x}\right) + v_z \left(\frac{\partial v_x}{\partial z} - \frac{\partial v_z}{\partial x}\right) \tag{148, 9}$$

$$= \frac{1}{2} \frac{\partial \mathfrak{v}^2}{\partial x} - v_y \operatorname{rot}_z \mathfrak{v} + v_z \operatorname{rot}_y \mathfrak{v} \tag{148, 10}$$

$$= \frac{1}{2} \frac{\partial \mathfrak{v}^2}{\partial x} - (\mathfrak{v} \times \operatorname{rot} \mathfrak{v})_x. \tag{148, 11}$$

Die beiden letzten Gleichungen ergeben sich aus (148, 9), wenn man die Definition der rot eines Vektors und die des Vektorproduktes beachtet, Kap. 5.

Aus (148, 11) erhält man die y- und z-Komponente von $(\mathfrak{v} \cdot \operatorname{grad})\,\mathfrak{v}$ durch zyklische Vertauschung: $x \to y \to z$.

Geht man von der Komponentendarstellung zur Vektorschreibweise über, so erhält man

$$(\mathfrak{v} \cdot \operatorname{grad})\,\mathfrak{v} = \frac{1}{2} \operatorname{grad} \mathfrak{v}^2 - \mathfrak{v} \times \operatorname{rot} \mathfrak{v}. \tag{148, 12}$$

Durch diese Gleichung wird das „pseudovektorielle“ Symbol $(\mathfrak{v} \cdot \operatorname{grad})\,\mathfrak{v}$ in der erwähnten „legitim-vektoriellen“ Form definiert. Setzt man sie in (148, 1) ein, so geht diese Gleichung in

$$\frac{\partial \mathfrak{v}}{\partial t} + \frac{1}{2} \operatorname{grad} \mathfrak{v}^2 - \mathfrak{v} \times \operatorname{rot} \mathfrak{v} = \mathfrak{P} - \frac{1}{\varrho} \operatorname{grad} p \tag{148, 13}$$

über. Diese ist die Form der hydrodynamischen Bewegungsgleichung, die es ermöglicht, die Flüssigkeitsbewegungen in verschiedene Klassen einzuteilen. Sie sind durch gewisse Merkmale gekennzeichnet und haben diesen entsprechend eigene Bezeichnungen erhalten. Sowohl Merkmal als auch Bezeichnung sind, wohl unmißverständlich, aus der folgenden Zusammenstellung zu entnehmen.

Ist:	so nennt man die Flüssigkeitsbewegung eine	
1) $\frac{\partial \mathfrak{v}}{\partial t} = 0$	stationäre Strömung	(148, 14)
2) $\frac{\partial \mathfrak{v}}{\partial t} \neq 0$	nichtstationäre Strömung	(148, 15)
3) $\operatorname{rot} \mathfrak{v} = 0$	wirbelfreie Strömung	(148, 16)
4) $\operatorname{rot} \mathfrak{v} \neq 0$	wirbelbehaftete Strömung.	(148, 17)

Wir wollen im folgenden die wichtigsten Gesetzmäßigkeiten angeben, denen die vorstehend aufgezählten Strömungsarten genügen.

149. Die Bernoullische Gleichung

Es wurde bereits im Anschluß an die Herleitung der Eulerschen Gleichung bemerkt, daß diese eine nichtlineare Differentialgleichung ist, was zur Folge hat, daß ihre Integration erhebliche Schwierigkeiten mit sich bringt. In der Tat ist es auch bisher nicht gelungen, strenge Lösungen von (145, 8) ohne gewisse Einschränkungen zu finden. Läßt man diese jedoch zu, so kann man ein Integral von (145, 8) angeben, das als Bernoulli*sche Gleichung* bezeichnet wird.

Wir leiten sie zunächst für den einfachsten Fall ab, daß die Flüssigkeitsbewegung stationär und wirbelfrei, d. h. daß

$$\frac{\partial \mathfrak{v}}{\partial t} = 0 \tag{149, 1}$$

$$\operatorname{rot} \mathfrak{v} = 0 \tag{149, 2}$$

ist. Dann reduziert sich die Eulersche Bewegungsgleichung auf

$$\operatorname{grad} \frac{\mathfrak{v}^2}{2} = \mathfrak{P} - \frac{1}{\varrho} \operatorname{grad} p. \tag{149, 3}$$

Außer den beiden Voraussetzungen (149, 1/2) wird nun noch weiterhin verlangt, daß die Massenkraft $\mathfrak{P}$ ein Potential W habe, also

$$\mathfrak{P} = -\operatorname{grad} W \tag{149, 4}$$

gilt. Dann kann (149, 3) in der Form

$$\operatorname{grad}\left(\frac{\mathfrak{v}^2}{2} + W\right) + \frac{1}{\varrho} \operatorname{grad} p = 0 \tag{149, 5}$$

geschrieben werden. Verwendet man nun die schon früher eingeführte Hilfsgröße

$$P = \int \frac{dp}{\varrho(p)}, \tag{149, 6}$$

so wird

$$\frac{1}{\varrho} \operatorname{grad} p = \operatorname{grad} \int \frac{dp}{\varrho(p)}, \tag{149, 7}$$

womit (149, 5) in

$$\operatorname{grad}\left(\frac{\mathfrak{v}^2}{2} + W + P\right) = 0 \tag{149, 8}$$

übergeht. Hieraus folgt durch Integration längs eines beliebigen Weges im Strömungsfeld die Erhaltungsaussage

$$\frac{\mathfrak{v}^2}{2} + W + P = C. \tag{149, 9}$$

Hierbei ist C, wegen der vorausgesetzten Stationarität der Strömung, eine von der Zeit t unabhängige Konstante, die im gesamten Strömungsfeld den gleichen Betrag hat.

Die Erhaltungsaussage (149, 9) kann man auch in der Form

$$\left\{\frac{\mathfrak{v}^2}{2} + W + P\right\}_1 = \left\{\frac{\mathfrak{v}^2}{2} + W + P\right\}_2 \tag{149, 10}$$

schreiben, wobei mit den Indizes zwei beliebige Zustände der stationären, wirbelfreien Bewegung gemeint sind.

Für den Fall, daß es sich um eine inkompressible Flüssigkeit ($\varrho = \varrho_0 = \text{const}$) handelt, nimmt (149, 9) die einfache Form

$$\frac{\mathfrak{v}^2}{2} + W + \frac{p}{\varrho_0} = C \tag{149, 11}$$

an. Ist außerdem als äußere Kraft nur die Erdschwere wirksam, so ist $W = gz$, und aus (149, 11) wird

$$\frac{\mathfrak{v}^2}{2} + gz + \frac{p}{\varrho_0} = C. \tag{149, 12}$$

Diese Beziehung wurde bereits 1738, also *vor* Aufstellung der Eulerschen Gleichung (1755) von Bernoulli (durch energetische Betrachtung) gefunden, weshalb sie Bernoullische Gleichung heißt. Den gleichen Namen hat heute auch (149, 9).

Manchmal wird (149, 12) auch als Energiegleichung bezeichnet, weil die einzelnen in ihr auftretenden Glieder die kinetische bzw. die potentielle Energie und den Druckenergieanteil p/ϱ_0 einer (schweren) Flüssigkeit pro Masseneinheit darstellen. Die Summe dieser drei Anteile ist nach (149, 12) konstant. Beispiele für die Anwendung von (149, 12) findet der Leser in Kap. 158.

Man gelangt zu einem der Bernoullischen Gleichung analogen Integral der Eulerschen Gleichung, wenn man die vorstehend gemachte Annahme der Stationarität fallen läßt, jedoch noch Wirbelfreiheit voraussetzt:

$$\text{rot}\, \mathfrak{v} = 0. \tag{149, 13}$$

Aus dieser Gleichung folgt aufgrund der Identität (5, 164), daß sich $\mathfrak{v}$ in der Form

$$\mathfrak{v} = \text{grad}\, \varphi(\mathfrak{r}, t) \tag{149, 14}$$

darstellen — d. h. ähnlich wie eine konservative Kraft — aus einem *Geschwindigkeitspotential* φ durch Gradientenbildung herleiten läßt.

Mit Verwendung dieses neuen Begriffs, auf den wir im folgenden Kapitel noch näher eingehen werden, nimmt die Eulersche Gleichung unter Beachtung der Voraussetzung (149, 13) die Form

$$\text{grad}\, \frac{\partial \varphi}{\partial t} + \text{grad}\, \frac{\mathfrak{v}^2}{2} = \mathfrak{P} - \frac{1}{\varrho}\, \text{grad}\, p \tag{149, 15}$$

an. Verlangt man nun, daß auch jetzt (149, 4) gilt, so wird aus (149, 15) mit Verwendung der Hilfsgröße P:

$$\text{grad}\left\{\frac{\partial \varphi}{\partial t} + \frac{1}{2}(\text{grad}\, \varphi)^2 + W + P\right\} = 0. \tag{149, 16}$$

Integriert man diese Gleichung bei festgehaltener Zeit t längs eines irgendwie gestalteten Weges, der zwei Punkte 1 und 2 im Strömungsfeld verbindet, so erhält man

$$\left\{\frac{\partial\varphi}{\partial t} + \frac{1}{2}(\operatorname{grad}\varphi)^2 + W + P\right\}_1 = \left\{\quad\right\}_2. \tag{149, 17}$$

Diese Gleichung besagt, daß der in den geschweiften Klammern stehende Ausdruck bei festgehaltener Zeit für alle Punkte des Strömungsfeldes gleich, d. h. ortsunabhängig ist. Dagegen wird er zu verschiedenen Zeiten i. allg. verschiedene Werte annehmen, d. h. eine Funktion der Zeit t sein. Es gilt also für eine nichtstationäre, wirbelfreie Flüssigkeitsströmung

$$\frac{\partial\varphi}{\partial t} + \frac{1}{2}(\operatorname{grad}\varphi)^2 + W + P = F(t). \tag{149, 18}$$

Die Beziehung wird als *verallgemeinerte* BERNOULLIsche Gleichung bezeichnet. Wir werden sie bei der Behandlung der Oberflächenwellen in Kap. 161 verwenden. —

Es läßt sich schließlich auch für den Fall einer zwar stationären,

$$\frac{\partial\mathfrak{v}}{\partial t} = 0, \tag{149, 19}$$

jedoch wirbelbehafteten Strömung,

$$\operatorname{rot}\mathfrak{v} \neq 0, \tag{149, 20}$$

ein Integral — oder wie man auch sagen kann: eine andere BERNOULLIsche Gleichung — angeben, sofern wiederum (149, 4) gilt. Dann wird aus (148, 13):

$$\operatorname{grad}\left(\frac{\mathfrak{v}^2}{2} + W + P\right) = \mathfrak{v} \times \operatorname{rot}\mathfrak{v}. \tag{149, 21}$$

Integriert man diese Gleichung längs einer Stromlinie zwischen zwei Punkten 1 und 2, so ergibt dies

$$\int_1^2 \operatorname{grad}\left(\frac{\mathfrak{v}^2}{2} + W + P\right)\cdot d\mathfrak{s} = \int_1^2 (\mathfrak{v} \times \operatorname{rot}\mathfrak{v})\cdot d\mathfrak{s}. \tag{149, 22}$$

Nun ist p. def. das Bogenelement $d\mathfrak{s}$ einer Stromlinie (Kap. 144) parallel zu $\mathfrak{v}$, d. h. es ist

$$d\mathfrak{s} \perp \mathfrak{v} \times \operatorname{rot}\mathfrak{v}. \tag{149, 23}$$

Daher verschwindet in (149, 22) das Skalarprodukt auf der rechten Seite, und man erhält

$$\left(\frac{\mathfrak{v}^2}{2} + W + P\right)_1 = \left(\frac{\mathfrak{v}^2}{2} + W + P\right)_2 \tag{149, 24}$$

oder

$$\frac{\mathfrak{v}^2}{2} + W + P = \bar{C}. \tag{149, 25}$$

Hierin ist $\bar{C}$ eine zwar zeitunabhängige Größe, die längs einer Stromlinie konstant ist, jedoch längs verschiedener Stromlinien i. allg. verschiedene Werte annimmt. Für den Fall einer wirbelfreien Bewegung geht die BERNOULLIsche Gleichung (149,25) in (149, 9) über.

150. Das Geschwindigkeitspotential

Es wurde bereits im vorstehenden Paragraphen bemerkt, daß sich die Geschwindigkeit $\mathfrak{v}$ einer wirbelfreien Flüssigkeitsströmung, für die

$$\operatorname{rot} \mathfrak{v} = 0 \tag{150, 1}$$

gilt, aufgrund der Identität (5, 164) als Gradient einer skalaren Größe φ darstellen läßt:

$$\mathfrak{v}(\mathfrak{r}, t) = \operatorname{grad} \varphi(\mathfrak{r}, t). \tag{150, 2}$$

Man bezeichnet die i. allg. vom Ort $\mathfrak{r}$ und der Zeit t abhängige Funktion

$$\varphi = \varphi(\mathfrak{r}, t) \tag{150, 3}$$

als das *Geschwindigkeitspotential* der wirbelfreien Flüssigkeitsströmung. Ist diese insbesondere stationär, d. h. gilt

$$\frac{\partial \varphi}{\partial t} = 0\ , \tag{150, 4}$$

so ist φ eine reine Ortsfunktion:

$$\varphi = \varphi(\mathfrak{r}). \tag{150, 5}$$

Eine Strömung, deren Geschwindigkeitsfeld $\mathfrak{v}$ sich durch Gradientenbildung aus einem Geschwindigkeitspotential φ ergibt, nennt man eine *Potentialströmung*.

Für derartige Potentialströmungen gilt ein Erhaltungssatz, der als Lagrange*sches Theorem* bezeichnet wird. Es sagt aus: Besitzt eine barotrope Ideale Flüssigkeit zu irgendeinem Zeitpunkt t ein Geschwindigkeitspotential $\varphi(\mathfrak{r}, t)$, so existierte φ bereits seit Beginn der Strömung und bleibt während der gesamten Zeitdauer der Flüssigkeitsbewegung erhalten.

Da ein Geschwindigkeitspotential φ nur bei Wirbelfreiheit, d. h. bei Gültigkeit von (150, 1) vorliegt, läßt sich das Lagrangesche Theorem auch folgendermaßen formulieren: Ist die Bewegung einer Idealen Flüssigkeit zu irgendeinem Zeitpunkt wirbelfrei, so war sie es auch von Beginn der Bewegung an und bleibt es auch weiterhin.

Handelt es sich insbesondere um eine stationäre Strömung einer inkompressiblen Flüssigkeit, so gilt neben (150, 5) auch

$$\operatorname{div} \mathfrak{v} = 0. \tag{150, 6}$$

Damit geht (150, 2) in die Laplacesche Differentialgleichung (Potentialgleichung)

$$\operatorname{div} \operatorname{grad} \varphi = \Delta \varphi = 0 \tag{150, 7}$$

über.

Durch Ausnutzung allein dieser Tatsache lassen sich einige für Potentialströmungen inkompressibler Flüssigkeiten geltende Aussagen machen, von denen wir nachstehend nur zwei angeben.

1. Innerhalb eines (einfach zusammenhängenden) Bereiches $\mathfrak{B}$, der durch starre Wände begrenzt wird, ist eine Potentialströmung nicht möglich.

Um diesen von Helmholtz gefundenen Satz zu beweisen, gehen wir von dem Ausdruck für die kinetische Energie

$$T = \iiint\limits_{\mathfrak{B}} \frac{\varrho}{2} \mathfrak{v}^2 \, d\tau = \frac{\varrho}{2} \iiint\limits_{\mathfrak{B}} (\operatorname{grad} \varphi)^2 \, d\tau \tag{150, 8}$$

der Potentialströmung aus. Wendet man auf das rechts stehende Integral den GREENschen Satz (5, 202) an, so ergibt sich

$$T = \frac{\varrho}{2}\left\{\iint\limits_{\mathfrak{R}} \varphi(\operatorname{grad}\varphi \cdot d\mathfrak{f}) - \iiint\limits_{\mathfrak{B}} \varphi\Delta\varphi d\tau\right\}. \tag{150, 9}$$

Hierin ist das erste Integral über die den Bereich $\mathfrak{B}$ begrenzende Berandung $\mathfrak{R}$ zu erstrecken, während das Raumintegral, wegen der vorausgesetzten Gültigkeit von (150, 7) im gesamten Bereich $\mathfrak{B}$, verschwindet. Es verbleibt daher

$$T = \frac{\varrho}{2}\iint\limits_{\mathfrak{R}} \varphi(\operatorname{grad}\varphi \cdot d\mathfrak{f}) = \frac{\varrho}{2}\iint\limits_{\mathfrak{R}} \varphi\frac{\partial\varphi}{\partial n}df \tag{150, 10}$$

$$= \frac{\varrho}{2}\iint\limits_{\mathfrak{R}} \varphi v_n df. \tag{150, 11}$$

Für eine Ideale Flüssigkeit verschwindet jedoch nach (146, 2) auf dem Rand $\mathfrak{R}$ die Normalkomponente v_n, so daß

$$T = \frac{\varrho}{2}\iiint\limits_{\mathfrak{B}} (\operatorname{grad}\varphi)^2 d\tau \tag{150, 12}$$

$$= \frac{\varrho}{2}\iiint\limits_{\mathfrak{B}}\left\{\left(\frac{\partial\varphi}{\partial x}\right)^2 + \left(\frac{\partial\varphi}{\partial y}\right)^2 + \left(\frac{\partial\varphi}{\partial z}\right)^2\right\}d\tau = 0 \tag{150, 13}$$

wird. Diese Gleichung kann aber, wie aus einer bekannten Schlußweise folgt, nur dann bestehen, wenn im gesamten Strömungsbereich $\mathfrak{B}$ der Integrand verschwindet, d. h. wenn

$$\operatorname{grad}\varphi = \mathfrak{v} = 0 \tag{150, 14}$$

ist. Damit ist die Aussage des HELMHOLTZschen Satzes bewiesen.

2. Hat das Geschwindigkeitspotential φ einer Potentialströmung einer inkompressiblen Flüssigkeit auf dem undurchdringlichen Rand eines einfach zusammenhängenden Bereiches $\mathfrak{B}$ den konstanten Wert

$$\varphi(\mathfrak{R}) = \varphi_0, \tag{150, 15}$$

so ist auch für jeden Punkt $P(\mathfrak{r})$ des Bereiches $\mathfrak{B}$:

$$\varphi(\mathfrak{r}) = \varphi_0. \tag{150, 16}$$

Um diese Behauptung zu beweisen, schließen wir an (150, 14) an. Aus dieser Gleichung folgt, daß im gesamten Strömungsbereich

$$\varphi = \text{const} \tag{150, 17}$$

sein muß. Da aber bekannt ist, daß φ auf dem zu $\mathfrak{B}$ gehörenden Rand $\mathfrak{R}$ den konstanten Wert φ_0 hat, ist die in (150, 17) auftretende Konstante ebenfalls φ_0, so daß für den gesamten Bereich $\mathfrak{B}$ gilt

$$\varphi = \varphi_0, \tag{150, 18}$$

q. e. d.

Weitere Aussagen über Eigenschaften von Potentialströmungen inkompressibler Flüssigkeiten lassen sich durch Anwendung geeigneter Sätze der Potentialtheorie finden.

Da das Geschwindigkeitspotential φ einer stationären Strömung einer inkompressiblen Flüssigkeit die LAPLACEsche Gleichung (150, 7) erfüllt, stellt jede ihrer Lösungen ein mögliches Geschwindigkeitspotential dar.

Wir untersuchen als ein Beispiel, welche Verhältnisse sich ergeben, wenn man die Grundlösung

$$\varphi(\mathfrak{r}) = \frac{A}{|\bar{\mathfrak{r}}|} = \frac{A}{|\mathfrak{r} - \mathfrak{r}_0|} \qquad (150,\ 19)$$

der LAPLACEschen Gleichung als Geschwindigkeitspotential wählt. In (150, 19) bedeuten A eine Konstante, $\mathfrak{r}_0$ den Ortsvektor eines festen Punktes P_0 und $\mathfrak{r}$ den Ortsvektor eines beliebigen, jedoch nicht mit P_0 zusammenfallenden Aufpunktes P im Strömungsfeld, Abb. 150, 1.

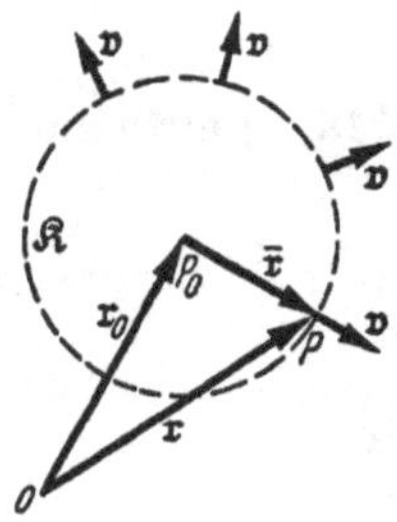

Abb. 150, 1: Punktförmige Quelle und ihr Stromlinienbild für $A < 0$

Aus dem Geschwindigkeitspotential (150, 19) erhält man für die Geschwindigkeit

$$\mathfrak{v} = \operatorname{grad} \frac{A}{|\bar{\mathfrak{r}}|} = -\frac{A}{|\bar{\mathfrak{r}}|^2}\,\bar{\mathfrak{r}}^0 \qquad (150,\ 20)$$

$$= -A\,\frac{\mathfrak{r} - \mathfrak{r}_0}{|\mathfrak{r} - \mathfrak{r}_0|^3}\,. \qquad (150,\ 21)$$

Die Formel besagt, daß $\mathfrak{v}$, je nachdem, ob $A \lessgtr 0$ ist, stets parallel bzw. antiparallel zu $\bar{\mathfrak{r}}$ gerichtet ist. Das dazugehörige Stromlinienbild besteht, wenn $A < 0$ ist, aus von P_0 radial ausgehenden Geraden bzw. wenn $A > 0$ ist, aus in P_0 einmündenden Geraden, Abb. 150, 1. Man nennt daher P_0 eine *Quelle* bzw. *Senke* der Strömung.

Als *Intensität, Stärke* oder *Ergiebigkeit* Q der Quelle P_0 wird der durch eine beliebig gestaltete, P_0 umgebende Fläche $\mathfrak{R}$ hindurchgehende *Fluß*

$$Q = \iint_{\mathfrak{R}} \mathfrak{v} \cdot d\mathfrak{f} = \iint_{\mathfrak{R}} |\mathfrak{v}| \cos(\mathfrak{v}, d\mathfrak{f})\,df \qquad (150,\ 22)$$

definiert. Anschaulich bedeutet Q jenes Volumen, das die in der Zeiteinheit durch $\mathfrak{R}$ hindurchtretende Flüssigkeitsmenge

$$M = \varrho Q \qquad (150,\ 23)$$

einnimmt, s. a. Kap. 172.

Wählt man, was wegen der hier vorliegenden Kugelsymmetrie am einfachsten ist, als Berandungsfläche $\mathfrak{R}$ eine Kugel $\mathfrak{K}$ mit dem Radius $\bar{r}$ um P_0 als Mittelpunkt, Abb. 150, 1, so ist stets

$$\mathfrak{v} \,||\, d\mathfrak{f} = \bar{r}^2 \sin\vartheta\, d\vartheta\, d\varphi\, \bar{\mathfrak{r}}^0, \qquad (150,\ 24)$$

also

$$\cos(\mathfrak{v}, d\mathfrak{f}) = 1\,. \qquad (150,\ 25)$$

Mit den beiden letzten Gleichungen erhält man aus (150, 22) für die Ergiebigkeit der Quelle

$$Q = \oint\!\!\!\oint_{\mathfrak{R}} \mathfrak{v} \cdot d\mathfrak{f} = \oint\!\!\!\oint_{\mathfrak{R}} v\bar{r}^2 \sin\vartheta d\vartheta d\varphi, \tag{150, 26}$$

oder mit (150, 20):

$$Q = -\int_0^{\pi}\int_0^{2\pi} A \sin\vartheta d\vartheta d\varphi \tag{150, 27}$$

$$= -A \cdot 2 \cdot 2\pi = -4\pi A\,. \tag{150, 28}$$

Hieraus folgt, daß die in (150, 19) eingeführte Konstante A sich durch die Ergiebigkeit gemäß

$$A = -\frac{Q}{4\pi} \tag{150, 29}$$

ausdrücken läßt.

Geht man damit in (150, 19) ein, so erhält man für das Geschwindigkeitspotential

$$\varphi(\mathfrak{r}) = -\frac{Q}{4\pi}\,\frac{1}{|\mathfrak{r} - \mathfrak{r}_0|} \tag{150, 30}$$

und hieraus für die Geschwindigkeit

$$\mathfrak{v}(\mathfrak{r}) = \frac{Q}{4\pi}\,\frac{\mathfrak{r} - \mathfrak{r}_0}{|\mathfrak{r} - \mathfrak{r}_0|^3}\,. \tag{150, 31}$$

Man kann daher zusammenfassend sagen: Durch das Geschwindigkeitspotential (150, 30) wird die Potentialströmung einer sich in $P_0(\mathfrak{r}_0)$ befindlichen (punktförmigen) Quelle mit der Ergiebigkeit $Q(\gtrless 0)$ beschrieben.

151. Die Zirkulation

Es seien A und B zwei einem Strömungsfeld angehörige Punkte und $\mathfrak{C}$ ein ganz in der Flüssigkeit liegendes Kurvenstück, das von A nach B führt, Abb. 151, 1. Man nennt dann das längs $\mathfrak{C}$ erstreckte Linienintegral

$$S = \int_A^B \mathfrak{v} \cdot d\mathfrak{r} \tag{151, 1}$$

($d\mathfrak{r}$ = Linienelement von $\mathfrak{C}$) die *Strömung* S der Flüssigkeit längs des Kurvenstückes $\mathfrak{C}$.

Fallen insbesondere Anfangs- und Endpunkt des Integrationsweges zusammen, d. h. wird (151, 1) über eine geschlossene, im Strömungsbereich $\mathfrak{B}$ liegende Kurve (wie z. B. über $\mathfrak{C}_2$ in Abb. 151, 1) erstreckt, so heißt diese spezielle Strömung

$$\Gamma = \oint_{\mathfrak{C}_2} \mathfrak{v} \cdot d\mathfrak{r} \tag{151, 2}$$

die *Zirkulation* Γ der Flüssigkeitsbewegung längs $\mathfrak{C}_2$.

Verwendet man den STOKESschen Satz, so kann man für die Zirkulation Γ auch

$$\Gamma = \oint_{\mathfrak{C}_2} \mathfrak{v} \cdot d\mathfrak{r} = \iint \operatorname{rot} \mathfrak{v} \times d\mathfrak{f} \tag{151, 3}$$

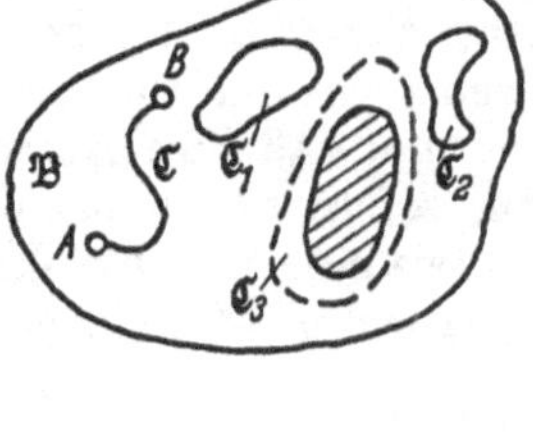

Abb. 151, 1: Zum Begriff der Zirkulation in einem einfach und mehrfach zusammenhängenden Bereich

schreiben, wobei das letzte Integral über eine beliebige Fläche zu erstrecken ist, deren Berandung die geschlossene Kurve $\mathfrak{C}_2$ ist.

Für eine wirbelfreie (= Potential-)Strömung ist p. def.

$$\text{rot}\,\mathfrak{v} = 0, \tag{151, 4}$$

womit sich aus (151, 2) für eine solche

$$\Gamma = 0 \tag{151, 5}$$

ergibt. In Worten: Die Zirkulation Γ einer Potentialströmung ist stets gleich Null.

Diese Aussage ist sicher richtig, jedoch gilt sie nicht für eine beliebige Potentialströmung. Es kann nämlich das aus (151, 3/4) geschlossene Ergebnis (151, 5) nur dann zutreffen, wenn alle Voraussetzungen erfüllt sind, die die Anwendung des STOKESschen Satzes erlauben. Eine dieser Voraussetzungen ist, daß der Bereich $\mathfrak{B}$ einfach zusammenhängend ist. Ein solcher ist dadurch gekennzeichnet, daß jede ihm angehörende geschlossene Kurve sich stetig auf einen Punkt zusammenziehen läßt, ohne daß der Bereich dabei verlassen werden muß, wie z. B. in Abb. 151, 1 die beiden Kurven $\mathfrak{C}_1$ und $\mathfrak{C}_2$. Man sagt dafür kurz: $\mathfrak{C}$ ist in $\mathfrak{B}$ reduzierbar.

Als Beispiel für einen einfach zusammenhängenden Bereich nennen wir etwa einen See, der keine Inseln enthält. Befinden sich jedoch in einem See eine oder gar mehrere Inseln, so kann offensichtlich nicht jeder beliebige Kurvenzug in $\mathfrak{B}$ (wie z. B. $\mathfrak{C}_3$ in Abb. 151, 1) stetig auf einen Punkt zusammengezogen werden, ohne daß der Bereich (hier: der See) verlassen wird. Ein solcher Bereich heißt zwei- (oder mehrfach) zusammenhängend.

Wenn also vorstehend aufgrund von (151, 5) gesagt wurde, daß die Zirkulation Γ einer Potentialströmung verschwindet, so gilt dieses nur, wenn es sich um eine wirbelfreie Flüssigkeitsbewegung in einem einfach zusammenhängenden Bereich handelt. Für Flüssigkeitsbewegungen in einem mehrfach zusammenhängenden Bereich kann zwar in Sonderfällen die Zirkulation längs einer nichtreduzierbaren Kurve auch verschwinden, jedoch wird i. allg. in solchen Fällen $\Gamma \neq 0$ sein.

Man kann dies auch so ausdrücken: Während es bei Potentialströmungen in einem einfach zusammenhängenden Bereich niemals geschlossene Stromlinien gibt, sind solche jedoch möglich, wenn die wirbelfreie Flüssigkeitsbewegung in einem mehrfach zusammenhängenden Bereich stattfindet. Ein Beispiel hierfür geben wir in Kap. 164 an.

Für die Zirkulation gilt eine Erhaltungsaussage, die 1869 von William THOMSON, dem späteren Lord KELVIN, gefunden wurde. Dieser Satz sagt aus: Die Zirkulation Γ längs einer aus denselben Flüssigkeitsteilchen bestehenden geschlossenen Kurve ist zeitlich konstant, sofern die Flüssigkeit ideal und barotrop ist und nur der Einwirkung von konservativen Kräften unterliegt.

Wir wollen den Beweis für diesen Satz hier nicht erbringen. Als Begründung dafür geben wir an, daß keine der Voraussetzungen, die zum Nachweis der Aussage von THOMSON benötigt werden, in der Natur in Strenge erfüllt sind und daher der Erhaltungssatz der Zirkulation mit der Erfahrung nicht exakt übereinstimmen kann. Ein weiteres eklatantes Beispiel einer Aussage, die aus den gleichen Gründen vielfach jeder Erfahrung widerspricht, ist der im folgenden Kapitel angegebene Wirbelsatz von HELMHOLTZ.

Ausschlaggebend für die Angabe solcher hydrodynamischer „Idealsätze" ist die Tatsache, daß ihre Aussagen immerhin mit der Erfahrung leidlich übereinstimmen, sofern die gemachten Voraussetzungen nicht extrem verletzt werden. So liegt etwa eine extreme Verletzung der Voraussetzungen vor, wenn die Forderung der Barotropie nicht mehr erfüllt ist, d. h. die Dichte ϱ der betrachteten Flüssigkeit nicht allein vom Druck p, sondern auch von anderen Größen, wie z. B. der Temperatur, der Konzentration eines in ihr gelösten Stoffes (Salz) und/oder von anderen Faktoren abhängt.

Ein weiterer Fall, in dem der THOMSONsche Satz und ebenfalls andere hydrodynamische „Idealsätze" auch nicht nur näherungsweise gültig sind, liegt dann vor, wenn es sich um Strömungen handelt, bei denen Geschwindigkeitsgradienten auftreten, die nicht außer acht gelassen werden dürfen. Dieser Fall ist dann gegeben, wenn man Strömungen in der unmittelbaren Nähe eines sich in der bewegenden Flüssigkeit befindenden Hindernisses oder wie man sagt: in einer *Grenzschicht* (Kap. 176) betrachtet.

Nimmt man an, daß die für die Gültigkeit des THOMSONschen Theorems gemachten Voraussetzungen näherungsweise erfüllt sind und es sich insbesondere um eine Flüssigkeitsströmung außerhalb einer Grenzschicht handelt, dann läßt sich aus dem THOMSONschen Satz das LAGRANGEsche Theorem herleiten. Es ist inhaltlich im wesentlichen gleichwertig mit dem Wirbelsatz von HELMHOLTZ, den wir im folgenden Kapitel angeben werden.

152. Einiges über wirbelbehaftete Flüssigkeitsbewegungen

Bisher hatten wir nur wirbelfreie Flüssigkeitsströmungen betrachtet, die dadurch gekennzeichnet sind, daß ihr Geschwindigkeitsfeld $\mathfrak{v}$ der Beziehung

$$\operatorname{rot} \mathfrak{v}(\mathfrak{r}, t) = 0 \tag{152, 1}$$

genügt.

Trifft dieses nicht zu, d. h. ist

$$\operatorname{rot} \mathfrak{v}(\mathfrak{r}, t) = \mathfrak{w} \quad (\neq 0), \tag{152, 2}$$

so spricht man von einer *wirbelbehafteten* Flüssigkeitsströmung oder kurz von einer *Wirbelbewegung*. Den eine solche kennzeichnenden Vektor $\mathfrak{w}$ nennt man *Wirbelvektor*.

Denkt man sich im Strömungsfeld der Flüssigkeit eine Kurvenschar derart konstruiert, daß ihre Tangenten in jedem Punkt mit der momentanen Richtung des Wirbelvektors $\mathfrak{w}$ zusammenfallen, so nennt man diese Kurvenschar *Wirbellinien*. Sie sind ein Gegenstück zu den in Kap. 144 erklärten Stromlinien.

Bezeichnet man mit

$$d\mathfrak{r} = \{dx, dy, dz\} \tag{152, 3}$$

ein Linienelement einer Wirbellinie, so ist gemäß ihrer Definition

$$d\mathfrak{r} \,||\, \mathfrak{w} \tag{152, 4}$$

oder

$$\mathfrak{w} \times d\mathfrak{r} = 0. \tag{152, 5}$$

Dies ist die Differentialgleichung der Wirbellinien, die ausführlich geschrieben

$$\frac{dx}{w_x} = \frac{dy}{w_y} = \frac{dz}{w_z} \tag{152, 6}$$

lautet.

Diese Gleichung ist das Gegenstück zu der Differentialgleichung (144, 3) der Stromlinien.

In ähnlicher Weise lassen sich zu anderen früher eingeführten Begriffen (Stromröhre, Stromfaden u. a. m.) analoge Begriffe für wirbelbehaftete Flüssigkeitsbewegungen angeben (Wirbelröhre, Wirbelfaden, . . .). Wir wollen jedoch darauf nicht eingehen, da diese Begriffe späterhin nicht benötigt werden.

Es mag indessen bemerkt werden, daß für eine Vielzahl von Begriffen, die zur Kennzeichnung einer Wirbelbewegung benötigt werden, unter gewissen Bedingungen Erhaltungsaussagen gelten. Einige von ihnen wurden erstmalig von v. HELMHOLTZ[1]) angegeben, der deshalb als der Begründer der „*Wirbeltheorie*" angesehen wird. Weitere Beiträge zur Wirbeltheorie wurden später u. a. von W. THOMSON geliefert. Von den vielen Sätzen, die die beiden Genannten aufstellten, wurde einer bereits in Kap. 151 angegeben. Wir erwähnen hier noch eine zweite Erhaltungsaussage, die als HELMHOLTZ*scher Wirbelsatz* (1858) bezeichnet wird. Dieser lautet: In einer Idealen inkompressiblen Flüssigkeit, auf die nur konservative Kräfte wirken, können Wirbel weder entstehen noch vergehen.

Wir wollen den Beweis auch dieser Aussage aus den gleichen Gründen, die im vorstehenden Kapitel angegeben wurden, hier unterlassen: die zur Gültigkeit des HELMHOLTZschen Wirbelsatzes erforderlichen Voraussetzungen sind in Strenge nicht erfüllbar. Dies ist auch der Grund dafür, daß der HELMHOLTZsche Satz weitgehend der Erfahrung widerspricht: es ist wohlbekannt, daß man bei Flüssigkeitsströmungen sowohl das Vergehen als auch das Entstehen von Wirbeln deutlich beobachten kann, wie etwa an Brückenpfeilern. Dies wird verständlich, wenn man beachtet, daß es sich hier um eine Strömung in einem Grenzschichtbereich handelt.

Über die Entstehung von Wirbeln in Flüssigkeiten gibt es eine Reihe von Sätzen. Wir gehen auf Einzelheiten zu dieser Frage hier nicht ein, sondern verweisen diesbezügl. auf die einschlägige Literatur [38], [55].

153. Vergleich von Strömungen inkompressibler und kompressibler Flüssigkeiten

Da bei Strömungen von kompressiblen, barotropen Flüssigkeiten — d. h. bei Gasströmungen — deren Dichteabhängigkeit

$$\varrho = \varrho(p) \tag{153, 1}$$

vom Druck p zu berücksichtigen ist, wird i. allg. die Bestimmung von $\mathfrak{v}$, p und ϱ für eine Gasströmung schwieriger sein als für eine inkompressible Flüssigkeit.

Berücksichtigt man die Kompressibilität eines strömenden Gases zunächst nicht, d. h. behandelt man das Gas wie eine „echte" Flüssigkeit, so bedeutet dies zwar eine gewisse Vereinfachung der durchzuführenden Rechnungen, deren Ergebnisse jedoch zwangsläufig fehlerbehaftet sind.

Es entsteht die Frage, von welcher Größenordnung dieser Fehler ist. Sie läßt sich mit Hilfe der BERNOULLIschen Gleichung (149, 9) beantworten. Hierzu betrachten wir eine stationäre und kräftefreie (z. B. im Erdfeld horizontal verlaufende) Flüssigkeitsbewegung. Für eine solche lautet die BERNOULLIsche Gleichung

$$\frac{v_1^2}{2} + \int\limits_A^{p_1} \frac{dp}{\varrho(p)} = \frac{v_2^2}{2} + \int\limits_A^{p_2} \frac{dp}{\varrho(p)} \tag{153, 2}$$

oder

$$\frac{1}{2}\,(v_1^2 - v_2^2) = \int\limits_{p_1}^{p_2} \frac{dp}{\varrho(p)}\,. \tag{153, 3}$$

[1]) Hermann v. HELMHOLTZ: * 1821 in Potsdam, † 1894 in Berlin.

Hierbei kennzeichnen die beiden Indizes 1 und 2 zwei beliebige Punkte im Strömungsfeld, während das in (153, 2) auftretende A eine beliebige untere Integrationsgrenze darstellt, die jedoch uninteressant ist, weil sie — wie aus (153, 3) ersichtlich — herausfällt.

Ist die Flüssigkeit inkompressibel, d. h. ist $\varrho = \text{const}$, so wird aus (153, 3):

$$\frac{\varrho}{2}(v_1^2 - v_2^2) = p_2 - p_1. \tag{153, 4}$$

Ist dagegen die Flüssigkeit kompressibel, so liefert (153, 3) ein anderes Resultat, das durch Vergleich mit (153, 4) Aufschluß über die Abweichung liefert, die die Nichtbeachtung der Kompressibilität zur Folge hat.

Um (153, 3) für ein Gas zu bestimmen, bedarf es der Kenntnis einer Dichte-Druck-Beziehung. Wir wollen annehmen, daß diese die Polytropengleichung ist:

$$\varrho = \varrho_0 \left(\frac{p}{p_0}\right)^{\frac{1}{n}}. \tag{153, 5}$$

Damit erhält man für

$$\int \frac{dp}{\varrho(p)} = \frac{p_0^{\frac{1}{n}}}{\varrho_0} \frac{n}{n-1} p^{1-\frac{1}{n}}, \tag{153, 6}$$

sofern $n \neq 1$ ist. Eliminiert man hieraus p_0 und ϱ_0, so erhält man

$$\int \frac{dp}{\varrho(p)} = \frac{n}{n-1} \frac{p}{\varrho}. \tag{153, 7}$$

Damit geht (153, 3) in

$$\frac{1}{2}(v_1^2 - v_2^2) = \frac{n}{n-1}\left(\frac{p_2}{\varrho_2} - \frac{p_1}{\varrho_1}\right) \tag{153, 8}$$

über. Dieser Ausdruck läßt sich umformen, wenn man beachtet, daß man die Polytropengleichung (153, 5) in der Form

$$p = k\varrho^n \tag{153, 9}$$

mit

$$k = p_0 \varrho_0^{-n} \tag{153, 10}$$

schreiben kann.

Mit den beiden letzten Gleichungen wird aus (153, 8):

$$\frac{1}{2}(v_1^2 - v_2^2) = \frac{n}{n-1}\left(\frac{p_2}{p_1} - \frac{p_1 k^{\frac{1}{n}}}{p_1^{\frac{1}{n}}}\right) \tag{153, 11}$$

$$= \frac{n}{n-1}\left(\frac{p_2}{p_1} - \frac{p_1^{1-\frac{1}{n}} p_2^{\frac{1}{n}}}{\varrho_2}\right) \tag{153, 12}$$

$$= \frac{n}{n-1} \frac{p_2}{p_1}\left[1 - \left(\frac{p_1}{p_2}\right)^{\frac{n-1}{n}}\right]. \tag{153, 13}$$

Löst man diesen Ausdruck nach p_1 auf, so erhält man

$$p_1 = p_2\left[1 - \frac{v_1^2 - v_2^2}{2} \cdot \frac{n-1}{n} \cdot \frac{\varrho_2}{p_2}\right]^{\frac{n}{n-1}}. \tag{153, 14}$$

Entwickelt man die rechte Seite, so wird

$$p_1 = p_2 \left\{ 1 - \frac{v_1^2 - v_2^2}{2} \cdot \frac{\varrho_2}{p_2} + \frac{(v_1^2 - v_2^2)}{4} \cdot \frac{\varrho_2^2}{p_2^2} \cdot \frac{1}{2n} + \ldots \right\}. \tag{153, 15}$$

Hieraus erhält man

$$p_2 - p_1 = \varrho_2 \frac{v_1^2 - v_2^2}{2} \left\{ 1 - \frac{v_1^2 - v_2^2}{2} \, \frac{1}{2n} \, \frac{\varrho_2}{p_2} + \ldots \right\}. \tag{153, 16}$$

Dieser für kompressible Flüssigkeiten gültige Ausdruck für die Druckdifferenz $p_2 - p_1$ unterscheidet sich von der entsprechenden für inkompressible Flüssigkeiten geltenden Gleichung (153, 4) durch die in der geschweiften Klammer hinter der 1 stehenden Glieder. Diese geben daher den Fehler an, der auftritt, wenn man die Kompressibilität eines Gases bei einer Strömung **nicht** berücksichtigt, d. h. jenes als inkompressibel behandelt.

Die zuletzt angegebene Gleichung nimmt eine besonders einfache Form an, wenn man sie zur Berechnung des Druckes p_s in einem Staupunkt verwendet. In einem solchen ist. p. def. die Strömungsgeschwindigkeit $\mathfrak{v} = 0$, (Kap. 158). Wählt man den durch den Index 1 gekennzeichneten Zustand als „Stauzustand", so ist

$$v_1 = 0, \qquad p_1 = p_s. \tag{153, 17}$$

Deutet man weiterhin

$$v_2 = v, \qquad p_2 = p, \qquad \varrho_2 = \varrho \tag{153, 18}$$

als Geschwindigkeit, Druck bzw. Dichte der Gasströmung in sehr weiter Entfernung vom Staupunkt, so wird aus (153, 16):

$$p_s = p + \frac{\varrho}{2} v^2 \left\{ 1 + \frac{v^2}{4} \cdot \frac{\varrho}{np} + \ldots \right\}. \tag{153, 19}$$

Wir führen nun den Begriff der Schallgeschwindigkeit

$$c = \sqrt{\frac{dp(\varrho)}{d\varrho}} \tag{153, 20}$$

ein, die für „kleine Störungen" in

$$c = \sqrt{\left.\frac{dp(\varrho)}{d\varrho}\right|_{\varrho_0}} \tag{153, 21}$$

übergeht (Kap. 162).

Gilt, wie hier vorausgesetzt, für das strömende Gas die Polytropengleichung (153, 9/10), so wird

$$c = \sqrt{n \frac{p}{\varrho}}. \tag{153, 22}$$

Geht man damit in (153, 19) ein, so wird daraus

$$\bar{p} = p_s - p = \frac{\varrho}{2} v^2 \left(1 + \frac{1}{4} \frac{v^2}{c^2} + \ldots \right). \tag{153, 23}$$

Im Gegensatz dazu gilt nach (153, 4) für eine inkompressible Flüssigkeit für den „Stauzustand"

$$\bar{p} = p_s - p = \frac{\varrho}{2} v^2. \tag{153, 24}$$

Der Vergleich der letzten beiden Formeln zeigt, daß (unter den vorstehend gemachten Voraussetzungen) die Vernachlässigung der Kompressibilität eines strömenden Gases bei der Berechnung der Druckdifferenz $\bar{p}$ in erster Näherung den Fehler

$$\Delta \bar{p} = \frac{v^2}{4c^2} \tag{153, 25}$$

mit sich bringt.

Für die Dichte ϱ der strömenden kompressiblen Flüssigkeit erhält man nach (153, 14):

$$\varrho_1 = \varrho_2 \left[1 - \frac{v_1^2 - v_2^2}{2} \cdot \frac{n-1}{n} \cdot \frac{\varrho_2}{p_2}\right]^{\frac{1}{n-1}}. \tag{153, 26}$$

Für den hier betrachteten Sonderfall des „Stauzustandes" läßt sich dieser Ausdruck nach Entwicklung mit Verwendung von (153, 22) auf die Form

$$\varrho_s = \varrho \left(1 + \frac{1}{2} \frac{v^2}{c^2} + \ldots\right) \tag{153, 27}$$

oder

$$\bar{\varrho} = \varrho_s - \varrho = \varrho \left(\frac{1}{2} \frac{v^2}{c^2} + \ldots\right) \tag{153, 28}$$

bringen. Demgegenüber ist bei einer inkompressiblen Flüssigkeit stets

$$\varrho_s = \varrho, \tag{153, 29}$$

also

$$\bar{\varrho} = \varrho_s - \varrho = 0. \tag{153, 30}$$

Wir wollen den Inhalt der vorstehenden Formeln anhand eines einfachen Beispiels erläutern. Es handle sich etwa um eine Gasströmung, bei der eine Dichteänderung

$$\bar{\varrho} = \varrho_s - \varrho < 1\% \tag{153, 31}$$

als irrelevant angesehen wird. Dies ist nach (153, 28) bei Strömungen der Fall, deren Geschwindigkeiten v^* der Ungleichung

$$\frac{1}{2}\left(\frac{v^*}{c}\right)^2 < 0{,}01 \tag{153, 32}$$

genügen.

Für den Normalzustand ist die Schallgeschwindigkeit

$$c \approx 330 \text{ m sec}^{-1}, \tag{153, 33}$$

womit sich für

$$v^* < \frac{c}{\sqrt{50}} \approx \frac{c}{7} \approx 47 \text{ m sec}^{-1} \tag{153, 34}$$

ergibt. —

Die vorstehenden Ergebnisse wurden allein aus der Bernoullischen Gleichung gewonnen. Zu weiteren Aussagen gelangt man, wenn man noch die Kontinuitätsgleichung hinzunimmt. Sie lautet für den hier vorausgesetzten Fall einer stationären Bewegung

$$\operatorname{div} \varrho \mathfrak{v} = 0. \tag{153, 35}$$

Hieraus erhält man, wie in Kap. 144 gezeigt wurde, bei Gültigkeit der dort gemachten Voraussetzungen durch Integration über einen Teil einer Stromröhre den Ausdruck

$$\varrho v F = \text{const}, \tag{153, 36}$$

wobei F einen Querschnitt der Stromröhre bedeutet.

Es lauten daher die Kontinuitätsgleichung, die BERNOULLIsche Gleichung und die Druck-Dichte-Beziehung für

inkompressible Flüssigkeiten	kompressible Flüssigkeiten	
$vF = \text{const}$	$\varrho v F = \text{const}$	(153, 37a/b)
$\frac{v^2}{2} + \frac{p}{\varrho} = \text{const}$	$\frac{v^2}{2} + \int \frac{dp}{\varrho(p)} = \text{const}$	(153, 38a/b)
$\varrho = \text{const}$	$p\varrho^{-n} = \text{const.}$	(153, 39a/b)

Schreibt man diese Formeln in differentieller Form, so erhält man für

inkompressible Flüssigkeiten	kompressible Flüssigkeiten	
$\frac{dv}{v} + \frac{dF}{F} = 0$	$\frac{d\varrho}{\varrho} + \frac{dv}{v} + \frac{dF}{F} = 0$	(153, 40a/b)
$v\,dv + \frac{dp}{\varrho} = 0$	$v\,dv + \frac{dp}{\varrho(p)} = 0$	(153, 41a/b)
	$\frac{dp}{p} = n\frac{d\varrho}{\varrho}.$	(153, 42a/b)

Führt man in den vorstehenden Gleichungen die Schallgeschwindigkeit c gemäß (153, 22) ein, so erhält man nach geringfügigen Umformungen für

inkompressible Flüssigkeiten	kompressible Flüssigkeiten	
$\frac{dF}{F} = -\frac{dv}{v}$	$\frac{dF}{F} = -\frac{dv}{v}\left(1 - \frac{v^2}{c^2}\right)$	(153, 43a/b)
$\frac{dF}{F} = \frac{dp}{\varrho v^2}$	$\frac{dF}{F} = \frac{dp}{\varrho v^2}\left(1 - \frac{v^2}{c^2}\right).$	(153, 44a/b)

Diese Ausdrücke heißen HUGONIOT*sche Gleichungen*. Sie sagen folgendes aus: Bei der Strömung einer inkompressiblen Flüssigkeit wird deren Geschwindigkeit auf jeden Fall größer, wenn der Querschnitt F der Stromröhre („Düse") kleiner wird ($dF < 0$), wie etwa in dem Teil AB des in Abb. 153, 1 schematisch dargestellten Rohres mit ungleichen Querschnitten. In dem sich erweiternden Teil BC der Stromröhre ist $dF > 0$, d. h. die Geschwindigkeit einer strömenden inkompressiblen Flüssigkeit nimmt dann stets ab.

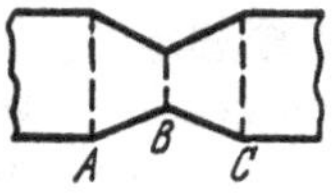

Abb. 153, 1: Strömung durch ein Rohr mit ungleichen Querschnitten

Die vorstehenden Aussagen gelten auch für die Strömung einer kompressiblen Flüssigkeit, jedoch nur unter der Bedingung, wie man aus den HUGONIOTschen Gleichungen (153, 43/44b) ablesen kann, wenn $v < c$ ist. Man sagt dann, die Strömung verlaufe mit *Unterschallgeschwindigkeit*.

Ist dagegen $v > c$, d. h. verläuft die Strömung einer kompressiblen Flüssigkeit mit *Überschallgeschwindigkeit*, so kehren sich die Verhältnisse um: es haben dann dF und dv das gleiche Vorzeichen.

Aus der HUGONIOTschen Gleichung (153, 43b) ist noch abzulesen, daß im kleinsten Querschnitt der Stromröhre die Strömungsgeschwindigkeit v nicht größer als die Schallgeschwindigkeit c werden kann.

Aus (153, 44a) ersieht man, daß bei Strömungen von inkompressiblen Flüssigkeiten durch ein Rohr mit veränderlichem Querschnitt sich der Druck p im gleichen Sinne ändert wie der Querschnitt F. Bei kompressiblen Flüssigkeiten gilt diese Aussage nur im Unterschallbereich. Im Überschallbereich verlaufen dagegen dF und dp gegensinnig.

X. Anwendungen und Beispiele

Zur Hydrostatik

154. Die inkompressible Flüssigkeit im Erdfeld

Wir behandeln als erstes Beispiel das Gleichgewicht einer inkompressiblen Flüssigkeit, die sich in einem irgendwie gestalteten, oben offenen Gefäß im Schwerefeld der Erde befindet, Abb. 154, 1. Wegen der vorausgesetzten Inkompressibilität der Flüssigkeit ist deren Dichte

$$\varrho = \varrho_0 = \text{const.} \tag{154, 1}$$

Damit geht (142, 18) in

$$P = \frac{p}{\varrho_0} + P_0 \tag{154, 2}$$

über, wobei P_0 eine Konstante ist. Setzt man dies in (142, 20) ein, so erhält man

$$W + \frac{p}{\varrho_0} = \text{const.} \tag{154, 3}$$

oder

$$\varrho_0 W + p = V + p = \text{const.} \tag{154, 4}$$

Hierin ist $V = \varrho_0 W$ das Potential der Volumenkraft $\mathfrak{P}$. Die in (154, 4) auftretende Konstante kann bei Kenntnis der Werte V_0 und p_0 eines „Normalzustandes" bestimmt werden.

Da nur die Schwerkraft auf die Flüssigkeit einwirken soll, ist — nach den früheren Darlegungen und bei Verwendung des bisher benutzten Koordinatensystems, Abb. 154, 1, — die Volumenkraft

$$\mathfrak{F} = \{0, 0, -\varrho_0 g\}, \tag{154, 5}$$

also deren Potential

$$V = \varrho_0 W = \{0, 0, \varrho_0 g z\}. \tag{154, 6}$$

Damit geht die Gleichgewichtsbedingung (154, 4) für eine inkompressible Flüssigkeit im Schwerefeld der Erde in

$$p(z) = -\varrho_0 g z + c \tag{154, 7}$$

über.

Zur Bestimmung von c werde angenommen, daß die Flüssigkeit das Gefäß bis zur Höhe $z = h$ ausfülle und der auf der Oberfläche herrschende Druck

$$p(h) = p_0 \tag{154, 8}$$

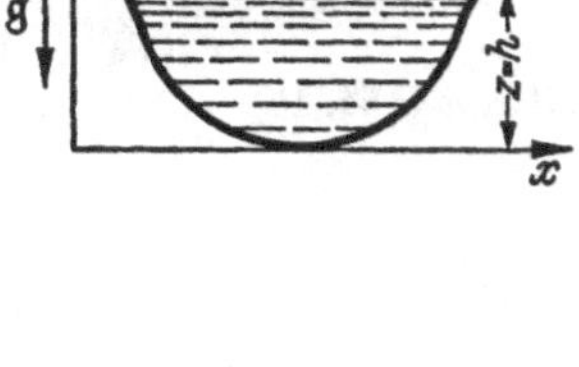

Abb. 154, 1: Inkompressible Flüssigkeit im Erdfeld

(i. allg. der Atmosphärendruck) sei. Dann liefert (154, 7):

$$p(h) = p_0 = -\varrho_0 g h + c, \tag{154, 9}$$

woraus man

$$c = p_0 + \varrho_0 g h \tag{154, 10}$$

erhält. Damit geht (154, 7) in

$$p(z) = p_0 + \varrho_0 g (h - z) \tag{154, 11}$$

über.

Diese einfache, vielfach als *hydrostatische Druckgleichung* bezeichnete Formel sagt aus, daß der hydrostatische Druck p in der Flüssigkeit von ihrer Oberfläche ($z = h$) nach dem Boden ($z = 0$) hin linear zunimmt und für alle Punkte im Innern der Flüssigkeit, die in einer Horizontalebene $z = z_0$ liegen, gleich ist. Eine solche „Fläche gleichen Druckes" nennt man eine *Isobare* oder eine *Niveaufläche*.

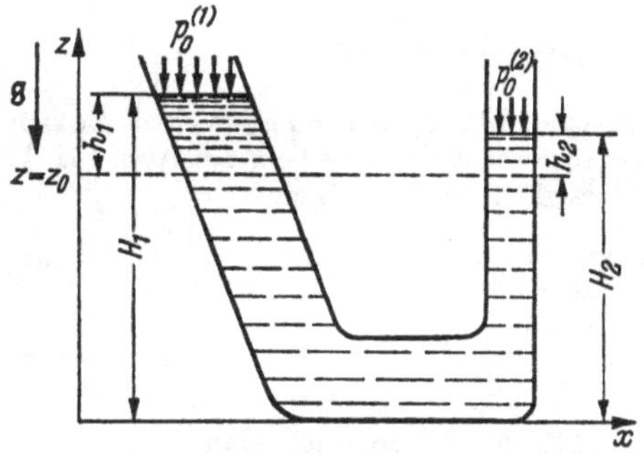

Abb. 154, 2: Kommunizierende Röhren

Mit dem eben gefundenen Ergebnis (154, 11) läßt sich die wohlbekannte Erscheinung bei kommunizierenden Röhren erklären: in ihnen ist im Gleichgewicht der Flüssigkeitsspiegel überall gleich hoch, unabhängig davon, wie die Röhren geformt sind. Betrachten wir etwa die in Abb. 154, 2 dargestellten beiden (oben offenen) miteinander verbundenen, verschieden gestalteten Röhren, so gilt nach (154, 11) für den Druck p in einer Horizontalebene $z = z_0$ (Bedeutung der Bezeichnungen vgl. Abb. 154, 2):

$$p(z_0) = p_0^{(1)} + \varrho_0 g (H_1 - z_0) = p_0^{(1)} + \varrho_0 g h_1 \tag{154, 12}$$

$$p(z_0) = p_0^{(2)} + \varrho_0 g (H_2 - z_0) = p_0^{(2)} + \varrho_0 g h_2. \tag{154, 13}$$

Hieraus folgt durch Differenzbildung

$$p_0^{(1)} - p_0^{(2)} = \varrho_0 g (h_2 - h_1). \tag{154, 14}$$

Grenzen beide Flüssigkeitsspiegel an die Atmosphäre, so wird

$$p_0^{(1)} = p_0^{(2)} = p_0, \tag{154, 15}$$

womit aus (154, 14):

$$h_1 = H_1 - z_0 = h_2 = H_2 - z_0 \tag{154, 16}$$

oder

$$H_1 = H_2 \tag{154, 17}$$

folgt, und d. h., im Gleichgewicht sind die Höhen der beiden betrachteten Flüssigkeitssäulen gleich groß.

Handelt es sich um zwei verschiedene Flüssigkeiten mit den Dichten $\varrho_0^{(1)}$ und $\varrho_0^{(2)}$, die die kommunizierenden Röhren ausfüllen, dann gilt anstelle von (154, 14):

$$p_0^{(1)} - p_0^{(2)} = g (\varrho_0^{(2)} h_2 - \varrho_0^{(1)} h_1). \tag{154, 18}$$

Hieraus folgt mit (154, 15):

$$\varrho_0^{(1)} h_1 = \varrho_0^{(2)} h_2 \tag{154, 19}$$

oder

$$h_1 : h_2 = \varrho_0^{(2)} : \varrho_0^{(1)}, \tag{154, 20}$$

d. h., die Höhen der beiden sich im Gleichgewicht befindenden verschiedenen Flüssigkeiten verhalten sich umgekehrt wie ihre Dichten. Diese Tatsache wird zur experimentellen Bestimmung von Flüssigkeitsdichten verwendet. —

Nach der Druckgleichung (154, 11) ist der Druck auf dem Boden eines mit Flüssigkeit gefüllten Gefäßes

$$p = p_0 + \varrho_0 g h. \tag{154, 21}$$

Hat die Bodenfläche den Betrag F, so ist der „Bodendruck“

$$D = Fp = F(p_0 + \varrho_0 g h). \tag{154, 22}$$

Diese Formel sagt aus, daß der Bodendruck D zwar von der Höhe h der sich über F befindenden Flüssigkeitssäule, jedoch *nicht* von ihrer Gestalt oberhalb F abhängig ist, Abb. 154, 3. Diese durch das Experiment bestätigte Aussage nennt man das *hydrostatische Paradoxon*. —

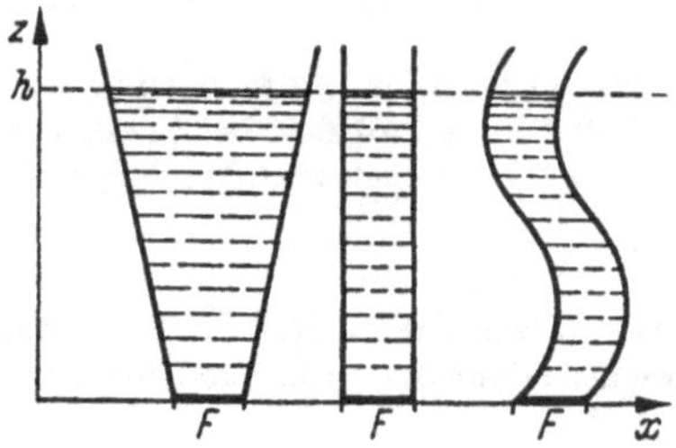

Abb. 154, 3: Hydrostatisches Paradoxon

155. Das Archimedische Prinzip

Wir denken uns in eine (homogene) Flüssigkeit, die sich im Schwerefeld der Erde im Gleichgewicht befindet, einen Körper eingetaucht, Abb. 155, 1. Dann wirkt auf ein willkürlich herausgegriffenes Element seiner Oberfläche die Kraft

$$d\mathfrak{K} = -p\,d\mathfrak{f}. \tag{155, 1}$$

Die gesamte auf die Oberfläche F des Körpers wirkende Kraft ist daher

$$\mathfrak{K} = -\iint\limits_F p\,d\mathfrak{f}. \tag{155, 2}$$

Durch Anwendung von (5, 206) wird daraus das über das Volumen V des in die Flüssigkeit eintauchenden Teiles des Körpers erstreckte Integral

$$\mathfrak{K} = -\iiint\limits_V \operatorname{grad} p\,d\tau. \tag{155, 3}$$

Nun lautet die hydrostatische Grundgleichung in diesem Fall

$$\operatorname{grad} p = -\varrho \mathfrak{g}\mathfrak{k}, \tag{155, 4}$$

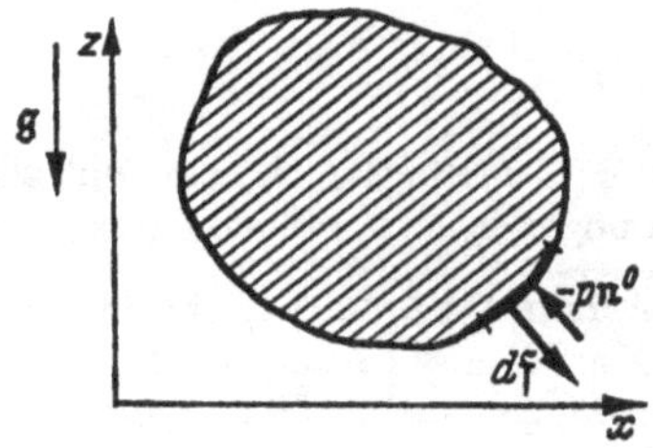

Abb. 155, 1: Zum Prinzip von Archimedes

womit (155, 3) in

$$\mathfrak{K} = \iiint_V \varrho g \mathfrak{k} d\tau = \varrho g \mathfrak{k} \iiint_V d\tau \qquad (155, 5)$$

$$= \varrho g V \mathfrak{k} = G_F \mathfrak{k} \qquad (155, 6)$$

übergeht. Hierin bedeutet

$$G_F = \varrho g V \qquad (155, 7)$$

das Gewicht der durch das Eindringen des festen Körpers verdrängten Flüssigkeitsmenge. Man kann daher (155, 6) wie folgt in Worte fassen: Ein in eine Flüssigkeit eingetauchter Körper erfährt eine Kraftwirkung, deren Betrag gleich dem Gewicht der verdrängten Flüssigkeitsmenge und deren Richtung „nach oben" orientiert ist (*Auftrieb*). Diese Aussage bezeichnet man als das ARCHIMED*ische*[1]) *Prinzip*[2]).

Man drückt es häufig auch so aus: Jeder Körper verliert beim Eintauchen in eine Flüssigkeit so viel an Gewicht, wie das Gewicht der von ihm verdrängten Flüssigkeitsmenge beträgt.

156. Gleichgewicht einer rotierenden Flüssigkeit im Erdfeld

Wir wollen noch als letztes Beispiel für das Gleichgewicht einer inkompressiblen Flüssigkeit den Fall betrachten, daß sich die Flüssigkeit in einem kreiszylindrischen Gefäß befindet, welches im Erdfeld mit der konstanten Winkelgeschwindigkeit

$$|\mathfrak{w}| = \omega \qquad (156, 1)$$

rotiert. Wir setzen voraus, daß die Rotationsbewegung so lange stattgefunden habe, daß sich die Gleichgewichtsfigur der Flüssigkeit bereits ausgebildet hat, Abb. 156, 1.

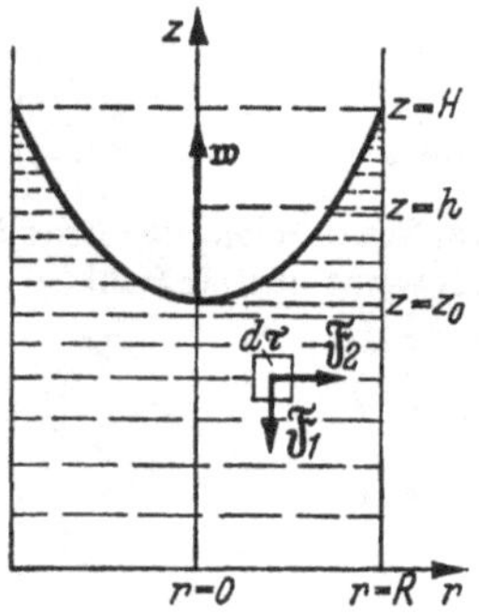

Abb. 156, 1: Rotierende Flüssigkeit im Erdfeld

Infolge der jetzt vorliegenden Rotation wirken auf ein Volumenelement $d\tau$ außer der Schwerkraft

$$\mathfrak{F}_1 d\tau = \{0, 0, -\varrho_0 g d\tau\} \qquad (156, 2)$$

noch die Zentrifugalkraft

$$\mathfrak{F}_2 d\tau = \{\varrho_0 \omega^2 x d\tau, \varrho_0 \omega^2 y d\tau, 0\}. \qquad (156, 3)$$

Hierbei bedeuten ϱ_0 die Dichte der Flüssigkeit und x, y die Koordinaten eines Volumenelementes $d\tau$, das gemäß Abb. 156, 1 von der Drehachse z den Abstand

$$r = \sqrt{x^2 + y^2} \qquad (156, 4)$$

hat.

Da die Zentrifugalkraft eine Zentralkraft ist, besitzt sie ein Potential, so daß sich nach den Ausführungen in Kap. 142 ein Gleichgewicht der rotierenden Flüssigkeit ausbilden muß. Die auf

---

[1]) ARCHIMEDES: *287 v. Chr. in Syrakus, †212 v. Chr. in Syrakus.

[2]) Angeblich soll ARCHIMEDES, nachdem er das „Auftriebsgesetz" erkannt hatte, das heute noch häufig gebrauchte Zitat: ηνρηκα („ich habe es gefunden") ausgesprochen haben.

sie wirkende resultierende Volumenkraft ist

$$\mathfrak{F} = \mathfrak{F}_1 + \mathfrak{F}_2 = \{\varrho_0\omega^2 x, \varrho_0\omega^2 y, -\varrho_0 g\}. \quad (156, 5)$$

Sie hat das Potential

$$W = -\frac{1}{2}\varrho_0\omega^2(x^2 + y^2) + \varrho_0 g z \quad (156, 6)$$

oder unter Beachtung von (156, 4):

$$W = -\frac{1}{2}\varrho_0\omega^2 r^2 + \varrho g z. \quad (156, 7)$$

Mit diesem Ausdruck geht die hydrostatische Grundgleichung in

$$p(z) + \varrho_0 g z - \frac{1}{2}\varrho_0 w^2 r^2 = c \quad (156, 8)$$

über.

Zur Bestimmung von c werde die Höhe z des Flüssigkeitsspiegels in der Drehachse ($r = 0$) mit z_0 bezeichnet. Der auf der freien Oberfläche herrschende Druck sei der Atmosphärendruck p_0. Dann folgt aus (156, 8):

$$c = p_0 + \varrho_0 g z_0. \quad (156, 9)$$

Mit diesem Wert von c geht (156, 8) in

$$\bar{p} = p - p_0 = \frac{\varrho_0}{2}\omega^2 r^2 - \varrho_0 g(z - z_0) \quad (156, 10)$$

über. Hierbei bedeutet $\bar{p}$ den „Überdruck" gegenüber dem „Normaldruck" p_0.

Auf der freien Oberfläche ist der „Überdruck"

$$\bar{p} = \frac{\varrho_0}{2}\omega^2 r^2 - \varrho_0 g(z - z_0) = 0. \quad (156, 11)$$

Hieraus erhält man als Gleichung der freien Oberfläche der gleichförmig rotierenden Flüssigkeit

$$z - z_0 = \frac{\omega^2}{2g} r^2. \quad (156, 12)$$

Durch diese Gleichung wird ein Rotationsparaboloid beschrieben. In ein solches verformt sich die ursprünglich ebene Oberfläche einer Flüssigkeit im Erdfeld, wenn sie in gleichförmige Rotation versetzt wird. Jeder Schnitt mit dem Rotationsparaboloid und einer Ebene, die die Drehachse (z-Achse) enthält, ist eine Parabel, wie sie in Abb. 156, 1 dargestellt ist.

Ebenso wie die freie Oberfläche sind auch die anderen Flächen gleichen Druckes Rotationsparaboloide, die jedoch gegen die Oberfläche „nach unten hin" verschoben sind.

Wir fragen nun, wie tief die Flüssigkeit in der Mitte unter ihr ursprüngliches Niveau ($z = h$) sinkt und wie hoch sie am Rande des Gefäßes, das den Radius R habe, steigt. Die Antwort hierauf erhält man aus der Tatsache, daß die Flüssigkeitsmenge M — und damit auch das wegen der vorausgesetzten Inkompressibilität von ihr eingenommene Volumen V — sowohl im Ruhezustand als auch während der Rotation gleich sind. In Ruhe ist

$$M = \varrho_0 V = \varrho_0 \pi R^2 h, \quad (156, 13)$$

im stationären Zustand der Rotation dagegen

$$M = \varrho_0\left\{R^2\pi H - \pi\int_{z_0}^{H} r^2 dz\right\}. \quad (156, 14)$$

Setzt man die beiden letzten Ausdrücke gleich und drückt r^2 gemäß (156, 12) aus, so erhält man

$$R^2\pi h = R^2\pi H - \frac{2\pi g}{\omega^2}\int_{z_0}^{H}(z - z_0)\,dz, \quad (156, 15)$$

woraus man nach elementarer Rechnung

$$H - h = h - z_0 \tag{156, 16}$$

erhält. Diese Gleichung sagt aus, daß sich der Wasserspiegel am Rand des Gefäßes um denselben Betrag über das ursprüngliche h-Niveau hebt, wie er in der Drehachse unter dieses sinkt.

Wir wollen noch abschließend überlegen, welche Änderungen sich bzgl. des im vorstehenden Kapitel besprochenen Auftriebes ergeben, wenn ein Körper nicht in eine ruhende, sondern in eine rotierende Flüssigkeit eingebracht wird.

Nimmt man an, der Körper, der das Volumen V habe, ist gänzlich in die Flüssigkeit eingetaucht, so erfährt er nach (155, 3) die Kraft

$$\mathfrak{K} = -\iiint_V \operatorname{grad} p\, d\tau. \tag{156, 17}$$

Bildet man grad p nach der „Druckgleichung" (156, 8), so erhält man für die Komponenten

$$K_x = -\varrho_0\omega^2 \iiint_V x\, d\tau \tag{156, 18}$$

$$K_y = -\varrho_0\omega^2 \iiint_V y\, d\tau \tag{156, 19}$$

$$K_z = +\varrho_0 g \iiint_V d\tau = \varrho_0 g V. \tag{156, 20}$$

Man erkennt hieraus, daß nun die horizontalen Kraftkomponenten i. allg. nicht verschwinden, während die vertikale Komponente K_z sich nicht geändert hat (vgl. 155, 6).

Wir wollen nun den Ortsvektor

$$\mathfrak{x} = \frac{\iiint_V \mathfrak{r}\, dm}{\iiint_V dm} = \frac{\iiint_V \mathfrak{r}\varrho\, d\tau}{\iiint_V \varrho\, d\tau} \tag{156, 21}$$

des Schwerpunktes des eingetauchten Körpers einführen. Ist dessen Dichte $\varrho = \text{const}$, so wird aus (156, 21):

$$\mathfrak{x} = \left\{x_s = \frac{1}{V}\iiint x\, d\tau, \ldots\right\}. \tag{156, 22}$$

Damit wird aus (156, 18—20):

$$K_x = -\varrho_0\omega^2 x_s V,\; K_y = -\varrho_0\omega^2 y_s V,\; K_z = \varrho_0 g V. \tag{156, 23}$$

Außer dieser „Auftriebskraft" wirken nun auf den Körper noch die Zentrifugalkraft

$$\mathfrak{K}^{(z)} = \iiint \omega^2 \mathfrak{r}\, dm = \omega^2 \varrho \iiint \mathfrak{r}\, d\tau \tag{156, 24}$$

und die Erdschwere

$$\mathfrak{K}^{(s)} = \iiint \mathfrak{g}\, dm = -g\varrho V\mathfrak{k}. \tag{156, 25}$$

Die Komponenten der Summe

$$\mathfrak{R} = \mathfrak{K}^{(z)} + \mathfrak{K}^{(s)} \tag{156, 26}$$

dieser beiden Kräfte sind

$$\mathfrak{R} = \{\omega^2\varrho V x_s,\; \omega^2 \varrho V y_s,\; -\varrho g V\}. \tag{156, 27}$$

Die Resultierende

$$\mathfrak{K}^{(r)} = \mathfrak{K} + \mathfrak{R} \tag{156, 28}$$

des auf den in die rotierende Flüssigkeit eingetauchten Körpers hat daher nach (156, 23) und (156, 27) die Komponenten

$$K_x^{(r)} = \omega^2 V x_s (\varrho - \varrho_0) \tag{156, 29}$$

$$K_y^{(r)} = \omega^2 V y_s (\varrho - \varrho_0) \tag{156, 30}$$

$$K_z^{(r)} = -g V (\varrho - \varrho_0). \tag{156, 31}$$

Diese Gleichungen sagen folgendes aus:

1. Ist $\varrho = \varrho_0$, d. h., hat der Körper die gleiche Dichte wie die Flüssigkeit, so erfährt jener keinerlei Krafteinwirkung, d. h., er ist in der Flüssigkeit in jeder Lage im Gleichgewicht.

2. Ist $\varrho > \varrho_0$, so erfährt der Körper einerseits eine in der Horizontalen wirkende Krafteinwirkung, die dem senkrechten Abstand

$$\bar{r}_s = \sqrt{x_s^2 + y_s^2} \tag{156, 32}$$

seines Schwerpunktabstandes $\bar{r}_s$ von der Drehachse proportional ist. Andererseits wirkt auf den Körper die Schwerkraft, vermindert um den Auftrieb. Der Körper kann daher nur auf dem Boden und — wegen (156, 29/30) — auch nur am Rand des Gefäßes im Gleichgewicht sein, weil dann die auf ihn wirkende Zentrifugalkraft durch den Widerstand der Gefäßwand kompensiert wird. Beispiel: Teeblätter, die in eine Tasse Tee geraten sind, sammeln sich, wenn der Tee umgerührt wird, am Rand des Bodens der Teetasse. (Dieses Beispiel ist allerdings cum grano salis anzusehen, weil bei der Herleitung der Gleichungen (156, 29—31) von jeder Reibung abgesehen wurde.)

3. Ist schließlich $\varrho < \varrho_0$, so besagen die Gleichungen (156, 29/31), daß der Körper eine seinem senkrechten Schwerpunktabstand $\bar{r}_s$ proportionale Kraft auf die Drehachse *hin* erfährt. Außerdem wird der Körper nach (156, 31) „nach oben" getrieben. In diesem Fall ist daher die stabile Gleichgewichtslage eines in die rotierende Flüssigkeit eingetauchten Körpers ein Punkt der Drehachse. Diese Aussage erklärt (allerdings sehr roh, weil wiederum die Reibung unberücksichtigt bleibt), die wohlbekannte Erscheinung, daß sich beim „Umrühren" einer Flüssigkeit, etwa Wasser, die sich in ihr befindenden Luftblasen stets auf die Drehachse der rotierenden Flüssigkeit hinstreben.

157. Die polytrope Atmosphäre (Aerostatik)

Um ein Beispiel für die Anwendung der Gleichgewichtsbedingung (142, 20) auf kompressible barotrope Flüssigkeiten zu geben, werde die atmosphärische Hülle um die Erde betrachtet, wenn sie allein der Einwirkung der Schwerkraft unterliegt. Es ist nun außer der hydrostatischen Grundgleichung noch die Angabe erforderlich, wie die Dichte

$$\varrho = \varrho(p) \tag{157, 1}$$

der Flüssigkeit vom jeweiligen Druck p abhängt, damit die in (142, 20) auftretende Hilfsgröße

$$P = \int \frac{dp}{\varrho(p)} \tag{157, 2}$$

bestimmt werden kann.

Für die Druck-Dichte-Beziehung (157, 1) machen wir den Ansatz

$$p = k\varrho^n. \tag{157, 3}$$

Hierin sind n und k Konstanten, von denen sich — ebenso wie früher — k durch Vorgabe des Druckes p_0 und der Dichte eines „Normalzustandes" bestimmen läßt. Für diesen gilt

$$p_0 = k\varrho_0^n. \tag{157, 4}$$

Kombiniert man dies mit (157, 3), so ergibt sich

$$p = p_0 \left(\frac{\varrho}{\varrho_0}\right)^n \tag{157, 5}$$

oder

$$\varrho = \varrho_0 \left(\frac{p}{p_0}\right)^{\frac{1}{n}}. \tag{157, 6}$$

Diese Gleichungen nennt man *Polytropengleichung* eines Gases mit dem Polytropenexponenten (oder von der Ordnung) n. Je nach dem Wert von n ergeben sich gewisse Sonderfälle, von denen wir nachstehend einige behandeln werden. Vorerst lassen wir den Betrag von n offen.

Mit (157, 5) erhält man nach (157, 2) für die Hilfsgröße

$$P = \frac{p_0^{\frac{1}{n}}}{\varrho_0} \int p^{-\frac{1}{n}} dp \tag{157, 7}$$

$$= \frac{p_0^{\frac{1}{n}}}{\varrho_0} \frac{n}{n-1} p^{1-\frac{1}{n}}, \tag{157, 8}$$

sofern $n \neq 1$ ist, was vorausgesetzt werde.

Weiterhin ist, weil die Atmosphäre allein dem Schwerefeld der Erde unterliegen soll, bei Verwendung des üblichen Koordinatensystems ($\mathfrak{k} \parallel -\mathfrak{g}$, $z =$ „Höhe") die Massenkraft

$$\mathfrak{P} = \mathfrak{g} = -g\mathfrak{k} \tag{157, 9}$$

und ihr Potential

$$W = gz. \tag{157, 10}$$

Damit gilt nach (142, 20) für den Gleichgewichtszustand der Atmosphäre

$$gz + \frac{p_0^{\frac{1}{n}}}{\varrho_0} \frac{n}{n-1} p^{1-\frac{1}{n}} = \text{const.} \tag{157, 11}$$

Bezeichnet man den auf der Erdoberfläche, d. h. für $z = 0$ herrschenden Atmosphärendruck mit p_0, so liefert (157, 11) für die Konstante

$$\text{const} = \frac{n}{n-1} \frac{p_0}{\varrho_0}. \tag{157, 12}$$

Damit erhält man aus (157, 11) für die Abhängigkeit des Druckes $p(z)$ von der Höhe z den Ausdruck

$$p(z) = p_0 \left(1 - \frac{n-1}{n} \frac{\varrho_0}{p_0} gz\right)^{\frac{n}{n-1}}. \tag{157, 13}$$

Diese Formel läßt sich etwas einfacher schreiben, wenn man den Begriff der Atmosphärenhöhe h einführt. Er ist definiert durch jenen Wert von $z = h$, für den

$$p(h) = 0 \tag{157, 14}$$

wird. Nach (157, 13) ist dann

$$h = \frac{n}{n-1} \frac{p_0}{\varrho_0 g}, \tag{157, 15}$$

womit die Druckformel (157, 13) in

$$p(z) = p_0 \left(1 - \frac{z}{h}\right)^{\frac{n}{n-1}} \tag{157, 16}$$

übergeht.

Mit Hilfe der Polytropengleichung (157, 6) erhält man für die Dichteverteilung $\varrho = \varrho(z)$ der Atmosphäre

$$\varrho(z) = \varrho_0 \left(1 - \frac{z}{h}\right)^{\frac{1}{n+1}}. \tag{157, 17}$$

Durch die beiden letzten Gesetzmäßigkeiten sind Druck und Dichte einer sich im Erdfeld im Gleichgewicht befindenden polytropen Atmosphäre eindeutig beschrieben.

Wir betrachten einige Sonderfälle:

1. *Die gleichmäßige Atmosphäre* ($n = \infty$). Bei Wahl dieses Polytropenexponenten folgt aus der Polytropengleichung (157, 6), daß

$$\varrho = \varrho_0 \tag{157, 18}$$

ist, d. h., es liegt keine Abhängigkeit der Dichte ϱ vom Druck p vor. Die uns umgebende Atmosphäre wird ein solches Verhalten (in erster Näherung) nur in Schichten geringer Dicke, also nur innerhalb kleiner Höhendifferenzen aufweisen. Nimmt man aber eine derartige inkompressible Atmosphäre als Modell an, so herrscht in ihr nach (157, 15/16) die Druckverteilung

$$p(z) = p_0 - \varrho_0 g z. \tag{157, 19}$$

Dies ist, wie es auch sein muß, in Übereinstimmung mit (154, 11), weil Druckunabhängigkeit der Dichte gleichbedeutend mit Inkompressibilität ist[1]). Nach der letzten Gleichung nimmt der Druck einer gleichmäßigen Atmosphäre mit zunehmender Höhe z linear ab. Von dieser Aussage macht man Gebrauch zur Bestimmung von (nicht zu großen) Höhenunterschieden.

Als Höhe h einer gleichförmigen Atmosphäre hat man nach (157, 15):

$$h = \frac{p_0}{\varrho_0 g}. \tag{157, 20}$$

Existierte eine solche Atmosphäre, so würde sie — wie sich mit den bekannten Werten

$$p_0 = 1 \text{ at} = 1033 \cdot 981 \text{ gr cm}^{-1} \text{sec}^{-2} \tag{157, 21}$$

$$\varrho_0 = 0{,}0013 \text{ gr cm}^{-3} \tag{157, 22}$$

$$g = 981 \text{ cm sec}^{-2} \tag{157, 23}$$

aus (157, 20) ergibt — die Erdoberfläche bis zu der Höhe $h \approx 8$ km umgeben. Dieser Wert stimmt mit der Erfahrung nicht gut überein.

2. *Die adiabatische Atmosphäre*: Zu einer anderen Atmosphärenhöhe gelangt man, wenn man für den Polytropenexponenten

$$n = \frac{c_p}{c_v} = \gamma \tag{157, 24}$$

wählt, wobei c_p bzw. c_v die spezifischen Wärmen der Atmosphäre bei konstantem Druck bzw. bei konstantem Volumen bedeuten. Dann lautet die Polytropengleichung

$$\frac{p}{\varrho^\gamma} = \text{const}, \tag{157, 25}$$

die auch als Adiabatengleichung der Atmosphäre bezeichnet wird. Für zweiatomige Gase ist

$$\gamma = \frac{c_p}{c_v} = 1{,}41. \tag{157, 26}$$

Mit diesem Wert ergibt sich aus (157, 15) als Höhe einer adiabatischen Atmosphäre

$$h \approx 28 \text{ km}. \tag{157, 27}$$

3. *Die isotherme Atmosphäre* ($n = 1$). Wir haben noch den bisher ausgeschlossenen Fall $n = 1$ zu behandeln. Mit diesem Wert des Polytropenexponenten wird aus (157, 5):

$$\frac{p}{p_0} = \frac{\varrho}{\varrho_0} = \text{const}. \tag{157, 28}$$

Da die Dichte ϱ eines Körpers seinem Volumen V umgekehrt proportional ist,

$$\varrho \sim \frac{1}{V}, \tag{157, 29}$$

läßt sich (157, 28) in die Form

$$pV = p_0 V_0 = \text{const} \tag{157, 30}$$

überführen.

Das ist das bekannte für ideale Gase geltende Gesetz von Boyle-Mariotte. Es ist ein Sonderfall der Zustandsgleichung

$$pV = \nu RT \tag{157, 31}$$

---

[1]) Der formale Unterschied zwischen (157, 19) und (154, 11) durch das Auftreten von h-z bzw. z ist durch verschiedene Festlegungen der Nullpunkte der verwendeten Koordinatensysteme bedingt.

für ein ideales Gas. In diesem Ausdruck bedeuten R die universelle Gaskonstante (s. Bd. III), T die absolute Temperatur des Gases und

$$\nu = \frac{M}{\mu} \tag{157, 32}$$

die Molzahl (M = Gesamtmasse des Gases, μ sein Molekulargewicht).

Man ersieht, daß das BOYLE-MARIOTTEsche Gesetz (157, 30) sich aus (157, 31) für den Fall konstanter Temperatur

$$T = \text{const} \tag{157, 33}$$

ergibt, weshalb man bei Gültigkeit von (157, 30) von einer isothermen Atmosphäre spricht. Eine solche gibt es sicher nicht, weil erfahrungsgemäß die Temperatur der Atmosphäre „nach oben" hin abnimmt. Man kann aber näherungsweise bei nicht allzu großen Höhendifferenzen als Modell eine isotherme Atmosphäre annehmen. Da dann $n = 1$ ist, sind die vorstehenden Rechnungen etwas abzuändern. So wird zunächst die Hilfsgröße P nach (157, 7):

$$P = \frac{p_0}{\varrho_0} \int \frac{dp}{p} = \frac{p_0}{\varrho_0} \ln p. \tag{157, 34}$$

Geht man damit in die BERNOULLIsche Gleichung ein, so erhält man

$$gz + \frac{p_0}{\varrho_0} \ln p = \text{const.} \tag{157, 35}$$

Die Konstante wird ebenso wie vorstehend bestimmt, was für

$$\text{const} = \frac{p_0}{\varrho_0} \ln p_0 \tag{157, 36}$$

liefert. Damit wird aus (157, 35):

$$gz + \frac{p_0}{\varrho_0} \ln p = \frac{p_0}{\varrho_0} \ln p_0, \tag{157, 37}$$

woraus man unschwer

$$p(z) = p_0 e^{-\frac{\varrho_0 g z}{p_0}} \tag{157, 38}$$

erhält. Diesen Ausdruck nennt man *Barometrische Höhenformel.*

Zur Hydrodynamik

158. Einige Anwendungen der BERNOULLIschen Gleichung

1. *Die kritische Geschwindigkeit.* Als erste Anwendung der BERNOULLIschen Gleichung ziehen wir eine interessante Folgerung für den Fall, daß es sich um eine kräftefreie Strömung einer inkompressiblen Flüssigkeit handelt. Dann ist wegen $\mathfrak{P} = 0$ das Potential konstant,

$$W = W_0, \tag{158, 1}$$

womit (149, 9) in

$$p + \varrho \frac{\mathfrak{v}^2}{2} = \varrho C - \varrho W_0 = \text{const} \tag{158, 2}$$

übergeht. Die rechte Seite dieser Gleichung ist aus Dimensionsgründen ein konstanter Druck, der mit p_0 bezeichnet werden soll. Dann folgt aus (158, 2):

$$p = p_0 - \varrho \frac{\mathfrak{v}^2}{2}. \tag{158, 3}$$

Aus dieser Gleichung ist zu ersehen, daß p_0 der größte überhaupt mögliche Druck ist. Er herrscht an jenen Stellen der Flüssigkeit, wo diese ruht ($\mathfrak{v} = 0$) und wird *Staudruck* genannt. Der *hydrodynamische Druck* p ist (bei $\mathfrak{v} \neq 0$) immer kleiner als der Staudruck p_0.

Nähert sich v der *kritischen Geschwindigkeit*

$$v_k = \sqrt{2p_0/\varrho}\,, \tag{158, 4}$$

so geht

$$p \to 0 \tag{158, 5}$$

und nimmt negative Werte an:

$$p < 0, \text{ wenn } v > v_k \tag{158, 6}$$

wird.

Ist dies der Fall, so ändern sich die Strömungsverhältnisse gänzlich: Die ursprünglich zusammenhängende Flüssigkeit zerreißt, wodurch Hohlräume entstehen, die sich mit dem Dampf der strömenden Flüssigkeit füllen. Diese Erscheinung wird als *Kavitation* bezeichnet. Brechen derartige dampferfüllte Raumgebiete durch Kondensation des Dampfes plötzlich zusammen, so können beträchtliche Kräfte auftreten, welche die eine sich mit überkritischer Geschwindigkeit bewegende Flüssigkeit begrenzenden Wände oder sich in ihr befindende Gegenstände erheblich beschädigen können. Das wohl bekannteste Beispiel für diese Erscheinung, die man oft als das „Anfressen von Materialien" bezeichnet, sind die an Schiffsschrauben beobachteten Beschädigungen.

Für strömendes Wasser ist bei Atmosphärendruck ($p_0 = 1$ At $\approx 10^6$ g sec^{-2} cm^{-1}) nach (158, 4) die kritische Geschwindigkeit

$$v_k = \sqrt{2 \cdot 10^6 \text{ cm}^2 \text{ sec}^{-2}} \tag{158, 7}$$

$$\approx 14 \text{ m sec}^{-1}. \tag{158, 8}$$

2. *Das Ausflußgesetz von* Torricelli: Es werde ein mit einer inkompressiblen Flüssigkeit gefülltes Gefäß betrachtet, dessen Boden eine Öffnung mit der Fläche f_1 habe, aus der die „schwere" Flüssigkeit stationär ausströmen soll, Abb. 158, 1. Damit Stationarität vorliegt, muß die Flüssigkeitshöhe h konstant gehalten werden. Wir fragen nach der Ausflußgeschwindigkeit.

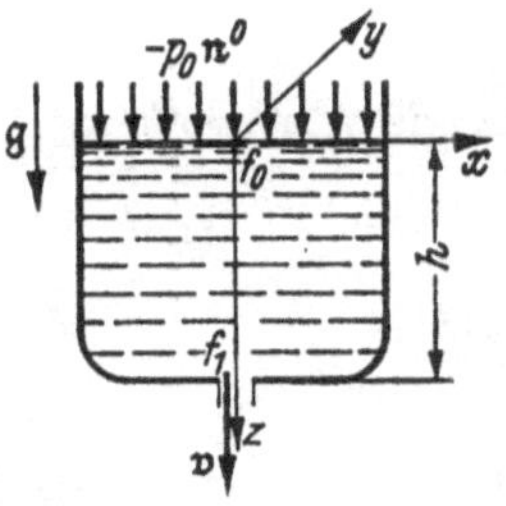

Abb. 158, 1: Zum Ausflußgesetz von Torricelli

Um diese zu bestimmen, verwenden wir das in Abb. 158, 1 angegebene rechtwinklige Koordinatensystem. Dann ist

$$\mathfrak{v} = \{0, 0, v_z = v\}, \tag{158, 9}$$

womit die Bernoullische Gleichung die Form

$$\frac{v^2}{2} + \frac{p}{\varrho} - gz = c = \text{const} \tag{158, 10}$$

annimmt.

Zur Bestimmung der Integrationskonstante c beachten wir, daß die xy-Ebene des gewählten Koordinatensystems anfänglich mit der Flüssigkeitsoberfläche zusammenfällt. Ihre Gleichung ist daher $z = 0$. Herrscht auf der Oberfläche der Druck p_0, so ist

$$p(0) = p_0. \tag{158, 11}$$

Bezeichnet man den Betrag der Geschwindigkeit der Flüssigkeitsschicht in der Höhe $z = 0$ mit

$$v(0) = v_0, \tag{158, 12}$$

so wird aus (158, 10):

$$\frac{v_0^2}{2} + \frac{p_0}{\varrho} = c. \tag{158, 13}$$

Bezeichnet man weiterhin die Ausflußgeschwindigkeit in f_1, wo der Druck p_1 sei, mit v_1, so wird, wegen $z = h$, aus (158, 10):

$$\frac{v_1^2}{2} + \frac{p_1}{\varrho} - gh = c. \tag{158, 14}$$

Kombiniert man dies mit (158, 13), so ergibt sich

$$\frac{v_1^2}{2} + \frac{p_1}{\varrho} - gh = \frac{v_0^2}{2} + \frac{p_0}{\varrho}. \tag{158, 15}$$

Weiterhin gilt neben dieser Beziehung noch die Kontinuitätsgleichung, die nach (144, 16) im vorliegenden Fall

$$v_0 f_0 = v_1 f_1 \tag{158, 16}$$

lautet. Hierbei bedeutet f_0 den Betrag der Flüssigkeitsoberfläche im Behälter.

Eliminiert man aus den beiden letzten Gleichungen v_0, so ergibt sich nach einfacher Rechnung für die Ausflußgeschwindigkeit

$$v_1 = \sqrt{\frac{2gh - \frac{2}{\varrho}(p_0 - p_1)}{1 - (f_1/f_0)^2}}. \tag{158, 17}$$

Grenzen sowohl die Oberfläche f_0 als auch die Ausflußöffnung f_1 an die Atmosphäre, so ist

$$p_1 = p_0, \tag{158, 18}$$

also

$$\Delta p = p_1 - p_0 = 0. \tag{158, 19}$$

Ist weiterhin die Ausflußöffnung f_1 sehr klein gegen die Oberfläche f_0, d. h.

$$\frac{f_1}{f_0} \ll 1, \tag{158, 20}$$

also erst recht

$$(f_1/f_0)^2 \ll 1, \tag{158, 21}$$

so ergibt sich aus (158, 17) für die Ausflußgeschwindigkeit

$$v_1 = \sqrt{2gh}. \tag{158, 22}$$

Diese Formel ist bereits von TORRICELLI[1]) gefunden worden und wird daher als das TORRICELLI*sche Ausflußgesetz* bezeichnet.

Obwohl (158, 22) aus der nur für Ideale Flüssigkeiten geltenden BERNOULLIschen Gleichung hergeleitet wurde, gibt sie die tatsächlichen Verhältnisse im wesentlichen gut wieder. Die Erfahrung hat gelehrt, daß dann (158, 22) durch

$$v_1 = \alpha \sqrt{2gh} \tag{158, 23}$$

zu ersetzen ist, wobei α ein von der Höhe h des Flüssigkeitsspiegels abhängiger Faktor ist. Für Wasser liegt α zwischen 0,96 und 1. Hiermit wird ersichtlich, in welch gutem Maße sich die Ausflußformel (158, 22) bei „dünnflüssigen" Flüssigkeiten bewährt.

3. *Das* VENTURI-*Rohr.* Als weiteres Beispiel für die Anwendung der BERNOULLIschen Gleichung untersuchen wir die Strömungsverhältnisse in einem an einen Flüssigkeitsbehälter

---

[1]) Evangelista TORRICELLI: * 1608 in Faenza/Modigliano, † 1647 in Florenz.

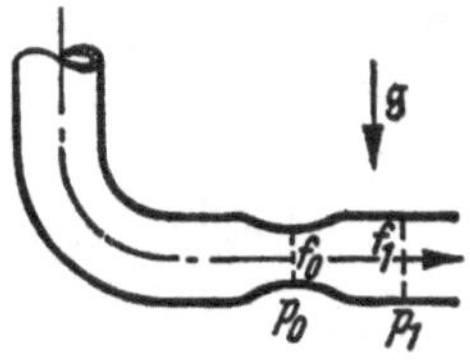

Abb. 158, 2: Das VENTURI-Rohr

angeschlossenen Rohr mit variablem Querschnitt, Abb. 158, 2. Wir fragen insbesondere nach der Druckdifferenz

$$\Delta p = p_0 - p_1, \tag{158, 24}$$

die zwischen den Stellen mit dem kleinsten Querschnitt f_0 und dem Ausflußquerschnitt f_1 herrscht. Denkt man sich das Rohr horizontal angebracht, so ist auf der mit seiner Achse zusammenfallenden Stromlinie das Potential $W = W_0 =$ const. Daher hat man

$$\frac{v_1^2}{2} + \frac{p_1}{\varrho} = \frac{v_0^2}{2} + \frac{p_0}{\varrho}. \tag{158, 25}$$

Ersetzt man hierin v_0 gemäß der Inkompressibilitätsbedingung (158, 16), so erhält man für die Druckdifferenz

$$\Delta p = p_0 - p_1 = \frac{\varrho}{2} v_1^2 \left(1 - \frac{f_1^2}{f_2^2}\right). \tag{158, 26}$$

Da nun voraussetzungsgemäß

$$f_1 > f_0 \tag{158, 27}$$

sein soll, sagt die vorletzte Gleichung aus, daß

$$p_0 < p_1 \tag{158, 28}$$

ist. Es folgt daher: An Stellen mit dem kleinsten Querschnitt f_0 herrscht gegenüber dem Austrittsquerschnitt $f_1 > f_0$ ein Unterdruck. Diese Tatsache findet verschiedene praktische Anwendungen, wie etwa bei der Wasserstrahlpumpe, dem VENTURIschen Wassermesser u. a. m.

4. Das GRAHAM*sche Gesetz.* Um schließlich auch ein Beispiel für die Anwendung der BERNOULLIschen Gleichung auf kompressible Flüssigkeiten anzugeben, wollen wir die Geschwindigkeit berechnen, mit der ein in einem sehr großen Gefäß eingeschlossenes Gas aus einer sehr kleinen Öffnung der Gefäßwandung ausströmt. Innerhalb des Gefäßes herrsche der „Innen"-druck p_i, außerhalb der kleinere „Außen"druck

$$p_a < p_i. \tag{158, 29}$$

Ist der Ausströmungsvorgang stationär, so gilt die BERNOULLIsche Gleichung (149, 9):

$$\frac{v^2}{2} + W + \int \frac{dp}{\varrho(p)} = \text{const}. \tag{158, 30}$$

In ihr kann, weil es sich um ein Gas handelt, das Potential W der allein auf dieses wirkenden Schwerkraft in erster Näherung vernachlässigt, also

$$W = 0 \tag{158, 31}$$

gesetzt werden.

Es verbleibt, das in (158, 30) auftretende Integral auszurechnen. Hierzu bedarf es der Kenntnis einer Druck-Dichte-Beziehung des betrachteten Gases. Als solche nehmen wir die ideale Gasgleichung (157, 37):

$$p = \frac{\varrho}{\mu} RT \tag{158, 32}$$

an. In ihr bedeutet

$$\varrho = \frac{M}{V} \tag{158, 33}$$

die Dichte des Gases und μ sein Molekulargewicht.

Mit (158, 32) wird

$$P = \int \frac{dp}{\varrho(p)} = \frac{RT}{\mu} \int \frac{dp}{p} \tag{158, 34}$$

$$= \frac{RT}{\mu} \ln p + \text{const}. \tag{158, 35}$$

Damit geht (158, 30) in

$$\frac{v^2}{2} + \frac{RT}{\mu} \ln p = \text{const} \tag{158, 36}$$

über und man erhält

$$\frac{v_i^2}{2} + \frac{RT}{\mu} \ln p_i = \frac{v_a^2}{2} + \frac{RT}{\mu} \ln p_a. \tag{158, 37}$$

Hierbei bedeuten v_i die im Gefäßinnern herrschende Geschwindigkeit und v_a die Ausströmgeschwindigkeit.

Bei hinreichend kleiner Austrittsöffnung kann v_i in erster Näherung vernachlässigt werden. Man erhält dann aus (158, 37) für die Ausströmgeschwindigkeit (näherungsweise)

$$v_a = \sqrt{\frac{2RT}{\mu} \ln \frac{p_i}{p_a}}. \tag{158, 38}$$

Aus dieser Formel folgt, daß für zwei verschiedene Gase mit den Molekulargewichten μ_1 und μ_2 sich ihre Ausströmungsgeschwindigkeiten $v_a^{(1)}$ und $v_a^{(2)}$ unter gleichen Umständen wie

$$\frac{v_a^{(1)}}{v_a^{(2)}} = \sqrt{\frac{\mu_2}{\mu_1}} \tag{158, 39}$$

verhalten. Diese Aussage wird als GRAHAMsches[1]) Gesetz bezeichnet. Auf ihm beruht eine von BUNSEN[2]) angegebene Methode, das Molekulargewicht von Gasen experimentell zu bestimmen.

159. Bemerkungen zur Stromfadentheorie

Ein Sonderfall einer nichtstationären wirbelfreien Bewegung liegt dann vor, wenn die Strömung als eindimensional angesehen werden kann. Dies ist etwa der Fall, wenn die Flüssigkeit durch ein irgendwie geformtes Rohr oder Gerinne mit überall gleichem Querschnitt strömt, Abb. 159, 1. Wählt man die mit der Achse des Rohrs oder des Gerinnes zusammenfallende Stromlinie (oder wie man häufig in diesem Falle sagt: den Stromfaden) als „s-Achse" eines Koordinatensystems, so nimmt die EULERsche Gleichung die Form

$$\frac{\partial v}{\partial t} + \frac{\partial}{\partial s}\left(\frac{v^2}{2}\right) = P_s - \frac{1}{\varrho} \frac{\partial p}{\partial s} \tag{159, 1}$$

an.

Abb. 159, 1: Eindimensionale Flüssigkeitsströmung

Wir wollen diese Gleichung für den Fall einer schweren, d. h. nur der Einwirkung des Schwerefeldes der Erde unterliegenden inkompressiblen Flüssigkeit behandeln. Dann ist ϱ = const und die Volumenkraft

$$\mathfrak{P} = \mathfrak{g}, \tag{159, 2}$$

also ihr Potential

$$W = gz, \tag{159, 3}$$

[1]) Thomas GRAHAM: * 1805 in Glasgow, † 1869 in London.

[2]) Robert Wilhelm BUNSEN: 1811 in Göttingen, † 1899 in Heidelberg.

wenn das bisher übliche Koordinatensystem verwendet wird, bei dem

$$\mathfrak{f} \parallel -\mathfrak{g} \tag{159, 4}$$

ist. Aus (159, 3) folgt, daß

$$P_s = -\frac{\partial}{\partial s}(gz) \tag{159, 5}$$

ist, womit (159, 1) in

$$\frac{\partial v}{\partial t} + \frac{\partial}{\partial s}\left(\frac{v^2}{2} + gz + \frac{p}{\varrho}\right) = 0 \tag{159, 6}$$

übergeht.

Integriert man diese Gleichung längs des Stromfadens zwischen zwei Punkten mit den Koordinaten s_1 und s_2, so erhält man als Ausdruck der BERNOULLIschen Gleichung für den hier betrachteten Sonderfall

$$\left(\frac{v^2}{2} + gz + \frac{p}{\varrho}\right)_{s_2} + \int\limits_{s_1}^{s_2} \frac{\partial v}{\partial t}\, ds = \left(\frac{v^2}{2} + gz + \frac{p}{\varrho}\right)_{s_1}. \tag{159, 7}$$

Mit Hilfe dieser Gleichung läßt sich eine Vielzahl von Fragen beantworten, wofür wir im nachstehenden Kapitel ein Beispiel angeben.

160. Schwingungen einer schweren Flüssigkeit in einem U-Rohr

Eine sich in einem U-Rohr, Abb. 160, 1, das überall den gleichen Querschnitt F besitzt, befindende Flüssigkeit werde durch Einwirkung einer äußeren Störung aus dem Gleichgewicht gebracht. Wir fragen nach der Bewegung der Flüssigkeit, wenn die Störung aufgehoben ist und danach nur noch das Schwerefeld der Erde auf die Flüssigkeit einwirkt. Die Antwort auf diese Frage liefert die für den hier offensichtlich vorliegenden „eindimensionalen" Fall einer Flüssigkeitsbewegung gültige Gleichung (159, 7).

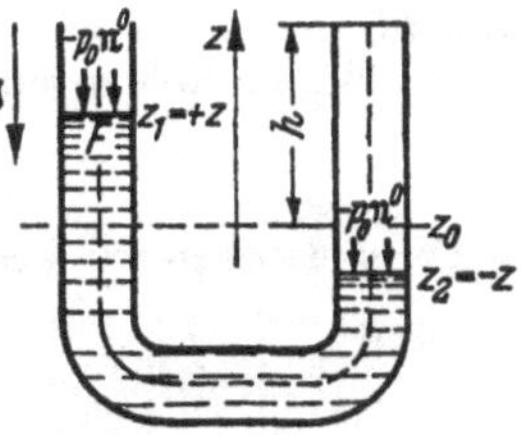

Abb. 160, 1: Flüssigkeitsschwingungen in einem U-Rohr

Bezeichnet man die auf die Mittelpunkte der beiden Menisken bezogenen Größen mit den Indizes 1 und 2, so ist, wenn vorausgesetzt wird, daß die Flüssigkeit während ihrer Bewegung stets zusammenhängend bleibt,

$$v_1 = v_2 = v. \tag{160, 1}$$

Weiterhin gilt, wenn das U-Rohr beidseitig oben offen ist und an Luft mit dem Atmosphärendruck p_0 grenzt,

$$p_1 = p_2 = p_0. \tag{160, 2}$$

Schließlich hat man für die auf die Ruhelage ($z = 0$) bezogenen Koordinaten der ausgelenkten Oberflächenmittelpunkte

$$z_1 = +z, \quad z_2 = -z. \tag{160, 3}$$

Mit (160, 1—3) wird aus der „Stromfadengleichung" (159, 7):

$$-2gz + \int\limits_1^2 \frac{dv}{dt}\, ds = 0. \tag{160, 4}$$

Da v nach Voraussetzung orts*un*abhängig, also

$$\frac{\partial v}{\partial t} \to \frac{dv}{dt} \tag{160, 5}$$

ersetzt und dieser Ausdruck daher vor das Integral in (160, 4) gezogen werden kann, wird aus dieser Gleichung

$$-2gz + \frac{\partial v}{\partial t} \int_1^2 ds = -2gz + l\frac{dv}{dt} = 0, \tag{160, 6/7}$$

wobei l die Länge der Flüssigkeitssäule bedeutet.

Nun ist weiterhin, weil die Bewegung aufgrund des gewählten Koordinatensystems parallel zur z-Achse verläuft, die Geschwindigkeit[1])

$$v = -\frac{dz}{dt} = -\dot{z}. \tag{160, 8}$$

Damit geht (160, 7) in

$$2gz + l\frac{d^2z}{dt^2} = 0 \tag{160, 9}$$

oder

$$\ddot{z} + \frac{2g}{l}z = 0 \tag{160, 10}$$

über. Dies ist die aus der Punktmechanik wohlbekannte Schwingungsgleichung. Sie besagt, daß die beiden Flüssigkeitsspiegel in den Schenkeln des U-Rohrs sich periodisch um die Gleichgewichtslage $z = 0$ bewegen. Die Frequenz dieser Schwingung ist

$$\omega_0 = \sqrt{\frac{2g}{l}} = \sqrt{\frac{g}{l/2}}\,. \tag{160, 11}$$

Sie entspricht also jener Frequenz, die ein mathematisches Pendel von der halben Länge der Flüssigkeitssäule besitzt.

Diese Aussage gilt nur, wenn beide Schenkel des U-Rohrs oben offen sind. Ist dies jedoch nicht der Fall, d. h. sind die Rohrenden geschlossen, so ist (160, 2) nicht mehr gültig, weil nun

$$p_1 \neq p_2 \tag{160, 12}$$

ist. Dies hat zur Folge, daß sich nun aus (160, 7) anstelle von (160, 10) die Bewegungsgleichung

$$\ddot{z}l + 2gz = -\frac{p_1 - p_2}{\varrho} \tag{160, 13}$$

ergibt.

Die auf der rechten Seite dieser Gleichung auftretende Druckdifferenz $p_2 - p_1$ hängt davon ab, welche Zustandsgleichung für das sich in den Rohr e n d e n befindende Gas gilt. Legt man etwa die Adiabatengleichung zugrunde, so gilt

$$p_0V_0^\gamma = p_1V_1^\gamma = p_2V_2^\gamma = \text{const.} \tag{160, 14}$$

Hierbei bedeuten

$$\gamma = \frac{c_p}{c_v} \tag{160, 15}$$

und p_0 bzw. V_0 den Druck bzw. das Volumen des Gases zwischen einem Rohrende und der Flüssigkeit, wenn diese im Gleichgewicht ist. Wie man aus Abb. 160, 1 ersieht, ist

$$V_0 = Fh \tag{160, 16}$$

$$V_1 = F(h - z) \tag{160, 17}$$

$$V_2 = F(h + z). \tag{160, 18}$$

---

[1]) Das negative Zeichen ist deswegen zu setzen, weil eine zunehmende (abnehmende) Geschwindigkeit v bei abnehmendem (zunehmendem) z vorliegt.

Geht man damit in (160, 14) ein, so wird daraus

$$p_0 h^\gamma = p_1 (h - z)^\gamma = p_2 (h + z)^\gamma \tag{160, 19}$$

$$= p_1 h^\gamma \left(1 - \frac{z}{h}\right)^\gamma = p_2 h \left(1 + \frac{z}{h}\right)^\gamma . \tag{160, 20}$$

Hieraus erhält man durch Entwicklung für den Fall nicht zu großer Schwingungsamplituden ($z^2/h^2 \ll 1$):

$$p_0 \approx p_1 \left(1 - \gamma \frac{z}{h}\right) \approx p_2 \left(1 + \gamma \frac{z}{h}\right) \tag{160, 21}$$

oder

$$p_1 = \frac{p_0}{1 - \gamma \frac{z}{h}} \approx p_0 \left(1 + \gamma \frac{z}{h}\right) \tag{160, 22}$$

$$p_2 = \frac{p_0}{1 + \gamma \frac{z}{h}} \approx p_0 \left(1 - \gamma \frac{z}{h}\right). \tag{160, 23}$$

Damit erhält man für die Druckdifferenz

$$p_1 - p_2 = 2 p_0 \gamma \frac{z}{h} . \tag{160, 24}$$

Setzt man diesen Wert in (160, 13) ein, so wird daraus

$$\ddot{z} + \frac{2g}{l} \left(1 + \frac{\gamma p_0}{h g \varrho}\right) z = 0 . \tag{160, 25}$$

Dies ist wiederum die Bewegungsgleichung einer Schwingung, nunmehr jedoch mit der Frequenz

$$\omega_0' = \sqrt{\frac{2g}{l} \left(1 + \frac{\gamma p_0}{h g \varrho}\right)} . \tag{160, 26}$$

Es ist also, wie ein Vergleich mit (160, 11) zeigt,

$$\omega_0' > \omega_0 . \tag{160, 27}$$

Auf der Verschiedenheit dieser beiden Frequenzen von in offenen bzw. geschlossenen U-Rohren schwingenden Flüssigkeiten beruht die auf ASSMANN (1852) zurückgehende und von MÜLLER (1883) ausgearbeitete Methode zur experimentellen Bestimmung von γ.

161. Oberflächenwellen

Als ein weiteres Beispiel für eine nichtstationäre, wirbelfreie Bewegung einer inkompressiblen Flüssigkeit möge die Ausbreitung von Störungen betrachtet werden, die die freie Oberfläche einer räumlich weit ausgedehnten Flüssigkeit (See, Meer) durch Einwirkung äußerer Ursachen (Wind) erfährt. Wir beschränken uns hier auf den Fall, daß sich die verursachten Störungen im wesentlichen auf der Flüssigkeitsoberfläche fortpflanzen. Man spricht dann von *Oberflächenwellen.*

Wir wollen einige Eigenschaften dieses Wellentyps angeben, wobei wir allein den Sonderfall der ebenen Oberflächenwellen betrachten. Zu diesem Zweck legen wir in die ungestörte, als unendlich groß angenommene Flüssigkeitsoberfläche ein cartesiches Koordinatensystem derart, daß seine x-Achse in die Ausbreitungsrichtung der Welle weist und die Erdbeschleunigung $\mathfrak{g}$ die Richtung der negativen z-Achse hat, Abb. 161, 1. Eine Abhängigkeit von y liegt wegen der Voraussetzung, daß nur ebene Wellen betrachtet werden sollen, nicht vor, weswegen die die Bewegung beschreibenden Größen nur Funktionen von x, z und t sind.

Zur Bestimmung dieser fraglichen Größen hat man die EULERsche Bewegungsgleichung und die Kontinuitätsgleichung zur Verfügung.

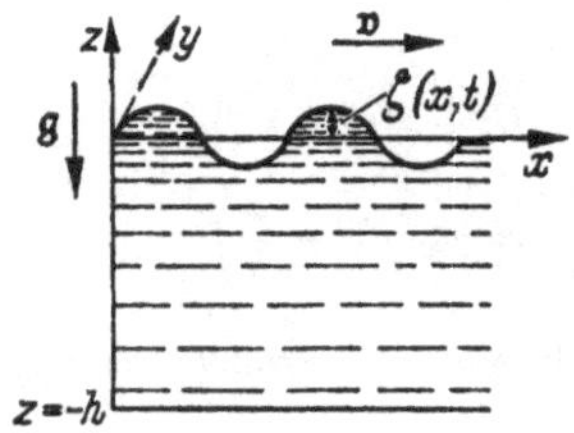

Abb. 161, 1: Oberflächenwellen

Statt der EULERschen Gleichung kann man auch die aus ihr für den Fall nichtstationärer, aber wirbelfreier Bewegungen folgende BERNOULLIsche Gleichung

$$\frac{\partial \varphi}{\partial t} + \frac{1}{2}(\text{grad}\,\varphi)^2 + W + P = F(t) \tag{161, 1}$$

verwenden. Hierin bedeutet φ das wegen der vorausgesetzten Wirbelfreiheit existierende Geschwindigkeitspotential, aus dem sich die Geschwindigkeit $\mathfrak{v}$ gemäß

$$\mathfrak{v} = \text{grad}\,\varphi(x, z, t) \tag{161, 2}$$

ergibt. Knüpft man an (161, 1) an, so müssen die Voraussetzungen erfüllt sein, unter denen (161, 1) aus der EULERschen Gleichung gewonnen wurde. Dazu wird zunächst Wirbelfreiheit der Bewegung verlangt. Diese ist aufgrund des HELMHOLTZschen Satzes (Kap. 152) gesichert, wenn die Verhältnisse so liegen, daß die Wellenbewegung aus der Ruhelage der Flüssigkeit entsteht. In diesem Zustand herrscht sicher Wirbelfreiheit, die dann nach HELMHOLTZ (bei einer Idealen Flüssigkeit) erhalten bleibt. Weiterhin wird für die Gültigkeit von (161, 1) noch gefordert, daß die die Störung verursachenden Kräfte konservativ sind, d. h. ein Potential W besitzen. Wir wollen dies als erfüllt ansehen und annehmen, daß die Oberflächenwellen allein dem Schwerefeld der Erde unterliegen. In diesem Sonderfall spricht man daher auch von *Schwerewellen.*

Wie früher schon dargelegt, ist

$$W = gz, \tag{161, 3}$$

$$P = \frac{p}{\varrho_0}. \tag{161, 4}$$

Wir wollen noch weiterhin annehmen, daß das in (161, 1) auftretende nichtlineare Glied gegenüber den anderen Gliedern vernachlässigt werden kann[1]). Dann geht die BERNOULLIsche Gleichung (161, 1) in Verbindung mit den beiden letzten Ausdrücken in

$$\frac{\partial \varphi}{\partial t} + gz + \frac{p}{\varrho_0} = F(t) \tag{161, 5}$$

über. Diese Gleichung läßt sich noch vereinfachen, indem man die Integrations„konstante" $F(t)$ als die Ableitung einer reinen Zeitfunktion $G(t)$ darstellt:

$$F(t) = -\frac{dG(t)}{dt}. \tag{161, 6}$$

Führt man schließlich noch die neue Größe

$$\bar{\varphi}(x, z, t) = \varphi(x, z, t) + G(t) \tag{161, 7}$$

ein, so läßt sich (161, 5) in der Form

$$\frac{\partial \bar{\varphi}}{\partial t} + gz + \frac{p}{\varrho_0} = 0 \tag{161, 8}$$

schreiben.

Mit den vorstehenden Annahmen werden die tatsächlich vorliegenden, ziemlich komplizierten Verhältnisse von Wasserwellen erheblich vereinfacht.

---

[1]) Es ist üblich, aber nicht korrekt, daß dies durch die Redewendung „genügend kleine Geschwindigkeiten" ausgedrückt wird.

Außer dieser Gleichung hat man noch die Kontinuitätsgleichung zur Verfügung. Sie lautet wegen der vorausgesetzten y-Unabhängigkeit

$$\frac{\partial v_x}{\partial x} + \frac{\partial v_z}{\partial z} = 0. \tag{161, 9}$$

Mit Hilfe von (161, 2) läßt sich diese Gleichung auf das Geschwindigkeitspotential φ umschreiben. Dieses kann weiterhin mittels (161, 7) durch die Hilfsgröße $\overline{\varphi}$ ausgedrückt werden. Man erhält dann für die Kontinuitätsgleichung

$$\frac{\partial^2 \varphi}{\partial x^2} + \frac{\partial^2 \varphi}{\partial z^2} = \frac{\partial^2 \overline{\varphi}}{\partial x^2} + \frac{\partial^2 \overline{\varphi}}{\partial z^2} = 0. \tag{161, 10}$$

Wir haben mit (161, 8) und (161, 10) die BERNOULLIsche und die Kontinuitätsgleichung in eine zur Behandlung des Problems der Oberflächenwellen geeignete Form gebracht. Die weitere Aufgabe besteht nun darin, diese beiden Gleichungen zu integrieren. Hierbei sind solche Lösungen aufzusuchen, die den hier geltenden Randbedingungen genügen. Diese haben wir nun anzugeben.

Einen Rand bildet die Flüssigkeitsoberfläche, die an die Atmosphäre grenzen möge. Dann ist in allen Punkten der gestörten Flüssigkeitsoberfläche der dort herrschende Druck gleich dem Luftdruck p_0.

Die Auslenkung (Verschiebung $\mathfrak{s}$) eines Flüssigkeitsteilchens in Richtung der z-Achse sei

$$s_z = \zeta = \zeta(x, z, t). \tag{161, 11}$$

Dann läßt sich die Forderung, daß in allen Punkten der gestörten Oberfläche der Druck gleich p_0 sein soll, nach (161, 8) durch die Randbedingung

$$\left(\frac{\partial \overline{\varphi}}{\partial t} + gz + \frac{p}{\varrho_0}\right)_{z=\zeta} = \left(\frac{\partial \overline{\varphi}}{\partial t} + gz\right)_{z=\zeta} + \frac{p_0}{\varrho_0} = 0 \tag{161, 12}$$

ausdrücken. Wegen $\varrho_0 = \text{const}$ kann dies auch in der Form

$$\left(\frac{\partial \overline{\varphi}}{\partial t} + gz\right)_{z=\zeta} = \text{const} \tag{161, 13}$$

geschrieben werden. Differenziert man diesen Ausdruck partiell nach der Zeit t, so erhält man

$$\left(\frac{\partial^2 \overline{\varphi}}{\partial t^2} + g\frac{\partial z}{\partial t}\right)_{z=\zeta} = 0. \tag{161, 14}$$

Wir wollen nun die weiteren Betrachtungen auf den Fall der „unendlich kleinen“ Störungen einschränken. Damit meint man solche Ausbreitungsvorgänge von Oberflächenwellen, bei deren Beschreibung man keinen merklichen Fehler begeht, wenn man in der Randbedingung (161, 14) näherungsweise

$$\frac{\partial z}{\partial t} \approx \frac{Dz}{Dt} = v_z = \frac{\partial \varphi}{\partial z} = \frac{\partial \overline{\varphi}}{\partial z} \tag{161, 15}$$

und weiterhin, eben wegen der „unendlich kleinen“ Auslenkung aus der Ruhelage,

$$\zeta \approx 0 \tag{161, 16}$$

setzt. Für diesen Fall geht die Randbedingung (161, 14) in

$$\left(\frac{\partial^2 \overline{\varphi}}{\partial t^2} + g\frac{\partial \overline{\varphi}}{\partial z}\right)_{z=0} = 0 \tag{161, 17}$$

über. Neben ihr hat man noch eine weitere, die für den die Flüssigkeit begrenzenden Boden gilt. Wird dieser als eine horizontale Ebene angesehen, die von der Oberfläche den Abstand h hat, Abb. 161, 1, so muß in jedem Punkt des Bodens die Normalkomponente $v_n = v_z$ der Geschwindigkeit $\mathfrak{v}$ verschwinden. Drückt man dies mit Verwendung des Geschwindigkeitspotentials φ aus, so erhält man

$$\left(\frac{\partial \varphi}{\partial z}\right)_{z=-h} = \left(\frac{\partial \overline{\varphi}}{\partial z}\right)_{z=-h} = 0. \tag{161, 18}$$

Um nun eine Lösung des Gleichungssystems (161, 8) und (161, 10) zu finden, die den beiden Randbedingungen (161, 17/18) genügt, machen wir, weil es sich um die Beschreibung von Wellen handelt, für $\bar{\varphi}$ den Produktansatz

$$\bar{\varphi}(x, z, t) = \psi(z) \cos(\omega t - kx). \qquad (161, 19)$$

Durch diesen Ausdruck wird eine Welle mit der Kreisfrequenz ω und der Wellenzahl k sowie der noch unbekannten Amplitude $\psi(z)$ beschrieben. Dadurch, daß ψ allein als Funktion von z angesehen wird, soll der Auszeichnung der z-Achse (antiparallel zur Schwerebeschleunigung) gegenüber der x-Achse Rechnung getragen werden.

Geht man mit (161, 19) in die Kontinuitätsgleichung (161, 10), so liefert dies für ψ die Differentialgleichung

$$-k^2\psi + \frac{d^2\psi}{dz^2} = 0, \qquad (161, 20)$$

deren allgemeine Lösung

$$\psi(z) = c_1 e^{kz} + c_2 e^{-kz} \qquad (161, 21)$$

lautet, wobei c_1, c_2 Integrationskonstanten sind. Mit (161, 21) erhält man aus (161, 19):

$$\bar{\varphi}(x, z, t) = (c_1 e^{kz} + c_2 e^{-kz}) \cos(\omega t - kx). \qquad (161, 22)$$

Zur Bestimmung von c_1 und c_2 haben wir die beiden oben angegebenen Randbedingungen zur Verfügung. Zunächst folgt aus (161, 18) unschwer

$$c_1 e^{-kh} = c_2 e^{kh}. \qquad (161, 23)$$

Diese Gleichung erlaubt, eine der beiden Integrationskonstanten, etwa c_1, durch c_2 auszudrücken:

$$c_2 = c_1 e^{-2kh}. \qquad (161, 24)$$

Setzt man dieses in (161, 22) ein, so wird

$$\bar{\varphi} = c_1 (e^{kz} + e^{-2kh-kz}) \cos(\omega t - kx) \qquad (161, 25)$$

$$= c_1 e^{-kh} [e^{k(h+z)} + e^{-k(h+z)}] \cos(\omega t - kx) \qquad (161, 26)$$

$$= C \operatorname{Cof} k(h+z) \cdot \cos(\omega t - kx), \qquad (161, 27)$$

wobei $C = 2 c_1 e^{-kh}$ eine neue Konstante ist.

Wir haben nun noch die weitere Randbedingung (161, 17) zu erfüllen. Aufgrund ihrer Struktur ersieht man, daß sie eine Beziehung zwischen ω und k darstellt, d. h. daß durch (161, 17) die Phasengeschwindigkeit

$$v_p = v_p(k) = v_p\left(\frac{2\pi}{\lambda}\right) \qquad (161, 28)$$

der Welle festgelegt wird. Geht man mit (161, 27) in (161, 17) ein, so erhält man, nach Kürzen gemeinsamer Faktoren,

$$-\omega^2 \operatorname{Cof} kh + gk \operatorname{Sin} kh = 0, \qquad (161, 29)$$

woraus sich für die Phasengeschwindigkeit

$$v_p = \sqrt{\frac{g}{k} \frac{\operatorname{Sin} kh}{\operatorname{Cof} kh}} = \sqrt{\frac{g}{k} \operatorname{Tg} kh} \qquad (161, 30)$$

$$= \sqrt{\frac{g\lambda}{2\pi} \operatorname{Tg} kh} = \sqrt{\frac{g\lambda}{2\pi} \operatorname{Tg} \frac{2\pi h}{\lambda}} \qquad (161, 31)$$

ergibt. Diese Formel enthält die bemerkenswerte Aussage, daß die Phasengeschwindigkeit der Oberflächenwellen unabhängig von den Eigenschaften (etwa von der Dichte) der Idealen Flüssigkeit ist, auf der sich Schwerewellen ausbreiten.

Weiterhin zeigt (161, 31), daß

$$v_p = v_p(\lambda), \qquad (161, 32)$$

d. h., daß die Phasengeschwindigkeit v_p von der Wellenlänge λ der Schwerewelle abhängig ist. Es werden also verschieden lange Wellen verschiedene Phasengeschwindigkeiten besitzen, d. h. sich verschieden schnell ausbreiten: es liegt hier der Fall der Dispersion vor. Wir wollen hierauf im einzelnen nicht eingehen, jedoch zwei Grenzfälle erwähnen:

Grenzfall 1: Es handele sich um ein Gewässer, dessen Tiefe h sehr klein gegenüber der Wellenlänge λ einer Oberflächenwelle ist, also

$$h \ll \lambda \quad \text{oder} \quad \frac{h}{\lambda} \ll 1 \tag{161, 33}$$

(sog. seichtes Gewässer). Dann läßt sich (161, 31) durch Reihenentwicklung wie folgt umformen:

$$v_p = \sqrt{\frac{g\lambda}{2\pi}\,\frac{\mathfrak{Sin}\,kh}{\mathfrak{Cos}\,kh}} = \sqrt{\frac{g\lambda}{2\pi}\,\frac{e^{\frac{2\pi h}{\lambda}} - e^{-\frac{2\pi h}{\lambda}}}{e^{\frac{2\pi h}{\lambda}} + e^{-\frac{2\pi h}{\lambda}}}} \tag{161, 34}$$

$$\approx \sqrt{\frac{g\lambda}{2\pi}\,\frac{\left(1+\frac{2\pi h}{\lambda}\right)-\left(1-\frac{2\pi h}{\lambda}\right)}{\left(1+\frac{2\pi h}{\lambda}\right)+\left(1-\frac{2\pi h}{\lambda}\right)}} \tag{161, 35}$$

$$= \sqrt{gh}\,. \tag{161, 36}$$

Dieser Ausdruck besagt, daß bei einem seichten Gewässer die Dispersion von sich auf ihm ausbildenden Oberflächenwellen in erster Näherung vernachlässigt werden kann.

Grenzfall 2: Es liege ein „sehr tiefes" Gewässer vor, womit man meint, daß

$$h \gg \lambda \quad \text{oder} \quad \frac{h}{\lambda} \gg 1 \tag{161, 37}$$

ist. Für diesen Fall erhält man aus (161, 34/35) in erster Näherung

$$v_p \approx \sqrt{\frac{g\lambda}{2\pi}}\,. \tag{161, 38}$$

Diese Formel besagt, daß die Phasengeschwindigkeit v_p von Oberflächenwellen in der hier betrachteten Näherung der Wurzel der Wellenlänge λ proportional ist. Man kann dafür auch sagen, daß auf „sehr tiefen" Gewässern sich Oberflächenwellen um so schneller ausbreiten, je größer ihre Wellenlänge λ ist.

162. Die Differentialgleichungen des Schallfeldes

Da die zur Beschreibung von Bewegungen deformierbarer Medien gültigen Gleichungen

$$\frac{\partial \mathfrak{v}}{\partial t} + (\mathfrak{v}\cdot\operatorname{grad})\,\mathfrak{v} = \mathfrak{P} - \frac{1}{\varrho}\operatorname{grad} p \tag{162, 1}$$

$$\operatorname{div}\varrho\mathfrak{v} + \frac{\partial\varrho}{\partial t} = \varrho\operatorname{div}\mathfrak{v} + \mathfrak{v}\cdot\operatorname{grad}\varrho + \frac{\partial\varrho}{\partial t} = 0 \tag{162, 2}$$

$$p = p(\varrho) \tag{162, 3}$$

sowohl für inkompressible als auch für kompressible Flüssigkeiten gelten, wird man erwarten können, daß sich mit jenen auch *akustische* Vorgänge, insbesondere die Schallausbreitung in Luft, beschreiben lassen. Dies ist in der Tat der Fall, wie wir nachstehend zeigen wollen.

Man gelangt zu Gleichungen, deren Lösungen die (sich unter Normalumständen abspielenden) beobachteten akustischen Vorgänge in befriedigender Form beschreiben, wenn man den Fall der *kleinen Störungen* betrachtet. Hierunter versteht man

Bewegungen, bei denen die Geschwindigkeit $\mathfrak{v}$ und ihre räumlichen Ableitungen so klein sind, daß das Produkt $(\mathfrak{v} \cdot \text{grad})\,\mathfrak{v}$ ohne merklichen Fehler gegenüber den anderen in (162, 1) auftretenden Gliedern vernachlässigt werden kann. Nimmt man noch weiterhin an — was keine wesentliche Einschränkung bedeutet — daß die Bewegung kräftefrei verläuft, d. h. $\mathfrak{P} = 0$ ist, so reduziert sich die EULERsche Gleichung (162, 1) auf

$$\frac{\partial \mathfrak{v}}{\partial t} = -\frac{1}{\varrho}\,\text{grad}\,p. \tag{162, 4}$$

Weiterhin ist eine kleine Störung des Gleichgewichts einer kompressiblen Flüssigkeit dadurch gekennzeichnet, daß der Druck p und die Dichte ϱ nur wenig von den Werten p_0 und ϱ_0 des ungestörten Zustandes abweichen. Es gilt dann

$$\varrho = \varrho_0 + \delta\varrho, \qquad \delta\varrho \ll \varrho_0 \tag{162, 5}$$

$$p = p_0 + \delta p, \qquad \delta p \ll p_0. \tag{162, 6}$$

Sind diese Bedingungen erfüllt, so darf man in Gliedern der (bereits vereinfachten) Bewegungsgleichung (162, 4) und in der Kontinuitätsgleichung (162, 2), welche die Dichte ϱ als Faktor enthalten, diese näherungsweise durch den Wert ϱ_0 des ungestörten Zustandes ersetzen. Dies ergibt

$$\frac{\partial \mathfrak{v}}{\partial t} = -\frac{1}{\varrho_0}\,\text{grad}\,p \tag{162, 7}$$

$$\frac{\partial \varrho}{\partial t} = -\varrho_0\,\text{div}\,\mathfrak{v}. \tag{162, 8}$$

Es verbleibt noch, die Druck-Dichte-Beziehung (162, 3) für den Fall einer kleinen Störung anzugeben. Für den ungestörten Zustand gilt

$$p_0 = p_0(\varrho_0). \tag{162, 9}$$

Wird dieser geringfügig geändert, so tritt anstelle von (162, 9) der Ausdruck

$$p(\varrho) = p(\varrho_0 + \delta\varrho). \tag{162, 10}$$

Entwickelt man diesen Ausdruck „um ϱ_0“ und bricht die Entwicklung — wegen der ausdrücklich vorausgesetzten Kleinheit von $\delta\varrho$ — nach dem linearen Glied ab, so erhält man mit Verwendung von (162, 6):

$$p(\varrho) = p_0 + \delta p \tag{162, 11}$$

$$= p_0 + \left(\frac{dp}{d\varrho}\right)_0 \delta\varrho + \cdots \tag{162, 12}$$

$$= p_0 + c^2\delta\varrho + \cdots \tag{162, 13}$$

Hierbei ist

$$c^2 = \left(\frac{dp}{d\varrho}\right)_0 \tag{162, 14}$$

eine Konstante. Sie besitzt eine physikalische Bedeutung, die aus der folgenden Erörterung erkennbar sein wird.

Mit Verwendung von (162, 5) kann für die vorletzte Gleichung auch

$$p(\varrho) = p_0 + c^2(\varrho - \varrho_0) \tag{162, 15}$$

$$= c^2\varrho + (p_0 - c^2\varrho_0) \tag{162, 16}$$

$$= c^2\varrho + \text{const} \tag{162, 17}$$

geschrieben werden. Diese Gleichung sagt aus, daß im Fall der kleinen Störung einer kompressiblen Flüssigkeit deren Dichte vom Druck p linear abhängt.

Für den hier betrachteten Näherungsfall der kleinen Störungen gehen daher die strengen Gleichungen (162, 1—3) in

$$\frac{\partial \mathfrak{v}}{\partial t} = -\frac{1}{\varrho_0}\operatorname{grad} p \tag{162, 18}$$

$$\frac{\partial \varrho}{\partial t} = -\varrho_0 \operatorname{div} \mathfrak{v} \tag{162, 19}$$

$$p(\varrho) = c^2 \varrho + \text{const} \tag{162, 20}$$

über.

Aus diesen Ausdrücken läßt sich durch Elimination von $\mathfrak{v}$ je eine Gleichung für ϱ und p gewinnen.

Dies gelingt etwa so: Wendet man auf (162, 18) den Operator div an und differenziert (162, 19) partiell nach der Zeit t, so erhält man

$$\frac{\partial}{\partial t}\operatorname{div} \mathfrak{v} = -\frac{1}{\varrho_0}\Delta p, \tag{162, 21}$$

$$\frac{\partial^2 \varrho}{\partial t^2} = -\varrho_0 \frac{\partial}{\partial t}\operatorname{div} \mathfrak{v}. \tag{162, 22}$$

Hieraus folgt sofort

$$\frac{\partial^2 \varrho}{\partial t^2} = \Delta p \tag{162, 23}$$

oder unter Beachtung von (162, 20):

$$\Delta \varrho = \frac{1}{c^2}\frac{\partial^2 \varrho}{\partial t^2} \tag{162, 24}$$

und

$$\Delta p = \frac{1}{c^2}\frac{\partial^2 p}{\partial t^2}. \tag{162, 25}$$

Die beiden letzten Gleichungen zeigen, daß sowohl die Dichte ϱ als auch der Druck p der Wellengleichung genügen. Damit wird nun die physikalische Bedeutung der oben eingeführten Größe

$$c = \sqrt{\left(\frac{dp}{d\varrho}\right)_0} \tag{162, 26}$$

klargestellt: sie ist die Phasengeschwindigkeit, mit der sich die Änderungen von ϱ und p bei einem akustischen Vorgang ausbreiten. Man nennt c die *Schallgeschwindigkeit.*

Diese Größe läßt sich berechnen, wenn man die Druck-Dichte-Beziehung (162, 3) kennt. Nimmt man als solche die Polytropengleichung

$$p = p_0\left(\frac{\varrho}{\varrho_0}\right)^n \tag{162, 27}$$

an, so wird

$$\frac{dp}{d\varrho} = n p_0\left(\frac{\varrho}{\varrho_0}\right)^{n-1}, \tag{162, 28}$$

also

$$c = \sqrt{\left\{n p_0\left(\frac{\varrho}{\varrho_0}\right)^{n-1}\right\}_{\varrho_0}} \tag{162, 29}$$

$$= \sqrt{n\frac{p_0}{\varrho_0}}. \tag{162, 30}$$

Nimmt man etwa an, daß die Schallausbreitung ein isothermer Vorgang ist, so ist nach Kap. 157 für $n = 1$ zu setzen. Dann erhält man aus (162, 30) mit den für die auf der Erdoberfläche geltenden Werten von p_0 und ϱ_0, (Kap. 157), für

$$c \approx 280 \text{ m sec}^{-1}. \tag{162, 31}$$

Dieser Wert stimmt mit der Erfahrung nicht gut überein, so daß — was NEWTON *schon* ausgesprochen hat — die Schallausbreitung kein isothermer Vorgang ist. Vielmehr handelt es sich, worauf LAPLACE *zuerst* hinwies, bei der Schallausbreitung um einen adiabatischen Vorgang, so daß in (162, 30) für

$$n = \frac{c_p}{c_v} \; (\approx 1{,}41) \tag{162, 32}$$

zu setzen ist, Kap. 157. Mit diesem Polytropenexponenten erhält man

$$c \approx 280 \sqrt{1{,}41} \text{ m sec}^{-1} \tag{162, 33}$$

$$\approx 333 \text{ m sec}^{-1}, \tag{162, 34}$$

und dieser Wert stimmt mit der Erfahrung gut überein.

163. Der DOPPLER-Effekt

Es sei Q eine Schallquelle und A ein in bezug auf Q ruhender Punkt, in dem sich ein Beobachter befinde. Dieser möge die von Q ausgehenden Wellen als ebene Wellen mit der Frequenz ω wahrnehmen, die sich mit der Geschwindigkeit c in der durch den Einheitsvektor $\mathfrak{n}^0$ festgelegten Richtung ausbreiten, Abb. 163, 1. Der Beobachter in A wird daher die Wellen durch

$$u(\mathfrak{r}, t) = u_0 \sin(\omega t - \mathfrak{k} \cdot \mathfrak{r}) \tag{163, 1}$$

$$= u_0 \sin \omega \left[t - \frac{k}{\omega} (\mathfrak{n}^0 \cdot \mathfrak{r})\right] \tag{163, 2}$$

$$= u_0 \sin \omega \left[t - \frac{\mathfrak{n}^0 \cdot \mathfrak{r}}{c}\right] \tag{163, 3}$$

beschreiben, mit A als Bezugspunkt.

Es sei nun B ein zweiter Beobachter, der sich anfangs an der Stelle A befindet. Zur Zeit $t = 0$ setze sich B relativ zu Q mit der konstanten Geschwindigkeit $\mathfrak{v}$ in Bewegung, so daß B zur Zeit t in bezug auf seinen Ausgangspunkt A den Ortsvektor

$$\bar{\mathfrak{r}} = \mathfrak{v}t \tag{163, 4}$$

habe, Abb. 163, 1.

Von einem Bezugssystem aus, dessen Ursprung stets mit B zusammenfällt, wird die Lage eines Punktes P im Wellenfeld durch den Ortsvektor $\mathfrak{r}'$ festgelegt, während

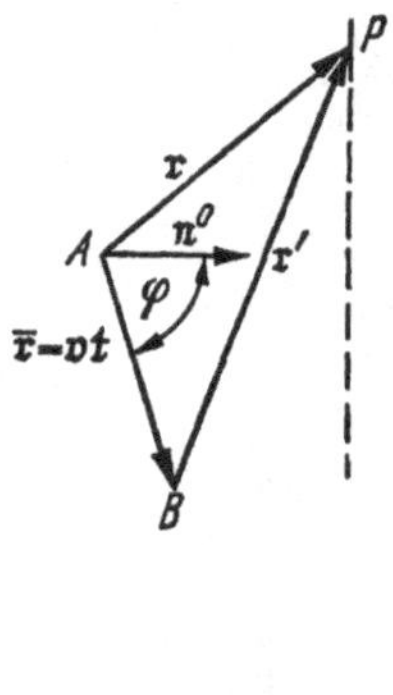

Abb. 163, 1: Zum DOPPLER-Effekt

P in bezug auf A den Ortsvektor $\mathfrak{r}$ hat. Wie aus Abb. 163, 1 zu ersehen ist, sind die beiden Ortsvektoren $\mathfrak{r}$ und $\mathfrak{r}'$ durch die Beziehung

$$\mathfrak{r} = \mathfrak{r}' + \bar{\mathfrak{r}} = \mathfrak{r}' + \mathfrak{v}t \tag{163, 5}$$

verknüpft. Für den sich bewegenden Beobachter in B ergibt sich daher nach (163, 3) als Ausdruck für die Welle

$$u(\mathfrak{r}', t) = u_0 \sin \omega \left[t - \frac{\mathfrak{n}^0 \cdot \mathfrak{r}'}{c} - \frac{\mathfrak{n}^0 \cdot \mathfrak{v}}{c} t\right] \tag{163, 6}$$

$$= u_0 \sin \omega \left[\left(1 - \frac{v}{c} \cos \varphi\right) t - \frac{\mathfrak{n}^0 \cdot \mathfrak{r}'}{c}\right] \tag{163, 7}$$

$$= u_0 \sin \left[\omega' t - \frac{\omega}{c} (\mathfrak{n}^0 \cdot \mathfrak{r}')\right] \tag{163, 8}$$

$$= u_0 \sin (\omega' t - \mathfrak{k} \cdot \mathfrak{r}'). \tag{163, 9}$$

Hierbei ist φ der Winkel, den die Vektoren $\mathfrak{v}$ und $\mathfrak{n}^0$ einschließen. Durch (163, 8/9) kommt zum Ausdruck, daß der sich relativ zu Q bewegende, in B „verankerte" Beobachter ebenfalls eine ebene Welle wahrnimmt, die sich zwar in Richtung $\mathfrak{n}^0$ ausbreitet, jedoch die von ω verschiedene Frequenz

$$\omega' = \omega \left(1 - \frac{v}{c} \cos \varphi\right) \tag{163, 10}$$

hat. Diese Erscheinung, daß ein in bezug auf eine Schallquelle Q sich bewegender Beobachter eine andere Frequenz annimmt als ein relativ zu Q ruhender Beobachter, heißt DOPPLER[1])-*Effekt*.

Wir behandeln einige Sonderfälle:

1. Bewegt sich B so, daß er eine *in* Richtung von $\mathfrak{n}^0$ fallende Geschwindigkeitskomponente v_n hat (B bewegt sich von der Schallquelle Q fort), so ist die von B festgestellte Frequenz

$$\omega' < \omega. \tag{163, 11}$$

Ist insbesondere

$$\mathfrak{v} \parallel \mathfrak{n}^0, \tag{163, 12}$$

d. h.

$$\varphi = 0, \tag{163, 13}$$

so wird

$$\omega' = \omega \left(1 - \frac{v}{c}\right). \tag{163, 14}$$

2. Bewegt sich B so, daß seine Geschwindigkeit $\mathfrak{v}$ eine Komponente $v_n \neq 0$ in der Richtung von $-\mathfrak{n}^0$ hat (B bewegt sich auf die Schallquelle zu), so ist

$$\omega' > \omega. \tag{163, 15}$$

Insbesondere wird, wenn

$$\mathfrak{v} \parallel -\mathfrak{n}^0, \tag{163, 16}$$

also

$$\varphi = \pi \tag{163, 17}$$

ist,

$$\omega' = \omega \left(1 + \frac{v}{c}\right). \tag{163, 18}$$

[1]) Christian DOPPLER: * 1803 in Salzburg, † 1853 in Venedig.

3. Bewegt sich dagegen B in einer auf $\mathfrak{n}^0$ senkrecht stehenden Richtung, so ist

$$\mathfrak{v} \cdot \mathfrak{n}^0 = 0 \tag{163, 19}$$

und daher nach (163, 10):

$$\omega' = \omega. \tag{163, 20}$$

In diesem und nur in diesem Fall stellt der bewegte Beobachter B dieselbe Frequenz ω fest wie der relativ zu Q in A ruhende Beobachter.

164. Ebene Potentialströmungen

Ein wichtiger Sonderfall von Potentialströmungen liegt dann vor, wenn der Bewegungszustand einer Flüssigkeit in allen Ebenen, die zu einer raumfesten Ebene parallel sind, stets der gleiche ist. Derartige Strömungen hängen daher nur von zwei Raumkoordinaten ab und werden deswegen als zweidimensionale oder *ebene Potentialströmungen* bezeichnet. Obwohl solche in Strenge nicht vorkommen, können doch in manchen Fällen Strömungen in guter Näherung als zweidimensional angesehen werden.

Um derartige Strömungen zu beschreiben, verwenden wir ein cartesisches Koordinatensystem, dessen xy-Ebene mit der raumfesten Ebene zusammenfällt. Dann ist eine stationäre Bewegung einer ebenen Potentialströmung nur von x und y abhängig. Handelt es sich weiterhin um die Potentialströmung einer inkompressiblen Flüssigkeit, so ist deren Geschwindigkeitspotential

$$\varphi = \varphi(x, y) \tag{164, 1}$$

nach (150, 7) aus der nunmehr zweidimensionalen LAPLACEschen Gleichung

$$\frac{\partial^2 \varphi}{\partial x^2} + \frac{\partial^2 \varphi}{\partial y^2} = 0 \tag{164, 2}$$

zu bestimmen.

Ihre allgemeine Lösung anzugeben ist nicht schwierig, wenn man die allgemeine Lösung der eindimensionalen Wellengleichung, Kap. 121, kennt. Wir erinnern: die eindimensionale Wellengleichung

$$\frac{\partial^2 u}{\partial x^2} - \frac{1}{v^2}\frac{\partial^2 u}{\partial t^2} = \frac{\partial^2 u}{\partial x^2} - \frac{\partial^2 u}{\partial (vt)^2} = 0 \tag{164, 3}$$

hat die allgemeine Lösung

$$u = F(x - vt) + G(x + vt), \tag{164, 4}$$

wobei F und G zwei beliebige (aber „vernünftige") Funktionen der vorstehend angegebenen Argumente $x \mp vt$ sind.

Man kann nun die zweidimensionale Potentialgleichung (164, 2) formal auf die eindimensionale Wellengleichung (164, 3) zurückführen, indem man

$$y^2 = -v^2 t^2, \tag{164, 5}$$

d. h.

$$y = \mp ivt, \quad (i = \sqrt{-1}) \tag{164, 6}$$

setzt. Hieraus hat man für

$$vt = \pm iy. \tag{164, 7}$$

Setzt man dies in die Lösung (164, 4) der Wellengleichung (164, 3) ein, so erhält man mit einer geringfügigen Änderung der Bezeichnungsweise der Funktionen ($u \to \varphi$,

$F \to f,\ G \to g$) als allgemeine Lösung der zweidimensionalen Potentialgleichung (164, 2):

$$\varphi(x, y) = f(x + iy) + g(x - iy). \qquad (164, 8)$$

Diese Gleichung besagt, daß jede beliebige, aber reguläre (oder wie man auch sagt: analytische) Funktion

$$w(\zeta) = w(x \pm iy) \qquad (164, 9)$$

der komplexen Variablen

$$\zeta = x \pm iy \qquad (164, 10)$$

Partikularlösung von (164, 2) ist.

Bezügl. der Bezeichnungen bemerken wir: in der Mathematik ist es üblich, eine Funktion der komplexen Variablen (164, 10), so wie in (164, 9) geschehen, mit w zu bezeichnen. Dagegen wird die komplexe Variable in der mathematischen Literatur meistens mit z bezeichnet. Wir schließen uns diesem Brauch jedoch nicht an, weil wir das Symbol z für die Bezeichnung einer (wenn auch bei zweidimensionalen Problemen nicht in Erscheinung tretenden) Raumkoordinate ausnahmslos verwenden wollen.

Von den Eigenschaften analytischer Funktionen, mit denen sich — wie vorstehend gezeigt wurde — ebene Potentialströmungen beschreiben lassen, benötigen wir insbesondere die folgende.

Zerlegt man eine Funktion w der komplexen Variablen ζ in ihren Realteil $R(x, y)$ und den Imaginärteil $J(x, y)$, so nimmt sie die Form

$$w(\zeta) = R(x, y) + i\,J(x, y) \qquad (164, 11)$$

an. Die beiden Teile R und J können, damit (164, 11) eine analytische Funktion darstellt, nicht beliebig sein, sondern sie haben — wie die Funktionentheorie lehrt — den CAUCHY-RIEMANN*schen Differentialgleichungen*

$$\frac{\partial R(x, y)}{\partial x} = \frac{\partial J(x, y)}{\partial y} \qquad (164, 12)$$

$$-\frac{\partial R(x, y)}{\partial y} = \frac{\partial J(x, y)}{\partial x} \qquad (164, 13)$$

zu genügen. Aus ihnen ergibt sich unmittelbar, daß sowohl R als auch J der zweidimensionalen LAPLACE-Gleichung

$$\frac{\partial^2 R}{\partial x^2} + \frac{\partial^2 R}{\partial y^2} = 0 \qquad (164, 14)$$

$$\frac{\partial^2 J}{\partial x^2} + \frac{\partial^2 J}{\partial y^2} = 0 \qquad (164, 15)$$

genügen müssen.

Dieses besagt, daß sowohl der Realteil R als auch der Imaginärteil J einer jeden analytischen Funktion $w = w(\zeta)$ ein mögliches Geschwindigkeitspotential einer ebenen Potentialströmung darstellt.

Weiterhin folgt unschwer aus (164, 12/13) die Gültigkeit der Gleichung

$$\frac{\partial R}{\partial x}\frac{\partial J}{\partial x} + \frac{\partial R}{\partial y}\frac{\partial J}{\partial y} = \operatorname{grad} R \cdot \operatorname{grad} J = 0. \qquad (164, 16)$$

Dieser Ausdruck besagt, daß die Vektoren

$$\operatorname{grad} R \perp \operatorname{grad} J \qquad (164, 17)$$

und daher auch die Kurvenscharen

$$R(x, y) = \text{const} \qquad (164, 18)$$

$$J(x, y) = \text{const} \qquad (164, 19)$$

in jedem Punkte $P(x, y)$ aufeinander senkrecht stehen.

Aufgrund der vorstehend genannten Eigenschaften einer analytischen Funktion $w = w(\zeta)$ läßt sich also folgendes sagen: Wählt man etwa den Realteil R von w als Geschwindigkeitspotential

$$R(x, y) \to \varphi = \varphi(x, y), \tag{164, 20}$$

so stellen die Kurven $\varphi = \text{const}$ Linien des gleichen Geschwindigkeitspotentials (*Potential-* oder *Niveaulinien*) dar, auf denen die Geschwindigkeit

$$\mathfrak{v} = \operatorname{grad} \varphi \to \operatorname{grad} R \tag{164, 21}$$

der ebenen Potentialströmung senkrecht steht. Die Richtung von $\mathfrak{v}$ fällt in jedem Punkt P des Strömungsfeldes mit der Tangente an die Kurve

$$J(x, y) = \text{const} \tag{164, 22}$$

in P zusammen, so daß diese gleichzeitig das Stromlinienbild der betrachteten Strömung angeben. Man nennt daher J die *Stromfunktion*, die i. allg. mit ψ bezeichnet wird:

$$J(x, y) \to \psi = \psi(x, y). \tag{164, 23}$$

Natürlich lassen sich die Rollen von R und J als Geschwindigkeitspotential bzw. Stromfunktion vertauschen, indem man

$$J(x, y) \to \varphi = \varphi(x, y) \tag{164, 24}$$

$$R(x, y) \to \psi = \psi(x, y) \tag{164, 25}$$

setzt. Im allgemeinen wird durch (164, 25) ein anderes Stromlinienbild angegeben werden als durch (164, 23).

Wir vereinbaren weiterhin, wenn nicht ausdrücklich das Gegenteil gesagt wird, als Geschwindigkeitspotential φ den Realteil R einer analytischen Funktion anzusehen. Dann ergibt sich für die Komponenten der Geschwindigkeit $\mathfrak{v}$ bei Beachtung von (164, 12/13):

$$v_x = \frac{\partial \varphi}{\partial x} \to \frac{\partial R}{\partial x} = \frac{\partial J}{\partial y} \tag{164, 26}$$

$$v_y = \frac{\partial \varphi}{\partial y} \to \frac{\partial R}{\partial y} = -\frac{\partial J}{\partial x}. \tag{164, 27}$$

Nun ist, wie man durch Differentiation von (164, 11) findet

$$\frac{\partial w(\zeta)}{\partial x} = \frac{dw}{d\zeta}\frac{\partial \zeta}{\partial x} = \frac{dw}{d\zeta} = w'(\zeta) \tag{164, 28}$$

$$= \frac{\partial R}{\partial x} + i\frac{\partial J}{\partial y}. \tag{164, 29}$$

Dies ergibt in Verbindung mit (164, 26/27):

$$\frac{dw}{d\zeta} = w'(\zeta) = v_x - iv_y. \tag{164, 30}$$

Diese Gleichung erlaubt folgende Aussage: Während Real- und Imaginärteil der analytischen Funktion (164, 11) das Geschwindigkeitspotential φ bzw. die Stromfunktion ψ liefert, ergeben der Real- bzw. Imaginärteil der Ableitung von w (bis auf ein Vorzeichen) die beiden Geschwindigkeitskomponenten v_x und v_y.

Wir betrachten nun nach den bisher allgemein gehaltenen Darlegungen einige spezielle analytische Funktionen und untersuchen, welche — und ggf. näherungsweise realisierbare — ebene Potentialströmungen durch sie beschrieben werden.

1. Der einfachste Fall liegt offenbar vor, wenn

$$w = a\zeta = ax + iay \tag{164, 31}$$

ist, wobei a eine reelle Konstante bedeutet. Wählt man den Realteil als Geschwindigkeitspotential

$$R \to \varphi = ax, \tag{164, 32}$$

so wird

$$v_x = \frac{\partial\varphi}{\partial x} = a, \quad v_y = \frac{\partial\varphi}{\partial y} = 0. \tag{164, 33}$$

Aus diesen Ausdrücken ist zu ersehen, daß durch (164, 31) eine ebene Potentialströmung beschrieben wird, die parallel zur x-Achse des verwendeten Koordinatensystems mit der konstanten Geschwindigkeit

$$|\mathfrak{v}| = v_x = a = \text{const} \tag{164, 34}$$

verläuft. Eine solche Flüssigkeitsbewegung wird als *Translationsströmung* bezeichnet. Die zu ihr gehörende Stromfunktion lautet

$$J \to \psi = ay = \text{const} \tag{164, 35}$$

und stellt Geraden parallel zur x-Achse des Bezugssystems dar.

2. Als nächstes Beispiel untersuchen wir die analytische Funktion

$$w(\zeta) = \zeta^2 = (x + iy)^2 \tag{164, 36}$$

$$= x^2 - y^2 + i2xy. \tag{164, 37}$$

Wird wiederum der Realteil als Geschwindigkeitspotential φ gewählt, so lautet die Gleichung für die Niveaulinien

$$R \to \varphi = x^2 - y^2 = \text{const.} \tag{164, 38}$$

Durch sie wird eine Schar von Hyperbeln beschrieben. Als Gleichung für die Stromlinien ergibt sich aus (164, 37):

$$J \to \psi(x, y) = 2xy = \text{const.} \tag{164, 39}$$

Das ist wiederum die Gleichung einer Hyperbelschar, die die durch (164, 38) gegebene Kurvenschar überall senkrecht schneidet.

Die Stromfunktion J enthält für den Sonderfall

$$\text{const} = 0 \tag{164, 40}$$

die Stromlinien

$$x = 0, \quad \text{d. i. die } y\text{-Achse} \tag{164, 41}$$

$$y = 0, \quad \text{d. i. die } x\text{-Achse.} \tag{164, 42}$$

Denkt man sich längs dieser Achsen die Flüssigkeitsströmung durch undurchdringliche Ebenen begrenzt, so kann durch sie keine Flüssigkeit hindurchtreten. Man kann daher die Funktion (164, 36) dahingehend deuten, daß durch sie eine ebene Potentialströmung beschrieben wird, die in einem Raum verläuft, der durch zwei sich senkrecht schneidende Ebenen begrenzt wird (rechtwinkliges Knie), wobei man sich längs jeder der beiden Begrenzungsebenen in unendlich weiter Entfernung je eine Quelle bzw. eine Senke angebracht zu denken hat, Abb. 164, 1.

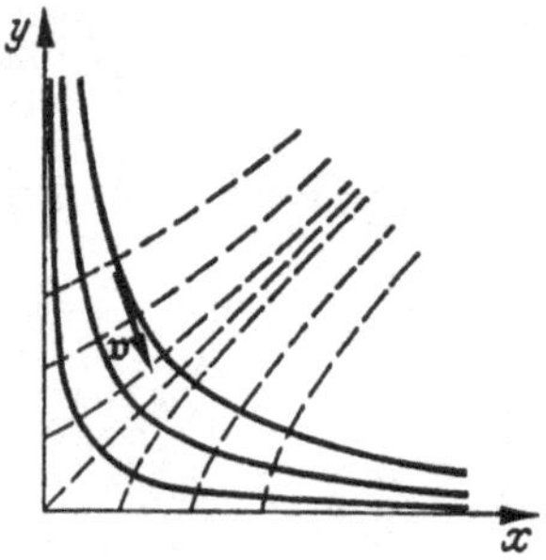

Abb. 164, 1:
Strömung in einem rechtwinkligen Knie

3. Als weiteres Beispiel untersuchen wir, welche Strömung durch die Funktion

$$w = \zeta^{\frac{2}{3}} = (x + iy)^{\frac{2}{3}} \tag{164, 43}$$

beschrieben wird. In diesem Fall ist es zur Diskussion zweckmäßig, ebene Polarkoordinaten r und ϑ einzuführen[1]). Dann wird

$$w = [r(\cos\vartheta + i\sin\vartheta)]^{\frac{2}{3}} \tag{164, 44}$$

$$= r^{\frac{2}{3}}\left(\cos\frac{2}{3}\vartheta + i\sin\frac{2}{3}\vartheta\right). \tag{164, 45}$$

Wählt man wiederum den Realteil als Geschwindigkeitspotential, so ergibt der Imaginärteil von (164, 45) die Gleichung der Stromlinien. Sie lautet

$$J \to \psi(r, \vartheta) = r^{\frac{2}{3}}\sin\frac{2}{3}\vartheta = \text{const} = c. \tag{164, 46}$$

Um Aufschluß darüber zu erhalten, welche Gestalt die durch diesen Ausdruck beschriebenen Stromlinien haben, nehmen wir für c verschiedene Werte an. Setzt man $c = 0$, so ist (164, 46), wenn $r \neq 0$ vorausgesetzt wird, nur für

$$\vartheta = 0° \tag{164, 47}$$

$$\vartheta = \frac{2}{3}\pi = 270° \tag{164, 48}$$

erfüllt. Durch diese beiden Winkel werden die positive x-Achse und die negative y-Achse festgelegt, die demnach in dem hier betrachteten Beispiel Stromlinien sind.

Setzt man $c = 1$, so ist die Gleichung

$$r^{\frac{2}{3}}\sin\frac{2}{3}\vartheta = 1 \tag{164, 49}$$

zu erfüllen. Als Lösungen von ihr erhält man für

$$r = 1: \quad \sin\frac{2}{3}\vartheta = \ 1 \to \vartheta = 135° \tag{164, 50}$$

$$r = 2: \quad \sin\frac{2}{3}\vartheta = 2^{-\frac{2}{3}} \to \vartheta \approx 58{,}5°. \tag{164, 51}$$

---

[1]) Wir verwenden hier ausnahmsweise für die Bezeichnung des Polarwinkels, der sonst üblicherweise mit φ bezeichnet wird, das Symbol ϑ, um eine Verwechslung mit dem Geschwindigkeitspotential φ zu vermeiden.

Damit sind die zwei Punkte

$$P_1(1, 135°), \quad P_2(2, 58, 5°) \tag{164, 52}$$

der Stromlinie $c = 1$ bestimmt, Abb. 164, 2.

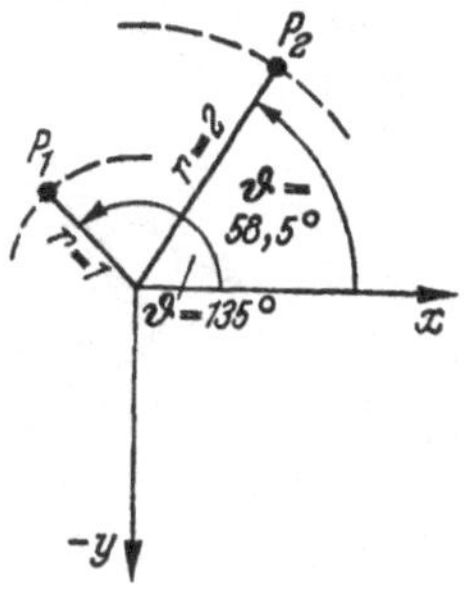

Abb. 164, 2:
Zur Auswertung von (164, 45)

Weitere ihrer Punkte findet man auf dem gleichen Weg, indem man die Werte von r variiert und den jeweiligen Winkel ϑ so bestimmt, daß (164, 49) erfüllt ist. Legt man schließlich der Konstanten c noch andere Werte bei, so lassen sich weitere Stromlinien ermitteln, deren (qualitativer) Verlauf in Abb. 164, 3 dargestellt ist. Aus dieser ist zu entnehmen, daß die Funktion (164, 43) eine ebene Potentialströmung *um* eine rechteckige Ecke beschreibt.

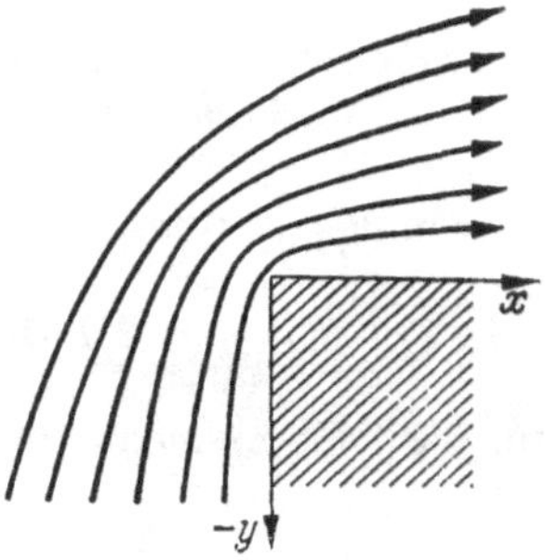

Abb. 164, 3:
Strömung um ein rechtwinkliges Knie

Die vorstehend behandelten drei Beispiele sind Sonderfälle der analytischen Funktion

$$w = \zeta^n \tag{164, 53}$$

für

$$n = 1, \quad n = 2, \quad n = \frac{2}{3}. \tag{164, 54}$$

Wählt man für den Exponenten n andere Werte, so lassen sich durch (164, 53) ebene Potentialströmungen in oder um Winkelräume darstellen, deren Öffnungen durch den Betrag von n festgelegt sind.

4. Als nächstes Beispiel diskutieren wir die analytische Funktion

$$w = a\zeta + \frac{b}{\zeta} \tag{164, 55}$$

$$= a(x + iy) + \frac{b}{x + iy}, \tag{164, 56}$$

in der a und b reelle Konstanten bedeuten. Zerlegt man (164, 56) in Real- und Imaginärteil, so ergibt sich

$$w = ax + \frac{bx}{x^2 + y^2} + i\left(ay - \frac{by}{x^2 + y^2}\right). \tag{164, 57}$$

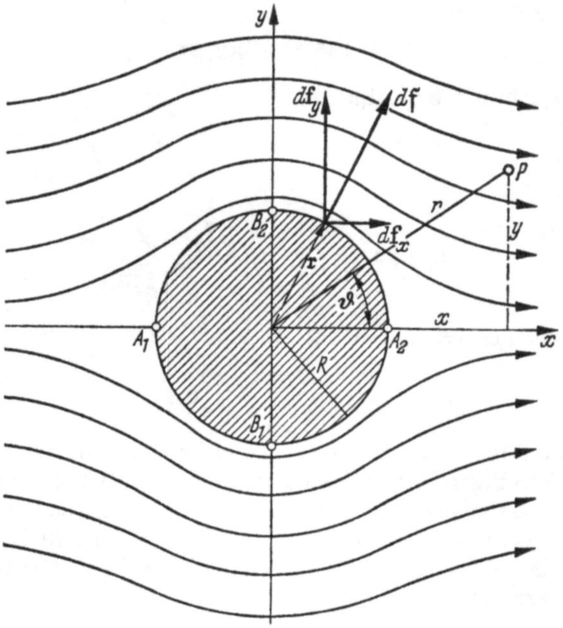

Abb. 164, 4: Stromlinienverlauf einer homogenen Strömung, in die ein Zylinder als Hindernis eingebracht ist

Mit dem Geschwindigkeitspotential

$$R \to \varphi(x, y) = ax + \frac{bx}{x^2 + y^2} \tag{164, 58}$$

erhält man für die x-Komponente der Geschwindigkeit

$$v_x = \frac{\partial \varphi}{\partial x} = a + \frac{b}{x^2 + y^2} - \frac{2bx^2}{(x^2 + y^2)^2} \tag{164, 59}$$

$$= a + \frac{b(y^2 - x^2)}{(x^2 + y^2)^2} \tag{164, 60}$$

$$= a + \frac{b(y^2 - x^2)}{r^4}, \tag{164, 61}$$

wenn mit

$$r = \sqrt{x^2 + y^2} \tag{164, 62}$$

der Abstand zwischen einem Aufpunkt $P(x, y)$ im Strömungsfeld und dem Koordinatenursprung $P(0,0)$ verstanden wird, Abb. 164, 4. Weiterhin ergibt sich aus (164, 58) für

$$v_y = \frac{\partial \varphi}{\partial y} = -\frac{2bxy}{(x^2 + y^2)^2} \tag{164, 63}$$

$$= -\frac{2bxy}{r^4}. \tag{164, 64}$$

Aus (164, 61) und (164, 64) ersieht man, daß für sehr weit vom Ursprung liegende Aufpunkte $P(x, y)$, d. h. für

$$r \to \infty \tag{164, 65}$$

die Geschwindigkeitskomponenten

$$v_x(\infty) \to a \tag{164, 66}$$

$$v_y(\infty) \to 0 \tag{164, 67}$$

gehen. Diese Gleichungen besagen, daß die Geschwindigkeit der Strömung in sehr weiter Entfernung vom Ursprung parallel zur x-Achse gerichtet ist und den konstanten Betrag

$$|\mathfrak{v}| = a \tag{164, 68}$$

hat. Die Stromlinien müssen also dort parallel zur x-Achse verlaufen, was sich auch unmittelbar aus ihrer Gleichung

$$J \to \psi(x, y) = ay - \frac{by}{x^2 + y^2} \tag{164, 69}$$

$$= ay - \frac{by}{r^2} = \text{const} \tag{164, 70}$$

ergibt. Sie geht für „weit entfernte Punkte", d. h. wenn (164, 65) gilt, in

$$\psi(\infty) \to ay = \text{const} \tag{164, 71}$$

über. Setzt man in der Stromfunktion (164, 70) für const $= 0$, so erhält man

$$y\left(a - \frac{b}{r^2}\right) = 0. \tag{164, 72}$$

Diese Gleichung wird für $y \neq 0$ durch

$$r^2 = x^2 + y^2 = \frac{b}{a} = R^2 \tag{164, 73}$$

gelöst. Dieser Ausdruck besagt, daß *eine* Stromlinie ein Kreis mit dem Radius $R = \sqrt{\frac{b}{a}}$ und dem Ursprung als Mittelpunkt ist.

Weitere Stromlinien erhält man aus (164, 69) für andere Werte der Konstanten, was zu dem in Abb. 164, 4 dargestellten Strömungsbild führt. Dieses läßt sich dahingehend deuten, daß durch die analytische Funktion (164, 55/56) eine *gleichförmige Translationsströmung um einen Kreiszylinder* beschrieben wird, der als Hindernis in die strömende Flüssigkeit derart eingebracht ist, daß die Zylinderachse senkrecht zur ungestörten Geschwindigkeit der Flüssigkeit steht.

Verläuft diese Strömung kräftefrei, so ist die Massenkraft

$$\mathfrak{P} = 0, \tag{164, 72}$$

also ihr Potential

$$W = \text{const.} \tag{164, 73}$$

Damit folgt aus der BERNOULLIschen Gleichung für die Druckverteilung im Strömungsfeld

$$p + \frac{\varrho}{2}\mathfrak{v}^2 = p + \frac{\varrho}{2}(v_x^2 + v_y^2) = \text{const}, \tag{164, 74}$$

wobei v_x und v_y durch (164, 61) bzw. (164, 64) gegeben sind. Führt man in diesen Ausdrücken Polarkoordinaten r und ϑ ein:

$$x = r\cos\vartheta, \quad y = v\sin\vartheta, \tag{164, 75}$$

so erhält man

$$v_x = a + b\,\frac{\sin^2\vartheta - \cos^2\vartheta}{r^2} \qquad (164, 76)$$

$$v_y = -\,2b\,\frac{\cos\vartheta\sin\vartheta}{r^2}. \qquad (164, 77)$$

Damit ergibt sich für

$$\mathfrak{v}^2 = v_x^2 + v_y^2 \qquad (164, 78)$$

$$= a^2 + \frac{2ab}{r^2}(\sin^2\vartheta - \cos^2\vartheta) + \frac{b^2}{r^4}. \qquad (164, 79)$$

Aus den letzten Gleichungen findet man für Punkte der Berandung des kreiszylindrischen Hindernisses, für die

$$r = R = \sqrt{\frac{b}{a}} \qquad (164, 80)$$

ist,

$$v_x(R, \vartheta) = a(1 + \sin^2\vartheta - \cos^2\vartheta) \qquad (164, 81)$$

$$= 2a\sin^2\vartheta \qquad (164, 82)$$

$$v_y(R, \vartheta) = -\,2a\cos\vartheta\sin\vartheta, \qquad (164, 83)$$

also

$$\mathfrak{v}^2(R, \vartheta) = 4a^2\sin^2\vartheta. \qquad (164, 84)$$

Diese Gleichungen lassen erkennen, daß die Flüssigkeit den Zylinder symmetrisch umströmt. Insbesondere ist in den Punkten

$$A_1(R, \pi) \quad \text{und} \quad A_2(R, 0) \qquad (164, 85)$$

die Geschwindigkeit

$$\mathfrak{v}(R, \pi) = \mathfrak{v}(R, 0) = 0. \qquad (164, 86)$$

Man nennt daher die beiden Punkte A_1 und A_2 *Staupunkte*, Abb. 164, 4. Aus (164, 84) liest man weiterhin ab, daß für

$$\vartheta = \pm\frac{\pi}{2}, \qquad (164, 87)$$

das sind die beiden Punkte B_2 und B_1 in Abb. 164, 4, die Geschwindigkeit auf der Berandung des Hindernisses ihren größten Betrag hat.

Wir nehmen an, daß in sehr weit vom Hindernis entfernten Punkten der (fast) konstante Druck

$$p = p_0 \ (\text{für } r \to \infty) \qquad (164, 88)$$

herrsche. Dann gilt für die „weit entfernten Punkte" nach (164, 74) die Bernoullische Gleichung

$$p_0 + \frac{\varrho}{2}\mathfrak{v}^2 = p_0 + \frac{\varrho}{2}a^2 = \text{const}. \qquad (164, 89)$$

Andererseits lautet die Bernoullische Gleichung für Punkte $P(R, \vartheta)$ auf der Berandung des Hindernisses unter Beachtung von (164, 84):

$$p(R, \vartheta) + \frac{\varrho}{2}\mathfrak{v}^2 = p(R, \vartheta) + \frac{\varrho}{2}4a^2\sin^2\vartheta = \text{const}. \qquad (164, 90)$$

Aus den beiden letzten Gleichungen ergibt sich für die Druckdifferenz $\bar{p}$ zwischen den Randpunkten des Zylinders und den „sehr weit“ von ihnen entfernten Punkten

$$\bar{p}(\vartheta) = p(R, \vartheta) - p_0 \tag{164, 91}$$

$$= \frac{\varrho}{2} a^2 (1 - 4 \sin^2 \vartheta). \tag{164, 92}$$

Diese Gleichung sagt aus, daß das Druckfeld, ebenso wie das Geschwindigkeitsfeld um das zylindrische Hindernis symmetrisch verläuft. Man ersieht aus (164, 92), daß die Druckdifferenz $\bar{p}$ in den Staupunkten A_1 und A_2 am größten, in den Punkten B_1 und B_2 dagegen am kleinsten ist.

Mit der Kenntnis der durch (164, 92) angegebenen Druckverteilung $\bar{p}(\vartheta)$ kann die auf die Zylinderfläche ausgeübte Kraft durch die Strömung berechnet werden. Hierzu betrachten wir einen Teil des Zylinders von der Länge l. Da p. def. der Druck $\bar{p}$ den Betrag der auf die Flächeneinheit der Zylinderfläche wirkenden Kraft angibt, wirkt auf den Mantel M des Teilzylinders die Kraft

$$\mathfrak{K} = - \iint_M \bar{p}(\vartheta)\, d\mathfrak{f}. \tag{164, 93}$$

Hierbei ist

$$d\mathfrak{f} = lR d\vartheta \mathfrak{r}^0 \tag{164, 94}$$

$$= \{lR \cos\vartheta\, d\vartheta,\ lR \sin\vartheta\, d\vartheta\} \tag{164, 95}$$

ein Oberflächenelement des Zylindermantels, vgl. Abb. 164, 4. Setzt man dieses in (164, 93) ein, so erhält man für die Komponenten der auf den betrachteten Teilzylinder wirkenden Kraft

$$K_x = -lR \int_0^{2\pi} \bar{p}(R, \vartheta) \cos\vartheta\, d\vartheta \tag{164, 96}$$

$$K_y = -lR \int_0^{2\pi} \bar{p}(R, \vartheta) \sin\vartheta\, d\vartheta. \tag{164, 97}$$

Rechnet man diese beiden Integrale, in denen $\bar{p}$ durch (164, 92) zu ersetzen ist, aus, so erhält man das überraschende Ergebnis

$$K_x = K_y = 0, \tag{164, 98}$$

d. h.

$$\mathfrak{K} = 0, \tag{164, 99}$$

in Worten: die in diesem Beispiel betrachtete Strömung übt auf den Zylinder *keine* Kraft aus.

Unter Verwendung des Klassischen Relativitätsprinzips (Kap. 23) kann man das Ergebnis (164, 99) auch so formulieren: bei einer gleichförmigen Bewegung eines (unendlich ausgedehnten) Zylinders in einer (unendlich ausgedehnten) ruhenden Idealen Flüssigkeit erfährt der Zylinder keinen Widerstand.

Man könnte vielleicht meinen, daß dieses mit der Erfahrung im Widerspruch stehende Ergebnis eine Folge der vorstehend angenommen geometrischen Symmetrieverhältnisse ist. Dies ist jedoch keineswegs der Fall: es läßt sich nämlich zeigen, daß man zu genau dem gleichen Resultat gelangt, wenn man den Kreiszylinder durch einen anders gestalteten Körper ersetzt. Auch er würde bei einer gleichförmigen Bewegung durch eine ruhende Ideale Flüssigkeit keinen Widerstand erfahren, was nun sicher nicht der Fall ist. Diese (offensichtlich falsche) Aussage, die *hydrodynamisches Paradoxon* bezeichnet wird, findet ihre Erklärung in der Tatsache, daß sie eine Folgerung aus Gleichungen ist, die nur für Ideale Flüssigkeiten gelten. Den tatsächlich auftretenden Widerstand, der beim Führen eines Körpers durch eine (reale) Flüssigkeit zu überwinden ist, erhält man, wenn man die für reale Flüssigkeiten geltende NAVIER-STOKESsche Gleichung (Kap. 167) verwendet.

5. Wir beschließen die Beispiele mit der Diskussion der analytischen Funktion

$$w = a \ln \zeta, \tag{164, 100}$$

wobei a eine reelle Konstante bedeutet. Verwendet man wiederum ebene Polarkoordinaten r und ϑ, so wird aus

$$\zeta = x + iy \tag{164, 101}$$

$$= r(\cos\vartheta + i \sin\vartheta) \tag{164, 102}$$

$$= r\, e^{i\vartheta}. \tag{164, 103}$$

Damit geht (164, 100) in

$$w = a \ln r + ia\vartheta \tag{164, 104}$$

über.

Mit dem Geschwindigkeitspotential

$$R \to \varphi = a \ln r \tag{164, 105}$$

erhält man für die Geschwindigkeit

$$\mathfrak{v} = \operatorname{grad} \varphi = \frac{a}{r}\, \mathfrak{r}^0, \tag{164, 106}$$

während die Gleichung der Stromlinien nun

$$J \to \psi = a\vartheta = \text{const} \tag{164, 107}$$

lautet. Sie drückt aus, daß die Stromlinien $\vartheta = \text{const}$ mit den vom Ursprung ausgehenden Radien zusammenfallen.

Man erhält jedoch gänzlich andere Verhältnisse, wenn man die Rollen von φ und ψ vertauscht. Dies ist gleichwertig damit, daß man die in (164, 100) auftretende Konstante a als eine imaginäre Zahl ansieht, also

$$a = ib, \quad b^2 > 0 \tag{164, 108}$$

setzt, wobei jetzt b reell ist. Damit wird

$$w = ib \ln \zeta \tag{164, 109}$$

$$= ib \ln r\, e^{i\vartheta} \tag{164, 110}$$

$$= -b\vartheta + i\, b \ln r. \tag{164, 111}$$

Setzt man wieder

$$R \to \varphi = -b\vartheta = -b \operatorname{arc\,tg} \frac{y}{x} = \text{const} \tag{164, 112}$$

$$J \to \psi = b \ln r = \text{const}, \tag{164, 113}$$

so ist die Geschwindigkeit

$$\mathfrak{v} = \operatorname{grad} \varphi = \left\{\frac{\partial\varphi}{\partial r},\ \frac{1}{r}\,\frac{\partial\varphi}{\partial\vartheta}\right\}. \tag{164, 114}$$

Bildet man die beiden Ableitungen aus (164, 112) unter Beachtung, daß

$$r = \sqrt{x^2 + y^2} \tag{164, 115}$$

ist, so erhält man

$$\mathfrak{v} = \left\{ v_r = 0,\ v_\vartheta = -\frac{b}{r} \right\}. \tag{164, 116}$$

Hieraus ist ersichtlich, daß $\mathfrak{v}$ keine Radialkomponente, sondern nur die azimutale Komponente $v_\vartheta \neq 0$ hat, d. h. die Richtung von $\mathfrak{v}$ steht stets senkrecht auf dem Ortsvektor $\mathfrak{r}$ eines Aufpunktes $P(\mathfrak{r})$ im Strömungsfeld, Abb. 164, 5.

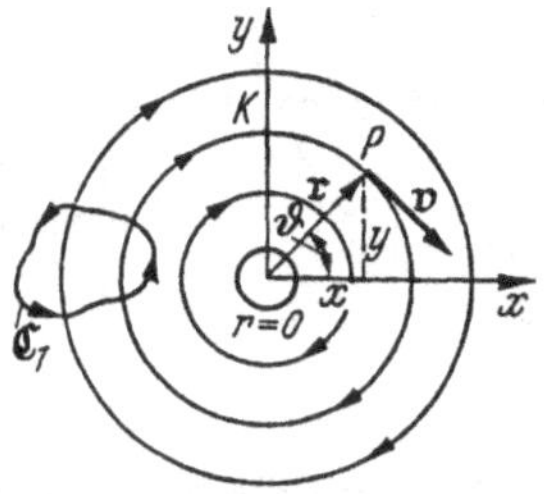

Abb. 164, 5: Strudel

Weiterhin folgt aus der Gleichung für die Stromfunktion, daß die Stromlinien Kreise sind, weil (164, 113) durch

$$r = \text{const} \tag{164, 117}$$

erfüllt wird. Dies erscheint zunächst widerspruchsvoll, da es nach den früheren Darlegungen in einer Potentialströmung — und um eine solche handelt es sich — keine geschlossenen Stromlinien geben kann. Der (scheinbare) Widerspruch löst sich jedoch sofort, wenn man beachtet, daß die zur Beschreibung einer Strömung gewählte Funktion (164, 111) für $r = 0$ unendlich wird. Man hat daher die Singularitätsstelle $r = 0$ aus der xy-Ebene, etwa durch einen beliebig kleinen Kreis, auszuschließen. Dadurch wird aus der xy-Ebene ein *zweifach* zusammenhängender Bereich und in einem solchen können, wie in Kap. 151 bemerkt, trotz der Wirbelfreiheit einer Strömung ihre Stromlinien auch geschlossene Kurven sein. In dem hier betrachteten Beispiel handelt es sich um Kreise, so daß die durch (164, 111) beschriebene Potentialströmung einen Verlauf hat, wie er in Abb. 164, 5 dargestellt ist. Man spricht in diesem Sonderfall von einem *Strudel.*

Während bei Potentialströmungen in einfach zusammenhängenden Bereichen die Zirkulation Γ längs jeder geschlossenen Kurve $\mathfrak{C}$ stets verschwindet, ist dies bei Strömungen in zwei- oder mehrfach zusammenhängenden Bereichen nicht immer der Fall. Bei der hier betrachteten Strudelbewegung wird die Zirkulation Γ längs jeder geschlossenen Linie, z. B. längs der Kurve $\mathfrak{C}_1$ in Abb. 164, 5 gleich Null, sofern sie nicht die Singularitätsstelle $r = 0$ einschließt. Berechnet man jedoch Γ längs einer den Punkt $r = 0$ einschließenden Kurve, die wir der Einfachheit halber als einen Kreis mit dem Radius r um den Punkt $r = 0$ annehmen, so ist nach (164, 116/117):

$$\mathfrak{v} \perp \mathfrak{r}. \tag{164, 118}$$

Damit erhält man für die Zirkulation

$$\Gamma = \oint \mathfrak{v}\, d\mathfrak{r} = -\int_0^{2\pi} \frac{b}{r}\, r\, d\vartheta \tag{164, 119}$$

$$= -2\pi b. \tag{164, 120}$$

Die Zirkulation Γ ist also, obwohl eine wirbelfreie Strömung vorliegt, von Null verschieden, weswegen man solche Strömungen als *Zirkulationsströmungen* bezeichnet.

165. Die Auftriebsformeln von Kutta-Joukowski

Wir betrachten — in Erweiterung des im letzten Kapitel behandelten Beispiels 4 — die gleichförmige Strömung einer (unendlich ausgedehnten) Idealen Flüssigkeit, in die ein Zylinder von beliebigem Querschnitt als Hindernis eingebracht ist. Zur Beschreibung dieser Strömungsverhältnisse denken wir uns in einen Zylinderquer-

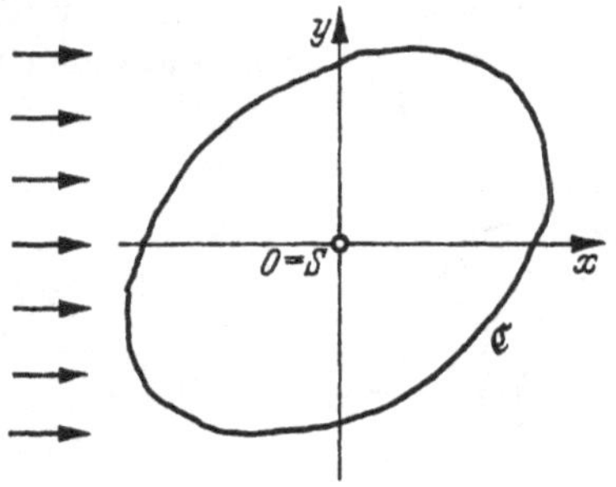

Abb. 165, 1: Umströmung eines Zylinders von einer gleichförmig bewegten Idealen Flüssigkeit

schnitt ein cartesisches Koordinatensystem so gelegt, daß seine xy-Ebene in dem Zylinderquerschnitt liegt und der Ursprung mit dessen Schwerpunkt zusammenfällt, Abb. 165, 1.

Es sei nun

$$w(\zeta) = w(x + iy) \tag{165, 1}$$

die analytische Funktion, durch die die betrachtete Strömung beschrieben wird. Wir wählen wieder den Realteil von w als das Geschwindigkeitspotential φ und den Imaginärteil als Stromfunktion ψ. Es ist dann

$$w(\zeta) = \varphi(x, y) + i\psi(x, y) \tag{165, 2}$$

und ferner nach (164, 30):

$$\frac{dw}{d\zeta} = w'(\zeta) = v_x - iv_y. \tag{165, 3}$$

Die Funktion $w = w(\zeta)$ kann nicht beliebig gewählt werden, weil sie den beiden folgenden „Randbedingungen" genügen muß:

1. Wegen der vorausgesetzten gleichförmigen, ursprünglich parallelen Strömung muß in sehr weiter Entfernung

$$r = |\zeta| = \sqrt{x^2 + y^2} \tag{165, 4}$$

vom Schwerpunkt des Querschnittes wieder die anfängliche Parallelströmung herrschen, d. h., es muß für

$$r = |\zeta| \to \infty \tag{165, 5}$$

die Geschwindigkeit

$$\mathfrak{v} = \{v_x(\infty), v_y(\infty)\} = \text{konst} \tag{165, 6}$$

sein;

2. es muß die Kontur $\mathfrak{C}$ eines Zylinderquerschnittes eine Stromlinie sein. Diese Bedingung wird dann erfüllt, wenn längs $\mathfrak{C}$ die Stromfunktion

$$\psi(x, y)\,|_{\mathfrak{C}} = \text{const} \tag{165, 7}$$

oder

$$d\psi = \frac{\partial \psi}{\partial x} dx + \frac{\partial \psi}{\partial y} dy = 0 \quad \text{auf } \mathfrak{C} \tag{165, 8}$$

ist.

Mit Verwendung der CAUCHY-RIEMANNschen Gleichungen und unter Beachtung, daß φ das Geschwindigkeitspotential bedeutet, wird aus (165, 8):

$$d\psi = -\frac{\partial \varphi}{\partial y} dx + \frac{\partial \varphi}{\partial x} dy \tag{165, 9}$$

$$= -v_y(x, y)\,dx + v_x(x, y)\,dy = 0. \tag{165, 10}$$

Dies ist die weiterhin noch zu verwendende Differentialgleichung der Stromlinie, die mit der Kontur $\mathfrak{C}$ eines Querschnittes des in die gleichförmig strömende Flüssigkeit eingebrachten zylindrischen Hindernisses zusammenfällt.

Um auch die erste Bedingung zu erfüllen, schließen wir an (165, 3) an. Dieser Ausdruck kann nach Potenzen von $1/\zeta$ entwickelt und in der Form

$$w'(\zeta) = \sum_{n=0}^{\infty} \frac{a_n}{\zeta^n} \tag{165, 11}$$

dargestellt werden. Hierin gibt a_0 nach (165, 4/5) die Strömungsgeschwindigkeit

$$\mathfrak{v}(\infty) = \{v_x(\infty), v_y(\infty)\} \tag{165, 12}$$

im Unendlichen in komplexer Schreibweise an:

$$a_0 = v_x(\infty) - i\,v_y(\infty). \tag{165, 13}$$

Durch Integration von (165, 11) erhält man

$$w(\zeta) = a_0\zeta + a_1 \ln \zeta - \sum_{n=2}^{\infty} \frac{a_n}{(n-1)\,\zeta^{n-1}}. \tag{165, 14}$$

Die hierin auftretende Konstante a_1 läßt sich, ähnlich wie a_0, durch eine physikalische Größe (in komplexer Schreibweise) ausdrücken.

Um dies zu zeigen, bilden wir das Integral

$$J = \oint_{\mathfrak{C}} w'(\zeta)\,d\zeta \tag{165, 15}$$

längs der Kontur $\mathfrak{C}$ des Zylinderquerschnittes. Mit (165, 3) und unter Beachtung der Bedeutung der komplexen Variablen ζ wird

$$\oint_{\mathfrak{C}} w'(\zeta)\,d\zeta = \oint_{\mathfrak{C}} (v_x - i v_y)(dx + i\,dy) \tag{165, 16}$$

$$= \oint_{\mathfrak{C}} (v_x dx + v_y dy) + i \oint_{\mathfrak{C}} (v_x dy - v_y dx). \tag{165, 17}$$

Da nach der Randbedingung 2 die Kontur $\mathfrak{C}$ eine Stromlinie ist, gilt für sie (165, 10), d. h. das zweite in (165, 17) rechtsseitig auftretende Integral verschwindet. Das noch verbleibende Integral ist gemäß der Definitionsgleichung (151, 2) die Zirkulation

$$\Gamma = \oint_{\mathfrak{C}} \mathfrak{v} \cdot d\mathfrak{r} \tag{165, 18}$$

$$= \oint_{\mathfrak{C}} (v_x dx + v_y dy). \tag{165, 19}$$

Man hat also

$$\oint_{\mathfrak{C}} w'(\zeta)\, d\zeta = \oint_{\mathfrak{C}} \sum_{n=0}^{\infty} \frac{a_n}{\zeta^n}\, d\zeta = \Gamma. \qquad (165, 20)$$

Nun gilt nach dem Residuensatz

$$\oint_{\mathfrak{C}} \sum_{n=0}^{\infty} \frac{a_n}{\zeta^n}\, d\zeta = 2\pi i a_1, \qquad (165, 21)$$

sofern, wie hier ausdrücklich vorausgesetzt wurde, der Nullpunkt innerhalb der Kontur $\mathfrak{C}$ liegt. Aus (165, 20) folgt daher

$$a_1 = \frac{\Gamma}{2\pi i}, \qquad (165, 22)$$

d. h., a_1 ist, abgesehen von einem (imaginären) Faktor, die Zirkulation Γ.

Wir fragen nun nach der Kraft $\mathfrak{K}$, die die strömende Flüssigkeit auf das (sich in ihr in Ruhe befindende) Hindernis ausübt. Nach (155, 2) ist

$$\mathfrak{K} = -\iint p\, d\mathfrak{f} \qquad (165, 23)$$

$$= -\iint p\, \mathfrak{n}^0 df. \qquad (165, 24)$$

In dieser Gleichung läßt sich der Druck p mittels der Bernoullischen Gleichung ausdrücken, die wegen der vorausgesetzten kräftefreien Bewegung die Form

$$\frac{\varrho}{2}\mathfrak{v}^2 + p = C\ (= \text{const}) \qquad (165, 25)$$

annimmt. Hieraus erhält man

$$p = C - \frac{\varrho}{2}\mathfrak{v}^2 \qquad (165, 26)$$

$$= C - \frac{\varrho}{2}(v_x^2 + v_y^2). \qquad (165, 27)$$

Nun ist weiterhin, aufgrund der früher vereinbarten Festlegung des Koordinatensystems, ein Element df der Oberfläche des Zylinders

$$df = ds\, dz, \qquad (165, 28)$$

wobei ds ein Bogenelement der Kontur $\mathfrak{C}$ bedeutet, Abb. 165, 2. Damit wird aus (165, 24):

$$\mathfrak{K} = -\int_0^H dz \oint_{\mathfrak{C}} p\, ds\, \mathfrak{n}^0. \qquad (165, 29)$$

Hierbei bedeutet H die Höhe des sich in der strömenden Flüssigkeit befindenden zylindrischen Hindernisses. Da dieses voraussetzungsgemäß in Richtung der z-Achse

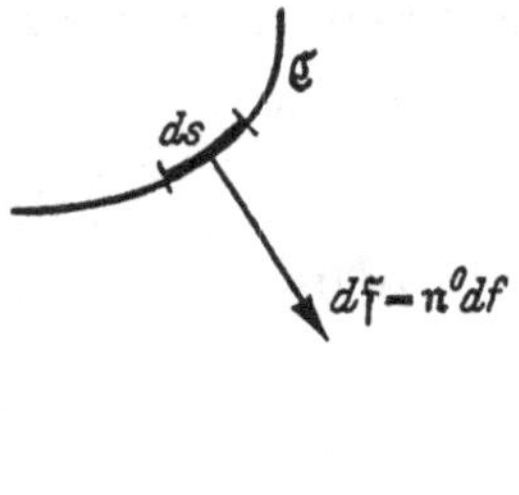

Abb. 165, 2: Zu (165, 30)

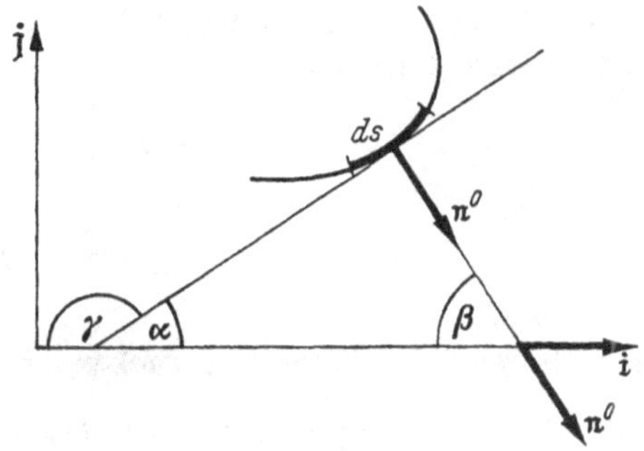

Abb. 165, 3: Zu (165, 34/35)

als unendlich ausgedehnt angesehen wird, beziehen wir die Kraft auf die Längeneinheit (in z-Richtung) und bezeichnen diese Kraft mit $\mathfrak{k}$. Dann ist

$$\mathfrak{k} = -\oint_{\mathfrak{C}} p\,ds\,\mathfrak{n}^0. \qquad (165, 30)$$

Wir zerlegen nun $\mathfrak{k}$ in seine Komponenten. Dies liefert

$$k_x = -\oint_{\mathfrak{C}} p\cos(\mathfrak{n}^0, \mathfrak{i})\,ds, \qquad (165, 31)$$

$$k_y = -\oint_{\mathfrak{C}} p\cos(\mathfrak{n}^0, \mathfrak{j})\,ds, \qquad (165, 32)$$

$$k_z = -\oint_{\mathfrak{C}} p\cos(\mathfrak{n}^0, \mathfrak{k})\,ds = 0. \qquad (165, 33)$$

Nun ist, wie aus Abb. 165, 3 zu ersehen ist,

$$\sphericalangle(\mathfrak{n}^0, \mathfrak{i}) = \beta = \frac{\pi}{2} - \alpha, \qquad (165, 34)$$

$$\sphericalangle(\mathfrak{n}^0, \mathfrak{j}) = \gamma = \pi - \alpha. \qquad (165, 35)$$

Geht man damit in (165, 31/32) ein, so wird daraus

$$k_x = -\oint_{\mathfrak{C}} p\sin\alpha\cdot ds = -\oint p\,dy, \qquad (165, 36)$$

$$k_y = +\oint_{\mathfrak{C}} p\cos\alpha\cdot ds = +\oint p\,dx. \qquad (165, 37)$$

Ersetzt man hierin p durch die Bernoullische Gleichung (165, 27), so ergibt sich

$$k_x = -C\oint_{\mathfrak{C}} dy + \frac{\varrho}{2}\oint_{\mathfrak{C}} (v_x^2 + v_y^2)\,dy, \qquad (165, 38)$$

$$k_y = +C\oint_{\mathfrak{C}} dx - \frac{\varrho}{2}\oint_{\mathfrak{C}} (v_x^2 + v_y^2)\,dx. \qquad (165, 39)$$

Weil

$$\oint_{\mathfrak{C}} dy = \oint_{\mathfrak{C}} dx = 0$$

ist, verbleibt

$$k_x = \frac{\varrho}{2}\oint_{\mathfrak{C}} (v_x^2 + v_y^2)\,dy \quad \Big|\cdot i \qquad (165, 40)$$

$$k_y = -\frac{\varrho}{2}\oint_{\mathfrak{C}} (v_x^2 + v_y^2)\,dx \quad \Big|\cdot(-1). \qquad (165, 41)$$

Wir fassen, wie bereits vorstehend angedeutet, die beiden Ausdrücke in komplexer Form zusammen und erhalten

$$i k_x - k_y = \frac{\varrho}{2} \oint_{\mathfrak{C}} (v_x^2 + v_y^2)(dx + i dy) \tag{165, 42}$$

$$= \frac{\varrho}{2} \oint_{\mathfrak{C}} (v_x^2 + v_y^2)\, d\zeta. \tag{165, 43}$$

Zur weiteren Umformung dieses Ausdruckes schreiben wir

$$v_x^2 + v_y^2 = (v_x - i v_y)(v_x + i v_y) \tag{165, 44}$$

und drücken die rechte Seite mit Hilfe von (165, 3) durch w' aus. Dies ergibt

$$v_x^2 + v_y^2 = w'(\zeta)\, w^{*\prime}(\zeta), \tag{165, 45}$$

wobei $w^{*\prime}$ die zu w' konjugiert komplexe Größe ist.

Mit (165, 45) wird aus (165, 43):

$$i k_x - k_y = \frac{\varrho}{2} \oint_{\mathfrak{C}} w' w^{*\prime}\, d\zeta. \tag{165, 46}$$

Geht man zum konjugiert komplexen Ausdruck dieser Gleichung über, so wird

$$- i k_x - k_y = \frac{\varrho}{2} \oint_{\mathfrak{C}} w' w^{*\prime}\, d\zeta^* \tag{165, 47}$$

oder

$$i k_x + k_y = -\frac{\varrho}{2} \oint_{\mathfrak{C}} w' w^{*\prime}\, d\zeta^* \tag{165, 48}$$

$$= -\frac{\varrho}{2} \oint_{\mathfrak{C}} w'\, dw^*. \tag{165, 49}$$

Nun ist weiterhin nach (165, 2):

$$w^*(\zeta) = \varphi - i\psi, \tag{165, 50}$$

daher

$$dw^* = d\varphi - i d\psi. \tag{165, 51}$$

Dieser Ausdruck vereinfacht sich wegen (165, 8), und es gilt auf der Kontur $\mathfrak{C}$:

$$dw^* = d\varphi = dw. \tag{165, 52}$$

Damit geht (165, 49) in

$$i k_x + k_y = -\frac{\varrho}{2} \oint_{\mathfrak{C}} w'\, dw \tag{165, 53}$$

$$= -\frac{\varrho}{2} \oint_{\mathfrak{C}} w'^2\, d\zeta \tag{165, 54}$$

über.

Nach (165, 11) ist nun

$$w'^2 = \left(a_0 + \frac{a_1}{\zeta} + \cdots\right)\left(a_0 + \frac{a_1}{\zeta} + \cdots\right) \tag{165, 55}$$

$$= a_0^2 + 2\,\frac{a_0 a_1}{\zeta} + \cdots. \tag{165, 56}$$

Geht man damit in (165, 54) ein, so erhält man nach dem Residuensatz

$$ik_x + k_y = -\frac{\varrho}{2} \cdot 2\pi i \cdot 2a_0 a_1 \tag{165, 57}$$

$$= -\varrho \cdot a_0 \cdot 2\pi i a_1. \tag{165, 58}$$

Mit der eingangs gefundenen Bedeutung von a_0 und a_1 — (165, 13) und (165, 22) — wird

$$ik_x + k_y = -\varrho\,[v_x(\infty) - i v_y(\infty)]\,\Gamma, \tag{165, 59}$$

woraus man schließlich durch Zerlegung in Real- und Imaginärteil die Ausdrücke

$$k_x = \varrho\,\Gamma\, v_y(\infty) \tag{165, 60}$$

$$k_y = -\varrho\,\Gamma\, v_x(\infty) \tag{165, 61}$$

erhält.

Diese Formeln, die für einen beliebigen Zylinderquerschnitt erstmalig 1902 von KUTTA und 1906 von JOUKOWSKI angegeben wurden, werden heute nach diesen beiden Forschern bezeichnet und heißen die *Auftriebsformeln von* KUTTA-JOUKOWSKI. Historisch sei erwähnt, daß die Formeln (165, 60/61) für den Sonderfall eines Kreiszylinders bereits 1879 von Lord RAYLEIGH angegeben wurden.

Um die Bedeutung der Formeln (165, 60/61) zu erkennen, denken wir uns das xy-Koordinatensystem so gelegt, daß die Geschwindigkeit $\mathfrak{v}(\infty)$ der das zylindrische Hindernis anströmenden Flüssigkeit

$$\mathfrak{v}(\infty) = \{v_x(\infty) = 0,\ v_y(\infty) = v_0\} \tag{165, 62}$$

ist. Dann ersieht man aus (165, 60/61), daß das Hindernis eine *Querkraft* (pro Längeneinheit) vom Betrag

$$|\mathfrak{k}| = \varrho\,|\Gamma|\,v_0 \tag{165, 63}$$

erfährt. Diese Querkraft, deren Richtung — je nach dem Vorzeichen von Γ — in die positive oder negative Richtung der x-Achse fällt, also *senkrecht* zur Strömungsgeschwindigkeit gerichtet ist, heißt *dynamischer Auftrieb A*.

Für den allgemeinen Fall ist nach (165, 60/61) der Auftrieb

$$A = \sqrt{k_x^2 + k_y^2} = \varrho\,|\Gamma|\sqrt{v_x^2(\infty) + v_y^2(\infty)} \tag{165, 64}$$

$$= \varrho\,|\Gamma|\,|\mathfrak{v}(\infty)|. \tag{165, 65}$$

Damit dieser Ausdruck nicht verschwindet, muß dafür gesorgt werden, daß die Zirkulation $\Gamma \neq 0$ ist. Dies läßt sich dadurch erreichen, daß man das (der Einfachheit halber als kreiszylindrisch angenommene) Hindernis rotieren läßt. Bringt man einen solchen rotierenden Zylinder in eine parallele Flüssigkeits(Luft)-Strömung, so ist in der Tat eine Querabweichung zu beobachten. Diese Erscheinung wurde 1853 von MAGNUS[1] systematisch untersucht und im wesentlichen auch bestätigt. Man nennt sie daher heute den MAGNUS-*Effekt*.

Die KUTTA-JOUKOWSKIschen Formeln spielen u. a. eine wichtige Rolle in der Theorie des Fluges: man kann nämlich das in eine strömende Flüssigkeit eingebrachte Hindernis als einen Tragflügel eines Flugzeugs und die Flüssigkeit als strömende Luft deuten. Natürlich gelten dann die Formen (165, 60/61) nur näherungsweise, weil jeder Tragflügel eine endliche Länge hat, während das vorstehend betrachtete Hindernis als unendlich lang angesehen wurde. Die endliche Länge eines Flugzeugtragflügels verlangt noch zusätzlich die an den Enden eines Tragflügels herrschenden hydrodynamischen Verhältnisse zu berücksichtigen, worauf im Rahmen dieser Schrift nicht eingegangen werden kann.

[1]) Gustav MAGNUS: * 1802 in Berlin, † 1870 in Berlin.

XI. Hydrodynamik der Zähen Flüssigkeit

166. Der Begriff der Zähen Flüssigkeit

Den bisherigen Betrachtungen lag das Modell der Idealen Flüssigkeit zugrunde. Sie ist dadurch definiert, daß sie einer Formänderung (bei konstantem Volumen) keinen Widerstand entgegensetzt. Anders ausgedrückt heißt dies, daß in einer Idealen Flüssigkeit keine Schubspannungen auftreten. Das ist genau dann der Fall, wenn der Gleitmodul μ verschwindet.

Die Erfahrung zeigt nun, daß dies bei keinem der in der Natur vorkommenden Stoffe in Strenge der Fall ist: vielmehr weist jeder Stoff gegenüber einer Formänderung einen gewissen Widerstand auf, den man als dessen *Zähigkeit*, *Viskosität* oder *Innere Reibung* bezeichnet. Grundsätzlich besitzt daher auch jede Flüssigkeit, gleichgültig ob sie kompressibel oder inkompressibel ist, eine gewisse Zähigkeit. Indessen schwankt der Grad der Zähigkeit einer Flüssigkeit innerhalb weiter Grenzen. Sie hängen nicht nur von der Natur der Flüssigkeit, sondern auch von äußeren Umständen (z. B. von der Temperatur) ab. Die Eigenschaft einer Flüssigkeit, mehr oder minder zähe zu sein, drückt man im täglichen Sprachgebrauch treffend durch die Begriffe „dünnflüssig" bzw. „zähflüssig" aus. Als Beispiele für diese — ohne scharfe Grenzen ineinander übergehenden — beiden „Klassen" von Flüssigkeiten nennen wir: Äther, Alkohol, Wasser bzw. Sirup, Rizinusöl und andere sogenannte dicke Öle.

Wenn — wie schon früher angegebene Beispiele zeigten — sich aus der für das Modell einer Idealen Flüssigkeit geltenden EULERschen Gleichung in einer Anzahl von Fällen Ergebnisse herleiten lassen, die das Verhalten einer „realen" Flüssigkeit weitgehend richtig beschreiben, so kann es sich nur um Sonderfälle handeln, bei denen der Einfluß der Zähigkeit gegenüber anderen Einflüssen vernachlässigt werden darf.

Ist dies jedoch nicht mehr erlaubt, so muß die EULERsche Gleichung zu Aussagen führen, die mit der Erfahrung im Widerspruch stehen. Ein Beispiel hierfür ist in Kap. 164 angegeben. Man muß daher die EULERsche Gleichung als einen Sonderfall einer weitergehenden hydrodynamischen Bewegungsgleichung ansehen, in der auch — wie man es auszudrücken pflegt — „Reibungsglieder" enthalten sind, durch welche der Zähigkeit einer Flüssigkeit Rechnung getragen wird. Daß es die Bewegungsgleichung sein muß, die man zu erweitern hat, wenn man die Viskosität einer Flüssigkeit berücksichtigen will, verlangt die Erfahrung, daß im Gleichgewichtszustand die Zähigkeit einer Flüssigkeit nicht in Erscheinung tritt. Infolgedessen gibt es keine besondere Statik für eine Zähe Flüssigkeit, wohl aber gilt für sie eine eigene Dynamik. Anders ausgedrückt: es gelten zwar die früher hergeleiteten Gleichgewichtsbedingungen sowohl für Ideale als auch für Zähe Flüssigkeiten, dagegen lassen sich Bewegungsvorgänge von Zähen Flüssigkeiten nicht mit der EULERschen Gleichung beschreiben. Vielmehr ist diese durch eine andere zu ersetzen. Die Aufstellung dieser über die EULERsche Gleichung hinausgehenden neuen Bewegungsgleichung wird im folgenden Kapitel vorgenommen.

167. Die NAVIER-STOKESsche Gleichung

Um zu einer Bewegungsgleichung für Zähe Flüssigkeiten zu gelangen, hat man die EULERsche Gleichung durch zusätzliche „Reibungsglieder" zu ergänzen. Von welcher Form diese Zusatzglieder sind, ist vorerst gänzlich offen. Man kann zunächst nur so viel sagen, daß diese aufgrund der vorstehend erwähnten Erfahrungstatsache von der Geschwindigkeit $\mathfrak{v} = \{v_x, v_y, v_z\}$ der strömenden Flüssigkeit abhängen müssen, und zwar in solcher Weise, daß die neue Bewegungsgleichung für den Fall der Ruhe ($\mathfrak{v} = 0$) in die Gleichgewichtsbedingung (142, 6) übergeht. Dieses läßt sich erreichen, wenn die für eine Ideale Flüssigkeit geltende Rheologische Zustandsgleichung

$$\sigma_{ik} = -p\delta_{ik} = \lambda\theta\delta_{ik}; \quad i, k = 1, 2, 3 \to x, y, z \tag{167, 1}$$

durch eine andere ersetzt wird, die von der Form

$$\sigma_{ik} = -p\delta_{ik} + f_{ik}(\mathfrak{v}, \ldots) \tag{167, 2}$$

sein muß. Hierin bedeutet f_{ik} eine von der Strömungsgeschwindigkeit $\mathfrak{v}$, vielleicht auch von ihrer Änderung oder/und noch sonstigen Größen abhängige, im einzelnen aber unbekannte Funktion, von der man lediglich weiß, daß sie für $\mathfrak{v} = 0$, d. h. für den Gleichgewichtsfall, verschwinden muß.

Von den beliebig vielen Annahmen, die für f_{ik} möglich sind, interessieren für die Physik nur jene — und das ist das typische Kriterium für die „Richtigkeit" eines theoretischen „Ansatzes" —, aus denen sich Folgerungen ergeben, die mit der Erfahrung übereinstimmen. Bei der Aufstellung einer Bewegungsgleichung für Zähe Flüssigkeiten gelingt dies dadurch, daß an einen erstmalig — für einen Sonderfall — von Newton angegebenen Ansatz angeschlossen wird. Nach diesem ist die in einer bewegten Zähen Flüssigkeit auftretende Scherspannung dem *Gradienten* der Strömungsgeschwindigkeit proportional. Handelt es sich etwa um eine parallel zur x-Achse eines Koordinatensystems strömende Flüssigkeit, deren Geschwindigkeit in Richtung der y-Achse veränderlich ist, so soll nach Newton für die auf die Flächeneinheit bezogene „Reibungskraft"

$$R = \eta \frac{\partial v_x}{\partial y} \tag{167, 3}$$

gelten. Der in dieser Gleichung auftretende Proportionalitätsfaktor η wird als *Viskositäts-* oder *Zähigkeitskoeffizient*, manchmal auch als *Koeffizient der Inneren Reibung* bezeichnet. Da sich das Newtonsche „Reibungsgesetz" bewährt hat, wurde es verwendet, um eine Rheologische Zustandsgleichung für eine Zähe Flüssigkeit, die man daher auch *Newtonsche Flüssigkeit* nennt, aufzustellen.

Hierbei wird wie folgt vorgegangen: man übernimmt die für einen Festen Körper gültige Rheologische Zustandsgleichung, das sind die Spannungs-Dehnungs-Beziehungen (109, 36), ersetzt aber in ihnen die Komponenten

$$\varepsilon_{ik} = \frac{1}{2}\left(\frac{\partial s_i}{\partial x_k} + \frac{\partial s_k}{\partial x_i}\right) \tag{167, 4}$$

des Deformationstensors ε durch die Komponenten des *Tensors der Deformationsgeschwindigkeit*, den man üblicherweise mit $\dot{\varepsilon}$ bezeichnet. Seine Komponenten sind durch

$$\dot{\varepsilon}_{ik} = \frac{1}{2}\left(\frac{\partial v_i}{\partial x_k} + \frac{\partial v_k}{\partial x_i}\right) \tag{167, 5}$$

definiert.

Beachtet man, daß für den Fall des Gleichgewichts die Beziehung (167, 1) gelten muß, so erhält man als Rheologische Zustandsgleichung für eine Newtonsche Flüssigkeit, in Komponenten geschrieben,

$$\sigma_{xx} = -p + 2\eta \frac{\partial v_x}{\partial x} + \eta' \operatorname{div} \mathfrak{v} \tag{167, 6}$$

$$\ldots$$

und

$$\sigma_{xy} = \eta \left(\frac{\partial v_x}{\partial y} + \frac{\partial v_y}{\partial x}\right). \tag{167, 7}$$

$$\ldots$$

Hierbei bedeuten η und η' zwei Zähigkeitskoeffizienten, die in sinngemäßer Abänderung bei einer NEWTONschen Flüssigkeit die Rolle der LAMÉschen Elastizitätskoeffizienten λ und μ eines HOOKEschen Körpers übernehmen.

Um nun zu der Bewegungsgleichung für Zähe Flüssigkeiten zu gelangen, hat man — ebenso wie in Kap. 111 — die neuen Spannungskomponenten σ_{ik} in (105, 18) einzusetzen. Dies ergibt, etwa für die x-Komponente ausführlich geschrieben,

$$\varrho \frac{Dv_x}{Dt} = F_x - \frac{\partial p}{\partial x} + \frac{\partial}{\partial x}\left(2\eta \frac{\partial v_x}{\partial_x} + \eta' \operatorname{div} \mathfrak{v}\right) + \frac{\partial}{\partial y}\left[\eta\left(\frac{\partial v_x}{\partial y} + \frac{\partial v_y}{\partial x}\right)\right] + \frac{\partial}{\partial z}\left[\eta\left(\frac{\partial v_x}{\partial z} + \frac{\partial v_x}{\partial z}\right)\right]. \qquad (167, 8)$$

Führt man die Differentiationen aus und faßt geeignet zusammen, so erhält man

$$\varrho \frac{Dv_x}{Dt} = F_x - \frac{\partial p}{\partial x} + \eta\left(\frac{\partial^2 v_x}{\partial x^2} + \frac{\partial^2 v_y}{\partial y^2} + \frac{\partial^2 v_z}{\partial z^2}\right) + \eta \frac{\partial}{\partial x}\left(\frac{\partial v_x}{\partial x} + \frac{\partial v_y}{\partial y} + \frac{\partial v_z}{\partial z}\right) + \eta' \frac{\partial}{\partial x} \operatorname{div} \mathfrak{v} \qquad (167, 9)$$

$$= F_x - \frac{\partial p}{\partial x} + \eta \Delta v_x + (\eta + \eta') \frac{\partial}{\partial x} \operatorname{div} \mathfrak{v}. \qquad (167, 10)$$

Zwei analoge Gleichungen gelten für die beiden anderen Komponenten.

Geht man zur Vektorschreibweise über, so kann

$$\varrho \frac{D\mathfrak{v}}{Dt} = \varrho\left\{\frac{\partial \mathfrak{v}}{\partial t} + (\mathfrak{v} \cdot \operatorname{grad})\, \mathfrak{v}\right\} \qquad (167, 11)$$

$$= \mathfrak{F} - \operatorname{grad} p + \eta \Delta \mathfrak{v} + (\eta + \eta') \operatorname{grad} \operatorname{div} \mathfrak{v} \qquad (167, 12)$$

oder beim Übergang von der Volumenkraft $\mathfrak{F}$ zur Massenkraft $\mathfrak{P}$:

$$\frac{D\mathfrak{v}}{Dt} = \frac{\partial \mathfrak{v}}{\partial t} + (\mathfrak{v} \cdot \operatorname{grad})\, \mathfrak{v} = \mathfrak{P} - \frac{1}{\varrho} \operatorname{grad} p + \frac{\eta}{\varrho} \Delta \mathfrak{v} + \frac{1}{\varrho}(\eta + \eta') \operatorname{grad} \operatorname{div} \mathfrak{v} \qquad (167, 13)$$

geschrieben werden.

Der zuletzt gefundene Ausdruck heißt NAVIER-STOKES*sche Gleichung*. Sie enthält, wie es auch sein muß, die EULERsche Bewegungsgleichung für eine Ideale Flüssigkeit als Sonderfall, wenn die Zähigkeit nicht beachtet zu werden braucht, d. h. wenn $\eta = \eta' = 0$ gesetzt werden darf.

Für den Fall, daß die betrachtete Zähe Flüssigkeit inkompressibel ist, reduziert sich (167, 13) wegen der Inkompressibilitätsbedingung

$$\operatorname{div} \mathfrak{v} = 0 \qquad (167, 14)$$

auf

$$\frac{\partial \mathfrak{v}}{\partial t} + (\mathfrak{v} \cdot \operatorname{grad})\, \mathfrak{v} = \mathfrak{P} - \frac{1}{\varrho} \operatorname{grad} p + \eta \Delta \mathfrak{v}. \qquad (167, 15)$$

Wenn man diese Gleichung mit (167, 13) vergleicht, so scheint es, daß es zur Beschreibung der Viskosität einer inkompressiblen Flüssigkeit (Wasser) nur des einen Koeffizienten η bedarf, während man für eine kompressible Flüssigkeit (Gas) hierzu die zwei Koeffizienten η und η' benötigt. Obwohl die zuletzt ausgesprochene Ansicht manchmal vertreten wird, geht die Theorie i. allg. so vor, daß sie versucht, mit nur einem Viskositätskoeffizienten auszukommen.

Dies gelingt, wenn man annimmt, daß die für inkompressible Ideale Flüssigkeiten aus (167, 1) folgende Beziehung

$$p = -\frac{1}{3}(\sigma_{xx} + \sigma_{yy} + \sigma_{zz}) \tag{167, 16}$$

auch für Zähe Flüssigkeiten gilt. Sicher ist diese Annahme willkürlich und bedarf einer Bestätigung durch die Erfahrung. Diese hat nun gezeigt, daß die Übertragung von (167, 16) auf Zähe Flüssigkeiten bisher zu keinen wesentlichen Widersprüchen mit experimentellen Ergebnissen geführt hat. Man übernimmt daher (167, 16) auch für Zähe Flüssigkeiten und definiert den in ihr herrschenden Druck p als das negative arithmetische Mittel der drei Normalspannungen gemäß (167, 16). Mit dieser Annahme erhält man aus jener Gleichung mit Verwendung von (167, 6/7):

$$p = -\frac{1}{3}\left[-3p + 2\eta\left(\frac{\partial v_x}{\partial x} + \frac{\partial v_y}{\partial y} + \frac{\partial v_z}{\partial z}\right) + 3\eta' \operatorname{div} \mathfrak{v}\right] \tag{167, 17}$$

$$= -\frac{1}{3}\left[-3p + (2\eta + 3\eta')\operatorname{div}\mathfrak{v}\right] \tag{167, 18}$$

$$= p - \frac{1}{3}(2\eta + 3\eta')\operatorname{div}\mathfrak{v}. \tag{167, 19}$$

Hieraus folgt, weil bei Gasen $\operatorname{div}\mathfrak{v} \neq 0$ ist, für

$$\eta' = -\frac{2}{3}\eta. \tag{167, 20}$$

Damit geht die Navier-Stokessche Gleichung in

$$\frac{\partial \mathfrak{v}}{\partial t} + (\mathfrak{v} \cdot \operatorname{grad})\,\mathfrak{v} = \mathfrak{P} - \frac{1}{\varrho}\operatorname{grad} p + \nu\Delta\mathfrak{v} + \frac{1}{3}\nu \operatorname{grad}\operatorname{div}\mathfrak{v} \tag{167, 21}$$

über, wobei

$$\nu = \frac{\eta}{\varrho} \tag{167, 22}$$

bedeutet. Diese Größe wird als *kinematische Zähigkeit* bezeichnet.

Die Bewegungsgleichung (167, 21) wurde erstmalig — allerdings nicht wie vorstehend, sondern aufgrund molekular-theoretischer Überlegung — von Navier (1822) und unabhängig von ihm von Poisson (1829) hergeleitet. Später haben, ebenfalls voneinander unabhängig, Saint-Venant (1843) und Stokes (1845) gezeigt, daß man zu (167, 21) auch auf jenem Wege gelangen kann, der vorstehend beschritten wurde. —

Durch das zusätzliche Auftreten von „Reibungsgliedern" in der Navier-Stokesschen Gleichung ist ihr mathematischer Charakter gegenüber der Eulerschen Gleichung verändert worden: da die Reibungsglieder zweite Ableitungen der Geschwindigkeit $\mathfrak{v}$ enthalten, ist die Navier-Stokessche Gleichung eine (nichtlineare) partielle Differentialgleichung zweiter Ordnung für $\mathfrak{v}$. Demgegenüber ist die Eulersche Gleichung eine — zwar ebenfalls nichtlineare — Differentialgleichung für $\mathfrak{v}$, jedoch von erster Ordnung.

Dieser mathematische Unterschied zwischen den für eine Ideale bzw. Zähe Flüssigkeit geltenden Bewegungsgleichungen erlaubt es, das verschiedene Verhalten dieser beiden Arten von Flüssigkeiten an einer Berandung richtig zu beschreiben. Wir erinnern: bei einer Idealen Flüssigkeit wurde angenommen, daß die Normalkomponente der Geschwindigkeit

$$v_n(\mathfrak{R}) = 0 \tag{167, 23}$$

auf der Berandung $\mathfrak{R}$ des Bereiches, in dem die Flüssigkeit strömt, verschwindet. Demgegenüber lehrt die Erfahrung, daß eine Zähe Flüssigkeit am Rand $\mathfrak{R}$ *haftet*. Es muß daher bei der Bewegung einer Zähen Flüssigkeit auch die Bedingung erfüllt sein, daß neben v_n ebenfalls die Tangentialkomponente

$$v_t(\mathfrak{R}) = 0 \tag{167, 24}$$

ist. Die beiden letzten Gleichungen lassen sich, vektoriell geschrieben, in

$$\mathfrak{v}(\mathfrak{R}) = 0 \tag{167, 25}$$

zusammenfassen. Diese Gleichung bezeichnet man als die *Haftbedingung* einer Zähen Flüssigkeit.

Wir bemerken, daß die Annahme der exakten Gültigkeit der Haftbedingung gelegentlich bezweifelt wird.

168. Die Energiedissipation bei Zähen Flüssigkeiten[1])

In Kap. 147 wurden energetische Betrachtungen für eine Ideale Flüssigkeit angestellt, die zu einer Kontinuitätsgleichung, d. h. zu einer Erhaltungsaussage für die Energie führten. Diese wird nun sicher nicht mehr gelten, wenn es sich um eine Zähe Flüssigkeit handelt, weil infolge der bei einer solchen vorhandenen Reibung (im Sinne der Mechanik) ein Energieverlust oder wie man auch sagt, eine *Energiedissipation* auftritt. Sie läßt sich berechnen, indem man die gleichen Betrachtungen wie in Kap. 147 durchführt, jedoch nun aber von der Navier-Stokesschen Gleichung ausgeht. Diese unterscheidet sich von der für Ideale Flüssigkeiten geltenden Eulerschen Gleichung durch das Auftreten zweier „Reibungsglieder". Dieser Unterschied soll durch

$$\cdots = \cdots + \nu \Delta \mathfrak{v} + (\nu + \nu') \operatorname{grad} \operatorname{div} \mathfrak{v} \tag{168, 1}$$

ausgedrückt werden, wobei die Punkte anstelle derjenigen Glieder stehen, die in der Eulerschen Gleichung auftreten. Überträgt man die in Kap. 147 durchgeführten Umformungen, so genügt es, sie hier nur mit den beiden vorstehend angegebenen Zusatztermen vorzunehmen, aus denen sich ein Ausdruck für die Energiedissipation ergeben muß.

Um diese zu finden, multiplizieren wir nach dem Vorgang in Kap. 147 die Navier-Stokessche Gleichung skalar mit $\mathfrak{v}$. Das ergibt, in Erweiterung von (147, 3), nun

$$\cdots = \cdots + \nu \mathfrak{v} \cdot \Delta \mathfrak{v} + (\nu + \nu') \, \mathfrak{v} \cdot \operatorname{grad} \operatorname{div} \mathfrak{v}. \tag{168, 2}$$

Führt man die Summenschreibweise ein, so lautet die letzte Gleichung

$$\begin{aligned} \cdots = \cdots &+ \nu \sum_i v_i \left(\frac{\partial^2 v_i}{\partial x^2} + \frac{\partial^2 v_i}{\partial y^2} + \frac{\partial^2 v_i}{\partial z^2} \right) \\ &+ (\nu + \nu') \sum_i v_i \frac{\partial}{\partial x_i} \left(\frac{\partial v_x}{\partial x} + \frac{\partial v_y}{\partial y} + \frac{\partial v_z}{\partial z} \right) \end{aligned} \tag{168, 3}$$

$$\begin{aligned} = \cdots \nu \sum_i v_i &\left[\frac{\partial^2 v_i}{\partial x^2} + \frac{\partial^2 v_i}{\partial y^2} + \frac{\partial^2 v_i}{\partial z^2} + \frac{\partial}{\partial x_i} \left(\frac{\partial v_x}{\partial x} + \frac{\partial v_y}{\partial y} + \frac{\partial v_z}{\partial z} \right) \right] \\ &+ \nu' \sum_i v_i \frac{\partial}{\partial x_i} \left(\frac{\partial v_x}{\partial x} + \frac{\partial v_y}{\partial y} + \frac{\partial v_z}{\partial z} \right). \end{aligned} \tag{168, 4}$$

Diese Gleichung läßt sich mit Verwendung von Doppelsummen in der Form

$$\cdots = \cdots + \sum_i \sum_k \left\{ \nu v_i \left[\frac{\partial^2 v_i}{\partial x_k^2} + \frac{\partial}{\partial x_i} \frac{\partial v_k}{\partial x_k} \right] + \nu' v_i \delta_{ik} \frac{\partial}{\partial x_k} \sum_j \frac{\partial v_j}{\partial x_j} \right\} \tag{168, 5}$$

schreiben. Nun folgt aus der Regel für die Differentiation eines Produktes

$$v_i \frac{\partial^2 v_i}{\partial x_k^2} = \frac{\partial}{\partial x_k} \left(v_i \frac{\partial v_i}{\partial x_k} \right) - \left(\frac{\partial v_i}{\partial x_k} \right)^2, \tag{168, 6}$$

[1]) Dieses Kapitel entstand unter Mitwirkung von Dr. W. Münchmeyer.

weiterhin

$$v_i \frac{\partial}{\partial x_i} \frac{\partial v_k}{\partial x_k} = v_i \frac{\partial}{\partial x_k} \frac{\partial v_k}{\partial x_i} \tag{168, 7}$$

$$= \frac{\partial}{\partial x_k}\left(v_i \frac{\partial v_k}{\partial x_i}\right) - \frac{\partial v_i}{\partial x_k} \frac{\partial v_k}{\partial x_i} \tag{168, 8}$$

und schließlich

$$v_i \frac{\partial}{\partial x_k} \sum_j \frac{\partial v_j}{\partial x_j} = \frac{\partial}{\partial x_k}\left(v_i \sum_j \frac{\partial v_j}{\partial x_j}\right) - \frac{\partial v_i}{\partial x_k} \sum_j \frac{\partial v_j}{\partial x_j}. \tag{168, 9}$$

Geht man mit diesen Ausdrücken in (168, 5) ein, so wird daraus

$$\begin{aligned} \cdots = \cdots &+ \nu \sum_i \sum_k \left\{\frac{\partial}{\partial x_k}\left(v_i \frac{\partial v_i}{\partial x_k}\right) - \left(\frac{\partial v_i}{\partial x_k}\right)^2\right\} \\ &+ \nu \sum_i \sum_k \left\{\frac{\partial}{\partial x_k}\left(v_i \frac{\partial v_k}{\partial x_i}\right) - \frac{\partial v_i}{\partial x_k} \frac{\partial v_k}{\partial x_i}\right\} \\ &+ \nu' \sum_i \sum_k \delta_{ik} \left\{\frac{\partial}{\partial x_k}\left(v_i \sum_j \frac{\partial v_j}{\partial x_j}\right) - \frac{\partial v_i}{\partial x_k} \sum_j \frac{\partial v_j}{\partial x_j}\right\}. \end{aligned} \tag{168, 10}$$

Faßt man die Ableitungen nach x_k zusammen, so geht (168, 10) in

$$\begin{aligned} \cdots = \cdots &\sum_k \frac{\partial}{\partial x_k}\left\{\sum_i v_i \left[\nu\left(\frac{\partial v_i}{\partial x_k} + \frac{\partial v_k}{\partial x_i}\right) + \nu' \delta_{ik} \sum_j \frac{\partial v_j}{\partial x_j}\right]\right\} \\ &- \sum_i \sum_k \left\{\nu\left[\left(\frac{\partial v_i}{\partial x_k}\right)^2 + \frac{\partial v_i}{\partial x_k} \frac{\partial v_k}{\partial x_i}\right] + \delta_{ik} \nu' \frac{\partial v_i}{\partial x_k} \sum_j \frac{\partial v_j}{\partial x_j}\right\} \end{aligned} \tag{168, 11}$$

über.

Mit Verwendung der üblichen Vektorsymbolik ist die erste Summe im vorstehenden Ausdruck

$$\sum_k \frac{\partial}{\partial x_k} \{\cdots\} = \operatorname{div} \{\cdots\}. \tag{168, 12}$$

Hierbei ist nach den Ausführungen in Kap. 6 der in $\{\cdots\}$ stehende Ausdruck ein Vektor, der sich aus dem „über den Index i verjüngten" Produkt aus dem Vektor $\mathfrak{v}$ und dem Tensor zweiter Stufe (σ_{ik}) mit den Komponenten

$$\sigma'_{ik} = \nu\left(\frac{\partial v_i}{\partial x_k} + \frac{\partial v_k}{\partial x_i}\right) + \nu' \delta_{ik} \sum_j \frac{\partial v_j}{\partial x_j} \tag{168, 13}$$

$$= \cdots \qquad + \nu' \delta_{ik} \operatorname{div} \mathfrak{v} \tag{168, 14}$$

ergibt. Man darf daher für (168, 12) auch

$$\sum_k \frac{\partial}{\partial x_k} \{\cdots\} = \operatorname{div} (\mathfrak{v} \ast \sigma') \tag{168, 15}$$

schreiben.

Eine weitere Umformung von (168, 11) gelingt, wenn man die Summation über das letzte Glied in (168, 11) ausführt. Dies ergibt

$$\nu' \sum_i \sum_k \delta_{ik} \frac{\partial v_i}{\partial x_k} \sum_j \frac{\partial v_j}{\partial x_j} = \nu' \sum_i \frac{\partial v_i}{\partial x_i} \sum_j \frac{\partial v_j}{\partial x_j} \tag{168, 16}$$

$$\cdots = \nu' \left(\sum_j \frac{\partial v_j}{\partial x_j}\right)^2 \tag{168, 17}$$

$$= \nu' (\operatorname{div} \mathfrak{v})^2. \tag{168, 18}$$

Geht man mit diesem Ausdruck und mit (168, 15) in (168, 11) ein, so wird daraus

$$\cdots = \cdots \operatorname{div} (\mathfrak{v} \ast \sigma') - \nu \sum_i \sum_k \left[\left(\frac{\partial v_i}{\partial x_k}\right)^2 + \frac{\partial v_i}{\partial x_k} \frac{\partial v_k}{\partial x_i}\right] - \nu' (\operatorname{div} \mathfrak{v})^2. \tag{168, 19}$$

Die in der letzten Gleichung auftretende Doppelsumme läßt sich umformen. Man kann nämlich, weil Summationsindizes beliebig bezeichnet werden dürfen, schreiben

$$\sum_i \sum_k (\cdots) = \frac{1}{2} \sum_i \sum_k \left[\left(\frac{\partial v_i}{\partial x_k}\right)^2 + \frac{\partial v_i}{\partial x_k} \frac{\partial v_k}{\partial x_i}\right] + \frac{1}{2} \sum_k \sum_i \left[\left(\frac{\partial v_k}{\partial x_i}\right)^2 + \frac{\partial v_k}{\partial x_i} \frac{\partial v_i}{\partial x_k}\right] \tag{168, 20}$$

$$= \frac{1}{2} \sum_i \sum_k \left(\frac{\partial v_i}{\partial x_k} + \frac{\partial v_k}{\partial x_i}\right)^2. \tag{168, 21}$$

Damit wird aus (168, 19):

$$\cdots = \cdots + \operatorname{div} (\mathfrak{v} * \sigma') - \frac{\nu}{2} \sum_i \sum_k \left(\frac{\partial v_i}{\partial x_k} + \frac{\partial v_k}{\partial x_i}\right)^2 - \nu' (\operatorname{div} \mathfrak{v})^2. \tag{168, 22}$$

Multipliziert man diese Gleichung mit ϱ, so erhält man unter Beachtung von (147, 20):

$$\frac{\partial \varepsilon}{\partial t} + D + \operatorname{div} \mathfrak{S}^* = 0, \tag{168, 23}$$

wobei

$$\mathfrak{S}^* = \mathfrak{S} - \mathfrak{v} * \sigma' \tag{168, 24}$$

und

$$D = \frac{\eta}{2} \sum_i \sum_k \left(\frac{\partial v_i}{\partial x_k} + \frac{\partial v_k}{\partial x_i}\right)^2 + \eta' (\operatorname{div} \mathfrak{v})^2 \tag{168, 25}$$

bedeuten.

Ein Vergleich mit (147, 20) zeigt, daß sich diese Kontinuitätsgleichung, wenn die „Reibungsglieder" berücksichtigt werden, wie folgt ändert:

In dem Energiefluß $\mathfrak{S}$ tritt der neue Anteil

$$\tilde{\mathfrak{S}} = - \mathfrak{v} * \sigma' \tag{168, 26}$$

auf, den man als *Impulsstrom* bezeichnet. Ferner tritt in (168, 23) noch das Zusatzglied (168, 25) auf. Da dieses für Ideale Flüssigkeiten verschwindet, muß D die Energiedissipation sein. Ausführlich geschrieben lautet

$$D = 2\eta \left\{\left(\frac{\partial v_x}{\partial x}\right)^2 + \left(\frac{\partial v_y}{\partial y}\right)^2 + \left(\frac{\partial v_z}{\partial z}\right)^2\right\} + \eta \left\{\left(\frac{\partial v_x}{\partial y} + \frac{\partial v_y}{\partial x}\right)^2 + \left(\frac{\partial v_y}{\partial z} + \frac{\partial v_z}{\partial y}\right)^2 + \left(\frac{\partial v_z}{\partial x} + \frac{\partial v_x}{\partial z}\right)^2\right\} + \eta' \left(\frac{\partial v_x}{\partial x} + \frac{\partial v_y}{\partial y} + \frac{\partial v_z}{\partial z}\right)^2. \tag{168, 27}$$

Man kann den Ausdruck (168, 25) für D in eine andere Form bringen, wenn man sich des zwar bekannten, aber wenig benutzten Tensors

$$\boldsymbol{T} = \operatorname{def} \mathfrak{a} \tag{168, 28}$$

bedient, der als *Deformator* des Vektorfeldes $\mathfrak{a}$ bezeichnet wird. Die Komponenten t_{ik} von $\boldsymbol{T}$ sind durch

$$t_{ik} = \frac{\partial a_i}{\partial x_k} + \frac{\partial a_k}{\partial x_i} \tag{168, 29}$$

definiert.

Identifiziert man den Vektor $\mathfrak{a}$ mit der Geschwindigkeit $\mathfrak{v}$, so wird aus (168, 25):

$$D = \frac{\eta}{2} (\operatorname{def} \mathfrak{v})^2 + \eta' (\operatorname{div} \mathfrak{v})^2. \tag{168, 30}$$

Da für eine inkompressible Flüssigkeit der letzte Term in der vorstehenden Gleichung verschwindet, ergibt sich aus ihr, daß — von einem Faktor abgesehen — der Deformator der Geschwindigkeit $\mathfrak{v}$ einer strömenden inkompressiblen Zähen Flüssigkeit physikalisch deren Energiedissipation bedeutet.

Weil die Komponenten des Tensors def $\mathfrak{v}$ bis auf den Faktor $^1/_2$ mit denen der in Kap. 167 eingeführten Komponenten des Tensors der Deformationsgeschwindigkeit $(\dot{\varepsilon})$ übereinstimmen, muß sich D auch durch dessen Komponenten $\dot{\varepsilon}_{ik}$ ausdrücken lassen. Schreibt man (168, 25) auf diese Komponenten um, so erhält man als eine weitere Darstellung für

$$D = 2\eta \sum_i \sum_k \dot{\varepsilon}_{ik}^2 + \eta' (\dot{\varepsilon}_{xx} + \dot{\varepsilon}_{yy} + \dot{\varepsilon}_{zz})^2 \tag{168, 31}$$

$$= 2\eta \sum_j \sum_k \dot{\varepsilon}_{ik}^2 + \eta' \dot{\Theta}^2. \tag{168, 32}$$

In dieser Form wird die Energiedissipation D in der Literatur auch manchmal angegeben.

169. Eine Extremalaussage über die Energiedissipation

Unter den vielen von v. Helmholtz aufgestellten Sätzen über hydrodynamische Vorgänge findet sich auch eine Minimalaussage, die sich auf die im vorstehenden Kapitel behandelte Energiedissipation D bezieht. Dieses Theorem — das im Gegensatz zu den zahlreichen anderen Beiträgen von v. Helmholtz zur Hydrodynamik in der Lehrbuchliteratur kaum erwähnt wird — sagt aus, daß bei allen möglichen Strömungen einer Zähen Flüssigkeit die infolge der Viskosität unvermeidlich auftretende Energiedissipation D unter gewissen Voraussetzungen ein Minimum ist. Bei der Beweisführung dieses Satzes geht v. Helmholtz so vor, daß er zunächst diese Voraussetzungen macht und dann zeigt, daß „. . . der Verlust an lebendiger Kraft durch die Reibung ein Minimum wird . . .“.

Gegen die Begründung, die v. Helmholtz für seinen erwähnten Satz angibt, ist sicher nichts einzuwenden. Immerhin stört eines: Die Bedingungen, unter denen eine minimale Energiedissipation bei der Strömung einer Zähen Flüssigkeit eintritt, werden bei v. Helmholtz als *Voraussetzungen* gemacht.

Dieses ist jedoch nicht notwendig. Vielmehr lassen sich die verlangten Voraussetzungen als *Folgerung* aus einer Überlegung gewinnen, bei der man versucht, die Frage zu beantworten: Wie lauten die Bedingungen, die erfüllt sein müssen, damit die Energiedissipation D ein Minimum wird?

Die Beantwortung dieser Frage liefert in der Tat die von v. Helmholtz gemachten Voraussetzungen, im übrigen zeigt es sich in diesem Zusammenhang, daß die von v. Helmholtz ausdrücklich geforderte Inkompressibilität der Flüssigkeit keineswegs erforderlich ist, sondern daß sein Satz auch für kompressible Flüssigkeiten Gültigkeit besitzt, sofern jene barotrop sind.

Um die vorstehend angegebene Frage zu beantworten, schließen wir an den Ausdruck (168, 27) an, nach dem die Energiedissipation

$$\begin{aligned} D = 2\eta \Big\{ & \left(\frac{\partial v_x}{\partial x}\right)^2 + \left(\frac{\partial v_y}{\partial y}\right)^2 + \left(\frac{\partial v_z}{\partial z}\right)^2 + \frac{1}{2}\left(\frac{\partial v_x}{\partial y} + \frac{\partial v_y}{\partial x}\right)^2 \\ & + \frac{1}{2}\left(\frac{\partial v_y}{\partial z} + \frac{\partial v_z}{\partial y}\right)^2 + \frac{1}{2}\left(\frac{\partial v_z}{\partial x} + \frac{\partial v_x}{\partial z}\right)^2 \Big\} \\ & + \eta' \left(\frac{\partial v_x}{\partial x} + \frac{\partial v_y}{\partial y} + \frac{\partial v_z}{\partial z}\right)^2 \end{aligned} \tag{169, 1}$$

ist. Da D nur von den Ortsableitungen der Geschwindigkeitskomponenten $v_x, \ldots$ abhängt, schreiben wir für (169, 1) kurz

$$D = D\left(\frac{\partial v_x}{\partial x}, \ldots\right). \tag{169, 2}$$

Beachtet man, daß durch D die auf die Zeit- und Volumeneinheit bezogene entstandene Reibungswärme beschrieben wird, so ist die gesamte in dem von einer Zähen Flüssigkeit durchströmten Bereich $\mathfrak{B}$ entstehende Reibungswärme pro Zeiteinheit

$$Q = \iiint\limits_{\mathfrak{B}} D\left(\frac{\partial v_x}{\partial x}, \ldots\right) d\tau. \tag{169, 3}$$

Fragt man nun, unter welchen Bedingungen Q ein Minimum wird, so bedeutet dies das Aufsuchen jener Geschwindigkeitsfelder

$$\bar{\mathfrak{v}} = \bar{\mathfrak{v}}(\mathfrak{r}, t), \tag{169, 4}$$

für welches das Integral (169, 3) einen Extremwert annimmt. Es liegt also ein Variationsproblem vor, das unter Beachtung einer Nebenbedingung zu lösen ist: Man hat nämlich zu fordern, daß — gleichgültig, um welche Bewegung einer Flüssigkeit es sich auch handle — stets die Kontinuitätsgleichung

$$K = \frac{\partial \varrho}{\partial t} + \operatorname{div} \varrho \mathfrak{v} \tag{169, 5}$$

$$= \frac{\partial \varrho}{\partial t} + \varrho \operatorname{div} \mathfrak{v} + \mathfrak{v} \cdot \operatorname{grad} \varrho \tag{169, 6}$$

$$= \frac{\partial \varrho}{\partial t} + \varrho\left(\frac{\partial v_x}{\partial x} + \frac{\partial v_y}{\partial y} + \frac{\partial v_z}{\partial z}\right) + v_x \frac{\partial \varrho}{\partial x} + v_y \frac{\partial \varrho}{\partial y} + v_z \frac{\partial \varrho}{\partial z} = 0 \tag{169, 7}$$

erfüllt sein muß.

Es handelt sich also um die Lösung der Variationsaufgabe

$$\delta Q = 0 \tag{169, 8}$$

mit der Nebenbedingung

$$K = 0. \tag{169, 9}$$

Die hierzu gehörigen EULERschen Gleichungen lauten

$$\left\{-\frac{\partial F}{\partial v_x} + \frac{\partial}{\partial x}\frac{\partial F}{\partial\left(\frac{\partial v_x}{\partial x}\right)} + \frac{\partial}{\partial y}\frac{\partial F}{\partial\left(\frac{\partial v_x}{\partial y}\right)} + \frac{\partial}{\partial z}\frac{\partial F}{\partial\left(\frac{\partial v_x}{\partial z}\right)} + \frac{\partial}{\partial t}\frac{\partial F}{\partial\left(\frac{\partial v_x}{\partial t}\right)}\right\}_{v_x = \bar{v}_x} = 0 \tag{169, 10}$$

und zwei weitere Gleichungen, die sich aus (169, 10) ergeben, indem man v_x durch v_y bzw. v_z ersetzt. Hierin bedeutet

$$F\left(\frac{\partial v_x}{\partial x}, \ldots\right) = D\left(\frac{\partial v_x}{\partial x}, \ldots\right) + \mu K\left(\frac{\partial v_x}{\partial x}, \ldots\right) \tag{169, 11}$$

$$= D - 2\lambda K \tag{169, 12}$$

und

$$\mu = -2\lambda \tag{169, 13}$$

einen LAGRANGEschen Multiplikator.

Führt man die in (169, 10) angegebenen Differentiationen aus, so erhält man mit (169, 1) und (169, 7) als Gleichung für $\overline{v_x}$:

$$-\mu\frac{\partial\varrho}{\partial x}+\frac{\partial}{\partial x}\left\{\mu\varrho+4\eta\frac{\partial\overline{v_x}}{\partial x}+2\eta'\operatorname{div}\bar{\mathfrak{v}}\right\}$$
$$+2\eta\frac{\partial}{\partial y}\left(\frac{\partial\overline{v_x}}{\partial y}+\frac{\partial\overline{v_y}}{\partial x}\right)+2\eta\frac{\partial}{\partial z}\left(\frac{\partial\overline{v_x}}{\partial z}+\frac{\partial\overline{v_z}}{\partial x}\right)=0. \qquad (169, 14)$$

Führt man weiter die Differentiation im zweiten Glied der letzten Gleichung aus, so läßt sich diese durch geeignete Zusammenfassung in die Form

$$\varrho\frac{\partial\mu}{\partial x}+2\eta\Delta\overline{v_x}+2(\eta+\eta')\frac{\partial}{\partial x}\operatorname{div}\bar{\mathfrak{v}}=0 \qquad (169, 15)$$

bringen. Führt man hierin die kinematischen Zähigkeitskoeffizienten

$$\nu=\frac{\eta}{\varrho}\quad\text{bzw.}\quad\nu'=\frac{\eta'}{\varrho} \qquad (169, 16)$$

ein und beachtet (169, 13), so geht (169, 15) in

$$-\frac{\partial\lambda}{\partial x}+\nu\Delta\overline{v_x}+(\nu+\nu')\frac{\partial}{\partial x}\operatorname{div}\bar{\mathfrak{v}}=0 \qquad (169, 17)$$

über. Diese Gleichung läßt sich mit den beiden anderen, sich aus (169, 17) durch zyklische Vertauschung ergebenden Gleichungen, die für $\overline{v_y}$ und $\overline{v_z}$ gelten, unter Verwendung der Vektorschreibweise in

$$-\operatorname{grad}\lambda+\nu\Delta\bar{\mathfrak{v}}+(\nu+\nu')\operatorname{grad}\operatorname{div}\bar{\mathfrak{v}}=0 \qquad (169, 18)$$

zusammenfassen. Dies ist die zu dem vorstehend angegebenen Variationsproblem (169, 8/9) gehörige EULERsche Gleichung.

Um zu ermitteln, was sie besagt, vergleichen wir (169, 18) mit der NAVIER-STOKESschen Gleichung

$$\frac{\partial\mathfrak{v}}{\partial t}+(\mathfrak{v}\cdot\operatorname{grad})\,\mathfrak{v}=\mathfrak{P}-\frac{1}{\varrho}\operatorname{grad}p+\nu\Delta\mathfrak{v}+(\nu+\nu')\operatorname{grad}\operatorname{div}\mathfrak{v}. \qquad (169, 19)$$

Dieser Vergleich zeigt, daß (169, 18) mit (169, 19) dann übereinstimmt, wenn $\bar{\mathfrak{v}}$ folgende Bedingungen erfüllt:

1. Es muß gelten

$$\frac{\partial\bar{\mathfrak{v}}}{\partial t}=0, \qquad (169, 20)$$

d. h., die Strömung muß stationär sein.

2. Es muß

$$\bar{\mathfrak{v}}\cdot\operatorname{grad}\bar{\mathfrak{v}}=0 \qquad (169, 21)$$

sein. Durch diese Forderung wird verlangt, daß es sich um eine Flüssigkeitsbewegung handeln muß, bei der die „quadratischen Glieder“ in Strenge verschwinden.

Um Beispiele für die Bewegung einer Zähen Flüssigkeit anzugeben, für die die Bedingung (169, 21) exakt erfüllt ist, nennen wir die in Kap. 172 behandelte stationäre POISEUILLE-Strömung sowie die in Kap. 173 angegebenen Strömungen.

3. Als letzte Bedingung findet man, daß die Forderung

$$-\operatorname{grad}\lambda=\mathfrak{P}-\frac{1}{\varrho}\operatorname{grad}p \qquad (169, 22)$$

erfüllt sein muß. Diese Bedingung verlangt zunächst, daß eine ggf. wirkende äußere Massenkraft $\mathfrak{P}$ ein Potential W besitzen muß, d. h. daß

$$\mathfrak{P} = -\operatorname{grad} W \tag{169, 23}$$

ist. Außerdem muß sich auch der Ausdruck $1/\varrho$ grad p als Gradient einer skalaren Funktion darstellen lassen. Dies ist stets dann der Fall, wenn es sich um eine barotrope Flüssigkeit handelt.

Vergleicht man die gefundenen Bedingungen mit den von HELMHOLTZ verlangten Voraussetzungen, so stimmen diese mit den Bedingungen (169, 20) und (169, 23) überein. Dagegen verlangt HELMHOLTZ anstelle von (169, 21) nur

$$(\mathfrak{v} \cdot \operatorname{grad})\, \mathfrak{v} \approx 0 \tag{169, 24}$$

und anstelle der Barotropie der Flüssigkeit nur deren Inkompressibilität

$$\varrho = \varrho_0 (= \text{const}). \tag{169, 25}$$

Man kann daher — in Erweiterung des HELMHOLTZschen Satzes — sagen, daß die Eigenschaft der minimalen Energiedissipation bei Erfüllung der vorstehend genannten Bedingungen nicht nur inkompressiblen, sondern auch barotropen Flüssigkeiten zukommt. —

Wir erwähnen noch folgendes: Aus (169, 22) folgt für die kräftefreie Bewegung einer inkompressiblen Flüssigkeit

$$\lambda = p + \text{const.} \tag{169, 26}$$

Diese Gleichung sagt aus, daß der in der EULERschen Gleichung auftretende LAGRANGEsche Multiplikator λ, von irrelevanten Faktoren und Konstanten abgesehen, der Druck p ist. Zu dieser Aussage kann man auch durch eine andere Betrachtungsweise gelangen, wie sie etwa SOMMERFELD in [15] durchführt.

170. Bemerkungen über Turbulenz

Bei den vielfachen Versuchen mit dem Ziel, Gesetzmäßigkeiten über den Verlauf von Flüssigkeitsströmungen zu ermitteln, hat wohl HAGEN 1839 als erster erkannt, daß man zwischen zwei Arten von Flüssigkeitsbewegungen zu unterscheiden hat.

Die eine Strömungsart ist dadurch gekennzeichnet, daß sich alle Flüssigkeitsteilchen auf geordneten, nebeneinander verlaufenden Bahnen bewegen, die in „Schichten" liegen, welche sich nicht überschneiden. Eine solche Strömung nennt man eine *laminare Strömung*. Für den Fall, daß es sich um eine Laminarströmung z. B. durch ein zylindrisches Rohr handelt, ist diese Strömung dadurch charakterisiert, daß alle Teilchenbahnen parallel zur Rohrachse sind. Eine solche Strömung hat HAGEN untersucht (Kap. 172) und dabei festgestellt, daß durch den Einfluß äußerer Umstände, wie z. B. Erweiterung des Rohrquerschnittes, Änderung der Strömungsgeschwindigkeit, die ursprünglich geordnete Strömung plötzlich in eine ungeordnete und unregelmäßige Bewegung übergeht. Diese ungeordnete Bewegung bezeichnet man nach THOMSON (Lord KELVIN) und REYNOLDS als *turbulente* Flüssigkeitsbewegung.

Beispiele für laminare und turbulente Bewegungen von Flüssigkeiten sind aus dem täglichen Leben bekannt. Man denke etwa an einen Wasserhahn, der nur sehr geringfügig geöffnet ist: man beobachtet dann, daß aus dem Hahn ein zylindrischer geschlossener Wasserstrahl ausfließt, dessen Teilchen sich in zueinander parallelen Bahnen bewegen. Dies ist eine laminare Strömung, die ggf. an einer gewissen Stelle unterhalb der Ausflußöffnung zerreißt und in eine ungeordnete, d. h. eben in eine turbulente Bewegung übergeht. Man kann eine solche stets erzielen, indem man den Wasserhahn genügend weit öffnet.

Um noch ein Beispiel für die beiden genannten Bewegungsarten für eine kompressible Flüssigkeit anzugeben, denke man an den von einer brennenden Zigarette aufsteigenden Rauch: befindet sich die Zigarette in einem Raum, dessen Atmosphäre unbewegt ist, so besteht in einer gewissen Umgebung von der Brennstelle der Rauch aus zueinander parallelen „Stromfäden", die oberhalb eines bestimmten vom Brennzentrum gelegenen Punktes in eine Vielzahl von ungeordnet und wirr durcheinanderlaufende Fäden übergehen.

Obwohl sich HAGEN zwar bemühte, aus dem von ihm gesammelten Beobachtungsmaterial eine Gesetzmäßigkeit zu finden, die den Übergang von einer laminaren zu einer turbulenten Strömung festlegt, blieb er erfolglos. Dieses gelang erst 1883 REYNOLDS. Dieser folgerte aus Beobachtungen von Strömungen durch kreiszylindrische Rohre, daß der Umschlag einer laminaren Strömung in eine turbulente Bewegung dann eintritt, wenn eine bestimmte dimensionslose Größe Re einen „kritischen" Wert Re_k überschreitet. Für Re gab REYNOLDS die heute nach ihm bezeichnete Zahl

$$Re = \frac{\varrho v R}{\eta} \tag{170, 1}$$

an. Hierin bedeutet R eine Länge, z. B. bei kreiszylindrischen Rohren deren Durchmesser, v die (mittlere) Strömungsgeschwindigkeit, ϱ die Dichte und η den Zähigkeitskoeffizienten der Flüssigkeit. Mit Hilfe des Begriffes der REYNOLDS*schen Zahl* Re läßt sich also folgendes sagen: Ist

$$Re < Re_k, \tag{170, 2}$$

so verläuft die Strömung laminar. Überschreitet jedoch Re den Betrag der „kritischen" REYNOLDS-Zahl Re_k, d. h. ist

$$Re > Re_k, \tag{170, 3}$$

so hat man es mit einer turbulenten Flüssigkeitsbewegung zu tun.

Wir bemerken, daß Re_k keineswegs eine feste Zahl ist, sondern von vielen äußeren Umständen (so z. B. von der Temperatur) abhängt. So ist etwa für Wasser bei „Zimmertemperatur" die aufgrund von Messungen gefundene kritische REYNOLDS-Zahl

$$Re_k \sim 10^3. \tag{170, 4}$$

Aus dem bisher vorliegenden Erfahrungsmaterial hat man erkannt, daß es für die kritische REYNOLDS-Zahl eine untere Grenze gibt. Ob indessen Re_k auch nach oben begrenzt ist, kann heute noch nicht mit Sicherheit gesagt werden.

Eine Turbulenztheorie hat also insbesondere zu untersuchen:

1. Unter welchen Bedingungen tritt Turbulenz auf und wie entsteht sie? (sog. Grundproblem der Turbulenztheorie);

2. die Struktur einer turbulenten Bewegung, nachdem sie entstanden ist, zu beschreiben.

Es ist klar, daß die Behandlung der vorstehend angegebenen Probleme sehr schwierig ist. Dies ist bedingt durch die Unregelmäßigkeit der turbulenten Bewegungen, den schnellen Geschwindigkeitswechsel, durch die höchst verwickelten Bahnen der Flüssigkeitsteilchen u. a. m. Es wird daher nicht allzu sehr verwundern, daß es trotz erheblicher Bemühung (so von BURGERS, HEISENBERG, v. KÁRMÁN, PRANDTL u. a.) bisher noch nicht gelungen ist, eine Turbulenztheorie zu entwickeln, die die wichtigsten Fragen einigermaßen zufriedenstellend zu beantworten vermag.

Da es sich bei der Turbulenz um ein Teilgebiet der Hydrodynamik handelt, steht als Ausgangsgleichung die NAVIER-STOKESsche Gleichung zur Verfügung. Es entsteht die Frage, ob diese Gleichung zur Beschreibung der so extrem komplizierten

Verhältnisse, wie sie bei turbulenten Bewegungen vorliegen, überhaupt ausreichend ist. Heute scheint es, daß zur Bewältigung des Turbulenzproblems die NAVIER-STOKESsche Gleichung nicht ausreicht, sondern auch Methoden der Statistischen Physik verwendet werden müssen.

171. Bemerkungen zur Ähnlichkeitsmechanik

Man bezeichnet zwei Körper K und K' als *geometrisch ähnlich*, wenn man je zwei beliebigen Punkten P_1 und P_2 von K zwei andere Punkte P_1' und P_2' des Körpers K' in solcher Weise zuordnen kann, daß zwei von P_1 und P_2 gemessene Entfernungen l_1 und l_2 nach einem dritten Punkt P_3 von K im selben Verhältnis stehen wie die Entfernungen l_1' und l_2' eines korrespondierenden Punktes P_3' von K' in bezug auf P_1' und P_2'. Formelmäßig läßt sich die geometrische Ähnlichkeit zweier Körper daher durch

$$\frac{l_2}{l_1} = \frac{l_2'}{l_1'} = l_0 \tag{171, 1}$$

ausdrücken. Hierin ist l_0 eine dimensionslose Größe, die als *Kennzahl* oder *Ähnlichkeitsmaßzahl* bezeichnet wird.

Analog zum Begriff der geometrischen Ähnlichkeit läßt sich auch die Ähnlichkeit zweier physikalischer Vorgänge definieren. Die *physikalische Ähnlichkeit* wird dadurch erklärt, daß in zwei geometrisch ähnlichen Systemen in geometrisch ähnlichen Punkten P und P' zu zueinander korrespondierenden Zeiten t und t' die Beträge einer physikalischen Größe $\mathfrak{G}$ (z. B. eine Geschwindigkeit, ein Temperaturgradient) das gleiche Verhalten aufweisen, wie es durch (171, 1) ausgedrückt wird, d. h. daß

$$\frac{|\mathfrak{G}_2|}{|\mathfrak{G}_1|} = \frac{G_2}{G_1} = \frac{G_2'}{G_1'} = |\mathfrak{G}_0| \tag{171, 2}$$

ist.

Der Begriff der physikalischen Ähnlichkeit erlaubt es, Naturvorgänge, die „im Großen" verlaufen, im Labor „im Kleinen" durch Modellversuche abzubilden. Wird der Modellversuch dem tatsächlichen Naturvorgang ähnlich durchgeführt, so kann man aus den Ergebnissen des Modellversuches auf den Ablauf eines Naturvorganges „im Großen" schließen.

Das Verfahren der Modellversuche wird schon seit langem gehandhabt. Am bekanntesten sind wohl die Modellversuche in Windkanälen, die zur Erforschung von Strömungsverhältnissen um Hindernisse (Flugzeuge, Schiffe) seit etwa einem halben Jahrhundert durchgeführt werden (PRANDTL). Inzwischen hat man die Methode der Modellversuche auch in vielen anderen Teilgebieten der Physik angewandt, so etwa zur Untersuchung des Ablaufs von elastomechanischen, thermodynamischen, spannungsoptischen Vorgängen.

Wir wollen uns hier, um die Grundidee der *Ähnlichkeitsmechanik* zu skizzieren, auf ein Beispiel aus der Hydrodynamik Zäher Flüssigkeiten beschränken. Bemerkt sei, was wohl nicht uninteressant ist, daß auf die Überlegungsweise, wie sie nachstehend angedeutet wird, erstmalig v. HELMHOLTZ aufmerksam gemacht hat.

Wir gehen von der NAVIER-STOKESschen Gleichung für eine inkompressible Flüssigkeit aus. Diese möge sich — was der Einfachheit halber angenommen werde — kräftefrei bewegen. Dann lautet die x-Komponente

$$\varrho\left\{\frac{\partial v_x}{\partial t} + (\mathfrak{v}\cdot\operatorname{grad})\, v_x\right\} = -\frac{\partial p}{\partial x} + \eta \Delta v_x. \tag{171, 3}$$

Wir wollen die bisher verwendete Schreibweise, lediglich um Doppelindizierungen zu vermeiden, etwas ändern und schreiben in Anlehnung an eine früher ausnahmslos (und z. T. noch heute) verwendete Nomenklatur statt

$$\mathfrak{v} = \{v_x, v_y, v_z\} \rightarrow \mathfrak{v} = \{u, v, w\}. \tag{171, 4}$$

Dann lautet (171, 3) ausführlich geschrieben

$$\varrho\left(\frac{\partial u}{\partial t} + u\frac{\partial u}{\partial x} + v\frac{\partial u}{\partial y} + w\frac{\partial u}{\partial z}\right) = -\frac{\partial p}{\partial x} + \eta\Delta u. \tag{171, 5}$$

Es sei nun

$$u_1 = u_1(\mathfrak{r}, t), \quad v_1 = v_1(\mathfrak{r}, t), \ldots, \quad p_1 = p_1(\mathfrak{r}, t) \tag{171, 6}$$

eine Lösung der vorstehenden Gleichung für die Strömung einer Flüssigkeit mit der Dichte ϱ_1 und dem Zähigkeitskoeffizienten η_1. Wir betrachten den Strömungszustand zu einer beliebigen Zeit t_1 in einem beliebigen Raumpunkt $\mathfrak{r}_1 = \{x_1, y_1, z_1\}$. Setzt man die vorstehenden mit 1 indizierten Größen in (171, 3) ein, so wird aus dieser Gleichung eine Identität.

Wir betrachten nun ein zweites System, das sich durch eine gleichmäßige Änderung des Maßstabes für die räumlichen Dimensionen und die Zeit t aus dem anfänglich betrachteten System ergibt. Dann entspricht jedem Raumpunkt im ursprünglichen System mit dem Ortsvektor $\mathfrak{r}_1 = \{x_1, y_1, z_1\}$ zur Zeit t_1 ein anderer Punkt mit dem Ortsvektor $\mathfrak{r}_2 = \{x_2, y_2, z_2\}$ zu einer Zeit t_2 im zweiten System.

Setzt man

$$x_2 = l_0 x_1, \quad y_2 = l_0 y_1, \quad z_2 = l_0 z_1 \tag{171, 7}$$

oder, wenn allgemein l_2 und l_1 zwei einander entsprechende („korrespondierende") lineare Abmessungen sind,

$$l_2 = l_0 l_1, \tag{171, 8}$$

so ist

$$l_0 = \frac{l_2}{l_1} \tag{171, 9}$$

die Kennzahl für die Länge in einer Dimension. Entsprechend ist, wenn man

$$t_2 = t_0 t_1 \tag{171, 10}$$

setzt, t_0 die Kennzahl für die Zeit t.

Wir fragen nun nach der Geschwindigkeit $\mathfrak{v}_2 = \{u_2, v_2, w_2\}$ und dem Druck p_2, die zu einer Zeit t_2 in dem Punkte $P_2(x_2, y_2, z_2)$ in einer anderen Flüssigkeit mit der Dichte ϱ_2 und dem Zähigkeitskoeffizienten η_2 herrschen. Es sei

$$\varrho_2 = \varrho_0 \varrho_1, \tag{171, 11}$$

$$\eta_2 = \eta_0 \eta_1, \tag{171, 12}$$

wobei ϱ_0 bzw. η_0 die Kennzahlen für die Dichte bzw. den Reibungskoeffizienten sind. Wir sehen die Dichten und die Viskositätskoeffizienten der beiden Flüssigkeiten als bekannt an, so daß auch die Kennzahlen ϱ_0 und η_0 bekannte Größen sind.

Wir setzen nun

$$u_2 = c_0 u_1 \tag{171, 13}$$

$$v_2 = c_0 v_1 \tag{171, 14}$$

$$w_2 = c_0 w_1 \tag{171, 15}$$

$$p_2 = p_0 p_1 \tag{171, 16}$$

mit den unbekannten Kennzahlen c_0 bzw. p_0 für die Geschwindigkeitskomponenten bzw. für den Druck und stellen die Frage, wie groß c_0 und p_0 sein müssen, damit die Ausdrücke (171, 11—16) die Gleichung (171, 5) für eine Zeit t_2 und einen Punkt $P(x_2, y_2, z_2)$ erfüllen. Anders ausgedrückt: wir verlangen, daß

$$\mathfrak{v}_2 = \mathfrak{v}(\mathfrak{r}_2, t_2) = \{u_2(x_2, y_2, z_2, t_2), \ldots\} \tag{171, 17}$$

$$p_2 = p(\mathfrak{r}_2, t_2) = p(x_2, y_2, z_2, t_2) \tag{171, 18}$$

eine „Lösung“ von (171, 5) ist. Dann muß einerseits gelten:

$$\varrho_2\left(\frac{\partial u_2}{\partial t_2} + u_2\frac{\partial u_2}{\partial x_2} + v_2\frac{\partial u_2}{\partial y_2} + w_2\frac{\partial u_2}{\partial z_2}\right) = -\frac{\partial p_2}{\partial x_2} + \eta_2 \Delta u_2. \tag{171, 19}$$

Setzt man hierin (171, 11—16) ein, so erhält man

$$\varrho_0\varrho_1\left\{\frac{c_0}{t_0}\frac{\partial u_1}{\partial t_1} + \frac{c_0^2}{l_0}\left(u_1\frac{\partial u_1}{\partial x_1} + v_1\frac{\partial u_1}{\partial y_1} + w_1\frac{\partial u_1}{\partial z_1}\right)\right\}$$
$$= -\frac{p_0}{l_0}\frac{\partial p_1}{\partial x_1} + \frac{\eta_0 c_0}{l_0^2}\eta_1 \Delta u_1. \tag{171, 20}$$

Andererseits sollen die mit dem Index 1 versehenen Größen $u_1, \ldots$ nach Voraussetzung ebenfalls eine Lösung von (171, 5) sein, d. h. es muß neben (171, 20) auch noch

$$\varrho_1\left(\frac{\partial u_1}{\partial t_1} + u_1\frac{\partial u_1}{\partial x_1} + v_1\frac{\partial u_1}{\partial y_1} + w_1\frac{\partial u_1}{\partial z_1}\right) = -\frac{\partial p_1}{\partial x_1} + \eta_1 \Delta u_1 \tag{171, 21}$$

erfüllt sein. Diese Gleichung stimmt mit (171, 20) sicher dann überein, wenn

$$\frac{\varrho_0 c_0}{t_0} = \frac{\varrho_0 c_0^2}{l_0} = \frac{p_0}{l_0} = \frac{\eta_0 c_0}{l_0^2} = 1 \tag{171, 22}$$

ist. Hieraus ergibt sich für die beiden unbekannten Kennzahlen

$$c_0 = \frac{\eta_0}{\varrho_0 l_0}, \tag{171, 23}$$

$$p_0 = \frac{\eta_0 c_0}{l_0} = \frac{\eta_0^2}{\varrho_0 l_0^2}. \tag{171, 24}$$

Mit diesen Werten erhält man aus (171, 22) für die Kennzahl

$$t_0 = \frac{\varrho_0 l_0^2}{\eta_0}. \tag{171, 25}$$

Aufgrund der letzten drei gefundenen Ausdrücke bestehen daher folgende Proportionalitäten zwischen korrespondierenden

Geschwindigkeitskomponenten

$$u_1 : u_2 = \frac{\eta_1}{\varrho_1 l_1} : \frac{\eta_2}{\varrho_2 l_2}, \tag{171, 26}$$

Drücken

$$p_1 : p_2 = \frac{\eta_1^2}{\varrho_1 l_1^2} : \frac{\eta_2^2}{\varrho_2 l_2^2}, \tag{171, 27}$$

Zeiten

$$t_1 : t_2 = \frac{\varrho_1 l_1^2}{\eta_1} : \frac{\varrho_2 l_2^2}{\eta_2}. \tag{171, 28}$$

Aus diesen Gleichungen lassen sich die für die Flüssigkeit 2 geltenden Werte $u_2, \ldots$ bestimmen, wenn die entsprechenden Werte $u_1, \ldots$ für die Flüssigkeit 1 bekannt sind.

Der Begriff der Kennzahl spielt in der Ähnlichkeitsmechanik eine wesentliche Rolle. Eine insbesondere für die Hydrodynamik wichtige Kenngröße ist die Reynoldssche Zahl *Re*, die wir bereits im vorstehenden Kapitel kennengelernt haben. Ohne auf weitere Einzelheiten zur Ähnlichkeitsmechanik einzugehen, bemerken wir hier lediglich, daß es oft große technische Schwierigkeiten bereitet, einen Modellversuch maßstabgerecht („vollkommene Ähnlichkeit") durchzuführen. In solchen Fällen muß man sich mit einer „angenäherten Ähnlichkeit" begnügen.

XII. Anwendungen und Beispiele

172. Das Hagen-Poiseuillesche Gesetz

Als ein Beispiel für die Anwendung der Navier-Stokesschen Gleichung (167, 14) leiten wir aus ihr die als Hagen-Poiseuillesches Gesetz bezeichnete Aussage her, welche fast gleichzeitig, aber voneinander unabhängig, von Hagen (1839) und Poiseuille (1841) auf experimentellem Wege ermittelt wurde.

Diese beiden Forscher untersuchten das Verhalten von Flüssigkeitsströmungen durch zylindrische Rohre und gelangten dabei u. a. zu folgendem Ergebnis: Die in der Zeiteinheit durch den Querschnitt eines kreisförmigen Rohres hindurchströmende Flüssigkeitsmenge Q ist bei stationärer Strömung der 4. Potenz des Rohrradius R und der zwischen Anfang und Ende des Rohrs herrschenden Druckdifferenz Δp direkt, dagegen der Rohrlänge l und dem Zähigkeitskoeffizienten η der strömenden Flüssigkeit umgekehrt proportional, also formelmäßig ausgedrückt:

$$Q \sim \frac{R^4 \Delta p}{\eta l}. \tag{172, 1}$$

Diese Formel besitzt allerdings nur dann Gültigkeit, wenn — was schon Hagen bekannt war — die Flüssigkeit das Rohr *laminar* durchströmt (Kap. 170). Wir setzen dieses voraus und wollen nun zeigen, wie sich (172, 1) aus der Navier-Stokesschen Gleichung finden läßt.

Wir setzen hierbei voraus — wie es bei den von Hagen und Poiseuille ausgeführten Versuchen auch realisiert war — daß es sich um eine stationäre Strömung einer inkompressiblen Flüssigkeit handele. Dann ist

$$\frac{\partial \mathfrak{v}}{\partial t} = 0 \tag{172, 2}$$

$$\operatorname{div} \mathfrak{v} = 0. \tag{172, 3}$$

Nimmt man noch weiterhin an, daß das durchströmte Rohr horizontal gelagert und der Radius R des Rohres genügend klein ist (Kapillarrohr), so handelt es sich um eine kräftefreie Bewegung, weil sie (in guter Näherung) in einer Äquipotentialebene verläuft. Für diesen Fall wird

$$\mathfrak{P} = 0. \tag{172, 4}$$

Mit den letzten drei Ausdrücken reduziert sich die Navier-Stokessche Gleichung (167, 14) auf

$$(\mathfrak{v} \cdot \operatorname{grad}) \mathfrak{v} = -\frac{1}{\varrho} \operatorname{grad} p + \eta \Delta \mathfrak{v}. \tag{172, 5}$$

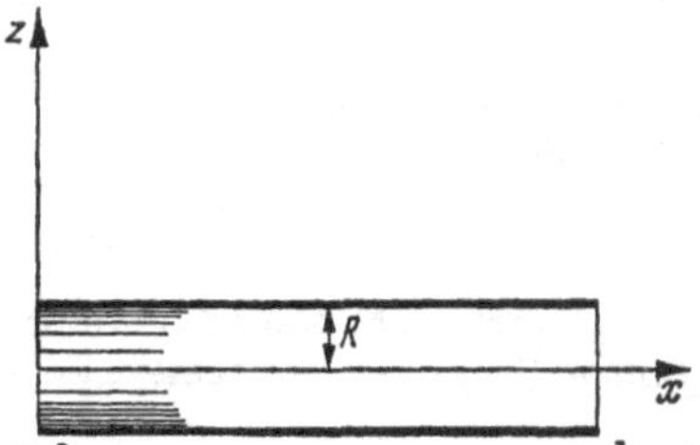

Abb. 172, 1: Zum Hagen-Poiseulleschen Gesetz

Wir legen nun ein cartesisches Koordinatensystem so, daß seine x-Achse mit der Rohrachse zusammenfällt, Abb. 172, 1. Dann sind die Komponenten der Geschwindigkeit

$$\mathfrak{v} = \{v_x = v, v_y = 0, v_z = 0\}. \tag{172, 6}$$

Damit nimmt die Inkompressibilitätsbedingung (172, 3) die einfache Form

$$\frac{\partial v_x}{\partial x} = \frac{\partial v}{\partial x} = 0 \tag{172, 7}$$

an. Diese Gleichung sagt aus, daß v nur von y und z abhängig ist, so daß

$$\mathfrak{v} = \{v_x = v(y, z), v_y = 0, v_z = 0\} \tag{172, 8}$$

wird. Damit erhält man unter Beachtung der Bedeutung des Operators

$$(\mathfrak{v} \bullet \text{grad}) = v_x \frac{\partial}{\partial x} + v_y \frac{\partial}{\partial y} + v_z \frac{\partial}{\partial z} \tag{172, 9}$$

für die in dem hier betrachteten Fall gültige Bewegungsgleichung (172, 5) die Komponentendarstellung

$$0 = -\frac{1}{\varrho} \frac{\partial p}{\partial x} + \eta \left(\frac{\partial^2 v}{\partial y^2} + \frac{\partial^2 v}{\partial z^2}\right) \tag{172, 10}$$

$$0 = -\frac{1}{\varrho} \frac{\partial p}{\partial y} \tag{172, 11}$$

$$0 = -\frac{1}{\varrho} \frac{\partial p}{\partial z}\,. \tag{172, 12}$$

Wir bemerken ausdrücklich, daß bei dem hier behandelten Beispiel das in der NAVIER-STOKESschen Gleichung auftretende nichtlineare Glied aufgrund der Voraussetzungen in Strenge verschwindet und nicht — so wie etwa bei der Herleitung der Differentialgleichungen für das Schallfeld, Kap. 162, — in „erster Näherung" vernachlässigt wird. Es stellen daher die sich aus (172, 10—12) ergebenden Ausdrücke eine *exakte* Lösung der NAVIER-STOKESschen Gleichung dar.

Aus (172, 11/12) folgt, daß der Druck

$$p = p(x) \tag{172, 13}$$

allein von x abhängt, d. h., daß p in einem Querschnitt senkrecht zur Rohrachse konstant ist.

Geht man mit $p(x)$ und $v(y, z)$ in (172, 10) ein, so wird daraus

$$\frac{dp(x)}{dx} = \eta \left[\frac{\partial^2 v(y, z)}{\partial y^2} + \frac{\partial^2 v(y, z)}{\partial z^2}\right]. \tag{172, 14}$$

Diese Gleichung zerfällt wegen der verschiedenen Abhängigkeiten der beiden Seiten nach einer bekannten Schlußweise in die zwei Gleichungen

$$\frac{dp(x)}{dx} = a \tag{172, 15}$$

$$\eta \left[\frac{\partial^2 v(y, z)}{\partial y^2} + \frac{\partial^2 v(y, z)}{\partial z^2}\right] = a\,, \tag{172, 16}$$

wobei a eine Separationskonstante ist.

Aus (172, 15) folgt durch Integration

$$p(x) = ax + b. \tag{172, 17}$$

Die beiden Konstanten a und b können bestimmt werden, wenn an zwei Stellen des Rohres, etwa an seinem Anfang ($x = 0$) und an seinem Ende ($x = l$), der dort herrschende Druck

$$p(0) = p_0,\ p(l) = p_l \tag{172, 18}$$

bekannt ist. Mit diesen Werten erhält man aus (172, 17) für

$$b = p_0 \tag{172, 19}$$

$$a = \frac{p_l - p_0}{l} = -\frac{\Delta p}{l}. \tag{172, 20}$$

Die letzte Gleichung besagt, daß die Separationskonstante a physikalisch das Druckgefälle längs der Röhre bedeutet.

Um auch die Integration von (172, 16) durchzuführen, ist es zweckmäßig, ebene Polarkoordinaten r und φ einzuführen. Sie sind mit den cartesischen Koordinaten y und z durch die Beziehungen

$$y = r\cos\varphi, \qquad z = r\sin\varphi \tag{172, 21}$$

verknüpft. Wegen der vorausgesetzten Kreisform des Rohrquerschnittes kann jedoch v nicht von φ abhängen, sondern ist allein Funktion von

$$r = \sqrt{y^2 + z^2}. \tag{172, 22}$$

Es ist daher

$$v(y, z) = v\left(\sqrt{y^2 + z^2}\right) = v(r). \tag{172, 23}$$

Damit wird nach (5, 142):

$$\frac{\partial^2 v}{\partial y^2} + \frac{\partial^2 v}{\partial z^2} = \frac{d^2 v}{dr^2} + \frac{1}{r}\frac{dv}{dr} \tag{172, 24}$$

$$= \frac{1}{r}\frac{d}{dr}\left(r\frac{dv}{dr}\right). \tag{172, 25}$$

Trägt man dies in (172, 16) ein, so geht diese Gleichung in

$$\frac{d}{dr}\left(r\frac{dv}{dr}\right) = \frac{a}{\eta}r \tag{172, 26}$$

über. Hieraus erhält man durch eine erste Integration

$$r\frac{dv}{dr} = \frac{a}{2\eta}r^2 + c_1 \tag{172, 27}$$

und durch abermalige Integration

$$v(r) = \frac{a}{4\eta}r^2 + c_1 \ln r + c_2 \tag{172, 28}$$

mit den beiden Integrationskonstanten c_1 und c_2.

Um diese zu bestimmen, haben wir zunächst zu beachten, daß die gefundene Lösung (172, 28) für jeden Wert von r, also auch für $r = 0$, regulär sein muß. Geht man mit diesem Wert von r in (172, 28) ein, so sieht man sofort, daß

$$c_1 = 0 \tag{172, 29}$$

sein muß, da andernfalls die Geschwindigkeit v in der Rohrachse wegen des Auftretens des logarithmischen Gliedes unendlich groß würde.

Zur Bestimmung der Konstanten c_2 haben wir die Randbedingung für Zähe Flüssigkeiten zur Verfügung. Nach dieser muß die Flüssigkeit an der Rohrwand ($r = R$) haften, d. h. ihre Geschwindigkeit verschwindet dort:

$$v(R) = 0. \tag{172, 30}$$

Mit dieser Forderung erhält man aus (172, 28):

$$v(R) = \frac{a}{4\eta}R^2 + c_2 = 0, \tag{172, 31}$$

also

$$c_2 = -\frac{a}{4\eta}R^2. \tag{172, 32}$$

Mit diesen gefundenen Werten für c_1 und c_2 wird aus (172, 28):

$$v(r) = -\frac{a}{4\eta}(R^2 - r^2). \tag{172, 33}$$

Die Aussage dieser Gleichung wird meistens schlagwortartig als *parabolisches Geschwindigkeitsprofil* bezeichnet. Betrachtet man nämlich zu einem bestimmten Zeitpunkt t_1 alle sich in einem Rohrquerschnitt befindenden Flüssigkeitsteilchen, so findet man sie zu einer späteren Zeit $t_2 > t_1$ auf dem durch (172, 33) beschriebenen Rotationsparaboloid, Abb. 172, 2.

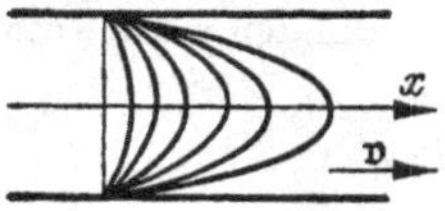

Abb. 172, 2:
Parabolisches Geschwindigkeitsprofil

Mit Kenntnis der Geschwindigkeitsverteilung $v(r)$ läßt sich nun auch die auf die Zeiteinheit bezogene Ausflußmenge Q der Flüssigkeit durch den Rohrquerschnitt F berechnen.

Man erhält die zur Bestimmung von Q erforderliche Formel, indem man beachtet, daß während der Zeiteinheit nur jene Flüssigkeitsteilchen durch F strömen können, deren Abstand von F höchstens gleich dem Betrag der Geschwindigkeit $|\mathfrak{v}| = v$ ist, (denn p. def. gibt diese Größe den pro Zeiteinheit zurückgelegten Weg eines sich translatorisch bewegenden Objektes an). Wir veranschaulichen dies in Abb. 172, 3a für den einfachsten Fall: dieser liegt vor, wenn die

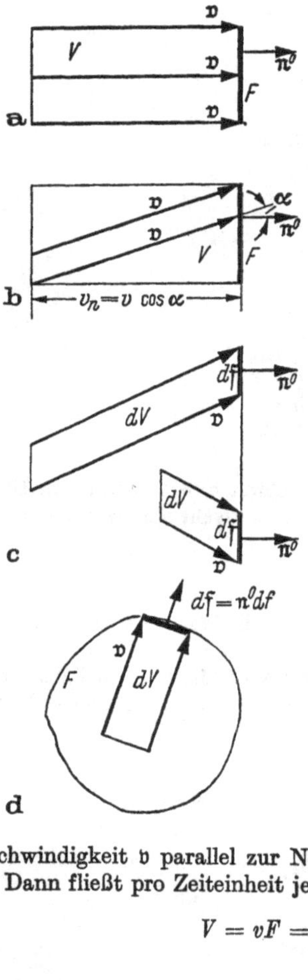

Abb. 172, 3:
Zur Berechnung der Ausflußmenge Q

Strömungsgeschwindigkeit $\mathfrak{v}$ parallel zur Normalen $\mathfrak{n}^0$ der Fläche F gerichtet und der Betrag $v = \text{const}$ ist. Dann fließt pro Zeiteinheit jene Flüssigkeitsmenge durch F, die in dem Volumen

$$V = vF = |\mathfrak{v}|\,F = (\mathfrak{v} \cdot \mathfrak{n}^0)\,F \tag{172, 34}$$

enthalten ist.

Hat dagegen $\mathfrak{v}$ nicht die gleiche Richtung wie $\mathfrak{n}^0$, sondern schließen diese beiden Vektoren den Winkel α ein, Abb. 172, 3b, so strömt — wenn weiterhin $v = \text{const}$ vorausgesetzt wird — pro Zeiteinheit durch F jene Flüssigkeitsmenge, die sich in dem Volumen

$$V = v_n F = |\mathfrak{v}| F \cos\alpha \tag{172, 35}$$

$$= (\mathfrak{v} \cdot \mathfrak{n}^0) F \tag{172, 36}$$

befindet.

Die vorstehenden Formeln lassen sich auf den i. allg. vorliegenden Fall übertragen, daß sowohl der Betrag $v = |\mathfrak{v}|$ als auch die Richtung von $\mathfrak{v}$ örtlich variabel sind, Abb. 172, 3c. Dann hat man zunächst anstelle der Fläche F eines ihrer Flächenelemente df zu betrachten. Durch dieses tritt — wiederum auf die Zeiteinheit bezogen — die Flüssigkeitsmenge, die in dem Volumenelement

$$dV = [\mathfrak{v}(\mathfrak{r}) \cdot \mathfrak{n}^0]\, df = \mathfrak{v}(\mathfrak{r}) \cdot d\mathfrak{f} \tag{172, 37}$$

enthalten ist.

Die gesamte pro Zeiteinheit durch F strömende Flüssigkeitsmenge ist daher jene, die das Volumen

$$V = \iint\limits_F \mathfrak{v}(\mathfrak{r}) \cdot d\mathfrak{f} \tag{172, 38}$$

ausfüllt.

Bei den vorstehenden Betrachtungen, die zur Bestimmung einer Formel für die Durchflußmenge Q bei einer Hagen-Poisseuille-Strömung angestellt wurden, bedeutete F jeweils einen Rohrquerschnitt, d. h. eine ebene und nicht geschlossene „durchströmte" Fläche. Wir bemerken aber, insbesondere auf spätere Anwendungen (so z. B. in der Theorie der Elektrizität, in der Kinetischen Gastheorie, in der Theorie der Wärmeleitung und anderen Teilgebieten der Physik), daß eine (172, 38) entsprechende Formel auch dann gilt, wenn die „durchströmte" Fläche F gekrümmt und geschlossen ist, wie es in Abb. 172, 3d dargestellt ist. Überträgt man die vorstehenden Überlegungen auf die in dieser Abbildung dargestellten Verhältnisse, so erhält man unschwer für das Durchflußvolumen

$$V = \oint\!\!\oint \mathfrak{v}(\mathfrak{r}) \cdot \mathfrak{n}^0(\mathfrak{r})\, df \tag{172, 39}$$

$$= \oint\!\!\oint \mathfrak{v}(\mathfrak{r}) \cdot d\mathfrak{f}(\mathfrak{r}). \tag{172, 40}$$

Ein Ausdruck von solcher Form wird als das über die geschlossene Fläche F zu erstreckende *Hüllenintegral* bezeichnet.

Nach der Erklärung dieses späterhin noch vielfach benötigten Begriffes kehren wir zu der Beantwortung der Frage nach der Durchflußmenge Q bei der Hagen-Poisseuilleschen Strömung zurück. Man erhält sie gemäß den vorstehenden Darlegungen mit Verwendung von (172, 38). Diese Gleichung liefert für die pro Zeiteinheit durch den Querschnitt F hindurchtretende Flüssigkeitsmenge den *Massenfluß*

$$Q = \iint\limits_F \varrho \mathfrak{v}(\mathfrak{r}) \cdot d\mathfrak{f}. \tag{172, 41}$$

Hierbei bedeutet ϱ die Dichte der strömenden Flüssigkeit. Da es sich bei den Hagen-Poisseuilleschen Strömungen um solche von inkompressiblen Flüssigkeiten („Wasser") handelt, ist deren Dichte $\varrho = \text{const}$. Man unterdrückt daher i. allg. den konstanten Faktor ϱ, womit man sich auf die Betrachtung des den Rohrquerschnitt F durchsetzenden Flüssigkeits*volumens* V beschränkt. Dieses ist, weil in dem hier betrachteten Fall

$$\mathfrak{v} \parallel d\mathfrak{f} \tag{172, 42}$$

durch (172, 38) gegeben. Setzt man in diesem Ausdruck die parabolische Geschwindigkeitsverteilung (172, 33) ein, so hat man

$$V = -\frac{a}{4\eta} \iint\limits_F (R^2 - r^2)\, df. \tag{172, 43}$$

Nun darf wegen der Kreissymmetrie ein Flächenelement df des Querschnittes F der Kapillare als ein infinitesimal kleiner Kreisring mit den Radien r und $r + dr$ gewählt werden, so daß für

$$df = 2\pi r dr \tag{172, 44}$$

zu setzen ist. Geht man damit in (172, 43) ein, so wird daraus

$$V = \iint_F v df = -\frac{2\pi a}{4\eta} \int_0^R (R^2 - r^2)\, r dr \tag{172, 45}$$

$$= -\frac{\pi a}{2\eta}\left(\frac{R^4}{2} - \frac{R^4}{4}\right) = -\frac{\pi a}{8\eta} R^4. \tag{172, 46}$$

Setzt man hierin schließlich (172, 20) ein, so erhält man

$$V = \frac{\pi R^4 \Delta p}{8\eta l}. \tag{172, 47}$$

Dies ist das eingangs genannte Hagen-Poiseuille*sche Gesetz.* Mit Verwendung dieser Gleichung läßt sich durch Messungen von Ausflußvolumina der Zähigkeitskoeffizient η einer Flüssigkeit experimentell bestimmen.

Mit Hilfe der „Ausflußformel" (172, 47) läßt sich auch unschwer die über den Rohrquerschnitt F gemittelte Ausflußgeschwindigkeit $\bar{v}$ angeben. Sie ist durch den Ausdruck

$$V = \bar{v}\, \pi\, R^2 \tag{172, 48}$$

definiert. Setzt man hier (172, 47) ein, so erhält man für

$$\bar{v} = \frac{V}{\pi R^2} = \frac{R^2 \Delta p}{8\eta l}. \tag{172, 49}$$

Hieraus folgt für den Druckabfall

$$\Delta p = 8\eta l \frac{\bar{v}}{R^2}, \tag{172, 50}$$

der sich demnach als direkt proportional zu $\bar{v}$ und umgekehrt proportional zu R^2 erweist.

173. Andere strenge Lösungen der Navier-Stokesschen Gleichung

Wir hatten im vorigen Kapitel ausdrücklich darauf hingewiesen, daß bei der Behandlung der Hagen-Poiseuilleschen Strömung unter den angegebenen Voraussetzungen (laminare, stationäre und kräftefreie Bewegung einer inkompressiblen Flüssigkeit) das in der Navier-Stokesschen Gleichung auftretende nichtlineare Glied $(\mathfrak{v} \cdot \text{grad})\, \mathfrak{v}$ e x a k t verschwindet. Es handelt sich also bei den im vorstehenden Kapitel angegebenen Endgleichungen, so z. B. bei der „Ausflußformel" (172, 47), um eine s t r e n g e Lösung der Navier-Stokesschen Gleichung. Dies ist bemerkenswert, weil sich i. allg. nichtlineare Differentialgleichungen nur näherungsweise integrieren lassen. Es ist nun weiterhin bemerkenswert, daß sich die Navier-Stokessche Gleichung außer für den Fall der Hagen-Poiseuilleschen Strömung auch noch für einige andere Bewegungen Zäher Flüssigkeiten exakt lösen läßt.

Wir wollen auf diese Fälle hier nicht im einzelnen eingehen, weil der Weg, der zu beschreiten ist, um die Lösung zu gewinnen, im wesentlichen dem gleicht, der im vorstehenden Kapitel angegeben wurde. Es soll jedoch nicht unterlassen werden, auf diese streng lösbaren Fälle hinzuweisen.

Fall 1: Eine inkompressible Flüssigkeit bewege sich kräftefrei und stationär so zwischen zwei parallelen ebenen festen Wänden, daß die Bewegung als eindimensional angesehen werden kann. In diesem Fall erhält man (durch eine gänzlich analoge Überlegung, wie sie in Kap. 172 durchgeführt wurde) für die Geschwindigkeit $\mathfrak{v} = \{v_x = v, 0, 0\}$ wiederum eine parabolische Verteilung, die durch die Formel

$$v = \frac{\Delta p}{2\eta}(h^2 - z^2) \tag{173, 1}$$

beschrieben wird. Hierbei ist h der Abstand der Platten und

$$\Delta p = \frac{p_0 - p_l}{l} \tag{173, 2}$$

das Druckgefälle zwischen zwei Punkten P_0 und P_1 und l ihr Abstand, parallel zur x-Achse gemessen.

Fall 2: Ebenfalls streng lösbar ist die Aufgabe, die Geschwindigkeit einer Zähen Flüssigkeit zu ermitteln, die sich zwischen zwei parallelen Wänden anfänglich in Ruhe befindet. Eine der beiden Wände befinde sich ebenfalls in Ruhe, während die andere Fläche mit der konstanten Geschwindigkeit $\mathfrak{u} = \{u_x = u_0, u_y = 0, u_z = 0\}$ parallel zu sich selbst bewegt. In diesem Fall wird die Flüssigkeit wegen der Bewegung der einen Wand aufgrund der Haftbedingung mitgeführt. Man erhält dann für die Geschwindigkeit v, mit der sich eine „Flüssigkeitsschicht", die von der ruhenden Wand ($z = 0$) den Abstand z hat,

$$v = \frac{u_0 z}{h}, \qquad (173,3)$$

wobei h den Abstand der beiden Flächen bedeutet. Durch (173, 3) wird nunmehr ein *lineares* Geschwindigkeitsgesetz beschrieben.

Fall 3: Wenn die Flüssigkeit zwischen der ruhenden und der sich bewegenden Wand nicht in Ruhe ist, sondern sich stationär bewegt, so bildet sich eine Strömung aus, deren Geschwindigkeitsprofil sich durch Superposition aus dem parabolischen Gesetz (173, 1) und der linearen Geschwindigkeitsverteilung (173, 3) ergibt.

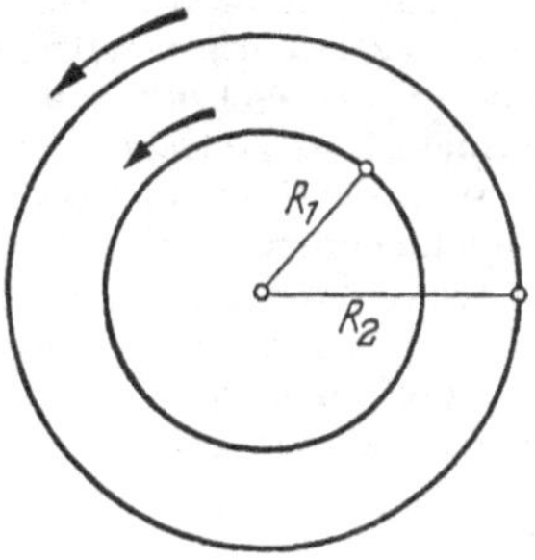

Abb. 173, 1:
Zur Couette-Strömung

Fall 4: Dieses Beispiel ist in einem gewissen Sinn eine Verallgemeinerung der vorstehend angegebenen Verhältnisse. Es handelt sich um eine Flüssigkeitsströmung, die als Couette-*Strömung* bezeichnet wird. Mit diesem Begriff ist die Bewegung einer Zähen Flüssigkeit zwischen zwei koaxialen Zylindern mit den Radien R_1 und R_2 gemeint, die sich um eine gemeinsame Achse mit den konstanten Winkelgeschwindigkeiten $\mathfrak{w}_1$ und $\mathfrak{w}_2$ drehen. Für die Couette-Strömung ergibt sich, daß die Geschwindigkeit $v = v(r)$ der einzelnen Flüssigkeitsschichten um die feste Drehachse, Abb. 173, 1, dem Gesetz

$$v(r) = \frac{\{|\mathfrak{w}_2| R_2^2 - |\mathfrak{w}_1| R_1^2\} r^2 + (|\mathfrak{w}_1| - |\mathfrak{w}_2|)^2 R_1^2 R_2^2}{r(R_2^2 - R_1^2)} \qquad (173,4)$$

genügen. Es ist bemerkenswert, daß in diesem Geschwindigkeitsgesetz — übrigens ebenso wie in (173, 3) — der Viskositätskoeffizient η nicht auftritt. Vielmehr geht dieser in die Ausdrücke ein, durch die die Drehmomente gegeben sind, welche die Reibungskräfte an den beiden Zylindern verursachen. Die Rechnung ergibt für die auf die Längeneinheit der zwei Zylinder bezogenen Momente

$$|\mathfrak{M}_1| = -\frac{4\pi\eta (\mathfrak{w}_1 - \mathfrak{w}_2) R_1^2 R_2^2}{R_2^2 - R_1^2} \qquad (173,5)$$

$$|\mathfrak{M}_2| = -\frac{4\pi\eta (|\mathfrak{w}_2| - |\mathfrak{w}_1|) R_1^2 R_2^2}{R_2^2 - R_1^2}. \qquad (173,6)$$

Ist insbesondere

$$R_2 = \infty, \ \mathfrak{w}_2 = 0, \qquad (173,7)$$

so liegt der Fall der Bewegung einer Zähen Flüssigkeit vor, die einen sich mit konstanter Winkelgeschwindigkeit rotierenden Zylinder umströmt. Für diesen Sonderfall erhält man aus den vorstehend angegebenen Formeln für die Geschwindigkeit

$$v(r) = \frac{|\mathfrak{w}_1|\, R_1^2}{r} \tag{173, 8}$$

und für das auf den Zylinder wirkende Moment

$$|\mathfrak{M}| = 4\pi\eta\, |\mathfrak{w}_1|\, R_1^2. \tag{173, 9}$$

Es mag nicht unerwähnt bleiben, daß die Aussage der angegebenen Formeln durch das Experiment geprüft wurde. Es ergab sich hierbei eine zufriedenstellende Übereinstimmung, sofern die Drehgeschwindigkeiten der Zylinder „hinreichend klein" sind, d. h., daß es sich um eine laminare und stationäre Strömung der Flüssigkeit handelt, wie sie vorausgesetzt wurde.

Fall 5: Bei den bisher angegebenen Fällen, in denen die NAVIER-STOKESsche Gleichung in Strenge integriert werden kann, wurde vorausgesetzt, daß es sich um eine kräftefreie Bewegung einer inkompressiblen Flüssigkeit handelt. Aber auch für den Fall, daß eine Flüssigkeitsbewegung vorliegt, die unter Einwirkung von Kräften verläuft, kann man in einigen Sonderfällen die NAVIER-STOKESsche Gleichung ebenfalls streng lösen. Dies wurde wohl erstmalig von HAMEL[1]) gezeigt. Er behandelte den Fall, daß es sich um eine inkompressible Flüssigkeit handelt, die sich stationär und eben bewegt und solchen Kräften unterliegt, die ein Potential besitzen. Die HAMELsche Lösung ist nach ihrer Bekanntgabe verallgemeinert worden.

Fall 6: In den vorstehenden Beispielen für Flüssigkeitsströmungen, die mit Hilfe der NAVIER-STOKESschen Gleichung exakt beschrieben werden können, war stets vorausgesetzt, daß die Flüssigkeit inkompressibel ist. Es gibt aber auch Fälle von Bewegungen kompressibler Zäher Flüssigkeiten, für die sich die NAVIER-STOKESsche Gleichung ebenfalls streng lösen läßt. Als Beispiel sei hier die eindimensionale, stationäre und kräftefreie Strömung eines zähen Gases erwähnt. Zur allgemeinen Lösung dieser Aufgabe reichen jedoch die Gleichungen der Hydrodynamik nicht aus, sondern man benötigt noch Hilfsmittel aus der Thermodynamik.

Einzelheiten hierzu und auch solche zu den in den vorstehenden Beispielen angegebenen Flüssigkeitsbewegungen findet der interessierte Leser in der einschlägigen Literatur, so z. B. in [38].

174. Kleine Transversalschwingungen einer Zähen Flüssigkeit

In einer Idealen inkompressiblen Flüssigkeit sind — wie bereits in Kap. 123 angedeutet — Transversalwellen nicht möglich. Handelt es sich jedoch um eine Zähe Flüssigkeit, so können sich in ihr sehr wohl Transversalwellen ausbilden. Wir wollen dies nachstehend zeigen und einiges über die Eigenschaften dieser Wellen erwähnen.

Den Ausgangspunkt hierzu bildet die NAVIER-STOKESsche Gleichung in Verbindung mit der Kontinuitätsgleichung und einer Druck-Dichte-Beziehung $\varrho = \varrho(p)$. Wir wollen annehmen,

1. daß es sich um eine inkompressible Flüssigkeit handle, so daß $\varrho = \varrho_0 = \text{const}$ ist,
2. daß die Flüssigkeit, nachdem eine Störung gewirkt hat, keinen äußeren Kräften unterliegt, so daß $\mathfrak{P} = 0$ ist,
3. daß es sich um „kleine" Schwingungen der Flüssigkeit handelt, so daß in der Bewegungsgleichung das nichtlineare Glied als klein von 2. Ordnung gegenüber den linearen Gliedern vernachlässigt werden kann.

Unter diesen Voraussetzungen gehen die NAVIER-STOKESsche und die Kontinuitätsgleichung in

$$\varrho \frac{\partial \mathfrak{v}}{\partial t} = -\operatorname{grad} p + \eta \Delta \mathfrak{v} \tag{174, 1}$$

$$\operatorname{div} \mathfrak{v} = 0 \tag{174, 2}$$

über.

Zur weiteren Vereinfachung nehmen wir an, daß $\mathfrak{v}$ eine feste Richtung habe, in die wir die x-Achse eines cartesischen Koordinatensystems legen. Dann ist

$$\mathfrak{v} = \{v_x = v, 0, 0\}. \tag{174, 3}$$

[1]) Georg HAMEL: * 1877 in Düren, † 1954 in Landshut.

Damit wird aus den Gleichungen (174, 1/2), wenn man diese in Komponenten schreibt,

$$\varrho \frac{\partial v}{\partial t} = -\frac{\partial p}{\partial x} + \eta \Delta v \tag{174, 4}$$

$$0 = -\frac{\partial p}{\partial y} \tag{174, 5}$$

$$0 = -\frac{\partial p}{\partial z} \tag{174, 6}$$

$$\frac{\partial v}{\partial x} = 0. \tag{174, 7}$$

Die letzte Gleichung sagt aus, daß v nicht von x abhängt, also

$$v = v(y, z, t) \tag{174, 8}$$

ist. Die beiden Gleichungen (174, 5/6) lassen erkennen, daß der Druck p von y und z unabhängig, d. h.

$$p = p(x, t) \tag{174, 9}$$

ist.

Vereinfachen wir die Verhältnisse noch etwas, indem wir annehmen, daß v nur von einer Raumkoordinate, sagen wir etwa von y, abhängt, so wird

$$v = v(y, t). \tag{174, 10}$$

Mit (174, 9/10) wird aus (174, 4):

$$\varrho \frac{\partial v}{\partial t} - \eta \frac{\partial^2 v}{\partial y^2} = -\frac{\partial p}{\partial x}. \tag{174, 11}$$

Da die linke Seite dieser Gleichung nach den vorstehend angegebenen Voraussetzungen nur von y und t, die rechte Seite dagegen von x und t abhängt, folgt nach einer bekannten Schlußweise, daß beide Seiten entweder je eine Konstante a oder eine nur von der Zeit t abhängige Funktion $f(t)$ sind.

Gleichgültig, welcher Fall vorliegt, setzen wir — um weiterhin zu vereinfachen — die jeweilige Größe gleich Null. Dann wird aus der linken Seite der letzten Gleichung

$$\varrho \frac{\partial v}{\partial t} - \eta \frac{\partial^2 v}{\partial y^2} = 0. \tag{174, 12}$$

Zu ihrer Lösung machen wir für v den Produktansatz

$$v(y, t) = \varphi(y) e^{i\omega t}. \tag{174, 13}$$

In ihm kommt zum Ausdruck, daß die Zeitabhängigkeit als harmonische Funktion mit der Frequenz ω angenommen wird.

Geht man mit (174, 13) in (174, 12) ein, so erhält man für φ die gewöhnliche Differentialgleichung

$$\varphi''(y) = \frac{i\omega\varrho}{\eta} \varphi(y). \tag{174, 14}$$

Ihre beiden Partikularlösungen sind

$$\varphi_{1,2}(y) \sim e^{\pm \sqrt{i \frac{\omega\varrho}{\eta}}\, y}. \tag{174, 15}$$

Dieser Ausdruck läßt sich auf eine andere Form bringen, wenn man beachtet, daß

$$i = e^{i\frac{\pi}{2}}, \tag{174, 16}$$

also

$$\sqrt{i} = e^{i\frac{\pi}{4}} = \pm \sqrt{\frac{1}{2}}\,(1 + i) \tag{174, 17}$$

ist. Setzt man dies in (174, 15) ein und beschränkt sich zunächst auf das positive Vorzeichen in (174, 17), so erhält man

$$\varphi(y) \sim e^{\pm\sqrt{\frac{\omega\varrho}{2\eta}}\,y} \cdot e^{\pm i\sqrt{\frac{\omega\varrho}{2\eta}}\,y}. \tag{174, 18}$$

Geht man damit schließlich in (174, 13) ein, so wird daraus, wenn A eine Konstante bedeutet und man sich auf das untere Vorzeichen beschränkt,

$$v(y, t) = A e^{-ky} e^{i(\omega t - ky)} \tag{174, 19}$$

mit der Abkürzung

$$k = \sqrt{\frac{\omega\varrho}{2\eta}}. \tag{174, 20}$$

Die zweite auf der rechten Seite von (174, 19) auftretende e-Funktion beschreibt eine Wellenausbreitung der Feldgröße v in Richtung der y-Achse. Da aber vorausgesetzt wurde, daß v stets parallel zur x-Achse ist, handelt es sich im vorliegenden Fall um *Transversalwellen.*

Aus dem diese Welle beschreibenden Ausdruck (174, 19) folgt, daß ihre Phasengeschwindigkeit

$$c_p = \frac{\omega}{k} = \sqrt{\frac{2\eta\omega}{\varrho}} \tag{174, 21}$$

ist. Hieraus ergibt sich für die Wellenlänge

$$\lambda = \frac{2\pi}{k} = 2\pi\sqrt{\frac{2\eta}{\omega\varrho}}. \tag{174, 22}$$

Durch Kombination der letzten beiden Gleichungen erhält man (durch Elimination von ω) für

$$c_p = c_p(\lambda) = \frac{4\pi}{\lambda}\,\frac{\eta}{\varrho}, \tag{174, 23}$$

d. h., es tritt bei einem „Wellenpaket" der hier betrachteten Transversalwellen Dispersion auf: das „Paket" hat nach einer genügend langen Zeit seine ursprüngliche Gestalt verändert, es ist „zerlaufen".

Dies wird nicht nur durch die für die einzelnen Wellen des „Paketes" verschiedenen Phasengeschwindigkeiten, sondern auch durch eine verschiedene Dämpfung bedingt, die die einzelnen Wellen erfahren. Man erkennt aus (174, 19), daß der Grad der Dämpfung ebenfalls von der Wellenlänge abhängt, denn es ist

$$\delta(\lambda) = k = \frac{2\pi}{\lambda}. \tag{174, 24}$$

Aus dieser Gleichung folgt, daß bei dem Zerfließen eines Wellenpaketes schließlich nur die Welle mit der größten Wellenlänge in Erscheinung tritt.

175. Die Stokessche Widerstandsformel

In Kap. 164 wurde gezeigt, daß ein Zylinder, der von einer Idealen Flüssigkeit umströmt wird, von dieser keine Kraftwirkung erfährt. Wir haben dies zwar nur für den Fall nachgewiesen, daß der Zylinder einen kreisförmigen Querschnitt besitzt, jedoch a. a. O. bemerkt, daß man zu dem gleichen Ergebnis gelangt, wenn der Zylinder einen beliebigen Querschnitt besitzt. Nach dem Klassischen Relativitätsprinzip ist es nun gleichgültig, ob man den Zylinder als ruhend und die Flüssigkeit als stationär bewegt ansieht oder die Flüssigkeit als ruhend betrachtet, durch die der Zylinder mit gleichförmiger Geschwindigkeit geführt wird. Man kann daher das früher gefundene Ergebnis auch so ausdrücken: wird ein Körper gleichförmig durch eine ruhende Flüssigkeit geführt, so erfährt er keinen Widerstand. Diese Aussage widerspricht nun jeglicher Erfahrung, welche zeigt, daß bei jeder Bewegung eines Körpers durch eine Flüssigkeit ein Widerstand überwunden werden muß. Es liegt hier also ein Widerspruch vor, der indessen nur scheinbar ist: Die vorstehend gemachte Aussage gilt nur dann, wenn der betrachtete Körper durch eine Ideale Flüssigkeit geführt wird. Eine solche gibt es aber nicht: Jede in der Natur vorkommende Flüssigkeit weist eine gewisse Zähigkeit auf. Diese darf zwar bei manchen hydrodynamischen Problemen (in erster Näherung) vernachlässigt werden. Indessen ist dies nicht immer erlaubt, wie etwa bei dem vorstehend angegebenen Beispiel der Berechnung des Widerstandes, den ein sich durch eine Flüssigkeit bewegter Körper erfährt. In diesem Fall (und gleichfalls bei einer Reihe anderer Fragen) darf man, um Übereinstimmung mit der Erfahrung zu erhalten, nicht mehr die für eine Ideale Flüssigkeit geltende EULERsche Gleichung verwenden, sondern hat an deren Stelle die NAVIER-STOKESsche Gleichung zu setzen.

Dieses wurde wohl erstmalig 1851 von STOKES durchgeführt, der sich bemühte, das „hydrodynamische Paradoxon" aufzuklären. Hierzu untersuchte STOKES die Bewegung einer Kugel in einer Zähen Flüssigkeit mit dem Ziel, den Widerstand zu berechnen, den die Kugel bei ihrer Bewegung durch die Flüssigkeit erfährt. Das Ergebnis, zu dem STOKES gelangte, nennt man heute die *STOKESsche Widerstandsformel.*

Wir wollen nachstehend diese Formel in Anlehnung an die Überlegung von STOKES herleiten. Bei dieser Gelegenheit wird bemerkt werden, daß manche Stellen in den STOKESschen Betrachtungen anfechtbar sind. Man hat daher später versucht, die STOKESschen Rechnungen zu verschärfen. Hierbei war insbesondere OSEEN erfolgreich, der 1910 eine Erweiterung des STOKESschen Widerstandsgesetzes angab. Da man aber zu der von OSEEN gefundenen Formel ziemlich umständliche Rechnungen durchzuführen hat und dann zu einem Ergebnis gelangt, das die STOKESsche Formel zwar verbessert, sie aber im Prinzip nicht wesentlich verändert, begnügen wir uns mit der STOKESschen Herleitung.

Eine Kugel mit dem Radius R bewege sich mit der konstanten Geschwindigkeit — $\mathfrak{v}$ durch eine ruhende, unendlich ausgedehnte inkompressible Flüssigkeit, deren Zähigkeitskoeffizient η sei. Aufgrund des Klassischen Relativitätsprinzips ist dieser Vorgang damit gleichwertig, daß man die Kugel als in der Flüssigkeit ruhend annimmt, während diese eine Parallelströmung mit der Geschwindigkeit $\mathfrak{v}$ ausführt.

Verwendet man nun ein solches Koordinatensystem, dessen Ursprung 0 mit dem Kugelmittelpunkt zusammenfällt und welches derart orientiert ist, daß seine x-Achse die gleiche Richtung wie die konstante Geschwindigkeit $\mathfrak{v}$ der ungestörten Parallelströmung besitzt, so hat $\mathfrak{v}$ nur die nichtverschwindende x-Komponente v_x, also

$$\mathfrak{v} = \{v_x, 0, 0\}. \tag{175, 1}$$

Diese Komponentendarstellung gilt jedoch nur für die ungestörte Parallelströmung der Flüssigkeit, d. h. für die Strömung der Flüssigkeit in „genügend weiter" Entfernung von der Kugel. In deren Umgebung wird nämlich die ursprüngliche Parallelströmung der Flüssigkeit gestört. Sie stellt sich, nach Umströmung der Kugel, erst in „genügend weiter" Entfernung von der Kugel wieder ein.

Drücken wir die „genügend weite" Entfernung von der Kugel durch

$$r \to \infty \tag{175, 2}$$

aus, so hat man für (175, 1) in Strenge

$$\mathfrak{v}(\infty) = \{v_x(\infty) = u, 0, 0\} \tag{175, 3}$$

zu schreiben. Diese Gleichung ist e i n e Randbedingung, die bei dem hier betrachteten Strömungsproblem erfüllt sein muß. Die andere noch zu erfüllende Randbedingung liefert die Forderung des „Haftens an der Oberfläche". Im vorliegenden Fall bedeutet dies, daß auf der Kugeloberfläche, d. h. für

$$r = R \tag{175, 4}$$

die Geschwindigkeit $\mathfrak{v}$ verschwinden, also

$$\mathfrak{v}(R) = \{0, 0, 0\} \tag{175, 5}$$

sein muß.

Wir nehmen nun nach dem Vorgang von STOKES an, daß es sich um eine k r ä f t e f r e i e, s t a t i o n ä r e Bewegung handele, ($\mathfrak{P} = 0$, $\partial\mathfrak{v}/\partial t = 0$), bei der die Geschwindigkeit $\mathfrak{v}$ und ihr Gradient so klein sind, daß das nichtlineare Glied $(\mathfrak{v} \cdot \operatorname{grad})\,\mathfrak{v}$ in der NAVIER-STOKESschen Gleichung gegenüber den anderen Gliedern vernachlässigt werden darf. Mit dieser Annahme reduziert sich die Bewegungsgleichung auf

$$\operatorname{grad} p = \eta\,\Delta\mathfrak{v}, \tag{175, 6}$$

während die Kontinuitätsgleichung in die Inkompressibilitätsbedingung

$$\operatorname{div} \mathfrak{v} = 0 \tag{175, 7}$$

übergeht.

Die beiden letzten Gleichungen sind nun unter Beachtung der vorstehend angegebenen Randbedingungen zu lösen. Hierzu zerlegen wir $\mathfrak{v}$ in zwei Anteile

$$\mathfrak{v} = \mathfrak{v}_1 + \mathfrak{v}_2, \tag{175, 8}$$

von denen der eine, etwa $\mathfrak{v}_1$, wirbelfrei sei. Dann kann für

$$\mathfrak{v}_1 = \operatorname{grad} \Phi \tag{175, 9}$$

geschrieben werden. Hierbei ist Φ das Geschwindigkeitspotential von $\mathfrak{v}_1$. Der zweite Anteil $\mathfrak{v}_2$ soll parallel zur ungestörten Strömungsgeschwindigkeit $\mathfrak{v}$ gerichtet sein:

$$\mathfrak{v}_2 = \{w, 0, 0\}. \tag{175, 10}$$

Darüber hinaus verlangen wir, daß die Komponente w die LAPLACE-Gleichung erfüllt, also

$$\Delta \mathfrak{v}_2 = \Delta w = 0 \tag{175, 11}$$

gilt.

Geht man mit

$$\mathfrak{v} = \mathfrak{v}_1 + \mathfrak{v}_2 = \operatorname{grad} \Phi + \mathfrak{v}_2 \tag{175, 12}$$

in (175, 6) ein, so erhält man

$$\operatorname{grad} p = \eta \Delta \operatorname{grad} \Phi + \eta \Delta \mathfrak{v}_2, \tag{175, 13}$$

was unter Beachtung von (175, 11) und nach Vertauschung der Operatoren Δ und grad zu der Gleichung

$$\operatorname{grad} (p - \eta \Delta \Phi) = 0 \tag{175, 14}$$

führt. Hieraus ergibt sich durch Integration

$$p = p_0 + \eta \Delta \Phi, \tag{175, 15}$$

wobei p_0 eine Integrationskonstante ist.

Aus der letzten Gleichung ist ersichtlich, daß der Druck p auf die Hilfsgröße Φ zurückgeführt ist. Es gilt daher, diese zu bestimmen, d. h. für Φ eine Gleichung aufzustellen.

Eine solche ergibt sich aus der Inkompressibilitätsbedingung (175, 7), die mit (175, 12) in

$$\operatorname{div} \mathfrak{v} = \operatorname{div} \operatorname{grad} \Phi + \operatorname{div} \mathfrak{v}_2 \tag{175, 16}$$

$$= \Delta \Phi + \operatorname{div} \mathfrak{v}_2 \tag{175, 17}$$

$$= \Delta \Phi + \frac{\partial w}{\partial x} = 0 \tag{175, 18}$$

übergeht.

Nun wurde vorher w der Beschränkung unterworfen, der LAPLACE-Gleichung (175, 11) zu genügen. Eine Partikularlösung dieser ist (Kap. 5):

$$w = \frac{a}{|\mathfrak{r}|} = \frac{a}{r}, \quad a = \text{const.} \tag{175, 19}$$

Verwendet man diese Lösung versuchsweise, so liefert (175, 18) für — die inhomogene Differentialgleichung

$$\Delta \Phi = - a \frac{\partial}{\partial x} \left(\frac{1}{r} \right). \tag{175, 20}$$

Eine Partikularlösung Φ_1 dieser Gleichung läßt sich durch Umformung ihres Inhomogenitätsgliedes finden. Es ist

$$\frac{1}{r} = \frac{1}{2} \left(\frac{3}{r} - \frac{1}{r} \right) = \frac{1}{2} \left(\frac{3}{r} - \frac{r^2}{r^3} \right) \tag{175, 21}$$

und daher

$$-a\frac{\partial}{\partial x}\left(\frac{1}{r}\right)=-\frac{a}{2}\frac{\partial}{\partial x}\left(\frac{3}{r}-\frac{r^2}{r^3}\right) \tag{175, 22}$$

$$=-\frac{a}{2}\frac{\partial}{\partial x}\operatorname{div}\frac{\mathfrak{r}}{r} \tag{175, 23}$$

$$=-\frac{a}{2}\frac{\partial}{\partial x}\operatorname{div}\operatorname{grad}r \tag{175, 24}$$

$$=-\frac{a}{2}\frac{\partial}{\partial x}\Delta r=-\frac{a}{2}\Delta\frac{\partial r}{\partial x}\,. \tag{175, 25}$$

Setzt man dies in (175, 20), so erhält man

$$\Delta\left(\Phi+\frac{a}{2}\frac{\partial r}{\partial x}\right)=0, \tag{175, 26}$$

welche Gleichung durch

$$\Phi_1=-\frac{a}{2}\frac{\partial r}{\partial x}=-\frac{a}{2}\frac{x}{r} \tag{175, 27}$$

gelöst werden kann. Geht man hiermit in (175, 12) ein, so erhält man, unter Beachtung von (175, 10) und (175, 19), für die Geschwindigkeit

$$\mathfrak{v}=-\frac{a}{2}\operatorname{grad}\frac{x}{r}+\frac{a}{r}\,\mathfrak{i}. \tag{175, 28}$$

Da dieser Ausdruck für $r\to\infty$ verschwindet, kann er noch nicht die gesuchte Lösung sein, weil er der Randbedingung (175, 3) nicht genügt. Diese läßt sich dadurch erfüllen, daß man zu der gefundenen Lösung

$$\Phi_2=ux \tag{175, 29}$$

hinzufügt. Dieser Ausdruck ist ein partikuläres Integral der LAPLACE-Gleichung

$$\Delta\Phi=0. \tag{175, 30}$$

Die neue Lösung von (175, 20) lautet nun

$$\Phi_1+\Phi_2=ux-\frac{a}{2}\frac{\partial r}{\partial x}\,. \tag{175, 31}$$

Aber auch sie reicht noch nicht aus, weil man mit ihr die zweite Randbedingung (175, 5) nicht erfüllen kann. Man muß also noch (175, 31) durch eine weitere Partikularlösung Φ_3 ergänzen. Hierzu könnte man die Elementarlösung $1/r$ von (175, 30) wählen. Diese Lösung würde Symmetrie um den Nullpunkt ausdrücken, die aber wegen der Auszeichnung der x-Achse, zu der die ungestörte Flüssigkeitsströmung parallel ist, nicht vorliegt. Wir wollen daher ein Integral von (175, 30) suchen, das die Auszeichnung der x-Achse berücksichtigt. Ein solches erhält man aus $1/r$ etwa durch Bildung der x-Ableitung, also

$$\Phi_3=b\frac{\partial}{\partial x}\left(\frac{1}{r}\right),\quad b=\text{const.} \tag{175, 32}$$

Nehmen wir (175, 32) versuchsweise als weiteres Zusatzglied für Φ an, so erhält man nun anstelle von (175, 31):

$$\Phi=\Phi_1+\Phi_2+\Phi_3=ux-\frac{a}{2}\frac{\partial r}{\partial x}+b\frac{\partial}{\partial x}\left(\frac{1}{r}\right). \tag{175, 33}$$

Damit ergibt sich nach (175, 8—10) und unter Beachtung von (175, 19) für die Geschwindigkeit

$$\mathfrak{v}=\operatorname{grad}\left(ux-\frac{a}{2}\frac{\partial r}{\partial x}+b\frac{\partial\frac{1}{r}}{\partial x}\right)+\frac{a}{r}\,\mathfrak{i}. \tag{175, 34}$$

Hierin sind a und b zwei noch unbekannte Konstanten. Sie lassen sich aus den zu erfüllenden Randbedingungen bestimmen. Hierzu benötigt man die Komponenten von $\mathfrak{v}$. Sie lauten:

$$v_x = u - \frac{a}{2}\frac{\partial^2 r}{\partial x^2} + b\frac{\partial^2}{\partial x^2}\left(\frac{1}{r}\right) + \frac{a}{r} \tag{175, 35}$$

$$= u - \frac{a}{2}\left(\frac{1}{r} - \frac{x^2}{r^3}\right) + b\left(\frac{3x^2}{r^5} - \frac{1}{r^3}\right) + \frac{a}{r}, \tag{175, 36}$$

$$v_y = -\frac{a}{2}\frac{\partial^2 r}{\partial x \partial y} + b\frac{\partial^2}{\partial x \partial y}\left(\frac{1}{r}\right) \tag{175, 37}$$

$$= \frac{a}{2}\frac{xy}{r^3} + b\frac{3xy}{r^5} = \left(\frac{a}{2} + \frac{3b}{r^2}\right)xy, \tag{175, 38}$$

$$v_z = -\frac{a}{2}\frac{\partial^2 r}{\partial x \partial z} + b\frac{\partial^2}{\partial x \partial z}\left(\frac{1}{r}\right) \tag{175, 39}$$

$$= \frac{a}{2}\frac{xz}{r^3} + b\frac{3xz}{r^5} = \left(\frac{a}{2} + \frac{3b}{r^2}\right)xz. \tag{175, 40}$$

Man erkennt aus diesen Ausdrücken, daß sie die Randbedingung (175, 3) erfüllen. Damit auch die Haftbedingung (175, 5) befriedigt wird, muß zunächst nach (175, 38) und (175, 40)

$$\frac{a}{2} + \frac{3b}{R^2} = 0 \tag{175, 41}$$

sein. Hieraus folgt

$$b = -\frac{aR^2}{6}. \tag{175, 42}$$

Durch diese Beziehung wird das Verschwinden von v_y und v_z für $r = R$ gesichert.

Mit dem gefundenen Ausdruck für b erhält man aus (175, 36) für v_x auf der Kugeloberfläche

$$v_x(R) = u - \frac{a}{2}\left(\frac{1}{R} - \frac{x^2}{R^3}\right) - \frac{aR^2}{6}\left(\frac{3x^2}{R^5} - \frac{1}{R^3}\right) + \frac{a}{R} \tag{175, 43}$$

$$= u + \left(\frac{a}{2} + \frac{a}{6}\right)\frac{1}{R} = u + \frac{2}{3}\frac{a}{R}. \tag{175, 44}$$

Damit auch diese Komponente gemäß der Haftbedingung verschwindet, muß

$$a = -u\frac{3R}{2} \tag{175, 45}$$

gesetzt werden. Mit diesem Wert wird

$$b = u\frac{R^2}{4}. \tag{175, 46}$$

Geht man mit den nun bestimmten Konstanten a und b in (175, 35—40) ein, so erhält man für die Komponenten der Geschwindigkeit

$$v_x = u\left(1 - \frac{3R}{4r} - \frac{R^2}{4r^3}\right) - \frac{3uR}{4r^3}\left(1 - \frac{R^2}{r^2}\right)x^2 \tag{175, 47}$$

$$v_y = -\frac{3uR}{4r^3}\left(1 - \frac{R^2}{r^2}\right)xy \tag{175, 48}$$

$$v_z = -\frac{3uR}{4r^3}\left(1 - \frac{R^2}{r^2}\right)xz. \tag{175, 49}$$

Wir haben diese Ausdrücke hergeleitet, weil sie zur Berechnung der „Widerstandsformel" benötigt werden. Dazu ist aber noch weiterhin die Kenntnis des Druckverteilungsgesetzes $p = p(\mathfrak{r})$ erforderlich. Dieses ergibt sich aus (175, 15), wenn man darin zunächst (175, 20) einsetzt. Dies liefert

$$p = p_0 + \eta\Delta\Phi = p_0 - a\eta\frac{\partial}{\partial x}\left(\frac{1}{r}\right) \tag{175, 50}$$

$$= p_0 + a\eta\left(\frac{1}{r^2}\frac{\partial r}{\partial x}\right) = p_0 + a\eta\frac{x}{r^3}. \tag{175, 51}$$

Setzt man hierin für a seinen Wert gemäß (175, 45) ein, so hat man schließlich

$$p = p_0 - \frac{3\eta R u x}{2r^3}. \qquad (175, 52)$$

Aus dieser Gleichung ersieht man übrigens die Auszeichnung der x-Achse gegenüber den beiden anderen Achsen.

Wir haben nun alle Formeln hergeleitet, die benötigt werden, um die auf die bewegte Kugel ausgeübte resultierende Kraft

$$\mathfrak{K} = \iint_F \mathfrak{t}^{(\mathfrak{n})}\, df \qquad (175, 53)$$

zu berechnen. Nach den früheren Darlegungen, Kap. 101, erhält man hieraus für

$$K_x = \oint\!\!\oint t_x^{(n)}\, df \qquad (175, 54)$$

$$= \oint\!\!\oint \{\sigma_{xx} \cos(\mathfrak{n}^0, \mathfrak{i}) + \sigma_{xy} \cos(\mathfrak{n}^0, \mathfrak{j}) + \sigma_{xz} \cos(\mathfrak{n}^0, \mathfrak{k})\}\, df \qquad (175, 55)$$

und zwei analoge Gleichungen für K_y und K_z. In ihnen bedeuten $\sigma_{xx}, \cdots$ die Komponenten des Spannungstensors, für die nach Kapitel 167 gilt

$$\sigma_{xx} = -p + 2\eta \frac{\partial v_x}{\partial x} \qquad (175, 56)$$

$$\cdots$$

$$\sigma_{xy} = \eta \left(\frac{\partial v_y}{\partial x} + \frac{\partial v_x}{\partial y} \right). \qquad (175, 57)$$

$$\cdots$$

Diese Ausdrücke lassen sich mit den vorstehend hergeleiteten Formeln leicht bestimmen, so daß das Integral (175, 55) ausgewertet werden kann. Diese Rechnung ist jedoch verhältnismäßig langwierig. Man kann sie indessen umgehen, weil sich das über die Kugel K mit dem Radius R auszuführende Integral auf die Integration über die „unendliche" Kugel K', d. h. eine solche mit $R \to \infty$ zurückführen läßt: Wegen der gemachten Voraussetzungen ($\mathfrak{P} = 0$, $\partial\mathfrak{v}/\partial t = 0$ und ($\mathfrak{v} \cdot \operatorname{grad}$) $\mathfrak{v} \approx 0$) reduziert sich die Bewegungsgleichung auf

$$\frac{\partial \sigma_{xx}}{\partial x} + \frac{\partial \sigma_{xy}}{\partial y} + \frac{\partial \sigma_{xz}}{\partial z} = 0. \qquad (175, 58)$$

Wir denken uns nun konzentrisch zu der Kugel K mit dem Radius R eine zweite Kugel K' mit dem Radius R' gelegt und integrieren (175, 58) über das von den beiden Kugeloberflächen begrenzte Volumen V^*. Das liefert

$$\iiint_{V^*} \left(\frac{\partial \sigma_{xx}}{\partial x} + \frac{\partial \sigma_{xy}}{\partial y} + \frac{\partial \sigma_{xz}}{\partial z} \right) d\tau = 0. \qquad (175, 59)$$

Wendet man hierauf den Gaussschen Satz an, so erhält man

$$\iint_K \{\sigma_{xx} \cos(\mathfrak{n}^0, \mathfrak{i}) + \ldots\}\, df + \iint_{K'} \{\sigma_{xx} \cos(\mathfrak{n}^{0\prime}, \mathfrak{i}) + \ldots\}\, df = 0 \qquad (175, 60)$$

oder

$$\iint_K t_x^{(\mathfrak{n})}\, df + \iint_{K'} t_x^{(\mathfrak{n}')}\, df = 0. \qquad (175, 61)$$

Nun ist $\mathfrak{n} = -\mathfrak{n}'$ und daher

$$t_x^{(\mathfrak{n})} = -t_x^{(\mathfrak{n}')}. \qquad (175, 62)$$

Hiermit folgt aus (175, 61):

$$\iint_K t_x^{(\mathfrak{n})}\, df = \iint_{K'} t_x^{(\mathfrak{n})}\, df. \qquad (175, 63)$$

Damit ist bewiesen, daß man zu dem gleichen Resultat gelangt, wenn man die über die Oberfläche von K auszuführende Integration in (175, 55) über die Oberfläche einer zu K konzentrischen anderen Kugel K' erstreckt.

Als diese wählen wir, wie schon oben bemerkt, die „unendlich" große Kugel, d. h. eine solche mit dem Radius $R' \to \infty$. Dieses bringt eine Vereinfachung mit sich: weil, mit Verwendung von räumlichen Polarkoordinaten das Oberflächenelement einer Kugel

$$df = r^2 \sin\vartheta \, d\vartheta \, d\varphi \tag{175, 64}$$

ist, können im Integranden von (175, 55) alle Glieder unterdrückt werden, die stärker als mit $1/r^2$ gegen Null gehen. Rechnet man $\sigma_{xx}, \ldots$ gemäß (175, 56/57) mit Verwendung von (175, 47/49) aus, so erhält man

$$\sigma_{xx} = -p_0 - 3\eta a \frac{x^3}{r^5} \tag{175, 65}$$

$$\sigma_{xy} = \quad - 3\eta a \frac{x^2 y}{r^5} \tag{175, 66}$$

$$\sigma_{xz} = \quad - 3\eta a \frac{x^2 z}{r^5}\,. \tag{175, 67}$$

Bemerkenswert ist, daß die mit dem Faktor b behafteten Glieder in Fortfall kommen. Multipliziert man die drei letzten Ausdrücke mit den Richtungskosinussen

$$\cos(\mathfrak{n}^0, \mathfrak{i}) = \frac{x}{r}, \quad \cos(\mathfrak{n}^0, \mathfrak{j}) = \frac{y}{r}, \quad \cos(\mathfrak{n}^0, \mathfrak{k}) = \frac{z}{r} \tag{175, 68}$$

und addiert, so geht (175, 55) über in

$$K_x = -\int_0^\pi\int_0^{2\pi} \left(p_0 \frac{x}{r} + 3\eta a \frac{x^2}{r^4}\right) r^2 \sin\vartheta d\vartheta d\varphi \tag{175, 69}$$

$$= -\int_0^\pi\int_0^{2\pi} r^2 p_0 \cos\vartheta \sin\vartheta \, d\vartheta d\varphi - \int_0^\pi\int_0^{2\pi} 3\eta \, a^2 \cos^2\vartheta \sin\vartheta d\vartheta d\varphi. \tag{175, 70}$$

Wegen der Orthogonalität der trigonometrischen Funktionen verschwindet das erste Integral und es verbleibt

$$K_x = -3\eta a \cdot 2\pi \int_0^\pi \cos^2\vartheta \sin\vartheta d\vartheta \tag{175, 71}$$

$$= \quad 3\eta a \cdot 2\pi \int_0^\pi \cos^2\vartheta d \cos\vartheta \tag{175, 72}$$

$$= \quad 3\eta a \cdot 2\pi \left.\frac{\cos^3\vartheta}{3}\right|_0^\pi \tag{175, 73}$$

$$= \quad 3\eta a \cdot 2\pi \left(-\frac{2}{3}\right) = -4\pi\eta a. \tag{175, 74}$$

Setzt man hierin für die Konstante a ihren Wert (175, 45) ein, so erhält man

$$K_x = 6\pi\eta u R. \tag{175, 75}$$

Berechnet man auf die gleiche Weise die Komponenten K_y und K_z, so findet man, daß diese verschwinden. Dies ist aus Symmetriegründen auch zu erwarten.

Der Ausdruck (175, 75) ist die STOKES*sche Widerstandsformel.* Sie gibt den Widerstand an, den eine sich gleichförmig in einer unendlich ausgedehnten Zähen Flüssigkeit bewegende Kugel erfährt.

Man kann aber (175, 75) auch wie folgt deuten: Wenn sich die Kugel unter Einwirkung der Kraft $\mathfrak{K}$ bewegt, so erlangt die Kugel schließlich die durch obige Gleichung festgelegte konstante Geschwindigkeit u. Dies wird dazu ausgenutzt, um experimentell den Reibungskoeffizienten η zu bestimmen. Auch in der Elektrizitätslehre wird das STOKESsche Gesetz bei der Ermittlung der Elektrizitätsmenge verwendet, die geladene „Teilchen" haben (MILLIKANscher Tropfenversuch).

Wir wollen noch die eingangs erwähnte, verbesserte Widerstandsformel angeben, die OSEEN hergeleitet hat. Sie lautet

$$K_x = 6\pi\eta u R\left(1 + \frac{3}{8}\,Re\right) \tag{175, 76}$$

mit der REYNOLDSzahl

$$Re = \frac{\varrho R u}{\eta}. \tag{175, 77}$$

Diese Gleichung erlaubt es, den Fehler abzuschätzen, den man begeht, wenn man mit der STOKESschen Formel rechnet.

Die vorstehenden Darlegungen sollen mit der folgenden Bemerkung abgeschlossen werden. Führt man die gleiche Überlegung nicht für ein kugelförmiges, sondern etwa für ein zylindrisches Hindernis durch — was übrigens auch bereits von STOKES gemacht wurde — so gelangt man zu einem Ergebnis, das mit der Erfahrung keineswegs übereinstimmt. Die Erklärung hierfür ergibt sich aus der oben erwähnten Rechnung von OSEEN. Aus ihr ist erkennbar, daß die von STOKES gemachte Vernachlässigung der nichtlinearen Trägheitsglieder in der Bewegungsgleichung gegenüber den Reibungsgliedern zwar bei einem kugelförmigen Hindernis, jedoch nicht mehr bei anders geformten Hindernissen in erster Näherung erlaubt ist. Man muß es also als zufällig bezeichnen, daß die STOKESsche Formel mit der Erfahrung übereinstimmende Ergebnisse liefert.

176. Bemerkungen zur PRANDTLschen Grenzschichttheorie

Die Mechanik Idealer Flüssigkeiten liefert, wie aus den vorstehend angegebenen Beispielen ersichtlich ist, in vielen Fällen, trotz der Idealisierung, Ergebnisse, die mit der Erfahrung gut übereinstimmen. Indessen treten Diskrepanzen zwischen Theorie und Erfahrung auf. Es ist klar, worauf dieser Widerspruch zurückzuführen ist: Bei der Berechnung des Widerstandes wurde die Flüssigkeit als ideal, d. h. reibungsfrei angesehen. Eine solche Flüssigkeit gibt es jedoch in Strenge nicht. Man hat daher, wie bei dem erwähnten Beispiel und ähnlichen Fragen, auch die Viskosität der Flüssigkeit zu berücksichtigen.

Die Nichtbeachtung der Zähigkeit einer Flüssigkeit bedeutet (mathematisch gesprochen) den Grenzübergang

$$\eta \to 0, \tag{176, 1}$$

in der NAVIER-STOKESschen Gleichung, der zu der EULERschen Gleichung führt. Da dieser Grenzübergang, selbst wenn es sich um Flüssigkeiten mit nur sehr kleinen Viskositätskoeffizienten handelt, zu Ergebnissen führt, die mit der Erfahrung nicht übereinstimmen, darf er in der durch (176, 1) angegebenen Form in der NAVIER-STOKESschen Gleichung nicht vorgenommen werden, sondern muß durch etwas anderes ersetzt werden. Wie dies erfolgreich (d. h. mit der Erfahrung weitgehend in Übereinstimmung) geschehen kann, hat 1904 PRANDTL[1]) gezeigt. Dieser argumentierte etwa wie folgt: Aus den „Spannungs-Dehnungs-Beziehungen" für Zähe Flüssigkeiten ist ersichtlich, daß der Einfluß der Viskosität um so geringer ist, je kleiner die Zähigkeitskoeffizienten η und η' und je kleiner der Geschwindigkeitsgradient ist. Man kann daher bei Flüssigkeiten mit sehr kleinen Reibungskoeffizienten den Einfluß der „Reibungsglieder", wenn der Geschwindigkeitsgradient ebenfalls klein ist, vernachlässigen. Dies ist jedoch wegen der Haftbedingung nicht mehr an solchen Stellen erlaubt, die nahe bei der Berandung eines festen Körpers liegen. An dieser ververschwindet — eben wegen der Haftbedingung — die Geschwindigkeit, während sie

[1]) Ludwig PRANDTL: * 1875 in Freising, † 1953 in Göttingen.

in Richtung der Normalen zur Berandungsfläche ansteigt. Dieser Anstieg wird in der unmittelbaren Nähe der Berandung des Körpers, die man als die ihm anhaftende *Grenzschicht* bezeichnet, i. allg. von solcher Größenordnung sein, daß er nicht mehr außer acht gelassen werden kann. Außerhalb der Grenzschicht nimmt der Betrag des Geschwindigkeitsgradienten stark ab und darf daher vernachlässigt werden. Nach PRANDTL hat man also die Strömung einer realen Flüssigkeit, in die ein fester Körper eingebracht ist, so zu behandeln, daß man die Viskosität der Flüssigkeit nur innerhalb der Grenzschicht berücksichtigt und außerhalb derselben die Flüssigkeit als ideal ansieht.

Aufgrund dieser Vorstellung haben PRANDTL und später BLASIUS, OSEEN u. a. die NAVIER-STOKESsche Gleichung sowie die Kontinuitätsgleichung in eine Form gebracht, die man heute als die Grundgleichung der *Grenzschichttheorie* bezeichnet. Diese hat sich inzwischen, ebenso wie die Gasdynamik, zu einer eigenen Disziplin entwickelt, die heute ein Teilgebiet der *Strömungslehre* ist. Wir gehen daher auf die Grenzschichttheorie hier nicht näher ein, sondern verweisen diesbezüglich auf die einschlägige Literatur [54], [55].

177. Hinweis auf die Gasdynamik

Die in Kap. 153 hergeleiteten Ergebnisse lehren, daß die Druck- und Dichtebeziehungen bei Strömungen von Gasen wesentlich davon abhängen, in welchem Verhältnis die Strömungsgeschwindigkeit v zu der Schallgeschwindigkeit c in dem strömenden Gas steht.

Ist die Strömungsgeschwindigkeit v eines Gases so klein gegenüber der Schallgeschwindigkeit c, daß

$$\frac{v^2}{c^2} \ll 1 \tag{177, 1}$$

ist, so folgt — wie ein Vergleich von (153, 43a/b) und (153, 44a/b) zeigt — daß die Kompressibilität eines Gases vernachlässigt werden und dieses (in guter Näherung) als inkompressibel, d. h. als „echte" Flüssigkeit angesehen werden kann. Eine Abschätzung zeigt, daß die Vernachlässigung der Kompressibilität eines strömenden Gases einen Fehler von $< 1\,\%$ mit sich bringt, wenn es sich um Strömungsgeschwindigkeiten von $v \lesssim 1/7\,c$ handelt. Wird dieser Wert überschritten, so hat die Nichtbeachtung der Kompressibilität eines Gases natürlich einen Fehler von $> 1\,\%$ zur Folge. Überschreitet die Strömungsgeschwindigkeit v die Schallgeschwindigkeit, d. h. ist die MACH-*Zahl*

$$M = \frac{v}{c} > 1, \tag{177, 2}$$

so treten neue Erscheinungen auf: die Eigenschaften einer *Überschallströmung* sind gänzlich anders als die einer *Unterschallströmung*.

Diese Dinge im einzelnen zu untersuchen, ist die Aufgabe eines Gebietes, das man als *Gasdynamik* bezeichnet. Diese kann nicht mehr als ein Teilabschnitt der Hydrodynamik angesehen werden, da in der Gasdynamik nicht nur die Gesetzmäßigkeiten der Hydrodynamik (NAVIER-STOKESsche Gleichung, Kontinuitätsgleichung usw.), sondern auch Aussagen der Thermodynamik (deren 1. und 2. Hauptsatz sowie einiges über Wärmeleitung) verwendet wird. Nicht nur, weil diese Hilfsmittel aus der Theorie der Wärme hier noch als unbekannt angesehen werden müssen, sondern insbesondere, weil sich die Gasdynamik inzwischen zu einer eigenen Disziplin entwickelt hat, gehen wir auf sie hier nicht ein. Es sollte jedoch nicht unterlassen werden, auf dieses Gebiet ausdrücklich hinzuweisen. Der interessierte Leser findet Werke über Gasdynamik im Literaturverzeichnis.

Schrifttum

I. Lehrbücher

[1] Budó, A.: *Theoretische Mechanik.* Berlin: Dt. Verl. d. Wiss. 1963.
[2] Constant, F. W.: *Theoretical Physics. Mechanics of Particles.* Reading, Mass.: Addison-Wesley 1959.
[3] Corben, H. u. P. Stehle: *Classical Mechanics.* New York: John Wiley & Sons Inc. 1960.
[4] Edwards, H. W.: *Analytic and Vector Mechanics.* New York: Dover Publ. Inc. 1964.
[5] Falk, G.: *Theoretische Physik.* Bd. I u. Ia. Berlin-Heidelberg-New York: Springer-Verlag 1966.
[6] Flügge, S.: *Lehrbuch der Theoretischen Physik.* Bd. I. Berlin-Göttingen-Heidelberg: Springer-Verlag 1961.
[7] Goldstein, H.: *Classical Mechanics.* Reading, Mass.: Addison-Wesley 1959.
[8] Hamel, G.: *Theoretische Mechanik.* Berlin-Göttingen-Heidelberg: Springer-Verlag 1967.
[9] Hauser, W.: *Introduction to the Principles of Mechanics.* Reading, Mass.: Addison-Wesley 1965.
[10] Hund, F.: *Theoretische Physik.* Bd. 1. Stuttgart: B. G. Teubner 1956.
[11] Joos, G.: *Lehrbuch der Theoretischen Physik.* Leipzig: Akad. Verl. Ges. 1965.
[12] Landau, L. u. E. Lifshitz: *Lehrbuch der Theoretischen Physik.* Bd. I, VII. Berlin: Akademie-Verlag 1962, 1965, 1966.
Bd. I (Mechanik), auch in der Reihe uni-texte. Braunschweig: F. Vieweg 1969.
[13] Macke, W.: *Theoretische Physik.* Leipzig: Akad. Verl. Ges. 1962.
[14] Morgenstern, D. u. I. Szabó: *Vorlesungen über Theoretische Mechanik.* Berlin-Göttingen-Heidelberg: Springer-Verlag 1961.
[15] Sommerfeld, A.: *Vorlesungen über Theoretische Mechanik.* Bd. I u. II. Leipzig: Akad. Verl. Ges. 1964.
[16] Weizel, W.: *Lehrbuch der Theoretischen Physik.* Bd. I. Berlin-Göttingen-Heidelberg: Springer-Verlag 1963.

II. Handbücher und Kompendien, in denen sich Abschnitte über Mechanik befinden

[17] *Handbuch der Physik.* (Herausgegeben von Geiger u. Scheel), Bd. V, VI, VII, VIII. Berlin: J. Springer 1927/28.
[18] *Handbuch der Physik.* (Herausgegeben von S. Flügge), Bd. III/1, VI, VIII/1, IX, XI/1. Berlin-Göttingen-Heidelberg: Springer-Verlag 1959/61.
[19] Frank, P. u. R. v. Mises: *Differential- und Integralgleichungen der Mechanik und Physik.* Bd. 2. Braunschweig: F. Vieweg und New York: Dover Publications, Inc. 1961.
[20] Morse, P. u. H. Feshbach: *Methods of Theoretical Physics.* Bd. 1. New York: McGraw-Hill 1953.

III. Spezialliteratur

a) Prinzipe der Mechanik

[21] Lanczos, C.: *The Variational Principles of Mechanics.* Toronto: Univ. of Toronto-Press 1949.
[22] Mercier, A.: *Analytical and Canonical Formalism in Physics.* Amsterdam: North-Holland Publishing Comp. 1959.
[23] Päsler, M.: *Prinzipe der Mechanik.* Berlin: W. de Gruyter & Co. 1968.
[24] Synge, J. u. B. Griffith: *Principles of Mechanics.* New York: McGraw-Hill 1942.

[25] TER HAAR, D.: *Elements of Hamiltonian Mechanics.* Amsterdam: North-Holl. Publ. Comp. 1961.
[26] YOURGRAU, W. u. S. MANDELSTAM: *Variational Principles in Dynamics and Quantum Theory.* London: Sir Isaac Pitman & Sons Ltd. 1956.

b) Schwingungen

[27] ANDRONOW, A., A. WITT u. S. CHAIKIN: *Theorie der Schwingungen.* Berlin: Akad. Verl. Ges. 1965.
[28] MINORSKY, N.: *Nonlinear Oscillations.* Princeton (u. a.): D. van Nostrand Comp. Inc. 1962.
[29] STOKER, J.: *Nonlinear Vibrations.* New York: Intersience Publishers Inc. 1950.

c) Zur Kreiseltheorie

[30] GRAMMEL, R.: *Der Kreisel, seine Theorie und Anwendungen.* 2 Bd. Berlin-Göttingen-Heidelberg: Springer-Verlag 1950.
[31] KLEIN, F. u. A. SOMMERFELD: *Über die Theorie des Kreisels.* 4 Bd. Leipzig: B. G. Teubner 1910—1923.

d) Zur Elastizitätstheorie

[32] KAUDERER, H.: *Nichtlineare Mechanik.* Berlin-Göttingen-Heidelberg: Springer-Verlag 1958.
[33] SOKOLNIKOFF, J.: *Mathematical Theorie of Elasticity.* New York: McGraw-Hill 1956.
[34] TIMOSHENKO, S. u. J. GOODIER: *Theory of Elasticity.* New York-Toronto-London: McGraw-Hill 1951.

e) Zur Hydrodynamik

[35] BRENKERT, K. jr.: *Elementary Theoretical Fluid Mechanics.* New York-London: John Wiley & Sons, Inc. 1960.
[36] COLE, G. H. A.: *Fluid Dynamics.* London-New York: Methnen-Wiley 1962.
[37] HAMEL, G.: *Mechanik der Kontinua.* Stuttgart: B. G. Teubner 1956.
[38] KOTSCHIN, N., I. KIBEL u. N. ROSE: *Theoretische Hydrodynamik.* 2 Bd. Berlin: Akademie-Verlag 1954.
[39] MÜLLER, W.: *Einführung in die Theorie der zähen Flüssigkeiten.* Leipzig: Akad. Verl. Ges. 1932.
[40] PAI, Shih-J.: *Viscous Flow Theory.* Princeton: D. van Nostrand Comp. 1956/57.
[41] PRANDTL, L.: *Führer durch die Strömungslehre.* Braunschweig: F. Vieweg 1949.
[42] SHAMES, J. H. *Mechanics of Fluids.* New York: McGraw-Hill 1962.
[43] WHITAKER, ST.: *Introduction to Fluid Mechanics.* Englewood Cliffs, N. J.: Prentice-Hall, Inc. 1968.

f) Zur Akustik und Gasdynamik

[44] ARSHANIKOW, N. u. W. MALZEW: *Aerodynamik.* Berlin: VEB Verlag Technik 1959.
[45] BECKER, E.: *Gasdynamik.* Stuttgart: Teubner 1965.
[46] CHERNYI, G. G.: *Introduction to Hypersonic Flow.* New York-London: Acad. Press. 1961.
[47] DUBS, F.: *Aerodynamik der reinen Unterschallströmung.* Bd. 1. Basel, Stuttgart: Birkhäuser 1954.
[48] LIEPMANN, H. W. und A. ROSHKO: *Elements of Gasdynamics.* New York: John Wiley & Sons, Inc. 1965.
[49] OSWATITSCH, K.: *Gasdynamik.* Wien: Springer-Verlag 1952.
[50] RSCHEVKIN, S. N.: *A Course of Lectures on the Theory of Sound.* Oxford: Pergamon Press 1963.
[51] SAUER, R.: *Theoretische Einführung in die Gasdynamik.* Berlin-Göttingen-Heidelberg: Springer-Verlag 1951.
[52] SKUDRZYK, E.: *Die Grundlagen der Akustik.* Wien: Springer-Verlag 1954.
[53] ZIEREP, J.: *Vorlesungen über theoretische Gasdynamik.* Karlsruhe: Braun 1962.

g) Zur Grenzschichttheorie

[54] GÖRTLER, H. u. W. TOLLMIEN: *50 Jahre Grenzschichtforschung*. Braunschweig: F. Vieweg 1955.
[55] SCHLICHTING, H.: *Grenzschicht-Theorie*. Karlsruhe: G. Braun 1958.

h) Zur Rheologie

[56] EIRICH, F.: *Rheology, Theory and Applications*. 2 Bd. New York: Acad. Press Inc. 1956.
[57] REINER, M.: *Twelve Lectures on Theoretical Rheology*. Amsterdam: North-Holland Publ. 1949.
[58] SCOTT BLAIR, G. W.: *Elementary Rheology*. London-New York: Academic Press 1969.

IV. Einige Klassische Werke

[59] BOLTZMANN, L.: *Prinzipe der Mechanik*. 2 Bd. Leipzig: J. A. Barth 1922.
[60] HELMHOLTZ, H. v.: *Dynamik continuierlich verbreiteter Massen*. Leipzig: J. A. Barth 1902.
[61] HERTZ, H.: *Die Prinzipien der Mechanik*. Leipzig: J. A. Barth 1894. (Neu erschienen: Darmstadt: Wissenschaftliche Buchgesellschaft 1963.)
[62] KIRCHHOFF, G.: *Vorlesungen über mathematische Physik*. Bd. 1. Leipzig: B. G. Teubner 1877.
[63] LAMB, H.: *Lehrbuch der Hydrodynamik*. Leipzig: B. G. Teubner 1931.
[64] MACH, E.: *Die Mechanik in ihrer Entwicklung*. Leipzig: F. A. Brockhaus 1908.
[65] RAYLEIGH, Lord, (J. W. STRUTT): *The Theory of Sound*. 2 Bd. London: McMillan 1894.
[66] RIEMANN, B. u. H. WEBER: *Partielle Differentialgleichungen der mathematischen Physik*. Braunschweig: F. Vieweg 1869.

Sachregister

FSC
www.fsc.org
MIX
Papier | Fördert gute Waldnutzung
FSC® C083411

Kolibri 360 GmbH
Ferdinand-Jühlke-Straße 7
99095 Erfurt, Deutschland
produktsicherheit@kolibri360.de